Mathematics

From its pre-historic roots in simple counting to the algorithms powering modern desktop computers, from the genius of Archimedes to the genius of Einstein, advances in mathematical understanding and numerical techniques have been directly responsible for creating the modern world as we know it. This series will provide a library of the most influential publications and writers on mathematics in its broadest sense. As such, it will show not only the deep roots from which modern science and technology have grown, but also the astonishing breadth of application of mathematical techniques in the humanities and social sciences, and in everyday life.

Werke

The genius of Carl Friedrich Gauss (1777–1855) and the novelty of his work (published in Latin, German, and occasionally French) in areas as diverse as number theory, probability and astronomy were already widely acknowledged during his lifetime. But it took another three generations of mathematicians to reveal the true extent of his output as they studied Gauss' extensive unpublished papers and his voluminous correspondence. This posthumous twelve-volume collection of Gauss' complete works, published between 1863 and 1933, marks the culmination of their efforts and provides a fascinating account of one of the great scientific minds of the nineteenth century. One of Gauss' key successes in astronomy was the prediction of the path of Ceres, leading to its rediscovery in 1801. The original reports about this dramatic course of events appear in Volume 6, published in 1874, which includes all of Gauss' publications on astronomy, book reviews and letters.

Cambridge University Press has long been a pioneer in the reissuing of out-of-print titles from its own backlist, producing digital reprints of books that are still sought after by scholars and students but could not be reprinted economically using traditional technology. The Cambridge Library Collection extends this activity to a wider range of books which are still of importance to researchers and professionals, either for the source material they contain, or as landmarks in the history of their academic discipline.

Drawing from the world-renowned collections in the Cambridge University Library, and guided by the advice of experts in each subject area, Cambridge University Press is using state-of-the-art scanning machines in its own Printing House to capture the content of each book selected for inclusion. The files are processed to give a consistently clear, crisp image, and the books finished to the high quality standard for which the Press is recognised around the world. The latest print-on-demand technology ensures that the books will remain available indefinitely, and that orders for single or multiple copies can quickly be supplied.

The Cambridge Library Collection will bring back to life books of enduring scholarly value (including out-of-copyright works originally issued by other publishers) across a wide range of disciplines in the humanities and social sciences and in science and technology.

Werke

VOLUME 6

CARL FRIEDRICH GAUSS

CAMBRIDGE UNIVERSITY PRESS

Cambridge, New York, Melbourne, Madrid, Cape Town,
Singapore, São Paolo, Delhi, Tokyo, Mexico City

Published in the United States of America by Cambridge University Press, New York

www.cambridge.org
Information on this title: www.cambridge.org/9781108032285

© in this compilation Cambridge University Press 2011

This edition first published 1874
This digitally printed version 2011

ISBN 978-1-108-03228-5 Paperback

CARL FRIEDRICH GAUSS WERKE

BAND VI.

CARL FRIEDRICH GAUSS

WERKE

SECHSTER BAND.

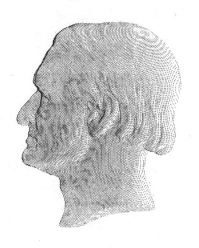

HERAUSGEGEBEN

VON DER

KÖNIGLICHEN GESELLSCHAFT DER WISSENSCHAFTEN

ZU

GÖTTINGEN

1874.

DISQUISITIO

DE

ELEMENTIS ELLIPTICIS PALLADIS

EX

OPPOSITIONIBUS ANNORUM 1803, 1804, 1805, 1807, 1808, 1809

AUCTORE

CAROLO FRIDERICO GAUSS

SOCIETATI REGIAE TRADITA XXV. NOV. MDCCCX.

Commentationes societatis regiae scientiarum Gottingensis recentiores. ·Vol. I.

Gottingae MDCCCXI.

DISQUISITIO
DE ELEMENTIS ELLIPTICIS PALLADIS

EX OPPOSITIONIBUS ANNORUM 1803, 1804, 1805, 1807, 1808, 1809.

––––––––

1.

Planetae primarii Palladis mense Martio anni 1802 detecti septem quidem hactenus fuerunt apparitiones periodicae: attamen quum planeta eo quo primum detectus est die oppositionem cum sole iam transgressus esset, sex tantummodo oppositiones hucusque numerantur, quae ad maximam partem in pluribus speculis astronomicis satis bene observatae sunt, adeoque praecisione sufficiente determinari potuerunt. Unicam oppositionem anni 1808 excipere oportet, quo anno planeta in aphelio orbitae versatus propter luminis debilitatem magnas observantibus difficultates obiecit, et ut verum fateamur, ab astronomis aliquantulum neglectus est. Ascensionum quidem rectarum copiam satis magnam suppeditavit clar. DE LINDENAU, solita cura ad tubum meridianum praestantissimum speculae Seebergensis circa tempus oppositionis observatarum: sed declinationes paucas tantum longeque minus certas aliunde obtinere potui. Quamobrem haud licuit, hancce oppositionem eadem qua ceteras praecisione stabilire, imprimisque latitudo nimis incerta mansit.

2.

Quamprimum observationes cuiusvis apparitionis finitae essent, omnes quotannis colligere, diligenter discutere, et cum observationibus annorum antecedentium combinare solitus fui, ut elementorum ellipticorum determinatio tanto ac-

1*

curatior inde erueretur.   E postremo huiuscemodi calculo, sub finem anni 1807
instituto, elementa prodierunt in Vol. XVII 1808 Jan. Commercii literarii astronomici clar. DE ZACH publici iuris facta, omnesque quatuor oppositiones eousque
observatas optime conciliantia.   Anno insequente post oppositionem quintam observationum certarum penuria a novis calculis me deterruit, ad quos tunc demum
reverti, ubi observationes anno 1809 circa oppositionem sextam factae computum
utriusque oppositionis simul suscipere permiserunt, quem in Novis nostris lite-
rariis anni 1810 Febr. 24. indicavi.

Ecce iam conspectum omnium sex oppositionum hactenus observatarum:

Tempus oppositionis ad meridianum Gottingensem	Dies inde ab initio anni 1803	Longitudo heliocentrica	Latitudo geocentrica
1803 Iun. 30. 0^h 27^m 32^s	181.019120	277^0 39′ 24″0	$+46^0$ 26′ 36″0
1804 Aug. 30. 4 58 27	608.207257	337 0 36.1	$+15$ 1 49.8
1805 Nov. 29. 11 15 4	1064.468796	67 20 42.9	-54 30 54.9
1807 Maj. 4. 14 37 41	1585.609502	223 37 27.7	$+42$ 11 25.6
1808 Iul. 26. 21 17 32	2034.887176	304 2 59.7	$+37$ 43 53.7
1809 Sept. 22. 16 10 20	2457.673843	359 40 4.4	$-$ 7 22 10.1

3.

Si Pallas exacte moveretur in ellipsi, atque secundum leges KEPLERI, elementa novissima quatuor oppositiones annorum 1803, 1804, 1805, 1807 optime
conciliantia levissimis tantum erroribus adhuc affecta esse possent, certoque cum
oppositionibus proximis quoque intra minutum primum unum duove consentire
deberent.   Tantum vero abfuit a consensu tam arcto, ut potius elementa ista
discrepantiam ad quatuor minuta prima ascendentem iam in oppositione quinta
monstraverint, a sexta vero duodecim minutis primis aberraverint.   Scilicet tan-
tas perturbationes patitur planeta noster a reliquis praesertimque a Iove, ut consensus exactus atque stabilis inter phaenomena motumque pure ellipticum obtineri nequeat.   Hinc simul patet, elementa alia atque alia proditura esse, prout
oppositionibus quaternis aliis aliisve superstruantur, quod confirmatum est per calculum duorum aliorum systematum elementorum, quorum alterum ex oppositio-

nibus annorum 1804, 1805, 1807, 1808, alterum ex oppositionibus annorum 1805, 1807, 1808, 1809 nuper deduxi. Quo melius haec diversa elementorum systemata inter se conferri possint, singula hic profero.

I. *Elementa elliptica Palladis ex oppositionibus annorum*
1803, 1804, 1805, 1807.

Epocha longitudinis mediae pro anno 1803 ad meridianum
Gottingensem . . . . 221^0 $39'$ $30''4$
Motus diurnus medius tropicus . . . . $770''2143$
Longitudo perihelii 1803 . . . . 121^0 $3'$ $11''4$
Longitudo nodi ascendentis 1803 . . . . 172 28 56. 9
Inclinatio orbitae 34 37 41. 0
Excentricitas (= sin. 14^0 $10'$ $58''81$) 0.2450198
Logarithmus semiaxis maioris 0.4423149

II. *Elementa elliptica Palladis ex oppositionibus annorum*
1804, 1805, 1807, 1808.

Epocha longitudinis mediae 1803 . . . . 221^0 $34'$ $56''7$
Motus medius tropicus diurnus . . . . $770''4467$
Longitudo perihelii 1803 . . . . 121^0 $5'$ $22''1$
Longitudo nodi ascendentis 1803 . . . . 172 28 46. 8
Inclinatio orbitae 34 37 31. 5
Excentricitas (= sin. 14^0 $10'$ $4''08$) 0.2447624
Logarithmus semiaxis maioris 0.4422276

III. *Elementa elliptica Palladis ex oppositionibus annorum*
1805, 1807, 1808, 1809.

Epocha longitudinis mediae 1803 . . . . 221^0 $23'$ $24''6$
Motus medius tropicus diurnus . . . . $770''9265$
Longitudo perihelii 1803 . . . . 120^0 $58'$ $4''8$
Longitudo nodi ascendentis 1803 . . . . 172 27 52. 4
Inclinatio orbitae 34 36 49. 4
Excentricitas (= sin. 14^0 $9'$ $36''63$) 0.2446335
Logarithmus semiaxis maioris 0.4420473

4.

Quonam modo orbita elliptica planetae e quatuor observationibus (quarum duae tantum completae sunt) determinari possit, in Sect. II. Libri II. Theoriae motus corporum coelestium monstravi. Solutio illic tradita problema maxima generalitate complectitur: attamen pro casu speciali, ubi quatuor observationes sunt oppositiones, methodum aliam in usum vocare praestat, cuius expositionem astronomis haud ingratam fore spero. Postulat quidem haecce methodus cognitionem approximatam singulorum elementorum, vel saltem horum quatuor, inclinationis orbitae, longitudinis nodi, longitudinis perihelii atque excentricitatis; sed nihil impedit, quominus hanc cognitionem per calculum anteriorem iam adesse supponamus. Rei summa pendet a solutione problematis sequentis:

'*Datis quatuor longitudinibus planetae in orbita, temporibus datis respondentibus, invenire longitudinem perihelii, excentricitatem, motum medium diurnum atque epocham longitudinis mediae*'

quam in art. sequ. tradam.

5.

Quum longitudo perihelii proxime iam nota esse supponatur, oriantur ex huius subtractione a longitudinibus in orbita anomaliae verae approximatae v, v', v'', v''', ubi longitudo illa vel tamquam constans spectari potest, vel si ipsius variatio annua nota fuerit, ad singula tempora rite transferenda est. Sit $e = \sin\varphi$ excentricitas approximata, qua adhibita computentur per methodos notas anomaliae mediae M, M', M'', M''' veris v, v', v'', v''' respondentes. Designando iam tempora per t, t', t'', t''', horum differentiae $t'-t, t''-t', t'''-t''$ differentiis $M'-M, M''-M', M'''-M''$ proportionales esse deberent, si a valoribus veris longitudinis perihelii atque anguli φ profecti essemus: sin secus evenit, **corrrectiones** his quantitatibus applicandae sequenti modo eruentur. Statuendo

$$m = -\frac{\cos\varphi^3}{(1+e\cos v)^2}, \qquad n = \frac{m(2+e\cos v)\sin v}{\cos\varphi},$$

$$m' = -\frac{\cos\varphi^3}{(1+e\cos v')^2}, \qquad n' = \frac{m'(2+e\cos v')\sin v'}{\cos\varphi},$$

$$m'' = -\frac{\cos\varphi^3}{(1+e\cos v'')^2}, \qquad n'' = \frac{m''(2+e\cos v'')\sin v''}{\cos\varphi},$$

$$m''' = -\frac{\cos\varphi^3}{(1+e\cos v''')^2}, \qquad n''' = \frac{m'''(2+e\cos v''')\sin v'''}{\cos\varphi}$$

ex art. 15 Theoriae Motus Corporum Coelestium patet, si perihelium incremento exiguo $d\Pi$, atque angulus φ incremento $d\varphi$ correcti concipiantur, valores correctos anomaliarum mediarum fieri

$$M + m\,d\Pi + n\,d\varphi$$
$$M' + m'\,d\Pi + n'\,d\varphi$$
$$M'' + m''\,d\Pi + n''\,d\varphi$$
$$M''' + m'''\,d\Pi + n'''\,d\varphi$$

siquidem potestates productaque correctionum $d\Pi$, $d\varphi$ negligere liceat. Habebuntur itaque tres expressiones motus medii diurni respectu perihelii, puta

$$\frac{M'-M}{t'-t} + \frac{m'-m}{t'-t}\,d\Pi + \frac{n'-n}{t'-t}\,d\varphi$$

$$\frac{M''-M'}{t''-t'} + \frac{m''-m'}{t''-t'}\,d\Pi + \frac{n''-n'}{t''-t'}\,d\varphi$$

$$\frac{M'''-M''}{t'''-t''} + \frac{m'''-m''}{t'''-t''}\,d\Pi + \frac{n'''-n''}{t'''-t''}\,d\varphi$$

e quarum aequalitate incognitae $d\Pi$, $d\varphi$ eruentur. Quibus in expressione una substitutis, prodibit motus medius correctus, unde per methodum notam etiam semiaxis maior determinabitur. Denique substitutis valoribus correctionum $d\Pi$, $d\varphi$ in expressione pro aliqua anomalia media, huius valor correctus, atque inde epocha longitudinis mediae at tempus arbitrarium transferenda sponte demanabunt.

Ceterum facile patet, quo pacto etiam perturbationum tum periodicarum tum saecularium, si opus videatur, ratio haberi possit. Scilicet ab illis tantummodo longitudines in orbita datas, antequam in calculum introducantur, purgare, per posteriores autem longitudinem perihelii atque excentricitatem pro epocha arbitraria suppositam ad singula tempora t, t', t'', t''' transferre oportebit.

6.

Iam videamus, quomodo haec ad determinationem orbitae e quatuor oppositionibus observatis adhiberi possint. Sit longitudo planetae in ecliptica oppositione prima α, latitudo geocentrica $\mathfrak{b}$, distantia terrae a Sole R, longitudo nodi ascendentis approximata Ω, inclinatio plani orbitae ad eclipticam approximata i. Quantitates ad oppositiones reliquas spectantes per characteres similes indice uno, duobus vel tribus distinctos denoto. Ex α, Ω, i deducetur per formulam notam longitudo in orbita, similisque calculus tribus longitudinibus reliquis in ecliptica superstruetur. Ex his quatuor longitudinibus in orbita per praecepta art. praec. derivabuntur elementa elliptica, atque hinc per formulas notas quatuor radii vectores r, r', r'', r'''. Statuendo iam

$$\frac{R \sin 6}{r} = \sin(6 - \gamma), \qquad \frac{R' \sin 6'}{r'} = \sin(6' - \gamma') \quad \text{etc.}$$

erunt manifesto γ, γ', γ'', γ''' quatuor longitudines heliocentricae, e latitudinibus geocentricis deductae. Derivemus easdem e longitudinibus, ponendo

$$\operatorname{tang} i \sin(\alpha - \Omega) = \operatorname{tang} \delta, \qquad \operatorname{tang} i \sin(\alpha' - \Omega) = \operatorname{tang} \delta' \quad \text{etc.}$$

patetque, esse debere $\gamma = \delta$, $\gamma' = \delta'$, $\gamma'' = \delta''$, $\gamma''' = \delta'''$, si pro Ω atque i valores veri accepti essent, siquidem omnibus quatuor oppositionibus (quae problema plusquam determinatum reddunt) per eandem ellipsin satisfacere possibile fuerit. Quod si secus eveniat, correctiones $d\Omega$, di quantitatibus Ω, i applicandae sequenti modo elicientur. Quatenus hae correctiones tamquam quantitates exiguae primi ordinis spectantur, quarum potestates productaque negligere licet, manifesto adhibitis valoribus $\Omega + d\Omega$, $i + di$, loco latitudinum γ, δ, γ', δ' etc. prodibunt aliae huius formae

$$\gamma + a\,d\Omega + b\,di, \qquad \delta + c\,d\Omega + f\,di$$
$$\gamma' + a'd\Omega + b'di, \qquad \delta' + c'd\Omega + f'di \quad \text{etc.}$$

ubi coëfficientes c, f, c', f' etc. invenientur per formulas

$$c = -\tfrac{1}{2}\sin 2\delta \operatorname{cotang}(\alpha - \Omega), \qquad f = \frac{\sin 2\delta}{\sin 2i}$$
$$c' = -\tfrac{1}{2}\sin 2\delta' \operatorname{cotang}(\alpha' - \Omega), \qquad f' = \frac{\sin 2\delta'}{\sin 2i} \quad \text{etc.}$$

Coëfficientes a, b etc. quoque per operationes analyticas determinare possemus, sed praefero methodum sequentem. Calculum modo indicatum denuo repeto, adhibendo loco longitudinis nodi Ω aliam exigua quantitate ad lubitum electa ab illa discrepantem, unde valores numerici coëfficientium a, a' etc. facile eruentur; nova eiusdem calculi repetitio, accepta inclinatione paullulum mutata simili modo valores coëfficientium b, b' etc. suppeditabit. Simul hoc modo patebit, quantas correctiones elementa elliptica passura sint, a correctionibus exiguis quantitatum Ω, i.

His ita factis, pro determinandis correctionibus $d\Omega$, di *quatuor* adsunt aequationes

$$\gamma - \delta + (a - c)\,d\Omega + (b - f)\,di = 0$$
$$\gamma' - \delta' + (a' - c')\,d\Omega + (b' - f')\,di = 0$$
$$\gamma'' - \delta'' + (a'' - c'')\,d\Omega + (b'' - f'')\,di = 0$$
$$\gamma''' - \delta''' + (a''' - c''')\,d\Omega + (b''' - f''')\,di = 0$$

quibus exacte satisfieri vix poterit propter observationum errores inevitabiles; quapropter valores incognitarum $d\Omega$, di maxime idonei per principia in Sect. III. Libri secundi Theoriae Motus Corporum Coelestium explicata determinabuntur. Hinc simul, per ea, quae modo diximus, correctiones reliquorum elementorum facile derivabuntur.

7.

Liceat hisce praeceptis adhuc quasdam observationes adiicere.

I. Vix opus erit admonitione, formulas nostras ei quoque casui inservire posse, ubi nodi non spectantur tamquam quiescentes, si modo valor longitudinis nodi suppositus ab epocha sua ad quatuor tempora rite reducatur, atque hi quatuor valores diversi pro singulis quatuor locis in formulis istis adhibeantur. Idem valet de inclinatione, siquidem ipsius variatio saecularis innotuerit, ipsiusque rationem habere operae pretium videatur. Si insuper perturbationes latitudinis heliocentricae in calculum introducere placet, hae in aequationibus praecedentibus manifesto vel a γ, γ', γ'', γ''' subduci, vel ipsis δ, δ', δ'', δ''' adiici debebunt.

III. Quoties inclinatio orbitae atque excentricitas modicae sunt, coëfficientes a, b, a', b' etc. tam parvi evadunt, ut ipsos negligere, adeoque computo secundo atque tertio supra praescripto supersedere liceat. Tunc inventis correctionibus $d\Omega$, di (nisi forte perparvae evaserint) calculum longitudinum in orbita novum valoribus correctis longitudinis nodi atque inclinationis, puta $\Omega + d\Omega$, $i + di$, superstruere, atque calculum elementorum ellipticorum ad normam art. 5 repetere oportebit, siquidem longitudines in orbita correctae a prioribus non correctis pluribus minutis secundis diversae prodierint. Ceterum vix umquam opus erit, coëfficientes m, n, m' etc. denuo computare, quippe quorum valores iam per hypothesin primam satis exacti inveniuntur.

8.

Ad maiorem illustrationem praeceptorum praecedentium, calculum integrum, per quem systema elementorum tertium ex oppositionibus annorum 1805, 1807, 1808, 1809 determinatum est, hic apponam. Supposui longitudinem nodi ascendentis pro initio anni 1803, $172^0\,28'\,46''8 = \Omega$, inclinationem orbitae $34^0\,37'\,31''5$; reduxi illam ad tempora singularum oppositionum, addendo praecessionem $2'\,26''01$, $3'\,37''50$, $4'\,39''12$, $5'\,37''11$. Hinc derivavi ex longitudinibus latitudines heliocentricas

$$\delta = -33^0\ 40'\ 50''63$$
$$\delta' = +28\ \ 14\ \ 51.24$$
$$\delta'' = +27\ \ 20\ \ 55.86$$
$$\delta''' = -\ \ 4\ \ 52\ \ 28.44$$

$$c = +0.1252, \qquad f = -0.9870$$
$$c' = -0.3366, \qquad f' = +0.8917$$
$$c'' = +0.3609, \qquad f'' = +0.8727$$
$$c''' = +0.6803, \qquad f''' = -0,1811$$

Porro prodeunt argumenta latitudinis

$$257^0\ 25'\ \ \ 6''73$$
$$56\ \ 24\ \ \ \ 5.96$$
$$126\ \ \ \ 2\ \ 55.07$$
$$188\ \ 36\ \ \ \ 2.69$$

e quibus elementa elliptica elicere oportet. Ad hunc finem statuo angulum $\varphi = 14^0\ 10'\ 4''08$ (uti in systemate elementorum secundo inventus erat), longitudinemque perihelii, pro initio anni 1803, $= 121^0\ 5'\ 22''1$. Perihelium (perinde ut nodus) respectu stellarum fixarum immobile supponitur, adeoque ipsius distantia a nodo ascendente constans $= 308^0\ 36'\ 35''3$. Hinc habemus per formulas notas:

$$v = 308^0\ 48'\ 31''43, \qquad M = 328^0\ 15'\ 45''08$$
$$v' = 107\ \ 47\ \ 30.66, \qquad M' = \ \ 79\ \ 46\ \ 27.05$$
$$v'' = 177\ \ 26\ \ 19.77, \qquad M'' = 175\ \ 54\ \ 28.87$$
$$v''' = 239\ \ 59\ \ 27.39, \qquad M''' = 266\ \ 29\ \ 57.59$$

$$m = -0.68517, \qquad n = +1.18569$$
$$m' = -1.06482, \qquad n = -2.01318$$
$$m'' = -1.59701, \qquad n = -0.12921$$
$$m''' = -1.18352, \qquad n = +1.93947$$

Denotando igitur correctionem longitudinis perihelii per $d\Pi$, atque correctionem anguli φ per $d\varphi$, erit motus medius sidereus

ab oppositione prima usque ad secundam intra dies 521.140706

$$111^0\ 30'\ 41''97 - 0.37965\,d\Pi - 3.19887\,d\varphi$$

ab oppositione secunda usque ad tertiam intra dies 449.277674

$$96^0\ 8'\ 1''82 - 0.53219\,d\Pi + 1.88397\,d\varphi$$

ab oppositione tertia usque ad quartam intra dies 422.786667

$$90^0\ 35'\ 28''72 + 0.41349\,d\Pi + 2.06868\,d\varphi$$

Hinc eruuntur tres expressiones pro valore medio diurno sidereo

$$770''31398 - 0.0007285\,d\Pi - 0.0061382\,d\varphi$$
$$770.30718 - 0.0011845\,d\Pi + 0.0041933\,d\varphi$$
$$771.37892 + 0.0009780\,d\Pi + 0.0048930\,d\varphi$$

e quarum comparatione demanant aequationes:

$$0 = \quad 0''00680 + 0.0004560\,d\Pi - 0.0103315\,d\varphi$$
$$0 = -1.07174 - 0.0021625\,d\Pi - 0.0006997\,d\varphi$$

atque hinc $d\Pi = -488''82$, $d\varphi = -20''92$, ac proin

longitudo perihelii correcta pro initio anni 1803, $120^0\ 57'\ 13''28$,

valorque correctus anguli . . . . . . $\varphi = 14^0\ 9'\ 43''16$

Porro fit motus medius diurnus sidereus . . . . . $770''7985$

anomalia media correcta pro oppositione prima . $328^0\ 20'\ 55''20$

longitudo media pro eadem epocha . . . . . $89^0\ 20'\ 34''49$

Denique derivatur ex motu medio sidereo logarithmus semiaxis maioris 0.4420439, adeoque logarithmus semiparametri 0.4152361. Iam quum habeamus valores correctos anomaliarum verarum

2*

$$v = 308^0\ 56'\ 40''25$$
$$v' = 107\quad 55\quad 39.48$$
$$v'' = 177\quad 34\quad 28.59$$
$$v''' = 240\quad 7\quad 36.21$$

computantur logarithmi radiorum vectorum

$$\log r = 0.3531088$$
$$\log r' = 0.4492406$$
$$\log r'' = 0.5369700$$
$$\log r''' = 0.4716739$$

E tabulis Solaribus porro habemus

$$\log R = 9.9937332$$
$$\log R' = 0.0039862$$
$$\log R'' = 0.0065917$$
$$\log R''' = 0.0011160$$

unde tandem deducimus

$$\gamma = -33^0\ 39'\ 48''15$$
$$\gamma' = +28\quad 15\quad 0.73$$
$$\gamma'' = +27\quad 20\quad 9.07$$
$$\gamma''' = -\ 4\quad 52\quad 53.99$$

Ut eruantur coëfficientes a, b etc., formo *hypothesin secundam*, retinendo inclinationem sed augendo longitudinem nodi uno minuto primo, ut sit pro initio anni 1803, $172^0\ 29'\ 46''8$. Statuendo dein, ut in hypothesi prima, longitudinem perihelii pro eadem epocha $= 121^0\ 5'\ 22''1$, inveniuntur anomaliae verae

$$v = 308^0\ 48'\ 40''93$$
$$v' = 107\quad 47\quad 34.06$$
$$v'' = 177\quad 26\quad 22.25$$
$$v''' = 239\quad 59\quad 15.00$$

atque hinc (statuendo quoque $\varphi = 14^0\ 10'\ 4''08$) anomaliae mediae

$$M = 328^0 \ 15' \ 51''59$$
$$M' = 79 \ 46 \ 30.67$$
$$M'' = 175 \ 54 \ 32.83$$
$$M''' = 266 \ 29 \ 42.93$$

(Ceterum ad hunc computum non opus est, methodum vulgarem adhibere, sed sufficit, valoribus anomaliarum mediarum in hypothesi prima inventis addere producta e coëfficientibus m, m', m'', m''' positive sumtis in differentias inter valores respectivos anomaliarum verarum in utraque hypothesi, puta

$$+ \ 9''50 \times 0.68517 = + \ 6''51$$
$$+ \ 3.40 \times 1.06482 = + \ 3.62$$
$$+ \ 2.48 \times 1.59701 = + \ 3.96$$
$$-12.39 \times 1.18352 = -14.66)$$

Hinc retinendo valores coëfficientium m, n etc. eruitur

$d\Pi = -468''21$, longitudo perihelii initio anni 1803, $120^0 \ 57' \ 33''89$
$d\varphi = - \ 20''62$, $\qquad\qquad\qquad\quad \varphi = 14^0 \ 9' \ 43''46$

motus medius diurnus sidereus $\qquad = 770''7761$
logarithmus semiaxis maioris $\qquad = 0.4420523$
longitudo media in oppositione prima $= 89^0 \ 20' \ 47''85$

$$\gamma = - 33^0 \ 39' \ 51''10$$
$$\gamma' = + 28 \ 15 \ 1.27$$
$$\gamma'' = + 27 \ 20 \ 10.97$$
$$\gamma''' = - \ 4 \ 52 \ 54.66$$

Tandem formo *hypothesin tertiam* statuendo $\Omega = 172^0 28' 46''6$, $i = 34^0 38' 31''5$, unde perinde ut ante deducitur

longitudo perihelii pro initio anni 1803, $120^0 \ 55' \ 34''46$
$\qquad\qquad\qquad\qquad\qquad\qquad \varphi = 14^0 \ 9' \ 52''63$
motus medius diurnus sidereus $\qquad = 770''8398$
logarithmus semiaxis maioris $\qquad = 0.4420283$
longitudo media in oppositione prima $= 89^0 \ 20' \ 20''65$

$$\gamma = -33^0 \; 39' \; 35''63$$
$$\gamma' = +28 \quad 15 \quad 5.20$$
$$\gamma'' = +27 \quad 20 \quad 9.32$$
$$\gamma''' = - \; 4 \quad 52 \quad 52.65$$

Comparatio valorum latitudinum heliocentricarum $\gamma, \gamma', \gamma'', \gamma'''$ in tribus hypothesibus inventarum producit

$$a = -0.0492, \quad b = +0.2087$$
$$a' = +0.0212, \quad b' = +0.0745$$
$$a'' = +0.0317, \quad b'' = +0.0042$$
$$a''' = -0.0112, \quad b''' = +0.0223$$

Habentur itaque quatuor aequationes

$$+62''48 - 0.1744 \, d\Omega + 1.1957 \, di = 0$$
$$+ \; 9.49 + 0.3578 \, d\Omega - 0.8172 \, di = 0$$
$$-46.79 - 0.3292 \, d\Omega - 0.8685 \, di = 0$$
$$-25.55 - 0.6915 \, d\Omega + 0.2034 \, di = 0$$

e quibus per principium quadratorum minimorum deducitur

$$d\Omega = -54''41$$
$$di = -42.06$$

ita ut habeatur

longitudo nodi ascendentis pro initio anni 1803, $172^0 \; 27' \; 52''39$

inclinatio orbitae   34   36   49.44

Elementa reliqua vel per comparationem eorum, quae in singulis tribus hypothesibus prodierunt, erui, vel quod accuratius est, per calculum novum longitudinum in orbita atque repetitionem operationum in art. 5 explicatarum determinari poterunt.   Methodus prima suppeditat

longitudinem perihelii 1803 . . . . $120^0 \; 58' \; 3''86$

angulum φ   14   9   36.25

longitudinem mediam in oppositione prima . .   89   20   32.08

motum medium diurnum sidereum . . . . . .   770''7899

logarithmum semiaxis maioris. . . . . . . , . .   0.4420471

Per methodum alteram invenitur

longitudo perihelii 1803 . . . . $120^0\ 58'\ 4''81$

angulus φ 14 9 36.63

longitudo media in oppositione prima 89 20 31.81

motus medius diurnus sidereus . . . . . . $770''7893$

logarithmus semiaxis maioris 0.4420473

Cum his elementis conveniunt ea, quae supra (art. 3) tradidi.

9.

Quantumvis magnae sint perturbationes, quas Pallas a reliquis planetis patitur, tamen, experientia teste, elementa elliptica quatuor oppositionibus adaptata planetae motui intra integrum hoc tempus satis bene satisfaciunt: quin adeo etiam a motu antecedente ac consequente, nisi intervallum temporis nimium assumatur, parum differunt, ita ut e. g. elementa secunda in art. 3 tradita, in oppositione anni 1803 tribus, in oppositione anni 1809 quinque minutis primis a longitudine heliocentrica observata discrepaverint. Quae quum ita sint, ad construendam ephemeridem pro motu planetae futuro semper commodissimum mihi videtur elementis pure ellipticis uti, quae e quatuor oppositionibus proxime antecedentibus derivata erant, siquidem multitudo aequationum a perturbationibus oriundarum tanta certo evasura est, ut computus vel unius loci heliocentrici planetae tantum non aeque operosus evadere debeat, ac calculus elementorum ellipticorum per praecepta supra tradita. Ita locum planetae geocentricum salvo errore paucorum minutorum primorum tuto semper praedicere licebit, quae praecisio ad inveniendum planetam sufficit.

10.

Attamen postulat scientiae dignitas, ut consensui stabiliori prospiciatur, quem antequam perturbationes in calculum introducantur obtineri non posse manifestum est. Praematurus fuisset, meo quidem iudicio, calculus tam prolixus taediique plenus, quamdiu observationum copia tempus nimis exiguum complectebatur, perturbationesque a planetis reliquis oriundae vix se manifestabant. Nunc vero, ubi motus ellipticus non amplius sufficit, ad omnia loca observata inter se concilianda, tempus adesse videtur, ubi de theoria accuratiori cogitari potest. Quo pacto calculum perturbationum, quas Pallas patitur praesertim a Iove, commodissime atque exactissime absolvendum censeam, quum methodis pro aliis planetis adhibitis propter nimiam excentricitatem atque inclinationem vix ac ne vix quidem uti liceat, mox alio loco fusius explicabo: de elementis autem ellipticis, quae maxime idonea videantur, ut calculus perturbationum ipsis superstruatur, in sequentibus adhuc agam.   Eruenda scilicet mihi propono elementa elliptica, quae non his vel illis oppositionibus exacte, sed omnibus, quae hactenus observatae sunt, quam proxime satisfaciant.   Methodum quidem, per quam tale negotium exsequi liceat, iam in Theoria Motus Corporum Coelestium art. 187 succincte descripsi: sed quum non solum ea, quae illic generaliter tractavi, in casu speciali, ubi loca observata sunt oppositiones, quaedam compendia admittant, sed etiam quaedam artificia practica, per quae applicationem methodi quadratorum minimorum faciliorem reddere iamdudum solitus sum, in opere illo desiderentur, astronomis haud ingratum fore spero, si hosce calculos aliquanto fusius hic tradidero.   Quum totum negotium versetur in determinatione *correctionum* elementis approximatis, quae ab omnibus locis observatis haud multum aberrare supponuntur, adiiciendarum, totus labor a duobus momentis pendebit: primo scilicet formari debent aequationes lineares, quas singula loca observata suppeditant, dein ex his aequationibus valores incognitarum maxime idonei sunt eruendi.

11.

Sit secundum elementa approximata

L longitudo media planetae pro epocha arbitraria

t numerus dierum inde ab epocha usque ad momentum observationis elapsorum

7   motus medius diurnus sidereus in minutis secundis

Π longitudo perihelii

$e = \sin \varphi$ excentricitas

a semiaxis maior

r radius vector

v anomalia vera

E anomalia excentrica

Ω longitudo nodi ascendentis

i inclinatio orbitae

u argumentum latitudinis

λ longitudo heliocentrica

γ latitudo heliocentrica

β latitudo geocentrica

R distantia terrae a Sole.

Ex observatione autem suppono esse

α longitudinem heliocentricam

♉ latitudinem geocentricam.

Denique per $\mathrm{d}L$, $\mathrm{d}7$, $\mathrm{d}\Pi$ etc. denoto correctiones quantitatum L, 7, Π etc.

Fit itaque $\mathrm{d}L + t\mathrm{d}7$ correctio longitudinis mediae,

$\mathrm{d}L + t\mathrm{d}7 - \mathrm{d}\Pi$ correctio anomaliae mediae,

adeoque per art. 15, 16 Theoriae Motus Corp. Coel.

$$\mathrm{d}v = \frac{aa\cos\varphi}{rr}(\mathrm{d}L + t\mathrm{d}7 - \mathrm{d}\Pi) + \frac{aa}{rr}(2 - e\cos E - ee)\sin E\,\mathrm{d}\varphi$$

$$\mathrm{d}r = \frac{r}{a}\mathrm{d}a + a\,\mathrm{tang}\,\varphi\sin v\,(\mathrm{d}L + t\mathrm{d}7 - \mathrm{d}\Pi) - a\cos\varphi\cos v\,\mathrm{d}\varphi$$

Porro fit correctio argumenti latitudinis $\mathrm{d}u = \mathrm{d}v + \mathrm{d}\Pi - \mathrm{d}\Omega$,

atque per art. 52 Theoriae Motus C. C. correctio longitudinis heliocentricae:

$$\mathrm{d}\lambda = \mathrm{d}\Omega - \mathrm{tang}\,\gamma\cos(\lambda - \Omega)\,\mathrm{d}i + \frac{\cos i}{\cos\gamma^2}\mathrm{d}u$$

Hinc colligitur

$$\begin{aligned}
\mathrm{d}\lambda = \;& \frac{aa\cos\varphi\cos i}{rr\cos\gamma^2}\mathrm{d}L \\
& + \frac{taa\cos\varphi\cos i}{rr\cos\gamma^2}\mathrm{d}7 \\
& + \left(\frac{\cos i}{\cos\gamma^2} - \frac{aa\cos\varphi\cos i}{rr\cos\gamma^2}\right)\mathrm{d}\Pi \\
& + \frac{aa\cos i}{rr\cos\gamma^2}(2 - e\cos E - ee)\sin E\,\mathrm{d}\varphi \\
& + \left(1 - \frac{\cos i}{\cos\gamma^2}\right)\mathrm{d}\Omega \\
& - \mathrm{tang}\,\gamma\cos(\lambda - \Omega)\,\mathrm{d}i
\end{aligned}$$

Porro quum habeatur

$$a^{\frac{3}{2}}7 = \text{Const.}$$

$$r\sin(\beta - \gamma) = R\sin\beta$$

$$\mathrm{tang}\,\gamma = \mathrm{tang}\,i\sin(\alpha - \Omega)$$

fit per differentiationem

VI.

$$\frac{\mathrm{d}\,a}{a} = -\frac{2\,\mathrm{d}7}{37}$$

$$\frac{\mathrm{d}\,r}{r} + \operatorname{cotang}(\mathcal{6}-\gamma).(\mathrm{d}\beta-\mathrm{d}\gamma) = \operatorname{cotg}\beta\,\mathrm{d}\beta, \quad \text{sive}$$

$$\mathrm{d}\beta = \frac{\sin\beta\cos(\beta-\gamma)}{\sin\gamma}\,\mathrm{d}\gamma - \frac{\sin\beta\sin(\beta-\gamma)}{r\sin\gamma}\,\mathrm{d}r$$

$$\mathrm{d}\gamma = \frac{\sin 2\gamma}{\sin 2i}\,\mathrm{d}i - \tfrac{1}{2}\sin 2\gamma\,\operatorname{cotang}(\alpha-\Omega)\,\mathrm{d}\Omega$$

unde adhibito valore ipsius $\mathrm{d}r$ supra evoluto colligitur

$$\mathrm{d}\beta = -\frac{a\sin\beta\sin(\beta-\gamma)\tan\varphi\sin v}{r\sin\gamma}\,\mathrm{d}L$$
$$+\left\{\frac{2\sin\beta\sin(\beta-\gamma)}{37\sin\gamma} - \frac{a\,t\sin\beta\sin(\beta-\gamma)\tan\varphi\sin v}{r\sin\gamma}\right\}\mathrm{d}7$$
$$+\frac{a\sin\beta\sin(\beta-\gamma)\tan\varphi\sin v}{r\sin\gamma}\,\mathrm{d}\Pi$$
$$+\frac{a\sin\beta\sin(\beta-\gamma)\cos\varphi\cos v}{r\sin\gamma}\,\mathrm{d}\varphi$$
$$+\frac{2\sin\beta\cos(\beta-\gamma)\cos\gamma}{\sin 2i}\,\mathrm{d}i$$
$$-\sin\beta\cos(\beta-\gamma)\cos\gamma\,\operatorname{cotang}(\alpha-\Omega)\,\mathrm{d}\Omega$$

Hinc valores longitudinis heliocentricae atque latitudinis geocentricae fiunt ex valoribus correctis elementorum $\lambda+\mathrm{d}\lambda$, $\beta+\mathrm{d}\beta$, adeoque quaevis oppositio suppeditat binas aequationes

$$\alpha = \lambda+\mathrm{d}\lambda$$
$$\mathcal{6} = \beta+\mathrm{d}\beta$$

12.

Applicando haecce praecepta ad sex oppositiones Palladis in art. 2 traditas, si calculum secundo elementorum systemati in art. 3 delineato superstruimus, sequentes duodecim aequationes obtinemus:

Ex oppositione *prima*, ubi longitudo computata inventa est $= 277^0\ 36'\ 20''07$, latitudo geocentrica $= +46^0\ 26'\ 29''19$:

$$0 = -183''93 + 0.79363\,\mathrm{d}L + 143.66\,\mathrm{d}7 + 0.39493\,\mathrm{d}\Pi + 0.95920\,\mathrm{d}\varphi$$
$$-0.18856\,\mathrm{d}\Omega + 0.17387\,\mathrm{d}i$$

$$0 = -\ 6''81 - 0.02658\,\mathrm{d}L + 46.71\,\mathrm{d}7 + 0.02658\,\mathrm{d}\Pi - 0.20858\,\mathrm{d}\varphi$$
$$+0.15946\,\mathrm{d}\Omega + 1.25782\,\mathrm{d}i$$

Ex oppositione *secunda*, ubi longitudo computata $= 337^0\ 0'\ 36''04$,

latitudo geocentrica $= +15^0\ 1'\ 46''71$:

$$0 = -\quad 0''06 + 0.58880\,\mathrm{d}L + 358.12\,\mathrm{d}7 + 0.26208\,\mathrm{d}\Pi - 0.85234\,\mathrm{d}\varphi$$
$$+ 0.14912\,\mathrm{d}\Omega + 0.17775\,\mathrm{d}i$$

$$0 = -\quad 3''09 + 0.01318\,\mathrm{d}L + 28.39\,\mathrm{d}7 - 0.01318\,\mathrm{d}\Pi - 0.07861\,\mathrm{d}\varphi$$
$$+ 0.91704\,\mathrm{d}\Omega + 0.54365\,\mathrm{d}i$$

Ex oppositione *tertia*, ubi longitudo computata $=\quad 67^0\ 20'\ 42''88$,

latitudo geocentrica $= -54^0\ 31'\ 3''88$:

$$0 = -\quad 0''02 + 1.73436\,\mathrm{d}L + 1846.17\,\mathrm{d}7 - 0.54603\,\mathrm{d}\Pi - 2.05662\,\mathrm{d}\varphi$$
$$- 0.18833\,\mathrm{d}\Omega - 0.17445\,\mathrm{d}i$$

$$0 = -\quad 8''98 - 0.12606\,\mathrm{d}L - 227.42\,\mathrm{d}7 + 0.12606\,\mathrm{d}\Pi - 0.38939\,\mathrm{d}\varphi$$
$$+ 0.17176\,\mathrm{d}\Omega - 1.35441\,\mathrm{d}i$$

Ex oppositione *quarta*, ubi longitudo computata $=\quad 223^0\ 37'\ 25''39$,

latitudo geocentrica $= +42^0\ 11'\ 28''07$:

$$0 = -\quad 2''31 + 0.99584\,\mathrm{d}L + 1579.03\,\mathrm{d}7 + 0.06456\,\mathrm{d}\Pi + 1.99545\,\mathrm{d}\varphi$$
$$- 0.06040\,\mathrm{d}\Omega - 0.33750\,\mathrm{d}i$$

$$0 = +\quad 2''47 - 0.08089\,\mathrm{d}L - 67.22\,\mathrm{d}7 + 0.08089\,\mathrm{d}\Pi - 0.09970\,\mathrm{d}\varphi$$
$$- 0.46359\,\mathrm{d}\Omega + 1.22803\,\mathrm{d}i$$

Ex oppositione *quinta*, ubi longitudo computata $=\quad 304^0\ 2'\ 59''71$,

latitudo geocentrica $= +37^0\ 44'\ 31''82$:

$$0 = +\quad 0''01 + 0.65311\,\mathrm{d}L + 1329.09\,\mathrm{d}7 + 0.38994\,\mathrm{d}\Pi - 0.08439\,\mathrm{d}\varphi$$
$$- 0.04305\,\mathrm{d}\Omega + 0.34268\,\mathrm{d}i$$

$$0 = +\quad 38''12 - 0.00218\,\mathrm{d}L + 38.47\,\mathrm{d}7 + 0.00218\,\mathrm{d}\Pi - 0.18710\,\mathrm{d}\varphi$$
$$+ 0.47301\,\mathrm{d}\Omega - 1.14371\,\mathrm{d}i$$

Ex oppositione *sexta*, ubi longitudo computata $= 359^0\ 34'\ 46''67$,

latitudo geocentrica $= -7^0\ 20'\ 12''13$:

$$0 = -317''73 + 0.69957\,\mathrm{d}L + 1719.32\,\mathrm{d}7 + 0.12913\,\mathrm{d}\Pi - 1.38787\,\mathrm{d}\varphi$$
$$+ 0.17130\,\mathrm{d}\Omega - 0.08360\,\mathrm{d}i$$

$$0 = +117''97 - 0.01315\,\mathrm{d}L - 43.84\,\mathrm{d}7 + 0.01315\,\mathrm{d}\Pi + 0.02929\,\mathrm{d}\varphi$$
$$+ 1.02138\,\mathrm{d}\Omega - 0.27187\,\mathrm{d}i$$

Sed ex his duodecim aequationibus decimam omnino reiiciemus, quum latitudo geocentrica observata nimis incerta sit.

3*

13.

Quum sex incognitas dL, $d7$ etc. ita determinare non liceat, ut omnibus undecim aequationibus exacte satisfiat, i. e. ut singulae incognitarum functiones quae sunt ad dextram simul fiant $= 0$, valores eos eruemus, per quos functionum harum quadrata summam quam minimam efficiant. Facile quidem perspicitur, si generaliter functiones lineares incognitarum p, q, r, s etc. propositae sint hae

$$n \;+ap.+bq+cr+ds+ \text{ etc. } = w$$
$$n'+a'p+b'q+c'r+d's+ \text{ etc. } = w'$$
$$n''+a''p+b''q+c''r+d''s+ \text{ etc. } = w''$$
$$n'''+a'''p+b'''q+c'''r+d'''s+ \text{ etc. } = w'''$$

etc., aequationes conditionales, ut $ww+w'w'+w''w''+w'''w'''+$ etc. $= \Omega$ fiat minimum, esse hasce

$$aw+a'w'+a''w''+a'''w'''+ \text{ etc. } = 0$$
$$bw+b'w'+b''w''+b'''w'''+ \text{ etc. } = 0$$
$$cw+c'w'+c''w''+c'''w'''+ \text{ etc. } = 0$$
$$dw+d'w'+d''w''+d'''w'''+ \text{ etc. } = 0$$

etc. sive

designando brevitatis causa

$$an+a'n'+a''n''+a'''n'''+ \text{ etc. per } [an]$$
$$aa+a'a'+a''a''+a'''a'''+ \text{ etc. per } [aa]$$
$$ab+a'b'+a''b''+a'''b'''+ \text{ etc. per } [ab]$$
$$\text{etc.}$$
$$bb+b'b'+b''b''+b'''b'''+ \text{ etc. per } [bb]$$
$$bc+b'c'+b''c''+b'''c'''+ \text{ etc. per } [bc]$$
$$\text{etc. etc.}$$

p, q, r, s etc. determinari debere per eliminationem ex aequationibus

$$[an]+[aa]p+[ab]q+[ac]r+[ad]s+ \text{ etc. } = 0$$
$$[bn]+[ab]p+[bb]q+[bc]r+[bd]s+ \text{ etc. } = 0$$
$$[cn]+[ac]p+[bc]q+[cc]r+[cd]s+ \text{ etc. } = 0$$
$$[dn]+[ad]p+[bd]q+[cd]r+[dd]s+ \text{ etc. } = 0$$
$$\text{etc.}$$

Attamen quoties multitudo incognitarum p, q, r, s etc. paullo maior est, eliminatio laborem velde prolixum atque taediosum requirit, quem sequenti modo notabiliter contrahere licet. Praeter coëfficientes $[an]$, $[aa]$, $[ab]$ etc. (quorum multitudo fit $= \frac{1}{2}(ii + 3i)$, si multitudo incognitarum $= i$), etiam hunc computatum suppono $nn + n'n' + n''n'' + n'''n''' + $ etc. $= [nn]$, perspicieturque facile fieri

$$\Omega = [nn] + 2[an]p + 2[bn]q + 2[cn]r + 2[dn]s + \text{ etc.}$$
$$+ [aa]pp + 2[ab]pq + 2[ac]pr + 2[ad]ps + \text{ etc.}$$
$$+ [bb]qq + 2[bc]qr + 2[bd]qs + \text{ etc.}$$
$$+ [cc]rr + 2[cd]rs + \text{ etc.}$$
$$+ [dd]ss + \text{ etc.}$$
$$\text{etc.}$$

Designando itaque

$$[an] + [aa]p + [ab]q + [ac]r + [ad]s + \text{ etc. per } A$$

patet, singulas partes ipsius $\frac{A^2}{[aa]}$, quae factorem p involvunt, in Ω contineri, adeoque $\Omega - \frac{A^2}{[aa]}$ esse functionem a p liberam. Quare statuendo

$$[nn] - \frac{[an]^2}{[aa]} = [nn, 1]$$
$$[bn] - \frac{[an].[ab]}{[aa]} = [bn, 1]$$
$$[cn] - \frac{[an].[ac]}{[aa]} = [cn, 1]$$
$$[dn] - \frac{[an].[ad]}{[aa]} = [dn, 1] \text{ etc.}$$
$$[bb] - \frac{[ab]^2}{[aa]} = [bb, 1]$$
$$[bc] - \frac{[ab].[ac]}{[aa]} = [bc, 1]$$
$$[bd] - \frac{[ab].[ad]}{[aa]} = [bd, 1] \text{ etc. etc.: erit}$$

$$\Omega - \frac{A^2}{[aa]} = [nn, 1] + 2[bn, 1]q + 2[cn, 1]r + 2[dn, 1]s + \text{ etc.}$$
$$+ [bb, 1]qq + 2[bc, 1]qr + 2[bd, 1]qs + \text{ etc.}$$
$$+ [cc, 1]rr + 2[cd, 1]rs + \text{ etc.}$$
$$+ [dd, 1]ss + \text{ etc.}$$
$$\text{etc.}$$

quam functionem designabimus per Ω'.

Similimodo ponendo

$$[bn, 1] + [bb, 1]q + [bc, 1]r + [bd, 1]s + \text{etc.} = B$$

erit $\Omega' - \frac{B^2}{[bb, 1]}$ functio a q libera, quam statuemus $= \Omega''$. Eodem modo faciemus

$$[nn, 1] - \frac{[bn, 1]^2}{[bb, 1]} = [nn, 2]$$

$$[cn, 1] - \frac{[bn, 1].[bc, 1]}{[bb, 1]} = [cn, 2]$$

$$[cc, 1] - \frac{[bc, 1]^2}{[bb, 1]} = [cc, 2]$$

etc. etc. atque

$$[cn, 2] + [cc, 2]r + [cd, 2]s + \text{etc.} = C$$

unde $\Omega'' - \frac{C^2}{[cc, 2]}$ erit functio ab r quoque libera. Eodem modo progrediemur, usquedum in progressione Ω, Ω', Ω'' etc. ad terminum ab omnibus incognitis liberum pervenerimus, qui erit $[nn, \mu]$, si multitudo incognitarum p, q, r, s etc. denotatur per μ. Habemus itaque

$$\Omega = \frac{A^2}{[aa]} + \frac{B^2}{[bb, 1]} + \frac{C^2}{[cc, 2]} + \frac{D^2}{[dd, 3]} + \text{etc.} + [nn, \mu]$$

Iam quum $\Omega = ww + w'w' + w''w''$ etc. natura sua valorem negativum obtinere non possit, facile demonstratur, divisores $[aa]$, $[bb, 1]$, $[cc, 2]$, $[dd, 3]$ etc. necessario *positivos* evadere debere (brevitatis tamen gratia hanc demonstrationem fusius hic non exsequor). Hinc vero sponte sequitur, valorem minimum ipsius Ω prodire, si fiat $A = 0$, $B = 0$, $C = 0$, $D = 0$ etc. Ex his itaque (μ) aequationibus incognitae p, q, r, s etc. determinari debebunt, quod ordine inverso facillime effici poterit, quum manifesto ultima aequatio unicam incognitam implicet, penultima duas et sic porro. Simul haec methodus eo nomine se commendat, quod valor minimus aggregati Ω sponte inde innotescit, quippe qui manifesto est $= [nn, \mu]$.

14.

Applicemus iam haecce praecepta ad exemplum nostrum, ubi p, q, r, s etc. sunt dL, $d7$, $d\Pi$, $d\varphi$, $d\Omega$, di. Calculo accurate absoluto hosce valores numericos inveni:

$[nn] = \quad 148848$

$[an] = -371.09$

$[bn] = -580104$

$[cn] = -113.45$

$[dn] = +268.53$

$[en] = +94.26$

$[fn] = -31.81$

$[aa] = +5.91569$

$[ab] = +7203.91$

$[ac] = -0.09344$

$[ad] = -2.28516$

$[ae] = -0.34664$

$[af] = -0.18194$

$[bb] = +10834225$

$[bc] = -49.06$

$[bd] = -3229.77$

$[be] = -198.64$

$[bf] = -143.05$

$[cc] = +0.71917$

$[cd] = +1.13382$

$[ce] = +0.06400$

$[cf] = +0.26341$

$[dd] = +12.00340$

$[de] = -0.37137$

$[df] = -0,11762$

$[ee] = +2.28215$

$[ef] = -0.36136$

$[ff] = +5.62456$

Hinc porro deduxi

$[nn,1] = +125569$

$[bn,1] = -138534$

$[cn,1] = -119.31$

$[dn,1] = -125.18$

$[en,1] = +72.52$

$[fn,1] = -43.22$

$[bb,1] = +2458225$

$[bc,1] = +62.13$

$[bd,1] = -510.58$

$[be,1] = +213.84$

$[bf,1] = +73.45$

$[cc,1] = +0.71769$

$[cd,1] = +1.09773$

$[ce,1] = -0.05852$

$[cf,1] = +0.26054$

$[dd,1] = +11.12064$

$[de,1] = -0.50528$

$[df,1] = -0.18790$

$[ee,1] = +2.26185$

$[ef,1] = -0.37202$

$[ff,1] = +5.61905$

Atque hinc simili modo

$[nn,2] = +117763$

$[cn,2] = -115.81$

$[dn,2] = -153.95$

$[en,2] = +84.57$

$[fn,2] = -39.08$

$[cc,2] = +0.71612$

$[cd,2] = +1.11063$

$[ce,2] = -0.06392$

$[cf,2] = +0.25868$

$[dd,2] = +11.01463$

$[de,2] = -0.46088$

$[df,2] = -0.17265$

$[ee,2] = +2.24325$

$[ef,2] = -0.37841$

$[ff,2] = +5.61686$

Hinc porro

$[nn,3] = +99034$

$[dn,3] = +25.66$

$[en,3] = +74.23$

$[fn,3] = +2.75$

$[dd,3] = +9.29213$

$[de,3] = -0.36175$

$[df,3] = -0.57384$

$[ee,3] = +2.23754$

$[ef,3] = -0.35532$

$[ff,3] = +5.52342$

Hinc eodem modo

$[nn,4] = +98963$

$[en,4] = +75.23$

$[fn,4] = +4.33$

$[ee,4] = +2.22346$

$[ef,4] = -0.37766$

$[ff,4] = +5.48798$

Hinc

$[nn,5] = +96418$

$[fn,5] = +17.11$

$[ff,5] = +5.42383$

Atque hinc tandem

$[nn,6] = +96364$

Habemus itaque ad determinationem incognitarum sex aequationes sequentes:

$$0 = + \quad 17''11 + 5.42383\,di$$

$$0 = + \quad 75''23 + 2.22346\,d\Omega - 0.37766\,di$$

$$0 = + \quad 25''66 + 9.29213\,d\varphi - 0.36175\,d\Omega - 0.57384\,di$$

$$0 = -115''81 + 0.71612\,d\Pi + 1.11063\,d\varphi - 0.06392\,d\Omega + 0.25868\,di$$

$$0 = -13854'' + 2458225\,d7 + 62.13\,d\Pi \quad - 510.58\,d\varphi \quad +213,84\,d\Omega$$
$$+73.45\,di$$

$$0 = -371''09 + 5.91569\,dL + 7203.91\,d7 - 0.09344\,d\Pi - 2.28516\,d\varphi$$
$$-0.34664\,d\Omega - 0.18194\,di$$

unde deducitur

$$
\begin{aligned}
\mathrm{d}i &= - \quad 3''15 \\
\mathrm{d}\Omega &= - \quad 34''37 \\
\mathrm{d}\varphi &= - \quad 4''29 \\
\mathrm{d}\Pi &= + 166''44 \\
\mathrm{d}7 &= + \quad 0''054335 \\
\mathrm{d}L &= - \quad 3''06
\end{aligned}
$$

Elementa itaque elliptica correcta, quae omnibus sex oppositionibus quam proxime satisfaciunt, haec sunt:

Epocha longitudinis mediae 1803, ad meridianum Gottingensem $221^0\ 34'\ 53''64$

Motus medius tropicus diurnus . . . . $770''5010$

Longitudo perihelii 1803 . . . . $121^0\ 8'\ 8''54$

Longitudo nodi ascendentis 1803 . . . . $172\ 28\ 12.43$

Inclinatio orbitae . . . . $34\ 37\ 28.35$

Excentricitas $= \sin 14^0\ 9'\ 59''79$ 0.2447424

Logarithmus semiaxis maioris 0.4422071

15.

Substitutis valoribus correctionum $\mathrm{d}L$, $\mathrm{d}7$ etc., quos modo invenimus, in duodecim aequationibus art. 12, differentias sequentes inter valores longitudinum heliocentricarum atque latitudinum geocentricarum observatos atque computatos obtinemus:

in oppositione anni	differentia longitudinis	differentia latitudinis
1803	$-111''00$	$-\ 8''31$
1804	$+\ 59.18$	-36.67
1805	$+\ 19.92$	$+\ 0.07$
1807	$+\ 85.77$	$+25.01$
1808	$+135.88$	$+28.72$
1809	-216.54	$+83.01$

OBSERVATIONES

COMETAE SECUNDI A. MDCCCXIII

IN OBSERVATORIO GOTTINGENSI FACTAE

ADIECTIS

NONNULLIS ADNOTATIONIBUS CIRCA CALCULUM ORBITARUM

PARABOLICARUM

AUCTORE

CAROLO FRIDERICO GAUSS

SOCIETATI REGIAE SC. EXHIBITAE D. X. SEPT. MDCCCXIII.

Commentationes societatis regiae scientiarum Gottingensis recentiores. Vol. II.

Gottingae MDCCCXIII.

OBSERVATIONES
COMETAE SECUNDI A. MDCCCXIII
IN OBSERVATORIO GOTTINGENSI FACTAE
ADIECTIS
NONNULLIS ADNOTATIONIBUS CIRCA CALCULUM ORBITARUM PARABOLICARUM.

Cometam a collega amicissimo cl. HARDING d. 3 Aprilis huius anni in constellatione Tauri Poniatovii detectum ipse in specula nostra observare coepi inde a d. 7 Aprilis. Ecce determinationes, quas ope micrometri circularis telescopio decempedali adaptati obtinere licuit:

1813	T. med. Gott.			Asc. R. app.			Declin. app.			
Apr. 7	13^h	12^m	2^s	271^0	$7'$	$19''3$	5^0	$34'$	$36''7$	Bor.
9	13	35	40	270	10	33.5	4	11	3.4	—
11	13	17	43	269	1	19.9	2	33	0.7	—
14	13	7	36	266	44	5.5	0	33	0.8	Austr.
21	14	23	0	256	39	19.3	12	57	56.0	—

Postea ad quadrantem muralem a clar. HARDING observationes factae sunt hae:

Apr. 21	15^h	7^m	21^s	256^0	34	$19''6$	13^0	$2'$	$26''5$	Austr.
24	14	22	50	248	23	21	21	45	2	
25	14	4	21	244	44	42	25	10	42	

D. 24 et 25 Aprilis cometa nudis quoque oculis valde conspicuus fuit. Noctibus insequentibus coelum nubibus tectum, moxque rapidus cometae ad austrum descensus finem observationibus imposuit.

4*

Superfluum videtur, hocce loco elementa parabolica repetere, quae statim ab initio e tribus primis observationibus ipse deduxeram. Etenim horum accuratius expoliendorum curam demandavi calculatori valde exercitato atque perito, Doctori GERLING, cui sequentia elementa correcta debemus, cunctis observationibus tum nostris tum iis quas transmiserat clar. OLBERS, quantum licuit adaptata.

Logarithmus distantiae in perihelio 0.0849212
Tempus transitus per perihelium, ad meridianum Gottingensem

1813 Mai. 19.44507

Longitudo perihelii . . . . 197° 43′ 7″7
Longitudo nodi ascendentis . . . . . , ... 42 40 15.2
Inclinatio orbitae 81 2 11.8
Motus *retrogradus*.

Observationes clar. OLBERS fuerunt hae:

1813	T. med. Brem.	Asc. R. app.	Declin. app.
Apr. 14	13ʰ 31ᵐ 4ˢ	266° 42′ 51″2	0° 34′ 22″8 Austr.
15	12 14 29	265 48 47.9	1 46 4.5
19	11 38 0	260 40 39.1	8 15 23.7
21	12 0 35	256 51 59.3	12 42 54.3
24	11 58 38	248 43 57.7	21 25 9.8
25	11 41 30	245 8 18.0	24 49 2.4
	12 5 38	245 4 3.0	24 54 16.4

Accessit observatio clar. BOUVARD in observatorio imp. Parisino facta:

1813	T. med. Paris.	Asc. R. app.	Declin. app.
Apr. 13	16ʰ 22ᵐ 2ˢ	267° 27′ 18″	0° 24′ 46″ Bor.

Consensus elementorum supra traditorum cum singulis hisce observationibus e calculis clar. GERLING ita se habet:

| | Differentia | | Observator |
	Asc. R.	Declin.	
Apr. 7	$+$ 3″8	$+$ 8″5	Gauss
9	$+$ 2.0	$+$ 34.3	Gauss
11	$-$ 5.3	$-$ 17.7	Gauss
13	$-$ 1.6	$-$ 0.4	Bouvard
14	$-$ 7.4	$-$ 28.6	Gauss
	$+$ 2.7	$-$ 8.4	Olbers
15	$-$ 0.9	$+$ 28.7	Olbers
19	$-$ 25.1	$+$ 103.9	Olbers
21	$-$ 56.6	$-$ 59.2	Olbers
	$-$ 30.1	$-$ 5.2	Gauss
	$-$ 22.8	$-$ 24.1	Harding
24	$-$ 45.2	$-$ 41.4	Olbers
	$+$ 0.4	$-$ 11.6	Harding
25	$-$ 23.3	$-$ 67.8	Olbers
	$-$ 9.4	$-$ 27.4	Olbers
	$+$ 9.7	$+$ 1.4	Harding

In hacce comparatione tum aberrationis tum parallaxis ratio rite est habita.

Liceat his addere quaedam calculi compendia, quibus saepius in determinatione prima orbitae parabolicae secundum methodum clar. OLBERS commode usus sum, et per quae methodus ista iam per se tam expedita adhuc magis contrahi vel ad calculum numericum magis idonea reddi videtur. Referuntur ea ad computum radiorum vectorum, atque imprimis chordae inter locum primum et ultimum. Clar. OLBERS ad hunc finem adhibet expressiones huius formae $\sqrt{(f + g\rho + h\rho\rho)}$, atque coëfficientes f, g, h per operationes satis quidem simplices determinat, ita tamen comparatas, ut in plerisque casibus praecisio sufficiens obtineri nequeat, nisi tabulis logarithmorum maioribus ad septem vel saltem ad sex figuras decimales constructis perficiantur. Illarum expressionum loco alias substitui, quae tum per se aliquanto magis commodae ad calculum videntur, tum eo quoque nomine se commendant, quod omnibus operationibus quinque decimales adeoque tabulae logarithmorum minores sufficiunt. Rei summa hisce momentis innititur. Sint

$\odot$, $\odot'$, $\odot''$ longitudines Solis in observatione prima, secunda, tertia
R, R', R'' distantiae solis a terra
α, α', α'' longitudines atque
$\mathfrak{b}$, $\mathfrak{b}'$, $\mathfrak{b}''$ latitudines geocentricae cometae
r, r', r'' distantiae eiusdem a sole
ρ, ρ', ρ'' eiusdem distantiae curtatae a terra
t, t', t'' tempora observationum
k chorda inter cometae locum primum atque tertium
$M = \frac{\rho''}{\rho}$

His positis facile perspicitur haberi

[1] $r = \sqrt{[(\rho \cos \alpha - R \cos \odot)^2 + (\rho \sin \alpha - R \sin \odot)^2 + \rho\rho \tan \mathfrak{b}^2]}$
[2] $r'' = \sqrt{[(M\rho \cos \alpha'' - R'' \cos \odot'')^2 + (M\rho \sin \alpha'' - R'' \sin \odot'')^2 + MM\rho\rho \tan \mathfrak{b}''^2]}$
[3] $k = \sqrt{[(M\rho \cos \alpha'' - \rho \cos \alpha - R'' \cos \odot'' + R \cos \odot)^2}$
$+ (M\rho \sin \alpha'' - \rho \sin \alpha - R'' \sin \odot'' + R \sin \odot)^2$
$+ (M\rho \tan \mathfrak{b}'' - \rho \tan \mathfrak{b})^2]$

Aequationes 1, 2 induunt formam hancce

$$r = \sqrt{\left(\frac{\rho\rho}{\cos \mathfrak{b}^2} - 2\rho R \cos (\alpha - \odot'') + RR\right)}$$
$$r'' = \sqrt{\left(\frac{MM\rho\rho}{\cos \mathfrak{b}''^2} - 2M\rho R'' \cos (\alpha'' - \odot'') + R''R''\right)}$$

Statuendo itaque

$$\cos \mathfrak{b} \cos (\alpha - \odot) = \cos \psi, \quad R \sin \psi = B$$
$$\cos \mathfrak{b}'' \cos (\alpha'' - \odot'') = \cos \psi'', \quad R'' \sin \psi'' = B''$$

habebimus

$$r = \sqrt{\left[\left(\frac{\rho}{\cos \mathfrak{b}} - R \cos \psi\right)^2 + BB\right]}$$
$$r'' = \sqrt{\left[\left(\frac{M\rho}{\cos \mathfrak{b}''} - R'' \cos \psi''\right)^2 + B''B''\right]}$$

Determinando porro quinque quantitates auxiliares g, G, h, H, ζ, ita ut habeatur

$$R'' \cos\odot'' - R \cos\odot = g \cos G$$
$$R'' \sin\odot'' - R \sin\odot = g \sin G$$
$$M \cos\alpha'' - \cos\alpha = h \cos\zeta \cos H$$
$$M \sin\alpha'' - \sin\alpha = h \cos\zeta \sin H$$
$$M \tang\mathit{6}'' - \tang\mathit{6} = h \sin\zeta$$

formula 3 transit in sequentem

$$k = \sqrt{[(\rho h \cos\zeta \cos H - g \cos G)^2 + (\rho h \cos\zeta \sin H - g \sin G)^2 + \rho\rho hh \sin\zeta^2]}$$
$$= \sqrt{(\rho\rho hh - 2\rho hg \cos\zeta \cos(G-H) + gg)}$$

Quodsi itaque statuimus

$$\cos\zeta \cos(G-H) = \cos\varphi, \quad g \sin\varphi = A$$

erit

$$k = \sqrt{[(\rho h - g \cos\varphi)^2 + AA]}$$

aut si insuper statuimus $\rho h - g \cos\varphi = u$,

$$k = \sqrt{(uu + AA)}$$

Gratum fore censemus pluribus lectoribus, si non modo complexum omnium operationum ad has transformationes pertinentium rite ordinatum hic denuo sistamus, sed insuper omnes reliquas operationes simul adiiciamus. ita ut omnia, quae ad calculum primum orbitae parabolicae requiruntur, hic iuncta inveniantur. Simul haec praecepta per numeros a cometa nostro desumtos illustrabimus. Eligimus itaque observationes nostras dierum 7, 14, 21 Aprilis, quarum reductio sequentia *data* administrat:

$$t = 7.55002$$
$$t' = 14.54694$$
$$t'' = 21.59931$$

α	$= 271^0$	$16'$	$38''$	$\mathit{6}$	$= +29^0$	$2'$	$0''$
α'	$= 266$	27	22	$\mathit{6}'$	$= +22$	52	18
α''	$= 256$	48	8	$\mathit{6}''$	$= + 9$	53	12
$\odot$	$= 17$	47	41	$\log R$	$= 0.00091$		
$\odot'$	$= 24$	38	45	$\log R'$	$= 0.00175$		
$\odot''$	$= 31$	31	25	$\log R''$	$= 0.00260$		

I. Operatio *prima* consistit in determinatione valoris approximati ipsius M, quem suppeditat formula

$$M = \frac{t''-t'}{t'-t} \cdot \frac{\tan\delta'\sin(\alpha-\odot')-\tan\delta\,\sin(\alpha'-\odot')}{\tan\delta''\sin(\alpha'-\odot')-\tan\delta'\sin(\alpha''-\odot')}$$

In exemplo nostro invenitur $\log M = 9.75799$.

II. Tunc determinare oportet quantitates g, G, h, H, ζ per formulas sequentes, quas supra traditis aequivalentes sed ad calculum commodiores esse patet.

$$R''\cos(\odot''-\odot)-R = g\cos(G-\odot)$$
$$R''\sin(\odot''-\odot) = g\sin(G-\odot)$$
$$M-\cos(\alpha''-\alpha) = h\cos\zeta\cos(H-\alpha'')$$
$$\sin(\alpha''-\alpha) = h\cos\zeta\sin(H-\alpha'')$$
$$M\tan\delta''-\tan\delta = h\sin\zeta$$

In exemplo nostro provenit

$$G = 113^0\ 43'\ 57''$$
$$\log g = 9.38029$$
$$H = 109^0\ \ 5'\ 49''$$
$$\zeta = \ \ 44\ \ \ 13\ \ \ \ 9$$
$$\log h = 9.81477$$

III. Postea statuemus

$$\cos\zeta\,\cos(G-H)\ = \cos\varphi$$
$$\cos\delta\,\cos(\alpha-\odot)\ = \cos\psi$$
$$\cos\delta''\cos(\alpha''-\odot'') = \cos\psi''$$

$$g\sin\varphi\ = A$$
$$R\sin\psi\ = B$$
$$R''\sin\psi'' = B''$$

In hoc calculo si forte cosinus angulorum φ, ψ, ψ'' parum ab unitate diversi evadant, figuras sex vel adeo septem adhibere conveniet. Ceterum angulos φ, ψ, ψ'' ipsos gradibus minutis et secundis describere non necessarium est, quum sufficiat, statim a logarithmis cosinuum ad logarithmos sinuum transire.

In exemplo nostro fit

$$\log A = 9.22527$$
$$\log B = 9.98706$$
$$\log B'' = 9.86038$$

IV. Denique statuatur

$$h \cos \mathfrak{6} = b$$
$$\frac{h \cos \mathfrak{6}''}{M} = b''$$
$$g \cos \varphi - b\,R\,\cos\psi = c$$
$$g \cos \varphi - b''R''\cos\psi'' = c''$$

In exemplo nostro

$$\log b = 9.75645$$
$$\log b'' = 0.05028$$
$$c = +0.31365$$
$$c'' = +0.95443$$

V. His ita praeparatis radii vectores r, r'' atque chorda k pendent ab incognita u sequenti modo

$$r = \sqrt{[(\tfrac{u+c}{b})^2 + BB]}$$
$$r'' = \sqrt{[(\tfrac{u+c''}{b''})^2 + B''B'']}$$
$$k = \sqrt{(uu + AA)}$$

quam incognitam ita per tentamina determinare oportet, ut satisfiat aequationi

$$(r+r''+k)^{\frac{3}{2}} - (r+r''-k)^{\frac{3}{2}} = \frac{t''-t}{m}$$

ubi notandum, m designare tempus 9.6887401 dierum atque esse

$$\log m = 0.9862673$$

Quantitati $(r+r''-k)^{\frac{3}{2}}$ signum $+$ praefigere oporteret, si motus heliocentricus cometae intra tempus $t''-t$ angulum 180^0 superaret, sed hic casus in suppositionibus, quibus haecce prima orbitae determinatio innititur, occurrere nequit. Ceterum vix opus erit monere, calculum numericum pro r ita instituendum esse, ut introducatur angulus auxiliaris θ, talis ut sit

$$\frac{bB}{u+c} = \tang\theta$$

unde fieri $r = \frac{B}{\sin\theta}$, ac perinde pro r'' et k. Nec non quisque sponte videbit, in omnibus his operationibus percommode adhiberi posse tabulam nostram pro logarithmis summarum atque differentiarum immediate inveniendis.

In exemplo nostro habetur $\log\frac{t''-t}{m} = 0.16139$, paucisque tentaminibus factis eruitur

$$u = 0.24388$$

VI. Inventa quantitate u, habemus

$$\rho = \frac{u + g\cos\varphi}{h}, \qquad \rho'' = M\rho$$

(in exemplo nostro $\log\rho = 9.80364$, $\log\rho'' = 9.56163$).

Operationes reliquae satis quidem sunt notae: sed ut omnia hic adsint, formulas reliquas quoque, quibus uti solemus, apponere visum est. Sint itaque

λ, λ'' longitudines heliocentricae cometae in observatione prima atque tertia
β, β'' latitudines heliocentricae
υ, υ'' longitudines in orbita
☊ longitudo nodi ascendentis
i inclinatio orbitae intra 0 et 90° accipienda, si secundum modum vulgarem motum directum retrogradumque distinguimus
Π longitudo perihelii
T tempus transitus per perihelium
q distantia in perihelio.

VII. Positiones heliocentricae invenientur per formulas

$$\rho\cos(\alpha - \odot) - R = r\cos\beta\cos(\lambda - \odot)$$
$$\rho\sin(\alpha - \odot) = r\cos\beta\sin(\lambda - \odot)$$
$$\rho\tang b = r\sin\beta$$
$$\rho''\cos(\alpha'' - \odot'') - R'' = r''\cos\beta''\cos(\lambda'' - \odot'')$$
$$\rho''\sin(\alpha'' - \odot'') = r''\cos\beta''\sin(\lambda'' - \odot'')$$
$$\rho''\tang b'' = r''\sin\beta''$$

Consensus valorum pro radiis vectoribus r, r'' hinc prodeuntium cum iis, qui antea ex u deducti fuerant, calculo confirmando inserviet. Motus directus erit vel retrogradus, prout λ'' maior evadit quam λ, vel minor.

In exemplo nostro invenimus

$$\lambda = 225^0 \ 4' \ 22'', \qquad \beta = +14^0 \ 51' \ 39'', \qquad \log r = 0.13896$$
$$\lambda'' = 223 \ \ 6 \ \ 55 \ , \qquad \beta'' = + \ \ 2 \ \ 49 \ \ 28 \ , \qquad \log r'' = 0.11068$$

Cometae itaque motus est retrogradus.

VIII. Ad inveniendam longitudinem nodi atque inclinationem, adhibeantur formulae:

$$\pm \ \text{tang}\,\beta = \text{tang}\,i \,.\, \sin(\lambda - \Omega)$$

$$\pm \ \frac{\text{tang}\,\beta'' - \text{tang}\,\beta \,.\, \cos(\lambda'' - \lambda)}{\sin(\lambda'' - \lambda)} = \text{tang}\,i \,.\, \cos(\lambda - \Omega)$$

ubi signa superiora referuntur ad motum directum, inferiora ad retrogradum. Dein longitudines in orbita eruuntur per formulas

$$\frac{\text{tang}(\lambda - \Omega)}{\cos i} = \text{tang}(\upsilon - \Omega)$$

$$\frac{\text{tang}(\lambda'' - \Omega)}{\cos i} = \text{tang}(\upsilon'' - \Omega)$$

ubi $\upsilon - \Omega$, $\upsilon'' - \Omega$ in iisdem resp. quadrantibus accipere oportet, in quibus sunt $\lambda - \Omega$, $\lambda'' - \Omega$.

Pro cometa nostro invenimus

$$\Omega = \ \ 42^0 \ \ 40' \ \ 8''$$
$$i = \ \ 81 \ \ \ \ 1 \ \ \ \ 3$$
$$\upsilon = 237 \ \ 43 \ \ \ \ 7$$
$$\upsilon'' = 225 \ \ 31 \ \ 32$$

IX. Longitudinem perihelii atque distantiam in perihelio dant formulae

$$\frac{1}{\sqrt{r}} = \frac{1}{\sqrt{q}} \,.\, \cos\tfrac{1}{2}(\upsilon - \Pi)$$

$$\frac{\text{cotg}\,\tfrac{1}{2}(\upsilon'' - \upsilon)}{\sqrt{r}} - \frac{1}{\sin\tfrac{1}{2}(\upsilon'' - \upsilon)\,.\,\sqrt{r''}} = \frac{1}{\sqrt{q}} \,.\, \sin\tfrac{1}{2}(\upsilon - \Pi)$$

Pro cometa nostro $\Pi = 197^0 \ 37' \ 51''$, $\log q = 0.08469$.

X. Denique e tabula BARKERI desumantur motus medii anomaliis veris $\upsilon - \Pi$, $\upsilon'' - \Pi$ vel $\Pi - \upsilon$, $\Pi - \upsilon''$ respondentes, qui sint M, M''. Tunc erit

$$T = t \mp Mnq^{\frac{3}{2}} = t'' \mp M''nq^{\frac{3}{2}}$$

ubi signa superiora valent, si in motu directo $\upsilon > \Pi$, $\upsilon'' > \Pi$ vel in motu retrogrado $\upsilon < \Pi$, $\upsilon'' < \Pi$; inferiora in casibus oppositis. Quantitas n est constans, ipsiusque logarithmus $= 0.0398723$. Consensus duorum valorum ipsius T secundam calculi confirmationem subministrat.

In exemplo nostro invenimus

$$T = 49.518$$
$$T = 49.517$$

ita ut pro tempore transitus per perihelium adoptari possit Maii d. 19.5175.

Quodsi ex hisce elementis locus geocentricus pro tempore observationis mediae computatur, prodit longitudo $266^0 \, 27' \, 15''$, latitudo $22^0 \, 52' \, 18''$ bor., illa $7''$ ab observata discrepans, haec ex asse consentiens.

METHODUM PECULIAREM
ELEVATIONEM POLI DETERMINANDI

EXPLICAT

SIMULQUE PRAELECTIONES SUAS PROXIMO
SEMESTRI HABENDAS

INDICAT

D. CAROLUS FRIDERICUS GAUSS.

GOTTINGAE, MDCCCVIII.

METHODUS PECULIARIS
ELPVATIONEM POLI DETERMINANDI.

———

1.

Methodos usitatissimas, quas observatores itinerantes ad determinationes geographicas adhibere solent, observationibus Solaribus inniti constat, altitudinibus correspondentibus determinationi temporis, altitudinibusque meridianis vel circummeridianis determinationi elevationis poli inservientibus. Pluribus utique nominibus hocce observationum genus se commendat, iis praesertim, qui ad altitudines mensurandas sextante Hadleyano utuntur: multo enim facilius est altitudines Solis hocce instrumento accurate observare, quam altitudines stellarum, limbique divisiones nocte minus commode dignoscuntur, quam interdiu; calculus praeterea altitudinum correspondentium et circummeridianarum tam simplex est, ut a quolibet etiam in mathesi parum versato facile addisci possit. — Quodsi forte propter nubes aliave impedimenta altitudines correspondentes assequi non licuerit, observationes culminationi proximae cum aliis magis inde remotis combinari solent, horologiique a tempore vero deviatio, nec non altitudo poli plerumque per methodos indirectas, e. g. per eam quae a Cornelio Douwes nomen accepit, inde derivari.

Quamquam vero nullum sit dubium, quin observationes Solares nocturnis praeferendae sint, quoties quidem illarum compotem fieri licet: tamen posteriores haud omnino negligi debere censemus. Saepissime coelum, postquam interdiu nubibus tectum fuit, ingruente nocte defaecatur, aut saltem stellas subinde

conspicere concedit: saepissime etiam viator, cui interdiu itineri prosequendo
intento observationibus vacare non licuerat, per determinationem geographicam
loci, in quo pernoctat, bene meritum se praestare posset, si modo in observan-
dis stellis dexteritatem sufficientem sibi comparavisset. Adnumeremus adhuc
hisce rationibus incertitudinem observationum Solarium in mensibus hibernis, ubi
nostris quidem regionibus Sol parum ultra vapores horizontis exsurgit, porro fre-
quentiores observationum perturbationes a spectatoribus importunis, concussio-
nes horizontis artificialis (praesertim si mercuriali utaris) a curribus praetervectis,
a quibus per silentium noctis magis tutus eris, faterique oportebit, observationes
stellarum perdignas esse, quae diligentius excolantur, atque in usum vocentur.

Quantam utilitatem hocce observationum genus *in itineribus maritimis* praestare possit, facile patebit, si perpendatur, quanti momenti sit, ut navis locus
vel quotidie si fieri possit exploretur, a qua cognitione haud raro hominum salus
et vita pendet. Haud equidem diffitendum est, in mari quoque observationes
nocturnas difficultatibus peculiaribus premi, quum horizon maris, a quo altitudines capere oportet, nocte minus commode distinguatur: sed constat quoque,
huic incommodo remedium afferri posse, si sextans tubo optico aperturae maioris muniatur.

2.

Quae in art. praec. in laudem observationum stellarum allata sunt, vim
adhuc maiorem nanciscuntur, quum hoc modo brevissimo temporis intervallo,
puta per observationes intra pauca minuta prima instituendas, non modo altitudo
poli, sed insuper tempus mira praecisione determinari possit. Ad hunc finem
duas tantummodo altitudines stellarum diversarum quarumcunque (quarum tamen
positiones notae supponuntur) observare, horologiique tempora respondentia no-
tare oportet: motus horologii diurnus ea tantummodo praecisione notus esse debet, ut intervallum temporis satis exacte in tempus sidereum converti possit.
Certo ni fallimur hoc problema inter utilissima astronomiae nauticae referendum
est, adeoque satis est mirandum, quod ab iis qui supra hac re scripserunt peni-
tus neglectum esse videtur. Clar. KRAFT in *Actis novis Acad. Petropol.* T. XIII.
ex altitudinibus duarum stellarum elevationem poli determinare docuit: sed, qua-
nam ratione inductus nescio, problema generale per conditionem specialem limi-
tavit, supponendo scilicet, ambas observationes eodem temporis momento factas

esse. Tunc itaque requiruntur duo observatores, duo instrumenta, exacta observationum congruentia, quam sane haud ita facile assequi licebit. Verum enim vero haecce conditio prorsus inutilis et superflua est. Certo enim navis bene instructa carere nequit horologio, quod intervallum paucorum minutorum exacte dimetiri valeat; neque etiam motus navis intra tantillum tempus sensibilem positionis geographicae mutationem producere poterit; denique calculus problemati solvendo inserviens per conditionem illam nihilo fit simplicior, uti statim monstrabimus.

3.

Nullo negotio perspicietur, problema in forma ea, in qua a clar. KRAFT tractatum est, ita quoque enunciari posse. 'Ex data positione duorum punctorum in superficie sphaerica respectu alicuius circuli maximi (qui hic est aequator) invenire positionem puncti tertii, cuius distantiae ab illis punctis sunt datae.' Puncta scilicet priora dabuntur per positiones duarum stellarum observatarum in sphaera coelesti, puta per harum ascensiones rectas et declinationes: punctum tertium autem respondebit ipsi zenith loci observationis, ipsiusque declinatio elevationem poli, ascensio recta punctum culminans aequatoris, adeoque tempus sidereum definiet. Solutio huius problematis statim obvia per tria triangula sphaerica perficitur. In primo, quod formabitur inter duo puncta data atque polum aequatoris, data sunt duo latera cum angulo incluso, unde derivabuntur latus tertium, atque alteruter duorum angulorum reliquorum, e. g. is qui puncto primo adiacet. In triangulo secundo, quod inter duo puncta data punctumque tertium quaesitum formabitur, data iam sunt latera omnia, unde derivabitur unus ex angulis, is scilicet qui itidem puncto primo adiacet, siquidem angulum eidem adiacentem in triangulo primo adoptaveramus. Summa vel differentia horum duorum angulorum constituet angulum notum in triangulo tertio, inter punctum primum, tertium polumque aequatoris formato, in quo insuper duo latera adiacentia cognita sunt: hinc denique angulus ad polum, punctique tertii distantia a polo (quae est complementum elevationis poli) derivabuntur. Haecce methodus iam ab astronomis saeculi XVI in usum vocata est: vid. e. g. *Tychonis Astronomiae instauratae progymnasmata* p. 211 sqq., ubi permultarum stellarum (interque eas etiam novae in Cassiopea) positiones e distantiis a binis stellis positione datis determinantur.

Simul hinc manifestum est, stricte loquendo problema duas semper solutiones admittere: si enim in superficie sphaerica e duobus punctis datis tamquam centris descripti supponantur duo circuli radiis, qui resp. distantiis propositis aequales sunt, hi circuli generaliter loquendo duobus punctis se secabunt, punctumque tertium quaesitum in utraque intersectione concipi poterit. Nihilominus in praxi ambiguitas hinc oriri nequit. Scilicet si circulus maximus per punctum primum et secundum ductus concipitur, superficiem sphaericam in duo hemisphaeria dirimens, dubium esse non potest, utrum punctum tertium (ipsum zenith) polusque arcticus in eodem hemisphaerio iacere debeant, an in oppositis: patet enim, casum primum locum habere debere, si excessus ascensionis rectae stellae eius, quae in observatione fuit ad laevam (respectu stellae alterius) supra ascensionem rectam stellae alterius, quae respectu prioris fuit ad dextram (adiectis si opus fuerit 360 gradibus) fuerit inter 0 et 180^0; contra, casum posteriorem valere, si excessus iste fuerit inter 180^0 et 360^0.

Ceterum huic ipsi solutionis ambiguitati, problemati a priori inhaerenti, attribui debet calculi prolixitas, qua solutio directa laborat; in sequentibus tamen illam notabiliter contrahere docebimus. Quodsi autem solutionem indirectam adhibere non recusemus, satis expedita adstrui potest, cuius explicationem ad aliam occasionem nobis reservamus.

Hactenus de casu speciali, ubi duae observationes simultaneae sunt, diximus: problema generale ad hunc casum sponte reducitur sequenti modo. Concipiatur pro stella, quae secundo loco observata est, alia fictitia eandem cum illa declinationem habens, sed ascensionem rectam tanto minorem, quanto temporis siderei intervallo observatio secunda primam sequuta est. Manifesto haec stella fictitia tempore observationis primae eandem altitudinem attigisset, quam stella revera observata habuit tempore observationis secundae, unde illa huic substituta iam calculus observationibus simultaneis superstruendus erit.

Haec omnia e considerationibus obviis quidem sed geometricis petita sunt: quamobrem speramus, solutionem directam solis operationibus analyticis innixam pluribus haud ingratam fore. Nova certe hinc prodibit confirmatio, quod vix quidquam e considerationibus geometricis hauriatur, quod non possit aeque concinne per analysin erui, si modo scite tractetur.

4.

Sit φ elevatio poli, α et α' ascensiones rectae, δ et δ' declinationes duarum stellarum, γ et γ' ascensiones rectae punctorum culminantium aequatoris resp. tempore observationis primae et secundae, sive quod idem est tempora ipsa siderea in gradus conversa, denique h altitudo observata stellae primae, h' altitudo stellae secundae. Manifesto $\gamma - \alpha$, $\gamma' - \alpha'$ erunt anguli horarii, duabus observationibus respondentes: statuemus $\gamma - \alpha = \lambda$, $\gamma' - \alpha' = \lambda - \theta$, unde $\theta = \alpha' - \alpha - (\gamma' - \gamma)$ erit quantitas cognita, quoniam $\gamma' - \gamma$ aequalis est intervallo temporis inter duas observationes in tempus sidereum ac dein in gradus converso. Problematis itaque solutio hisce duabus aequationibus superstruenda erit:

[1] $$\sin h = \sin \delta \sin \varphi + \cos \delta \cos \varphi \cos \lambda$$
[2] $$\sin h' = \sin \delta' \sin \varphi + \cos \delta' \cos \varphi \cos(\lambda - \theta)$$

Quodsi iam ex his aequationibus vel incognitam λ vel incognitam φ eliminare susciperemus, ad aequationem nimis complicatam deferremur: priorem quidem viam sequutus est clar. KRAFT in diss. supra citata, sed nostro quidem iudicio solutio, quam hoc modo eruit, longior adhuc molestiorque est ea, quae immediate e consideratione trium triangulorum derivatur, etiamsi illa ad solam determinationem ipsius φ limitetur, determinatione temporis neglecta. Praestabit itaque, incognitam aliquam novam introducere, eiusque adiumento utramque φ, λ eliminare. Ad quam apte eligendam sequens observatio viam nobis sternet. Fit

$$(\sin \delta \sin \varphi + \cos \delta \cos \varphi \cos \lambda)^2 + (\cos \delta \sin \varphi - \sin \delta \cos \varphi \cos \lambda)^2$$
$$= \sin \varphi^2 + \cos \varphi^2 \cos \lambda^2 = 1 - \cos \varphi^2 \sin \lambda^2$$

adeoque per aequationem 1

$$(\cos \delta \sin \varphi - \sin \delta \cos \varphi \cos \lambda)^2 + \cos \varphi^2 \sin \lambda^2 = \cos h^2,$$

sive

$$\left(\frac{\cos \delta \sin \varphi - \sin \delta \cos \varphi \cos \lambda}{\cos h}\right)^2 + \left(\frac{\cos \varphi \sin \lambda}{\cos h}\right)^2 = 1$$

Statuere itaque licebit

[3] $$\frac{\cos \delta \sin \varphi - \sin \delta \cos \varphi \cos \lambda}{\cos h} = \cos u$$
[4] $$\frac{\cos \varphi \sin \lambda}{\cos h} = \sin u$$

6 *

Iam si aequatio 3 cum 1 combinatur, eruimus

[5] $$\sin\varphi = \sin\delta \sin h + \cos\delta \cos h \cos u$$
[6] $$\cos\varphi \cos\lambda = \cos\delta \sin h - \sin\delta \cos h \cos u$$

Tribuamus aequationi 2 formam hancce

$$\sin h' = \sin\delta' \sin\varphi + \cos\theta \cos\delta' \cos\varphi \cos\lambda + \sin\theta \cos\delta' \cos\varphi \sin\lambda$$

substituamusque pro $\sin\varphi$, $\cos\varphi \cos\lambda$, $\cos\varphi \sin\lambda$ valores suos ex aequationibus 5, 6, 4, unde fiet

$$\sin h' - \sin h \sin\delta \sin\delta' - \sin h \cos\theta \cos\delta \cos\delta' - \cos u \cos h \cos\delta \sin\delta'$$
$$+ \cos u \cos h \cos\theta \sin\delta \cos\delta' - \sin u \cos h \sin\theta \cos\delta' = 0$$

Haec aequatio, statuendo

[7] $$\frac{\cos\delta \sin\delta' - \cos\theta \sin\delta \cos\delta'}{\sin\theta \cos\delta'} = \text{cotang}\, v$$

transit in sequentem

$$\sin h' - \sin h \sin\delta \sin\delta' - \sin h \cos\theta \cos\delta \cos\delta'$$
$$- \cos h \sin\theta \cos\delta' (\cos u \, \text{cotang}\, v + \sin u) = 0$$

Quodsi itaque statuimus $v - u = w$, habebimus

[8] $$\cos w = \frac{\sin v (\sin h' - \sin h \sin\delta \sin\delta' - \sin h \cos\theta \cos\delta \cos\delta')}{\cos h \sin\theta \cos\delta'}$$

unde determinabitur w, atque hinc $u = v - w$.

Postquam angulus u inventus est, deducetur λ e combinatione aequationum 4 et 6, unde oritur

[9] $$\text{tang}\,\lambda = \frac{\cos h \sin u}{\cos\delta \sin h - \sin\delta \cos h \cos u}$$

Ex λ habebitur $\gamma = \alpha + \lambda$, quo angulo in tempus converso status horologii innotescet. Denique per combinationem aequationum 4 et 5 prodit

[10] $$\text{tang}\,\varphi = \frac{\sin\lambda (\sin\delta \sin h + \cos\delta \cos h \cos u)}{\cos h \sin u}$$

cui formulae, si placet, calculi confirmandi caussa ipsa aequatio 4 adiungi poterit.

5.

Circa solutionem in art. praec. traditam quasdam adhuc observationes adiicimus.

Quum e formula 8 pro angulo w, per cosinum suum determinando, duo valores prodeant, alter positivus, alter negativus, duas inde solutiones diversas emergere patet, ut iam supra monuimus: attamen utra sit vera, facile sequenti modo dignoscitur. Ostendi potest, sinum differentiae inter azimuthum circuli verticalis, in quo stella prima observata est, atque azimuthum circuli verticalis, in quo observata est stella secunda, sive exactius, sinum excessus azimuthi prioris supra posterius a laeva ad dextram mensurati, fieri

$$= \frac{\sin \theta \cos \delta' \sin w}{\cos h' \sin v}$$

Iam quum $\cos \delta'$, $\cos h'$ natura sua sint quantitates positivae, patet, $\sin w$ vel eodem signo affectum esse debere, quod habet $\frac{\sin \theta}{\sin v}$, vel opposito, prout circulus verticalis prior posteriori vel ad dextram fuerit vel ad laevam, de qua re incertitudo adesse nequit, quum observationes in circulis verticalibus vel prope conspirantibus, vel prope oppositis factae, ad praxin omnino non sint idoneae, adeoque sedulo evitari debeant, uti infra fusius exponemus.

Ceterum solutio adhuc aliquantulum contrahi calculoque numerico magis accommodari potest per introductionem duorum angulorum auxiliarium. Determinando scilicet angulum F per aequationem

[11] $$\tang F = \frac{\tang \delta'}{\cos \theta}$$

aequationes 7 et 8 transeunt in has:

[12] $$\tang v = \frac{\cos F \tang \theta}{\sin(F - \delta)}$$

[13] $$\cos w = \frac{\cos v \tang h}{\tang(F - \delta)} \left(\frac{\sin h' \sin F}{\sin h \sin \delta' \cos(F - \delta)} - 1 \right)$$

Perinde introducendo angulum auxiliarem G talem, ut sit

[14] $$\tang G = \frac{\tang h}{\cos u}$$

aequationes 9 et 10 in has transibunt:

[15] $$\tang \lambda = \frac{\cos G \tang u}{\sin(G - \delta)}$$

[16] $$\tang \varphi = \cos \lambda \cotang(G - \delta)$$

6.

Astronomi practici saepius queruntur, methodos a theoreticis propositas non semper ad usus practicos idoneas esse, vel saltem non praestare, quae inde exspectaverint. Quo melius talem suspicionem a methodo nostra avertamus simulque praeceptorum praecedentium usum illustremus, exemplum aliquod ab observationibus non fictis desumtum fusius exsequi conveniet. Sextante Troughtoniano, cuius radius decem pollicum, observavi in specula nostra Aug. 21 huius anni altitudinem duplicem non correctam stellae α Aquilae 91^0 $34'$ $10''$, quum horologium Sheltonianum monstraret 20^h 40^m 8^s; altitudinem aequalem assequuta est stella α Andromedae tempore horologii 20^h 46^m 59^s; stella prior observata est in circulo verticali versus dextram, posterior versus laevam; motus horologii diurnus cum tempore sidereo vero exacte congruit. Purgato angulo observato ab errore indicis prodit angulus verus 91^0 $31'$ $36''$, adeoque altitudo apparens 45^0 $45'$ $48''$, hinc altitudo vera 45^0 $44'$ $52''6 = h = h'$. Stellarum positiones, aberratione et nutatione rite applicatis, inventae sunt hae:

$$\alpha = 295^0\ 22'\ \ 6''6 \qquad \delta = +\ \ 8^0\ 22'\ 43''1$$
$$\alpha' = 359\ \ \ 38\ \ \ 18.5 \qquad \delta' = +28\ \ \ 2\ \ \ 13.4$$

Differentia temporum $6'$ $51''$ in arcum conversa producit $\gamma' - \gamma = 1^0$ $42'$ $45''$, unde $\theta = 62^0$ $33'$ $26''9$. Calculus ipse dein ita se habet (factor $\frac{\sin h'}{\sin h}$ in formula 13 propter altitudinum aequalitatem manifesto hic excidit):

log tang δ'	9.7263516
log cos θ	9.6635677
log tang F	0.0627839, unde $F = 49^0$ $7'$ $37''70$
	atque $\ \ F' - \delta = 40^0$ $44'$ $54''60$
log tang θ	0.2845877
log cos F	9.8158318
Comp. log sin $(F - \delta)$.	0.1802598
log tang v	0.2856793 unde $\ \ v = 62^0$ $36'$ $58''79$
log sin F	9.8786157
Comp. log sin δ' . . .	0.3278629
Comp. log cos $(F - \delta)$.	0.1205703
	0.3270489 $=$ log 2.123483 $=$ log n

$\log(n-1)$ 0.0505666
$\log \cos v$ 9.6627075
$\log \operatorname{tang} h$ 0.0113399
$\log \operatorname{cotang}(F-\delta)$ . . 0.0646895

$\log \cos w$ . . . . . 9.7893035, unde $w = +52^0 \ 0' \ 14''25$
atque $u = 10^0 \ 36' \ 44''54$

$\log \operatorname{tang} h$ 0.0113399
$\log \cos u$ 9.9925074

$\log \operatorname{tang} G$ . . . . 0.0188325, unde $G = 46^0 \ 14' \ 30''77$
atque $G-\delta = 37^0 \ 51' \ 47''67$

$\log \cos G$ 9.8398647
$\log \operatorname{tang} u$ 9.2726964
Comp. $\log \sin(G-\delta)$. 0.2119881

$\log \operatorname{tang} \lambda$ . . . . . 9.3245492, unde $\lambda = 11^0 \ 55' \ 18''31$

$\log \cos \lambda$ 9.9905300
$\log \operatorname{cotang}(G-\delta)$ . . 0.1093281

$\log \operatorname{tang} \varphi$ . . . . 0.0998581, unde $\varphi = 51^0 \ 31' \ 47''19$

Haecce poli elevatio paucis tantummodo minutis secundis a vera discrepat. Ex λ porro invenitur $\gamma = 307^0 \ 17' \ 24''91$, sive in tempore $20^h \ 29^m \ 9^s 66$, unde praecessio horologii prae tempore sidereo vero $= +10^m \ 58^s 34$, quae cum determinatione eodem die ex aliis observationibus petita intra dimidiam minuti secundi partem congruit.

7.

Manca certo foret disquisitio nostra, nisi insuper doceamus, quantus error in determinationem quantitatum incognitarum redundare possit ab erroribus levibus inevitabilibus in altitudinibus mensurandis commissis: simul hinc patebit, quales potissimum stellas eligere conveniat, ut determinationes quam exactissimae inde resultent. Ad hunc finem altitudines h, h' simulque quantitates φ et λ tamquam variabiles spectemus, quo pacto e differentiatione aequationis 1 prodit haecce:

$$\cos h \, \mathrm{d}h = (\sin \delta \cos\varphi - \cos\delta \sin\varphi \cos\lambda) \, \mathrm{d}\varphi - \cos\delta \cos\varphi \sin\lambda \, \mathrm{d}\lambda$$

Iam constat, si azimuthum circuli verticalis, in quo stella prima observata est, statuatur $= A$, haberi*)

$$\sin\delta \cos\varphi - \cos\delta \sin\varphi \cos\lambda = - \cos h \cos A$$
$$\cos\delta \sin\lambda = \cos h \sin A$$

unde aequatio praecedens transit in hanc

[17] $$\mathrm{d}h = -\cos A \, \mathrm{d}\varphi - \cos\varphi \sin A \, \mathrm{d}\lambda$$

Prorsus simili modo, si azimuthum stellae secundae in observatione altera statuitur $= A'$, prodit e differentiatione aequationis 2

[18] $$\mathrm{d}h' = -\cos A' \mathrm{d}\varphi - \cos\varphi \sin A' \mathrm{d}\lambda$$

E combinatione harum aequationum demanant sequentes

[19] $$\mathrm{d}\varphi = - \frac{\sin A'}{\sin(A'-A)} \mathrm{d}h + \frac{\sin A}{\sin(A'-A)} \mathrm{d}h'$$

[20] $$\cos\varphi \, \mathrm{d}\lambda = \frac{\cos A'}{\sin(A'-A)} \mathrm{d}h - \frac{\cos A}{\sin(A'-A)} \mathrm{d}h'$$

Hinc sponte patet, errores admodum considerabiles in determinatione tum elevationis poli tum temporis produci posse vel a levissimis erroribus altitudinum observatarum, si $\sin(A'-A)$ fuerit quantitas perparva, i. e. si circulus verticalis secundus vel ipsi primo, vel ei qui primo oppositus est, valde vicinus fuerit: probe itaque cavendum est, ne stellae duae tali modo dispositae combinentur. Simul vero manifestum est, quoties $\sin(A'-A)$ valorem considerabilem positivum seu negativum obtineat, errores observationum certe haud multum auctos in determinatione elevationis poli prodire posse. Idem valet de determinatione temporis, cuius quidem praecisio insuper ab altitudine poli ipsa pendet: hoc vero non methodo sed ipsius rei naturae tribuendum est, quum constet, determinationem temporis minori semper praecisione in latitudinibus maioribus effici, quam in locis aequatori magis vicinis. — Optima quidem semper optio esset, si ad-

---

*) Azimutha inde a meridie dextram versus per occidentem, septentrionem etc. a 0 usque ad 360° numerari semper supponimus.

hibeantur stellae tales, ut $A'-A$ vel $A-A'$ fiat proxime $=90^0$, i. e. si duo circuli verticales proxime sub angulis rectis se intersecent. In hoc casu facile demonstratur, valorem maximum ipsius $d\varphi$ fieri $=\sqrt{(dh^2+dh'^2)}$, valoremque maximum ipsius $d\lambda = \frac{\sqrt{(dh^2+dh'^2)}}{\cos\varphi}$ Quodsi itaque de singulis altitudinibus intra $10''$ certi esse possemus, error maximus in determinatione latitudinis foret $=14''$, maximusque error in determinatione anguli λ, $\frac{14''}{\cos\varphi}$; unde nostris regionibus error maximus in determinatione temporis $= 1''5$ temporis. Vix opus erit monere, in hac errorum aestimatione ad solum effectum errorum in observationibus commissorum respici, quod utique sufficit, quum ipsae stellarum maiorum positiones nostra aetate tanta praecisione assignari queant, ut errores pro nihilo habere liceat.

In lectionibus, quas proximo semestri hiberno habiturus sum

publice h. IX theoriam motus cometarum parabolici illustrabo.

privatim h. X *Astronomiam* tradam, audientibus simul copiam exercitationum practicarum tum in observationibus tum in calculo astronomico facturus.

ANZEIGEN

EIGNER

SCHRIFTEN.

Theoria motus corporum coelestium in sectionibus conicis Solem ambientium.
Auctore Carolo Frid. Gauss. Hamburgi 1809. Sumtibus *Frid. Perthes* et *J. H.*
Besser. XII S. Vorrede, 228 S. Text und 20 S. Tabellen, nebst einer Kupfer-
tafel. gr. Quart.

Mit demjenigen Theile der theorischen Astronomie, welcher die parabolische und elliptische Bewegung der Himmelskörper zum Gegenstande hat, haben
sich bekanntlich viele Schriftsteller, und unter ihnen sogar Geometer vom ersten
Range in eigenen Werken, beschäftigt: nach solchen Vorgängern durfte nur eine
grosse Veranlassung eine neue Bearbeitung dieses Feldes motiviren. Dem eigentlichen Astronomen ist diese Veranlassung bekannt genug: nur solchen Freunden der Himmelskunde, die aus derselben kein Hauptgeschäft machen, und vielleicht, in den letzten verhängnissvollen Jahren, über die Angelegenheiten der
Erde die Angelegenheiten des Himmels aus dem Gesicht verloren haben möchten,
wollen wir mit Wenigem die Umstände in Erinnerung bringen, welche zunächst
gegenwärtiges Werk veranlasst haben. Die Aufgabe, aus den nur eine mässig
lange Zeit hindurch von der Erde aus beobachteten Bewegungen eines Himmelskörpers, von dem man nichts weiter weiss, als dass er in einem Kegelschnitte
nach den Keplerschen Gesetzen sich um die Sonne bewegt, dessen Bahn mit hinreichender Genauigkeit zu bestimmen, war bisher eigentlich noch nie auf eine

ernstliche Art bearbeitet. Allerdings sind einige auf dieses Problem Bezug habende Untersuchungen vorhanden: allein ohne den Scharfsinn und die analytische Kunst zu verkennen, wovon einige derselben Spuren zeigen, muss man den vorgeschlagenen Methoden doch alles absprechen, was zur wirklichen Brauchbarkeit erfordert wird, indem sie entweder statt möglich grösster Schärfe nur höchstens eine rohe Annäherung geben, oder statt eines geschmeidigen, für die wirkliche Anwendung geformten, Calculs nur einen verworrenen Haufen von unentwickelten und selbst den unverdrossensten Rechner zurückschreckenden Formeln aufstellen, oder endlich statt auf Beobachtungen, wie sie der heutige Zustand der practischen Astronomie erlaubt, anwendbar zu sein, selbst schon durch weit kleinere Fehler, als diejenigen, welche bei den Beobachtungen unvermeidlich sind, ganz unbrauchbar werden. Der Grund dieser Vernachlässigung eines Problems, welches unstreitig schon an sich von einem hohen Interesse ist, scheint zum Theil in dem Umstande zu liegen, dass diejenigen Geometer, welche sich mit jenem Problem beschäftigten, mit den Kräften und Bedürfnissen der Ausübung nicht vertraut genug waren, hauptsächlich aber wohl darin, dass die Geschichte der Astronomie noch keinen Fall aufgestellt hatte, wo das Bedürfniss einer angemessenen Auflösung der Aufgabe recht dringend, und ihr Nutzen recht fühlbar gewesen wäre. In der That, als KEPLER nach Entdeckung seiner Gesetze die Bestimmung der Dimensionen der Bahnen der damals bekannten Planeten unternahm, stand ihm, ausser den schon sehr genau bekannten mittlern Bewegungen, ein Schatz von guten und vieljährigen TYCHONISCHEN Beobachtungen zu Gebote, aus welchen er nur auswählen durfte, was er zur Anwendung seiner zwar schönen, aber doch speciellen, und, verhältnissmässig kunstlosen Methoden jedesmal nöthig fand. Dieselben Hülfsquellen, oder vielmehr noch grössere, hatten KEPLER's Nachfolger, die bei dem Fortschreiten der Beobachtungskunst die schon ziemlich nahe bekannten Elemente der Planetenbahnen noch genauer zu bestimmen unternahmen.

Anders verhielt es sich bei den Cometen, in deren Bewegung man nach NEWTON's Entdeckungen nur einen besondern Fall der allgemeinen KEPLER'schen Gesetze erkannte. Diese Weltkörper sind gewöhnlich nur eine kurze Zeit sichtbar: die Erscheinung ihrer Bewegungen hängt von den zufälligen Stellungen ab, welche die Erde während jener Sichtbarkeit eingenommen hatte, und der Geometer, welcher die Bestimmung der Bahnen aus den Erscheinungen unternimmt, kann dazu unter den Beobachtungen nicht viel aussuchen, er muss sie nehmen, wie er sie vorfindet, wie sie der Zufall gegeben hat, nur höchst selten stehen ihm Beobachtungen zu Gebote, die unter solchen Umständen gemacht sind, wie er sie zur Anwendung von speciellen Methoden verlangen möchte. Das Problem also, aus einigen Beobachtungen eines Cometen dessen parabolische Bahn zu bestimmen, war eben so wichtig, als schwer. NEWTON selbst erkannte die Schwierigkeiten an, und wusste sie zu besiegen; mit welchem Eifer und mit welchem Erfolge man seit NEWTON bis zu unsrer Zeit sich mit dieser Aufgabe beschäftigt hat, ist bekannt genug. Allein zwischen dieser Aufgabe und der oben von uns erwähnten findet ein wesentlicher Unterschied Statt: in jener wird die Art des Kegelschnitts *vorgeschrieben*, während sie in diesem aus der unendlichen Mannigfaltigkeit möglicher Kegelschnitte, von denen die Parabel nur Eine Art ist, ohne hypothetische Voraussetzungen, blos mit Hülfe der Beobachtungen selbst, ausgemittelt werden soll. Begreiflich erhält jene Aufgabe durch diese Einschränkung eine grosse Vereinfachung, welche man sich aber bei den meisten Cometen erlauben durfte, und erlauben musste, da der gewöhnlich ziemlich geringe Grad von Genauigkeit in den Beobachtungen und ihre kurze Dauer kaum jemals hinreichen, das Dasein einer Abweichung von der Parabel zu beweisen, und ihre Grösse zu bestimmen. Freilich hat man doch bei einigen Cometen diese Bestimmung wirklich versucht, allein, und dies ist wesentlich, immer erst, nachdem man schon eine parabolische Bahn berechnet hatte, die dann als Annäherung zu der zu bestimmenden Ellipse oder Hyperbel diente. So blieb also auch hier unser allgemeineres Problem gewissermassen entbehrlich.

Auch die Entdeckung eines neuen perennirenden Weltkörpers im Jahre 1781 machte das Bedürfniss einer Auflösung dieses Problems noch nicht fühlbar. Nachdem man die Unzulänglichkeit einer parabolischen Bahn eingesehen hatte, versuchte man einen Kreis, der bei der zufälliger Weise ziemlich kleinen Excentricität der Bahn des Planeten seine Bewegung während einiger Jahre erträglich genau darstellte; bei der so sehr langsamen Bewegung des Planeten, seiner geringen Entfernung von der Ecliptik und seinem noch ziemlich lebhaften Lichte war hier auch weiter kein *periculum in mora*; ohne alle Mühe fand man ihn von einem Jahre zum andern wieder auf, und zur Bestimmung der Abweichung vom Kreise oder der wahren Ellipse durfte man also warten, bis man die Beobachtungen nach seiner Bequemlichkeit aussuchen konnte.

Ganz anders aber verhielt es sich mit der im Jahr 1801 entdeckten Ceres. Dieser Weltkörper zeigt sich nur als Sternchen achter Gröse, ist nur mit Mühe und bei genauer Kenntniss seines jedesmaligen Platzes aus dem zahllosen Heere ganz ähnlicher Fixsterne herauszufinden: der Entdecker hatte ihn nur während des kurzen Zeitraums von 41 Tagen beobachtet, und als die Entdeckung in dem übrigen Europa bekannt wurde, war er bereits in den Sonnenstrahlen verloren, um erst nach einem Jahre in einer ganz verschiedenen Himmelsgegend wieder sichtbar zu werden. Jetzt galt es die möglich genaueste Vorhersagung des Orts, wo man ihn wieder zu suchen haben würde, und diese musste bloss auf die wenigen vorhandenen Beobachtungen und strengen Calcul, ohne unsichere Hypothesen, gegründet werden. Mehrere Astronomen versuchten die einfachste Hypothese, eine Kreisbahn, mit der sich die Beobachtungen freilich nur in eine unvollkommene Übereinstimmung bringen liessen, und deren Zulänglichkeit zur Wiederauffindung also wenigstens sehr precär blieb: in der That hat der Erfolg nachher bestätigt, dass diese Kreishypothese schon am Ende des Jahres 1801 um eilf Grade von dem wahren Orte des Planeten abwich, und diejenigen Astronomen, welchen das Glück zu Theil ward, denselben wieder aufzufinden, haben selbst erklärt, dass diese Wiederauffindung nach einer so fehlerhaften Hypothese unmöglich gewesen sein würde.

Dem Verfasser des vorliegenden Werks hatten sich im Sommer 1801 bei Gelegenheit einer ganz andern Beschäftigung einige Ideen dargeboten, die ihm zu einer Auflösung des erwähnten allgemeinen Problems führen zu können schienen. Zu einer andern Zeit würde er vielleicht diese Ideen, welche zunächst nur theoretischen Reiz für ihn hatten, nicht sogleich weiter verfolgt und ausgeführt haben: allein gerade in jenem Zeitpunkte, wo Piazzis Entdeckung die allgemeine Aufmerksamkeit gespannt hatte, und dessen Beobachtungen so eben ins Publicum gekommen waren, konnte er sich nicht enthalten, an diesen die practische Anwendbarkeit jener Ideen zu prüfen. Der Erfolg dieser Arbeit ist bekannt. Die bis dahin nicht geahnte Möglichkeit, aus einer kurzen Reihe von Beobachtungen eines Planeten eine schon sehr genäherte und zu seiner Wiederauffindung nach einem grössern Zeitraume überflüssig genaue Bestimmung seiner Bahn zu machen, war dadurch aufs schönste erwiesen, und die Brauchbarkeit der angewandten Methode bewährt: und wenn über die Allgemeinheit dieser Brauchbarkeit noch Zweifel hätten übrig bleiben können, so sind diese durch eben so glückliche Erfolge bei drei andern seitdem entdeckten neuen Planeten auf das vollkommenste weggeräumt.

Jene Methoden sind die ersten Grundlagen des Werks, dem diese Anzeige gewidmet ist: allein die fortgesetzte Beschäftigung mit diesem Gegenstande hat dem Verfasser Gelegenheit gegeben, so viele wiederholte Zusätze und Abänderungen und Vervollkommnungen an denselben anzubringen, dass von ihrer ursprünglichen Gestalt fast gar keine Spuren übrig geblieben sind. Der Verfasser hofft daher, dass die Astronomen, welche von Anfang an ihr lebhaftes Interesse an diesen Untersuchungen und den Wunsch nach einer baldigen Bekanntmachung geäussert haben, mit der verspäteten Erscheinung nicht unzufrieden zu sein Ursache haben werden. Indem wir das Urtheil, in wie fern diese Hoffnung gegründet ist, den competenten Lesern des Werks selbst überlassen, begnügen wir uns hier, nur den Plan und Inhalt desselben in gedrängter Kürze darzulegen.

Jenes mehrerwähnte Problem war freilich die Veranlassung und der Hauptzweck des vorliegenden Werks: allein in der Ausführung konnte dasselbe doch nur ein Theil, ja nur der kleinere Theil desselben werden. Man wird leicht vermuthen, dass eine adäquate Auflösung desselben sich nicht geben liess, ohne eine Menge bisher noch unentwickelter Wahrheiten vorauszusetzen, die sich auf die Bewegung der Himmelskörper in Kegelschnitten beziehen. Diese neuen, auch an sich selbst schon sehr interessanten, Relationen waren so zahlreich, und standen unter sich in so inniger Verbindung, dass sie nothwendig im Zusammenhange vorgetragen werden mussten, daher ihnen die ganze erste Abtheilung des Werks gewidmet ist. Der Plan, wonach sie geordnet sind, ist sehr einfach: diese erste Abtheilung zerfällt in vier Abschnitte, wovon der erste und zweite die Relationen enthalten, die sich auf einen einzigen Ort des Himmelskörpers entweder in seiner Bahn, oder im Raume, beziehen; während der dritte und vierte Abschnitt die Relationen zwischen zweien oder mehreren Oertern entwickeln. Dass hier durchgehends neben den neuen Relationen auch die vornehmsten schon bekannten mit aufgeführt werden mussten, liess sich nicht wohl vermeiden: man wird indess letztere meistens in einer dem Verfasser eigenthümlichen Form entwickelt finden. Der beschränkte Raum dieser Blätter erlaubt es nicht, von allen hier abgehandelten Gegenständen auch nur eine Übersicht zu geben; wir schränken uns darauf ein, nur ein paar von denjenigen Untersuchungen zu berühren, die von etwas grösserem Umfange sind. Dahin gehört im ersten Abschnitte eine Digression über den Grad der Genauigkeit, den man im numerischen Calcul bei dem Gebrauche von Tafeln aller Art zu erreichen im Stande ist; ferner in demselben Abschnitte eine neue Methode, die Bewegung in solchen Ellipsen und Hyperbeln, welche sich der Parabel nähern, auf die Bewegung in der letztern zu reduciren; im zweiten Abschnitte ein Verfahren, die geocentrischen Örter der Himmelskörper mit Hülfe dreier Coordinaten zu bestimmen, worüber bekanntlich der Verfasser schon früher eine Abhandlung geliefert hatte, welches aber hier noch eine wesentliche Vervollkommnung erhält; eben daselbst die Bestimmung der Differential-Änderungen des geocentrischen Orts durch die Differential-Änderungen der einzelnen Elemente. Mit vorzüglicher Ausführlichkeit ist im dritten Abschnitte das äusserst wichtige Problem abgehandelt, aus zweien Örtern eines Himmelskörpers in seiner Bahn die Elemente zu bestimmen, wo besonders die zweite Auflösung zur Entwickelung von einer grossen Anzahl neuer Relationen Gelegenheit gegeben hat. Um die practische Brauchbarkeit der vorgetragenen Methoden desto besser ins Licht zu setzen, und das Studium derselben auch den weniger Geübten mehr zu erleichtern, sind die wichtigern Lehren durchgehends mit Beispielen erläutert, die an wirklichen Fällen gewählt sind und grössten Theils wieder unter einander im Zusammenhange stehen. Die Bewegung in der Hyperbel, die doch auch bei Cometen wirklich vorkommen kann, ist schon des analytischen Interesses wegen beinahe mit derselben Ausführlichkeit abgehandelt, wie die Bewegung in der Ellipse und Parabel.

Die in der ersten Abtheilung vorgetragenen Untersuchungen sind nun gleichsam der Stoff, aus welchem in der andern Abtheilung die Auflösung der grossen Aufgabe, aus der Zergliederung der geocentrischen Erscheinungen die Bahn des Himmelskörpers selbst zu bestimmen, zusammengesetzt wird. Eigentlich beruht dieses Geschäft wieder auf mehreren unter sich sehr verschiedenen Forderungen. Eine andere Arbeit ist nöthig, um zum ersten Male die noch ganz unbekannte Bahn eines Himmelskörpers näherungsweise zu bestimmen; eine andere, um die schon näherungsweise bekannten Elemente nach einer längern, vielleicht viele Jahre umfassenden, Reihe von Beobachtungen auszufeilen. Die erstere Aufgabe erfordert grössere Kunst, die andere grössere Arbeit. Zu jener wird man nicht mehr Beobachtungen anwenden, als eben nöthig sind, also, allgemein zu reden, drei, und das Problem, aus drei vollständigen Beobachtungen die Bahn eines Himmelskörpers zu bestimmen, gewisser Maassen das Wichtigste des ganzen Werks, macht den Inhalt des ersten Abschnitts der zweiten Abtheilung aus. Die Auflösung selbst verträgt hier keinen Auszug; als eine Probe von der Allgemeinheit ihrer Anwendbarkeit führen wir nur an, dass sie in den drei erläuternden Beispielen mit gleichem Erfolge auf Beobachtungen, die 22 Tage, auf solche, die 71 Tage, und auf solche, die 260 Tage von einander abstehen, angewandt ist. Etwas Eigenthümliches ist es, dass man nach Gefallen die kleinen Modificationen, welche von der Parallaxe und Aberration herrühren, *sogleich* ohne bedeutende Erschwerung der Arbeit mit in Betrachtung ziehen kann, und also ihretwegen nicht nöthig hat, eine doppelte Rechnung zu führen.

Unter gewissen Umständen, besonders wenn die Ebene der Bahn wenig gegen die Ecliptik geneigt ist, würde es nicht zweckmässig sein, die Bestimmung der Elemente auf drei vollständige Beobachtungen zu gründen: man muss vier Beobachtungen zum Grunde legen, worunter aber nur zwei vollständige zu sein brauchen. So ergibt sich eine neue Aufgabe, welcher der zweite Abschnitt gewidmet ist. Ein Beispiel, von der Vesta hergenommen, wo die äussersten Beobachtungen 162 Tage von einander entfernt liegen, erläutert diese Methode. Auch hier kann man, wenn man will, *sogleich* auf Parallaxe und Aberration Rücksicht nehmen.

Zu der schärfern Ausfeilung der Elemente eines Himmelskörpers hat man, gerade umgekehrt, nicht die möglich kleinste Zahl von Beobachtungen, sondern so viele, als nur zu Gebote stehen, anzuwenden. Wie man sich dabei zu verhalten habe, lehrt der dritte Abschnitt. Hier war der Ort, die Haupt-Momente von einer für jede Anwendung der Mathematik auf die Körperwelt höchst wichtigen Frage zu entwickeln, wie Beobachtungen und Messungen, die bei der Unvollkommenheit unsrer Sinne und Werkzeuge unvermeidlich immer mit Fehlern, wenn auch noch so geringen, behaftet sind, am zweckmässigsten zur Festsetzung von Resultaten zu combiniren sind. Die Grundsätze, welche hier ausgeführt werden, und welche von dem Verfasser schon seit 14 Jahren angewandt, und von demselben schon vor geraumer Zeit mehreren seiner astronomischen Freunde mitgetheilt waren, führen zu derjenigen Methode, welche auch LEGENDRE in seinem Werke: *Nouvelles méthodes pour la détermination des orbites des comètes*, vor einigen Jahren unter dem Namen *Méthode des moindres carrés* aufgestellt hat: die Begründung der Methode, welche von dem Verfasser gegeben wird, ist diesem

8*

ganz eigenthümlich.   Eine weitere Ausführung hat man von demselben in der
Folge zu erwarten.

Um eine *bleibende* Übereinstimmung der Elemente mit den Bewegungen eines Planeten zu erreichen, darf man sich nicht auf eine rein elliptische Bewegung einschränken: man muss dazu nothwendig die von den andern Planeten
hervorgebrachten Störungen mit in Betrachtung ziehen. Die Berechnung der Störungen selbst lag natürlich ausser dem Plane eines Werks, welches nur der Bewegung nach den KEPLERschen Gesetzen gewidmet ist: allein von den nöthigen
Operationen, um eine Planetenbahn mit Rücksicht auf die schon berechneten
Störungen zu verbessern, und so gleichsam die lezte Hand an dieselbe zu legen,
sind im vierten und letzten Abschnitte wenigstens die Haupt-Momente angedeutet.

Wir schliessen diese Anzeige mit dem Wunsche, dass dieses Werk, die
Frucht einer siebenjährigen Beschäftigung mit diesen Untersuchungen, dazu beitragen möge, die Freunde dieses wichtigsten und schönsten Theils der theorischen Astronomie zu vermehren, und den Astronomen selbst ihre bei dem steten
Wachsthume der Wissenschaft an Umfang zunehmenden Arbeiten zu erleichtern.

Am 25. November übergab Herr Prof. Gauss der königl. Societät der Wissenschaften eine Vorlesung:

Disquisitio de elementis ellipticis Palladis ex oppositionibus annorum
1803, 1804, 1805, 1807, 1808, 1809.

Seit drei Jahren hatte der Verfasser keine neue Rechnungen über die Bahn der Pallas angestellt. Die Beobachtungen vom Jahre 1808 waren bei der grossen Lichtschwäche des Planeten sehr dürftig und mangelhaft gewesen, und sind zum Theil erst später bekannt geworden, daher es nicht der Mühe werth schien, schon damals die Elemente darnach zu verbessern. Erst nachdem Herr Prof. Gauss die Beobachtungen der Pallas von 1809, welche von Bouvard auf der kaiserl. Sternwarte in Paris angestellt waren, erhalten hatte, berechnete er nebst der Opposition von 1809 zugleich die von 1808 (s. diese Gel. Anz. 1810 Febr. 24). Die fernere Discussion aller bisher beobachteten sechs Oppositionen ergab das Resultat, dass eine elliptische Bahn nicht mehr zureicht, sie alle genau darzustellen: eine Folge der grossen Störungen, die dieser Planet von den übrigen, und besonders von dem Jupiter, erleidet. Herr Prof. Gauss hat dies auf eine doppelte Art gezeigt. Zuvörderst berechnete er drei Systeme von elliptischen Elementen, jedes aus vier Oppositionen, nemlich das erste aus denen von 1803, 1804, 1805, 1807;

das zweite aus denen von 1804, 1805, 1807, 1808; das dritte aus den Oppositionen von 1805, 1807, 1808, 1809, unter denen sich nur kleine Verschiedenhei-
ten hätten zeigen müssen, wenn die Bewegung rein elliptisch wäre. Wir stellen hier diese drei Systeme neben einander:

	I.	II.	III.
A	221^0 $39'$ $30''4$	221^0 $34'$ $56''7$	221^0 $23'$ $24''6$
B	770.2143	770.4467	770.9265
C	121 3 11.4	121 5 22.1	120 58 4.8
D	172 28 56.9	172 28 46.8	172 27 52.4
E	34 37 41.0	34 37 31.5	34 36 49.4
F	0.2450198	0.2447624	0.2446335
G	0.4423149	0.4422276	0.4420473

wo

A Epoche der mittlern Länge 1803 für den Meridian von Göttingen

B mittlere tägliche tropische Bewegung

C Länge der Sonnennähe 1803

D Länge des aufsteigenden Knotens 1803

E Neigung der Bahn

F Excentricität

G Logarithm der halben grossen Axe

bedeutet. So nothwendig es nun sein wird, die Störungen der Pallas durch die
andern Planeten mit in Rechnung zu bringen, wenn man eine bleibende Übereinstimmung der Erscheinungen mit der Rechnung beabsichtigt, so wird man doch
auch künftig zu manchen Zwecken eine rein-elliptische Bahn vorziehen, wenn
man dadurch den unerträglich weitläuftigen Rechnungen ausweichen kann, die
die grosse Anzahl der Störungsgleichungen sonst nothwendig machen würde. Namentlich ist es, wenn es bloss die Wiederauffindung des Planeten gilt, gewiss
bequemer, rein-elliptische Elemente auf die zunächst vorhergegangenen vier Oppositionen zu gründen, und darnach die Ephemeride zu construiren, welche nach
einem Jahre noch nicht sehr viel vom Himmel abweichen kann. Deshalb hat
Herr Prof. Gauss auch die im Octoberheft der Mon. Corresp. abgedruckte Ephemeride für die Bewegung der Pallas in ihrer nächsten Erscheinung nach dem
obigen III. System von Elementen berechnet.

Die zweite Art, wie Herr Prof. GAUSS den Einfluss der Störungen nachgewiesen hat, besteht in der Berechnung von rein-elliptischen Elementen, die sich an *alle* sechs Oppositionen *möglichst* genau anschliessen, und die dessen ungeachtet sich von den einzelnen beobachteten Örtern bedeutend entfernen. Wir setzen auch dieses *vierte* System von Elementen hier her:

A . . . . $221^0\ 34'\ 53''64$

B 770.5010

C . . . . $121\ \ 8\ \ \ 8.54$

D . . . . $172\ 28\ 12.43$

E . . . . $34\ 37\ 28.35$

F 0.2447424

G 0.4422071

Die Fehler dieser Elemente stellt folgende Übersicht dar:

Opposition von	Unterschied	
	der heliocentr. Länge	der geocentr. Breite
1803	$-\ 111''00$	$-\ \ \ 8''31$
1804	$+\ \ \ 59.18$	$-\ 36.67$
1805	$+\ \ \ 19.92$	$+\ \ \ 0.07$
1807	$+\ \ \ 85.77$	$+\ 25.01$
1808	$+\ 135.88$	$+\ 28.72$
1809	$-\ 216.54$	$+\ 83.01$

Den Hauptinhalt der vorliegenden Abhandlung macht die Entwickelung der Methoden aus, wie diese verschiedenen Systeme von Elementen gefunden sind, und in dieser Rücksicht kann dieselbe als eine Art von Supplement zu einigen Abschnitten der *Theoria motus corporum coelestium* betrachtet werden. Die Aufgabe, aus vier beobachteten Örtern eines Himmelskörpers seine Bahn zu bestimmen, war in jenem Werke zwar schon umständlich abgehandelt, und zwei Auflösungen gegeben, eine für den Fall, wo die Bahn noch ganz unbekannt ist, und eine für den Fall, wo die schon näherungsweise bekannte Bahn verbessert werden soll. Letztere hätte also auch zur Bestimmung obiger drei Systeme von Elementen in Anwendung gebracht werden können; allein gerade im vorliegenden Fall, wo die vier Beobachtungen Oppositionen sind, hat Herr Prof. GAUSS es vortheilhafter gefunden, eine ganz andere Methode zu gebrauchen, welche in der

Abhandlung ausführlich erklärt, und durch das Beispiel der wirklichen Berechnung des dritten Systems der Elemente noch mehr erläutert ist. Eine nähere Beschreibung dieser Methode hier zu geben verstattet der Raum nicht.

Die Berechnung des vierten Systems von Elementen ist nach den Grundsätzen geführt, die in dem 3. Abschnitt des 2. Buchs der *Theoria motus corporum coelestium* entwickelt sind, und die vorliegende Abhandlung gibt auch hiezu mehrere Zusätze, die hoffentlich den Astronomen nicht unwillkommen sein werden. Zuerst eine bequeme Berechnung der Differential - Änderungen der heliocentrischen Länge und der geocentrischen Breite aus den Differential-Änderungen der einzelnen Elemente. Sodann ein eigenes Verfahren, die unbekannten Grössen dem oben erwähnten Grundsatze gemäss zu bestimmen. Sind nemlich w, w', w'' u. s. w. die vorgegebenen lineären Functionen der unbekannten Grössen p, q, r u. s. w., und soll das Aggregat $ww + w'w' + w''w'' +$ u. s. w. ein Kleinstes werden, so erhält man leicht so viele lineäre Gleichungen, als unbekannte Grössen sind, aus denen diese durch Elimination bestimmt werden müssen. Diese Elimination ist aber, wenn die Anzahl der unbekannten Grössen etwas beträchtlich ist, eine äusserst beschwerliche Arbeit, und zwar deswegen, weil jede der Gleichungen alle unbekannten Grössen enthält. Herr Prof. GAUSS hat diese Arbeit sehr bedeutend abgekürzt; denn obgleich er die Auflösung auch auf so viele lineäre Gleichungen, als unbekannte Grössen sind, zurückführt, so sind diese Gleichungen so beschaffen, dass nur die erste alle unbekannten Grössen enthält, aber die zweite von p, die dritte von p und q, die vierte von p, q und r frei ist u. s. w., daher die Bestimmung der unbekannten Grössen in der umgekehrten Ordnung nur noch wenige Mühe macht. Ausserdem hat diese Methode noch den Vortheil, dass man den kleinsten Werth von $ww + w'w' + w''w'' +$ u. s. w. im voraus angeben, und so die Vergleichung desselben mit dem nachher berechneten, wenn in w, w', w'' etc. die für die unbekannten Grössen gefundenen Werthe substituirt werden, zu einer Controlle der Rechnung benutzt werden kann.

Wir haben noch die Anzeige einer kleinen vom Prof. GAUSS am 10. Sept. des vorigen Jahrs der königl. Societät überreichten Abhandlung nachzuholen, überschrieben:

Observationes cometae secundi a. 1813 *in observatorio Gottingensi factae, adiectis nonnullis adnotationibus circa calculum orbitarum parabolicarum.*

Dieser Comet wurde bekanntlich am 3. April des vorigen Jahrs von unserm Herrn Prof. HARDING im Poniatovskischen Stier entdeckt: die auf der hiesigen Sternwarte angestellten Beobachtungen desselben gehen vom 9. bis 25. April. Man findet sie in der Abhandlung *vollständig*: da indessen der grössere Theil derselben auch schon an einem andern Ort bekannt gemacht ist, so übergehen wir sie hier mit Stillschweigen, und heben aus der Abhandlung nur die parabolische Bahn aus, welche Prof. GAUSS den Herrn Dr. GERLING in Cassel nach den hiesigen und einigen Bremer und Pariser Beobachtungen zu berechnen veranlasste:

Durchgangszeit durch die Sonnennähe 1813 Mai 19. $10^h 24^m 5^s$

M. Z. in Göttingen

Länge der Sonnennähe	$197^0 43' 7''7$
Länge des aufsteigenden Knoten ,	42 40 15.2
Neigung der Bahn	81 2 11.8
Logarithm des kleinsten Abstandes	0.0849212
Bewegung *rückläufig*.	

VI.   9

Noch vor wenigen Jahrzehnden war die Anzahl der Personen in ganz Europa, die eine Cometenbahn zu berechnen im Stande waren, nur klein: gegenwärtig ist dieses Geschäft durch vervollkommnete Methoden so erleichtert und vereinfacht, dass ein sonst fähiger Kopf sich ohne Schwierigkeit damit vertraut machen, und in weniger Stunden, als sonst Tage erforderlich waren, eine Cometenbahn bestimmen kann. Zur *ersten* Berechnung einer Bahn aus drei Beobachtungen lässt die bequeme Methode des Herrn Dr. OLBERS fast nichts zu wünschen übrig, wenn man anders Beobachtungen wählen kann, bei welchen die Richtung der geocentrischen Bewegung nicht zu nahe an die Richtung des grössten Kreises fällt, welcher durch den mittelsten geocentrischen Ort des Cometen und den entsprechenden Sonnenort auf der Himmelskugel gezogen wird. Der zweite Theil der vorliegenden Abhandlung hat zum Zweck, einige Punkte dieser schönen Methode noch etwas mehr zu vereinfachen, und zur numerischen Berechnung noch etwas bequemer zu machen. Dieser Versuch betrifft das indirecte Verfahren, wodurch genäherte Werthe der Abstände des Cometen von der Sonne und der Chorde zwischen den beiden äussern Örtern bestimmt werden. Dass diess Verfahren indirect ist, könnte nur ein im astronomischen Calcul Unerfahrner der Methode zum Vorwurf machen: aber die Einrichtung, welche ihm OLBERS gegeben hat, ist mit der Unbequemlichkeit verbunden, dass in den meisten Fällen, auch wenn man übrigens, wie billig bei einer ersten Näherung, nicht die äusserste Schärfe in die Rechnung legen will, doch die kleinern Tafeln mit fünf Decimalen dabei zu grosse Fehler hervorbringen würden, weil mehrere ihrer Natur nach sehr kleine Grössen in der Form von Differenzen anderer, welche beinahe gleich werden, erscheinen. Prof. GAUSS suchte dieser Unbequemlichkeit dadurch zu begegnen, dass er durch Einführung mehrerer Hülfsgrössen, welche vermittelst der kleinen Tafeln immer hinreichend genau bestimmt werden können, den Formeln für die Abstände von der Sonne und die Chorde eine andere Gestalt gab, bei welcher auch die nachmaligen Versuche der indirecten Auflösung noch etwas an Bequemlichkeit zu gewinnen scheinen. Einen Auszug vertragen diese Umformungen nicht, wenn wir nicht diesen Theil der Abhandlung hier ganz abschreiben wollen: wir verweisen also auf den nächstens erscheinenden zweiten Band der Commentationen der Societät, in welchem die ganze Abhandlung bereits abgedruckt ist.

Der Verfasser glaubte manchem einen Dienst zu erweisen, wenn er mit den ihm hier eigenthümlichen Abänderungen zugleich eine gedrängte Übersicht der sämmtlichen übrigen Operationen verbinde, die zur ersten Bestimmung einer Cometenbahn erforderlich sind. Wir bemerken dabei, dass auch einige der andern Formeln hier in einer von der sonst gewöhnlichen verschiedenen Gestalt erscheinen, bei welcher man aber nur in der Voraussetzung noch etwas an Kürze gewinnt, dass man sich dabei der von dem Verfasser vor einem Jahre bekannt gemachten Tafel zur unmittelbaren Berechnung der Logarithmen von Summen und Differenzen bedient. Man hat auf diese Weise hier auf zwei oder drei Seiten alles beisammen, was ausser den Tafeln zu der Berechnung einer Cometenbahn nöthig ist, und alles ist zugleich durch ein Beispiel an dem letzten Cometen erläutert, wo der Verfasser aus seinen Beobachtungen vom 7., 14. und 21. April Elemente ableitet, welche von den oben mitgetheilten und auf die gesammten Beobachtungen gegründeten nur unbedeutend verschieden sind.

Das vor kurzem erschienene Programm, worin Hr. Prof. GAUSS seine Vorlesungen für das gegenwärtige Winter-Halbjahr ankündigt, hat vornehmlich zum Zweck, die Astronomen auf die Vortheile aufmerksam zu machen, welche man aus den jetzt mit Unrecht zu sehr vernachlässigten *Sternhöhen* für Zeit- und Breitenbestimmungen ziehen kann. Es ist zwar nicht zu läugnen, dass diese Gattung von Beobachtungen, besonders mit Reflexions-Instrumenten, schwieriger ist, und mehr Übung erfordert, als Sonnen-Beobachtungen: indess ist es eben so gewiss, dass diese Schwierigkeiten nicht unüberwindlich sind, und dass die darauf gewandte Mühe sich in sehr vielen Fällen vielfach belohnt. Vorzüglich ist die Anwendung der Sternhöhen reisenden Beobachtern und Seefahrern sehr zu empfehlen, nicht bloss desswegen, weil sie die oft vereitelten Sonnenhöhen oftmals ersetzen können, sondern auch, weil jene einen wichtigen Vortheil geben können, den man entbehren muss, wenn man sich auf letztere einschränkt. Durch einzelne Sonnenhöhen kann man nur dann die Zeitbestimmung erhalten, wenn man die Breite schon kennt, und umgekehrt muss jene als bekannt vorausgesetzt werden, wenn man die Breite durch eine Sonnenhöhe ausser dem Meridian bestimmen will. Durch die Verbindung zweier Sonnenhöhen kann man allerdings Zeit und Breite zugleich nach bekannten Methoden bestimmen: allein wenn das Resultat einige Schärfe haben soll, müssen jene Beobachtungen nothwendig ziemlich weit von einander entfernt sein, wobei also eine gute Uhr ein wesentliches Bedürfniss ist, und zur See ausserdem noch die Bewegung des Schiffes in Betrachtung gezogen werden muss. Dagegen kann man aus der Verbindung der beobachteten Höhe eines Sternes mit der (wenn man will, unmittelbar nachher) beobachteten Höhe eines zweiten Sterns allemal Zeit und Breite zugleich mit grosser Schärfe bestimmen, wenn nur die Sterne selbst schicklich gewählt sind: der Gang der Uhr braucht dabei nur so weit zuverlässig bekannt zu sein, dass man die Zwischenzeit zwischen den beiden Beobachtungen in Sternzeit verwandeln kann. Die Auflösung dieses Problems lässt sich sogleich ohne Mühe auf die Auflösung dreier sphärischer Dreiecke zurückführen, wobei indess der numerische Calcul etwas weitläuftig wird. Hr. Prof. GAUSS hat aber eine merklich kürzere Auflösung bloss auf analytischem Wege entwickelt, welche zugleich als eine Bestätigung angesehen werden kann, dass alles, was aus geometrischen Betrachtungen geschlossen wird, immer wenigstens eben so einfach und elegant durch die Analyse gefunden werden kann, wenn diese auf eine schickliche Art angewandt wird. Auch zum practischen Gebrauch wird man die gegenwärtige Auflösung weit bequemer finden, als diejenige welche Hr. KRAFT im 13. Bande der *Nova Acta Petropol.* für dasselbe Problem (nur mit der, jedoch unwesentlichen, Einschränkung, dass die beiden Höhenmessungen gleichzeitig sein sollen) gegeben hat: eine noch bequemere indirecte Auflösung verspricht der Verfasser bei einer andern Gelegenheit mitzutheilen. Überdiess enthält die gegenwärtige Abhandlung die Entwickelung der Umstände, auf welche man bei der Wahl der Sterne zu sehen hat, damit die Resultate möglichst genau ausfallen, und die Erläuterung des gelehrten Verfahrens durch die wirkliche Anwendung auf ein paar auf der hiesigen Sternwarte gemessene Sternhöhen, aus denen die Polhöhe mit der von TOB. MAYER festgesetzten auf 7″ übereinstimmend, und die Zeitbestimmung nur um eine halbe Zeitsecunde verschieden von der an demselben Tage auf andere Art ausgemittelten abgeleitet wird.

VERSCHIEDENE AUFSÄTZE

ÜBER

ASTRONOMIE.

BERECHNUNG DES OSTERFESTES.

Monatliche Correspondenz zur Beförderung der Erd- und Himmels - Kunde,
herausgegeben vom Freiherrn VON ZACH. August 1800.

Die Absicht dieses Aufsatzes ist nicht, das gewöhnliche Verfahren zur Bestimmung des Osterfestes zu erörtern, das man in jeder Anweisung zur mathematischen Chronologie findet, und das auch an sich leicht genug ist, wenn man
einmal die Bedeutung und den Gebrauch der dabei üblichen Kunstwörter, *güldne
Zahl*, *Epacte*, *Ostergränze*, *Sonnenzirkel* und *Sonntagsbuchstaben* weiss, und die
nöthigen Hülfstafeln vor sich hat: sondern von dieser Aufgabe eine von jenen
Hülfsbegriffen unabhängige und blos auf den einfachsten Rechnungs-Operatio-
nen beruhende rein analytische Auflösung zu geben.   Hoffentlich wird dieselbe
nicht allein dem blossen Liebhaber, dem jene Methode nicht geläufig ist, oder
der wohl in den Fall kommt, die Bestimmung der Zeit des Osterfestes unter Umständen, wo ihm die nöthigen Hülfsmittel nicht zur Hand sind, oder für ein Jahr,
worüber er keinen Kalender nachschlagen kann, auf der Stelle zu wünschen,
nicht unangenehm sein, sondern sich auch dem Kenner durch ihre Einfachheit
und Geschmeidigkeit empfehlen.   Die folgenden Vorschriften, die jeder, der es
der Mühe werth hält, leicht wird ins Gedächtniss fassen können, gelten für zwei
Jahrhunderte, von 1700 bis 1899; sie können aber auch leicht, durch gehörige
Veränderung der darin vorkommenden beständigen Zahlen und mit Beifügung
einer unerheblichen Ausnahme, die eine Folge der Einrichtung unsers Kalenders
ist, und zufälliger Weise während jenes Zeitraumes nicht Statt findet, für jedes
andere gegebene Jahrhundert eingerichtet werden.

VI.   10

I. Man dividire die Zahl des Jahres, für welches man Ostern berechnen will, mit 19, mit 4 und mit 7, und nenne die Reste aus diesen Divisionen, respective a, b und c. Geht eine Division auf, so setzt man den zugehörigen Rest $= 0$; auf die Quotienten wird gar keine Rücksicht genommen. Eben das gilt von den folgenden Divisionen.

II. Man dividire ferner $19a + 23$ mit 30, und nenne den Rest d.

III. Endlich dividire man $2b + 4c + 6d + 3$, oder $2b + 4c + 6d + 4$, je nachdem das vorgegebene Jahr zwischen 1700 und 1799, oder zwischen 1800 und 1899 inclus. liegt, mit 7, und nenne den Rest e.

Alsdann fällt Ostern auf den $22 + d + e^{\text{ten}}$ März, oder wenn $d + e$ grösser als 9 ist, auf den $d + e - 9^{\text{ten}}$ April.

Beispiele. Für das Jahr 1744 findet man bei der Division der Zahl 1744 mit 19 den Rest $15 = a$; die Division mit 4 geht auf, also $b = 0$; die Division mit 7 gibt den Rest $1 = c$. Hieraus wird $19a + 23 = 308$, welches mit 30 dividirt den Rest $8 = d$ gibt. Endlich gibt $2b + 4c + 6d + 3 = 55$ mit 7 dividirt den Rest $6 = e$. Folglich ist Ostern den $22 + 8 + 6^{\text{ten}}$ März, oder den $14 - 9$ d. i. den 5. April.

Für 1800 wird $a = 14$, $b = 0$, $c = 1$; $19a + 23 = 289$, also $d = 19$; $2b + 4c + 6d + 4 = 122$, also $e = 3$; mithin Ostern den $19 + 3 - 9$ d. i. den 13. April.

Für 1818 ist $a = 13$, $b = 2$, $c = 5$; $19a + 23 = 270$, also $d = 0$; $2b + 4c + 6d + 4 = 28$, also $e = 0$, folglich Ostern den 22. März.

In dem letzten Beispiele fällt Ostern auf den möglich frühesten Tag, denn es ist einleuchtend, dass d und e hier ihre möglich kleinsten Werthe haben. Von der andern Seite erhellt, dass Ostern nie später als den $22 + 29 + 6^{\text{ten}}$ März, d. i. den 26. April eintreten könne, da d nicht grösser als 29, und e nicht grösser als 6 werden kann; allein in dem achtzehnten und neunzehnten Jahrhundert kann nie $d = 29$ werden*); der späteste Ostertag ist folglich, während dieses Zeitraumes, der 25. April, welcher Statt hat, wenn zugleich $d = 28$ und $e = 6$ wird. Diese beiden Bedingungen vereinigen sich in den Jahren 1734 und 1886. In andern Jahrhunderten könnte zwar $d = 29$ werden, allein ge-

---

*) Der Grund davon liegt darin, dass a nur 19 verschiedene Werthe (0, 1, 2 ... 18) bekommen kann, und folglich auch d nur eben so viele, unter welchen der Werth 29 nicht mit begriffen ist.

rade in diesem Falle tritt die oben erwähnte Ausnahme ein, vermöge welcher alsdann der Werth von d wieder auf 28 heruntergebracht wird, so dass der 25. April der absolut späteste Ostertag ist. Eine weitere Entwickelung dieses Umstandes würde hier zu weitläuftig werden.

Die Analyse, vermittelst welcher obige Formel gefunden wird, beruhet eigentlich auf Gründen der *höhern Arithmetik*, in Rücksicht auf welche ich mich gegenwärtig noch auf keine Schrift beziehen kann, und lässt sich daher freilich in ihrer ganzen Einfachheit hier nicht darstellen: inzwischen wird doch folgendes hinreichen, um sich von dem Grunde der Vorschriften einen Begriff zu machen und von ihrer Richtigkeit zu überzeugen.

I. Die güldene Zahl eines Jahres unserer Zeitrechnung ist bekanntlich der Rest, der entsteht, wenn man zu der Jahres-Zahl 1 addirt und die Summe mit 19 dividirt; nur muss derselbe $= 19$ gesetzt werden, wenn die Division aufgeht. Daraus folgt leicht, dass $a+1$ die güldene Zahl des vorgegebnen Jahres sein werde.

II. Die Oster-Gränze, das ist der Tag des Oster-Vollmonds, fällt im 18. und 19. Jahrhundert für ein Jahr, dessen güldne Zahl 1 ist, auf den 13. April, und alsdann den ganzen Zirkel von 19 Jahren hindurch, d. i. bis zum Jahre, dessen güldne Zahl 19 ist, inclus., in jedem Jahre *entweder* 11 Tage früher, *oder* 19 Tage später, als in dem nächst vorhergehenden, je nachdem sie in diesem *entweder* in den April *oder* in den März gefallen war, wie man sich leicht aus einer Tafel der Oster-Gränzen überzeugen kann; folglich in dem Jahre, dessen güldne Zahl 2 ist, auf den 2. April, in dem folgenden auf den 22. März, in dem Jahre, dessen güldne Zahl 4 ist, auf den 10. April u. s. f. Hieraus folgt, dass die Oster-Gränze nie *vor* den 21. März und nie *nach* dem 19. April fällt; nimmt man also an, sie falle für das Jahr, dessen güldne Zahl $a+1$ ist, auf den $21+D^{\text{ten}}$ März (indem man die Tage des Aprils auf den März reducirt), so liegt D allemal zwischen Gränzen 0 und 29 inclus. Für $a = 0$ ist also $D = 23$, für $a = 1$ wird $D = 23 - 11$, für $a = 2$ wird $D = 23 - 2 \times 11$, für $a = 3$ wird $D = 23 - 2 \times 11 + 19$ u. s. f.; und allgemein $D = 23 - 11p + 19q$, wo p und q durch die Bedingungen bestimmt werden, dass $p+q = a$ werde und D zwischen die Gränzen 0 und 29 incl. falle. Es wird folglich $D = 23 + 19a - 30p$, woraus man leicht schliesst, dass D der Rest sei, der entsteht, wenn man $23 + 19a$ mit 30 dividirt, folglich $D = d$, oder die Oster-Gränze fällt auf den $21 + d^{\text{ten}}$ März.

III. Ostern selbst fällt nur auf den *ersten* Sonntag *nach* der Oster-Gränze, also wenigstens einen, höchstens sieben Tage später als diese, mithin gewiss nicht vor den $22 + d^{\text{ten}}$ März. Nimmt man also an, Ostern falle auf den $22 + d + E^{\text{ten}}$ März, so liegt E zwischen den Gränzen 0 und 6 incl., und muss durch die Bedingung bestimmt werden, dass dieser Tag ein Sonntag sei. Diese Bedingung lässt sich rein arithmetisch auf folgende Art ausdrücken: die Zwischenzeit zwischen dem $22 + d + E^{\text{ten}}$ März des vorgegebenen Jahres und irgend einem bestimmten Sonntage muss eine durch 7 theilbare Zahl von Tagen (eine volle Anzahl Wochen) ausmachen. Man muss also einen bestimmten Sonntag annehmen; ich wähle dazu den 21. März 1700. Nennt man nun die Zahl des vorgegebenen Jahres A, und i die Anzahl der zwischen 1700 und dem Jahre A enthaltenen Schaltjahre, dieses, wenn es eines ist, eingeschlossen, so wird i zugleich die Anzahl der zwischen den 21. März 1700 und Ostern des Jahres A eingefallenen Schalttage sein, und die Anzahl *aller* Tage vom 21. März 1700 bis zum $22 + d + E^{\text{ten}}$ März des Jahres A

$$= 1 + d + E + i + 365\,(A - 1700)$$

Eben so leicht erhellt, dass zwischen 1700 und 1799 sein werde

$$i = \tfrac{1}{4}(A - b - 1700)$$

zwischen 1800 und 1899 hingegen

$$i = \tfrac{1}{4}(A - b - 1700) - 1$$

Zur Bestimmung von E hat man also die Bedingung, dass

$$1 + d + E + 365\,(A - 1700) + \tfrac{1}{4}(A - b - 1700)$$

oder

$$d + E + 365\,(A - 1700) + \tfrac{1}{4}(A - b - 1700)$$

durch 7 theilbar sein müsse, je nachdem das Jahr zwischen 1700 und 1799 oder zwischen 1800 und 1899 fällt. Es muss also auch eine durch 7 theilbare Zahl herauskommen, wenn man ein Vielfaches von 7 zu jener addirt, oder davon abzieht, oder auch jene von einem Vielfachen von 7 abzieht. Ich addire zuvörderst, um den Bruch wegzuschaffen, $\tfrac{7}{4}(A - b - 1700)$, welches, wie man leicht sieht, durch 7 theilbar ist; daraus erhalte ich

$$1 + d + E + 367\,(A - 1700) - 2\,b$$

oder

$$d + E + 367\,(A - 1700) - 2\,b$$

Ich ziehe ferner ab $364\,(A - 1700)$, so kommt

$$d + E + 3\,A - 5099 - 2\,b$$

oder

$$d + E + 3\,A - 5100 - 2\,b$$

Ferner 5096 addirt gibt

$$d + E + 3\,A - 3 - 2\,b$$

oder

$$d + E + 3\,A - 4 - 2\,b$$

Endlich $3\,A - 3\,c$, welches offenbar durch 7 theilbar ist, abgezogen gibt

$$d + E + 3\,c - 3 - 2\,b$$

oder

$$d + E + 3\,c - 4 - 2\,b$$

Dies von $7\,c + 7\,d$ abgezogen, kommt

$$3 + 2\,b + 4\,c + 6\,d - E$$

oder

$$4 + 2\,b + 4\,c + 6\,d - E$$

welches also durch 7 theilbar sein muss. Hieraus ist klar, dass E der Rest sein werde, den man erhält, wenn man

$$3 + 2\,b + 4\,c + 6\,d$$

oder

$$4 + 2\,b + 4\,c + 6\,d$$

mit 7 dividirt, folglich $E = e$.

Es fällt also Ostern auf den $22 + d + e^{\text{ten}}$ März, oder (welches einerlei ist) auf den $d + e - 9^{\text{ten}}$ April. W. Z. B. W.

Ganz allgemeine Vorschriften zur Berechnung des Osterfestes
sowohl nach dem Julianischen, als nach dem Gregorianischen Kalender.

Es entstehe aus der Division	mit	der Rest
der Jahrzahl	19	a
der Jahrzahl	4	b
der Jahrzahl	7	c
der Zahl $19a + M$	30	d
der Zahl $2b + 4c + 6d + N$	7	e

so fällt Ostern den $22 + d + e^{\text{ten}}$ März

oder den $d + e - 9^{\text{ten}}$ April

M und N sind Zahlen, die im Julianischen Kalender auf immer, im Gregorianischen hingegen allemal wenigstens 100 Jahre hindurch unveränderliche Werthe haben; und zwar ist in jenem $M = 15, N = 6$; in diesem, von der Einführung desselben bis 1699, $M = 22, N = 2$

von 1700 bis 1799	$M = 23, N = 3$	von 2100 bis 2199 $M = 24, N = 6$
1800 ... 1899	$M = 23, N = 4$	2200 ... 2299 $M = 25, N = 0$
1900 ... 1999	$M = 24, N = 5$	2300 ... 2399 $M = 26, N = 1$
2000 ... 2099	$M = 24, N = 5$	2400 ... 2499 $M = 25, N = 1$

Allgemein findet man im Gregorianischen Kalender die Werthe von M und N für irgend ein gegebenes Jahrhundert von $100\,k$ bis $100\,k + 99$ durch folgende Regel:

Es gebe

$$k \text{ mit } \begin{Bmatrix} 3 \\ 4 \end{Bmatrix} \text{ dividirt die (ganzen) Quotienten } \begin{Bmatrix} p \\ q \end{Bmatrix}$$

wobei auf die Reste keine Rücksicht genommen wird.
Dann ist

$\begin{Bmatrix} M \\ N \end{Bmatrix}$ der *Rest*, den man erhält, wenn man $\begin{Bmatrix} 15 + k - p - q \\ 4 + k - q \end{Bmatrix}$ mit $\begin{Bmatrix} 30 \\ 7 \end{Bmatrix}$ dividirt.

Beispiel. Für die 100 Jahre von 4700 bis 4799 ist $k = 47, p = 15, q = 11$; also $15 + k - p - q = 36$; $4 + k - q = 40$; also $M = 6, N = 5$. So ist z. B. für das Jahr 4763

$$a = 13 \qquad\qquad 19\,a + M = 253 \qquad\qquad e = 3$$
$$b = 3 \qquad\qquad\qquad\qquad\quad d = 13 \qquad\qquad \text{Ostern den } 13 + 3 - 9 \text{ d. i. den 7.April}$$
$$c = 3 \qquad 2\,b + 4\,c + 6\,d + N = 101 \qquad\qquad \text{nach dem Greg. Kalender}$$

Nach dem Julianischen hingegen

$$19\,a + M = 262 \qquad\qquad e = 2$$
$$d = 22 \qquad\qquad \text{Ostern den } 22 + 2 - 9 \text{ d. i. den}$$
$$2\,b + 4\,c + 6\,d + N = 156 \qquad\qquad 15.\ \text{April}$$

Von obigen Regeln finden im *Gregorianischen Kalender* einzig und allein folgende zwei Ausnahmen Statt.

I. Gibt die Rechnung Ostern auf den 26. April, so wird dafür *allemal* der 19. April genommen. (z. B. 1609. 1989).

Man sieht leicht, dass dieser Fall nur dann vorkommen kann, wo die Rechnung $d = 29$ und $e = 6$ gibt; den Werth 29 kann d nur dann erhalten, wenn $11 M + 11$ mit 30 dividirt einen Rest gibt, der *kleiner* als 19 ist; zu dem Ende muss M einen von folgenden 19 Werthen haben

0, 2, 3, 5, 6, 8, 10, 11, 13, 14, 16, 17, 19, 21, 22, 24, 25, 27, 29

II. Gibt die Rechnung $d = 28$, $e = 6$, und kommt noch die Bedingung hinzu, dass $11 M + 11$ mit 30 dividirt einen Rest gibt, der kleiner als 19 ist, so fällt Ostern nicht, wie aus der Rechnung folgt. auf den 25., sondern auf den 18. April. — Man überzeugt sich leicht, dass dieser Fall nur in denjenigen Jahrhunderten eintreten könne, da M einen von folgenden acht Werthen hat:

2, 5, 10, 13, 16, 21, 24, 29

Diese zwei Ausnahmen abgerechnet, sind obige Regeln völlig allgemein.

[Handschriftliche Bemerkung:]
p wird bestimmt als Quotient bei der Division von $8\,k + 13$ mit 25.
Von Ostern bis Michaelis sind im Durchschnitt . . $173\frac{5\,5}{8\,8}$ Tage
und (Ostern ein, Michaelis ausgeschlossen) . . . $25\frac{4}{8}\frac{1}{8}$ Sonntage
$148\frac{3\,4}{8\,8}$ Wochentage
Von Michaelis bis Ostern hingegen . . . . . . $164\frac{7\,7\,3}{8\,8\,6}$ Wochentage

BERECHNUNG DES JÜDISCHEN OSTERFESTES.

Monatliche Correspondenz zur Beförderung der Erd- und Himmels-Kunde, herausgegeben vom Freiherrn von Zach.   Mai 1802.

Der 15. Nisan des jüdischen Jahrs A, an welchem die Juden ihr Osterfest feiern, fällt in das Jahr $A - 3760 = B$ der christlichen Zeitrechnung; zur Bestimmung des entsprechenden Monatstages dient folgende rein arithmetische Regel:

Man dividire $12A + 17$, oder welches hier einerlei ist, $12B + 12$ mit 19, und nenne den Rest a; ferner dividire man A oder B mit 4, und setze den Rest $= b$.   Man berechne den Werth

von	oder von	Werth der Decimalbrüche in gemeinen Brüchen	
32.0440932	20.0955877	$32\frac{4343}{98496}$	$20\frac{9415}{98496}$
$+\ 1.5542418\,a$	$+\ 1.5542418\,a$	$1\frac{272953}{492480}$	
$+\ 0.25 \qquad b$	$+\ 0.25 \qquad b$	$\frac{1}{4}$	
$-\ 0.003177794\,A$	$-\ 0.003177794\,B$	$\frac{313}{98496}$	

und setze ihn $= M + m$, so dass M die ganze Zahl und m den (Decimal-) Bruch bedeute.   Endlich dividire man $M + 3A + 5b + 5$ oder $M + 3B + 5b + 1$ mit 7, und setze den Rest $= c$.   Nun hat man folgende vier Fälle zu unterscheiden:

I. Ist $c = 2$ oder 4 oder 6, so fällt Ostern den $M + 1^{\text{ten}}$ März *alten Styls*, wofür man den $M - 30^{\text{ten}}$ April schreibt, wenn $M > 30$ wegen *Adu*.

II. Ist $c = 1$, zugleich $a > 6$ und ausserdem $m \geq 0.63287037$ $\left(\frac{311678}{492480} = \frac{1367}{2160}\right)$, so fällt Ostern den $M + 2^{\text{ten}}$ März *a. St.* wegen *Getred*.

III. Ist $c = 0$, zugleich $a > 11$ und noch $m \geq 0.89772376$ $\left(\frac{442111}{492480} = \frac{23269}{25920}\right)$, so ist Ostern den $M + 1^{\text{ten}}$ März *a. St.* wegen *Batu Thakpad*.

IV. In allen übrigen Fällen ist Ostern den M^{ten} März alten Styls.

Erste Anmerk. Diese Vorschriften dienen zugleich zur Bestimmung des 1 *Tisri* oder Neujahrs, welches allezeit 163 Tage nach Ostern des vorhergehenden Jahres einfällt.

Zweite Anmerk. Das Jahr A ist ein gemeines Jahr (von 12 Monaten), wenn $a < 12$, hingegen ein Schaltjahr (von 13 Monaten), wenn $a > 11$.

Beispiel zu diesen Vorschriften: $A = 5562$ $B = 1802$

$12 A + 17 = 66761$ $12 B + 12 = 21636$

mit 19 dividirt gibt $a = 14$

5562 oder 1802 mit 4 dividirt gibt $b = 2$.

Hieraus Werth obiger Formel:

32.0440932	20.0955877
$+$ 21.7593852	21.7593852
$+$ 0.5	0.5
$-$ 17.6748903	$-$ 5.7263848
36.6285881	36.6285881

also $M = 36$, $m = 0.6285881$,

$$M + 3A + 5b + 5 = 36 + 16686 + 10 + 5 = 16737$$
$$M + 3B + 5b + 1 = 36 + 5406 + 10 + 1 = 5453$$

mit 7 dividirt gibt $c = 0$.

Da m hier kleiner als 0.89772376, so kann die Regel III. hier nicht eintreten, und es ist daher nach IV. Ostern den 36. März alten Styls oder den 48. März neuen Styls, d. i. den 17. April.

In den *meisten* Fällen ist es hinreichend, von obiger Formel nur etwa 2 Decimalstellen zu berechnen.

NOCH ETWAS ÜBER DIE BESTIMMUNG DES OSTERFESTES.

Braunschweigisches Magazin. 1807. September 12.

Die cyclische Berechnung des Osterfestes, wovon einigemal in diesen Blättern die Rede gewesen ist, obgleich an sich nicht schwer, beruhet doch auf Gründen, die gerade nicht jedermann bekannt sind. Sie setzt ferner Hülfstafeln voraus, die auch nicht in eines jeden Händen sind, und wie das Beispiel des Hrn. Superint. HELMUTH gezeigt hat, selbst in gedruckten Schriften fehlerhaft sein können. Gleichwohl tritt nicht selten der Fall ein, wo man gern für ein künftiges Jahr, oder für ein vergangenes, wofür man keinen Kalender zur Hand hat, das Datum des Ostertages wissen möchte. Manchem wird daher die Kenntniss eines besondern Verfahrens zur Bestimmung des Osterfestes nicht unwillkommen sein, wobei man von den Gründen und Kunstwörtern der cyclischen Berechnungsart gar nichts zu wissen braucht, keiner Hülfstafeln bedarf, und blos ein Paar ganz einfache Rechnungsoperationen zu machen hat. Ich habe diese Methode bereits vor sieben Jahren in des Hrn. von ZACH *Monatlicher Correspondenz* (Augustheft 1800) mitgetheilt; da sie indess von den Lesern dieses Magazins wohl nur wenigen bekannt geworden sein wird, so ist vielleicht diesem und jenem damit gedient, hier das Nothwendigste von jenem Verfahren von neuem erklärt zu finden. Ich begnüge mich indess, hier die Regeln zur Bestimmung des Osterfestes im Gregorianischen Kalender für das gegenwärtige Jahrhundert, die nächstkünftigen und die vergangenen, auf eine auch dem Ungeübtesten fassliche Art vorzutragen, wozu ich noch die Regeln für dieselbe Rechnung im Julianischen Kalender beifügen werde. Die Erweiterung der Regeln für die spätern Jahrhunderte, so wie ihren Zusammenhang mit der ursprünglichen Einrichtung unsers Kalenders muss man am angeführten Orte nachlesen. [S. 75. d. B.]

Zur Bestimmung des Osterfestes für jedes beliebige Jahr des gegenwärtigen Jahrhunderts von 1800 bis 1899 incl. hat man folgende Regeln zu beobachten:

1^0. Die Jahrzahl wird mit 19 dividirt; auf den Quotienten wird gar keine Rücksicht genommen, sondern nur der übrig bleibende Rest bemerkt, den wir, um ihn von denjenigen Resten zu unterscheiden, die sich bei den folgenden Operationen ergeben werden, den *ersten* Rest nennen wollen. Falls die Division aufgeht, wird 0 als Rest angenommen, was auch bei den übrigen Divisionen zu bemerken ist.

2^0. Dieser erste Rest wird mit 19 multiplicirt, zum Producte 23 hinzugefügt, und diese Summe mit 30 dividirt; auch hier wird blos der Rest bemerkt, den wir den *zweiten* Rest nennen.

3^0. Die Jahrzahl wird mit 4 dividirt; der Rest soll der *dritte* Rest heissen.

4^0. Man mache eine Summe aus der vierfachen Jahrzahl, dem sechsfachen zweiten Reste, dem doppelten dritten und der Zahl 4; diese Summe mit 7 dividirt, gibt uns den *vierten* Rest.

5^0. Die Summe des zweiten und vierten Restes zeigt nunmehr an, wie viele Tage Ostern nach dem 22. März eintrifft. So oft also diese Summe nicht über 9 geht, fällt Ostern noch in den März, und das Datum ergibt sich, wenn man zu der gedachten Summe 22 addirt. Ist aber jene Summe grösser als 9, so fällt Ostern in den April, und das Datum erhält man, indem man von der erwähnten Summe 9 abzieht.

Ich will diese Regeln mit ein Paar Beispielen erläutern. Es sei zuerst Ostern für das Jahr 1801 zu berechnen. Hier gibt

nach der ersten Regel die Division mit 19 den Quotienten 94, um welchen wir uns nicht bekümmern, und den Rest 15, welches also der erste Rest ist.

Nach der zweiten Regel wird der neunzehnfache erste Rest 285; dazu 23 addirt, gibt 308; dies mit 30 dividirt, bleibt der zweite Rest 8.

Nach der dritten Regel wird der dritte Rest 1.

11 *

Nach der vierten Regel addiren wir die vierfache Jahrzahl   7204

den sechsfachen zweiten Rest   48

den doppelten dritten Rest .   2

und die Zahl   4

gibt Summe   7258

Diese mit 7 dividirt, bleibt der vierte Rest 6.

Nach der fünften Regel endlich haben wir die Summe des zweiten und vierten Restes 14; da diese um 5 grösser ist als 9, so fällt Ostern den 5. April. — Der grüne Donnerstag dieses Jahrs, dessen Andenken jetzt durch die Geschichte des Tages wieder erneuert wird, fiel also auf den 2. April.

Für das Jahr 1808, welches dem Hrn. Superint. Helmuth zu seinem Aufsatze Veranlassung gegeben hat, findet sich auf gleiche Weise

nach der ersten Regel der Rest 3.

nach der zweiten Regel das neunzehnfache des ersten Restes 57, dazu 23 gibt 80; hieraus der zweite Rest 20.

nach der dritten Regel der dritte Rest 0.

Nach der vierten Regel haben wir zu addiren 7232, 120, 0 und 4, gibt die Summe 7356, also der vierte Rest 6.

Nach der fünften Regel erhalten wir die Summe 26; davon also 9 abgezogen, ergibt sich der 17. April als das Datum des Ostertags.

Nach diesen Erläuterungen wird jeder, dem nur die vier Species bekannt sind, die Rechnung für andere Jahre ohne Weiteres machen können.

So wie diese Regeln oben gegeben sind, gelten sie für die hundert Jahre von 1800 bis 1899, für andere Jahrhunderte erleiden sie aber einige Abänderungen. In dem vergangenen Jahrhundert von 1700 bis 1799 findet weiter kein Unterschied Statt, als dass in derjenigen Summe, die nach der vierten Regel zu machen ist, anstatt der Zahl 4 die Zahl 3 genommen werden muss. In dem siebenzehnten Jahrhundert hingegen, oder vielmehr von 1583 (wo Ostern zum erstenmal nach der neuen Einrichtung bestimmt wurde) bis 1699 muss nicht nur in der ebengedachten vierten Regel anstatt der Zahl 4 die Zahl 2 gebraucht, sondern noch ausserdem in der zweiten Regel zu dem 19fachen ersten Reste nicht 23 sondern 22 hinzugefügt werden. Alles übrige bleibt ungeändert. Blos eben diese beiden Punkte betreffen nun auch die Abänderungen, die in den nächstkünftigen Jahrhunderten zu machen sind. Nemlich statt der Zahl 23, die in der ersten Regel für das achtzehnte und neunzehnte Jahrhundert gilt, hat man im zwanzigsten, ein und zwanzigsten und zwei und zwanzigsten die Zahl 24, im drei und zwanzigsten 25, im vier und zwanzigsten 26, im fünf und zwanzigsten wieder 25 zu setzen; und statt der Zahl 4, die bei der vierten Regel im neunzehnten, oder 3, welche im achtzehnten Jahrhundert gebraucht wird, muss man nehmen

im zwanzigsten und ein und zwanzigsten 5

im zwei und zwanzigsten 6

im drei und zwanzigsten 0

im vier und zwanzigsten und fünf und zwanzigsten 1

Die allgemeinen Regeln für diese Abänderungen findet man am angef. Orte der Mon. Corresp. [S. 78. d. B.]

Ich habe nur noch zu bemerken, dass die Einrichtung der Epactentafel im Gregorianischen Kalender so gemacht ist, dass in einzelnen Jahren von den obigen Regeln zweierlei Ausnahmen Statt finden können. Die erste besteht darin, dass allemal, wo der zweite Rest 29 und der vierte Rest 6 wird, und wo also nach der fünften Regel Ostern den 26. April sein sollte, dieses Fest eine Woche früher gefeiert wird, also den 19. April. Dieser Fall ist aber bisher nur einmal eingetreten, nemlich im Jahre 1609, und wird sich nicht eher wieder begeben als im Jahr 1981. Die zweite Ausnahme kann Statt finden, wenn der zweite Rest 28 und der vierte 6 wird, wo also nach der fünften Regel Ostern am 25sten April sein sollte, aber wirklich auf den 18. April versetzt wird, doch nur dann wenn der erste Rest nicht unter 11 war, in welchem Fall die Ausnahme nicht Statt findet, sondern Ostern auf dem 25. April bleibt. Diese zweite Ausnahme ist aber bisher noch nie eingetreten, und wird zum erstenmale erst im Jahr 1954 vorkommen.

Alles Vorhergehende betrifft die Berechnung des Osterfestes im Gregorianischen Kalender. Im Julianischen Kalender bedürfen die obigen fünf Regeln weiter keiner Abänderung, als dass in der zweiten Regel statt der Zahl 23 die Zahl 15, und in der vierten Regel statt 4 die Zahl 6 gebraucht werden muss. Mit diesen Änderungen gelten die Regeln denn allgemein für alle Jahrhunderte. Auch diese Rechnung will ich mit einem Beispiel erläutern. Für das Jahr 1808 hatten wir nach der ersten Regel, welche ungeändert bleibt, den ersten Rest 3. Dieser mit 19 multiplicirt und 15 addirt gibt 72, also mit 30 dividirt, wird der zweite Rest 12. Der dritte Rest ist wie oben 0. Nach der vierten Regel haben wir nun zu addiren 7232, 72, 0 und 6, welches gibt 7310, also der vierte Rest 2. Dessen Summe mit dem zweiten Rest wird 14, wovon nach der fünften Regel 9 abgezogen der Rest 5 bleibt. Ostern ist also den 5. April nach dem Julianischen Styl, welches der 17. April nach dem Gregorianischen ist. In diesem Jahr fällt also Ostern zufälligerweise in beiden Kalendern auf einerlei Tag, obwohl der Julianische ein 12 Tage kleineres Datum zählt.

Es lässt sich übrigens zeigen, dass im 143. Jahrhundert, d. i. von 14200 bis 14299 Ostern in beiden Kalendern immer auf einerlei Datum fallen würde, wenn dieselben so lange ungeändert im Gebrauch bleiben sollten, was freilich nicht zu erwarten ist. Einerlei Datum würde aber alsdann in den beiden Kalendern immer um 15 volle Wochen auseinander sein, und also die Julianischen Ostern um 15 Wochen später eintreten als die Gregorianischen. Mit dem Jahre 14300 hört diese Übereinstimmung wieder auf, um 43200 von neuem anzufangen, wo aber der Unterschied 46 Wochen betragen würde.

Schliesslich bemerke ich, dass im Maiheft der Mon. Corresp. 1802 [S. 80. d. B.] auch eine rein arithmetische Regel für die Berechnung des jüdischen Osterfestes gegeben ist, deren Anwendung von aller weitern Bekanntschaft mit der Einrichtung des jüdischen Kalenders unabhängig ist.

Monatliche Correspondenz zur Beförderung der Erd- und Himmels-Kunde,
herausgegeben vom Freiherrn von ZACH. Juni 1802.

Bedeutung der Zeichen:

Gegeben:	*Gesucht:*

Gegeben:

☊ Länge des aufsteigenden Knotens.

☉ Länge der Sonne.

α Geocentrische Länge des Himmelskörpers.

♭ Geocentrische Breite.

i Neigung der Bahn.

R Abstand der Sonne von der Erde.

Gesucht:

υ heliocentr. Länge des Himmelskörpers in der Bahn.

r Wahrer Abstand von der Sonne.

Δ Wahrer Abstand von der Erde.

A
B } Hülfswinkel.
C etc.

I.

$1^0 \quad \dfrac{\cos(\odot-\text{☊})\tang\,♭}{\sin(\odot-\alpha)} = \tang A$
$\qquad \dfrac{\sin A\,\tang(\odot-\text{☊})}{\sin(A+i)} = \tang(\upsilon-\text{☊})$

$2^0 \quad \dfrac{\sin(\odot-\alpha)\tang\,i}{\cos(\odot-\text{☊})} = \tang B$
$\qquad \dfrac{\cos B\,\sin♭\,\tang(\odot-\text{☊})}{\sin(B+♭)\cos i} = \tang(\upsilon-\text{☊})$

$3^0 \quad \dfrac{\sin(\odot-\text{☊})\tang\,♭}{\sin(\odot-\alpha)\tang\,i} = \tang C$
$\qquad \dfrac{\sin C\,\sin(\odot-\text{☊})}{\sin(C+\odot-\text{☊})\cos i} = \tang(\upsilon-\text{☊})$

$4^0 \quad \dfrac{\cos(\odot-\text{☊})\tang\,♭}{\cos(\odot-\alpha)\tang\,i} = \tang D$
$\qquad \dfrac{\sin D\,\tang(\odot-\text{☊})\cos(\odot-\alpha)}{\sin(D+\odot-\alpha)\cos i} = \tang(\upsilon-\text{☊})$

Anmerkung: Da Winkel, die um 180⁰ verschieden sind, einerlei Tangenten haben, so ist hier noch eine Vorschrift nöthig, wie die durch ihre Tangenten bestimmten Winkel A, B, C etc. und υ — ☊ angesetzt werden müssen. Den
Winkel υ — ☊ hat man allezeit zwischen 0 und 180⁰ anzunehmen, wenn ♭

positiv (nördlich) ist; ist hingegen die Breite südlich, so muss $\upsilon - \Omega$ zwischen 180^0 und 360^0, oder was einerlei ist, zwischen -180^0 und 0 fallen. Ist $\beta = 0$, so ist der Himmelskörper in einem Knoten, und man wird nie zweifelhaft sein, ob es Ω oder $\mathrm{\mho}$ ist*). Die Hülfswinkel, A, B, C, D aber, so wie die folgenden E, F etc., kann man in dieser Hinsicht ganz nach Belieben ansetzen; wobei es sich jedoch von selbst versteht, dass man auf die Zeichen $+$ gehörige Rücksicht nehme; ich habe sie in folgendem Beispiele immer zwischen -90^0 und $+90^0$ genommen. — Logarithmen, deren zugehörige Grössen negativ sind, habe ich durch ein beigeschriebenes n ausgezeichnet.

II.

5^0
$$\frac{\text{tang}\,\beta}{\sin(\alpha - \Omega)} = \text{tang}\,E \qquad \frac{\sin E \sin(\odot - \Omega)}{\sin(i - E)\sin(\upsilon - \Omega)} = \frac{r}{R}$$

6^0
$$\text{tang}\,i \sin(\alpha - \Omega) = \text{tang}\,F \qquad \frac{\cos F \sin(\odot - \Omega)\sin\beta}{\sin(F - \beta)\sin(\upsilon - \Omega)\cos i} = \frac{r}{R}$$

7^0
$$\cos i \, \text{tang}(\upsilon - \Omega) = \text{tang}\,G \qquad \frac{\cos G \sin(\odot - \alpha)}{\sin(\alpha - \Omega - G)\cos(\upsilon - \Omega)} = \frac{r}{R}$$

8^0
$$\frac{\text{tang}(\alpha - \Omega)}{\cos i} = \text{tang}\,H \qquad \frac{\sin H \sin(\odot - \alpha)}{\sin(H - (\upsilon - \Omega))\sin(\alpha - \Omega)} = \frac{r}{R}$$

9^0
$$\frac{\text{tang}\,\beta}{\sin i \cos(\alpha - \Omega)} = \text{tang}\,I \qquad \frac{\sin I \cos(\odot - \Omega)}{\sin(\upsilon - \Omega - I)} = \frac{r}{R}$$

10^0
$$\sin i \cos(\alpha - \Omega)\,\text{tang}(\upsilon - \Omega) = \text{tang}\,K \qquad \frac{\cos K \sin\beta \cos(\odot - \Omega)}{\sin(K - \beta)\cos(\upsilon - \Omega)} = \frac{r}{R}$$

11^0
$$\frac{\sin C \sin(\odot - \alpha)}{\cos(C + \odot - \alpha)\,\text{tang}(\odot - \Omega)\cos i} = \text{tang}\,L \qquad \frac{\sin L}{\sin(\upsilon - \Omega - L)\cos(\odot - \Omega)} = \frac{r}{R}$$

12^0
$$\frac{\sin D \cos(\odot - \Omega)}{\cos(D + \odot - \Omega)\cos i} = \text{tang}\,M \qquad \frac{\sin M}{\sin(\upsilon - \Omega - M)\cos(\odot - \Omega)} = \frac{r}{R}$$

III.

13^0
$$\frac{r \sin(\upsilon - \Omega)\sin i}{\sin\beta} = \Delta$$

14^0
$$\frac{R \sin E \sin(\odot - \Omega)\sin i}{\sin(i - E)\sin\beta} = \frac{R \cos E \sin(\odot - \Omega)\sin i}{\sin(i - E)\sin(\alpha - \Omega)\cos\beta} = \Delta$$

15^0
$$\frac{R \cos F \sin(\odot - \Omega)\,\text{tang}\,i}{\sin(F - \beta)} = \frac{R \sin F \sin(\odot - \Omega)\sin(\alpha - \Omega)}{\sin(F - \beta)} = \Delta$$

Und so lassen sich noch mehrere Ausdrücke für Δ aus der Verbindung von 13^0 mit allen Formeln II ableiten.

---

*) Der analytischen Vollständigkeit wegen bemerke ich, dass in diesem Falle der Himmelskörper in $\left\{\begin{matrix}\Omega\\\mathrm{\mho}\end{matrix}\right\}$ ist, je nachdem $\sin(\odot - \alpha)$ und $\sin(\alpha - \Omega)$ $\left\{\begin{matrix}\text{einerlei}\\\text{entgegengesetzte}\end{matrix}\right\}$ Zeichen haben.

Beispiel.

$$\Omega = 80^0 \ 59' \ 12''07$$
$$\odot = 281 \quad 1 \quad 34.99$$
$$\alpha = 53 \quad 23 \quad 2.46$$
$$i = 10 \quad 37 \quad 9.55$$

$\log \operatorname{tang} \mathfrak{b} = 8.7349698 \, \mathrm{n}$ \qquad $\mathfrak{b} = -3^0 \ 6' \ 33''561$ \quad negativ oder südlich

$\log R = 9.9926158$

Folglich $\odot - \Omega = 200^0 \quad 2' \quad 22''92$

$\quad\quad\quad \odot - \alpha = 227 \quad 38 \quad 32.53$

$\quad\quad\quad \alpha - \Omega = -27 \quad 36 \quad 9.61$

$1^0.$

$\log \operatorname{tang} \mathfrak{b}$	$8.7349698 \, \mathrm{n}$
$\log \cos (\odot - \Omega)$ . . .	$9.9728762 \, \mathrm{n}$
Compl. $\log \sin (\odot - \alpha)$.	$0.1313827 \, \mathrm{n}$
$\log \operatorname{tang} A$	$8.8392287 \, \mathrm{n}$
$\log \sin A$	$8.8381955 \, \mathrm{n}$
$\log \operatorname{tang} (\odot - \Omega)$ . . .	9.5620014
Compl. $\log \sin (A + i)$.	0.9350608
$\log \operatorname{tang} (\upsilon - \Omega)$ . . .	$9.3352577 \, \mathrm{n}$

folglich $\qquad A = -3^0 \ 57' \ 2''136$

$\qquad A + i = \quad 6 \quad 40 \quad 7.414$

ferner $\quad \upsilon - \Omega = -12^0 \ 12' \ 37''942$

also $\qquad \upsilon = \quad 68 \quad 46 \quad 34.128$

$2^0.$

$\log \sin (\odot - \alpha)$	$9.8686173 \, \mathrm{n}$
$\log \operatorname{tang} i$	9.2729872
Compl. $\log \cos (\odot - \Omega)$.	$0.0271238 \, \mathrm{n}$
$\log \operatorname{tang} B$	9.1687283
$\log \cos B$	9.9953277
$\log \sin \mathfrak{b}$	$8.7343300 \, \mathrm{n}$
$\log \operatorname{tang} (\odot - \Omega)$ . . .	9.5620014
Compl. $\log \sin (B + \mathfrak{b})$.	1.0360961
Compl. $\log \cos i$ . . .	0.0075025
$\log \operatorname{tang} (\upsilon - \Omega)$ . . .	$9.3352577 \, \mathrm{n}$

folglich $\qquad B = 8^0 \ 23' \ 21''888$

$\qquad B + \mathfrak{b} = 5 \quad 16 \quad 48.327$

wie oben

VI. \qquad\qquad\qquad\qquad\qquad\qquad\qquad\qquad 12

$$3^0.$$

$\log \sin(\odot - \Omega)$ . . .	$9.5348776\,n$
$\log \operatorname{tang} \delta$	$8.7349698\,n$
Compl. $\log \sin(\odot - \alpha)$.	$0.1313827\,n$
Compl. $\log \operatorname{tang} i$ . . .	0.7270128
$\log \operatorname{tang} C$	$9.1282429\,n$
$\log \sin C$	$9.1243583\,n$
$\log \sin(\odot - \Omega)$ . . .	$9.5348776\,n$
Compl. $\log \sin(C + \odot - \Omega)$	$0.6685194\,n$
Compl. $\log \cos i$ . . .	0.0075025
$\log \operatorname{tang}(\upsilon - \Omega)$ . . .	$9.3352578\,n$

also
$$C = -7^0\ 39'\ 7''056$$
$$C + \odot - \Omega = 192\ 23\ 15.864$$

wie vorhin.

$$4^0.$$

$\log \cos(\odot - \Omega)$ . . .	$9.9728762\,n$
$\log \operatorname{tang} \delta$	$8.7349698\,n$
Compl. $\log \cos(\odot - \alpha)$.	$0.1714973\,n$
Compl. $\log \operatorname{tang} i$ . . .	0.7270128
$\log \operatorname{tang} D$	$9.6063561\,n$
$\log \sin D$	$9.5735295\,n$
$\log \operatorname{tang}(\odot - \Omega)$ . . .	9.5620014
$\log \cos(\odot - \alpha)$	$9.8285027\,n$
Compl. $\log \sin(D + \odot - \alpha)$	$0.3637217\,n$
Compl. $\log \cos i$ . . .	0.0075025
$\log \operatorname{tang}(\upsilon - \Omega)$ . . .	$9.3352578\,n$

also
$$D = -21^0\ 59'\ 51''182$$
$$D + \odot - \alpha = 205\ 38\ 41.348$$

wie oben.

$$5^0.$$

$\log \operatorname{tang} \delta$	$8.7349698\,n$
$\log \sin(\alpha - \Omega)$	$9.6658973\,n$
$\log \operatorname{tang} E$	9.0690725
$\log \sin E$	9.0661081
$\log \sin(\odot - \Omega)$	$9.5348776\,n$
Compl. $\log \sin(i - E)$.	1.1637907
Compl. $\log \sin(\upsilon - \Omega)$.	$0.6746802\,n$
$\log \dfrac{r}{R}$	0.4394566

also
$$E = 6^0\ 41'\ 12''412$$
$$i - E = 3\ 55\ 57.138$$

ferner
$$\log r = \log R + \log \frac{r}{R} = 0.4320724$$

$$6^0.$$

$\log \tan i$	9.2729872	
$\log \sin (\alpha - \Omega)$	9.6658973 n	
$\log \tan F$	8.9388845 n	daher $F = -4^0\ 57'\ 53''955$
$\log \cos F$	9.9983674	$F - \delta = -1\ \ 51\ \ 20.394$
$\log \sin \delta$	8.7343300 n	
$\log \sin (\odot - \Omega)$ . . .	9.5348776 n	
Compl. $\log \sin (F - \delta)$.	1.4896990 n	
Compl. $\log \sin (\upsilon - \Omega)$.	0.6746802 n	
Compl. $\log \cos i$ . . .	0.0075025	
$\log \frac{r}{R}$	0.4394567	nahe wie vorher.

$$7^0.$$

$\log \cos i$	9.9924975	
$\log \tan (\upsilon - \Omega)$ . . .	9.3352577 n	
$\log \tan G$	9.3277552 n	also $G = -12^0\ \ 0'\ \ 27''118$
$\log \cos G$ . . , . .	9.9903922	$\alpha - \Omega - G = -15\ \ 35\ \ 42.492$
$\log \sin (\odot - \alpha)$	9.8686173 n	
Compl. $\log \sin (\alpha - \Omega - G)$	0.5705092 n	
Compl. $\log \cos (\upsilon - \Omega)$.	0.0099379	
$\log \frac{r}{R}$	0.4394566	wie oben.

$$8^0.$$

$\log \tan (\alpha - \Omega)$ . . .	9.7183744 n	
$\log \cos i$	9.9924975	
$\log \tan H$	9.7258769 n	folglich $H = -28^0\ \ 0'\ \ 39''879$
$\log \sin H$	9.6717672 n	$H - (\upsilon - \Omega) = -15\ \ 48\ \ \ \ 1.937$
$\log \sin (\odot - \alpha)$	9.8686173 n	
Compl. $\log \sin (H - (\upsilon - \Omega))$	0.5649695 n	
Compl. $\log \sin (\alpha - \Omega)$.	0.3341027 n	
$\log \frac{r}{R}$	0.4394567	wie vorher.

12 *

$9^0.$

$\log \operatorname{tang} \mathfrak{b}$	$8.7349698\,n$
Compl. $\log \sin i$ . . .	0.7345153
Compl. $\log \cos(\alpha - \Omega)$.	0.0524771
$\log \operatorname{tang} I$	$9.5219622\,n$
$\log \sin I$	$9.4991749\,n$
$\log \cos(\odot - \Omega)$ . . .	$9.9728762\,n$
Compl. $\log \sin(\upsilon - \Omega - I)$	0.9674054
$\log \dfrac{r}{R}$	0.4394565

hieraus $\qquad I = -18^0\ 23'\ 55''334$

$\upsilon - \Omega - I = \quad 6\quad 11\quad 17.392$

wie vorhin.

$10^0.$

In der Nähe des Knotens weniger scharf.

$\log \sin i$	9.2654847
$\log \cos(\alpha - \Omega)$	9.9475229
$\log \operatorname{tang}(\upsilon - \Omega)$	$9.3352577\,n$
$\log \operatorname{tang} K$	$8.5482653\,n$
$\log \cos K$	9.9997290
$\log \sin \mathfrak{b}$	$8.7343300\,n$
$\log \cos(\odot - \Omega)$ . . .	$9.9728762\,n$
Compl. $\log \sin(K - \mathfrak{b})$.	1.7225836
Compl. $\log \cos(\upsilon - \Omega)$.	0.0099379
$\log \dfrac{r}{R}$	0.4394567

also $\qquad K = -2^0\ 1'\ 26''344$

$K - \mathfrak{b} = \quad 1\quad 5\quad 7.217$

wie vorhin.

$11^0.$

$$C + \odot - \alpha = 219^0\ 59'\ 25''474$$

$\log \sin C$	$9.1243583\,n$
$\log \sin(\odot - \alpha)$	$9.8686173\,n$
Compl. $\log \cos(C + \odot - \alpha)$	$0.1156850\,n$
Compl. $\log \operatorname{tang}(\odot - \Omega)$	0.4379986
Compl. $\log \cos i$ . . .	0.0075025
$\log \operatorname{tang} L$	$9.5541617\,n$
$\log \sin L$	$9.5279439\,n$
Compl. $\log \sin(\upsilon - \Omega - L)$	0.8843888
Compl. $\log \cos(\odot - \Omega)$.	$0.0271238\,n$
$\log \dfrac{r}{R}$	0.4394565

also $\qquad L = -19^0\ 42'\ 32''533$

$\upsilon - \Omega - L = \quad 7\quad 29\quad 54.591$

wie zuvor.

$$12^0.$$

$$D + \odot - \text{☊} = 178^0\ 2'\ 31''738$$

log sin D . . . . . 9.5735295 n

log cos $(\bigcirc - \text{☊})$ . . . 9.9728762 n

Compl. log cos $(D + \odot - \text{☊})$ 0.0002536 n

Compl. log cos i . . . 0.0075025

log tang $(M = L)$ . . . 9.5541618 n   wie oben in 11^0.

Der übrige Theil der Rechnung eben so wie dort.

$$13^0$$

log r 0.4320724

log sin $(\upsilon - \text{☊})$ . . . . 9.3253198 n

log sin i 9.2654847

Compl. log sin δ . . . 1.2656700 n

log Δ 0.2885469

EINIGE BEMERKUNGEN ZUR VEREINFACHUNG DER RECHNUNG FÜR DIE GEOCENTRISCHEN ÖRTER DER PLANETEN.

Monatliche Correspondenz zur Beförderung der Erd- und Himmels-Kunde, herausgegeben vom Freiherrn von Zach. Mai 1804.

Seit der Erfindung der Pendeluhren beziehen sich alle unsere Beobachtungen der Fixsterne, Planeten und Cometen nicht auf ihre Lage gegen die Ecliptik, sondern unmittelbar auf ihre Lage gegen den Äquator. In unsern neuesten und besten Sternverzeichnissen und Sternkarten sind gleichfalls nicht Länge und Breite, sondern Rectascension und Declination zum Grunde gelegt. Man hat daher sehr häufig Veranlassung, für Planeten und Cometen ihre geocentrischen Örter in Beziehung auf den Äquator aus ihren heliocentrischen Örtern in ihrer Bahn zu berechnen; und man würde diese Veranlassung noch häufiger haben, wenn man sich entschlösse, in den astronomischen Ephemeriden anstatt der wenig nutzenden Längen und Breiten der Planeten durchgängig die in jeder practischen Hinsicht viel brauchbarern geraden Aufsteigungen und Abweichungen anzusetzen. Dies hat der vortreffliche Römer bereits vor hundert Jahren angerathen*), und besonders wird es ganz unentbehrlich für die beiden neuesten Planeten, die so schwer zu beobachten, und nur vermittelst sehr detaillirter Himmelskarten aus den sie umgebenden kleinen Fixsternen herauszufinden sind. Eben so häufig würde die allgemeinere Befolgung eines andern Vorschlages zu jener Rechnung Gelegenheit geben, nemlich bei Vergleichung des beobachteten Orts

---

*) In einem Briefe an Leibnitz. Horrebowii Opera T. II p. 142.

eines Planeten oder Cometen mit dem berechneten unmittelbar die beobachtete gerade Aufsteigung und Abweichung zum Grunde zu legen, und nicht erst, wie gewöhnlich geschieht, aus diesen eine sogenannte beobachtete Länge und Breite abzuleiten. Die mit diesem Verfahren verbundenen Vortheile sind bereits von einem competenten Richter im V. Bande der Mon. Corr. S. 594 erwähnt worden.

Aus diesem Gesichtspunkte hat man die geocentrische Länge und Breite des Planeten nur als Mittelgrössen anzusehen, um seine Lage gegen den Äquator zu finden. Es wird daher obigen Vorschlägen vielleicht zu einer Empfehlung mehr dienen, dass man dieser Zwischenrechnung, ja selbst der Reduction des heliocentrischen Orts in der Bahn auf den heliocentrischen Ort in Beziehung auf die Ecliptik ganz überhoben sein, und durch sehr einfache und geschmeidige Formeln, welche in gegenwärtigem Aufsatze entwickelt werden sollen, aus jenem die geocentrische Rectascension und Declination unmittelbar ableiten kann. Zu diesen Vortheilen kann man noch die grosse Leichtigkeit hinzufügen, womit sich bei diesem Verfahren die *Parallaxe* auch in dem Falle mit in Rechnung bringen lässt, wenn der Planet sich ausser dem Meridiane des Beobachtungsorts befindet, welches zwar seltener nöthig dann aber auch bei andern Methoden ungleich beschwerlicher ist.

Durch den Mittelpunkt der Sonne lege man drei auf einander senkrechte Ebenen die eine parallel mit dem Erd-Äquator, die zweite durch die Punkte der Nachtgleichen, also die dritte durch die Punkte der Sonnenwenden. Es heissen die senkrechten Abstände des Mittelpunkts der Erde von diesen drei Ebenen respective Z, Y, X, und die Abstände eines Planeten von eben denselben z, y, x. Diese Abstände sollen als positiv angenommen werden bei der ersten Ebene auf der Seite, wo der Nordpol liegt, bei der zweiten auf der Seite der Sommer-Sonnenwende, bei der dritten auf der Seite der Frühlings-Nachtgleiche. Es werden demnach $z-Z$, $y-Y$, $x-X$ die auf ähnliche Art genommenen senkrechten Abstände des Planeten von dreien, den obigen parallel durch den Mittelpunkt der Erde gelegten Ebenen sein. Bezeichnet man also die geocentrische gerade Aufsteigung des Planeten durch α, seine Abweichung durch δ, den Abstand von der Erde durch Δ, so wird

$$x - X = \Delta \cos \delta \cos \alpha$$
$$y - Y = \Delta \cos \delta \sin \alpha$$
$$z - Z = \Delta \sin \delta$$

Man findet folglich α durch die Formel $\tang\alpha = \frac{y-Y}{x-X}$, wo das positive oder negative Zeichen des Zählers entscheiden muss, ob α in den beiden ersten oder in den beiden letzten Quadranten anzunehmen ist. Sodann wird

$$\Delta\cos\delta = \frac{x-X}{\cos\alpha} = \frac{y-Y}{\sin\alpha}, \quad \text{und} \quad \tang\delta = \frac{z-Z}{\Delta\cos\delta}$$

Auf diese Weise erhält man also die Rectascension und Declination des Planeten aus dem Mittelpunkte der Erde gesehen. Verlangt man dieselben, wie sie aus einem Punkte auf der Oberfläche der Erde erscheinen, so ist in obigen Formeln weiter keine Änderung nöthig, als dass man statt der Coordinaten des Mittelpunkts X, Y, Z, die Abstände des Beobachtungsortes von den drei Fundamental-Ebenen gebrauchen muss. Ist der Halbmesser der Erde $= \rho$ *), die Polhöhe des Beobachtungsorts $= \varphi$, und die Sternzeit, die derselbe im Augenblicke der Beobachtung zählt, im Bogen, oder die gerade Aufsteigung des culminirenden Punkts des Äquators $= \vartheta$: so werden jene Abstände, wie man leicht übersehen wird:

$$X + \rho\cos\varphi\cos\vartheta$$
$$Y + \rho\cos\varphi\sin\vartheta$$
$$Z + \rho\sin\varphi$$

Hiebei ist die Erde als eine Kugel angenommen. Fände man es nöthig, auch auf die sphäroidische Gestalt der Erde Rücksicht zu nehmen (welcher Fall bei Cometen eintreten könnte, die der Erde sehr nahe kämen), so dürfte man nur für ρ die Entfernung des Beobachtungsorts vom Mittelpunkte der Erde, und für φ seine sogenannte verbesserte Polhöhe setzen, die nach bekannten Regeln bestimmt werden.

Man sieht jetzt also, dass es lediglich darauf ankommt, eine bequeme Methode zur Bestimmung der Coordinaten X, Y, Z, x, y, z aufzusuchen. In dieser Absicht sei um die Sonne eine Kugelfläche mit unbestimmtem Halbmesser beschrieben; auf derselben bezeichne P den Nordpol der Ecliptik, p den Nordpol der Ebene der Planeten-Bahn; K den Ort der Erde, k den heliocentrischen Ort des Planeten; endlich $\mathfrak{X}$, $\mathfrak{Y}$, $\mathfrak{Z}$ diejenigen Pole der drei Fundamental-Ebenen, die auf der Seite liegen, wo die Abstände x, y, z positiv genommen wer-

---

*) Dieser ist also dem Sinus der mittleren Horizontal-Parallaxe der Sonne gleich, wenn die mittlere Entfernung der Erde von der Sonne als Einheit angenommen wird.

den: also $\mathfrak{Z}$ den Nordpol des Äquators, $\mathfrak{X}$ den Punkt der Frühlings-Nacht-gleiche, $\mathfrak{Y}$ den Punkt des Äquators, der 90^0 Rectascension hat (eine Figur wird sich hienach jeder, der es nöthig findet, leicht selbst entwerfen können). Setzen wir nun den Abstand der Erde von der Sonne $= R$, so wird offenbar

$$X = R\cos\mathfrak{X}K$$
$$Y = R\cos\mathfrak{Y}K$$
$$Z = R\cos\mathfrak{Z}K$$

Folglich, da in dem sphärischen Dreiecke $\mathfrak{X}PK$ die Seite $PK = 90^0$, also $\cos\mathfrak{X}K = \sin\mathfrak{X}P\cos\mathfrak{X}PK$ ist,

$$X = R\sin\mathfrak{X}P\cos\mathfrak{X}PK, \quad \text{und eben so}$$
$$Y = R\sin\mathfrak{Y}P\cos\mathfrak{Y}PK \quad \text{und}$$
$$Z = R\sin\mathfrak{Z}P\cos\mathfrak{Z}PK$$

Ganz auf ähnliche Weise werden die Coordinaten des Planeten, wenn wir dessen Abstand von der Sonne durch r bezeichnen,

$$x = r\sin\mathfrak{X}p\cos\mathfrak{X}pk$$
$$y = r\sin\mathfrak{Y}p\cos\mathfrak{Y}pk$$
$$z = r\sin\mathfrak{Z}p\cos\mathfrak{Z}pk$$

Wir bemerken hier ein für allemal, dass wir den sphärischen Winkel $\mathfrak{X}PK$ so verstanden wissen wollen, wie der Schenkel PK auf den Schenkel $P\mathfrak{X}$ *nach der Ordnung der Zeichen folgt*, so dass also derselbe mit $KP\mathfrak{X}$ nicht gleichbedeutend sein soll, sondern beide einander zu 360^0 ergänzen. Eben so soll jeder andere sphärische Winkel zu verstehen sein. Durch eine solche nä-here Bestimmung gewinnen wir den Vortheil, dass die Grundformeln der sphä-rischen Trigonometrie sich ohne weiteres auch auf Dreiecke mit Winkeln über 180^0 ausdehnen lassen, und weichen so der sonst Statt findenden Nothwendig-keit aus, mehrere einzelne Fälle unterscheiden zu müssen. Übrigens werden Winkel, deren Unterschied 360^0 oder ein Vielfaches davon beträgt, jederzeit als gleichbedeutend angesehen werden.

Wir nehmen nun zuvörderst die Coordinaten X, Y, Z vor, und setzen die Schiefe der Ecliptik $= \varepsilon$, die heliocentrische Länge der Erde $= \lambda$ ($=$ geocen-trische Lange der Sonne $+180^0$). In obigen Formeln wird also $\mathfrak{X}P = 90^0$, $\mathfrak{Y}P = 90^0+\varepsilon$, $\mathfrak{Z}P = \varepsilon$, $\mathfrak{X}PK = \lambda$, $\mathfrak{Y}PK = \mathfrak{Z}PK = \lambda-90^0$ folglich

$$X = R \cos \lambda$$
$$Y = R \sin \lambda \cos \varepsilon$$
$$Z = R \sin \lambda \sin \varepsilon$$

Für den Planeten setzen wir Kürze halber $\mathfrak{X}p = a$, $\mathfrak{Y}p = b$, $\mathfrak{Z}p = c$, seine Entfernung in der Bahn vom aufsteigenden Knoten auf der Ecliptik $= t$, und die Winkel $\mathfrak{X}pP$, $\mathfrak{Y}pP$, $\mathfrak{Z}pP$ respective $= A, B, C$. Man wird leicht übersehen, dass $Ppk = t - 90^0$ (oder nach obiger Anmerkung $= t + 270^0$), also $\mathfrak{X}pk = A + t - 90^0$, $\mathfrak{Y}pk = B + t - 90^0$, $\mathfrak{Z}pk = C + t - 90^0$. Es wird demnach

$$x = r \sin a \sin (A + t)$$
$$y = r \sin b \sin (B + t)$$
$$z = r \sin c \sin (C + t)$$

Es bleibt uns jetzt noch übrig, die Grössen a, A u. s. w., die nur von der Lage der Bahn des Planeten, nicht von seinem jedesmaligen Orte in derselben abhängig sind, aus der Neigung der Ebene dieser Bahn und der Länge des aufsteigenden Knotens abzuleiten; wir bezeichnen jene mit i, diese mit Ω. Die Betrachtung des Dreiecks $\mathfrak{X}pP$ gibt uns folgende drei Gleichungen:

$$\operatorname{cotang} \mathfrak{X}pP = \frac{\sin pP \operatorname{cotang} \mathfrak{X}P - \cos pP \cos pP\mathfrak{X}}{\sin pP\mathfrak{X}}$$
$$\cos \mathfrak{X}p = \cos pP \cos \mathfrak{X}P + \sin pP \sin \mathfrak{X}P \cos pP\mathfrak{X}$$
$$\sin \mathfrak{X}p = \frac{\sin \mathfrak{X}P \sin pP\mathfrak{X}}{\sin \mathfrak{X}pP}$$

Eben so geben die Dreiecke $\mathfrak{Y}pP$, $\mathfrak{Z}pP$ jedes drei ähnliche Gleichungen, welche hier herzusetzen unnöthig ist, da man, um sie zu erhalten, in den drei obigen nur $\mathfrak{X}$ mit $\mathfrak{Y}$ und $\mathfrak{Z}$ zu vertauschen hat. Nun ist

$$pP = i, \quad pP\mathfrak{X} = 90^0 - \Omega, \quad pP\mathfrak{Y} = pP\mathfrak{Z} = 180^0 - \Omega$$

Mit diesen und den übrigen Substitutionen werden unsere neun Gleichungen diese:

$$\operatorname{cotang} A = - \cos i \operatorname{tang} \Omega$$
$$\cos a = \sin i \sin \Omega$$
$$\sin a = \frac{\cos \Omega}{\sin A}$$

$$\operatorname{cotang} B = \frac{-\sin i \operatorname{tang} \varepsilon + \cos i \cos \Omega}{\sin \Omega}$$

$$\cos b = -\cos i \sin \varepsilon - \sin i \cos \varepsilon \cos \Omega$$

$$\sin b = \frac{\cos \varepsilon \sin \Omega}{\sin B}$$

$$\operatorname{cotang} C = \frac{\sin i \operatorname{cotang} \varepsilon + \cos i \cos \Omega}{\sin \Omega}$$

$$\cos c = \cos i \cos \varepsilon - \sin i \sin \varepsilon \cos \Omega$$

$$\sin c = \frac{\sin \varepsilon \sin \Omega}{\sin C}$$

Die Unbestimmtheit, ob man A, B und C in den beiden ersten oder in den beiden letzten Quadranten anzunehmen habe, wird man so entscheiden, dass die Sinus von a, b und c positiv werden. Man nimmt also A in den beiden ersten Quadranten, wenn $\cos \Omega$ positiv, B und C in eben denselben, wenn $\sin \Omega$ positiv ist; in den entgegengesetzten Fällen aber in den beiden letzten Quadranten, also B und C in den beiden ersten oder letzten, je nachdem Ω in diesen oder jenen liegt.

Die vierte, fünfte, siebente und achte dieser Gleichungen lassen sich durch die Einführung von Hülfswinkeln noch bequemer einrichten. Dies kann auf eine doppelte Weise geschehen:

Erstlich, wenn man $\frac{\operatorname{tang} i}{\cos \Omega} = \operatorname{tang} E$ und $\operatorname{tang} i \cos \Omega = \operatorname{tang} F$ setzt, so wird

$$\operatorname{cotang} B = \frac{\sin i \cos(E + \varepsilon)}{\sin \Omega \cos \varepsilon \sin E} = \frac{\cos i \cos(E + \varepsilon)}{\operatorname{tang} \Omega \cos \varepsilon \cos E}$$

$$\cos b = -\frac{\cos i \sin(F + \varepsilon)}{\cos F} = -\frac{\sin i \cos \Omega \sin(F + \varepsilon)}{\sin F}$$

$$\operatorname{cotang} C = \frac{\sin i \sin(E + \varepsilon)}{\sin \Omega \sin \varepsilon \sin E} = \frac{\cos i \sin(E + \varepsilon)}{\operatorname{tang} \Omega \sin \varepsilon \cos E}$$

$$\cos c = \frac{\cos i \cos(F + \varepsilon)}{\cos F} = \frac{\sin i \cos \Omega \cos(F + \varepsilon)}{\sin F}$$

Zweitens, macht man $\frac{\operatorname{tang} \varepsilon}{\cos \Omega} = \operatorname{tang} G$, und $\operatorname{tang} \varepsilon \cos \Omega = \operatorname{tang} H$, so wird:

$$\operatorname{cotang} B = \frac{\cos(G + i)}{\operatorname{tang} \Omega \cos G} = \frac{\operatorname{tang} \varepsilon \cos(G + i)}{\sin \Omega \sin G}$$

$$\cos b = -\frac{\sin \varepsilon \sin(G + i)}{\sin G} = -\frac{\cos \Omega \cos \varepsilon \sin(G + i)}{\cos G}$$

$$\operatorname{cotang} C = \frac{\sin(H + i)}{\sin \Omega \operatorname{tang} \varepsilon \cos H} = \frac{\sin(H + i)}{\operatorname{tang} \Omega \sin H}$$

$$\cos c = \frac{\cos \varepsilon \cos(H + i)}{\cos H} = \frac{\sin \varepsilon \cos \Omega \cos(H +)}{\sin H}$$

13*

Es wird wohl der Mühe werth sein, noch einige Relationen zwischen den Grössen A, a u. s. w. zu entwickeln. Das sphärische Dreieck $\mathfrak{X}p\mathfrak{Y}$ gibt $\cos\mathfrak{X}\mathfrak{Y} = \cos\mathfrak{X}p\,\cos\mathfrak{Y}p + \sin\mathfrak{X}p\,\sin\mathfrak{Y}p\,\cos\mathfrak{X}p\mathfrak{Y}$. Allein $\mathfrak{X}\mathfrak{Y} = 90^0$ und $\mathfrak{X}p\mathfrak{Y} = \mathfrak{X}pP - \mathfrak{Y}pP = A - B$. Also

$$\cos(A - B) = -\operatorname{cotang} a\,\operatorname{cotang} b$$

Eben so geben die Dreiecke $\mathfrak{Y}p\mathfrak{Z}$, $\mathfrak{Z}p\mathfrak{X}$

$$\cos(B - C) = -\operatorname{cotang} b\,\operatorname{cotang} c$$
$$\cos(C - A) = -\operatorname{cotang} c\,\operatorname{cotang} a$$

Ferner wird in dem Dreiecke $\mathfrak{X}p\mathfrak{Y}$, $\cos a = \cos p\mathfrak{Y}\mathfrak{X}\,\sin b$, und in dem Dreiecke $\mathfrak{Y}p\mathfrak{Z}$, $\sin\mathfrak{Z}\mathfrak{Y}p = \sin\mathfrak{Y}p\mathfrak{Z}\,\sin c$. Da nun $\mathfrak{Z}\mathfrak{Y}p + p\mathfrak{Y}\mathfrak{X} = \mathfrak{Z}\mathfrak{Y}\mathfrak{X} = 90^0$, so hat man $\cos a = \sin b\,\sin c\,\sin\mathfrak{Y}p\mathfrak{Z}$, oder da $\mathfrak{Y}p\mathfrak{Z} = B - C$ ist

$$\sin(B - C) = \frac{\cos a}{\sin b\,\sin c}$$

Ganz auf ähnliche Art findet man

$$\sin(C - A) = \frac{\cos b}{\sin c\,\sin a}$$
$$\sin(A - B) = \frac{\cos c}{\sin a\,\sin b}$$

Die Verbindung dieser Gleichungen mit den vorigen gibt noch

$$\operatorname{cotang}(A - B) = -\frac{\cos a\,\cos b}{\cos c} = \operatorname{tang}(F + \varepsilon)\cos a$$
$$\operatorname{cotang}(B - C) = -\frac{\cos b\,\cos c}{\cos a}$$
$$\operatorname{cotang}(C - A) = -\frac{\cos c\,\cos a}{\cos b} = \operatorname{cotang}(F + \varepsilon)\cos a$$

$$\cos a^2 = \operatorname{cotang}(A - B)\,\operatorname{cotang}(C - A)$$
$$\cos b^2 = \operatorname{cotang}(B - C)\,\operatorname{cotang}(A - B)$$
$$\cos c^2 = \operatorname{cotang}(C - A)\,\operatorname{cotang}(B - C)$$

und auf ähnliche Art lassen sich die Quadrate der Sinus und Tangenten der Seiten a, b, c durch die Winkel $A - B$, $B - C$, $C - A$ darstellen.

Um den Gebrauch dieser Formeln zu erläutern, wollen wir einige derselben auf die Pallas anwenden, und dabei die neuesten [VII.] Elemente dieses Planeten für 1803 zum Grunde legen. Wir setzen also

$$i = \quad 34^0 \quad 38' \quad 1''1$$
$$\Omega = 172 \quad 28 \quad 13.7$$
$$\varepsilon = \quad 23 \quad 27 \quad 55.8 \text{ (mittlere Schiefe nach Maskelyne für 1803).}$$

Mit diesen Elementen steht die Rechnung folgendermaassen (die den Logarithmen beigesetzten n zeigen an, dass sie zu negativen Grössen gehören):

log cos i . . .	9.9152958		
log tang Ω . .	9.1211553 n		
log cotang A .	9.0364511	also	$A = 263^0$ 47' 35''4
log cos Ω . . .	9.9962390 n		
log sin A . . .	9.9974467 n		
log sin a . . .	9.9987923		
log sin i . . .	9.7545982		
log sin Ω . . .	9.1173944		
log cos a . . .	8.8719926	hieraus	$a = 85^0$ 43' 44''8
log tang i . .	9.8393024		
log cos Ω . . .	9.9962390 n	also	
log tang E .	9.8430634 n,	$E = 145^0$ 8' 2''4;	$E + \varepsilon = 168^0$ 35' 58''2
log tang F . .	9.8355414 n,	$F = 145$ 35 52.9;	$F + \varepsilon = 169$ 3 48.7
log cos i . . .	9.9152958		
Compl. log tang Ω	0.8788447 n		
Compl. log cos E	0.0859260 n		
log const. . .	0.8800665		
log cos $(E + \varepsilon)$.	9.9913455 n		
Compl. log cos ε	0.0374886		
log cotang B .	0.9089006 n	hieraus	$B = 172^0$ 58' 7''4

$$\begin{array}{lll}
\log \text{const.} \quad . \quad . & 0.8800665 & \\
\log \sin(E+\varepsilon) \quad . & 9.2959318 & \\
\text{Compl.} \log \sin \varepsilon & 0.3999023 & \\
\hline
\log \text{cotang } C \quad . & 0.5759006 & C = 14^0\ 52'\ 12''5 \\
\end{array}$$

$$\begin{array}{ll}
\log \cos \varepsilon \quad . \quad . \quad . & 9.9625114 \\
\log \sin \Omega \quad . \quad . \quad . & 9.1173944 \\
\text{Compl.} \log \sin B & 0.9121791 \\
\hline
\log \sin b \quad . \quad . \quad . & 9.9920849 \\
\end{array}$$

$$\begin{array}{ll}
\log \sin \varepsilon \quad . \quad . \quad . & 9.6000977 \\
\log \sin n \quad . \quad . \quad . & 9.1173944 \\
\text{Compl.} \log \sin C & 0.5906942 \\
\hline
\log \sin c \quad . \quad . \quad . & 9.3081863 \\
\end{array}$$

$$\begin{array}{ll}
\log \cos i \quad . \quad . \quad . & 9.9152958 \\
\log \cos F \quad . \quad . & 9.9165035\,n \\
\hline
 & 9.9987923\,n \\
\end{array}$$

$$\begin{array}{lll}
\log \sin(F+\varepsilon) \quad . & 9.2781142 & \\
\log \cos(F+\varepsilon) \quad . & 9.9920399\,n & \\
\hline
\log \cos b \quad . \quad . \quad . & 9.2769065 & \text{also} \quad\quad b = 79^0\ \ 5'\ 39''4 \\
\log \cos c \quad . \quad . \quad . & 9.9908322 & \phantom{\text{also} \quad\quad} c = 11\ \ 43\ \ 52.8 \\
\end{array}$$

Wenn man nur die Sinus von a, b, c verlangt, so ist die Rechnung für ihre Cosinus nicht nöthig, und man kann also auch den Hülfswinkel F entbehren. Will man aber auch a, b, c selbst kennen, so dienen die Cosinus (wovon nachher noch ein Gebrauch vorkommt) dazu, die Zweideutigkeiten, welche die Sinus allein dabei übrig lassen, zu entscheiden. Auch geben sie dann, wenn die Sinus näher bei 1 sind, eine schärfere Bestimmung, und zugleich eine Controle für die Richtigkeit der Rechnung. Zu dieser letzten Absicht ist auch noch der Umstand brauchbar, dass $\frac{\cos i}{\cos F} = \pm \sin a$ ist, wo das obere Zeichen gilt. wenn F mit A zugleich in den beiden ersten oder letzten Quadranten liegt; das untere, wenn F in einer andern Hälfte des Umfanges angenommen ist als A .

(Zur Entwickelung des Grundes davon dient die Bemerkung, dass F im ersten Falle mit dem Winkel $P \mathfrak{X} p$ einerlei, im zweiten 180^0 davon verschieden ist)

Die Grössen ε, Ω, i sind Secularänderungen unterworfen: dasselbe wird also auch der Fall mit den davon abhängigen A, a, B, b, C, c sein. Sind die jährlichen Änderungen von jenen bekannt, so können die Änderungen von A, a u. s. w. durch leicht zu entwickelnde Differentialformeln berechnet werden, bei welchen wir uns hier nicht aufhalten wollen. Man kann auch die Werthe von A, a u. s. w für eine entferntere Epoche von neuem berechnen, und daraus ihre jährlichen Änderungen ableiten.

Ausserdem erleiden diese Grössen wegen der Nutation noch periodische Änderungen, die mit jedem Umlaufe der Mondsknoten wiederkehren. Da man nemlich die geocentrische Lage des Planeten gegen den wahren Äquator verlangt, so muss eigentlich für ε nicht die mittlere, sondern die wahre Schiefe der Ecliptik, und für Ω die Entfernung des aufsteigenden Knotens vom wahren, nicht vom mittlern Äquinoctialpunkte genommen werden. Die hieraus entspringenden periodischen Änderungen können nach eben den Differentialformeln wie die Secularänderungen berechnet, und in eine Tafel, deren Argument die Länge des Mondsknotens ist, gebracht werden. Wenn man eine zahlreiche Menge geocentrischer Örter für einen nicht zu grossen Zeitraum zu berechnen hat, wird man es in Ermangelung einer solchen Tafel am bequemsten finden, für zwei Epochen zu Anfang und Ende desselben die wahren Werthe von A, a u. s. w. sogleich unmittelbar aus den wahren Werthen von ε, i, Ω zu berechnen, und für dazwischen liegende Zeiten sie daraus durch einfache Interpolation abzuleiten. Ein Jahr hindurch kann man ohne Bedenken diese Änderungen als gleichförmig ansehen.

Man könnte auch die von der Nutation abhängigen periodischen Änderungen ganz übergehen, und sich der mittlern Werthe von A, a u. s. w. bedienen dann müsste man aber auch bei der Erde für ε die mittlere Schiefe der Ecliptik gebrauchen, und von der Länge λ die Nutation weglassen, um den Abstand vom mittlern Äquinoctium zu haben. Der Erfolg davon ist sodann, dass man die geocentrische Rectascension und Declination des Planeten in Beziehung auf den *mittlern* Äquator erhält, woraus man dann seine Lage gegen den *wahren* Äquator eben so ableitet, wie man den mittlern Ort eines Fixsterns durch Anbringung der Nutation auf den scheinbaren reducirt.

Wir haben jetzt nur noch einiges über die Perturbationen hinzuzufügen. Die Störungen der Breite, von denen allein natürlich hier die Rede ist, sind bei allen ältern Planeten so unbeträchtlich, dass man sie mit Recht ganz vernachlässigen kann; blos bei der Ceres und Pallas wird es wegen der starken Neigung der Bahnen dieser Planeten gegen die Jupitersbahn nothwendig, sie mit in Rechnung zu nehmen. Es gibt dazu einen doppelten Weg. Man kann nemlich entweder diejenigen Elemente, welche die Lage der Bahn bestimmen, die Neigung und die Länge des Knotens, als veränderlich ansehen und ihre mittlern Werthe durch periodische Gleichungen verbessern, oder auch gerade zu untersuchen, wie viel der Planet aus der mittlern Ebene seiner Bahn herauszuweichen durch fremde Kräfte genöthigt wird. Im ersten Falle wird man jene Änderungen auch auf die Grössen A, a u. s. w. ubertragen, also diesen ausser den von der Nutation abhängenden noch andere periodische Gleichungen beifügen, deren Argumente mit denen für die Gleichungen der Neigung und der Länge des Knotens übereinkommen werden. Dieses Verfahren ist jedoch bisher nicht üblich gewesen. Bei der zweiten Methode hingegen werden die Störungstafeln die Perturbation der heliocentrischen Breite angeben, welche aber eigentlich nichts anders ist, als die heliocentrische Breite des Planeten über der mittlern Ebene seiner Bahn. Es sei dieselbe $= \beta$, gegen den Nordpol zu als positiv, gegen den Südpol zu als negativ angesehen. In dem sphärischen Dreiecke $\mathfrak{X}pk$ ist also die Seite pk nicht wie vorhin $= 90^0$, sondern $= 90^0 - \beta$, folglich

$$x = r\cos\mathfrak{X}k = r(\sin\beta\cos a + \cos\beta\sin a\sin(t+A))$$

und eben so

$$y = r(\sin\beta\cos b + \cos\beta\sin b\sin(t+B))$$
$$z = r(\sin\beta\cos c + \cos\beta\sin c\sin(t+C))$$

In so fern hier β höchstens nur einige Minuten betragen kann, wird man $\cos\beta = 1$ und $\sin\beta = \beta$ setzen dürfen. Hieraus erhellt, dass man wegen der Störungen zu den ohne sie gefundenen Werthen von x, y, z nur noch die Grössen $\beta r\cos a$, $\beta r\cos b$, $\beta r\cos c$ hinzuzusetzen habe, wo β in Theilen des Halbmessers ausgedrückt werden muss.

[Handschriftliche Bemerkungen zu S. 100.]

$$\sin a^2 = -\frac{\cos(B-C)}{\sin(A-B)\sin(C-A)}$$

$$\operatorname{tang} a^2 = - \frac{\cos(B-C)}{\cos(A-B)\cos(C-A)}$$

$$\cos a^2 + \cos b^2 + \cos c^2 = 1$$

$$-\frac{\cos a}{\cos b} = \operatorname{tang}(B-C)\cos = \frac{\operatorname{cotang}(C-A)}{\cos c} = \operatorname{tang}\Omega' \text{ in plano ipsius } Z$$

$$\sin\Omega' = \sin b \sin(B-C) = \frac{\cos a}{\sin c}$$

$$\cos\Omega' = -\frac{\cos b}{\sin c}$$

Differentialänderungen:

$$2\,\mathrm{d}\,a = -\frac{\mathrm{d}A - \mathrm{d}B}{\sin(A-B)\operatorname{cotang} b} - \frac{\mathrm{d}C - \mathrm{d}A}{\sin(C-A)\operatorname{cotang} c}$$

Um umgekehrt aus $a,\, b,\, c;\quad \Omega$ und i zu finden, dienen die Formeln

$$\cos a = \sin i \sin\Omega$$

$$-\cos b \cos\varepsilon - \cos c \sin\varepsilon = \sin i \cos\Omega$$

$$-\cos b \sin\varepsilon + \cos c \cos\varepsilon = \cos i$$

$$\sin a = k$$

$$\cos b = k\cos\theta$$

$$\cos c = k\sin\theta$$

$$\cos a = \sin i \sin\Omega$$

$$-k\cos(\theta-\varepsilon) = \sin i \cos\Omega$$

$$k\sin(\theta-\varepsilon) = \cos i$$

VI.

ÜBER DIE GRENZEN DER GEOCENTRISCHEN ÖRTER DER PLANETEN.

Monatliche Correspondenz zur Beförderung der Erd- und Himmels-Kunde,
herausgegeben vom Freiherrn von ZACH.   August 1804.

Von der Sonne aus gesehen erscheint die Bewegung jedes Planeten in so fern man auf die kleinen Störungen durch andere Himmelskörper nicht sieht, stets in einem und demselben grössten Kreise am Fixsternhimmel. Eben so würde sie auch von der Erde aus erscheinen, wenn die Ebene seiner Bahn mit der Ecliptik zusammenfiele. Sind aber diese beiden Ebenen gegen einander geneigt, so liegen alle mögliche geocentrische Örter des Planeten auf der Himmelskugel nicht mehr, wie in jenem Falle, in einer nur nach einer Dimension ausgedehnten Linie, sondern sie erfüllen einen Flächenraum, eine *Zone*, die den ganzen übrigen Himmel, wo der Planet von der Erde aus nie erscheinen kann, in zwei Theile absondert, und füglich der *Zodiacus* des Planeten heissen kann. Auf diese Weise hat also jeder Planet im Grunde seinen eigenthümlichen Zodiacus, dessen Grenzen (*Limiten*) vollkommen scharf bestimmbar sind, in so fern man seine und die Erd-Bahn als Kegelschnitte von unveränderlichen Elementen ansieht. Die genaue Bestimmung dieser Grenzen ist an sich schon ein interessantes analytisches Problem; aber die Anwendung desselben, besonders auf die beiden neuen Planeten, deren Zodiacus eine beträchtliche Ausdehnung haben ist auch nicht ohne practische Wichtigkeit. Man weiss, dass zur Aufsuchung und Beobachtung dieser merkwürdigen Himmelskörper sehr genaue und detaillirte Sternkarten erfordert werden, und dass selbst die besten, welche wir bisher besitzen, dazu bei weiten noch nicht hinlänglich sind. Wenn man daher nicht jedes Jahr von den Gegenden, die diese Planeten durchlaufen, Special-Karten entwerfen will, so muss man nothwendig auf einen eigenen den ganzen Raum, worin sie sich zeigen können, begreifenden Atlas denken. Die genaue Bestimmung der Grenzen dieses Raums wird daher um so wünschenswerther, da man sich bei einem solchen Unternehmen, das an sich schon von bedeutendem Umfange ist, gern alle zu diesem Zwecke unnöthige Mühe ersparen wird. Gewiss wird allen Freunden der Astronomie die Nachricht sehr willkommen sein, dass der geschickte Lilienthaler Astronom HARDING, von dem wir bereits verschiedene vortreffliche Specialkarten besitzen, schon angefangen hat, sich dieser grössern Arbeit zu unterziehen, die sich nicht nur durch ein sehr reiches Detail, sondern auch durch die sorgfältigste, durchgehends auf Autopsie gegründete Kritik sehr vortheilhaft auszeichnen wird.

Wir legen durch den Mittelpunkt der Sonne drei auf einander senkrechte, übrigens willkürliche Ebenen, und nennen die senkrechten Abstände des beobachteten Planeten von denselben x, y, z; die Abstände der Erde hingegen x', y', z'. Wir setzen ferner

$$x' - x = \Delta \cos \alpha \cos \eth$$
$$y' - y = \Delta \sin \alpha \cos \eth$$
$$z' - z = \Delta \sin \eth$$

so dass Δ der Abstand des Planeten von der Erde, $\eth$ die Neigung der von dem Planeten zur Erde gezogenen geraden Linie gegen eine, parallel mit der Ebene der z, durch die Erde gelegte Ebene; α der Winkel der Projection jener geraden Linie auf diese Ebene gegen eine, parallel mit der Ebene der y, durch die Erde gelegten Ebene sein werden. Auf der Himmelskugel bestimmen also α und $\eth$ die Lage des geocentrischen Orts des Planeten gegen die von den Ebenen der z, y, x (oder vielmehr ihnen parallel durch die Erde gelegten) gebildeten grössten Kreise ganz eben so wie Länge und Breite die Lage gegen die Ecliptik und die Coluren der Nachtgleichen und Sonnenwenden.

Vermöge der Beschaffenheit der Bahn des Planeten wird man zwischen x, y, z zwei Gleichungen haben, daher man diese drei veränderlichen Grössen als Functionen *einer* ansehen kann, die wir durch t bezeichnen und übrigens noch unbestimmt lassen wollen. Eben so sollen x', y', z' Functionen der veränderli-

14*

chen Grösse t' sein. Es sind also α und $\eth$ Functionen von beiden t, t' die durch die Differentialgleichungen

$$d\alpha = p\,dt + p'\,dt', \qquad d\eth = q\,dt + q'\,dt'$$

bestimmt werden mögen.

Dies vorausgesetzt, ist offenbar, dass, wenn man t, t' sich zugleich so ändern lässt, dass $dt : dt' = -p' : p$, dadurch α ungeändert bleibe, $\eth$ aber so lange zu oder abnehmen werde, bis es einen grössten oder kleinsten Werth erreicht hat. Dies geschieht offenbar, wenn $pq' - qp' = 0$ wird. Nun ist klar, dass die Combination *aller* Werthe von t und t' alle mögliche geocentrische Örter des Planeten gibt; und dass von allen solchen Combinationen, die einerlei α geben, diejenige Statt finden muss, wo $\eth$ ein Grösstes oder Kleinstes wird, wenn der geocentrische Ort in die Grenzen des Zodiacus des Planeten fallen soll. Hieraus folgt also, dass diese Grenzen durch die Bedingungsgleichung $pq' - qp' = 0$ bestimmt werden.

Die Differentiation obiger Gleichungen gibt

$$dx' - dx = \cos\alpha \cos\eth\, d\Delta - \Delta \sin\alpha \cos\eth\, d\alpha - \Delta \cos\alpha \sin\eth\, d\eth$$
$$dy' - dy = \sin\alpha \cos\eth\, d\Delta + \Delta \cos\alpha \cos\eth\, d\alpha - \Delta \sin\alpha \sin\eth\, d\eth$$
$$dz' - dz = \sin\eth\, d\Delta + \Delta \cos\eth\, d\eth$$

Hieraus folgt leicht in Verbindung mit jenen Gleichungen

$$-\sin\alpha\,(dx' - dx) + \cos\alpha\,(dy' - dy) = \Delta \cos\eth\, d\alpha$$
$$-\cos\alpha \sin\eth\,(dx' - dx) - \sin\alpha \sin\eth\,(dy' - dy) + \cos\eth\,(dz' - dz) = \Delta\, d\eth$$

Es wird also, vermöge der partiellen Differentialien

$$\Delta \cos\eth\, p\,dt = \sin\alpha\, dx - \cos\alpha\, dy$$
$$\Delta \cos\eth\, p'\,dt' = -\sin\alpha\, dx' + \cos\alpha\, dy'$$
$$\Delta\, q\,dt = \cos\alpha \sin\eth\, dx + \sin\alpha \sin\eth\, dy - \cos\eth\, dz$$
$$\Delta\, q'\,dt' = -\cos\alpha \sin\eth\, dx' - \sin\alpha \sin\eth\, dy' + \cos\eth\, dz'$$

Diese Werthe von p, p', q, q' in der Bedingungsgleichung $pq' = p'q$ substituirt, wird nach den gehörigen Reductionen

$$\cos\alpha \cos\eth\,(dy'\,dz - dy\,dz') + \sin\alpha \cos\eth\,(dz'\,dx - dz\,dx') + \sin\eth\,(dx'\,dy - dx\,dy') = 0$$

oder wenn man mit Δ multiplicirt

$$(x'-x)(dy'dz - dy dz') + (y'-y)(dz'dx - dz dx') + (z'-z)(dx'dy - dx dy') = 0$$

welche Gleichung sich noch besser in folgender Form darstellen lässt:

$$\left.\begin{array}{l} dx(y'dz' - z'dy') + dx'(y dz - z dy) \\ + dy(z'dx' - x'dz') + dy'(z dx - x dz) \\ + dz(x'dy' - y'dx') + dz'(x dy - y dx) \end{array}\right\} = 0$$

Diese Gleichung enthält allgemein die Relation zwischen den Örtern der Erde und des Planeten, bei welchen der geocentrische Ort des letztern in die Grenzen fällt, und man darf darin nur für x, y, z ihre Werthe durch t, und für x', y', z' ihre Werthe durch t', nach Beschaffenheit der Bahn, substituiren, um eine endliche Gleichung zwischen t und t' zu erhalten. Es schien der Mühe werth, jene Gleichung durch eine allgemeine Analyse zu entwickeln; übrigens aber ist es nicht schwer zu zeigen, dass sie zugleich die Bedingungsgleichung sei, *dass die Tangenten an den Örtern der Erde und des Planeten in Einer Ebene liegen*, und gerade diese Bedingung aus den Erfordernissen unserer Aufgabe abzuleiten. Kürze halber halten wir uns indessen hiebei nicht länger auf.

Für die Grössen t, t', die wir bisher unbestimmt gelassen haben, nehmen wir am bequemsten die heliocentrischen Winkel-Abstände des Planeten und der Erde in ihren Bahnen von der gemeinschaftlichen Knotenlinie (und zwar vom aufsteigenden Knoten der Planeten-Bahn auf der Erd-Bahn). Bezeichnen wir nun die Entfernungen des Planeten und der Erde von der Sonne durch r, r', so werden sich die Coordinaten auf folgende Art ausdrücken lassen:

$$x = r \sin a \sin(t + A)$$
$$y = r \sin b \sin(t + B)$$
$$z = r \sin c \sin(t + C)$$
$$x' = r' \sin a' \sin(t' + A')$$
$$y' = r' \sin b' \sin(t' + B')$$
$$z' = r' \sin c' \sin(t' + C')$$

Hievon, so wie von der Bedeutung der Constanten a, A u. s. w. wird man sich leicht durch Generalisirung der in der *Mon. Corr.* Mai 1804 [S. 98 d. B.] vorgetragenen Untersuchung Rechenschaft geben können. Sind nun ferner k, k'

die halben Parameter der Kegelschnitte, welche der Planet und die Erde beschreiben; e, e' die Excentricitäten; g, g' die Winkel - Abstände der Sonnenfernen von der Knotenlinie, so wird

$$r = \frac{k}{1 - e\cos(t - g)}, \qquad r' = \frac{k'}{1 - e'\cos(t' - g')}$$

Hieraus findet sich nach gehöriger Rechnung

$$\mathrm{d}x = \frac{k\sin a\, \mathrm{d}t}{(1 - e\cos(t - g))^2} \times (\cos(t + A) - e\cos(g + A))$$

Die Werthe von $\mathrm{d}y$, $\mathrm{d}z$ haben eine ähnliche Gestalt, und man braucht, um sie zu erhalten, nur a, A mit b, B oder mit c, C zu vertauschen. Die Werthe von $\mathrm{d}x'$, $\mathrm{d}y'$, $\mathrm{d}z'$ erhält man aus denen von $\mathrm{d}x$, $\mathrm{d}y$, $\mathrm{d}z$, wenn man statt der auf den Planeten sich beziehenden Grössen die analogen für die Erde setzt.

Die Entwickelung von $y\mathrm{d}z - z\mathrm{d}y$ geschieht bequemer aus den Werthen von y, z, ehe man darin den Werth von r substituirt hat: man erhält so

$$y\mathrm{d}z - z\mathrm{d}y = rr\sin b\sin c\sin(B - C)\,\mathrm{d}t = rr\cos a\,\mathrm{d}t$$

(man sehe den angeführten Aufsatz [S. 100 d. B.]), und eben so

$$z\mathrm{d}x - x\mathrm{d}z = rr\cos b\,\mathrm{d}t$$
$$x\mathrm{d}y - y\mathrm{d}x = rr\cos c\,\mathrm{d}t$$

Ganz ähnliche Werthe finden sich für die drei analogen, auf die Erde Bezug habenden Ausdrücke.

Durch Substitution aller dieser Werthe wird die obige Bedingungsgleichung nach den gehörigen Reductionen folgende

$$k'\cos a'\sin a\,(\cos(t + A) - e\cos(g + A))$$
$$+ k'\cos b'\sin b\,(\cos(t + B) - e\cos(g + B))$$
$$+ k'\cos c'\sin c\,(\cos(t + C) - e\cos(g + C))$$
$$+ k\cos a\sin a'\,(\cos(t' + A') - e'\cos(g' + A'))$$
$$+ k\cos b\sin b'\,(\cos(t' + B') - e'\cos(g' + B'))$$
$$+ k\cos c\sin c'\,(\cos(t' + C') - e'\cos(g' + C')) = 0$$

Durch zweckmässige Reductionen lassen sich die drei ersten Theile dieser Gleichung, wenn man die Neigung der Planetenbahn gegen die Erdbahn durch i bezeichnet, in $k'\sin i\,(\cos t - e\cos g)$, die drei letzten in $-k\sin i\,(\cos t' - e'\cos g')$

verwandeln. Wir können indessen der Mühe, diese an sich zwar nicht schwierigen, aber doch etwas weitläuftigen Reductionen zu entwickeln, hier um so eher
überhoben sein, da wir zu demselben Resultate viel bequemer gelangen können,
wenn wir die drei bisher unbestimmt gelassenen Fundamental-Ebenen, auf die
sich die Coordinaten beziehen, auf eine zweckmässige Art bestimmen. Wir wollen nemlich für die Ebene der z die Ecliptik, und die Ebenen der x, y so annehmen, dass der Pol der erstern in den aufsteigenden Knoten der Planeten-
Bahn, der Pol der zweiten hingegen 90^0 weiter vorwärts in der Ecliptik falle.
Auf der Seite *dieser* Pole, so wie auf der Nordseite der Ecliptik, sollen die Coordinaten x, y, z positiv gesetzt werden. Es ist leicht zu übersehen, dass unter
diesen Voraussetzungen

$$a = 90^0, \qquad b = 90^0 + i, \qquad c = i, \qquad C = 0$$
$$a' = 90^0, \qquad b' = 90^0 \qquad\qquad c' = 0, \qquad B' = 0$$

werde, und mithin die obige Gleichung in folgende übergehe:

$$k' \sin i (\cos t - e \cos g) - k \sin i (\cos t' - e' \cos g') = 0$$

oder

$$k' (\cos t - e \cos g) = k (\cos t' - e' \cos g')$$

Aus der Theorie der Kegelschnitte lässt sich leicht zeigen, dass $\dfrac{k}{\cos t - e \cos g}$
und $\dfrac{k'}{\cos t' - e' \cos g'}$ den Abstand zwischen der Sonne und den Durchschnittspunkten
der Knotenlinie der beiden Bahnen mit den Tangenten an den Örtern des Pla-
neten und der Erde ausdrücken. Die eben gefundene Gleichung zeigt daher an,
dass diese beiden Tangenten die Knotenlinie in einem und demselben Punkte
schneiden, welches mit der oben berührten Bedingung übereinkommt, nach der
sie in einer und derselben Ebene liegen sollen.

In Ansehung der Lage der Planetenbahn gegen die Erdbahn sind drei Fälle
zu unterscheiden. Entweder schliesst jene diese ein, oder diese jene, oder beide
einander (gleich Kettenringen). Der erste Fall findet Statt, wenn der Planet in
der Knotenlinie auf beiden Seiten weiter von der Sonne absteht, als die Erde;
der zweite, wenn diese auf beiden Seiten weiter absteht, als der Planet; der
dritte, wenn auf einer Seite der Planet, auf der andern die Erde weiter von der
Sonne entfernt ist. Von den bisher bekannten Planeten hat keiner eine solche
Lage gegen die Erde oder gegen einen andern Planeten, wie der dritte Fall er-

fordert, Cometen der Art aber gibts in Menge. Die analytische Bedingung für den ersten Fall ist, dass $k - k'$ positiv, und, ohne Rücksicht auf das Zeichen, grösser sei, als $k'e\cos g - ke'\cos g'$; für den zweiten, dass $k' - k$ diese Eigenschaften habe; für den dritten, dass $k - k'$ oder $k' - k$, ohne Rücksicht auf das Zeichen, kleiner als $k'e\cos g - ke'\cos g'$ sei.

In dem ersten dieser drei Fälle erhält man aus obiger Gleichung für jeden beliebigen Werth von t, von 0^0 bis 360^0, zwei Werthe von t'; im zweiten gibt jeder Werth von t' zwei von t. Der eine Werth von t' (im ersten, oder von t im zweiten Falle) wird nemlich allemal zwischen 0 und 180, der andere zwischen 180 und 360^0 liegen, oder vielmehr innerhalb noch engerer Grenzen, deren nähere Bestimmung keine Schwierigkeiten hat. Im ersten Falle also entsprechen jedem heliocentrischen Orte des Planeten zwei heliocentrische Örter der Erde, aber nicht umgekehrt, sondern nur in zwei von einander getrennten Stücken der Erdbahn (wovon das eine unterhalb oder südlich von der Ebene der Planetenbahn, das andere oberhalb oder nördlich von derselben liegt) kann die Erde den Planeten in seinen Grenzen sehen, und zwar in der nördlichen Grenze nur, wenn t' einen von seinen möglichen Werthen zwischen 0 und 180, in der südlichen, wenn es einen zwischen 180 und 360^0 erhält. Eben so entsprechen im zweiten Falle jedem heliocentrischen Orte der Erde zwei des Planeten, aber nicht umgekehrt: sondern nur in zwei von einander getrennten Stücken seiner Bahn, wovon das eine nördlich, das andere südlich von der Ecliptik liegt, kann er der Erde in seinen Grenzen erscheinen, nemlich an der nördlichen für die zwischen 0 und 180, in der südlichen für die zwischen 180 und 360^0 liegenden Werthe.

Hingegen können im dritten Falle weder t noch t' alle, sondern nur zwischen gewissen Grenzen liegende Werthe erhalten; oder sowohl die Erde als der Planet müssen jedes in einem bestimmten Stücke seiner Bahn sein wenn obige Bedingungsgleichung Statt haben soll.

Hieraus ergibt sich nun, dass die geocentrischen Örter des Planeten, die aus allen möglichen, obiger Gleichung Genüge thuenden Combinationen zwischen den heliocentrischen Örtern des Planeten und der Erde entspringen, im ersten und zweiten Falle zwei von einander getrennte in sich selbst zurücklaufende Linien auf der Himmelskugel bilden, zwischen denen im ersten Falle der die Ebene der Planetenbahn vorstellende grösste Kreis, im zweiten die Ecliptik liegt; im dritten Falle hingegen bilden jene geocentrischen Örter (wie die nähere Betrachtung des Falles ohne Mühe zeigt) nur *eine* in sich zurückkehrende Linie.

Den vorhergehenden Untersuchungen zu Folge kann nun der Zodiacus des Planeten keine andere Grenzen haben als eben diese Linien. Es scheint daher natürlich, zu schliessen, dass in den beiden ersten Fällen der Zodiacus des Planeten die zwischen jenen beiden Linien liegende Zone, und im dritten einer von von den beiden Räumen sei, in welche jene Linie die ganze Kugelfläche scheidet. Allein dieser Schluss würde für die beiden ersten Fälle nicht immer, und für den dritten nie richtig sein. Man darf nemlich hier (so wie in vielen andern Fällen beim Gebrauch der Analyse, wo man eine ähnliche Vorsicht nicht immer genug beobachtet) nicht vergessen, dass unsere Schlussfolge sich ganz auf die Voraussetzung gründet, dass der Zodiacus des Planeten wirklich beschränkt sei, und dass dieser von der Erde aus nicht in jedem Punkte des Himmels erscheinen könne. Diese Voraussetzung findet aber, wie sich schon aus Gründen der *Geometrie der Lage* darthun lässt, in dem dritten Falle nicht Statt, und die gefundene Linie kann also hier nicht die Grenze des Planeten-Zodiacus sein, da dieser den *ganzen* Himmel einnimmt. Im ersten und zweiten Falle aber wird es zwar allemal wenigstens auf einer Seite der gefundenen Zone Stellen am Himmel geben, wo der Planet nie erscheinen kann, und folglich gewiss die eine Linie eine Grenze sein; allein demungeachtet kann es sich ereignen, dass es *nur* auf einer Seite solche ausgeschlossene Stellen gibt, daher dann die andere Linie keine Grenze abgibt, sondern der dadurch von der Zone abgeschiedene Raum des Himmels eben so gut ganz zum Zodiacus gehört, als die Zone selbst. Indessen ist es hier nicht der Ort, diese Untersuchung vollständig auszuführen, und es zu entwickeln, was denn in solchen Fällen jene Linien, da sie keine Grenzen sind, eigentlich bedeuten. Hier können wir uns um so eher begnügen, die Freunde der Analyse auf diese paradox scheinenden Phänomene aufmerksam gemacht zu haben, da es sich leicht zeigen lässt, dass alle bis jetzt bekannten Planeten, die hier zunächst unser Augenmerk sind, nie weder im Nordpol noch im Südpol der Ecliptik von der Erde aus erscheinen, und folglich die erwähnten Ausnahmen dabei nicht Statt haben können; daher ihr Zodiacus wirkliche *Zonen*, und die beiden gefundenen Linien ihre Grenzen sein müssen.

Wir wollen nun noch theils zur weitern Erläuterung, theils des practischen Gebrauchs wegen unsere Resultate auf die *Pallas* und *Ceres* anwenden, und die

Grenzen ihrer Zodiacus so abstecken, dass man sie danach in die Sternkarten eintragen könne.   Wegen der Perturbationen werden zwar diese Grenzen noch einiger Erweiterung, und wegen der Veränderung, die die Elemente in Zukunft
noch erleiden werden, einiger Änderungen bedürfen; allein in practischer Rücksicht werden dieselben unerheblich, und, wenn die Beobachtungen nach Jahren
sie merklich machen werden, eben darum sogar interessant sein, weil sie dann
die nach und nach eintretende Unzulänglichkeit der hier zum Grunde gelegten
elliptischen Elemente auf eine in die Augen fallende Art zeigen werden.

Für die *Pallas* setzen wir nach den neuesten Elementen für den Anfang
von 1803 (*Mon. Corr.* 1804 März.)

$$e = 0.2457396 \qquad \varphi = 14^0 \ 13' \ 31''966$$
$$k = 2.602122$$
$$g = 128^0 \ 49' \ 20''7$$
$$\Omega = 172 \quad 28 \quad 13.7 \qquad i = 34 \quad 38 \quad 1.1$$

Für die Erde hingegen

$$e' = 0.016792 \qquad \varphi = \ 0^0 \ 57' \ 43''802$$
$$k' = 0.999718$$
$$g' = 107^0 \ 5' \ 39''$$
$$\text{Aph.} = 279 \quad 33 \quad 52.7$$

Nach Substitution dieser Werthe wird unsere obige Gleichung

$$\cos t' = 0.384193 \cos t + 0.0542514$$

Hieraus folgt, dass die beiden äussersten Werthe von $\cos t'$ diese sind
$+0.438444$ und -0.329942; es liegen also alle möglichen Werthe von t' einerseits zwischen $63^0 \ 59' \ 43''$ und $109^0 \ 15' \ 55''$; andererseits zwischen $250^0 \ 44' \ 5''$
und $296^0 \ 0' \ 17''$; daher die *Pallas* der Erde nur dann in ihren Grenzen erscheinen kann, wenn die heliocentrische Länge jener zwischen $236^0 \ 28'$ und $281^0 \ 44'$
oder zwischen $63^0 \ 12'$ und $180^0 \ 29'$ fällt; also etwa vom 18. Mai bis 4. Juli, und
vom 26. November bis 9. Januar.   In dem ersten Theile ihrer Bahn befindet sich
die Erde südlich im andern nördlich von der Ebene der Pallas-Bahn; daher ihr
in jenem die *Pallas* an der nördlichen, in diesem an der südlichen Grenze ihres
Zodiacus erscheinen wird.   Auch ist es nicht schwer, zu zeigen, dass die *Pallas*

jedes Jahr zu den bestimmten Zeiten einmal die nördliche und einmal die südliche Grenze streifen muss. — Um nun eine hinlängliche Anzahl von Punkten aus beiden Grenzen zu erhalten, wollen wir für t der Reihe nach alle Werthe von 0 bis 360^0 von 10 zu 10 Grad annehmen, und aus der Verbindung jedes derselben mit den beiden zugehörigen, aus obiger Formel zu bestimmenden Werthen von t' die entsprechenden geocentrischen Örter sogleich in Rectascension und Declination ableiten, in welcher Absicht das in dem oben erwähnten Aufsatze erklärte Verfahren und die dabei bereits berechneten Constanten angewandt werden können. Die Resultate dieser Rechnungen stellt folgende Tafel dar:

| t | Nördliche Grenze | | Südliche Grenze | |
	Gerade Aufst.	Abweichung	Gerade Aufst.	Abweichung.
0^0	148^0 4′	12^0 56′ nördl.	196^0 54′	7^0 12′ südl.
10	159 30	15 56	205 54	4 26
20	171 54	18 55	214 15	2 11
30	185 6	21 38	222 3	0 23
40	198 48	23 52	229 27	1 1 nördl.
50	212 41	25 26	236 32	2 4
60	226 28	26 16	243 26	2 48
70	239 59	26 23	250 16	3 16
80	253 8	25 53	257 6	3 28
90	265 54	24 49	264 1	3 25
100	278 18	23 19	271 4	3 5
110	290 25	21 27	278 18	2 30
120	302 19	19 17	285 44	1 37
130	314 4	16 53	293 23	0 27
140	325 43	14 22	301 16	1 2 südl.
150	337 16	11 47	309 24	2 50
160	348 42	9 14	317 49	4 57
170	359 55	6 49	326 34	7 23
180	10 49	4 40	335 41	10 8
190	21 15	2 49	345 12	13 10
200	31 5	1 21	355 12	16 24
210	40 14	0 14	5 44	19 53
220	48 39	0 31 südl.	16 53	23 6
230	56 23	0 59	28 41	26 16
240	63 28	1 10	41 12	29 5
250	70 2	1 9	54 25	31 21
260	76 12	0 57	68 16	32 52
270	82 5	0 35	82 36	33 29
280	87 51	0 4	97 12	33 5
290	93 38	0 37 nördl.	111 47	31 39
300	99 35	1 30	126 6	29 14
310	105 53	2 36	139 52	26 0
320	112 40	3 59	152 57	22 12
330	120 8	5 40	165 12	18 9
340	128 26	7 44	176 37	14 10
350	137 43	10 10	187 10	10 28
360	148 4	12 56	196 54	7 12

Zu grösserer Bequemlichkeit sind durch schickliche Interpolations-Metho den zwischen diese 72 Punkte folgende 144 eingeschaltet, bei denen die Recta scensionen von 5 zu 5 Grad zunehmen.

Zodiacus der Pallas

Gerade Aufst.	Abweichung der nördlichen Grenze	Abweichung der südlichen Grenze	Gerade Aufst.	Abweichung der nördlichen Grenze	Abweichung der südlichen Grenze
0°	6° 48′ nördl.	17° 56′ südl.	180°	20° 38′ nördl.	12° 58′ südl.
5	5 47	19 32	185	21 37	11 12
10	4 49	21 4	190	22 31	9 29
15	3 54	22 33	195	23 19	7 49
20	3 2	23 59	200	24 2	6 13
25	2 13	25 20	205	24 39	4 42
30	1 29	26 36	210	25 11	3 17
35	0 50	27 46	215	25 37	2 0
40	0 16	28 51	220	25 58	0 49
45	0 14 südl.	29 49	225	26 12	0 13 nördl.
50	0 37	30 41	230	26 22	1 7
55	0 55	31 26	235	26 25	1 52
60	1 6	32 4	240	26 23	2 28
65	1 11	32 36	245	26 16	2 56
70	1 9	33 0	250	26 3	3 15
75	1 0	33 17	255	25 45	3 26
80	0 44	33 27	260	25 23	3 28
85	0 21	33 30	265	24 55	3 23
90	0 10 nördl.	33 25	270	24 22	3 9
95	0 49	33 13	275	23 46	2 48
100	1 34	32 54	280	23 5	2 19
105	2 27	32 27	285	22 20	1 43
110	3 25	31 53	290	21 31	1 0
115	4 29	31 11	295	20 39	0 10
120	5 38	30 23	300	19 43	0 46 südl.
125	6 52	29 27	305	18 45	1 49
130	8 9	28 24	310	17 44	2 58
135	9 27	27 14	315	16 42	4 12
140	10 47	25 57	320	15 37	5 32
145	12 7	24 35	325	14 31	6 56
150	13 27	23 7	330	13 24	8 24
155	14 46	21 33	335	12 17	9 56
160	16 4	19 55	340	11 10	11 30
165	17 19	18 14	345	10 3	13 6
170	18 29	16 30	350	8 57	14 43
175	19 36	14 44	355	7 52	16 20
180	20 38	12 58	360	6 48	17 56

Für die *Ceres* haben wir, nach den letzten Elementen für 1803

$$e = 0.0788941$$
$$k = 2.750681$$
$$g = 245^0\ 34'\ 56''$$

für die Erde e' und k' wie oben, $g' = 198^0\ 35'\ 31''$.
Hieraus wird die Bedingungsgleichung

$$\cos t' = 0.363444 \cos t - 0.004063$$

Die Werthe von t' liegen also von $68^0\ 56'\ 16''$ bis $111^0\ 33'\ 43''$ und von $248^0\ 26'\ 17''$ bis $291^0\ 3'\ 44''$, folglich die heliocentrische Länge der Erde von $149^0\ 55'$ bis $192^0\ 32'$ und von $329^0\ 25'$ bis $12^0\ 2'$; daher die Erde etwa nur vom 19. Februar bis 3. April die *Ceres* in ihren nördlichen, und vom 23. August bis 6. October in ihren südlichen Grenzen sehen kann. Vermittelst dieser Formel sind, eben so wie vorhin bei der *Pallas*, 36 Punkte in jeder Grenze des Zodiacus der *Ceres* in Rectascension und Declination berechnet worden, wobei in Beziehung auf den mehr erwähnten Aufsatz für die Constanten a, A u. s. w. folgende Werthe gebraucht sind:

$$
\begin{aligned}
a &= 79^0\ 30'\ 5'' \\
b &= 114\ \ 42\ \ 11 \\
c &= 27\ \ \ \ 7\ \ 24 \\
A &= 170\ \ 49\ \ \ 4 \\
B &= 85\ \ 42\ \ 29 \\
C &= 59\ \ 36\ \ 33
\end{aligned}
$$

so dass, wenn v die wahre Anomalie der *Ceres* bedeutet, die drei Coordinaten durch folgende Formeln dargestellt werden:

$$x = \frac{a \sin(v + 56^0\ 24'\ 0'')}{1 - e \cos v}$$

$$y = \frac{b \sin(v + 331^0\ 17'\ 25'')}{1 - e \cos v}$$

$$z = \frac{\gamma \sin(v + 305^0\ 11'\ 29'')}{1 - e \cos v}$$

wo

$$
\begin{aligned}
\log \alpha &= \log k \sin a = 0.432108 \\
\log b &= \log k \sin b = 0.397758 \\
\log \gamma &= \log k \sin c = 0.098319
\end{aligned}
$$

Anstatt dieser 72 Punkte begnügen wir uns hier damit, nur die auf ähnliche Art wie bei der *Pallas* zwischen dieselben eingeschalteten 144 in folgender Tafel beizufügen:

Zodiacus der Ceres

Gerade Aufst.	Abweichung der nördlichen Grenze	der südlichen Grenze	Gerade Aufst.	Abweichung der nördlichen Grenze	der südlichen Grenze
0°	8° 37' südl.	17° 29 südl.	180°	18° 49' nördl.	8° 17' nördl.
5	6 15	15 13	185	16 31	5 56
10	3 45	12 51	190	14 5	3 28
15	1 11	10 26	195	11 33	0 55
20	1 27 nördl.	7 56	200	8 57	1 41 südl.
25	4 7	5 18	205	6 16	4 19
30	6 48	2 38	210	3 34	6 56
35	9 26	0 3	215	0 52	9 32
40	12 1	2 30 nordl.	220	1 47 südl.	12 3
45	14 31	4 58	225	4 21	14 29
50	16 54	7 20	230	6 50	16 48
55	19 9	9 35	235	9 12	18 59
60	21 16	11 42	240	11 25	21 1
65	23 12	13 39	245	13 28	22 53
70	24 58	15 27	250	15 21	24 35
75	26 34	17 4	255	17 3	26 5
80	27 59	18 30	260	18 34	27 26
85	29 13	19 45	265	19 53	28 36
90	30 16	20 49	270	21 1	29 35
95	31 8	21 42	275	21 56	30 24
100	31 50	22 24	280	22 40	31 1
105	32 21	22 55	285	23 13	31 29
110	32 42	23 14	290	23 34	31 46
115	32 51	23 22	295	23 43	31 52
120	32 50	23 19	300	23 41	31 48
125	32 40	23 5	305	23 28	31 34
130	32 18	22 40	310	23 4	31 9
135	31 46	22 3	315	22 27	30 34
140	31 3	21 16	320	21 40	29 49
145	30 9	20 17	325	20 40	28 53
150	29 4	19 6	330	19 30	27 46
155	27 49	17 45	335	18 8	26 29
160	26 22	16 12	340	16 35	25 1
165	24 44	14 28	345	14 51	23 23
170	22 56	12 34	350	12 55	21 34
175	20 57	10 30	355	10 51	19 36
180	18 49	8 17	360	8 37	17 29

DER ZODIACUS DER JUNO.

(Ein Nachtrag zu dem Aufsatze im August-Hefte der *M. C.* 1804, [S 106 d. B.])

Monatliche Correspondenz zur Beförderung der Erd- und Himmels-Kunde, herausgegeben vom Freiherrn von ZACH. März 1805.

Obgleich die Juno nur erst eine kurze Zeit hindurch beobachtet worden ist, so scheinen doch die Elemente ihrer Bahn bereits einen hinlänglichen Grad von Genauigkeit erlangt zu haben, um zum Behuf des von dem verdienstvollen Entdecker dieses Planeten zu hoffenden Atlasses die Grenzen der Zone, worin er uns erscheinen kann, abzustecken. Ich habe daher diese Arbeit, auf Ersuchen meines Freundes HARDING, um so lieber übernommen, da gerade die kleine lichtschwache Juno in weniger günstigen Lagen, als sie dieses Jahr hatte, von allen drei neuen Planeten am schwersten zu beobachten, und also detaillirter Sternkarten am meisten bedürftig sein wird.

Meine IV. Elemente der Juno scheinen nach meinen letzten Beobachtungen noch so gut mit dem Laufe derselben übereinzustimmen, dass ich noch keine zuverlässige neue Verbesserung der Bahn zu unternehmen im Stande sein würde; ich habe sie daher bei meinen Rechnungen zum Grunde gelegt, und in den Zeichen des erwähnten Aufsatzes angenommen:

$$e = 0.25684$$
$$k = 2.49630$$
$$g = 62^0\ 19'\ 35''$$
$$e' = 0.01679$$
$$k' = 0.999718$$
$$g' = 108^0\ 30'\ 1''$$

Hieraus fand ich folgende Bedingungs-Gleichung:

$$\cos t' = 0.400477 \cos t - 0.053103$$

Die Werthe von $\cos t'$ liegen also zwischen $+0.347374$ und -0.453580, folglich die von t' einerseits zwischen $69^0\ 40'\ 23''$ und $116^0\ 58'\ 25''$; und andererseits zwischen $234^0\ 5'\ 47''$ und $281^0\ 23'\ 49''$, also die heliocentrischen Örter der Erde, wo Juno in den Limiten erscheinen kann, von $240^0\ 45'$ bis $288^0\ 3$ und von $54^0\ 6'$ bis $101^0\ 24'$ Länge; die erstern fallen etwa vom 22. Mai bis 10. Julius, wo Juno einmal in der nördlichen Limite erscheinen muss, die andern vom 16. November bis 2. Januar, wo sie einmal an die südliche Grenze kommt.

Hienach wurden nun, gerade so wie bei der Ceres und Pallas, 36 Punkte in der nördlichen, und eben so viele in der südlichen Grenze bestimmt, wobei zur unmittelbaren Berechnung der Rectascensionen und Declinationen folgende Formeln und Constanten gebraucht werden:

$$a = \ \ 87^0\ 59'\ 22''$$
$$b = 100\ \ \ 32\ \ 38$$
$$c = \ \ 10\ \ \ 44\ \ 17$$
$$A = 261\ \ \ 18\ \ \ \ 7$$
$$B = 171\ \ \ 40\ \ 35$$
$$C = 160\ \ \ 38\ \ \ \ 2$$
$$v = \text{wahre Anomalie der Juno}$$

$$x = \frac{a \sin(v + 323^0\ 37'\ 41'')}{1 - e \cos v}$$

$$y = \frac{b \sin(v + 234^0\ 0'\ 9'')}{1 - e \cos v}$$

$$z = \frac{\gamma \sin(v + 222^0\ 57'\ 37'')}{1 - e \cos v}$$

$$\alpha = k \sin a; \quad \log \alpha = 0.397030$$
$$b = k \sin b; \quad \log b = 0.389902$$
$$\gamma = k \sin c; \quad \log \gamma = 9.667556$$

Zwischen diese 72 Punkte wurden 144 andere eingeschaltet, wo die Rectascensionen von 5 zu 5 Graden zunehmen, und die in folgender Tafel dargestellt werden:

Zodiacus der Juno.

AR.	Declination der nördlichen Grenze	der südlichen Grenze	AR.	Declination der nördlichen Grenze	der südlichen Grenze
0°	4° 23 nördl.	10° 38' südl.	180°	6° 59' nördl.	3° 9' südl.
5	5 13	10 8	185	6 5	3 47
10	6 3	9 36	190	5 11	4 27
15	6 51	9 3	195	4 17	5 8
20	7 39	8 29	200	3 23	5 50
25	8 26	7 54	205	2 30	6 32
30	9 11	7 19	210	1 38	7 15
35	9 54	6 43	215	0 49	7 58
40	10 34	6 7	220	0 11	8 40
45	11 13	5 32	225	0 44 südl.	9 21
50	11 49	4 56	230	1 26	10 0
55	12 23	4 21	235	2 3	10 38
60	12 53	3 47	240	2 38	11 13
65	13 21	3 14	245	3 8	11 45
70	13 45	2 43	250	3 34	12 15
75	14 7	2 13	255	3 55	12 42
80	14 25	1 45	260	4 12	13 5
85	14 40	1 19	265	4 24	13 26
90	14 51	0 56	270	4 32	13 43
95	14 58	0 35	275	4 34	13 56
100	15 1	0 17	280	4 32	14 7
105	15 1	0 2	285	4 25	14 14
110	14 55	0 10 nördl.	290	4 14	14 17
115	14 46	0 19	295	3 58	14 18
120	14 32	0 24	300	3 38	14 16
125	14 14	0 26	305	3 14	14 11
130	13 52	0 24	310	2 45	14 2
135	13 26	0 19	315	2 14	13 52
140	12 56	0 9	320	1 38	13 39
145	12 22	0 4 südl.	325	1 0	13 24
150	11 44	0 20	330	0 19	13 6
155	11 3	0 40	335	0 25 nördl.	12 46
160	10 19	1 4	340	1 9	12 24
165	9 32	1 31	345	1 57	12 0
170	8 43	2 1	350	2 45	11 35
175	7 52	2 34	355	3 34	11 7
180	6 59	3 9	360	4 23	10 38

ALLGEMEINE TAFELN

FÜR

ABERRATION UND NUTATION.

Monatliche Correspondenz zur Beförderung der Erd- und Himmels-Kunde,
herausgegeben vom Freiherrn von Zach.   April 1808.

Erste Tafel für die Aberration.

Argument, Länge der Sonne = ○

Gr.	0^z VI^z log a	A +	I^z VII^z log a	A +	II^z VIII^z log a	A +	
0	1.2690	0° 0′	1.2790	2° 11′	1.2977	2° 6′	30
1	1.2690	0 5	1.2796	2 14	1.2983	2 3	29
2	1.2691	0 11	1.2802	2 16	1.2988	2 0	28
3	1.2692	0 16	1.2808	2 18	1.2993	1 57	27
4	1.2692	0 22	1.2815	2 20	1.2998	1 54	26
5	1.2693	0 27	1.2821	2 21	1.3003	1 51	25
6	1.2695	0 32	1.2827	2 23	1.3008	1 47	24
7	1.2696	0 37	1.2834	2 24	1.3012	1 44	23
8	1.2698	0 43	1.2840	2 25	1.3017	1 40	22
9	1.2700	0 48	1.2847	2 26	1.3021	1 36	21
10	1.2703	0 53	1.2853	2 27	1.3025	1 32	20
11	1.2705	0 58	1.2860	2 28	1.3028	1 28	19
12	1.2708	1 3	1.2866	2 28	1.3032	1 24	18
13	1.2711	1 8	1.2873	2 28	1.3036	1 20	17
14	1.2714	1 12	1.2879	2 28	1.3039	1 16	16
15	1.2718	1 17	1.2886	2 28	1.3042	1 11	15
16	1.2721	1 22	1.2892	2 28	1.3045	1 7	14
17	1.2725	1 26	1.2899	2 27	1.3048	1 3	13
18	1.2729	1 30	1.2905	2 27	1.3050	0 58	12
19	1.2733	1 34	1.2912	2 26	1.3053	0 53	11
20	1.2738	1 39	1.2918	2 25	1.3055	0 49	10
21	1.2742	1 42	1.2924	2 24	1.3057	0 44	9
22	1.2747	1 46	1.2931	2 22	1.3059	0 39	8
23	1.2752	1 50	1.2938	2 21	1.3060	0 34	7
24	1.2757	1 53	1.2944	2 19	1.3061	0 30	6
25	1.2762	1 57	1.2949	2 17	1.3063	0 25	5
26	1.2768	2 0	1.2956	2 15	1.3064	0 20	4
27	1.2773	2 3	1.2961	2 13	1.3064	0 15	3
28	1.2779	2 6	1.2966	2 11	1.3065	0 10	2
29	1.2785	2 9	1.2972	2 8	1.3065	0 5	1
30	1.2790	2 11	1.2977	2 6	1.3065	0 0	0
	log a	A —	log a	A —	log a	A —	Gr.
	V^z XI^z		IV^z X^z		III^z IX^z		

Zweite Tafel für die Aberration.

Argumente, Summe und Unterschied der Sonnenlänge
und der Declination des Sterns.

Gr.	0^z VI^z − +	I^z VII^z − +	II^z VIII^z − +	
0	4″03	3″49	2″02	30
1	4.03	3.46	1.96	29
2	4.03	3.42	1.89	28
3	4.03	3.38	1.83	27
4	4.02	3.34	1.77	26
5	4.02	3.30	1.70	25
6	4.01	3.26	1.64	24
7	4.00	3.22	1.58	23
8	3.99	3.18	1.51	22
9	3.98	3.13	1.45	21
10	3.97	3.09	1.38	20
11	3.96	3.04	1.31	19
12	3.95	3.00	1.25	18
13	3.93	2.95	1.18	17
14	3.91	2.90	1.11	16
15	3.90	2.85	1.04	15
16	3.88	2.80	0.98	14
17	3.86	2.75	0.91	13
18	3.84	2.70	0.84	12
19	3.81	2.65	0.77	11
20	3.79	2.59	0.70	10
21	3.77	2.54	0.63	9
22	3.74	2.48	0.56	8
23	3.71	2.43	0.49	7
24	3.68	2.37	0.42	6
25	3.66	2.31	0.35	5
26	3.63	2.26	0.28	4
27	3.59	2.20	0.21	3
28	3.56	2.14	0.14	2
29	3.53	2.08	0.07	1
30	3.49	2.02	0.00	0
	+ − V^z XI^z	+ − IV^z X^z	+ − III^z IX^z	Gr.

Allgemeine Tafel für die Nutation.

Argument, Länge des aufsteigenden Knotens der Mondsbahn $= \Omega$.

	O²		VI²	I²		VII²	II²		VIII²	
Gr.	log b	B —	c — +	log b	B —	c — +	log b	B —	c — +	
0	0.9844	0° 0′	0″00	0.9588	6° 45′	8″27	0.8960	7° 48′	14″33	30
1	0.9844	0 15	0.29	0.9571	6 54	8.52	0.8939	7 40	14.47	29
2	0.9843	0 31	0.58	0.9554	7 3	8.77	0.8917	7 32	14.61	28
3	0.9842	0 46	0.87	0.9536	7 12	9.01	0.8896	7 23	14.74	27
4	0.9840	1 1	1.15	0.9518	7 20	9.25	0.8875	7 14	14.87	26
5	0.9837	1 16	1.44	0.9500	7 28	9.49	0.8854	7 4	14.99	25
6	0.9834	1 32	1.73	0.9481	7 36	9.72	0.8834	6 53	15.11	24
7	0.9830	1 47	2.02	0.9462	7 43	9.96	0.8814	6 42	15.23	23
8	0.9825	2 2	2.30	0.9442	7 49	10.19	0.8795	6 29	15.34	22
9	0.9821	2 17	2.59	0.9422	7 55	10.41	0.8776	6 17	15.45	21
10	0.9815	2 31	2.87	0.9402	8 1	10.63	0.8758	6 3	15.55	20
11	0.9809	2 46	3.16	0.9382	8 6	10.85	0.8740	5 49	15.64	19
12	0.9802	3 1	3.44	0.9361	8 10	11.07	0.8723	5 35	15.73	18
13	0.9795	3 15	3.72	0.9340	8 14	11.28	0.8707	5 20	15.82	17
14	0.9787	3 29	4.00	0.9318	8 17	11.49	0.8691	5 4	15.90	16
15	0.9779	3 43	4.28	0.9297	8 20	11.70	0.8677	4 48	15.98	15
16	0.9770	3 57	4.56	0.9275	8 23	11.90	0.8663	4 31	16.05	14
17	0.9760	4 11	4.84	0.9253	8 24	12.10	0.8649	4 14	16.12	13
18	0.9750	4 24	5.11	0.9231	8 25	12.30	0.8637	3 56	16.18	12
19	0.9739	4 37	5.39	0.9208	8 25	12.49	0.8625	3 38	16.24	11
20	0.9728	4 50	5.66	0.9186	8 25	12.67	0.8615	3 20	16.29	10
21	0.9716	5 3	5.93	0.9163	8 24	12.86	0.8605	3 1	16.34	9
22	0.9704	5 16	6.20	0.9140	8 23	13.04	0.8596	2 41	16.38	8
23	0.9691	5 28	6.46	0.9118	8 21	13.21	0.8588	2 22	16.42	7
24	0.9678	5 40	6.73	0.9095	8 18	13.38	0.8582	2 2	16.45	6
25	0.9664	5 51	6.99	0.9072	8 15	13.55	0.8576	1 42	16.48	5
26	0.9650	6 3	7.25	0.9050	8 11	13.72	0.8571	1 22	16.50	4
27	0.9635	6 14	7.51	0.9027	8 6	13.88	0.8568	1 2	16.52	3
28	0.9620	6 24	7.77	0.9005	8 1	14.03	0.8565	0 41	16.53	2
29	0.9604	6 35	8.02	0.8983	7 55	14.18	0.8563	0 21	16.54	1
30	0.9588	6 45	8.27	0.8960	7 48	14.33	0.8563	0 0	16.54	0
	log b	+ B	— + c	log b	+ B	— + c	log b	+ B	— + c	Gr.
	V²		XI²	IV²		X²	III²		IX²	

Gebrauch der Tafeln.

Die *Aberration in gerader Aufsteigung* findet sich durch die Formel

$$-a \sec \delta \cos(\odot + A - \alpha)$$

wo α die Rectascension des Sterns, δ dessen Declination bedeutet, und a und A mit dem Argument $\odot$ aus der ersten Tafel genommen werden.

Die *Aberration in der Declination* besteht aus drei Theilen; den ersten gibt die Formel

$$-a \sin \delta \sin(\odot + A - \alpha)$$

der zweite und dritte werden mit den Argumenten $\odot + \delta$ und $\odot - \delta$ aus der zweiten Tafel genommen. Südliche Declination wird als negativ angesehen, folglich ihre absolute Grösse durch positive Aberration vermindert.

Die *Nutation in gerader Aufsteigung* wird bestimmt durch die Formel

$$-b \tang \delta \cos(\Omega + B - \alpha) + c$$

wo b, B, c mit dem Argument Ω aus der Tafel genommen werden.

Die *Nutation in Declination* ist $= -b \sin(\Omega + B - \alpha)$

Beispiel. Berechnung des scheinbaren Orts von α Cygni für den 17. December 1807. Mittlerer Ort $\alpha = 308^0\ 43'\ 15''75$, $\delta = +44^0\ 35'\ 58''5$

Aberration.

$$\odot = 8^z\ 25^0\ 9', \quad A = +24', \quad \odot + A - \alpha = 316^0\ 50'$$

$\log(-a)$	1.3063 n	$\log(-a)$	1.3063 n
$\log \cos(\odot + A - \alpha)$ . .	9.8629	$\log \sin(\odot + A - \alpha)$ . .	9.8353 n
Compl. $\log \cos \delta$ . . .	0.1475	$\log \sin \delta$	9.8464
	1.3167 n		0.9880
Aberr. in AR. . $= -20''74$		Zahl	$+9''73$
		$\odot + \delta = 10^z\ 9^0\ 45'$ . .	-2.58
		$\odot - \delta = 7\ \ 10\ \ 33$ . .	$+3.06$
		Aberr. in Decl. . . $= +10''21$	

Nutation.

$$\Omega = 7^z\ 29^0\ 18',\quad B = -7^0\ 55',\quad \Omega + B - \alpha = 282^0\ 42'$$

$\log(-b)$ 0.8976n		$\log(-b)$ 0.8976n
$\log\cos(\Omega + B - \alpha)$ . . 9.3421		$\log\sin(\Omega + B - \alpha)$ . . 9.9892n
$\log\tang\delta$ 9.9939		0.8868
0.2336n		Nutation in Decl. . $= +7''71$
Zahl . . . . . . $-1''71$		
c . . . . . . $+14.23$		
Nutation in AR. . $= +12''52$		

Mittl. AR. . . $= 308^0\ 43'\ 15''75$		Mittl. Decl. . $= +44^0\ 35'\ 58''50$
Aberration . . . . . -20.74		Aberration . . . . . $+10.21$
Nutation . . . . . $+12.52$		Nutation . . . . . . $+7.71$
Sch. AR. . . . $= 308^0\ 43'\ 7''53$		Sch. Declin. . $= +44^0\ 36'\ 16''42$

ÜBER EINE AUFGABE DER SPHÄRISCHEN ASTRONOMIE.

Monatliche Correspondenz zur Beförderung der Erd- und Himmels-Kunde,
herausgegeben vom Freiherrn von Zach.   October 1808.

Die tägliche Bewegung der Himmelskörper bietet eine grosse Mannigfaltigkeit von Problemen dar, welche die Relationen zwischen Stundenwinkeln, Höhen, Azimuthen, den Örtern der Himmelskörper und der Polhöhe zum Gegenstande haben. Maupertuis und andere Astronomen haben sich mit verschiedenen derselben beschäftigt, die indess von sehr ungleicher und zum Theil von sehr geringer practischer Brauchbarkeit sind. Man hat dergleichen Aufgaben besonders Seefahrern und Reisenden oder auch solchen Beobachtern empfohlen, die nur mit wenigen und minder vollkommnen Werkzeugen versehen sind, um zu den beiden nothwendigsten Beobachtungen, zur Zeit- und Ortsbestimmung, zu dienen. Denn für die Astronomen, denen die vortrefflichsten Uhren, Mittags-Fernröhre, Mauer-Quadranten, Vollkreise und Zenith-Sectoren zu Gebote stehen, braucht nicht gesorgt zu werden: diese können ihre Zeit zu jeder Stunde aufs schärfste und bequemste bestimmen; und über die zweckmässigsten Methoden zur Festsetzung der geographischen Lage ihres Beobachtungsorts ist bei ihnen keine Frage mehr. Diesen Astronomen bleibt natürlich auch die Bestimmung der Sternpositionen und Sonnen-Örter allein vorbehalten, und der Beobachter mit schlechtern Instrumenten wird diese immer von jenen entlehnen, wo er sie braucht, und nicht aus seinen eignen unvollkommnern Beobachtungen ableiten wollen. Daher ist also z. B. die Aufgabe, aus drei beobachteten Sternhöhen zugleich Polhöhe, Declination und Culminationszeit des Sterns zu bestimmen, von gar keinem practischen Werthe, den einzigen nicht wohl gedenkbaren Fall ausgenommen, wo man nur einen noch nicht gut bestimmten Stern zu beobachten Gelegenheit hätte; jenes Verfahren könnte nur dann erträgliche Resultate geben, wenn die Beobachtungen sehr weit von einander abständen, und zugleich sowohl der Gang der Uhr während derselben, als die gemessenen Höhen selbst sehr genau wären, und selbst dann wird man Polhöhe und Zeit immer *viel* schärfer aus zweien dieser Beobachtungen ableiten können, wenn man die Declination des Sterns als gegeben ansieht.

Eine der allernützlichsten Aufgaben für Seefahrer und reisende Beobachter ist die, aus zwei beobachteten Höhen zweier Sterne, deren Rectascensionen und Declinationen als gegeben angesehen werden, und den entsprechenden Zeiten der Uhr, die entweder nach Sternzeit geht oder deren Gang während der Beobachtungen als bekannt angenommen wird, den Stand der Uhr und die Polhöhe zu bestimmen. Hier sind die Sterne und die Höhen ganz willkürlich, und man hat blos die einzige Bedingung zu beobachten, dass die Verticalkreise, in welchen die Höhen gemessen sind, im Zenith weder einen zu spitzen, noch zu nahe an 180⁰ fallenden Winkel machen. Auf diese Weise kann man die beiden Höhen leicht innerhalb des Zeitraums von einigen Minuten messen, unstreitig ein höchst wichtiger Umstand sowohl für den Seefahrer, der seinen Platz auf dem Meere stets schnell verändert, als auch für den reisenden Beobachter zu Lande, dessen Zeit beschränkt ist, oder der vom Wetter nur auf wenige Minuten begünstigt wird, oder der sich auf den Gang seiner Uhr nicht lange verlassen kann. Die sich leicht darbietende directe Auflösung dieser Aufgabe beruht auf der Berechnung von drei sphärischen Dreiecken und ist freilich etwas weitläufig; man kann aber die indirecte Methode sehr bequem und geschmeidig machen. Ich behalte mir vor, auf diesen Gegenstand ein andermal zurückzukommen.

Wenn man sich bei Beobachtung von Sternhöhen eines Reflexionswerkzeuges und des künstlichen Horizonts bedient, so findet man es anfangs etwas schwierig, die beiden Bilder ins Feld zu bringen; man erwirbt sich aber hierin bald eine Fertigkeit, zumal wenn man sich auf die hellern Sterne einschränkt. Eine vorläufige nur ganz rohe Berechnung der Höhe (falls man Polhöhe und Stand der Uhr schon beiläufig kennt) erleichtert die Mühe, und wenn man Gelegenheit hat von einem Stativ zu beobachten, so wird man nicht nur an Bequemlichkeit sehr gewinnen, sondern auch die Berührungen weit schärfer und besser in der Mitte des Gesichtsfeldes bemerken können, als wenn man aus freier Hand beobachten muss. Inzwischen durch fleissige Übung wird man es auch hierin weit bringen können.

Eine Unbequemlichkeit bei der vorhin beschriebenen Methode besteht darin, dass man des Nachts bei Licht die feinen Abtheilungen des Sextanten nicht so gut ablesen kann, als bei Tage. Wichtiger ist indessen der erst seit einiger Zeit zur Sprache gekommene Umstand, dass wenigstens viele auch von den ersten Meistern verfertigte Spiegel-Sextanten in Ansehung der Theilung nicht ganz den Grad von Vollkommenheit haben, den man ohne weiteres ihnen zuzutrauen bisher bei uns gewohnt war. Ich selbst besitze einen 10zolligen von TROUGHTON Nro. 420, der zwar übrigens vortrefflich ist, aber ganz entschieden die Winkel von 100 bis 120° um 50 bis 60 oder 70″ zu klein giebt. Da übrigens alle Prüfungen und Berichtigungen auf das sorgfältigste damit vorgenommen sind, so kann ich dies blos einem Theilungsfehler zuschreiben. Auf dem Meere sind zwar bei Breiten- und Zeitbestimmungen solche Fehler von gar keiner, und auf dem festen Lande bei Örtern, deren Lage bis dahin noch ganz unbekannt war, von geringer Bedeutung; allein in solchen Fällen, wo man grössere Schärfe zu erreichen wünscht, darf man die Vollkommenheit der Theilung nicht auf Treue und Glauben annehmen, man muss entweder erst die Theilungsfehler mit möglichster Genauigkeit auszumitteln suchen, oder darauf Verzicht thun, durch Methoden, die scharf gemessene Höhen voraussetzen, ganz zuverlässige Bestimmungen zu machen.

Aus diesen Gründen wird vielen Beobachtern eine Methode nicht unwillkommen sein, nach der man auch mit einem noch so schlecht oder allenfalls gar nicht getheilten Instrumente in kurzer Zeit Polhöhe und Stand der Uhr mit grosser Schärfe bestimmen und so auch die etwaigen Theilungsfehler des Instruments selbst bestimmen kann. Die Genauigkeit der Resultate hängt hier also lediglich von der Sorgfalt ab, womit man die Berührung der Bilder beobachtet hat, indem bei dem heutigen Zustande unserer Sternverzeichnisse die anzuwendenden Positionen der Sterne als vollkommen fehlerfrei betrachtet werden dürfen. Diese Methode besteht darin, dass man die Zeiten abwartet, wo drei beliebige Sterne in Verticalkreisen, die am Zenith nicht zu spitze Winkel machen, einerlei, übrigens willkürliche, Höhe erreichen, welche selbst nicht bekannt zu sein

17 *

braucht. Die bequemste Art hieraus Polhöhe und Stand der Uhr abzuleiten, wird folgende sein. Ich bezeichne mit

α, α', α'' die geraden Aufsteigungen der drei Sterne,

δ, δ', δ'' die Abweichungen derselben, südlich als negativ betrachtet,

θ, θ', θ'' die drei Zeiten an der Uhr, wo diese Sterne die Höhe h erreichen,

k Voreilung der Uhr vor Sternzeit, welche ich für alle drei Beobachtungen als gleich annehme; liefe die Uhr nicht nach Sternzeit, so könnte man unter k ihre Voreilung für irgend ein willkürliches Zeitmoment annehmen, dann würden aber unter θ, θ', θ'' die Zeiten zu verstehen sein, die die Uhr gezeigt haben würde, wenn sie zwischen den Beobachtungen und jenem Zeitmoment genau Sternzeit gehalten hätte. Man könnte also etwa unter k die Voreilung bei der ersten Beobachtung verstehen, und die andern beiden Zeitmomente gehörig vermehren oder vermindern, wenn die Uhr langsamer oder schneller als Sternzeit liefe.

φ die Polhöhe des Ortes.

Offenbar werden also $\theta - k - \alpha$, $\theta' - k - \alpha'$, $\theta'' - k - \alpha''$, in Bogen verwandelt, die drei Stundenwinkel sein, und folglich wird man, wenn man

$$\theta - \alpha = t$$
$$\theta' - \alpha' = t'$$
$$\theta'' - \alpha'' = t''$$

setzt, folgende drei Gleichungen haben:

I. $\qquad \sin h = \sin \varphi \sin \delta + \cos \varphi \cos \delta \cos (t - k)$

II. $\qquad \sin h = \sin \varphi \sin \delta' + \cos \varphi \cos \delta' \cos (t' - k)$

III. $\qquad \sin h = \sin \varphi \sin \delta'' + \cos \varphi \cos \delta'' \cos (t'' - k)$

Zieht man I von II ab, so wird nach einer leichten Verwandlung

$$2 \sin \varphi \sin \tfrac{1}{2}(\delta' - \delta) \cos \tfrac{1}{2}(\delta' + \delta)$$
$$= 2 \cos \varphi \cos [\tfrac{1}{2}(t + t') - k] \cos \tfrac{1}{2}(t' - t) \sin \tfrac{1}{2}(\delta' - \delta) \sin \tfrac{1}{2}(\delta' + \delta)$$
$$+ 2 \cos \varphi \sin [\tfrac{1}{2}(t + t') - k] \sin \tfrac{1}{2}(t' - t) \cos \tfrac{1}{2}(\delta' - \delta) \cos \tfrac{1}{2}(\delta' + \delta)$$

oder

$$\tan \varphi = \cos [\tfrac{1}{2}(t + t') - k] \cos \tfrac{1}{2}(t' - t) \tan \tfrac{1}{2}(\delta' + \delta)$$
$$+ \sin [\tfrac{1}{2}(t + t') - k] \sin \tfrac{1}{2}(t' - t) \cot \tfrac{1}{2}(\delta' - \delta)$$

Man bestimme A' und B' so, dass

$$A' \sin B' = \sin \tfrac{1}{2}(t'-t) \cotg \tfrac{1}{2}(\delta'-\delta)$$
$$A' \cos B' = \cos \tfrac{1}{2}(t'-t) \tang \tfrac{1}{2}(\delta'+\delta)$$

wird, so verwandelt sich die vorige Gleichung, wenn man zugleich

$$\tfrac{1}{2}(t+t') - B' = C'$$

setzt, in folgende

IV. $$\tang \varphi = A' \cos(C'-k)$$

Völlig auf gleiche Weise, oder bloss durch Vertauschung der Grössen, die sich auf die zweite Beobachtung beziehen, mit denen, die sich auf die dritte beziehen, übersieht man, dass, wenn A'' und B'' so bestimmt werden, dass

$$A'' \sin B'' = \sin \tfrac{1}{2}(t''-t) \cotg \tfrac{1}{2}(\delta''-\delta)$$
$$A'' \cos B'' = \cos \tfrac{1}{2}(t''-t) \tang \tfrac{1}{2}(\delta''+\delta)$$

wird, und man zugleich

$$\tfrac{1}{2}(t+t'') - B'' = C''$$

setzt, folgende Gleichung sich ergeben wird

V. $$\tang \varphi = A'' \cos(C''-k)$$

Aus der Verbindung von IV und V lässt sich nun leicht k und φ ableiten. Man hat nemlich

$$A' \cos(C'-k) = A'' \cos(C''-k)$$

folglich

$$(A''-A') \cos[\tfrac{1}{2}(C'+C'')-k] \cos\tfrac{1}{2}(C''-C')$$
$$= (A'+A'') \sin[\tfrac{1}{2}(C'+C'')-k] \sin\tfrac{1}{2}(C''-C')$$

Setzt man also

$$\frac{A'}{A''} = \tang \zeta$$

wodurch

$$\frac{A''-A'}{A''+A'} = \tang(45^0-\zeta)$$

wird, und bestimmt ψ durch die Gleichung

$$\text{tang}\,(45^0 - \zeta)\,\text{cotang}\,\tfrac{1}{2}(C'' - C') = \text{tang}\,\psi$$

so hat man

$$k = \tfrac{1}{2}(C' + C'') - \psi$$

und nachher φ durch eine der beiden Gleichungen IV oder V. Aus der gefundenen Polhöhe und den Stundenwinkeln $t - k$, $t' - k$, $t'' - k$ kann man nachher, wenn man will, durch die Formeln I, II, III oder durch andre bekannte Methoden die Höhe h ableiten, die aus allen drei Beobachtungen denselben Werth erhalten muss.

Dieser Auflösung sind noch folgende Bemerkungen beizufügen:

1) Um aus zwei Gleichungen $A \sin B = M$, $A \cos B = N$, die Grössen A und B zu bestimmen, bedient man sich der Formeln

$$\text{tang}\,B = \frac{M}{N}$$

$$A = \frac{M}{\sin B} \quad \text{oder} \quad A = \frac{N}{\cos B}$$

Den erstern Ausdruck für A zieht man vor, wenn M grösser ist als N, im entgegengesetzten Falle den andern. Bei der Bestimmung des Winkels B durch seine Tangente bleibt die Wahl zwischen dem ersten und dritten Quadranten, wenn die Tangente positiv, oder zwischen dem zweiten und vierten, wenn sie negativ ist, willkürlich; man wählt denjenigen, wo der Sinus das Zeichen von M und der Cosinus das Zeichen von N hat, wodurch A positiv wird.

2) Die ähnliche Zweideutigkeit bei der Bestimmung von ψ durch die Tangente muss so entschieden werden, dass $\text{tang}\,\varphi$ positiv wird; man nimmt also ψ zwischen -90^0 und $+90^0$, vorausgesetzt nemlich, dass die Beobachtungen in der nördlichen Hemisphäre gemacht sind. In der südlichen wäre es umgekehrt.

Bei allen Methoden, die man dem practischen Astronomen zu seinem Gebrauche vorschlägt, ist es eine unerlässliche Pflicht, dass man den Einfluss der unvermeidlichen Beobachtungsfehler auf die Resultate würdige, damit man sich überzeugen kann, ob sie überhaupt und unter welchen Umständen sie mit Sicherheit anwendbar sind. Der Vernachlässigung dieser Pflicht hat man die vielen unreifen Einfälle zuzuschreiben, über deren Unwerth die practischen Astronomen klagen. Eine leichte, hier aber der Kürze wegen zu unterdrückende Untersuchung zeigt, dass, wenn λ, λ', λ'' die den drei Beobachtungen entsprechenden Azimuthe sind (vom Südpunkte an nach der Richtung der täglichen Bewegung gezählt), ein Fehler von Δ Zeit-Secunden bei der ersten Berührung einen Fehler von

$$\frac{\Delta \sin\lambda \sin\frac{1}{2}(\lambda''+\lambda')}{2\sin\frac{1}{2}(\lambda'-\lambda)\sin\frac{1}{2}(\lambda''-\lambda)} \text{ Zeit-Secunden}$$

bei der Zeitbestimmung, und von

$$\frac{15\,\Delta \sin\lambda \cos\varphi \cos\frac{1}{2}(\lambda''+\lambda')}{2\sin\frac{1}{2}(\lambda'-\lambda)\sin\frac{1}{2}(\lambda''-\lambda)} \text{ Bogen-Secunden}$$

bei der Polhöhe nach sich zieht; um diese Grössen müssen nemlich k vermindert und φ vermehrt werden, wenn man die Berührung zu früh beobachtet hat. Die Ausdrücke für den Einfluss der Fehler bei der zweiten und dritten Beobachtung sind diesen ganz ähnlich und entstehen blos durch Vertauschung von λ mit λ' oder λ''. Da übrigens die Höhe des ersten Sterns in Δ Zeit-Secunden um $15\,\Delta \sin\lambda \cos\varphi$ Raum-Secunden abnimmt, so lässt sich der Einfluss der Beobachtungsfehler noch einfacher so ausdrücken: Wenn der erste Stern in dem Moment, wo man seine Höhe mit der, auf welche das Instrument gestellt war, übereinstimmend fand, wirklich noch oder schon um D Raumsecunden höher war, so erhält man k in Raum-Secunden zu gross um

$$\frac{D\sin\frac{1}{2}(\lambda''+\lambda')}{2\cos\varphi\sin\frac{1}{2}(\lambda'-\lambda)\sin\frac{1}{2}(\lambda''-\lambda)}$$

und φ zu klein um

$$\frac{D\cos\frac{1}{2}(\lambda''+\lambda)}{2\sin\frac{1}{2}(\lambda'-\lambda)\sin\frac{1}{2}(\lambda''-\lambda)}$$

Hieraus folgt nun, dass man blos dahin zu sehen hat, dass von den Sinussen von $\frac{1}{2}(\lambda'-\lambda)$, $\frac{1}{2}(\lambda''-\lambda)$, $\frac{1}{2}(\lambda''-\lambda')$ keiner zu klein wird, welches man dadurch bewirkt, dass man nur Sterne auswählt, die die Höhe h in ziemlich ungleichen Azimuthen erreichen. Zweitens aber ist klar, dass Sterne, deren Höhe sich langsam ändert, eben so brauchbar sind, als solche, die schnell steigen oder fallen; es kommt bei jenen durchaus nicht darauf an, dass man den Augenblick, wo sie die verlangte Höhe haben, haarscharf trifft, sondern nur, dass sie in dem Augenblick, den man dafür annimmt, wirklich nicht merklich davon abstehen. Man kann demnach auch ohne Bedenken Sterne nahe bei der Culmination oder den Polarstern wählen, und gerade solche sind sehr zweckmässig, weil man da dem eben erwähnten Erforderniss mit Ruhe Genüge thun kann. Einer von den drei Sternen wenigstens wird übrigens immer seine Höhe schneller ändern, wenn die Bedingung der ungleichen Azimuthe erfüllt ist.

Ehe man diese Beobachtung vornimmt, ist es gut sich darauf vorzubereiten. Man wird leicht in jeder Stunde einige kenntliche Sterne auffinden, die bald nach einander gleiche Höhe erreichen. Blos mit einem Globus oder einer stereographischen Projection der Himmelskugel wird man dies leicht bewerkstelligen können. Weiss man die Zeitintervalle, wie die drei Beobachtungen auf einander folgen, auf ein Paar Minuten voraus, so wird die Beobachtung desto besser gelingen. Man müsste schlecht beobachtet haben, wenn man so nicht wenigstens auf ein Paar Secunden den Stand der Uhr erhielte; durch Combination mehrerer Sterne und durch Wiederholung an mehrern Abenden, wo man auch dieselben Höhen von neuem messen kann, wird man es in seiner Gewalt haben vermittelst dieser Methode einen sehr hohen Grad von Genauigkeit zu erreichen. Übrigens lassen sich besonders für den Fall, wo man dieselben Sterne in derselben oder fast derselben Höhe öfters beobachtet hat, mehrere Abkürzungen der Rechnung geben, bei welchen ich mich aber hier nicht aufhalte.

Um diese Methode noch mehr zu erläutern, füge ich die Berechnung für eine wirkliche Anwendung hier in extenso bei. Den 27. August d. J. beobachtete ich auf dem Quecksilber-Horizont mit meinem auf die doppelte Höhe $105^0 \, 18' \, 55''$ gestellten Sextanten aus freier Hand die Sterne α Andromeda, α kleiner Bär, α Leyer an der genau nach Sternzeit gehenden SHELTONschen Pendel-Uhr, wie folgt:

$$
\begin{array}{lll}
\alpha \text{ Andromeda} & . \quad . \quad . \quad . & 21^u \, 33^m \, 26^s \\
\alpha \text{ kleiner Bär} & . \quad . \quad . & 21 \quad 47 \quad 30 \\
\alpha \text{ Leyer} & . \quad . \quad . \quad . & 22 \quad 5 \quad 21
\end{array}
$$

Die scheinbaren Stellungen der Sterne an diesen Tagen sind folgende:

	Gerade Aufsteigung	Nördl. Abweichung
α Andromeda	$23^u \, 58^m \, 33^s 33$	$28^0 \, 2' \, 14''8$
α kleiner Bär	$0 \quad 55 \quad 4.7$	$88 \quad 17 \quad 5.7$
α Leyer	$18 \quad 30 \quad 28.96$	$38 \quad 37 \quad 6.6$

Hieraus wird

	in Zeit			in Bogen	
$t =$	21^{u} 34^{m} $52^{\mathrm{s}}67$	. . .	323^{0}	$43'$	$10''05$
$t' =$	20 52 25.30	. . .	313	6	19.50
$t'' =$	3 34 52.04	. . .	53	43	0.60

$$\tfrac{1}{2}(t'-t) = -\quad 5^{0}\ 18'\ 25''27 \qquad \tfrac{1}{2}(t''-t) = -135^{0}\ 0'\quad 4''72$$
$$\tfrac{1}{2}(t'+t) = \quad 318\quad 24\quad 44.77 \qquad \tfrac{1}{2}(t''+t) = \quad 188\quad 43\quad 5.32$$

$$\tfrac{1}{2}(\delta'-\delta) = \quad\quad 30\quad 7\quad 25.45 \qquad \tfrac{1}{2}(\delta''-\delta) = \quad\quad 5\quad 17\quad 25.90$$
$$\tfrac{1}{2}(\delta'+\delta) = \quad\quad 58\quad 9\quad 40.25 \qquad \tfrac{1}{2}(\delta''+\delta) = \quad\quad 33\quad 19\quad 40.70$$

$$\log \sin \tfrac{1}{2}(t'-t)\ .\ .\ 8.9661069\,n \qquad \log \sin \tfrac{1}{2}(t''-t)\ .\ .\ 9.8494751\,n$$
$$\log \cot \tfrac{1}{2}(\delta'-\delta)\ .\ .\ 0.2363974 \qquad \log \cot \tfrac{1}{2}(\delta''-\delta)\ .\ .\ 1.0333869$$

$$\log \cos \tfrac{1}{2}(t'-t)\ .\ .\ 9.9981343 \qquad \log \cos \tfrac{1}{2}(t''-t)\ .\ .\ 9.8494949\,n$$
$$\log \mathrm{tang} \tfrac{1}{2}(\delta'+\delta)\ .\ .\ 0.2069331 \qquad \log \mathrm{tang} \tfrac{1}{2}(\delta''+\delta)\ .\ .\ 9.8179461$$

Wir haben folglich

$$\log A'\cos B'\ .\ .\ .\ 0.2050674 \qquad \log A''\cos B''\ .\ .\ .\ 9.6674410\,n$$
$$\log A'\sin B'\ .\ .\ .\ 9.2025043\,n \qquad \log A''\sin B''\ .\ .\ .\ 0.8828620\,n$$

Woraus wir erhalten

$$B' = \quad 354^{0}\ 19'\ 22''04 \qquad\qquad \log A'\ .\ .\ .\ 0.2072029$$
$$B'' = \quad 266\quad 30\quad 55.07 \qquad\qquad \log A''\ .\ .\ .\ 0.8836657$$

$$C' = -35\quad 54\quad 37.27 \qquad\qquad \log \mathrm{tang} \zeta\ .\ .\ 9.3235372$$
$$C'' = -77\quad 47\quad 49.75 \qquad\qquad\quad \zeta = 11^{0}\ 53'\ 41''28$$

$$\tfrac{1}{2}(C''-C') = -20^{0}\ 56'\ 36''24 \qquad\qquad 45^{0}-\zeta = 33\quad 6\quad 18.72$$
$$\tfrac{1}{2}(C''+C') = -56\quad 51\quad 13.51$$

$$\log \mathrm{tang}(45^{0}-\zeta)\ .\ .\ 9.8142617$$
$$\log \cot \tfrac{1}{2}(C''-C')\ .\ .\ 0.4171063\,n$$
$$\overline{\log \mathrm{tang}\,\psi\qquad .\ .\ .\ 0.2313680\,n}$$
$$\psi = -59^{0}\ 35'\ 14''71$$
$$k = +\quad 2\quad 44\quad 1.20$$

Die Uhr eilte also der Stern-Zeit vor um $10^{\mathrm{m}}56^{\mathrm{s}}08$, welches auf ein Paar Zehntheile mit dem übereinstimmt, was aus Stern-Durchgängen am Mauer-Quadranten abgeleitet war.

Zur Bestimmung der Polhöhe haben wir

$$C' - k = -38^0 \ 38' \ 38''47$$
$$C'' - k = -80 \quad 31 \quad 50.95$$

$\log A'$ 0.2072029		$\log A''$ 0.8836657
$\log \cos(C' - k)$. 9.8926738		$\log \cos(C'' - k)$. 9.2162109
$\log \operatorname{tang} \varphi$ . . . 0.0998767		0.0998766

$$\varphi = 51^0 \ 31' \ 51''51$$

Berechnet man mit diesen Resultaten die wahre Höhe der Sterne, so findet man aus allen drei Sternen auf ein Hunderttheil einer Secunde übereinstimmend

$$h = 52^0 \ 37' \ 21''3$$

Die Refraction, nach Barometer- und Thermometer-Stand verbessert, ist 42''7, also scheinbare Höhe 52° 38' 4''.   Der Collimationsfehler des Sextanten ist — 3' 30'', also der gemessene Winkel 105° 15' 25'', welcher also, weil der wahre 105° 16' 8'' ist, um 43'' zu klein ist.

Am 25. August war der Sextant auf einen 5'' grösseren Winkel, nemlich 105° 19' 0'' gestellt, dieselben drei Sterne wurden bei folgenden Uhrzeiten beobachtet:

$$\alpha \text{ Andromeda} \quad . \quad . \quad . \quad . \quad 21^u \ 33^m \ 29^s$$
$$\alpha \text{ kleiner Bär} \quad . \quad . \quad . \quad 21 \quad 47 \quad 38$$
$$\alpha \text{ Leyer} \quad . \quad . \quad . \quad . \quad 22 \quad 5 \quad 22$$

Hieraus folgt:

Voreilung der Uhr vor Sternzeit $10^m \ 57^s9$
$$\varphi = 51^0 \ 31' \ 56''7$$
$$h = 52 \quad 37 \quad 29.15$$

Doppelte scheinbare Höhe 105° 16' 25''5; nach dem Sextanten 105° 15' 30'', also Fehler des Sextanten — 54''5.

Im Mittel also: Fehler des Sextanten bei dem Winkel 105°, — 48''7; Polhöhe 51° 31' 54''1. Einige Beobachtungen des Herrn Prof. HARDING mit den-

selben Sternen, aber in einer etwas grössern Höhe, so wie eine frühere Beobachtung von mir mit α Andromeda, α Adler und α Leyer, geben für die Polhöhe
bis auf ein Paar Secunden dasselbe Resultat.

Um den Einfluss der Beobachtungsfehler desto besser übersehen zu können,
habe ich nach den Zahlen des hier entwickelten Beispiels die den drei Sternen
entsprechenden Azimuthe berechnet und gefunden:

$$\alpha \text{ Andromeda} \quad . \quad . \quad . \quad . \quad 293^0 \; 45' \; 15''$$
$$\alpha \text{ kleiner Bär} \quad . \quad . \quad . \quad 182 \quad 9 \quad 9$$
$$\alpha \text{ Leyer} \quad . \quad . \quad . \quad . \quad 90 \quad 17 \quad 52$$

Hieraus finde ich nach obigen Formeln, dass, wenn die drei Berührungen
um Δ, Δ', Δ'' Zeit-Secunden zu früh beobachtet sind, die Voreilung der Uhr um

$$+ \, 0.391 \, \Delta + 0.0066 \, \Delta' + 0.603 \, \Delta''$$

Zeit-Secunden zu klein, und die Polhöhe um

$$+ \, 3.808 \, \Delta - 0.2884 \, \Delta' - 3.519 \, \Delta''$$

Raum-Secunden zu klein gefunden werden.

Irrt man also bei α kleiner Bär um $20''$, und bei jedem der beiden andern
Sterne um $1''$, so kann der Fehler der Zeitbestimmung höchstens auf $1^s 1$, und
der Fehler der Polhöhe höchstens auf $13''$ gehen, in so fern die Stellungen der
Sterne selbst genau zuverlässig sind. Will man die möglichen Fehler der Endresultate nicht durch die Fehler der Zeiten, sondern durch die Fehler der Höhen
bestimmen, so dienen dazu die andern oben gegebenen Formeln. Setzen wir
nemlich, dass in den drei Beobachtungsmomenten die Höhen der Sterne um
D, D', D'' Raum-Secunden grösser waren, als die Stellung des Sextanten erforderte, so entspringt daraus ein Fehler von

$$+ \, 0.0430 \, D + 0.0177 \, D' - 0.0607 \, D''$$

Zeit-Secunden bei der Voreilung der Uhr, und von

$$+ \, 0.446 \, D - 0{,}823 \, D' + 0.377 \, D''$$

Raum-Secunden bei der Polhöhe, um welche beide zu gross ausfallen werden.
Die letztern Formeln dienen zugleich, den Einfluss der etwa noch bei den Stern-

18*

positionen Statt findenden Unsicherheiten zu schätzen; man braucht nur unter D, D', D'' die Fehler dieser Positionen in der Richtung der drei Vertical-Kreise und in Secunden des grössten Kreises zu verstehen, um sogleich die gefundenen Formeln für den Einfluss derselben gebrauchen zu können.   Es sind nemlich D, D', D'' die Unterschiede der Höhen, die der Stellung des Sextanten entsprechen, von den Höhen derjenigen Punkte der Himmelskugel, welche die bei der Rechnung zum Grunde gelegten geraden Aufsteigungen und Abweichungen haben, und es ist begreiflich einerlei, ob sie bei völliger Übereinstimmung der Sterne mit diesen Punkten von den Fehlern der Beobachtungen, oder bei völlig genauen Beobachtungen von kleinen Unterschieden zwischen den Sternen und jenen Punkten herrühren.   Schliesslich bemerke ich noch, dass die Summe der Coëfficienten in jeder der beiden Formeln für den Fehler der Polhöhe, so wie auch in der zweiten für den Fehler der Zeitbestimmung immer $= 0$, hingegen in der ersten Formel für den Fehler der Zeitbestimmung $= 1$ wird, wovon man den Grund bei einigem Nachdenken leicht finden wird.

GAUSS AN VON LINDENAU.

Monatliche Correspondenz zur Beförderung der Erd- und Himmels-Kunde, herausgegeben vom Freiherrn von ZACH. Januar 1809.

Göttingen, den 30. November 1808.

Für die mir von Ew. Hochwohlgeb. gütigst mitgetheilten Beobachtungen der Ceres und Juno statte ich Ihnen den verbindlichsten Dank ab. Auch für die Marseiller Cometen-Beobachtungen bin ich Ihnen verbunden, obwohl in denselben *sehr* grosse Fehler begangen zu sein scheinen, und sich daher aus denselben nicht leicht etwas schliessen lassen wird. Heute ist meine Absicht, Ihnen noch einige Anmerkungen über das Problem mitzutheilen, worüber Sie meinen Aufsatz in das October-Heft der *Monatl. Corresp.* aufgenommen haben. *Dieses* Problem ist es eigentlich nicht, was ich *reisenden* Beobachtern vorzüglich empfehlen möchte, sondern mehr dasjenige, welches ich im Anfange jenes Aufsatzes erwähnt und in einem vor kurzem hier gedruckten Programm behandelt habe, wovon ich ein Exemplar beizulegen mir das Vergnügen mache. Das in der *Monatl. Corresp.* abgehandelte Problem wird vorzüglich für solche Beobachter brauchbar sein, die ihren Beobachtungs-Ort mit einem nicht ganz vollkommnen Werkzeuge möglichst scharf bestimmen und zugleich die Fehler des letztern ausmitteln wollen. In diesem Falle hat es gar keine Schwierigkeit, leicht für jede Stunde eine Menge brauchbarer Sterne auszumitteln, wenn man sich voraus für die kenntlichsten Sterne eine Tabelle für die Höhen berechnet, die auch sonst nützlich sein und sehr bequem in die Gestalt einer Karte gebracht werden kann. Man hat gar nicht nöthig sich auf Sterne erster Grösse einzuschränken. Sie sehen aus meinem Beispiele, dass Sterne zweiter Grösse sich auch anwenden lassen, und bei einiger Übung kann man, wenn kein Mondschein ist, sogar Sterne dritter und vierter Grösse noch füglich beobachten, obwohl man dann freilich mehr Sorgfalt nöthig hat, *Verwechslungen* zu vermeiden. Was nun meine Auflösung selbst betrifft, so ist es diejenige, auf die ich sofort von selbst verfiel, als ich ein zur wirklichen Ausübung möglichst bequemes Verfahren suchte, und es fiel mir nicht ein anderswo Auflösungen einer Aufgabe zu suchen, mit der meines Wissens sich noch Niemand beschäftigt hatte. Erst als ich meinen Aufsatz schon abgesandt hatte, fiel es mir auf, dass ein anderes dem Zwecke nach zwar sehr verschiedenes Problem, doch in Ansehung der Auflösung im Wesentlichen mit jenem ganz einerlei ist, das nemlich, wo aus drei *heliocentrischen* Örtern eines Sonnenfleckens die Lage des Sonnen-Äquators und zugleich die Declination des Fleckens gesucht wird; letztere entspricht dann in unserer Aufgabe der Höhe *h*. Mit diesem Problem haben sich bekanntlich eine grosse Menge Geometer beschäftigt, unter denen indessen Niemand eine so zierliche Auflösung gegeben hat, wie Cagnoli. La Lande führt dieselbe in seiner Astronomie an. In Ansehung der Eleganz ziehe ich diese Auflösung der meinigen vor, obwohl ich glaube, dass die Auflösung selbst aus den drei Fundamentalgleichungen zierlicher abgeleitet werden kann, als Cagnoli sie entwickelt hat. Auch in Ansehung der practischen Bequemlichkeit stehen alle übrigen von La Lande angeführten Auflösungen der von Cagnoli weit nach. Die meinige würde noch etwas bequemer sein, wenn man blos φ und k sucht, hingegen würde die von Cagnoli etwas kürzer sein, wenn man auch h mit verlangt; im ersten Falle brauche ich 18, Cagnoli 21, im zweiten ich 24, Cagnoli wieder nur 21 Logarithmen; doch ist zu bemerken, dass bei Cagnoli alle 21 zu fast eben so vielen, nemlich zu 19 *verschiedenen* Winkeln gehören, da hingegen bei meiner Auflösung von vielen Winkeln, Sinus und Cosinus oder andere trigonometrische Functionen zugleich aufgesucht werden (so dass, wenn blos φ und k gesucht werden, an 14, und wenn auch h mit verlangt wird, an 18 verschiedenen Stellen der Tafeln aufgeschlagen wird), welches allerdings einen Unterschied macht, zumal wenn man sich der schönen Taylorschen Tafeln bedient, wo die ganze Arbeit sich fast blos auf das Aufschlagen reducirt. Die Formeln für unsere Aufgabe nach Cagnolis Auflösung waren folgende:

Man berechne drei Hülfswinkel A, A', A'' durch die Gleichungen

$$\operatorname{tang} A = \frac{\sin\frac{1}{2}(\delta''-\delta')}{\cos\frac{1}{2}(\delta''+\delta')}\operatorname{cotang}\tfrac{1}{2}(t''-t')$$

$$\operatorname{tang} A' = \frac{\sin\frac{1}{2}(\delta-\delta'')}{\cos\frac{1}{2}(\delta+\delta'')}\operatorname{cotang}\tfrac{1}{2}(t-t'')$$

$$\operatorname{tang} A'' = \frac{\sin\frac{1}{2}(\delta'-\delta)}{\cos\frac{1}{2}(\delta'+\delta)}\operatorname{cotang}\tfrac{1}{2}(t'-t)$$

mache sodann

$$\operatorname{tang} B = \frac{\sin\frac{1}{2}(\delta'-\delta)}{\cos\frac{1}{2}(\delta'+\delta)}\operatorname{cotang}(A-A')$$

so ist

$$k = \tfrac{1}{2}(t'+t)-B$$

Man setze ferner $A'+A''-A = C$ und mache

$$\operatorname{tang} D = \frac{\cos\frac{1}{2}(t-k+C)}{\cos\frac{1}{2}(t-k-C)}\operatorname{tang}(45^0+\tfrac{1}{2}\delta)$$

$$\operatorname{tang} E = \frac{\sin\frac{1}{2}(t-k-C)}{\sin\frac{1}{2}(t-k+C)}\operatorname{cotg}(45^0+\tfrac{1}{2}\delta)$$

so ist*)

$$\varphi = D+E, \qquad h = D-E$$

Eine Unbequemlichkeit bei dieser Methode ist, dass man nicht bequem im voraus eine bestimmte Regel geben kann (in so fern man blos nach den analytischen Formeln ohne eine Figur rechnet, ohne von den Beobachtungen etwas weiter als die Uhrzeiten zu entlehnen, also ohne im voraus zu wissen, auf welchen Seiten des Meridians die drei Sterne beobachtet sind), in welchem Halbkreise man die Winkel A, A', A'', B, D, E nehmen müsse, welches bekanntlich die Bestimmung durch die Tangenten für sich unentschieden lässt. Indessen lässt sich zeigen, dass man hiebei einstweilen willkürlich verfahren darf, nur wird man dann in einigen Fällen noch folgende Änderungen machen müssen.

1) Muss man statt k, $k+180^0$ oder, welches hier einerlei ist, $k-180^0$ setzen, wenn man für φ und h solche Werthe erhalten hat, dass $\cos\varphi$ und $\sin h$ mit entgegengesetzten Zeichen afficirt sind.

---

*) [Handschriftliche Bemerkung:]

$$\frac{\cos\varphi}{\cos h}\sin(t-k) = \sin(A'+A''-A)$$

$$\frac{\cos\varphi}{\cos h}\sin(t'-k) = \sin(A''+A-A')$$

$$\frac{\cos\varphi}{\cos h}\sin(t''-k) = \sin(A+A'-A'')$$

2) Statt h und φ, wenn man dafür ausserhalb der Grenzen 0 und 90^0 liegende Werthe finden sollte, setzt man ihren Unterschied von dem zunächst liegenden Vielfachen von 180^0.

3) Die Polhöhe ist als nördlich oder südlich zu betrachten, je nachdem $\sin \varphi$ und $\sin h$ gleiche oder entgegengesetzte Zeichen erhalten haben.

Gäben also z. B. obige Formeln $\varphi = 231^0$, $h = -127^0$, so wäre die wirkliche Polhöhe 51^0 und die wirkliche Höhe 53^0. Der Werth von k hingegen bliebe ungeändert, hingegen hätte man gefunden $\varphi = 231^0$, $h = +127^0$, so musste k um 180^0 vermehrt oder vermindert werden. Begreiflich ist dies blos der analytischen Vollständigkeit wegen bemerkt, denn wenn k einer Änderung von 180^0 bedarf, so ist dies ohnehin klar, da man beim Stande der Uhr um 12 Stunden nicht ungewiss ist.

Der Vergleichung wegen lege ich noch den numerischen Calcul für dasselbe Beispiel nach obigen Formeln bei.

Berechnung des Beispiels nach Cagnolis Methode.

$$\tfrac{1}{2}(\delta'' - \delta') = -\ 24^0\ 49'\ 59''55 \qquad \tfrac{1}{2}(\delta'' + \delta') = 63^0\ 27'\ \ 6''15$$
$$\tfrac{1}{2}(\delta - \delta'') = -\ \ 5\ \ 17\ \ 25.90 \qquad \tfrac{1}{2}(\delta + \delta'') = 33\ \ 19\ \ 40.70$$
$$\tfrac{1}{2}(\delta' - \delta) = +\ 30\ \ \ 7\ \ 25.45 \qquad \tfrac{1}{2}(\delta' + \delta) = 58\ \ \ 9\ \ 40.25$$

$$\tfrac{1}{2}(t'' - t') = -129\ \ 41\ \ 39.45$$
$$\tfrac{1}{2}(t - t'') = +135\ \ \ \ 0\ \ \ 4.72$$
$$\tfrac{1}{2}(t' - t) = -\ \ 5\ \ 18\ \ 25.27$$

$$
\begin{array}{lr}
\log \sin \tfrac{1}{2}(\delta'' - \delta') \ . \ . \ . & 9.6232267\,n \\
\text{Compl. } \log \cos \tfrac{1}{2}(\delta'' + \delta') \ . & 0.3497391 \\
\log \operatorname{cotang} \tfrac{1}{2}(t'' - t) \ . \ . \ . & 9.9191030 \\
\hline
\log \operatorname{tang} A \ . \ . \ . \ . \ . \ . & 9.8920688\,n
\end{array}
$$

$A = 142^0\ \ 2\ \ 50''70$

$$
\begin{array}{lr}
\log \sin \tfrac{1}{2}(\delta - \delta'') \ . \ . \ . \ . & 8.9647590\,n \\
\text{Compl. } \log \cos \tfrac{1}{2}(\delta + \delta'') \ . & 0.0780332 \\
\log \operatorname{cotang} \tfrac{1}{2}(t - t') \ . \ . \ . & 0.0000199\,n \\
\hline
\log \operatorname{tang} A' \ . \ . \ . \ . \ . & 9.0428121
\end{array}
$$

$A' = \ \ 6^0\ \ 17'\ \ 51''34$

$\log \sin \frac{1}{2}(\delta' - \delta)$ 9.7005892
Compl. $\log \cos \frac{1}{2}(\delta' + \delta)$. 0.2777516

(*) 9.9783408
$\log \operatorname{cotang} \frac{1}{2}(t' - t)$ . . . 1.0320274

$\log \operatorname{tang} A''$ 1.0103682n

$$A'' = 95^0 \ 34' \ 36'' 24$$
$$A - A' = 135 \ 44 \ 59.36$$
$$C = -40 \ 10 \ 23.12$$

(*) 9.9783408
$\log \operatorname{cotang}(A - A')$ . . . 0.0113684n

$\log \operatorname{tang} B$ 9.9897092n

$$B = 315^0 \ 40' \ 43'' 55$$
$$\tfrac{1}{2}(t + t') = 318 \ 24 \ 44.78$$
$$k = 2 \ 44 \ 1.23$$
$$\tfrac{1}{2}(t - k + C) = 140 \ 24 \ 22.85$$
$$\tfrac{1}{2}(t - k - C) = 180 \ 34 \ 45.97$$
$$45^0 + \tfrac{1}{2}\delta = 59 \ 1 \ 7.40$$

$\log \cos \frac{1}{2}(t - k + C)$ . . 9.8868199n
Compl. $\log \cos \frac{1}{2}(t - k - C)$ 0.0000222n
$\log \operatorname{tang}(45^0 + \frac{1}{2}\delta)$ . . . 0.2215478

$\log \operatorname{tang} D$ 0.1083899

$$D = 52^0 \ 4' \ 36'' 35$$

$\log \sin \frac{1}{2}(t - k - C)$ . . 8.0048736n
Compl. $\log \sin \frac{1}{2}(t - k + C)$ 0.1956297
$\log \operatorname{cotang}(45^0 + \frac{1}{2}\delta)$ . . 9.7784522n

$\log \operatorname{tang} E$ 7.9789555n

$$E = - \ 0^0 \ 32' \ 45'' 02$$
$$\text{Also} \quad \varphi = 51 \ 31 \ 51.33$$
$$h = 52 \ 37 \ 21.37$$

GAUSS AN VON LINDENAU.

Monatliche Correspondenz zur Beförderung der Erd- und Himmels-Kunde,
herausgegeben vom Freiherrn von Zach.   September 1808.

Göttingen am 30. August 1808.

Ich nehme mir die Ehre, Ihnen hier für die *Mon. Corresp.* [S. 141 d. B.] einen Aufsatz über eine Aufgabe zu schicken, deren practische Anwendung sehr empfohlen zu werden verdient. Es scheint mir, dass dieses Verfahren, die Pol-Höhe zu bestimmen, in der Ausübung eine sehr grosse Schärfe verträgt, und wenn man nicht mit Vervielfältigungs-Kreisen zu beobachten Gelegenheit hat, die zuverlässigsten Resultate gibt. Wenigstens fallen alle diejenigen Umstände weg, die bei dem gewöhnlichen Verfahren durch Sonnen-Höhen die Resultate zuweilen zweifelhaft machen können, Ablesen, Fehler des Sextanten, Blendgläser, Glasdach, Refraction. Zwar gibt jede Combination von drei Sternen immer nur ein Resultat, aber wenn man bei Meridian-Höhen der Sonne auch die Beobachtungen noch so sehr vervielfältigt, so bleiben doch die von den erwähnten Umständen herrührenden Fehler, den ersten ausgenommen, immer in ihrer ganzen Stärke zurück; auch hindert ja nichts, dieselben Beobachtungen in mehrern Nächten zu wiederholen und selbst in einer Nacht mehrere Combinationen zu machen, wenn man sie so auswählt, dass die drei Beobachtungen in nicht zu grossen Zwischenräumen auf einander folgen. In der gestrigen Nacht habe ich die drei Sterne, die im Beispiel der Abhandlung angeführt sind, noch einmal in

einer etwas verschiedenen Höhe beobachtet und für die Polhöhe 51^0 $31'$ $54''4$ *)
gefunden. Die drei Resultate sind folgende:

$$
\begin{array}{rcccc}
\text{August 25} & . & 51^0 & 31' & 56''7 \\
27 & . & 51 & 31 & 51.5 \\
30 & . & 51 & 31 & 54.4 \\
\hline
\text{im Mittel} & . & 51 & 31 & 54.2
\end{array}
$$

genau wie MAYER unsere Polhöhe bestimmt hat. Wenn man auch diesen Grad
von Übereinstimmung zum Theil hier zufällig halten muss, so glaube ich doch,
dass man durch öftere Wiederholung und Vervielfältigung der Beobachtungen
mit gut bestimmten Sternen sich der wahren Pol-Höhe immer auf wenige Secunden nähern kann. Alles hängt blos von der Vergrösserung und Deutlichkeit des
Fernrohrs und der Achtsamkeit des Beobachters ab. Aus Meridian-Höhen der
Sonne, die immer unter sich vortrefflich stimmten, hatte ich zur Zeit der Sonnenwende mehreremal mit einem Sextanten 51^0 $32'$ $32''$ gefunden, also über eine
halbe Minute fehlerhaft. Ob der Fehler meines Sextanten blos daher rührt,
dass der ganze Bogen zu gross ist, habe ich noch nicht hinlänglich geprüft; indess wird das gerade durch die von mir empfohlene Methode sehr leicht künftig
geschehen können.

---

*) Fehler des Sextanten bei 105^0 $52'$ $= -49''4$.

SUMMARISCHE ÜBERSICHT DER ZUR BESTIMMUNG DER BAHNEN DER BEIDEN NEUEN HAUPTPLANETEN ANGEWANDTEN METHODEN *).

Monatliche Correspondenz zur Beförderung der Erd- und Himmels-Kunde,
herausgegeben vom Freiherrn von Zach. September 1809.

1.

Die von Kreis- und Parabel-Hypothesen unabhängige Bestimmung der Bahn eines Himmelskörpers aus einer kurzen Reihe von Beobachtungen beruht auf zwei Forderungen: I. Muss man Mittel haben, die Bahn zu finden, die drei gegebenen vollständigen Beobachtungen Genüge thut. II. Muss man die so gefundene Bahn so verbessern können, dass die Differenzen der Rechnung von dem ganzen Vorrath der Beobachtungen so gering als möglich werden.

---

*) Als ich vor einiger Zeit die persönliche Bekanntschaft des Hrn Prof. Gauss zu machen das Glück hatte, sah ich unter dessen Papieren den hier folgenden schon vor mehreren Jahren entworfenen und noch nirgends bekannt gemachten Aufsatz, der die frühere Methode des Verfassers zu Bestimmung der Planetenbahnen enthält. Da ich mich bei der flüchtigen Durchsicht dieser summarischen Übersicht bald überzeugte, dass die hier von dem Verfasser entwickelte Methode zu erster genäherter Bestimmung zweier Distanzen des Planeten von der Erde wesentlich von der verschieden sei, die der Verfasser nun in seinem grössern Werk öffentlich dargelegt hat, so bat ich ihn um die Erlaubniss, diesen Aufsatz bekannt machen zu dürfen, in der Voraussetzung, dass es allen Kennern interessant sein muss, die verschiedenen Wege zu kennen, auf denen es dem Verfasser gelungen ist, zu der vollendeten Auflösung zu gelangen, von der wir unsern Lesern im vorigen Hefte eine Übersicht mitgetheilt haben. Ich hatte anfangs die Absicht, den Aufsatz mit einigen Bemerkungen zum Behuf einer Vergleichung der frühern und spätern Methode des Verfassers zu begleiten; allein da diese, hätten sie wirklich erläuternd sein sollen, etwas weitläufig und ohne Hinweisung auf das Werk selbst doch immer undeutlich geblieben wären, so schien es mir zweckmässiger, den ganzen Aufsatz (der denn doch mehr für Kenner bestimmt ist, die das Werk selbst dabei zur Hand haben), so wie er vor sechs Jahren vom Verfasser niedergeschrieben wurde, ohne allen fernern Beisatz, den astronomischen Lesern dieser Zeitschrift mitzutheilen. von Lindenau.

Die bequemste Art der II^{ten} Forderung Genüge zu leisten, scheint ihre Zurückführung auf die I^{ste} zu sein. Es seien für die Zeiten t, t', t'' u. s. w. die beobachteten Orte m, m', m'' (deren jeder zweifach sein wird); die nach bekannten Elementen e (sechsfach anzusehn) berechneten Örter p, p', p'' u.s.w., endlich die nach (noch als unbestimmt anzusehenden) Elementen f berechneten Örter q, q', q'' u.s.w. Die Differenzen der Elemente e sind also

$$p - m, \quad p' - m', \quad p'' - m'' \text{ u. s. w.}$$

Die Differenzen der Elemente f hingegen

$$(p - m) + (q - p), \quad (p' - m') + (q' - p'), \quad (p'' - m'') + (q'' - p'') \text{ u. s. w.}$$

Diese letztern sollen nun so klein als möglich werden und keine Regularität behalten.

Die Differenzen $q - p$, $q' - p'$ u.s.w. sind, in so fern man die Elemente f als beständig ansieht, Functionen der Zeit, und da sie der Natur der Sache nach an sich klein sein werden, so darf man bei der kurzen Dauer der Beobachtungen voraussetzen, dass sie, wenn man sie für zwei äussere und eine mittlere als gegeben annimmt, für die zwischenliegenden Zeiten hinreichend genau durch Interpolation gefunden werden. Man bezeichne sie für jene drei Zeiten durch x, y, z (jeder als zweifach anzusehen), so werden sie nach bekannten Gründen der Interpolationstheorie eine linearische Form haben $\alpha x + \mathit{b} y + \gamma z$, wo die Coëfficienten α, b, γ von der Zeit abhängen. Diese Differenzen der Elemente f werden also für die Zeiten t, t', t'' u.s.w. die Gestalt haben:

$$p - m + \alpha x + \mathit{b} y + \gamma z$$
$$p' - m' + \alpha' x + \mathit{b}' y + \gamma' z$$
$$p'' - m'' + \alpha'' x + \mathit{b}'' y + \gamma'' z \text{ u. s. w.}$$

wo alles ausser x, y, z bekannt ist. Man wird alsdann leicht beurtheilen können, welches die zweckmässigsten Werthe für x, y, z sind. *Es lässt sich zwar eine ganz methodische Anweisung geben, diese Werthe durch Rechnung zu finden;* allein ein gewisser Tact wird immer eben so sicher leiten.

Da also offenbar, so bald x, y, z bestimmt sind, die II^{te} Forderung auf die erste zurückgeführt ist, so können wir uns blos auf diese einschränken.

Bestimmung der Bahn aus drei vollständigen Beobachtungen.

2.

Es würde zwar nicht schwer fallen, die Relation der sechs unbekannten Grössen zu den gegebenen in sechs Gleichungen darzustellen. Allein da dieselben viel zu unbehülflich ausfallen, um im geringsten brauchbar zu sein, so muss man sich begnügen, stufenweise zu derjenigen Bahn zu gelangen, die die drei Beobachtungen genau darstellt. Offenbar müssen alle überhaupt hiezu dienliche Methoden am Ende einerlei Resultat geben; die Güte des Endresultats ist also kein Maassstab für den Werth der Methode, sondern nur für die Schärfe der zum Grunde gelegten Beobachtungen. Der Werth der Methode kann nur nach der Anzahl und Bequemlichkeit der Stufen geschätzt werden, und eine Methode, wodurch man zu einer genauen Darstellung der drei Beobachtungen nicht allezeit nach Gefallen gelangen könnte, würde nicht eine schlechtere, sondern gar keine Methode sein.

Die Untersuchung zerfällt also in zwei Theile, eine *erste Annäherung* und die *Correctionsmethoden.* Jene wird sich auf gewisse aus der Natur des Problems geschöpfte, beinahe wahre Relationen gründen, welche von der Art sind, dass sie desto weniger fehlen, je näher die Beobachtungen einander liegen, und, mathematisch zu reden, für unendlich nahe Beobachtungen streng genau sind. Man weicht daher allerdings dem Einflusse ihrer Abweichung von der Wahrheit desto mehr aus, je nähere Beobachtungen man zum Grunde legt, wodurch die Correctionsmethoden desto mehr erleichtert oder gar entbehrlich gemacht werden. Allein dabei hat man zu erwägen, dass bei nahen Beobachtungen geringe Fehler der Beobachtungen sehr stark, zuweilen enorm auf die Elemente wirken, und daher die nachmalige Verbesserung nach der ganzen Beobachtungsreihe, die oben mit dem Namen der zweiten Forderung bezeichnet ist, desto schwieriger ausfällt. Allgemeine Regeln lassen sich über die zweckmässigste Auswahl der Beobachtungen nicht wohl geben. Es ist dabei die Güte derselben, ihre mehr oder weniger vortheilhafte Lage, die Art der Bahn selbst in Betracht zu ziehen. Bei der Ceres liessen sich mit gutem Erfolg sogleich die äussersten 41 Tage entfernten Beobachtungen zur ersten Annäherung anwenden, und die Correctionsrechnungen waren gar nicht beschwerlich. Auch bei Berechnung der II^ten Pallasbahn wurden die vorhergegangenen Näherungen nicht benutzt, sondern die erste

Annäherungsmethode sogleich von neuem auf die 27tägigen Beobachtungen angewandt. Bei Bahnen, die der Parabel näher kämen, und wo die geocentrische Bewegung sehr schnell ist, würde man wohl lieber mit etwas kürzern Zwischenzeiten den Anfang machen. Eine durch Erfahrung geübte Beurtheilung ist hier die beste Führerin.

Hauptmomente der ersten Annäherung.

Erstes Moment.
Genäherte Bestimmung der Abstände von der Erde in den beiden äussern Beobachtungen.

3.

Um bei der grossen Anzahl der in folgender Untersuchung nöthigen Zeichen die Übersicht zu erleichtern, sollen analoge Dinge bei der Erde P und dem beobachteten Planeten p durchaus mit einerlei Charakteren angedeutet werden, nur bei jener mit grossen, bei diesem mit kleinen. Kommt einerlei Buchstabe sowohl ohne Accent als mit einem und zweien vor, so hat man vorauszusetzen, dass der zweite und dritte eine ähnliche Beziehung auf eine zweite und dritte Beobachtung für die Zeiten τ', τ'' haben, wie der erste auf die Beobachtung von der Zeit τ. Übrigens ist an sich nicht nöthig, dass die Zeit τ' zwischen τ und τ'' falle; inzwischen ist der Gebrauch der folgenden Vorschriften am vortheilhaftesten, wenn τ' ungefähr zwischen τ und τ'' in der Mitte liegt.

S Ort der Sonne (im Raum) als unbeweglich betrachtet. p Ort des Planeten p zur Zeit τ. Hieraus erklären sich p', p'', P, P', P''.

$\mathfrak{X}$, $\mathfrak{Y}$, $\mathfrak{Z}$ drei feste willkürliche Ebenen, die einander im Mittelpunkt der Sonne senkrecht schneiden.

x, y, z die senkrechten Abstände des Planeten p von diesen drei Ebenen zur Zeit τ. Hieraus x', y', z'; x'', y'', z''; X, Y, Z; X', Y', Z'; X'', Y'', Z''.

$$
\left.\begin{aligned}
\xi &= x - X \\
\eta &= y - Y \\
\zeta &= z - Z
\end{aligned}\right| \quad \text{Hieraus } \xi', \eta', \zeta'; \ \xi'', \eta'', \zeta''
$$

Es sind also ξ, η, ζ die senkrechten Abstände des Planeten p von drei beweglichen mit $\mathfrak{X}$, $\mathfrak{Y}$, $\mathfrak{Z}$ parallel durch P gelegten Ebenen.

$$
\begin{array}{c|c|c|c|l}
r & & \text{des } p & S & \\
R & \text{Abstände} & \text{des } P & \text{von} \quad S & \text{alle positiv.} \\
\rho & & \text{des } p & P & \text{Hieraus } r' \text{ u. s. w.}
\end{array}
$$

$$
\begin{array}{c|c|c|c|l}
b & & Sp & \mathfrak{Z} & \\
B & \text{Winkel der Linie} & SP & \text{mit der Ebene} \quad \mathfrak{Z} & \\
\mathfrak{b} & & Pp & & \text{die } \mathfrak{Z} \text{ parallel ist}
\end{array}
$$

$$
\left.
\begin{array}{l}
d = r \cos b \\
D = R \cos B \\
\delta = \rho \cos \mathfrak{b}
\end{array}
\right|
\begin{array}{l}
\text{d. i. projicirte Abstände auf die Ebene } \mathfrak{Z} \\
\text{und die ihr parallele}
\end{array}
$$

$$
\begin{array}{c|c|c}
l & & \mathfrak{Y} \\
L & \text{Winkel dieser Projection mit der Ebene} & \mathfrak{Y} \\
\lambda & & \text{die } \mathfrak{Y} \text{ parallel.}
\end{array}
$$

Die Winkel b und l sind auf eben den Seiten von $\mathfrak{Z}$ und $\mathfrak{Y}$ als positiv anzunehmen, auf welchen man z und y als positiv ansieht. Die Winkel b kann man immer zwischen den Grenzen -90^0, $+90^0$ lassen (dass die d u. s. w. immer positiv bleiben); die Winkel l hingegen kann man von 0 bis 360^0 wachsen lassen, und zwar so, dass man sie da $\left\{{0 \atop 180^0}\right\}$ setzt, wo die x $\left\{{\text{positiv} \atop \text{negativ}}\right\}$ sind. Auf die Weise hat man

$$
\left.
\begin{array}{ll}
x = r \cos b \cos l & = d \cos l \\
y = r \cos b \sin l & = d \sin l \\
z = r \sin b & = d \tang b
\end{array}
\right|
\begin{array}{l}
\text{und ähnliche Gleichungen für} \\
x' \text{ u. s. w. } X \text{ u. s. w. } \xi \text{ u. s. w.}
\end{array}
$$

Die Bahnen von p und P nehmen wir in Ebenen an, indem wir von den fremden Einwirkungen, wodurch sie afficirt werden, abstrahiren. Wir setzen Länge von p in der Bahn zur Zeit τ, $= v$ (also v', v''; V, V', V''); und machen $\frac{1}{2} r' r'' \sin(v'' - v') = f$, $\frac{1}{2} r'' r \sin(v - v'') = f'$, $\frac{1}{2} r r' \sin(v' - v) = f''$. Es sind folglich f, $-f'$, f'' die Flächen der Dreiecke $p' S p''$, $p S p''$, $p S p'$ positiv (vorausgesetzt, dass p rechtläufig ist und τ' zwischen τ und τ'' liegt; das Arrangement der Zeichen für andere Fälle hat keine Schwierigkeit). Auf ähnliche Art F, F', F''. Durch g, $-g'$, g'', G, $-G'$, G'' bezeichnen wir die Flächen der Ausschnitte aus der ganzen Bahn, die diesen Dreiecken entsprechen, deren Zeichen wir denen von f, $-f'$, f'', F, $-F'$, F'' gleich voraussetzen. Es sind daher g, g', g'' und G, G', G'' den Zeitintervallen $\tau'' - \tau'$, $\tau - \tau''$, $\tau' - \tau$ proportional.

Die Bahnen von p und P sind Kegelschnitte, deren halbe grosse Achsen wir mit a, A bezeichnen. Die Excentricität der Bahn von p machen wir $= e = \sin\varphi$ (für eine Ellipse); daher $a\cos\varphi^2 = k$ der halbe Parameter wird. Länge der Sonnenferne von p in der Bahn $= \pi$. Mittlere Länge $= m$ (daher m', m'', M, M', M''). Andere Zeichen sollen im Verfolg der Untersuchung selbst angezeigt werden.

4.

Daraus, dass p, p', p'' mit S in einer Ebene sind, folgt nach einem bekannten Lehrsatz

$$0 = xy'z'' + x'y''z + x''yz' - xy''z' - x'yz'' - x''y'z$$

und hieraus, dass von folgenden neun Grössen

$$
\begin{array}{ccc}
y'z'' - y''z' & y''z - yz'' & yz' - y'z \\
z'x'' - z''x' & z''x - zx'' & zx' - z'x \\
x'y'' - x''y' & x''y - xy'' & xy' - x'y
\end{array}
$$

die drei obern den drei mittlern und den drei untern resp. proportional sind. Man wird sich leicht überzeugen,

I. Dass eben diesen Grössen auch f, f', f'' proportional sind, da die drei obern, mittlern, untern nur das doppelte Areal der Projection der Dreiecke, deren Inhalt f, f', f'' sind, auf die Fundamental-Ebenen $\mathfrak{X}$, $\mathfrak{Y}$, $\mathfrak{Z}$, vorstellen und sich also zu diesen verhalten wie die doppelten Cosinus der Neigung der Bahn von p gegen jene Ebene zur Einheit (In einer vollständigen Abhandlung würden hier noch Erinnerungen wegen der Zeichen nöthig sein, die man aber auch durch blossen Calcul leicht umgehen kann).

II. Dass, wenn man die drei obern, die drei mittlern oder die untern mit x, x', x'', mit y, y', y'' oder mit z, z', z'' multiplicirt, die Summe der Producte $= 0$ wird. Hieraus lässt sich leicht schliessen

	Durch ganz	
$0 = fx + f'x' + f''x''$		$0 = FX + F'X' + F''X''$
$0 = fy + f'y' + f''y''$	analoge Schlüsse	$0 = FY + F'Y' + F''Y''$
$0 = fz + f'z' + f''z''$	hat man	$0 = FZ + F'Z' + F''Z''$

Hieraus lassen sich leicht folgende drei Gleichungen ableiten

$$(F+F'')(f\xi+f'\xi'+f''\xi'')$$
$$= (Ff''-F''f)(X-X'')+[F'(f+f'')-(F+F'')f']X'$$

$$(F+F'')(f\eta+f'\eta'+f''\eta'')$$
$$= (Ff''-F''f)(Y-Y'')+[F'(f+f'')-(F+F'')f']Y'$$

$$(F+F'')(f\zeta+f'\zeta'+f''\zeta'')$$
$$= (Ff''-F''f)(Z-Z'')+[F'(f+f'')-(F+F'')f']Z'$$

Aus diesen drei Gleichungen leiten wir vier andere ab, indem wir sie respective

zuerst mit	dann mit	dann mit	endlich mit	multipli-
$\eta\zeta''-\eta''\zeta$	$\eta Z'-Y'\zeta$	$\eta'Z'-Y'\zeta'$	$\eta''Z'-Y'\zeta''$	ciren und
$\zeta\xi''-\zeta''\xi$	$\zeta X'-Z'\xi$	$\zeta'X'-Z'\xi'$	$\zeta''X'-Z'\xi''$	d.Producte
$\xi\eta''-\xi''\eta$	$\xi Y'-X'\eta$	$\xi'Y'-X'\eta'$	$\xi''Y'-X'\eta''$	addiren.

Zur bequemen Übersicht bezeichnen wir die Summen der Producte, die entstehen

					nach d. Multiplication dieser Factoren mit
	*	*	$\delta'\delta D'[\pi'\pi P']$	$\delta''\delta D'[\pi''\pi P']$	$\xi,\quad \eta,\quad \zeta$
$[\pi\pi'\pi'']$	$\delta\delta'\delta''\times[\pi\pi'\pi'']$	$\delta\delta'D'[\pi\pi'P']$	*	$\delta''\delta'D'[\pi''\pi'P']$	$\xi',\quad \eta',\quad \zeta'$
	*	$\delta\delta''D'[\pi\pi''P']$	$\delta'\delta''D'[\pi'\pi''P']$	*	$\xi'',\;\eta'',\quad \zeta''$
$[\pi P\pi'']$	$\delta D\delta''[\pi P\pi'']$	$\delta DD'[\pi PP']$	$\delta'DD'[\pi'P.P']$	$\delta''DD'[\pi''PP']$	$X,\quad Y,\quad Z$
$[\pi P'\pi'']$	$\delta D'\delta''[\pi P'\pi'']$	*	*	*	$X',\quad Y',\quad Z'$
	$\delta D''\delta''[\pi P''\pi'']$	$\delta D''D'[\pi P''P']$	$\delta'D''D'[\pi'P''P']$	$\delta''D''D'[\pi''P''P']$	$X'',\; Y'',\; Z''$

Es ist klar, dass in die hier mit * ausgefüllten Stellen 0 kommen müsse, und dass alle durch eingeklammerte Zeichen angedeuteten Grössen *gegeben* sind. Nemlich

$$[\pi\pi'\pi''] = \tan\mathfrak{b}\sin(\lambda'-\lambda'')+\tan\mathfrak{b}'\sin(\lambda''-\lambda)+\tan\mathfrak{b}''\sin(\lambda-\lambda')$$
$$[\pi P\pi''] = \tan\mathfrak{b}\sin(L-\lambda'')+\tan B\sin(\lambda''-\lambda)+\tan\mathfrak{b}''\sin(\lambda-L)$$

u. s. w.

Es ist nicht nöthig alle 16 Gleichungen herzusetzen, da sie alle auf analoge Art aus der ersten abgeleitet werden können, indem man nur $\mathfrak{b}$ mit

$\mathfrak{b}'$, $\mathfrak{b}''$, B, B', B'' und λ mit λ', λ'', L, L', L'' vertauscht, wenn an der Stelle von π resp. π', π'', P, P', P'' steht u. s. f. Zugleich sieht man, dass die 16 Grössen sich auf 12 reduciren, da

$$+ [\pi P'\pi''] = -[\pi\pi''P'] = +[\pi''\pi P']$$
$$[\pi\pi'P'] = -[\pi'\pi P']$$
$$[\pi''\pi'P'] = -[\pi'\pi''P']$$

Ferner erkennt man leicht, dass der Ausdruck $[\pi\pi'\pi'']$, multiplicirt in das Product aus den drei Cosinussen der darin vorkommenden Breiten, der sechsfache Inhalt einer Pyramide ist, deren Spitze in den Mittelpunkt und die drei Winkelpunkte der Basis in die Oberfläche einer mit dem Halbmesser 1 beschriebenen Kugel so fallen, dass sie den drei geocentrischen Örtern von p entsprechen, und zwar wird jenes Zeichen den sechsfachen Werth positiv oder negativ angeben, je nachdem jene drei geocentrischen Örter auf der Sphäre in entgegengesetzter oder gleicher Ordnung (sens) liegen, wie die positiven[*] Pole der Ebenen $\mathfrak{X}$, $\mathfrak{Y}$, $\mathfrak{Z}$ resp. Und ganz ähnliche Dinge drücken die übrigen Zeichen aus.

Auf diese Weise entspringen folgende vier Gleichungen:

1) $(F+F'')f'\delta'[\pi\pi'\pi'']$
$= (Ff''-F''f)(D[\pi P\pi'']-D''[\pi P''\pi'']) + (F'(f+f'')-(F+F'')f')D'[\pi P'\pi'']$

2) $(F+F'')(f'\delta'[\pi\pi'P']+f''\delta''[\pi\pi''P']) = (Ff''-F''f)(D[\pi PP']-D''[\pi P''P'])$

3) $(F+F'')(f\delta[\pi'\pi P']+f''\delta''[\pi'\pi''P']) = (Ff''-F''f)(D[\pi'PP']-D''[\pi'P''P'])$

4) $(F+F'')(f\delta[\pi''\pi P']+f'\delta'[\pi''\pi'P']) = (Ff''-F''f)(D[\pi''PP']-D''[\pi''P''P'])$

5.

Wir wollen nun diese vier Gleichungen, die streng richtig sind, näher betrachten, um darauf die erste Annäherung zu gründen. Betrachten wir die Zwischenzeiten als unendlich kleine Grössen der ersten Ordnung, so sind f, f', f'', G, G', G'' und alle eingeklammerte Grössen von derselben ersten Ordnung mit Ausnahme von $[\pi\pi'\pi'']$, welches von der dritten Ordnung ist. Die Beweise, so wie die sich leicht darbietenden Bemerkungen über specielle Ausnah-

---

[*] Ich erlaube mir diesen leicht verständlichen Ausdruck der Kürze wegen. Der positive Pol von $\mathfrak{X}$ liegt auf der Seite dieser Ebene, wo die x positiv gezählt werden u. s. f.

men, übergehe ich. Müsste man die Neigung der Bahnen von p und P gegen einander als Grössen der ersten Ordnung betrachten, so würden alle eingeklammerten Grössen eine Ordnung höher stehen. Ferner ist

$$Ff'' - F''f = \frac{F}{G} \cdot \frac{f''}{g''} Gg'' - \frac{F''}{G''} \cdot \frac{f}{g} G''g$$

oder (weil $Gg'' = G''g$)

$$= \left(\frac{F}{G} \cdot \frac{f''}{g''} - \frac{F''}{G''} \cdot \frac{f}{g} \right) Gg''$$

Nun ist $G - F$ eine Grösse der dritten Ordnung, daher $1 - \frac{F}{G}$ eine der zweiten u. s. w. und folglich auch $\frac{F}{G} \cdot \frac{f''}{g''} - \frac{F''}{G''} \cdot \frac{f}{g}$ eine der zweiten und mithin $Ff'' - F''f$ von der vierten (es würde sogar von der fünften sein, wenn τ' mitten zwischen τ und τ'' fiele). Was daher oben in der zweiten, dritten und vierten Gleichung rechts steht, ist von der fünften Ordnung, von dem, was links steht, ist sowohl der erste als der zweite Theil von der dritten, man kann also zur ersten Annäherung setzen

aus 2) $\qquad f'\delta'[\pi\pi'P'] = -f''\delta''[\pi\pi''P']$

aus 4) $\qquad f\delta[\pi\pi''P'] = -f'\delta'[\pi'\pi''P']$

Was aus 3) folgt, ist mit diesen Resultaten identisch. Zur fernern Abkürzung können wir hier noch $\frac{f}{g} = \frac{f''}{g''}$ setzen, welche Grössen beide von der Einheit nur um die zweite Ordnung, und eben so viel von einander verschieden sind (fällt τ' mitten zwischen τ und τ'', so ist die Differenz nur von der dritten). Da nun: $g : -g' : g'' = \tau'' - \tau' : \tau'' - \tau : \tau' - \tau$, so wird

5) $\qquad \delta = \frac{g}{f} \cdot \frac{f'}{g'} \cdot \frac{\tau'' - \tau}{\tau'' - \tau'} \cdot \frac{[\pi'\pi''P']}{[\pi\pi''P']} \cdot \delta'$

6) $\qquad \delta'' = \frac{g''}{f''} \cdot \frac{f'}{g'} \cdot \frac{\tau'' - \tau}{\tau' - \tau} \cdot \frac{[\pi\pi'P']}{[\pi\pi''P']} \cdot \delta'$

Diese Formeln geben δ und δ'' aus δ' bis auf die zweite Ordnung richtig inclusive, wenn τ' mitten zwischen τ und τ'' liegt, sonst exclusive. Im letzten Falle kann man $\frac{f'}{g'} = 1$ setzen, da der Unterschied nur von der zweiten Ordnung ist; im ersten hingegen ist es der Mühe nicht unwerth

$$f' = g' + \tfrac{4}{3}(f + f' + f'') \quad \text{oder} \quad \frac{f'}{g'} = 1 + \tfrac{4}{3}\frac{f + f' + f''}{f'}$$

zu setzen, welches bald wird näher bestimmt werden und um 1 Ordnung genauer ist (Man sieht leicht, dass $f + f' + f''$ dem Dreiecke zwischen den drei Örtern

p, p', p'' gleich ist, also nach einer bekannten Annäherung $= \frac{3}{4} \times$ Abschnitt der krummen Fläche zwischen der Sehne pp'' und dem Bogen). Übrigens folgt aus obigen Formeln

$$\frac{\delta''}{\delta} = \frac{[\pi \pi' P']}{[\pi' \pi'' P']} \cdot \frac{\tau'' - \tau'}{\tau' - \tau}$$

welches, wenn man für $\mathfrak{Z}$ die Ekliptik annimmt oder $B, B', B'' = 0$ setzt, sich in

$$\frac{\delta''}{\delta} = \frac{\tan g\, b\, \sin(\lambda' - L') - \tan g\, b'\, \sin(\lambda - L')}{\tan g\, b'\, \sin(\lambda'' - L') - \tan g\, b''\, \sin(\lambda' - L')} \cdot \frac{\tau'' - \tau'}{\tau' - \tau}$$

d. i. in die bekannte OLBERSSche Formel*) verwandelt.

6.

Nachdem wir aus den Formeln 2. 3. 4. geschmeidige Näherungen abgeleitet haben, nehmen wir auf ähnliche Weise die erste vor. Bekanntlich ist

$$\frac{1}{r} = \frac{1}{k}\left(1 - e\cos(v - \pi)\right)$$
$$\frac{1}{r'} = \frac{1}{k}\left(1 - e\cos(v' - \pi)\right)$$
$$\frac{1}{r''} = \frac{1}{k}\left(1 - e\cos(v'' - \pi)\right)$$

Hieraus folgt, wenn man mit $\sin(v'' - v')$, $\sin(v - v'')$, $\sin(v' - v)$ multiplicirt und addirt:

$$\frac{f + f' + f''}{r r' r''} = \frac{1}{k}\left(\sin(v'' - v') + \sin(v - v'') + \sin(v' - v)\right)$$
$$= -\frac{4}{k}\sin\tfrac{1}{2}(v'' - v')\sin\tfrac{1}{2}(v - v'')\sin\tfrac{1}{2}(v' - v)$$

oder

$$\frac{f + f' + f''}{f'} = -\frac{2r'}{k}\cdot\frac{\sin\tfrac{1}{2}(v'' - v')\sin\tfrac{1}{2}(v' - v)}{\cos\tfrac{1}{2}(v'' - v)}$$

Nach einem bekannten Lehrsatze aus der theorischen Astronomie ist

$$\frac{\text{Beschriebener Raum}}{\text{Mittlere Bewegung}} = \frac{a^{\frac{3}{2}} \cdot \sqrt{k}}{2}$$

Mithin

$$k = \frac{4 g g''}{a^3 (m' - m)(m'' - m')} = \frac{4 g g''}{A^3 (M' - M)(M'' - M')}$$

*) Abhandlung über die leichteste Methode u. s. w. S. 45.

Also

$$\frac{f+f'+f''}{f'} = -\frac{A^3(M'-M)(M''-M)}{2\cos^2\frac{1}{2}(v''-v)} \cdot \frac{1}{r'^3} \cdot \frac{r'r'}{rr''} \cdot \frac{r'r''\sin\frac{1}{2}(v''-v')}{g} \cdot \frac{rr'\sin\frac{1}{2}(v'-v)}{g''}$$

$$\frac{f+f'+f''}{g'} = -\frac{r'r''\sin\frac{1}{2}(v''-v')}{g} \cdot \frac{rr''\sin\frac{1}{2}(v''-v)}{g'} \cdot \frac{rr'\sin\frac{1}{2}(v'-v)}{g''} \cdot \frac{A^3(M'-M)(M''-M)}{2r'^3} \cdot \frac{r'r'}{rr''}$$

Man folgert hieraus leicht, da

$$\frac{1}{\cos\frac{1}{2}(v''-v)}, \qquad \frac{r'r''\sin\frac{1}{2}(v''-v')}{g}, \qquad \frac{rr'\sin\frac{1}{2}(v'-v)}{g'}$$

und, wenn entweder τ' in die Mitte von τ und τ'' fällt oder man den Unterschied der Bahn des p vom Kreise als von der ersten Ordnung betrachten kann, auch $\frac{r'r'}{rr''}$ von der Einheit nur um Grössen der zweiten Ordnung abweichen, dass man näherungsweise setzen dürfe

$$\frac{f+f'+f''}{f'} = -\frac{A^3}{2r'^3}(M'-M)(M''-M')$$

Auf gleiche Weise ist näherungsweise

$$\frac{F+F'+F''}{F'} = -\frac{A^3}{2R'^3}(M'-M)(M''-M')$$

Die letztere Grösse kann man, wenn man will, auch genau berechnen, da alles dazu gegeben ist. Beide sind von der zweiten Ordnung und bis auf die vierte excl. bestimmt. — Wir haben also

$$F'(f+f'') - (F+F'')f' = F'(f+f'+f'') - (F+F'+F'')f'$$
$$= F'f'\tfrac{1}{2}A^3(M'-M)(M''-M')\left(\tfrac{1}{R'^3} - \tfrac{1}{r'^3}\right)$$

Grösse der vierten Ordnung bis auf die sechste excl. bestimmt. In der Gleichung 1 oben, ist der Theil linker Hand von der fünften Ordnung; von dem Theile rechter Hand ist das erste Glied von der sechsten oder siebten Ordnung, nemlich $Ff''-F''f$ ist von der vierten oder fünften und $D[\pi P\pi''] - D''[\pi P''\pi'']$ ist von der zweiten*), das zweite von der fünften, wir lassen also jenes weg und bekommen dadurch

7) $$\frac{[\pi\pi'\pi'']}{[\pi P'\pi'']} \cdot \frac{2}{A^3(M'-M)(M''-M')} = \left(\frac{1}{R'^3} - \frac{1}{r'^3}\right)\frac{R}{\delta'}$$

---

*) Hier ist nemlich wirkliche Subtraction, da $[\pi P\pi'']$, $[\pi P''\pi'']$ einerlei Zeichen haben; dies ist bei den Coëfficienten von $Ff''-F''f$ in den Gleichungen 2. 3. 4. nicht der Fall, sondern die Theile werden da eigentlich addirt. Eine tiefere Untersuchung wäre hier zu weitläuftig.

bis auf Grössen der zweiten excl. richtig, wenn τ' zwischen τ und τ'' in die Mitte fällt; sonst nur um Grössen der ersten unrichtig. Diese Formel, welche folgende Gestalt erhält, wenn wir für $\mathfrak{Z}$ die Ekliptik nehmen, ist der wichtigste Theil der ganzen Methode und ihre erste Grundlage.

$$\left\{1-\left(\frac{R'}{r'}\right)^3\right\} \cdot \frac{R'}{\delta'} = \frac{2}{A^3 \cdot (M'-M)(M''-M')} \cdot \frac{\mathrm{tg}\,\delta' \sin(\lambda''-\lambda) - \mathrm{tg}\,\delta \sin(\lambda''-\lambda') - \mathrm{tg}\,\delta'' \sin(\lambda'-\lambda)}{\mathrm{tg}\,\delta \sin(L'-\lambda'') - \mathrm{tg}\,\delta'' \sin(L'-\lambda)}$$

L' ist Länge der Sonne $+180^0$.

Da das, was hier rechts steht, gegeben ist, so sieht man, dass aus der Verbindung dieser Gleichung mit folgender

$$\frac{\frac{R'}{\delta'}}{\frac{R'}{r'}} = \sqrt{\left(1 + \mathrm{tang}\,\delta'^2 + \frac{R'R'}{\delta'\delta'} + 2\frac{R'}{\delta'}\cos(\lambda'-L')\right)}$$

sich r' leicht finden lassen wird. Die indirecte Methode ist hier bei weitem die bequemste, man kommt nach wenigen Versuchen, wofür sich leicht zweck-mässige Vorschriften geben lassen, sehr schnell zum Ziele. Man wird dabei auch allemal sehen können, ob es mehr als einen Werth für r' gibt, also mehr als eine Bahn, wodurch die Beobachtungen dargestellt werden, welches aller-dings zuweilen der Fall sein kann. —

Sonst ist noch zu bemerken, dass eigentlich hiebei die Längen nicht von den beweglichen Äquinoctial-Punkten, sondern von einem festen Punkte an ge-zählt werden müssen; in der Anwendung ist indess der Unterschied von keiner Bedeutung. Drückt man die Zeit in Tagen aus, so hat man

$$\log(M'-M)(M''-M') = \log(\tau'-\tau) + \log(\tau''-\tau') + 6.4711352\,(-10)$$

(M etc. müssen nemlich nicht in Graden, sondern in Theilen des Halbmessers ausgedrückt werden).

Hat man δ' und r', so lässt sich auch $\frac{f + f' + f''}{f'}$ und sonach auch δ und δ'' bestimmen. Übrigens lassen sich aus der Betrachtung der Formel 7) noch an-dere interessante Folgerungen ableiten, die hier übergangen werden müssen.

Zweites Moment.
Genäherte Bestimmung der Elemente.

7.

Die mittlere Beobachtung für die Zeit τ' lassen wir nun ganz weg und ge-brauchen dafür die Abstände δ, δ'', die im vorigen Moment näherungsweise bestimmt sind. Es ist klar, dass daraus nunmehr die heliocentrischen Längen, Breiten und Abstände abgeleitet werden können; hieraus die Länge des Ω und Neigung der Bahn und die Längen in der Bahn. Es bleibt also noch das Problem übrig

> Aus zwei Längen in der Bahn . . v, v''
> den Abständen von der Sonne . r, r''
> den zugehörigen Zeiten . . . τ, τ''

die übrigen Elemente zu bestimmen, nemlich a, e, π und die Epoche. Da die Relationen dieser Grössen zu den gegebenen transcendent sind, so muss man sich hier wieder an indirecte Methoden halten. Wir wollen hier drei betrachten.

Erste Methode.

Wenn man π als gegeben voraussetzt.

Man setze

$$\frac{r''+r}{r''-r} \operatorname{tang} \tfrac{1}{2}(v''-v) = \operatorname{tang} \zeta$$

so ist

$$e = \frac{\cos \zeta}{\cos \tfrac{1}{2}(v''-v) \cos [\pi - \tfrac{1}{2}(v+v'') - \zeta]}$$

Am rathsamsten ist es, sodann k auf doppelte Art zu berechnen

$$k = r[1 - e \cos(v - \pi)] = r''[1 - e \cos(v'' - \pi)]$$

welches auch zur Prüfung der Rechnung dient. Setzt man $e = \sin \varphi$, so ist $a = \frac{k}{\cos \varphi^2}$. Aus den wahren Anomalien kann man sodann entweder nach den gewöhnlichen oder bequemer nach indirecten Methoden die excentrischen und mittlern Anomalien und Längen berechnen; hieraus und aus der durch a gegebenen mittlern Bewegung erhält man eine doppelte Bestimmung der mittlern Länge für eine beliebige Epoche. Stimmen beide überein, so hat man den richtigen Werth von π getroffen; wo nicht, so muss man mit einem etwas geänderten Werthe von π die Rechnung wiederholen und den wahren durch Interpolation finden. 'Rathsam ist es hiebei, die übrigen Elemente *nicht* durch Interpolation, sondern durch neue Rechnung aus den corrigirten Werthen von π zu suchen, und nicht eher aufzuhören, bis die beiden Werthe für die Epoche vollkommen übereinstimmen.'

Zweite Methode.

Wenn man e voraussetzt.

Hier ist die Rechnung ganz dieselbe, nur muss man, da hier π durch die Gleichung

$$\cos\left[\pi - \tfrac{1}{2}(v + v'') - \zeta\right] = \frac{\cos\zeta}{e\cos\tfrac{1}{2}(v'' - v)}$$

gesucht werden muss, den wahren Werth schon beiläufig kennen, weil dem Cosinus zwei verschiedene Werthe zugehören.

Übrigens ist I der II vorzuziehen, und überhaupt sind beide Methoden nur dann zweckmässig, wenn der durchlaufene Bogen schon sehr gross ist, und man die Elemente schon beinahe kennt. Bei den ersten Annäherungen aus einer kurzen Reihe von Beobachtungen hält man sich allemal an folgende

Dritte Methode.

Wenn k vorausgesetzt wird.

Man hat hier

$$\frac{\frac{1}{r''} - \frac{1}{r}}{2\sin\tfrac{1}{2}(v'' - v)} = \frac{e}{k}\sin\left(\tfrac{1}{2}(v + v'') - \pi\right)$$

$$\frac{\frac{2}{k} - \frac{1}{r''} - \frac{1}{r}}{2\cos\tfrac{1}{2}(v'' - v)} = \frac{e}{k}\cos\left(\tfrac{1}{2}(v + v'') - \pi\right)$$

Die Division gibt also $\operatorname{tang}\left[\tfrac{1}{2}(v + v'') - \pi\right]$, hieraus π, und darnach aus einer von beiden Gleichungen e. Das übrige ist ganz wie bei den vorhergehenden Methoden.

Der Vorzug dieser dritten Methode besteht darin, dass man für k sogleich einen sehr genäherten Werth finden kann, wenn der Bogen $v'' - v$ nicht zu gross ist. Es ist nemlich der Ausschnitt zwischen den beiden Radiis Vectoribus d. i.

$$g' = \frac{a^{\frac{3}{2}}\sqrt{k}}{2}(m'' - m) = \tfrac{1}{2}A^{\frac{3}{2}}(M'' - M)\sqrt{k}$$

Nun ist $2g' = \int rr\,dw$ von $w = v$ bis $w = v''$.

Nun ist aber nach der bekannten Cotesischen Näherungs-Integrations-Formel $\int \varphi w.\,dw$ von $w = v$ bis $w = v''$

$$= (\tfrac{1}{2}\varphi v + \tfrac{1}{2}\varphi v'')(v'' - v)$$

und noch genauer

$$= \left(\tfrac{1}{6}\varphi v + \tfrac{2}{3}\varphi\tfrac{1}{2}(v+v'') + \tfrac{1}{6}\varphi v''\right)(v''-v)$$

noch genauer

$$= \left(\tfrac{1}{8}\varphi v + \tfrac{3}{8}\varphi(\tfrac{2}{3}v+\tfrac{1}{3}v'') + \tfrac{3}{8}\varphi(\tfrac{1}{3}v+\tfrac{2}{3}v'') + \tfrac{1}{8}\varphi v''\right)(v''-v) \quad \text{u. s. w.}$$

Es ist aber allemal hinreichend bei den ersten beiden stehen zu bleiben.

Nach der ersten hat man also

$$2g' = \tfrac{1}{2}(rr+r''r')(v''-v) \quad \text{und} \quad \sqrt{k} = \frac{\tfrac{1}{2}(rr+r''r'')}{A^{\frac{3}{2}}} \cdot \frac{v''-v}{M''-M}$$

A macht man gewöhnlich $= 1$; $v''-v$ und $M''-M$ werden in Secunden ausgedrückt, so ist $\log(M''-M) = \log(\tau''-\tau) + 3.5500073$. Zur Abkürzung der Rechnung macht man $\frac{r'}{r} = \text{tang}(45^0 \pm \psi)$, wodurch $\tfrac{1}{2}(rr+r''r'') = \frac{1}{\cos 2\psi}$.

Nach der zweiten Integrations-Formel setze man den Radius Vector, der der Länge $\tfrac{1}{2}(v''+v)$ zugehört, $= r^*$, so ist

$$\frac{1}{r^*} = \tfrac{1}{2}\left(\frac{1}{r}+\frac{1}{r''}\right) + \left[\tfrac{1}{2}\left(\frac{1}{r}+\frac{1}{r''}\right) - \frac{1}{k}\right]\frac{2\sin\tfrac{1}{4}(v''-v)^2}{\cos\tfrac{1}{2}(v''-v)}$$

Hienach kann man r^* vermittelst des ersten Werthes von k bestimmen. Sodann ist

$$2g' = \tfrac{1}{6}(rr+r''r') + \tfrac{2}{3}r^*r^*$$

also der neue Werth von k

$$= k\left\{1 + \frac{\tfrac{2}{3}(r^*r^* - \tfrac{1}{2}(rr+r''r''))}{rr+r''r''}\right\}^2$$

In der Ausübung ist es gewöhnlich genau genug und bequemer, den Logarithmen des neuen Werthes von k dadurch zu suchen, dass man den Logarithmen des ersten um $\tfrac{4}{3}\log\frac{r^*r^*}{\tfrac{1}{2}(rr+r''r'')}$ vermehrt. Will man mit diesem neuen Werthe von k den Werth von $\frac{1}{r^*}$ nach obiger Formel nochmals genauer bestimmen und darnach den Werth von k abermals berichtigen, so werden fast immer die zuletzt entspringenden zweifachen Bestimmungen der Epoche so gut übereinstimmen, dass gar keine neue Voraussetzung nöthig sein wird. Bei der ♃ und ♀ stimmten sie, da $\tau''-\tau$ doch 41 und 42 Tage war, immer auf ein paar Hunderttheile von Secunden.

Verbesserungs - Methoden.

8.

Berechnet man nach den durch die vorhergehenden Methoden gefundenen genäherten Elementen den Ort für die Zeit τ', und findet man denselben mit der Beobachtung übereinstimmend, so ist die Arbeit vollendet. Gewöhnlich wird die Übereinstimmung sehr gross sein (oft betrug der Unterschied bei meinen Rechnungen nur wenige Secunden), aber doch selten vollkommen, theils weil zum Theil nur genäherte Voraussetzungen zum Grunde liegen, theils *weil selbst die Sonnen- Örter, die man dabei gebraucht, nicht elliptisch sind, sondern die kleinen Störungen mit einschliessen.* Man könnte nun zwar für die oben weggelassenen kleinen Grössen höherer Ordnungen aus den genäherten Elementen die Werthe sehr nahe bestimmen, und so die obigen Formeln und die Werthe von δ, δ'' darnach verbessern; allein ich bin der Meinung, dass diese Rechnung weit beschwerlicher sein würde, als eine von den folgenden Methoden.

Die allerleichteste erste Verbesserungs- Methode, auf die ich erst bei Veranlassung der ♀ verfiel, und die ich dabei, da die Zwischenzeiten noch kurz waren, mit dem glücklichsten Erfolg angewandt habe, ist folgende.

Gesetzt nach den genäherten Elementen, *die auf obige Weise gefunden waren*, sei der berechnete Ort für die Zeit τ in Länge $= \lambda' + \mathfrak{L}$, in Breite $= \delta' + \mathfrak{B}$, da der beobachtete λ' und δ' ist, so dass durch Conspiration aller kleinen Unrichtigkeiten in den Voraussetzungen die Länge um $\mathfrak{L}$, die Breite um $\mathfrak{B}$ zu gross ausfällt; so berechne man ganz von neuem und *ganz auf dieselbe Art* die Bahn, indem man die Beobachtungen

$$\lambda, \quad \lambda' - \mathfrak{L}, \quad \lambda''$$
$$\delta, \quad \delta' - \mathfrak{B}, \quad \delta''$$

zum Grunde legt. Der Erfolg wird sein, dass der nach den daraus folgenden neuen Elementen berechnete Ort von λ', δ' so wenig verschieden ist (bei meinen Erfahrungen nur in Theilen von Secunden), dass es keiner andern Verbesserung bedarf.

9.

Das so eben angezeigte Verfahren gilt nur für den Fall, da man die Bahnbestimmung auf *dieselben* Beobachtungen gründen will, die man zur ersten An-

21*

näherung angewandt hat.   Wenn man aber nachher die Verbesserung der Elemente durch lauter oder zum Theil andere Beobachtungen sucht, so habe ich nach mancherlei andern Proben folgende zwei Methoden am brauchbarsten gefunden.

I.   Man berechnet aus den zwei äussern geocentrischen Örtern die heliocentrischen nach 3 Hypothesen, indem man zuerst die genäherten Abstände für diese Beobachtungen voraussetzt, und nachher erst den einen, dann den andern ein wenig ändert.   Nach den in allen 3 Hypothesen gefundenen Elementen berechnet man den Ort für die mittlere Beobachtung, den man mit dem beobachteten vergleicht.   Durch Interpolation findet man sodann die corrigirten Abstände, und wenn man will, auch die corrigirten Elemente, doch ist es besser die Mühe nicht zu scheuen, diese durch besondere Rechnung aus den neuen Abständen zu berechnen, zumal wenn die Änderungen der Elemente noch sehr stark sind.

II^a.   Man bedient sich ganz desselben Verfahrens, nur mit dem Unterschiede, dass man statt der genäherten Abstände in den äussern Beobachtungen die genäherte Bestimmung der Neigung und des ☊ gebraucht, und jede von diesen etwas ändert.

II^b.   Man berechnet theils mit den genäherten theils mit etwas geänderten Bestimmungen der Neigung und des ☊ aus allen drei geocentrischen Örtern die heliocentrischen; aus den zwei äussern heliocentrischen die Elemente und aus diesen den mittlern heliocentrischen, den man mit dem aus dem beobachteten geocentrisch abgeleiteten vergleicht und dann die verbesserte Neigung und ☊ durch Interpolation sucht u. s. w.

Man könnte auch in II^b aus den *drei heliocentrischen* Örtern nach bekannten Formeln die Ellipse bestimmen, ohne die Zeiten mit anzuwenden; aus den Dimensionen der Ellipse die 2 Zwischenzeiten berechnen und mit den wahren vergleichen und dann eben so wie vorher die corrigirte Neigung und ☊ durch Interpolation suchen.   Allein dies Verfahren habe ich nach meiner Erfahrung verwerfen müssen.   Man würde auf diesem Wege nur nach wiederholten Operationen mit weit mehr Mühe zu einer genauen Darstellung der Beobachtungen gelangen.   Die Ursachen davon hier ausführlich zu untersuchen, würde zu weitläufig sein *).   Ich bemerke daher nur, dass man auf diese Art die zweiten Dif-

---

*) V. Theoria motus corporum coelest. art. 83.

ferentiale, von denen man sich gerade durch die im 5. und 6. Artikel ausgeführten Kunstgriffe losgemacht hat, wieder herbeiführt, und dass diese delicaten zweiten Differentiale durch eine nicht grosse Veränderung der Neigung und des ☊ *ganz enorm* entstellt werden können, zumal wenn die Excentricität nicht gross ist. Es kann hier leicht kommen, dass ein paar Minuten Änderung im ☊ oder der Neigung eine Ellipse hervorbringen kann, die mit der vorhergehenden fast gar keine Ähnlichkeit hat, daher denn begreiflich der Interpolation nicht mehr getraut werden kann. Dies ist nicht der Fall bei unsern Methoden, wo immer nur zwei Beobachtungen zum Grunde gelegt werden. *Sapienti sat.* — Nach meinen wiederholten Erfahrungen finde ich die Methode I am allerzweckmässigsten und allgemeinsten.

Übrigens gelten alle diese Methoden nur, so lange der Bogen noch mässig gross ist. Hat man schon Beobachtungen von 1 oder mehrern Jahren, so werden wieder andere nöthig sein, über die ich mich hier nicht weitläufig ausbreiten kann. In diesem Falle ist es im Allgemeinen nicht anzurathen, die Elemente auf drei vollständige Beobachtungen zu gründen, sondern es ist weit angemessener vier Längen und zwei Breiten zu gebrauchen. — Umfassen die Beobachtungen schon *mehrere* Jahre, und sind die Elemente schon *bis auf Kleinigkeiten* bestimmt, so halte ich den Gebrauch der Differential-Änderungen, wobei man eine beliebige Zahl von Beobachtungen zum Grunde legen kann, für das beste Mittel.

TAFEL FÜR DIE MITTAGS-VERBESSERUNG.

Monatliche Correspondenz zur Beförderung der Erd- und Himmels-Kunde,
herausgegeben vom Freiherrn von Zach. April 1811.

Göttingen, im März 1811.

Die schönen Tafeln für die Mittags-Verbesserung, welche Herr von Zach im *Januar-Heft der Monatl. Corresp.* mitgetheilt hat, veranlassen mich, Ihnen ähnliche Tafeln, so wie ich sie schon vor einiger Zeit zu meinem eignen Gebrauche berechnet hatte, hier mitzutheilen. Ich selbst hatte die meinigen nur von 5 zu 5 Minuten, und von 0 bis 3 Stunden halbe Zwischenzeit berechnet, da ich sehr selten correspondirende Höhen in grössern Zwischenzeiten nehme; allein ein geschickter Zuhörer von mir, Herr Gerling, der sich mit glücklichem Erfolg mit Astronomie beschäftigt, hat sie mit grosser Sorgfalt zehnmal so weit ausgedehnt. Herr v. Zach scheint seinen Hülfswinkel deswegen eingeführt zu haben, weil die Logarithmen ihrer Tangenten, die man eigentlich nur braucht, oder vielmehr der Logarithmus der Tangente des einen, bei 6 Stunden halber Zwischenzeit sich zu stark ändert. Allein wenn man nur auf die am häufigsten vorkommenden Fälle sehen will, so lassen sich die Tafeln zum Gebrauch noch geschmeidiger einrichten, wenn man die Hülfswinkel weg lässt, und lieber statt Länge der Sonne die Declination und deren Änderung beibehält, da man diese eben so leicht als jene aus den Ephemeriden entlehnt. Ich bediene mich also des folgenden Verfahrens.

Es sei

δ Declination der Sonne im Mittage,

μ doppelte tägliche Änderung derselben, d. i. vom vorhergehenden bis zum folgenden Tage, als positiv oder negativ betrachtet, je nachdem die Sonne von Süden nach Norden, oder von Norden nach Süden geht,

φ Polhöhe,

h halbe Zwischenzeit (nach wahrer Sonnenzeit gemessen),

so ist bekanntlich die Mittags-Verbesserung in wahrer Sonnenzeit

$$- \mu \tan\varphi \, \frac{h}{15.48^{\text{st.}} \sin 15\,h} + \mu \tan\delta \, \frac{h}{15.48^{\text{st.}} \tan 15\,h}$$

Ich setze nun

$$\frac{h}{720^{\text{st.}} \sin 15\,h} = A, \qquad \frac{h}{720^{\text{st.}} \tan 15\,h} = B$$

und nehme in meinen Tafeln nichts auf als $\log A$ und $\log B$ für das Argument h, wodurch also die Mittags-Verbesserung wird

$$- A\,\mu \tan\varphi + B\,\mu \tan\delta$$

Es ist hiebei noch dreierlei zu bemerken:

1) Könnte man sich wundern, dass ich die 48stündige Änderung einführe. Eigentlich muss man die 24stündige Änderung als das Mittel der Änderung vom vorigen und der Änderung bis zum folgenden Mittage nehmen. Man erspart also nach meiner Manier die Division mit 2.

2) Die Mittags-Verbesserung ergibt sich nach wahrer Sonnenzeit. Geht die Uhr nach mittlerer Zeit, so kann man sich ohne Bedenken erlauben, jene ohne weiteres beizubehalten; geht sie aber nach Sternzeit, so muss man die Mittags-Verbesserung erst in Sternzeit verwandeln; man kann sich begnügen, sie mit $\frac{366}{365}$ zu multipliciren, oder auch zu $\log A$ und zu $\log B$ die Constante 0.0012 addiren.

3) Für eine bestimmte Polhöhe könnte man auch in der Tafel gleich $\log A + \log \tan\varphi$ ansetzen und sich so eine Addition ersparen.

Hier noch ein Beispiel:

Am 20. März beobachtete ich einige correspondirende Sonnenhöhen, wo die halbe Zwischenzeit im Mittel $1^{\text{st.}}\,43'$ war.

Hier ist

$$\mu = +2739''; \qquad \delta = -7^0\ 26'\ 4''; \qquad \varphi = 51^0\ 31'\ 54''$$

Also

log const.	0.0012	log const.	0.0012
$\log A$	7.7394 n	$\log B$	7.6940
$\log \mu$	3.4376	$\log \mu$	3.4376
$\log \tan \varphi$	0.0999	$\log \tan \delta$	9.1156 n
	1.2781 n		0.2484 n
Zahl	$-18''97$		$-1''77$

Also Mittags-Verbesserung $-20''74$.

Bei Herrn von Zachs Tafeln muss man 11 mal, bei den meinigen nur 7 mal eingehen, oder wenn man log tang φ als gegeben ansieht, bei jenen 10 mal, bei meinen 6 mal.

Tafel für die Mittags-Verbesserung.

Argument: Halbe Zwischenzeit.

Arg.	log A	log B	Arg.	log A	log B	Arg.	log A	log B
			0ʰ 40ᵐ	7.7269	7.7203	1ʰ 20ᵐ	7.7336	7.7065
0ʰ 1ᵐ	7.7247	7.7247	41	7.7270	7.7200	21	7.7338	7.7061
2	7.7247	7.7247	42	7.7271	7.7198	22	7.7340	7.7056
3	7.7247	7.7247	43	7.7272	7.7196	23	7.7342	7.7051
4	7.7247	7.7247	44	7.7274	7.7193	24	7.7345	7.7046
5	7.7247	7.7246	45	7.7275	7.7191	25	7.7347	7.7041
6	7.7247	7.7246	46	7.7276	7.7188	26	7.7349	7.7036
7	7.7248	7.7246	47	7.7277	7.7186	27	7.7352	7.7031
8	7.7248	7.7245	48	7.7279	7.7183	28	7.7354	7.7026
9	7.7248	7.7245	49	7.7280	8.7180	29	7.7357	7.7021
10	7.7248	7.7244	50	7.7281	7.7177	30	7.7359	7.7015
11	7.7249	7.7244	51	7.7283	7.7174	31	7.7362	7.7010
12	7.7249	7.4243	52	7.7284	7.7172	32	7.7364	7.7005
13	7.7249	7.7242	53	7.7286	7.7169	33	7.7367	7.6999
14	7.7250	7.7242	54	7.7287	7.7166	34	7.7369	7.6993
15	7.7250	7.7241	55	7.7289	7.7162	35	7.7372	7.6988
16	7.7251	7.7240	56	7.7290	7.7159	36	7.7374	7.6982
17	7.7251	7.7239	57	7.7292	7.7156	37	7.7377	7.6976
18	7.7251	7.7238	58	7.7293	7.7153	38	7.7380	7.6970
19	7.7252	7.7237	59	7.7295	7.7150	39	7.7383	7.6964
20	7.7253	7.7236				40	7.7386	7.6958
21	7.7253	7.7235	1ʰ 0	7.7297	7.7146			
21	7.7253	7.7235	1	7.7298	7.7143	41	7.7388	7.6952
22	7.7254	7.7234	2	7.7300	7.7139	42	7.7391	7.6946
23	7.7254	7.7232	3	7.7302	7.7136	43	7.7394	7.6940
24	7.7255	7.7231	4	7.7304	7.7132	44	7.7397	7.6934
25	7.7256	7.7230	5	7.7305	7.7128	45	7.7400	7.6927
26	7.7256	7.7228	6	7.7307	7.7125	46	7.7403	7.6921
27	7.7257	7.7227	7	7.7309	7.7121	47	7.7406	7.6914
28	7.7258	7.7225	8	7.7311	7.7117	48	7.7409	7.6908
29	7.7259	7.7224	9	7.7313	7.7113	49	7.7412	7.6901
30	7.7259	7.7222	10	7.7315	7.7109	50	7.7415	7.6894
31	7.7260	7.7220	11	7.7317	7.7105	51	7.7418	7.6888
32	7.7261	7.7219	12	7.7319	7.7101	52	7.7421	7.6881
33	7.7262	7.7217	13	7.7321	7.7097	53	7.7424	7.6874
34	7.7263	7.7215	14	7.7323	7.7092	54	7.7428	7.6867
35	7.7264	7.7213	15	7.7325	7.7088	55	7.7431	7.6859
36	7.7265	7.7211	16	7.7327	7.7083	56	7.7434	7.6852
37	7.7266	7.7209	17	7.7329	7.7079	57	7.7437	7.6845
38	7.7267	7.7207	18	7.7331	7.7075	58	7.7441	7.6838
39	7.7268	7.7205	19	7.7333	7.7070	59	7.7444	7.6830
40	7.7269	7.7203	20	7.7336	7.7065	2ʰ 0	7.7447	7.6823

Tafel für die Mittags - Verbesserung.

Argument: Halbe Zwischenzeit.

Arg.	log A	log B	Arg.	log A	log B	Arg.	log A	log B
2ʰ 0ᵐ	7.7447	7.6823	2ʰ 40ᵐ	7,7606	7.6448	3ʰ 20ᵐ	7.7813	7.5894
1	7.7451	7.6815	41	7.7610	7.6437	21	7.7819	7.5877
2	7.7454	7.6807	42	7.7615	7.6425	22	7.7825	7.5860
3	7.7458	7.6800	43	7.7620	7.6414	23	7.7831	7.5843
4	7.7461	7.6792	44	7.7624	7.6402	24	7.7836	7.5825
5	7.7464	7.6784	45	7.7629	7.6390	25	7.7842	7.5808
6	7.7468	7.6776	46	7.7634	7.6378	26	7.7848	7.5790
7	7.7472	7.6768	47	7.7638	7.6366	27	7.7854	7.5772
8	7.7475	7.6759	48	7.7643	7.6354	28	7.7860	7.5754
9	7.7479	7.6751	49	7.7648	7.6342	29	7.7867	7.5736
10	7.7482	7.6743	50	7.7653	7.6329	30	7.7873	7.5717
11	7.7486	7.6734	51	7.7658	7.6317	31	7.7879	7.5699
12	7.7490	7.6726	52	7.7663	7.6304	32	7.7885	7.5680
13	7.7494	7.6717	53	7.7668	7.6291	33	7.7891	7.5661
14	7.7497	7.6708	54	7.7673	7.6278	34	7.7898	7.5641
15	7.7501	7.6700	55	7.7678	7.6265	35	7.7904	7.5622
16	7.7505	7.6691	56	7.7683	7.6252	36	7.7910	7.5602
17	7.7509	7.6682	57	7.7688	7.6239	37	7.7916	7.5582
18	7.7513	7.6673	58	7.7693	7.6225	38	7.7923	7.5562
19	7.7517	7.6663	59	7.7698	7.6212	39	7.7929	7.5542
20	7.7521	7.6654				40	7.7936	7.5522
			3ʰ 0	7.7703	7.6198			
21	7.7525	7.6645	1	7.7708	7.6184	41	7.7942	7.5501
22	7.7529	7.6635	2	7.7713	7.6170	42	7.7949	7.5480
23	7.7533	7.6626	3	7.7719	7.6156	43	7.7955	7.5459
24	7.7537	7.6616	4	7.7724	7.6142	44	7.7962	7.5437
25	7.7541	7.6606	5	7.7729	7.6127	45	7.7969	7.5416
26	7.7545	7.6597	6	7.7735	7.6113	46	7.7975	7.5394
27	7.7549	7.6587	7	7.7740	7.6098	47	7.7982	7.5372
28	7.7553	7.6577	8	7.7745	7.6083	48	7.7989	7.5350
29	7.7557	7.6567	9	7.7751	7.6068	49	7.7995	7.5327
30	7.7562	7.6556	10	7.7756	7.6053	50	7.8002	7.5304
31	7.7566	7.6546	11	7.7762	7.6038	51	7.8009	7.5281
32	7.7570	7.6536	12	7.7767	7.6023	52	7.8016	7.5258
33	7.7575	7.6525	13	7.7773	7.6007	53	7.8023	7.5234
34	7.7579	7.6514	14	7.7779	7.5991	54	7.8030	7.5211
35	7.7583	7.6504	15	7.7784	7.5975	55	7.8037	7.5186
36	7.7588	7.6493	16	7.7790	7.5959	56	7.8044	7.5162
37	7.7592	7.6482	17	7.7796	7.5943	57	7.8051	7.5137
38	7.7597	7.6471	18	7.7801	7.5927	58	7.8058	7.5112
39	7.7601	7.6460	19	7.7807	7.5910	59	7.8065	7.5087
40	7.7606	7.6448	20	7.7813	7.5894	4ʰ 0	7.8072	7.5062

Tafel für die Mittags - Verbesserung.

Argument: Halbe Zwischenzeit.

Arg.	log A	log B	Arg.	log A	log B	Arg.	log A	log B
4ʰ 0ᵐ	7.8072	7.5062	4ʰ 40ᵐ	7.8387	7.3727	5ʰ 20ᵐ	7.8763	7.1160
1	7.8079	7.5036	41	7.8396	7.3686	21	7.8773	7.1061
2	7.8086	7.5010	42	7.8404	7.3639	22	7.8784	7.0960
3	7.8094	7.4983	43	7.8413	7.3594	23	7.8794	7.0855
4	7.8101	7.4957	44	7.8422	7.3548	24	7.8804	7.0748
5	7.8108	7.4930	45	7.8430	7.3501	25	7.8815	7.0637
6	7.8116	7.4902	46	7.8439	7.3454	26	7.8825	7.0522
7	7.8123	7.4874	47	7.8448	7.3406	27	7.8836	7.0404
8	7.8130	7.4846	48	7.8457	7.3357	28	7.8846	7.0282
9	7.8138	7.4818	49	7.8466	7.3307	29	7.8857	7.0156
10	7.8145	7.4789	50	7.8475	7.3256	30	7.8868	7.0025
11	7.8153	7.4760	51	7.8484	7.3205	31	7.8878	6.9889
12	7.8160	7.4731	52	7.8493	7.3152	32	7.8889	6.9748
13	7.8168	7.4701	53	7.8502	7.3099	33	7.8900	6.9602
14	7.8176	7.4671	54	7.8511	7.3045	34	7.8911	6.9449
15	7.8183	7.4640	55	7.8520	7.2989	35	7.8922	6.9290
16	7.8191	7.4609	56	7.8530	7.2933	36	7.8932	6.9125
17	7.8199	7.4578	57	7.8539	7.2876	37	7.8943	6.8953
18	7.8206	7.4546	58	7.8548	7.2817	38	7.8954	6.8770
19	7.8214	7.4514	59	7.8558	7.2758	39	7.8965	6.8580
20	7.8222	7.4482	5ʰ 0	7.8567	7.2697	40	7.8977	6.8379
21	7.8230	7.4449	1	7.8576	7.2635	41	7.8988	6.8168
22	7.8238	7.4415	2	7.8586	7.2572	42	7.8999	6.7945
23	7.8246	7.4381	3	7.8595	7.2507	43	7.9010	6.7709
24	7.8254	7.4347	4	7.8605	7.2442	44	7.9021	6.7457
25	7.8262	7.4312	5	7.8614	7.2374	45	7.9033	6.7189
26	7.8270	7.4277	6	7.8624	7.2306	46	7.9044	6.6901
27	7.8278	7.4241	7	7.8634	7.2236	47	7.9055	6.6591
28	7.8286	7.4205	8	7.8643	7.2164	48	7.9067	6.6255
29	7.8294	7.4168	9	7.8653	7.2091	49	7.9078	6.5889
30	7.8303	7.4131	10	7.8663	7.2016	50	7.9090	6.5487
31	7.8311	7.4093	11	7.8673	7.1940	51	7.9102	6.5041
32	7.8319	7.4055	12	7.8683	7.1861	52	7.9113	6.4541
33	7.8328	7.4016	13	7.8693	7.1781	53	7.9125	6.3973
34	7.8336	7.3977	14	7.8703	7.1699	54	7.9137	6.3316
35	7.8344	7.3937	15	7.8713	7.1615	55	7.9148	6.2536
36	7.8353	7.3896	16	7.8723	7.1529	56	7.9160	6.1579
37	7.8361	7.3855	17	7.8733	7.1440	57	7.9172	6.0341
38	7.8370	7.3813	18	7.8743	7.1349	58	7.9184	5.8593
39	7.8378	7.3771	19	7.8753	7.1256	59	7.9196	5.5594
40	7.8387	7.3727	20	7.8763	7.1160	6ʰ 0	7.9208	B = 0

TAFEL FÜR DIE SONNEN-COORDINATEN.

Monatliche Correspondenz zur Beförderung der Erd- und Himmels-Kunde,
herausgegeben vom Freiherrn von Zach. Januar 1812.

Die von mir zuerst im Jahre 1804 vorgeschlagene und nachher in der *Theoria motus corporum coelestium* vervollkommnete Methode, die geocentrischen Örter der Himmelskörper durch ihre *unmittelbare* Beziehung auf den Äquator, vermittelst dreier rechtwinklichter Coordinaten zu berechnen, erleichtert die Arbeit in allen Fällen, wo *viele* Örter zu berechnen sind, in einem so hohen Grade, dass sie von den sachkundigen Astronomen mit Beifall aufgenommen und bereits vielfach in Gebrauch gekommen ist. Die Fälle, wo *viele* geocentrische Örter zu berechnen vorkommen, sind zwiefach: entweder will man viele während einer mässigen Zwischenzeit gemachte Beobachtungen eines Himmelskörpers mit den Elementen vergleichen, um daraus den mittlern Fehler der letztern mit aller möglichen Schärfe zu bestimmen, oder man will die geocentrische Bewegung eines Himmelskörpers zur Erleichterung der Beobachtungen oder zu andern Zwecken voraus berechnen. In dem letztern Fall bedarf es einer sehr grossen Schärfe nicht, man will nicht — kann vielleicht auch nicht — Secunden verbürgen, sondern begnügt sich mit ganzen Minuten, und hier ist es, wo die Methode durch eine Hülfstafel noch einer sehr bedeutenden Erleichterung fähig ist. Wenn man nemlich, was *hier* erlaubt ist, die Störungen der Länge der Sonne und des Abstandes von der Erde vernachlässigt, und zuerst für Excentricität der Erdbahn, Länge des Perigäum und Schiefe der Ecliptik bestimmte Werthe zum Grunde legt, so sind die drei Coordinaten der Sonne blos von der mittlern Sonnenlänge abhängig, und lassen sich daher bequem in eine Tafel bringen. Eine solche Tafel habe ich zu meinem eigenen Gebrauche bereits vor mehreren Jahren berechnet, indem ich die Elemente der Sonnenbahn für 1800 zum Grunde legte und der Bequemlichkeit wegen die mittlere Sonnenlänge durch einzelne Decimal-Grade wachsen liess. Es brauchte so nur noch eine Tafel für die Epochen des Arguments zu Anfang jedes Jahres und dessen Änderung für einzelne Tage u. s. w. hinzuzukommen. So war die Tafel auf eine Reihe von Jahren hinreichend genau, so lange nemlich die Argumente der Sonnenbahn von denen von 1800 noch nicht zu sehr verschieden waren. Um die Tafel auch für entlegenere Zeiten brauchen zu können, berechnete ich noch eine Tafel für die Säcular-Änderungen der Coordinaten, welche durch die Säularänderungen der Elemente der Sonnenbahn hervorgebracht werden. Auf diese Weise konnte meine Tafel mehrere Jahrhunderte hindurch dienen.

So wie sich die einfachsten Methoden nicht immer zuerst darbieten, so war es auch hier gewesen. Hätte ich die Argumente der Tafel nicht um Einen Decimal-Grad, sondern um die mittlere tägliche Bewegung der Sonne wachsen lassen, so würde der Gebrauch der Tafel dadurch noch bedeutend erleichtert worden sein. Die *unmittelbar* in der Tafel gegebenen Coordinaten hätten dann (abgesehen von den Säcular-Veränderungen) in jedem bestimmten Jahre jede für ein bestimmtes Datum und *alle für einerlei Stunde* gegolten, und dadurch würden die vorläufigen Rechnungen zur Bildung der Argumente so gut wie ganz weggefallen sein. Ich veranlasste daher den geschickten Herrn WACHTER, die Tafel nach diesem Princip ganz neu zu berechnen, und rieth ausserdem, da das Jahr 1800 sich nun immer mehr von uns entfernt, lieber die Elemente für das Jahr 1820 zum Grunde zu legen, damit man vorerst eine Reihe von Jahren hindurch (etwa von 1810 bis 1830) gar nicht nöthig hätte, die Tafel für die Säcular-Veränderungen mit zu berücksichtigen. Die Argumente der Tafel schreiten also immer mit Incrementen von 59′ 8″33 fort, sind aber so gewählt (der bequemern Berechnung wegen), dass sie nicht von 0 anfangen, sondern so dass die Länge des Perihels selbst ein Glied derselben wird. Diese von Hrn WACHTER mit grosser Sorgfalt berechnete Tafel mache ich hier bekannt, und glaube dadurch den rechnenden Astronomen einen Dienst zu erweisen. Es bleibt mir nur übrig, einige Worte über den Gebrauch derselben hinzuzusetzen.

Die I. Tafel gibt die Epoche, d. i. die Stunden u. s. w. nach Pariser Meridian, für welche die Tafel II. bei dem als ihr Argument beigefügten Datum gilt. Man muss also die Epochen der ersten Tafel zu 0^h des Datums hinzusetzen, (blos in den Jahren 1792, 1793, 1796, 1797 verwandelt sich die Addition in Subtraction), um die Zeitpunkte zu haben, wo die Tafel II. unmittelbar gilt. Bei Berechnung von Ephemeriden für Planeten und Cometen, wo es ziemlich gleichgiltig ist, welche Stunden man wählt, kann man es also immer so einrichten, dass man die Tafel II. unmittelbar ohne Interpolation gebrauchen kann. Oder man kann auch, um wenigstens eine *bequeme* Interpolation zu haben, solche Zeiten wählen, die von denen, für welche die Tafel unmittelbar gilt, um ½, ¼ oder ⅛ Tag abliegen.

Will man hingegen die Sonnen-Coordinaten für eine vorgeschriebene Stunde haben, so zieht man zuerst das, was die Epochentafel gibt, ab (welches also in den Jahren 1792, 1793, 1796, 1797 eine Addition wird) und geht mit dem Rest in die Tafel II. ein.

Beispiel: Man verlangt die Sonnen-Coordinaten für 1811 April 11 $7^h 47^m 18^s$ M. Z. in Paris (durch Aberration verbesserte Beobachtungszeit für die erste Beobachtung des Cometen von Herrn von ZACH). Man hat also

$$
\begin{array}{l}
\text{April 11. } 7^h\ 47^m\ 18^s = \text{April 11.3245} \\
\text{Epoche für 1811 . . . 1 \ 5 \ \ 7 \ 26 . . . . . . 1.2135} \\
\hline
\text{April 10 \ \ 2 \ 39 \ 52} = \text{April 10.1110}
\end{array}
$$

Damit gibt Herrn WACHTERS Tafel

$$x = +9362.5, \qquad y = +3299.4, \qquad z = +1432.1$$

Bei der III. Tafel, für die Säcular-Veränderung der Coordinaten, ist zu bemerken, dass ihre Zeichen nicht absolut, sondern algebraisch zu verstehen sind, also für ein Jahr *nach* 1820 ein negatives x durch die Säcular-Veränderung eine absolute Vergrösserung erleidet. Will man darauf in unserm Beispiele Rücksicht nehmen, so muss noch die Säcular-Veränderung mit $-\frac{9}{100}$ multiplicirt hinzugefügt werden, also

$$\mathrm{d}x = +0.5, \qquad \mathrm{d}y = -0.1, \qquad \mathrm{d}z = -0.1,$$

folglich

$$x = +9363.0, \qquad y = +3299.3, \qquad z = +1432.0.$$

Übrigens gibt die Tafel alles für die mittlere Distanz der Erde von der Sonne $= 10000$, also nach gewöhnlicher Schreibart

$$x = +0.93630, \qquad y = +0.32993, \qquad z = +0.14320$$

Herr von Lindenau hat berechnet

$$x = +0.936308, \qquad y = +0.329822, \qquad z = +0.143148$$

Offenbar kann man für mehr als vier Decimalen nicht einstehen, und es wäre überflüssig gewesen, die Tafel II. mit mehrern Decimalen zu geben, da die periodischen Störungen sogar die vierte Decimale um eine oder zwei Einheiten afficiren können. Allein *zu dem Zweck*, wozu die Tafel bestimmt ist, ist diese Genauigkeit auch vollkommen hinreichend, und für die Fälle, wo die Genauigkeit von Secunden verlangt wird, kann und soll sie nicht gelten.

Tafel für die Coordinaten der Sonne.

I. Tafel. Die Epochen.

Jahr	Mittlere Pariser Zeit.		Jahr	Mittlere Pariser Zeit.	
1790	$+\,0^d\ \ 3^h\ \ 1^m\ 22^s$	$+\,0^d\,1260$			
1791	$+\,0\ \ 8\ \ 50\ \ 14$	$+\,0.\,3682$	1831	$+\,1^d\ \ 1^h\ 24^m\ 37^s$	$+\,1^d\,0588$
1792	$-\,0\ \ 9\ \ 20\ \ 54$	$-\,0.\,3895$	1832	$0\ \ 7\ \ 13\ \ 29$	$0.\,3010$
1793	$-\,0\ \ 3\ \ 32\ \ \ 3$	$-\,0.\,1473$	1833	$0\ \ 13\ \ \ 2\ \ 20$	$0.\,5433$
1794	$+\,0\ \ 2\ \ 16\ \ 49$	$+\,0.\,0950$	1834	$0\ \ 18\ \ 51\ \ 12$	$0.\,7855$
1795	$+\,0\ \ 8\ \ \ 5\ \ 40$	$-\,0.\,3373$	1835	$1\ \ \ 0\ \ 40\ \ \ 3$	$1.\,0278$
1796	$-\,0\ \ 10\ \ \ 5\ \ 28$	$-\,0.\,4205$	1836	$0\ \ \ 6\ \ 28\ \ 55$	$0.\,2701$
1797	$-\,0\ \ 4\ \ 16\ \ 37$	$-\,0.\,1782$	1837	$12\ \ 17\ \ 47$	$0.\,5123$
1798	$+\,0\ \ 1\ \ 32\ \ 15$	$+\,0.\,0640$	1838	$18\ \ \ 6\ \ 38$	$0.\,7546$
1799	$7\ \ 21\ \ \ 7$	$0.\,3063$	1839	$23\ \ 55\ \ 30$	$0.\,9969$
1800	$13\ \ \ 9\ \ 58$	$0.\,5486$	1840	$5\ \ 44\ \ 21$	$0.\,2391$
1801	$0\ \ 18\ \ 58\ \ 50$	$0.\,7908$	1841	$11\ \ 33\ \ 13$	$0.\,4814$
1802	$1\ \ \ 0\ \ 47\ \ 42$	$1.\,0331$	1842	$17\ \ 22\ \ \ 5$	$0.\,7237$
1803	$1\ \ \ 6\ \ 36\ \ 33$	$1.\,2754$	1843	$23\ \ 10\ \ 56$	$0.\,9659$
1804	$0\ \ 12\ \ 25\ \ 24$	$0.\,5176$	1844	$4\ \ 59\ \ 48$	$0.\,2082$
1805	$0\ \ 18\ \ 14\ \ 16$	$0.\,7599$	1845	$10\ \ 48\ \ 39$	$0.\,4505$
1806	$1\ \ \ 0\ \ \ 3\ \ \ 8$	$1.\,0022$	1846	$16\ \ 37\ \ 31$	$0.\,6927$
1807	$1\ \ \ 5\ \ 51\ \ 59$	$1.\,2444$	1847	$22\ \ 26\ \ 22$	$0.\,9350$
1808	$0\ \ 11\ \ 40\ \ 51$	$0.\,4867$	1848	$4\ \ 15\ \ 14$	$0.\,1773$
1809	$0\ \ 17\ \ 29\ \ 42$	$0.\,7290$	1849	$10\ \ \ 4\ \ \ 6$	$0.\,4195$
1810	$0\ \ 23\ \ 18\ \ 34$	$0.\,9712$	1850	$15\ \ 52\ \ 57$	$0.\,6618$
1811	$1\ \ \ 5\ \ \ 7\ \ 26$	$1.\,2135$	1851	$21\ \ 41\ \ 49$	$0.\,9041$
1812	$0\ \ 10\ \ 56\ \ 17$	$0.\,4557$	1852	$3\ \ 30\ \ 40$	$0.\,1463$
1813	$0\ \ 16\ \ 45\ \ \ 9$	$0.\,6980$	1853	$9\ \ 19\ \ 32$	$0.\,3886$
1814	$0\ \ 22\ \ 34\ \ \ 0$	$0.\,9403$	1854	$15\ \ \ 8\ \ 23$	$0.\,6308$
1815	$1\ \ \ 4\ \ 22\ \ 52$	$1.\,1825$	1855	$20\ \ 57\ \ 15$	$0.\,8731$
1816	$0\ \ 10\ \ 11\ \ 43$	$0.\,4248$	1856	$2\ \ 46\ \ \ 7$	$0.\,1154$
1817	$0\ \ 16\ \ \ 0\ \ 35$	$0.\,6671$	1857	$8\ \ 34\ \ 58$	$0.\,3576$
1818	$0\ \ 21\ \ 49\ \ 27$	$0.\,9093$	1858	$14\ \ 23\ \ 50$	$0.\,5999$
1819	$1\ \ \ 3\ \ 38\ \ 18$	$1.\,1516$	1859	$20\ \ 12\ \ 41$	$0.\,8422$
1820	$0\ \ \ 9\ \ 27\ \ 10$	$0.\,3939$	1860	$2\ \ \ 1\ \ 33$	$0.\,0844$
1821	$0\ \ 15\ \ 16\ \ \ 1$	$0.\,6361$	1864	$1\ \ 16\ \ 59$	$0.\,0535$
1822	$0\ \ 21\ \ \ 4\ \ 53$	$0.\,8784$	1868	$+\,0\ \ 0\ \ 32\ \ 26$	$+\,0.\,0225$
1823	$1\ \ \ 2\ \ 53\ \ 44$	$1.\,1207$	1872	$-\,0\ \ 0\ \ 12\ \ \ 8$	$-\,0.\,0084$
1824	$0\ \ \ 8\ \ 42\ \ 36$	$0.\,3629$	1876	$+\,0\ \ 0\ \ 56\ \ 42$	$+\,0.\,0393$
1825	$0\ \ 14\ \ 31\ \ 28$	$0.\,6052$	1880	$1\ \ 41\ \ 15$	$0.\,0703$
1826	$0\ \ 20\ \ 20\ \ 19$	$0.\,8474$	1884	$2\ \ 25\ \ 49$	$0.\,1012$
1827	$1\ \ \ 2\ \ \ 9\ \ 11$	$1.\,0897$	1888	$3\ \ 10\ \ 23$	$0.\,1322$
1828	$0\ \ \ 7\ \ 58\ \ \ 2$	$0.\,3320$	1892	$54\ \ 57$	$0.\,1631$
1829	$0\ \ 13\ \ 46\ \ 54$	$0.\,5742$	1896	$4\ \ 39\ \ 30$	$0.\,1941$
1830	$0\ \ 19\ \ 35\ \ 46$	$0.\,8165$	1900	$+\,0\ \ 18\ \ 35\ \ 56$	$+\,0.\,7750$

II. Tafel.

Die Sonnen-Coordinaten.

Spalten nach Monaten: **Januar** · **Februar** · **März** · **April**

Gemein Jahr	Schalt-Jahr	x +	y −	z −	Gemein Jahr	Schalt-Jahr	x +	y −	z −		x +	y ∓	z ∓		x +	y +	z +
	0	1614	8897	3862	0	1	6598	6718	2916	1	9392	2922	1268	1	9783	1918	832
0	1	1786	8869	3850	1	2	6727	6611	2869	2	9449	2772	1203	2	9748	2072	899
1	2	1958	8839	3836	2	3	6855	6502	2822	3	9503	2621	1137	3	9711	2226	966
2	3	2129	8805	3822	3	4	6980	6391	2774	4	9553	2469	1072	4	9671	2379	1033
3	4	2300	8769	3806	4	5	7104	6277	2725	5	9602	2316	1005	5	9627	2532	1099
4	5	2469	8731	3789	5	6	7225	6162	2675	6	9647	2163	939	6	9581	2684	1165
5	6	2638	8689	3771	6	7	7344	6045	2624	7	9689	2008	872	7	9533	2835	1230
6	7	2806	8645	3752	7	8	7460	5927	2572	8	9728	1854	805	8	9481	2985	1296
7	8	2974	8598	3732	8	9	7574	5806	2520	9	9765	1699	737	9	9427	3134	1360
8	9	3140	8549	3711	9	10	7686	5683	2467	10	9798	1543	670	10	9369	3283	1425
9	10	3306	8497	3688	10	11	7796	5559	2413	11	9828	1387	602	11	9310	3430	1489
10	11	3470	8442	3664	11	12	7903	5433	2358	12	9856	1230	534	12	9247	3576	1552
11	12	3633	8384	3639	12	13	8008	5306	2303	13	9881	1073	466	13	9182	3722	1615
12	13	3795	8324	3613	13	14	8111	5177	2247	14	9902	916	397	14	9114	3866	1678
13	14	3956	8262	3586	14	15	8210	5046	2190	15	9921	758	329	15	9043	4009	1740
14	15	4116	8196	3558	15	16	8308	4913	2133	16	9936	600	260	16	8969	4151	1802
15	16	4275	8129	3528	16	17	8403	4780	2075	17	9949	442	192	17	8894	4292	1863
16	17	4432	8058	3498	17	18	8495	4644	2016	18	9959	284	123	18	8815	4431	1923
17	18	4587	7986	3466	18	19	8584	4508	1956	19	9965	−126	−55	19	8734	4569	1983
18	19	4742	7910	3433	19	20	8671	4369	1897 / 1836	20	9969	+ 33	+14	20	8650	4706	2043
19	20	4895	7833	3400	20	21	8756	4230		21	9970	191	83	21	8564	4842	2102
20	21	5046	7752	3365	21	22	8837	4089	1775	22	9968	349	152	22	8475	4976	2160
21	22	5196	7670	3329	22	23	8916	3948	1713	23	9962	507	220	23	8384	5109	2217
22	23	5344	7585	3292	23	24	8993	3804	1651	24	9954	665	289	24	8291	5240	2274
23	24	5490	7498	3254	24	25	9066	3660	1588	25	9943	823	357	25	8195	5369	2331
24	25	5635	7408	3215	25	26	9137	3514	1525	26	9929	980	426	26	8096	5498	2386
25	26	5778	7316	3175	26	27	9205	3368	1462	27	9912	1138	494	27	7996	5624	2441
26	27	5920	7222	3035	27	28	9270	3220	1398	28	9892	1295	562	28	7893	5749	2495
27	28	6059	7125	3093	28	29	9332	3072	1333	29	9869	1451	630	29	7787	5872	2549
28	29	6197	7027	3050	29	30	9392	2922	1268	30	9843	1607	698	30	7680	5994	2601
29	30	6332	6926	3006						31	9814	1763	765	31	7570	6113	2653
30	31	6466	6823	2962						32	9783	1918	832				
31	32	6598	6718	2916													

II. Tafel.

Die Sonnen-Coordinaten.

	Mai.				Juni.				Juli.				August.		
	x +	y +	z +		x ±	y +	z +		x −	y +	z +		x −	y +	z +
1	7570	6113	2653	1	3271	8811	3824	1	1737	9190	3989	1	6443	7188	3120
2	7458	6231	2705	2	3110	8861	3846	2	1903	9162	3977	2	6573	7088	3076
3	7344	6348	2755	3	2949	8909	3867	3	2069	9132	3964	3	6700	6985	3032
4	7228	6462	2805	4	2787	8954	3886	4	2234	9099	3949	4	6825	6880	2986
5	7110	6575	2854	5	2624	8996	3905	5	2399	9063	3934	5	6949	6773	2940
6	6990	6685	2902	6	2460	9036	3922	6	2563	9025	3917	6	7070	6665	2893
7	6867	6794	2949	7	2295	9074	3938	7	2726	8985	3900	7	7189	6554	2845
8	6743	6901	2995	8	2130	9108	3953	8	2889	8942	3881	8	7307	6442	2796
9	6616	7006	3041	9	1965	9141	3967	9	3050	8896	3861	9	7422	6327	2746
10	6488	7108	3085	10	1798	9170	3980	10	3211	8848	3840	10	7535	6211	2696
11	6358	7209	3129	11	1632	9197	3992	11	3371	8797	3818	11	7647	6094	2645
12	6226	7308	3172	12	1464	9222	4003	12	3530	8744	3795	12	7755	5974	2593
13	6093	7404	3214	13	1297	9244	4012	13	3688	8689	3771	13	7862	5853	2540
14	5958	7499	3255	14	1129	9263	4021	14	3845	8631	3746	14	7967	5730	2487
15	5821	7591	3295	15	961	9280	4028	15	4001	8570	3720	15	8069	5605	2433
16	5682	7681	3334	16	792	9294	4034	16	4156	8507	3692	16	8169	5479	2378
17	5541	7769	3372	17	623	9305	4039	17	4309	8442	3664	17	8266	5351	2323
18	5400	7855	3409	18	454	9314	4043	18	4462	8374	3635	18	8361	5222	2267
19	5256	7939	3446	19	285	9320	4045	19	4613	8304	3604	19	8454	5091	2210
20	5111	8020	3481	20	+116	9324	4047	20	4762	8232	3573	20	8544	4959	2153
21	4965	8099	3515	21	− 53	9325	4047	21	4911	8157	3541	21	8632	4826	2095
22	4817	8175	3548	22	222	9323	4047	22	5058	8080	3507	22	8718	4691	2036
23	4668	8250	3581	23	391	9319	4045	23	5204	8001	3473	23	8801	4554	1977
24	4517	8322	3612	24	560	9312	4042	24	5348	7919	3437	24	8881	4417	1917
25	4365	8391	3642	25	729	9302	4038	25	5490	7836	3401	25	8959	4278	1857
26	4212	8459	3671	26	898	9290	4032	26	5632	7750	3364	26	9034	4137	1796
27	4058	8523	3700	27	1066	9275	4026	27	5771	7661	3325	27	9107	3996	1735
28	3903	8586	3727	28	1235	9258	4018	28	5909	7571	3286	28	9177	3854	1673
29	3746	8646	3753	29	1402	9238	4010	29	6045	7479	3246	29	9245	3710	1610
30	3589	8703	3778	30	1570	9215	4000	30	6180	7384	3205	30	9309	3565	1548
31	3430	8758	3802	31	1737	9190	3989	31	6312	7287	3163	31	9371	3420	1484
32	3271	8811	3824					32	6443	7188	3120	32	9431	3273	1421

II. Tafel.

Die Sonnen-Coordinaten.

	September. x −	y ±	z ±		October. x −	y −	z −		November. x −	y −	z −		December. x ∓	y −	z −
1	9431	3273	1421	1	9889	1370	595	1	7661	5774	2506	1	3422	8477	3679
2	9488	3125	1357	2	9859	1526	662	2	7548	5894	2558	2	3257	8530	3702
3	9541	2977	1292	3	9826	1681	729	3	7432	6013	2610	3	3091	8580	3724
4	9593	2827	1227	4	9790	1835	796	4	7315	6130	2661	4	2925	8628	3745
5	9641	2677	1162	5	9751	1989	863	5	7195	6245	2711	5	2757	8673	3765
6	9687	2526	1097	6	9710	2142	930	6	7072	6358	2760	6	2589	8716	3783
7	9729	2375	1031	7	9665	2295	996	7	6948	6470	2808	7	2419	8755	3800
8	9769	2222	965	8	9618	2447	1062	8	6822	6579	2856	8	2249	8792	3816
9	9807	2069	898	9	9567	2598	1128	9	6693	6686	2902	9	2079	8826	3831
10	9841	1915	831	10	9514	2749	1193	10	6562	6792	2948	10	1907	8858	3845
11	9872	1761	764	11	9458	2898	1258	11	6430	6895	2993	11	1735	8887	3857
12	9901	1606	697	12	9400	3047	1323	12	6295	6996	3037	12	1563	8913	3869
13	9927	1451	630	13	9338	3195	1387	13	6159	7095	3079	13	1390	8936	3879
14	9949	1295	562	14	9274	3342	1451	14	6020	7192	3121	14	1217	8956	3887
15	9969	1140	495	15	9206	3488	1514	15	5880	7286	3163	15	1043	8974	3895
16	9986	983	427	16	9137	3633	1577	16	5738	7379	3203	16	869	8989	3902
17	10000	827	359	17	9064	3777	1639	17	5594	7469	3242	17	694	9001	3907
18	10011	670	291	18	8989	3919	1701	18	5449	7556	3280	18	520	9010	3911
19	10020	513	223	19	8911	4061	1763	19	5302	7642	3317	19	345	9017	3914
20	10025	356	154	20	8830	4201	1823	20	5153	7725	3353	20	−170	9020	3915
21	10027	198	86	21	8746	4340	1884	21	5002	7806	3388	21	+ 5	9021	3916
22	10027	+ 41	+18	22	8660	4478	1944	22	4851	7884	3422	22	180	9019	3915
23	10023	−116	−50	23	8572	4614	2003	23	4697	7960	3455	23	354	9015	3913
24	10017	274	119	24	8481	4749	2061	24	4542	8033	3487	24	529	9007	3910
25	10007	431	187	25	8387	4883	2119	25	4386	8104	3518	25	704	8997	3905
26	9995	588	255	26	8290	5015	2177	26	4228	8173	3547	26	878	8984	3899
27	9979	745	323	27	8192	5145	2233	27	4069	8239	3576	27	1052	8968	3892
28	9961	902	391	28	8090	5274	2289	28	3909	8302	3604	28	1226	8949	3884
29	9940	1058	459	29	7987	5402	2344	29	3748	8363	3630	29	1399	8927	3875
30	9916	1214	527	30	7881	5527	2399	30	3585	8421	3655	30	1572	8903	3864
31	9889	1370	595	31	7772	5651	2453	31	3422	8477	3679	31	1744	8876	3853
				32	7661	5774	2506					32	1916	8846	3840

23*

III. Tafel.

Die Säcular-Änderungen der Sonnen-Coordinaten.

		x	y	z
Januar	o	$-$ 10	$-$ 3	$+$ 1
	20, 19	9	4	$+$ 1
Februar	9, 8	8	5	0
	29, 28	6	4	$-$ 1
März	20	5	2	1
April	9	5	$-$ 1	1
	29	6	$+$ 1	1
Mai	19	8	1	2
Junius	8	9	$+$ 1	2
	28	10	$-$ 1	3
Julius	18	9	2	3
August	7	8	3	3
	27	6	3	3
September	16	5	3	$-$ 1
October	6	5	1	0
	26	6	0	$+$ 1
November	15	8	0	2
December	5	9	1	2
	25	10	2	2

NEUE AUSSICHT

ZUR ERWEITERUNG DES GEBIETS DER HIMMELSKUNDE.

Neues Göttingisches Taschenbuch zum Nutzen und Vergnügen für das Jahr 1813.
Göttingen, bei Heinrich Dieterich.

So weit die Geschichte reicht, war die Erde stets der unruhige Tummelplatz feindseliger Leidenschaften. Eine Völkerschaft verdrängt die andere, um früh oder spät wieder einer andern Platz zu machen; ein Reich erhebt sich auf den Trümmern des andern: Vergänglichkeit ist das Loos aller menschlichen Schöpfungen, deren Segen oder Fluch die Generationen, welche eben der Strom der Zeit an ihnen vorüber führt, theilen. Demüthigend und niederschlagend ist dieser ewige Wechsel aller Dinge auf der Erde, aber erhebend und erheiternd ist ein Blick auf das Schauspiel des steten Fortschreitens des menschlichen Geistes im Gebiete der Wahrheit, und in keinem Theile desselben mehr, als in der erhabensten der Naturwissenschaften, der Astronomie.

Seit zwei Jahrtausenden sehen wir die schöne Frucht des Beobachtens und des tiefen Nachdenkens, mitten in den Stürmen der Zeiten, von liebenden Händen der Geweihten gepflegt, sich entwickeln und wachsen; ein Jahrhundert übergibt dem andern das kostbare Vermächtniss, es weiter zu mehren. Immer mehr entschleiert die Himmlische von ihren wundervollen Geheimnissen. Gezählt sind die Sterne; gemessen ist die unermesslich scheinende Weite der Sonne und der sie umkreisenden Weltkörper; genau bestimmt sind ihre Bahnen: vollständig erklärt, aus Einer erhaben einfachen Grundkraft, alle ihre verwickelten Bewegungen und alle mannigfaltigen daraus hervorgehenden Erscheinungen. Gemessen, ja gewogen, sind Erde, Sonne, Planeten und Monden; gemessen ist die Schnelligkeit des Lichtstrahls. Verschwunden sind die Wahnbegriffe, die ehedem die Völker ängstigten. Auch dem Irdischen zu dienen, verschmäht die Himmlische nicht. Sie theilt und zählt dem Menschen seine Zeiträume, misst und zeichnet ihm Länder und Welttheile, und leitet seine Schiffe sicher über den Ocean.

Unser Sonnensystem ist der eigentliche Schauplatz unsrer bisherigen Astronomie: noch viele Jahrhunderte hindurch wird es unerschöpften Stoff zu neuen Forschungen geben. Aber noch viel weniger, als die Erde in unserm Sonnensystem, ist dieses im Weltall: ein Tropfen im Ocean. Das Heer von Fixsternen ist für uns bis jetzt nicht viel mehr, als eine Zahl fester Punkte, an die wir unsre Beobachtungen anknüpfen. Nur eine Ahnung haben wir von ihren unermesslichen Fernen: fast ganz verschwindet gegen diese die grösste Grundlinie, mit welcher wir sie zu messen unternehmen, der Durchmesser der jährlichen Erdbahn*). Geben wir indess darum die Hoffnung, von diesen Weiten eine Kenntniss zu erhalten, nicht auf. Auch die Weite der Sonne hat man mit dem kleinen Erddurchmesser nicht unmittelbar gemessen, sondern statt jener unter günstigen Umständen, die nähere Venus gewählt**), und später hat der Scharfsinn die schon länger bekannte Entfernung des Mondes zu einem Maassstabe für die Entfernung der Sonne zu gebrauchen gewusst***). Vielleicht sind gerade die hellsten Fixsterne uns nicht die allernächsten: was bei jenen bisher noch nicht ganz hat gelingen wollen, glückt vielleicht besser bei einem unscheinbaren Stern von einer viel niedrigern Ordnung.

In der That gibt es für diese Vermuthung wichtige Gründe. Die sogenannten Fixsterne, zu welchen auch unsere Sonne gehört, sind im strengen Sinne des Worts nicht fest; wären sie auch einmal alle zugleich in Ruhe gewesen, so hätten sie es doch wegen ihrer gegenseitigen Einwirkungen nicht bleiben können. Auch in dem zahllosen Fixsternheere ist überall Bewegung, aber wie hier die Räume mit grossen Maassstäben gemessen werden müssen, so auch die Zeiten.

---

*) Piazzi's, Calandrelli's und Brinkley's Beobachtungen geben zwar eine kleine jährliche Parallaxe bei dem hellen Sterne in der Leier, allein die Beobachtungen sind noch Zweifeln unterworfen, und die Resultate stimmen nicht überein; auch folgt bei demselben Sterne aus Bradley's Beobachtungen gar keine merkliche Parallaxe.

**) Vermittelst der Durchgänge von 1761 und 1769.

***) Mit Hülfe der einen von der Sonnenparallaxe abhangenden kleinen Ungleichheit in der Bewegung des Mondes.

Ein Jahrhundert bringt in ihre gegenseitigen Stellungen keine so grossen Änderungen, als ein Tag in die gegenseitigen Stellungen der Planeten. Aber merklich sind unsern heutigen feinen Beobachtungen diese veränderten Stellungen doch schon seit funfzig oder hundert Jahren bei einer beträchtlichen Anzahl von Sternen. Unter gleichen Umständen werden diese Änderungen bei den *nächsten* Sternen am meisten in die Augen fallen, und sonderbar genug, sind sie bei einigen kleinen Sternen beträchtlicher, als bei den Sternen erster Grösse. *Solche* Sterne, von denen man vielleicht noch mehrere entdecken wird, sollte man vorzüglich in Beziehung auf ihre jährliche Parallaxe, d. i. ihre verschiedene Stellung nach dem verschiedenen Stande der Erde in ihrer Bahn, recht sorgfältig beobachten.

Besonders ist ein Stern in dieser Rücksicht der höchsten Aufmerksamkeit würdig. Es ist derjenige im Sternbilde des Schwans, von der sechsten Grösse, welchen FLAMSTEAD mit der Zahl 61 bezeichnet hat. Unter allen Sternen, an welchen man bisher eine Verrückung wahrgenommen hat, zeigt dieser die stärkste, nemlich 8 Min. 52 Sec. in hundert Jahren. Eine so beträchtliche Veränderung der Stellung in Beziehung auf uns, setzt entweder ein sehr schnelles wirkliches Fortrücken im Weltraume voraus, oder eine verhältnissmässig geringere Entfernung. Wir verdanken jene wichtige Bemerkung Herrn BESSEL in Königsberg, welchen die Vergleichung von BRADLEY's Beobachtungen dieses Sterns mit Beobachtungen aus den letzten Jahren des vorigen Jahrhunderts darauf geführt hat.

Allein noch weit interessanter wird die beobachtete schnelle Bewegung dieses Sterns durch einen andern Umstand. Der Stern ist eigentlich ein sogenannter *Doppelstern*, das heisst, durch gute Fernröhre sieht man, dass er aus zweien sehr nahe bei einander erscheinenden Sternen besteht (ihre Entfernung von einander beträgt 20 Secunden, und beide Sterne sind an Helligkeit nicht sehr verschieden). Dergleichen Doppelsterne gibt es am Himmel in grosser Menge, und die Astronomen waren bisher immer der Meinung, dass zwei Sterne uns nur zufällig als Doppelsterne erscheinen, indem sie mit uns beinahe in Einer geraden Linie liegen, wobei also ihre Entfernungen sehr ungleich sein können. Vor wenigen Jahren hat zuerst Hr. HERSCHEL diese Meinung bestritten, und behauptet, die Doppelsterne stehen wirklich im Raume nahe bei einander und machen ein besonderes System aus. HERSCHELS Gründe für diese Meinung sind freilich nicht entscheidend, aber an sich schon ist es in einem äusserst hohen Grade unwahr-

scheinlich, dass der Zufall so viele Doppelsterne mit so sehr kleinem Zwischenraume gebildet haben sollte; es lässt sich viel eher für eine wirkliche Beziehung
zwischen denselben wetten. Unser Stern im Schwan gibt nunmehr einen grossen
Ausschlag für HERSCHELS Meinung. Stehen beide Sterne in keiner weitern Verbindung mit einander, und verändern sie ihren Platz im Weltraume oder wir den
unsrigen, so lässt sich mit höchster Wahrscheinlichkeit erwarten, dass sie bald
aufhören werden, uns als ein Doppelstern zu erscheinen. So zeigen sich öfters
am Himmel nahe beim Jupiter kleine Sterne; aber wie der Planet fortrückt,
scheint er die Sterne zu verlassen, nur die ihm wirklich nahen Trabanten begleiten ihn beständig treu. Unser Doppelstern ist aber in 50 Jahren dreizehnmal so
weit am Firmament fortgerückt, als der Zwischenraum zwischen beiden Sternen
beträgt, und der Zwischenraum selbst ist fast unverändert geblieben, nur weniger
schief stehen die Sterne jetzt gegen einander (im Jahre 1755 war der eine nord-
östlich vom andern, jetzt fast ganz östlich). Es bleibt also kaum ein Zweifel,
dass wir in ihnen eine neue Merkwürdigkeit des Weltbaus kennen gelernt haben,
ein Sonnensystem, worin nicht Eine, sondern zwei Sonnen herrschen,

Ein blosses reines Herrschen findet in der Körperwelt nicht Statt, das Herr-
schende empfindet jedesmal mehr oder weniger die Rückwirkung des Beherrsch-
ten. Jene beiden Sonnen werden eine die andere wechselseitig beherrschen, die
zweite wird nicht um die erste, die erste nicht um die zweite laufen, sondern beide
um ihren gemeinschaftlichen Schwerpunkt. Ein solcher Wechselumlauf wird
desto schneller vollendet werden, je näher beide einander sind, und je kräftiger
sie auf einander einwirken. Wie weit sie von einander sind, werden wir beurtheilen können, wenn die Hoffnung gegründet ist, ihre Entfernung von uns ncch
messbar zu finden. Und die Dauer jenes Umlaufs, der vielleicht nur wenige
Jahrhunderte beträgt, wird die Zeit schon lehren. Dann wird man einen grossen
Schritt in der Kenntniss des Sternenhimmels weiter gekommen sein, man wird
dann im Stande sein, jene Sterne *abzuwägen*, wenn auch nicht sie einzeln, doch
ihre Gesammtmasse. Der erste Schritt wird nicht der einzige bleiben. Aber wer
zählt die Jahrtausende, die erst verfliessen müssen, bis unsere Kenntnisse vom
Sternhimmel nur ein Schatten von denen werden können, die wir längst von *unserm* so grossen und so kleinen Sonnensystem besitzen, und wie viel bleibt nicht
noch in diesem immer Neues zu lernen übrig.

REFRACTIONSTAFELN.

Sammlung von Hülfstafeln, herausgegeben von H. C. Schumacher.
Erstes Heft. Copenhagen 1822.

Auf pag. 32 A [186 d. B.] folgt eine zum Gebrauch äusserst bequeme Umformung desjenigen Theils der Besselschen Tafel, der bei der Ausübung bei weitem am meisten gebraucht wird, nemlich bis zu 79^0 Zenithdistanz herab, die ich der gütigen Mittheilung des Herrn Hofraths Gauss verdanke. Sie setzt Logarithmentafeln mit 5 Decimalen voraus, aus denen man den Logarithmen der Tangente der Zenithdistanz nimmt. 'Wenn man die Zenithdistanz mit ζ bezeichnet, so ist der Logarithm der Refraction

$$= a + \log. \tang \zeta + \lambda b - c - 10\,t$$

Hier wird a aus der ersten, b aus der zweiten, c und λ aus der dritten Tafel genommen; t bedeutet die Réaumurschen Grade des innern Thermometers über dem Gefrierpunkt; b, c und $10\,t$ werden als Einheiten der 5ten Decimale angegeben. Bei Zenithdistanzen unter 45^0 ist der Factor λ weggelassen, und mag statt λb blos b genommen werden.'

SCHUMACHER.

VI.   24

REFRACTIONSTAFELN.

Tafel I.   Argument: Barometerstand in Pariser Maass.

	a		a		a		a
26^z 2^{L}0	1.73506	26 6^{L}0	1.74056	26^z 10^{L}0	1.74599	27^z 2^{L}0	1.75135
2.1	1.73520	6.1	1.74070	10.1	1.74613	2.1	1.75148
2.2	1.73534	6.2	1.74083	10.2	1.74626	2.2	1.75161
2.3	1.73547	6.3	1.74097	10.3	1.74640	2.3	1.75175
2.4	1.73561	6.4	1.74110	10.4	1.74653	2.4	1.75188
2.5	1.73575	6.5	1.74124	10.5	1.74666	2.5	1.75201
2.6	1.73589	6.6	1.74138	10.6	1.74679	2.6	1.75214
2.7	1.73603	6.7	1.74151	10.7	1.74693	2.7	1.75228
2.8	1.73616	6.8	1.74165	10.8	1.74706	2.8	1.75241
2.9	1.73630	6.9	1.74178	10.9	1.74720	2.9	1.75254
26 3.0	1.73644	26 7.0	1.74192	26 11.0	1.74733	27 3.0	1.75268
3.1	1.73658	7.1	1.74206	11.1	1.74747	3.1	1.75281
3.2	1.73672	7.2	1.74219	11.2	1.74760	3.2	1.75294
3.3	1.73685	7.3	1.74233	11.3	1.74774	3.3	1.75307
3.4	1.73699	7.4	1.74246	11.4	1.74787	3.4	1.75321
3.5	1.73713	7.5	1.74260	11.5	1.74801	3.5	1.75334
3.6	1.73727	7.6	1.74274	11.6	1.74814	3.6	1.75347
3.7	1.73741	7.7	1.74287	11.7	1.74828	3.7	1.75361
3.8	1.73754	7.8	1.74301	11.8	1.74841	3.8	1.75374
3.9	1.73768	7.9	1.74314	11.9	1.74855	3.9	1.75387
26 4.0	1.73782	26 8.0	1.74328	27 0.0	1.74868	27 4.0	1.75400
4.1	1.73796	8.1	1.74342	0.1	1.74882	4.1	1.75414
4.2	1.73809	8.2	1.74355	0.2	1.74895	4.2	1.75427
4.3	1.73823	8.3	1.74369	0.3	1.74909	4.3	1.75440
4.4	1.73837	8.4	1.74382	0.4	1.74922	4.4	1.75453
4.5	1.73851	8.5	1.74396	0.5	1.74935	4.5	1.75467
4.6	1.73864	8.6	1.74409	0.6	1.74948	4.6	1.75480
4.7	1.73878	8.7	1.74423	0.7	1.74962	4.7	1.75493
4.8	1.73892	8.8	1.74436	0.8	1.74975	4.8	1.75506
4.9	1.73905	8.9	1.74450	0.9	1.74988	4.9	1.75520
26 5.0	1.73919	26 9.0	1.74463	27 1.0	1.75001	27 5.0	1.75533
5.1	1.73933	9.1	1.74477	1.1	1.75014	5.1	1.75546
5.2	1.73946	9.2	1.74490	1.2	1.75028	5.2	1.75559
5.3	1.73960	9.3	1.74504	1.3	1.75041	5.3	1.75572
5.4	1.73974	9.4	1.74517	1.4	1.75055	5.4	1.75585
5.5	1.73988	9.5	1.74531	1.5	1.75068	5.5	1.75598
5.6	1.74001	9.6	1.74545	1.6	1.75082	5.6	1.75611
5.7	1.74015	9.7	1.74558	1.7	1.75095	5.7	1.75625
5.8	1.74029	9.8	1.74572	1.8	1.75108	5.8	1.75638
5.9	1.74042	9.9	1.74585	1.9	1.75122	5.9	1.75651
26 6.0	1.74056	26 10.0	1.74599	27 2.0	1.75135	27 6.0	1.75664

REFRACTIONSTAFELN.

Tafel I.   Argument: Barometerstand in Pariser Maass.

	a		a		a		a
27^z 6^l.0	1.75664	27^z 10^l.0	1.76188	28^z 2^l.0	1.76705	28^z 6^l.0	1.77216
6.1	1.75677	10.1	1.76201	2.1	1.76718	6.1	1.77229
6.2	1.75691	10.2	1.76214	2.2	1.76731	6.2	1.77241
6.3	1.75704	10.3	1.76227	2.3	1.76743	6.3	1.77254
6.4	1.75717	10.4	1.76240	2.4	1.76756	6.4	1.77266
6.5	1.75730	10.5	1.76253	2.5	1.76769	6.5	1.77279
6.6	1.75744	10.6	1.76266	2.6	1.76782	6.6	1.77292
6.7	1.75757	10.7	1.76279	2.7	1.76795	6.7	1.77304
6.8	1.75770	10.8	1.76292	2.8	1.76807	6.8	1.77317
6.9	1.75783	10.9	1.76305	2.9	1.76820	6.9	1.77329
27 7.0	1.75796	27 11.0	1.76317	28 3.0	1.76833	28 7.0	1.77342
7.1	1.75809	11.1	1.76330	3.1	1.76846	7.1	1.77355
7.2	1.75822	11.2	1.76343	3.2	1.76859	7.2	1.77367
7.3	1.75836	11.3	1.76356	3.3	1.76871	7.3	1.77380
7.4	1.75849	11.4	1.76369	3.4	1.76884	7.4	1.77393
7.5	1.75862	11.5	1.76382	3.5	1.76897	7.5	1.77406
7.6	1.75875	11.6	1.76395	3.6	1.76910	7.6	1.77418
7.7	1.75888	11.7	1.76408	3.7	1.76923	7.7	1.77431
7.8	1.75901	11.8	1.76421	3.8	1.76935	7.8	1.77444
7.9	1.75914	11.9	1.76434	3.9	1.76948	7.9	1.77456
27 8.0	1.75927	28 0.0	1.76447	28 4.0	1.76961	28 8.0	1.77469
8.1	1.75940	0.1	1.76460	4.1	1.76974	8.1	1.77482
8.2	1.75953	0.2	1.76473	4.2	1.76986	8.2	1.77494
8.3	1.75966	0.3	1.76486	4.3	1.76999	8.3	1.77507
8.4	1.75979	0.4	1.76499	4.4	1.77012	8.4	1.77519
8.5	1.75992	0.5	1.76512	4.5	1.77025	8.5	1.77532
8.6	1.76005	0.6	1.76525	4.6	1.77037	8.6	1.77545
8.7	1.76018	0.7	1.76537	4.7	1.77050	8.7	1.77557
8.8	1.76031	0.8	1.76550	4.8	1.77063	8.8	1.77570
8.9	1.76044	0.9	1.76563	4.9	1.77075	8.9	1.77582
27 9.0	1.76057	28 1.0	1.76576	28 5.0	1.77088	28 9.0	1.77595
9.1	1.76070	1.1	1.76589	5.1	1.77101	9.1	1.77608
9.2	1.76083	1.2	1.76602	5.2	1.77114	9.2	1.77620
9.3	1.76096	1.3	1.76615	5.3	1.77126	9.3	1.77633
9.4	1.76109	1.4	1.76628	5.4	1.77139	9.4	1.77645
9.5	1.76122	1.5	1.76640	5.5	1.77152	9.5	1.77658
9.6	1.76135	1.6	1.76653	5.6	1.77165	9.6	1.77671
9.7	1.76148	1.7	1.76666	5.7	1.77178	9.7	1.77683
9.8	1.76162	1.8	1.76679	5.8	1.77190	9.8	1.77695
9.9	1.76175	1.9	1.76692	5.9	1.77203	9.9	1.77708
27 10.0	1.76188	28 2.0	1.76705	28 6.0	1.77216	28 10.0	1.77721

24*

REFRACTIONSTAFELN.

Tafel II. Argument: Aeusseres Thermometer nach Réaumur.

	b		b		b		b		b
— 12°0	+ 4152	— 8°0	+ 3264	— 4°0	+ 2395	+ 0°0	+ 1542	+ 4°0	+ 707
11.9	4129	7.9	3242	3.9	2373	0.1	1521	4.1	686
11.8	4106	7.8	3220	3.8	2352	0.2	1500	4.2	665
11.7	4083	7.7	3198	3.7	2330	0.3	1479	4.3	644
11.6	4061	7.6	3176	3.6	2309	0.4	1458	4.4	623
11.5	4039	7.5	3154	3.5	2287	0.5	1437	4.5	603
11.4	4017	7.4	3132	3.4	2265	0.6	1416	4.6	582
11.3	3994	7.3	3110	3.3	2244	0.7	1395	4.7	561
11.2	3972	7.2	3088	3.2	2223	0.8	1374	4.8	541
11.1	3949	7.1	3066	3.1	2201	0.9	1353	4.9	520
— 11.0	+ 3927	— 7.0	+ 3045	— 3.0	+ 2180	+ 1.0	+ 1333	+ 5.0	+ 500
10.9	3905	6.9	3023	2.9	2158	1.1	1312	5.1	479
10.8	3883	6.8	3001	2.8	2137	1.2	1291	5.2	458
10.7	3860	6.7	2979	2.7	2116	1.3	1270	5.3	438
10.6	3838	6.6	2957	2.6	2095	1.4	1249	5.4	417
10.5	3816	6.5	2936	2.5	2074	1.5	1228	5.5	397
10.4	3794	6.4	2914	2.4	2052	1.6	1207	5.6	376
10.3	3772	6.3	2892	2.3	2031	1.7	1186	5.7	356
10.2	3749	6.2	2870	2.2	2009	1.8	1165	5.8	335
10.1	3727	6.1	2848	2.1	1988	1.9	1144	5.9	315
— 10.0	+ 3705	— 6.0	+ 2827	— 2.0	+ 1967	+ 2.0	+ 1123	+ 6.0	+ 295
9.9	3683	5.9	2805	1.9	1945	2.1	1102	6.1	274
9.8	3660	5.8	2783	1.8	1924	2.2	1081	6.2	254
9.7	3638	5.7	2761	1.7	1902	2.3	1060	6.3	233
9.6	3616	5.6	2739	1.6	1881	2.4	1039	6.4	213
9.5	3594	5.5	2718	1.5	1860	2.5	1018	6.5	193
9.4	3572	5.4	2696	1.4	1838	2.6	998	6.6	172
9.3	3550	5.3	2674	1.3	1817	2.7	977	6.7	152
9.2	3528	5.2	2653	1.2	1796	2.8	956	6.8	131
9.1	3506	5.1	2631 ₙ	1.1	1775	2.9	935	6.9	111
— 9.0	+ 3484	— 5.0	+ 2610	— 1.0	+ 1754	+ 3.0	+ 914	+ 7.0	+ 91
8.9	3462	4.9	2588	0.9	1732	3.1	894	7.1	70
8.8	3440	4.8	2566	0.8	1711	3.2	873	7.2	50
8.7	3418	4.7	2545	0.7	1690	3.3	852	7.3	29
8.6	3396	4.6	2523	0.6	1669	3.4	831	7.4	+ 9
8.5	3374	4.5	2502	0.5	1648	3.5	810	7.5	— 11
8.4	3352	4.4	2480	0.4	1626	3.6	790	7.6	32
8.3	3330	4.3	2459	0.3	1605	3.7	769	7.7	52
8.2	3308	4.2	2437	0.2	1584	3.8	748	7.8	73
8.1	3286	4.1	2416	0.1	1563	3.9	727	7.9	93
— 8.0	+ 3264	— 4.0	+ 2395	— 0.0	+ 1542	+ 4.0	+ 707	+ 8.0	— 113

REFRACTIONSTAFELN.

Tafel II. Argument: Aeusseres Thermometer nach Réaumur.

	b		b		b		b
+ 8°0	− 113	+ 12°0	− 918	+ 16°0	− 1707	+ 20°0	− 2483
8.1	134	12.1	938	16.1	1727	20.1	2502
8.2	154	12.2	958	16.2	1746	20.2	2521
8.3	174	12.3	978	16.3	1766	20.3	2541
8.4	194	12.4	998	16.4	1785	20.4	2560
8.5	214	12.5	1017	16.5	1805	20.5	2579
8.6	235	12.6	1037	16.6	1824	20.6	2598
8.7	255	12.7	1057	16.7	1844	20.7	2617
8.8	275	12.8	1077	16.8	1863	20.8	2636
8.9	295	12.9	1097	16.9	1883	20.9	2655
+ 9.0	− 315	+ 13.0	− 1117	+ 17.0	− 1902	+ 21.0	− 2674
9.1	335	13.1	1137	17.1	1922	21.1	2693
9.2	356	13.2	1156	17.2	1941	21.2	2712
9.3	376	13.3	1176	17.3	1961	21.3	2731
9.4	396	13.4	1196	17.4	1980	21.4	2750
9.5	416	13.5	1216	17.5	2000	21.5	2770
9.6	436	13.6	1236	17.6	2019	21.6	2789
9.7	456	13.7	1255	17.7	2038	21.7	2808
9.8	476	13.8	1275	17.8	2058	21.8	2827
9.9	497	13.9	1295	17.9	2077	21.9	2846
+ 10.0	− 517	+ 14.0	− 1314	+ 18.0	− 2097	+ 22.0	− 2865
10.1	537	14.1	1334	18.1	2116	22.1	2884
10.2	557	14.2	1354	18.2	2136	22.2	2903
10.3	577	14.3	1374	18.3	2155	22.3	2922
10.4	597	14.4	1393	18.4	2175	22.4	2941
10.5	617	14.5	1413	18.5	2194	22.5	2960
10.6	637	14.6	1433	18.6	2213	22.6	2979
10.7	657	14.7	1452	18.7	2233	22.7	2998
10.8	678	14.8	1472	18.8	2252	22.8	3017
10.9	698	14.9	1491	18.9	2271	22.9	3036
+ 11.0	− 718	+ 15.0	− 1511	+ 19.0	− 2290	+ 23.0	− 3055
11.1	738	15.1	1531	19.1	2309	23.1	3074
11.2	758	15.2	1550	19.2	2329	23.2	3093
11.3	778	15.3	1570	19.3	2348	23.3	3112
11.4	798	15.4	1590	19.4	2367	23.4	3131
11.5	818	15.5	1609	19.5	2387	23.5	3151
11.6	838	15.6	1629	19.6	2406	23.6	3170
11.7	858	15.7	1648	19.7	2425	23.7	3189
11.8	878	15.8	1668	19.8	2445	23.8	3208
11.9	898	15.9	1687	19.9	2464	23.9	3227
+ 12.0	− 918	+ 16.0	− 1707	+ 20.0	− 2483	+ 24.0	− 3247

190

REFRACTIONSTAFELN.

Tafel III.   Argument: Scheinbare Zenith-Distanz $= \zeta$.

ζ	c	λ	ζ	c	λ	ζ	c	λ	ζ	c	λ
0°	0		29°	16		50°	75	1.0023	71°	430	1.0124
5	1		30	17		51	80	1.0025	72	480	1.0139
10	2		31	18		52	85	1.0026	73	541	1.0156
11	2		32	20		53	91	1.0027	74	613	1.0175
12	3		33	21		54	98	1.0029	74 20′	640	1.0182
13	3		34	23		55	106	1.0032	74 40	669	1.0189
14	3		35	25		56	115	1.0034	75 0	699	1.0197
15	4		36	27		57	124	1.0037	75 20	731	1.0204
16	5		37	29		58	133	1.0040	75 40	765	1.0212
17	5		38	31		59	144	1.0043	76 0	801	1.0220
18	6		39	33		60	156	1.0046	76 20	840	1.0230
19	6		40	35		61	168	1.0049	76 40	881	1.0241
20	7		41	38		62	183	1.0054	77 0	927	1.0252
21	8		42	41		63	199	1.0058	77 20	975	1.0264
22	8		43	44		64	217	1.0063	77 40	1028	1.0280
23	9		44	48		65	237	1.0068	78 0	1084	1.0299
24	10		45	53	1.0018	66	260	1.0075	78 10	1112	1.0308
25	11		46	57	1.0019	67	285	1.0083	78 20	1142	1.0318
26	12		47	61	1.0019	68	314	1.0092	78 30	1175	1.0328
27	13		48	65	1.0020	69	348	1.0101	78 40	1209	1.0338
28	14		49	70	1.0021	70	385	1.0111	78 50	1244	1.0347
29	16		50	75	1.0023	71	430	1.0124	79 0	1280	1.0357

GAUSS AN SCHUMACHER.

Astronomische Nachrichten herausgegeben von H. C. Schumacher.
Band 20. Nr. 474. S. 299.

Göttingen, 1843 April 1.

Um aus Elementen für eine gegebene Zeit einen Ort zu bestimmen, brauche ich zur Berechnung der Anomalie gern die Burckhardt'sche Tafel, die aber nur bis 163⁰ 45′ geht, und daher für den gegenwärtigen Stand des Cometen nach Herrn Galles Elementen unzureichend wird. Barkers Tafel reicht zwar überall aus, wird aber bei grossen Anomalien wegen des beschwerlichen Interpolirens sehr unbequem. In solchen Fällen pflege ich ein besonderes Verfahren anzuwenden, dessen Mittheilung Ihnen vielleicht angenehm sein wird. Ist M die Zahl mit der (oder für grössere Werthe mit deren Logarithmen) man in die Barker'sche Tafel eingehen müsste, also $M = \dfrac{\text{Zwischenzeit}}{nq^{\frac{3}{2}}}$ wo $\log n = 0,0398723$, so setze ich $\log \dfrac{MM}{16875} = 3P$, und suche in meiner kleinen Logarithmentafel, A und B in der dortigen Bedeutung genommen, der Gleichung $3A + 2B = 3P$ Genüge zu leisten, was immer, wenn P gross ist, sehr schnell bewirkt wird. Ist dann a die zum Logarithmen A gehörige Zahl, so wird, die Anomalie $= v$ gesetzt,

$$\tang \tfrac{1}{2}v = \sqrt{(3a)} \quad \text{oder} \quad \log \tang \tfrac{1}{2}v = \tfrac{1}{2}(A + \log 3)$$

Auch der Logarithme des Radius Vector wird dann äusserst bequem berechnet, indem man mit $A + \log 3$ wieder in die erste Columne eingeht, oder $A + \log 3 = A^*$ und die dazu gehörige Grösse in der zweiten Columne $= B^*$ folgt, wodurch sogleich der Logarithme des Radius Vectors $= A^* + B^* + \log q$ wird.

Die indirecte Auflösung jener Gleichung geschieht, wenigstens für die ersten Versuche, etwas bequemer und fast à vue in der Form $C = P + \frac{1}{3}B$; man kann zuerst P in der dritten Columne aufsuchen, oder $P = C'$ und die dazu gehörige Grösse in der zweiten Columne $= B'$ setzen, dann $P + \frac{1}{3}B' = C''$ und dazu aus der Tafel die Grösse der zweiten Columne $= B''$, dann (wo nöthig) $P + \frac{1}{3}B'' = C'''$ und dazu gehörig B''' nehmen u. s. w., welche Rechnung sehr schnell zum Stillstand kommt. Will man sich mit der Genauigkeit, welche fünfzifrige Logarithmen geben, nicht begnügen, so kann man die MATTHIESSEN'sche Tafel (welche ich sonst wegen der unzeitigen Oeconomie, womit sie ganz unnöthigerweise gedruckt ist, nicht gern gebrauche) hier mit Vortheil zu Hülfe nehmen, was ich aber lieber erst dann thue, wenn ich durch die kleinere Tafel die beiden Stellen, zwischen welchen der Definitivwerth von A fällt schon bestimmt habe, und dann wende ich lieber die Gleichung in ihrer ursprünglichen Form $3A + 2B = 3P$ an.

Soll z. B. die Anomalie für Februar 48.33333, oder für die Zeit nach der Sonnennähe $20^\mathrm{T}87663$ bestimmt werden, so ist nach GALLE's Elementen [Astr. Nachrichten Band 20. N. 474 Berlin 1843 März 25]

$$
\begin{array}{ll}
q^{\frac{3}{2}} \dots \dots 7.0809490 & 20.87663 \dots . 1.3196604 \\
n\sqrt{16875} \ . \ . \ 2.1534942 & 9.2344432 \\
\text{Const. Logarithme} = 9.2344432 & 2.0852172 \\
& \text{Also } 3P = 4.1704344 \\
& \phantom{\text{Also } 3} P = 1.3901448
\end{array}
$$

Mit den kleinen Tafeln findet sich daraus

$$
\begin{array}{ll}
B' = 0.01806 & C'' = 1.39616 \\
B'' = 0.01781 & C''' = 1.39608
\end{array}
$$

womit die Rechnung schon steht, und $A = 1.37827$ wird. MATTHIESSEN's Tafel gibt genauer $A = 1.3782739$. Die weitere Rechnung wird dann

$$
\begin{array}{ll}
A = & 1.3782739 \\
3 \dots \dots & 0.4771213 \\
\hline
& 1.8553952 \\
& 0.9276976 = \log \text{tang } 83^0\ 15'\ 49''53 \\
\text{und die wahre Anomalie} = & 166\ \ 31\ \ 39{,}06
\end{array}
$$

Ferner gehört zu

$$A^* = 1.8553952$$
$$B^* = 0.0060170$$
$$q \dots . \; 8.0539660$$

Logarithm des Radius Vector $= 9.9153782$

Man sieht übrigens, dass diese Methode nichts weiter ist, als eine indirecte Auflösung der bekannten cubischen Gleichung zwischen der Tangente der halben Anomalie und der Sectorfläche, und zugleich, dass meine, oder für schärfere Rechnung die Matthiessen'sche Logarithmentafel auf ganz ähnliche Weise zu einer sehr bequemen Auffindung aller reellen Wurzeln *jeder algebraischen Gleichung, die nicht mehr als drei effective Glieder hat*, benutzt werden kann, wie ich in Beziehung auf die quadratische Gleichung unlängst bei der letzten Ausgabe der Vega'schen Logarithmentafel schon gezeigt habe.

GAUSS AN SCHUMACHER.

Astronomische Nachrichten herausgegeben von H. C. Schumacher.
Band 27. Nr. 625. S. 1.

Göttingen, 1847 November 23.

Da die in Nr. 615 der A. N. abgedruckten zweiten Elemente der Iris, welche Herr Prof. Goldschmidt gleich nach dem 19. September berechnet hatte, auch noch in den folgenden Monaten eine gute Übereinstimmung mit den Beobachtungen gezeigt haben (am 17. und 18. November war die Differenz von Herrn Rümcker's Meridianbeobachtung 16″ in ger. Aufst. und 2″ in der Abweichung), so ist man berechtigt, sie als schon sehr genähert zu betrachten, und ich habe deshalb Herrn Prof. Goldschmidt veranlasst, danach den Zodiacus der Iris zu berechnen. Das Resultat dieser Arbeit, welches zur Erleichterung der Nachforschungen auf Identität in frühern Beobachtungen wird dienen können, lasse ich hier nachfolgen.

Indem ich bei dieser Veranlassung den Aufsatz wieder in die Hände nehme, in welchem ich vor 44 Jahren die allgemeine Methode zur Bestimmung der Limiten eines solchen Zodiacus gegeben habe, sehe ich, dass ich darin auch schon die Ausnahmsfälle angedeutet habe, wo das Feld der geocentrischen Erscheinung eines die Sonne nach Kepler'schen Gesetzen umkreisenden Himmelskörpers auf der Himmelskugel entweder gar keine oder nur Eine Limite hat, obgleich die Methode im erstern Falle eine in sich zurücklaufende Linie, im andern zwei solche Linien ergibt. Auch ist die Frage daselbst aufgeworfen, was denn in solchen Ausnahmsfällen diese durch Rechnung gefundenen Linien eigentlich bedeuten. Ich habe mich damals auf diese Andeutungen beschränkt, weil eine weitere Ausführung dort ein Horsd'oeuvre gewesen wäre, und ich auch gern andern das Vergnügen lassen wollte, sich mit einer meiner Meinung nach nicht uninteressanten mathematischen Aufgabe zu beschäftigen. Da mir jedoch nicht bekannt geworden ist, dass ein anderer in der langen Zwischenzeit die mir inzwischen ganz aus dem Gedächtniss gekommene Frage aufgenommen hätte, so ergreife ich diese Gelegenheit, um wenigstens den Hauptnerv des zur Beantwortung nöthigen hier mitzutheilen.

Ein geocentrischer Ort des in Rede stehenden Planeten (oder Cometen) geht hervor, indem man einen Punkt der Bahn des letztern mit einem Punkt der Erdbahn combinirt; es kann aber auch einerlei geocentrischer Ort aus zwei, drei, oder vier verschiedenen Combinationen hervorgehen. Um die Vorstellungen zu fixiren, lege man durch die Sonne eine Ebene, gegen welche die einen vorgegebenen geocentrischen Ort, auf der Himmelskugel, repräsentirende gerade Linie normal ist, und projicire orthographisch auf diese Ebene sowohl die Erdbahn als die Planetenbahn. Beide Projectionen sind Ellipsen, oder allgemeiner Kegelschnitte, die sich entweder gar nicht, oder zweimal oder viermal schneiden werden; eine Berührung ist dabei wie das Verschmelzen zweier Schnitte zu betrachten. Durch jeden Schnitt wird ein geocentrischer Ort vorgestellt, der entweder mit dem vorgegebenen identisch, oder ihm auf der Himmelskugel entgegengesetzt ist, je nachdem von den beiden Punkten der Planetenbahn und der Erdbahn, deren Projection zusammenfällt, der erstere oder der andere höherliegend ist; als obere Seite der Projectionsebene diejenige betrachtet, auf welcher der vorgegebene geocentrische Ort liegt.

Es ist hieraus klar, dass wenn irgend ein Punkt der Himmelskugel, fragweise als geocentrischer Ort, aufgegeben wird, er dies entweder auf gar keine Weise oder auf Eine Art, oder auf zwei, drei oder vier Arten sein kann. Für einen gegebenen Planeten scheidet sich so die ganze Fläche der Himmelskugel in verschiedene Theile, und die nach der von mir gegebenen Methode bestimmten Linien sind, allgemein zu reden, nichts anders, als Scheidungen zwischen zwei Flächentheilen der Kugel, wo die auf der einen Seite liegenden Punkte auf zwei Arten mehr, geocentrische Örter sein können als die auf der andern. Die in den Scheidungslinien liegenden Punkte machen den Übergang, d.i. sie sind auf Eine Art mehr als die Punkte auf der einen Seite, und auf Eine Art weniger als die

25*

Punkte auf der andern Seite fähig geocentrische Örter zu sein. Übrigens lässt sich auch das Criterium angeben, wonach a priori entschieden wird, auf welcher Seite der Scheidungslinie zwei Auflösungen mehr Statt finden als auf der andern, wobei ich jedoch gegenwärtig mich nicht aufhalten will.

Alle bisher bekannten Planeten haben solche Bahnen, dass die durch die Theorie gefundenen Scheidungslinien immer wahre Limiten sind. Es sind nämlich zwei Scheidungslinien, die die Himmelskugel in drei Flächenräume abtheilen; zwei sind isolirte Flächen, in welche gar keine geocentrische Örter fallen, der dritte zwischen jenen, gürtelartig, enthält alle geocentrischen Örter, und jeder Punkt innerhalb des Gürtels kann auf zwei Arten, jeder Punkt auf der Limite auf Eine Art geocentrischer Ort sein.

Es lassen sich aber fingirte Bahnen denken (Cometenbahnen werden vielleicht mehrere in dem Fall sein, worüber ich jedoch bisher keine Nachforschungen gemacht habe), wo zwei Limiten die Himmelskugel auch in drei Stücke scheiden, und wo der eine Theil gar keine geocentrischen Örter enthält, der andere die geocentrischen zu zwei Arten, der dritte hingegen die Punkte die auf vier verschiedene Arten geocentrische Örter sein können.

Noch weitere Mannigfaltigkeit ergibt sich, wenn Eine Scheidungslinie sich selbst einmal oder zweimal schneidet, eine einfache oder doppelte Schleife bildet. Im ersten Fall wird sie zwei, im zweiten drei Flächenräume von dem gürtelförmigen Theile abtrennen, in denen resp. 4 und 0 oder 4, 0, 4 Auflösungsarten Statt finden.

Noch anders verhält es sich mit einer Bahn, die in die Erdbahn wie ein Kettenring eingreift. In einem solchen Fall ist nur Eine zusammenhängende Limitenlinie, also zwei geschiedene Flächentheile, wo die Punkte des einen Theils auf Eine Art, die des andern Theils auf drei Arten geocentrische Örter sein können.

BEOBACHTUNGEN

UND

RECHNUNGEN.

FORTGESETZTE NACHRICHTEN ÜBER DEN LÄNGST VERMUTHETEN NEUEN HAUPT-PLANETEN UNSERES SONNEN-SYSTEMS.
[CERES.]

Monatliche Correspondenz zur Beförderung der Erd- und Himmels-Kunde, herausgegeben vom Freiherrn von Zach. Band III. 1801 December.

— — —

Eine grosse Hoffnung der Hülfe und Erleichterung gewähren uns die uns jüngst mitgetheilten Untersuchungen und Berechnungen des Dr. Gauss in Braunschweig. Sie geben uns zugleich einen neuen und hohen Grad der Wahrscheinlichkeit, dass das von Piazzi entdeckte neue Gestirn ein wirklich planetarischer Weltkörper sei, welcher sich nach Kepler'schen Gesetzen zwischen der Mars- und Jupiters-Bahn fortbewegt.

Wir eilen mit der Mittheilung seiner Berechnungen um so mehr, da seine neue elliptische Bahn von der elliptischen des Dr. Burckhardt, und von den zwei Kreis-Bahnen des Dr. Olbers und P. Piazzi, welche wir in unseren vorigen Heften, mit hieraus im voraus berechneten Orten des Planeten, mitgetheilt haben, beträchtlich verschieden ist, und ihre Abweichung, in gegenwärtigem Monat, von den Gauss'schen Positionen sich auf 6 bis 7 Grade in geocentrischer Länge erstrecken kann. Es ist daher von Wichtigkeit, diese Bemerkungen den practischen Astronomen bald möglichst mitzutheilen, weil sie dadurch erfahren, dass sie *nothwendig* den Raum am Himmel, worin sie dieses neue und so schwer zu findende Gestirn aufzusuchen haben, um 6 bis 7 Grade weiter nach Osten ausdehnen müssen. Denn 1) liegen nach Dr. Gauss's Rechnung die Piazzi'schen Beobachtungen, wie Dr. Burckhardt und Olbers vorausgesetzt haben, weder nahe am Perihelium, noch nahe beim Aphelium, sondern fast mitten zwischen beiden.

2) Ist die Excentricität der Bahn nach seiner Rechnung nicht so ganz unbeträchtlich, wie P. Piazzi glaubt, daher denn die nach seinen elliptischen Elementen im voraus berechneten Längen von den nach Kreis-Hypothesen berechneten in gegenwärtigem Monat leicht um 7 Grade*) verschieden sein können.

3) Rechtfertigen die Gauss'schen Elemente die Piazzi'schen Beobachtungen vollkommen, und befreien sie ganz von dem Verdachte eines Mangels an Genauigkeit, wie Dr. Burckhardt und Olbers bei der Prüfung durch Differenzen vermuthet hatten.

Alles dieses beweist die Gauss'sche Ellipse. Welches Vertrauen sie daher erwecken muss, werden Astronomen aus der Genauigkeit erkennen, mit welcher sie die sämmtlichen Piazzi'schen Beobachtungen darstellt. Dr. Gauss ist zu diesen Berechnungen durch einige Untersuchungen über physische Astronomie

---

*) [Handschriftliche Bemerkung.] Am 31. Dec. schon fast 11 Grad vergl. p. 581 u. 647. [S. 203 d. B.]

veranlasst worden, welche ihn auf einige nicht unerhebliche Zusätze zur Theorie der Bestimmung der Himmelskörper in Kegelschnitten jeder Art geführt hat, und wovon er uns einiges mitzutheilen so gütig war. Wir hoffen unsere astronomischen Leser ein andermal damit zu unterhalten, da uns diese Auseinandersetzung hier zu weit von unserm Gegenstande ablenken würde; wir schränken uns daher blos auf das ein, was unmittelbar auf die Untersuchung der Bahn der *Ceres Ferdinandea* Bezug hat.

Zuerst wählte Dr. GAUSS zur Bestimmung der Bahn die drei Beobachtungen vom 2. und 22. Jan. und vom 11. Febr., wobei er diese Data ganz so angenommen hat, wie sie in dem Septbr. St. d. M. C. S. 280 gegeben sind. Nach einem eigenthümlichen Verfahren fand er sofort beim vierten Versuche folgende Elemente:

Sonnenferne	330° 14′ 33″	
Ω	81 8 50	**Hieraus folgt:**
Neigung der Bahn	10 32 19	grösste Mittelpunkts-Gleichung . . . 9° 32′ 57″
Logarithmus der halben grossen Axe . .	0.4381058	halbe grosse Axe 2.74226
Excentricität	0.0832836	siderische Umlaufszeit . . . . . . 1658¼ Tage
Epoche: 31. Dec. 1800 im mittl. Mittag zu Palermo		tägliche siderische mittlere Bewegung 781″355
mittlere heliocentrische Länge: . . .	77° 54′ 29″	

Diese Elemente stellen die beiden äussern Beobachtungen genau, die mittlere mit 2″ Fehler in Länge und Breite dar. Auf Aberration und Präcession ist gehörig Rücksicht genommen worden.

Nach diesem ersten glücklichen Versuche unternahm Dr. GAUSS eine zweite Berechnung dieser Bahn. Er liess die Beobachtungen vom 2. und 22. Jan. weg, und wählte anstatt derselben die vom 1. und 21. Jan., in Verbindung mit der vom 11. Febr., welche er nicht weglassen wollte, damit die Zwischenzeit so gross als möglich bliebe. Diese Rechnung hat ihm, bei der vierten Hypothese, folgende Elemente gegeben:

Sonnenferne	330° 33′ 20″	
Ω	81 2 35	**Hieraus folgt:**
Neigung der Bahn	10 36 30	grösste Mittelpunkts-Gleichung . . . 8° 5′ 19″
Logarithmus der halben grossen Axe	0.4370335	halbe grosse Axe 2.73548
Excentricität·	0.0705553	siderische Umlaufszeit . . . . . . 1652¼ Tage
Epoche wie oben	76° 28′ 14″.27	tägliche siderische mittlere Bewegung . 784″.25

Nach diesen Elementen stimmen sämmtliche im September-Hefte S. 280 angeführte PIAZZI'sche Beobachtungen folgendermaassen:

1801	Berechnete		Fehler der		1801	Berechnete		Fehler der	
	Länge	Breite	Länge	Breite		Länge	Breite	Länge	Breite
Jan. 1	53° 22′ 58″42	3° 6′ 42″09	+ 0″12	− 0″01	Jan. 23	53° 44′ 15″74	1° 38′ 46″25	+ 0″04	− 5″85
2	53 19 37.02	3 2 23.78	− 7.28	− 1.12	28	54 15 20.88	1 21 4.07	+ 5.18	− 2.83
∷ 3	53 16 43.67	2 58 6.70	−14.93	− 3.20	30	54 30 4.25	1 14 13.73	+ 5.25	− 2.27
4	53 14 14.03	2 53 51.16	− 1.47	− 4.44	31	54 38 11.25	1 10 51.99	+ 3.95	− 2.61
∷ 10	53 7 54.51	2 28 53.13	− 4.59	− 7.47	∷Feb. 1	54 46 28.37	1 7 32.09	+ 9.07	+ 1.19
13	53 10 18.77	2 16 48.78	−18.83	−10.92	2	54 55 5.09	1 4 14.25	+ 7.19	+ 3.75
14	53 11 55.25	2 12 51.23	− 5.95	− 5.47	5	55 22 50.25	0 54 32.88	+ 6.85	+ 3.98
19	53 26 0.37	1 53 34.19	+ 1.17	− 4.01	8	55 53 23.15	0 45 9.20	− 6.38	+ 4.20
21	53 34 22.68	1 46 5.98	+ 1.38	− 0.02	11	56 26 39.97	0 36 2.90	− 0.03	+ 0.00
22	53 39 7.88	1 42 25.06	+ 6.08	− 3.04					

So vortrefflich diese Übereinstimmung ist, so hält es Dr. GAUSS doch selbst für sehr möglich, dass seine Elemente sich von den wahren beträchtlich mehr entfernen können, als sie unter sich abweichen, da der durchlaufene Theil der Bahn so klein ist, und von der ersten bis zur letzten Beobachtung nur 9° 15′ 35″ beträgt. Indessen da diese Bahn doch *möglich*, wo nicht *höchst wahrscheinlich* ist: so haben practische Astronomen doppelt Ursache, auf dieselbe bei Aufsuchung dieses Gestirns Rücksicht zu nehmen und sie zu ihrem vorzüglichsten Leitfaden zu wählen, da von allen bisher versuchten und berechneten Bahnen keine eine solche nahe und genaue Vereinigung aller Beobachtungen darstellt, als eben diese GAUSS'sche Ellipse.

Übrigens bemerken wir noch, dass Dr. GAUSS, bei allen diesen Berechnungen sowol auf den im October-Hefte S. 365 angezeigten Druckfehler von einer Minute in dem Orte der Sonne, als auch auf einen zweiten beim 13. Jan., ebenfalls bei der Länge der Sonne vorgefallenen, Rücksicht genommen, und diese letzte zu 9ᶻ 23° 13′ 13.″8 vorausgesetzt habe.

So weit war Dr. GAUSS in seinen Berechnungen der Bahn der *Ceres Ferdinandea* gekommen, als er sie uns mitzutheilen so gütig war. Wir hatten indessen die PIAZZI'sche Abhandlung, nebst seinen verbesserten Beobachtungen erhalten, wovon wir im November-Hefte einen getreuen Auszug mitgetheilt haben. So gering aber auch diese Veränderungen, worunter die um 15″ verminderte gerade Aufsteigung vom 11. Febr. die beträchtlichste ist, und wodurch die vorigen Elemente nur wenig geändert werden: so haben sich doch hier und da einige bedeutendere Druck- und Rechnungsfehler bei der Reduction dieser Beobachtungen eingeschlichen; und da sich diese Fehler leicht wegschaffen, und die Elemente hiernach bald verbessern liessen: so theilten wir dem Dr. GAUSS die sämmtlichen PIAZZI'schen Beobachtungen in der Italienischen Originalschrift zu diesem Behufe mit. Allein ehe er noch unsere Zuschrift erhielt, hatte er bereits den Anfang mit der Berechnung einer neuen Bahn gemacht. So gering auch die Abweichungen seiner zweiten Elemente von den Beobachtungen schon waren: so hatten sie doch noch eine sehr auffallende Regularität, woraus sich mit Gewissheit vorhersehen liess, dass man die Fehler noch beträchtlicher vermindern könne. Er machte den Versuch, und da er beim Empfang der ihm zugeschickten verbesserten Beobachtungen, so wie sie PIAZZI selbst reducirt und berechnet hatte, diese Arbeit schon grösstentheils zu Ende gebracht hatte: so hielt er es für gut, sie erst ganz zu vollenden, um so mehr, da er voraus wusste, dass die Länge nach den neuen Elementen für den 11. Febr. um 6″ kleiner ausfallen, und sich also der berichtigten, ihm bis dahin natürlich unbekannten Angabe der Beobachtung schon von selbst fast um die Hälfte nähern würde. Auf diese Art fand er folgende *dritte* Elemente:

Sonnenferne	326° 53′ 50″		
☊	81 1 44	**Hieraus ferner:**	
Neigung der Bahn	10 36 21	Grösste Mittelpunkts-Gleichung . . .	9° 23′ 57″
Logarithmus der halben grossen Axe .	0.4414902	Tägliche siderische mittl. hel. Bewegung	772″275
Excentricität	0.0819603	Tägliche tropische helioc. Bewegung .	772.413
Epoche	77° 34′ 28″	Tropische Umlaufszeit	1677.8 Tage

Diese Elemente stellen die von uns reducirten und im September-Hefte S. 280 angeführten PIAZZI'schen Beobachtungen folgendermaassen dar:

1801	Berechnete		Fehler der		1801	Berechnete		Fehler der	
	Länge	Breite	Länge	Breite		Länge	Breite	Länge	Breite
Jan. 1	53° 23′ 2″34	3° 6′ 43″63	+ 4″04	+ 1″53	Jan. 23	53° 44′ 14″08	1° 38′ 49″44	− 1″62	− 2″66
2	53 19 41.24	3 2 25.68	− 3.06	+ 0.78	28	54 15 17.11	1 21 5.91	+ 1.41	− 0.99
3	53 16 48.05	2 58 8.97	−10.35	− 0.93	30	54 30 9.76	1 14 15.12	+ 0.76	− 0.88
4	53 14 18.47	2 53 53.79	+ 2.97	− 1.81	31	54 38 6.44	1 10 52.81	− 0.86	− 1.79
10	53 7 58.37	2 28 57.12	− 0.73	− 3.48	Febr. 1	54 46 23.22	1 7 32.54	+ 3.92	+ 1.64
13	53 10 21.60	2 16 52.89	−16.00	− 6.81	2	54 54 59.71	1 4 14.30	+ 1.81	+ 3.80
14	53 11 57.70	2 12 55.36	− 3.50	− 1.34	5	55 22 44.30	0 54 31.72	+ 0.90	+ 2.82
19	53 26 0.59	1 53 38.01	+ 1.39	− 0.19	8	55 53 17.01	0 45 6.65	−12.49	+ 1.63
21	53 34 21.99	1 46 9.53	+ 0.69	+ 3.53	11	56 26 34.10	0 35 58.96	− 5.90	− 3.94
22	53 39 6.69	1 42 28.45	+ 4.89	+ 0.35					

Die von PIAZZI angezeigten Fehler und Verbesserungen geben nunmehr folgende Abänderungen: Wegen der um 15″ verminderten geraden Aufsteigung vom 11. Febr. wird, mit 23° 28′ 12″ Schiefe der Ekliptik, die Länge 56° 26′ 26″1, die Breite 35′ 59″7: also Fehler der Länge + 8″0, Fehler der Breite − 0″74. Beim Nachrechnen der Reduction der geraden Aufsteigung und Abweichung bei denjenigen Beobachtungen, wo PIAZZI's Angaben beträchtlich von den unserigen abweichen, fand Dr. GAUSS die Länge am 8. Febr. 55° 53′ 17″7: folglich ist der Fehler − 0″7 *). Das übrige, und auch selbst die bei PIAZZI so stark abweichende Länge am 13. Januar findet Dr. GAUSS, wie bei uns. Da diese Beobachtung sowohl von diesen letzten als auch von den vorigen Elementen gerade am meisten abweicht und sich nicht genau darstellen lässt, ohne den übrigen Beobachtungen Zwang anzuthun: so vermuthet Dr. GAUSS, dass irgend dabei ein kleines Versehen vorgefallen sei. Übrigens sieht man leicht, dass die übrigen von PIAZZI angegebenen kleinen Verbesserungen (Novembr.-St. S. 573) die Genauigkeit, womit die Beobachtungen durch diese letzten Elemente dargestellt werden, wenig ändert.

So gering indessen alle Fehler sind, so hat Dr. GAUSS doch noch einen vierten Versuch gemacht, die Genauigkeit noch etwas zu vergrössern. Die Längenfehler sind bei diesen letzten Elementen im Februar sämmtlich positiv, wenn man die kleinen Verbesserungen von PIAZZI noch in Betrachtung zieht; auch die Breitenfehler neigen sich gegen das Ende so ziemlich nach einer Seite. Dr. GAUSS hat daher neue Elemente gesucht, wonach die berechneten Längen und Breiten im Februar etwas kleiner werden, indem die übrigen ungefähr dieselbe Grösse behalten. Ob er gleich diese Elemente mit den sämmtlichen Beobachtungen nicht verglichen hat, welches zum Theil auch ganz überflüssig ist: so glaubt er doch im voraus versichern zu können, dass sie zwischen den Beobachtungen, so viel sich thun lässt, das Mittel halten, und dass die Fehler bei keiner Beobachtung (die vom 3. und 13. Januar ausgenommen) über 5″ in Länge und Breite gehen, gar keine Regularität mehr haben, sondern eine ganz irreguläre Abwechselung der Zeichen geben. Dr. GAUSS zweifelt nicht ohne Grund, ob man *bei eben den Datis* eine *merklich grössere* Übereinstimmung bei andern Elementen finden könne, womit er indessen durchaus nicht sagen oder verstanden wissen will, dass andere erheblich verschiedene Elemente eine ähnliche Übereinstimmung nicht gewähren könnten; zumal wenn bei dieser delicaten Rechnung, wo wenige Secunden schon einen merklichen Ausschlag geben, etwas andere Bestimmungen von der Sonne gebraucht würden. So ist die Länge der Sonne bei PIAZZI im Februar von der unsrigen um eine halbe Minute verschieden, wiewohl gerade hier in der Nähe der Quadratur der Einfluss der Sonnen-Länge geringer ist, als in andern Lagen. Dr. GAUSS glaubt daher, dass es nicht undienlich wäre, wenn man die Fehler der Sonnen-

---

*) In den PIAZZI'schen Original-Beobachtungen S. 565 des November-Stücks sind die Längen der Sonne am 13. Januar und 8. Februar um eine Minute zu gross; alle geocentrische Breiten gegen 10″ zu klein. welches ohne Zweifel daher kommt, dass PIAZZI bei der Reduction seiner Beobachtungen sich einer andern Schiefe der Ekliptik und wahrscheinlich jener aus der *Conn. d. tems Annee* IX. zu 23° 28′ 1″ bedient hat.

tafeln aus sehr genauen Beobachtungen für diese Zeiten bestimmmte, und die Örter der Sonne hiernach verbesserte. Diese *vierten* Elemente sind nun folgende:

Sonnenferne . . . . 326° 27′ 38″

Ω 81 0 44

Neigung 10 36 57

Logarithmus der halben grossen Axe . 0.4420527

Excentricität 0.0825017

Epoche 1800 31. Dec. . . . . 77° 36′ 34″

Hieraus:

grösste Mittelpunkts-Gleichung . . . . 9° 27′ 41″

tägliche mittlere helioc. tropische Bewegung . . . . 770″914

Aus diesen Elementen hat Dr. GAUSS folgende Örter der *Ceres Ferdinandea* im voraus berechnet. Die Zeit ist mittlere für Mitternacht in *Palermo*.

1801	Geocentrische Länge	Geocentrische Breite nördlich	Logarithm. des Abstandes von der ♂	Logarithm. des Abstandes von der ☉	Verhältniss der gesehenen Helligkeit
November 25	5ᶻ 20° 16′	9° 25′	0.42181	0.40468	0.6102
December 1	5 22 15	9 48	0.40940	0.40472	0.6459
7	5 24 7	10 12	0.39643	0.40479	0.6855
13	5 25 51	10 37	0.38296	0.40488	0.7290
19	5 27 27	11 4	0.36902	0.40499	0.7770
25	5 28 53	11 32	0.35468	0.40512	0.8295
31	6 0 10	12 1	0.34000	0.40528	0.8869

Sollte man den Ort des Planeten nach diesen Elementen genauer, oder auf eine längere Zeit berechnen wollen: so setzen wir zu diesem Behufe noch folgende Formeln hierher:

1) Zur Berechnung der Mittelpunkts-Gleichung $= M$

$M = -3400 5''494$ Sin. Anom. med. $+1750''951$ Sin. 2 A. m. $-124''951$ Sin. 3 A. m $+10''192$ Sin. 4 A. m. $-0''901$ Sin. 5 A. m. $+0''083$ Sin. 6 A. m.

2) Für den Radius Vector $= r$

$r = 2.776695 + 0.2373586$ Cosin. Anom. med. -0.0093752 Cosin. 2 A. m. $+0.0005789$ Cosin. 3 A. m. -0.0000423 Cosin. 4 A. m. $+0.0000034$ Cosin. 5 A. m. -0.0000003 Cosin. 6 A. m.

Oder: $r = \dfrac{7.60570}{2.767278 \pm 0.2283053 \text{ Cosin. Anom. ver.}}$

3) Für die heliocentrische Breite $= \lambda$.

Log. Sin. $\lambda = 9.2653438 +$ Log. Sin. Arg. Latit.

4) Für die Reduction der heliocentr. Länge auf die Erdbahn $= \varepsilon$.

a) Log. Tang. $\varphi = 9.9925025 +$ Log. Tang. Arg. Latit.

β) $\varepsilon =$ Arg. Latit. $- \varphi$.

5) Für die Reduction des Radius Vector, oder curtirte Distanz $= \rho$.

$\rho =$ Cosin. Latit. helioc. $\times$ Distant. vera.

Oder für den Logarithm. der Verkürzung selbst $=$ Log. μ.

Log. $\mu = 10.000000 -$ Log. Cosin. Latit. helioc.

6) Für die Aberration des Lichts, in Länge, Breite, Grade Aufsteigung und Abweichung $= a$.

Log. $a = \pm$ Log. Dist. a ♂ $+$ Log. mot. horar. geoc. $+$ Log. 7.751007.

Wir beschliessen diese Nachricht mit einer Bemerkung des Dr. Gauss über die Neigung der Bahn der *Ceres*, welche wegen ihrer Grösse vielen Astronomen so auffallend war. Ob er gleich mit dem Urtheil einiger Astronomen ganz einverstanden ist, dass wir durch keinen physischen Grund berechtigt werden, bei allen Weltkörpern unseres Sonnen-Systems, die eine kreisähnliche Bahn haben, auch eine geringe Neigung gegen die Ekliptik zu erwarten: so scheint ihm doch, dass das Paradoxe davon beträchtlich vermindert werde, und die Analogie sich doch einigermassen retten lasse, wenn man nur diese Planeten-Bahn, wie La'Place bei den Bahnen der Uranus-Trabanten gethan hat (*A. G. E.* II B. S. 259) auf ihre eigentliche Ebene, auf welche man sie beziehen muss, nämlich auf den Sonnen-Aequator, bezogen haben wird. Wenn wir die Ebenen der sämmtlichen Planeten unter einander vergleichen, so zeigt sich alsdann, dass die Bahn der *Ceres* gegen die Bahn keines einzigen andern Planeten so gross ist, als gegen die Erdbahn. Vergleichen wir also die Bahn der *Ceres* mit der Erdbahn, so vergleichen wir gerade die beiden Extreme unseres Sonnen-Systems. Denkt man sich aber eine Ebene, die zwischen den Ebenen sämmtlicher *acht* Planeten-Bahnen ungefähr in der Mitte liegt: so sind die Neigungen gegen dieselbe alle klein genug. Es scheint sehr merkwürdig, dass gerade der Sonnen-Aequator ungefähr eine solche Lage hat; nur mit der Einschränkung, dass die Bahn der *Ceres* nebst denen der Venus und des Mercur am wenigsten, etwa 3 bis 4 Grade, die Bahn der Erde hingegen gerade am meisten dagegen geneigt ist.

[VON ZACH.]

FORTGESETZTE NACHRICHT ÜBER DEN NEUEN HAUPT-PLANETEN.
[CERES.]

Monatliche Correspondenz. 1802 Februar.

— — — „In der That bewundernswürdig ist die Übereinstimmung der Abweichungen der Piazzi'-„schen Beobachtungen, sowol unter sich, als mit der Rechnung, und gerade dies bestärkt meine Hoff-„nung, dass meine Elemente zur Auffindung hinreichend genau sein werden. Denn gerade die Breiten-„Beobachtungen, die von den Abweichungen am meisten abhängen, haben auf die Zustimmung der Ele-„mente den grössten Einfluss; eine Änderung von 20″ in der Breite, wenn man sie bei den äussern Be-„obachtungen positiv und bei den mittleren negativ anbrächte, oder umgekehrt, würde die Ellipse total „ändern. Mit dieser Bemerkung hängt eine andere zusammen, die aber dann erst ihren vollen Werth „erhält, wenn die Wiederauffindung geglückt sein, und die aus den Beobachtungen abgeleiteten Ele-„mente bestätigen wird, dass wir dieselbe in diesem Falle hauptsächlich der starken Neigung der Bahn „verdanken werden. Fiele die Bahn mit der Ekliptik zusammen: so würde man wol darauf Verzicht „thun müssen, wenigstens würde die Ungewissheit nach einem Jahr in der Länge ausserordentlich gross, „und vielleicht ein Paar Zeichen betragen, obwol diese Zone alsdann fast gar keine Breite haben würde. „Man sieht den Grund davon leicht ein, wenn man erwägt, dass alsdann zur Bestimmung der Ellipse „nothwendig vier Längen erfordert würden, dass folglich zweien äussern und einer mittleren Beobach-„tung durch unendlich viele Ellipsen, und vielleicht auch Parabeln und Hyperbeln vollkommen Genüge „geleistet werden könnte, und da bei der Kleinheit der Reihe der Beobachtungen leicht zu ermessen

„ist, dass Elemente, die zwei äussere und eine mittlere Beobachtung darstellen, auch von der ganzen „Reihe wenig abweichen können: so würde folglich der Kegelschnitt fast ganz unbestimmt sein. . .“

Wie richtig Dr. GAUSS hierin geurtheilt habe, liegt nun bei Wiederauffindung der *Ceres* am Tage, und die nahe Übereinkunft seiner Elemente mit den jetzigen Beobachtungen bestätigt es. Ja, ohne die scharfsinnigen Bemühungen und Berechnungen des Dr. GAUSS hätten wir die *Ceres* vielleicht nicht wieder gefunden, der grössere und schönere Theil des Verdienstes gebührt daher ihm. Derselben Meinung ist auch der würdige Dr. OLBERS; er schreibt an den Herausgeber: „Mit Vergnügen werden Sie bemerkt „haben, wie genau Dr. GAUSS's Ellipse mit den Beobachtungen der *Ceres* stimmt. Melden Sie doch dies „diesem würdigen Gelehrten, unter Bezeugung meiner ganz besondern Hochachtung. Ohne seine müh- „samen Untersuchungen über die elliptischen Elemente dieses Planeten würden wir diesen vielleicht gar „nicht wiedergefunden haben. Ich wenigstens hätte ihn nicht so weit ostwärts gesucht.“

[VON ZACH.]

FORTGESETZTE NACHRICHTEN ÜBER DEN NEUEN HAUPT-PLANETEN. CERES FERDINANDEA.

Monatliche Correspondenz. Band V. S. 263—282. 1802 März.

— — — „Ich kann nicht umhin, schreibt dieser verdienstvolle Gelehrte [GAUSS], hier noch zu „erwähnen, was für eine Wohlthat für die Astronomie bei dieser Gelegenheit das Dasein einer Zeitschrift, „wie die M. C. gewesen ist. Mit welcher Lauigkeit und Gleichgültigkeit würde man nicht PIAZZI's Ent- „deckung aufgenommen haben, wenn Sie nicht durch Ihre Zeitschrift alle Nachrichten darüber gesam- „melt, auf das schnellste verbreitet, das allgemeine Interesse erweckt, Gründe und Gegengründe abge- „wogen, und den Planetismus dieses Gestirns zur höchsten Wahrscheinlichkeit gebracht hätten. Wahr- „scheinlich hätten nur wenige Astronomen sich die Mühe gegeben, es wieder aufzusuchen, da selbst „aller jetzigen Astronomen Lehrer und Meister noch vor kurzem den neuen Planeten so stark bezwei- „felte?“ — — —

— — Wir haben unsern Lesern in dem December-Hefte vorigen Jahres S. 646 [S. 203 d. B.] alle nach und nach von Dr. GAUSS berechnete und bis zum *vierten mal* nach PIAZZI'schen Beobachtungen ver- besserte Elemente der Bahn mitgetheilt. In diesen *vierten* Elementen hatte Dr. GAUSS in der Folge noch folgende kleine Veränderungen gemacht:

Ω 81° 0′ 13″39, Sonnenferne 326° 27′ 41″93, Epoche 77° 36′ 38″35, Neigung 10° 37′ 1″98.

Das übrige blieb ungeändert. — —

— — — Wir haben es schon in dem vorhergehenden Februar-Hefte S. 178 erwähnt, dass uns Dr. GAUSS, noch vor der Auffindung der *Ceres*, eine zum *fünften mal* verbesserte Bahn dieses Planeten zugeschickt hatte. Wir wollen daher auch diese vorerst zur historischen Kenntniss unserer astronomi- schen Leser gelangen lassen. Dr. GAUSS unterwarf die PIAZZI'schen Beobachtungen einer wiederholten sorgfältigen Berechnung der elliptischen Bahn, wobei er auf Nutation, Aberration und Parallaxe auf das genaueste Rücksicht nahm. Hieraus entstanden folgende fünfte Elemente:

(V)

Sonnenferne . . . . 324° 37′ 11″	Excentricität 0.0879111	
☊ 80 59 12	tägliche mittl. helioc. mittl. Bewegung 763″950	
Neigung . . . . 10 37 9″55	Epoche 1800 31. December . . . . 78° 5′ 16″6	
Logarithmus der halben grossen Axe 0.4446804		

Es wäre überflüssig, hier die schöne Übereinstimmung dieser Elemente mit den Piazzi'schen Beobachtungen zu zeigen, welche Dr. Gauss auf das sorgfältigste berechnet und bis auf ein Paar Secunden genau dargestellt hatte.

Als ich dem Dr. Gauss die Nachricht von der glücklichen Auffindung der so sehnlichst erwarteten *Ceres*, und meine drei ersten Beobachtungen derselben mitgetheilt hatte, so war das erste, was er nach Empfang derselben that, dass er sie sogleich nach seinen oben angezeigten V^{ten} Elementen berechnete. Er fand den Fehler bei der ersten Beobachtung vom 7. December in AR $+$ 24′ 8″; bei der zweiten vom 11. Januar $+$ 30′ 53″; bei der dritten vom 16. Januar $+$ 31′ 53″. Nach seinen IV^{ten} (verbesserten) Elementen weichen sie nach einem Überschlage in folgender Ordnung ab: $+$ 14½ Minuten $+$ 19¾ Minuten $+$ 20¼ Minuten. Dass diese IV Elemente der Wahrheit etwas näher kommen, als die V^{ten}, hält Dr. Gauss für Zufall; vielleicht ist es aber auch zum Theil Folge der Einwirkung der Planeten-Störungen bei den Piazzi'schen Beobachtungen, besonders auf die Breiten. Soviel Dr. Gauss aus den zwei ersten Olbers'schen Beobachtungen schliessen konnte, welche er inzwischen erhalten hatte, so stimmten die Breiten mit beiden Elementen bis auf ein Paar Minuten, und die Differenz in den Declinationen war hauptsächlich nur Folge von den Längen-Differenzen. Indessen ehe Dr. Gauss weitere Beobachtungen von mir erhielt, konnte er der Versuchung nicht widerstehen, eine provisorische Correction seiner Elemente vorzunehmen. Er hielt sich dabei an meine beiden geraden Aufsteigungen vom 7. December und 16. Januar, und so fand er folgende VI^{ten} Elemente, nach einer mit aller möglichen Sorgfalt geführten Rechnung, welche um so nöthiger war, da der geringste Fehler die ganze Arbeit unnütz gemacht hätte.

Epoche 1801 Palermer Meridian . . 77° 24′ 55″9		
— 1802 — . . 155 33 35.1		
Tägliche mittlere tropische Bewegung 770″7376		
Tropische Umlaufszeit . . . . . . 1681 Tage 12 St. 9 Min.		
Logarithmus der halben grossen Axe 0.4421189		
Sonnenferne . . . . 326° 14′ 45″ }	31. December 1800, siderisch ruhend ange-	
☊ . . . . 80 58 55 }	nommen	
Excentricität 0.08086253		
grösste Mittelpunktsgleichung . . . 9° 16′ 23″		
Neigung 10 37 51		

Es lag in der Natur der bei dieser Rechnung gebrauchten Methode, dass durch diese Elemente die Piazzi'schen Beobachtungen fast eben so scharf dargestellt werden, als durch die V^{ten} Elemente. Allein es war nicht zu erwarten, dass gleich durch diese erste Verbesserung die Fehler bei den beiden neuen Beobachtungen sogleich von einem halben Grad auf Null gebracht würden. Inzwischen als Dr. Gauss nach diesen neuen Elementen die beiden dabei zum Grunde gelegten geraden Aufsteigungen berechnet hatte, fand er doch die Übereinstimmung grösser, als er gehofft hatte. Der Fehler bei der ersten Beobachtung war nur $+$ 3″0, in der letzten $+$ 9″9. Dr. Gauss hatte nun ferner drei neue Beobachtungen von mir, welche ich ihm unterdessen zugeschickt hatte, nach diesen Elementen berechnet, und fand folgende Übereinstimmung der geraden Aufsteigungen.

Seeberg	Berechnete Asc. rect. ♀	Unterschied	Berechnete Abweichung
1801 December 7	178° 33′ 33″6	+ 3″0	11° 47′ 33″ N
1802 Januar 11	186 46 9.3	+ 19.3	11 15 41
— 16	187 28 3.1	+ 9.9	11 26 40
— 22	188 6 45.9	+ 20.1	11 45 18
— 25	188 21 6.5	+ 27.3	11 56 49

Da bei Bestimmung dieser Elemente keine andere Breiten gebraucht worden als die PIAZZI'schen, die alle sehr nahe beim Knoten liegen: so kann man von der Neigung noch keine grosse Schärfe fordern. Inzwischen glaubt Dr. GAUSS nach einem Überschlag der OLBERS'schen Declinationen, dass sie kaum mehr als eine Minute fehlerhaft sein dürfte. Dies ist auch ein neuer Beweis für die vorzügliche Güte der PIAZZI'schen Declinationen.

Diese VI^ten Elemente werden in der Folge noch immer bedeutende Verbesserungen bedürfen; diese werden immer sicherer ausfallen, je entfernter die Beobachtungen von einander liegen, als wenn Dr. GAUSS jetzt schon den vorhandenen Beobachtungen seine Elemente möglichst genau anpassen wollte. Indessen ist Dr. GAUSS ein so fertiger und unermüdeter Rechner, dass ihm die Bestimmung neuer Elemente gar keine Mühe zu machen scheint; denn ehe ich michs versah, und ehe ich ihm meine Beobachtung vom 26. Januar zugeschickt hatte, überraschte er mich schon mit einer VII^ten Bahn der *Ceres*, indem er dazu statt meiner Beobachtung vom 16., die vom 25. Januar gebrauchte, und damit folgende (VII) Elemente herausbrachte.

(VII)

Epoche 1801 { Seeburger Meridian . . 77° 27′ 36″5 | Sonnenferne } 1801 ruhend . . . . . 325° 57′ 15″
{ Palermer Meridian . . 77 27 30.9 | Ω } 80 58 40

tägliche mittlere tropische Bewegung . 769″7924 | grösste Mittelpunktsgleichung . . . 9 20 8.0
Logarithmus der halben grossen Axe . 0.4424742 | Neigung 10 37 56.6
Excentricität . . . . 0.0814064 | [Handschrift] Epoche 1802 Palermo . . 155 30 25.2

Hierbei sind abermals keine andere, als PIAZZI'sche Breiten gebraucht worden; auch stellen diese Elemente die sämmtlichen Palermer Beobachtungen möglichst genau dar, und schliessen sich nun auch besser an meine Beobachtungen an, wie gegenwärtige Übersicht zeigt:

Seeberg	Berechnete Ascens. rect.	Unterschied	Berechnete Abweichung N.	Unterschied
1801 December 7	178° 33′ 29″2	− 1″4		
1802 Januar 11	186 45 47.6	− 2.3		
16	187 27 38.8	− 14.4		
22	188 6 18.2	− 7.6		
25	188 20 37.2	− 2.0	11° 56′ 58″4	+ 35″4
26	188 24 37.0	− 12.5	12 1 8.4	
28	188 31 25.7	− 12.1	12 9 55.6	+ 14.3
29	188 34 14.1	− 4.0	12 14 34.1	
30	188 36 38.4	− 5.5	12 19 19.8	+ 19.1
31	188 38 38.3	− 7.1	12 24 15.3	
Februar 3	188 42 9.5	− 3.5	12 39 56.6	+ 17.6
4	188 42 30.7	− 5.6	12 45 25.7	
5	188 42 26.7	− 3.4	12 51 2.6	+ 34.7
9	188 38 1.6	− 2.3	13 14 43.0	+ 22.0

Es wäre dem Dr. Gauss ein leichtes, obige geringe Abweichung der Rechnung von allen meinen bisher beobachteten geraden Aufsteigungen ganz und gar verschwinden zu machen. Allein da wir jetzt fast mit jeder Woche von der Verbesserung dieser Elemente einen grössern Grad von Genauigkeit hoffen können, und diese Elemente auf jeden Fall zur Auffindung der *Ceres* auf lange Zeit hinlänglich genau sind: so glaubt Dr. Gauss selbst, dass es einstweilen am besten sein wird, die Vergleichung der Beobachtungen mit *einerlei Elementen* erst noch eine Zeitlang fortzusetzen, und besonders erst noch eine etwas grössere Anzahl genauer Abweichungen abzuwarten. Selbst die geringe Abweichung, welche obige Tabelle darstellt, und die zu geringe Anzahl zuverlässiger Declinationen zeigen schon, dass es zur weiweitern Berichtigung der VII Elemente noch zu früh sei. Übrigens ist ja die Bahn der *Ceres*, wegen der Perturbationen, welche sie von der Einwirkung der übrigen Planeten erleidet, keine vollkommene Ellipse. Diese Störungen müssen erst berechnet werden, ehe man die *wahre* elliptische Bahn erhalten kann. — — — Indessen, bei der jetzigen Lage der Dinge, wo die *Ceres* bereits fast ein Viertel ihrer Bahn beschrieben hat, schmeichelt sich Dr. Gauss, dass der Unterschied zwischen diesen VII und den wahren Elementen der Bahn nicht sehr stark sein dürfte. Mit allen den Beobachtungen, die in diesem Jahre bis zum Unsichtbarwerden der *Ceres* noch zu hoffen sind*), hofft er diese Elemente noch zu einem solchen Grade von Genauigkeit bringen zu können, dass man, wenn man 44 Jahre damit rückwärts bis zu Mayer's Beobachtungen rechnet, nicht um einen Grad in der Länge, und nur wenige Minuten in der Breite, soll fehlen können. Sollte sich die *Ceres* in keinem ältern Sternverzeichniss, so wie *Uranus*, finden, so wird man freilich ihre mittlere Bewegung nur stufenweise genauer kennen lernen, und man wird dann noch lange Zeit hindurch jedes Jahr etwas hinzuzusetzen und zu verbessern haben. — — —

Um unsern astronomischen Lesern auch künftig die Aufsuchung der *Ceres* zu erleichtern, so theilen wir ihnen hier abermals eine kleine *Ephemeride* ihres Laufes für die nächsten zwei Monate mit, welche Dr. Gauss nach seinen letzten und VII Elementen berechnet hat. Mehr als eine Minute werden diese Stellungen hoffentlich im April vom Himmel nicht abweichen.

Stellungen der *Ceres* im März und April 1802 für Mitternacht, mittlere Seeberger Zeit.

1802	AR. ⚳ in Graden	Abweich.	AR. in Zeit	1802	AR. ⚳ in Graden	Abweich.	AR. in Zeit
März 1	186° 41'	15° 30' N	$12^\mathrm{u}\ 26^\mathrm{m}\ 45^\mathrm{s}$	März 28	181° 17'	17° 54' N	$12^\mathrm{u}\ 5^\mathrm{m}\ 7^\mathrm{s}$
4	186 11	15 50	12 24 45	31	180 39	18 1	12 2 37
7	185 39	16 10	12 22 36	April 3	180 3	18 6	12 0 12
10	185 5	16 29	12 20 18	6	179 29	18 9	11 57 54
13	184 28	16 47	12 17 53	9	178 56	18 10	11 55 45
16	183 51	17 4	12 15 24	12	178 26	18 9	11 53 46
19	183 13	17 19	12 12 50	15	177 59	18 5	11 51 57
22	182 34	17 33	12 10 15	18	177 35	17 59½	11 50 20
25	181 55	17 44	12 7 40				

Diesen Ephemeriden fügt Dr. Gauss noch folgende daraus abgeleitete wichtige Bemerkungen bei:
„Der Gegenschein des Planeten fällt den 17. März Nachmittags. Um diese Zeit wird er am vor-
„theilhaftesten zu beobachten sein. Kurz vor der Opposition hat er den kleinsten Abstand von der Erde

---

*) Um auch hier nichts zu verabsäumen, was zur möglich-längsten Beobachtung dieses Planeten beitragen, und die möglich-grösste Genauigkeit verschaffen kann, werden wir jetzt, da es noch Zeit ist, alle die, in jenem Theil der scheinbaren Bahn der *Ceres* zu liegen kommende Sterne vorher sehr genau zu bestimmen suchen, wo man nämlich den Planeten nicht mehr im Mittagskreis, sondern in seiner westlichen Quadratur, nur mit Aequatorial-Instrumenten oder parallactischen Fernröhren wird beobachten können. Auf jene Beobachtungen ist auch deswegen eine grössere Aufmerksamkeit zu verwenden, weil sie zur Bestimmung des *Radius vector* die günstigsten sein werden.

„erreicht = 1.6025. Um dieselbe Zeit (etwas früher) fällt seine grösste nördliche geocentrische Breite „= 17° 9', und etwas später seine schnellste rückläufige Bewegung, täglich etwa 13 Min. in AR. Die „nördliche Abweichung nimmt noch bis Anfang April zu; ungefähr den 9. April wird der Lauf wieder „südlich." — — —

[von Zach.]

FORTGESETZTE NACHRICHTEN ÜBER DEN NEUEN HAUPTPLANETEN. CERES FERDINANDEA.

Monatliche Correspondenz Band V. S. 379—404. 1802 April.

— — — Die Gauss'sche VII. elliptische Bahn des *neuen Planeten* [S. 207 d. B.] stimmt fortdauernd genau mit unsern fortgesetzten Beobachtungen dieses planetarischen Weltkörpers, wie nachfolgende Berechnung und Vergleichung des Dr. Gauss zur Genüge beweist.

Seeberg 1802	Berechnete Ascensio recta ♀	Unterschied	Berechnete Abweichung nördlich	Unterschied
Februar 19	187° 58' 23″8	— 4″1	14° 20' 24″0	+ 21″1
— 26	187 7 34.4	+ 1.0	15 9 20.1	+ 25.8
— 27	186 58 53.2	+ 5.8	15 16 20.2	+ 26.3
— 28	186 49 51.9	+ 3.7	15 23 19.1	+ 18.1
März 1	186 40 31.4	+ 3.5	15 30 16.0	+ 34.9
— 2	186 30 52.2	+ 3.3	15 37 10.6	. . .
— 3	186 20 55.1	+ 2.6	15 44 2.0	+ 19.7

Die geraden Aufsteigungen stimmen also noch immer vortrefflich, und der Fehler in der Abweichung scheint sich wenig oder gar nicht geändert zu haben. Mit Weglassung der vom 1. März wäre er im Mittel aus fünf Beobachtungen + 22″. — — —

Der Oberamtmann Dr. Schröter fährt fort, den Durchmesser der *Ceres* anhaltend zu beobachten. Folgendes sind einige seiner Beobachtungen, welche Dr. Gauss berechnet hat, und uns mitzutheilen so gütig war.

	Scheinbarer Durchmesser	Berechneter Durchmesser in der Entfernung 1.
1802 Januar 10	. . . . 2″500	. . . . . . 5″16
25	. . . . 2.514	. . . . ˙ . 4.77
26	. . . . 2.687	. . . . . . 5.07
28	. . . . 2.774	. . . . . . 5.18
31	. . . . 2.930	. . . . . . 5.38
Februar 5	. . . . 3.120	. . . . . . 5.59
10	. . . . 3.342	. . . . . . 5.90

Das Mittel wäre 5″29 = 0.308 von der Erde, oder 529 geographische Meilen, mit Einschluss des atmosphärischen Nebels. Nach Schröter's Messung der scharf begrenzten Scheibe wäre der Durchmesser derselben nur 3″44 in der Distanz = 1, also fast genau ⅓ vom Durchmesser der Erde, oder beträchtlich kleiner, als unser Mond. Kein Wunder also, dass ein solches Planetchen uns so lange verborgen geblieben ist!

Da die Gauss'sche VII. Ellipse der *Ceres*-Bahn die Beobachtungen dieses Planeten noch immerfort ziemlich genau darstellt, so theilen wir unsern astronomischen Lesern noch bei guter Zeit eine fortgesetzte *Ephemeride* ihres Laufes für die künftigen drei Monate mit, deren Berechnung Dr. Gauss gütigst übernommen hat. Es ist zwar nicht glaubbar, dass *Ceres* bis dahin sichtbar bleiben sollte; denn wir bemerken schon gegenwärtig, den 27. und 28. März, eine solche schnelle Lichtveränderung bei diesem Planeten, dass wir sie ganz andern Ursachen, als dem Zustande unseres Dunstkreises, oder seiner Entfernung von der Erde zuzuschreiben geneigt sind. Indessen, damit diejenigen Astronomen, welche mit Aequatorial- und parallactischen Instrumenten versehen sind, nichts unversucht lassen mögen, so werden sie sich die immer schwieriger werdende Aufsuchung der Ceres dadurch nicht wenig erleichtern.

Stellungen der *Ceres* im April, Mai und Juni 1802; für Mitternacht, mittlere Seeberger Zeit.

	AR. ♀ in Graden	Abweich. nördl.	AR. ♀ in Zeit			AR. ♀ in Graden	Abweich. nördl.	AR. ♀ in Zeit
April 21	177° 14′	17° 52′	11ᵘ 48ᵐ 55ˢ	Mai	27	177° 14′	14° 13′	11ᵘ 48ᵐ 57ˢ
24	176 56	17 42	11 47 43		30	177 34	13 47	11 50 16
27	176 41	17 30	11 46 44	Juni	2	177 57	13 21	11 51 47
Mai 30	176 29	17 17	11 45 58		5	178 22	12 53	11 53 27
3	176 21	17 2	11 45 25		8	178 49	12 25	11 55 17
6	176 17	16 45	11 45 6		11	179 19	11 56	11 57 16
9	176 15	16 27	11 45 2		14	179 51	11 27	11 59 24
12	176 17	16 8	11 45 10		17	180 25	10 57	12 1 40
15	176 23	15 47	11 45 27		20	181 1	10 27	12 4 4
18	176 31	15 25	11 46 5		23	181 39	9 56	12 6 35
21	176 43	15 2	11 46 50		26	182 18	9 25	12 9 13
24	176 57	14 38	11 47 48		29	183 0	8 54	12 11 59

Ceres kommt zum Stillstande, und wird rechtläufig den 2. Mai in Länge 5ˢ 19° 45′, und den 9. Mai in AR 176° 15′. Die Grösse des Rückganges beträgt diesmal in Länge 13° 10′, und dauert 92 Tage, in AR 12° 27′, und dauert 93 Tage. Das Verhältniss der Lichtstärke des Planeten, mit Vernachlässigung der Grösse der Phase, hat Dr. Gauss folgendermaassen berechnet:

		Abstand von der		Licht-stärke
		☉	☿	
1801 December	7	2.5453	2.4892	0.4227
1802 März	16	2.5706	1.6024	1.0000
Mai	6	2.5961	1.9039	0.6945
Juni	29	2.6305	2.5735	0.3703

[von Zach.]

FORTGESETZTE NACHRICHTEN ÜBER DEN NEUEN HAUPT-PLANETEN. CERES FERDINANDEA.

Monatliche Correspondenz. Band V. S. 462—481. 1802 Mai.

— — — Bis zum 3. März haben wir im vorigen Hefte S. 389 [S. 209 d. B.] die Übereinstimmung unserer Beobachtungen mit den Gauss'schen Elementen angeführt. Seitdem hat Dr. Gauss diese Vergleichung, wie sie hier folgt, fortgesetzt.

Seeberg 1802	Berechnete AR der ♀	Unter-schied	Berechnete Abweich. der ♀	Unter-schied
März 6	185° 49′ 23″3	+ 4″6	16° 4′ 12″2	+ 23″0
— 7	185 38 22.0	+ 6.1	16 10 45.6	+ 29.7
— 10	185 3 57.2	+ 8.3	16 29 48.4	+ 29.5
— 11	184 52 5.2	+ 9.4	16 35 55.2	. . . . .
— 15	184 3 2.9	+ 10.9	16 58 58.2	+ 27.5
— 16	183 50 28.4	+ 9.4	17 4 20.6	+ 21.7
— 17	183 37 48.5	+ 13.7	17 9 32.6	+ 26.2
— 18	183 25 3.2	+ 12.5	17 14 34.4	+ 29.1
— 19	183 12 14.4	+ 15.8	17 19 25.1	+ 34.3

Auch zwei *Greenwicher* Beobachtungen verglich Dr. Gauss mit seinen Elementen, und die geraden Aufsteigungen stimmen auf das allergenaueste mit den unsrigen, wenn man obige unbezweifelte Voraussetzung macht, dass bei der vom 19. Februar durch ein Versehen die Minute verschrieben sei.

Greenwich 1802	Berechnete AR der ♀	Unterschied bei Dr. Mas-KELYNE	v. Zach	Berechnete Abweichung der ♀	Unterschied bei Dr. Mas-KELYNE	v. Zach
Februar 19	187° 58′ 13″3	— 4″3	— 4″1	14° 20′ 36″2	+ 35″3	+ 21″1
März 6	185 49 3.8	+ 5.0	+ 4.6	16 4 24.0	+ 34.5	+ 23.0

Diese Vergleichung zeigt nun offenbar an, dass sich die Beobachtungen des Planeten gegen Ende März zunehmend von der Gauss'schen Ellipse entfernen werden. Allein sollten sie auch, was doch nicht wahrscheinlich ist, im Juni um 5 Minuten fehlen, so wird dies doch *gar nichts* auf sich haben, denn der Fehler kann sich nur allmählich anhäufen, und man wird ihn also, wenn man immer die vorhergehenden Beobachtungen mit den Elementen oder mit der Ephemeride vergleicht, allemal mit hinreichender Schärfe voraus wissen. Dr. Gauss schreibt uns auch, dass er bereits solche Vorbereitungen gemacht habe, dass er die Elemente gleich wieder so ändern könne, dass sie sich an die neuesten Beobachtungen auf das genaueste anschliessen, sobald der Fehler sich auf eine Minute anhäufen sollte, und man kann alsdann wieder auf eine geraume Zeit eine sehr genaue Übereinstimmung erwarten. Sobald aber die Beobachtungen für dies Jahr geendigt und beisammen sein werden, gedenkt er die wahre Ellipse mit allen ihren Perturbations-Gleichungen so genau als möglich zu bestimmen.

[von Zach.]

FORTGESETZTE NACHRICHTEN ÜBER EINEN NEUEN VON DR. OLBERS IN BREMEN
ENTDECKTEN ZWISCHEN MARS UND JUPITER SICH BEWEGENDEN HÖCHST MERKWÜRDIGEN
PLANETEN UNSERES SONNEN-SYSTEMS.

Monatliche Correspondenz. Band V. S. 591—606. 1802 Juni.

Als wir im vorhergehenden Hefte die erste Anzeige der merkwürdigen Entdeckung des neuen
OLBERS'schen Gestirns machten: so berechtigten uns die damals vorhandenen Beobachtungen, Berechnungen und gesammelten Erfahrungen noch nicht, diesen sonderbaren Wandelstern als einen, unserem Sonnen-Systeme angehörigen Planeten zu verkündigen; obgleich schon Vermuthungen, welche wir auch geäussert haben, vorhanden waren, dass dieses seiner Bewegung und seinem äussern Ansehen nach sich
so sehr auszeichnende Gestirn nicht in die Classe der gewöhnlichen sogenannten Cometen zu setzen sei.
So gross war indessen schon die Vermuthung eines *Planetismus* gleich bei dem ersten Anblicke dieses
Weltkörpers, dass ihr Entdecker es sogleich wagte, dessen Bahn, nicht etwa erst, wie es sonst zu geschehen pflegt, in einer Parabel, sondern in einem mit der Sonne concentrischen Kreise zu versuchen.
Allein es liessen sich, wie wir schon S. 486 des vorigen Heftes angezeigt haben, die vorhandenen Beobachtungen durchaus in keiner Kreisbahn darstellen, und so gering auch ihre Anzahl war, so machte es
die starke Bewegung dieses Gestirns in der Breite doch schon möglich, den Kreis bei künftigen Untersuchungen dieser Bahn auf immer auszuschliessen.

Dasselbe versuchte Dr. GAUSS; auch er fand Dr. OLBERS Erfahrung bestätigt, dass nämlich die
Bewegung der *Pallas* immer schneller war, als sie den KEPLER'schen Gesetzen zu Folge· in einem Kreise
sein konnte. Sobald aber Dr. GAUSS des Dr. OLBERS Beobachtung dieses Gestirns vom 17. April erhalten hatte, unternahm er die Bestimmung des Kegelschnittes unabhängig von aller Hypothese, nach seiner eigenen Methode, deren Vorzüglichkeit schon *Ceres* auf eine so glänzende Art bestätigt hat. Es
liess sich zwar voraussehen, dass die kreismikrometrischen Beobachtungen zu dieser delicaten Rechnung
nicht genau, und ihre Dauer nicht lang genug sei, zumal da *Pallas* im Anfang Aprils in einer ungünstigen Lage war, indem die Tangente der geocentrischen Bewegung durch den Sonnenort ging. Inzwischen fand Dr. GAUSS eine Ellipse, in ihren Hauptdimensionen von der, die nachher bestimmt wurde,
nicht sehr verschieden, und das Resultat stimmte im allgemeinen dahin überein, dass: Pallas ein Planet
zwischen Mars und Jupiter sei, dessen Bahn an einer Stelle der Ceres-Bahn sehr nahe kommt, und bei
einer sehr starken Neigung eine beträchtliche Excentricität hat.

Die Excentricität war hiebei 0.3; also stärker als bei allen andern Planeten, aber doch nicht
gross genug, um der *Pallas* den Namen eines Planeten verweigern zu können. Denn das Verhältniss
der grossen zur kleinen Axe ist wie $1 : \sqrt{(1 - (0.3)^2)}$; also ungefähr wie $1 : 0.95$; folglich die Ellipse noch
nicht so platt, als die Jupiter-Scheibe.

Da die hiezu gebrauchten Beobachtungen natürlich bei weiten nicht so genau als Meridian-Beobachtungen sind, so setzte Dr. GAUSS ein gegründetes Misstrauen in diese Elemente, und hielt ihre Bekanntmachung bis auf künftige Prüfung zurück. Erst wie er unsere *Seeberger* Meridian-Beobachtungen
dieses Gestirns vom 15. 18. 19. April, und nachher drei Pariser Beobachtungen vom 10. 12. 13. April erhielt, entschloss er sich, in Ermangelung einer längeren Reihe von genauen Beobachtungen, diese vor-

läufigen Elemente so zu verbessern, dass sie sich an sechs *Seeberger* Beobachtungen vom 4. 5. 7. 15. 18. 19. April, und an die drei *Pariser* anschlössen, und so fand er sofort beim ersten Versuch folgende

Elemente der Pallas (I).

[Handschrift:]   Heliocentrischer Bogen 4° 11′

Bahn einer rechtläufigen Ellipse.

Epoche 1802 März 31 Mittag in Seeberg	166° 1′ 37″2
Tägliche mittlere tropische Bewegung	800″770
Umlaufszeit	1618¼ Tage
Logarithmus der halben grossen Axe	0.4310494
Sonnenferne } zur Zeit der Epoche siderisch ruhend*) { .	304° 36′ 30″
Knoten } { .	172° 9′ 58″
Excentricität	0.215708
Neigung	33° 39′ 16″6

Mit diesen Elementen verglich nun Dr. GAUSS sehr scharf sowol die *Seeberger* Beobachtungen, welche er damals hatte, als auch die übrigen von uns erhaltenen, zugleich mit den *Pariser* Beobachtungen und einer OLBERS schen, welche folgende Übereinstimmung gaben.

1802	Berechnete AR. der Pallas	Berechnete Abweichung der Pallas	Unterschiede in AR.	in Decl.	Beobachter
April 4	183° 44′ 6″3	13° 54′ 51″0	− 0″3	− 2″0	von Zach
5	183 34 25.7	14 13 17.2	+ 2.0	− 5.7	—
7	183 15 40.0	14 48 55.5	+ 1.5	− 6.6	—
8	183 6 35.2	15 6 9.1	− 2.6	− 0.9	—
10	182 48 56.5	15 39 40.9	− 1.5	− 1.1	Dr. Burckhardt
12	182 32 34.3	16 11 4.2	+ 2.8	+ 6.2	Mechain
13	182 24 47.2	16 26 6.6	+ 2.8	+ 0.6	—
15	182 10 13.2	16 54 33.0	− 3.3	+ 2.2	von Zach
18	181 50 26.2	17 34 26.5	− 4.4	. . .	—
19	181 44 28.0	17 46 51.7	+ 2.7	− 2.5	—
24	181 19 39.4	18 42 27.8	+ 1.6	. . .	—
25	181 15 44.1	18 52 18.3	+ 11.9	. . .	—
26	181 12 10.4	19 1 43.5	+ 8.6	− 5.9	—
27	181 8 57.9	19 10 44.0	+ 12.2	− 2.8	—
29	181 3 39.6	19 27 31.2	+ 23.0	− 12.5	—
30	181 1 33.9	19 35 18.2	+ 24.0	− 15.3	—
Mai 1	180 59 48.1	19 42 42.5	+ 25.6	+ 1.7	—
1	180 59 38.0	19 43 38.0	+ 20.0	+ 7.0	Dr. Olbers

Die Unterschiede mit verkehrten Zeichen der Rechnung zugesetzt geben die Beobachtung.

Dr. GAUSS behält auch hier, wie bei der *Ceres*, seine alte Gewohnheit bei (welche Nachahmung verdient), die geraden Aufsteigungen und Abweichungen aus den Elementen selbst abzuleiten, und mit den beobachteten zu vergleichen, und nicht aus den beobachteten AR und Decl. *beobachtete Längen und Breiten herzuleiten*. Der Grund dieses Verfahrens ist so einleuchtend, dass man sich wundern muss, dass

---

*) Eben die Voraussetzung, welche Dr. GAUSS auch bei der *Ceres* zum Grunde gelegt hatte, wo er das Aphel und den ☊ nicht in Beziehung auf unser Aequinoctium, sondern auf die Fixsterne als ruhend ansah.

solches nicht schon längst allgemein eingeführt und befolgt worden ist. In Ansehung der Mühe ist es gleich viel, ob man mit der Beobachtung der Rechnung einen Schritt entgegen geht, oder die Rechnung ganz bis zur Beobachtung hinführt. Nach einem dem Dr. GAUSS eigenen Verfahren wird diese Parallaxen-Rechnung vielmehr noch etwas einfachen. Man gewinnt aber dadurch hauptsächlich den Vortheil, das Gute von dem etwa weniger Zuverlässigen zu scheiden; sonst kann es leicht kommen, dass eine gute gerade Aufsteigung durch eine unrichtige Declination verdorben wird, und so nicht blos eine fehlerhafte Breite, sondern auch eine schlechte Länge herauskommt. Da bei dem obigen Vergleich der Beobachtungen mit den Elementen der Bahn die Unterschiede gegen Ende immer zunehmend werden, so liess sich voraussehen, dass bei der kurzen Dauer der Beobachtungen ein Unterschied von 25″ noch einen sehr starken Einfluss auf die Bestimmung dieser Elemente haben müsse. Eine fortgesetzte Untersuchung, die Dr. GAUSS nach dieser Vergleichung sogleich wieder vornahm, hatte ihm auch gezeigt, dass die 15tägigen Beobachtungen, auf welche sich seine vorigen Elemente gründeten, zwar nicht hinlänglich waren, eine schon genaue Bahn-Bestimmung zu liefern, aber doch die Natur des Gestirns schon ziemlich kenntlich anzeigten. Er hat nun sofort aus der ganzen Reihe unserer *Seeberger* Beobachtungen neue Elemente bestimmt, die sich, so gut sichs thun liess, an diese Beobachtungen vom 4. April bis 1. Mai anschliessen, und da der auf der Bahn durchlaufene Bogen bereits 7° 26′ beträgt, so dürfte man zum wenigsten über den Planetismus des OLBERS'schen Gestirns wol keinen Zweifel mehr hegen. Die neue Ellipse dieses planetarischen Weltkörpers ist demnach folgende:

Elemente der Pallas aus 27tägigen Seeberger Beobachtungen.

(II.)

Epoche 1802 März 31 Mittag in Seeberg	161° 12′ 43″2
Tägliche mittl. tropische Bewegung	757″166
Logarithmus der halben grossen Axe	0.4472636
Sonnenferne } siderisch ruhend {	300° 5′ 4″
Knoten } {	172 34 35
Excentricität	0.2591096
Neigung	35° 0′ 42″

Mit diesen Elementen verglich nun Dr. GAUSS die ganze Reihe unserer *Seeberger* Beobachtungen, und fand ihre Übereinstimmung, wie hier folgt.

1802	Berechnete AR. der Pallas	Berechnete Abweichung der Pallas nördlich	Unterschiede in AR.	in Decl.	1802	Berechnete AR. der Pallas	Berechnete Abweichung der Pallas nördlich	Unterschiede in AR	in Decl.
April 4	183° 44′ 5″7	13° 54′ 55″4	− 0″9	+ 3″4	April 29	181° 3′ 21″2	19° 27′ 36″2	+ 4″6	− 7″5
5	183 34 24.6	14 13 22.6	+ 0.9	− 0.3	30	181 1 11.4	19 35 24.9	+ 1.5	− 8.6
7	183 15 39.6	14 49 1.3	+ 1.6	− 0.7	Mai 1	180 59 22.9	19 42 50.8	+ 0.4	+10.0
8	183 6 35.4	15 6 15.2	− 2.4	+ 5.2	2	180 57 56.7	19 49 53.2	+ 4.8	+ 1.6
15	182 10 17.9	16 54 35.7	+ 1.4	+ 4.9	3	180 56 52.4	19 56 32.9	− 3.2	−14.8
18	181 50 29.4	17 34 27.1	− 1.2	. . .	5	180 55 49.6	20 8 45.6	− 5.0	+ 6.9
19	181 44 30.7	17 46 51.9	+ 5.4	− 2.5	6	180 55 51.4	20 14 19.4	− 2.7	. . .
24	181 19 35.8	18 42 27.9	− 2.0	. . .	7	180 56 14.9	20 19 32.1	− 8.9	− 3.2
25	181 15 38.3	18 52 18.9	+ 6.1	. . .	8	180 57 0.4	20 24 23.7	− 9.6	+ 3.6
26	181 12 2.0	19 1 44.9	+ 0.2	− 4.5	11	181 1 25.5	20 36 58.8	−16.2	−14.4
27	181 8 46.6	19 10 46.3	+ 1.0	− 0.5					

Sehr leicht hätte sich Dr. Gauss an die letzten geraden Aufsteigungen noch etwas genauer anschliessen können; aber wegen der, bei anrückender Dämmerung, weniger zuverlässigen Declinationen würde er doch nicht sicher gewesen sein, ob er dadurch wirklich eine *Verbesserung* der Bahn erhielte. Er will daher noch spätere Beobachtungen abwarten, ehe er eine neue Correction dieser Elemente vornehmen wird.

Dem sei nun wie ihm wolle, so scheinen doch alle bisherige Beobachtungen, Berechnungen und Vergleichungen den Planetismus der *Pallas* zu begründen, und uns gegen alle Zweifel, Bedenklichkeiten und unbestimmte Hypothesen zu schützen. Denn, wie Dr. Gauss in einem Schreiben ganz gut bemerkt: „Einem scharfen Calcul kann man doch nichts entgegensetzen, als einen eben so scharfen Calcul, und „nicht leere Vermuthungen und vage Raisonnemens. Allerdings werden zu einer leichten Wiederauffin- „dung der Pallas im Jahr 1803 meine II. Elemente noch ansehnliche Verbesserungen bedürfen, und hof- „fentlich auch erhalten, wenn nur noch hinlängliche Beobachtungen dazu glücken; allein *ansehnlich* „werden diese Verbesserungen nur in Rücksicht der Bestimmung des Orts für 1803 sein, aber nicht in „Ansehung des *Planetismus*, oder *Nicht-Planetismus* der *Pallas*.“

Schon bei den früher gefundenen Elementen fiel die Bahn der *Pallas*, da wo ihr aufsteigender Knoten auf der Ceres-Bahn ist, sehr hart an die Ceres-Bahn. Dies brachte Dr. Olbers auf die Vermuthung eines wirklichen Schnittes der *Pallas*- und *Ceres*-Bahn; dass beide sich etwa in einander, wie zwei Glieder einer Kette, schlingen. Nach einem Überschlage, welchen Dr. Gauss für die Abstände der *Pallas* und *Ceres* in der Knotenlinie ihrer Bahnen gemacht hat, fand er für ☌ den Abstand der *Pallas* von der Sonne 2.86, und der *Ceres* 2.93; beim ☋ sind diese Abstände weniger gleich. Die Reihe der Beobachtungen ist aber noch zu kurz, um die Möglichkeit, dass die Distanzen an dieser Stelle vielleicht genau gleich sind, läugnen zu können. Dr. Gauss will der Rechnung ganz ihren Gang lassen, und schlechterdings nichts hypothetisches einmischen. Es ist freilich noch zu früh, Hypothesen nachzuhängen, da wir statt derselben, wenn künftiges Jahr die Wiederauffindung der *Pallas* glückt, bald Gewissheit bekommen werden.

Indessen, zu welchen Speculationen über die Entstehung und Geschichte unseres Planetensystems wird dieser sonderbare Weltkörper nicht Anlass geben? Welch' eine ganz unerwartet grosse Neigung für einen Planeten? und wie ganz auffallend die Lage seiner Bahn gegen die Ceres-Bahn? Diese brachte Dr. Olbers auf den Gedanken, dass beide Planeten wol nur *Rudera* eines Einzigen, durch den Stoss eines Cometen zertrümmerten sein könnten. Wer hätte so etwas jemals in unserem Planetensysteme erwartet, und zu welchen neuen, wichtigen und grossen Aufschlüssen kann und wird uns dieser Weltkörper nicht führen, welcher in mehr als einer Rücksicht zu den allerwichtigsten, jemals gemachten astronomischen Entdeckungen gehört.

Eben so merkwürdig findet Dr. Gauss die grosse Übereinstimmung der mittlern Bewegung bei diesen beiden Planeten. Bis jetzt vermag man nicht mit Gewissheit zu entscheiden, ob sie vielleicht *genau* gleich sind. Kennen wir doch die eigentliche tägliche Bewegung der *Ceres* noch nicht auf eine Secunde genau. So klein aber auch die Massen der *Ceres* und *Pallas* sind, so muss es doch für den Unterschied ihrer mittlern Bewegungen eine Gränze geben, innerhalb welche er nicht fallen kann, ohne durch die wechselseitige Einwirkung ganz auf Null gebracht zu werden. Nun sind aber diese mittleren Bewegungen nach den II. Elementen nur wenig verschieden, und vielleicht kommen sie bei genauerer Kenntniss der Bahnen einander noch viel näher. So könnte es doch vielleicht sein, dass *Ceres* und *Pallas* einerlei Umlaufzeit hätten, immer nicht sehr weit von einander entfernt wären, ohne doch einander jemals von Anbeginn an zu nahe gewesen zu sein, oder künftig zu nahe kommen zu können, da beim ☋ *Pallas*, beim ☌ *Ceres*, wegen der so sehr verschiedenen Mittelpunktsgleichung allemal voraus wäre. Man wird alsdann auch nach einer langen Reihe von Jahren aus Beobachtungen der *Ceres* die

Masse der *Pallas*, aus Beobachtungen der *Pallas* die Masse der *Ceres* sehr gut bestimmen können. Dr. Gauss findet nach einem Überschlage, dass 12 Secunden Unterschied in der mittleren täglichen Bewegung eine synodische Revolution von beinahe drei hundert Jahren gibt.

Zu welchen Untersuchungen wird ein solches Phänomen, einzig in seiner Art, nicht Veranlassung geben? Welche neue Bedürfnisse der Wissenschaft wird es nicht wecken? Denn nach allen unseren bisherigen Kenntnissen hätten wir uns solcher ausserordentlicher Erscheinungen im Weltsystem nicht versehen! Wie werden uns unsere bisherigen üblichen Rechnungs-Methoden verlassen und unzureichend sein! z. B. wenn wir nur die Störungen dieses neuen Wéltkörpers berechnen sollen. Bisher hat man, nach den allein üblichen Methoden, die Excentricität und Neigung der Bahnen gleichsam als unendlich kleine Grössen betrachtet, und die Entwickelung nach den Potenzen derselben, mit Vernachlässigung der höhern, vorgenommen. Dies wird aber nicht mehr der Fall sein können bei zwei so starken Elementen der Pallas-Bahn, deren höhere Potenzen gewiss nicht vernachlässigt werden dürfen. Daher gründet vielleicht auch die *Pallas* nothwendig eine neue Epoche in der physischen Astronomie. Nur was wir durch strengen Calcul wissen, ist ja das einzige, was wir über den Weltbau *wirklich wissen*. Aber der Calculator bedarf Erfahrungen und Beobachtungen; nur durch diese stempelt er Hypothesen zur Wahrheit. Die *Pallas* ist daher von allen Astronomen mit eben so grossem Fleisse als Sorgfalt beobachtet worden. Wir theilen unseren Lesern die ganze gesammelte Reihe dieser kostbaren Beobachtungen mit. Unsere Zeitschrift war bisher das Archiv aller Beobachtungen der *Ceres*; sie soll es auch für die *Pallas* sein, und wir werden keine Mühe sparen, diese Sammlung so vollständig als möglich zu machen, damit die Astronomen hier alles beisammen finden, was sie nur aus zerstreuten Blättern mühsam zusammen suchen müssten, und nur zu spät, vielleicht auch nie, finden würden.

— — —

Um denjenigen Astronomen, welche mit grossen Aequatorial-Instrumenten versehen sind, das Aufsuchen der *Pallas* zu erleichtern, hat Dr. Gauss nach seinen II. Elementen der Bahn nachstehende Ephemeride ihres Laufes berechnet. Ob es gleich etwas gewagt scheint, aus Elementen, welche sich nur auf 27tägige Beobachtungen gründen, den Ort des Planeten damit auf 2 Monate voraus bestimmen zu wollen. so kann es zwar nicht fehlen, dass diese Ephemeride gegen das Ende schon sehr merklich vom Himmel abweichen wird; da aber diese Abweichung wahrscheinlich nur einige Minuten betragen kann: so wird dies die Brauchbarkeit derselben zur bequemen Auffindung nicht hindern, zumal da man schon voraussehen kann, dass der Fehler in AR (und vermuthlich auch in der Declin.) negativ sein wird.

Ephemeride für die Pallas Olbersiana, für Mitternacht in Seeberg.

1802	AR. der Pallas	Declinat. der Pallas		1802	AR. der Pallas	Declinat. der Pallas
Mai 24	181° 57'	21° 1' N.		Juni 14	185° 12'	20° 17' N.
27	182 18	21 0		17	185 48	20 5
30	182 41	20 57		20	186 27	19 52
Juni 2	183 6	20 52		23	187 7	19 37
5	183 34	20 46		26	187 49	19 22
8	184 5	20 38		29	188 32	19 6
11	184 37	20 28				

[VON ZACH.]

FORTGESETZTE NACHRICHTEN ÜBER DEN NEUEN HAUPT-PLANETEN PALLAS OLBERSIANA.

Monatliche Correspondenz. Band VI. S. 71—96. 1802 Juli.

— — —

„Der sehr lehrreiche Aufsatz vom Prof. Wurm in Ihrem Junius-Hefte (schreibt Dr. Gauss unterm „26. Junius) zeigt leider die Ungewissheit, die noch bei der Masse des Jupiter Statt findet, dass wir die „Störungs-Gleichungen der *Ceres* und der *Pallas* noch nicht mit der Zuverlässigkeit werden bestimmen „können, die wol zu wünschen wäre. Dagegen werden die Beobachtungen der *Ceres*, und noch mehr „die der *Pallas* auch den grossen Nutzen haben, dass sich daraus nach einem oder ein Paar Umläufen „jene Masse sehr gut wird bestimmen lassen, welches dann auf viele andere wichtige Punkte der Astro-„nomie nicht anders als wohlthätig zurückwirken kann. So bietet in dieser erhabenen Wissenschaft, „die der Himmel dem Menschen so recht zur Cultur seiner Kräfte, und zur Erhebung über das Irdische „geschenkt zu haben scheint, immer eine Entdeckung der andern die Hand; die grossen Entdeckungen „stehen niemals allein, sondern sind oft eben so wichtig in ihren Folgen, als an sich selbst. Eben jene „Unbestimmtheit wird mir noch eine neue Veranlassung sein, meinem vormaligen schon erwähnten Vor-„satze getreu zu bleiben; nemlich ausser der, mit genauester Rücksicht auf die Störungen Jupiters we-„nigstens zu berechnenden neuen Ellipse für die *Ceres* noch eine andere, auf eben dieselben Beobach-„tungen gegründete *reine* Ellipse ohne alle Störungen zu berechnen. Ich glaube, es müsste doch inter-„essant sein zu sehen, in wie fern sich künftiges Jahr schon eine *gewisse* Spur von den Einwirkungen „Jupiters in die Bewegung der *Ceres* zeigen wird, denn bis jetzt zeigt sich noch nicht die allergeringste, „sondern die Beobachtungen von anderthalb Jahren werden sich ohne Zweifel recht gut ohne Zwang „durch eine *reine Ellipse* darstellen lassen. Dass die VII. Elemente im Mai 40″ abweichen, darüber darf „man sich gar nicht wundern, wenn man bedenkt, auf wie dürftige Beobachtungen sie gegründet waren. „Ich hatte ja nur die Palermer Beobachtungen und ein Paar von Ihnen, wozu die Abweichungen fehl-„ten. Aus dieser Ursache kann ich auch meine bisherige Meinung noch nicht fahren lassen, dass es eine „ganz unnöthige Vermehrung der Arbeit gewesen sein würde, wenn ich schon damals auf die Störungen „hätte Rücksicht nehmen wollen. Ich sehe in der That nicht, dass dadurch bisher etwas besser hätte „gemacht werden können; wohl aber glaube ich, dass vieles schlechter gemacht wäre. Ich wenigstens „würde schwerlich Geduld genug gehabt haben, eine so grosse Anzahl Beobachtungen mit den Elemen-„ten haarscharf zu vergleichen und eine Ephemeride für eine geraume Zeit zu berechnen, wenn ich noch „jedesmal eine so grosse Anzahl von Gleichungen hätte berechnen müssen. Eine ohne Rücksicht auf die „Störungen berechnete Ellipse, die sich genau an die Beobachtungen hält, muss eine geraume Zeit diese „Störungen selbst mit einschliessen, und diese Ellipse muss uns, so lange es nur darauf ankommt, theils „die Beobachtungen zu erleichtern, theils die gemachten zu erörtern, und ihren respectiven Werth zu „würdigen, weit wichtiger sein, als eine *mittlere Ellipse*, die erst dann interessant sein kann, wenn die „Dauer der Beobachtungen lang genug ist, um sie mit einer solchen Sicherheit bestimmen zu können, „dass man etwa eine Anzahl Jahre damit rückwärts gehen kann, um eine Nachsuchung in den ältern „Sternverzeichnissen anzustellen. Jetzt kann man sich nun schon nach anderthalb Jahren etwas ziemlich „zuverlässiges davon versprechen, und ich werde daher künftig, wenn ich erst den Schluss der Palermer

„Beobachtungen habe, diese Rechnungen mit aller mir möglichen Sorgfalt anstellen. Aus diesen Grün-
„den glaube ich auch, dass es wenig Nutzen haben würde, bei der *Pallas* in diesem Jahre schon auf die
„Störungen Rücksicht zu nehmen, zumal da meiner Meinung nach die bei andern Planeten bisher übli-
„chen Methoden bei diesem Planeten keinesweges die nöthige Schärfe geben würden. Nur dann, wenn
„die Lichtschwäche des Planeten, *quod Deus avortat*, künftiges Jahr dessen Wiederauffindung vereiteln
„sollte, und man also zwei Jahre mit den Beobachtungen von diesem Jahre hinaus gehen müsste, würde
„es gut sein, von der Einwirkung des Jupiter Rechnung zu tragen, wiewol meines Erachtens auf einem
„andern als dem gewöhnlichen Wege." — — —

Elemente der Pallas Olbersiana aus 42tägigen Seeberger und Greenwicher Meridian-Beobachtungen.

(III.)

Epoche 1802 März 31 Mittag in Seeberg	$162°$ 25' 45"9
tägliche mittlere tropische Bewegung	769"547
Logarithmus der halben grossen Axe	0.4425664
Sonnenferne ⎱ für die Epoche und siderisch ruhend ⎰ . .	$300°$ 58' 47"7
Knoten . ⎰	$172°$ 28' 17"9
Excentricität	0.2476402
Neigung	$34°$ 39' 10"7

Es ist doch höchst merkwürdig, dass die mittlere tropische Bewegung der *Pallas* jener der *Ceres*,
unabsichtlich und so ganz von selbst, immer näher kommt. Nach den IV. Elementen der Ceres-Bahn
(December-Heft 1801 S. 647 [203 d. B.]) bestimmte Dr. Gauss diese mittlere Bewegung auf 770"914; diese
ist von obiger bei der *Pallas* nur anderthalb Secunden verschieden. Allein da auf beiden Bewegungen
noch einige Ungewissheit haftet, so kann man jetzt eigentlich noch gar keinen Unterschied angeben.

Mit obigen III. Elementen verglich nun Dr. Gauss die Reihe nachstehender Beobachtungen, und
fand ihre herrliche Übereinstimmung, wie folgende Tabelle zeigt.

1802	Berechnete gerade Aufsteig. der Pallas	Berechnete Abweichung der Pallas	Unterschied in AR.	in Declin.	Beobachter.
April 4	$183°$ 44' 5"6	$13°$ 54' 53"5	− 1"0	+ 1"5	von Zach
5	183 34 24.4	14 13 20.2	+ 0.	− 2.7	von Zach
7	183 15 38.5	14 48 59.3	0.7	− 2.8	von Zach
8	183 6 33.9	15 6 12.8	− 3.9	+ 2.8	von Zach
10	182 48 56.3	15 39 43.5	− 1.7	+ 1.5	Dr. Burckhardt
12	182 32 33.7	16 11 6.4	+ 2.2	+ 8.4	Méchain
13	182 24 46.8	16 26 8.3	+ 2.4	+ 2.3	Méchain
15	182 10 14.1	16 54 33.7	− 2.4	+ 2.9	von Zach
15	182 10 4.2	16 54 53.3	+ 1.3	+ 1.9	Méchain
16	182 3 9.7	17 8 36.3	+ 1.7	− 0.5	Méchain
17	181 56 33.7	17 21 52.8	+ 3.4	+ 3.0	Méchain
18	181 50 25.0	17 34 25.3	− 5.6	. . .	von Zach
19	181 44 26.4	17 46 50.0	+ 1.1	− 4.4	von Zach
23	181 23 41.9	18 32 27.4	− 0.1	− 0.6	Dr. Maskelyne
24	181 19 32.4	18 42 25.2	−− 5.4	. . .	von Zach
25	181 15 35.3	18 52 15.9	+ 3.1	. . .	von Zach
25	181 15 28.6	18 52 33.1	+ 0.3	+ 3.4	Dr. Maskelyne
26	181 11 59.4	19 1 41.6	+ 2.4	− 7.8	von Zach
26	181 11 53.3	19 1 58.1	+ 3.1	− 4.5	Dr. Maskelyne
27	181 8 44.8	19 10 42.7	+ 0.8	− 4.1	von Zach

1802	Berechnete gerade Aufsteig. der Pallas	Berechnete Abweichung der Pallas	Unterschied in AR.	Unterschied in Declin.	Beobachter
April 29	181° 3′ 20″9	19° 27′ 31″5	+ 4″3	—12″2	von Zach
30	181 1 12. 1	19 35 19. 6	+ 2. 2	—13. 9	von Zach
Mai 1	180 59 24. 6	19 42 44. 8	+ 2. 1	+ 4. 0	von Zach
1	180 59 21. 7	19 42 57. 7	+ 2. 8	+ 3. 3	Dr. Maskelyne
2	180 57 59. 7	19 49 46. 5	+ 7. 8	— 5. 5	von Zach
2	180 57 57. 5	19 49 58. 7	+ 0. 2	+ 2. 0	Dr. Maskelyne
3	180 56 56. 9	19 56 25. 9	+ 1. 3	—21. 8	von Zach
4	180 56 15. 0	20 2 53. 0	+ 2. 1	— 0. 3	Dr. Maskelyne
5	180 55 56. 9	20 8 36. 2	+ 2. 3	— 2. 5	von Zach
6	180 56 0. 3	20 14 8. 8	+ 6. 2	. . .	von Zach
7	180 56 24. 7	20 19 20. 4	+ 0. 9	—14. 9	von Zach
7	180 56 25. 8	20 19 29. 4	+39. 3	— 0. 5	Dr. Maskelyne
8	180 57 13. 0	20 24 10. 8	+ 3. 0	— 9. 3	von Zach
9	180 58 23. 9	20 28 49. 3	+ 2. 3	+ 6. 8	Dr. Maskelyne
11	181 1 44. 6	20 36 41. 9	+ 2. 9	—31. 3	von Zach
11	181 1 48. 3	20 36 48. 5	+ 3. 4	+ 0. 3	Dr. Maskelyne
13	181 6 37. 6	20 43 31. 4	+ 4. 6	— 1. 7	Dr. Maskelyne
14	181 9 33. 4	20 46 25. 2	+ 4. 0	— 1. 5	Dr. Maskelyne
16	181 16 26. 5	20 51 19. 3	— 1. 7	+ 0. 5	Dr. Maskelyne

Aus dieser Vergleichung sieht man, dass man nach dieser ganzen Reihe von Beobachtungen nur wenig mehr an den Elementen würde ändern können, besonders da die letzten Greenwicher Declinationen im Mai, (welche einen grössern Einfluss auf die Elemente haben, als die geraden Aufsteigungen), noch sehr gut unter einander stimmen. Nur die berechneten Rectascensionen *) müssten gegen das Ende hin noch etwa 4″ kleiner gemacht werden; die Elemente würden aber dadurch nur ganz unerheblich afficirt werden. In einem Schreiben vom 26. Junius benachrichtigt uns Dr. GAUSS, dass er die OLBERS'schen Beobachtungen dieses Planeten vom 19. 20. und 21. Junius mit seinen III. Elementen auch noch verglichen habe, und diese stimmten noch so schön, dass er mit Gewissheit gar nichts darnach ändern könne. Bei diesen III. Elementen der Bahn wird man es demnach bewenden lassen können, bis die Beobachtungen ganz geschlossen sein werden. Damit berechnete demnach Dr. GAUSS folgende

Ephemeride für die Pallas Olbersiana für Seeberger Mitternacht.

1802	AR. der Pallas	Declin. der Pallas	Abstand von d ☿	Abstand von d. ☉	1802	AR. der Pallas	Declin. der Pallas	Abstand von d. ☿	Abstand von d. ☉
Mai 18	181° 25′	20° 55′	1.888	2.477	Juni 11	184° 39′	20° 26½′	2.237	2,539
21	181 40	20 59	1.930	2.484	14	185 14	20 15	2.281	2.547
24	181 58	21 0	1.973	2.492	17	185 51	20 3	2.326	2.555
27	182 19	20 59	2.016	2.500	20	186 30	19 50	2.370	2.563
30	182 42	20 56	2.060	2.508	23	187 10	19 35	2.415	2.571
Juni 2	183 8	20 51	2.104	2.516	26	187 52½	19 19½	2.459	2.579
5	183 36	20 44	2.148	2.524	29	188 36	19 3	2.504	2.587
8	184 6½	20 36	2.192	2.532					

Für Anfang des künftigen Jahres berechnete Dr. GAUSS den Stand der *Pallas* beiläufig also: den 31. Dec. um 12ᵘ Mitternacht in Seeberg Länge 253° 33′, Breite 26° 10′, nördl. Abstand von der Erde 3.779, von der Sonne 3.043. Allein es bleibt sehr ungewiss, ob wir diesen Planeten wegen seiner Lichtschwäche

---

*) Bei der *Greenwicher* Beobachtung der AR den 7. Mai scheint irgend ein Versehen vorgefallen zu sein, weil sie etwa 39″ zu klein scheint.

in den nächsten beiden Jahren wieder sehen werden. Dr. Olbers hat die beiden folgenden Oppositionen der *Pallas* nach den Gauss'schen II Elementen berechnet. Als er sie den 28. März entdeckte, war ihr Abstand von der Erde nur = 1.38; mit Ende Mai war er = 2.00, und am 15. Juni = 2.31. Künftiges Jahr 1803 gegen Ende des Juni kommt *Pallas* wieder in die Opposition mit der Sonne; sie wird über dem Cerberus in 9ᶻ 8° Länge und 48° nördl. Breite zu stehen kommen, aber ihr Abstand von der Erde wird 2.61 sein. Dr. Olbers glaubt, dass sie schwerlich in diesem Abstande bei der hellen nördlichen Dämmerung aufzufinden sein dürfte. Etwas besser geht es in der Opposition von 1804, die sich gegen das Ende des August in 11ᶻ 3° mit 19° N. Breite, also im Kopfe des Pegasus ereignet. Zwar findet Dr. Olbers den Abstand von der Erde noch 2.40, aber die Nächte sind doch schon vollkommen dunkel. Aber *ganz gewiss*, glaubt Dr. Olbers, werden wir die *Pallas* im Jahr 1805 wieder sehen, da sie bei der Opposition schon in den der Sonne näher liegenden Theil ihrer Bahn herabgekommen ist, und also auch der Erde viel näher sein wird. Indessen werden hoffentlich diese Betrachtungen keinen Astronomen abhalten, die *Pallas*, sobald die Möglichkeit der Aufsuchung vorhanden sein wird, nach Kräften aufzuspühren. Denn grosse und lichtstarke Fernröhre könnten denn doch wol hinreichend sein, diesen Planeten, und wenn er auch nur als ein Stern zwölfter Grösse erscheinen sollte, noch zu entdecken; freilich wird dessen Aufsuchung mit etwas mehr Schwierigkeit verbunden sein. Gesetzt aber auch, dass 1803 und 1804 alle Versuche fehlschlagen sollten, so hofft Dr. Gauss doch, dass seine Elemente der Bahn für das Jahr 1805 einen noch hinreichenden Leitfaden abgeben werden, um die *Pallas*, (freilich mit etwas mehr Mühe als bei der *Ceres*) dennoch wieder zu finden. — — —

Was die Kleinheit dieser beiden neuen planetarischen Weltkörper betrifft, so ist es in der That schwer zu begreifen, wie ein so kleiner scheinbarer Durchmesser mit Genauigkeit gemessen werden kann. Herschel und Schröter, beide geübte Beobachter, und mit den grössten und besten Sehwerkzeugen versehen, haben solche Messungen versucht; dieser hat *Ceres* 18 mal, *Pallas* 40 mal grösser als jener gefunden. Um die Schwierigkeit solcher Messungen darzustellen, hat Dr. Gauss nach seinen letzten Elementen der Bahnen folgende Berechnungen der scheinbaren Durchmesser dieser Weltkörper angestellt.

Durchmesser der Ceres.

1802	Abstand von der ☉	scheinbarer Durchmesser, den wahren nach Dr. Herschel = 35 Deutsche Meilen gesetzt.
März 28	1.621	0″22

Durchmesser der Pallas.

1802	Abstand von der ☉	Scheinb. Durchmesser, wenn man Dr. Herschel's Resultat = 15 Deutsche Meilen als richtig annimmt.
April 4	1.407	0″11
— 15	1.386	0. 10
Juni 23	2.415	0. 06

Ob man solche kleine Durchmesser noch wirklich messen, selbst das reflectirte Licht von so kleinen Oberflächen noch sehen könne, überlassen wir andern zur Beurtheilung. — — =

[von Zach.]

PALLAS OLBERSIANA.

Monatliche Correspondenz. Band VI. S. 187—196. 1802 August.

— — — Auch aus *Vilna*, *Prag*, *Cremsmünster* und *Padua* haben wir die Bestätigung erhalten, dass die *Pallas* an diesen Orten nicht beobachtet worden sei. Einer Nachricht des Dr. GAUSS zu Folge hatte Dr. MASKELYNE seine Beobachtung dieses Planeten am 20. Juli noch nicht aufgegeben, und glaubt die *Pallas* den 18. Juli als einen Stern 11. Grösse noch beobachtet zu haben, wovon er jedoch nicht ganz sicher war, ob es der Planet oder ein Fixstern war, welches die Berechnung oder die folgende Beobachtung ausweisen wird.

Die III. Elemente der *Pallas*-Bahn des Dr. GAUSS stimmen noch fortwährend gut mit den beobachteten Declinationen; nur die geraden Aufsteigungen entfernen sich jetzt um einige Secunden mehr. Dr. GAUSS verglich die in Maïland von CESARIS an einem vortrefflichen RAMSDEN'schen achtfüssigen Mauerquadranten angestellten Beobachtungen, welche wir im vorigen Hefte S. 73 mitgetheilt haben, und erhielt folgende Übereinstimmung:

Vergleichung der Mailänder Meridian-Beobachtungen der Pallas
mit den GAUSS'schen III. Elementen.

1802	Mittl. Zeit in Mailand	Berechnete		Unterschied R—B	
		Gerade Aufsteigung	Nördliche Abweichung	in AR.	in Decl.
Mai 4	$9^u\ 15^m\ 43^s1$	180° 56′ 15″7	20° 2′ 44″1	+ 15″7	— 5″9
5	9 11 45.3	180 55 56.8	20 8 38.1	+ 19.8	+ 5.1
6	9 7 49.3	180 56 0.3	20 14 10.4	+ 16.3	+ 6.4
7	9 3 55.6	180 56 24.8	20 19 22.1	+ 10.8	+ 2.1
8	9 0 3.2	180 57 13.3	20 24 12.4	+ 8.3	+ 0.4
9	8 56 12.1	180 58 21.9	20 28 43.1	+ 6.9	+ 0.1
10	8 52 22.4	180 59 52.8	20 32 53.0	+ 7.8	— 2.0
11	8 48 34.3	181 1 45.2	20 36 43.4	+ 9.2	— 3.6
12	8 44 47.0	181 3 58.8	20 40 14,6	+ 7.8	— 1.4
17	8 26 12.9	181 20 17.1	20 53 18.0	+ 11.1	— 4.0
18	8 22 33.1	181 24 33.5	20 55 3.6	+ 15.5	+ 0.6
19	8 18 55.8	181 29 9.4	20 56 30.8	+ 16.4	— 0.2
20	8 15 19.6	181 34 4.8	20 57 43.0	+ 14.8	— 2.0
21	8 11 44.6	181 39 18.6	20 58 39.5	+ 10.6	— 1.5
22	8 8 11.1	181 44 52.9	20 59 20.6	+ 6.9	— 1.4

Auch Dr. OLBERS Beobachtungen geben dieselbe Übereinstimmung. Die Harmonie derselben unter sich gibt zugleich den Beweis, welchen vorzüglichen Werth man diesen, obgleich nur am *Kreismikrometer* angestellten Beobachtungen beilegen darf. Wer sich die Mühe nehmen will, sie so genau zu untersuchen, wie wir gethan haben, wird finden, dass sie den an Aequatorial-Sectoren angestellten nichts nachgeben, ihnen zur Seite stehen, mitunter auch vorzuziehen sind. Dieses beweist freilich mehr für die Geschicklichkeit des vortrefflichen Beobachters, als für die Güte des Werkzeuges, wie unsere Leser aus folgender Darstellung erkennen werden.

*Vergleichung der Dr. Olbers'schen Beobachtungen der Pallas
mit den III. Gauss'schen Elementen.*

1802	Mittl. Zeit in Bremen	Berechnete		Unterschied R—B	
		Gerade Aufsteig. der ♀	Gerade Aufsteig. der ♀	in AR.	in Decl.
Juni 19	11ᵘ 13ᵐ 55ˢ	186° 16' 19"	19° 54' 17"	— 6"	+ 17"
20	11 7 51	186 29 12	19 49 39	— 22	— 1
21	11 8 54	186 42 39	19 44 55	— 20	— 3
26	11 18 34	187 52 3	19 19 31	— 16	+ 8
Juli 4	11 28 14	189 52 12	18 33 39	— 26	— 5
8	11 5 16	190 55 44	18 8 50	— 25	— 8
8	11 13 20	190 55 50	18 8 48	— 23	— 10
9	11 53 47	191 12 36	18 2 35	— 28	+ 1

Aus allen diesen Vergleichungen und vortrefflichen Übereinstimmungen der Beobachtungen mit der Gauss'schen Ellipse (welche dieser geschickte Rechner der Wahrheit noch näher bringen wird) können wir der zuversichtlichen Hoffnung leben, dass wir mit dem Besitz dieses neuen Planeten selbst dann geborgen sein werden, wenn 1803 und 1804 seine Auffindung wegen seiner Lichtschwäche unmöglich werden sollte. Doch schöpfen wir schon gegenwärtig die gegründete Hoffnung, dass *Pallas* künftiges Jahr sich unsern geschärften Blicken nicht entziehen wird. Dr. Olbers, welcher diesen Planeten noch zuletzt am 9. Juli gesehen hatte, ist selbst dieser Meinung und schreibt: „So schwer der Planet auch jetzt zu sehen „ist, so bin ich doch überzeugt, dass Sie ihn künftiges Jahr an Ihrem Passagen-Instrumente sehen wer- „den. Er ist alsdann in seiner Opposition der Erde etwas näher, als er ihr am 9. Juli war. Zwar steht „er weiter von der Sonne und wird von dieser schwächer erleuchtet, allein dies wird überflüssig durch „seine grössere Höhe über dem Horizont und die grössere Entfernung von der Dämmerung ersetzt."

Auch Dr. Gauss hat die beste Hoffnung zur Wiederauffindung der *Pallas* im künftigen Jahre. Er findet ihren Abstand von der Erde am 28. Jan. 1803 (etwa einen Tag vor der Opposition) 2.56. Den Durchmesser dieses Planeten findet er aus Dr. Herschel's eigener Messung etwas grösser. Den 22. April gibt Dr. Herschel nach einer ziemlich guten Messung den scheinbaren Durchmesser = 0"17; hieraus berechnet Dr. Gauss den wahren Durchmesser 26½ Deutsche Meile (den Abstand von der Erde = 1.562). In seinem letzten Briefe äussert er sein Befremden über die so enorm verschiedenen Resultate von Dr. Herschel's und Dr. Schröter's Messungen dieser Durchmesser, die jedoch nach einerlei Methode sind gemacht worden. „Ich bin sehr neugierig, schreibt er, wie starke Vergrösserungen Dr. Herschel ange- „wandt hat. 500malige Vergrösserung würde einen scheinbaren Durchmesser von 0"17 wol noch nicht „zur Scheibe machen?" Ich wenigstens habe mit einer 300maligen Vergrösserung keine Spur von einer Scheibe weder an diesem Olbers'schen, noch an jenen Piazzi'schen Planeten wahrnehmen können. Auf eine Anfrage deshalb an Dr. Olbers erhielt ich die Antwort: „Auch ich habe nie mit den stärksten „Vergrösserungen meines Dollond'schen Achromaten einen Unterschied zwischen diesen Planeten und „Fixsternen von gleicher scheinbarer Grösse wahrnehmen können."

Wir haben im vorigen Hefte S. 85 [S. 219 d. B.] eine Gauss'sche Ephemeride für die *Pallas* mitgetheilt; hier folgt ihre Fortsetzung. Erscheint sie gleich zu spät, um noch die Beobachtungen erleichtern zu können: so wird sie doch dazu dienen, zu verhüten, dass etwa mit dem Planeten verwechselte Sterne nicht für die *Pallas* ausgegeben werden. [Die Ephemeride ist ebenso eingerichtet, wie die auf S. 219 abgedruckte, enthält nur nicht den Abstand der Pallas von der Sonne und erstreckt sich bis 1802 Aug. 28. Die bis hieher in dieser Ausgabe von Gauss Werken mitgetheilten Ephemeriden werden als Beispiele der von Gauss berechneten genügen, die übrigen aber zu Gunsten der Raumersparniss unberücksichtigt bleiben können.]

GAUSS AN BODE.

Braunschweig 1802 Sept. 10.

Astronomisches Jahrbuch für 1805. Berlin 1802. Seite 227.

Die Elemente, nach denen die folgende Ephemeride für den 9ten Hauptplaneten: *Pallas Olbersiana* berechnet ist, gründen sich auf die ersten Seeberger und letzten Greenwicher Merid. Beob. und Dr. OLBERS Beob. vom 8. Juli und sind.

Epoche 1802 März 31 Seeberger Meridian	162° 55′ 6″8
Tägliche tropische Bewegung	769″7263
Logarithmus der halben grossen Axe	0.4424992
Sonnenferne	301° 38′ 42″
Excentricität	0.243888
Knoten ☊	172° 26′ 31″
Neigung	34 36 59

Wenn wir die Lichtstärke des Planeten am 8. Juli d. J. = 1 setzen, so war sie

am 4. April	=	4.23
4. Mai	=	2.75
26. Juli	=	0.80
24. August	=	0.60
grösste Lichtstärke im nächsten Jahre	=	0.653

Dies zeigt, dass die Hoffnung, den Planeten 1803 wieder zu finden, noch nicht ganz zuverlässig sein kann. Die grosse Höhe über dem Horizont und die grössere Entfernung von der Dämmerung müssen das Abgehende ersetzen. Doch schmeichle ich mir, dass in den südlichen Klimaten, z. B. in Palermo, wo die Juninächte um Mitternacht ganz dunkel sind, die Auffindung leichter gelingen werde.

Wenn ich künftig auch eine Ephemeride der ⚳ nach verbesserten Elementen berechnen werde, so werde ich nicht ermangeln, dieselbe Ew. — gleichfalls zuzusenden*). [Die Ephemeride geht von Febr. 4 bis Juni 28 Mitternacht im Seeberger Meridian, 1803, und gibt mit Intervallen von drei Tagen AR. und Decl. bis auf Minuten genau.]

☍ Juni 30. Nachmittag.
nach den III. Elementen Juni 30. Vormittag bürgerl. Zeit.

---

*) Die III. Elemente geben die AR. am 4. Febr. um 13′ und am 28. Juni um 32′ kleiner, die Decl. 2′ grösser.

CERES FERDINANDEA.

Monatliche Correspondenz. Band V. S. 576—590. 1802 Juni.

— — —

Auch Dr. Gauss hat, wie bisher, fortgefahren, unsere sämmtlichen Beobachtungen dieses Planeten mit den VII. Elementen seiner Bahn zu vergleichen. Diese Vergleichung bestätigt nicht allein, dass
die Fehler dieser Elemente sich sehr wenig und langsam ändern, folglich den Ort des Planeten während
der ganzen diesjährigen Sichtbarkeit überflüssig genau darstellen, sondern diese Vergleichung wird ihm
auch künftig noch, bei einer feinern Correction dieser Elemente, und wenn die Störungs-Gleichungen
mitgenommen werden, sehr zu Statten kommen. Bis zum 19. März hatte Dr. Gauss im Mai-Hefte S.470
[S. 211 d. B.] diesen Vergleich fortgeführt; hier folgen nun die Resultate zwölf darauf folgender Beobachtungen.

1802	Mittl. Zeit in Seeberg	Berechnete AR. der Ceres	Berechnete Abweichung der Ceres	Unterschied R—B	
				in AR.	in Decl.
März 23	12^u 6^m 28^{s}9	182° 20′ 39″9	17° 36′ 51″4	+ 16″1	+ 23″5
27	11 47 20.3	181 29 21.2	17 50 55.5	+ 20.1	+ 25.9
28	11 42 33.7	181 16 41.4	17 53 52.9	+ 23.7	+ 29.8
29	11 37 48.0	181 4 7.5	17 56 36.3	+ 18.3	+ 32.3
30	11 33 2.5	180 51 40.3	17 59 5.5	+ 16.4	+ 36.5
31	11 28 17.0	180 39 21.1	18 1 20.3	+ 24.1	+ 31.9
April 1	11 23 32.4	180 27 10.7	18 3 20.6	+ 25.2	+ 30.8
2	11 18 48.7	180 15 10.1	18 5 6.2	+ 23.6	+ 31.4
3	11 14 6.0	180 3 20.1	18 6 37.4	+ 17.7	+ 27.0
4	11 9 24.1	179 51 41.7	18 7 53.5	+ 10.8	+ 24.1
5	11 4 41.9	179 40 15.6	18 8 54.9	+ 21.5	+ 27.6
7	10 55 21.3	179 18 3.9	18 10 12.5	+ 24.2	+ 25.4

Den Gegenschein des Planeten mit der Sonne berechnete Dr. Gauss aus unseren Beobachtungen
vom 15. 16. 17. 18. 19. März, und fand, dass er sich den 17. März um 4^u 21^m 10^s mittl. Seeberger Zeit
ereignet habe, in 5^s 26° 21′ 27″3 der Länge und 17° 7′ 59″6 der geocentr. Breite.

[VON Zach.]

— — —

CERES FERDINANDEA.

Monatliche Correspondenz. Band VI. S. 382—389. 1802 October.

— — —

Die Störungen der Länge und des Abstandes der *Ceres* durch Jupiter sind zwar schon von mehreren Astronomen in Rechnung genommen worden: allein solche verwickelte und schwierige Rechnungen
können nicht genug wiederholt werden. Erst kürzlich schrieb uns Prof. Wurm über diesen Gegenstand,
und bei Gelegenheit einiger eingeschickten Verbesserungen und erläuternden Zusätze zu den Formeln der

Mars-Störung, welche wir nächstens in unsern Heften mittheilen werden: Ich glaube überhaupt, wem auf diesem Wege der Störungs-Rechnungen nie Dornen vorgekommen sind, der hat gewiss den Weg selbst nie betreten, denn dass man bei solchen Untersuchungen hin und wieder unter Dornen geräth, und selbst auch etwa, bis man sich besser orientirt hat, ein kleines *quid pro quo* setzt, ist nicht wol zu vermeiden.

Dr. Gauss hat daher diese Störungs-Rechnungen nach seinen VII. Elementen der Ceres-Bahn wiederholt, und hier und da kleine Unterschiede gefunden. Die analytischen Formeln, die er bei dieser Rechnung gebraucht, hat er sich alle erst selbst entwickelt; sie sind zum Theil von den La Place-schen in der Form etwas verschieden ausgefallen.

Störungen der Ceres Ferdinandea durch Jupiter, von Dr. Gauss berechnet.

Jährliche Abnahme der Excentricität 0.000005909
Jährliche Bewegung der Sonnenferne gegen die Fixsterne . . . . . +70″15

Periodische Gleichungen.

1) Für die Länge in der Bahn.

$$-231''94 \sin (⚳ - ♃)$$
$$+496.68 \sin 2 (⚳ - ♃)$$
$$+44.15 \sin 3 (⚳ - ♃)$$
$$+10.07 \sin 4 (⚳ - ♃)$$
$$+3.05 \sin 5 (⚳ - ♃)$$
$$+1.07 \sin 6 (⚳ - ♃)$$
$$+0.41 \sin 7 (⚳ - ♃)$$
$$-60.25 \sin (♃ + 17° 41' 28'')$$
$$-621.29 \sin (⚳ - 2♃ - 26° 49' 22'')$$

$$-442''65 \sin (2⚳ - 3♃ - 11° 34' 39'')$$
$$+56.69 \sin (3⚳ - 4♃ - 11\ 24\ 1'')$$
$$+10.58 \sin (4⚳ - 5♃ - 11\ 11\ 21'')$$
$$+3.26 \sin (5⚳ - 6♃ - 10\ 55\ 43'')$$
$$+23.62 \sin (2⚳ - ♃ + 36\ 31\ 34'')$$
$$-53.93 \sin (3⚳ - 2♃ + 33\ 24\ 19'')$$
$$-5.96 \sin (4⚳ - 3♃ + 31\ 20\ 18'')$$
$$-1.70 \sin (5⚳ - 4♃ + 29\ 33\ 57'')$$

2) Für den Radius vector.

$$-0.0000947$$
$$+0.0010304 \cos (⚳ - ♃)$$
$$-0.0038023 \cos 2 (⚳ - ♃)$$
$$-0.0004206 \cos 3 (⚳ - ♃)$$
$$-0.0001077 \cos 4 (⚳ - ♃)$$
$$-0.0000350 \cos 5 (⚳ - ♃)$$
$$-0.0000128 \cos 6 (⚳ - ♃)$$
$$-0.0000050 \cos 7 (⚳ - ♃)$$
$$-0.0000633 \cos (⚳ + 25° 56' 46'')$$
$$+0.0002469 \cos (♃ + 23\ 42\ 53'')$$

$$+0.0008589 \cos (⚳ - 2♃ - 24° 37' 54'')$$
$$+0.0025827 \cos (2⚳ - 3♃ - 11\ 19\ 13'')$$
$$-0.0004817 \cos (3⚳ - 4♃ - 11\ 32\ 33'')$$
$$-0.0001075 \cos (4⚳ - 5♃ - 11\ 31\ 15'')$$
$$-0.0000366 \cos (5⚳ - 6♃ - 11\ 21\ 15'')$$
$$-0.0001367 \cos (2⚳ - ♃ + 37\ 40\ 22'')$$
$$+0.0003049 \cos (3⚳ - 2♃ + 32\ 54\ 59'')$$
$$+0.0000411 \cos (4⚳ - 3♃ + 29\ 43\ 48'')$$
$$+0.0000139 \cos (5⚳ - 4♃ + 27\ 40\ 24'')$$

[von Zach.]

PALLAS OLBERSIANA.

Monatliche Correspondenz. Band VI. S. 390—396. 1802 October.

— — —

Dr. Gauss, welcher seine Elemente der Pallas-Bahn zum drittenmale verbessert hatte, hat nun eine *vierte* Correction gewagt. Diese neuen Elemente sind aus unseren ersten *Seeberger*, aus Dr. Maskelyne's letzten *Greenwicher* Meridian-Beobachtungen, und aus Dr. Olbers Beobachtung vom 8. Juli abgeleitet. Dr. Gauss will sie indessen noch eben nicht für sicherer als die III. Elemente ausgeben, da er eine viel genauere Verbesserung von den spätern Mailänder Beobachtungen erwartet; diese Elemente sind indessen folgende: [dieselben wie die oben in dem Briefe an Bode vom 10. Sept. S. 223 angegebenen, ebenfalls für die Epoche 1802 März 31 Mittag in Seeberg mit Hinzufügung bei Sonnenferne und Knoten 'für die Epoche, siderisch ruhend'].

Mit diesen Elementen hat Dr. Gauss nachfolgende Ephemeride für diesen Planeten auf künftiges Jahr voraus berechnet. Es ist nützlich, sie noch bei guter Zeit bekannt zu machen, weil man indessen in der Gegend, welche *Pallas* im J. 1803 durchwandern wird, zweifelhafte Sterne genauer bestimmen, sich in dieser Himmelsgegend im voraus orientiren und bekannt machen kann, wodurch uns das Auffinden mehr erleichtert werden wird. In der letzten Columne der Ephemeride, welche die Lichtstärke des Planeten enthält, ist diejenige zur Einheit angenommen worden, die der Planet am 8. Juli dieses Jahres hatte; nach eben diesem Massstabe war sie:

$$
\begin{aligned}
\text{am 4. April 1802} &= 4.23 \\
\text{4. Mai} \quad &— \quad 2.75 \\
\text{16. Juli} \quad &— \quad 0.90 \\
\text{26. Juli} \quad &— \quad 0.80 \\
\text{7. Aug.} \quad &— \quad 0.70 \\
\text{24. Aug.} \quad &— \quad 0.60
\end{aligned}
$$

Hiebei ist aber die Grösse der Phase, die Höhe über dem Horizont und die Entfernung von der Dämmerung nicht in Betrachtung gezogen. Der erste Umstand ist ganz unerheblich, die beiden andern hängen von den Beobachtungsorten und den mächtigeren Fernröhren ab. Die grösste Lichtstärke, welche *Pallas* im künftigen Jahre erreicht, wird = 0.656 sein; dieselbe hatte sie in diesem 1802 Jahre am 14. Aug. Oriani *beobachtete* diesen Planeten noch am 8. Aug., und *sah* ihn mit Mühe den 17. und 18. dieses Monats, wozu aber wahrscheinlich die Dämmerung und der tiefe Stand des Planeten vieles beitrug. Es bleibt uns hienach noch immer die angenehme Hoffnung, dass wir künftiges Jahr die *Pallas* zu Gesichte bekommen, und ihren Gegenschein mit der Sonne werden beobachten können, da wahrscheinlich der Planet schon vor dieser Epoche (30 Juni 1803) aufgefunden sein wird; denn mit der Zusammenkunft nimmt seine Sichtbarkeit oder Lichtstärke schon wieder ab. Im Meridian werden wir wol, wenigstens in unsern Breiten, vor der letzten Hälfte des Mai oder Anfang Juni wenig Hoffnung haben, diesen Planeten zu beobachten. [Die Ephemeride geht von Febr. 4. bis Juni 28. Mitternacht Seeberg 1803 gibt für jeden dritten Tag AR. und Abweichen bis auf Minuten genau, den Abstand von Erde in zwei, die Lichtstärke in drei Decimalstellen.]

Sollte es dem Dr. Gauss auch gelingen, wie es höchst wahrscheinlich ist, obige Elemente durch die Italienische Beobachtung noch zu verbessern: so wird es doch nicht nöthig sein, die beschwerliche

Rechnung einer neuen Ephemeride ganz danach zu wiederholen. Es wird alsdann hinreichend sein, *einige* Örter des Planeten nachzurechnen; denn der Unterschied kann nicht sehr beträchtlich sein, und nur in langsamen Stufen regelmässig anwachsen. So hat schon Dr. Gauss es versucht, einige Orte der *Pallas* nach seinen III. Elementen zu berechnen, und der Unterschied ist eben nicht so beträchtlich, dass dadurch die Auffindung des Planeten gehindert werden sollte, wie man aus beikommender Vergleichung ersehen kann, [welcher hier die Resultate für die Elemente V. aus der Handschrift beigefügt sind.]

1803	AR. der ♀ III. Elem.	AR. der ♀ IV. Elem.	Diff.	Abweich. der ♀ III. Elem.	Abweich. der ♀ IV. Elem.	Diff.	AR. V. Elem.	Decl. V. Elem.
Febr. 4	267° 35′	267° 48′	13′	5° 41′	5° 38′	3′	267° 45′	5° 39′
Juni 28	275 45	276 17	32	23 12	23 10	2	276 9	23 11

Der Gegenschein dieses Planeten fällt nach den III. Elementen den 30. Juni bürgerl. Zeit Vormittags, nach den IV. Elementen an eben dem Tage Nachmittags. Der Unterschied in der Abweichung ist ganz unbedeutend. Nach V. Juni 30. 2^h 53^m In 277° 45′ L.

[VON ZACH.]

CERES FERDINANDEA.

Monatliche Correspondenz. Band VI. S. 492—498. 1802 November.

— — —

Dr. Gauss hat indessen fortgesetzt an der Bahn dieses Planeten gearbeitet. Mit Zuziehung der Störungen, so wie er sie (Oct. St. S. 387) [224 d. B.] nach seinen VII. Elementen berechnet hatte, in Verbindung mit den Breiten-Gleichungen, bei denen seine Rechnung mit der Oriani'schen (Jun. St. S. 586. Jul. St. S. 68) [1802. Juli S. 67—70. — — — Oriani dieser geschickte, und in den verwickelten Störungsrechnungen so sehr gewandte Calculator, liess sich die Mühe nicht verdriessen, die ganze Perturbationsrechnung der *Ceres* in einer andern Hypothese der mittlern Entfernung zu wiederholen, und dadurch zugleich seine erst erhaltenen Resultate nochmals zu prüfen. Hier ist das Resultat dieser ganzen geführten Rechnung, welche uns dieser grosse Astronom mitzutheilen die Güte hatte.

Es sei D = mittlere Länge der ♀ — mittlere Länge des ♃;

A' = mittl. Anomalie ♃;

A = mittl. Anomalie der ♀.

H' = mittl. Länge ♃ — mittl. Länge ☊♃.

H = mittl. Länge ♀ — mittl. Länge ☊ ♀.

Ferner ist zu bemerken, dass man die Störungs-Gleichungen für jede andere Excentricität e der Bahn erhält, wenn man die Glieder, welche A enthalten, multiplicirt mit $\frac{e}{0.081406}$; die Glieder, welche $2A$ enthalten, multiplicirt mit $\left(\frac{e}{0.081406}\right)^2$; die Glieder, welche $3A$ enthalten. multiplicirt mit $\left(\frac{e}{0.081406}\right)^3$. Die Störungs-Gleichungen der *Ceres* durch Jupiter und ihre Änderungen sind alsdann wie folgt:

Die Störungen der heliocentrischen Breite sind:

Nach den VII. Gauss'schen Elementen der Bahn	Wenn die mittlere jährliche Bewegung der Ceres um 20 Min. vermehrt wird.
$- 13''19 \sin(H - D)$	$- 12''97$
$+ 1.62 \sin H'$	$+ 1.59$
$+ 16.21 \sin(2D - H)$	$+ 16.03$
$- 1.99 \sin(D - H')$	$- 1.96$
$+ 32.38 \sin(3D - H)$	$+ 32.78$
$- 3.97 \sin(2D - H')$	$- 4.01$
$- 5.50 \sin(4D - H)$	$- 5.31$
$+ 0.67 \sin(3D - H')$	$+ 0.65$
$+ 6.17 \sin(D + H)$	$+ 6.06$
$- 0.76 \sin(2D + H')$	$- 0.74$
$+ 1.52 \sin(2D + H)$	$+ 1.49$
$- 0.19 \sin(5D + H')$	$- 0.18$
$+ 16.15 \sin(4D - A' - H - 2° 33')$	$+ 13.83$
$- 13.86 \sin(5D - A - H - 2° 33')$	$- 11.92$

fast vollkommen harmonirt] bestimmte er sogleich folgende Elemente:

Epoche 1801 für Seeberg . .	$77° 19' 38''4$	Logarithmus der halben grossen Axe .	0.4421085
tägliche tropische Bewegung .	$770''764$	Aphelium 1801	$326° 33' 10''$
Umlaufszeit	1681 Tage 11 Stund.	Knoten 1801	80 54 52
Excentricität	0.0788132	Neigung —	10 37 48

Mit diesen Elementen berechnete nun Dr. Gauss die Störungen der ♀ durch ♃ aufs neue, wie folgt.

Secular - Gleichungen.

Jährl. Vorrücken der Sonnenferne gegen die Nachtgleichen $+ 121''3$

Jährl. Vorrücken der Knoten gegen die Nachtgleichen . . $+ 0.8$

Jährl. Abnahme der Excentricität 0.000005829

Jährl. Abnahme der Neigung der Bahn . . . . $+ 0''38$

Periodische Gleichungen.
In der Länge:

$- 231''00 \sin (♀ - ♃)$	$+ 54''90 \sin(3♀ - 4♃ - 10° 32' 23'')$
$+ 492.37 \sin 2(♀ - ♃)$	$+ 10.28 \sin(4♀ - 5♃ - 10 \; 21 \; 35'')$
$+ 43.85 \sin 3(♀ - ♃)$	$+ 3.19 \sin(5♀ - 6♃ - 10 \; 15 \; 2'')$
$+ 10.00 \sin 4(♀ - ♃)$	$+ 1.20 \sin(6♀ - 7♃ - 10 \; 10 \; 20'')$
$+ 3.03 \sin 5(♀ - ♃)$	$+ 0.50 \sin(7♀ - 8♃ - 10 \; 6 \; 24'')$
$+ 1.04 \sin 6(♀ - ♃)$	$+ 22.72 \sin(2♀ - ♃ + 36 \; 0 \; 12'')$
$+ 0.40 \sin 7(♀ - ♃)$	$- 51.80 \sin(3♀ - 2♃ + 32 \; 47 \; 57'')$
$+ 0.16 \sin 8(♀ - ♃)$	$- 5.74 \sin(4♀ - 3♃ + 30 \; 41 \; 32'')$
$- 58.90 \sin (♃ + 16° 56' 37'')$	$- 1.65 \sin(5♀ - 4♃ + 28 \; 53 \; 58'')$
$- 598.69 \sin (♀ - 2♃ - 26° 6' 58'')$	$- 0.69 \sin(6♀ - 5♃ + 28 \; 13 \; 52'')$
$- 437.75 \sin(2♀ - 3♃ - 10° 54' 25'')$	$- 0.26 \sin(7♀ - 6♃ + 26 \; 41 \; 16'')$

Im Radius vector:

-0.0000943
$+0.0010261 \cos\ (⚳-♃)$
$-0.0037679 \cos 2(⚳-♃)$
$-0.0004176 \cos 3(⚳-♃)$
$-0.0001069 \cos 4(⚳-♃)$
$-0.0000347 \cos 5(⚳-♃)$
$-0.0000127 \cos 6(⚳-♃)$
$-0.0000050 \cos 7(⚳-♃)$
$-0.0000021 \cos 8(⚳-♃)$
$-0.0000614 \cos\ (⚳+24°\ 13'\ 37'')$
$+0.0002398 \cos\ (♃+22\ 58\ 33'')$
$+0.0008325 \cos\ (⚳-2♃-23°\ 54'\ 51'')$

$+0.0025560 \cos(2⚳-3♃-10°\ 39'\ 20'')$
$-0.0004698 \cos(3⚳-4♃-10\ 51\ 24'')$
$-0.0001048 \cos(4⚳-5♃-10\ 46\ 51'')$
$-0.0000358 \cos(5⚳-6♃-10\ 40\ 14'')$
$-0.0000142 \cos(6⚳-7♃-10\ 34\ 4'')$
$-0.0000061 \cos(7⚳-8♃-10\ 28\ 56'')$
$-0.0001313 \cos(2⚳-\ ♃+37\ 11\ 18'')$
$+0.0002928 \cos(3⚳-2♃+32\ 17\ 53'')$
$+0.0000397 \cos(4⚳-3♃+29\ 3\ 25'')$
$+0.0000135 \cos(5⚳-4♃+26\ 58\ 26'')$
$+0.0000057 \cos(6⚳-5♃+25\ 46\ 37'')$
$+0.0000026 \cos(7⚳-6♃+25\ 2\ 49'')$

In der Breite.

$-11''60 \sin\ (♃-78°\ 31'\ 50'')$
$+14.29 \sin\ (⚳-2♃+78°\ 31'\ 50'')$
$+28.73 \sin(2⚳-3♃+78\ 31\ 50'')$
$-4.81 \sin(3⚳-4♃+78\ 31\ 50'')$
$-0.96 \sin(4⚳-5♃+78\ 31\ 50'')$

$-0''29 \sin(5⚳-6♃+78°\ 31'\ 50'')$
$+5.43 \sin(2⚳-\ ♃-78\ 31\ 50'')$
$+1.34 \sin(3⚳-2♃-78\ 31\ 50'')$
$+0.44 \sin(4⚳-3♃-78\ 31\ 50'')$

Endlich berechnete Dr. GAUSS nach diesen Formeln den numerischen Werth der Störungen für die zum Grunde gelegten Beobachtungen aufs neue, und fand damit folgende Elemente der Bahn, die wir künftig mit (VIII) bezeichnen werden.

	Epoche für Seeberg	Sonnenferne	Knoten
1801	$77°\ 19'\ 34''9$	$326°\ 33'\ 37''$	$80°\ 54'\ 59''$
1802	$155\ 28\ 35.1$	$326\ 35\ 39$	$80\ 55\ 0$
1803	$233\ 37\ 35.3$	$326\ 37\ 40$	$80\ 55\ 1$

tägliche tropische Bewegung . . . . $770''7951$
Tropische Umlaufszeit . . . . 1681 Tage 9 Stunden
Excentricität (1801) 0.0788352
Neigung (1801) . . . . $10°\ 37'\ 56''0$
Logarithmus der halben Axe 0.4420971

Diese neuen Elemente sind von den vorhergehenden so sehr wenig verschieden, dass man eine neue Berechnung der Störungen nach denselben als überflüssig ansehen kann, da sie von den obigen nicht merklich verschieden ausfallen können. Aus Neugierde hat Dr. GAUSS es versucht, wie viel diese neuen VIII. Elemente von den VII. gegen die Zeit der Zusammenkunft im künftigen Jahre abweichen werden. Er findet mit Übergehung der Aberration für Juni 28, 1803 um 12 Uhr mittl. Seeberger Zeit

Nach den Elementen	Länge der ⚳	Breite der ⚳ südl.
VII	$280°\ 7'\ 43''$	$5°\ 1'\ 21''$
VIII	$280\ 17\ 58$	$5\ 4\ 53$
Unterschied	$10\ 15$	$3\ 32$

Dr. GAUSS schliesst seine Berechnung mit folgender Bemerkung: „Bei der grossen Mühe, die die
„Berechnung eines Ortes des Planeten schon nach obigen Störungs-Gleichungen macht, scheint es wol
„noch eben nicht rathsam, ihre Anzahl schon jetzt durch die Saturns-Gleichungen und durch die von
„den Quadraten und Producten der Excentricitäten abhängigen beim Jupiter zu vermehren, deren Auf-
„nahme übrigens weiter keine Schwierigkeit, als das *Taedium* des mechanischen Calculs haben würde,
„zumal da wir nun beinahe nach einem halben Jahre mit Hülfe neuer Beobachtungen den Elementen
„einen viel grösseren Grad von Schärfe werden geben können. Da die Berechnung des jedesmaligen
„Betrags der Gleichungen so sehr beschwerlich ist: so wird es, wie mich dünkt, von Wichtigkeit sein,
„auf Abkürzung und Vereinfachung der Tafeln für dieselben zu denken, worüber ich Ihnen meine Ideen
„künftig nebst einem *Specimen* vorlegen werde.“

[VON ZACH.]

PALLAS OLBERSIANA.

Monatliche Correspondenz. Band VI. S. 499—505. 1802 November.

— — —

Dr. HERSCHEL hat die Güte gehabt, uns einen besondern Abdruck seiner Abhandlung aus den
Philosophischen Transactionen*) zuzuschicken, deren wesentlichen Inhalt wir bereits unseren Lesern im
Auszug aus einem seiner Briefe im Juli-Stück S. 90 mitgetheilt haben. Nach nochmaliger aufmerksa-
mer Durchlesung dieser Abhandlung finden wir uns nicht bewogen, unsere darüber schon geäusserte
Meinung zu ändern; auch sehen wir aus unserm Briefwechsel, dass auch andere Astronomen, wie
z. B. LA LANDE, ORIANI, PIAZZI, GAUSS u. a. m. dieser seiner neuen vorgeschlagenen Classification
nicht beipflichten. Besonders verdienen die Gründe und eine recht treffliche Bemerkung des Dr. GAUSS
gegen das angebliche sogenannte harmonische Gesetz, womit die Abstände der Planeten übereinstimmen sollen, wohl erwogen zu werden. Dieser scharfsinnige Messkünstler drückt sich hierüber in einem
Schreiben vom 16. October auf folgende merkwürdige Art aus.

„Dr. HERSCHEL will, wie mir Prof. HUTH sagte, der ihn in England besucht hat, noch immer die
„neuen Planeten nicht toleriren, obgleich meines Wissens noch nicht ein einziger Astronom seinen Vor-
„schlag gebilligt hat. Im Grunde hängt es, wie Sie so richtig bemerkt haben, nur von der Überein-
„kunft ab, ob wir die *Ceres* und die *Pallas* als Planeten ansehen wollen oder nicht, und es ist gar nicht
„die Rede davon, ob sie Planeten *sind* oder nicht, sondern ob es *schicklich* und *passlich* ist, diese Welt-
„körper, die in einigen Punkten mit den *bisher bekannten* Planeten übereinstimmen, in andern von ih-
„nen abgehen, Planeten zu *nennen*, oder nicht. Dass nun die letzteren Punkte (unter welchen bei der
„*Ceres* die Neigung der Bahn gar nicht einmal gerechnet werden kann, wie Sie im December-Hefte des
„vorigen Jahres bemerkt haben) ganz unwesentlich sind, haben Sie zur Genüge im Juli-Heft dieses
„Jahrs gezeigt, und dass bei den Astronomen eine kreisähnliche Bahn, und die davon abhängige *per-*
„*ennirende Gegenwart* immer als das Wesentliche gegolten habe, scheint der Umstand zu beweisen, dass

---

*) Observations on the two lately discovered celestial Bodies, by WILLIAM HERSCHEL. Read be-
fore the Royal Society. May 6. 1802. Aus den Philos. Transact. MDCCCII.

„die Astronomen sogleich den Planetismus ohne weiteres anerkannt haben, sobald sie sich von jener
„Beschaffenheit der Bahn überzeugt hielten. Mich dünkt sogar, dass wir, wenn die Zukunft die Ver-
„muthung unseres vortrefflichen OLBERS *Ceres* und *Pallas* seien nur Stücke von einem zerstörten Plane-
„ten, durch die Auffindung anderer Stücke bestätigen sollte, selbst in diesem Falle noch eben nicht
„nothwendig von dem Namen Planeten abgehen müssen; es scheint mir nemlich bei der Untersuchung
„der Ansprüche auf den Titel eines Planeten mehr darauf anzukommen, *ob* diese Weltkörper nach ihrer
„wesentlichen Eigenschaft Planeten sind, als *wie* sie es *geworden* sind.

„Sonderbar ist es, dass man das vom Prof. TITIUS angegebene sogenannte Gesetz als ein Argu-
„ment gegen die beiden Planeten gebrauchen wollte. Dieses Verhältniss trifft bei den übrigen Planeten
„gegen die Natur aller Wahrheiten, die den Namen Gesetze verdienen, nur ganz beiläufig, und, was
„man noch nicht einmal bemerkt zu haben scheint*), beim Mercur gar nicht zu. Es scheint mir sehr ein-
„leuchtend, dass die Reihe

$$4, \; 4+3, \; 4+6, \; 4+12, \; 4+24, \; 4+48, \; 4+96, \; 4+192$$

„womit die Abstände übereinstimmnen sollten, gar nicht einmal eine continuirliche Reihe ist. Das Glied,
„was vor $4+3$ hergeht, muss ja nicht 4, das ist $4+0$, sondern $4+1\frac{1}{2}$ sein. Also zwischen 4 und $4+3$
„sollten noch unendlich viele zwischen liegen, oder wie WURM es ausdrückt (M. C. 1801 Juni St. S. 594)
„für Mercur oder für $n = 1$ kommt aus $4 + 2^{n-2} \, 3$ nicht 4 sondern $5\frac{1}{2}$.

„Es ist gar nicht zu tadeln, wenn man dergleichen ungefähre Übereinstimmungen in der Natur
„aufsucht. Die grössten Männer haben solchem *lusus ingenii* nachgehängt. Aber so viel sich auch KEP-
„LER auf seine mit den Planeten-Distanzen in Übereinstimmung gebrachten regulären Körper zu gute
„that (er wollte, wie er sagte, die Ehre dieses Fundes nicht um das Churfürstenthum Sachsen geben):
„so hätte er doch gewiss den Planetismus des Uranus nicht damit angefochten (wenn diese Entdeckung
„zu seiner Zeit gemacht worden wäre), weil er nicht zu seinen Ideen passte. Er hätte vielmehr ohne
„allen Zweifel diese sogleich aufgegeben. Eben so hatten Sie es gemacht. Auch Sie haben über jenes
„Gesetz von TITIUS Betrachtungen angestellt; aber Sie haben sie nur Träume genannt, und sie sogleich
„fahren lassen, als sie anfingen, Thatsachen zu widersprechen.“

*) [Vergl. Astronomisches Jahrbuch für 1790. WURM an BODE, Leonberg 1787 Februar 27. Von
möglichen Planeten und Cometen unsers Sonnensystems. S. 168.]

[VON ZACH.]

VORÜBERGANG DES MERCUR VOR DER SONNE, DEN 3. NOVEMBER 1802.

Monatliche Correspondenz. Band VI. S. 567—575. 1802 December.

— — —

In *Braunschweig* beobachtete Dr. GAUSS die *innere* Berührung beim Austritt um $0^{\mathrm{u}} \, 39^{\mathrm{m}} \, 16^{\mathrm{s}}$, die
äussere um $0^{\mathrm{u}} \, 40^{\mathrm{m}} \, 48^{\mathrm{s}}$ wahre Zeit. [Handschrift: Austritt des ☿ beobachtet zu Braunschweig Nov. 9.
$0^{\mathrm{u}} \, 23^{\mathrm{m}} \, 17^{\mathrm{s}}$ innere Berührung, $0^{\mathrm{u}} \, 24^{\mathrm{m}} \, 49^{\mathrm{s}}$ äussere Berührung Mittlere Zeit.] Er bediente sich dazu eines
von BAUMANN verfertigten zweifüssigen Achromaten, in welchen Mercur und die schöne Gruppe von Son-
nenflecken, an der er seinen Weg nahm, sehr gut ins Auge fiel. Aber leider war er nicht im Stande,
eine so gute Zeitbestimmung zu machen, als er wohl gewünscht hatte. Diesen Unfall hat Dr. GAUSS

bei gegenwärtiger Jahreszeit mit mehreren Astronomen gemein, welche mit keinem Passagen-Instrumente versehen sind. Indessen musste er sich mit einigen, nach 1 Uhr, auf einem unbedeckten Öl Horizont genommenen einzelnen Sonnenhöhen zur Zeitbestimmung begnügen. Aus dieser Ursache, und auch deswegen, weil dies die erste Beobachtung dieser Art ist, die er gemacht hat, bittet er um Nachsicht, wenn seine Beobachtung mit anderen nicht genau übereinstimmen sollte. Ausser dem Austritte hat er auch das Fernrohr als Kreis-Mikrometer zu brauchen versucht, und mehrere Ascensional-Differenzen zwischen Mercur und dem Mittelpunkte der Sonne genommen, welchen er aber selbst keinen grossen Grad von Genauigkeit zutrauet. Indessen können sie immer durch Rechnung geprüft werden.

Wahre Zeit	Diff. AR. ☉ — ☿
$23^u\ 26^m\ 6^s$	$7'\ 51''$
23 42 30	9 29
23 50 28	10 3
0 3 25	11 37
0 25 14	13 41

[VON ZACH.]

PALLAS OLBERSIANA.

Monatliche Correspondenz. Band VI. S. 579—583. 1802 December.

Diese sämmtlichen Mailänder Beobachtungen ORIANI's hat nun Dr. GAUSS mit seinen III. Elementen der Bahn [S. 218 d. B.] dieses Planeten verglichen und nachstehende Übereinstimmung gefunden.

Vergleichung der ORIANI'schen Beobachtungen am Mailänder Aequatorial-Sector mit Dr. GAUSS's III. Elementen der Bahn.

1802	Mittl. Zeit in Mailand	Berechnete AR. der Pallas	Unterschied R—B	Berechnete nördl. Abweich. der ♀	Unterschied R—B
Juli 10	$9^u\ 40^m\ 23^s$	$191°\ 27'\ 33''$ {	— 11″ — 35	$17°\ 56'\ 20''$ {	— 4″ + 4
18	9 36 4	193 43 47	— 17	17 2 29	— 38
24	9 32 16	195 30 59	— 29	16 19 59	+ 12
25	9 44 12	195 49 25	— 23	16 12 40	+ 12
28	9 8 6	196 44 25 {	— 33 — 28	15 50 56 {	+ 1 + 16
29	9 11 28	197 3 9 {	— 36 — 22 — 36	15 43 33 {	+ 1 + 18 + 14
31	9 6 9	197 40 46 {	— 34 — 40	15 28 55 {	— 1 — 20
Aug. 1	9 4 14	197 59 44 {	— 45 — 49	15 21 18 {	+ 2 + 5
2	9 23 37	198 19 4 {	— 36 — 41	15 13 43 {	+ 10 + 12

1802	Mittl. Zeit in Mailand	Berechnete AR. der Pallas	Unterschied R−B	Berechnete nördl. Abweich. der ♀	Unterschied R−B
Aug. 4	8ᵘ 55ᵐ 38ˢ	198 57 9 {	− 39″ − 47	14 58 52 {	− 5″ − 4
5	9 14 57	199 16 47	− 39	14 51 13 {	+ 15 + 28
6	9 6 27	199 36 7 {	− 50 − 51	14 43 43	− 3
7	9 4 18	199 55 38 {	− 48 − 47	14 36 8	+ 15
8	9 0 14	200 15 9	− 56	14 28 35	+ 14

Dr. Gauss hat zwar späterhin (October-St. S. 394.) [S. 223 d. B.] zum IV. mal verbesserte Elemente gegeben, aber obige Mailänder Beobachtungen nicht selbst damit verglichen; indessen hat er doch folgende Vergleichung angestellt, aus welcher sich beiläufig beurtheilen lässt, in wie fern diese IV. Elemente besser mit den Beobachtungen stimmen, als die III.

Die IV. Elemente geben

1802	Die AR. grösser	Die Declination kleiner
Juli 8	24″	8″
Aug. 4	66	0

als die III. Elemente.

So wie also die III. Elemente um die Zeit des Schlusses der Beobachtungen die AR. gegen 1 Minute zu klein geben, so geben die IV. Elemente dieselbe etwa 20″ zu gross. Die Declinationen stimmen bei beiden, so weit es die Genauigkeit der Beobachtungen zulässt, ziemlich gut.

Dr. Gauss hat nun auch nach diesen letztern Oriani'schen Beobachtungen die Elemente dieser Bahn zum V. mal verbessert, und nachstehende Bestandtheile erhalten.

V. Elemente der Pallas Olbersiana.

Epoche 1802 März 31 Mittag in Seeberg 162° 46′ 58″2 | Logarithmus der halben grossen Axe 0.4425529

Sonnenferne . . . . 301 28 24.0 | Excentricität 0.244976

Aufsteigenden Knoten . . . . . . 172 27 3.0 | Neigung der Bahn . . . . 34° 37′ 40″

Tägliche mittl. tropische Bewegung . 769″583

Mit diesen Elementen verglich nun Dr. Gauss die späteste aller Beobachtungen von Messier (November-St. S. 502.) und fand:

1802	Mittlere Zeit in Paris	Berechnete AR. der Pallas	Unterschied R—B	Berechnete Declination der Pallas	Unterschied R—B	Abstand von der ☉	Lichtstärke
Sept. 21	7ᵘ 28ᵐ	215° 49′ 14″	+ 28″	9° 0′ 16″ N.	+ 48″	3.518	0.485

Der Unterschied der Rechnung und Beobachtung ist also noch mässig. Dr. Gauss schreibt daher: „Da diese Messier'sche Beobachtung in einer so wenig günstigen Lage gemacht worden ist (nach ei„ner beiläufigen Rechnung hatte Pallas nur 13 Grad Höhe über dem Horizont), so bin ich ganz Ihrer „Meinung, dass man von dieser einzelnen Beobachtung nicht viel sicheres zur Verbesserung der Elemente „hernehmen kann. Inzwischen würde die Verbesserung auf den Ort der Pallas im künftigen Jahre wol „eben keinen sehr bedeutenden Einfluss haben. Ich habe mehrere Örter nach den V. Elementen neu

„berechnet, und die AR. für den 4. Febr., 24. März, 11. Mai, 28. Juni 1803 um 3¼ Min., 5¼ Min., 7¼ Min.,
„9 Min. kleiner, die Abweichungen aber alle um ungefähr 1 Min. grösser gefunden, als in der nach den
„IV. Elementen berechneten Ephemeride.“ (October-St. S. 395.) [S. 224 d. B.]

Inzwischen um auch hier keinen Wunsch übrig zu lassen, so hat Dr. Gauss diese ganze Ephemeride des Laufes der Pallas im Jahr 1803 von neuem nach diesen V. Elementen berechnet, auch noch
auf einen Monat weiter ausgedehnt. Da *Pallas* am 3. April 1803 anfängt, eine grössere Lichtstärke zu
erhalten, als sie am 21. September dieses Jahres hatte, und man sie sodann in einer viel grösseren Höhe
über dem Horizont beobachten kann, so darf man jetzt wol nicht mehr daran zweifeln, dass sie sich
unseren stärkeren Fernröhren nicht entziehen wird. Hier folgt demnach: [Die Ephemeride von Febr. 4
bis Aug. 9. 1803, welche AR und Decl. so wie Lichtstärke in der bisher angewandten Form enthalten.]

In der dritten Columne ist zur Einheit diejenige Lichtstärke angenommen, welche der Planet in
der Entfernung 1 von der Sonne und Erde haben würde. Nach diesem Massstabe war sie 1802

1802 April 4 . . 0.08997	[Handschrift:] Genauer 0.09019	1801 Jan. 1 . . 0.03637
Mai 16 . . 0.04740		Febr. 11 . . 0.02409
Aug. 10 . . 0.01455		Dec. 7 . . 0.02494
Sept. 21 . . 0.01030		1802 Febr. 26 . . 0.05633

[von Zach.]

GAUSS AN BODE.

Astronomisches Jahrbuch für 1806. S. 179—180. Berlin 1803.

Braunschweig 1803 März 3.

Die wichtige Nachricht von der so frühen Wiederauffindung des Olbers'schen Planeten zu Lilienthal werden Ew. — vermuthlich schon von Hrn. Harding selbst erhalten haben. So werden Sie wahrscheinlich auch schon im Besitz von Dr. Olbers Beobachtungen sein. Ich schmeichle mir, dass es Ihnen
nicht unlieb sein wird, auch die Resultate davon näher zu erfahren. Das Wetter ist seit dem 23. Febr.
hier sehr schlecht gewesen; der Mondschein kommt jetzt dazu. Die Beobachtungen werden also wol
noch etwas unterbrochen bleiben.

Hier ist die Vergleichung der Olbers'schen Beobachtung mit meinen V. Elementen, wonach die
Ephemeride im Decemberheft der M. C. berechnet worden ist.

1803	Mittl. Zeit in Bremen	Berechnete AR.	Declin.	Unterschied R—B AR.	Declin.
Febr. 21	17^u 6^m 10^s	272° 58' 47"	7° 30' 40"	+ 2' 2"	— 34"
23	15 24 36	273 31 14	7 45 4	+ 2 35	— 57

Ich habe meiner Begierde nicht widerstehen können, hienach eine vorläufige Verbesserung der
Elemente vorzunehmen; ich behalte mir vor bessere zu geben, sobald zahlreichere und schärfere Beobachtungen vorhanden sein werden. Ew. — werden aus der Vergleichung mit den V. [S. 233 d. B.] sehen
dass der Unterschied nur sehr gering ist:

Epoche 1803 in Seeberg. Meridian . . 221° 28′ 54″0 | Knoten . . . . 172° 28′ 8″
Jährliche trop. Bewegung (365 T.) . . 78 0 36.9 | Excentricität 0.245619
Tägliche . . . . 769″416 | Logarithmus der halben grossen Axe 0.4426160
Sonnenferne 1803 siderisch ruhend . 301° 24′ 13″ | Neigung der Bahn . . . . 34° 38′ 20″

Diese Elemente stellen die Beobachtung folgendermassen dar:

1803	Berechnete		Unterschied R—B	
	AR.	Declin.	AR.	Declin.
Febr. 21	272° 56′ 25″0	7° 31′ 29″8	— 20″0	+ 15″8
23	273 28 46.8	7 45 52.3	+ 7.8	— 7.7

Man wird demnach den Planeten in diesem Jahre immer mit aller zu verlangenden Leichtigkeit finden können.

Hoffentlich wird auch die ♃ nun bald aufgefunden werden. Die Auffindung derselben wird diesmal wegen ihres niedrigen Standes am südlichen Himmel wol in Italien und Frankreich früher gelingen als bei uns.

TAFELN FÜR DIE STÖRUNGEN DER CERES.

Monatliche Correspondenz. Band VII. S. 259—262. 1803 März.

GAUSS AN VON ZACH.

Braunschweig, den 26. December 1802.

Vor einiger Zeit schrieb ich Ihnen, dass ich auf eine Abkürzung der Tafeln für die Störungen der *Ceres* gedacht habe und Ihnen davon eine Probe künftig vorlegen wolle. (Mon. Corr. VI. B. S. 498) [230 d. B.] Ich habe jetzt die Ehre, mich darüber näher zu erklären, und Ihnen nicht eine Probe, sondern eine Tafel *in extenso* zu übersenden.

Die Anzahl der Gleichungen ist schon jetzt, da ich mich noch auf die Störungen durch Jupiter und auf die ersten Potenzen der Excentricitäten eingeschränkt habe, so ansehnlich, dass es äusserst beschwerlich sein würde, ihre numerischen Werthe für eine grosse Anzahl von Örtern ohne Tafeln aus den Formeln selbst zu berechnen. Aber auch mit Tafeln, nach der gewöhnlichen Art eingerichtet, ist die Arbeit wahrlich beschwerlich. Für *alle* Gleichungen, die im November-Heft 1802 der M. C. [228 d.B.] abgedruckt sind, würden *vierzig* Tafeln nöthig sein, und noch fast *dreissig*, wenn man die kleinern Gleichungen, die einzeln unter 2″ betragen, weglässt. So viele Argumente zu bilden, in so viele Tafeln einzugehen, und so viele Additionen zu machen, erfordert noch immer viel Geduld, wenn es oft kommt. Ich habe daher diese Tafeln auf eine geschmeidigere Art abzukürzen gesucht. Die *acht* ersten Gleichungen *für die Länge* (wo beiläufig gesagt, der erste Coëfficient S. 495 [228] anstatt 230″00, 231″00 sein muss), kommen von selbst in *eine* Tafel, deren Argument ♃ — ♃ ist. Aber die vierzehn übrigen würden eben so viele Tafeln erfordern. Man könnte sie in eine Tafel mit doppelten Eingängen bringen: die würde aber so weitläuftig, mühsam zu berechnen und beschwerlich zu gebrauchen sein, dass daran nicht zu denken ist. Ich habe daher folgendes Verfahren gewählt:

Bezeichne ich Kürze halber $\mathcal{P} - \mathcal{2\!\!\!\!\;}$ mit D, so sieht man bei einiger Aufmerksamkeit, dass jede dieser vierzehn Gleichungen sich unter die Form

$$\alpha \sin(iD - \mathcal{P} - A) = \alpha \sin(iD - A)\cos\mathcal{P} - \alpha \cos(iD - A)\sin\mathcal{P}$$

bringen lässt, wo i positive und negative ganze Zahlen vorstellt. Die Summe aller Gleichungen wird also durch $P \cos\mathcal{P} - Q \sin\mathcal{P}$ ausgedrückt werden, wo P und Q Functionen von D sind. Macht man

$$\frac{P}{Q} = \operatorname{tang}\varphi, \qquad \frac{P}{\sin\varphi} = \frac{Q}{\cos\varphi} = R,$$

so sind also auch R und φ blos von D abhängig, und die Summe aller vierzehn Gleichungen

$$= R \sin(\varphi - \mathcal{P})$$

Man kann also in einer Tafel, deren Argument D ist, für alle Werthe von D die entsprechenden Werthe von R und φ ansetzen, und findet dadurch vermittelst einer sehr leichten Rechnung sogleich den Inbegriff aller jener Gleichungen. Ich habe indess vorgezogen, nicht φ sondern $\varphi - 2D$ anzusetzen, weil dieser Winkel sich nicht so stark ändert als φ, und innerhalb gewisser Gränzen nur periodische Oscillationen macht, während dass D alle Werthe von o bis 360° durchläuft, da hingegen φ unterdess zwei Umläufe machen würde. Dieses $\varphi - 2D$ ist das, was in der dritten Tafel mit B bezeichnet ist, so wie obiges R mit A. Auf diese Weise ist also der Inbegriff aller von der einfachen Excentricität abhängigen Gleichungen der Länge

$$A \sin(B + 2D - \mathcal{P}) = A \sin(B + \mathcal{P} - 2\mathcal{2\!\!\!\!\;})$$

Auf ähnliche Weise sind die von der Excentricität unabhängigen Gleichungen des Radius Vector in der Tafel II enthalten, und die von den einfachen Excentricitäten abhängigen in der Tafel IV unter die Form $A \sin(B + 2\mathcal{P} - 3\mathcal{2\!\!\!\!\;})$ gebracht; endlich unter dieselbe Form in Tafel V alle im November-Heft [S. 229 d. B.] aufgeführten Gleichungen der Breite.

Auf diese Art haben wir also nur fünf Tafeln, wobei freilich etwas trigonometrische Rechnung erforderlich ist, die aber mir wenigstens weit bequemer fällt, als wenn ich die einzelnen hier zusammengefassten Gleichungen alle aus besondern Tafeln nehmen müsste. Auch liessen sich dabei mit Vortheil noch einige Abänderungen treffen, wenn man z. B. statt A gleich log A ansetzte, *oder auch auf andere Weise*. Dieses will ich mir aber auf die Zukunft ersparen, da überhaupt diese Tafeln nur so lange dienen sollen, bis mit künftigen Beobachtungen die Elemente noch ferner berichtigt und die Störungen danach genauer und vollständiger berechnet sein werden. Vor der Hand denke ich, dass mir diese Tafeln, besonders bei der Berechnung der Beobachtungen des künftigen Jahres gute Dienste leisten sollen.

Anmerkungen.

1. $\mathcal{P}$ und $\mathcal{2\!\!\!\!\;}$ bedeuten die mittlern heliocentrischen Längen der Ceres und des Jupiter.

2. Die Störungen des Radius Vector sind in Million-Theilen des Halbmessers der Erdbahn ausgedrückt.

3. Bei den Störungen der Breite, und bei den zweiten Theilen der Störungen der Länge und des Radius Vector ist A als positiv anzusehen, und bei dem Sinus von $B + \mathcal{P} - 2\mathcal{2\!\!\!\!\;}$ und $B + 2\mathcal{P} - 3\mathcal{2\!\!\!\!\;}$ das Zeichen gehörig zu beobachten.

4. Bei der Breite nimmt man B aus der ersten Columne für die ersten sechs Zeichen des Arguments oder beim Niedersteigen; aus der dritten Columne hingegen in den sechs letzten Zeichen oder beim Aufsteigen; A ist beiden gemeinschaftlich. Die Anordnung der Tafel zeigt dies schon von selbst.

STÖRUNGEN DER CERES DURCH JUPITER.

Tafel I. Störung der *Länge.* Erster Theil. Argumentum ♀—♃.

°	0ˢ +	Iˢ +	IIˢ ±	IIIˢ −	IVˢ −	Vˢ −	°
0	0″	364″6	215″6	272″2	620″2	505″2	30
1	16.6	368.6	202.3	288.7	624.6	493.1	29
2	33.1	372.0	188.7	305.0	628.5	480.6	28
3	49.6	374.7	174.7	321.1	631.8	467.6	27
4	66.0	376.8	160.4	336.9	634.5	454.2	26
5	82.3	378.2	145.7	352.6	636.6	440.3	25
6	98.3	378.9	130.8	367.9	638.2	426.1	24
7	114.2	379.0	115.6	383.0	639.1	411.4	23
8	129.9	378.4	100.0	397.8	639.5	396.3	22
9	145.3	377.2	84.3	412.2	639.4	380.8	21
10	160.4	375.4	68.3	426.4	638.6	365.1	20
11	175.2	372.8	52.0	440.2	637.3	348.9	19
12	189.6	369.7	35.6	453.6	635.3	332.5	18
13	203.6	365.9	18.9	466.7	632.8	315.8	17
14	217.3	361.5	2.1	479.4	629.7	298.8	16
15	230.5	356.6	$\overline{14.8}$	491.7	626.1	281.5	15
16	243.3	350.9	31.9	503.5	621.8	263.9	14
17	255.6	344.8	49.0	515.0	617.0	246.1	13
18	267.4	338.0	66.3	526.0	611.7	228.2	12
19	278.7	330.6	83.6	536.6	605.7	209.8	11
20	289.5	322.7	100.9	546.7	599.2	191.4	10
21	299.7	314.3	118.3	556.3	592.2	172.8	9
22	309.4	305.3	135.7	565.4	584.6	154.0	8
23	318.5	295.7	153.0	574.1	576.5	135.0	7
24	326.9	285.7	170.3	582.2	567.8	116.0	6
25	334.8	275.2	187.6	589.8	558.7	96.8	5
26	342.1	264.2	204.7	597.0	549.0	77.6	4
27	348.6	252.7	221.8	603.6	538.8	58.2	3
28	354.6	240.7	238.7	609.7	528.1	38.8	2
29	359.9	228.4	255.6	615.2	516.9	19.4	1
30	364.6	215.6	272.2	620.2	505.2	0	0
°	−	−	∓	+	+	+	°
	XIˢ	Xˢ	IXˢ	VIIIˢ	VIIˢ	VIˢ	

Tafel III. Störung des *Radius Vector.* Erster Theil. Arg. ♀—♃.

°	0ˢ −	Iˢ ∓	IIˢ +	IIIˢ +	IVˢ ±	Vˢ −	°
0	3415	988	2742	3577	921	2834	30
1	3412	853	2830	3538	795	2939	29
2	3402	717	2915	3494	668	3041	28
3	3386	580	2996	3447	539	3141	27
4	3363	443	3073	3395	410	3238	26
5	3335	305	3146	3340	281	3332	25
6	3300	167	3215	3280	150	3423	24
7	3258	$\overline{29}$	3280	3217	$\overline{19}$	3511	23
8	3211	109	3341	3150	112	3596	22
9	3158	246	3398	3079	244	3678	21
10	3099	383	3451	3005	376	3756	20
11	3034	519	3499	2928	507	3832	19
12	2964	654	3543	2847	639	3903	18
13	2888	788	3582	2762	770	3972	17
14	2807	921	3618	2675	901	4037	16
15	2722	1052	3648	2584	1031	4098	15
16	2631	1182	3675	2490	1161	4156	14
17	2536	1310	3697	2394	1290	4210	13
18	2437	1435	3714	2294	1418	4260	12
19	2333	1559	3727	2192	1544	4306	11
20	2226	1681	3735	2087	1670	4349	10
21	2115	1800	3739	1980	1794	4387	9
22	2000	1916	3739	1870	1917	4422	8
23	1882	2030	3734	1759	2038	4452	7
24	1761	2141	3725	1644	2158	4479	6
25	1638	2249	3711	1528	2276	4501	5
26	1512	2354	3693	1410	2392	4520	4
27	1384	2456	3670	1290	2506	4534	3
28	1254	2555	3644	1168	2617	4545	2
29	1122	2650	3613	1045	2727	4551	1
30	988	2742	3577	921	2834	4553	0
°	−	∓	+	+	±	−	°
	XIˢ	Xˢ	IXˢ	VIIIˢ	VIIˢ	VIˢ	

Tafel II. Für den zweiten Theil der Störung der *Länge*.
Argumentum ♃ — ♄.

°	0ˢ A	B	Iˢ A	B	IIˢ A	B	IIIˢ A	B	IVˢ A	B	Vˢ A	B	°
0	862″7	159°49′	925″3	171°58′	814″1	182°28′	717″7	202°17′	578″8	204°13′	228″1	183°35′	0
1	862.7	160 25	925.7	172 11	808.3	183 5	716.4	202°44	569.2	203 55	217.5	182 5	1
2	863.0	161 0	925.7	172 25	802.7	183 42	715.1	203 10	559.3	203 36	207.3	180 29	2
3	863.7	161 35	925.4	172 38	797.2	184 20	713.6	203 34	549.1	203 15	194.4	178 45	3
4	864.7	162 9	924.7	172 52	791.8	184 59	712.0	203 56	538.7	202 54	187.9	176 52	4
5	866.0	162 43	923.7	173 5	786.6	185 39	710.3	204 16	527.9	202 31	179.0	174 51	5
6	867.6	163 16	922.4	173 19	781.5	186 20	708.5	204 35	516.9	202 7	170.4	172 40	6
7	869.5	163 48	920.7	173 33	776.6	187 2	706.5	204 52	505.7	201 42	162.5	170 19	7
8	871.7	164 20	918.7	173 47	771.9	187 44	704.2	205 8	494.3	201 16	155.1	167 47	8
9	874.1	164 50	916.4	174 2	767.4	188 27	701.8	205 21	482.6	200 48	148.3	165 5	9
10	876.6	165 20	913.7	174 18	763.2	189 10	699.1	205 33	470.8	200 20	142.1	162 11	10
11	879.4	165 48	910.7	174 33	759.1	189 54	696.2	205 44	458.8	199 50	136.6	159 8	11
12	882.3	166 16	907.4	174 50	755.3	190 38	693.0	205 52	446.6	199 18	131.9	155 55	12
13	885.2	166 42	903.8	175 7	751.6	191 22	689.5	205 59	434.4	198 45	127.9	152 34	13
14	888.3	167 8	899.9	175 25	748.3	192 6	685.7	206 4	422.0	198 11	124.7	149 7	14
15	891.5	167 32	895.7	175 44	745.1	192 50	681.6	206 8	409.5	197 35	122.2	145 38	15
16	894.6	167 56	891.3	176 3	742.2	193 34	677.2	206 10	397.0	196 57	120.5	142 7	16
17	897.7	168 18	886.6	176 24	739.5	194 17	672.5	206 11	384.5	196 18	119.6	138 40	17
18	900.8	168 39	881.8	176 45	737.0	195 0	667.4	206 10	371.9	195 37	119.5	135 19	18
19	903.9	169 0	876.7	177 8	734.7	195 43	661.9	206 8	359.3	194 53	120.1	132 6	19
20	906.8	169 19	871.4	177 31	732.5	196 24	656.2	206 4	346.7	194 8	121.3	129 4	20
21	909.6	169 38	866.0	177 56	730.6	197 5	650.0	205 59	334.2	193 20	123.1	126 15	21
22	912.3	169 56	860.5	178 21	728.8	197 44	643.5	205 52	321.8	192 30	125.6	123 41	22
23	914.8	170 13	854.8	178 48	727.1	198 23	636.6	205 44	309.5	191 36	128.5	121 21	23
24	917.0	170 30	849.1	179 16	725.6	199 1	629.4	205 35	297.3	190 40	132.0	119 17	24
25	919.1	170 45	843.3	179 45	724.2	199 37	621.9	205 24	285.2	189 40	135.9	117 28	25
26	920.9	171 1	837.4	180 15	722.8	200 12	613.9	205 13	273.3	188 36	140.3	115 53	26
27	922.4	171 15	831.6	180 47	721.5	200 45	605.7	204 59	261.7	187 28	145.1	114 32	27
28	923.7	171 30	825.7	181 20	720.3	201 17	597.0	204 45	250.2	186 16	150.2	113 24	28
29	924.7	171 44	819.9	181 53	719.0	201 48	588.1	204 30	239.0	184 58	155.7	112 27	29
30	925.3	171 58	814.1	182 28	717.7	202 17	578.8	204 13	228.1	183 35	161.6	111 41	30

Diesen zweiten Theil erhält man, wenn man A durch $\sin(B + ♃ — 2♄)$ multiplicirt.

STÖRUNGEN DER CERES DURCH JUPITER.

Tafel II. Für den zweiten Theil der Störung der *Länge*. Argumentum ♃ — ♃.

°	VI^s A	VI^s B	VII^s A	VII^s B	VIII^s A	VIII^s B	IX^s A	IX^s B	X^s A	X^s B	XI^s A	XI^s B	°
0	161″6	111° 41′	479″4	112° 47′	817″0	111° 6′	875″8	119° 20′	954″1	138° 0′	975″8	146° 33′	0
1	167.8	111 4	493.1	112 48	823.4	111 6	875.9	119 55	958.3	138 27	971.9	146 48	1
2	174.4	110 36	506.8	112 48	829.3	111 7	876.1	120 32	962.4	138 54	967.8	147 3	2
3	181.2	110 15	520.5	112 47	834.9	111 9	876.5	121 9	966.3	139 20	963.5	147 19	3
4	188.5	110 1	534.1	112 45	840.0	111 12	877.0	121 48	970.1	139 43	958.9	147 35	4
5	196.0	109 52	547.7	112 43	844.7	111 16	877.7	122 27	973.8	140 7	954.2	147 52	5
6	203.9	109 48	561.3	112 40	849.0	111 20	878.6	123 6	977.3	140 29	949.4	148 10	6
7	212.1	109 48	574.7	112 37	853.0	111 26	879.6	123 47	980.6	140 50	944.4	148 29	7
8	220.7	109 52	588.1	112 33	856.7	111 33	880.9	124 27	983.7	141 11	939.4	148 49	8
9	229.6	109 58	601.3	112 28	859.9	111 41	882.4	125 8	986.6	141 30	934.3	149 9	9
10	238.8	110 6	614.3	112 24	862.8	111 50	884.1	125 49	989.2	141 49	929.2	149 31	10
11	248.4	110 15	672.2	112 19	865.4	112 0	886.0	126 30	991.6	142 7	924.1	149 54	11
12	258.2	110 26	639.8	112 15	867.6	112 11	888.1	127 12	993.6	142 24	919.0	150 17	12
13	268.4	110 37	652.3	112 10	869.6	112 24	890.5	127 53	995.4	142 40	913.9	150 42	13
14	279.0	110 49	664.5	112 5	871.2	112 38	893.0	128 34	996.9	142 56	909.0	151 7	14
15	289.8	111 1	676.4	112 0	872.6	112 53	895.8	129 14	998.1	143 12	904.2	151 34	15
16	300.9	111 13	688.2	111 54	873.7	113 9	898.8	129 55	998.9	143 26	899.5	152 2	16
17	312.3	111 24	699.6	111 49	874.6	113 27	902.0	130 35	999.4	143 41	895.0	152 31	17
18	324.0	111 36	710.7	111 44	875.3	113 46	905.3	131 14	999.6	143 55	890.7	153 0	18
19	335.9	111 46	721.6	111 39	875.8	114 7	908.9	131 53	999.4	144 8	886.7	153 31	19
20	348.1	111 56	732.1	111 34	876.1	114 28	912.6	132 31	998.9	144 21	882.9	154 3	20
21	360.5	112 5	742.2	111 29	876.3	114 52	916.4	133 8	998.1	144 34	879.3	154 35	21
22	373.1	112 13	752.1	111 25	876.4	115 16	920.4	133 44	996.9	144 47	876.1	155 8	22
23	385.9	112 21	761.5	111 21	876.4	115 42	924.4	134 19	995.4	145 0	873.2	155 42	23
24	398.9	112 27	770.6	111 17	876.3	116 9	928.6	134 54	993.5	145 13	870.6	156 16	24
25	412 0	112 33	779.3	111 14	876.2	116 38	932.8	135 28	991.3	145 26	868 4	156 51	25
26	425.3	112 37	787.7	111 11	876.1	117 8	937.1	136 0	988.8	145 39	866.5	157 27	26
27	438.7	112 41	795.6	111 9	875.9	117 39	941.3	136 32	986.0	145 52	865.0	158 2	27
28	452.2	112 44	803.2	111 7	875.8	118 12	945.6	137 2	982.9	146 5	863.8	158 38	28
29	465.8	112 46	810.3	111 6	875.8	118 45	949.9	137 32	979.5	146 19	863.1	159 14	29
30	479.4	112 47	817.0	111 6	875.8	119 20	954.1	138 0	975.8	146 33	862.7	159 49	30

Diesen zweiten Theil erhält man, wenn man *A* durch sin($B + ♃ - 2♃$) multiplicirt.

STÖRUNGEN DER CERES DURCH JUPITER.

Tafel IV. Für den zweiten Theil der Störung des *Radius Vector*.
Argumentum ♁ — ♃.

°	0^s A	B	I^s A	B	II^s A	B	III^s A	B	IV^s A	B	V^s A	B	°
0	3137	73° 58'	2781	57° 4'	3171	52° 12'	2431	42° 42'	2236	70° 32'	2507	67° 21'	0
1	3130	72 56	2782	57 6	3174	51 43	2390	43 2	2264	70 58	2486	67 15	1
2	3122	71 54	2785	57 9	3175	51 12	2349	43 28	2293	71 19	2464	67 12	2
3	3113	70 52	2790	57 12	3174	50 42	2309	43 58	2322	71 36	2441	67 11	3
4	3102	69 52	2796	57 16	3172	50 11	2270	44 33	2350	71 50	2417	67 13	4
5	3091	68 53	2804	57 19	3166	49 39	2233	45 14	2378	71 59	2392	67 18	5
6	3079	67 56	2814	57 23	3159	49 8	2198	45 58	2404	72 5	2366	67 26	6
7	3066	67 0	2825	57 26	3150	48 36	2165	46 48	2430	72 8	2339	67 38	7
8	3052	66 6	2838	57 28	3138	48 5	2134	47 43	2455	72 8	2313	67 53	8
9	3037	65 13	2852	57 29	3125	47 33	2106	48 42	2478	72 5	2286	68 12	9
10	3022	64 23	2868	57 30	3109	47 3	2080	49 45	2499	71 59	2259	68 35	10
11	3006	63 36	2884	57 29	3091	46 33	2058	50 52	2519	71 52	2232	69 2	11
12	2990	62 50	2901	57 26	3070	46 3	2039	52 2	2538	71 42	2206	69 34	12
13	2973	62 8	2919	57 22	3048	45 34	2024	53 16	2554	71 31	2181	·70 9	13
14	2957	61 28	2938	57 17	3023	45 7	2012	54 31	2568	71 18	2157	70 48	14
15	2940	60 50	2957	57 10	2997	44 40	2003	55 47	2581	71 3	2135	71 32	15
16	2923	60 16	2976	57 1	2969	44 15	1999	57 5	2591	70 48	2114	72 20	16
17	2907	59 45	2995	56 50	2938	43 52	1997	58 22	2599	70 32	2095	73 12	17
18	2891	59 16	3014	56 38	2906	43 30	2000	59 38	2605	70 15	2078	74 7	18
19	2876	58 51	3033	56 24	2873	43 10	2006	60 52	2608	69 58	2063	75 6	19
20	2861	58 28	3051	56 8	2837	42 53	2015	62 5	2609	69 40	2051	76 7	20
21	2847	58 8	3068	55 51	2801	42 37	2027	63 14	2609	69 23	2041	77 11	21
22	2834	57 52	3085	55 32	2763	42 24	2043	64 20	2606	69 6	2034	78 17	22
23	2823	57 38	3100	55 12	2723	42 15	2061	65 23	2600	68 49	2031	79 24	23
24	2812	57 26	3115	54 50	2683	42 8	2081	66 22	2593	68 32	2030	80 32	24
25	2803	57 18	3128	54 26	2642	42 4	2103	67 15	2583	68 17	2032	81 41	25
26	2795	57 11	3140	54 2	2600	42 4	2127	68 3	2572	68 3	2038	82 49	26
27	2789	57 7	3150	53 36	2558	42 7	2153	68 48	2558	67 50	2046	83 55	27
28	2785	57 4	3159	53 9	2516	42 14	2179	69 27	2543	67 38	2058	85 1	28
29	2782	57 4	3166	52 41	2474	42 26	2207	70 2	2526	67 28	2072	86 4	29
30	2781	57 4	3171	52 12	2431	42 42	2236	70 32	2507	67 21	2089	87 4	30

Diesen zweiten Theil erhält man, wenn man A mit $\sin(B + 2♁ - 3♃)$ multiplicirt.

STÖRUNGEN DER CERES DURCH JUPITER.

Tafel IV. Für den zweiten Theil der Störung des *Radius Vector*. Argumentum ♀ — ♃.

°	VIˢ A	VIˢ B	VIIˢ A	VIIˢ B	VIIIˢ A	VIIIˢ B	IXˢ A	IXˢ B	Xˢ A	Xˢ B	XIˢ A	XIˢ B	°
0	2089	87° 4′	2793	91° 10′	2262	95° 46′	3081	112° 40′	3349	98° 17′	2947	95° 51′	0
1	2109	88 2	2795	90 50	2252	96 46	3119	112 23	3330	97 55	2953	95 41	1
2	2131	88 56	2794	90 30	2246	97 48	3155	112 3	3310	97 35	2961	95 29	2
3	2155	89 46	2791	90 10	2243	98 52	3189	111 41	3289	97 17	2970	95 15	3
4	2181	90 32	2785	89 51	2243	99 57	3222	111 18	3267	97 0	2979	94 57	4
5	2209	91 14	2778	89 33	2347	101 2	3253	110 53	3245	96 45	2990	94 37	5
6	2238	91 52	2768	89 16	2254	102 8	3283	110 27	3223	96 31	3001	94 14	6
7	2268	92 26	2756	89 0	2264	103 12	3310	109 59	3200	96 19	3012	93 49	7
8	2299	92 55	2743	88 46	2278	104 16	3335	109 29	3178	96 9	3024	93 20	8
9	2331	93 21	2727	88 33	2296	105 17	3358	108 59	3155	96 1	3036	92 49	9
10	2363	93 42	2710	88 22	2317	106 16	3379	108 28	3133	95 54	3048	92 15	10
11	2395	93 59	2691	88 13	2340	107 13	3397	107 56	3112	95 49	3060	91 38	11
12	2428	94 12	2670	88 7	2367	108 6	3413	107 23	3091	95 45	3071	90 58	12
13	2460	94 22	2648	88 2	2396	108 55	3428	106 50	3071	95 43	3082	90 16	13
14	2491	94 28	2625	88 1	2429	109 41	3439	106 17	3051	95 42	3093	89 32	14
15	2522	94 31	2601	88 3	2463	110 23	3449	105 44	3033	95 42	3103	88 44	15
16	2551	94 31	2575	88 7	2499	111 0	3454	105 10	3017	95 44	3112	87 55	16
17	2580	94 28	2550	88 15	2537	111 33	3461	104 37	3001	95 46	3121	87 4	17
18	2607	94 23	2523	88 26	2577	112 2	3464	104 3	2987	95 49	3129	86 10	18
19	2634	94 15	2497	88 41	2618	112 26	3465	103 30	2974	95 52	3136	85 15	19
20	2658	94 5	2470	89 0	2660	112 46	3463	102 58	2964	95 56	3142	84 18	20
21	2680	93 53	2444	89 23	2703	113 2	3460	102 25	2954	95 59	3146	83 20	21
22	2701	93 39	2418	89 50	2746	113 13	3454	101 54	2947	96 2	3150	82 20	22
23	2720	93 23	2393	90 21	2789	113 21	3447	101 23	2941	96 5	3153	81 19	23
24	2737	93 7	2369	90 56	2832	113 25	3438	100 53	2937	96 7	3154	80 18	24
25	2752	92 49	2346	91 35	2876	113 25	3427	100 24	2935	96 8	3154	79 15	25
26	2765	92 30	2325	92 18	2918	113 22	3414	99 56	2934	96 8	3153	78 12	26
27	2775	92 11	2306	93 5	2960	113 16	3400	99 29	2935	96 7	3151	77 9	27
28	2783	91 51	2288	93 55	3002	113 7	3384	99 4	2937	96 3	3148	76 5	28
29	2789	91 31	2274	94 49	3042	112 55	3367	98 40	2941	95 58	3143	75 2	29
30	2793	91 10	2262	95 46	3081	112 40	3349	98 17	2947	95 51	3137	73 58	30

Diesen zweiten Theil erhält man, wenn man *A* durch $\sin(B + 2♀ − 3♃)$ multiplicirt.

Tafel V. Für die Störung der *Breite*.
Argumentum ☽ — ♃.

°	0^s B	A		I^s B	A		II^s B	A		°
0	78° 3'	41"3	78° 32'	60° 17'	49"0	96° 47'	30° 36'	44"8	126° 27'	30
1	78 11	41.3	78 52	59 20	49.3	97 44	29 45	44.2	127 19	29
2	77 51	41.4	79 13	58 22	49.5	98 41	28 55	43.6	128 8	28
3	77 30	41.5	79 34	57 24	49.7	99 40	28 7	43.0	128 56	27
4	77 8	41.6	79 55	56 25	49.9	100 39	27 20	42.3	129 43	26
5	76 46	41.7	80 17	55 25	50.1	101 38	26 35	41.6	130 28	25
6	76 23	41.8	80 40	54 25	50.2	102 39	25 52	40.9	131 11	24
7	75 59	42.0	81 4	53 24	50.3	103 39	25 11	40.1	131 53	23
8	75 34	42.2	81 29	52 23	50.4	104 40	24 32	39.4	132 32	22
9	75 8	42.4	81 55	51 22	50.5	105 42	23 54	38.6	133 9	21
10	74 41	42.6	82 23	50 20	50.5	106 44	23 20	37.8	133 44	20
11	74 12	42.9	82 52	49 18	50.6	107 46	22 47	37.0	134 16	19
12	73 42	43.2	83 22	48 16	50.5	108 48	22 18	36.2	134 46	18
13	73 10	43.5	83 54	47 14	50.5	109 50	21 51	35.4	135 13	17
14	72 36	43.8	84 27	46 12	50.4	110 52	21 27	34.6	135 37	16
15	72 1	44.1	85 2	45 10	50.3	111 54	21 6	33.7	135 57	15
16	71 25	44.4	85 39	44 8	50.1	112 56	20 49	32.9	136 14	14
17	70 47	44.8	86 17	43 6	50.0	113 57	20 36	32.1	136 28	13
18	70 7	45.1	86 57	42 5	49.8	114 59	20 26	31.2	136 37	12
19	69 25	45.5	87 39	41 4	49.5	116 0	20 21	30.4	136 43	11
20	68 42	45.8	88 22	40 3	49.2	117 0	20 20	29.5	136 44	10
21	67 58	46.2	89 6	39 3	48.9	118 1	20 24	28.7	136 40	9
22	67 12	46.5	89 52	38 4	48.6	119 0	20 32	27.9	136 31	8
23	66 24	46.9	90 39	37 5	48.2	119 59	20 47	27.0	136 17	7
24	65 35	47.2	91 28	36 6	47.8	120 57	21 7	26.2	135 57	6
25	64 45	47.5	92 18	35 9	47.4	121 55	21 33	25.5	135 31	5
26	63 54	47.8	93 10	34 12	46.9	122 51	22 5	24.7	134 59	4
27	63 1	48.2	94 3	33 17	46.5	123 47	22 44	23.9	134 20	3
28	62 7	48.5	94 56	32 22	45.9	124 41	23 30	23.2	133 34	2
29	61 13	48.8	95 51	31 29	45.4	125 35	24 23	22.5	132 40	1
30	60 17	49.0	96 47	30 36	44.8	126 27	25 24	21.8	131 40	0
°	A		B	A		B	A		B	°
	XI^s			X^s			IX^s			

Diese Störung ist $A \sin(B + 2☽ - 3♃)$.

Tafel V. Für die Störung der *Breite*.
Argumentum ♓ — ♃.

°	III^s			IV^s			V^s			°
	B	A		B	A		B	A		
0	25°24′	21″8	131°40′	72°51′	21″4	84°13′	72°23′	28″0	84°41′	30
1	26 33	21.2	130 31	73 22	21.8	83 42	72 15	28.0	84 48	29
2	27 49	20.6	129 14	73 49	22.2	83 15	72 8	28.0	84 55	28
3	29 14	20.0	127 50	74 11	22.6	82 53	72 3	27.9	85 1	27
4	30 46	19.5	126 18	74 29	22.9	82 34	71 58	27.9	85 6	26
5	32 25	19.0	124 38	74 44	23.3	82 19	71 55	27.8	85 9	25
6	34 12	18.6	122 52	74 56	23.7	82 7	71 52	27.7	85 11	24
7	36 5	18.2	120 58	75 5	24.0	81 59	71 51	27.6	85 12	23
8	38 4	17.9	119 0	75 11	24.4	81 53	71 52	27.5	85 12	22
9	40 8	17.6	116 56	75 14	24.7	81 49	71 54	27.5	85 10	21
10	42 15	17.4	114 49	75 16	25.0	81 48	71 58	27.3	85 6	20
11	44 25	17.2	114 39	75 15	25.3	81 49	72 3	27.2	85 1	19
12	46 36	17.1	110 28	75 12	25.6	81 51	72 10	27.1	84 54	18
13	48 46	17.1	108 17	75 8	25.9	81 55	72 18	27.0	84 46	17
14	50 56	17.0	106 8	75 3	26.1	82 1	72 29	26.9	84 34	16
15	53 2	17.1	104 1	74 56	26.3	82 8	72 42	26.8	84 22	15
16	55 5	17.2	101 59	74 48	26.6	82 16	72 55	26.6	84 8	14
17	57 3	17.3	100 1	74 39	26.8	82 25	73 10	26.5	83 54	13
18	58 56	17.5	98 8	74 29	27.0	82 34	73 28	26.4	83 36	12
19	60 42	17.7	96 22	74 19	27.2	82 45	73 47	26.3	83 17	11
20	62 22	17.9	94 42	74 8	27.3	82 55	74 7	26.2	82 57	10
21	63 54	18.2	93 9	73 57	27.5	83 7	74 29	26.1	82 35	9
22	65 20	18.5	91 44	73 46	27.6	83 18	74 52	26.0	82 12	8
23	66 39	18.8	90 25	73 34	27.7	83 29	75 17	25.9	81 47	7
24	67 51	19.2	89 13	73 23	27.8	83 40	75 42	25.9	81 21	6
25	68 56	19.5	88 8	73 12	27.9	83 52	76 9	25.8	80 55	5
26	69 55	19.9	87 9	73 1	27.9	84 2	76 36	25.7	80 27	4
27	70 47	20.3	86 16	72 51	28.0	84 13	77 5	25.7	79 59	3
28	71 34	20.6	85 30	72 41	28.0	84 23	77 34	25.7	79 30	2
29	72 15	21.0	84 49	72 32	28.0	84 32	78 3	25.7	79 1	1
30	72 51	21.4	84 13	72 23	28.0	84 41	78 32	25.6	78 32	0
°		A	B		A	B		A	B	°
		VIII^s			VII^s			VI^s		

Diese Störung ist $A \sin(B + 2♓ - 3♃)$.

PALLAS.

Monatliche Correspondenz. Band VII. S. 369—375. S. 466—469. 1803 April u. Mai.

[Das April-Heft gibt den Inhalt des Briefes an Bode vom 3. März V. oben S. 233. Das Mai-Heft enthält noch folgende Stelle:]

— — — Diese Beobachtungen [des Dr. Olbers] stimmen noch vortrefflich mit den VI. Elementer der Bahn des Dr. Gauss; hier ist die Vergleichung:

1803 März 4. 17^u 11^m 41^s m. Z. Br. Berechn. AR. ♀ 275° 52′ 35″9 | Unterschied. R—B, —2″1

Berechn. Decl. ♀ 8 58 18.1 | Unterschied. R—B, —4.9

Da der Fehler der vorhergehenden V. Elemente so klein und ausserdem immer hinreichend genau bekannt ist, so wird die in unsetm December-Hefte gegebene Ephemeride in ihrer ganzen Dauer zur Auffindung vollkommen hinreichen. Die gerade Aufsteigung darin ist jetzt 2¼ Min. zu gross und wird am 9. August 4′ 6″ zu gross werden, in so fern man sich auf die fortwährende Übereinstimmung der neuen Element verlassen kann. — — — Dr. Gauss hat indessen [in der von ihm bisher angeordneten Form] die Ephemeride der *Pallas* nach den neuen VI. Elementen [von Aug. 9] bis zum 23. Oct. 1803 fortgesetzt; länger wird man sie wol nicht verfolgen können, da sie schon den 18. Septemb. lichtschwächer zu werden anfängt, als sie bei ihrer Wiederentdeckung war.

[von Zach.]

PALLAS.

Monatliche Correspondenz. Band VII. S. 556—560. 1803 Juni.

— — —

Dr. Gauss fährt unermüdet fort, die Olbers'schen Beobachtungen der *Pallas* mit seinen VI. Elementen zu vergleichen; hier das Resultat der Observationen vom 16. März bis zum 13. April, woraus man mit Vergnügen ersehen wird, dass jene Elemente noch fortdauernd gut übereinstimmen, und dass die Unterschiede kaum grösser sind, als die bei den Beobachtungen selbst vorauszusetzenden Ungewissheiten, besonders in den Abweichungen, welche vom Dr. Olbers selbst als sehr unsicher angegeben werden:

1803	Mittlere-Zeit in Bremen	Berechnete gerade Aufsteig. der Pallas	Berechnete Abweichung der Pallas nördlich	Unterschied in AR. R—B	in Declin. R—B
März 16	14^u 10^m 28^s	278° 37′ 10″1	10° 43′ 18″7	— 5″9	+ 57″7
21	13 40 47	279 37 19.0	11 30 22.1	+ 14.0	+ 19.1
22	13 14 22	279 48 30.2	11 39 49.6	+ 20.2	+ 64.6
24	13 2 12	280 10 29.9	11 59 11.0	+ 4.9	+ 28.0
31	13 24 25	281 20 15.1	13 8 54.8	— 2.9	+ 4.8
April 11	12 10 9	282 43 33.5	15 0 59.4	— 16.5	+ 9.4
12	12 12 18	282 49 32.1	15 11 21.3	— 11.9	+ 4.3
13	12 13 41	282 55 13.0	15 21 42.8	— 2.0	+ 24.8

[von Zach.]

PALLAS.

Monatliche Correspondenz. Band VIII. S. 90—93. 1803 Juli.

— — —

Dr. GAUSS hat die Vergleichung seiner VI. Elemente mit den OLBERS'schen Beobachtungen fortgesetzt, und folgende Übereinstimmung erhalten:

1803	Mittlere Zeit in Bremen	Berechnete AR. der Pallas	Berechnete Declination der Pallas	Unterschied in AR. R—B	in Declin. R—B
April 15	12^u 3^m 34^s	283° 5′ 39″9	15° 42′ 20″3	— 1″1	+ 9″3
20	12 55 28	283 26 47.3	16 34 18.4	— 8.7	— 32.6
24	11 50 56	283 38 3.9	17 14 30.4	+ 20.9	— 16.6
25	12 16 41	283 40 0.6	17 25 0.7	+ 15.6	— 30.3
Mai 11	11 22 17	283 29 40.1	19 57 28.6	— 12.9	+ 26.6
12	11 50 10	283 26 14.9	20 6 23.9	— 15.1	+ 19.9
20	11 38 40	282 48 3.6	21 11 25.3	+ 4.6	+ 4.3
31	10 57 47	281 24 52.3	22 22 35.8	+ 2.3	— 10.2
Juni 1	10 52 5	281 15 44.6	22 27 49.1	— 8.4	— 8.9
1	11 9 33	281 15 37.9	22 27 52.9	— 1.3	— 13.1

[VON ZACH.]

CERES.

Monatliche Correspondenz. B. VIII. S. 288—291 u. S. 369—371. 1803 Sept. u. Oct.

— — —

Dr. GAUSS untersuchte indessen die, aus den Bremer und den drei im Julius-Stück S. 94 angegebenen Palermer Beobachtungen hervorgehende Correction seiner letzten (VIII) Elemente. Eine nur leichte Veränderung ist hinreichend gewesen, diese neuen Beobachtungen mit den alten zu vereinigen. Nur den Knoten musste er 3 Min. weiter rücken, als für die Beobachtungen in Palermo von 1801. Hoffentlich wird sich dies künftig bei vollständigerer Rechnung der Störungen rechtfertigen lassen. Hier sind indessen diese neuen (IX) Elemente.

Epoche für Seeberg 1803 . . . . 233° 36′ 3″1
Tropische Bewegung in 365 Tagen 78 8 7.2
Tropische Bewegung in einem Tage . . . . 770″650
Logarithmus der halben grossen Axe 0.4421516
Sonnenferne 1803 . . . . 326° 33′ 18″
Knoten 1803 . . . . 80 58 22
Excentricität 0.0788941
Neigung . . . . 10° 37′ 54″

Diese Elemente stimmen mit den erwähnten drei Piazzi'schen Beobachtungen so:

1803	Mittlere Zeit in Palermo	Berechnete		Unterschied R—B	
		AR. der ♀	Abweich der ♀	in AR.	in Decl.
Mai 12	15ᵘ 53ᵐ 37ˢ7	288° 19′ 17″9	24° 36′ 22″0	+ 2″9	+ 9″0
— 13	15 49 41.3	288 18 57.3	24 39 57.2	— 10.2	— 4.2
— 14	15 45 41.9	288 18 13.1	24 43 36.7	— 1.9	+ 5.6

[Das October-Heft enthält die nach den IX. Elementen von Gauss berechnete Ephemeride von 1804 April 30. bis 1805 Januar 19 mit dreitägigen Zwischenräumen für Mitternacht in Seeberg, die Gerade Aufsteigung und Abweichung auf Minuten genau, die Lichtstärke in fünf Decimalstellen und auch die mittlere Zeit des Durchganges durch den Meridian.]

[von Zach.]

CERES UND PALLAS.

Monatliche Correspondenz. Band IX. S. 246—250. 1804. März.

Wir haben schon im October-Hefte vorigen Jahrs S. 370 eine von Dr. Gauss nach seinen zum neuntenmal verbesserten Elementen der *Ceres*-Bahn berechnete Ephemeride des geocentrischen Laufes dieses Planeten für das Jahr 1804 mitgetheilt und im December-Hefte S. 535 eine Karte dieses Laufes von dem Inspector Harding in Lilienthal versprochen. Diese Karte folgt nunmehr mit gegenwärtigem Hefte.

Dr. Gauss hat seitdem die Elemente der *Pallas*-Bahn nach den spätesten Beobachtungen noch einmal corrigirt, und nach diesen zum VII. mal verbesserten Bestandtheilen dieser Bahn die nachstehende Ephemeride berechnet, welcher wir gleichfalls eine vom Inspector Harding entworfene Karte des geocentrischen Laufes dieses Planeten nachfolgen lassen werden. [Die Ephemeride geht von 1804 April 30 bis 1805 Januar 19 und gibt in der bisher angewandten Form Gerade Aufsteigung, Abweichung und Entfernung von der Erde und Lichtstärke.]

An einigen Stellen ist der Unterschied von der vom Prof. Bode in dem Berl. Astr. J. B. 1806 S. 91 gelieferten Ephemeride beträchtlich. Die Beobachtungen der *Pallas* werden in diesem Jahre nun schon wieder etwas leichter sein, als im vorigen. Die grösste Lichtstärke vom 20. Juni vor. J. erreicht sie in diesem Jahre am 23. Juli und wird am 7. Sept. noch mehr als ¼ heller, wozu noch die völlige Dunkelheit der Nächte und der Umstand kommt, dass der *Pegasus* und *Wassermann* nicht so sternreich sind, als die Gegend, worin der Planet sich voriges Jahr aufhielt. Die Lichtstärke, bei der er voriges Jahr zuerst aufgefunden wurde, erreichte er diesesmal schon am 5. Juni und am 18. Mai die vom 10. October 1803, bei der Dr. Olbers ihn zum letztenmal beobachtete.

Die neuesten und VII. Elemente, nach welchen Dr. Gauss obige Ephemeride der *Pallas*-Bahn berechnet hat, sind folgende:

Epoche (Seeberg) 1803	221° 29′ 32″0	Excentricität	0.2457396
tägliche tropische Bewegung . .	770″0446	Logarithmus der halben grossen Axe	0.4423790
jährliche tropische Bewegung . . .	78° 4′ 26″3	Aufsteig. Knoten 1803	172° 28′ 13″7
Sonnenferne 1803	301 17 34.4	Neigung der Bahn	34 38 .1.1

So wie wir im letzten December-Hefte S. 536 ein kleines Verzeichniss derjenigen Sterne, welche sich auf dem Wege der *Ceres* oder in ihrer Nähe befinden werden, aus PIAZZI's grossem Stern-Verzeichniss mitgetheilt haben, eben so geben wir auch hier einen kleinen Auszug derjenigen Sterne aus diesem Verzeichniss, welche mit der *Pallas* sehr nahe zusammenkommen, und mit ihr verglichen werden können.

[VON ZACH.]

NEUER COMET.

Monatliche Correspondenz. Band IX. S. 432—435. 1804 Mai.

Der von Dr. OLBERS den 12. März entdeckte neue Comet wurde auch zu Marseille, auf der Sternwarte der Marine, den 7. März von PONS entdeckt. Den 10. März entdeckte ihn auch der Astronom der Pariser National-Sternwarte BOUVARD, und fand um 15ᵘ 57ᵐ m. Z. dessen gerade Aufsteigung 220° 4′, dessen südliche Abweichung 1° 41′; den 11. März um 15ᵘ 39ᵐ m. Z., gerade Aufsteigung 220° 10′, nördl. Abweichung 2° 44′; den 29. März um 9ᵘ m. Z., gerade Aufsteig. 218° 40′, nördl. Abweichung 46° 37′.

Auch MESSIER verfolgte diesen Cometen in Paris, und beobachtete den 17. März um 11ᵘ 34ᵐ 18ˢ w. Z. gerade Aufsteigung 220° 29′ 45″, nördl. Abweichung 26° 18′ 24″.

Dr. OLBERS beobachtete diesen Cometen zehn Tage bis zum 1. April. Aus diesen Beobachtungen hat Dr. GAUSS folgende parabolische Elemente seiner Bahn herausgebracht:

Zeit der Sonnennähe 1804 Febr. 13	14ᵘ 49ᵐ 51ˢ m. Seeb. Z.	
Logarithmus des Abstandes	0.0298575	
Länge der Sonnennähe	148° 44′ 51″	beide vom mittl.
Länge des aufsteigenden Knotens	176 47 58	Aequinoctium gezählt
Neigung der Bahn	56 28 40	
Bewegung	rechtläufig.	

Nach diesen Elementen steht die Vergleichung mit den sämmtlichen OLBERS'schen Beobachtungen folgendermassen:

1804	Mittl. Zeit Bremen	Unterschied der Rechnung und Beobachtung in AR.	in Decl.	1802	Mittl. Zeit Bremen	Unterschied der Rechnung und Beobachtung in AR.	in Decl.
März 12	12ᵘ 56ᵐ 13ˢ	+ 9″	0″	März 22	8ᵘ 59ᵐ 13ˢ	− 143″	+ 85″
13	11 40 43	− 19	− 7	27	8 59 43	− 55	− 152
14	12 22 26	+ 22	+ 92	28	8 28 2	− 27	+ 32
15	8 54 41	− 31	− 79	29	8 45 41	− 26	+ 33
20	9 22 52	− 247 ∷	+ 121 ∷	April 1	9 1 52	+ 28	− 1

wo die Fehler besonders in der Declination so irregulair laufen, dass man sie füglich grossentheils den Beobachtungen zuschreiben kann. Die Beobachtung vom 20. März wird von Dr. OLBERS selbst als ganz zweifelhaft angegeben.

Bei dieser Vergleichung hat Dr. GAUSS sowol auf Nutation und Aberration als auf die Parallaxe Rücksicht genommen; letztere ist besonders bei den ersten Beobachtungen, wo der Abstand des Cometen von der Erde nur ein Viertel der Entfernung der Sonne war, nicht ganz unerheblich; er hat sie daher um so lieber mit in Betrachtung gezogen, da die Arbeit dadurch fast gar nicht vergrössert wird. Er hat sich nemlich bei diesen Rechnungen des Verfahrens, welches in dem im gegenwärtigen Hefte S. 385 [S. 94 d. B.] abgedruckten vortrefflichen Aufsatze erklärt worden, bedient, und für die Constanten A, B, C, a, b, c folgende Werthe zur unmittelbaren Berechnung der geraden Aufsteigung und Declination gefunden:

$$A = 268° \; 14' \; 21'', \quad B = 176° \; 29' \; 48'', \quad C = 2° \; 19' \; 58''$$
$$a = 87 \; 19 \; 38 \;, \quad b = 56 \; 56 \; 7 \;, \quad c = 33 \; 12 \; 3$$

Die *Constanten* beziehen sich schon auf den wahren Aequator, und schliessen also die während einer so kurzen Zeit als unveränderlich anzusehende Nutation mit ein; ist also v die wahre Anomalie des Cometen, so werden die Coordinaten x, y, z sogleich durch folgende höchst einfache Formeln gefunden:

$$x = \frac{\alpha \sin(v + 240° \; 11' \; 14'')}{\cos\frac{1}{2}v^2}, \quad y = \frac{6 \sin(v + 148° \; 26' \; 41'')}{\cos\frac{1}{2}v^2}, \quad z = \frac{\gamma \sin(v + 334° \; 16' \; 51'')}{\cos\frac{1}{2}v^2}$$

und wo

$$\log \alpha = 0.029384, \quad \log 6 = 9.953130, \quad \log \gamma = 9.768302$$

Die Grössen α, 6, γ sind hier nemlich die Producte aus dem Abstande im Perihelium mit dem Sinus von a, b, c; und die Winkel 240° 11' 14'' u. s. w. gleich den Winkeln A, B, C weniger der Entfernung des Knotens von der Sonnennähe = 28° 3' 7''. — — —

[VON ZACH.]

GAUSS AN BODE.

Astronomisches Jahrbuch für 1808. S. 187—190. Berlin 1808.

Braunschweig 1804 Sept. 30.

Ew. — nehme ich mir die Freiheit hier meine sämmtlichen bisherigen Beobachtungen der Juno vorzulegen. Ich habe sie, zwar nur am Kreismikrometer, aber mit möglichster Sorgfalt angestellt. Alle sind die Resultate aus sehr zahlreichen Vergleichungen theils mit Sternen aus PIAZZI's Catalog, theils mit solchen aus der Hist. Céleste, die ich nach diesem Catalog sorgfältig reducirt habe. Die 3 ersten ausgenommen, welche mit einem schlechtern Werkzeuge gemacht sind, wurden sie sämmtlich mit einem sehr guten SHORT'schen Spiegelteleskope angestellt.

1804	Mittl. Zeit			Scheinbare Gerade Aufst.			Südl. Decl.			1804	Mittl. Zeit			Scheinbare Gerade Aufst.			Südl. Decl.		
Sept. 12	10^u	35^m	2^s	0°	54'	31''	1°	38'	15''	Sept. 18	11^u	22^m	16^s	359°	57'	26''		58'	3''
13	9	41	32		45	24		50	59	21	10	24	52		28	6	3	38	0
14	11	38	49		35	37	2	5	1	24	10	1	2	358^s	57	53	4	18	6
15	10	16	17		26	53		17	35	25	8	44	25		48	12		30	44
16	10	37	4		17	17		31	20	27	10	20	29		27	20		57	47
17	11	28	59		7	23		44	29	28	8	29	4		18	20	5	10	22

Theils nach diesen Beobachtungen, theils nach denen unsers gemeinschaftlichen Freundes Hr. Dr. OLBERS und einigen des Frh. VON ZACH habe ich bereits eine erste Annäherung zu den Elementen versucht, die ich die Ehre habe Ihnen hier mitzutheilen. Ich halte die Planeten-Natur der Juno nunmehr bereits *aus den Beobachtungen* für erwiesen und schmeichle mir, dass auch die Elemente schon eine Idee von den genäherten Dimensionen der Bahn zu geben zureichend sind.

I^te Elemente der Juno-Bahn.

Epoche 1804. Sept. 5 0^u M. Z. im Seeberger Meridian . 20° 38′ 56″

tägliche mittlere Bewegung . . . . 779″80

Sonnenferne . . . . 239° 14′ 2″

Logar. der halben Axe 0.438682

Excentricität 0.287359

Aufsteigender Knoten . . . . 171° 15′ 35″

Neigung 13 34 59

Natürlich werden diese Elemente, da die bisherige Dauer der Beob. noch so kurz ist, noch ansehnlicher Verbesserungen bedürfen, und namentlich ist die Ungewissheit bei der mittl. Bewegung noch viel grösser als der kleine Unterschied von der mittl. Bewegung der ♃ und ♀, daher es gar wol sein kann, dass alle 3 der Gleichheit noch viel näher kommen.

Um den entferntern Astronomen, denen etwa die Auffindung des Planeten noch nicht gelungen ist, dieselbe nach meinem Vermögen zu erleichtern, habe ich nach obigen Elementen eine kleine Ephemeride berechnet, die hoffentlich den Lauf desselben auf mehrere Wochen hinreichend genau zur Auffindung darstellen wird.

Braunschweig 1804 November 12.

Indem ich Ew. — für die mir von Ihnen mitgetheilten Beobachtungen meinen verbindlichsten Dank abstatte, fahre ich zugleich fort, Ihnen von den letzten Resultaten meiner Untersuchungen über die Bahn der Juno Nachricht zu geben, obzwar dieselben bereits vor 14 Tagen berechnet sind, und also bald einer neuen Verbesserung fähig sein werden. Hier die

III^ten Elemente der Juno.

Epoche 1805 im Mer. von Seeberg . . . . 43° 21′ 2″

Sonnenferne 233 56 6

Neigung 12 52 48

Logarithmus der halben Axe 0.426699

tägliche Bewegung . . . . 812″754

Knoten . . . . 171° 0′ 0″

Excentricität 0.263182

Dass die mittlere Bewegung der Juno der der ♃ und ♀ nicht gleich, sondern grösser sei, sehe ich bereits als ausgemacht an.

Bei Berechnung der III^ten Elemente hatte ich die Beob. des Hrn. VON ZACH bis 21. Oct. vor mir, mit denen sie bis auf ein paar Secunden übereinstimmen. Dr. MASKELYNES Beobachtungen habe ich bisher bis zum 17ten. Nach den spätern Beobachtungen aber ist es entschieden, dass diese Elemente die AR. jetzt zu gross geben, wegen der Decl. aber kann ich noch nichts entscheiden. Hier die Vergleichung der neuesten Beobachtungen.

	Hr. Prof. Bode				Hr. Dr. Olbers	
	AR.	Decl.			AR.	Decl.
Oct. 20	$+33''$	$+7''$		Oct. 27	$+21''$	$+15''$
Nov. 2	$+48$	$+5$		30	$+34$	$+12$
5	$+46$	-15		Nov. 2	$+33$	-1
				5	$+39$	$+25$
				6	$+37$	$+32$

Den 20. Dec. kommen ♃ und ⚹ so nahe zusammen, dass man sie zugleich im Fernrohr wird beobachten können.

ÜBER EINEN NEUEN VOM INSPECTOR HARDING IN LILIENTHAL ENTDECKTEN HÖCHST MERKWÜRDIGEN WANDEL-STERN.

Monatliche Correspondenz. Band X. S. 371—385 1804 October.

— — —

Kaum hatte ich dem unermüdlichen und unvergleichlichen Dr. Gauss meine drei ersten Beobachtungen dieses Gestirns vom 13. 14. und 15. Sept. mitgetheilt, als ich mit umgehender Post den 23. Sept. schon folgende Antwort erhielt, welche alle unsere Leser eben so sehr, als mich, in Erstaunen setzen wird. „Was werden Sie sagen", schreibt dieser tiefsinnige Geometer, „dass ich es gewagt habe, auf „meine eigenen Beobachtungen, in Verbindung mit den drei mir von Ihrer Güte mitgetheilten und ein „paar früheren von Dr. Olbers, die zusammen nur eine Zeit von 14 Tagen und einen heliocentrischen „Bogen von vier Graden befassen, dass ich es gewagt habe, auf diese schlüpfrigen Hülfsmittel schon „einen vorläufigen Versuch und elliptische Elemente einer Bahn ohne alle hypothetische Voraussetzungen „zu gründen? Das Resultat kann nicht anders, als sehr *precär* sein; doch bin ich geneigt zu hoffen, „dass es nicht mehr *enorm* oder *total* von der Wahrheit abweichen kann, sondern wenigstens schon einen „rohen Begriff von den Dimensionen der Bahn gibt. Mit noch mehr Zuversicht schmeichle ich mir, dass „es zureichen wird, um allenfalls einen Monat hindurch, vielleicht noch länger, den Planeten darnach „aufzufinden; und mit Gewissheit kann ich behaupten, dass alle bisherigen Beobachtungen gut dadurch „dargestellt werden. Hier einstweilen das Resultat, nächstens die Vergleichung mit den Beobachtun-„gen, wobei ich dann zugleich bestimmen werde, ob ich es des Titels: *Elemente I des* Harding'*schen Planeten*, würdig erklären kann.

Epoche Seeberger Merid. 1804 Sept. 5	$24° 53' 44''$	halbe grosse Axe	2.88208
Sonnenferne	244 51 36	tägliche Bewegung	$725''18$
aufsteigender Knoten	171 48 24	Neigung der Bahn	$15° 12' 39''$
Excentricität	0.313757	Bewegung	rechtläufig

„Was sagen Sie zu dieser sonderbaren Bahn, der grossen Excentricität, der grossen Annäherung „zur Ceres und Pallas, in Ansehung der Achse und mittlern Bewegung, *die gar leicht durch eine kleine* „*Aenderung der Beobachtung zur völligen Gleichheit werden kann.* Ich will aber meinem Grundsatze treu „bleiben, den Rechnungen schlechterdings nichts hypothetisches beizumischen, und künftigen Erfahrun-

„gen nicht vorzugreifen. In sehr kurzer Zeit werden wir schon viel weiter sein. Dass die Bahn him-
„melweit von einer Parabel verschieden sei, und HARDING's Stern den Planeten-Namen verdiene, daran
„lässt sich nun schon kaum mehr zweifeln; es wäre daher zu wünschen, dass ihm bald ein Name bei-
„gelegt würde, natürlich muss das Baptisations-Recht dem Entdecker allein vorbehalten bleiben u. s. w.

Hier sind die Beobachtungen, welche Dr. GAUSS in Braunschweig angestellt hat.

1804	Mittl. Zeit in Braunschweig	Scheinbare ge- rade Aufsteig.	Scheinbare südl. Declin.	1804	Mittl. Zeit in Braunschweig	Scheinbare ge- rade Aufsteig.	Scheinbare südl. Declin.
Sept. 12	10^u 35^m 2^s	$0°$ $54'$ $26''$	$1°$ $38'$ $15''$	18	11^u 22^m 16^s	$359°$ $57'$ $26''$	$2°$ $58'$ $3''$
13	9 41 32	0 45 24	1 50 59	21	10 24 52	359 28 6	3 37 59
14	11 38 49	0 35 37	2 5 1	24	10 1 2	358 57 53	4 18 6
15	10 16 17	0 26 53	2 17 42	25	8 44 25	358 48 12	4 30 44
16	10 37 4	0 17 17	2 31 20	27	10 20 29	358 27 20	4 57 47
17	11 28 59	0 7 23	2 44 7	28	8 29 4	358 18 20	5 10 22

Er schreibt dazu: „Die drei ersten Beobachtungen sind mit einem schlechten, und besonders
„schlecht montirten Achromaten gemacht, und verdienen daher wenig Vertrauen; die nachfolgenden
„hingegen mit einem sehr guten Spiegel-Teleskop; diese werden daher besser sein, wenigstens so gut,
„als es die Kreis-Mikrometer-Methode und meine Gesichtsschärfe zulässt."

Wenige Tage nach diesem Schreiben erhielt ich schon den 30. September die nähere Bestätigung
der Elemente dieser Planetenbahn. „Ich schicke Ihnen hier", schreibt Dr. GAUSS, „neue und verbesserte
„Elemente, und schmeichle mir, dass sie schon eine genäherte Bestimmung der wahren abgeben kön-
„nen, und wage es daher, sie als die I. *Elemente* anzukündigen.

Epoche Seeberg. Merid. 1804 5. Sept.	$20°$ $38'$ $56''$
Sonnenferne	239 14 2
aufsteigender Knoten	171 15 35
Excentricität	0.287359
halbe grosse Axe (Logarithm)	0.438682
tägliche Bewegung	$779''80$
Neigung der Bahn	$13°$ $34'$ $59''$
Bewegung	rechtläufig.

Mit diesen neuen Elementen verglich nun Dr. GAUSS die sämmtlichen Seeberger, Bremer und
Braunschweiger Beobachtungen; die Differenzen sind eben nicht grösser, als die bei Kreis-Mikrometern
möglichen Fehler, die zum Theil auch auf Rechnung der verglichenen Sterne kommen mögen.

Seeberger Beobachtungen:

1804	mittl. Zeit auf Seeberg	Berechnete AR.	Differenz R—B	Berechnete Abweichung	Differ. R—B
Sept. 13	12^u 31^m 59^s	$0°$ $44'$ $57''5$	$+ 1''0$	$1°$ $52'$ $34''7$	$— 2''3$
14	12 27 27	0 35 43.8	+ 2.8	2 5 35.3	— 0.3
15	12 22 53	0 26 20.4	+ 0.4	2 18 40.5	+ 2.0
17	12 13 45	0 7 7.8	— 0.3	2 45 8.7	— 4.4
18	12 9 10	359 57 20.4	0	2 58 28.3	— 2.6
20	. .	359 37 28.7	. . .	3 25 14.9	+ 11.4
23	11 46 11	359 7 11.9	— 3.0	4 5 32.0	— 2.5

Bremer Beobachtungen:

1804	Mittl. Zeit in Bremen	Berechnete AR.	Differ. R—B	Berechnete Abweichung	Differ. R—B
Sept. 7	10^u 37^m 21^s	1° 36′ 57″	+ 5″	0° 36′ 6″	— 3″
8	8 11 20	1 29 42	+ 16	0 47 4	— 15
9	10 48 50	1 20 36	+ 10	1 0 47	— 3
10	8 15 6	1 13 5	+ 5	1 11 58	+ 2
11	10 34 3	1 3 35	+ 11	1 25 51	+ 10
12	11 18 32	0 54 27	+ 22	1 39 3	— 1
13	8 54 0	0 46 17	+ 14	1 50 41	— 9
14	8 24 44	0 37 15	+ 8	2 3 27	·
15	10 54 28	0 26 52	+ 12	2 17 57	— 8
17	10 23 9	0 7 50	+ 25	2 44 12	— 20
18	8 38 17	359 58 44	— 3	2 56 35	— 16
21	8 30 54	359 28 49	— 3	3 36 50	— 4
21	10 9 32	359 28 8	— 1	3 37 45	— 1
23	13 25 57	359 6 26	+ 8	4 6 32	— 5
24	8 27 37	358 58 22	+ 8	4 17 12	— 10
25	8 41 38	358 48 15	+ 2	4 30 32	— 22

Braunschweiger Beobachtungen;

1804	mittl. Zeit in Braunschweig	Berechnete AR.	Differ. R—B	Berechnete Abweichung	Differ. R—B
Sept. 12	10^u 35^m 2^s	0° 54′ 46″	+ 15″	1° 38′ 36″	+ 21″
13	9 41 32	0 46 2	+ 38	1 51 2	+ 3
14	11 38 49	0 35 58	+ 21	2 5 15	+ 14
15	10 16 17	0 27 10	+ 17	2 17 33	— 2
16	10 37 4	0 17 28	+ 11	2 30 58	— 22
17	11 28 59	0 7 25	+ 2	2 44 44	+ 15
18	11 22 16	359 57 38	+ 12	2 58 4	+ 1
21	10 24 52	359 28 5	— 1	3 37 50	— 10
24	10 1 2	358 57 45	— 8	4 18 1	— 5
25	8 44 25	358 48 6	— 6	4 30 43	— 1
27	10 29 29	358 27 8	— 12	4 58 17	+ 30
28	8 29 4	358 17 50	— 30	5 10 30	+ 8

Auch Dr. Olbers hatte die Güte, uns seine fortgesetzten Beobachtungen des merkwürdigen Fremdlings mitzutheilen:

1804	Mittlere Zeit in Bremen	Scheinbare gerade Aufsteigung	Scheinbare südliche Abweichung
Sept. 9	10^u 48^m 50^s	1° 20′ 30″	1° 1′ 5″
10	8 15 6	1 12 55	1 11 55
11	10 43 54	1 3 20	1 25 48

Dr. Olbers schreibt dabei: „Diese Beobachtungen bedürfen noch einer kleinen Verbesserung, da „alle Vergleichungen, eine einzige ausgenommen, mit kleinen Sternen der *Hist. cél.* haben geschehen „müssen. Da Harding's und meine Beobachtung wahrscheinlich die ersten sind, die man über diesen „neuen Planeten angestellt hat, so wäre es sehr zu wünschen, dass Sie die Gewogenheit hätten, die ge- „nauere Bestimmung dieser kleinen La Lande'schen Sterne zu machen. Die Sterne sind folgende:

S. 119 Hist. cél.	8 Grösse	dritter Fad. 0^u 8^m 53^{s}5 (soll sein 0^u 7^m 53^{s}5)	Zen. Dist. 49° 20′ 6″
S. 131 Hist. cél. {	8 —	mittl. Fad. 0 3 40.5	— — 49 59 0
	8 —	— — 0 4 26.0	— — 50 15 12

Diese drei Sterne habe ich auch so genau, als möglich, bestimmt, und es folgen hier ihre mittleren Positionen für den Anfang des Jahres 1804:

Grösse	Mittlere gerade Aufsteigung 1804	Jährliche Veränderung	Mittlere südliche Abweichung 1804	Jährliche Veränderung
8	1° 0′ 24″0	+ 46″0	1° 7′ 19″6	— 20″0
8	1 11 52.7	+ 46.0	1 23 30.9	— 20.0
8	2 0 20.9	+ 46.0	0 28 15.7	— 20.0

Es ist in der Geschichte der Astronomie aller Zeiten und aller Nationen beispiellos und es zeigt von der glänzenden Epoche der heutigen Sternkunde in Deutschland, dass ein Planet vorherverkündigt und in dem kurzen Zeitraum von drei Wochen zugleich entdeckt, beobachtet, seine Bahn berechnet und sein künftiger Lauf vorgezeichnet worden sei. Dies alles geschah jedoch durch die vereinten Kräfte vier Deutscher Astronomen, welche alles dieses schon geleistet hatten, ehe noch die Nachricht von der Existenz dieses neuen Weltkörpers unsere eifersüchtigen Nachbarn erreicht hatte.

Hier also zum Schluss eine Ephemeride des künftigen geocentr. Laufes dieses neuen Planeten, welche Dr. Gauss nach seinen obigen I. Elementen berechnet hat. So grosser Verbesserungen auch diese Elemente noch bedürfen mögen, so hofft Dr. Gauss doch mit Zuversicht, dass sie mehrere Wochen hindurch diesen Lauf genau darstellen werden: daher wird folgende Ephemeride denjenigen entfernten Astronomen sehr willkommen sein, welche diesen neuen Himmels-Gast noch nicht aufgefunden haben. Die Momente sind für Mitternacht in Seeberg gerechnet.

Mitternacht in Seeberg	Gerade Aufst. des neuen Planeten	Südl. Abw. des neuen Planeten.	Mitternacht in Seeberg	Gerade Aufst. des neuen Planeten	Südl. Abw. des neuen Planeten
Sept. 5	1° 52′	0° 12′	Octob. 18	355° 35′	9° 1′
12	0 54	1 39	21	355 21	9 27
19	359 47	3 12	24	355 11	9 50
26	358 36	4 55	27	355 4	10 11
30	357 56	5 39	30	355 2	10 28
Octob. 3	357 27	6 17	Nov. 2	355 4	10 42
6	357 0	6 54	5	355 10	10 54
9	356 35	7 29	8	355 20	11 3
12	356 12	8 2	11	355 34	11 8
15	355 51	8 33	14	355 53	11 13

[VON ZACH.]

EINIGE NACHRICHTEN ÜBER DEN NEUEN PLANETEN.

Braunschweigisches Magazin. Stück 40. 1804 October 6.

Die vor kurzen zu *Lilienthal* gemachte Entdeckung eines neuen beweglichen Sterns, von welchem bereits einige Zeitungsnachrichten ins Publicum gekommen sind, hat die öffentliche Neugierde so sehr rege gemacht, dass wahrscheinlich einige bestimmtere Nachrichten über diese merkwürdige Entdeckung den Freunden der Fortschritte der Wissenschaften nicht unwillkommen sein werden; zumal da sich jetzt, nachdem der Lauf des Sterns seit drei Wochen beobachtet ist, schon ziemlich zuverlässige Resultate über seine wahre Bahn ziehen lassen, die sonst den meisten Lesern dieser Blätter erst weit später zu Gesicht kommen würden.

Herr Harding, Mitarbeiter des berühmten Justizraths Schröter zu Lilienthal arbeitete bereits seit einem halben Jahre an einem astronomischen Atlas eigener Art, welcher nur diejenigen Theile des Fixsternhimmels umfassen soll, in denen die beiden neuentdeckten Planete *Ceres* und *Pallas* sichtbar sein können. Die Aufsuchung und Beobachtung dieser kleinen Weltkörper erfordert durchaus sehr detaillirte Sternkarten, die wenigstens alle Sterne bis zur achten Grösse herab vollständig enthalten, und alle bisher vorhandenen Himmelskarten, ohne Ausnahme, sind dazu bei weiten nicht hinlänglich. Herrn Harding's Unternehmen ist daher sehr verdienstlich, und von der grossen Sorgfalt und dem unermüdeten Fleisse, womit er dasselbe ausführt, sind einige schon von ihm gelieferte, zu Herrn von Zach's Monatlicher Correspondenz gehörige vortreffliche Specialkarten Bürgen. Hr. Harding legt dabei hauptsächlich die Histoire céleste française von Lalande zum Grunde, ein unschätzbares Werk, das die zu Paris auf der Sternwarte der Militairschule, hauptsächlich von Lalande's Neffen Michel Lefrançais Lalande binnen 10 Jahren gemachten Beobachtungen von 50000 Fixsternen enthält. Alle diese Sterne, so viele deren in die von Hr. Harding bearbeiteten Zonen fallen, trägt er in seine Karten ein; aber bei jedem einzelnen sieht er vorher selbst am Himmel nach, um sich seines wirklichen Vorhandenseins zu versichern, und die etwaigen bei einer so ungeheuren Arbeit unvermeidlichen Irrthümer, Beobachtungs-, Schreib- und Druckfehler zu verbessern. Aber damit begnügt sich Hr. Harding noch nicht. Überall, wo er noch kleinere Fixsterne, bis zur achten Grösse wenigstens, antrifft, die in der Histoire céleste nicht mit vorkommen, und solcher gibts noch eine grosse Menge, bestimmt er sie selbst, und trägt sie in seinen Karten nach.

Gerade bei einer solchen Durchmusterung einer Himmelsgegend war es, dass Hr. Harding am 1. September im Sternbilde der Fische einen Stern achter Grösse antraf, der nicht in der Histoire céleste steht, und den er daher, ohne Arges daraus zu haben, weil der Fall unzähligemale vorkommt, als einen Fixstern, vorläufig blos nach dem Augenmasse, in seine Karten eintrug. Allein drei Tage später, als er von neuen nachsah, stand auf jenem Platze kein Stern mehr; dagegen in der Nähe, etwa einen halben Grad südwestwärts davon, wo er sich nicht erinnerte, am 1. September einen Stern gesehen zu haben, zeigte sich ein ganz ähnlicher. Dies erregte grossen Verdacht, berechtigte aber noch zu keinem gewissen Schlusse, weil es vielleicht auch nur die Folge eines bei kleinen Fixsternen sehr gewöhnlichen Lichtwechsels, oder eines Irrthums sein konnte. Endlich am 5. September waren die beiden vorigen Plätze leer, und dagegen ein in proportionirter Distanz nach Südwesten gelegener besetzt. Herr Harding konnte nun an der Identität der an den drei Abenden wahrgenommenen Sterne nicht mehr zweifeln. Er beobachtete also den entdeckten beweglichen Stern förmlich, setzte an den folgenden Abenden seine Observationen, die eine ganz regelmässig rückläufige und zugleich nach Süden gehende Bewegung bestätigten, fort, und gab auswärtigen Astronomen von seiner wichtigen Entdeckung Nachricht.

Ich erhielt dieselbe am 11., wo Abends der Himmel hier ganz bedeckt war. Am 12. hingegen war es sehr heiter; ich fand den Harding'schen Stern sogleich und bestimmte seinen Ort durch eine gute Beobachtung. Seitdem habe ich ihn bis heute (den 30. Sept.) noch an eilf verschiedenen Abenden beobachten können, das letztemal am 28. Seine Bewegung ist noch immer rückläufig und nach Süden gehend, der bisherige Bogen kommt einer geraden Linie so nahe, dass die Krümmung kaum bemerkbar ist, die Geschwindigkeit hat aber merklich zugenommen. Diese Erscheinungen vertragen sich sehr gut mit der Voraussetzung, dass dieser Weltkörper wirklich eine planetarische Bahn beschreibe, berechtigen aber natürlich, so im allgemeinen genommen, nur erst zu Vermuthungen. Gewissheit kann uns nur ein mit so vieler Schärfe und Vorsicht geführter Calcul geben, als zu einer so delicaten und schlüpfrigen Untersuchung nöthig sind.

Das äussere Ansehen dieses Sterns ist dem der Ceres und Pallas ganz ähnlich, nur übertrifft er sie noch etwas an Helligkeit. Nach meiner Schätzung kommt er einem Fixstern 7ter bis 8ter Grösse ziemlich gleich, und ich habe ihn selbst am 18. September, wo der fast volle Mond nicht weit davon entfernt war, mit einem SHORTischen Spiegelteleskope ohne die geringste Anstrengung sehen und beobachten können. Von einem Nebel, wie bei Cometen, zeigt sich bei diesem Sterne, auch durch die grossen Lilienthaler Instrumente nicht die mindeste Spur.

Von andern auswärtigen Astronomen, die diesen Stern schon beobachten, sind mir bisher nur Hr. Dr. OLBERS, Hr. VON ZACH und Hr. Prof. BODE bekannt; der erste hat die Beobachtungen am 7. Hr. VON ZACH am 13. und Hr. BODE am 21. angefangen. Da indessen der Stern noch bis wenigstens zum Januar 1805 sichtbar bleiben wird, so habe ich die zuversichtliche Hoffnung, dass er noch auf allen europäischen Sternwarten wird beobachtet werden können. So kurze Zeit auch bisher dieser merkwürdige Weltkörper beachtet worden ist, so habe ich doch bereits den Versuch gemacht, grösstentheils nach meinen eigenen Beobachtungen eine erste genäherte Bestimmung von den Hauptdimensionen seiner wahren Laufbahn zu machen. Dies dient theils zu einer vorläufigen Befriedigung der sehr natürlichen allgemeinen Wissbegierde; einen wesentlichern Nutzen aber schafft eine solche Arbeit dadurch, dass sie uns in den Stand setzt, den Lauf des Sternes schon auf einige Zeit *voraus* zu sagen, und dadurch entferntern Astronomen, welche die Nachrichten vom zurückgelegten Laufe erst so spät erhalten können, dass sie unmittelbar zur Auffindung nicht mehr zulänglich sind, den Ort, wo sie ihn zu suchen haben, beiläufig anzuzeigen, und so vielleicht fruchtloses Nachsuchen zu ersparen.

Das merkwürdige Resultat dieser Untersuchung ist gewesen, dass der HARDING'sche Stern, gleich der Ceres und Pallas, eine planetarische Bahn zwischen dem Mars und Jupiter beschreibt; dass die Umlaufszeit und mittlere Entfernung von der Sonne fast (oder ganz) genau dieselben sind, wie bei jenen; dass die Excentricität noch etwas grösser ist, als bei der Pallas, die Neigung der Bahn hingegen viel kleiner, als bei dieser, und nur wenig grösser, als bei der Ceres. Es ergab sich nemlich: Umlaufzeit 1662 Tage; mittlere Entfernung 2.746; Excentricität 0.287; Neigung der Bahn 13 Grad 35 Minuten; Länge der Sonnenferne 239 Grad 14 Min.; Länge des aufsteigenden Knoten 171 Grad 16 Min.; Mittlere Länge in der Bahn den 5. Sept. um Mittag im Meridian der Sternwarte Seeberg 20 Grad 39 Min.

Diesen Resultaten zufolge, lässt sich nun schon als ausgemacht ansehen, dass der HARDING'sche Stern, gerade so, wie die andern Planeten, seine regelmässigen Perioden der Sichtbarkeit und Unsichtbarkeit haben, und von jetzt an ein beständiger Gegenstand unserer Beobachtung sein wird. Er verdient daher den Planetenrang mit allem Rechte, und Herr HARDING hat deshalb um ihn den ältern Planeten gleich zu stellen, bereits den Namen *Juno* für ihn vorgeschlagen; es ist kein Zweifel, dass alle Astronomen das Recht des Entdeckers ehren und seiner Benennung beitreten werden. Als Zeichen der Juno ist ihr Scepter der einen Stern trägt in Vorschlag gebracht worden.

Die Juno steht jetzt innerhalb des sehr kenntlichen Vierecks, welches die vier Sterne in den Fischen bilden, die in FLAMSTEEDS Verzeichniss mit 27, 29, 30, 33 bezeichnet sind: gute Augen sehen diese Sterne bei heiterm Himmel ohne Fernrohr. Die Juno wird ihre Bewegung noch einige Zeit in der bisherigen Richtung, aber mit schon jetzt wieder abnehmender Geschwindigkeit fortsetzen: in der letzten Hälfte des Octobers wird die Krümmung des Weges gegen Südosten immer merklicher: etwa den 30. October verwandelt sich die rückläufige Bewegung in eine rechtläufige, und etwa am 17. November wo die Juno eine südliche Declination von $11\frac{1}{4}$ Grad erreicht haben wird, fängt diese wieder an abzunehmen, und die Richtung des Weges krümmt sich wieder nordwärts.

Da vielleicht unter den Lesern dieser Blätter auch dieser und jener ist, der hinlängliche Werk‑
zeuge und Geschicklichkeit besitzt, um sich mit Aufspürung dieses neuen Planeten zu versuchen, und
ihn auf seinem Laufe zu verfolgen, so füge ich noch die genaue Angabe, sowol der bisherigen Stellun‑
gen als seiner künftigen bei, jene nur von Woche zu Woche, diese von 3 zu 3 Tagen. Bei allen ist die
Mitternachtsstunde zu verstehen. [Diese Ephemeride ist ein Auszug aus der oben S. 253 abgedruckten.]

JUNO.

Monatliche Correspondenz. Band X. S. 463—471. 1804 November.

— — —

Dr. GAUSS verlangte von uns die Bestimmung eines Sterns, welcher am 28. Sept. sehr nahe bei
der *Juno* stand, und mit welchem er diese verglichen hatte. Wir fanden aus einem Mittel fünftägiger
Beobachtungen folgende Position dieses Sterns, welche auch andern Beobachtern dienen kann.

Grösse	Mittlere gerade Aufsteigung 1804	Jährliche Verände‑ rung	Mittl. südliche Abweichung 1804	Jährliche Verände‑ rung
8	$358°$ $19'$ $34''42$	$+ 46''1$	$5°$ $13'$ $57''27$	$— 20''0$

Unermüdet fährt Dr. GAUSS in seiner beschwerlichen und mühevollen Arbeit fort, die Elemente
dieser neuen Planeten-Bahn zu verbessern. „Seit meinem letzten Briefe", (schreibt dieser grosse Calcu‑
lator) „habe ich zwar unsere *Juno* noch immer fleissig beobachtet, ich mache aber von meinen eigenen
„Beobachtungen für die Elemente keinen Gebrauch mehr, da die Ihrigen, mir von ihrer Güte mitge‑
„theilten nun schon einen ansehnlichen Bogen zu befassen anfangen. Inzwischen habe ich nach einem
„vergeblichen Versuche, bei einer neuen Verbesserung der Juno-Bahn die mittlere Bewegung der Ceres
„und Pallas auch für diese hypothetisch zum Grunde zu legen, eine zweite, von Hypothesen unabhän‑
„gige Bestimmung der Elemente gemacht, wovon dieses die Resultate sind:"

II^{te} *Elemente der Juno.*

Epoche 1804 Sept. 30. Um 0^{u} mittl. Zeit	Excentricität	0.254964
in Seeberg . . . . $21°$ $17'$ $47''$	Logar. der halben Achse	0.4182255
Tägliche mittlere Bewegung . . . . $836''89$	Knoten	$170°$ $46'$ $41''$
Sonnenferne . . . . $231°$ $38'$ $1''$	Neigung der Bahn	$12°$ $19'$ $43''$

„Sind in meine Rechnungen keine Fehler eingeschlichen, so darf man es schon als ziemlich aus‑
„gemacht ansehen, dass die mittlere Bewegung der Juno der der Ceres und Pallas *nicht gleich*, sondern
„*beträchtlich grösser* ist, mithin Umlaufszeit und mittlere Entfernung von der Sonne kleiner. Die fort‑
„gesetzten Beobachtungen werden uns sehr bald Gewissheit darüber geben."

Anfangs schien es, als ob Dr. GAUSS auch für die *Juno* dieselbe Umlaufszeit wie für die Ceres
und Pallas finden würde. Dies würde Dr. OLBERS Hypothese über die Entstehung dieses kleinen Plane‑

ten sehr zuwider gewesen sein; denn, ob sich gleich zeigen lässt, dass, wenn man voraussetzt, alle diese kleinen Planeten könnten vielleicht nur Trümmer und Bruchstücke eines zerstörten grössern Planeten sein, die Umlaufszeiten dieser kleinen Trümmer nicht *sehr ungleich* sein können, so war es doch sehr unwahrscheinlich anzunehmen, dass alle die Stücke des zersprengten Planeten genau dieselbe Geschwindigkeit erhalten haben sollten; aber nun findet unser vortrefflicher Gauss, wie wir oben gesehen haben, die mittlere Bewegung der *Juno* viel schneller als die der Ceres und Pallas.

Dr. Olbers drückt sich hierüber folgendermaassen aus: „Die ganze Lage der Juno-Bahn hat nichts, „was nicht mit meiner Hypothese (die ich übrigens auch noch für weiter nichts als eine Hypothese aus-„geben will) zu vereinigen wäre; ihre Knoten mit der Ceres-Bahn fallen jetzt etwa 24 Grade von dem „Knoten der Pallas-Bahn, allein bei den schon so verschiedenen Neigungen dieser Bahnen müssen sich „die Knoten durch die anziehende Kraft des Jupiter ungleichförmig verrücken. Jetzt liegt die Juno-„Bahn beim niedersteigenden Knoten auf der Ceres-Bahn, bei der die Pallas-Bahn dieser so nahe ist, „weit innerhalb der Ceres-Bahn; aber da die Aphelien aller dieser Bahnen eine ganz andere Bewegung „haben, als die Knoten, die Lagen der Apsiden-Linien gegen die Knoten sich also immer verändern, und „da diese Bahnen fast gleich grosse Achsen, aber sehr ungleiche Excentricitäten haben, so folgt, dass „sich diese Bahnen zu gewissen Zeiten wirklich schneiden werden, und auch in ehemaligen Zeiten wirk-„lich geschnitten haben. Nehme ich z. B. die von Oriani bestimmte jährliche Verrückung der Aphelien „für die Pallas 106″1 und für die Ceres 120″9 an, und setze die Knoten als siderisch ruhend und die „Neigungen unveränderlich, so folgt, dass sich die Bahnen der Ceres und Pallas beim niedersteigenden „Knoten der Pallas auf der Ceres-Bahn vor 7463 Jahren wirklich geschnitten und nach 282 Jahren wieder „schneiden werden; beim aufsteigenden Knoten wird ein solcher Durchschnitt in 925 Jahren erfolgen, und „so wird, wie jetzt die Pallas-Bahn in beiden Knoten innerhalb der Ceres-Bahn liegt, nach 1000 Jahren „die Ceres-Bahn innerhalb der Pallas-Bahn liegen. Doch können diese Betrachtungen zu nichts entschei-„dendem führen, bis die Perturbationen aller drei Bahnen völlig entwickelt sein werden.“

Dr. Gauss fährt indessen, bis dieses geschehen kann, fort, die elliptischen Elemente der Bahn zu verbessern, und sie mit den besten Meridian-Beobachtungen zu vergleichen. Hier folgt eine solche Vergleichung dieser sämmtlichen Beobachtungen mit seinen zweiten Elementen der *Juno*.

| 1804 | Berechnete | | Differenz | | Beobachter |
	Gerade Aufstei-gung	südliche Ab-weichung	in der AR.	in der Decl.	
Sept. 13	0° 44′ 56″0	1° 52′ 37″6	− 0″4	+ 0″6	von Zach
14	0 35 42.9	2 5 40.3	+ 1.9	+ 4.8	—
15	0 26 19.8	2 18 48.6	− 0.2	+ 10.1	—
17	0 7 8.0	2 45 18.8	− 0.1	− 5.7	—
18	359 57 20.9	2 58 38.7	+ 0.4	+ 7.8	—
20	359 37 39.0	3 25 24.7	. . . .	+ 21.2	—
23	359 7 17.4	4 5 36.5	+ 2.5	+ 2.0	Dr. Burckhardt
23	359 7 3.3	4 5 55.0	+ 3.3	+ 8.0	Dr. Maskelyne
25	358 46 45.8	4 32 41.4	− 2.2	+ 13.2	von Zach
27	358 26 56.9	4 58 43.7	− 3.7	− 12.8	—
28	358 16 58.7	5 11 49.3	− 7.9	+ 5.5	Dr. Maskelyne
29	358 6 48.0	5 25 11.7	− 4.3	+ 15.0	von Zach
30	357 57 18.2	5 37 50.4	− 8.5	+ 6.7	—
Oct. 2	357 38 6.4	6 2 59.7	− 9.6	+ 0.2	—
4	357 19 34.8	6 27 40.2	− 4.7	+ 1.5	—
5	357 10 37.3	6 39 43.7	− 4.2	+ 3.8	—
6	357 1 52.8	6 51 35.6	− 3.5	+ 3.3	—

Nach denselben Elementen hat Dr. Gauss ferner für den künftigen Lauf der *Juno* für Seeberger Mitternacht folgende Ephemeride berechnet: [vom Oct. 15 bis Dec. 2 enthält sie ger. Aufsteigung und Abweichung.]

Ohngefähr den 18. December kommen Juno und Ceres geocentrisch nahe zusammen.

[von Zach.]

BEOBACHTETE STERNBEDECKUNG.

Monatliche Correspondenz. Band X. S. 481. 1804 November.

In Braunschweig beobachtete Dr. Gauss den 16. October 1804, die Bedeckung von λ in den Fischen:

den Eintritt um 10^u 31^m 16^{s}7 mittl. Zeit

den Austritt „ 11 40 48.0 „ „

JUNO.

Monatliche Correspondenz. Band X. S. 552—555. 1804 December.

— — —

Leider hinderte uns der seit dem 6. November hier stets umwölkte Himmel, die Juno fortdauernd zu beobachten und dem Dr. Gauss neue Data zur Rectification seiner bereits berechneten Elemente zu liefern; allein zwei von uns am 20. und 21. Oct. gemachte Beobachtungen, die wir ihm mittheilten, und die 1¼ Minute von dessen II. Elementen abwichen, waren diesem eben so unermüdeten als scharfsinnigen Astronomen hinlängliche Veranlassung, sogleich neue III. Elemente für die Juno zu berechnen, die er uns mit folgenden Bemerkungen begleitet überschickte: „Seit meinem letzten Briefe habe ich, mit „Hülfe Ihrer mir gütigst mitgetheilten Beobachtungen der Juno vom 20. und 21. Oct., die von den zwei- „ten Elementen bereits 1¼ Minute differirten, folgende neue III. Elemente berechnet:

Epoche 1804 Sept. 30 0^u im Meridian von Seeberg . .	22° 34′ 48″
tägliche mittlere Bewegung	842″75
Sonnenferne	233° 56′ 6″
Logarithmus der halben grossen Axe	0.426699
Excentricität	0.263182
aufsteigender Knoten	171° 0′ 0″
Neigung der Bahn	12 52 48

„Ich habe diese Elemente mit Ihren sämmtlichen Beobachtungen verglichen, und folgende Über- „einstimmung gefunden:

1804	Mittlere Zeit auf Seeberg	Berechnete gerade Aufsteigung der ⚷	Berechn. südl. Abweichung der ⚷	Unterschied R—B in AR.	in Decl.
Sept. 13	12^u 31^m 59^s	0° 44' 55"8	1° 52' 34"3	— 0"6	— 2"7
14	12 27 27	35 43. 2	2 5 35. 3	+ 2. 2	— 0. 2
15	12 22 53	26 20. 8	18 42. 2	+ 0. 8	+ 3. 7
17	12 13 45	.7 10. 6	45 9. 2	+ 2. 5	— 3. 9
18	12 9 10	359 57 24. 5	58 28. 2	+ 4. 0	— 2. 7
20	. . . .	37 35. 7	3 25 32. 7	. . . .	+ 9. 2
23	11 46 11	7 25. 9	4 5 22. 9	+11. 0	—11. 6
27	11 27 46	358 27 7. 7	58 29. 8	+ 7. 0	—27. 4
28	11 23 11	17 9. 6	5 11 35. 1	+ 3. 2	— 8. 8
30	11 14 1	357 57 28. 6	37 28. 2	— 1. 9	—15. 5
Oct. 2	11 4 52	38 15. 5	6 2 50. 8	+ 0. 5	— 8. 7
4	10 55 46	19 40. 9	27 36. 7	+ 1. 4	— 2. 0
5	10 51 15	10 41. 1	39 43. 8	— 0. 4	+ 3. 9
6	10 46 44	1 54. 0	51 39. 0	— 2. 3	+ 6. 8
10	10 28 50	356 29 14. 9	7 37 10. 5	+ 0. 8	+19. 4
12	10 20 0	14 37. 8	7 58 30. 8	— 5. 7	+ 4. 3
20	9 45 34	355 29 55. 3	9 12 58. 8	+ 3. 4	— 4. 6
21	9 41 23	26 2. 7	20 45. 8	+ 2. 6	+ 2. 6

„Dr. Maskelyne hat mir noch folgende drei Beobachtungen mitzutheilen die Güte gehabt:

1804	Mittlere Zeit in Greenwich	Scheinbare gerade Aufsteigung der ⚷	Scheinbare südliche Abweichung der ⚷
Oct. 5	10^u 51^m 6^s	357° 10' 24"6	6° 40' 1"1
9	10 33 9	356 36 46. 9	7 26 21. 3
17	9 58 10	355 43 45. 6	8 47 18. 5

„Damit und den frühern Beobachtungen stimmen die III. Elemente, wie folgt:

1804	Mittlere Zeit in Greenwich	Berechn. gerade Aufsteigung der ⚷	Berechn. südl. Abweichung der ⚷	Unterschied R—B in AR.	in Decl.
Sept. 25	11^u 36^m 50^s	358° 46' 55"7	4° 32' 26"8	+ 7"7	— 1"4
29	11 18 27	358 6 58. 7	5 24 58. 3	+ 6. 4	+ 1. 6
Oct. 5	10 51 6	357 10 24. 7	6 40 6. 0	+ 0. 1	+ 4. 9
9	10 33 9	356 36 46. 4	7 26 28. 0	— 0. 5	+ 6. 7
17	9 58 10	355 43 46. 0	8 47 27. 1	+ 0. 4	+ 8. 6

„Nach den III. Elementen steht der künftige Lauf der *Juno* folgendermassen: [von 1804 Nov. 2 bis 1805 Jan. 4 mit dreitägigen Zwischenzeiten, gerade Aufsteigung, Abweichung und Lichtstärke.]

„Bei der Lichtstärke ist diejenige zur Einheit angenommen worden, die der Planet in der Di-„stanz 1 von der Sonne und Erde haben würde. Nach demselben Maassstabe war sie

den 5. Sept. 0.1378

— 12. — 0.1484

— 3. Oct. 0.1640 am grössten in diesem Jahre

— 21. — 0.1543

„Es wird interessant sein, zu sehen, wie lange *Juno* diesmal sichtbar bleiben wird. In der näch-„sten künftigen Opposition im Anfange März 1806, im Sternbilde des Löwen, erreicht sie nur ein Vier-„tel von der grössten Helligkeit dieses Jahres. Für den 31. December 1805 finde ich ihren Ort

AR 176° 45′ Decl. südl. 2° 44′ Lichtstärke 0.0284.

Sämmtliche Beobachtungen, die wir zu erhalten im Stande waren, sind folgende

1804	Mittlere Zeit auf Seeberg	Scheinbare gerade Aufsteig. der ⚹	Scheinbare südl. Abweich. der ⚹
Oct. 23	9ᵘ 33ᵐ 4ˢ338	355° 19′ 23″69	9° 35′ 53″6
24	9 28 57.709	355 16 42.51	. . . .
30	9 4 54.644	355 9 47.25	10 18 43.8
Nov. 5	8 41 56.099	355 19 2.57	. . . .
18	7 55 51.375	356 34 46.58	10 58 16.2

[VON ZACH.]

JUNO.

Monatliche Correspondenz. Band XI. S. 184—193. 1805 Februar.

— — —

Die interessantesten und wichtigsten Beiträge lieferte wie immer auch diesmal der mit ausdauerndem Fleisse fortarbeitende Dr. GAUSS, und mit diesen fangen wir daher auch hier unsere Darstellung der letzten Beobachtungen und Berechnungen, die Juno betreffend, an. Vergebens hatte dieser Astronom im Monat November 1804 auf Mittheilung guter Meridian-Beobachtungen der Juno gewartet, um mittelst solcher fernere verbesserte Elemente der Juno liefern zu können; allein da er bis zum Decbr. keine erhielt, und die aus den dritten Elementen berechneten Positionen einige Minuten von den beobachteten abwichen, so gründete er auf mehrere, theils selbst am Kreismikrometer gemachte, theils von Dr. OLBERS erhaltene Beobachtungen der Juno folgende IV. Elemente derselben.

IV. Elemente der Juno-Bahn.

Epoche 1805	42° 41′ 34″	tägliche Bewegung	812″091
Sonnenferne	233 23 47	Logarithmus der halben Achse.	0.426935
aufsteigender Knoten	171 4 12	Excentricität	0.256841
Neigung	13 4 9		

Nach diesen berechnete Dr. GAUSS den geocentrischen Lauf derselben für die Monate Decbr. 1804, Januar und Februar 1805. Die Ephemeride für den mittlern Monat theilten wir schon im vorigen Hefte mit, und wir lassen daher hier nur die für den Decbr. und Febr. folgen [sind in diesem Werke nicht abgedruckt.] — — —

Die von Dr. GAUSS im Decbr. und Januar gemachten drei Beobachtungen waren folgende:

	mittl. Zeit	AR. ⚹	Declinatio australis
1804 December 29	6ᵘ 53ᵐ 43ˢ	7° 23′ 11″	7° 28′ 2″
30	6 19 50	7 44 5	7 19 57
1805 Januar 5	5 6 57.5	9 59 42	6 30 56

Er schrieb uns hierbei, dass ihm die letztere Beobachtung zwar an und für sich gut scheine, allein dass sie durch die mit einem Stern aus der Histoire céleste dabei angewandte Vergleichung sehr zweifelhaft werde. Dr. GAUSS verglich am 5. Januar die Juno achtmal mit dem Stern achter Grösse, dessen Position in der Histoire céleste pag. 135,

	AR.	Zenith-Dist.
8	0^u 40^m 14^s	55° 19′ 15″

angegeben ist. Allein schon nach dem blossen Augenmass schien es ihm, als mache dieser Stern mit drei andern, rhomboidalisch darüber stehenden eine andere Configuration, als aus den Angaben in der Histoire céleste folge. Da Dr. GAUSS eine genauere Ortsbestimmung dieses Sterns wünschte, so benutzten wir hierzu den ersten heitern Abend, und fanden die Vermuthung des letztern völlig gegründet, indem wir die Declin. nicht 6° 28′, sondern 6° 23′ 9″ südlich erhielten, wonach denn die am 5. Januar beobachtete Declination der Juno 6° 25′ 47″ betragen würde. Aus den IV. Elementen folgt für den

	AR. ⚹	Declinat.
1804 December 30	7° 44′ 14″	7^u 20′ 16″
1805 Januar 5	9 59 44	6 25 58

womit die beobachteten Positionen nach der letztern Reduction sehr gut harmoniren. Doch müssen wir bei unserer Bestimmung jenes zweifelhaften Sterns bemerken, dass die grosse Helligkeit, die bei dessen Culmination noch Statt fand, diese Beobachtungen unter die ganz zuverlässigen gerade nicht zählen lässt. — — —

[Mit diesen IV. Elementen hat GAUSS nach den oben Seite 106 abgedruckten Vorschriften den Zodiacus der Juno berechnet, Mon. Corr. B. XI. S. 225—228. 1805 März.]

[VON ZACH.]

CERES.

Monatliche Correspondenz. Band XI. S. 283—292. 1805 März.

Auch bei der Ceres ist nun die Epoche ihrer Sichtbarkeit vorüber, und selbst an grössern Aequatorial-Instrumenten dürfte ihre Beobachtung, da sie in beträchtlicher Entfernung vom Meridian geschehen müsste, mit Schwierigkeiten verknüpft sein. Wir müssen jetzt sechs bis sieben Monate darauf Verzicht thun, diesen Wandelstern am Himmel zu verfolgen, und nur dahin streben, uns bei der nächsten Wiedererscheinung seiner sogleich zu versichern. Dies wird mittelst der von Dr. GAUSS abermals verbesserten Elemente und danach berechneten Ephemeride keine Schwierigkeit haben, da man jetzt die Bahn der Ceres als sehr genau bestimmt annehmen kann, und wir liefern hier noch alles, was künftig zu Erleichterung ihrer Beobachtung beitragen kann.

Da die nach den IX. Elementen berechnete Ephemeride des geocentrischen Laufs der Ceres im September und October ihre gerade Aufsteigung um neun Minuten zu klein und die Abweichung um vier Minuten zu gross angab, so nahm Dr. GAUSS die drei im Jahr 1802, 1803 und 1804 erfolgten Oppositionen der Ceres zu Hülfe und gründete darauf folgende X. Elemente

Epoche Seeberger Meridian 1804 . . . . 312° 1′ 33″5

Tägliche Bewegung . . . . 771″0524

Sonnenferne . . . . 326° 26′ 3″1

Excentricität 0.0784757

Logarithmus der halben Axe 0.04420004

Ω 1804 . . . . 80° 59′ 12″

Neigung 10 37 45

Nach diesen berechnete Dr. Gauss den geocentrischen Lauf dieses Planeten vom 28. Juli 1805 bis 24. Mai 1806 [und gibt die gerade Aufsteigung so wie die Abweichung auf Minuten genau, den Abstand von der Erde in drei Decimalstellen die Lichtstärke in fünf Decimalstellen für 12 Uhr Seeberger Zeit von drei zu drei Tagen an.]

— — —

Er [Gauss] schrieb uns hierbei, dass Bessel, rühmlichst bekannt durch seine Abhandlung über die Bahn des Cometen von 1607 (M. C. 1804 X. B. S. 425 f.) ihm bei Berechnung dieser Ephemeride dadurch behülflich gewesen sei, dass er alle nöthige Sonnen-Örter dazu geliefert habe. Gewiss, jeder der die Rechnungen kennt, die die Bestimmung der Elemente eines Planeten und dann jeder daraus herzuleitende Ort erfordert, muss es bewundern, wie ein einzelner Mann in so kurzen Zeiträumen so vielfache mühsame Rechnungen zu vollenden vermögend war. — — —

[von Zach.]

PALLAS.

Monatliche Correspondenz. Band XI. S. 376—383. 1805 April.

Zwar konnte *Pallas* schon seit mehrern Monaten nicht mehr beobachtet werden; allein der Fleiss des Dr. Gauss setzt uns in Stand, unsern Lesern hier noch einiges über diesen neuen Planeten in theoretischer Hinsicht mittheilen zu können, was vorzüglich dazu dienen wird, dessen Wiederauffindung bei der nächsten, wahrscheinlich etwas entfernten Epoche von Sichtbarkeit zu erleichtern. Dr. Gauss, dessen unermüdeter Arbeitsamkeit und anhaltendem Streben nach Vervollkommnung der berechneten Planetenbahnen nur Mangel an Stoff Grenzen zu setzen vermag, äusserte mehrmal seine Unzufriedenheit über die in so geringer Anzahl vorhandenen Beobachtungen der Pallas, die es ihm unmöglich machte, eine fernere Berichtigung der VII. Elemente dieses Planeten zu unternehmen. Freilich war die Beobachtung dieses lichtschwachen Weltkörpers mit mancherlei Schwierigkeiten verknüpft, und die von Olbers, Oriani, David und auf der hiesigen Sternwarte angestellten Beobachtungen sind die einzigen, die im ganzen verflossenen Jahre gemacht wurden. Sehr erwünscht war ihm daher die zu *Brera* am 30. August 1804 beobachtete Opposition der Pallas, zu welcher Zeit der mittlere Fehler der VII. Elemente in der Länge —7′ 28″3 und in der Breite +2′ 14″7 betrug, und er gründete hierauf und auf alle vorhandene frühere Beobachtungen folgende VIII. Elemente der Pallas:

Epoche Seeberger Meridian $\begin{cases} 1803 & . & 221° \; 31' \; 23''2 \\ 1804 & . & 299 \quad 58 \quad 38.1 \end{cases}$ aufsteigender Knoten 1803 . . . . 172° 29' 6''8

Excentricität 0.246101

tägliche tropische Bewegung . . . 771''6802 | Logarithmus der halben Axe . . . 0.4417647

Sonnenferne 1803 . . . . 301° 1' 44''1 | Neigung der Bahn . . . . 34° 37' 43''2

Hiernach berechnete Dr. GAUSS ferner folgende Ephemeride für den geocentrischen Lauf der *Pallas* [von 1805 Juli 28 bis 1806 April 30 und gibt die Örter in entsprechender Weise an wie die der Ceres für dieselben Jahre, d. B. S. 262.]

— —

Dr. GAUSS schrieb uns, dass sich diese Ephemeride noch einmal auf rein elliptische Elemente gründe, indem er glaube, dass es bei der Pallas jetzt noch nicht zweckmässig sei, auf die Störungen Rücksicht zu nehmen, da theils alle bisherige Beobachtungen sich noch ganz gut durch eine reine Ellipse darstellen lassen, theils die Bahn der Pallas, bei der kurzen Dauer ihrer Erscheinung, noch keine so genaue Bestimmung verstattete, um hoffen zu dürfen, durch die Entwickelung aller Perturbations-Gleichungen eine Genauigkeit zu erhalten, die für jene mühevolle Arbeit belohnen könnte. — — — — — — Wäre die Masse der Ceres etwas beträchtlicher, so könnte diese, theils wegen der geringen gegenseitigen Entfernung, theils wegen der beinahe gleichen mittlern Bewegung beider Planeten, bedeutende Störungen in der Pallas-Bahn bewirken.

— —

Inspector HARDING, dem Dr. GAUSS sogleich obige neue Ephemeride der Pallas mittheilte, beschäftigte sich mit der so verdienstlichen Arbeit, eine Sternkarte für ihren Lauf zu entwerfen. Leider wird es ihm hier oft an Sternbestimmungen fehlen, da er in diesen südlichen Zonen nicht so von der Histoire céleste unterstützt wird, als es von dieser schätzbaren Sammlung ausserdem der Fall ist.

[VON ZACH.]

JUNO.

Monatliche Correspondenz. Band XI. S. 475—482. 1805 Mai.

Wir liefern hier eine kleine Nachlese von Beobachtungen der *Juno*, die auf entferntern Sternwarten gemacht wurden und erst später zu unserer Kenntniss gelangten. Sie umfassen den letzten Zeitraum ihrer diesmaligen Sichtbarkeit, und konnten zum Theil schon nicht mehr im Meridian, sondern nur an Aequatorial-Instrumenten ausserhalb desselben gemacht werden. Vorzüglich war der helle Mondschein, der in den ersten Tagen des Februars Statt fand, Ursache, dass Juno nicht mehr gesehen und dann nicht wieder aufgefunden werden konnte. Nur Dr. GAUSS war noch am 20. Febr. so glücklich, eine Beobachtung der Juno zu erhalten, die letzte, die uns überhaupt mitgetheilt worden ist.

Aus Palermo von PIAZZI erhielten wir noch eine Reihe, an seinem ganzen Kreise gemachter Meridian-Beobachtungen, die wir hier folgen lassen:

1805	Mittlere Zeit in Palermo	Scheinb. gerade Aufsteig. der ⚸	Scheinb. südl. Abweich. der ⚸
Nov. 22	$7^u\ 42^m\ 39^s9$	$357°\ 12'\ 28''5$	. . . . .
24	7　36　12.5	357　33　36.6	$10°\ 49'\ 34''9$
25	7　33　1.5	357　44　54.9	10　47　21.5
26	7　29　52.3	357　56　36.9	10　44　49.9
28	7　23　37.0	358　20　49.5	10　38　59.5
29	7　20　31.4	358　33　26.1	10　35　43.2
Dec. 4	7　5　28.2	359　42　42.3	10　15　52.4
10	6　47　21.8	1　5　11.9	. . . . .

In der Beobachtung vom 10. Decemb. scheint ein Fehler zu liegen, indem sich diese beträchtlich von dem aus den Elementen berechneten Orte entfernt. Sorgfältig verglich Dr. GAUSS diese Beobachtungen mit seinen IV. Elementen, und erhielt folgende Resultate:

1805	Berechn. gerade Aufsteigung der ⚸	Berechn. südl. Abweichung der ⚸	Fehler der IV. Elemente des Dr. GAUSS in AR	in Decl.
Nov. 22	$357°\ 12'\ 11''6$	. . . . .	$-\ 16''9$	. . . .
24	357　33　28.3	$10°\ 49'\ 47''3$	$-\ 8.3$	$+\ 12''4$
25	357　44　42.4	10　47　25.9	$-\ 12.5$	$+\ 4.4$
26	357　56　18.3	10　44　55.0	$-\ 18.6$	$+\ 5.1$
28	358　20　39.6	10　39　5.0	$-\ 9.9$	$+\ 5.5$
29	358　33　22.3	10　35　55.8	$-\ 3,8$	$+\ 12.6$
Dec. 4	359　42　27.6	10　16　9.3	$-\ 14.7$	$+\ 16.9$
10				

Ohnerachtet diese Abweichungen so gering sind, dass sie kaum eine Verbesserung der IV. Elemente der Juno zu erfordern scheinen, da alle unsere ältern Planeten-Tafeln in gerader Aufsteigung gleiche, vielleicht oft noch beträchtlichere Abweichungen zeigen, so gründete doch der fleissige Dr. GAUSS auf diese Beobachtungen und eine, von ihm selbst am 20. Februar erhaltene, folgende verbesserte V. Elemente der Juno:

Epoche 1805, Meridian von Seeberg . . . . $42°\ 32'\ 36''$

☊ 1805 . . . . 171　4　15.6 } siderisch ruhend

Sonnenferne . . . . 233　11　39 } vorausgesetzt

Neigung der Bahn . . . . 13　3　38

tägliche tropische Bewegung . . . . 815''9595

Jährliche . . . . $82°\ 43'\ 45''2$

Excentricität 0.254236

Logarithmus der halben Axe 0.4256078

Die hier erwähnte Beobachtung von Dr. GAUSS war folgende:

	Mittlere Zeit	AR ⚸	Decl. bor. ⚸
1805, Febr. 20.	$7^u\ 11^m\ 12^s$	$30°\ 27'\ 2''$	$1°\ 47'\ 48''$

Der aus den IV. Elementen für diese Zeit berechnete Ort der *Juno* war:

		Unterschied	
AR ⚸	Decl. bor. ⚸	in AR	in Decl.
$30°\ 27'\ 41''6$	$1°\ 47'\ 20''$	$+\ 39''6$	$-\ 27''7$

Nach jenen fünften Elementen berechnete Dr. GAUSS nachfolgende Ephemeride für den geocentri-schen Lauf der Juno [von 1805 October 20 bis 1806 Juli 23 wie für Ceres und Pallas d. B. S. 262. 263].

[In dem übrigen Theil dieses Aufsatzes gibt VON ZACH noch Beobachtungen von ORIANI in Mai-land und von OLBERS in Bremen so wie die Vergleichung dieser Beobachtungen mit GAUSS IV. Elemen-ten und auch die von Dr. BURCKHARDT berechneten Elemente der Bahn der Juno nach dem *Moniteur* vom 28. Dec. 1804.]

[Die auf Berliner Zeit bezogenen von GAUSS berechneten Elemente: die X^{ten} der Ceres die VIII^{ten} der Pallas und die V^{ten} der Juno hat BODE in dem Astronomischen Jahrbuch für 1808 Berlin 1805 S. 270 veröffentlicht.]

ERSTER COMET VOM JAHR 1805.

Monatliche Correspondenz. Band XIII. S. 79—83. 1806 Januar.

— — —

Dr. GAUSS berichtet uns vom 5. December aus Braunschweig, dass er, wiewohl vergeblich ver-sucht habe, diese BESSEL'schen Elemente den Frankfurter und Marseiller Beobachtungen anzupassen; allein diese Beobachtungen scheinen gar wenig genau zu sein. „Da diese Elemente" schreibt Dr. GAUSS, „mehrere Grade von HUTH's letzten Beobachtungen abweichen, so machte ich einen Versuch, sie nach „diesen zu verbessern, obgleich HUTH's Angaben, die nur in runden Fünfern von Minuten gesetzt sind, „blos Ocular-Schätzungen zu sein scheinen; dieses wollte aber nicht gelingen. Auch die mir von Ihnen „gütigst mitgetheilten THULIS'schen Beobachtungen (November-Heft 1805 S. 502) scheinen nicht sonderlich „zu sein, wenigstens habe ich auch damit zu keinem befriedigenden Resultate gelangen können; man „sieht dies auch schon aus der Vergleichung mit OLBERS' Beobachtungen, die am 29. October um sechs „Minuten in gerader Aufsteigung und neun Min. in der Abweichung, am 31. October um eine Min. in „gerader Aufsteigung und zwölf Minuten in der Abweichung mit diesen differiren, wenn man sie auf „einerlei Zeit reducirt; indessen weichen BESSEL's Elemente am 9. November um 71 Minuten in der „Länge von THULIS' Beobachtungen ab, welches doch mehr ist, als man Fehler der Beobachtung vor-„aussetzen darf. Ich habe daher einen Versuch gemacht, den Fehler zu corrigiren, habe aber doch ei-„nen Fehler von beinahe 29 Minuten in der Breite nicht vermeiden können. Diese sind die Elemente

Durchgang durch das Perihelium November	17.746 in Seeberg.
Länge des aufsteigenden Knotens	340° 11′
Neigung der Bahn	17 34
Länge der Sonnennähe	157 17
Logarithmus des kleinsten Abstandes	9.53969
Bewegung	rechtläufig

„Diese Resultate verdienen indessen gleichfalls wenig Vertrauen."

Wir haben alle diese Umstände blos deshalb angeführt, um andern Berechnern eine vergebliche Mühe zu ersparen, im Fall sie es versuchen wollten, die Frankfurter und Marseiller Beobachtungen zu irgend einer Übereinstimmung zu bringen. Da die Bessel'sche Bahn die Olbers'schen Beobachtungen bis zum 13. November so befriedigend darstellt, so dürfen diese Elemente als genau entwickelt angesehen werden, und wenn wir künftig in Besitz besserer und längerer Beobachtungen kommen sollten, nur sehr geringe Verbesserungen erleiden.

[VON ZACH.]

ZWEITER COMET VOM JAHR 1805.

Monatliche Correspondenz. Band XIII. S. 83—91. 1806 Januar.

Dr. Gauss beobachtete diesen Cometen den 8. December; er wurde mit 359 im Wassermann und einem andern Stern der *Hist. célest.* verglichen.

1805	Mittl. Zeit in Braunschweig	Scheinb. ger. Aufsteigung	Scheinb. südl. Abweichung
December 8	6^u 55^m 17^s	$353°$ $7'$ $40''$	$23°$ $36'$ $24''$
8	7 58 3	352 57 57	24 6 ..

Die zweite Declination ist blos Schätzung. Aus dieser Beobachtung, der ersten Bouvard'schen vom 16. November, und der obigen des Dr. Olbers vom 2. December berechnete Dr. Gauss folgende parabolische Elemente:

Durchgang durch das Perihelium den 31. December 1805 . 7^u 20^m 39^s Seeberger Zeit

Länge des Periheliums . . . . $109°$ $23'$ $40''$

Länge des aufsteigenden Knotens 250 33 14

Neigung der Bahn 16 33 33

Logarithmus des kleinsten Abstandes 9.9502477

Bewegung . . . . rechtläufig.

Nach der Methode des Aufsatzes im Mai-Heft der M. C. 1804 [Seite 94 und 120 d. B.] werden die Coordinaten durch folgende Formeln dargestellt:

$$x = \frac{a \sin(v + 198° \, 37' \, 20'')}{\cos \frac{1}{2} v^2}, \qquad y = \frac{b \sin(v + 103° \, 41' \, 12'')}{\cos \frac{1}{2} v^2}, \qquad z = \frac{\gamma \sin(v + 148° \, 41' \, 54'')}{\cos \frac{1}{2} v^2}$$

wo v die Anomalie des Cometen bedeutet, und Log. $a = 9.933968$, Log. $b = 9.930525$, Log. $\gamma = 9.551021$.

Den Abstand des Cometen von der Erde findet Dr. Gauss nach seinen Elementen mit Rücksicht auf die Parallaxe Nov. 16: 0.24990, Dec. 2: 0.08913, Dec. 8 I. Beob.: 0.04850, Dec. 8 II. Beob : 0.04841.

Hingegen die Lichtstärke, wenn man die in der Distanz 1 von der Erde und Sonne zur Einheit annimmt November 16: 16.6, December 2: 117.8, December 8: 439.2.

— — —

[VON ZACH.]

CERES, PALLAS, JUNO UND ZWEITER COMET VON 1805.

Astronomisches Jahrbuch für 1809. S. 137—140. Berlin 1806.

GAUSS AN BODE.

Braunschweig, den 14. März 1806.

Mit Vergnügen theile ich Ew. — einige im vorigen Winter von mir angestellte Beobachtungen mit, die Ihnen hoffentlich nicht unangenehm sein werden. Sie sind zwar nicht zahlreich; allein das schlechte Wetter, worüber alle meine astronomischen Correspondenten klagen, ist auch hier den ganzen Winter herrschend gewesen: ausserdem kann ich, bei meinen kärglichen Hülfsmitteln, die praktischen Beschäftigungen hier nur als Nebensache betreiben. Zuerst meine Beobachtungen der drei neuen Planeten:

Ceres.

	Mittlere Zeit	AR.	Decl.
1805. October 24.	11^u 22^m 32^s	109° 28′ 29″	23° 27′ 0″ Nord.
28.	11 31 22	110 7 7	23 36 58
November 14.	9 22 30	111 44 56	24 32 1
18.	9 0 37	111 50 48	24 48 47

Pallas.

		AR.	Decl.
1806. Februar 14.	8^u 11^m 16^s	70° 16′ 31″	19° 59′ 13″ Süd.
16.	7 32 28	70 42 39	19 20 44
17.	8 52 38	70 56 44	19 1 8
20.	7 49 35	71 39 2	18 5 0

Juno.

		AR.	Decl.
1806. Februar 17.	9^u 42^m 0^s	173° 46′ 45″	0° 28′ 32″ Nord.
20.	11 24 15	173 15 53	0 54 30

Diesen Beobachtungen zufolge gab meine Ephemeride für die Ceres die ger. Aufst. im Oct. 1805 um 4½′, im Nov. um 5½′ zu gross, die Declin. 1′ zu klein; für die Pallas die ger. Aufst. um 27½′ zu gross, die Decl. um 5′ zu gross (d. i. zu nördlich); für die Juno die ger. Aufst. um 1½′ zu gross, die Decl. um 1′ zu klein (d. i. zu südlich). [Diese Beobachtungen der Ceres stehen auch Monatl. Corr. B. XIII. S. 189.]

Der beträchtliche Unterschied bei der Pallas ist ohne Zweifel Folge der Störungen, die jetzt anfangen sichtbar zu werden: hingegen die über alle Erwartung schöne Übereinstimmung bei der Juno ein Beweis für die Genauigkeit meiner letzten Elemente und meiner Beob. vom 20. Febr. 1805, wonach jene bestimmt waren. Von der Pallas und Juno ist mir bisher gar niemand weiter bekannt, der sie dieses Jahr beobachtet oder gesehen hätte. Pallas ist sehr lichthell und einem Sterne 7., oder 7..8ter Grösse gleich; und muss auch bei voller Erleuchtung sich gut haben im Passage-Instrument und Quadranten beobachten lassen: aber Juno ist freilich schwach an Licht; bei meinen Beobachtungen etwa 11ter Grösse, und daher schwerlich in einem Fernrohre mit Beleuchtung zu beobachten. Ceres ist wie immer gut sichtbar, und ich habe meine Beobachtungen nur deswegen nicht weiter fortsetzen können, weil sie für mein Locale zu hoch kommt. Prof. Harding hat sie öfters gut am Mauerquadranten beobachtet. Mit Vergnügen werde ich Ihnen meine Resultate und den Lauf für die nächste Erscheinung zusenden.

Den zweiten Cometen des vorigen Jahres habe ich nur am 8. December zweimal beobachtet, wo er auch dem blossen Auge, etwa mit der Helligkeit eines Sternes 3. oder 4. Grösse gut sichtbar war. Meine Beobachtungen sind diese:

Mittlere Zeit	Gerade Aufst.	Decl.
1805. December 8. 6ᵘ 55ᵐ 17ˢ	353° 7' 40"	23° 36' 24" Südl.
7 58 3	352 57 57	24 6

Die parabolischen Elemente, die ich nach dieser Beobachtung, einer OLBERS'schen vom 2. Dec. und der im Moniteur bekannt gemachten BOUVARD'schen vom 16. Nov. berechnet habe, stehen im Januar-heft der M. C. [Seite 266 d. B.]. Allein seitdem habe ich durch Hrn. von ZACH's Güte noch die ganze Reihe der THULIS'schen Originalbeobachtungen erhalten, und eine in Greenwich am 8. Dec. gemachte Meridianbeobachtung ist durch die Zeitungen bekannt geworden. Mit diesen Hülfsmitteln habe ich denn folgende verbesserte Elemente herausgebracht.

Zeit der Sonnennähe 1805. Dec. 31.	6ᵘ 54ᵐ 35ˢ Seeberg. M. Z.
Länge der Sonnennähe	109° 21' 50"5
Länge des aufsteigenden Knoten	250 33 34·9
Neigung der Bahn	16 30 31·9
Logarithmus des kleinsten Abstandes	9.9503300
Bewegung	rechtläufig.

Hier folgt nunmehro die Vergleichung sämmtlicher Beobachtungen mit diesen Elementen. Zwar habe ich noch ein paar andre von THULIS erhalten, allein, da die Sterne womit die Vergleichung ge-macht war, in den Sternverzeichnissen und der Hist. Cél. nicht vorkommen, so habe ich diese Beobach-tungen nicht reduciren können. [Die Zeit ist für GAUSS, OLBERS, THULIS bez. die in Braunschweig, Bre-men, Marseille.]

1805	Mittlere Zeit	Berechnete gerade Aufsteigung	Berechnete Abweichung	Differ. in der ger. Aufst. R—B	Differ. in der Abweichung R—B	Beobachter
Nov. 15	10ᵘ 28ᵐ 13ˢ	14° 33' 0"	39° 18' 41" N.	— 2' 30"	+ 26"	Thulis
16	7 17 54	14 12 7	38 58 53	— 1 58	+ 46	Thulis
19	7 11 17	12 55 12	37 34 27	— 4	+ 1' 7	Thulis
20	7 3 15	12 28 23	36 59 41	— 23	— 32	Thulis
21	9 36 1	11 57 5	36 16 16	+ 1 13	— 20	Thulis
29	6 39 44	7 24 39	26 47 49	+ 1 32	+ 1	Thulis
Dec. 2	5 34 9	4 48 43	18 58 18	+ 1 35	— 52	Olbers
2	9 39 0	4 36 3	18 20 28	+ 1 47	— 3	Thulis
3	5 48 39	3 39 51	15 6 38	+ 45	— 19	Olbers
3	6 30 37	3 36 52	14 55 11	+ 1 10	— 26	Thulis
4	6 31 5	2 16 36	10 6 29 N.	+ 2 12	— 1 12	Thulis
6	7 16 16	358 39 22	3 39 32 S.	+ 22	+ 48	Thulis
7	7 35 21	356 9 21	13 4 56	0	+ 42	Thulis
8	5 27 22	353 20 30	22 56 24	— 1 10	+ 2 44	Olbers
8	6 46 23	353 8 33	23 34 40	— 42	+ 2 18	Olbers
8	6 55 17	353 7 44	23 35 57	+ 4	— 47	Gauss
8		353 6 21	23 40 59	— 33	— 15	Maskelyne
8	6 59 39	353 3 54	23 47 ·34	+ 9	— 33	Thulis
8	7 58 3	352 57 34	24 6 39	— 23		Gauss

Die Elemente dieses Cometen nähern sich zwar sehr denen des Cometen von 1772, indessen ist doch, besonders bei dem kleinsten Abstande, die Differenz noch zu bedeutend. Eine eigne genaue Untersuchung der Beobachtungen des Kometen von 1772 hat mir auch gezeigt, dass man die beiderseitigen Elemente einander nicht erheblich näher bringen kann, ohne die Übereinstimmung mit den Beobachtungen zu entstellen. Der Komet von 1772 ist auch keinem Hauptplaneten nahe gekommen, um von dessen Störung eine grosse Änderung seiner Elemente zu leiden. [Diese Bemerkungen theilt Gauss nach von Zach mit unterm 21. Febr. 1806 (Monatl. Corr. B. XIII. S. 310—313. 1806 März.) und gibt zugleich einige vorläufige Andeutungen über Arbeiten, deren Resultate vollständiger in dem weiter unten S. 270 abgedruckten Briefe vom 20. Mai 1806 enthalten sind.]

Ich bin jetzt mit meiner Methode, die Planetenbahnen aus den Beobachtungen zu bestimmen beschäftigt und werde in kurzem hoffentlich an die öffentliche Bekanntmachung denken können. Die mannigfaltigen Vervollkommnungen, die ich seit 1801 dabei einzuführen Gelegenheit gehabt habe, machen, dass sie in ihrer Gestalt, nach ihren verschiedenen Theilen ihrer ersten Beschaffenheit fast ganz unähnlich sieht, daher ich es mich nicht gereuen lasse, mit der Publication derselben nicht zu sehr geeilt zu haben.

PALLAS. JUNO.

Monatliche Correspondenz. Band XIII. S. 313—315. 1806 März.

Da uns bis jetzt von der *Pallas* weiter keine Beobachtungen bekannt geworden sind, als die drei auf der Seeberger Sternwarte angestellten, und in dem vorigen Hefte, S. 189 angezeigten, von der *Juno* hingegen noch gar keine, so eilen wir unsern Lesern folgende Nachricht mitzutheilen.

Dr. Gauss hat die *Pallas* zum erstenmal am 13. Februar wieder gesehen. Da aber diese Beobachtung nur einmal und blos zu dem Zwecke gemacht war, um den Planeten am nächsten heitern Abend durch seine Bewegung aus den übrigen nahe liegenden Sternen, die der Ungewissheit wegen alle mit bemerkt werden mussten, herauszufinden, so hat er uns dieselbe als sehr wenig genau gar nicht geschickt. Am folgenden Abend, den 14. Februar war es ihm nun nicht schwer die fortgerückte Pallas, die sich wie ein Stern 7ter bis 8ter Grösse zeigt, zu erkennen; er verglich sie diesen Abend mit 54 Eridani, so wie an den folgenden Abenden mit Sternen der Hist. cél. Hier diese Beobachtungen: [dieselben wie in diesem Bande Seite 267.]

Diesen Beobachtungen zu Folge gibt Dr. Gauss Ephemeride in der M. C. XI. B. S. 376 [S. 263 d. B.] die gerade Aufsteigung dieses Planeten um 27 Minuten, die Abweichung um 5 Minuten zu gross: „Es ist „sonderbar", bemerkt Dr. Gauss, „dass erstere Differenz gerade auf die entgegengesetzte Seite fällt, wie „nach Ihren Beobachtungen im November vorigen Jahres (siehe vorig. Heft, S. 189); in der Grösse des „Fehlers zeigt sich nunmehr, wie ich glaube, der Einfluss der Störungen."

Die *Juno* hat er am 16. Februar zuerst wieder gesehen, und am 17. Februar als *solche* wieder beobachtet. Hier seine Beobachtungen [dieselben wie in diesem Bande Seite 267].

Hienach gäbe Dr. Gauss Ephemeride (M. C. XI. B. S. 477 [S. 265 d. B.]) die gerade Aufsteigung um eine oder anderthalb Minuten zu gross, die Abweichung um eine Minute zu klein, welche, gerade nach einem Jahre Zwischenzeit, eine ganz unbedeutende Abweichung ist, und woraus man zugleich schliessen kann, dass Dr. Gauss letzte Beobachtung vom 20. Februar 1805, worauf sich seine V. Elemente gründeten, vorzüglich gut gewesen sein muss. Dr. Gauss schreibt bei dieser Gelegenheit: „die „Juno ist sehr lichtschwach, ich schätze sie etwa einem Stern eilfter Grösse gleich, doch lässt sie sich „bei heiterer Luft am Kreis-Micrometer noch gut beobachten, schwerlich wird dies aber am Passagen-„Instrumente und Kreis oder Quadranten, wenn man beleuchten muss, möglich sein. Mir werden indess „diese Beobachtungen gewöhnlich sehr beschwerlich, da ich nur ein Spiegel-Telescop von Short dazu „anzuwenden habe, dessen Gesichtsfeld sehr klein ist, daher es die meiste Zeit an passenden und gut „bestimmten Sternen fehlt, die nahe liegen und durch das enge Feld mit durchgehen, der oftmals auch „nicht kleinen Schwierigkeit zu gedenken, solche kleine Planeten nur erst aufzufinden, wenn gar keine „bekannten Sterne nahe dabei sind, um als Leitsterne zu dienen.“

Mit diesen Nachrichten verbinden wir hier noch eine, unsern astronomischen Lesern gewiss höchst angenehme, dass nemlich Dr. Gauss uns berichtet, dass er sich jetzt hauptsächlich mit verschiedenen einzelnen Materien seiner Methode, die Planetenbahnen zu bestimmen, beschäftige, und in kurzem hoffe, die Ausarbeitung, Vollendung und Herausgabe eines eigenen Werks darüber ernstlich betreiben zu können.

[von Zach.]

ZWEITER COMET VON 1805.

Monatliche Correspondenz. Band XIV. S. 75—86. 1806 Juli.

GAUSS AN VON ZACH.

Braunschweig, den 20. Mai 1806.

— — — Es ist schon geraume Zeit, dass Sie mir die Marseiller Original-Beobachtungen der beiden im vorigen Jahre erschienenen Cometen handschriftlich mitzutheilen die Güte hatten. Ich nahm gleich nach Empfang derselben den zweiten von neuem in Rechnung, und hätte Ihnen die Resultate davon also schon vor zwei Monaten schicken können. Inzwischen ist es nicht Nachlässigkeit gewesen, dass ich dies bisher noch nicht gethan habe, sondern die Ursache davon war, dass ich mir vorgenommen hatte, meiner Untersuchung eine grössere Ausdehnung zu geben, und gerade diese Arbeit wurde durch verschiedene andere Abhaltungen verzögert und unterbrochen. Jetzt nehme ich indess nicht länger Anstand, Ihnen meine bisherigen Untersuchungen vorzulegen, die, wenn sie gleich nicht zu dem Ziele geführt haben, das ich anfangs wünschte und hoffte, doch auch so schon zu manchen nicht uninteressanten Betrachtungen Anlass geben werden. Nach diesen Präliminarien will ich nun von meinen Rechnungen der Reihe nach Bericht erstatten.

Die Beobachtungen des Hrn. Thulis sind an sich alle sehr gut, allein seine an der parallactischen Maschine beobachteten Stern-Positionen sind grösstentheils sehr fehlerhaft, besonders die geraden Aufsteigungen. So ist z. B. die vom 29. November um 25^s in Zeit zu klein, vom 6. December um 30^s, und vom 8. December um 38^s zu klein; auch die Declinationen müssen zum Theil um mehrere Minuten geändert werden. Daher ist es kein Wunder, dass vielen Sternen die Anmerkung beigesetzt worden ist, sie seien nicht aufzufinden, ob ich gleich bei weitem den grössten Theil habe reduciren können. Ich habe sämmtliche Beobachtungen neu reducirt, ausgenommen die vom 11. und 22. November (wozu ich die Sterne nirgends gefunden habe) und die vom 5. December, wo der Stern zwar bei Bode (64 Piscium) aber nirgends in der Hist. cél. vorkommt. Ich habe also zur Nachweisung der Sterne noch folgende Zusätze zu machen:

1) Die Sterne vom 15. und 16. November sind identisch. Hist. cél. pag. 477 (die Conn. des tems an XI besitze ich nicht).

2) Der Stern vom 23. November steht in der Hist. cél. pag. 20.

3) Der Stern am 3. December ist 113 Piscium Bode, und steht in der Hist. cél. pag. 37 und 200.

4) Am 7. December ist 374 Aquarii Bode, 981 Mayer.

5) Am 8. December ist 359 Aquarii Bode, derselbe, mit welchem Dr. Olbers und ich an diesem Abend den Cometen verglichen haben.

Nachdem ich nunmehr die Beobachtungen sorgfältig reducirt hatte, verbesserte ich darnach meine parabolischen Elemente. Es fand sich bei dieser Arbeit, dass sich die drei zum Grunde gelegten Örter in der Parabel nicht ganz so genau, als man wol hätte wünschen können, darstellen liessen; es wurde also nothwendig, die Differenzen so gut als möglich auf alle drei Beobachtungen zu vertheilen. Dies habe ich auf's sorgfältigste gethan, und zwar nach einer eignen Methode, die ich auch in mein Werk mit aufzunehmen denke. Auf diese Weise sind also folgende neue parabolische Elemente des zweiten Cometen entstanden: Seeberger Zeit. Bewegung rechtläufig.

Durchg. d. das Perihelium 1805 Dec. 31   6ᵘ 54ᵐ 34ˢ │ Neigung der Bahn . . . . 16° 30′ 32″
Länge des Periheliums . . . . . . 109° 21′ 50″ │ Logarithmus des kleinsten Abstandes . . 9.9503300
Länge des aufsteigenden Knotens . . 250 33 35 │ Logarithmus der mittl. tägl. Bewegung . 0.0346333

Hier folgt nunmehr die Vergleichung dieser Elemente mit den sämmtlichen Beobachtungen:

1805	Mittlere Zeit	Berechnete gerade Aufsteigung	Berechnete Abweichung	Unterschied in der		Beobachter
				ger. Aufsteig. R—B	Abweichung R—B	
Nov. 15	10 28ᵐ 13ˢ	14° 33′ 0″	39° 18′ 41″ N.	− 2′ 30″	+ 0′ 26″	Mr. Thulis
16	7 17 54	14 12 7	38 58 53	− 1 58	+ 0 46	— —
19	7 11 17	12 55 12	37 34 27	− 0 4	+ 1 7	— —
20	7 3 15	12 28 23	36 59 41	− 0 23	− 0 32	— —
21	9 36 1	11 57 5	36 16 16	+ 1 13	− 0 20	— —
23	7 23 15	11 1 15	34 46 43	+ 1 0	+ 0 40	— —
29	6 39 44	7 24 39	26 47 49	+ 1 32	+ 0 1	— —
Dec. 2	5 34 9	4 48 43	18 58 18	+ 1 35	− 0 52	Dr. Olbers
2	9 39 0	4 36 3	18 20 18	+ 1 47	− 0 3	Mr. Thulis
3	5 48 39	3 39 51	15 4 52	+ 0 45	− 2 5	Dr. Olbers
3	6 30 37	3 36 52	14 55 11	+ 1 10	− 0 26	Mr. Thulis
4	6 31 5	2 16 36	10 6 29 N.	+ 2 12	− 1 12	— —
6	7 16 16	358 39 22	3 39 32 S.	+ 0 22	+ 0 48	— —
7	7 35 21	356 9 21	13 4 56	0 0	+ 0 42	
8	5 27 22	353 20 30	22 56 24	− 1 10	+ 2 44	Dr. Olbers
8	6 46 23	353 8 33	23 34 40	− 0 42	+ 2 18	— —
8	6 55 17	353 7 44	23 35 37	+ 0 4	− 0 47	Dr. Gauss
8		353 6 21	23 40 59	− 0 33	− 0 15	Dr. Maskelyne
8	6 59 39	353 3 54	23 47 34	+ 0 9	− 0 33	Mr. Thulis
8	7 58 3	352 57 34	24 6 39	− 0 23	. .	Dr. Gauss
9	6 4 9	349 2 44	35 23 39	− 0 16	. .	Mr. Thulis

Diese Vergleichung ist in aller Schärfe geführt, auf Aberration, Nutation und Parallaxe gehörig

Rücksicht genommen, und die Theile von Secunden, die grösserer Genauigkeit wegen mit beobachtet sind, erst am Ende der Rechnung weggelassen. [Die Zeit ist die an den Beobachtungsorten.]

Obgleich die Differenzen an sich nicht viel grösser sind, als gewöhnlich Beobachtungs-Fehler bei Cometen wol sein können, so zeigt sich doch in ihrem Gange eine unverkennbare Regelmässigkeit, die ein Beweis für die Güte der Thulis'schen Beobachtungen zu sein scheint. In der That schimmerte nach meiner eigenen Erfahrung vom 8. December der Kern so bestimmt durch, dass sich dieser Comet mit ziemlicher Schärfe hat müssen beobachten lassen, und es ist sehr zu bedauern, dass nicht mehrere Meridian-Beobachtungen bekannt sind, als die Greenwicher vom 8. December (aus den Zeitungen) und die Marseiller vom 9ten. Aus dieser Regelmässigkeit liess sich voraus sehen, dass man durch eine ohne die parabolische Hypothese bestimmte Bahn, sie mochte nun eine Ellipse oder eine Hyperbel werden, wenigstens eine bedeutend grössere Übereinstimmung mit den Beobachtungen würde erreichen können. Ich habe daher diese Arbeit um so lieber übernommen, da ich gerade um diese Zeit mit einigen wichtigen Abänderungen und Zusätzen zu meiner Methode beschäftigt war, wovon ich eine practische Anwendung zu haben wünschte, zumal da eben *dieses* Beispiel etwas Eigenthümliches hat, was bei den Asteroiden Ceres, Pallas und Juno, nicht vorkommen kann, und worüber hier nicht der Ort ist, mich weitläuftiger zu erklären.

Das Resultat dieser Arbeit ist wirklich von mehr als einer Seite merkwürdig genug. Ich erhielt nämlich folgende *elliptische* Bahn:

Durchgang durch das Perihelium		Tägliche mittlere Bewegung	748″383
den 2. Januar 1806 Seeb. Zeit . .	11ᵘ 8ᵐ 45ˢ	Umlaufszeit	1731 Tage 17 St.
Länge des Periheliums	109° 30′ 2″3	Excentricität	0.6769242
Länge des aufsteigend. Knotens . .	251 28 22.5	Grösste Distanz von der Sonne	4.732625
Neigung der Bahn	12 43 10.0	Kleinste — —	0.911786
Logarithm. d. halben grossen Axe . .	0.4505887	Logarithmus der kleinsten Distanz . . .	9.9598931

Diese Elemente stimmen mit den Beobachtungen folgendermaassen:

1805	Berechnete gerade Aufsteigung	Berechnete Abweichung	Unterschied in der ger. Aufsteig. R—B	Abweichung R—B	Beobachter
Nov. 15	14° 35′ 45″	39° 17′ 56″ N.	+ 15″	— 19″	Mr. Thulis
16	14 14 20	38 56 6	+ 15	— 1	— —
19	12 55 23	37 34 5	+ 7	+ 45	— —
20	12 27 59	36 59 24	— 47	— 49	— —
21	11 55 59	36 15 58	+ 7	— 38	— —
23	10 59 33	34 46 25	— 42	+ 22	— —
29	7 22 34	26 47 40	— 33	— 8	— —
Dec. 2	4 47 28	18 58 28	+ 20	— 42	Dr. Olbers
2	4 34 22	18 20 44	+ 6	+ 13	Mr. Thulis
3	3 38 51	15 5 11	— 15	— 1′ 46	Dr. Olbers
3	1 35 50	14 55 37	+ 8	0	Mr. Thulis
4	2 15 55	10 7 4 N.	+ 1′ 31	— 37	— —
6	358 39 13	3 38 58 S.	+ 13	+ 14	— —
7	356 9 28	13 4 43	+ 7	+ 29	— —
8	353 21 10	22 56 53	— 30	+ 3 13	Dr. Olbers
8	353 9 12	23 35 19	— 3	+ 2 57	— —
8	353 8 10	23 36 16	+ 30	— 8	Dr. Gauss
8	353 6 55	23 41 36	+ 1	+ 22	Dr. Maskelyne
8	353 4 18	23 48 8	+ 33	+ 1	Mr. Thulis
8	352 57 46	24 7 18	— 11	. .	Dr. Gauss
9	349 2 56	35 25 21	— 4	. .	Mr. Thulis

Bei der Vergleichung dieser Differenzen mit den obigen in der Parabel gefundenen zeigt sich auf den ersten Blick, dass die Ellipse um *sehr vieles* besser harmonirt. Unter Thulis Beobachtungen findet sich lediglich nur die gerade Aufsteigung vom 4. December, wo die Differenz über 50″ geht, und an diesem Tage war ein Stern gebraucht, den ich aus der Conn. des tems, An. XIII, genommen habe, von dem ich aber in der Hist. cél. keine Beobachtungen finden konnte. Vielleicht bedarf dieser einer Berichtigung. Dr. Olbers hatte selbst seine Declination vom 3. December als sehr zweifelhaft angegeben, und am 8. December konnte man die Rechnung mit Dr. Olbers Declinationen nicht in Übereinstimmung bringen, ohne sich von der Greenwicher Meridian-Beobachtung, womit auch Thulis und ich bis auf Kleinigkeiten harmoniren, um 3 Minuten zu entfernen. Auch die Declination am 9. December stimmt, wenn man sie durch Refraction auf scheinbare bringt, mit Thulis Schätzung besser in der Ellipse, als in der Parabel.

Hieraus lassen sich nun folgende Folgerungen ziehen:

Die Beobachtungen des Cometen lassen sich durch alle Ellipsen, die von der obigen den Übergang zur Parabel machen, oder deutlicher, sie lassen sich in der Ellipse mit *jeder* mittlern Entfernung, die nur grösser als 2.82 ist, immer noch besser darstellen, als in irgend einer Parabel, wiewol successive immer weniger gut, so wie sie sich mehr von obiger Ellipse entfernt. Auch auf der andern Seite wird man mit einer noch kleinern mittlern Entfernung als 2.82 bis auf eine gewisse Gränze die Beobachtungen noch besser darstellen können, als in der Parabel, da die Differenzen zu beiden Seiten des Minimum nur nach und nach anwachsen. Ich habe zwar hierüber keine Rechnung angestellt, glaube aber doch, dass selbst die mittlere Distanz 2.0 oder eine Umlaufszeit von weniger als drei Jahren sich noch eben so gut mit allen Beobachtungen vertrage, als die Parabel.

Ich habe schon öfters gedacht und geäussert, dass unter den hundert bisher berechneten Cometen, wo man immer ohne weiteres die parabolische Hypothese anwendet, und schon zufrieden ist, wenn sich diese mit den Beobachtungen verträgt, bei weitem der grössere Theil wol von der Art sein möchte, dass sich aus den Beobachtungen allein noch nicht einmal gewiss beweisen liesse, dass ihre Bahn der Parabel sehr nahe kommen müsste. Es wäre daher zu wünschen, dass man bei jedem berechneten Cometen eine Idee davon hätte, wie weit die Schranken von einander liegen, innerhalb deren die Bahn liegen muss, wenn die Rechnung sich nicht zu sehr von der Beobachtung entfernen soll. In dieser Rücksicht ist meiner Meinung nach unser Comet, der in 24 Tagen eine geocentrische Bewegung von beinahe 80 Graden gezeigt hat, ein sehr merkwürdiges Beispiel, wie sehr wir über die wahren Dimensionen der Bahn in Ungewissheit bleiben. Indessen gestehe ich gern, dass wenn der Comet noch bis in den Januar hinein gut beobachtet worden wäre (was in der südlichen Hemisphäre sehr gut hätte geschehen können), sich schon etwas ziemlich Entschiedenes über seine wahre Bahn müsste sagen lassen. Es würde mir in dieser Hinsicht schon willkommen sein, wenn Sie mir Thulis Original-Beobachtungen vom 10. und 12. November verschaffen könnten, so wie, früh oder spät, eine genaue Bestimmung der am 11. November verglichenen Sterne. Eine um fünf Tage verlängerte Dauer der Beobachtung hat hier schon einigen Werth.

Bei aller dieser Ungewissheit schien doch die um so vieles bessere Übereinstimmung der obigen Ellipse es einigermaassen wahrscheinlich zu machen, dass sich dieser Comet wirklich in einer Ellipse von einer nicht gar zu grossen Umlaufszeit bewege. Hiezu kam noch die Ähnlichkeit mit dem Cometen vom Jahre 1772. Bessel hatte zwar durch seine Rechnungen gefunden, dass, wenn man jeden dieser Cometen in einer Ellipse von 33 Jahren Umlaufszeit darstelle, die übrigen Elemente doch eben keine grössere Übereinstimmung zeigen, als bei den Parabeln Statt gefunden hatte. Indessen blieb es nach obiger Untersuchung immer noch möglich, dass ein und derselbe Comet in diesen 33 Jahren vielleicht zwei, drei

oder mehrere Umläufe gemacht hätte. Die Lichtschwäche dieses im vorigen Jahre nur durch seine grosse
Nähe so augenfällig gewordenen Cometen würde es leicht erklären, dass er bei den übrigen Durchgängen durch's Perihelium, die vielleicht unter ungünstigen Umständen geschahen, nicht bemerkt wurde.
Allein meine hierüber angestellten Rechnungen ergeben, dass auch dieses nicht angehen wird. Ich finde
nemlich, dass man den Beobachtungen der zwei Cometen zugleich einerlei kleinsten und grössten Abstand von der Sonne nicht anpassen kann, ohne bei den übrigen Elementen (als Länge der Sonnennähe,
Neigung der Bahn und Länge des Knotens) eine zu bedeutende Differenz zu erhalten.

Hier ist das Tableau von zweierlei Elementen des Cometen von 1772; erstens in einer Parabel,
wo ich den kleinsten Abstand so gross genommen hatte, als er in meinen (frühern) parabolischen Elementen des vorjährigen Cometen war; zweitens in einer Ellipse von derselben kleinsten und grössten
Distanz, wie in der obigen. Die respective Vergleichung dieser Elemente mit denen für den vorjährigen
Cometen zeigt, dass man bei dem Cometen von 1772, unter der Voraussetzung, dass die grösste und
kleinste Entfernung dieselbe wie bei dem von 1805 sei, immer die Länge der Sonnennähe ansehnlich
kleiner, die Länge des Knotens ansehnlich grösser, und auch die Neigung 4° bis 5° grösser findet, als
bei letzterem.

	Elemente des Cometen vom Jahre 1772.	
	parabolische	elliptische
Durchgang durch das Perihelium	d. 9. Febr. 1772. 5^u	d. 8. Febr. 1772. 1^u
Länge des Periheliums	90° 17′	97° 21′
Länge des aufsteigenden Knotens	261 9	263 24
Neigung der Bahn	20 28	17 39
kleinster Abstand	0.8918	0.9118
grösster Abstand	∞	4.7326

Diese Elemente gründen sich nur auf die beiden äussern MESSIER'schen Beobachtungen (zwei Beobachtungen sind immer hinreichend, wenn zwei Stücke der Elemente als gegeben angesehen werden);
und dann ergab sich bei der mittlern Beobachtung eine Differenz von 6 Minuten bei der Parabel, und
von 3 Min. bei der Ellipse in der Länge; die Breite stimmte bei beiden gut. Durch Vertheilung würden
sich indess diese Differenzen etwa auf die Hälfte reduciren lassen, ohne dass dadurch die Elemente selbst
stark geändert werden könnten.

Dessen ungeachtet will ich jetzt noch nicht über die Möglichkeit der Identität der beiden Cometen absprechen. Die bisherigen Untersuchungen zeigen allerdings, dass sich beider Bewegungen nicht
befriedigend durch einerlei Bahn darstellen lassen; allein noch bleibt die Möglichkeit übrig, dass sich
die Elemente durch eine fremdartige Störung ansehnlich geändert haben. Zwar findet sich, wenn man
dem Cometen von 1772 eine Umlaufszeit von 33 Jahren gibt, so dass er 1805 wieder in's Perihelium
kommen musste, nicht, dass er einem Hauptplaneten nahe gekommen wäre; allein noch bleibt die Möglichkeit übrig, dass sowohl der Ellipse, aus deren Perihelium er 1772 ging, als der, in deren Perihelium er
1805 ankam, ganz verschiedene Umlaufszeiten zugehören, und dass er irgend einmal in der Zwischenzeit
einem Hauptplaneten so nahe gekommen ist, dass dieser die erste Ellipse in die zweite verwandeln konnte,
es sei nun, dass er in dieser Zeit einen oder mehrere Umläufe gemacht hat. Es bleibt also noch die
freilich etwas weitläuftige Untersuchung übrig, ob unter allen den elliptischen Bahnen, wodurch sich die
Bewegungen der beiden Cometen darstellen lassen (und die, wie wir bestimmt wissen, in so weite Gränzen
eingeschlossen sind), sich nicht zwei von der Art finden, dass jeder Comet durch die seinige für irgend
einen Tag zwischen 1772 und 1805 einen und denselben Ort erhalten, bei welchem sich an eben dem Tage
ein Hauptplanet sehr nahe befand. In einem solchen Falle musste dieser Hauptplanet einen starken Ein-

fluss auf die Elemente haben, der aber sehr verschieden ausfallen musste, je nachdem die relative Bewegung so oder anders war; woraus eine, wie auch immer beschaffene Änderung der Elemente leicht erklärlich gemacht werden könnte. Hierüber denke ich künftig noch Untersuchungen anzustellen. — — —

ZWEITER COMET VOM JAHR 1805.

Monatliche Correspondenz. Band XIV. S. 181—186. 1806 August.

GAUSS AN VON ZACH.

Braunschweig, den 8. Juli 1806.

— — — Über den Cometen von 1805 habe ich nach dem, was ich Ihnen bereits geschrieben habe, nichts weiter gearbeitet, als die Vergleichung der mir gütigst mitgetheilten BOUVARD'schen Beobachtungen mit meinen Elementen, sowol den parabolischen (M. C. Juli-Heft 1806. S. 77) [d. B. S. 271] als den elliptischen (ebendas. S. 79) [d. B. S. 272]. Diese Vergleichung steht so: [Differenz ist R—B.]

Zeit d. Beobacht. Paris 1805.	In d. Parabel berechnete Länge	In d. Parabel berechnete Breite	Differenz in der Länge	Differenz in der Breite	In d. Ellipse berechnete Länge	In d. Ellipse berechnete Breite	Differenz in der Länge	Differenz in der Breite
Nov. 16. 45203	29° 21′ 30″	30° 2′ 32″	— 2′ 7″	— 8″	29° 22′ 48″	30° 1′ 18″	— 0′ 49″	— 1′ 22″
17. 36386	28 51 5	29 49 40	— 0 18	+ 48	28 51 55	29 48 47	+ 0 32	— 0 4
18. 39927	28 14 28	29 32 42	+ 0 10	— 2	28 14 43	29 32 8	+ 0 25	— 0 36
23. 32241	24 41 33	27 25 5	+ 0 29	— 30	24 39 54	27 25 31	— 1 10	— 0 4
30. 51095	15 43 40	19 25 32	+ 4 0	+ 4	15 42 3	19 26 26	+ 2 23	+ 0 58
Dec. 5. 29581	2 7 19	3 20 5	+ 0 8	— 40	2 7 20	3 21 26	+ 0 9	+ 0 40

Diese Vergleichung zeigt, dass die Ellipse mit diesen Beobachtungen nicht ganz so gut stimmt, wie mit den Marseiller Beobachtungen; allein es scheint zugleich zu erhellen, 1) dass letztere Beobachtungen besser sind, und 2) dass auch bei erstern die Parabel grössere Differenzen gibt, als die Ellipse. Doch muss ich hiebei noch bemerken, dass die Differenzen, die hier bei der Ellipse angesetzt sind, eigentlich nicht die wahren sind, sondern noch ansehnlicher Veränderungen bedürfen. Die *berechneten* Längen und Breiten sind hier nemlich nicht mit Parallaxe und Aberration behaftet, und diejenigen, womit ich sie verglichen habe, sind die beobachteten, nachdem sie von Parallaxe und Aberration befreit sind (so wie Sie mir solche mitgetheilt haben). Diese Reduction, die schon gemacht war, hängt aber von den Abständen des Cometen von der Erde ab, und zwar steht die Reduction, die von der Parallaxe abhängt, in umgekehrtem, hingegen die, welche von der Aberration abhängt, in geradem Verhältnisse des Abstandes. Nun aber fallen die Abstände in der Parabel und Ellipse sehr verschieden aus; so ist z. B.

Abstand in der Parabel: Nov. 16 = 0.2489, Nov. 23 = 0.1761, Dec. 5 = 0.0638
in der Ellipse: = 0.1794 = 0.1269 = 0.0460

Die Reduction der Parallaxe, die hier vorzüglich beträchtlich ist, fällt also in der Ellipse ungefähr in dem Verhältnisse von 7:5 grösser aus, als in der Parabel, hingegen die wegen der Aberration in demselben Verhältnisse kleiner. Da nun in den Beobachtungen diese beiden Reductionen nicht einzeln angegeben sind, sondern sich aus den Angaben nur ihre Summe abnehmen lässt, und zwar auch nur bei den vier letzten, so müsste man die Reductionen für die Ellipse von neuem berechnen, welche Mühe ich mir nicht gegeben habe. Die Reductionen in der Parabel hingegen werden eben so ausfallen, wie Legendre sie angenommen hat, da meine parabolischen Elemente so wenig von den seinigen abweichen. So viel kann man indessen durch blosse Schätzung schon übersehen, dass die Beobachtung vom 5. December, die einzige, welche eine Meridian-Beobachtung zu sein scheint, durch die genauere Reduction noch viel besser mit den elliptischen Elementen harmoniren würde. Sollte ich noch Bouvard's Original-Rectascensionen und Declinationen zu Gesichte bekommen, so werde ich diese noch auf dieselbe Art, wie ich es bei den Thulis'schen gethan habe, mit meinen Elementen vergleichen. Vor der Hand habe ich diese Rechnungen bei Seite gelegt, da sich doch nichts entschiedeneres über den Cometen wird sagen lassen, so lange nicht Beobachtungen bekannt werden, die den Zeitraum noch erweitern.

Legendre's Werk, das Sie bei dieser Gelegenheit erwähnen, habe ich noch nicht gesehen. Ich hatte mit Fleiss mir deswegen keine Mühe gegeben, um bei der Arbeit an meiner Methode ganz in der Kette meiner eigenen Ideen zu bleiben. Durch ein paar Worte, die de la Lande in der letztern *Histoire de l'Astronomie*, 1805, fallen lässt, *méthode des moindres quarrés*, gerathe ich auf die Vermuthung, dass ein Grundsatz, dessen ich mich schon seit zwölf Jahren bei mancherlei Rechnungen bedient habe, und den ich auch in meinem Werke mit gebrauchen werde, ob er wol zu meiner Methode eben nicht wesentlich gehört, — dass dieser Grundsatz auch von Legendre benutzt ist. Übrigens können eben nicht viele Berührungspunkte vorkommen, da unsere Arbeiten sehr verschiedene Gegenstände haben, denn die Bestimmung einer Cometenbahn, wo man eine Parabel voraussetzt, und die Bestimmung einer Planetenbahn, wo man von aller Hypothese abstrahiren soll, erfordern eine ganz verschiedene Behandlung. Letzterm Probleme ist aber mein Werk *eigentlich* gewidmet, obgleich vieles auch über das erstere mit vorkommen wird, was mir eigenthümlich ist.

Es ist mir übrigens überaus lieb, dass ich nicht schon 1802 meine Methode, wie ich die Ceres- und Pallas-Bahn berechnet hatte, bekannt gemacht habe, so viele Aufforderungen auch deshalb an mich gelangten. Denn seitdem habe ich noch immer an der Vervollkommnung der Methode selbst gearbeitet, besonders in dem vorigen Winter, und ihre jetzige Gestalt sieht ihrer ersten fast gar nicht mehr ähnlich. Um hievon eine Probe zu geben, will ich nur *eines* Umstandes erwähnen. Da das Problem so sehr verwickelt ist, so ist es der Natur der Sache nach nicht anders möglich, als dass bei der allerersten Annäherung einige Voraussetzungen gemacht werden müssen, die nur näherungsweise richtig sind (wie z. B. bei Dr. Olbers' Methode die ist, dass die Chorden bei der Erde und dem Cometen durch die mittleren radii vectores im Verhältnisse der Zwischenzeiten geschnitten werden). Voraussetzungen von dieser Art liegen also auch nach meiner Methode bei der ersten Annäherung zum Grunde, und zwar solche, die desto weniger von der Wahrheit abweichen, je kleiner die Zwischenzeiten sind. Man darf also die Beobachtungen, auf die man die erste Annäherung gründet, nicht gar zu weit von einander entfernt annehmen, weil man sonst vermöge der näherungsweise wahren Voraussetzung bei der ersten Rechnung gar zu weit von der Wahrheit zurückbleiben, und daher zu viele und beschwerliche Wiederholungen der Verbesserungs-Methoden machen müsste. Doch konnte ich, wie meine Methode 1802 war, bei der Pallas sogleich Beobachtungen anwenden, die 27 Tage auseinander waren; viel weiter hätte ich indess doch nicht gehen mögen. Dagegen ist jetzt meine Methode so beschaffen, dass ich neulich, als ich die mir von Ihnen gütigst mitgetheilten Beobachtungen Oriani's von 1805 zu einem für mein Werk bestimmten *Exempel* benutzen wollte, und also dieselben so behandeln musste, als wenn ich von der Pallas-Bahn noch gar nichts wüsste, sogleich und zwar mit dem allerglücklichsten Erfolge die äussersten 71 Tage von einander entfernten Beobachtungen zum Grunde legen konnte, und es leidet gar keinen Zweifel, dass ich darin noch beträchtlich weiter hätte gehen können.

GAUSS AN VON ZACH.

Monatliche Correspondenz. Band XIV. S. 187—192. 1806 August.

Braunschweig, den 8. Juli 1806.

— — — Mit Hülfe der mir gütigst überschickten Mailänder Beobachtungen des Planeten *Pallas* (M. C. Juli-Heft 1806. S. 90) habe ich neue Elemente (IX.) dieser Planeten-Bahn berechnet, die sich an die ORIANI'schen Beobachtungen möglichst genau anschliessen, und aus diesen die Opposition hergeleitet, was mit den zu stark abweichenden VIII. Elementen nicht so gut hätte geschehen können; nemlich:

$$1805. \text{ Novbr. } 29. \quad 11^u \ 18^m \ 17^s \text{ M. Z. in Seeberg.}$$
$$\text{Länge: } \quad 67^\circ \ 20' \ 42''9$$
$$\text{südl. geoc. Breite: } \quad 54 \ \ 30 \ \ 54.9$$

Zum Behuf einer Ephemeride für die nächste Erscheinung der *Pallas* habe ich nun auf die drei Oppositionen von 1803, 1804, 1805 und die Beobachtungen von 1802 meine neuen Elemente gegründet. Es zeigte sich hiebei, dass diese verschiedenen Örter sich nicht mehr ganz genau durch eine reine Ellipse darstellen liessen, was ohne Zweifel Folge der noch vernachlässigten Störungen ist, doch äussert sich diese Discordanz immer noch als eine Kleinigkeit, die kaum eine Minute übersteigen mag. Namentlich folgt aus den Beobachtungen von 1803 die Neigung der Bahn 44'' grösser, und aus denen von 1805 um so viel kleiner, als das bei den folgenden Elementen angesetzte Mittel, und der Knoten erscheint nach den Beobachtungen von 1802 etwa 45'' weiter zurück, und nach denen von 1804 nur eben so viel weiter vorwärts, als in dem angesetzten Mittel. Hier sind die neuen Elemente (IX.), wonach die folgende Ephemeride berechnet worden ist:

Epoche im Meridian von Seeberg

1802.	143° 24' 1''1	tägliche mittlere tropische Bewegung . . .	770''7816
1803.	221 32 56.4	Länge der Sonnenferne 1805	301° 11' 31''1
1804.	299 54 42.5	Länge des aufsteigenden Knotens 1805 .	172 30 5.8
1805.	18 3 37.8	Excentricität	0.2453840
1806.	96 12 33.2	Logarithm der mittlern Entfernung . . .	0.4421021
1807.	174 21 18.5	Neigung der Bahn	34° 37' 8''1

Die nächste Opposition würde nach diesen Elementen 1807 den 4. Mai um 21 Uhr in 223° 53' Länge, und 42° 18' nördl. geoc. Breite eintreten. Die Zeit wird lehren, in wie fern diese Rechnung zutreffen wird. Meine Ephemeride habe ich sogleich an Hrn. Prof. HARDING geschickt, er wird darnach eine Karte zeichnen, und ich hoffe, Sie werden uns bald durch die M. C. mit derselben beschenken.

Meine nächste Arbeit wird nun die *Juno* betreffen; viel wird an meinen V. Elementen nicht zu verbessern sein. Ich habe auch diese Rechnung bereits angefangen. Hier ist vorläufig meine Vergleichung der V. Elemente mit den drei letztern von Hrn. Bessel im Mai angestellten Beobachtungen:

Mittlere Zeit in Lilienthal	Berechnete		Unterschied in der	
	gerade Aufsteigung	nördliche Abweichung	geraden Aufsteigung	Abweichung
1806. Mai 17. 11ᵘ 47ᵐ 59ˢ	165° 4′ 11″	9° 30′ 36″	+ 0′ 51″	+ 38″
19. 11 1 38	165 16 34	9 29 23	+ 0 33	— 4
23. 11 31 2	165 44 57	9 25 13	+ 1 11	0
		Mittel	+ 52″	+ 11″

Sobald ich die Elemente der *Juno* verbessert habe, werde ich sogleich auch für diese eine Ephemeride berechnen und sie Ihnen und Hrn. Prof. Harding mittheilen. Zuletzt werde ich dieselbe Arbeit noch für die *Ceres* vornehmen, da ich hoffe, dass bis dahin noch mehrere Beobachtungen um die Zeit der Opposition bekannt werden, als bis jetzt da sind. [Der geocentrische Lauf der Pallas nach den IX. Elementen ist vom 7. Dec. 1806 bis 21. Sept. 1807 mit drei Tagen Zwischenräumen für 12 U. Mitternacht in Seeberg angegeben, die gerade Aufsteigung und Abweichung in Minuten der Abstand von der Erde in drei, die Lichtstärke in vier Decimalstellen.]

GAUSS AN BODE.

Astronomisches Jahrbuch für 1809. S. 215—219. Berlin 1806.

Braunschweig, den 30. Juli 1806.

In meinem letzten Briefe habe ich Ew. — das Versprechen gegeben, Ihnen die Resultate meiner neuesten Rechnungen über die neuen Planeten mitzutheilen, sobald ich damit fertig sein würde; ich eile jetzt dasselbe zu erfüllen.

Meine im Februar d. J. gemachten Beobachtungen der Pallas habe ich Ihnen bereits angezeigt (S. Seite 137 [S. 267 d. B.]). Zu der letzten Verbesserung der Elemente habe ich mich indess nur der zu Mailand gemachten Beobachtungen bedient, die nun auch im Juli-Heft der M. C. abgedruckt sind. Dies sind demnach meine neuesten elliptischen Elemente der Pallas.

Elemente der Pallas. (IX.)

Epochen der Länge, Meridian von Seeberg.

1802.	143° 24′ 1″1	tägliche mittlere Bewegung	770″7816
1803.	221 32 56.4	Sonnenferne 1806	301° 12′ 21″
1804.	299 54 42.5	aufsteigender Knoten 1806	172 30 56
1805.	18 3 37.8	Neigung der Bahn	34 37 8
1806.	96 12 33.2	Excentricität	0.245384
1807.	174 21 28.5	Logarithm der halben Axe	0.4421021

Nach diesen Elementen habe ich den Lauf der Pallas für ihre nächste Erscheinung berechnet, welche Ephemeride ich hier beizufügen die Ehre habe. Prof. Harding hat abermals eine Karte dazu verfertigt, die Hr. v. Zach für die M. C. stechen lassen wird. Von Prof. Harding's Atlas, der für die Beobachtung der Asteroiden so sehr nothwendig ist, werden nächstens schon ein paar Blätter erscheinen.

Auch von der Juno habe ich Ihnen die hier gemachten Beobachtungen bereits mitgetheilt (S. Seite 137 [S. 267 d. B.]); so viel ich bis jetzt sehe, waren es die ersten in diesem Jahre. Auch hier habe ich zur Verbesserung der Elemente die Oriani'schen Beobachtungen, die im Juli-Hefte der M. C. abgedruckt sind, hauptsächlich gebraucht.

VI. *Elemente der Juno.*

Epochen der mittlern Länge. Meridian von Seeberg.

1805. 42° 35′ 7″3. 1806. 125° 11′ 20″1. 1807. 207° 47′ 33″0

Länge der Sonnenferne 1806 . . . 233° 17′ 1″	tägliche mittl. tropische Bewegung . 814″720
Länge des aufsteigenden Knotens 1806 171 4 57	Excentricität 0.2549441
Neigung der Bahn . . . . 13 3 28″4	Logarithm der halben Axe 0.4260480

Die nach diesen Elementen berechnete Ephemeride habe ich auch schon Hrn. Prof. Harding mitgetheilt, um danach die Karte zu zeichnen: Sie erhalten hiebei eine Abschrift davon. Es wird im nächsten Jahre aber äusserst schwer halten, die Juno zu beobachten: schon in diesem Jahre war sie äusserst lichtschwach, und im nächsten wird sie nicht einmal halb so hell erscheinen als in diesem *). [Der Lauf der Juno vom 7. Dec. 1806 bis 21. Sept. 1807 ist mit dreitägigen Zwischenräumen für 12 Uhr Seeberg bis auf Minuten der Geraden Aufsteigung und der Abweichung genau angegeben.] Die ☍ der ☿ trifft hienach ein 1807 den 4. Mai um 21 Uhr im 223° 53′ Länge und 42° 18′ nördl. Breite.

Über die Ceres habe ich dieses Jahr noch keine weitere Rechnungen angestellt; es fehlt mir noch an guten Beobachtungen in der Nähe der Opposition. Da die ☽ eine so günstige Lage hatte, so zweifele ich nicht, dass diese ☍ an mehreren Orten gut beobachtet sein wird. Sollten Sie im Besitz von dergleichen Beobachtungen sein, so erzeigen Sie mir eine Gefälligkeit, wenn Sie mir dieselben *bald* mittheilen. Gern werde ich Ihnen dann auch die Resultate davon zuschicken **).

*) Die Juno erreicht am Ende des Aprils 1807 ihre Sonnenferne.
**) Ich theilte hierauf Hrn. Dr. Gauss meine Beobachtungen der Ceres am M. Q. vom 10. und 12. Jan. mit, so wie noch einige von Hrn. Dr. Koch in Danzig angestellten, die nachher folgen. Bode.

GAUSS AN VON ZACH.

Monatliche Correspondenz. Band XIV. S. 377—382. 1806. October.

Braunschweig, den 25. August 1806.

— — — Beigehend erhalten Sie die Ephemeride für die Juno. Sie ist zwar schon seit einiger Zeit fertig gewesen, allein immer hoffte ich, dass ich zugleich auch die für die *Ceres* würde mit beifügen können, von der ich aber immer noch keine ganz zuverlässigen Beobachtungen aus der Nähe der Opposition habe. — Sollte ich nicht bald gute Beobachtungen derselben erhalten, so werde ich doch einstweilen die Verbesserung der Elemente mit den Beobachtungen von Pasquich, die nach seinem eignen Urtheil nicht sehr zuverlässig sind, machen müssen. Harding's und ein paar mir von Bode mitgetheilte Beobachtungen liegen schon etwas weiter von der Opposition ab. Sollte dieselbe nicht auch in Mailand beobachtet sein?

Die Elemente, wonach die Ephemeride der *Juno* berechnet ist, sind folgende:

VI. *Elemente der Juno.*

Epoche der Länge im Meridian	1805.	42° 35′ 7″3	Länge des aufsteigenden Knotens 1806	171° 4′ 57″4
von Seeberg	1806.	125 11 20.1	Excentricität	0.254944
	1807.	207 47 33.0	Logarithm der halben Axe	0.4260480
tägliche mittlere tropische Bewegung		814″7201	Neigung der Bahn	13° 3′ 28″4
Länge der Sonnenferne 1806 . . .		233° 17′ 1″		

Prof. Harding schreibt mir, dass er beide Karten schon grösstentheils vollendet habe, eine Unpässlichkeit verzögere nur noch die Vergleichung mit dem Himmel selbst. Er hofft sie Ihnen bald zuschicken zu können.

Die Lichtstärke der *Juno* im nächsten Jahre habe ich in meiner Ephemeride nicht mit angeführt, weil ich sie diesmal nach einer neuen ganz vorzüglich bequemen Methode berechnet habe, bei der aber der Abstand des Planeten von der Sonne in der Rechnung gar nicht vorkommt. Zur Übersicht setze ich aber doch drei berechnete Grössen für die Lichtstärke her, woraus erhellt, wie ausserordentlich schwer die Beobachtung der Juno im nächsten Jahre sein wird:

1807 Januar 12 . . 0.00661,   Mai 18 . . 0.01600,   Septbr. 21 . . 0.00709

In diesem Jahre war im März die grösste Lichtstärke doch noch 0.03983 (M. C. XI. B. S. 478. [S. 265 d. B.]), also 1807, wenn sie am grössten ist, nicht einmal halb so gross. — Die Abkürzung der Rechnung bei der eben gedachten neuen Methode ist so gross, dass ich auf eine gewöhnliche Octavseite 15 vollständige Rechnungen bringe, wenn die Sonnen-Örter als schon gegeben angesehen werden.

[Der geocentrische Lauf der Juno von 1807 Jan. 12 bis Sept. 21 ist mit dreitägigen Zwischenräumen für 12 U. Mitternacht in Seeberg dargestellt, die Gerade Aufsteigung und Abweichung bis auf Minuten, der Abstand von der Erde bis auf drei Decimalen genau.]

GAUSS AN VON ZACH.

Monatliche Correspondenz. Band XV. S. 152—157. 1807 Februar.

Braunschweig, den 3. Januar 1807.

— — — Ich habe die Ehre, Ihnen hier die Ephemeride für den Lauf der *Ceres* einzusenden die Elemente zur Berechnung derselben hatte ich aus Ermangelung anderer*) nur auf Herrn Professor

---

*) Die auf der Mailänder Sternwarte angestellte und von Herrn Oriani uns gütigst überschickte Beobachtung der Opposition dieses Planeten, welche wir hier zunächst folgen lassen, war zu jener Zeit,

Pasquich's Beobachtung der letzten Opposition (M. C. XIII. B. S. 192; XIV. B. S. 92.) gründen können, und muss mir also ihre fernere Verbesserung bis zum Empfang zuverlässigerer vorbehalten. Es waren folgende:

XI. *Elemente.*

Epoche der Länge im Meridian von		Mittlere jährliche tropische Bewegung 78° 9′ 23″3
Seeberg 1806 . . . . 108° 19′ 34″7		Mittlere tägliche tropische Bewegung . 770″8584
Länge der Sonnenferne 1806 . . . 326 37 59		Excentricität 0.0783486
Länge des aufsteigenden Knotens 1806 80 53 23		Logar. der halben Achse 0.4420728
Neigung der Bahn 10 37 33.7		

Mein Werkchen über die Bestimmung der Planeten-Bahnen u. s. w., dem ich den grössten Theil meiner Zeit gewidmet habe, naht sich seiner Vollendung; ich habe bisher 22 Bogen Manuscript ausgearbeitet und bin eben jetzt beschäftigt, die ausführlichen Beispiele einzutragen. Eins ist von der *Juno* hergenommen, wo die Zwischenzeit 22 Tage ist; bei dem zweiten von der *Pallas* ist sie 71 Tage; das dritte von der *Ceres*, wo sie 118 Tage war, habe ich wieder cassirt, um durch ein anderes, wo sie 260 Tage beträgt, die grosse Allgemeinheit der Methode noch besser in's Licht zu setzen. In allen diesen Beispielen lässt sie sich unmittelbar so anwenden, dass noch gar nichts von der Bahn als bekannt angesehen wird. Das Ganze wird etwa 30 Bogen im Druck betragen. Bei den jetzigen Zeitumständen, fürchte ich, wird es vielleicht in Deutschland einige Mühe kosten, einen soliden Verleger zu finden. — — — [Der geocentrische Lauf der Ceres vom 19. Dec. 1806 bis 21. Sept. 1807 ist ebenso wie ich oben Seite 278 d. B. für die Pallas angedeutet habe, dargestellt, nur ist die Lichtstärke bis auf fünf statt dort auf vier Delimalen genau bestimmt.]

GAUSS AN VON ZACH.

Monatliche Correspondenz. Band XV. S. 377. 378. 1807 April.

Braunschweig, den 10. März 1807.

Hiebei habe ich die Ehre, Ihnen meine ersten Beobachtungen der *Pallas* in diesem Jahre zu übersenden. Das schlechte Wetter hat bisher die Fortsetzung gehindert.

1807	Mittl. Zeit	Scheinb. gerade Aufsteigung ☿	Scheinb. nörd-liche Abw. ☿
Februar 28	11ᵘ 55ᵐ 42ˢ	236° 48′ 6″	8° 10′ 15″
März 3	12 55 25	237 15 5	8 54 19
— 5	12 22 2	237 30 41	9 24 52

Die beiden ersten Beobachtungen sind weniger zuverlässig, besonders in Ansehung der Declinationen; hingegen ist die dritte unter günstigern Umständen gemachte, so genau, als es meine Hülfs-

---

als sich Hr. Dr. Gauss mit Berechnung der neuen Elemente beschäftigte, wegen des durch die Kriegsumstände verursachten unordentlichen Postenlaufs noch nicht angelangt. Der Brief, welcher sie enthielt, war beinahe sechs Wochen unterwegs. [von Zach.]

mittel zulassen. Zur Vergleichung dienten am fünften März zwei Sterne neunter Grösse aus der *Hist. cél.*, deren scheinbare Positionen angenommen wurden wie folgt

Gerade Aufsteig.	Nördl. Abweich.
237° 19′ 12″	9° 27′ 50″
237 31 13	9 28 8

Meine Ephemeride gibt hienach die Declinationen genau, die geraden Aufsteigungen 12 bis 13 Min. zu gross; letztere Differenz scheint noch im Zunehmen zu sein. Für die Mailänder Beobachtungen der *Ceres* von 1806 danke ich verbindlichst; ich habe dadurch nun auch diese Opposition in gewünschter Schärfe. Nur finde ich, dass die Declination am 4. Januar um 1 Min. zu klein ist und 29° 21′ 29″3 sein sollte (Februar-Heft 1807 S. 159). Dies ist kein Schreibfehler, denn auch die Breite ist zu klein, und Herr Carlini muss sich zufälligerweise auch bei der aus den Elementen berechneten Breite um 1 Min. geirrt haben. Machen Sie diesen geschickten Astronomen doch gelegentlich aufmerksam darauf. Mein letztes Resultat stimmt fast genau mit dem von Herrn Carlini berechneten überein. Ich finde die Opposition den 3. Jan. 1806, 12^u 20^m 12^s M. Z. in Mailand in 103° 1′ 9″4 wahrer Länge und 6° 28′ 32″4 geoc. nördl. Breite. Mit Benutzung dieses Resultats werde ich nun warten, bis auch die heurige Opposition beobachtet sein wird.

VESTA.

Monatliche Correspondenz. Band XV. S. 502—508. 1807 Mai.

— — —

„Sobald ich mit einiger Gewissheit glauben konnte", (schreibt uns Dr. Olbers unterm 22. April) „wirklich der erste Entdecker dieses neuen Planeten zu sein, bat ich unsern unvergleichlichen Gauss, „der sich so ausnehmende Verdienste um alle diese kleinen Planeten erworben hat, ihm Namen und „Zeichen zu bestimmen. Dr. Gauss hat meine Bitte erfüllt; 'Sie legen mir, antwortete er, die Ehre, bei „Ihrem Planeten Pathenstelle zu vertreten, so dringend an's Herz, dass ich mich derselben nicht entziehen kann, so wenig ich auch Anspruch darauf habe. Es sei also darum; ich weiss dem Planeten keinen schönern Namen zu geben, als den der Göttin, die die Völker der alten Zeit zur Schutzgöttin der „reinen Sitten, der makellosen Tugend und des häuslichen Glückes machten. Finden Sie also meine „Wahl nicht unschicklich: so heisse Ihr Töchterchen: *Vesta!*' Ich finde diesen Namen sehr glücklich „gewählt. Als Zeichen hat Herr Dr. Gauss die symbolische Vorstellung des auf dem Altare der Göttin „brennenden heiligen Feuers ⚶ bestimmt, und auch dies scheint mir in aller Absicht seinem Endzweck „zu entsprechen."

[von Zach.]

GAUSS AN BODE.

Astronomisches Jahrbuch für 1810. S. 210—214. Berlin 1807.

Braunschweig, den 8. Mai 1807.

Ew. — sage ich vielen Dank für die mir gütigst mitgetheilten Beobachtungen der Vesta. Ich würde Ihnen die Resultate, die ich schon vor 18 Tagen gefunden hatte, geschickt haben, wenn ich nicht anfangs Mistrauen in dieselben setzen, und hernach die Aussicht hätte haben müssen, sie bald verbessern zu können. Das letzte ist auch jetzt noch nicht thunlich, wie Sie aus dem folgenden sehen werden.

Beobachtet habe ich die Vesta nur zwei Abende; die Beobachtungen wurden mir bald durch den hohen Stand des Planeten erschwert, und ich konnte sie nachher um so eher aufgeben, da die Herren OLBERS und HARDING die Güte gehabt haben, mir immer posttäglich ihre Beobachtungen zuzuschicken. Hier sind meine beiden:

	Scheinbare	
	Ger. Aufst. ☌	Abweich. ☌
1807. April 6. 8^u 22^m 45^s M. Z.	182° 21′ 54″6	12° 28′ 0″9
8. 8 28 49	181 56 51.0	12 35 45.8

Am 20. April, als ich Dr. OLBERS Beobachtung vom 17., und somit ein Zeitintervall von 19 Tagen erhalten hatte, unternahm ich die erste Bestimmung der Bahn dieses neuen Planeten. Ich theilte auch bereits am 21. die gefundenen Elemente Hrn. Dr. OLBERS mit, konnte es aber bei der so kurzen Zwischenzeit, der beschränkten Genauigkeit der Beobachtungen, die grösstentheils nur am Kreismikrometer angestellt waren, und dem hier eintretenden der genauen Bestimmung nachtheiligen Umstande, dass die Neigung der Bahn nicht gross ist, noch nicht wagen, diese Resultate auch nur für Annäherungen mit Zuverlässigkeit auszugeben. Ich behielt mir daher vor, sie zu verbessern, sobald ich durch spätere Beobachtungen dazu in den Stand gesetzt würde. Allein die nachher erhaltenen Beobachtungen stimmten fortwährend mit den Elementen so genau überein, dass sich der Unterschied noch gar nicht ausmitteln liess, und da es also eigentlich eben so gut ist, als wenn die Elemente unmittelbar mit auf die späteren Beobachtungen gegründet waren, so glaube ich jetzt, dass man jene nun doch mit Zuversicht als erste Annäherung gelten lassen darf. Erst mit dem Ende des Aprils und dem Anfange dieses Monats hat die Differenz angefangen merklich zu werden, und man sieht nun wenigstens so viel, dass jetzt die berechneten Rectascensionen etwas zu gross, die Declinationen etwas zu klein sind, aber die eigentliche Grösse dieser Differenzen ist noch zu klein und wird durch die Beobachtungen noch zu schwankend angedeutet, als dass jetzt schon eine zweite Berechnung der Bahn mit Nutzen vorgenommen werden könnte. Sobald der Fehler etwas beträchtlicher geworden sein wird, soll dies geschehen. Hier also meine *Elemente* I. *der Vesta*. (Sie stehen schon oben S. 198 dieses Jahrbuches, BODE.) [Sie sind in diesem Bande auf S. 286 abgedruckt.]

Vergleichung mit sämmtlichen bis jetzt mir bekannt gewordenen Beobachtungen.

1807	Mittl. Zeit	Berechn. AR.	Differ.	Berechn. Decl.	Differ.	Beobachter
März 29	8ᵘ 21ᵐ 20ˢ	184° 8′ 54″4	— 1″4	. . .	. . .	Olbers
	10 31 16	184 7 40.2	— 10.6	11° 47′ 52″4	+ 5″4	Olbers
30	8 34 53	183 55 3.0	+ 6.2	. . .	. . .	Olbers
	8 44 8	183 54 57.7	+ 11.9	11 53 18.6	+ 7.6	Olbers
	12 33 17	183 52 44.2	+ 3.4	11 54 14.7	— 12.3	Olbers
April 1	9 50 0	183 27 3.7	+ 0.9	12 4 40.7	— 11.3	Olbers
	12 4 35	183 25 47.8	+ 23.6	12 5 9.6	— 22.1	Bessel
2	8 21 1	183 14 23.8	+ 6.0	12 9 34.7	— 12.3	Olbers
	11 38 13	183 12 33.7	+ 19.6	12 10 16.5	— 17.7	Bessel
3	8 16 49	183 1 3.6	+ 2.8	12 14 33.6	— 6.4	Olbers
4	9 9 43	182 47 20.9	+ 0.1	12 19 29.1	— 15.9	Olbers
5	11 17 3	182 33 10.7	— 0.2	12 24 21.5	+ 2.6	Harding
6	8 22 45	182 21 48.5	— 6.1	12 28 6.7	+ 5.6	Gauss
	11 12 15	182 20 21.6	— 12.2	12 28 34.2	+ 45	Harding
8	8 21 37	181 56 42.9	— 0.1	12 35 50.1	— 8.0	Olbers
	8 28 49	181 56 42.2	— 8.8	12 35 50.1	+ 4.3	Gauss
	11 2 43	181 55 22.5	+ 3.3	12 36 13.6	+ 1.4	Harding
9	8 30 46	181 44 25.6	+ 8.6	12 39 19.8	+ 5.7	Olbers
	10 57 58	181 43 13.8	+ 11.5	12 39 39.6	+ 3.5	Harding
12	8 27 20	181 9 25.6	— 8.4	12 48 7.4	— 8.7	Olbers
13	10 39 14	180 57 28.3	+ 11.3	12 50 41.5	— 1.5	Bode
14	8 19 51	180 47 36.3	— 21.7	12 52 37.2	— 10.9	Olbers
	10 34 33	180 46 39.2	— 0.7	12 52 44.4	+ 4.7	Harding
17	8 12 35	180 17 21.6	— 5.2	12 57 18.3	+ 2.3	Olbers
23	8 30 52	179 26 39.7	— 1.3	12 59 20.4	+ 0.4	Olbers
	9 53 49	179 26 16.1	— 1.2	12 59 18.9	+ 4.6	Harding
24	9 49 26	179 19 20.7	+ 4.7	12 58 42.5	— 12.5	Bode
25	8 44 38	179 13 0.6	— 18.4	12 57 52.4	— 5.6	Olbers
		179 12 57.1	+ 8.1	12 57 51.9	— 14.1	Olbers
	9 45 5	179 12 45.9	+ 9.9	12 57 50.1	— 16.9	Bode
	10 25 19	179 12 28.7	+ 5.6	12 57 47.4	+ 17.0	Bessel
26	8 46 4	179 6 45.0	— 3.0	12 56 44.2	— 6.8	Olbers
	9 40 45	179 6 35.9	— 0.1	12 56 42.3	— 15.7	Bode
	9 40 42	179 6 32.5	+ 12.6	12 56 41.6	— 7.1	Harding
	10 44 12	179 6 15.7	+ 5.0	12 56 38.0	+ 8.5	Bessel
27	9 36 26	179 0 51.3	+ 3.3	12 55 19.0	— 3.0	Bode
	9 36 23	179 0 48.2	+ 16.1	12 55 18.1	— 10.6	Harding
	10 45 27	179 0 31.3	+ 7.3	12 55 13.5	+ 3.5	Bessel
	11 18 35	179 0 23.6	+ 12.6	12 55 11.3	— 9.7	Olbers
28	10 57 6	178 55 10.4	+ 8.9	12 53 32.9	— 22.3	Bessel
	11 34 20	178 55 2.4	+ 3.4	12 53 30.1	— 20.9	Olbers
29	9 27 52	178 50 38.9	+ 17.9	12 51 47.0	— 15.0	Bode
	9 28 51	178 50 36.0	— 0.2	12 51 45.8	— 2.6	Harding
	11 4 54	178 50 16.6	+ 21.8	12 51 37.3	— 37.8	Bessel
30	9 23 38	178 46 11.6	+ 23.6	12 49 38.7	— 21.3	Bode
	9 23 39	178 46 9.1	— 13.1	12 49 37.4	+ 1.1	Harding
Mai 1	9 19 26	178 42 10.7	+ 14.7	12 47 15.7	— 15.3	Bode
	11 23 35	178 41 48.2	+ 22.2	12 47 0.8	— 51.2	Olbers
2	9 15 14	178 38 34 3	+ 24.1	12 44 36.7	— 27.4	Harding
4	9 7 1	178 32 46.7	+ 17.7	12 38 40.5	— 23.5	Bode

Ich freue mich, dass die von mir gewählte Benennung und Bezeichnung der *Vesta* Ihren Beifall erhalten hat. [Die mittleren Zeiten sind die der Beobachtungsorte.]

Braunschweig, den 23. August 1807.

Verzeihen Ew. es gütigst, dass ich Ihnen seit der Mittheilung meiner ersten Elemente der Vesta noch keine weitern Nachrichten von meinen spätern Untersuchungen über diesen Gegenstand eingesandt habe.

Eine in diesem Sommer nach Bremen gemachte Reise, und eine mir nachher zugestossene Krankheit haben mich, sowie in meinen Arbeiten überhaupt, so auch in meiner Correspondenz etwas zurückgesetzt: jetzt eile ich aber um so mehr das Versäumte nachzuholen, damit Sie noch nach Gefallen von meinen Mittheilungen in Ihrem neuen Jahrbuche Gebrauch machen können.

Meine zweiten Elemente der ☍ und deren Uebereinstimmung mit sehr vielen Beobachtungen werden Ihnen bereits aus der M. C. bekannt sein.

Zur Berechnung der *dritten* Elemente habe ich ausser den frühern Beobachtungen, noch die Pariser und Mailänder Meridianbeobachtungen und die letzten Bremer und Lilienthaler — welche bis zum 11. Juli reichen — benutzt. Hier diese dritten Elemente:

Epoche der Länge 1807. März 31. 0^u in Bremen . . .	192° 23′ 30″1
Sonnenferne	69 50 31.9
Knoten	103 18 28.0

Beide für obige Epoche und siderisch ruhend vorausgesetzt.

Neigung der Bahn	7 8 10.7
Excentricität	0.0855050
Logarithmus der halben Axe	0.3720160
Tägliche mittlere tropische Bewegung	981″7087

Ich füge hier zugleich die nach diesen Elementen berechnete Ephemeride für das nächste Jahr bei.
[Vom 2. Mai 1808 bis 18. März 1809 mit viertägigen Zwischenräumen für Mitternacht in Seeberg sind AR. und Decl. auf Minuten genau gegeben.]

VESTA.

Monatliche Correspondenz. Band XV. S. 590—600. 1807 Juni.

— — —

Herr Dr. GAUSS in Braunschweig machte folgende zwei Beobachtungen, die sich auf zahlreiche Vergleichungen mit dem PIAZZI'schen Stern, AR. 180° 51′ 27″5, nördl. Abweich. 12° 35′ 14″0 gründen.

1807.	Mittl. Zeit in Braunschweig	Scheinb. gerade Aufsteigung ☍	Scheinb. nördl. Abweichung ☍
April 6	8^u 22^m 45^s	182° 21′ 54″6	12° 28′ 0″9
8	8 28 49	181 56 51.0	12 35 45.8

Es war zu erwarten, dass der bewunderungswürdige Dr. GAUSS, welcher sich so ausschliesslich Verdienste um alle neu entdeckte kleine Planeten erworben hat, diese auch bei der *Vesta* einzig behaupten würde. Allein diesmal hat sich dieser grosse Geometer selbst übertroffen. „Unsern vortreff-„lichen GAUSS habe ich schon oft bewundert, (schreibt uns Dr. OLBERS unterm 20. April) aber diesmal „hat er mich doch in Erstaunen gesetzt. Er erhielt meine Beobachtung der *Vesta* vom 17. April am „20. April Abends um 9½ Uhr und am 21. April Nachmittags um 5 Uhr konnte er mir schon die berech-„neten elliptischen Elemente und die Vergleichung mit allen Beobachtungen schicken. Zu diesem allen-

„hat er nur zehn Stunden gebraucht. Zugleich ein Beweis der grossen Geschmeidigkeit seiner neuen so
„sehr vervollkommneten Methode *), Planetenbahnen zu bestimmen.“

Dr. Gauss schreibt uns hierüber selbst folgendes: „Die erste Bestimmung der Bahn unternahm
„ich am 20. April, als ich Dr. Olbers Beobachtung vom 17. April erhalten hatte, wodurch die Zwischen-
„zeit auf 19 Tage angewachsen war. Die Resultate übersandte ich am 21. April an Dr. Olbers. Da
„aber die Zwischenzeit noch so klein, die Beobachtungen fast alle nur mit dem Kreismicrometer ge-
„macht waren und ausserdem die kleine Neigung der Bahn dieses Planeten auch noch dazu beiträgt,
„die Resultate verhältnissmässig weniger zuverlässig zu machen, so wagte ich es noch nicht, sie schon
„für eine wirkliche Annäherung zur Wahrheit auszugeben und hielt sie daher mit dem Vorsatz zurück,
„sie erst noch einmal durch spätere Beobachtungen zu verbessern. Erst gestern (27. April) sind mir neuere
„Beobachtungen zugekommen, womit ich nun gleich eine neue Berechnung zu machen dachte; allein zu
„meinem grossen Vergnügen finde ich, dass meine ersten Resultate damit noch so genau übereinstimmen,
„dass ich eigentlich mit Zuverlässigkeit noch gar nichts daran zu ändern wüsste. Indem ich also diese
„neue Rechnung so lange aufschiebe, bis der Fehler zu einer entschiedenen merklichen Grösse ange-
„wachsen sein wird, warte ich nun nicht länger, Ihnen die I. Elemente der *Vesta* mitzutheilen.

Epoche der Länge 1807 März 29. 12^u M. Z. in Bremen . 193° 8′ 4″6

Sonnenferne . . . . 69° 7 40. 9

Aufsteigender Knoten 103 8 36. 2

Alle drei vom mittlern Aequinoctium gezählt und die beiden letztern als tropisch ruhend betrachtet.

Tägliche mittlere Bewegung . . . . 978″909

Excentricität 0.097505

Logarithm der halben grossen Axe 0.3728428

Neigung der Bahn . . . . 7° 5′ 49″5

„Hier nun die Vergleichung mit sämmtlichen bekannt gewordenen Beobachtungen.

1807	Mittlere Zeit am Beob. Orte	Berechn. gerade Aufsteigung	Unter-schied.	Berechn. nördl. Abweichung	Unter-schied.	Beobachter.
März 29	8^u 21^m 20^s	184° 8′ 54″4	— 1″4	. . . . .	. . .	Olbers
	10 31 16	184 7 40. 2	— 10. 6	11° 47′ 52″4	+ 5″4	
30	8 34 53	183 55 3. 0	+ 6. 2	. . . . .	. . .	
	8 44 8	183 54 57. 7	+ 11. 9	11 53 18. 6	+ 7. 6	
	12 33 17	183 52 44. 2	+ 3. 4	11 54 14. 7	— 12. 3	
April 1	9 50 0	183 27 3. 7	+ 0. 9	12 4 40. 7	— 11. 3	
	12 4 35	183 25 47. 8	+ 23. 6	12 5 9. 6	— 22. 1	Bessel
2	8 21 1	183 14 23. 8	+ 6. 0	12 9 34. 7	— 12. 3	Olbers
3	8 16 49	183 1 3. 6	+ 2. 8	12 14 33. 6	— 6. 4	
4	9 9 43	182 47 20. 9	+ 0. 1	12 19 29. 1	— 15. 9	
5	11 17 3	182 33 10. 7	— 0. 2	12 24 21. 6	+ 2. 5	Harding
6	8 22 45	182 21 48. 5	— 6. 1	12 28 6. 6	+ 5. 7	Gauss
	11 12 15	182 20 21. 6	— 12. 2	12 28 34. 6	+ 45. 2	Harding
8	8 21 37	181 56 42. 9	— 0. 1	12 35 50. 1	— 8. 0	Olbers
	8 28 49	181 56 42. 2	— 8. 8	12 35 50. 1	+ 4. 3	Gauss
	11 2 43	181 55 22. 5	+ 3. 3	12 36 13. 6	+ 1. 4	Harding

*) Dieses Werk über die Bestimmung der Planetenbahnen wird nun bald erscheinen. Dr. Gauss
schreibt uns, dass die Perthes'sche Buchhandlung in Hamburg den Verlag davon übernommen habe.
Das Manuscript ist zwar ganz vollendet; da Dr. Gauss aber dem Wunsche des Herr Verlegers zu Folge,
um das Werk auch solchen Ausländern lesbar zu machen, die der deutschen Sprache nicht kundig sind,
dasselbe nun lateinisch herausgibt, so verursacht dies noch einigen Aufenthalt; in ein paar Monaten
wird aber der Druck anfangen können.

1807	Mittlere Zeit am Beob.-Orte	Berechn. gerade Aufsteigung ☊	Unterschied.	Berechn. nördl. Abweichung ☊	Unterschied.	Beobachter.
April 9	8ᵘ 30ᵐ 46ˢ	181° 44′ 25″6	+ 8″6	12° 39′ 19″8	+ 5″7	Olbers
	10 57 58	181 43 13.8	+ 11.5	12 39 39.6	+ 3.5	Harding
12	8 27 20	181 9 25.6	— 8.4	12 48 7.4	— 8.7	Olbers
13	10 39 14	180 57 28.3	+ 11.3	12 50 41.5	— 1.5	Bode
14	8 19 51	180 47 36.3	— 21.7	12 52 37.2	— 10.9	Olbers
	10 34 33	180 46 39.2	— 0.7	12 52 44.4	+ 4.7	Harding
17	8 12 35	180 17 21.6	— 5.2	12 57 18.3	+ 2.3	Olbers
23	8 30 52	179 26 39.7	— 1.3	12 59 20.4	+ 0.4	
25	9 53 49	179 13 0.6	— 18.4	12 57 52.4	— 5.6	
	9 49 26	179 12 57.1	+ 8.1	12 57 51.9	— 14.1	

Diese Übereinstimmung ist so gut, als sie sich bei diesen Beobachtungen nur erwarten lässt, und da nunmehr die Zwischenzeit 27 Tage beträgt, so ist Dr. GAUSS der Meinung, dass diese Elemente wenigstens eine Idee von den Haupt-Dimensionen der Bahn geben. Die Umlaufzeit der Bahn wäre demnach bei der *Vesta* viel schneller, als bei den andern kleinen Planeten, die Neigung der Bahn von allen am kleinsten, die Excentricität mässig; der letzte Umstand und die grosse Helligkeit des Planeten geben Dr. GAUSS sehr grosse Hoffnung, dass wir von diesem neuen Planeten ältere Beobachtungen auffinden werden, vielleicht selbst bei FLAMSTEED. Sobald die Elemente nur mit etwas grösserer Zuverlässigkeit bekannt sein werden, wird Dr. GAUSS darüber Nachsuchungen anstellen.

Unterm 18. Mai schreibt uns dieser unvergleichliche Astronom: „Meine erste Ihnen schon vor einiger Zeit übersandten Elemente der *Vesta*, die auf 19tägige Beobachtungen gegründet waren, stimmten „bis gegen das Ende des Aprils fortwährend sehr gut mit den Beobachtungen überein: im Mai aber fing „der Unterschied an, einigermaassen merklich zu werden und war am 6. Mai bis zu + 33″ in gerader „Aufsteigung und — 41″ in Declination angewachsen. Nicht gerade, weil eine Verbesserung der Elemente „nun schon nöthig gewesen wäre, sondern hauptsächlich, weil ich einiger mir verdächtig gewordener „Sterne aus älteren Catalogen wegen ungeduldig war, eine Idee davon zu erhalten, wie grosse Ände-„rungen die Elemente etwa noch erfordern würden, unternahm ich am 9. Mai, als ich Dr. OLBERS Beob-„achtung vom 6ᵗᵉⁿ erhalten hatte, eine zweite Berechnung der Bahn, von der ich hier die Resultate „mitzutheilen die Ehre habe.

II. *Elemente der Vesta*

auf 38tägige Beobachtungen gegründet.

Epoche der Länge, 1807, März 29. 12ᵘ	Tägliche mittlere tropische Bewegung	980″707
M. Z. in Bremen . . . . . 192° 9′ 53″9	Excentricität	0.0872230
Sonnenferne 69 57 52	Logarithm der mittl. Entfernung .	0.3723521
Aufsteigender Knoten 103 18 34	Neigung der Bahn	7° 8′ 6″8

„Diese Elemente stimmen noch bis zum 11ᵗᵉⁿ, als so weit meine erhaltenen Beobachtungen rei-„chen, auf's schönste mit diesen überein; ich habe bisher zusammen 68 Beobachtungen verglichen; die „Übereinstimmung ist durchgehends so, dass sich nirgends eine entschiedene Differenz zwischen dem be-„rechneten und dem wahren Orte angeben lässt."

„Meine Hoffnung, dass wir Beobachtungen der *Vesta* in der *Historia coelestis* antreffen werden, „ist noch immer sehr gross, aber bei denjenigen vermissten Sternen, die ich gleich anfangs als verdäch-„tig angezeichnet hatte, ist die Hoffnung grösstentheils verschwunden. Blos über 91 *Virginis* nach

„Flamsteed will ich noch nicht absprechen, die Länge würde sich mit dem Orte der *Vesta* sehr gut
„vereinigen lassen, wenn die mittlere tägliche Bewegung nur etwa 6″ grösser wäre, als nach den II.
„Elementen; aber die Breite *scheint* etwas zu gross. Bald werden wir hierüber bestimmter urtheilen
„können.“

— — —

[von Zach.]

VESTA.

Monatliche Correspondenz. Band XVI. S. 83—92. 1807 Juli.

Kaum ist seit der ersten zum drittenmal einem Deutschen gelungenen Entdeckung eines neuen
Planeten, der *Vesta*, ein Zeitraum von drei Monaten verflossen, und schon wurde dieses kleine Gestirn
auf den meisten in- und ausländischen Sternwarten aufgefunden, beobachtet, und so dem Geometer die
Data geliefert, um die Bahn des neuen Irrsterns zu erforschen und in engere Grenzen einzuschliessen.
Wenn die schnelle Vermehrung dieser schwierigen Beobachtungen, wenn die systematische nicht zufällige Art der Entdeckung dieses neuen Planeten eine neue merkwürdige glänzende Epoche in dem praktischen Zustande der beobachtenden Astronomie bezeichnet, so muss es auf der andern Seite den Mathematiker, der bekannt ist mit frühern Bemühungen über Methoden zu Bestimmung von Planeten-Bahnen, bekannt mit den weitläuftig ermüdenden Rechnungen, die alle zeither gegebene directe und indirecte
Verfahrungs-Arten erforderten, in ein freudiges Erstaunen versetzen, wenn er sieht, wie die ersten Elemente dieses Planeten, nach einer nur 10stündigen Arbeit, schon als sehr genähert, und bald darauf
die zweiten, aus einem durchlaufenen kleinen heliocentrischen Bogen von noch nicht 11° mit einer Sicherheit und Schärfe dargestellt werden, dass die nach diesen II. Elementen berechneten Örter der *Vesta*
mit 84 beobachteten, auf eine Art harmoniren, wie es kaum bei ältern Planeten-Tafeln der Fall immer ist.

Meine zweiten Elemente der *Vesta*, schreibt uns unterm 7. Juni der Geometer, dem Bestimmung
von Planeten-Bahnen nur leichtes Spiel zu sein scheint, die ich Ihnen vor einiger Zeit überschickte,
haben sich so brav gehalten, dass ich bisher noch keine Veranlassung gehabt habe, etwas daran zu verbessern. Die Beobachtungen seit der Mitte des Mai zeigen zwar, dass die Elemente die Rectascensionen etwas zu gross geben, allein diese Differenz ist noch in sehr engen Grenzen geblieben. Die Declinationen stimmen fortdauernd vortrefflich. Wahrscheinlich werden die Elemente bis zu dem Zeitpunkte,
wo die *Vesta* für dieses Jahr unsichtbar werden wird, sich um etwa 1′ von den Beobachtungen entfernen können, daher ich es für überflüssig halte, früher eine neue Bestimmung der Bahn vorzunehmen.
Für diesmal schicke ich Ihnen also nur die sorgfältig gemachte Vergleichung aller mir bekannt gewordenen Beobachtungen mit den zweiten Elementen; die Differenzen bis etwa zum 6. Mai wird man dreist
dem grössern Theile nach auf die respectiven Beobachtungen schieben können. Die meisten dieser Beobachtungen (34) sind zu *Bremen* angestellt, 15 zu *Göttingen*, 12 zu *Lilienthal*, 10 in *Berlin*, 5 in *Greenwich*, 3 in *Paris*, 3 in *Prag*, 2 in *Braunschweig*, zusammen 84.

1807		Mittlere Zeit am Beob.-Orte			Berechnete AR.			Decl.			Unterschied R—B. AR.	Decl.	Beobachter.
März	29	8^u 21^m	20^s	184°	8'	53".4				— 2".4		Olbers
		10 31	16	184	7	39.1	11°	47'	56".0	— 11.7	+ 9".0	
	30	8 34	53	183	55	1.8				+ 5.0		
		8 44	8	183	54	56.5	11	53	21.7	+ 10.7	+ 10.7	
		12 33	17	183	52	45.6	11	54	16.5	+ 4.8	— 10.5	
April	1	9 50	0	183	27	2.8	12	4	41.6	0	+ 10.4	
		12 4	35	183	25	47.1	12	5	11.2	+ 22.9	+ 20.5	Bessel
	2	8 21	1	183	14	23.2	12	9	34.7	+ 5.4	— 12.3	Olbers
		11 38	13	183	12	33.1	12	10	16.3	+ 19.0	— 17.9	Bessel
	3	8 16	49	183	1	3.3	12	14	32.5	+ 2.5	— 7.5	Olbers
	4	9 9	43	182	47	20.8	12	19	27.2	0	— 17.8	
	5	11 17	3	182	33	11.0	12	24	18.9	+ 0.3	— 0.2	Harding
	6	8 22	45	182	21	54.0	12	28	1.4	— 0.6	+ 0.5	Gauss
		11 12	15	182	20	22.4	12	28	31.1	— 11.5	+ 41.7	Harding
	8	8 21	37	181	56	44.8	12	35	45.4	— 6.1	— 0.4	Gauss
		8 28	49	181	56	44.5	12	35	45.5	+ 1.5	— 12.5	Olbers
		11 2	43	181	55	24.2	12	36	9.0	+ 5.0	— 3.2	Harding
	9	8 30	46	181	44	27.2	12	39	15.0	+ 10.2	+ 1.0	Olbers
		10 57	58	181	43	16.0	12	39	34.7	+ 5.0	— 1.4	Harding
	12	8 27	20	181	9	28.1	12	48	2.0	— 5.9	— 14.0	Olbers
	13	10 39	14	180	57	31.2	12	50	36.1	+ 14.2	— 6.9	Bode
	14	8 19	51	180	47	39.9	12	52	32.2	— 18.1	— 15.8	Olbers
		10 43	33	180	46	42.5	12	52	42.7	+ 12.6	+ 3.0	Harding
		10 34	36	180	46	29.1	12	52	45.2	+ 3.9	+ 7.0	Burckhardt
	17	8 12	35	180	17	24.9	12	57	14.7	— 1.9	— 1.3	Olbers
	23	8 30	52	179	26	39.4	12	59	23.6	— 1.6	+ 3.6	
		9 53	49	179	26	15.7	12	59	22.1	— 1.4	+ 7.8	Harding
	24	9 49	26	179	19	19.2	12	58	47.2	+ 3.2	— 7.8	Bode
	25	8 44	38	179	12	57.9	12	57	58.8	— 21.1	+ 0.8	Olbers
				179	12	54.4	12	57	58.2	+ 5.4	— 7.8	
		9 45	5	179	12	43.1	12	57	56.5	+ 7.1	— 10.5	Bode
				179	12	28.9	12	57	54.3	— 1.1	+ 8.3	Groombridge
				179	12	27.1	12	57	54.1	+ 4.0	+ 8.3	Bessel
	26	10 25	19	179	6	41.1	12	56	52.4	— 6.7	+ 1.4	Olbers
		8 46	4	179	6	31.7	12	56	50.5	— 4.3	— 7.5	Bode
		9 40	45	179	6	28.3	12	56	49.8	+ 8.5	+ 1.1	Harding
		9 40	42	179	6	20.7	12	56	48.3	+ 3.2	— 2.9	Burckhardt
		9 40	45	179	6	18.4	12	56	47.8	— 6.6	+ 3.8	Groombridge
				179	6	11.4	12	56	46.3	+ 0.7	+ 2.0	Bessel
		10 44	12	179	0	45.6	12	55	29.4	— 2.4	+ 7.4	Bode
	27	9 36	26	179	0	42.3	12	55	28.6	+ 10.2	— 0.1	Harding
		9 36	23	179	0	33.1	12	55	26.1	+ 1.1	— 3.9	Maskelyne
				179	0	25.4	12	55	24.0	+ 1.4	— 0.2	Bessel
		10 45	27	179	0	17.7	12	55	21.9	+ 6.7	+ 0.9	Olbers
		11 18	35	178	55	15.2	12	53	49.5	+ 6.2	+ 5.5	Groombridge
	28	10 57	6	178	55	2.6	12	53	45.9	+ 6.4	0	Bessel
		11 34	20	178	54	54.4	12	53	43.1	— 4.6	— 7.8	Olbers
	29	9 27	52	178	50	29.2	12	52	2.4	+ 8.2	+ 0.4	Bode
		9 28	51	178	50	26.5	12	52	1.2	— 13.5	+ 2.8	Harding
				178	50	18.8	12	51	58.0	+ 3.8	+ 6.0	Maskelyne
		11 4	54	178	50	6.7	12	51	52.9	+ 11.9	— 7.7	Bessel
	30	9 23	38	178	45	59.6	12	49	56.7	+ 11.6	— 3.3	Bode
		9 23	39	178	45	57.2	12	49	55.4	— 2.9	— 5.2	Harding
		11 27	45	178	45	34.4	12	49	43.5	+ 2.2	— 9.6	Bessel
Mai	1	9 19	26	178	41	56.4	12	47	36.5	+ 0.4	+ 5.5	Bode
		11 23	35	178	41	33.6	12	47	21.8	+ 7.6	— 30.2	Olbers
		11 57	53	178	41	28.3	12	47	18.3	+ 12.0	— 6.7	Bessel
	2	9 15	14	178	38	17.3	12	45	0.3	+ 7.1	— 3.8	Harding

1807	Mittlere Zeit am Beob.-Orte	Berechnete AR.	Decl.	Unterschied R—B. AR.	Decl.	Beobachter.
Mai 4	9^u 5^m 43^s	178° 32′ 24″4	12° 39′ 10″8	— 0″6	— 20″2	David
	9 7 1	178 32 23.9	12 39 10.2	— 5.1	+ 6.2	Bode
	9 6 59	178 32 22.2	12 39 8.0	— 1.7	+ 3.2	Harding
5	9 1 37	178 30 6.6	12 35 54.2	+ 4.6	— 11.8	David
	9 2 56	178 30 6.1	12 35 53.4	+ 10.1	+ 4.4	Bode
	9 2 54	178 30 4.9	12 35 51.5	+ 1.7	— 4.2	Harding
	9 4 36	178 30 4.4	12 35 50.6	+ 7.4	— 2.4	Olbers
	11 33 55	178 29 51.6	12 35 29.3	+ 1.6	— 1.7	
6	8 57 32	178 28 15.3	12 32 23.8	+ 20.3	— 10.2	David
	9 16 10	178 28 12.6	12 32 17.7	+ 3.6	— 5.3	Olbers
8	9 51 51	178 25 51.7	12 24 39.9	+ 4.6	+ 1.6	Harding
	9 18 20	178 25 50.7	12 24 34.6	+ 1.7	+ 3.6	Olbers
	10 30 36	178 25 48.5	12 24 22.4	+ 11.6	— 12.7	Bessel
11		178 25 37.4	12 11 32.2	+ 2.2	+ 5.2	Harding
	10 31 39	178 25 40.3	12 11 9.2	+ 3.5	— 2.0	Bessel
15	8 23 43	178 31 26.4	11 51 4.9	+ 9.0	— 2.8	Burckhardt
19	10 43 2	178 44 20.4	11 27 10.4	— 4.4	— 13.1	Bessel
	11 28 15	178 44 28.0	11 26 59.7	+ 25.0	— 71.3	Olbers
22	10 23 12	178 58 4.5		+ 17.5		
23	10 52 10	179 3 43.2	11 0 55.1	+ 17.2	— 10.9	
24	11 28 23	179 9 29.8	10 53 47.9	+ 17.8	+ 2.9	
25	10 29 53	179 15 24.3	10 46 58.5	+ 19.6	— 1.6	
	10 53 31	179 15 30.5	10 46 51.5	+ 17.7	+ 2.9	
26	10 45 20	179 22 0.2	10 39 38.4	+ 29.0	— 6.9	
31	11 32 54	180 0 25.9		+ 22.9		
Juni 2	12 19 7	180 18 28.9	9 44 18.4	+ 23.9	+ 0.4	

„Harding's Declination vom 6. April und Olbers Declinationen vom 1. und 19. Mai scheinen fehlerhaft zu sein. Bei verschiedenen Beobachtungen von Olbers, Harding und Bessel ist die Vergleichung nach einigen spätern Berichtigungen gemacht, daher die Ihnen vielleicht früher mitgetheilten Angaben etwas differiren werden." — [Groombridge und Maskeline machten Meridian-Beobachtungen.]

    — — —

[von Zach.]

VESTA.

Monatliche Correspondenz. Band XVI. S. 285—291. 1807 September.

    — — —

„Mit dem 8. Juli, schreibt uns Dr. Olbers, habe ich meine Beobachtungen geschlossen, da der niedere Stand des Planeten, Mondschein und Dämmerung sie zu sehr erschwerten. Die sechs letztern Beobachtungen sind in Gegenwart unseres vortrefflichen Freundes, Gauss, angestellt worden, der mich mit einem Besuch erfreut hat. Dieser vortreffliche Astronom wird uns nun sehr bald die III. Elemente der *Vesta* geben. Indessen werden die zweiten Elemente nur unbedeutende Correctionen erleiden, da sie auch die letzten Beobachtungen noch so genau darstellen, und die AR. nur etwa 1 zu gross, die Declinat. noch keine 30″ zu klein geben Nach den II. Elementen habe ich gefunden, dass *Vesta* am 25. März 1796 in der Zone stand, die damals nach der *Hist. Cél.* beobachtet wurde. Doch kann ein kleiner sehr möglicher Fehler in der halben grossen Achse, und also in der mittlern Bewegung der *Vesta*, die Declination derselben für diesen Tag noch sehr ändern. Ob ein beobachteter Stern in dieser Zone jetzt fehlt, weiss ich nicht, weil der Theil derselben, in dem die *Vesta* stehen konnte, jetzt unter den Sonnenstrahlen verborgen ist."

Diese *dritten Elemente*, zu denen Dr. GAUSS ausser allen in dieser Zeitschrift schon bekannt gemachten Beobachtungen auch noch eine Reihe Pariser Beobachtungen vom 13. April bis 22. Mai, die ihm Hr. BOUVARD mitgetheilt hatte, benutzt hatte, erhielten wir vor wenig Tagen, und wir lassen solche hier folgen:

Epoche 31. März 1807 Mittag in Bremen 192° 23′ 30″1   Aufsteigender Knoten . . . . 103° 18′ 28″

Tägliche tropische Bewegung . . . 981″8459   Neigung der Bahn 7 8 10.7

Sonnenferne; für die Epoche siderisch   Excentricität 0.0855050

ruhend . . . . 69° 50′ 31″9   Logarithm des mittlern Abstandes . . 0.3720160

Die Differenz dieser Elemente von den zweiten ist nur unbedeutend, doch wird durch diese der geocentrische Ort der *Vesta* zur Zeit der nächsten Opposition im September 1808 um 22′ grösser. Zugleich hatte Dr. GAUSS die Güte, uns jene Reihe Pariser Beobachtungen nebst den Differenzen der beobachteten Positionen mit den nach den II. Elementen berechneten zu überschicken.

1807	Mittlere Zeit in Paris	AR. ☍	Differ. d. II. Elem.	Declin. ☍	Differ. d. II. Elem.
April 13	22ᵘ 39ᵐ 6ˢ2	180° 57′ 7″8	+ 3″4	12° 50 35″0	+ 5″2
14	22 34 28.3	180 46 27.9	+. 1.3	12 52 39.2	+ 6.0
18	22 16 7.0	180 7 6.9	− 3.1	12 58 9.3	+ 12.7
19	22 11 34.9	179 58 4.1	+ 2.2	12 59 5.5	+ 0.4
21	22 2 39.0	179 41 20.6	− 1.4	12 58 40.7	+ 65.0
24	21 49 20.2	179 19 5.1	+ 1.7	12 58 44.2	+ 1.7
25	21 44 58.3	179 12 26.6	+ 4.7	12 57 47.3	+ 7.4
26	21 40 38.5	179 6 33.8	− 13,1	12 56 40.6	+ 7.6
27	21 36 18.4	179 0 35.4	+ 0.1	12 55 10.8	+ 15.9
28	21 32 1.2	178 55 15.2	− 0.	12 53 47.3	+ 2.8
29	21 27 ˙45.5	178 50 16.5	+ 4.1	12 51 54.4	+ 4.3
30	21 23 31.7	178 45 52.5	− 0.8	12 49 49.4	+ 3.2
Mai 1	21 19 20.0	178 41 47.7	+ 1.6	12 47 26.9	+ 5.0
7	20 54 44.7	178 26 43.7	+ 4.3	12 28 39.6	− 7.5
12	20 35 3.3	178 26 18.3	+ 8.1	12 6 35.8	+ 2.8
15	20 23 35.2	178 31 18.5	+ 7.9	11 50 39.4	+ 25.5
16	20 19 50.7	178 33 47.4	+ 9.8	11 45 30.8	+ 0.2
17	20 16 5.0	178 36 42.3	+ 10.9	11 39 46.8	− 0.6
18	20 13 22.5	178 39 57.3	+ 16.6	11 33 50.4	+ 0.3
20	20 5 1.9	178 47 55.5	+ 13.0	11 21 31.8	− 3.5
21	20 1 24.6	178 52 29.4	+ 12.4	11 15 5.5	− 3.6
22	19 57 48.9	178 57 25.8	+ 12.9	11 8 27.6	− 2.1

Die Zeiten sind hier von Mitternacht gezählt, und die Declination vom 21. April ist offenbar um eine Minute zu klein. Allein wer erstaunt nicht über diese ganz vortreffliche Uebereinstimmung der II. Elemente mit dem Himmel?

„Die Ephemeride für den Lauf der *Vesta* im nächsten Jahr, schreibt uns Dr. GAUSS ferner, folgt hiebei. Ein grosser Theil des diesmaligen Laufs der *Vesta* fällt auf die HARDING'sche Karte für die Bewegung der *Ceres* 1804, die der M. Corr. beigefügt ist. Herr Prof. HARDING wird dasjenige Blatt seines Atlasses, welches das übrige enthält, nächstens dem Kupferstecher übergeben. Diese nützliche Unternehmung kann nicht genug empfohlen und unterstützt werden. Das erste sehr nett gestochene Blatt habe ich bereits in *Bremen* gesehen."

Leider wird nach beifolgender Ephemeride die *Vesta* erst im Mai oder Juni des folgenden Jahres wieder sichtbar werden. [Lauf der Vesta von 1808 Mai 2. bis 1809 März 18. mit viertägigen Zwischenräumen nach den III. Elementen AR. und Decl. auf Minuten log. des Abstandes in vier Decimalen.]

Bei den jetzt schon ziemlich genäherten Elementen der *Vesta*-Bahn wird es interessant sein, ihre Aufsuchung in ältern Stern - Verzeichnissen zu versuchen. Unsere Bemühung eine Beobachtung der *Vesta* unter Mayer's Beobachtungen aufzufinden war bis jetzt vergeblich.

[von Zach.]

COMET 1807.

Monatliche Correspondenz. Band XVI. S. 562—567. 1807 December.

— — — Dr. Gauss der die Bahn keines am Himmel erscheinenden Fremdlings unbeachtet lässt, schrieb uns unterm 16. November: „Aus Bremer und Lilienthaler Beobachtungen bis zum 5. November habe ich folgende parabolische Elemente des Cometen abgeleitet

Durchgang duchs Perihelium 18. Sept. . . . . . . 19^u 6^m in Paris
Longit. Perihelii . . . . 271° 0′ 13″3
☊ 266 38 31.2
beide vom scheinbaren Aequinoct ab gezählt
Log. des kleinsten Abstandes 9.8114927
[Neigung der Bahn . . . . 63° 12′ 35″6]
Bewegung rechtläufig

Diese Elemente sind nur unbedeutend verschieden von denen, die ich schon früher aus einigen Berliner Beobachtungen berechnet hatte, und ebenso weichen sie nur wenig von denen ab, welche Hr. Bessel aus einer kürzern Reihe von Beobachtungen abgeleitet hat. Von Göttingen aus werde ich Ihnen mehr darüber schreiben."

[von Zach.]

JUNO. ELEMENTE VII.

Göttingische gelehrte Anzeigen. Stück 14. S. 129. 130. 1808 Januar 23.

Von der *Juno* sind aus dem verwichenen Jahre keine Beobachtungen bekannt geworden als diejenigen, welche Hr. Inspector Bessel in Lilienthal im März, April und Mai mit dem Kreis-Micrometer angestellt hat. Es ist auch wahrscheinlich, dass die überaus geringe Lichtstärke dieses Planeten nirgends Beobachtungen an fixen Instrumenten erlaubt haben wird: überdies waren die meisten Astronomen zur Zeit seiner Sichtbarkeit zu sehr mit der neu entdeckten *Vesta* beschäftigt, worüber die Juno etwas vernachlässigt sein mag. Unser Hr. Prof. Gauss hat daher keinen Anstand genommen, jene Beobachtungen zur Verbesserung der letzten Elemente der Juno anzuwenden, zumal da Hr. Bessel mit einem vortrefflichen Telescop beobachtet hat, und in Behandlung des Kreis-Micrometers eine ausgezeichnete Fertigkeit besitzt. Zuerst wurde vermittelst der Beobachtungen aus dem Mai die Opposition bestimmt, wofür sich folgendes Resultat ergab:

1807. Mai 17. 12^u 27^m 41^s m. Z. in Göttingen
wahre Länge . . . . . 236° 4′ 57″6
wahre geocentrische Breite 16 56 0.1 nordl.

Aus der Verbindung dieser Opposition mit denen von 1804 und 1806, und andern Oertern von 1804, 1805 und 1806, wurden dann folgende neue Elemente (VII.) berechnet, wodurch die sämmtlichen zum Grunde gelegten Beobachtungen möglichst genau dargestellt werden: [Sie stehen in diesem Abdrucke auf Seite 294 als Theil des Briefes an Bode vom 24. Januar 1808.]

Die Ephemeride für die nächste Erscheinung der Juno nach diesen neuen Elementen ist bereits vollendet, und die Astronomen werden dieselbe in der Monatlichen Correspondenz des Freiherrn von Zach finden. Diese Rechnung war um so nothwendiger, da die von Hrn. Prof. Bode im Jahrbuche für 1810 nach den VI. Elementen construirte Ephemeride um die Zeit der nächsten Opposition die Rectascensionen um mehr als ¼ Grad zu gross gibt, und die Aufsuchung und Beobachtung der Juno durch ihre auch diesmal noch sehr geringe Lichtstärke sehr erschwert werden wird.

GAUSS AN BODE.

Astronomisches Jahrbuch für 1811. S. 135—139. Berlin 1808.

Göttingen 1808. Januar 24.

Anfangs die mit der Veränderung meines Aufenthalts 'verbundenen Unruhen, und nachher die durch eine höchst ungünstige Witterung vereitelte Hoffnung, Ihre communicirten Cometenbeobachtungen durch zahlreiche hiesige erwidern zu können, werden mein langes Stillschweigen entschuldigen. Hier haben Ew. — indess die wenigen Beobachtungen des Cometen, die ich dem hier fast ununterbrochen bedeckten Himmel habe abgewinnen können.

M. Z. in Göttingen.		AR.			Decl.			
1807. Dec. 17.	11^u 24^m 44^s	305° 54′	0″		45° 4′	30″		
29.	7 59 21	318 57	41		46 41	48		
	11 36 33	319 6	35		46 43	11	von mir.	
1808. Jan. 4.	7 22 12	325 11	19		47 12	46		
	9 13 57	325 15	53					
	17 30 26	325 36	38				von Hrn. Prof. Harding.	

Die parabolische Bahn des Cometen hatte ich bereits im Anfang November aus einigen Bremer und Lilienthaler Beobachtungen berechnet; da dieselben bisher noch nicht bekannt geworden sind, so theile ich sie Ihnen hier mit.

VI. 49

Durchgang durch das Perihelium 18. Sept. 19^u 16^m 0^s Merid. von Paris.

Länge des Perihelium . . . . 271° 0′ 13″3.

Logarithm des kleinsten Abstandes 9.8114927

Aufsteigender Knoten . . . . 266° 38′ 31″2.

Neigung der Bahn 63   12   35. 6.

Bewegung rechtläufig.

Diese Elemente wichen Ende November und Anfang December gegen 1′ von den Beobachtungen ab, nachher aber hat der Fehler wieder abgenommen. Sollte es mir gelingen noch einige Beobachtungen des Cometen zu erhalten, so werde ich danach obige Bahn noch einmal verbessern, die Correctionen werden aber gewiss sehr klein sein. Ueber die Abweichung der Bahn von der Parabel, die nicht beträchtlich sein kann, wird sich aus den Beobachtungen schwerlich etwas entscheiden lassen.

Meine neuen (X.) Elemente der *Pallas* sind folgende:

Epoche 1808 Meridian von Göttingen . . . . 252° 32′ 28″5

Tägliche tropische Bewegung . . . . 770″2143

Logarithm der halben grossen Axe 0.4423149

Excentricität 0.2450198

Perihelium 1803 . . . . 121° 3′ 11″4

☊ 1803 172   28   56. 9

Neigung der Bahn 34   37   41. 0

Die Elemente der *Juno* habe ich vor Kurzem nach Hrn. BESSEL's im vorigen Jahre angestellten Beobachtungen verbessert. Hier die neuen (VII.) Elemente:

Epoche, Meridian von Göttingen 1805 . . . . 42° 37′ 3″7

1806 125   7   57. 8

1807 207   38   51. 8

1808 290   23   19. 8

Mittlere tägliche tropische Bewegung . . . . 813″8468

Tropische Umlaufszeit . . . . 1592 Tage 10¼ St.

Sonnennähe 1805 . . . . 53° 19′ 0″2

Aufsteigender Knoten 1805 171   4   28. 2

Excentricität 0.2554996

Logarithm der halben grossen Axe 0.4263781

Neigung der Bahn . . . . 13° 4′ 26. 2

Die hienach berechnete Ephemeride für 1808 ist folgende: [Sie gibt für Mitternacht in Göttingen vom 16. April bis 28. December mit vier Tagen Zwischenräumen AR. und Decl. auf Minuten genau.]

Mein Werk über die Bestimmung der Bahnen der Himmelskörper ist jetzt unter der Presse; auf Ostern hoffe ich wird es erscheinen können.

Göttingen 1808 Juli 23.

Ew. — Wunsche zufolge theile ich Ihnen hier meine Beobachtungen mit, die ich seither an den neuen Planeten habe machen können. Sie sind alle am Kreismicrometer gemacht; an unserm Mauerquadranten wird dies Jahr blos die Vesta beobachtet werden können, und diese culminirt noch bei Tage.

Beobachtungen der Juno.

1808	Mittl. Zeit in Göttingen	Gerade Aufsteigung	südliche Abweichung
Juni 20	11^u 49^m 0^s	315° $29'$ $34''$	2° $16'$ $23''$
22	12 0 45	315 23 1	2 14 29
Juli 6	12 42 23	314 1 0	2 19 7

Beobachtungen der Vesta.

Juni 22	13^u 46^m 25^s	353° $12'$ $17''$	9° $12'$ $16''$	
Juli 1	14 38 57	354 28 3	9 9 39	
2	12 50 2	355 7 7		(v. Hrn. Prof. Harding).
13	13 22 37	356 35 27	9 27 40	

Beobachtungen der Pallas.

Juli 13	12^u 3^m 17^s	300° $21'$ $49''$	18° $41'$ $44''$ Nordl.	
15	12 1 28	299 57 3	18 32 40	(v. Hrn. Prof. Harding).

Die Vesta hat jetzt schon die 7te Grösse; aber Juno und Pallas sind sehr lichtschwach und kaum 10ter Grösse zu schätzen. Ceres habe ich noch nicht gesehen. Die Beobachtungen der Pallas werden nicht sehr zuverlässig sein, da sie nur mit einem schwächern Instrumente haben gemacht werden können, indem der Planet für das Herschelsche Telescop jetzt zu hoch steht. — Wegen der Elemente beziehe ich mich auf No. 14. 40. 107. unsrer gel. Anzeigen [Seite 292. 299. 300 dieses Bandes]. Ephemeriden für das nächste Jahr werde ich erst nach neuer Verbesserung der Elemente besorgen. Bei der Vesta finde ich um so weniger eine nöthig, da sie, wenn sie im März 1809 unsichtbar geworden, erst im Oct. oder Nov. 1809 wieder sichtbar werden wird. — Hier noch einige Jupiterstrabanten-Eintritte:

2ter Trab. Juni 22. 12^u 45^m 9^s Harding 3½ f. Dollond.
                12 45 32 Gauss 10 f. Herschel.

1ster Trab. Juli 13. 13 45 36 Harding 4 f. Dollond.
                13 45 38 Thiarks 3½ f. Dollond.
                13 45 38 Gauss 10 f. Herschel.

Austritte.

4ter Trab. Juli 14. 13 35 16 Harding 10 f. Herschel.
                13 35 56 Thiarks 3½ f. Dollond.
2ter Trab. Juli 24. 12 32 13 Thiarks 3½ f. Dollond.
                12 32 27 Harding 4 f. Dollond.

Ferner 2 Sternbedeckungen.

Juni 4. 9^u 3^m 39^s0 Eintritt von ι Virginis. Gauss und Harding in derselben Secunde.
Juli 6. 10 39 6.2 Eintritt von μ Sagittarii. Gauss.

Kürzlich ist der Instrumentenvorrath unserer Sternwarte durch ein Geschenk des Königs mit einem Spiegeltelescop von Chevalier und einem Berthoud'schen Zeithalter vermehrt. — Der Druck meines

Werks über die Bestimmung der Planetenbahnen ist noch nicht vollendet. Erst 12 Bogen sind bis jetzt fertig, das Ganze wird etwa 30 halten. Von Hrn. Prof. Hardings Karten erwarten wir posttäglich das 4te Blatt. Möchte nur dieses kostbare Unternehmen auch eine hinlängliche Unterstützung bei dem Publicum finden! —

GAUSS AN VON LINDENAU.

Monatliche Correspondenz. Band XVII. S. 182—188. 1808 Februar.

Göttingen, am 25. Januar 1808.

Entschuldigen Sie durch ein beispiellos schlechtes Wetter meinen vereitelten Wunsch, Ihnen eine Reihe guter hiesiger Cometen-Beobachtungen mitschicken zu können. In der ganzen Zeit, dass ich hier bin (seit dem 21. November) sind mehr nicht als 3 Abende gewesen, wo ich dem ungünstigen Himmel einige kärgliche Beobachtungen habe abgewinnen können, die ich hier nebst den Unterschieden meiner Elemente folgen lasse: [es sind die Beobachtungen vom Dec. 17. 29. Jan. 4., die weiter unten Seite 298 im Abdruck des Aufsatzes vom 25. Febr. 1808 der Gött. gel. Anzeigen stehen.]

Auf die Beobachtungen vom 29. December ist weniger zu rechnen, da das Instrument, womit sie angestellt wurden, schlecht montirt ist. Die beiden ersten Beobachtungen vom 4. Januar sind blos einzelne zwischen Wolken gemachte Bestimmungen, die ich aber an sich für gut halte; die letzte ist von meinem würdigen Collegen, Hrn. Prof. Harding, und das Mittel aus einigen gut harmonirenden Vergleichungen. Uebrigens vertragen die Beobachtungen des Cometen in der letzten Zeit keine grosse Genauigkeit, da seine geringe Lichtstärke und die Unkenntlichkeit seines Kerns nicht mehr so scharfe Beobachtung der Ein- und Austritte erlauben. Im December-Heft der M. C. [S. 292 d. B.] ist übrigens bei meinen Elementen die Neigung der Bahn vergessen, welche 63° 12′ 35″6 ist. Ich sehe dies in dem so eben mir communicirten Exemplare des Hrn. Hofrath Blumenbach.

Für die mir gütigst mitgetheilten Mailänder Beobachtungen der ☋ bin ich Ihnen sehr verpflichtet. Mein vortrefflicher Freund, Hr. Bessel, hat die Gefälligkeit gehabt, die letzten auf das schärfste mit gehöriger Rücksicht auf Refraction zu reduciren. Hier die Resultate dieser Reductionen:

1807	Mittl. Zeit	AR.	Declination	Differenzen AR.	Declin.
Sept. 5	7u 21m 13s0	211° 29′ 4″5	8° 2′ 49″9 Südl.	— 46″6	— 53″0
8	7 14 47.5	212 49 55.4	8 38 18.1	— 54.0	— 59.3
8	7 29 44.8	212 50 11.5	8 38 16.0	— 53.2	— 49.9
10	7 13 14.9	213 44 31.7	9 1 45.8	— 65.5	— 61.4
21	7 4 10.8	218 51 35.2	11 7 42.5	— 82.4	— 64.5
26	6 53 51.8	221 15 21.1	12 2 59.3	— 99.5	— 66.9

Herr Prof. Harding hat die Güte gehabt, diese Beobachtungen mit meinen III. Elementen zu vergleichen. Hieraus haben sich folgende Differenzen ergeben: [die in diesem Abdruck oben den Beobachtungen beigesetzt sind.]

Ich halte es für überflüssig, hienach jetzt noch einmal die III. Elemente zu verbessern. Die Correctionen würden nur sehr klein sein, und die Ephemeride im September-Heft der M. C. wird zur Auffindung hinreichen.

Die neuen Elemente der *Pallas*, wonach die Ephemeride im December-Heft der M. C. berechnet war, sind folgende:

X^{te} Elemente

Epoche	Meridian von Göttingen
1802	143° 33′ 58″7
1803	221 39 26. 9
1804	299 57 45. 4
1805	18 3 13. 6
1806	96 8 41. 8
1807	174 14 10. 0
1808	252 32 28. 5

Tägliche tropische Bewegung 770 2143
Logarithm der halben grossen Achse . . 0.4423149
Excentricität 0.2450198
Perihelium 1803 . . . . 121° 3′ 11″4
☊, 1803 . . . . 172 28 56. 9
Neigung der Bahn 34 37 41. 0

Diese Elemente gründen sich blos auf die vier Oppositionen von 1803. 1804. 1805 und 1807; auf die Beobachtungen von 1802 ist gar nicht Rücksicht genommen, da sie zur scharfen Bestimmung der Opposition nicht brauchbar sind. Von jenen Oppositionen werden alle Längen genau dargestellt, die Breiten lassen sich zwar nicht genau vereinigen, doch gehen die Differenzen nicht auf ¼ Minute. Übrigens wird die Pallas 1808 schwieriger zu beobachten sein als je, da sie sich gerade in ihrem Aphelium befindet·

Vor einiger Zeit habe ich denn auch die Elemente der *Juno* verbessert. Die Resultate und die darnach berechnete Ephemeride für 1808 finden Sie beiliegend. Ich bemerke also nur noch, dass Herr Prof. HARDING die Güte gehabt hat, die neuen VII^{ten} Elemente mit den Beobachtungen des Herrn BESSEL sorgfältig (jedoch mit Vernachlässigung der Parallaxe) zu vergleichen.

1807	Mittlere Zeit Lilienthal	Berechnete AR.	Untersch. R—B	Berechn. südl. Declination	Untersch. R—B
Mai 5	12ᵘ 46ᵐ 4ˢ	240° 5′ 11″4	+ 26″6	3° 44′ 27″1	+ 7″8
7	12 25 33	239 42 31. 0	+ 3. 6	3 34 18. 0	+ 17. 6
8	11 30 29	239 31 22. 3	+ 5. 6	3 29 29. 4	+ 0. 1
19	12 8 26	237 17 26. 9	— 5. 6	2 40 34. 5	— 3. 8
23	11 51 8	236 28 5. 2	—· 9. 5	2 26 12. 1	+ 5. 9
24	11 14 57	236 16 7. 4	— 5. 2	2 22 59. 9	— 0. 2
25	11 54 26	236 3 31. 0	— 2. 6	2 19 44. 7	— 2. 3
26	11 50 58	235 51 11. 4	— 5. 7	2 16 41. 9	— 16. 0

Bei der Ephemeride für die ♀ finde ich den Druckfehler zu verbessern, dass die letzte Columne nicht die Abstände der Pallas von der Erde, sondern die Logarithmen der Abstände angibt.

Mein Werk über die Bestimmung der Bahnen der Weltkörper ist jetzt unter der Presse und wird hoffentlich bald nach Ostern erscheinen können.

Beigehend schicke ich Ihnen noch kleine Aberrations- und Nutations-Tafeln, welche ich schon vor vier Jahren berechnet und mehrern Freunden mitgetheilt hatte, die dieselben bequem gefunden und sich an ihren Gebrauch gewöhnt haben. Mir deucht, man rechnet damit unter allen Generaltafeln am schnellsten und kürzesten. Dass dabei Sinus- und Logarithmen-Tafeln nöthig sind, kommt nicht in Betracht, denn diese hat ja ohnehin jeder Astronom immer auf seinem Schreibtische. Das Exemplar dieser Tafeln, das ich Ihnen hier überschicke, ist nach den neuesten numerischen Angaben des Herrn von ZACH ganz neu berechnet. [Seite 123..128 dieses Bandes.]

[Der geocentrische Lauf der Juno ist für Mitternacht in Göttingen vom 16. April bis 28. December 1808 mit viertägigen Zwischenräumen uud zwar Gerade Aufsteigung und Abweichung auf Minuten genau, der Logarithm des Abstandes von der Erde in vier Decimalen angegeben.]

COMET VON 1807.

Göttingische gelehrte Anzeigen. Stück 32. Seite 313..315. 1808 Februar 25.

Die diesen ganzen Winter hindurch herrschend gewesene ungünstige Witterung hat auf der hiesigen Sternwarte nur wenige Beobachtungen des letzten Cometen, und meistens nur unter nicht vortheilhaften Umständen, erlaubt. Da dieselben jetzt überall zu Ende sein werden, so stellen wir hier alle diejenigen zusammen, die seit der Ankunft des Hrn. Prof. GAUSS hier haben gemacht werden können.

Mittlere Zeit				Scheinbare				Unterschied	
				gerade Aufsteigung		nordliche Abweichung		gerade Aufsteig.	Abweichung
1807 Dec. 17.	11^u 24^m 44^s			$305°$ $54'$ $0''$		$45°$ $4'$ $30''$		$+ 49$	$- 28$
29	7	59	21	318	57	41	46	41	48		$+ 6$	$- 25$
29	11	36	33	319	6	35	46	43	11		$+ 49$	$- 55$
1808 Jan. 4	7	22	12	325	11	19	47	12	46		$- 18$	$- 21$
4	9	13	57	325	15	53					$- 6$	
4	17	30	26	325	36	38					$+ 18$	
31	9	31	34	349	46	43	48	9	26		$- 84$	$+ 24$

Alle diese Beobachtungen wurden mit dem Kreismicrometer durch Vergleichung mit Sternen der *histoire céleste* angestellt, die letzte ausgenommen, wo ein bisher nicht bestimmter Stern siebenter Grösse zur Vergleichung angewandt wurde, für dessen Stellung erst am 14. Februar eine Beobachtung erhalten werden konnte. Diese gab

scheinbare gerade Aufsteigung des Sterns . . . . . $350°$ $14'$ $38''$

scheinbare nördliche Abweichung 48 4 33

Nach dieser künftig noch zu berichtigenden Stellung ist obige Beobachtung reducirt.

Die bereits durch die Monatliche Correspondenz bekannten parabolischen Elemente des Cometen, welche Hr. Prof. GAUSS schon im Anfange Novembers berechnet hatte, stimmten mit diesen spätern Beobachtungen folgender Maassen überein [die Unterschiede sind in diesem Abdruck den Beobachtungen oben beigefügt.]

Es würde kaum der Mühe werth sein, nach diesen Beobachtungen jene Elemente nochmals zu verbessern, zumal da die letzten Beobachtungen schon wegen des schwachen Lichtes des Cometen, dessen Ein- und Austritte am 31. Januar nur mit Mühe beobachtet werden konnten, keiner vorzüglichen Genauigkeit fähig waren. Sollte man auf andern Sternwarten nicht viel glücklicher gewesen sein, so wird sich schwerlich über die Abweichung der Bahn dieses Cometen von der Parabel, seiner langen Sichtbarkeit ungeachtet, ein entscheidender Ausspruch thun lassen: gewiss ist's indess auf alle Fälle, dass dieselbe nur sehr klein sein kann.

Am 14. Februar war der Comet im HERSCHEL'schen Telescop nur noch eben zu sehen, allein an eine eigentliche Beobachtung war nicht mehr zu denken.

CERES ELEMENTE XII.

Göttingische gelehrte Anzeigen. Stück 40. Seite 393..395. 1808 März 10.

Die Ausbeute der vorigjährigen Beobachtungen der neuen Planeten, Vesta, Pallas und Juno, ist bereits in den Händen des astronomischen Publicums: die die Juno betreffenden Resultate wurden erst neuerlich in diesen Blättern mitgetheilt. Es ist also nur noch die Ceres übrig, über welche Hr. Prof. GAUSS seine Untersuchungen so eben geendigt hat. Ausser den vom Hrn. Prof. HARDING im April und Mai 1807 auf der hiesigen Sternwarte angestellten und einigen Berliner Beobachtungen konnte Hr. Prof. GAUSS noch eine schöne Reihe handschriftlich mitgetheilter Mailänder Beobachtungen benutzen, aus welchen allen sich für die letzte Opposition folgendes Resultat ergab:

$$\text{Zeit der Opposition 1807, Mai 3.} \quad . \quad . \quad 4^u \ 12^m \ 44^s \ \text{Meridian von Göttingen}$$
$$\text{Wahre Länge} \quad . \quad . \quad . \quad . \quad . \quad . \quad . \quad . \quad 222^\circ \ 14' \ 9''1$$
$$\text{Wahre geocentrische Breite} \quad . \quad . \quad . \quad 10 \quad 40 \quad 15.9 \ \text{nördlich.}$$

Dies ist die *fünfte* Opposition, die seit Entdeckung der *Ceres* beobachtet ist.

Die letzten, auch in diesen Blättern (1806 S. 1946) [von HARDING] mitgetheilten, Elemente weichen zwar von diesem Resultate nur 3 Minuten in der Länge, und nur 13 Secunden in der heliocentrischen Breite ab; inzwischen gibt jener Unterschied, so klein er ist, doch einen entscheidenden Beweis, dass diejenigen Störungen, worauf Hr. Prof. GAUSS sich bisher eingeschränkt hat, nicht mehr zureichen, alle vorhandenen Beobachtungen genau darzustellen: bisher sind nemlich blos die vom Jupiter herrührenden Störungen in Betrachtung gezogen, und auch hier diejenigen ausgeschlossen, welche von den höheren Potenzen der Excentricitäten abhängen. Um also die bisherigen und künftigen Beobachtungen genau vereinigen zu können, werden besonders die letzten Störungen nachzuholen sein, obwohl es aus mehr als einer Ursache rathsam sein wird, zu dieser Arbeit noch eine oder ein paar neue Oppositionen abzuwarten. Diesmal hat also Hr. Prof. GAUSS sich noch begnügt, blos mit Zuziehung derjenigen Störungen der Länge und des Radius Vectors, die im Märzhefte der Monatlichen Correspondenz von 1803 in Tafeln gebracht sind, jedoch mit vollständiger berechneten Breitenstörungen (welche bisher noch nicht gedruckt worden), die letzten Elemente so zu verbessern, dass die Differenzen unter alle fünf Oppositionen nach Möglichkeit vertheilt werden. Das Resultat dieser Untersuchung sind folgende neue Elemente (der Zahl nach Nr. XII), die, wie man bemerken wird, von den letzten nur sehr wenig verschieden sind. Die Epochen gelten für den Meridian von Göttingen.

	Mittlere Länge	Sonnennähe
1802	155° 28′ 15″7	146° 30′ 22″1
1803	233 38 7.1	32 23.3
1804	312 0 49.5	34 24.9
1805	30 10 40.9	36 26.1
1806	108 20 32.3	38 27.4
1807	186 30 23.7	40 28.6
1808	264 53 6.1	42 30.2

Tägliche mittlere Bewegung . . . . . . 770″9354
Excentricität 1806 . . . . 0.0785251
Jährliche Abnahme 0.00000583
Logarithm. d. halben grossen Axe . . . 0.4420439
Aufsteigender Knoten 1806 . . . . 80° 53′ 24″6
Jährliche Bewegung . . . . + 1″48
Neigung der Bahn 1806 . . . . . . 10° 37′ 33″2
Jährliche Abnahme . . . . — 0″44

Mit den fünf bisherigen Oppositionen stimmen diese Elemente folgender Massen überein:

	Unterschied		Nach den XIII. Elementen	
	heliocentr. Länge in der Bahn	heliocentrische Breite		
1802	— 24″1	+ 1″2	— 0″5	— 1″9
1803	+ 40.9	— 9.6	+ 22.1	— 5.3
1804	— 21.0	— 3.1	— 34.9	— 1.2
1806	+ 7.8	0	+ 26.7	— 3.6
1807	— 9.5	— 11.3	— 26.9	— 11.7
1808	+ 62.7		+ 20.8	— 6.0

[Die Vergleichung mit der Opposition v. 1808 und die Unterschiede für die Elemente Nr. XIII. ist von Gauss handschriftlich beigefügt. Schering.]

COMET VON 1807.

Göttingische gelehrte Anzeigen. Stück 53. Seite 521..523. 1808 April 2.

Hr. Inspector Bessel in Lilienthal ist, einem vom 18. März datirten Schreiben an Hrn. Professor Gauss zufolge, so glücklich gewesen, den letzten Cometen noch bis gegen Ende des Februars zu verfolgen. Wir eilen, hier diese schätzbaren Beobachtungen mitzutheilen.

1808	Mittlere Zeit	Scheinbare ger. Aufsteigung	Scheinbare nordl. Abweich.
Jan. 4	9u 49m 40s	325° 17′ 16″1	47° 13′ 11″1
4	11 34 32	325 21 47.6	47 13 40.9
12	6 58 59	333 3 58.2	47 40 58.8
21	7 26 15	341 19 13.0	47 59 15.3
23	6 49 6	343 2 37.9	48 2 5.2
Febr.19	7 20 6	3 43 35.7	48 21 17.1
20	7 23 15	4 24 3.7	48 21 33.5
24	7 35 16	7 3 11.1	48 23 38.3

Unter den im Februar beobachteten Declinationen ist, nach Hrn. Bessel's eigenem Urtheile, die vom 20. die einzige, die Vertrauen verdient.

Wir fügen diesen Beobachtungen auch noch die späteste, von Hrn. Dr. OLBERS in Bremen gemachte, bei; die frühern dieses Astronomen sind bereits durch die Monatl. Correspondenz bekannt geworden:

Febr. 14. 7^u 30^m 36^s mittl. Z. ger. Aufsteig. 0° 15′ 53″, nordl. Abweichung 48° 18′ 10″

Hr. BESSEL hat diese spätesten Beobachtungen benutzt, um seine parabolischen Elemente nochmals zu verbessern, und folgende Resultate gefunden, die von den Elementen des Herrn Prof. GAUSS wenig verschieden sind:

Durchgang durch die Sonnennähe, Pariser Zeit 1807 September . . . 18,82718
Neigung der Bahn . . . . 63° 14′ 28″1
Aufsteigender Knoten 266 36 51,7
Sonnennähe 271 6 7,5
       (beide vom mittlern Aequinoctium gezählt)
Logarithm des kleinsten Abstandes 9,8122168
Logarithm der mittlern Bewegung 0,2418031

Diese Elemente lassen bei den Breiten zu Anfang Decembers noch eine Abweichung von Einer Minute zurück: durch Vertheilung würde sich dieser Fehler noch beträchtlich vermindern lassen. Hr. BESSEL hat indess lieber, mit Beisetzung der parabolischen Hypothese, die Beobachtungen durch eine elliptische Bahn möglich genau vereinigen wollen, und wenn es gleich in der Natur der Sache liegt, dass die Dimensionen derselben keiner scharfen Bestimmung fähig sind, so scheint hieraus doch ziemlich zuverlässig hervorzugehen, dass die Bahn wirklich elliptisch, und nicht hyperbolisch ist. Es gibt wenig Cometen, wo man auch nur so viel mit entschiedener Gewissheit nach Einer Erscheinung behaupten kann. Die Elemente der von Hrn. BESSEL bestimmten elliptischen Bahn sind folgende:

Durchgangszeit durch die Sonnennähe September 18,74986
Neigung der Bahn . . . . 63° 10′ 53″2
Aufsteigender Knoten 266 46 3,1
Sonnennähe 271 56 0,1
       (beide vom mittlern Aequinoctium gezählt.)
Logarithm des kleinsten Abstandes 9,8105558
Logarithm der mittlern Bewegung 0,2442946
Excentricität 0,9958626
Halbe grosse Axe 156,253
Umlaufszeit . . . . 1953,2 Jahre.

GAUSS AN VON LINDENAU.

Monatliche Correspondenz. Band XVIII. S. 83..86. 1808 Juli.

Göttingen, am 27. Juni 1808.

— — — Der Druck meines Werkes, obgleich es schon im Messcatalog stand, ist leider bis jetzt noch nicht einmal zur Hälfte vollendet. Es geht damit sehr langsam, da ich mir die einzelnen

Bogen zur letzten Revision zuschicken lasse. Bei Gelegenheit einer Aufgabe, die den Gegenstand eines Abschnittes dieses Werkes ausmacht, nemlich aus *vier* geocentrischen Örtern eines Planeten, (wovon zwei unvollständig sein können) dessen Bahn zu bestimmen, habe ich, um ein recht ausgesuchtes Beispiel zu geben, schon vor langer Zeit noch eine Berechnung der *Vesta*-Bahn gemacht, wobei eine der letzten Mailänder Beobachtungen mit benutzt ist. Obgleich nun der Natur der Sache nach diese Bahn nicht das möglich genaueste Resultat der vorhandenen Beobachtungen sein konnte und sollte (weil alle angewandte Örter *einzelne* Beobachtungen sind, ohne vorher von dem wahrscheinlichsten Beobachtungsfehler befreit zu sein), so liess sich doch voraussehen, dass diese Elemente viel genauer sein mussten, als die III^{ten}, die im September schon 1′ von den Beobachtungen abwichen. Da diese neuen Elemente bisher noch nicht bekannt geworden sind, so theile ich Ihnen solche hier mit.

Epoche, Meridian von Paris 1807 . . . . 168° 10′ 47″6
Tägl. mittl. tropische Bewegung . . . . 978″8588
Sonnenferne für die Epoche siderisch ruhend . . . . 69° 57′ 6″5
Aufsteigender Knoten . . . . 103 11 57″3
Excentricität 0,0880158
Logarithmus des mittl. Abstandes 0,3728980
Neigung der Bahn . . . . 7° 8′ 20″8

Am 22. Juni haben wir hier die Vesta wieder aufgefunden. Seitdem haben wir zwar noch keine heitere Nacht wieder gehabt; indess da der beobachtete Stern fast genau auf dem Platze stand, wo die Vesta erwartet werden musste, da dieser Stern die achte Grösse hatte (wie ungefähr der Planet jetzt sein muss), da kein anderer kenntlicher Stern in der Nähe war, der die Vesta hätte sein können, da Hr. Professor HARDING bei seiner frühern Revision dieser Gegend hier keinen nicht beobachteten Fixstern bemerkt hat, endlich da meine Beobachtungen selbst während ungefähr einer Stunde schon ziemlich unverkennbar das Fortrücken in AR. anzuzeigen scheinen, so bleibt wohl kein Zeifel, dass es wirklich die Vesta gewesen ist. Die erste heitere Nacht wird uns darüber volle Gewissheit geben. Die Juno haben wir schon am 20. Juni wieder aufgefunden und beobachtet, ob wir gleich an diesem Abend eher in einem andern Sterne 10. Grösse sie zu erkennen glaubten, der aber am 21sten unverrückt seinen Platz behauptet hatte. Am 22sten gab die Beobachtung volle Gewissheit. Die Juno hat kaum die 10. Grösse, doch hoffe ich, dass Sie sie am Passagen-Instrumente beobachten werden, da man sie 1806 bei ungefähr gleicher Lichtschwäche zu Mailand am Mauer-Quadranten beobachtet hat.

Hier meine Beobachtungen der Juno und Vesta:

	1808	Mittlere Zeit in Göttingen	Scheinb. gerade Aufsteigung	Scheinb. südl. Abweichung
⚷	Juni 20	11^u 49^m 0^s	315° 29′ 34″	2° 16′ 23″
⚷	22	12 0 45	315 23 1	2 14 20
♌	22	13 46 25	353 12 17	9 11 55

Bei der Juno geben also die 7ten Elemente (Gött. gelehrte Anz. 1808, St. 14, Monatl. Corresp. 1808, Febr.) die Rectascension um 11′ zu klein, die Declination um 2′ zu gross; bei der Vesta geben die dritten Elemente die Rectascension um 8′ zu klein, die Declination um 3′ zu gross. Die obigen Elemente hingegen geben berechnete AR. 353° 14′ 30″, Declination 9° 12′ 26″, also jene um 2′ 13″, diese um 31″ zu gross. Uebrigens ist die beobachtete Declination ziemlich unsicher, da der verglichene Stern eine sehr unvortheilhafte Lage hatte.

Noch ein paar in diesem Monat gemachte Beobachtungen kann ich Ihnen hier mittheilen.

Eintritt von i Virginis am dunkeln Mondsrand 4. Juni 9^u 3^m 39^{s}0 M. Z. von mir und Herrn Prof. HARDING in Einer Secunde.

Eintritt des II^{ten} Jupiter-Trabanten den 22. Juni:

12^u 45^m 9^s M. Z. HARDING am 3½füss. DOLLOND.

12 45 32 — GAUSS am 17füss. HERSCHEL.

Von Hrn. Prof. HARDINGS Himmels-Charten erwarten wir nächstens das vierte Blatt.

VESTA. JUNO. PALLAS. CERES.

Göttingische gelehrte Anzeigen. Stück 107. Seite 1065..1068. 1808 Juli 4.

In der Nacht vom 22. auf den 23. Juni wurde der neue Planet *Vesta*, nachdem er bei uns fast ein ganzes Jahr unsichtbar gewesen war, auf der hiesigen Sternwarte wieder aufgefunden, und zum ersten Male wieder beobachtet. Er gleicht bereits vollkommen einem Stern achter Grösse, und während der eine Stunde hindurch bis Tages Anbruch fortgesetzten Beobachtungen zeigte sich schon die Ortsveränderung ganz merklich. Das Mittel aus allen Vergleichungen mit einem Stern achter Grösse, dessen scheinbarer Ort aus der Hist. céleste reducirt und zu

352° 44′ 1″ gerade Aufsteigung,   8° 58′ 9″ südliche Abweichung

angesetzt wurde, gab folgendes Resultat:

1808	Mittlere Zeit in Göttingen	Scheinb. gerade Aufsteigung der Vesta	Südliche Abweichung der Vesta
Juni 22	13^u 46^m 25^s	353° 12′ 17″	9° 11′ 55″

Die nach Hrn. Prof. GAUSS dritten Elementen berechnete und im September-Heft der Monatl. Correspondenz 1807 abgedruckte Ephemeride gibt die gerade Aufsteigung um 8′ zu klein, die Declination um 3′ zu gross. Jene Elemente waren schon im Juli des vorigen Jahres berechnet, und dazu alle damals vorhandenen Beobachtungen benutzt, wovon die letzte am 11. Juli in Lilienthal gemacht war. Die Beobachtungen der Mailändischen Astronomen, welche den Planeten noch viel länger (bis zum 26. Sept.) verfolgten, würden nach der Hand eine noch viel genauere Bestimmung der Bahn möglich gemacht haben: allein obgleich diese letzten Beobachtungen nach Hrn. Prof. HARDING's Berechnung sich schon über eine Minute von den dritten Elementen entfernten, so hielt doch Herr Prof. GAUSS damals eine neue Correction der Elemente für unnöthig, und die schon berechnete Ephemeride zur Wiederauffindung für überflüssig genau, wie dies nun auch der Erfolg bestätigt hat. Inzwischen hat Hr. Prof. GAUSS nachher doch noch eine Veranlassung zu einer neuen Berechnung der Elemente gefunden, nicht in der Absicht, das möglich genaueste Endresultat der Beobachtungen des vorigen Jahres auszumitteln, sondern um einen Abschnitt seines unter der Presse befindlichen Werks über die Bahnen der Himmelskörper mit einem ausgesuchten Beispiele zu erläutern. Hiebei wurde denn eine der letzten Mailändi-

schen Beobachtungen mit angewandt, freilich der Absicht, warum diese Rechnung angestellt wurde, gemäss, *ohne* vorher von dem wahrscheinlichen Beobachtungsfehler befreit zu sein. Dessen ungeachtet liess
sich voraussehen, dass das Resultat beträchtlich genauer sein würde, als die dritten Elemente: wir fügen daher dasselbe, da es anderswo noch nicht gedruckt ist, hier bei:

Elemente der Vesta.

Epoche 1807 Meridian von Paris	168° 10′ 47″6
Tägliche tropische mittlere Bewegung	978″8588
Sonnennähe	249° 57′ 6″5
Aufsteigender Knoten	103 11 57
beide für 1807, und siderisch ruhend	
Neigung der Bahn	7 8 21
Excentricität	0,0880158
Logarithm des mittlern Abstandes	0,3728980

Der nach *diesen* Elementen berechnete Ort für die Zeit der obigen Beobachtung ist:

gerade Aufsteigung	Unterschied	Abweichung	Unterschied
353° 14′ 30″	+2′ 13″	9° 12′ 26″	+31″

Es muss übrigens hiebei noch bemerkt werden, dass die Lage des verglichenen Sterns zur Bestimmung der Declination sehr ungünstig war, daher diese nicht sehr zuverlässig ist; die gerade Aufsteigung
glauben wir aber um so mehr verbürgen zu können, da von dem verglichenen Sterne zwei Beobachtungen in der Hist. cél. vorkommen, die sehr gut übereinstimmende Resultate gaben; auf die Refraction
hat Hr. Prof. Gauss bei der Reduction nach einem eigenthümlichen Verfahren Rücksicht genommen.

Schon am 20. Juni wurde hier auch die *Juno* wieder aufgefunden; sie ist noch sehr lichtschwach,
und gleicht nur einem Sterne 10..11. Grösse. Folgende Beobachtungen haben bisher gemacht werden
können: [stehen oben Seite 302 in dem Briefe an von Lindenau 1808 Juni 27.]
Die Stellung des verglichenen Sterns wurde aus der Histoire céleste bestimmt:

gerade Aufsteigung 315° 24′ 58″ südliche Abweichung 2° 4′ 20″

Hienach weichen die siebenten, im 14. St. dieser Anzeigen mitgetheilten, Elemente um 11′ in gerader Aufsteigung, und um 2′ in der Declination von der Beobachtung ab; erstere gibt die Ephemeride
(Monatl. Corresp. Februar) zu klein, letztere zu gross. Man kann diese Differenzen schon zum Theil
der Einwirkung der Störungen zuschreiben.

Die *Pallas* war schon den 20. Mai wieder aufgefunden; schlechtes Wetter, Mondschein und zu
grosse Entfernung von gut bestimmten Sternen haben aber bisher noch keine Beobachtungen verstattet.
Nach einer ungefähren Schätzung schien die Ephemeride im December-Heft der Monatl. Corresp. die
Declination gut, die Rectascension um 2′ zu klein zu geben.
Die *Ceres* stand bisher noch zu tief in der Morgendämmerung, wir hoffen indess, auch von dieser
bald Beobachtungen mittheilen zu können.

GAUSS AN VON LINDENAU.

Monatliche Correspondenz. Band XVIII. S. 173..175. 1808 August.

Göttingen, den 6. August 1808.

Seit meinem letzten Briefe habe ich die Beobachtungen der neuen Planeten, so oft die Umstände es erlaubten, fortgesetzt, und ich mache mir das Vergnügen Ihnen hier mitzutheilen, was ich bisher erhalten habe. *Juno*, *Vesta* und *Pallas* konnten bisher nur mit dem Kreismicrometer beobachtet werden. Die Beobachtungen der Vesta habe ich aber seit dem 13. Juli nicht fortgesetzt, da sie von jetzt an schon im Meridian wird beobachtet werden können. Von der *Ceres* ist Hrn. Prof. HARDING auch eine Beobachtung am Quadranten gelungen, die ich Ihnen künftig mittheilen werde [handschriftliche Bemerkung: Juli 25. $13^u 14^m 29^s$ $322° 8' 57''6$ $27° 52' 11''5$]

Die *Pallas* steht jetzt leider die ganze Nacht für unser Local zu hoch; ich habe nur einige Beobachtungen erhalten können, wobei aber die Declinationen zweifelhaft sind.

Die Beobachtung der *Vesta* vom 2. Juli und die der *Pallas* vom 15. Juli sind von Hrn. HARDING, die übrigen alle von mir. Der Fehler der Ephemeride bei der *Pallas* ist —4′ in gerader Aufsteigung, die Declination auf die 1′ richtig; die Differenz bei der *Juno* ist jetzt auf 13′ in gerader Aufsteigung angewachsen. Die vier letzten Beobachtungen der *Juno* halte ich alle für sehr gut, in so fern die verglichenen Sterne in der Hist. Cél. gut beobachtet sind.

Beobachtungen der Pallas.

1808	Mittlere Zeit in Göttingen	Scheinbare AR.	Scheinbare Declination
Juli 13	$12^u 3^m 17^s$	300° 21′ 49″	18° 41′ 44″ N.
15	12 1 28	299 57 3	18 32 40
25	10 9 44	297 57 37	17 40 10

Beobachtungen der Juno.

1808	Mittlere Zeit in Göttingen	Scheinbare AR.	Scheinbare Declination
Juni 20	$11^u 49^m 0^s$	315° 29′ 34″	2° 16′ 23″ S.
22	12 0 45	315 23 1	2 14 29
Juli 6	12 42 23	314 1 0	2 19 7
30	10 51 17	309 38 9	3 57 13
31	11 40 57	309 24 53	4 3 48
Aug. 4	10 42 53	308 33 44	4 30 32
5	10 53 46	308 20 39	4 37 36

[Im Original sind noch Beobachtungen der *Vesta* von Juni 22. Juli 1. 2. 13., beigefügt, die sich aber auch in der weiter unten S. 309 abgedruckten Mittheilung der Gött. gel. Anz. 1808 Nov. 10 finden.]

Ich habe bereits levi calamo aus meinen Beobachtungen die Opposition der *Juno* berechnet und die Elemente vorläufig verbessert. Eine nur kleine Änderung, die vornehmlich nur in einer kleinen Verminderung der Länge der Sonnennähe und einer kleinen Vergrösserung der mittlern Bewegung besteht, reicht hin, alle vier bisher beobachteten Oppositionen in einer reinen Ellipse sehr genau darzustellen. Nächstens hievon mehr.

Unsere Sternwarte hat von dem Könige mehrere astronomische Instrumente zum Geschenk erhalten, wovon ein Gregorianisches Telescop von CHEVALIER und eine Seeuhr von LOUIS BERTHOUD bereits an-

gekommen sind. Letztere hat, so viel sich aus den bisherigen Erfahrungen schliessen lässt, einen ziemlich gleichförmigen Gang. Freilich ist derselbe bisher nur bei beständiger Ruhe beobachtet worden.
Nächstens werden wir den Versuch einer Längenbestimmung damit machen. [Diese Mittheilung über
die Instrumente ist auch in den Gött. gel. Anzeigen Stück 127. Seite 1265. 1808 August 8. abgedruckt
mit dem Zusatze „Die übrigen Instrumente welche bisher in Paris befindlich waren, dürfen wir gleichfalls bald erwarten." SCHERING.]

JUNO ELEMENTE VIII.

Göttingische gelehrte Anzeigen. Stück 136. Seite 1353..1355. 1808 August 25.

Die ersten, in diesem Jahre auf der hiesigen Sternwarte gemachten Beobachtungen der *Juno* sind
bereits im 107. Stück dieser Blätter [S. 303 d. B.] angezeigt: seitdem sind die Beobachtungen fortgesetzt,
so oft die Umstände dazu günstig waren, freilich nur mit dem Kreismicrometer, da der kleine Planet
in dem lichtschwachen Fernrohre unsers Mauerquadranten beständig unsichtbar blieb. Man hat diesen
Mangel durch zahlreiche und möglichst sorgfältige Vergleichungen zu ersetzen gesucht, und besonders
die vier Beobachtungen in der Nähe der Opposition dürfen für so genau gehalten werden, als es nur
immer die angewandte Methode verstattet. Da die Beobachtung vom 22. Juni noch eine kleine Correction erlitten hat, so stellen wir hier die ersten beiden Bestimmungen noch einmal mit allen bisher
gemachten späteren zusammen: [stehen oben Seite 305 in dem Briefe an VON LINDENAU. 1808 Aug. 6.]

Der Fehler der Ephemeride ist hienach bei den letzten Beobachtungen auf 13 Minuten in gerader Aufsteigung angewachsen; der Fehler der Declination ist ziemlich unverändert $1\frac{1}{4}$ Minute. Auswärtige Beobachtungen sind bisher noch nicht bekannt geworden.

Hr. Prof. GAUSS hat die vier letzten, vorzüglich gut ausgefallenen Beobachtungen zur Bestimmung der Opposition benutzt, und folgendes Resultat gefunden:

$$1808. \text{ August 2. } 9^u\ 30^m\ 43^s \text{ mittlere Zeit in Göttingen}$$

wahre Länge . . . . $310°\ 16'\ 31''5$

wahre geocentrische Breite . . . . 13 53 56,2 nordl.

Die Verbindung dieser Opposition, der *vierten* bisher beobachteten, mit denen von 1804, 1806 und
1807 hat hienächst zur Bestimmung folgender neuen Elemente (VIII) gedient, wodurch die sämmtlichen
bisherigen Beobachtungen noch sehr gut dargestellt werden.

Epoche der mittlern Länge
für den Meridian von Göttingen:

1804	320° 1'	20''1
1805	42 35	8.4
1806	125 8	56.7
1807	207 42	45.0
1808	290 30	7.6
1809	13 3	55.8
1810	95 37	44.1

Tägliche mittlere tropische Bewegung . . 814''324
Tropische Umlaufszeit . . 1591 Tage 12 Stunden
Sonnennähe 1805 . . . . 53° 10' 53''9
Aufsteigender Knoten 1805 . . . . 171 4 11,3
Beide siderisch ruhend vorausgesetzt.
Neigung der Bahn 13 4 11,0
Excentricität 0,2554521
Logarithm der halben grossen Axe . . 0,4261883

Die nächste Opposition, wo die Juno wieder ansehnlich heller sein wird, fällt nach diesen Elementen 1810 Januar 30; in 130° 2′ Länge und 14° 51′ südlicher Breite, am Kopf der Wasserschlange.

GAUSS AN VON LINDENAU.

Monatliche Correspondenz. Band XVIII. S. 269..273. 1808 September.

Göttingen, am 30. August 1808.

Auf das verbindlichste danke ich Ihnen für die gütige Mittheilung der Nachrichten von den beiden letzten Cometen und Ihrer Beobachtungen der neuen Planeten. Es ist Schade, dass erstere nicht früher bekannt geworden sind, jetzt ist natürlich an die Aufsuchung nicht mehr zu denken. Die letzteren Resultate der hiesigen Juno-Beobachtungen erlauben Sie mir, Ihnen auf beiliegendem Blatte unserer gel. Anz. vorlegen zu dürfen. Die Beobachtungen waren folgende:

1808	Mittlere Zeit in Göttingen	Scheinb. gerade Aufst. der Juno	Südl. Abweich. der Juno
Juni 20	11^u 49^m 0^s	315° 29′ 34″	2° 16′ 23″
22	12 0 45	315 23 1	2 14 29
Juli 6	12 42 23	314 1 0	2 19 7
30	10 51 17	309 38 0	3 57 13
31	11 40 57	309 24 53	4 3 48
Aug. 4	10 42 53	308 33 44	4 30 32
5	10 53 16	308 20 39	4 37 36

Der Fehler der Ephemeride ist hienach bei den letzten Beobachtungen auf 13′ in gerader Aufsteigung angewachsen; der Fehler der Declination ist ziemlich unverändert 1′5. Auswärtige Beobachtungen sind bisher noch nicht bekannt geworden. Die vier letzten Beobachtungen geben für die Opposition folgendes Resultat:

1808 August 2. 9^u 30^m 43^s mittlere Zeit in Göttingen
Wahre Länge . . . . 310° 16′ 31″5
Wahre geocentrische Breite . . . . 13 53 56,5 nordl.

Die Verbindung dieser Opposition, der vierten bisher beobachteten, mit denen von 1804, 1806 und 1807, hat hienächst zur Bestimmung folgender neuen Elemente (VIII) gedient, wodurch die sämmtlichen bisherigen Beobachtungen noch sehr gut dargestellt werden, [sie sind oben Seite 306 aus den Gött. gel. Anzeigen 1808 Aug. 25 abgedruckt.]

Die Vesta haben wir schon achtmal seit dem 12. August im Meridian beobachtet; die Beobachtungen sind aber noch nicht alle berechnet.

[Den fernern Theil des Briefes enthaltend die Ankündigung des Aufsatzes über die Bestimmung der Polhöhe habe ich oben nach jenem Aufsatze Seite 146 dieses Bandes wiedergegeben. SCHERING.]

VESTA.   CERES.   COMET.

Göttingische gelehrte Anzeigen.   Stück 180.   Seite 1793..1795.   1808 November 10.

Von Hrn. Prof. Bode sind uns folgende schätzbare, auf der Berliner Sternwarte angestellte, Beobachtungen der *Vesta* mitgetheilt worden:

1808	Mittlere Zeit in Berlin	Scheinb. gerade Aufsteigung	Scheinb. südl. Abweichung
Aug. 24	11^u 16^m 16^s	354° 34' 59"	13° 50' 22"
Sept. 1	12 48 0.7	352 57 27	14 49 41
5	11 8 0	352 5 20	15 20 11
13	11 50 1.0	350 15 10	16 15 59
15	11 40 21.7	349 48 2	16 28 2
20	11 16 26.7	348 42 5	16 54 35
Oct. 6	10 1 55.2	345 49 31	17 42 7
9	9 48 36.0	345 26 47	17 44 4
14	9 26 57.3	344 56 58	17 42 30

Alle diese Beobachtungen, die erste und dritte ausgenommen, sind am Mauerquadranten gemacht.

Die *Ceres* blieb am Mauerquadranten stets unsichtbar: folgende drei Beobachtungen sind mit dem Kreismicrometer gemacht:

1808	Mittlere Zeit in Berlin	Scheinb. gerade Aufsteigung	Scheinb. südl. Abweichung
Aug. 29	10^u 52^m 49^s	314° 45' 57"	30° 34' 28"
Sept. 16	7 46 36	312 26 31	30 39 58
17	9 12 43	312 22 24	30 40 4

Die folgenden, zu Petersburg von den Herren Schubert und Wisniewsky angestellten, Beobachtungen des letzten Cometen, welche uns gleichfalls durch die Güte des Hrn. Prof. Bode mitgetheilt sind erhalten dadurch ein besonderes Interesse, dass sie die spätesten sind, die irgendwo haben gemacht werden können.   Bei den letzten war der Comet so schwach, dass nur ein sehr scharfes Auge ihn im Fernrohre erkennen konnte.   Die Beobachtungen sind mit dem Kreismicrometer gemacht, aber bei der Reduction hat man Refraction, Nutation und Aberration nicht in Betracht gezogen.   Die verglichenen Sterne hat man nicht bezeichnet.

1808	Mittlere Zeit in Petersburg	Gerade Aufsteigung	Nordliche Abweichung
Jan. 15	6^u 49^m 30^s	335° 50' 2"	47° 47' 27"
26	7 2 25	345 33 24	48 4 6
Febr. 15	8 45 44	2 36 58	48 44 20
25	9 17 3	9 21 23	48 50 48
März 1	9 53 5	12 33 34	48 51 59
22	9 24 29	23 6 39	48 48 25
27	10 54 20	25 48 51	48 53 49

Wir fügen bei dieser Gelegenheit auch noch die auf der hiesigen Sternwarte in diesem Jahre angestellten Beobachtungen der *Vesta* bei; die erste, welche überhaupt die früheste in diesem Jahre gemachte zu sein scheint, ist bereits im 107. St. dieser Blätter [S. 303. d. Bandes] angezeigt.   Vom 10. August an sind die Beobachtungen am Mauerquadranten gemacht; zufällige Hindernisse haben die Fortsetzung im October unterbrochen.

1808	Mittlere Zeit in Göttingen	Scheinbare gerade Aufsteigung	Scheinbare südl. Abweichung
Juni 22	13^u 46^m 25^s	353° 12′ 17″	9° 12′ 16″
Juli 1	14 38 57	354 28 3	9 9 39
2	12 50 2	355 7 7	
13	13 22 37	356 35 27	9 27 40
Aug. 10	14 28 53.7	356 36 16.5	11 52 50.3
12	14 20 22.3	356 23 22.3	12 8 5.3
14	14 11 23.4	356 9 3.7	12 23 25.7
15	14 6 54.8	356 1 6.0	12 31 21.2
22	13 35 4.7	354 56 6.3	13 28 20.7
23	13 30 28.0	354 45 24.1	13 36 10.4
29	13 2 11.5	353 35 29.2	14 25 25.8
30	12 57 26.4	353 23 12.9	14 33 32.6
Sept. 5	12 28 37.0	352 4 33.3	15 20 32.5
8	12 14 6.6	351 23 46.5	15 42 22.3
11	11 59 34.6	350 43 7.3	16 3 7.1
12	11 54 42.9	350 28 40.5	16 9 34.9
21	11 11 22.7	348 29 10.5	16 59 51.1

Einige dieser Beobachtungen sind von Hrn. TIARKS, welcher sich bei uns den mathematischen Wissenschaften mit glücklichem Erfolge widmet, und im astronomischen Calcul bereits viele Fertigkeit besitzt, mit denjenigen Elementen verglichen, welche wir im 107. St. dieser Anz. [S. 303 d. B.] mitgetheilt haben, woraus folgende Differenzen hervorgegangen sind:

	Differenz	
	in der Länge	in der Breite
Aug. 23	+ 4′ 7″4	+ 43″0
29	+ 4 5.6	+ 50.6
30	+ 3 53.9	+ 45.0
Sept. 5	+ 4 4.5	+ 45.2
8	+ 4 11.3	+ 54.0
11	+ 3 31.6	+ 38.3
12	+ 4 7.7	+ 59.6
21	+ 3 37.0	+ 55.1

VESTA.

Göttingische gelehrte Anzeigen. Stück 55. Seite 537..540. 1809. April 8.

Wir haben in einigen frühern Blättern unsrer Gel. Anz. die ersten, vom Juni bis September des vorigen Jahres auf der hiesigen Sternwarte, wie auch die in Berlin von Hrn. Prof. BODE angestellten, Beobachtungen der Vesta mitgetheilt (1808 S. 1793) [Nov. 10. S. 308 d. B.]: vor kurzem hat Hr. Prof. GAUSS auch die auf der kaiserl. Sternwarte zu Paris gemachten Beobachtungen dieses Planeten von Hrn.

Bouvard mitgetheilt erhalten, durch deren frühere Bekanntmachung wir den Astronomen einen Dienst zu erweisen glauben.

Beobachtungen der Vesta in Paris:

1808	Mittlere Zeit in Paris			Scheinbare gerade Aufsteigung			Scheinbare südl. Abweichung		
Aug. 26	13ᵘ	16ᵐ	23ˢ5	354°	11′	28″80	14°	1′	20″3
28	13	6	56.1	353	47	30.30	14	17	43.4
Sept. 16	11	35	23.2	349	34	9.45	16	34	8.7
19	11	20	57.3	348	54	30.00	16	50	16.0
22	11	6	37.0	348	16	15.00	17	4	24.0
24	10	57	7.7	347	51	49.80	17	12	48.5
25	10	52	24.5	347	39	55.35	17	16	36.0
26	10	47	42.1	347	28	18.75	17	20	10.0
Oct. 4	10	10	48.6	346	6	32.55	17	39	50.5
5	10	6	18.0	345	57	50.25	17	41	6.7
6	10	1	48.7	345	49	27.75	17	42	20.0
13	9	31	7.4	345	1	51.75	17	43	36.3

Aus diesen und den übrigen vorhandenen Beobachtungen hat Hr. Prof. Gauss den Gegenschein der Vesta bestimmt, den *ersten*, der bisher beobachtet worden ist.

Opposition der Vesta:

1808 September 8. 7ᵘ 52ᵐ 57ˢ Mittl. Zeit in Göttingen.

Wahre Länge . . . . 345° 53′ 38″5

Wahre geocentrische Breite . . . . 11 0 25,8 südl.

Auf der hiesigen Sternwarte wurden die Meridianbeobachtungen der Vesta bis zum November fortgesetzt, dann aber aufgegeben, da bei dem abnehmenden Lichte des Planeten die geringe Öffnung des Fernrohrs an unserm Mauerquadranten keine sehr genaue Bestimmung mehr erlaubte, und weniger genaue Beobachtungen aus dieser Zeit doch für die Verbesserung der Elemente von wenigem Nutzen gewesen sein würden. Erst gegen das Ende der diesmaligen Sichtbarkeit wurden desshalb die Beobachtungen mit dem Kreismicrometer wieder angefangen: das unbeständige Wetter hat zwar nur zwei Beobachtungen zu machen verstattet, die aber vorzüglich gut ausgefallen sind, und daher um so mehr hier mitgetheilt zu werden verdienen, da sie wahrscheinlich die spätesten diesmal gemachten sind.

1809	Mittlere Zeit in Göttingen			Scheinbare gerade Aufsteig. der Vesta			Scheinbare südl. Abweichung		
Febr. 8	7ᵘ	8ᵐ	25ˢ	9°	26′	51″3	2°	9′	28″8
16	7	16	56	12	25	20.0	0	41	32.4

Die im 107. Stück unsrer vorigjährigen Anzeigen [1808. Juli 4. S. 302 d. B.] abgedruckten Elemente weichen von diesen letzten Beobachtungen um 4 Min. in der Länge, und nur wenige Secunden in der Breite ab. Jene Elemente haben daher nur einer mässigen Verbesserung bedurft, um mit den Beobachtungen 1807, 1808 und 1809 in Übereinstimmung gebracht zu werden. Folgendes sind die neuen Elemente, welche Hr. Prof. Gauss neuerlich bestimmt hat.

IV. *Elemente der Vesta.*

Epochen der mittlern Länge.
Meridian von Göttingen.

					Sonnennähe 1807, siderisch ruhend .	249°	52′	23″8
1807	. . . .	168°	16′	35″5	Aufst. Knoten 1807, siderisch ruhend	103	13	11, 2
1808	. . . .	267	39	28.6	Neigung der Bahn		7	8 18,8
1809	. . . .	6	46	4.2	Tägliche mittl. tropische Bewegung . .			977″5221
1810	. . . .	105	52	39.7	Tropische Umlaufszeit . . 1325 Tage 19 Stunden			
1811	. . . . ˙	204	59	15.3	Excentricität			0,0887809
					Logarithm der halben grossen Axe . .			0,3732940

Die zweite Opposition der Vesta haben wir nach diesen Elementen den 1. Januar 1810 Nachmittags in 100° 43′ Länge, und 0° 31′ südlicher geocentrischer Breite zu erwarten.

Vielleicht sind einigen unsrer Leser auch die Resultate über die verschiedene relative Lichtstärke dieses Planeten nicht uninteressant, welche Hr. Prof. GAUSS bei diesen Rechnungen im Vorbeigehen mit entwickelt hat. Diejenige Lichtstärke als Einheit angenommen, welche der Planet in der Distanz 1 von der Erde und Sonne zeigen würde, war die Lichtstärke am Tage der ersten Entdeckung, den 29. März 1807, wo der Planet sich als ein Stern von 5 . . 6. Grösse zeigte, = 0,11815; sie war damals schon im Abnehmen, und am 26. September 1807, wo die Mailänder Astronomen den Planeten zuletzt beobachteten, bis zu 0.02699 herabgesunken. Am 22. Juni 1808, wo der Planet auf unsrer Sternwarte zuerst als ein Stern 8. oder 7 . . 8. Grösse wiedergefunden wurde, war die Lichtstärke schon wieder = 0.05492; der Planet wurde immer heller, und glich im September, wo seine Lichtstärke in der Opposition auf 0,09513 angewachsen war, einem Sterne 6. oder 6 . . 7. Grösse. Jetzt nahm die Lichtstärke wieder ab, so dass sie am 16. Februar, wo doch der Planet noch reichlich die Helligkeit eines Sterns 9. Grösse hatte, auf 0,01629 gesunken war. In der nächsten Opposition wird sie nur bis auf 0,06435 anwachsen, und daher der Planet nur in dem Lichte eines Sterns 7. Grösse zu erwarten sein.

GAUSS AN VON LINDENAU.

Monatliche Correspondenz. Band XIX. Seite 501 . . 503. 1809. Mai.

Göttingen, am 20. Mai 1809.

In der Anlage überschicke ich Ihnen die Resultate meiner zum Theil bereits seit einiger Zeit beendigten Rechnungen über die Verbesserung der Elemente der neuen Planeten. Bei der Ceres werden Sie einige Unterschiede zwischen meinen und SANTINI's Resultaten (Monatl. Corresp. Febr. S. 191) wahrnehmen. Wahrscheinlich haben sie ihren Grund zum Theil darin, dass SANTINI bei der Vergleichung der *einzelnen* Beobachtungen mit den XI. Elementen nicht auf die Störungen Rücksicht genommen hat, welches ich nicht billigen kann, weil diese Störungen 22 Tage hindurch keinesweges einen gleichen Einfluss auf die geocentrischen Örter haben, daher die mittlere Differenz nicht als die wahre angenommen werden darf. Auch bei der nachherigen Berechnung der Störungen scheint Herr SANTINI einige Fehler begangen zu haben; ich finde nach meinen Tafeln Störung der Länge $+ 6′ 6″4$, im Radius Vector $+ 0,001570$. Sie werden bemerken, dass diese Zahlen mit den SANTINISchen fast keine Ähnlichkeit haben;

die Störung der Breite, die sich freilich mit der Santini'schen nicht vergleichen lässt, weil ich nach vollständigern Gleichungen gerechnet habe, ist $+56''8$. — Auf beiliegendem Blatte schicke ich Ihnen zugleich die Ephemeriden der Ceres, Juno und Vesta für ihre nächste Sichtbarkeit. Die für die Juno hat Herr Professor Harding berechnet nach den schon früher in der Monatl. Corresp. abgedruckten Elementen. Die Ephemeride der Vesta nach den IV Elementen ist von Herrn Doctor Schumacher, welcher sich jetzt bei uns aufhält. Die für die Ceres habe ich selbst übernommen. [Von Lindenau hat diese Ephemeride, welche mit viertägigen Zwischenräumen für Mitternacht in Göttingen von 1809 Juli 18 bis 1810 März 16 die geocentrische gerade Aufsteigung und Abweichung auf Minuten den Logarithmus des Abstandes in vier Decimalen angibt in dem Aufsatze „Fortgesetzte Nachrichten u. s. f." Mon. Corr. 1809 Mai-Heft Seite 504 bis 515 aufgenommen.] Es fehlt also nur noch die Pallas. Leider habe ich von dieser noch keine brauchbaren Beobachtungen aus dem vorigen Jahre zu Gesicht bekommen und daher noch keine Rechnungen über dieselbe anstellen können.

Zu der Anzeige meines Programms im Februar-Heft [worin von einem nicht genannten Verfasser „in dieser Zeitschrift die hauptsächlichsten Formeln, auf denen die Methode beruht kurz dargestellt" und die Numerirungen der Formeln und Bezeichnungsweise der Gauss'schen Schrift, Methodus peculiaris elevationem poli determinandi, Seite 39 u. f. dieses Bandes ungeändert aufgenommen worden sind] muss ich noch bemerken, dass dort irriger Weise (S. 136) von gleichen Höhen die Rede ist; eine solche Bedingung ist der Aufgabe ganz fremd. Ferner verdient noch folgender Zusatz angehängt zu werden: „Bei der Bestimmung von λ durch die Tangente nach der Formel 9, bleibt die Zweideutigkeit zurück, ob man λ im ersten oder zweiten Halbkreise nehmen müsse; diese wird durch Formel 4 gehoben, welche zeigt, dass λ in demselben Halbkreise genommen werden muss, in welchem u liegt, weil offenbar $\cos\varphi$ und $\cos h$ ihrer Natur nach positive Grössen sind."

Es versteht sich übrigens, dass dieser Zusatz blos der analytischen Vollständigkeit wegen noch nöthig war, denn man würde doch nicht zweifelhaft sein können, welcher Werth von λ der rechte sei, da der zweite Werth den Stand der Uhr um 12 Stunden falsch und die Polhöhe mit dem unrechten Zeichen geben würde. Auch aus Ihrem Auszuge wird jeder sich die geometrischen Erörterungen, welche das Programm selbst enthält, leicht ergänzen und die Bedeutung der gebrauchten Zeichen auf der Sphäre nachweisen können. Übrigens hat Herr Prof. Harding für das astronomische Jahrbuch eine deutsche Übersetzung davon veranstaltet.

CERES.

Göttingische gelehrte Anzeigen. Stück 87. S. 857..860. 1809. Juni 3.

Im 40. Stück unserer vorigjährigen Anzeigen [S. 299. d. B.] haben wir die zwölften Elemente der *Ceres* mitgetheilt, welche Hr. Prof. Gauss auf die Beobachtungen vom Jahre 1807 gegründet hatte; wir fahren fort, diejenigen Resultate zu geben, welche nach den so eben geschlossenen Rechnungen aus den Beobachtungen des Jahrs 1808 hervorgegangen sind. Der tiefe Stand des Planeten im Steinbocke hat die Beobachtungen für unsere nordlichen Gegenden sehr erschwert; auf der hiesigen Sternwarte konnte nur eine einzige Beobachtung im Meridian angestellt werden, die überdiess nicht für vorzüglich gut gelten kann.

1808 Mittl. Zeit Juli 25. 13^u 14^m 29^s. Gerade Aufst. $322°$ $8'$ $57''6$. Südl. Abweich. $27°$ $52'$ $12''5$

Weiter sind bisher keine Beobachtungen bekannt geworden, als die, welche Hr. v. LINDENAU auf der Seeberger Sternwarte, und Hr. SANTINI in Padua angestellt haben. Mit diesen Hülfsmitteln hat Hr. Prof. GAUSS die Opposition von 1808, den Fehler der XII. Elemente und die Correctionen bestimmt, welche diesen Elementen zugefügt werden müssen, um mit allen bisher beobachteten sechs Oppositionen in die möglich genaueste Uebereinstimmung gebracht zu werden. Wir hoffen, dass den Astronomen die Mittheilung dieser Resultate in unsern Blättern bei der jetzt so sehr erschwerten Correspondenz nicht unwillkommen sein wird.

Die Opposition wurde nach möglich sorgfältigster Discussion der Beobachtungen gefunden, wie folgt:

$$1808 \text{ Aug. } 5. \quad 11^u \ 30^m \ 13^s \text{ mittl. Zeit in Göttingen}$$

$$\text{wahre Länge der Ceres } \ . \ . \ . \ 313° \ 13' \ 40''2$$

$$\text{wahre geocentrische Breite } \ . \ . \ 12 \ 43 \ 44,8 \text{ südlich}$$

Die XII. Elemente weichen diesmal nur Eine Minute in der Länge, und ein paar Secunden in der Breite ab: ein ganz unbedeutender Unterschied, wenn man bedenkt, dass die angewandten Störungen noch nicht vollständig sind, und daher eine vollkommene Vereinigung aller in dem Zeitraume von beinahe acht Jahren gemachten Beobachtungen ohnehin als unmöglich angesehen werden muss. Hr. Prof. GAUSS, welcher für die künftige vollständigere Berechnung der Störungen alles Nöthige bereits entworfen hat, aber freilich die Zeit der wirklichen Ausführung dieser eben so delicaten als weitläuftigen Arbeit noch nicht festsetzen kann, hat es inzwischen für interessant gehalten, zu untersuchen, wie genau sich die sämmtlichen sechs beobachteten Oppositionen noch mit seinen im Jahre 1802 berechneten Störungstafeln vereinigen lassen, und der Erfolg zeigt, dass auch diesmal die Differenzen noch so sehr unerheblich sind, dass um ihretwillen die vollständigern Störungen immer noch eine Zeitlang entbehrt werden können. Man darf doch hiebei nicht vergessen, dass künftig, wenn diese Störungen vollständig zugezogen werden müssen, die Berechnung Eines Planetenorts gewiss vier Mal so viele Zeit und Arbeit kosten wird, als jetzt. Die neuen Elemente der Ceres, welche von den XII. nur äusserst wenig abweichen, sind folgende, wo die Epochen für den Meridian von Göttingen gelten:

XIII. *Elemente der Ceres.*

	Mittlere Länge.	Sonnennähe.		
			Tägliche mittlere tropische Bewegung .	770''9230
1801	77° 18' 36''5	146° 26' 0''1	Excentricität 1806	0.0785028
1802	155 28 23.4	28 1.4	Jährliche Abnahme	0.00000583
1803	233 38 10.3	30 2.6	Logarithm der halben grossen Axe . .	0.4420486
1804	312 0 48.1	32 4.2	Aufsteigender Knoten 1806	80° 53' 41''3
1805	30 10 35.0	34 5.4	Jährliche Bewegung	+ 1,48
1806	108 20 21.8	36 6.6	Neigung der Bahn 1806	10° 37' 31''2
1807	186 30 8.7	38 7.9	Jährliche Abnahme	0,44
1808	264 52 46.5	40 9.5		
1809	343 2 33.4	42 10.7		

Folgendes ist die Uebereinstimmung dieser neuen Elemente mit allen sechs bisher beobachteten Oppositionen.

Unterschied:

1809	heliocentrische Länge in der Bahn	heliocentrische Breite
1802	— 0″5	— 1″9
1803	+ 22. 1	— 5. 3
1804	- 34. 9	— 1. 2
1806	+ 26. 7	— 3. 6
1807	— 26. 9	—11. 7
1808	+ 20. 8	— 6. 0

Es muss hierbei bemerkt werden, dass die Störungen der Länge und des Radius Vectors bei dieser Rechnung aus den Störungstafeln entlehnt sind, welche Hr. Prof. GAUSS im Märzhefte der Monatl. Corresp. [1803 März. Seite 235 u. f. dieses Bandes] bekannt gemacht hat; die Breitenstörungen hingegen sich auf eine spätere vollständigere Entwickelung gründen, deren Resultate bisher noch nicht gedruckt sind. Die Geringfügigkeit der Unterschiede bei den Breiten darf man als eine Bestätigung ansehen, dass bei jener Bestimmung keine erhebliche Glieder übersehen sind. [Der Inhalt dieser Mittheilung ist in der Monatlichen Correspondenz Band XIX. Seite 504..512. 1809 Mai wiedergegeben. Dort sind auch die von GAUSS berechneten Ephemeriden, für Ceres 1809 Juli 18 bis 1810 April 16, für Juno von 1809 September 4 bis 1810 Mai 10 abgedruckt. Sie enthalten für Mitternacht in Göttingen mit viertägigen Zwischenräumen geocentrische Gerade Aufsteigung und geocentrische Abweichung mit Minuten, den Abstand von der Erde auf vier Decimalen genau.]

GAUSS AN VON LINDENAU.

Monatliche Correspondenz. Band XX. S. 78, 79. 1809 Juli.

Göttingen, den 14. August 1809.

— — — Was ich Ihnen heute mittheilen kann, sind ein paar Beobachtungen der neuen Planeten, welche ich in diesen Tagen gemacht habe. Vorzüglich war es mir darum zu thun, die Pallas bei Zeiten aufzusuchen, weil ich voriges Jahr in Ermangelung guter *vollständiger* Beobachtungen (noch jetzt fehlen mir zuverlässigere *Declinationen*, und ich fürchte fast, dass ich keine anderen als meine eignen und die in Mailand am Aequatorialsector beobachteten werde benutzen können) die Elemente nicht hatte verbessern können, und wir uns also diesmal mit der Ephemeride behelfen müssen, welche Hr. Prof. BODE im Jahrbuche 1811 nach den im Jahr 1807 bestimmten Elementen berechnet hat. — Indess hat es eben keine Mühe gekostet den Planeten darnach aufzufinden. Am 8. Aug. hatte Hr. Prof. HARDING die Gegend in den Fischen durchmustert, wo er stehen musste, und am 9. Aug. erkannten wir ihn sofort in einem Sterne 9. Grösse, der sich merklich nach Süden bewegt hatte. Den 10. Aug. wurde diese Wiederauffindung zur völligen Gewissheit gebracht. Hier sind die Resultate meiner Beobachtungen von diesen Tagen.

1809	Mittlere Zeit in Göttingen.	Scheinb. gerade Aufsteig. der ♀	Scheinb. nördl. Abweichung.
Aug. 9	11ᵘ 42ᵐ 48ˢ	7° 51′ 44″	2° 41′ 6″
10	11 9 58	7 50 35	2 32 37

Es erhellet hieraus, dass die Ephemeride im astron. Jahrbuche die Declinationen jetzt gut, aber die Rectascensionen um 20' zu klein gibt.

Am 10. Aug. habe ich auch die Ceres aufgefunden; ein paar noch nicht vollständig reducirte Beobachtungen zeigen wenigstens, dass meine Ephemeride im Maiheft der M. C. den Ort auf die Minute genau darstellt. Die Ceres ist 8. bis 9. Grösse.

In der Nacht vom 12. auf den 13. glaubte Hr. Prof. Harding auch bereits die Vesta als einen Stern 9. bis 10. Grösse sehr nahe auf dem Platze zu erkennen, welchen die vom Hrn. Dr. Schumacher berechnete Ephemeride angibt; dies bedarf indess erst noch der Bestätigung, wozu die erste heitere Nacht benutzt werden wird.

PALLAS. CERES. VESTA.

Göttingische gelehrte Anzeigen. Stück 136. Seite 1348 .. 1350. 1809 August 26.

Von der in der Nacht vom 9. auf den 10. August auf der hiesigen Sternwarte geschehenen Wiederauffindung der *Pallas* wird eine kurze Nachricht in unsern Blättern den Astronomen nicht unwillkommen sein, zumal da der Mangel an brauchbaren Beobachtungen aus dem vorigen Jahre den Hrn. Prof. Gauss abgehalten hatte, eine Verbesserung der Elemente vorzunehmen, und man sich daher zur Wiederauffindung des Planeten noch an die ältern Elemente halten muss, nach welchen Hr. Prof. Bode im astronomischen Jahrbuche für 1811 eine kleine Ephemeride berechnet hat. Schon am 8. August wurde die Gegend, wo die Pallas erwartet wurde, durchmustert, und am folgenden Abend zeigte sich einer von den aufgezeichneten Sternen beträchtlich nach Süden vorgerückt. Am 10. August bestätigte es sich vollkommen, dass dies die Pallas gewesen sei. Folgende zwei Beobachtungen sind bisher vom Hrn. Prof. Gauss angestellt worden: [dieselben wie die an von Lindenau im Briefe vom 14. Aug. 1809 mitgetheilten S. 314 d. B.] Die erste Declination ist nicht ganz so zuverlässig, als die zweite; die Rectascensionen können beide für gut gelten. Hiernach gibt die erwähnte Ephemeride von Hrn. Prof. Bode die Declination gut, aber die Rectascension um 20 Min. zu klein. Die Pallas erscheint übrigens bereits vollkommen mit der Helligkeit eines Sterns neunter Grösse.

Am 10. August wurde auch die *Ceres* wieder aufgefunden, und vom Hrn. Prof. Gauss einige Mal mit nahe stehenden Sternen verglichen. Diese Beobachtungen sind aber noch nicht vollständig reducirt. Inzwischen ist es hinreichend, zu bemerken, dass dieser Planet bis auf die Minute genau auf dem Platze gefunden wurde, wo er nach den XIII. Elementen (s. das 87. St. dieser gel. Anz. d. J.) [1809 Juni 3. S. 313 d. B.] und der darnach berechneten Ephemeride (im Mai-Hefte der Monatl. Correspondenz) erwartet wurde. Die Ceres erscheint gleichfalls in dem Lichte eines Sterns neunter Grösse.

Auch die *Vesta* glaubte Hr. Prof. Harding bereits am 12. August in einem feinen Sternchen neunter Grösse zu erkennen, sehr nahe bei dem Platze, wo sie nach den IV. Elementen (s. das 55. St. dieser Anz.) [1809 April 8. S. 311 d. B.] und der darnach vom Hrn. Doctor Schumacher berechneten Ephemeride (Monatl. Corresp. am angef. O.) stehen soll. Jedoch hat seitdem die Witterung noch nicht erlaubt, dies näher zu bestätigen.

GAUSS AN VON LINDENAU.

Monatliche Correspondenz. Band. XXI. S. 276 .. 280. 1810 März.

Göttingen, den 23. Febr. 1810.

— — — Ich habe so eben einige Rechnungen über die beiden letzten Oppositionen der Pallas beendigt, deren Resultate ich in Nr. 32 der Göttinger gelehrten Zeitungen [S. 317 d. B.] habe abdrucken lassen und die ich Ihnen hier mittheile. — —

Ich habe auch schon einige andere Resultate in Rücksicht der Elemente darauf gegründet, und bin jetzt mit noch einigen Rechnungen darüber beschäftigt: dies zusammen, nebst einer Auseinandersetzung verschiedener Kunstgriffe, welche ich schon seit vielen Jahren bei Anwendung der im 3. Abschnitt des 2ten Buches meiner *Theoria* entwickelten Methode (*des moindres carrés*) gebraucht habe, bestimme ich zu einem Aufsatz für unsere Societät, aus welchem ich Ihnen, sobald die Arbeit vollendet ist, einen Auszug schicken werde.

Die hiesigen Beobachtungen der *Vesta*, welche alle vom Prof. Harding am Mauerquadranten gemacht sind, füge ich hier bei.

Vesta Beobachtungen.

1810	Mittlere Zeit in Göttingen	Scheinbare AR. der Vesta	Scheinbare nördl. Declin.
Januar 13	11^u 1^m 27^s7	$98°$ $5'$ $44''5$	$23°$ $19'$ $17''6$
15	10 51 30.1	97 34 57.0	23 26 14.3
28	9 49 13.7	94 46 15.2	24 7 33.7
Februar 2	9 26 32.7	94 0 51.3	24 20 51.7
3	9 22 7.4	93 53 19.2	24 23 37.8
6	9 8 56.1	93 32 33.2	24 31 1.9

Hier sind auch unsere Beobachtungen der Bedeckung des Jupiter vom 8. Febr. Die Austritte sind ganz unsicher, weil der Mond sehr niedrig stand.

Eintritte.

1. Trabant	8^u 58^m 2^s9	Harding
	3.3	Gauss
2. Trabant	8 58 26.2	G.
	28.7	H.
♃ I. R.	9 0 16.4	H.
	17.4	G.
♃ II. R.	9 2 26.0	G.
	26.7	H.
3. Trabant	9 7 55.5	G.
	56.4	H.
4. Trabant	9 14 35.3	H.
	37.0	G.

Austritte.

1. Trabant	9^u 30^m 59^s	Gauss schon ausgetreten
♃ I. R.	9 33 37.9	H.
II. R.	9 35 19.6	G.
	36.1	H.
3. Trabant	9 43 39.3	H.

Für die Notirung der Druckfehler in meiner Theoria, bin ich Herrn Oriani sehr verbunden. Er hat ganz Recht, dass ich pag. 129 hinzu zu fügen vergessen habe, dass $B, B', B'' = 0$, vorausgesetzt werden müssen, wenn die Bedingungsgleichung, bei welcher die Gleichung [7] unbrauchbar ist, die dort angegebene Gestalt haben soll. Es ist übrigens klar, dass wenn auch nicht B, B', $B'' = 0$ sind, doch die Gleichung [7] unbrauchbar sein kann, wenn nemlich der 12 gliedrige Ausdruck, welchen ORIANI entwickelt hat, zufällig $= 0$ oder sehr klein wird. Dass EULER schon das Theorem gefunden hat, woraus der schöne von mir LA PLACE beigelegte Lehrsatz sehr leicht abgeleitet werden kann, fiel mir selbst schon früher ein, als aber die Stelle pag. 212 schon abgedruckt war; ich wollte es aber nicht unter die Errata setzen, weil LA PLACE wenigstens das obige Theorem doch erst in der dort gebrauchten Form aufgestellt hat. Die meisten der von ORIANI angezeigten Druckfehler hatte ich mir auch schon notirt. Hier sind noch drei andere von ihm übersehene:

Pag. 1 Zeile 4 v. u. statt inversa l. composita
— 65 — 2 — – $\cos\theta$ l. $\cos\zeta$
— 195 — 16 — λ''' l. $= \lambda'''$.

Den Druckfehler $380°$ statt $180°$ S. 4 finde ich in meinem Exemplare nicht. Statt der zwei Druckfehler pag. 83 könnte einer nemlich $\zeta + 45$ statt $\zeta - 45°$ gesetzt werden.

PALLAS.

Göttingische gelehrte Anzeigen. Stück 32. Seite 305..308. 1810 Februar 24.

Die *Pallas* war im Jahre 1808 nur auf wenigen Sternwarten, und nur unvollkommen, beobachtet: daher auch seit 1807 keine Berichtigung der Elemente hatte unternommen werden können. Auf der hiesigen Sternwarte hatte die grosse Lichtschwäche des Planeten alle Beobachtungen am Mauerquadranten unmöglich gemacht, und die wenigen am Kreismicrometer angestellten Beobachtungen konnten, besonderer Umstände wegen, auf grosse Genauigkeit keinen Anspruch machen. Auf der Seeberger Sternwarte beobachtete zwar Hr. VON LINDENAU den Planeten am Passageninstrumente mit gewohnter Schärfe: allein Declinationen konnten auch dort nicht beobachtet werden. Die in Mailand am Aequatorealsector gemachten Bestimmungen fangen erst am 22. August an, und konnten daher nicht wohl mehr für die Opposition gebraucht werden. Erst durch das Astron. Jahrbuch für 1812 sind nun noch einige um die Zeit der Opposition zu Prag von Hrn. DAVID angestellte vollständige Beobachtungen bekannt geworden, von denen Hr. Prof. GAUSS die Declinationen benutzt hat, um daraus, in Verbindung mit den auf der Seeberger Sternwarte bestimmten geraden Aufsteigungen die Opposition abzuleiten. Leider hat die Untersuchung jener Prager Beobachtungen gezeigt, dass sie schlecht harmoniren, da z. B. die verschiedenen Declinationen Resultate geben, welche beinahe Eine Minute von einander abweichen. Da es inzwischen an bessern Declinationen durchaus fehlt, so blieb nichts übrig, als das, was da war, so gut wie möglich, zu benutzen, und so ergab sich für die Opposition von 1808, die fünfte, welche bisher beobachtet wurde, folgendes Resultat:

Opposition der Pallas 1808 Juli 26. 21^u 17^m 32^s Meridian von Göttingen
Wahre Länge . . . . . $304°$ $2'$ $59''7$
Wahre geocentrische Breite 37 33 54 Nördlich

Im Jahre 1809 scheinen die auf der hiesigen Sternwarte gemachten Beobachtungen der Pallas (s. Gel. Anz. 1809 S. 1348) [1809 Aug. 26 Seite 314 dieses Bandes] die frühesten gewesen zu sein. Von auswärtigen Sternwarten hat Hr. Prof. GAUSS durch die gefällige Mittheilung der Herren VON LINDENAU und BOUVARD eine schätzbare Reihe Seeberger und Pariser Meridianbeobachtungen erhalten. Die letztern, die sonst erst nach einigen Jahren bekannt werden, lassen wir hier folgen: die mittlern Zeiten, welche von Hrn. BOUVARD nicht beigefügt waren, hat Hr. Prof. GAUSS selbst hinzugesetzt.

Beobachtungen der Pallas zu Paris.

1809	Mittlere Zeit	Scheinbare gerade Aufsteigung		Scheinbare südl. Abweichung	
Sept. 12	12^u 51^m 39^{s}6	4° 30′ 25″80		4° 20′ 10″4	
15	12 37 41.7	3 57 48.75		5 5 16.4	
28	11 36 52.6	1 31 50.25		8 20 23.4	
29	11 32 11.1	1 20 24.30		8 34 57.3	
Octob. 2	11 18 7.1	0 46 15.30		9 18 22.5	
5	11 4 5.9	0 12 35.25		10 0 21.0	
6	10 59 25.5	0 1 37.50		10 14 6.9	
7	10 54 46.2	359 50 44.55		10 27 36.8	
8	10 50 7.1	359 39 54.90		10 40 1.5	
9	10 45 28.7	359 29 16.50		10 54 5.5	
13	10 27 2.2	358 48 26.25		11 54 59.5	

Die hier abgedruckten Zahlen stimmen genau mit den Angaben in Hrn. BOUVARD's Schreiben überein: allein die Discussion dieser Bestimmung hat gezeigt, dass die gerade Aufsteigung vom 12. Sept. um etwa 1′ 15″ in Bogen zu gross (die geraden Aufsteigungen waren blos in Zeit angegeben); die Declination vom 8. Oct. um 1 Minute zu klein, die Declination vom 13. Oct. um 10 Minuten zu gross ist. Das Resultat aus diesen Beobachtungen sind folgende Bestimmungen für die sechste Opposition der Pallas:

Zeit der Opposition 1809 Sept. 22. 16^u 10^m 20^s Meridian von Göttingen

Wahre Länge der Pallas . . 359° 40′ 4″4

Wahre geocentrische Breite . 7 22 10.1 südlich

Die von Hrn. Prof. GAUSS aus diesen beiden Oppositionen, in Verbindung mit den vier frühern, abgeleiteten Resultaten werden bei einer andern Gelegenheit bekannt gemacht werden.

Wir lassen hier noch, eben so wie im vorigen Jahre, ein uns unlängst zur Bekanntmachung zugesandtes Verzeichniss einiger im Jahre 1810 sichtbarer und in den astronomischen Ephemeriden entweder gar nicht oder nicht richtig angezeigter Sternbedeckungen, welche Hr. WISNIEWSKY für den Meridian und Horizont von Berlin im voraus berechnet hat, abdrucken. — —

AUSZUG AUS EINEM SCHREIBEN DES HRN. PROF. GAUSS.

Monatliche Correspondenz. Band XVIII. S. 289. 290. 1810 September.

Göttingen, den 17. August 1810.

— — — Dass unser König jetzt die Fortsetzung des Baues unserer neuen Sternwarte decretirt und mit wahrhaft königl. Freigebigkeit 200000 Franken dazu bewilligt hat, werden Sie bereits wissen

Hoffentlich werden Sie den Bau, wenn Sie diesen Herbst noch zu uns kommen, bereits wieder angefangen finden.

Am 8. August war ich in Münden, zum Theil in der Absicht, um den Einfluss des Fahrens auf den Gang unsers Chronometers zu finden. Ich wurde indessen vom Wetter sehr schlecht begünstigt und konnte Vormittags zwischen 10 und 11 Uhr nur einige schlechte Sonnenhöhen erhalten. Mittags war die Sonne ganz unsichtbar, und erst nach 1 Uhr erhielt ich einige zuverlässige Höhen, aus denen ich verbunden mit einigen andern gleichfalls guten, gegen 6 Uhr genommenen, die Polhöhe $51°\ 25'\ 22''$ und den Längenunterschied von *Göttingen* $1^m\ 9^s\ 3$ westlich in Zeit gefunden habe. Der Chronometer hat sich vortrefflich gehalten, und sein täglicher Gang vom 7..9. August auf $0^s\ 1$, derselbe wie vorher. Da meine Sonnenhöhen so weit vom Mittage ab lagen, so will ich über die Genauigkeit meiner Bestimmung nicht eher urtheilen, als bis ich einmal Gelegenheit habe, sie zu wiederholen; doch muss ich bemerken, dass meine neun Sonnenhöhen gut unter einander harmoniren. Mein Beobachtungsplatz war der sogenannte *Freitagswerder*, beim Zusammenfluss der *Fulda* und *Werra* gleich nordlich vor der Stadt. Professor Seyffer fand 1794 auf einem vermuthlich etwas *südlicher* liegenden Punkte die Polhöhe $51°\ 26'\ 52''$, jedoch nur aus einer einzelnen Höhe.

GAUSS AN BODE.

Astronomisches Jahrbuch für 1813. Seite 236 .. 238. Berlin 1810.

Göttingen, den 2. September 1810.

Die Elemente, nach welchen diese Ephemeride [der Pallas für 1810 Sept. 16 bis 1811 Juli 1 von Gauss] berechnet ist, gründen sich nur auf die 4 letzten Oppositionen, und werden hinreichend sein, den Planeten diesmal aufzuffinden. Ich habe aber auch vor einiger Zeit diejenigen Elemente berechnet, welche sich so genau als möglich an alle 6 bisher beobachtete Oppositionen anschliessen, und welche nun am schicklichsten zur Berechnung der Störungen werden zum Grunde gelegt werden können. Letztere fangen nach gerade an, sehr sichtbar zu werden. Ich werde über diese Rechnungen nächstens ein Memoir unsrer Societät der Wissenschaften vorlegen. Dass unser Gouvernement sehr viel für die Astronomie thun will, werden Sie bereits wissen 200000 Franken sollen zu dem Bau der neuen Sternwarte verwandt werden. Hr. Prof. Harding hat eine Gratification von 4000 Franken zu einer Reise nach Paris erhalten, um dort die Lücken der Histoire céleste auszufüllen und seine Sternkarten zu completiren.

Die mir neulich erzeigte Ehre der Aufnahme in Ihre Akademie der Wissenschaften ist mir sehr schätzbar.

NEUE PALLASELEMENTE.

Monatliche Correspondenz. Band XXII. S. 400 . . 403. 1810 October.

Da *Pallas* von den neuen Planeten zuerst sichtbar und wegen ihrer grossen Erdnähe eine bedeutende Lichtstärke haben wird, die für unsere nördlichen Zonen nur vielleicht durch ihre starke südliche Abweichung gemindert werden dürfte, so eilen wir, unsern Lesern die kürzlich von Herrn Prof. Gauss berechnete Ephemeride ihres Laufes hier mitzutheilen. Mit Anfang November wird sich der Planet wahrscheinlich schon im Meridian beobachten lassen.

Die Elemente, auf denen die nachfolgende Ephemeride beruht, wurden aus den Oppositionen von 1805, 7, 8 und 9 hergeleitet, und sind folgende:

Göttinger Meridian.

Mittlere Länge 1803 . . . 221° 23′ 24″6	Neigung . . , ... 34° 36′ 49″4
mittlere tägliche Bewegung 770″9365	Excentricität 0.2446335
1803 Perihelium . . . . 120° 58′ 4″8	Log. halbe Axe 0.4420473
— ☊ 172 27 52. 4	

[Der Lauf der Pallas 1810 und 1811 ist für Mitternacht in Göttingen von vier zu vier Tagen angegeben, AR. und Decl. in Minuten log Dist. von der Erde in vier Decimalen.]

PALLAS.

Monatliche Correspondenz. Band XXII. S. 591 . . 595. 1810 December.

„Ich eile, schrieb Herr Professor Gauss, Ihnen theuerster Freund, eine wichtige Nachricht mitzutheilen. Ich schrieb Ihnen schon neulich, dass ich mit Berechnungen der Störungen beschäftigt sei, die Pallas in den Jahren 1803 . . 1811 vom Jupiter erlitten hatte. Wie wenig rein elliptische Elemente alle bisher beobachteten sechs Oppositionen darzustellen vermögen, habe ich in der Abhandlung gezeigt, deren ich schon einigemal gegen Sie erwähnt habe. Es war also, nachdem ich vor einigen Tagen die Arbeit über jene Störungen vollendet hatte, eine äusserst angenehme Satisfaction für mich, zu finden, dass nun mit Berücksichtigung jener Störungen alle sechs Oppositionen über meine Erwartung genau sich vereinigen liessen. Hier das Tableau der Abweichungen:

	Mittlere Länge	Heliocentr. Breite
1803	+ 1″3	— 1″0
1804	— 3. 8	+ 4. 1
1805	+ 3. 9	+ 6. 0
1807	— 3. 3	+ 3. 9
1808	+ 3. 2	— 17. 0
1809	— 1. 4	— 3. 9

(Die Breite 1808 war bekanntlich sehr schlecht bestimmt.)

„Da 1809 bei der heliocentrischen Conjunction mit dem Jupiter die Elemente sich *sehr stark* geändert hatten, so war ich neugierig zu sehen, wie viel meine Ephemeride im October-Hefte der *Monatl. Corresp.* wohl fehlen könne, und berechnete nach meinen neuen Resultaten mit Rücksicht auf die Störungen einen Ort. Hier fand ich nun für 1811 den 9. Januar Mittag in Göttingen

AE ☿ 151° 37'   also 1° 40' weniger |
Decl. 22° 10' südl. —   11' südl. | als in der Ephemeride.

Ich habe jetzt eben noch einen zweiten Ort berechnet, 1810 den 26. October Mittag in Göttingen

AE ☿ 134° 55'   also 45' weniger |
Decl. 14° 28' südl. —   6' südl. | als die Ephemeride

Wünschen Sie selbst einzelne Oerter zu berechnen, so können Sie sich dazu folgender Elemente bedienen:

Epoche 1811 Göttingen . . . . . . 126° 32' 52"
tägliche mittlere trop. Bewegung . . 769"012
Logarithmus der halben Axe 0.44277
Excentricität . . . . 0.24162 (= Sin 13° 18' 56")
Perihelium für ob. Epoche . . . . . 120° 55' 5"
Knoten 172 32 30
Neigung 34 35 55

Noch einen Ort kann ich vor Abschickung hinzufügen 1810 den 15. Dec. Mittag in Göttingen.

AE ☿ 149° 37'   also 1° 15' weniger |
Decl. 21" 37' südl. —   12' südlicher | als die Ephemeride

„Ich bitte Sie nun, die erstere heitere Nacht zur Aufsuchung der Pallas anzuwenden. Hier ist es bisher immer unmöglich gewesen. Mit welcher Ungeduld ich die Bestätigung dieses merkwürdigen Resultates erwarte, das bisher bei den neuen Planeten noch nicht vorgekommen ist, können Sie leicht denken.

„Die Verbesserung der Ephemeride im Octoberheft durch Interpolation ist folgende:

			AE.	Decl.
1810 den 26. October	Mittag		— 45'	6' südl.
— den 7. November	Mitternacht		49	8
— den 20. November	Mittag		56	10
— den 2. December	Mitternacht		65	11
— den 15. December	Mittag		75	12
— den 27. December	Mitternacht		87	12
1811 den 9. Januar	Mittag		101	11

So merkwürdige Resultate und der Wunsch unseres verehrtesten Freundes, waren Aufforderung genug, um mit möglichstem Fleisse die Aufsuchung der Pallas zu versuchen. Leider vereitelte der seit sechs Wochen höchst ungünstige Himmel fast alle unsere Bemühungen. Am 18. December wurde es etwas helle, und im parallactischen Instrument sahen wir Morgens zwei Uhr drei Sterne im Felde des Fernrohrs, von denen einer höchst wahrscheinlich die Pallas war; allein eine bestimmte Beobachtung wurde unmöglich, da sich der Himmel bald wieder umzog. Auch haben wir von jenen drei Sternen nirgends weder im *Piazzi* noch in der *Histoire céleste* eine Bestimmung auffinden können. Am 19. December gelang uns endlich eine Meridian-Beobachtung. Genau an der Stelle, wo die verbesserte Ephemeride den Pallas-Ort gab, beobachteten wir einen Stern 7...8. Grösse, welcher höchst wahrscheinlich die Pallas war.

1809	mittlere See-berger Zeit	AR. app. ♀	Declination austr.
December 19	16ᵘ 9ᵐ 7ˢ3	150° 20′ 13″5	22° 58″7

Die Declination konnte freilich nur am Passage-Instrument beobachtet werden, und ist auf die Minute ungewiss. Die AR. dagegen ist genau und diese stimmt mit der verbesserten Bestimmung ganz vortrefflich überein. Im Fernrohr des Quadranten war Pallas durchaus nicht sichtbar. Ein kleiner in der Nähe der Pallas befindliche Stern, dessen Ort wir fanden

$$\text{AR. } 149'' \ 28' \ 36''. \quad \text{Decl. austr. } 21° \ 59'$$

hatte unverrückt seine Lage behalten. Wir standen an, diese isolirte Beobachtung Herrn Prof. Gauss mitzutheilen, in der Hoffnung, bald durch eine zweite es constatiren zu können, dass es wirklich Pallas war. Allein leider gestattete der Himmel uns diese Freude bis jetzt nicht, und wir theilen daher ersterm unsern vermutheten Pallas-Ort mit. Gauss der unserer Vermuthung beitritt, schrieb uns darauf folgendes:

„Sehr freue ich mich, dass meine Rechnung über die Pallas-Störungen sich so schön belohnt. Denn obgleich bisher das Wetter es mir unmöglich gemacht hat, den Planeten aufzusuchen, so zweifle ich doch nicht mehr, dass der von Ihnen beobachtete Stern die Pallas gewesen ist. Harding hat auf seiner Karte an dem Platz keinen Stern, aber den andern, welchen Sie am 18. Dec. mit sahen, hat er, obwohl er in der *Histoire céleste* nicht vorkömmt, angemerkt."

PALLAS.

Göttingische gelehrte Anzeigen. Stück 8 u. 9. Seite 73 .. 77. 1811 Jan. 14.

Wir haben im 198. St. unserer Gel. Anz. vom vor. Jahre [S. 61 d. B.] eine Nachricht von einer Untersuchung des Hrn Prof. Gauss über die bisher beobachteten sechs Oppositionen der Pallas gegeben, welche sich nicht mehr durch eine rein elliptische Bewegung darstellen lassen. In der Ueberzeugung, dass die nun immer beträchtlicher werdenden Unterschiede eine Folge der Störungen sind, welche die Pallas besonders vom Jupiter erleidet, unternahm Hr. Prof. Gauss bereits im October des vorigen Jahrs die Berechnung der vom Jupiter herrührenden Störungen während der Jahre 1803 .. 1811, theils um zu sehen, um wie viel sich nach Anbringung dieser Perturbationen die Oppositionen besser vereinigen lassen würden, als vorher, theils um dadurch die künftige Entwickelung der allgemeinen Theorie dieser Störungen vorzubereiten. Nach Vollendung dieser delicaten und schwierigen Arbeit fand sich ein so befriedigendes Resultat, als man kaum hätte erwarten dürfen: alle sechs Oppositionen liessen sich sowohl nach der Länge, als nach der Breite bis auf wenige Secunden genau vereinigen. Da nun gegen Ende des Jahrs 1810 Pallas wieder sichtbar werden musste, so schien es interessant, im voraus zu bestimmen, wie viel die nach rein elliptischen Elementen berechnete Ephemeride für diese nächste Erscheinung durch die mit Rücksicht auf die Jupitersstörungen verbesserte Theorie des Planeten abgeändert werden würde. um so mehr, da der Einfluss des Jupiters bei der heliocentrischen Conjunction 1809 vorzüglich bedeutend gewesen war, und die Elemente sehr ansehnlich abgeändert hatte: vorzüglich war nemlich die Excentricität und mittlere Bewegung stark verkleinert, die mittlere Entfernung vergrössert, und die Apsidenlinie zurückgegangen. Es ergab sich hieraus, nach angestellter Rechnung, eine Abänderung der Ephemeride, weit grösser, als in irgend einem der vorhergehenden Jahre Statt gefunden hatte; die gerade Aufsteigung fiel gegen Ende des Octobers um *drei Viertelgrad* kleiner aus, und die südliche Declination um *sechs Minuten* grösser, als in der Ephemeride, die in der Monatl. Corresp. October 1810 abgedruckt ist, und diese Unterschiede nahmen immer mehr zu, wie folgende Übersicht zeigt.

Correction der Ephemeride der Pallas wegen der Störungen:

		gerade Aufsteigung	Declination
1810. Oct. 26	0^u	− 45′	+ 6′
Nov. 7	12	− 52	+ 7
— 20	0	− 59	+ 9
Dec. 2	12	− 67	+ 11
— 15	0	− 75	+ 12
— 27	12	− 84	+ 13
1811 Jan. 9	0	− 94	+ 14
— 21	12	− 103	+ 14
Febr. 3	0	− 112	+ 14

Ein so bedeutender Unterschied war für die Aufsuchung der Pallas von der grössten Wichtigkeit, und Hr. Prof. GAUSS theilte deshalb diese Resultate sofort mehreren auswärtigen Astronomen mit, da das ungewöhnlich ungünstige Wetter hier die Aufsuchung nicht verstattete. Um indess in dieser wichtigen Angelegenheit ganz sicher zu gehen, hielt Hr. Prof. GAUSS es für gut, die ganze Rechnung für die Perturbationen nochmals zu wiederholen, theils weil es so leicht möglich war, dass bei dieser weitläufigen Arbeit hier und da Fehler sich eingeschlichen haben konnten, theils weil schon an sich von der zweiten Rechnung, bei welcher schon die verbesserte Theorie zum Grunde gelegt werden konnte, noch zuverlässigere Resultate sich erwarten liessen. Inzwischen fanden sich nur unbedeutende Unterschiede von wenigen Secunden, die Uebereinstimmung der sechs Oppositionen blieb eben so gut, und die nothwendige Aenderung der Ephemeride bis auf Kleinigkeiten eben so gross. Um die jetzige Uebereinstimmung der sechs Oppositionen desto besser schätzen, und mit den grossen Unterschieden bei rein elliptischen Elementen (s. unsere Anz. 1810 S. 1971) [S. 63 d. B.] vergleichen zu können, setzen wir dieselbe hier her:

	Unterschied der	
	mittlere Länge	heliocentr. Breite
1803	+ 7″3	+ 1″6
1804	− 6.8	− 4.0
1805	+ 1.5	− 4.1
1807	− 3.3	− 3.8
1808	− 3.9	− 16.9
1809	+ 5.0	+ 3.5

Die Breite 1808 war bekanntlich schlecht beobachtet. Man ist berechtigt, hieraus zu schliessen. dass die Störungen, welche die andern Planeten, besonders Saturn und Mars, auf die Bewegung der Pallas ausüben, gegen die Störungen vom Jupiter ganz unbedeutend sind, und vor der Hand noch ganz vernachlässigt werden dürfen.

Auch die auswärtigen Astronomen, denen diese Resultate mitgetheilt waren, wurden von der Witterung nicht begünstigt; nur Hr. v. LINDENAU beobachtete am 19. Dec. auf der Seeberger Sternwarte einen kleinen Stern am Passage-Instrumente.

$$16^u\ 9^m\ 7^s1\ \text{M. Z.}\quad \text{Ger. Aufst. } 150^\circ\ 20'\ 12''45$$
$$\text{geschätzte Declination } 20^\circ\ 58'\ \text{südl.}$$

also auf die Minute übereinstimmend mit dem Platze, wo, nach der verbesserten Ephemeride, die Pallas stehen musste. Inzwischen gab diese einzelne Beobachtung, welche nachher noch nicht hatte bestätigt werden können, noch keine völlige Gewissheit, ob dies auch wirklich die Pallas gewesen sei.

Auf der hiesigen Sternwarte war die Nacht vom 4. zum 5. Januar nach einem Zwischenraume von beinahe zwei Monaten die erste, wo sich die Aufsuchung der Pallas versuchen liess. Da Hr. Prof. GAUSS dazu nur bewegliche Instrumente anwenden konnte, so wurde das Aufsuchen durch den Mondschein und die strenge Kälte (11 Grad) ungemein erschwert. Indessen sah doch Hr. Prof. GAUSS seine Anstrengungen von einem glücklichen Erfolge belohnt; er fand nicht allein die Pallas wieder auf dem Platze, wo er sie nach seiner verbesserten Ephemeride erwartete, sondern es gelangen ihm auch ein paar Vergleichungen mit Sternen der Histoire céleste, woraus er, mit Vorbehalt einer künftigen schärfern Reduction, folgende Stellung des Planeten ableitete:

1811 Mittl. Zeit	gerade Aufsteigung	südl. Abweichung
Jan. 4 15^u 4^m 42^s	151° 40' 5''	22° 22' 36''

Der Planet hatte übrigens erst die 8 bis 9. Grösse.

Auswärtige Astronomen werden vermittelst der eben angeführten Verbesserung der Ephemeride den Planeten leicht auffinden; will man dieselbe weiter ausdehnen, oder schärfer berechnen, so kann man sich dazu folgender Elemente bedienen, welche gegenwärtig die Bewegung des Planeten darstellen:

Epoche der mittlern Länge im Meridian von Göttingen 1811 . .	126°	33'	6''
Länge der Sonnennähe	120	55	8
Länge des aufsteigenden Knoten	172	32	40
Neigung der Bahn	34	35	14
Tägliche mittlere tropische Bewegung	768''980		
Excentricität	0.24160		
Logarithm der halben grossen Axe	0.44278		

Hr. Prof. GAUSS glaubt durch die ungesäumte Bekanntmachung dieser Resultate den practischen Astronomen, die auf die Beobachtung der Pallas ausgehen wollen, einen Dienst zu erweisen, und behält sich eine vollständige Darlegung seiner Arbeit über die Störungen der Pallas auf eine andere Gelegenheit vor.

GAUSS AN VON LINDENAU.

Monatliche Correspondenz. Band XXIII. Seite 97. 98. 1811. Januar.

Göttingen, den 14. Januar 1811.

— — — Auf der hiesigen Sternwarte war die Nacht vom 4. zum 5. Januar, nach einem Zwischenraum von beinahe zwei Monaten, die erste, wo sich die Aufsuchung der *Pallas* versuchen liess. Da ich dazu nur bewegliche Instrumente anwenden konnte, so wurde das Aufsuchen durch den Mondschein und die strenge Kälte (11° Réaum.) ungemein erschwert. Indessen sah ich meine Bemühungen von einem glücklichen Erfolge belohnt, indem ich die *Pallas* nicht allein auf dem Platze, wo sie nach meiner verbesserten Ephemeride sich befinden musste, auffand, sondern es gelangen mir auch ein paar Vergleichungen mit Sternen der *Histoire céleste*, woraus ich mit Vorbehalt einer künftigen schärfern Reduction, folgende Stellung des Planeten ableitete:

1811	Mittlere Zeit	gerade Aufsteig. der Pallas	Südliche Declination
4 Januar	$15^u 4^m 42^s$	151° 40′ 5″	22° 22′ 36″

Meine neu revidirten Störungsrechnungen haben mir nun folgende Elemente der *Pallas* gegeben, die von den Ihnen zuletzt mitgetheilten (Dec. Heft 1810 S. 592) [S. 321 d. B.] nur unbedeutend abweichen.

Epoche der mittl. Länge im Meridian von Göttingen . . .	126° 33′ 6″
Länge der Sonnennähe	120 55 8
Länge des aufsteigenden Knotens	172 32 40
Neigung der Bahn	34 35 14
Tägliche mittlere tropische Bewegung	768.980
Excentricität	0.24160
Logarithmus der halben grossen Axe	0.44278

Hier ist noch die berechnete Fortsetzung der Ephemeride: [vom 3. Febr. bis 12. April 1811].

JUNO.

Göttingische gelehrte Anzeigen. Stück 92. 93. S. 913..914. 1811. Juni 10.

Die letzten Nachrichten über die Juno finden sich im 136. Stück unserer Anz. vom Jahre 1808, [S. 305 d. B.] woselbst die auf der hiesigen Sternwarte von Hrn. Prof. GAUSS im Jahre 1808 angestellten Beobachtungen dieses Planeten, die Bestimmung der vierten Opposition, und die achten Elemente mitgetheilt sind. Die fünfte, im Januar 1810 eingetretene, Opposition ist nirgends beobachtet: das erste Mal, dass durch eine allgemeine Versäumniss aller Astronomen die Bestimmung der Opposition eines der vier neuen Planeten verloren gegangen ist. Um so wichtiger war es, zu verhüten, dass auch die *sechste*, im April d. J. einfallende, Opposition unbeobachtet bleibe, und die wenigen, bei dem äusserst geringen Lichte des Planeten nur am Kreismicrometer von Hrn. Prof. Gauss angestellten, Beobachtungen werden demnach desto schätzbarer sein, da sie allem Anschein nach die einzigen sein werden, welche dieses Mal irgendwo gemacht worden sind. Zur Vergleichung wurden φ Librae und einige andere in der Nähe befindliche Sterne der Histoire céleste angewandt, nach deren künftiger schärferer Bestimmung die folgenden Resultate noch einer kleinen Berichtigung bedürftig sein werden.

1811	mittlere Zeit in Göttingen	Gerade Aufsteigung	Südliche Declination
April 22	9^u 51^m 35^s	$216°$ $41'$ $50''1$	$0°$ $58'$ $16''$
24	10 32 55	216 17 58.7	0 46 50
25	10 19 22	216 6 3.6	0 40 4
26	10 17 30	215 54 7.3	0 33 51

Die Declination vom 22. April ist zweifelhaft, und die vom 24. April auch nicht so zuverlässig, als die beiden folgenden, wo der Planet eine bequemere Lage hatte.

Für die Opposition hat Hr. Prof. Gauss aus diesen Beobachtungen folgendes Resultat gefunden:

$$1811 \text{ April } 24. \quad 19^u 20^m 12^s \text{ mittl. Zeit in Göttingen}$$
$$214° \ 8' \ 48''3 \quad \text{wahre heliocentrische Länge}$$
$$12 \ 55 \ 2.0 \quad \text{wahre geocentrische Breite, nordl.}$$

In der starken Abweichung dieses Ortes von den auf die vier ersten Oppositionen gegründeten Elementen erkennt man nunmehr auch bei der Juno den Einfluss der Störungen, welche besonders der Jupiter ausübt, und deren Berechnung bei der Juno eine eben so ungeheure Arbeit erfordern wird, wie bei der Pallas: es ist billig, dass diese Arbeit bei der früher entdeckten Pallas zuerst beseitigt sein müsse, daher Hr. Prof. Gauss sich einstweilen begnügt hat, neue elliptische Elemente auf die Opposisionen von 1806, 1807, 1808, 1811, zu gründen, welche wir hier folgen lassen:

Epoche der mittlern Länge, 1811, Meridian von Göttingen . . $177°$ $48'$ $1''8$
Tägliche mittlere tropische Bewegung . . . . $813''2486$
Länge der Sonnenähe 1811 . . . . $53°$ $14'$ $32''4$
Länge des aufsteigenden Knoten 1811 171   9 13.5
Neigung der Bahn 13   4 27.0
Excentricität . . . . = sin 14 44   9.1
Logarithm der halben grossen Axe . . . . 0.4265711.

GAUSS AN VON LINDENAU.

Monatliche Correspondenz. Band XXIV. Seite 180 . . 182. 1811. August.

Göttingen, den 3. August 1811.

Ich habe in diesen Tagen aus den Beobachtungen des Cometen, die Herr von Zach angestellt hat, und die Sie an Herrn Prof. Harding geschickt hatten, vorläufig folgende parabolische Elemente abgeleitet:

Durchgang durch die Sonnennähe 1811 Sept. 10   0^u 51^m 21^s Merid. von Göttingen.

Logarithm. des Abstandes in der Sonnennähe 9.99153

Länge der Sonnennähe . . . . 73° 14′ 35″

Länge des aufsteigenden Knoten 141 4 59

Neigung der Bahn 73 48   2

Bewegung rückläufig

Nach der Mitte dieses Monats kann man schon anfangen, diesen merkwürdigen Weltkörper am nordlichen Himmel aufzusuchen; ich habe zu dem Ende nach obigen Elementen folgende Positionen berechnet:

1811 Aug. 11 12^u	AR. 142° 43′	Decl. 29° 54′ N.	1811 Sept. 25 12^u	AR. 194° 22′	Decl. 48° 35′ N.
26	152 19	36 15	Oct. 10	232 28	44 52
Sept. 10	167 34	43 14	25	262 49	30 42

Diese Resultate können indess nur als vorläufige gelten, da die bisher langsame heliocentrische Bewegung (vom 11. April bis 2. Juni nur 15°) eine sehr scharfe Bestimmung der Elemente noch nicht erlaubt. Die Lichtstärke (die in der Distanz 1 von Erde und Sonne zur Einheit genommen) war

April 11 . . . . . . 0.035

Mai 7 . . . . . 0.042

Juni 2 . . . . . 0.052

und wird sein

Aug. 11 . . . . 0.194		Sept. 25 . . . . 0.576
26 . . . . 0.294		Oct. 10 . . . . 0.595
Sept. 10 . . . . 0.434		25 . . . . 0.415

Erst gegen den Februar wird er im Wassermann unsichtbar, und vielleicht im April oder Mai daselbst von neuem sichtbar werden, falls sein Licht nicht gar zu schwach ist.   Für den 2. Juli 1812 habe ich flüchtig berechnet:

AR. 336°   Decl. 22° südl.   Lichtstärke 0.005.

[Handschriftl. Bemerk. Nach verbesserten Elementen 1812 Juni 3.22^u 337° 49′— 11° 41′— 0.5435 0.0057.]

Die Störungen der *Pallas* habe ich nun bis Ende 1812 fortgesetzt, und in einigen Tagen hoffe ich Ihnen die Ephemeride, welche jetzt von Hrn. NICOLAI, einem sehr geübten jungen Mann berechnet wird, schicken zu können.

PALLAS. COMET.

Göttingische gelehrte Anzeigen. Stück 130. Seite 1289..1293. 1811. August 17.

Im 8. Stück unserer Anzeigen von d. J. [S. 322 d. B.] ist von der Arbeit des Hrn. Prof. GAUSS über die Störungen der Pallas seit ihrer ersten Entdeckung Nachricht gegeben.   Auch ist daselbst die erste, am 4. Januar auf der hiesigen Sternwarte gemachte Beobachtung mitgetheilt, wodurch die Resultate jener Arbeit mit einer kaum erwarteten Genauigkeit bestätigt wurden. Da der Planet zu lichtschwach war, um anf unserer Sternwarte im Meridian beobachtet werden zu können, so wurden die Beobachtungen hier nicht weiter fortgesetzt, sondern nur auswärtige Astronomen, denen stärkere Instrumente zu Gebote stehen, zeitig genug benachrichtigt. So hat Hr. Prof. Gauss für die Zeit der Opposition, welche im Februar eintrat, von fünf Sternwarten her, nemlich von Paris, Mannheim, Seeberg, Berlin und Hamburg, sehr schätzbare Beobachtungen erhalten, die ihm zur Grundlage seiner weitern Untersuchungen gedient haben. Die auf der Seebergen und Mannheimer Sternwarte von den Herren von Lindenau, Barry und Harding angestellten Beobachtungen sind bereits in der Monatlichen Correspondenz abgedruckt, die übrigen theilen wir hier mit.

Beobachtungen der Pallas zu Paris, von Hrn. Bouvard.

im Meridian	Gerade Aufsteig.	Abweichung südl.
1811 Febr. 17	146° 58′ 33″15	13° 29′ 42″4
18	146 47 55.95	13 5 59.4
22	146 6 27.90	11 28 19.6
27	145 18 13.65	9 19 32.9

Beobachtungen zu Berlin, von Hrn. Prof. Bode.

1811	Mittlere Zeit	Gerade Aufst.	Abweichung südl.
Febr. 18	11ᵘ 55ᵐ 22ˢ5	146° 48′ 2″	— — —
19	11 50 34.0	146 37 32	12° 42′ 44″5
20	11 45 57.0	146 27 4	12 19 1
März 12	10 16 33.6	143 45 29	3 32 42
16	9 59 45.1	143 29 18	1 48 3
17	9 55 35.1	143 26 13	1 22 11

Beobachtungen zu Hamburg, von Hrn. Professor Schumacher.

im Meridian	Gerade Aufsteig.	Abweichung südl.
1811 Febr. 19	146° 37′ 15″0	12° 42′ 45″3
20	146 26 52.5	12 18 32.7
21	146 16 37.5	11 53 47.7
22	146 6 36.0	11 28 53.5
März 9	144 1 45.0	4 52 42.5
15	143 32 39.0	2 13 59.0
16	143 29 24.0	1 47 57.0
18	143 23 34.5	0 56 47.8

Hieraus leitete Hr. Prof. Gauss folgendes Resultat für die Opposition ab:

1811 Febr. 21. 19ᵘ 25ᵐ 31ˢ mittlere Zeit in Göttingen
Wahre heliocentrische Länge . . . . 152° 48′ 15″8
Wahre geocentrische Breite, südlich 23 48 19.2

Die Übereinstimmung dieser Opposition mit den sechs vorhergehenden, nach gehöriger Anbringung der Störungen von dem Jupiter, wie Hr. Prof. Gauss sie entwickelt hatte, ist in der That bewundernswürdig. Nachdem nur einige äusserst unbedeutende Correctionen an die schon vor der Auffindung bestimmten Elemente angebracht waren, ergaben sich die Unterschiede zwischen der Beobachtung und Rechnung, wie folgt:

Unterschied der

	mittleren Länge	heliocentrischen Breite
1803	+ 8″7	— 1″1
1804	— 7. 0	— 10. 2
1805	+ 1. 4	— 3. 5
1807	— 1. 2	— 2. 4
1808	— 3. 1	— 21. 4
1809	+ 4. 5	— 2. 1
1811	— 2. 2	— 12. 1

Hiernächst wurde die Berechnung der Störungen noch ein Jahr weiter fortgesetzt. Hr. Prof. GAUSS wurde bei dieser beschwerlichen Arbeit unterstützt von Hrn NICOLAI, welcher sich bei uns den mathematischen Wissenschaften mit grossem Eifer widmet, und unter Hrn. Prof. GAUSS Aufsicht den grössern Theil der numerischen Rechnungen mit eben so viel Fleiss als Geschicklichkeit ausgeführt hat. Den Resultaten dieser Rechnung zufolge, wird die Bewegung der Pallas um die Zeit der Opposition des nächsten Jahres sich durch folgende elliptische, die Störungen bereits einschliessende, Elemente darstellen lassen:

Epoche der mittlern Länge 1812 Junius 10 Mittag | Neigung der Bahn . . . . 34° 34′ 54″7
im Meridian von Göttingen . 239° 4′ 46″1 | Tägliche mittlere tropische Bewegung 768″5746
Länge des Perihels für dieselbe Zeit 121 0 48. 5 | Excentricität . . . . . . = sin 13° 59′ 1″8
Länge des aufsteigenden Knoten . 172 32 44. 5 | Logarithm. der halben grossen Axe . 0.4429321

Nach eben diesen Elementen hat Hr. NICOLAI auch eine Ephemeride für die Erscheinung der Pallas im Jahre 1812 berechnet, die ihrer Ausdehnung wegen hier nicht Platz finden kann, und in der Monatl. Correspondenz und im Astronom. Jahrbuche abgedruckt werden wird. Wir setzen nur noch die gleichfalls von Hrn. NICOLAI *im voraus* berechnete nächste Opposition (die achte) her, die zu ihrer Zeit zur Prüfung der Genauigkeit unserer Resultate wird dienen können:

1812 Juni 10. 3^u 32^m mittlere Zeit in Göttingen.
Heliocentrische Länge der Pallas . . . . 259° 28′ 53″
Heliocentrische Breite, nordlich 34 32 37
Geocentrische Breite 48 16 36
Logarithm. der Entfernung der Pallas von der Sonne 0.504259
Logarithm. der Entfernung der Pallas von der Erde 0.384915

Bei dieser Gelegenheit fügen wir noch die parobolischen Elemente des im März dieses Jahres von FLAUGERGUES entdeckten Cometen bei, welche Hr. Prof. GAUSS soeben aus einigen Beobachtungen des Hrn. v. ZACH zu Marseille vorläufig berechnet hat, und die zur Erleichterung der Wiederauffindung dieses merkwürdigen Cometen gegen Ende August werden dienen können:

Durchgang durchs Perihelium 1811 Sept. 10. 0^u 51^m
Länge des Perihelium . . . . 73° 14′ 35″
Logarithm. des kleinsten Abstandes 9.99153
Länge des aufsteigenden Knoten . . . . 141° 4′ 59″
Neigung der Bahn 73 48 2
Bewegung *rückläufig*

Folgende Stellungen sind nach diesen Elementen berechnet:

Mitternacht	Gerade Aufst.	Nordl. Abw.	Lichtstärke
1811 Aug. 11	142° 43′	29° 54′	0.194
26	152 19	36 15	0.294
Sept. 10	167 34	43 14	0.434
25	194 22	48 35	0.576
Octob. 10	232 28	44 52	0.595

Nach demselben Massstabe war die Lichtstärke (unter der Voraussetzung, dass der Comet sein Licht blos von der Sonne erhält) am 11. April 0.035, und am 2. Juni 0.052; er wird also zu Anfang Octobers 17 mal so hell sein, als am 11. April, und sich daher in ganz vorzüglichem Glanze am nordlichen Himmel zeigen. Nachher wird er noch mit abnehmendem Lichte die Sternbilder des Herkules und des Adlers durchlaufen, und im Anfange des nächsten Jahres im Wassermann unsichtbar werden. Hindert sein dann allmählig gar zu schwach gewordenes Licht es nicht, so kann er vielleicht im April noch einmal im Wassermann wieder sichtbar, und mit sehr starken Telescopen noch eine geraume Zeit verfolgt werden. Aber wenn dies auch nicht gelingen sollte, so wird er doch wegen seines ausgezeichneten Glanzes im Herbste dieses Jahrs und wegen seiner langen Sichtbarkeit, die gewiss an zehn Monate betragen wird, in den Annalen der Cometographie eine der allermerkwürdigsten Erscheinungen bleiben.

JUNO.

Monatliche Correspondenz. Band XXIV. Seite 186..188. 1811. August.

Die zum achtenmal vom Herrn Prof. GAUSS verbesserten Elemente der *Juno* theilten wir unsern Lesern im Septemberheft 1808 dieser Zeitschrift [S. 307 d. B.] mit, und seitdem konnte eine neue Verbesserung nicht füglich vorgenommen werden, da die fünfte im Januar 1810 eingetretene Opposition der *Juno* nirgends beobachtet wurde. Desto wichtiger war es daher, die diesjährige im April statt findende Opposition nicht zu versäumen; wegen ungemeiner Lichtschwäche des Planeten, war die Beobachtung mit vorzüglichen Schwierigkeiten verknüpft, und wahrscheinlich ist Herr Prof. GAUSS der einzige, dem die Beobachtung dieses Gegenscheins gelungen ist. Hier war der Planet in dem so lichtstarken Mittagsfernrohr der Seeberger Sternwarte nie sichtbar, und die wenigen, bei dem äusserst geringen Lichte des Planeten nur am Kreis-Micrometer von Herrn Prof. GAUSS angestellten Beobachtungen, sind um so schätzbarer. Zur Vergleichung wurden φ Librae und einige andere in der Nähe befindliche Sterne der *Histoire céleste* angewandt, nach deren künftiger schärferer Bestimmung die folgenden Resultate noch einer kleinen Berichtigung bedürftig sein werden.

1811	Mittlere Zeit in Göttingen	Gerade Aufsteigung	Südliche Declination
April 22	9^u 51^m 35^s	216° 41′ 50″1	0° 58′ 16″
24	10 32 55	216 17 58.7	0 46 50
25	10 19 22	216 6 3.6	0 40 4
26	10 17 30	215 54 7.3	0 33 51

Die Declination vom 22. April ist zweifelhaft, und die vom 24. auch nicht so zuverlässig als die beiden folgende, wo der Planet eine bequemere Lage hatte. Für die Opposition hat Herr Prof. GAUSS aus diesen Beobachtungen folgendes Resultat gefunden:

$\mathcal{Q}$ 1811. 24. April 19^u 20^m 12^s Mittlere Zeit in Göttingen

214° 8' 48"3 wahre heliocentrische Länge

12 55 2.0 wahre geocentrische Breite nordl.

In der starken Abweichung dieses Ortes von den auf die vier ersten Oppositionen gegründeten Elementen, erkennt man nunmehr auch bei der Juno den Einfluss der Störungen, welche besonders der *Jupiter* ausübt und deren Berechnung bei der Juno eine eben so ungeheure Arbeit erfordern wird, wie bei der Pallas; es ist billig, dass diese Arbeit bei der früher entdeckten Pallas zuerst beseitigt sein müsse, daher Herr Prof. GAUSS sich einstweilen begnügt hat, neue elliptische Elemente auf die Oppositionen von 1806, 1807, 1808, 1811 zu gründen, welche wir hier folgen lassen:

Epoche der mittlern Länge 1811	Länge des aufsteigenden Knoten 1811 171° 9' 13"5
Meridian von Göttingen . . . . . 177° 48' 1"8	Neigung der Bahn 13 4 27.0
tägliche mittlere tropische Bewegung 813"2486	Excentricität . . . . . . = Sin 14 44 9.1
Länge der Sonnennähe 1811 . . . 53° 14' 32"4	Log. der halben grossen Axe = 0.4265711.

Nach diesen Elementen hat Herr WACHTER, ein geschickter Schüler des Herrn Professor GAUSS, folgende Ephemeride für den Lauf der *Juno* im Jahre 1812 berechnet. [vom 23. Febr. bis 5. Novemb.]

PALLAS.

Astronomisches Jahrbuch für 1814. Seite 246..249. Berlin 1811.

Göttingen den 10. Februar 1811.

Unterm 14. Jan. c. habe ich in unsere gel. Anzeigen eine kurze Nachricht über die Störungen der Pallas vom Jupiter einrücken lassen. Es ist dies freilich noch nicht die *allgemeine* Theorie jener Störungen; diese wird erst noch viel mehr Arbeit kosten, wenn sie alles, was zu wünschen ist, leisten soll. Ich habe damit auch schon einen Anfang gemacht, indessen pressirt es damit noch nicht, da die Art, wie ich die Störungen in meiner neulichen Arbeit behandelt habe, sich noch viele Jahre eben so fortsetzen lässt. Sobald die Opposition des gegenwärtigen Jahres beobachtet ist, werde ich diese Fortsetzung unternehmen, vielleicht dann auf eine ähnliche Art auch die Juno und Vesta behandeln. Ich ersuche Sie, die $\mathcal{Q}$ der Pallas, die nächstens eintritt, sorgfältig zu beobachten; zur Erleichterung hier die verbesserte Ephemeride, denn die Harmonie meiner neuen Resultate hat sich vollkommen bestätigt.

Febr.	AR.		Decl.			März	AR.		Decl.		
11	148°	3'	15°	43'	S.	3	144°	43'	7°	32'	S.
15	147	20	14	16		7	144	13	5	44	
19	146	37	12	42		11	143	49	3	57	
23	145	55	11	3		15	143	31	2	11	
27	145	17	9	19		19	143	20	0	29	

Prof. Harding hat in Manheim folgende Beobachtungen der Pallas gemacht:

1811 Januar 20	14^u 6^m 38^s6	$151°$ $10'$ $36''2$	$-21°$ $7'$ $39''7$
21	14 2 18.1	151 4 53.5	-20 57 27.7
22	13 57 58.4		-20 47 51.7
23	13 53 38.6	150 52 48.2	-20 37 58.8
24	13 49 16.4	150 46 0.6	-20 27 9.7
25	13 44 53.0	150 39 9.9	-20 16 9.4

Der Planet ist jetzt ziemlich hell, doch schien mir die Ceres, die sehr nahe auf dem Platze ihrer Ephemeride steht, noch etwas mehr Licht zu haben.

Göttingen den 29. August 1811.

Beigehend, Verehrtester Freund, habe ich das Vergnügen, Ihnen die Ephemeriden für *Pallas*, *Juno* und *Vesta* für ihre nächste Erscheinung zu übersenden. Drei geschickte Schüler von mir haben sich in diese Rechnung getheilt. In Rücksicht der Pallas finden Sie noch das Nähere in Nr. 8 und 130 der Göttingischen Gelehrten Anzeigen [S. 327 d. B] angeführt; Hr. Nicolai hat unter meiner Aufsicht die Störung der Pallas durch Jupiter jetzt noch ein Jahr weiter fortgesetzt, und ist jetzt beschäftigt, die Ephemeride für 1813 zu berechnen. Das Nähere in Betreff der Juno steht in Nr. 92 unserer gel. Anz. [Seite 325 d. B.] Die Elemente der Vesta sind erst vorläufig und werden noch einer kleinen Verbesserung bedürfen. Inzwischen setze ich Ihnen die hiesigen am Mauerquadranten von mir gemachten Beobachtungen her.

1811 Mai 20	12^u 27^m $45''1$ M. Z.	$244°$ $42'$ $0''9$	$-12°$ $28'$ $10''1$
24	12 8 3.4	243 42 26.1	-12 30 1.8
25	12 3 7.6	243 27 25.3	-12 30 47.8
29	11 43 22.9	242 27 0.7	-12 35
30	11 38 27.3	242 12 3.0	-12 35 52.8

Ich habe aus diesen Beobachtungen, welche ich alle für gut halte, die Opposition folgendermassen abgeleitet: 1811 Mai 15. 12^u 44^m 30^s M. Z. in Göttingen, $243°$ $48'$ $43''9$ wahre Länge, $8°$ $33'$ $59''5$ geocentr. nordl. Breite. Was die Veränderungen betrifft, welche Hr. Dr. Triesnecker an meinen Resultaten einiger Ceresoppositionen nach dem Jahrbuche von 1813 anbringen zu müssen geglaubt hat, so bemerke ich

1) Dass ich in der Berechnung der Opposition für 1807 aus den Mailänder Beobachtungen, so weit ich solche bisher nachgesehen, keine Fehler gefunden habe, sondern bei meinem Resultate 3. Mai 8^u 42^m 28^s Par Z. und $222°$ $14'$ $9''1$ Länge bleiben muss; inzwischen will ich die ganze Rechnung nochmals wiederholen, sobald ich dazu kommen kann, die Elemente nach den beiden Oppositionen von 1809 und 1811 (die noch nicht benutzt sind), zu berechnen.

2) Die Conjectur des Hrn. Dr. Triesnecker, bei der Opposition von 1808 die geoc. Breite $12°$ $43'$ $44''8$ in $12°$ $45'$ $44''8$ zu verwandeln, ist durchaus unstatthaft und eben so muss die Länge der Knotenlinie nothwendig $80°$ $53'$ $23''$ bleiben, und keinesweges um $5'$ grösser angenommen werden. Hr. Tr. ist zu seiner Conjectur lediglich dadurch veranlasst worden, dass die Elemente mit meinen Perturbationstafeln sonst nicht so gut mit der Breite stimmen, aber ich wundere mich sehr, dass er hierbei übersehen hat, was ich doch ausdrücklich bemerkt habe, dass bei Berechnung der Breiten nicht meine alten Tafeln, sondern die späterhin von mir entwickelten vollständigen Störungsgleichungen angewandt sind, welche bisher noch nicht gedruckt wurden, und die ich deshalb Ihnen, so wie sie im Jahre 1805 berechnet sind, hier mittheile.

Störungen der Breite der Ceres durch Jupiter.

(♃ mittl. Länge des ♃,   ♀ mittl. Länge der ♀)

$- 9''65 \sin (♃ - 74°\ 13')$	$+ 8.61 \sin (♀ - ♃ + 95\ \ 26)$
$-14.17 \sin (♀ - 2♃ + 78°\ 35')$	$-10.31 \sin (2♀ - 2♃ + 94\ \ 10)$
$+27.47 \sin (2♀ - 3♃ + 78\ \ 35)$	$- 6''16 \sin (3♀ - 3♃ + 112°\ 26')$
$- 4.62 \sin (3♀ - 4♃ + 78\ \ 35)$	$-13.69 \sin (2♃ - 57°\ 21')$
$+ 5.51 \sin (2♀ - ♃ - 78\ \ 35)$	$- 6.77 \sin (3♃ - ♀ - 61\ \ 25)$
$+ 0.99 \sin (3♀ - 2♃ - 78\ \ 35)$	$+ 4.30 \sin (2♀ - 4♃ + 72\ \ 24)$
$+ 1.91$	$-22.51 \sin (3♀ - 5♃ + 70\ \ 27)$
	$+ 1.65 \sin (3♃ - 56°\ 9')$

Die sechs ersten Gleichungen sind die alten, aber verbessert, hingegen die neun übrigen, die Eine Minute betragen können, sind ganz neu hinzugekommen, und es ist daher nicht zu verwundern, dass bei Zuziehung aller die Lage des Knotens eine Veränderung von 5' erlitt. — Diese 15 Breitengleichungen sind noch zu ertragen, aber bei der Pallas habe ich über 40, die über 1'' gehen.

Den Cometen haben wir am 22. Aug. zuerst wiedergesehn, allein erst heute früh hat Prof. HARDING einige Abstände desselben von Fixsternen gemessen, welche aber noch nicht reducirt sind.

COMET.

Astronomisches Jahrbuch für 1814.   Seite 254..256.   Berlin 1811.

Göttingen den 10. September 1811.

Den Cometen haben wir hier zuerst den 22. August in der Abenddämmerung gesehen, allein die von der Stadt begrenzte Aussicht unserer Sternwarte erlaubte erst im September Beobachtungen zu machen. Ich habe mich dazu der Abstände von Fixsternen bedient, die sich mit dem Sextanten vom Stativ sehr gut beobachten lassen. Alle bisher gemachten Beobachtungen haben noch nicht reducirt werden können; ich kann heute blos erst folgende drei mittheilen, denen Abstände von α Lyrae und α Aurigae zum Grunde liegen.

1811	Mittlere Zeit	Gerade Aufst.	Nördl. Abw.
Septbr. 4	$8^u\ 28^m\ 47^s$	158° 25' 24''	39° 18' 2''
6	8 48 38	160 23 16	40 14 16
7	8 57 6	161 26 10	40 41 54

Ich habe hienach und nach neuen Beobachtungen des Hrn. v. ZACH meine vorläufigen parabolischen Elemente, die im 130. Stück uns. gel. Anz. [S. 327 d. B.] abgedruckt sind, folgendermassen verbessert.

Durchgang durch das Perihelium 1811 Sept. 12 $5^u\ 21^m\ 15^s$ Mittl. Zeit in Göttingen
Logarithm. des kleinsten Abstandes 0. 017060
Länge des Perihels . . . . 75° 17' 34''
Länge des aufsteigenden Knoten 140 24 13
Neigung der Bahn 73   7 17
Bewegung rückläufig.

Ich habe hienach den geocentrischen Lauf auf 4 Monate vorausberechnet, wie folgt:

Göttinger Zeit		Gerade Aufsteig.		Nördliche Abweich.		Log.der Dist. von der Erde	Licht-stärke.
1811 Sept.	12	5^{u}	166° 54′	42° 58′		0.2079	0.355
	17	5	173 46	45 15		0.1836	0.394
	22	6	182 2	47 17		0.1594	0.432
Octob.	2	7	203 24	49 34		0.1160	0.490
	12	8	228 45	47 15		0.0911	0.492
	22	9	251 23	39 56		0.0963	0.421
Nov.	1	10	267 58	30 32		0.1312	0.310
	11	11	279 38	22 18		0.1851	0.208
	21	12	288 13	14 55		0.2415	0.138
Dec.	1	13	294 54	9 42		0.2976	0.093
	11	14	300 24	5 49		0.3487	0.064
	21	15	303 22	3 0		0.3848	0.048

Von der Mondfinsterniss am 2. Sept. kam hier wegen sehr ungünstigen Wetters nicht viel zu Gesicht, aber die während derselben eingetretene Bedeckung von λ *Aquarii* (im Jahrbuch etwa 1 Stunde zu früh angegeben) wurde sehr gut beobachtet. Ein- und Austritt geschahen am verfinsterten, aber doch noch sichtbaren Mondrande, und letzterer konnte um so besser beobachtet werden, da einer meiner Zuhörer diese Bedeckung voraus berechnet hatte, und wir also darauf vorbereitet waren.

Eintritt λ Aquarii Mittl. Zeit 10^{u} 16^{m} 17^{s}4. Austritt 10^{u} 51^{m} 40^{s}5.

Noch füge ich Ihrem Wunsche zufolge einen kleinen Zusatz zu meiner Theoria motus corporum coelestium bei.

Zusatz zu Art. 90 und 100 der Theoria motus corporum coelestium, vom Verfasser.

Zur Auflösung der wichtigen Aufgabe, aus zweien Radiis vectoribus und dem eingeschlossenen Winkel die elliptischen oder hyperbolischen Elemente zu bestimmen, habe ich mich mit grossem Vortheil einer Hülfsgrösse ξ bei der Ellipse, ζ bei der Hyperbel bedient, für welche ich jenem Werke eine Tafel angehängt habe. Berechnet ist diese Tafel nach einem dort angeführten continuirten Bruche, dessen vollständige Ableitung aber dort nicht gegeben ist, und zu dessen theoretischer Entwickelung, die mit andern Untersuchungen zusammenhängt, ich bisher noch nicht Gelegenheit gefunden habe. Es wird daher manchem lieb sein, hier einen andern Weg angezeigt zu finden, auf welchem man jene Hülfsgrösse eben so bequem hätte berechnen können.

Wir haben (Art. 90)

$$\xi = x - \frac{5}{6} + \frac{10}{9X} = \frac{xX - \frac{5}{6}X + \frac{10}{9}}{X}$$

Der Zähler dieses Bruchs verwandelt sich leicht, wenn man für X die dort gegebene Reihe substituirt, in

$$\frac{8}{105}xx\left(1 + \frac{2.8}{9}x + \frac{3.8.10}{9.11}xx + \frac{4.8.10.12}{9.11.13}x^3 + \frac{5.8.10.12.14}{9.11.13.15}x^4 + \text{etc.}\right)$$

Setzt man also die Reihe

$$1 + \frac{2.8}{9}x + \frac{3.8.10}{9.11}xx + \text{etc.} = A$$

so wird

$$x X - \frac{5}{6} X + \frac{10}{9} = \frac{8}{105} A x x$$

$$X = \frac{\frac{4}{3} \left(1 - \frac{12}{175} A x x\right)}{1 - \frac{6}{5} x}$$

$$\xi = \frac{\frac{2}{35} A x x \left(1 - \frac{6}{5} x\right)}{1 - \frac{12}{175} A x x}$$

nach welcher Formel man ξ immer bequem und sicher berechnen kann. Für ζ braucht man nur $-z$ statt x zu setzen.

Ich bemerke nur noch, dass man A noch bequemer nach folgender Formel berechnen kann

$$A = (1-x)^{-\frac{3}{2}} \left(1 + \frac{1 \cdot 5}{2 \cdot 9} x + \frac{1 \cdot 3 \cdot 5 \cdot 7}{2 \cdot 4 \cdot 9 \cdot 11} x x + \frac{1 \cdot 3 \cdot 5 \cdot 5 \cdot 7 \cdot 9}{2 \cdot 4 \cdot 6 \cdot 9 \cdot 11 \cdot 13} x^3 + \text{etc.}\right)$$

allein die Ableitung dieser Reihe aus der vorigen beruht auf Gründen, die hier nicht ausgeführt werden können.

COMET.

Monatliche Correspondenz. Band XXIV. S. 304 .. 307. 1811 September.

— — — Interessante Resultate der Beobachtung und der Rechnung theilte uns Herr Professor Gauss mit. Aus einigen seiner Briefe heben wir das hieher gehörige aus: — — — Göttingen am 8. Sept. „Den Cometen, welchen ich zuerst am 22. August gesehen habe, konnte ich, da die Aussicht auf der Sternwarte nach Norden durch die Stadt sehr beschränkt ist, erst am 3. September zum erstenmal beobachten. Ich habe versucht, seinen Ort durch Abstände mit dem Sextanten zu bestimmen, welches mit dem schönen Stativ, was sie uns durch den geschickten Mechanicus Körner in Weimar besorgt haben, eine sehr bequeme und wie es scheint auch verhältnissmässig sehr genaue Beobachtungsart ist. Die Beobachtungen vom 3. Sept. habe ich noch nicht reducirt, aber die Beobachtungen der folgenden Tage, wobei zur Vergleichung, immer α Aurigae und α Lyrae genommen wurden, habe ich mit aller Sorgfalt berechnet und folgende Resultate gefunden:

1811	Mittlere Zeit in Göttingen	AR. Comet.	Nördliche Abweichung
Septbr. 4	8^u 28^m 47^s	$158°$ $25'$ $24''$	$39°$ $18'$ $2''$
6	8 48 38	160 23 16	40 14 16
7	8 57 6	161 26 10	40 41 54

Ich habe nach diesen und neun Beobachtungen des Herrn von Zach meine parabolischen Elemente *) verbessert, und so die folgenden herausgebracht:

Zeit der Sonnennähe 1811 Sept. 12 5^u 21^m 15^s Mittlere Zeit in Göttingen
Logarithm. des kleinsten Abstandes 0.017060
Länge der Sonnennähe . . . . 75° 17′ 34″
Länge des aufsteigenden Knoten 140 24 13
Neigung der Bahn 73 7 16

Von Ellipticität der Bahn scheint jetzt noch keine sichere Spur zu sein. Ich habe mir bisher nur ein paarmal die Zeit genommen, den Cometen mit einem grossen Telescope zu betrachten; am 7. Sept. war die Form des Schweifes sehr merkwürdig. Er bog sich in zwei Aeste vom Cometen ab, aber diese beiden Aeste gingen nicht vom Cometen selbst aus, sondern hingen in einer kleinen Entfernung von diesem, durch einen dunkeln Zwischenraum getrennt, zusammen, so dass sie den Comet wie eine Parabel ihren Brennpunkt einschlossen. Gewiss ist dieser Comet in mehr als einer Rücksicht einer der merkwürdigsten, die jemals beobachtet sind. Von einem eigentlichen Kern im Cometen, konnte ich eben so wenig, als Herr Prof. Harding eine Spur wahrnehmen.“ — Göttingen am 16. Sept. Ich werde nun, da Sie den Cometen im Meridian beobachten, meine Beobachtungen heute Abend schliessen. Hier was ich seit meinem letzten Brief erhielt:

	Mittlere Zeit in Göttingen	AR. Cometae	Nördliche Declination
Sept. 9	8^u 37^m 53^s	163° 35′ 5″	41° 39′ 13″
14	8 45 5	169 44 58	. . . .
15	7 39 57	171 3 58	44 24 57
16	7 57 16	172 31 4	44 51 23

Für den Lauf des Cometen bis Ende December habe ich nach meinen verbesserten Elementen folgende Ephemeride berechnet:

Mittlere Zeit in Göttingen		Gerade Aufsteigung	Nördliche Abweichung	Log. d. Entf. des Cometen von der Erde	Lichtstärke
1811 Sept. 12	5^u	166° 54′	42° 58′	0.2079	0.355
17	0	173 46	45 15	0.1836	0.394
22	6	182 2	47 17	0.1594	0.432
27	6	192 19	48 48	0.1366	0.465
Oct. 2	7	203 24	49 34	0.1160	0.490
7	7	215 58	49 7	0.1004	0.501
12	8	228 45	47 16	0.0911	0.492
22	9	251 23	39 46	0.0963	0.421
Nov. 1	10	267 58	30 32	0.1312	0.310
11	11	279 38	22 18	0.1851	0.208
21	12	288 13	14 55	0.2415	0.138
Dec. 1	13	294 54	9 42	0.2976	0.093
11	14	300 24	5 49	0.3487	0.064
21	15	305 7	2 55	0.3938	0.046
31	16	309 16	0 48	0.4330	0.034

Eine ganz flüchtige Vergleichung meiner Beobachtungen und der ersten Olbersschen mit meinen Elementen, hat mir folgende Resultate gegeben:

---

*) Monatl. Corresp. 1811 August-Heft S. 180. [S. 326 d. B.]

	AR.	Decl.
Aug. 23	+ 127″	+ 18″
Sept. 4	+ 30	— 9
6	+ 9	— 11
7	— 54	+ 20
9	— 65	— 64
14	— 140	. . . .
15	— 195	— 76

Ist der hier sich zeigende schnell anwachsende Unterschied in AR. gegründet, so wäre ich geneigt, dies schon als eine Spur von Ellipticität der Bahn zu betrachten."

COMET.

Göttingische gelehrte Anzeigen. Stück 151. Seite 1497..1499. 1811 Sept. 21.

Der grosse diesjährige Comet, dessen Wiedererscheinen wir im 130. Stück unserer Gel. Anz. [S. 327 d. B.] im Voraus angekündigt hatten, wurde hier von unsern Astronomen zum ersten Male den 22. August tief in der Abenddämmerung gesehen, aber eigentliche Beobachtungen konnten erst später angestellt werden, da die Aussicht von der Sternwarte auf der Nordseite durch die Gebäude der Stadt zu sehr beschränkt ist. Es wurden Distanzen des Cometen von Fixsternen gemessen, welche Methode bei diesem hellen Cometen sehr wohl anwendbar ist, und besonders wenn die Beobachtungen vom Stativ gemacht werden, viele Genauigkeit gibt. Bis jetzt (10. September) sind indess von den auf diese Weise angestellten Beobachtungen nur erst folgende des Hrn. Prof. GAUSS vollständig reducirt:

1811	Mittlere Zeit	ger. Aufsteigung	Nordl. Abweich.
Sept. 4	8ᵘ 28ᵐ 47ˢ	158° 25′ 24″	39° 18′ 2″
6	8 48 38	160 23 16	40 14 16
7	8 57 6	161 26 10	40 41 54

Hr. Prof. GAUSS hat nach diesen Beobachtungen seine vorläufigen, am angef. O. mitgetheilten, parabolischen Elemente verbessert und folgende Resultate gefunden:

Durchgang durch die Sonnennähe 1811 Sept. 12. 5ᵘ 21ᵐ 15ˢ m. Z. in Göttingen
Länge der Sonnennähe . . . . 75° 17′ 34″
Kleinster Abstand von der Sonne 1.04006
Länge des aufsteigenden Knoten . . . . 140° 24′ 13″
Neigung der Bahn 73 7 16
Bewegung *rückläufig*.

Von einer Ellipticität der Bahn ist bisher noch keine Spur zu erkennen.

Um den Lauf des Cometen während der nächsten Monate desto besser übersehen zu können, hat Hr. Prof. GAUSS nach obigen verbesserten Elementen eine kleine Ephemeride berechnet, woraus erhellt, dass der Comet den 15. October der Erde am nächsten kömmt, aber dann noch fast um den vierten Theil weiter von ihr absteht, als die Sonne. Seine grösste Lichtstärke erreicht er, falls er überhaupt nur durch entlehntes Licht sichtbar ist, am 7. October, und er ist dann etwa funfzehn Mal so hell, als er am 11. April war. Den 3. October kommt der Comet dem Stern η im grossen Bär, und den 3. December dem Stern α im Adler bis auf weniger als Einen Grad nahe.

Lauf des Cometen während der letzten Monate dieses Jahres:

1811		Gerade Aufsteigung		Nordliche Abweichung		Abstand v. d. Erde	Licht-stärke
Sept.	12	5^u	166°	54′	42° 58′	1.614	0.355
	22	6	182	2	47 17	1.443	0.432
Octob.	2	7	203	24	49 34	1.306	0.490
	12	8	228	45	47 16	1.233	0.492

Lauf des Cometen während der letzten Monate dieses Jahres:

1811		Gerade Aufsteigung		Nordliche Abweichung		Abstand v. d. Erde	Licht-stärke
Octob.	22	0^u	251°	23′	39° 56′	1.248	0.421
Nov.	1	10	267	58	30 32	1.353	0.310
	11	11	279	38	22 18	1.531	0.208
	21	12	288	13	14 55	1.744	0.138
Dec.	1	13	294	54	9 42	1.984	0.093
	11	14	300	24	5 49	2.232	0.064
	21	15	303	22	3 0	2.426	0.048

Sonderbar ist die Form des *Schweifes*, der sich um den Cometen herumbiegt, ohne mit ihm selbst zusammen zu hängen, und in zwei gegen einander geneigte Aeste ausläuft. Von einem eigentlichen *Kerne* ist übrigens in dem Cometen gar keine Spur zu sehen.

COMET.

Monatliche Correspondenz. Band XXIV. S. 406 .. 411. 1811 October.

Die im vorigen Heft geäusserte Hoffnung, dass wir im Stande sein würden, in diesem Stück etwas bestimmtes über die Umlaufzeit des Cometen unsern Lesern mittheilen zu können, ist unerfüllt geblieben. So wahrscheinlich es anfangs war, dass die immer zunehmende starke Abweichung der Beobachtungen von den parabolischen Elementen, in einer reellen Abweichung der Bahn von der Parabel begründet sei, so zeigte es sich doch späterhin, dass eine kleine Correction jener völlig hinreichend war, um eine befriedigende Übereinstimmung beider zu erhalten. Da es nicht ohne Interesse ist zu sehen, wie durch die successiven Änderungen der Elemente, diese zu einer immer bessern Übereinstimmung mit dem Himmel gebracht werden, so fangen wir heute damit an, ein Tableau der Vergleichung sämmtlicher bis zum 11. October gemachten Beobachtungen mit den zum erstenmal verbesserten Gaussischen Elementen (Mon. Corresp. Sept.-Heft S. 305) [S. 335 d. B.] darzulegen.

Vergleichung sämmtlicher Cometen-Beobachtungen mit Gauss parabolischen Elementen.

1811 Tag der Beobacht.	Abweichung in AR.	in Decl.	Name des Beobacht.	1811 Tag der Beobacht.	Abweichung in AR.	in Decl.	Name des Beobacht.
August 22	+ 61″	— 57″	Bessel	Septbr. 10	— 116″	— 27	Lindenau
23	+ 70	— 79	Bessel	10	— 54	— 71	Schubert
23	+119	— 21	Olbers	11	— 70	— 73	Oriani
25	+116	—101	Olbers	11	— 135	— 28	Lindenau
26	+ 98	— 84	Olbers	11	— 82	—106	Bessel
27	+ 99	— 99	Olbers	12	— 120	— 43	Oriani
27	+ 63	— 50	Bessel	12	— 37	— 78	Bessel
28	+ 34	— 68	Bessel	12	— 86	— 53	Schubert
28	+ 46	—124	Olbers	13	— 111	—118	Oriani
29	+128	— 26	Oriani	13	— 130	— 34	Lindenau
30	+ 9	— 41	Olbers	13	— 119	— 74	Schubert
30	+ 43	— 55	Bessel	14	— 135	— 94	Oriani
31	+ 37	— 49	Oriani	14	— 146	— 34	Lindenau
31	+ 47	—120	Olbers	14	— 140	. . .	Gauss
Septbr. 1	+ 25	— 43	Oriani	14	— 139	— 30	Schubert
2	+ 19	— 74	Oriani	15	— 154	— 51	Lindenau
3	+ 10	— 92	Oriani	15	— 195	— 76	Gauss
3	+ 23	— 67	Olbers	15	— 158	— 65	Schubert
4	+ 25	— 73	Oriani	16	— 225	— 54	Lindenau
4	+ 51	—129	Olbers	16	— 219	— 30	Gauss
4	+ 30	— 9	Gauss	16	— 184	— 52	Schubert
6	— 43	— 89	Oriani	17	— 172	— 43	Oriani
6	— 7	— 50	Lindenau	17	— 261	— 29	Lindenau
6	+ 9	— 11	Gauss	18	— 247	— 34	Lindenau
7	— 26	— 74	Lindenau	19	— 287	— 66	Lindenau
7	— 17	— 80	Bessel	22	— 443	. . .	Bessel
7	— 54	+ 20	Gauss	23	— 420	. . .	Bessel
8	— 54	— 45	Oriani	26	— 626	+ 53	Lindenau
8	— 41	— 44	Lindenau	30	— 839	+130	Lindenau
9	— 61	— 38	Oriani	Octob. 2	— 879	+118	Gauss
9	— 62	— 7	Lindenau	5	—1123	+336	Lindenau
9	— 65	— 64	Gauss	11	—1271	+626	Lindenau

Herr Professor Gauss, der uns in den letzten Tagen des Septembers und Anfang October das grosse Vergnügen gewährte, einen 14tägigen Aufenthalt auf der hiesigen Sternwarte zu machen, war sehr geneigt, in diesen Abweichungen die Spur einer elliptischen oder hyperbolischen Laufbahn zu sehen, und fing schon hier einige auf deren Bestimmung Bezug habende Rechnungen an, ohne jedoch zu einem bestimmten Resultat darüber zu gelangen. Allein schon am zweiten Tage nach seiner Rückkunft in Göttingen, theilte er uns seine erhaltenen interessanten Resultate mit, die wir hier mit dessen eigenen Worten folgen lassen: „d. d. Göttingen, am 14. October. Meine letzten Rechnungen über den Cometen habe ich sofort nachgesehen, und wie ich voraus vermuthete, bald einen Schreibfehler von 10 Minuten darinnen entdeckt, nach dessen Verbesserung das Resultat ganz anders und zwar dahin ausgefallen ist,

dass von einer Ellipticität der Bahn noch gar keine sichere Spur zu bemerken ist.

Meine verbesserten parabolischen Elemente sind folgende:

Durchgang durch das Perihel 1811 Sept. 12	Länge des aufsteigenden Knoten . 140° 21′ 40″
5^u 32^m 46^s M. Z. in Göttingen	Neigung der Bahn 73 4 18
Länge des Perihels . . . . 75° 4′ 43″	Bewegung rückläufig
Log. des Abstandes im Perihel . . . 0.015530	

Die Constanten für die Coordinaten in Beziehung auf den Aequator finde ich so

$$x = \frac{a \cdot \sin(v + 348^\circ\ 50'\ 38'')}{\cos \frac{1}{2} v} \qquad \log a = 9.91435$$

$$y = \frac{b \cdot \sin(v + 171^\circ\ 56'\ 51'')}{\cos \frac{1}{2} v} \qquad \log b = 9.80148$$

$$z = \frac{\gamma \cdot \sin(v + 80^\circ\ 0'\ 3'')}{\cos \frac{1}{2} v} \qquad \log \gamma = 0.01538$$

Diese Elemente sind übrigens nur flüchtig berechnet und würden sich leicht den Beobachtungen noch besser anpassen lassen; ich hielt es aber nicht der Mühe werth, dies schon jetzt zu thun, da sie hinreichen, die Beobachtungen noch einige Zeit damit zu vergleichen, und die bis jetzt Statt findende Unmöglichkeit, etwas sicheres über die Ellipticität der Bahn zu sagen, zeigen. Ich glaube nicht, dass die Umlaufszeit, wenn die Bahn elliptisch ist, unter 1000 Jahr sein kann. Ich habe so eben diese Elemente mit Ihren und meinen Beobachtungen verglichen, wodurch das, was ich vorhin sagte bestätigt wird.

| 1811 | Unterschied | | | |
| | in gerader Aufst. | | in Abweichung | |
	v. L.	G.	v. L.	G.
Septemb. 4	—	+ 5''	—	+ 23''
6	—	— 7	—	+ 28
7	—	— 58	—	+ 61
9	—	— 38	—	— 18
10	— 69''		+ 26''	
11	— 70		+ 39	
14	— 12	— 9	+ 26	
15	+ 5	— 17	+ 7	— 18
16	— 37	— 36	+ 10	+ 35
17	— 43		+ 33	
18	+ 4		+ 16	
19	— 27		+ 1	
26	— 47		+ 63	
30	—	— 50	+ 76	
October 2	—	— 29		+ 19

Die Elemente geben also — wie es scheint während der ganzen Zeit dieser Beobachtungen — die Rectascensionen etwa eine halbe Minute zu klein. Die Declinationen ungefähr eben so viel zu gross, welcher Unterschied sich leicht wegschaffen liesse, ohne die Parabel zu verlassen und ohne die Übereinstimmung mit den von Zachschen Beobachtungen zu verschlechtern. Olbers hat mir in einem hier vorgefundenen Briefe von seiner sinnreichen Hypothese über den Cometen-Schweif eine kurze Nachricht gegeben. Er nimmt einen Stoff an, welcher vom Cometen erzeugt, von diesem und von der Sonne abgestossen, sich da anhäuft, wo beide Repulsionskräfte eine Art von Gleichgewicht halten, und sich in eine Art von hohler parabolischer Conoide formirt. Olbers wird Ihnen darüber ausführlicher schreiben.

COMET.

Monatliche Correspondenz. Band XXIV. S. 507..517. 1811 November.

Göttingen den 15. November.

Nach dem was PINGRÉ von europäischen und chinesischen Beobachtungen des Cometen von 1301 anführt, *kann dieser mit dem gegenwärtigen nicht identisch sein.* Denn es ist unmöglich, dass letzterer am 16. Sept. unter einer Länge von 110° und eben so unmöglich, dass er am 30. Sept. unter einer Länge von 231° und *nur* 26° nördl. Breite erschienen wäre.

Theils ungünstiges Wetter, theils andere Geschäfte, haben mir seit meinem letzten Brief nur eine Beobachtung des Cometen erlaubt, die ich Ihnen hier mittheile:

	AR.	Decl. bor.
1811 Oct. 20 10^u 9^m 12^s m. Z.	247° 46′ 39″	41° 20′ 15″

Ich habe diese Beobachtungen mit meinen letzten parabolischen Elementen verglichen, so wie Herr NICOLAI die letzten OLBERSschen und Seeberger Beobachtungen. Folgendes sind die Resultate:

Bremer Beobachtungen			Seeberger Beobachtungen		
Tag der Beobacht.	Unterschied		Tag der Beobacht.	Unterschied	
	in AR.	in Decl.		in AR.	in Decl.
Octob. 19	— 73″	+ 152″	Octob. 20	— 113″	+ 196″
19	— 73	— —	24	— 109	+ 175
20	— 39	+ 139	25	— 88	+ 263
24	— 82	+ 227	28	— 87	+ 327
24	— 84	+ 205	29	— 124	+ 265
25	— 108	— —	Nov. 4	— 110	+ 387
25	— 91	— —	5	— 74	— —
28	— 60	+ 293			
Nov. 4	— 159	— —			
4	— 155	+ 342			
7	— 91	— —			
7	— —	+ 377			
7	— 102	— —			
9	— 274	+ 379			

Doctor OLBERS hat mir die ersten Beobachtungen des Herrn FLAUGERGUES mitgetheilt, denen ich Herrn NICOLAIS Berechnung der Unterschiede von den Elementen beifüge

Tag der Beobacht.	AR. Cometae	Abweichung v. d. Element.	Declinatio austr. Comet.	Abweichung v. d. Element.
März 26	120° 16′ 0″	+ 859″	29° 15′ 0″	+ 300″
28	119 52 56	+ 316	28 7 0	+ 257
29	119 41 4	+ 127	27 32 57	+ 226
30	119 29 26	— 50	26 58 22	+ 193
31	119 18 36	— 306	26 23 13	+ 297
April 1	119 7 38	— 382	25 50 17	+ 219

Herrn Flaugergues erste Beobachtung war in frühern Nachrichten in AR. um 10′ grösser angegeben, und dann wäre der Unterschied nur 259″. Ich enthalte mich noch über die grossen Differenzen zu urtheilen, bis ich einmal Zeit gewinne, selbst wieder über den Cometen Rechnungen anzustellen, wozu ich jetzt noch nicht kommen kann.

COMET.

Göttingische gelehrte Anzeigen. Stück 201. Seite 2001..2004. 1811 Decemb. 19.

Im 151 Stück dieser Blätten [S. 337 d. B.] haben wir die ersten hiesigen Beobachtungen des grossen diesjährigen Cometen, nebst den ersten verbesserten parabolischen Elementen, angezeigt. Letztere waren nur als vorläufige angegeben; sie fingen bald an, sich einige Minuten von den Beobachtungen zu entfernen, und zu Anfang October war dieser Unterschied bereits auf einen Viertelsgrad angewachsen. Eine leichte Verbesserung der parabolischen Elemente reichte indessen hin, diesen Fehler wegzuschaffen: diese zweiten verbesserten Elemente sind im Octoberheft der Monatl. Correspondenz [S. 338 d. B.] bekannt gemacht. Anfangs November war der Fehler dieser Elemente, bei deren Berechnung nur einige einzelne Beobachtungen zum Grunde gelegen hatten, wieder auf einige Minuten angewachsen: und Hr. Prof. Gauss hielt es daher für interessant, zu untersuchen, in wie fern man dies schon als einen Beweis von Ellipticität der Bahn ansehen könne. Er liess die hierzu nöthigen Rechnungen unter seiner Aufsicht von Hrn. Nicolai ausführen, von dessen ausgezeichneter Geschicklichkeit und Sorgfalt im astronomischen Calcul wir schon früher in diesen Blättern Proben mitgetheilt haben. Es wurden der grösste Theil der sämmtlichen Beobachtungen des Hrn. von Zach, in der ersten Periode der Sichtbarkeit des Cometen, und eine grosse Anzahl neuerer Beobachtungen, die bis zum 6. November reichten, zum Grunde gelegt, und aus deren Vergleichung mit den letzten Elementen des Hrn. Prof. Gauss vier Normalörter abgeleitet. Das Resultat war, dass mit Hülfe einer nur sehr kleinen Correction der letztern Elemente, die neuern Beobachtungen sich genau darstellen liessen, während bei den ältern Beobachtungen nur kleine Differenzen zurück blieben, nemlich 16″ in der Länge, und 28″ in der Breite bei dem ersten Normalorte vom 16. April, und 51″ in Länge, und 120″ in der Breite den 18. Mai bei dem zweiten. Obgleich nicht anzunehmen ist, dass der letztere Normalort, das Mittel aus einer grossen Anzahl freilich nicht sehr genauer Beobachtungen, wirklich ganz mit einem so grossen Fehler behaftet sei, so ist derselbe doch noch zu klein, um bei der Ungewissheit, ein wie grosser Theil davon noch auf Rechnung des Normalorts selbst zu setzen sei, eine einigermassen zuverlässige Bestimmung der Ellipse gründen zu können. Daher hielt Hr. Prof. Gauss es für besser, dieses Geschäft noch zu verschieben, bis spätere Beobachtungen Etwas zu entscheiden in den Stand setzen. Auf alle Fälle ist die Umlaufszeit weit über 1000 Jahre. Die verbesserten parabolischen Elemente nach Hrn. Nicolai's Rechnung sind folgende:

Durchgang durch die Sonnennähe 1811. 12. Sept.
6^u 30^m 55^s Mittl. Z. in Göttingen

Logarithm. des kleinsten Abstandes 0.0151048
Länge der Sonnennähe . . . . . 75° 1′ 44″3
Länge des aufsteig. Knoten . . . 140 21 57. 5

Beide siderisch ruhend, und von der Nachtgleiche des 12. September gezählt.

Neigung der Bahn . . . . 73° 4′ 30″9
Bewegung rückläufig.

Zur Erleichterung der Beobachtungen im Januar des nächsten Jahres hat Hr. Nicolai noch folgende Ephemeride berechnet, welche wir ganz hiehersetzen, wenn gleich die Sichtbarkeit des Cometen früher aufhören wird. — — —

Vorstehendes war bereits zum Abdruck niedergeschrieben, als Hr. Prof. Gauss in einem Schreiben des Hrn. v. Lindenau die Nachricht erhielt, dass Hr. Pons in Marseille den 16. November noch einen neuen Cometen im Eridanus entdeckt habe. Folgende Beobachtungen des Hrn. von Zach zu Marseille waren dem Schreiben beigefügt:

1811	Mittlere Zeit in Marseille			Gerade Aufsteigung			Südliche Abweichung		
Novemb. 17	10^u	23^m		67°	25′		25°	52′	
18	11	11	17^{s}3	67	14	39″8	25	24	8″6
19	9	59	32.8	67	4	59.6	24	54	8.5
20	10	8	37.7	66	56	8.2	24	18	9.2
21	10	14	45.5	66	46	53.0	23	41	47.8

Gleich am Abend des 9. Decembers, wo diese Nachricht eingegangen war, begünstigte ein sehr heiterer Himmel die Aufsuchung des Cometen auf hiesiger Sternwarte. Hr. Prof. Harding nahm ihn auch sofort mit einem Cometensucher in der Nähe eines Sterns siebenter Grösse wahr, mit welchem Hr. Prof. Gauss ihn mehrere Male am Kreismicrometer verglich. Die scheinbare Position des Sterns wurde aus der *Histoire céleste* zu 64° 11′ 23″1 gerader Aufsteigung, 10° 22′ 2″5 südl. Abweichung bestimmt, woraus folgende Position des Cometen sich ergab:

1811 Dec. 9. 10^u 6^m 52^s ger. Aufst. 63° 49′ 41″4, südliche Abweichung 10° 21′ 55″5

Am 11. Dec. 10^u 34^m 1^s M. Z. wurde gefunden: ger. Aufst. 63° 33′ 20″5, südl. Abw. 8° 39′ 54″7

Dieser neue Comet ist übrigens bis jetzt sehr klein und lichtschwach, etwa so hell wie ein Stern achter Grösse; er scheint indess, da seine Bewegung sich beschleunigt, der Erde näher zu kommen; auch lässt er sich, weil er einen bestimmtern Mittelpunkt zeigt, als der grosse, am Kreismicrometer besser beobachten.

Den 12. December.

COMET.

Monatliche Correspondenz. Band XXIV. S. 595..598. 1811 December.

In Göttingen ward der Comet sogleich am 9. December, wo mein Brief dort einging, am Abend von den Herren Gauss und Harding aufgefunden. Am Kreismicrometer machte Gauss folgende Beobachtungen:

	Mittlere Zeit in Göttingen			AR. Comet			Decl. Austr.		
Decemb. 9	10^u	6^m	52^s	63°	49′	41″4	10°	21′	55″5
11	10	34	1	63	33	18.0	8	39	46.4
12	8	5	52	63	26	25.3	7	54	25.9

„Hier, schrieb uns GAUSS, Göttingen, am 15. Dec. 1811, auch meine vorläufigen Elemente, die freilich nur als eine Annäherung anzusehen sind, aber doch zeigen, dass der Comet ein *neuer* ist, und an Licht nicht mehr zunehmen wird.

Zeit des Periheliums 1811. Nov. 12,6225 Gött. Mer.	Aufsteigender Knoten . . . . 92° 46′ 59″
Länge des Perihels . . . . 48° 30′ 20″	Neigung der Bahn 31 37 55
Log. des perih. Abstandes 0.20160	Bewegung rechtläufig

„Der Comet kann noch *sehr* lange sichtbar sein, wenn seine Lichtstärke es nicht hindert. Ich finde 1812 Januar 31 10^u AR 67½° Decl. 25½° Nördl. Lichtstärke 0.178.

$$\text{Lichtstärke 1811 November 18} = 0.713$$
$$— \text{December 12} = 0.698$$

Herr GERLING, der mit diesen Elementen alle seither bekannt gewordenen Beobachtungen verglich, fand folgende Resultate:

	Abweichung		
	in AR.	in Decl.	Beobachter
Novemb. 18	+ 32″	— 101″	v. Zach
19	+ 80	+ 46	v. Zach
20	+ 23	+ 4	v. Zach
21	+ 3	+ 15	v. Zach
Decemb. 8	+ 19	. . . .	v. Lindenau
9	+ 11	+ 12	v. Lindenau
9	+ 8	— 55	Olbers
9	+ 1	+ 1	Gauss
11	— 10	— 16	Gauss
12	+ 1	+ 7	Gauss

Um die künftigen Beobachtungen des Cometen zu erleichtern, berechnete Herr NICOLAI nach obigen Elementen folgende Ephemeride:

Mitternacht	AR.	Declinat.	Log. dist. a ☉	Lichtstärke
1811 December 21	62° 36′	0° 7 S.	9.8879	0.596
29	62 25	6 20 N.	9.9185	0.496
1812 Januar 6	62 49	12 11 —	9.9562	0.397
14	63 47	17 15 —	9.9984	0.310
22	65 17	21 33 —	0.0427	0.239
30	67 17	25 8 —	0.0872	0.183
Februar 7	69 41	28 7 —	0.1310	0.141

Hiernach nimmt die Lichtstärke des Cometen schon wieder sehr merklich ab, und da der Mondschein nun eine Zeitlang seine Sichtbarkeit hindern wird, so bleibt es wohl noch zweifelhaft, ob es gelingen wird, noch eine Reihe guter Beobachtungen dieses Cometen zu erhalten. Allein die schöne Übereinstimmung mit allen Beobachtungen zeigt, dass schon jetzt sein Lauf durch obige Elemente sehr genähert bestimmt ist, so dass er bei einer dereinstigen Wiedererscheinung von unsern Nachkommen ohne Mühe wieder erkannt werden kann.

COMET.

Monatliche Correspondenz. Band XXV. Seite 94..97. 1812. Januar.

[Der Inhalt dieser Briefe ist bis auf den letzten Absatz auch in dem Artikel vom 25. Januar 1812 der Gött. gel. Anz. wiedergegeben, nur steht hier Perihel Zeit . . . . . 1811 Nov. 11,392108 Merid. von Göttingen.]

Die Bedeckung von λ Aquarii hat Hr. WACHTER neuerlich auch berechnet und folgende verbesserte Conjunctionszeiten gefunden:

Göttingen	10^u 22^m $29^s 69$
Mannheim	10 16 38.01
Cronach	10 28 3.50

Die beiden ersten stimmen gut mit Ihnen, aber bei der letzten ist ein Unterschied von 10 Secunden. Da er die Rechnung doppelt nach zwei verschiedenen Methoden geführt hat, so halten Sie es vielleicht der Mühe nicht unwerth, Ihre letzte Rechnung noch einmal nachzusehen.

COMET.

Göttingische gelehrte Anzeigen. Stück 15. Seite 147..149. 1812. Januar 25.

Die seit länger als einem Monate ungewöhnlich ungünstige Witterung hat seit den ersten, in diesen Blättern (St. 201 von vor. J. [S. 342 d. B.]) angezeigten, Beobachtungen des *neuen* Cometen nur noch drei Beobachtungen auf hiesiger Sternwarte verstattet, die wir zugleich mit den ersten, in der Reduction etwas verbessert, mittheilen:

	Mittlere Zeit	Gerade Aufsteig.	Abweichung
1811 Decemb. 9	10^u 6^m 52^s	$63°$ $49'$ $41''4$	$10°$ $21'$ $55''5$ S.
11	10 34 1	63 33 18.0	8 39 46.4
12	8 5 52	63 26 25.3	7 54 25.9
1812 Januar 3	7 1 30	62 37 6.4	9 47 14.7 N.
4	6 53 59	62 40 38.6	10 29 57.8

Schon am 13. December hatte Hr. Prof. GAUSS aus seinen ersten Beobachtungen und denen des Hrn. v. ZACH, welche wir gleichfalls a. a. O. mitgetheilt haben, vorläufige parabolische Elemente berechnet, die im Westphälischen Moniteur Nr. 301 und im Decemberheft der Monatl. Correspondenz abgedruckt sind. Natürlich konnten diese auf so dürftige Data gegründeten Elemente nur genäherte sein, welche indessen am 3. Jan. nur erst 8 Min. von der Beobachtung abwichen. Hr. Prof. GAUSS übertrug nun, nachdem er seine Beobachtung vom 4. Jan. gemacht hatte, die Verbesserung der parabolischen Elemente Hrn. NICOLAI, welcher diese Arbeit mit grösster Sorgfalt und dem besten Erfolge ausgeführt hat. Folgendes sind die verbesserten Elemente, welche dieser geschickte Rechner herausgebracht hat, und die gewiss nur noch unbedeutender Verbesserungen fähig sein werden.

Zeit der Sonnennähe 1811 Nov. 11 9^u 24^m 38^s Merid. von Göttingen.
Abstand in der Sonnennähe 1.589198
Länge der Sonnennähe . . . . 47° 39′ 36″1
Länge des aufsteigenden Knoten 92 53 44. 2
Neigung der Bahn 31. 32 38. 7
Bewegung rechtläufig.

Die Constanten, vermittelst welcher nach Hrn. Prof. GAUSS Methode die Coordinaten des Cometen in Beziehung auf den Aequator berechnet werden, sind folgende:

$$x \cos\tfrac{1}{2}v^2 = \alpha \sin(v + 138° \ 9′ \ 39″6)$$
$$y \cos\tfrac{1}{2}v^2 = 6 \sin(v + \ 59 \ 53 \ 53.5)$$
$$z \cos\tfrac{1}{2}v^2 = \gamma \sin(v + 355 \ 26 \ 5.4)$$
$$\log \alpha = 0.1319477$$
$$\log 6 = 0.1784770$$
$$\log \gamma = 9.9865984$$

Ausser den oben angeführten Beobachtungen sind Hrn. Prof. GAUSS noch einige auf der Seeberger Sternwarte von Hrn. v. LINDENAU, zu Bremen von Hrn. Dr. OLBERS, und zu Paris von Hrn. BURCKHARDT angestellte mitgetheilt worden; letztere sind Meridianbeobachtungen. Mit diesen sämmtlichen Beobachtungen verglich Hr. NICOLAI seine Elemente, und erhielt folgende schöne Uebereinstimmung, die kaum noch Etwas zu wünschen übrig lässt.

	Unterschied		
	in gerader Aufsteigung	in der Abweichung	Beobachter
1811 Nov. 18	— 12″4	— 138″4	v. Zach
19	+ 34.7	+ 19.5	v. Zach
20	— 11.9	— 5.5	v. Zach
21	— 45.0	+ 4.9	v. Zach
Dec. 8	+ 9.7	. . . .	v. Lindenau
9	+ 1.0	— 51.4	Olbers
9	+ 4.9	+ 22.6	v. Lindenau
9	— 5.0	+ 3.4	Gauss
11	+ 2.9	— 32.7	Gauss
12	+ 8.5	— 27.6	Gauss
14	+ 23.5	— 34.4	Olbers
14	+ 18.9	— 6.7	Burckhardt
16	+ 28.7	— 18.1	Olbers
22	+ 20.8	+ 2.4	Burckhardt
25	+ 25.1	— 3.1	Burckhardt
1812 Jan. 3	+ 2.7	— 21.1	Olbers
3	— 5.5	+ 12.9	Gauss
4	+ 2.8	— 12.7	Gauss
6	— 35.6	— 1.5	Olbers

Der Comet hat seit den ersten hiesigen Beobachtungen, wo seine Lichtstärke am grössten und etwa = 0.7 war, merklich an Licht abgenommen, doch liess er sich am 3. und 4. Januar noch eben so gut, wie vorher, beobachten. Er würde noch sehr lange sichtbar bleiben, wenn nicht zu befürchten wäre, dass sein nun immer mehr abnehmendes Licht ihn wohl schon im Februar unsern Augen entziehen wird. Inzwischen werden die Beobachtungen sehr durch folgende Ephemeride erleichtert werden die gleichfalls von Hrn. Nicolai berechnet ist, und welcher zufolge der Comet, nachdem er bereits mitten durch die Hyaden gegangen ist, aus dem Stier in den Fuhrmann treten und dort wahrscheinlich unsichtbar werden wird.

COMET.

Monatliche Correspondenz. Band XXV. Seite 206 .. 207. 1812. Februar.

Göttingen, den 1. März.

Das schlechte Wetter und der Mondschein haben mir seit dem vierten Januar nur eine Beobachtung des Cometen möglich gemacht, bei welcher noch dazu die Declination zweifelhaft ist: ich habe jetzt nur noch schwache Hoffnung, ihn in diesen Tagen noch einmal zu beobachten, da das Wetter fortdauernd ganz ungünstig ist, und der Comet schon sehr schwach geworden sein muss.

	AR.	Decl.
1812 Febr. 2 11^u 51^m 52^s M. Z.	68° 9′ 17″9	26° 1′ 34″ N.

Sternbedeckungen kann ich folgende mittheilen:

1812 Febr. 1	12^u 21^m 26^{s}7 M. Z.	Eintritt	η Virginis	Gauss
19	7 22 15.0	Austritt	γ Tauri	Gerling
19	9 56 3.4	Eintr.	71 Tauri	—
	3.8	—	—	Harding
	3.9	—	—	Gauss
19	10 58 56.9	Eintr.	θ¹ Tauri	Harding
	57.4	—	—	Gauss
	57.9	—	—	Gerling
	11 55 34.6	Austr.	θ¹ Tauri	Gauss
	38.6	—	—	Harding
19	10 58 12.0	Eintr.	θ² Tauri	Gauss u. Harding zugl.
	11 59 6.6	Austr.	θ² Tauri	Gauss
	8.6	—	—	Harding
19	12 3 39.5	Eintr.	160 Mayer	—
19	40.0	—	—	Gauss
19	12 26 27.0	Eintr.	162 Mayer	Harding
	27.5	—	—	Gauss

Professor Harding observirte mit einem schwächern Instrumente als ich, daher seine Eintritte etwas früher, die Austritte später beobachtet sind, als die meinigen; nur bei 162 Mayer ist Prof. Hardings Beobachtung der meinigen vorzuziehen, da ich zufällig im Augenblick der Beobachtung etwas gestört wurde.

Noch einige *Eintritte* am 20. Februar.

	1812 Febr. 20	11^u 7^m 46^{s}8 M. Z.	111 Tauri	Gerling
—	11	36 54.0	Anonyma	Harding
—	13	0 25.0	117 Tauri	Gerling
—		25.1	— —	Harding

BEOBACHTUNG.

Göttingische gelehrte Anzeigen. Stück 38. S. 369..370. 1812. März 7.

Eine so seltene Beobachtung, wie die von *neun* Sternbedeckungen in zwei Abenden, verdient wohl, in diesen Blättern aufgezeichnet zu werden.

Am 19. Februar d. J. wurden auf hiesiger Sternwarte folgende sechs Occultationen beobachtet:

γ Tauri, Austritt	7^u 22^m 15^{s}0 m. Z.	Hr. Gerling
71 Tauri, Eintritt	9 56 3.8 —	Pr. Harding
	9 56 3.9 —	Pr. Gauss
	9 56 3.4 —	Hr. Gerling
θ¹ Tauri, Eintritt	10 58 56.9 —	Pr. Harding
	10 58 57.4 —	Pr. Gauss
	10 58 57.9 —	Hr. Gerling
Austritt	11 55 34.6 —	Pr. Gauss
	11 55 38.6 —	Pr. Harding
θ² Tauri, Eintritt	10 58 12.0 —	Pr. Gauss u. Harding zugleich
Austritt	11 59 6.6 —	Pr. Gauss
	11 59 8.6 —	Pr. Harding
160 Mayer, Eintritt	12 3 39.5 —	Pr. Harding
160 Mayer, Eintritt	12 3 40.0 —	Pr. Gauss
162 Mayer, Eintritt	12 26 27.0 —	Pr. Gauss
	12 26 27.5 —	Harding

Prof. Gauss beobachtete mit dem 10fussigen Herschelschen, Prof. Harding mit einem 5fussigen Telescop, Hr. Gerling mit dem 5fussigen Dollond.

Am 20. Februar wurden noch folgende 3 Bedeckungen beobachtet, wobei Hr. Prof. Harding sich des 5fussigen, Hr. Gerling des 10fussigen Telescops bediente.

111 Tauri, Eintritt	11^u 7^m 46^{s}8 m. Z.	Hr. Gerling
Anonyma, Eintritt	11 36 54.0 —	Pr. Harding
117 Tauri, Eintritt	13 0 25.0 —	Hr. Gerling
	13 0 25.1 —	Pr. Harding

PALLAS.

Monatliche Correspondenz. Band XXV. Seite 389. 1812. April.

Göttingen, den 15. April 1812.

Mit grosser Ungeduld erwartete ich dies Jahr die Wiedererscheinung der Pallas, um zu sehen, ob die Störungsrechnungen sich diesmal eben so schön bestätigen würden, wie im vorigen Jahre. Mondschein und schlechtes Wetter erlaubten mir aber nicht, früher sie zu sehen, als am 4. April; auch konnte ich sie an diesem nur kurze Zeit heitern Abend blos sehen, und erst am 9. April gelang mir eine Beobachtung, bei der aber die Declination blos geschätzt ist.

1812 April 9 11^u 32^m 27^s AR. ♀ 269° 6′ 6″7. Decl. 16° 38′

Diese Beobachtung zeigt wenigstens, dass die von Hrn. Nicolai berechnete Ephemeride vollkommen zutrifft. Es ist sehr zu wünschen, dass man die am 10. Juni einfallende Opposition nicht versäumen möge: allein die Beobachtung mit fixen Instrumenten wird wegen der Lichtschwäche des Planeten nicht leicht sein. Jetzt hat er nur die 11. Grösse.

Die erste Berechnung der periodischen und Säcularstörungen durch Jupiter habe ich jetzt ganz vollendet, die Anzahl aller entwickelten Gleichungen steigt nahe an 400, wovon die grösste von $5♃ - 2♀$ abhängende ungefähr 56 Min. beträgt. Es ist eine Arbeit von mehrern Tagen, nur einen einzigen Ort der Pallas zu berechnen. Von den Resultaten dieser Arbeit sind einige von hohem Interesse.

Von der gestern vorgefallenen Bedeckung α Tauri konnte wegen bedeckten Himmels hier nichts gesehen werden.

PALLAS.

Göttingische gelehrte Anzeigen. Stück 67. Seite 657 .. 660. 1812 April 25.

Schon einige Male ist in unsern Blättern von der Arbeit des Prof. Gauss über die Störungen der Pallas die Rede gewesen (man s. die Stücke 8 und 130 vom vor. J. [S. 322 und 327 d. B.]). Die dort angedeuteten Resultate dieser Untersuchungen haben jetzt abermals eine schöne Bestätigung erhalten. Am 4. April erlaubte das Wetter zum ersten Mal in diesem Jahre, den Planeten aufzusuchen. Genau auf dem Platze, den die vom Hrn. Nicolai nach der Störungstheorie berechnete Ephemeride anwies, war ein Sternchen eilfter Grösse sichtbar, welches am 9. April diesen Platz verlassen, und sich, wie gehörig, fortbewegt hatte. Ein paar Vergleichungen mit 93 Herculis gaben folgende Stellung, wobei indessen die Declination blos geschätzt ist.

April 9. 11^u 32^m 27^s M. Z. Gerade Aufsteigung der Pallas 269° 6′ 6″7
Nordliche Abweichung 16 38

Hienach stimmt der Stand des Planeten vollkommen mit jener Ephemeride überein. Gleich nachher erhielt Prof. Gauss vom Hrn Dr. Olbers, welchen er zur Aufsuchung des Planeten aufgefordert hatte, die Nachricht, dass ihm diese schon am 3. April geglückt sei. Die beiden folgenden Bremer Beobachtungen stimmen gleichfalls aufs genaueste mit der Ephemeride des Hrn. Nicolai:

Mittlere Zeit	Gerade Aufsteigung	Nordliche Abweichung
April 3 11^u 26^m 44^s	268° 42′ 23″1	15° 25′ 4″9
4 12 2 33	268 47 12.5	15 37 41.1

Wir eilen, diese Stellungen des durch seine Lichtschwäche in diesem Jahre äusserst schwer zu beobachtenden Planeten bekannt zu machen, und fordern alle Astronomen angelegentlich auf, ihn besonders um die Zeit der Opposition (10. Juni) sorgfältig zu observiren.

Auch die *erste vorläufige* Berechnung der *allgemeinen* Theorie der Pallasstörungen hat Prof. Gauss seit kurzem vollendet. Die Anzahl aller periodischen Gleichungen von der Einwirkung Jupiters, die noch merklich sind, steigt an *Vier hundert*. Unter den sehr merkwürdigen, schon hieraus fliessenden, Resultaten ist besonders eins von höchstem Interesse. Aus Gründen legen wir es hier in folgender Chiffre nieder, wozu wir zu seiner Zeit den Schlüssel geben werden:

1111000100101001

Wir fügen bei dieser Gelegenheit noch zwei andere interessante astronomische Mittheilungen bei, aus einem Briefe des Hrn. Prof. Bessel in Königsberg an den Prof. Gauss, vom 26. März.

Bekanntlich hat schon Herschel die Meinung aufgestellt, dass diejenigen Sterne, welche uns als Doppelsterne erscheinen, nicht durch Zufall mit uns in Einer geraden Linie, sondern wirklich nahe beisammen stehen, und jedes Paar ein eigenes System ausmachen. Wenn auch *diejenigen Gründe*, aus welchen dieser berühmte Beobachter diesen Schluss zog, noch erheblichen Einwürfen unterliegen, so sprechen doch andere Beobachtungen sehr stark für die Meinung selbst. Es ist nemlich aus Gründen der Wahrscheinlichkeitsrechnung höchst unwahrscheinlich, dass *der Zufall* aus den Sternen bis zu einer gewissen Ordnung auch nur ein einziges Paar Doppelsterne gebildet haben sollte, geschweige denn so viele, als sich wirklich am Himmel vorfinden. Jetzt hat aber diese Meinung durch eine sehr interessante Bemerkung des Hrn. Prof. Bessel eine sehr einleuchtende Bestätigung erhalten. Seine wichtige Bearbeitung der Bradleyischen Beobachtungen, mit welcher er sich schon seit mehreren Jahren beschäftigt, hat ihm mehrere Fixsterne kenntlich gemacht, die eine sehr starke eigene Bewegung haben. Unter diesen ist am merkwürdigsten der Doppelstern 61 Cygni, dessen eigene Bewegung von allen bekannten die stärkste ist. Diese Bewegung ist beiden Sternen gemeinschaftlich, und ihre Richtung auf den Hercules zu, welcher Richtung auch alle starken eigenen Bewegungen sehr nahe folgen. Für 1755 findet Hr. Bessel aus Bradley's Beobachtungen:

	Gerade Aufsteigung	Nordliche Abweichung
61 Cygni	313° 59′ 11″3	37° 33′ 29″7
Sequens	313 59 25.7	47 33 45.7

Piazzi's Angabe konnte nicht benutzt werden, weil das Jahr der Beobachtung unbekannt ist; allein zwei Beobachtungen der *Histoire céleste* geben die jährliche Bewegung des Hauptsterns

+ 5″250 in gerader Aufsteigung;   + 2″321 in Declination.

Könnte man die jährliche Parallaxe dieses Doppelsterns durch Beobachtungen ausmitteln, so würde in Zukunft, sobald die Bewegung der beiden Sterne um ihren gemeinschaftlichen Schwerpunkt bekannt sein wird, das Verhältniss der Summe ihrer Massen zu der Masse unserer Sonne daraus abgeleitet werden können. Man sieht hieraus, wie sehr dieser merkwürdige Stern die höchste Aufmerksamkeit der Astronomen verdient.

Eine zweite Mittheilung des Hrn. Prof. BESSEL betrifft den grossen Cometen des vorigen Jahres. Schon vor acht Monaten (s. unsere gel. Anz. vom vor. J. S. 1293 [S. 329 d. B.]) bemerkten wir, dass Hoffnung da sei, diesen Cometen noch zum dritten Male im April und den folgenden Monaten im Wassermann wieder auffinden zu können. Man hat noch keine Ursache, diese Hoffnung aufzugeben, da der Comet unter der Voraussetzung, dass seine Helligkeit nicht durch physische Ursachen modificirt werde, doch noch ein Fünftel so viel Licht haben wird, als zu Anfang Januars, wo man ihn noch mit blossen Augen erkannte. Folgende kleine, vom Hrn Prof. BESSEL berechnete, Ephemeride wird bei dieser Aufsuchung gute Dienste leisten:

M. Pariser Zeit 1812 16^u	Gerade Aufsteig.	Südliche Abweich.	Lichtstärke
April 12	335° 44'	6° 52'	0.0068
16	336 14	7 6	0.0067
20	336 42	7 21	0.0065
24	337 6	7 37	0.0064
28	337 28	7 55	0.0063
Mai 2	337 46	8 14	0.0062
6	338 1	8 35	0.0061
10	338 12	8 57	0.0061
14	338 20	9 21½	0.0060
18	338 23	9 48	0.0060
22	338 23	10 16	0.0059
26	338 18	10 46	0.0059
30	338 10	11 19	0.0058

GAUSS AN BODE.

Astronomisches Jahrbuch für 1815. Seite 190 194. Berlin 1812.

Göttingen den 5. Mai 1812.

Der Wunsch, von Ihnen, eben so wie im vorigen Jahre, auch in diesem einige Pallasbeobachtungen um die Zeit der Opposition (10. Juni) zu erhalten, veranlasst mich, Sie hierauf besonders aufmerksam zu machen, und was ich in dieser Beziehung bisher beobachtet habe, mitzutheilen. Am 4. April habe ich diesen Planeten zum erstenmal wieder gesehen, aber erst am 9ten beobachtet. Die gestrige war eben so wie die Beobachtung vom 9. April für Declination nicht vortheilhaft, daher ich diese ganz weglasse. Der Planet hat nicht viel mehr als die 10te Grösse.

1812	Mittlere Zeit	AR. ♀	Abw. Nordl.
April 9	11^u 32^m 27^s	169° 5' 58"4	
Mai 2	10 36 6	268 42 5.3	21° 4' 37"7
4	10 24 16	268 32 27.4	

Hr. Nicolai findet aus der Vergleichung mit den Elementen, nach welchen er seine Ephemeride berechnet hat, folgende Unterschiede:

	AR.	Decl.
April 9	+ 30″6	
Mai 2	+ 57.6	— 5″4
4	+ 49.4	

Meine Beobachtungen halte ich für gut, die Vergleichung geschah mit 93, 96, 95 Herkules nach Piazzi's Catalog. Den Unterschied in der ger. Aufst. bin ich geneigt den Störungen vom Saturn und Mars zuzuschreiben, die bei meinen Rechnungen noch vernachlässigt sind, die ich aber bald auch vornenmen werde. Die Anzahl aller periodischen von mir berechneten Störungen, die von Jupiter herrühren, beläuft sich auf 400, wobei alle weggelassen sind, die unter 1″ betragen. Mehrere merkwürdige Resultate haben sich bei dieser Gelegenheit dargeboten, die ich aber vorerst noch zurückhalten muss. Denn meine ganze Rechnung kann nur als eine vorläufige angesehen werden, die noch einmal und in noch grösserer Ausdehnung wiederholt werden muss.

Von den andern neuen Planeten habe ich noch keine beobachtet. Blos die Gegend, wo die Juno steht, habe ich gestern Abend in sehr geringer Höhe, wo die kleinen Sterne noch schlecht zu sehen waren, ins Fernrohr gebracht, wo es mir schien, als wenn der Platz, wo Juno nach der Ephemeride stehen sollte, leer, hingegen unter einer etwa 25′ kleinern AR. ein Stern 9ter bis 10ter Grösse befindlich war, welches vielleicht die Juno gewesen ist. Dies aber nur zur vorläufigen Notiz, was sich bald näher bestimmen lassen wird.

Ich theile Ihnen bei dieser Gelegenheit noch einige andere astronomische Beobachtungen mit. — Von der Erscheinung des 2ten Cometen wurde ich am 9ten Dec. v. J. durch Hrn. v. Lindenau benachrichtigt, und an demselben Tage fand ich ihn sogleich. Hier meine sämmtlichen Beobachtungen desselben, die ich alle für gut halte, die letzte Declination ausgenommen, die nicht ganz so zuverlässig ist.

	Mittlere Zeit	AR.	Decl.
1811 Dec. 9	10ᵘ 6ᵐ 52ˢ	63° 49′ 41″4	10° 21′ 55″5 S.
11	10 34 1	63 33 18.0	8 39 46.4
12	8 5 52	63 26 25.3	7 54 25.9
1812 Jan. 3	6 54 46	62 37 6.4	9 47 14.7 N.
4	6 54 15	62 40 38.6	10 29 57.8
Febr. 2	11 51 52	68 9 17.9	26 1 34

Gleich nach meiner Beobachtung vom 12. Dec. berechnete ich die parabolischen Elemente, die ich indessen weglasse, um statt ihrer die vom Hrn. Nicolai verbesserten zu geben, welche dieser sehr geschickte Rechner gleich nach meiner Beobachtung vom 4. Januar herausgebracht hat.

Perihel Zeit Nov 11.39211 Meridian von Göttingen
— Länge . . . . 47° 39′ 36″1
— Logarithm. des Abstandes 0.2011781
Länge des ☊ . . . . 92° 53′ 44″2
Neigung der Bahn 31 32 38.7
Bewegung rechtläufig.

Die Vergleichung dieser Elemente mit meinen Beobachtungen gab nach Hrn. Nicolai's Rechnung folgende Resultate.

Differenz

1811	AR.	Decl.	1812	AR.	Decl.
Dec. 9	— 5″0	+ 3″4	Jan. 3	— 6″5	+ 0″3
11	+ 2.9	— 32.7	4	+ 2.8	— 12.7
12	+ 8.5	— 27.6	Febr. 2	— 113.7	+ 18.1

Hr. Nicolai will nächstens seine Elemente noch einmal nach den letzten im Februar gemachten Beobachtungen verbessern.

Hier noch einige Beobachtungen von Sternbedeckungen:

1811 Octob. 23	Stern 6r Grösse	7ᵘ 21ᵐ 40ˢ1	Eintritt	Harding
—	7r	8 14 40.4	—	Harding
—	6. 7r	8 30 33.8	—	Gauss
24	7. 8r	7 38 48.8	—	Harding
1812 Febr. 1	η Virginis	12 21 26.7	—	Gauss
19	γ Tauri	7 22 15.0	Austritt	Gerling
—	71 Tauri	9 56 3.4	Eintritt	Gerling
		3.8	—	Harding
		3.9	—	Gauss
—	1 θ Tauri	10 58 56.9	—	Harding
		57.4	—	Gauss
		57.9	—	Gerling
		11 55 34.6	Austritt	Gauss
		38.6	—	Harding
—	2 θ Tauri	10 58 12.0	Eintritt	Gauss und Harding
		11 59 6.6	Austritt	Gauss
		8.6	Austritt	Harding
—	160 Mayer	12 3 39.5	Eintritt	Harding
		40.0	—	Gauss
—	162 Mayer	12 26 27.0	—	Gauss
		27.5	—	Harding
20	111 Tauri	11 7 46.8	Eintritt	Gerling
—	Anonyma	11 36 54.0	—	Harding
—	117 Tauri	13 0 25.0	—	Gerling
		25.1	—	Harding

Die Bedeckung von η ♍ am 23. April fand hier in Göttingen gar nicht statt.

Noch habe ich eine Beobachtung von der Bedeckung λ ♒ vom 2. Sept. 1811 nachzuholen, die mir Hr. Obrist v. Tischleder mit dem Auftrage, sie Ihnen mitzutheilen, zugesandt hat.

Feste Rosenberg ob Cronach: Eintr. λ Aquarii 1811 Sept. 2 10ᵘ 25ᵐ 5ˢ4 M. Z.

Hr. Wachter hat hieraus und aus den Beobachtungen von Göttingen und Mannheim folgende Conjunctionszeiten berechnet: Mannheim 10ᵘ 16ᵐ 38ˢ01, Göttingen 10ᵘ 22ᵐ 29ˢ69, Cronach 10ᵘ 28ᵐ 3ˢ50.

Es ist also die Länge von Cronach aus der Vergleichung mit

Göttingen 35ᵐ 55ˢ81
Mannheim 35 57.49
im Mittel 35 56.65 oder in Graden 28° 59′ 10″

Die Polhöhe setzt der Obrist $= 50°$ 14′ 42″6.

An unserer neuen Sternwarte wird auch diesen Sommer thätig gearbeitet. Nächstens erwarte ich einen 12zölligen Multiplicationskreis v. REICHENBACH. Hr. Dr. GERLING kommt als Lehrer der Mathematik an das Lyceum in Cassel. Er wird seine Stelle im September antreten. Seine Geschicklichkeit und sein Eifer machen es wünschenswerth, dass er auch dort noch sich astronomischen Beschäftigungen möge unterziehen können. Seine Probeschrift über Sternbedeckungen und Finsternisse und besonders über die bei uns (aber nicht in Berlin) ringförmige Sonnenfinsterniss von 1820 (7. Sept.) wird jetzt gedruckt.

PALLAS.

Monatliche Correspondenz. Band XXVI. S. 199 .. 203. 1812. August.

Göttingen den 4. August 1812.

Ich habe Ihnen bereits vor einiger Zeit die erste Auffindung der *Pallas* in diesem Jahre gemeldet. Meiner eigenen Beobachtungen seitdem sind nur wenige. Um die Zeit der Opposition stand der Planet die ganze Nacht hindurch für unser Locale zu hoch, um mit unserm besten Instrument micrometrische Vergleichungen zu machen: am Mauerquadranten wurde er, da er nur zehnte Grösse hatte, gar nicht sichtbar; ich habe mich also begnügt, ihn nur einmal mit einem schwächern Instrument um diese Zeit am Kreismicrometer zu beobachten, wo dann die Declination wenig zuverlässig war.

Meine sämmtlichen Beobachtungen sind folgende:

1812	Mittlere Zeit	Gerade Aufsteig.	Nördl. Abw.
April 9	11ᵘ 32ᵐ 27ˢ	269° 5′ 58″4	16° 38′ 0″::
Mai 2	10 36 6	268 42 5.3	21 4 31.7
4	10 44 44	268 31 38.0	21 25 4.3
Juni 7	11 13 51	262 50 51.1	25 2 56.6

Dr. OLBERS hatte in Bremen folgende zwei Beobachtungen gemacht:

1812	Mittlere Zeit	Gerade Aufsteig.	Nördl. Abw.
April 3	11ᵘ 26ᵐ 44ˢ	268° 42′ 23″1	15° 25′ 4″9
4	12 2 33	268 47 12.5	15 37 41.1

Von Paris aus hatte derselbe die Güte, mir folgende vier Meridianbeobachtungen des Dr. BURHKHARDT mitzutheilen:

1812	Mittlere Zeit	Gerade Aufsteig.	Nördl. Abw.
Juni 5	12ᵘ 35ᵐ 57ˢ4	263° 15′ 24″0	24° 58′ 28″5
6	12 33 10.5	263 2 35.	25 0 30.
8	12 21 37.0	262 37 6.5	25 3 57.7
11	12 7 15.7	261 58 37.8	25 6 29.3

Die zweite Beobachtung war als weniger genau angegeben. Dieses sind alle Beobachtungen von diesem Jahre, die mir bekannt geworden sind. Hr. NICOLAI hat sie sämmtlich mit den Elementen verglichen und folgende Übereinstimmung gefunden:

Unterschied.

1812	AR.	Decl.	Beobachter	1812	AR.	Decl.	Beobachter
April 3	+ 30″3	— 10″7	Olbers	Juni 5	+ 51″4	+ 6″1	Burckhardt
4	+ 33.3	— 16.8	Olbers	6	+ 59.4	+ 11.7	Burckhardt
9	+ 30.6		Gauss	7	+ 56.7	— 34.0	Gauss
Mai 2	+ 57.6	— 5.4	Gauss	8	+ 59.6	+ 2.4	Burckhardt
4	+ 49.4	+ 6.6	Gauss	11	+ 62.0	+ 8.2	Burckhardt

Dass die Elemente, bei welchen auf die Störungen durch den Jupiter auf das genaueste Rücksicht genommen ist und die sich an alle sieben ersten Oppositionen so genau anschlossen, in der diesjährigen Opposition 1 Minute abweichen, schreibe ich hauptsächlich dem Einfluss von Saturn und Mars zu. Die vom erstern herrührenden Störuugen hat Herr Nicolai unter meiner Aufsicht bereits einmal vorläufig berechnet, und eine zweite schärfere Rechnung wird bald entweder von diesem ungemein geschickten und fertigen Rechner oder von mir selbst vorgenommen werden, von deren Erfolg ich dann zu seiner Zeit umständlicher sprechen werde.

Die Opposition hat Herr Nicolai aus den Beobachtungen im Juni folgendermassen bestimmt.

1812 Juni 10. 3^u 2^m 48^s Mittlere Zeit Meridian von Göttingen

Wahre Länge . . . . 259° 27′ 51″7

Wahre geocentrische Breite . . . . 48 18 26.1 N.

Ich habe einstweilen versucht, wie genau sich sämmtliche acht bisher beobachtete Oppositionen noch vereinigen lassen, wenn man blos auf die Störungen durch den Jupiter Rücksicht nimmt. Folgende Verbesserungen an den Elementen müssen zu dem Behuf angebracht werden:

Verbesserung der Epoche 1810 . . . . —13″31

der täglichen mittlern Bewegung . . . . —0.01200

der Länge des Perihelium s . . . . —17″57

des Excentricitätswinkels . . . . — 4.09

des Logarithmus der halben grossen Axe . . . . +0.0000045

der Länge des Knoten . . . . +0″80

der Neigung der Bahn . . . . —1″21

Hiernach stimmen alle acht Oppositionen folgendermassen:

Unterschied

Opposi-tion	Mittlere Länge	Helioc. Breite
1803	+ 5″8	— 2″8
1804	— 12.9	— 9.7
1805	— 15.2	— 0.7
1807	+ 8.3	— 5.8
1808	+ 16.0	+11.7
1809	+ 13.0	— 1.5
1811	+ 11.7	— 9.5
1812	— 25.9	+ 6.1

Ich bemerke hierbei nur noch, dass wo hier mitgetheilte Zahlen von den anderswo schon gedruckten etwas differiren, dieses eine Folge einer später berichtigten Rechnung ist.

Für das nächste Jahr hat Hr. Nicolai die Opposition wie folgt im Voraus berechnet:

Zeit 1813 Aug. 18 8^u 50^m 5^s Mittlere Zeit in Göttingen
Wahre Länge . . . . 325° 24' 17"9
Geocentr. Breite . . . . 24 37 23.8 N.

Die *Juno*, welche dieses Jahr überaus lichtschwach war, habe ich auch mehreremale beobachtet; von den daraus gefolgerten Resultaten werde ich in meinem nächsten Briefe eine umständliche Nachricht, nebst einer von Herrn WACHTER berechneten Ephemeride auf das nächste Jahr, mittheilen.

PALLAS.

Göttingische gelehrte Anzeigen. Stück 127. Seite 1257..1259. 1812 Aug. 8.

Im 67. Stück dieser Blätter [S. 349 d. B.] ist bereits die erste Auffindung der Pallas in diesem Jahre und die schöne Uebereinstimmung ihrer Stellung mit der nach der Störungstheorie berechneten Ephemeride angezeigt. Die Anzahl der seitdem auf der hiesigen Sternwarte angestellten Beobachtungen ist nur klein, und besonders verstattete um die Zeit der Opposition ungünstiges Wetter, Mondschein und der hohe, für das Local unbequeme, Stand des Planeten nur eine einzige. Die sämmtlichen in diesem Jahre vom Prof. GAUSS auf unserer Sternwarte gemachten Beobachtungen sind folgende:

1812	Mittlere Zeit	Gerade Aufsteigung	Nordliche Abweichung
April 9	11^u 32^m 27^s	269° 5' 58"4	16° 38' 0"
Mai 2	10 36 6	268 42 5.3	21 4 31.7
— 4	10 44 44	268 31 38.0	21 25 4.3
Juni 7	11 13 51	262 50 51.1	25 2 56.6

Bei der letzten Beobachtung hatte der Planet die zehnte Grösse.

Prof. GAUSS hatte mehrere seiner auswärtigen astronomischen Freunde, denen bessere Hülfsmittel zu Gebote stehen, zur Beobachtung der Pallas um die Zeit der Opposition eingeladen: den bereits eingegangenen Nachrichten zufolge ist dies indess weder auf der kaiserl. Sternwarte in Paris, noch in Marseille und Berlin geglückt: man darf sich darüber nicht wundern, da der dies Jahr so lichtschwache Planet an den fixen Instrumenten kaum die geringste Beleuchtung verträgt. Blos Hr. BURCKHARDT war so glücklich, auf der Sternwarte der Militärschule in Paris folgende Meridianbeobachtungen zu erhalten:

1812	Mittlere Zeit	Gerade Aufsteigung	Nordliche Abweichung
Juni 5	12^u 35^m 57^{s}4	263° 15' 24"0	24° 58' 28"5
6	12 33 10.5	263 2 35	25 0 30
8	12 21 37.0	262 37 6.5	25 3 57.7
11	12 7 15.7	261 58 37.8	25 6 29.3

Prof. GAUSS übergab diese Beobachtungen Hrn. NICOLAI, um daraus die Opposition zu berechnen. Sein Resultat ist folgendes:

Opposition der Pallas 1812 Juni 10. $3^u\ 2^m\ 48^s$ mittl. Zeit im Meridian von Göttingen

Wahre Länge . . . . 259° 37′ 51″7

Wahre geocentrische Breite . . . . 48 16 26. 1 N.

Dies ist nunmehr die *achte* beobachtete Opposition der Pallas seit ihrer Entdeckung. Von der vor einem Jahre von Hrn NICOLAI im voraus geführten Rechnung weicht das Resultat um 29 Minuten in der Zeit, 1 Minute in der Länge, und 10 Secunden in der Breite ab (s. Gött. gel. Anz. 1811 S. 1292 [S. 329 d. B.]). Prof. GAUSS glaubt in diesen, obwohl geringen, Unterschieden schon ganz sicher den Einfluss der bisher noch nicht untersuchten Störungen durch den Saturn und Mars zu erkennen: zur Berechnung der erstern sind bereits alle Einleitungen getroffen, und wir werden davon zu seiner Zeit umständlicher Rechenschaft geben. Einstweilen hat Prof. GAUSS untersucht, wie genau die sämmtlichen acht bisher beobachteten Oppositionen sich noch darstellen lassen, wenn blos die Störungen durch den Jupiter in Betracht gezogen werden. Das Resultat ist, dass man, um die möglichste Uebereinstimmung zu erhalten,

die Epoche der mittlern Länge am 10. Juni 1812 um . . . . . − 26″95

die tägliche mittlere Bewegung um . . . . − 0″01225

die Logarithm. der halben Axe um . . . . + 0.0000046

die Länge des Perihels um . . . . −18″84

den Excentricitätswinkel um . . . . − 3″92

die Länge des Knoten um . . . . + 0″80

die Neigung der Bahn um . . . . − 1″21

ändern müsse. Die Uebereinstimmung der beobachteten und berechneten Opposition ist dann folgende:

Opposition	Unterschied in	
	mittlere Länge	heliocentr. Breite
1803	+ 6″4	− 2″8
1804	− 10. 9	− 9. 7
1805	− 13. 8	− 0. 7
1807	+ 10. 2	− 5. 8
1808	+ 19. 1	+11. 7
1809	+ 16. 1	− 1. 5
1811	+ 14. 2	− 9. 5
1812	− 22. 3	+ 6. 1

Die *neunte* Opposition wird, nach Hrn. NICOLAI's Rechnung, eintreten 1813 Aug. 18. 9^u, in 325° 24′ Länge, 24° 37′ N. geocentr. Breite.

GAUSS AN BODE.

Astronomisches Jahrbuch für 1815. Seite 245..249. Berlin 1812.

Göttingen den 22. August 1812.

Die erste Auffindung der Pallas habe ich Ihnen, wenn ich nicht irre, bereits angezeigt. Die Anzahl der hiesigen Beobachtungen ist diesmal nur klein. Um die Zeit der Opposition war der Stand des

Planeten für unser Locale zu hoch, um ihn noch mit dem gewöhnlichen Instrument am Kreismicrometer zu observiren; ich habe mich daher eines andern, schlechtern Instruments bedienen müssen, und auch so hat mir schlechtes Wetter und Mondschein nur. Eine Beobachtung verstattet. Meine sämmtlichen Beobachtungen sind folgende:

	Mittlere Zeit	Scheinb. Aufsteig.	Abweichung N.
April 9	11^u 32^m 27^s	$269°$ $5'$ $58''4$	$16°$ $38'$
Mai 2	10 36 6	268 42 5.3	21 4 $31''7$
— 4	10 44 44	268 31 38.0	21 25 4.3
Juni 7	11 13 51	262 50 51.1	25 2 56.6

Von auswärtigen Beobachtungen sind mir ausser zwei frühern vom Hrn. Dr. OLBERS, nur vier Meridianbeobachtungen des Herrn Dr. BURCKHARDT auf der Sternwarte der Militairschule zu Paris mitgetheilt, die ich in Nr. 127 unsrer gel. Anz. [S. 356 d. B.] habe abdrucken lassen. Aus diesen Datis hat Hr. NICOLAI, dessen Geschicklichkeit im Rechnen Sie bereits kennen, die Opposition berechnet:

1812 Juni 10. 3^u 2^m 48^s Mittlere Zeit in Göttingen

Wahre Länge . . . . $259°$ $27'$ $51''7$

Wahre geoc. Breite . . . . 48 16 26.1 N.

Nachdem nur kleine Correctionen an die letzten Elemente angebracht waren, nemlich

$-13''29$	bei der Epoche der Länge 1810	$+0''80$	bei der Länge des Knoten
-0.01200	bei der tägl. Bewegung	-1.21	bei der Neigung der Bahn
-17.57	bei der Länge des Perihels	$+0.0000045$	beim Log. der halben grossen Axe;
-4.09	beim Excentricitätswinkel		

war die möglich genaueste Uebereinstimmung derselben folgende.

	Differenz	
Oppos.	Mittl. Länge	hel. Breite
1803	$-5''06$	$-2''78$
1804	-12.95	-9.66
1805	-15.20	-0.67
1807	$+8.28$	-5.77
1808	$+16.04$	$+11.67$
1809	$+13.00$	-1.48
1811	$+11.73$	-9.53
1812	-25.92	$+6.15$

Ich schreibe diese Unterschiede hauptsächlich den Störungen durch Saturn und Mars zu, da bisher blos die Störungen durch den Jupiter in Betracht gezogen wurden. Letztere sind indess bei weitem die erheblichsten. Die erste Berechnung derselben hat mir ungefähr 400 Gleichungen gegeben. Bei einer zweiten vollständigern Rechnung, wozu ich einen kleinen Anfang gemacht habe, werden ungefähr 1000 entwickelt werden, die über $0''1$ betragen. Die nächste künftige Opposition wird nach Hrn. NICOLAI's Rechnung eintreten

1813 August 18. 8^u 50^m 5^s Mittlere Zeit in Göttingen

Wahre Länge . . . . $325°$ $24'$ $18''$

Wahre geocentrische Breite . . . . 24 37 24 N..

Die Beobachtungen der *Juno* waren in diesem Jahre überaus schwierig, und schon das blosse Auffinden war in der von kleinen Sternen wimmelnden Milchstrasse bei der grossen Lichtschwäche des Planeten, der nur etwa die 11te, und später noch nicht die 10te Grösse erreichte, mit vieler Mühe verbunden. Ich habe indess doch das Glück gehabt, nachdem ich sie einmal herausgefunden hatte, 4 gute Beobachtungen zu machen, die ich Ihnen hier mittheile.

1812	Mittlere Zeit	Scheinb. Aufsteig.	Abweichung
Jan. 7	12^u 21^m 0^s	282° 21′ 24″5	4° 41′ 44″6 S.
13	12 51 12	281 16 32.9	4 33 39.6
Juli 12	11 35 28	275 5 10.3	5 6 11.2
13	11 28 12	274 52 49.9	5 9 20.0

Nach einer mir eigenthümlichen Methode, die entferntere Beobachtungen mit anzuwenden erlaubt, als das gewöhnliche Verfahren, und deren Erklärung ich mir auf eine andere Gelegenheit aufsparen muss, hat aus diesen Beobachtungen Hr. WACHTER die Opposition folgendermassen bestimmt:

1812 Juni 29. 19^u 51^m 43^s Mittlere Zeit in Göttingen

Wahre Länge . . . . 278° 15′ 21″3

Wahre geocentrische Breite 18 36 56.9

Die Unterschiede meiner letzten Elemente von den Beobachtungen sind auf gewöhnliche Weise angestellt. Es sind nach Hrn. WACHTER's Berechnung folgende:

	AR.	Declin.
Juni 7	+ 21″8	− 35″9
13	+ 31.0	− 34.7
Juli 12	+ 22.4	− 46.9
13	+ 26.2	− 45.0

Derselbe geschickte Rechner hat ferner die Elemente der 4 letzten Oppositionen nach meiner im I. Bande der Neuen Comment. der hiesigen K. Societät [S. 1. d. B.] erklärten Methode angepasst, und folgende Resultate gefunden:

Epoche, Merid. von Göttingen . . . . 177° 48′ 21″0

Tägliche mittlere tropische Bewegung . . . . 813″25748

Länge des Perihels 1811 . . . . 53° 15′ 10″1

Länge des ☊ 171 9 16.7

Neigung der Bahn 13 4 17.2

Logarithm. der halben grossen Axe 0.4265679

Endlich hat er auch auf das nächste Jahr die Ephemeride für die Juno berechnet, wovon ich das Vergnügen habe, Ihnen eine Copie beizulegen. Es scheint übrigens nicht, dass die Juno in diesem Jahre noch anderswo beobachtet wäre.

Die Vesta hat Hr. Prof. HARDING ein paarmal am Kreismikrometer beobachtet: die Ephemeride gab die AR. etwa 11′ zu klein. Ohne Zweifel wird ihre ☌ sehr gut durch Meridianbeobachtungen bestimmt werden können. Eher habe ich keine neue Rechnungen darüber vornehmen lassen wollen; auch wird es hinreichend sein, wenn eine neue Ephemeride etwa mit dem Schluss des Jahres 1813 anfängt, daher also für das Jahrb. 1815 noch keine nöthig sein wird.

Auch die Ceres ist zur Zeit der ☌ hier einigemal in und ausser dem Meridian beobachtet; es sind indess noch keine Rechnungen darüber angestellt.

Den in den Zeitungen angekündigten neuen Cometen haben Prof. HARDING und ich einen Abend umsonst gesucht.

JUNO.

Monatliche Correspondenz. Band XXVI. Seite 297..299. 1812 September.

Göttingen den 9. Sept. 1812.

Heute will ich meine *Juno*-Beobachtungen nachholen. Das Auffinden dieses kleinen Planeten machte dieses Jahr überaus viel Mühe, da er kaum die 11te Grösse hatte und gerade in der Milchstrasse stand. Dazu kam noch, dass die Aufsuchung durch Mondschein und schlechtes Wetter unterbrochen wurde. So habe ich nur vier Beobachtungen erhalten, die ich aber alle für sehr gut halte.

1812	Mittlere Zeit	AR.	Declination
Juni 7	$12^u\ 21^m\ 0^s$	282° 21′ 24″5	4° 41′ 44″6 südl.
13	12 51 12	281 16 32.9	4 33 39.6
Juli 12	11 35 28	275 5 10.3	5 6 11.2
13	11 28 12	274 52 49.9	5 9 20.0

Meine X Elemente geben folgende Unterschiede:

	AR.	Declinat.
Juni 7	+ 21″8	— 35″9
13	+ 31.0	— 34.7
Juli 12	+ 22.4	— 46.9
13	+ 26.2	— 45.0

Herr WACHTER übernahm die Arbeit, aus diesen Beobachtungen die Opposition zu rechnen. Ich empfahl ihm hierzu eine Methode, welcher ich mich schon seit langer Zeit zu dieser Absicht bedient habe, und die den Vortheil gewährt, dass man dabei ohne Bedenken auch etwas entfernter liegende Beobachtungen für die Opposition benutzen kann; ich werde Ihnen ein andermal etwas umständlicher über dieses Verfahren schreiben. Herrn WACHTER's Resultat ist folgendes:

Opposition der Juno 1812.

den 29. Juni $19^u\ 51^m\ 43^s$ Mittlere Zeit in Göttingen

wahre Länge . . . . 278° 15′ 21″3

wahre geocentrische Breite 18 36 56.9

Herr WACHTER hat ferner aus den vier letzten beobachteten Oppositionen, (die von 1810 ist bekanntlich versäumt) die Elemente corrigirt, nach der im I. Bd. der *Comment. Nov. Soc. Sc. Götting.* [S. 1. d. B.] vorgetragenen Methode, und gefunden:

Epoche 1813 Meridian von Göttingen . . . . 342° 56′ 32″2
Tägliche mittlere tropische Bewegung . . . . . . 813″25748
Perihelium 1813 . . . . 53° 16′ 52″3
Knoten 1813 . . . . 171 10 58. 9
Neigung der Bahn 13 4 17. 2
Excentricitäts-Winkel 14 43 58. 1
Logarithm. der halben grossen Axe 0.4265679

Da jetzt die Säcularänderungen der Elemente der Ceres- und Pallasbahn, so weit sie vom Jupiter herrühren (gegen dessen Wirkung die übrigen Planeten ganz unbedeutend sind) bekannt sind, so veranlasste ich Herrn ENKE, einen talentvollen jungen Mann und eben so geschickten als sorgfältigen Rechner, zu untersuchen, ob der Abstand der Ceres- und Pallasbahn, der bekanntlich beim aufsteigenden Knoten der Ceresbahn auf der Pallasbahn ziemlich klein ist, — wodurch eben Herr Dr. OLBERS auf seine bekannte Hypothese geleitet wurde — jetzt im Abnehmen oder Zunehmen sei, d. i. ob die Bahnen auf einen wirklichen Schnitt zugehen, oder davon herkommen. Das letztere würde offenbar OLBERS Hypothese günstig sein, allein das Resultat ist gerade umgekehrt. Die Distanz ist ehemals grösser gewesen, als sie jetzt ist. Herr ENKE findet die Radios vectores

	im ☊ der Ceresbahn auf der Pallasbahn			im ☋ der Ceresbahn auf der Pallasbahn		
Jahr	Ceres	Pallas	Unterschied	Ceres	Pallas	Unterschied
808	2.82294	2.70322	— 0.11972	2.67612	2.37780	— 0.29832
1808	2.92427	2.84945	— 0.07482	2.59569	2.40346	— 0.19223
3475	2.95374	2.95743	+ 0.00369	2.57987	2.49163	— 0.08824

Hiernach würde etwa um das Jahr 3397 ein wirklicher Schnitt im ☊ erfolgen, welches man immer als näherungsweise richtig betrachten darf. Freilich wird auch einmal ein Schnitt Statt gefunden haben; allein aus dem Gange der Zahlen in der vierten und sechsten Columne lässt sich wenigstens schliessen, dass dies nur zu einer viele Jahrtausende entfernten Epoche möglich gewesen sein könne. Wenn man also Dr. OLBERS Hypothese über den Ursprung der neuen Planeten annehmen will, so fällt derselbe in eine noch gar nicht zu berechnende Ferne vor die Zeiten, wohin unsre Geschichte reicht.

VESTA.

Göttingische gelehrte Anzeigen. Stück 205. Seite 2041..2045. 1812 Decemb. 24.

Im October d. J. kam der jüngste der neuen Planeten, die Vesta, zum vierten Male seit seiner Auffindung, mit der Sonne in Opposition. Da immer für die Theorie eines neuen Planeten gerade die vierte Opposition in so fern eine besondere Wichtigkeit hat, als sie es zuerst möglich macht, die Bestimmung der Bahn blos auf Oppositionen zu gründen, so wurde auf der hiesigen Sternwarte die Vesta um die Zeit des Gegenscheins so oft im Meridian beobachtet, als es das ungünstige Wetter erlaubte Prof. GAUSS richtete dabei sein Augenmerk besonders auf die Declinationen, und die geraden Aufsteigungen wurden daher nur beiläufig mit beobachtet, weil man diese doch von andern Sternwarten her besser zu erhalten hoffen konnte, als sie sich am Mauerquadranten beobachten lassen. Diese Beschränkungen auf das, was der Mauerquadrant gut geben kann, war desto nothwendiger, da der Planet bei weitem weniger als die Hälfte der Helligkeit in der vorigjährigen Opposition hatte, und also diesmal an dem lichtschwachen Instrumente sich oft nicht ohne Mühe beobachten liess. Die Vesta wurde in allem fünf Mal beobachtet; die Beobachtungen vom 24. und 27. Octob. waren indess, bei sehr ungünstiger Luft, mehr Schätzungen. Die drei Declinationen vom 25. Octob., 28. Octob. und 1. November sind aber als sehr gut zu betrachten. Am 1. November war die gerade Aufsteigung nur beiläufig an Einem Faden beobachtet.

Beobachtung der Vesta in Göttingen.

1812	Mittlere Zeit	Gerade Aufsteig.	Nordl. Declin.
Octob. 24	12^u 3^m 39^s	. . . .	1° 54′ 49″
25	11 58 43	33° 52′ 33″1	1 50 15.8
27	11 48 53	. . . .	1 41 56
28	11 43 58	33 8 1.8	1 38 40.9
Nov. 1	11 24 21	32 9 35.9	1 25 0.9

Auf der Seeberger Sternwarte konnte der Planet nur zwei Mal beobachtet werden. Diese dem Prof. GAUSS von Hrn. v. LINDENAU mitgetheilten Beobachtungen waren folgende:

1812	Mittlere Zeit	Gerade Aufsteig.	Nordl. Declin.
Octob. 25	11^u 58^m 46^{s}8	33° 52′ 31″7	1° 50′ 28″1
Nov. 1	11 24 23.1	32 9 11.0	1 25 28.9

Endlich machte Hr. v. ZACH auf seiner Sternwarte bei Marseille folgende Meridianbeobachtungen:

1812	Mittlere Zeit	Gerade Aufsteig.	Nordl. Declin.
Octob. 21	12^u 18^m 21^{s}1	34° 51′ 13″2	2° 7′ 57″5
23	12 8 32.3	34 21 53.4	1 54 39.9
24	12 3 37.5	34 7 8.4	1 54 25.3
26	11 53 47.5	33 37 31.2	1 46 15.7
28	11 43 57.4	33 7 52.2	1 38 54.5
29	11 39 2.4	32 53 2.4	1 35 0.1

Bei der Vergleichung dieser sämmtlichen Beobachtungen mit den neuesten Elementen, welche in der Monatl. Corresp. Band XXIV. S. 502 mitgetheilt worden sind, wurde, um eine bessere Uebereinstimmung zu erhalten, die Epoche um 12′ 47″3 vermehrt, wodurch sich folgende Unterschiede ergaben.

Beobachtungen in Göttingen.
Unterschied

	Gerade Aufst.	Abweichung
Octob. 24	. . .	— 38″68 :
25	+ 3″04	— 13.26
27	. . .	+ 16.10 :
28	+ 6.37	— 13.32
Nov. 1	— 15.16	— 10.17

Beobachtungen auf der Seeberger Sternwarte.
Unterschied.

	Gerade Aufst.	Abweichung
Octob. 25	+ 6″44	— 23″41
Nov. 1	+ 11.71	— 37.70

Beobachtungen zu Lacapellete bei Marseille.
Unterschied.

	Gerade Aufst.	Abweichung
Octob. 21	+ 2″73	— 52″74
23	+ 3.93	+ 220.85
24	+ 3.80	— 17.41
26	+ 5.06	— 13.51
28	+ 4.80	— 29.19
29	+ 7.20	— 11.60

Man sieht, dass die Rectascensionen eine schöne Uebereinstimmung geben, weniger gut aber ist dieselbe bei den Declinationen. Prof. Gauss glaubte sich hier hauptsächlich an die drei hiesigen, welche unter sich sehr gut übereinstimmen, halten zu müssen. Bei der Beobachtung des Hrn. von Zach am 23. Octob. scheint ein Fehler von 4 Minuten begangen zu sein; unter dieser Voraussetzung stimmen wenigstens die vier Beobachtungen vom 23., 24., 26. und 29. auch ziemlich gut unter einander überein, und nahe mit der hiesigen. So wurde endlich für die Opposition folgendes Resultat herausgebracht:

1812 October 8^u 54^m 44^s Mittlere Zeit in Göttingen
Wahre Länge . . . . 32° 17′ 40″8
Geocentrische Breite . . . . 11 5 32.3 südl.

Die Berichtigung der Elemente nach den vier bisher beobachteten Oppositionen übertrug hiernächst Prof. Gauss dem Hrn. Encke, welcher sich bei uns dem Studium der Astronomie mit ausgezeichnetem Erfolge widmet, und im astronomischen Calcul bereits grosse Geschicklichkeit besitzt. Sein Resultat ist folgendes:

Epoche der Länge 1814 Februar 13. 0^u in Göttingen . 154° 48′ 29″4
Tägliche mittlere tropische Bewegung . . . . . . 978″1642
Länge der Sonnennähe . . . . 249° 38′ 31.4
Länge des aufsteigenden Knoten 103 12 25.3
Neigung der Bahn 7 8 5.0
Excentricität . . . . = 0.0894779 = sin 5 8 0.86
Logarithm. der halben grossen Axe 0.3731047

Die nächste Opposition fällt nach diesen Elementen, Hrn. Encke's Rechnung zufolge, 1814 Febr. 13. 10^u 21^m 26^s in 144° 37′ 51″ Länge, und 8° 2′ 19″ N. Br., wo des Planeten Lichtstärke = 0.08698 sein wird. In den vier ersten Oppositionen war sie

1808 . . 0.09516,   1810 . . 0.06440,   1811 . . 0.16540,   1812 . . 0.06641

Eine vollständige Ephemeride für 1813 und 1814, von Hrn. Encke berechnet, wird an einem andern Orte erscheinen.

Wir benutzen diese Gelegenheit, um hier noch eine kurze Nachricht von einer wichtigen Arbeit mitzutheilen, welche Hr. Nicolai so eben über den zweiten Cometen des Jahres 1811 vollendet hat. Es ist von diesem Cometen schon früher zwei Mal in diesen Blättern (1811 Stück 201, und 1812 Stück 15 [S. 342 und 345 d. B.]) die Rede gewesen; im letztern Blatte wurden die Resultate der Rechnungen des Hrn. Nicolai mitgetheilt. Die vorzügliche Schärfe, welche die Beobachtungen dieses Cometen verstatten, und ihre nicht unbeträchtliche Dauer, schienen dem Professor Gauss hinreichend, Etwas über die Ellipticität der Bahn entscheiden zu können; er munterte daher Hrn. Nicolai zu dieser interessanten Untersuchung auf, und der Erfolg hat jenes Urtheil vollkommen bestätigt. Von allen Cometen, deren Umlaufzeit aus einer einzigen Erscheinung berechnet worden ist, gehört sicher dieser mit zu den am besten bestimmten. Hrn. Nicolai's Resultat ist folgendes:

Durchgang durch die Sonnennähe 1811 Nov. 11. 0^u 26^m 4^s
Länge der Sonnennähe . . . . 47° 27′ 27″1
Länge des aufsteigenden Knoten 93 1 52.1
    beide vom mittlern Aequinoctium des 1. Jan. 1812 gezählt
Neigung der Bahn . . . . 31° 17′ 11″0
Logarithm. des kleinsten Abstandes 0.1992359
Excentricität 0.98271088
Halbe grosse Axe 91.5088
Siderische Umlaufszeit . . . . 875.4 Jahre.

Eine ausführliche Darlegung dieser Arbeit, welche die treffliche Uebereinstimmung dieser Ellipse mit den Beobachtungen und die Unmöglichkeit, diese mit einer parabolischen Bahn zu vereinigen, zeigt, behält Hr. Nicolai sich für einen andern Ort vor.

COMET.

Monatliche Correspondenz. Band XXVII. Seite 388 . . 389. 1813 April.

Durch Kreismicrometer erhielt Herr Professor Gauss fünf Orte des Cometen;

1813	Mittlere Zeit in Göttingen	.AR. app. ☊	Decl. app. ☊
April 7	13^u 12^m 2^s	271° 7′ 19″3	5° 34′ 36″7 N.
9	13 35 40	270 10 33.5	4 11 3.4
11	13 17 43	269 1 19.9	2 33 0.7
14	13 7 36	266 44 5.5	0 33 0.8 S.
21	14 23 0	256 39 19.3	12 57 56.0

Von Harding erhielten wir eine Meridianbeobachtung des Cometen

1813	Mittlere Zeit in Göttingen	AR. app. ☊	Decl. app. ☊
April 21	15^u 7^m 71^s	256° 34′ 19″6	13° 2′ 26″5 S.

Aus den Beobachtungen vom 7. 9. 11. April berechnete Prof. GAUSS und sein geschickter Schüler Hr. ENKE folgende Elemente:

	ENKE	GAUSS
Durchgang durchs Perihel 1813 Mai	19.7988	20.3597
Länge des Perihels	196° 51′ 47″	195° 24′ 57″
Knoten	42 29 23	42 9 26
Neigung	80 49 9	80 20 11
Logarithm. des kleinsten Abstandes	0.08209	0.07734

Bald nachher erhielten wir von GAUSS zweite, aus den Beobachtungen vom 7. 11. und 14. April berechnete Elemente:

Durchgang durchs Perihelium 1813 Mai 15.93437 Mittlere Zeit in Göttingen

Länge des Perihels . . . . 196° 42′ 39″

Logarithm. kleinster Abstand 0.08173

Knoten . . . . 42° 29′ 12″

Neigung 80   46   26

Bewegung rückläufig.

Auch diese Elemente, schrieb uns letzterer bei deren Übersendung, bedürfen schon wieder einer Verbesserung, da sie am 21. April schon 9′ differirten. Herr ENKE ist jetzt mit dieser Verbesserung beschäftigt.

INSTRUMENTE.

Göttingische gelehrte Anzeigen. Stück 75. Seite 745..752. 1813. Mai 10.

In der Sitzung der königl. Societät der Wissenschaften am 3. April, in welcher der Professor EICHHORN die Vorlesung hielt, ertheilte der Professor GAUSS eine Nachricht von zwei neuen astronomischen Instrumenten, welche die hiesige Sternwarte aus der Werkstatt des berühmten Künstlers Hrn. Salinenrath REICHENBACH in München seit einigen Monaten besitzt, und legte zugleich die Erstlinge der damit angestellten Beobachtungen vor.

Das *erstere* ist ein Repetitionskreis mit zwei Fernröhren, von 12 Zoll Durchmesser. Man bewundert an diesem Kunstwerke eben so sehr die Feinheit und Genauigkeit der Theilung, die fast unglaubliche Empfindlichkeit der Libellen, die Vollkommenheit der Fernröhre, als die Accuratesse und Schönheit der Ausarbeitung aller einzelnen Theile des Instruments, die Leichtigkeit aller der vielfältigen Bewegungen und die mancherlei sinnreich angeordneten Vorrichtungen, wodurch der geniale Künstler für die Bequemlichkeit des Beobachters gesorgt hat.

Der Hauptkreis ist auf eingelegtem Silber unmittelbar von 5 zu 5 Minuten getheilt, und jeder der vier Nonien theilt einen solchen Theil wiederum in 75 Theile, also von 4 zu 4 Secunden. Diese Nonien, unter rechten Winkeln von einander abstehend, befinden sich, in derselben Ebene mit dem Gradbogen, auf einem vollständigen zweiten Kreise, der sich innerhalb des erstern so vollkommen concentrisch bewegt, dass er, obgleich mit blossen Augen gar kein Zwischenraum wahrgenommen wird, doch jenen nirgends berührt, und daher die Bewegung mit grösster Leichtigkeit von statten geht. Auch durch die absichtlich etwas schief gestellten Microscope bemerkt man diesen Zwischenraum nicht, sondern die Striche der Nonien scheinen unmittelbar an die Striche des Gradbogens zu stossen. Dadurch wird die Genauigkeit des Ablesens sehr befördert, so wie durch eine zweckmässige Beleuchtung, und durch ungemeine Zartheit und Gleichheit der Theilstriche, und man kann füglich 2, ja allenfalls einzelne Secunden, schätzen. Die vier Nonien weichen nie mehr als ein paar Secunden von einander ab, wodurch sich sowohl die Abwesenheit aller merklichen Excentricität, als die unübertreffliche Genauigkeit der Eintheilung selbst beweist.

Die drei zum Kreise gehörigen Libellen sind von ausserordentlicher Empfindlichkeit. Das Haupt-Niveau am hintern Fernrohr gibt auf eine Secunde Neigung einen Ausschlag von mehr als Einer Pariser Linie. Diese so äusserst geringe und doch gleichförmige Krümmung im Innern der Glasröhre, welche einen Halbmesser von mehr als 1400 Fuss voraussetzt, konnte nur durch eine sehr künstliche und delicate Bearbeitung erhalten werden, und die Glasröhren sind daher, um diese Krümmung nicht wieder zu verlieren, an ihren beiden Enden nicht zugeschmolzen, sondern mit genau eingeschliffenen Glasstöpseln, worüber noch eine Blasenhaut gezogen ist, auf das vollkommenste verschlossen.

Die beiden Fernröhre sind, obgleich sie nur eine Länge von 16 Zoll und eine Oeffnung von 15 Linien haben, doch von ganz ausgezeichneter Güte, aufs vollkommenste achromatisch, und vertragen bei ihrer ungemeinen Präcision starke Vergrösserungen. Das Pointiren auf den feinen, im Brennpunkt eingezogenen, Spinnefäden geschieht daher mit grosser Schärfe. Das vordere Fernrohr hat ein prismatisches Ocular, so dass beim Höhenmessen das Auge immer durch horizontale Strahlen sieht, und daher hohe Sterne sich eben so bequem, wie niedrige, beobachten lassen. Der Verlust an Licht ist dabei fast ganz unmerklich.

Alle die Schrauben, welche zur feinern Stellung dienen, sind mit grösster Accuratesse gearbeitet. Auf die leiseste Berührung sprechen sie sogleich gehörig an, und durch besondere Bremsschrauben ist auch auf die Zukunft allem todten Gange vorgebeugt. Ihre Feinheit ist so gross, dass über 100 Gänge auf die Länge eines Zolls gehen.

Wir übergehen, da hier nicht der Ort zu einer vollständigen Beschreibung des Instruments ist, mehrere eben so sinnreiche als zweckmässige Vorrichtungen, welche den REICHENBACHschen Kreisen eigenthümlich sind, z. B. die Mittel, die Ebene des Kreises auf das genaueste vertical zu stellen, die Gegenstände mit Leichtigkeit aufzufinden und in das Gesichtsfeld zu bringen und dergl.

Mehrere Umstände verzögerten den Anfang der astronomischen Beobachtungen mit diesem Kreise bis zur Mitte des März. Von den Beobachtungen, welche seitdem Prof. GAUSS, mit Beihülfe des Hrn. Prof. HARDING, der die Einstellung des Niveaus besorgte, gemacht hat, theilen wir hier als Probe die Resultate für die Polhöhe mit, die sich aus den beobachteten untern Culminationen des Polarsterns ergeben haben, und deren schöne Uebereinstimmung am besten für die Vortrefflichkeit des Instruments zeugt.

Polhöhe der Göttinger Sternwarte aus Beobachtungen des Polarsterns, in der untern Culmination

1813	Anzahl der Beobachtungen	
März 20	10	51° 31′ 54″86
22	18	55.73
26	18	57.41
31	18	56.25
April 3	18	56.55
7	32	55.20
8	22	57.33

Das Mittel aus allen 136 Beobachtungen ist 51° 31′ 56″20, wovon das äusserste Resultat nur 1″34 abweicht. Hievon geht noch ab 0″16 Reduction auf den Mittelpunkt der Sternwarte, deren Polhöhe folglich 51° 31′ 56″04 wird, nur 2″ grösser, als sie Tob. Meyer bestimmt hat. Dies Resultat ist noch abhängig von der Declination des Polarsterns, welche nach Hrn. von Zach's Bestimmung zum Grunde gelegt ist, und wird daher vielleicht, wenn der Polarstern erst in der obern Culmination beobachtet werden kann, noch eine, aber gewiss sehr kleine, Modification erleiden. Hätte man für die Declination das Mittel aus von Zach's, Oriani's, Bouvard's und Pond's Bestimmungen (deren Extreme nur ¾ Secunden von einander abweichen) zum Grunde gelegt, oder Pond's Bestimmung allein, welche mit diesem Mittel genau übereinstimmt, so wäre die Polhöhe noch um 0″44 kleiner ausgefallen.

Das *zweite* Instrument, in seiner Art ein eben so bewundernswürdiges Meisterwerk, ist ein Repetitionstheodolith von 8 Zoll Durchmesser. Der Horizontalkreis ist unmittelbar von 10 zu 10 Minuten getheilt; jeder der vier Nonien gibt 10″; kleinere Theile lassen sich noch schätzen. Auch hier sind die Nonien auf einer vollständigen Kreisscheibe innerhalb des getheilten Kreises, und mit diesem in derselben Ebene. Der innere oder Noniuskreis trägt zwei Stützen, auf welchen das Hauptfernrohr von 12 Zoll Länge und 13 Linien Oeffnung, gerade wie ein Passageninstrument, an einer horizontalen, in zwei vollkommen gleiche cylindrische stählerne Zapfen auslaufenden, Axe aufgehängt ist, und dessen Gesichtslinie auch, gerade wie die eines Mittagsfernrohres, durch Umlegen auf das genaueste auf diese Axe senkrecht gebracht werden kann. Um die Ebene des Kreises horizontal, und die erwähnte Axe ihr parallel zu stellen, dient ein an der Axe anzuhängendes Niveau, bei welchem 1 Secunde einen Ausschlag von einer halben Linie gibt. Das Fernrohr kann, ehe es den Horizontalkreis berührt, bis zu 40° über und unter den Horizont geneigt werden, und diese Neigung wird an einem besondern Verticalkreise von 5 Zoll Durchmesser gemessen, dessen Nonius einzelne Minuten gibt, und an welchem halbe oder Drittelminuten sich noch schätzen lassen. Das zweite, untere Fernrohr ist dem obern ganz gleich, dient aber nur als Versicherungsfernrohr für den unbeweglichen Stand des Instruments. Es erregt Erstaunen, wie genau sich mit einem so kleinen Instrumente Winkel messen lassen. Einzelne Messungen geben die Winkel allemal bis auf wenige Secunden genau, und durch Repetition kann man sich der wahren Werthe der Winkel bis auf 1″, höchstens 2″, versichern. Vorzüglich wichtig für den astronomischen Gebrauch ist die Leichtigkeit und Genauigkeit, womit man, vermittelst Beobachtung der Sonne oder der Fixsterne (wovon man die von der ersten Grösse mit Leichtigkeit am hellen Tage sieht), Azimuthe irdischer Gegenstände bestimmen kann, so wie diese, wenn sie für einen gewissen Standplatz einmal scharf ausgemittelt sind, wiederum zu bequemen und von der Refraction unabhängigen Zeitbestimmungen dienen können: ein Vortheil, der besonders in den Wintermonaten auf einer Sternwarte, welche kein Passageninstrument besitzt, sehr hoch anzuschlagen ist.

Besonders erfreulich ist, dass die schönen Fernröhre an diesen Instrumenten, welche an Vollkommenheit den besten englischen von gleichen Dimensionen nichts nachgeben, sondern sie eher noch übertreffen, ganz deutschen Ursprunges sind: das Flintglas zu den Objectiven wird in Benedictbeuren verfertigt. — [Dieser Anzeige hat Gauss ein Verzeichniss der Preise der in dem optischen Institute von Reichenbach, Frauenhofer und von Utzschneider verfertigten Sehwerkzeuge beigefügt, das hier in der Ausgab seiner Werke nicht mit aufgenommen ist.]

COMET.

Monatliche Correspondenz. Band XXVIII. Seite 97 .. 99. 1813 Juli.

Göttingen den 5. und 12. Juli 1813.

— — — Mit Vergnügen theile ich Ihnen, bester Freund, das POND'sche durch Herrn Dr. OLBERS erhaltene Verzeichniss von Stern-Declinationen hier mit: — — —

Hier schicke ich Ihnen noch Dr. OLBERS Beobachtnngen des Cometen:

1813	Mittlere Zeit in Bremen	AR. ☄	Südliche Abwei- chung
April 14	13^u 31^m 4^s	266° 42′ 51″2	0° 34′ 22″8
15	12 14 29	265 48 47.9	1 46 4.5
19	11 38 0	260 40 39.1	8 15 23.7
21	12 0 35	256 51 59.3	12 42 54.3
24	11 58 38	248 43 57.7	21 25 9.8
25	11 41 30	245 8 18.0	24 49 2.4
25	12 5 38	245 4 3.0	24 54 16.4

Herr ENKE hat aus meinen Beobachtungen folgende Elemente abgeleitet:

Zeit des Perihel. 1813 Mai . . . . 19.44658 Mittl. Zeit in Göttingen.

Log. perih. Distanz 0.084969

Länge des Perihels . . . . 197° 43′ 45″6

☊ 42 40 39.6

Neigung 81 2 28.2

Bewegung rückläufig.

PALLAS.

Monatliche Correspondenz. Band XXVIII. Seite 197 .. 198. 1813 August.

Göttingen, den 31. Aug. 1813.

— — — Ich übersende Ihnen hier meine in diesem Jahre erhaltenen *Pallas*-Beobachtungen:

1813	Mittlere Zeit in Göttingen	AR. ♀	Decl.
Juni 28	11^u 37^m 2^s	327° 2′ 13″3	+ 14° 5′ 43″4
Aug. 16	10 36 23	319 50 54.7	. . . . .
19	9 31 0	319 17 10.6	10 0 8.4
26	9 23 7	317 59 52.0	8 44 35.3

Herrn NICOLAI's Vergleichung mit den letzten Elementen gibt folgende Resultate:

1813	Unterschied	
	in AR.	in Declin.
Juni 28	+ 23″6	+ 22″4
Aug. 16	+ 35. 6	. . . .
19	+ 28. 5	+ 4. 5
26	+ 22. 4	— 4. 3

Ich bemerke dabei, dass die AR. vom 16. Aug. nur auf einer einzigen Vergleichung beruht, hingegen die Bestimmungen vom 19. und 26. sich auf zahlreiche und vortrefflich harmonirende Vergleichungen gründen.

PALLAS.

Göttingische gelehrte Anzeigen. Stück 176. Seite 1753 .. 1755. 1813. November 4.

Die schöne Bestätigung, welche die auf die Störungsrechnungen gegründete Vorausbestimmung der Bewegung der *Pallas* durch die Beobachtungen des vorigen Jahres erhielt, und von der wir damals im 67. und 127. Stück dieser Blätter [S. 349 u. 356 d. B.] Rechenschaft gegeben haben, erhöhete das Interesse, womit die Astronomen die Wiedererscheinung dieses Planeten im gegenwärtigen Jahre erwarteten. Auf der hiesigen Sternwarte wurde der Planet zum ersten Male den 28. Juni wieder beobachtet, und genau auf dem Platze der schon zwei Jahre zuvor durch Hrn. Nicolai berechneten Ephemeride gefunden. Um die Zeit der Opposition suchte Prof. Gauss so viele Beobachtungen, als nur möglich war, zu erhalten: allein das im verwichenen Sommer so ausgezeichnet ungünstige Wetter erlaubte nur eine kärgliche Ausbeute. Inzwischen sind diese Beobachtungen, wenn gleich bei dem schwachen Lichte des Planeten — auch diesesmal nur von der 10. Grösse — nur am Kreismicrometer angestellt, vorzüglich gut ausgefallen. Die sämmtlichen Beobachtungen des Prof. Gauss sind folgende:

1813	Mittlere Zeit	Gerade Aufsteig.	Nordl. Abweich.
Juni 28	11^u 37^m 2^s	327° 2′ 13″3	14° 5′ 43″4
August 16	10 36 23	319 50 54. 7	. . . .
19	9 31 0	319 17 10. 6	10 0 8. 4
26	9 23 7	317 59 52. 0	8 44 35. 3

Ausserdem wurden dem Prof. Gauss durch Hrn. Burckhardt und Hrn. von Lindenau noch folgende schätzbare Beobachtungen mitgetheilt:

Meridianbeobachtungen der Pallas auf der Sternwarte der Militärschule in Paris.

1813	Sternzeit	Gerade Aufsteig.	Nordl. Abweich.
August 4	21^u 28^m 30^{s}5	322° 7′ 38″0	12° 11′ 58″5
9	21 24 42	. . . .	11 32 38. 4
11	. . . .	. . . .	11 15 28. 1
15	21 20 7. 2	320 1 48. 0	10 38 48. 2
17	21 18 35. 2	319 38 48. 5	10 19 29. 3
19	21 17 4. 3	319 16 4. 5	9 59 18. 3
26	21 11 56. 1	317 59 1. 8	8 43 23. 4

Beobachtungen der Pallas auf der Seeberger Sternwarte:

1813	Mittlere Zeit	Gerade Aufsteig.
Sept. 1	10^u 25^m 16^s6	316° 58′ 15″9
3	10 16 9.6	316 39 25.5
4	10 11 35.4	316 29 48.7

Prof. Gauss übergab diese Beobachtungen dem Hrn. Nicolai. Dieser geschickte junge Astronom, welcher nunmehr als Gehülfe des Hrn. von Lindenau bei der Seeberger Sternwarte angestellt ist, verglich sie zuvörderst mit den zuletzt verbesserten Elementen auf das sorgfältigste, und fand folgende schöne Uebereinstimmung:

Unterschied der Rechnung:

1813	Gerade Aufsteig.	Abweichung	Beobachter
Juni 28	+ 23″6	+ 22″4	Gauss
Aug. 4	+ 36.9	— 5.9	Burckhardt
9	. . . .	+ 5.1	Burckhardt
11	. . . .	+ 6.2	Burckhardt
15	+ 26.9	+ 3.7	Burckhardt
16	+ 35.6	. . . .	Gauss
17	+ 28.2	— 6.6	Burckhardt
19	+ 28.5	+ 4.5	Gauss
19	+ 24.8	— 7.4	Burckhardt
26	+ 22.4	— 4.3	Gauss
26	+ 18.3	+ 11.1	Burckhardt
Sept. 1	+ 22.8	. . . .	v. Lindenau
3	+ 20.9	. . . .	v. Lindenau
4	+ 49.9	. . . .	v. Lindenau

Aus den Beobachtungen vom 15., 17. und 19. August leitete Hr. Nicolai folgendes Resultat für die Opposition ab:

Neunte beobachtete Opposition der Pallas.

1813 August 18. 8^u 41^m 5^s mittlere Zeit in Göttingen

Wahre Länge der Pallas . . . . 325° 23′ 56″5

Wahre geocentrische Breite . . . . 24 37 36.1 N.

Man vergleiche damit die Vorausbestimmung im 127. Stück dieser Anz. vom vorigen Jahre [S. 356 d.B.].

Eine neue Verbesserung der Elemente, um sie auch dieser Opposition noch besser anzupassen, schien dem Prof. Gauss unter diesen Umständen nicht der Mühe werth zu sein.

JUNO.

Monatliche Correspondenz. Band XXVIII. Seite 574..578. 1813. December.

Göttingen, den 8. 9. und 16. Dec. 1813.

— — — Dem Beobachten ist das Wetter, wie gewöhnlich in dieser Jahrszeit, sehr ungünstig gewesen. Meine Zeitbestimmung mache ich jetzt, da correspondirende Sonnenhöhen jetzt nie gelingen, indem es nur auf einzelne Stunden zuweilen sich etwas aufklärt, durch Sternazimuthe, die ich (am Tage) mit dem Theodolithen beobachte. Ich vergleiche α Aurigae jetzt gegen Sonnenuntergang mit einem 4000 Meter entfernten Thurm, dessen Azimuth im Sommer bestimmt wurde, und es geht recht gut damit.

Die Juno habe ich nur ein einzigesmal beobachten können, aber die Beobachtung ist an sich sehr gut, und am Tage der Opposition selbst gemacht. Der Planet hatte die achte Grösse.

1813	Mittlere Zeit in Göttingen	Gerade Aufsteigung ⚹	Südliche Abweichung ⚹
Nov. 19	9ᵘ 46ᵐ 46ˢ	60° 30′ 35″0	3° 5′ 9″3

Die scheinbare Position des verglichenen Sterns wurde aus der *Hist. Cél.* bestimmt

$$\text{AR.} = 60° \ 47′ \ 50″0 \quad \text{Decl.} = 3° \ 0′ \ 16″0 \ \text{südl.}$$

Ich habe aus dieser Beobachtung ganz unbedenklich die Opposition abgeleitet, da schwerlich anderswoher Beobachtungen eintreffen werden.

Achte Opposition der Juno:

1813 November 19. 18ᵘ 11ᵐ 25ˢ Mittlere Zeit in Göttingen

Wahre Länge . . . . 57° 33′ 58″0

Geocentrische Breite . . . . 23 18 46.8 südl.

Fortsetzung vom 9. December 10ᵘ.

Heute Abend habe ich, bei starkem Nebel und Mondschein, zwar noch nicht den Platz, wo ich die Juno am 19. November beobachtet habe, wieder nachgesehen, aber die Juno selbst wieder aufgesucht. *Verhältnissmässig* schien sie heute *heller* als am 19. November, wenigstens war sie bedeutend heller, als der Stern achter Grösse, womit sie heute verglichen wurde, da sie am 19. November dem verglichenen Sterne achter Grösse kaum gleich kam. Ich ersuche Herrn NICOLAI, die Beobachtungen zu reduciren, und mit den nachher folgenden Elementen zu vergleichen. Die Beobachtung beruht zwar nur auf drei kümmerlichen Vergleichungen mit einem Sterne der *Hist. Cél.*, welcher am 20. Januar 1798 am zweiten Faden 3ᵘ 42ᵐ 48ˢ5 beobachtet ist, kann aber doch zur Controle dienen.

1813 Decemb. 9. 0ᵘ 22ᵐ 2ˢ St. Z., ⚹ folgt auf den Stern 3ᵐ 49ˢ75 Zeit = 57′ 26″25 Bogen

0ᵘ 32ᵐ 4ˢ — ⚹ ist südlicher 5′ 0″9.

Ungefähr folgt daraus

$$\text{AR.} = 56° \ 56\tfrac{1}{4}′ \quad \text{Decl.} = 3° \ 56\tfrac{1}{4}′ \ \text{südl.}$$

Die Elemente, auf die Oppositionen von 1810, 1811, 1812, 1813 gegründet, sind folgende (X):

Epoche 1814, Meridian von Göttingen . . . . . . 65° 19′ 23″8

Tägliche tropische Bewegung . . . . 812″709

Logarithm. der halben Axe 0.4267631

Perihelium (1814) . . . . 53° 10′ 0″40

Excentricitätswinkel 14 43 7.97

Aufsteigender Knoten (1814) 171 10 33.00

Neigung 13 4 12.03

Die Vergleichung dieser Elemente, besonders der mittlern Bewegung, mit den Elementen (VIII), welche auf die Oppositionen von 1804, 1806, 1807, 1808 gegründet waren, zeigt, wie stark sich die Jupiterstörungen äussern.

Göttingen, den 16. December 1813.

— — — Ich habe mir doch die Mühe gegeben, auch der letzten IX. Opposition der Pallas die
Elemente anzupassen. Die Correctionen sind äusserst gering, nemlich:

Länge des Knotens	$-2''7$	Epoche 1810	-4.2
Neigung der Bahn	-1.4	Tägliche Bewegung	$-0''00569$
Länge des Perihels	-9.4	Logarithm. der halben Axe .	$+0.000021$
Excentricitätswinkel	$+1.8$		

Die Uebereinstimmung der 9 Oppositionen mit den verbesserten Elementen ist nun folgende:

Oppos.	Unterschied:	
	Mittlere Länge	Heliocentr. Breite.
I	$-1''3$	$-5''3$
II	-12.9	-11.9
III	-20.4	-0.4
IV	$+2.5$	-6.8
V	$+23.5$	$+9.0$
VI	$+21.5$	-3.1
VII	$+14.1$	-7.2
VIII	-16.1	$+4.0$
IX	-10.9	-0.0
X	-14.0	$+2.4$

Ich bin sehr neugierig, wie die Unterschiede ausfallen werden, wenn erst die Saturnsstörungen
dazu kommen. [Die Angabe für Oppos. X ist eine handschriftliche Bemerkung. SCHERING.]

JUNO.

Göttingische gelehrte Anzeigen. Stück 204. Seite 2033..2034. 1813. December 23.

Die Jahrszeit, in welcher in diesem Jahre die *Juno* in der *Georgsharfe* mit der Sonne in Opposition kam, pflegt bei uns den astronomischen Beobachtungen nicht günstig zu sein: nur eine einzige
Beobachtung dieses Planeten konnte Prof. GAUSS um diese Zeit erhalten:

1813	Mittlere Zeit	Gerade Aufsteig.	Abweichung
Novemb. 19	$9^u 46^m 46''$	$60° 30' 35''0$	$3° 5' 9''3$ Südl.

Obgleich der Planet diesmal zugleich sehr nahe bei seinem Perihelium, und also in Rücksicht
seiner Erleuchtung in der allervortheilhaftesten Lage war, hatte er doch kaum die 8. Grösse.

Da auswärtige Beobachtungen gänzlich fehlen, und gegenwärtig von entfernten Sternwarten, falls
der Planet noch sonst wo beobachtet sein sollte, keine erwartet werden können, so musste sich Prof.
GAUSS entschliessen, die Berechnung der Opposition auf obige einzelne Beobachtungen zu gründen; das
Resultat ist folgendes:

Achte Opposition der Juno.

1813 November 19. 18ᵘ 11ᵐ 5ˢ Mittlere Zeit in Göttingen.

Wahre Länge . . . . 57° 33′ 58″o

Geocentrische Breite . . . . 23 18 46.8 Südl.

Zum Behuf einer für die nächste Sichtbarkeitsperiode des Planeten zu berechnenden Ephemeride, welche an einem andern Orte mitgetheilt werden wird, leitete Prof. Gauss aus der fünften, sechsten, siebenten und achten Opposition neue elliptische Elemente ab.

Epoche der mittlern Länge 1810 im Meridian von Göttingen 95° 29′ 56″

Tägliche tropische mittlere Bewegung . . . . 812″709

Tropische Umlaufszeit . . . . 1594 Tage 16 Stunden

Länge des Perihelium (1810) . . . . 53° 6′ 40″

Länge des aufsteigenden Knoten (1810) 171 7 13

Excentricitätswinkel 14 43 8

Neigung der Bahn 13 4 12

Logarithm. der halben grossen Axe 0.4267670

Die Vergleichung dieser Elemente mit denen, welche auf die vier *ersten* Oppositionen gegründet waren (s. St. 136 dieser Anz. von 1808 [S. 306 d. B.]), zeigt den starken Einfluss der fremden Störungen auch bei diesem Planeten sehr sichtbar, besonders auffallend ist der Unterschied der mittlern Bewegung: die frühern Oppositionen gaben die Umlaufszeit um 3 Tage 4 Stunden kleiner. Ohne die Störungen hätte dieser Unterschied keine halbe Stunde betragen können.

COMET.

Göttingische gelehrte Anzeigen. Stück 19. S. 185..189. 1814. Januar 31.

Aus einem Schreiben des Hrn. Prof. Bessel in Königsberg an den Prof. Gauss vom 30. December v. J. heben wir hier einiges aus, was die astronomischen Leser unsrer Blätter gern früh zu ihrer Kenntniss gebracht sehen werden. Es ist bereits aus verschiedenen Nachrichten bekannt, dass die auch in unsern Anzeigen mehrere Male angedeutete Aussicht (man vergl. 1811, St. 130 und 1812, St. 67 [S. 327 und 349 d. B.]), der grosse Comet von 1811 könne wohl noch einmal im Sommer des Jahrs mit vorzüglichen Instrumenten und unter günstigen Umständen wieder gesehen und beobachtet werden, nicht grundlos gewesen ist. Allein nicht den, wenn gleich sorgfältigen, Bemühungen der Astronomen auf den Europäischen Sternwarten ist dies Glück zu Theil geworden, eine Folge theils der in jener Jahrzeit zu starken nächtlichen Dämmerung, theils des weniger günstigen Climas, womit die meisten dieser Astronomen zu kämpfen haben. Vom Caucasus her, aus *Neu-Tscherkask* erhalten die Astronomen die in ihrer Art einzigen Beobachtungen des merkwürdigen Cometen, fast ein Jahr nach seinem Durchgange durch die Sonnennähe von Herrn von Wisniwsky angestellt, welcher schon seit mehrern Jahren jene entlegenen Gegenden bereist. Hr. Prof. Bessel, welcher sich bekanntlich um die Theorie dieses Cometen schon in mehr als einer Hinsicht verdient gemacht, und eine elliptische Bahn für denselben berechnet hatte, erhielt diese wichtigen Beobachtungen von Petersburg aus mitgetheilt, und wird dieselben künftig zur feinsten Ausfeilung der Bahn benutzen. Folgende vorläufige Resultate verdienen indess schon jetzt bekannt gemacht zu werden.

Herr von Wisniwsky beobachtete den Cometen vom 8. bis 27. August, er erhielt in dieser Zeit 29 Durchgänge durch das Kreismikrometer, dessen Feld er äusserst genau durch mehrere Sternenpaare bestimmte. Die Sterne, mit welchen er ihn verglich, sind folgende:

	Gerade Aufst.	Südl. Abweich.
I	324° 34'	24° 31'
II	323 10	24 59
III	322 37	25 16
IV	322 45	25 57
V	322 17	26 3

Die Stellungen des Cometen gegen diese Sterne ergeben sich nach Hrn. Prof. Bessel's Reduction, wie folgt:

1812	Mittlere Zeit in Neu-Tscherkask	Vergl. Stern	Anz. d. Beob.	Gerade Aufsteigung	Abweichung
Aug. 8	12^u 18^m 51^{s}4	I	4	— 5' 30"5	— 1' 19"3
11	12 45 21.7	II	2	+ 25 23.7	— 3 52.2
12	11 42 25.3	II	7	+ 9 7.5	—51 15.3
12	12 41 41.0	III	3	+ 41 10.0	+ 1 15.8
15	12 10 7.9	IV	3	— 18 9.0	+11 50.0
15	12 30 18.7	V	5	+ 8 39.8	+13 0.0
17	13 34 8.4	V	6	— 25 36.7	— 1 1.7

Von den Sternen selbst kommen nur drei (II, IV, V) in der *Histoire céleste* vor. Herr Prof. Bessel reducirte die Angabe derselben, nach seinen eigenen Reductionselementen auf das Jahr 1812 und fand:

	Gerade Aufsteig.	Südl. Abweich.
II	323° 9' 1"5	24° 59' 26"5
IV	322 44 32.3	25 56 53.4
V	322 16 17.1	26 3 36.9

Die Rectascensionen von II und IV bestimmte er überdies auch noch aus eignen Beobachtungen:

II . . . . 323° 9' 5"3 (1 Beob.)
IV . . . . 322 44 56.1 (2 Beob.)

Indem diese vorzugsweise zum Grunde gelegt wurden, ergaben sich also folgende beobachtete Oerter des Cometen:

	Mittlere Zeit	Gerade Aufsteig.	Südl. Abweich.
Aug. 11	12^u 45^m 21^{s}7	323° 35' 9"9:	25° 3' 0"4
12	11 42 25.3	323 18 53.7	25 14 59.5
15	12 10 7.9	322 27 7.9	25 44 45.3
15	12 30 18.7	322 25 37.9	25 45 19.0
17	13 34 8.4	321 51 21.4	26 4 20.7

Die Vergleichung dieser Beobachtungen mit den rein elliptischen Elementen gab Hrn. Prof. Bessel folgende Differenzen

	Gerade Aufsteig.	Abweichung
Aug. 11	— 31″2	— 10″0:
12	— 55.9	+ 113.9
15	— 86.4	+ 76.1
15	— 10.9	+ 101.6
17	— 51.2	+ 57.8

Diese Uebereinstimmung, nach einer Zwischenzeit von mehr als drei Vierteljahren, beweist, wie gut Hr. Bessel die Beobachtungen zu benutzen gewusst hat, unter welchen besonders diejenigen, welche er selbst mit einem vortrefflichen Heliometer angestellt hatte, von ausgezeichneter Genauigkeit waren. Man sieht überdies sogar, dass Hr. Bessel selbst eine noch etwas bessere Uebereinstimmung erhalten haben würde, wenn er seine Elemente noch einmal nach den spätetsen damaligen Beobachtungen aus-zufeilen der Mühe schon damals werth gehalten hätte, da diese schon etwas in demselben Sinn von den Elementen abzuweichen anfingen. Man sieht zugleich, dass die Störungen nur einen sehr kleinen Ein-fluss auf die Bewegung des Cometen geäussert haben können, mit dessen Berechnung Hr. Bessel gegen-wärtig beschäftigt ist.

JUNO.

Göttingische gelehrte Anzeigen. Stück 19. Seite 189. 1814 Jan. 31.

Noch fügen wir als Nachtrag zu der neulich gegebenen Nachricht über die Juno (m. s. St. 204 v. v. J.) drei Beobachtungen dieses Planeten von Hrn. Prof. Bessel bei:

1812	Mittlere Zeit in Königsberg	Gerade Aufsteigung	Südliche Abweichung
Nov. 18	12ʰ 12ᵐ 26ˢ5	60° 41′ 21″5	— —
21	11 58 20.4	60 6 42.5	— —
Dec. 11	10 25 54.9	56 39 0.8	3° 53′ 27″2

Dies sind die Erstlinge von der neuen Königsberger Sternwarte, deren Bau vor drei Jahren an-gefangen wurde, und welche Hr. Bessel schon im vorigen Herbst bezogen hat. Die Astronomie ist der Regierung den lebhaftesten Dank schuldig, die dieses für die Wissenschaft so wichtige Institut gegrün-det, mit vortrefflichen Instrumenten ausgerüstet, und selbst in diesen drangvollen Jahren so rasch vol-lendet hat: in der That wäre jeder Monat, um welchen ein Astronom wie Bessel später in seine volle Wirksamkeit gesetzt wäre, ein Verlust für die Wissenschaft gewesen.

PALLAS.

Astronomisches Jahrbuch für 1817. Seite 212 .. 215. Berlin 1814.

Göttingen den 29. Mai 1814.

Ich habe Ihnen Verehrtester Freund noch meinen verbindlichsten Dank nachzuholen für das schätzbare Geschenk Ihres astronomischen Jahrbuchs für 1816; ich habe denselben aufgeschoben, weil ich ihn mit einigen Beiträgen für das neue Jahrbuch zu begleiten wünschte; indessen ist die Beendigung dessen, was ich Ihnen über die letzte Vestaopposition schicken wollte, bisher noch aufgehalten, ich werde dies aber künftig noch nachholen.

Ueber die letzte Junoopposition habe ich Ihnen zwar schon einiges gemeldet, da ich aber jetzt noch verschiedenes darüber beifügen kann, und nicht genau mehr weiss, wie viel ich Ihnen schon geschrieben habe, so will ich hier alles Wesentliche zusammen stellen. Das Wetter erlaubte mir nur eine Beobachtung um die Zeit der Opposition, die ich indess für sehr gut halte; erst beinahe drei Wochen nachher konnte ich zur Controlle noch eine zweite machen, welche letztere ich nach Herrn Nicolai's Reduction beifüge:

1813	Mittlere Zeit	Scheinbare AR.	Südl. Abweich.
Nov. 19	9^u 46^m 46^s	$60°$ $30'$ $35''0$	$3°$ $5'$ $9''3$
Dec. 9	7 9 38	56 56 47.4	3 56 35.3

Ich hatte zwar schon auf meine erste Beobachtung die vorläufige Berechnung der Opposition gegründet, allein da theils meine Rechnung nur flüchtig gemacht war, theils mir nachher noch von Bessel seine Meridianbeobachtungen mitgetheilt wurden (welche Sie ohne Zweifel von ihm selbst erhalten haben werden), so veranlasste ich einen geschickten und talentvollen Zuhörer von mir, Hrn. Möbius, die Resultate hiernach neu zu berichtigen. Er findet die Opposition:

1813 November 19. 18^u 12^m 0^s Mittlere Zeit in Göttingen

Wahre Länge . . . . $57°$ $34'$ $2''1$

Geocentrische Breite . . . . 23 18 46.1 S.

Er hat zugleich dieser und den drei vorhergehenden Oppositionen von 1810, 1811, 1812 die Elemente angepasst, und folgendes Resultat erhalten:

Epoche 1810 Meridian von Göttingen . . . . $95°$ $29'$ $53''2$

Tägliche mittlere tropische Bewegung . . . . $812''7140$

Länge der Sonnennähe (1810 sid. ruh.) . . . . $53°$ $6'$ $43''0$

Länge des aufsteigenden Knoten (1810) 171 6 45.0

Excentricitätswinkel 14 43 9.5

Neigung der Bahn 13 4 12.9

Logarithm. der halben grossen Axe 0.4267616

Ueberdies hat dieser geschickte Rechner für die nächste Erscheinung der Juno eine Ephemeride berechnet, wovon ich das Vergnügen habe, Ihnen eine Abschrift beizulegen.

Für die Pallas hat Hr. Nɪᴄᴏʟᴀɪ (welcher seit einem halben Jahre als Gehülfe bei der Seeberger Sternwarte angestellt ist) gleichfalls eine Ephemeride berechnet, und mir beiliegende Copie davon für Ihr Jahrbuch geschickt. Zum Auffinden des Planeten (der ohnehin diesmal ziemlich hell sein wird) ist dieselbe gewiss überflüssig genau, ob sie gleich nach den frühern Elementen berechnet ist, ohne deren Aenderung durch die fortwirkenden Störungen Jupiters zu berücksichtigen. Inzwischen ist es doch interessant, den Einfluss welchen diese haben werden *im Voraus* anzugeben, und ich habe daher Hrn. Mᴏ̈ʙɪᴜs diese ziemlich mühsame Arbeit aufgetragen. Das Resultat ist, dass um die Zeit der Opposition die gerade Aufsteigung in Hrn. Nɪᴄᴏʟᴀɪ's Ephemeride um 1¼ Minuten vermindert werden muss, während die Declination nur eine Verminderung von wenigen Secunden erleidet. Für die Opposition selbst erhält er im Voraus folgendes:

1814 October 25. 12^u 39^m 50^s Göttinger Zeit.
Wahre Länge . . . . 31° 58′ 28″4
Heliocentrische Breite . . . . 23 38 32.7 S.

(die geocentrische hat er vergessen mir mitzutheilen, und ich kann sie daher, da er sich jetzt nicht mehr hier aufhält, zur Vergleichung mit Hrn. Nɪᴄᴏʟᴀɪ's Resultat nicht beifügen.)

Ich habe jetzt angefangen, auch die Störungen der Pallas durch Mars zu berechnen. Sie werden zwar fast alle sehr klein, allein doch zahlreich. Alle Gleichungen durch Jupiter, Saturn und Mars, die über 0″1 gehen, werden eine Anzahl von mehr als 1000 ausmachen.

Vor ein Paar Tagen habe ich aus München einen trefflichen Heliometer von 43 Zoll Brennweite, 34 Linien Oeffnung erhalten. Der geniale Künstler hat unter andern die wichtige Verbesserung angebracht, dass er ihn zum Repetiren eingerichtet hat, indem er beide Objectivhälften unabhängig von einander beweglich gemacht hat. Man vermeidet dadurch ganz den nachtheiligen Einfluss, welchen kleine locale Ungleichheiten der Schraube hervorbringen. Die Präcision des Fernrohrs, ist, wie man dies von Fʀᴀᴜᴇɴʜᴏғᴇʀ's Arbeiten gewohnt ist, ausserordentlich gross.

VESTA.

Göttingische gelehrte Anzeigen. Stück 129. Seite 1281..1284. 1814. August 13.

Wir haben noch eine kurze Anzeige von der letzten Opposition der *Vesta* im Februar d. J. und einigen dadurch veranlassten Rechnungen nachzuholen. Auf der hiesigen Sternwarte waren von dem Prof. Gᴀᴜss folgende Beobachtungen am Mauerquadranten gemacht worden:

1814	Mittlere Zeit in Göttingen	Scheinbare gerade Aufsteigung	Scheinbare Abweichung
Febr. 12	12^u 30^m 15^s	149° 56′ 48″3	20° 47′ 3″3 N.
14	12 20 26	149 27 22.8	21 3 3.3
15	12 15 31	149 12 35.5	21 10 55.7
20	11 50 55	147 58 14.3	21 47 35.5

Bei der sehr geringen Beleuchtung, die der Planet in dem lichtschwachen Fernrohr vertrug, kann diesen Beobachtungen nur eine mittelmässige Genauigkeit beigelegt werden.

Von auswärtigen Sternwarten erhielt Prof. Gauss folgende Beobachtungen mitgetheilt:

Beobachtungen der Vesta auf der Seeberger Sternwarte von Hrn. Nicolai.

1814	Mittlere Seeberger Zeit	Scheinbare gerade Aufsteigung	Scheinbare Abweichung
Febr. 12	12^u 30^m 16^{s}0	149° 57′ 0″0	. . .
15	12 15 31.6	149 12 42.0	. . .
20	11 50 55.1	147 58 15.9	21° 47′ 28″ N.
25	11 26 25.1	146 45 26.8	. . .
26	11 21 32.7	146 31 17.7	. . .
28	11 11 50.7	146 3 39.9	. . .

Beobachtungen der Vesta auf der Königsberger Sternwarte von Hrn. Prof. Bessel.

1814	Mittlere Zeit in Königsberg	Scheinbare gerade Aufsteigung	Scheinbare Abweichung
Jan. 31	13^u 28^m 25^s	152° 40′ 16″8	19° 6′ 38″4 N.
Febr. 9	12 45 5	150 40 49.2	20 22 8.3
13	12 25 30	149 42 44.3	20 54 38.2
14	12 20 35	149 27 56.6	21 2 37.9
19	11 55 58	148 13 33.3	21 40 19.8
21	11 46 8	147 43 51.5	21 54 27.8
22	11 41 13	147 29 9.1	22 1 9.7
25	11 26 33	146 45 47.0	22 20 34.1
26	11 21 40	146 31 36.8	22 26 34.1

Die Polhöhe der neuen Königsberger Sternwarte hat Hr. Prof. Bessel aus 69 mit dem 2fussigen Cary'schen Kreise beobachteten Culminationen des Polarsterns zu 54° 42′ 50″31 bestimmt.

Hr. Dr. Gerling in Cassel übernahm die Vergleichung dieser sämmtlichen Beobachtungen mit den letzten Elementen, bei welchen, um eine bessere Uebereinstimmung zu erhalten, die Epoche abgeändert und für den 13. Februar 12^u M. Z. in Göttingen zu 154° 54′ 8″39 angenommen wurde. Diese Rechnung gab folgende Unterschiede

	in gerader Aufsteigung	in der Abweichung	Beobachter
Jan. 31	— 11″15	+ 4″44	Bessel
Febr. 9	— 6.05	+ 5.08	Bessel
12	— 6.75	. . . .	Nicolai
12	— 16.45	+ 10.42	Gauss
13	— 3.16	— 0.11	Bessel
14	— 3.13	+ 5.62	Bessel
14	— 11.23	+ 16.76	Gauss
15	— 8.95	+ 22.86	Gauss
15	— 0.46	. . . .	Nicolai
19	+ 4.77	+ 4.42	Bessel
20	+ 2.53	+ 6.57	Nicolai
20	+ 2.98	+ 0.21	Gauss
21	+ 2.61	+ 6.97	Bessel
22	+ 2.48	+ 0.93	Bessel
25	+ 3.60	+ 5.05	Bessel
25	+ 6.28	. . . .	Nicolai
26	+ 1.76	+ 0.66	Bessel
26	+ 5.58	. . . .	Nicolai
28	+ 7.92	. . . .	Nicolai

Hiernächst leitete Hr. Doctor Gerling aus diesen Resultaten die Opposition selbst ab, und bestimmte dann neue Elemente, welche die vier Oppositionen von 1810, 1811, 1812, 1814 darstellen.

Fünfte beobachtete Opposition der Vesta.

1814 Februar 13. 9ᵘ 5ᵐ 40ˢ Mittlere Zeit in Göttingen

Wahre Länge . . . . 144° 34′ 54″47

Geocentrische Breite . . . . 8 2 8.55 N.

Neue Elemente der Vesta.

Epoche der mittlern Länge 1814. Febr. 13. 12ᵘ in Göttingen 154° 55′ 27″83

Länge des Perihel 249 38 6.69

Länge des aufsteigenden Knoten 103 11 30.51

Beide für die Zeit der Epoche

Neigung der Bahn 7 8 16.01

Excentricitätswinkel 5 8 30.75

Logarithm. des mittlern Abstandes 0.3731261

Mittlere tägliche tropische Bewegung . . . . . . 977″95156

Derselbe geschickte Astronom ist jetzt mit der Berechnung einer Ephemeride für die nächste Erscheinung der Vesta beschäftigt, welche demnächst an einem andern Orte bekannt gemacht werden wird.

PALLAS.

Göttingische gelehrte Anzeigen. Stück 199. Seite 1985..1990. 1814. Dec. 12.

Die schon öfters in unsern Blättern erwähnte Arbeit des Herrn Prof. GAUSS über die verwickelte Theorie der Bewegungen der Pallas hat durch die Beobachtungen der im October d. J. eingetretenen Opposition dieses Planeten — der *zehnten* seit seiner Entdeckung — abermals eine schöne Bestätigung erhalten. Wir theilen hier diese Beobachtungen und die *zunächst* daraus abgeleiteten Resultate mit, indem wir uns die weitern Folgerungen in Beziehung auf die Theorie für eine andere Gelegenheit vorbehalten. Da bei der vor länger als einem Jahre durch Herrn NICOLAI, Adjunct der Seeberger Sternwarte, geführten Vorausberechnung des Laufs für die diesmalige Sichtbarkeit blos die osculirenden Elemente der neunten Opposition zum Grunde gelegt waren (was allerdings zur Auffindung vollkommen hinreichend sein musste), so hatte Hr. Prof. GAUSS es für interessant gehalten, dass die Verbesserung dieser Elemente durch die fortwährende Einwirkung des Jupiter von der neunten bis zur zehnten Opposition noch vor der Wiedererscheinung des Planeten bestimmt wurde, und diese nicht unbedeutende Arbeit unter seiner Leitung schon zu Anfang dieses Jahrs durch Hrn. MÖBIUS ausführen lassen, welcher sich damals bei uns mit ausgezeichnetem Eifer den mathematischen und astronomischen Studien widmete. Von den Resultaten dieser Rechnung, die man ausführlicher auch schon in dem so eben erschienenen astronomischen Jahrbuche für 1817 abgedruckt findet, setzen wir hier nur, zur Vergleichung mit dem, was die wirklichen Beobachtungen gegeben haben, die Vorausbestimmung der Opposition selbst her.

1814 October 25. 12ᵘ 39ᵐ 50ˢ5 Mittlere Zeit in Göttingen

Wahre Länge . . . . 31° 58′ 28″4

Heliocentrische Breite . . . . 23 38 32.7 S.

Auf der hiesigen Sternwarte wurde folgende Beobachtung mit dem Kreismicrometer gemacht.

1814	Mittlere Zeit in Göttingen	Scheinbare gerade Aufsteigung	Scheinbare Abweichung
Sept. 16	12^u 1^m 1^s	$46°$ $16'$ $23''4$	$11°$ $4'$ $20''9$ S.

Da sich hiedurch die Richtigkeit der Ephemeride bestätigte, und nicht zu zweifeln war, dass auf andern Sternwarten der Planet mit festen Instrumenten würde beobachtet werden können, so wäre die weitere Fortsetzung der Kreismikrometerbeobachtungen ohne Zweck gewesen. Uebrigens gründete sich obige Beobachtung auf zahlreiche Vergleichungen, und war im Tagebuche als sehr gut bezeichnet.

Auf der *Seeberger* Sternwarte beschränkte man sich mit Recht auf die Beobachtungen am Mittagsfernrohr, da der Planet zu lichtschwach war, um von dem DOLLONDschen Quadranten zuverlässige Declinationen erwarten zu können. Die von Hrn. VON LINDENAU und Hrn. NICOLAI beobachteten geraden Aufsteigungen sind folgende:

1814	Mittlere Zeit auf Seberg	Scheinbare gerade Aufsteigung
Sept. 17	15^u 19^m 41^s5	$46°$ $18'$ $26''2$
18	15 15 52.0	46 20 2.8
19	15 12 1.0	46 21 17.0
20	15 8 8.0	46 22 0.7
Octob. 12	13 36 19.2	45 2 4.5
13	13 31 52.0	44 54 14.6
15	13 22 53.1	44 37 25.8
21	12 55 28.0	43 39 51.6
28	12 22 45.3	42 21 48.5

Die von Hrn. SCHUMACHER auf der *Mannheimer* Sternwarte mit dem achtfüssigen Mauerquadranten angestellten Beobachtungen wurden vollständig im Original eingesandt, und hier von Hrn. ENCKE auf das sorgfältigste reducirt. Es ergab sich daraus folgendes:

1814	Mittlere Zeit in Mannheim	Scheinbare gerade Aufsteigung	Scheinbare Abweichung
Octob. 12	13^u 36^m 17^s4	$45°$ $2'$ $0''3$	$19°$ $12'$ $38''4$ S.
15	13 22 51.5	44 37 23.7	20 6 54.6
21	12 55 27.0	43 39 57.5	21 49 52.1
22	12 50 48.3	43 29 15.3	22 6 3.8

Bei den beiden letzten Beobachtungen war der Planet so lichtschwach, dass er sich nur mit Mühe erkennen liess.

Auf der neuen *Königsberger* Sternwarte (von deren grosser Thätigkeit unsre Blätter schon mehrere Proben gegeben haben), machte Hr. Prof. BESSEL folgende Beobachtungen:

1814	Mittlere Zeit in Königsberg	Scheinbare gerade Aufsteigung	Scheinbare Abweichung
Octob. 14	13^u 27^m 30^s6	$44°$ $46'$ $15''3$	$19°$ $48'$ $30''8$ S.
15	13 23 0.4	44 37 38.6	20 6 20.0
18	13 9 22.9	44 10 8.3	20 58 58.9
19	13 4 48.3	44 0 25.9	21 15 52.6
Nov. 1	12 3 57.3	41 33 59.9	24 31 29.8
2	11 59 12.6	41 21 46.2	24 44 9.7
3	11 54 27.4	41 9 24.1	24 56 10.6
4	11 49 42.0	40 56 59.6	25 7 41.8

Auch dieser vortreffliche Beobachter beklagt sich über die Schwierigkeiten, die die Lichtschwäche des Planeten den Beobachtungen entgegenstellte.

Die Resultate der Vergleichung dieser sämmtlichen Beobachtungen mit den zuletzt gefundenen Elementen gibt folgende Uebersicht (wobei nur zu bemerken ist, dass die angewandte Epoche der mittleren Länge einige Secunden abweicht, vermöge eines dem Hrn. Prof. GAUSS eigenthümlichen und an einem andern Orte umständlicher zu rechtfertigenden Verfahrens):

1814	Unterschied		Beobachter
	Ger. Aufst.	Abweich.	
Sept. 16	— 9″2	+ 5″9	Gauss
17	— 1.6		von Lindenau
18	— 6.2		von Lindenau
19	— 10.7		von Lindenau
20	— 7.5		von Lindenau
Octob. 12	— 4.9		von Lindenau
12	— 3.6	+ 2.2	Schumacher
13	— 8.8		von Lindenau
14	— 9.4	+ 12.0	Bessel
15	— 5.2	+ 6.7	Bessel
15	— 6.5		von Lindenau
15	— 7.7	+ 5.7	Schumacher
18	— 2.7	+ 13.2	Bessel
19	— 4.0	+ 2.4	Bessel
21	— 2.2		von Lindenau
21	— 12.0	+ 4.5	Schumacher
22	— 0.4	— 1.3	Schumacher
28	+ 1.8		von Lindenau
Nov. 1	— 0.4	+ 8.5	Bessel
2	— 5.1	+ 10.6	Bessel
3	— 5.9	— 2.8	Bessel
4	— 7.9	— 21.9	Bessel

Das aus diesen Beobachtungen gezogene Resultat für die *zehnte Opposition* selbst ist endlich folgendes:

1814 Octob. 25. 12^u 33^m 22^s Mittlere Zeit in Göttingen

Wahre Länge . . . . 31° 58′ 11″3

Geocentrische Breite . . . . 37 20 53.2 Südl.

Die scharfe Vergleichung dieses Resultats mit den zuletzt gefundenen und durch die Jupiterstörungen gehörig berichtigten Elementen gab nur so kleine Unterschiede, dass die Grundelemente darnach keiner weitern Verbesserung bedürfen. Wir setzen also nur noch die Uebersicht der Uebereinstimmung sämmtlicher bisher beobachteten Oppositionen mit der Theorie des Hrn. GAUSS hierher.

Oppos.		Unterschied	
		Mittl. Länge	Helioc. Breite
I	1803	— 1″3	— 5″3
II	1804	— 12.9	— 11.9
III	1805	— 20.4	— 0.4
IV	1807	+ 2.5	— 6.8
V	1808	+ 23.5	+ 9.0
VI	1809	+ 21.5	— 3.1
VII	1811	+ 14.1	— 7.2
VIII	1812	— 16.1	+ 4.0
IX	1813	— 10.9	— 0.0
X	1814	— 14.0	+ 2.4

COMET.

Göttingische gelehrte Anzeigen. Stück 45. Seite 441. 1815 März 20.

In einem Schreiben an den Herrn Prof. Gauss vom 7. März theilte Hr. Doctor Olbers die Nachricht mit, dass er am 6. März im Perseus einen neuen Cometen entdeckt habe. Den 6. März 10^u 55^m mittl. Zeit war seine gerade Aufsteigung 49° 7′, nordliche Abweichung 32° 7′. Den 7. März 7^u 40^m die gerade Aufsteigung 49° 22′, nordliche Abweichung 32° 32′. Es lässt sich hiernach erwarten, dass dieser Comet noch ziemlich lange sichtbar bleiben werde. Uebrigens ist er sehr klein, hat einen schlecht begrenzten Kern, und einen sehr blassen durchsichtigen Nebel, und ist dem zweiten Cometen von 1811, wie dieser im Februar 1812 erschien, an Licht und Form ähnlich.

Gleich nach Eingang dieses Briefes am 13. März wurde dieser neue Comet auf der hiesigen Sternwarte aufgesucht. Nur auf wenige Minuten klärte sich der Himmel so weit auf, dass der Comet zwischen 159 und 164 im Perseus (nach Bodens Catalog) bemerkt werden konnte. Allein zu schnell folgten schon wieder Regenwolken, so dass auch nicht einmal eine Schätzung möglich war.

COMET.

Göttingische gelehrte Anzeigen. Stück 55. Seite 537..538. 1815 April 8.

Vom 13. bis 31. März waren hier nur vier heitere Abende, wo der neue Comet beobachtet werden konnte. Folgendes ist daher die ganze auf der hiesigen Sternwarte bisher erhaltene Ausbeute von Beobachtungen:

1815	Mittlere Zeit	Scheinb. gerade Aufsteigung	Scheinbare Abweichung
März 20	10^u 33^m 6^s	54° 7′ 1″	39° 7′ 47″ N.
21	10 11 37	54 33 21	39 36 57
21	10 57 0	54 34 21	39 38 8
25	9 46 38	56 28 50	41 38 5
30	9 50 57	59 13 3	44 10 27

Die zweite Beobachtung vom 21. März ist von Hrn. Enke, von dessen Geschicklichkeit in practisch-astronomischen Geschäften diese Blätter schon öfters Beweise gegeben haben. Weitere auswärtige Beobachtungen sind noch nicht eingegangen.

Die vorläufige genäherte Bestimmung der Bahn dieses Cometen, welche Hr. Prof. Gauss nach diesen freilich nur dürftigen Beobachtungen gemacht hat, ist folgende:

Durchgang durch die Sonnennähe
  Mittl. Zeit in Göttingen 1815 April 24. 16^u 37^m 34^s Neigung der Bahn . . . . 45° 8′ 55″
Länge der Sonnennähe . . . . . 246° 7′ 2″   Kleinster Abstand von der Sonne . . 1.24738
Aufsteigender Knoten . . . . . . 82 43 4   Bewegung rechtläufig.

Es lässt sich aus dieser Bestimmung bereits voraussehen, dass der Comet bis gegen Ende Aprils noch etwas an Licht zunehmen wird. Diese Zunahme ist aber sehr gering; er wird dem blossen Auge unsichtbar bleiben, und daher *nur für die Astronomen* interessant sein. Er wird durch den Fuhrmann und Luchs in den grossen Bär gehen, und dort, wegen seines immer mehr abnehmenden Lichts, im Juni sich dem Auge entziehen.

PALLAS.

Astronomisches Jahrbuch für 1818. Seite 167..173. Berlin 1815.

Göttingen, den 1. Februar 1815.

Die auch im letzten Jahrbuche vorkommenden Berechnungen für die *Pallas* haben sich wiederum auf das beste bestätigt. Ich selbst habe zwar den Planeten nur Einmal mit dem Kreismikrometer beobachtet

1814	Mittlere Zeit	Gerade Aufsteig.	Abweichung
Sept. 16	12^u 1^m 1^s	$146°$ $16'$ $23''4$	$11°$ $4'$ $20''9$ S.

allein durch eine schätzbare Reihe von Meridianbeobachtungen von den Herren von LINDENAU, BESSEL und SCHUMACHER wurde ich in den Stand gesetzt die Opposition gut zu berechnen. Wegen der Details beziehe ich mich auf die Gött. gel. Anz. St. 199 [S. 379 d. B.] und führe hier blos das Endresultat an:

1814 Octob. 25. 12^u 33^m 22^s Mittlere Zeit in Göttingen
Wahre Länge . . . . $31°$ $58'$ $11''3$
Geocentrische Breite, südl. 37 20 53.2

Die sämmtlichen 10 bisherigen Oppositionen werden durch meine Theorie bis auf wenige Sekunden dargestellt.

Hr. ENKE hat die verdienstliche Arbeit über sich genommen, die Rechnungen für die nächste Erscheinung im Voraus zu machen. Ich setze hier sein Resultat für die XI. Opposition her:

1816 April 9. 2^u 14^m 24^s Mittlere Zeit in Göttingen
Wahre Länge . . . . $199°$ $34'$ $40''5$
Geocentrische Breite . . . . 28 6 16.3 Nordl.

In der nächsten Opposition wird die *Pallas* heller sein, als sie seit mehreren Jahren gewesen ist. Hier die verglichene Lichtstärke

1812 . 0.01666,   1813 . 0.01475,   1814 . 0.05476,   1816 . 0.05997

Von der Ephemeride, welche derselbe geschickte junge Astronom berechnet hat, habe ich das Vergnügen Ihnen hier eine Abschrift beizulegen.

Für die Beobachtungen des Wintersolstitium war in diesem Jahre das Wetter ungewöhnlich günstig. Ich habe nichts unterlassen, um diesen Beobachtungen alle mögliche Genauigkeit zu geben. Dazu gehört, dass ein eigner Schirm blos auf das Objectiv Licht fallen liess, und alle andern Strahlen abhielt. Da bei meinen Beobachtungen früherer Solstitien diese Einrichtung noch nicht angebracht war, so wollte ich denselben kein vollkommenes Vertrauen schenken; inzwischen kann ich doch eigentlich nicht sagen, dass die Beobachtungen vor Anbringung des Schirms eine schlechtere Uebereinstimmung gegeben hätten. Das Resultat in Beziehung auf die Schiefe der Ekliptik ist nun ganz übereinstimmend mit dem des Hrn. VON ZACH, nemlich durch das Wintersolstitium finden sich 10" weniger als durch das Sommersolstitium. Ich möchte indessen dieses Phänomen lieber so ausdrücken: Wenn man für die Schiefe der Ekliptik den mittlern Werth zum Grunde legt, so geben Sonnenbeobachtungen immer eine im Durchschnitt 5" kleinere Polhöhe als Circumpolarsterne, denn nach meinen Erfahrungen gilt dies zu *jeder* Jahrszeit. Dies sonderbare Phaenomen ist noch ein astronomisches Räthsel. Läge in dem Instrument irgend ein Grund, der uns berechtigte anzunehmen, dass es alle Zenithdistanzen um 2"5 zu klein gebe, so würde es gelöst sein. Allein ich kann durchaus nichts entdecken, was einen Fehler immer in einerlei Sinn hervorbrächte. Besonders will ich noch ausdrücklich bemerken, dass die Gesichtslinie des Fernrohrs mit der Ebene des Instruments auf das genaueste nach einem mir eigenthümlichen Verfahren parallel gestellt ist. Dass zugleich auf genaue Verticalität der Ebene gesehen ist, und dass bei der Berechnung nichts versäumt ist (z. B. sind allemal die vom Biquadrat abhängenden Glieder mit in Betracht gezogen), brauche ich nicht zu erinnern: allerdings macht die Vernachlässigung jeder dieser Vorsichtsregeln die Zenithdistanz zu klein. Meine Beobachtungen des letzten Solstitiums waren folgende:

1814 Dec. 17	W. Z. D. 74° 53' 48"53	12 Beob.
19	74 57 35. 13	14
21	74 59 24. 02	14
22	74 59 38. 63	14
23	74 59 21. 10	14
24	74 58 36. 74	14
25	74 57 22. 29	14
29	74 57 51. 39	12

An jedem Tage waren die Beobachtungen in 2 oder 3 Reihen getheilt, die einzeln meistens kaum eine, nie zwei Secunden vom Mittel abwichen.

Zur ganz scharfen Berechnung dieser Beobachtungen hat es mir noch an Zeit gefehlt. Vorläufig aber folgt daraus, die Z. D. im Solstitium 74° 59' 36"6, welches mit der Polhöhe 51° 31' 55"0 eine Schiefe gibt, die 5" kleiner ist als sie in unsern besten Tafeln angenommen wird. Die Polhöhe gründet sich auf mehr als 200 Beobachtungen des Polarsterns in der obern und untern Culmination. Letztere gab 51° 31' 55"5, erstere 51° 31' 54"5, wenn ich Hrn. BESSEL's Tafeln zum Grunde legte.

Göttingen, den 24. April

Den OLBERS'schen Cometen werden Sie nun ohne Zweifel selbst längst aufgefunden und beobachtet haben. Ich fand ihn zwar gleich am 13. März, wo ich die erste Nachricht von seiner Entdeckung erhielt, auf; allein das äusserst ungünstige Wetter erlaubte nicht eher als am 20. eine wirkliche Beobachtung. Meine Beobachtungen aus dem März sind folgende:

1815	Mittlere Zeit	Scheinb. ger. Aufsteigung			Scheinb. Abw. Nordlich		
März 20	10ᵘ 33ᵐ 6ˢ	54°	7'	1"	39°	7'	47''
21	10 11 37	54	33	21	39	36	57
21	10 57 0	54	34	21	39	38	8
25	9 46 38	56	28	50	41	38	5
30	9 50 57	59	14	3	44	10	27

Die zweite Beobachtung vom 21. ist von Hrn. ENKE, welcher auch die sämmtlichen Vergleichungs-Sterne aus der *Histoire Céleste* reducirt hat. Meine Beobachtungen vom April sind noch nicht redu-cirt. — Den 31. März berechnete ich aus obigen Beobachtungen folgende vorläufige parabolische Ele-mente, welche auch noch jetzt nicht viel abweichen werden.

$$\text{Sonnennähe} \begin{cases} \text{Zeit 1815. April 24.} & \dots \quad 16^u\ 37^m\ 34^s \text{ Göttinger Zeit} \\ \text{Länge} & \dots \quad 146^\circ\ 7\ 2 \\ \text{Abstand} & \dots \quad 1.24738 \end{cases}$$

$$\begin{array}{lll} \text{Aufsteigender Knoten} & \dots & 82\ 43\ 4 \\ \text{Neigung der Bahn} & \dots & 45\ 8\ 55 \\ \text{Bewegung rechtläufig.} \end{array}$$

Ich hoffe, dass dieser Comet noch bis zum Juli sich beobachten, und demnächst seine Bahn mit vieler Zuverlässigkeit elliptisch berechnen lassen wird.

Die Juno war um die Zeit ihrer Opposition nur 9. bis 10. Grösse; ich habe sie zweimal gut beob-achtet, aber die Beobachtungen noch nicht reducirt.

Von unserm trefflichen Heliometer hat bisher, wegen Mangels einer festen Aufstellung, noch wenig Gebrauch gemacht werden können. Vorgestern ist endlich das seit beinahe einem Jahre be-stellte, und äusserst schön und sinnreich von FRAUENHOFER ausgeführte parallatische Stativ angekommen.

COMET.

Göttingische gelehrte Anzeigen. Stück 105. Seite 1041..1043. 1815 Juli 3.

Im 55. Stück dieser Blätter [S. 382 d. B.] sind die ersten auf der hiesigen Sternwarte angestell-ten Beobachtungen des jetzt sichtbaren Cometen mitgetheilt worden: wir können denselben jetzt noch folgende zwei vom Hrn. Prof. GAUSS beifügen, den zufällige Umstände zu einer etwas langen Unter-brechung genöthigt hatten.

1815	Mittlere Zeit	Gerade Aufst.	Abweichung.
April 2	$9^u\ 11^m\ 55^s$	$61^\circ\ 2'\ 27''$	$45^\circ\ 39'\ 57''$ N.
Juni 12	10 53 31	165 3 3	52 8 25

Von zahlreichen Beobachtungen, welche von auswärtigen Astronomen mitgetheilt sind, führen wir hier nur diejenigen an, welche auf der Sternwarte zu Padua von Hrn. SANTINI angestellt und durch den Secretär der dortigen Section des K. K. Instituts Hrn. Ritter BRERA in einem Schreiben vom 19. Mai an Hrn Prof. GAUSS eingesandt sind.

1815	Mittlere Zeit in Padua	Gerade Aufsteigung	Nordliche Abweichung
April 24	$9^u \ 39^m \ 50^s$	80° 49′ 33″	56° 3′ 16″
28	8 57 49	85 57 54	57 37 53
Mai 1	8 57 22	90 16 13	58 41 7
2	9 8 51	91 47 15	59 0 32
2	9 40 22	91 48 48	59 0 40
6	9 29 48	98 13 9:	wolkig
8	9 10 55	101 40 4	60 35 36
8	9 45 26	101 42 13	60 37 0
10	9 9 11	105 14 41	60 59 45:
11	8 37 5	107 4 0	61 6 4
11	9 22 30	107 7 18	61 7 30
12	9 3 20	108 57 37	61 16 32:
12	9 48 15	109 2 11	61 16 7
17	10 15 15	118 47 45	61 30 45
17	10 31 5	118 49 35	61 30 47

Diese Beobachtungen wurden mit einem Kreismicrometer am ADAMSschen Quadranten angestellt.

Mehrere Astronomen haben seitdem neue parabolische Elemente bestimmt, welche alle von den ersten des Hrn. Prof. GAUSS, welche a. a. O. mitgetheilt sind, wenig abweichen. So gut aber immer die frühern Beobachtungen durch alle diese Elemente dargestellt wurden, so hatten diese doch das Schicksal gemein, dass die spätern Beobachtungen sich schneller und stärker davon entfernten, als man es sonst bei dergleichen Rechnungen gewohnt ist. Dies deutete schon auf eine merkliche Verschiedenheit der Bahn von einer Parabel hin. Da der Comet jetzt immer lichtschwächer, und die Beobachtungen immer schwieriger werden, so hielt Herr Prof. GAUSS es für nützlich, zur Erleichterung der noch zu machenden Beobachtungen noch eine Correction der parabolischen Elemente vorzunehmen. Er fand aus den Beobachtungen vom 6. März, 25. April (beide von Hrn. Dr. OLBERS) und vom 12. Juni folgende Resultate:

Durchgang durch die Sonnennähe April 25. $11^u \ 41^m \ 19^s$ M. Z. in Göttingen
Länge der Sonnennähe . . . . 147° 35′ 55″
Kleinster Abstand 1.23024
Aufsteigender Knoten . . . . 82° 43′ 6″
Neigung der Bahn 44 43 13
Bewegung rechtläufig.

Diese Elemente stellen die drei Beobachtungen vollständig sehr nahe dar: dessen ungeachtet entfernen sie sich sehr stark (in den geraden Aufsteigungen *bis auf eilf Minuten*) von den dazwischen liegenden Beobachtungen. Diese Erscheinung, die oft vorkommen kann, darf nicht befremden. Es folgt daraus einerseits, dass die Bahn bedeutend von einer Parabel abweicht, andererseits, dass zur Bestimmung des Kegelschnitts obige drei Beobachtungen nicht geeignet sind, indem sie allein ihn gewissermassen unbestimmt lassen (Der eigentliche Grund dieses Phänomens liegt in dem Umstande, dass um die Zeit der mittlern Beobachtung die Richtung der geocentrischen Bewegung nahe zusammenfiel mit der Richtung eines vom Cometen nach der Sonne gezogenen grössten Kreises. M. s. die letzten Artikel im ersten Abschnitte des zweiten Buchs der *Theor. Mot. C. C.*). Es lässt sich daher erwarten, dass folgende kleine nach diesen parabolischen Elementen berechnete Ephemeride auch sofort merklich von der wirklichen Bewegung abweichen wird, und zwar wird sie die geraden Aufsteigungen zu klein, die Declinationen zu gross geben; inzwischen wird dieselbe doch zur blossen leichtern Auffindung genau genug sein:

$10^u 53^m$ in Göttingen	Gerade Aufsteigung	Abweichung
Juni 20	174° 46′	46° 47′ N.
24	178 55	43 56
28	182 41	41 3
Juli 2	186 7	38 8
6	189 16	35 16
10	192 11	32 25
14	194 53	29 40

Die Lichtstärke ist am 20. Juni noch $\frac{9}{10}$, am 14. Juli hingegen nur die Hälfte von derjenigen, welche der Comet am Tage seiner Entdeckung hatte.

Obgleich es zu einer genauen Bestimmung der wahren Bahn des Cometen jetzt noch zu früh ist, so hielt doch Herr Prof. GAUSS es für interessant, eine vorläufige Bestimmung zu machen, die wenigstens eine ungefähre Vorstellung von der unerwartet grossen Abweichung der Bahn von der Parabel gibt, und ausserdem zur Discussion und Vorbereitung der Beobachtungen zur schärfern Bestimmung dienen kann. Diese Rechnung ist, der Absicht gemäss, nur flüchtig gemacht, bloss auf fünf isolirte Beobachtungen gegründet, und dabei auf Praecession, Aberration, Nutation und Parallaxe gar keine Rücksicht genommen. Eine ängstliche Berücksichtigung dieser Umstände würde bei einer solchen ersten Bestimmung verlorne Arbeit gewesen sein.

Vorläufige *elliptische* Elemente des Cometen von 1815.

Durchgang durch die Sonnennähe April 26 $0^u 21^m 25^s$

Länge der Sonnennähe . . . . 148° 58′ 48″

Abstand in der Sonnennähe 1.21349

Aufsteigender Knoten 83 26 21

Neigung der Bahn 44 30 43

Excentricität 0.933149

Es folgt hieraus noch der Abstand in der Sonnenferne 35.091, Umlaufszeit $77\frac{1}{4}$ Jahre, nahe eben so gross wie die des HALLEYSCHEN Cometen. Durch diese Elemente sind alle jene groben Abweichungen der parabolischen Bahn ganz weggeschafft, und Herr Prof. GAUSS glaubt daher, sie immer schon als eine Annäherung zur Wahrheit betrachten zu dürfen. Sollte vielleicht auch bei künftiger schärferer Rechnung die Umlaufzeit merklich grösser ausfallen, so wird sie doch schwerlich über 100 Jahre betragen können, und man kann daher diesen Cometen schon jetzt als eine der merkwürdigsten Erscheinungen in den Annalen der Astronomie betrachten.

GAUSS AN BODE.

Astronomisches Jahrbuch für 1818. Seite 229..232. Berlin 1815.

Göttingen den 9. Aug. 1815.

Mit Vergnügen theile ich Ihnen hier meine sämmtlichen Cometenbeobachtungen mit; das so höchst ungünstige Wetter und der Mondschein werden, fürchte ich, es wohl hindern, ihnen noch neue beizufügen, obgleich der Comet sonst noch einige Wochen ganz gut würde beobachtet werden können.

1815		Mittlere Zeit in Göttingen			Scheinb. gerade Aufsteigung			Scheinb. Nordl. Abweichung		
März	20	10^u	33^m	6^s	54°	7′	1″	39°	7′	47″
	21	10	11	37	54	33	21	39	36	57
	25	9	46	38	56	28	50	41	38	5
	30	9	50	57	59	13	2	44	10	27
April	2	9	11	55	61	2	27	45	39	57
Juni	12	10	53	31	165	3	3	52	8	25
	30	10	49	12	184	39	24	39	22	5
Juli	13	10	57	20	194	32	52	29	53	54
	27	10	4	59	203	0	56	20	37	:
	29	10	13	58	204	6	3	19	24	13
Aug.	4	10	14	7	207	14	8	15	53	49

Am 13. und 27. Juli so wie am 4. August wurden Sterne aus Piazzis Catalog (XII, 268; 1 Boot.; XIII, 264. 265. 284) verglichen; an allen übrigen Tagen Sterne aus der Histoire Céleste und den Mem. 1790. Die Beobachtungen sind alle am Kreismikrometer des 10füssigen Herschelschen Teleskops angestellt, ausgenommen die vom 12. Juni, wo der Comet am Frauenhoferschen auf einer vortrefflichen parallatischen Maschine aufgestellten Heliometer mit 219 Ursae majoris Bode (aus den Mem. 1790 berechnet) verglichen wurde vermittelst der Distanz und des unmittelbar vom Instrument angegebenen Positionswinkels. So vortreffliche Resultate indessen auch diese Methode bei hellern Cometen geben mag, so ziehe ich doch in gegenwärtigem Falle (wo der lichtschwache Comet vor dem mehr als 5mal hellern Sterne ganz verlosch, und nur erkannt werden konnte, wenn die eine Objectivhälfte grösstentheils bedeckt war) gute Kreismikrometerbeobachtungen vor.

Meine schon zu Ende März berechneten parabolischen Elemente glaube ich Ihnen schon früher mitgetheilt zu haben. Die Abweichung derselben von der Bewegung des Cometen in den folgenden Monaten zeigt sich beträchtlicher, als man es sonst in dergleichen Fällen gewohnt ist. Gleich nachdem ich die Beobachtung vom 12. Juni erhalten hatte, berechnete ich aus dieser und zwei Beobachtungen von Olbers vom 6. März und 25. April neue parabolische Elemente, die ich hieher setze:

Durchgang durch die Sonnennähe 1815 April 25. 11^u 41^m 19^s M. Z. in Göttingen
Länge der Sonnennähe . . . . 147° 35′ 55″
Länge des aufsteigenden Knoten 82 43 6
Neigung der Bahn 44 43 13
Kleinster Abstand von der Sonne 1.23024
Bewegung rechtläufig.

Diese Elemente stellen zwar die drei zum Grunde gelegten Beobachtungen vollständig und fast genau dar, allein demungeachtet weichen sie von den zwischenliegenden Beobachtungen beträchtlich ab (in der geraden Aufsteigung bis auf 11 Minuten). Eine solche Erscheinung kann oft vorkommen, dass drei vollständige Beobachtungen zur Bestimmung des Kegelschnitts nicht ausreichen, worüber ich in den letzten Artikeln des ersten Abschnitts des zweiten Buches der Theoria Motus C. C. umständlicher gesprochen habe. Da indessen durch die Abweichung der parabolischen Elemente von den andern Beobachtungen entschieden war, dass die Bahn stark von der Parabel verschieden sein müsse, so schien es mir interessant, eine vorläufige hypothesenfreie Berechnung der Bahn zu machen. Ich legte dabei 5 Beobachtungen zu Grunde, die durch die herausgebrachte Ellipse bis auf Kleinigkeiten dargestellt wurden. Auch haben diese (um die Mitte Juni berechneten und im 105. Stück der hiesigen Gel. Anz. [S. 385 d. B.] abgedruckten) Elemente bis auf meine letzten Beobachtungen fortwährend gute Uebereinstimmung behalten. Hr. Nɪcoʟᴀɪ hat seitdem dieselben bereits einmal durch schärfere Rechnung und Benutzung mehrerer Beobachtungen verbessert, und nur kleine Abänderungen erhalten. Mit Vergnügen sehe ich auch, dass unser vortrefflicher Bᴇssᴇʟ sehr nahe übereinstimmende Resultate erhalten hat. Die weitere Ausfeilung werde ich diesen geschickten Händen überlassen. Die Resultate werden ein kostbares Vermächtniss für unsere Enkel sein, die die Wiederkunft dieses höchst merkwürdigen Cometen feiern werden.

Elliptische Elemente des Cometen von 1815.

Durchgang durch die Sonnennähe April 26. $0^u 21^m 25^s$ in Göttingen.

Länge der Sonnennähe	148° 58′ 48″
Abstand von der Sonnennähe	1.21349
Aufsteigender Knoten	83° 26′ 21″
Neigung der Bahn	44 30 43
Excentricität	0.933149

Hieraus folgt noch Abstand in der Sonnenferne 35.0911 Umlaufszeit 77¼ Jahre. Diese Umlaufszeit kann nur um wenige Jahre ungewiss sein, und wahrscheinlich ist sie noch etwas zu gross.

Von der Juno, welche in der diesjährigen Opposition nur die 10. Grösse hatte, habe ich folgende drei Beobachtungen gemacht, vielleicht die einzigen, die überhaupt diesmal angestellt sind.

1815 März 1.	$10^u 22^m 0^s$	AR = 197° 7′ 56″8	Decl. = 2° 19′ 3″0 S.
29.	10 8 57	192 31 51.8	1 32 38.1 N.
April 8.	9 27 43	190 34 51.9	2 53 24.2 —

In Rücksicht des Fʀᴀᴜᴇɴʜoғᴇʀschen Heliometers, wozu ich in dem letzten Frühjahr das überaus schöne parallatische Stativ erhalten habe, bemerke ich, dass eine etwas ausführlichere Beschreibung ohne eine genaue Zeichnung nicht wohl verständlich sein würde. Ich bin überzeugt, dass, wenn dem Instrument eine sehr solide Aufstellung gegeben werden könnte, man bei den Bewegungen der parallatischen Maschine immer auf ¼ Bogenminute sicher sein würde (die Verniers geben sogar 10″ an); allein dies erlaubt mein gegenwärtiges Local nicht. Ich muss das Instrument bald in diese bald in jene Thür stellen; inzwischen habe ich Mittel gefunden, überall dem Instrument in sehr kurzer Zeit sogleich bis auf 1 oder höchstens 2′ seine richtige Stellung zu geben, und finde dann z. B. bei günstiger Luft den Polarstern, den Merkur etc. bei Tage mit leichter Mühe.

COMET.

Göttingische gelehrte Anzeigen. Stück 149. Seite 1473 . . 1476. 1815 Septemb. 18.

Die Beobachtungen des so höchst merkwürdigen Cometen, von welchem wir mehrere Male in diesen Blättern Nachrichten mitgetheilt haben, sind auf der hiesigen Sternwarte von dem Herrn Prof. Gᴀᴜss länger fortgesetzt worden, als sich anfangs hoffen liess. Da sie gegenwärtig geschlossen sind, so stellen wir sie hier vollständig zusammen.

1815	Mittlere Zeit in Göttingen			Scheinb. gerade Aufsteigung			Scheinbare Abweichung			
März 20	10^u	33^m	6^s	$54°$	$7'$	$1''$	$39°$	$7'$	$47''$ N.
21	10	11	37	54	33	21	39	36	57	
25	9	46	38	56	28	50	41	38	5	
30	9	50	57	59	13	3	44	10	27	
April 2	9	11	55	61	2	27	45	39	57	
Juni 12	10	53	31	165	3	3	52	8	25	
30	10	49	12	184	39	24	39	22	5	
Juli 13	10	57	20	194	32	52	29	53	54	
27	10	4	59	203	0	56	20	37	:	
29	10	13	58	204	6	3	19	24	13	
Aug. 4	10	14	7	207	14	8	15	53	49	
25	9	1	44	217	1	31	5	33	36	

Wir bemerken dabei noch, dass am 13. und 27. Juli und 4. August Sterne aus PIAZZIS Cataloge zur Vergleichung angewandt sind, an allen übrigen Tagen hingegen Sterne, deren Positionen aus der *Histoire Céleste* oder den *Mémoires de l'Ac. de Paris* 1790 reducirt sind. Die Beobachtungen sind alle am Kreismikrometer des 10füssigen HERSCHELschen Teleskops angestellt, die vom 12. Juni ausgenommen, wo der Abstand von 219 im grossen Bär nach BODE und der Richtungswinkel mit einem vortrefflichen FRAUENHOFERschen Heliometer gemessen wurden.

Die elliptische Bahn, welche Hr. Prof. GAUSS um die Mitte des Juni bestimmt hatte, und die im 105. Stück dieser Blätter [S. 385 d. B.] mitgetheilt ist, hat auch mit allen spätern Beobachtungen eine gute Uebereinstimmung beibehalten. Spätere und auf sorgfältigere Discussion der Beobachtungen gegründete Bestimmungen dieser Bahn, welche die Hrn. BESSEL und NICOLAI ausgeführt haben, weichen gleichfalls nur wenig von jener ab, und die kurze Umlaufszeit dieses Cometen kann jetzt nur noch um eine kleine Grösse ungewiss sein. Wir stellen hier diese Bestimmungen zusammen.

Elliptische Elemente des Cometen berechnet vom Hrn. Prof. BESSEL.

Durchgang durch die Sonnennähe April 26. 0^u 5^m 14^s5 Mittlere Zeit in Paris

Länge des Knoten . . . . 83° 28' 46''18

Länge der Sonnennähe 149 2 29.13

    beide für den 1. Januar 1815 und siderisch ruhend vorausgesetzt

Neigung der Bahn 44 29 53.71

Logarithm. des kleinsten Abstandes 0.0837950

Excentricität 0.93112771

Halbe grosse Axe 17.60964

Siderische Umlaufszeit . . . . 73.89682 Jahre

Elliptische Elemente des Cometen, berechnet von Hrn. NICOLAI, *auf der Seeberger Sternwarte.*

Durchgang durch die Sonnennähe April 26. 0^u 55^m 32^s M. Z. der Seeberger Sternwarte

Länge der Sonnennähe . . . . 149° 3' 25''3

Länge des Knoten 83 28 52.3

    beide für den 26. April und siderisch ruhend

Neigung der Bahn 44 29 46.0

Logarithm. des kleinsten Abstandes 0.0837490

Excentricität 0.93029341

Halbe grosse Axe 17.39704

Siderische Umlaufszeit . . . . 72.564 Julian. Jahre.

Die Vergleichung der letztern Elemente mit den spätesten hiesigen Beobachtungen gab folgende

	Unterschiede	
	ger. Aufst.	Abweichung
Juni 30	− 50″4	+ 15″9
Juli 13	− 16. 6	− 44. 1
27	− 23. 8	
29	+ 3. 6	− 47. 8
August 4	− 6. 5	− 38. 1
25	− 2. 4	− 47. 5

Wir holen bei dieser Gelegenheit auch noch die Anzeige der Beobachtungen der *Juno* nach, welche vom Hrn. Prof. GAUSS um die Zeit der Opposition gemacht sind. Es scheint nicht, dass dieser diesmal ungemein lichtschwache Planet auf einer andern Sternwarte beobachtet wäre.

1815	Mittlere Zeit in Göttingen	Scheinb. gerade Aufsteigung	Scheinbare Abweichung
März 1	10^u 22^m 0″5	197° 7′ 56″7	2° 19′ 3″0 S.
29	10 8 57. 0	192 31 51. 8	1 32 30. 1 N.
April 8	9 27 42. 9	190 34 51. 9	2 53 24. 2 N.

Hr. NICOLAI übernahm die Vergleichung dieser Beobachtungen mit den letzten durch Hrn. MÖBIUS berechneten Elementen (S. Mon. Corresp. 1813. Bd. XXVIII. S. 577), und fand, nachdem er die Epoche um 4′ 55″ vergrössert hatte, folgende

	Unterschiede			
	ger. Aufst.	Abweich.	Länge	Breite
März 1	− 20″6	− 49.7	0	− 53″7
29	− 12. 2	− 50.5	+ 8.6	− 51.2
April 8	− 16. 3	− 45.1	+ 2.9	− 47.8

und hieraus die Opposition mit der Sonne

1815 März 31. 12^u 56^m 43^s Mittlere Zeit in Göttingen

Wahre Länge . . . . 190° 25′ 6″6

Nordliche Geocentrische Breite 6 29 10. 0

Ferner erhielt dieser geschickte Astronom durch Verbindung dieser Opposition mit den drei vorhergehenden folgende

Neue Elemente der Juno.

Epoche der mittlern Länge 1816 . . 230° 11′ 34″2 für den Meridian von Göttingen

Tägliche tropische Bewegung . . . 812″9304

Länge des Perihels 1816 . . . . . 53° 14′ 53″8

Länge des aufsteigenden Knoten 1816 171 9 58. 9

Neigung der Bahn 13 14 0. 1

Excentricitätswinkel 14 43 28. 84

Logarithm. der halben grossen Axe . 0.4266844

Eine nach diesen Elementen von Hrn NICOLAI berechnete Ephemeride wird in dem astronomischen Jahrbuche für 1818 bekannt gemacht werden.

GAUSS AN BODE.

Astronomisches Jahrbuch für 1819. Seite 219..221. Berlin 1816.

Göttingen den 10. August 1816.

Ihrem Wunsche zufolge, habe ich das Vergnügen, Ihnen, verehrtester Freund, beigehend Ephemeriden für die nächste Erscheinung der Pallas und Juno zu übersenden, die ich mit einigen Anmerkungen begleite.

Die Ephemeride für die Pallas ist von Hrn WESTPHAL aus Schwerin berechnet, welcher sich hier gegenwärtig mit Eifer der Astronomie widmet. Es ist dabei — wie immer seit 5 Jahren — auf die Störungen nach meiner Theorie Rücksicht genommen, und daher die genaueste Uebereinstimmung zu erwarten. Die nächste Opposition hat Hr. WESTPHAL, wie folgt, im Voraus berechnet:

1817 Juli $11.$ 8^u 45^m 5^s Mittlere Zeit in Göttingen

Wahre Länge . . . . 289° $3'$ $22''$

Geocentrische Breite 43 33 1

An Licht wird die Pallas im nächsten Jahre sehr schwach sein, und nur 10—11. Grösse haben. Folgendes ist die Uebersicht der Lichtstärke in den letzten und der künftigen Opposition:

1812	0.01666	1816	0.05997
1813	0.01475	1817	0.01289
1814	0.05476	1818	0.02122

Die Juno habe ich selbst zweimal am Kreismikrometer beobachtet:

1816	Mittlere Zeit	Gerade Aufsteig.	Südl. Abweich.
Juni 12	10^u 47^m 27^s5	251° $46'$ $8''0$	3° $42'$ $4''7$
13	10 27 34.7	251 33 47.6	3 41 11.7

Bei dem so ungewöhnlich schlechten Wetter, welches im vorigen Frühjahr herrschte, konnten nicht mehr Beobachtungen gemacht werden. Ich habe daraus folgende Resultate für die Opposition abgeleitet:

1816 Juni $3.$ 4^u 20^m 20^s Mittlere Zeit in Göttingen

Wahre Länge . . . . 252° $51'$ $39''2$

Geocentrische Breite . . . . 18 34 3.1 Nördl.

Hr. ENKE, welcher nachher diese Rechnung wiederholt und dabei auch die Wilnaer Beobachtungen mit benutzt hat, fand

Juni 3 4^u 17^m 31^s Mittlere Zeit in Göttingen

252° $51'$ $32''6$

18 34 14.6

Aus der Combination der vier letzten Oppositionen leitete ich folgende Elemente ab:

Mittlere Länge 1817 Sept. 6. 0^u in Göttingen . .	8°	51'	41″
Sonnennähe	53	16	46
Knoten	171	9	41
Neigung	13	3	49
Excentricitätswinkel	14	46	0
Tägliche mittlere tropische Bewegung	812″40187		
Logarithm der halben grossen Axe	0.4269223		

(Es ist wohl überflüssig zu bemerken, dass diese Elemente blos zu dem Zweck berechnet sind, zu der Berechnung der nächsten Ephemeride zu dienen: so lange die Störungen noch nicht entwickelt sind, ist dies Verfahren das bequemste und genaueste.)

Nach diesen Elementen hat Hr. Prof. HARDING eine Ephemeride für die nächste Erscheinung berechnet, von welcher ich Ihnen hier eine Abschrift beilege. Dieselbe Rechnung ist auch von Hrn. POSSELT ausgeführt, dessen Ephemeride von der gegenwärtigen überall nur in den Secunden abweichend in Hrn. VON LINDENAU's Zeitschrift abgedruckt wird. Die nächste Opposition fällt nach Hrn. Professor HARDING's Rechnung aus obigen Elementen.

1817 Sept. 6. 4^u 10^m 30^s mittlere Zeit in Göttingen.

Wahre Länge	343°	37'	36″
Geocentrische Breite	3	6	9 Nördl.
Die Lichtstärke 1816	0.01747		
1817	0.11398		

Erlauben Sie mir noch ein Paar Bemerkungen über veränderliche Sterne. Dem von Herrn Prof. HARDING gefundenen in der Jungfrau legt Hr. KOCH im Jahrbuche 1818 eine Periode von 295 Tagen bei, ohne anzugeben, worauf sich dieselbe gründet: allein mit den Beobachtungen des Hrn. Prof. HARDING verträgt sich diese Periode nicht. — Einen zweiten veränderlichen Stern hat Hr. Prof. HARDING im Jahre 1811 im Wassermann südlich unter ω^2 bemerkt, der von der sechsten Grösse allmählich, und zwar in ungefähr 2¼ Monaten zur völligen Unsichtbarkeit übergeht, dessen Lichtwechsel überhaupt aber sich in keine regelmässige Periode zu fügen scheint. Seine mittlere Stellung 1800 war

Gerade Aufsteigung	353°	21'	48″5
Jährliche. Ver.		+	46.56
Südliche Abweichung	16°	23'	13″4
Jährliche Abnahme			19.88.

V. LINDENAU u. BOHNENBERGER Zeitschrift für Astronomie u. verwandte Wiss.
Band IV. Seite 119..131. Juli u. August. 1817.

Göttingen, den 18. Juli 1817.

Wenn ich nicht irre, habe ich Ihnen, theuerster Freund, meine Beobachtungen des Polarsterns am zwölfzolligen REICHENBACHSCHEN Kreise noch nicht vollständig mitgetheilt: ich freue mich, dass ich jetzt eine Reihe Solstitialbeobachtungen damit verbinden kann, die in diesem Jahre durch das schönste Wetter mehr als je begünstigt wurden. Diese Beobachtungen sind auf der neuen Sternwarte gemacht, deren Bau übrigens, wie Sie wissen, noch nicht ganz vollendet ist, und deren eigentliche Thätigkeit erst von der Zeit datiren wird, wo die neuen Meridian-Instrumente angelangt und aufgestellt sein werden. Die Mitte der neuen Sternwarte liegt nach meiner geodätischen Bestimmung 6″11 südlich, und 1′90 östlich von der Mitte der alten. Der Platz, wo ich den Polarstern beobachtete, liegt 0″12 nördlich, der Platz der Sonnenbeobachtungen 0″16 südlich von der Mitte.

Sie erinnern sich, dass in einigen meiner frühern Briefe von der Muthmassung die Rede gewesen ist, der so viel besprochene Unterschied der Polhöhe aus Beobachtungen der Circumpolarsterne und aus Sonnenbeobachtungen könne bei den kleinern Vervielfältigungskreisen seinen Grund in einer Biegung der Objectivseite des Fernrohrs haben, da man am Objectiv als Gegengewicht nicht blos für das prismatische Ocular, sondern auch für die Klammer einen starken messingenen Ring vorsteckt. Falls dadurch eine nachtheilige Biegung hervorgebracht werden sollte, so müsste nach REICHENBACHS Rathe dies vorgesteckte Gewicht so viel vermindert werden, dass dadurch blos das Fernrohr gehörig äquilibrirt würde, und die Klammer durch ein am Alhidadenkreise angeschraubtes Gewicht zu balanciren. Zu meiner Absicht war es jedoch noch zweckmässiger, jenes vorgesteckte Gewicht ganz wegzunehmen, und das ganze Gleichgewicht durch ein am Alhidadenkreise angeschraubtes Gewicht zu bewirken. Denn es ist klar, dass, wenn jene Vermuthung gegründet gewesen wäre, nunmehr durch die nicht aufgehobene Biegung der Ocularseite des Fernrohrs ein Fehler im entgegengesetzten Sinn hervorgehen müsste. Wenn vorher wegen einer Biegung alle Zenithdistanzen zu klein gemessen wären, so müssten sie nun alle zu gross werden und Polarstern-Beobachtungen eine zu kleine, die Sonne eine zu grosse Polhöhe geben. Allein der Erfolg hat dies durchaus nicht bestätigt; die auf der neuen Sternwarte aus dem Polarstern, bei angeschraubtem Gewicht, bestimmte Polhöhe ist fast haarscharf dieselbe, die aus der Uebertragung der mit angestecktem Gewicht auf der alten Sternwarte beobachteten folgt, und die Sonnenbeobachtungen weichen in demselben Sinn und um dieselbe Grösse ab wie vorher. Ich hatte anfangs, ehe das Wetter zusammenhängende astronomische Beobachtungen erlaubte, einen andern Weg gewählt, jene Muthmassung zu prüfen. Ich hatte nemlich mehrere Reihen Zenithdistanzen eines terrestrischen Gegenstandes beobachtet, einige mit vorgestecktem, die andern mit angeschraubtem Gewicht. Die ersten Reihen gaben wirklich einen Unterschied in dem Sinn und ungefähr von der Grösse wie er sein musste, wenn jene Quelle die wahre gewesen wäre. Allein bei den nachfolgenden Reihen verschwand dieser Unterschied fast ganz, und überhaupt gaben diese Beobachtungen des irdischen Gegenstandes, auf welchen sich nicht so scharf pointiren liess wie auf Objecte am Himmel, keine so gute Harmonie unter sich, wie zu dieser Prüfung nöthig gewesen wäre.

Ist dieser äusserst merkwürdige Unterschied dem Instrument zuzuschreiben, so muss in seinem Bau etwas sein, was bewirkt, dass wir die Zenithdistanzen damit zu klein beobachten. Jenes Gewicht war nicht schuld; mehrere andere Umstände, die ich in Verdacht zu ziehen geneigt war, habe ich gleichfalls nach sorgfältiger Prüfung einflusslos gefunden. Ich gestehe, dass ich bis jetzt keinen gefunden habe, dem ich eine *solche* Wirkung beimessen könnte. Eine Wirkung *entgegengesetzter* Art würde viel leichter zu erklären sein, und kann allerdings, wenn man nicht auf seiner Hut ist, statt finden. Ich selbst habe, wie Sie wissen, im vorigen Winter eine solche Erfahrung gemacht. Der Kreis war von mir ganz zerlegt, gereinigt und wieder zusammengesetzt worden. Meine ersten Beobachtungen des Polarsterns gaben mir wiederholt eine um 20″ zu kleine Polhöhe. Es war also etwas da, was die Zenithdistanzen vermehrte. Ich fand nach mehreren anderen Prüfungen die Quelle des Fehlers bald in einer Biegung der Ocularröhre, die an ihrem äussersten Ende im Fernrohr durch die Feder fest gedrückt

wird. Diese mochte etwas lahm geworden sein; nachdem ihr durch einige Biegung die nöthige Spann-
kraft wiedergegeben war, fiel der Fehler sogleich weg. Auch wenn der Faden, an dem die Zenithdistanzen beobachtet werden, nicht gehörig gespannt ist, wird derselbe Fehler erfolgen. Der Faden
hängt dann in der Mitte durch sein eignes Gewicht nieder; und man beobachtet offenbar die Zenithdistanzen zu gross. Es braucht wohl nicht erinnert zu werden, dass hier nicht von groben Fehlern die
Rede ist; allein wenn der schlaffe Faden in der Mitte ein Paar Secunden niederhängt, während seine
ganze Länge vielleicht über einen Grad beträgt, so erkennt das Auge noch keine Krümmung, es sei
denn, dass man das Bild einer vollkommen geraden horizontalen Linie aus einer schicklichen Entfernung sich auf den Faden projiciren lässt.

Es ist aber gewiss, dass man das Instrument nicht fehlerfrei sprechen kann, ohne den entgegengesetzten Fehler andern Instrumenten aufzubürden, die einen solchen Unterschied zwischen den Stern-
und Sonnenbeobachtungen gar nicht, oder von geringerer Grösse geben. Hat der 12zollige Kreis Recht,
so geben die dreifüssigen Kreise mit stehender Säule und BESSELs Kreis die Zenithdistanzen zu gross;
hat der dreifüssige Kreis Recht, so gibt der zwölfzollige die Zenithdistanzen zu klein und der BESSEL-
sche zu gross; hat der letzte Recht, so geben alle REICHENBACHsche Kreise zu kleine Zenithdistanzen.
Allein mit *Gewissheit* kann man keinem Instrumente Recht geben, wenn man nicht entweder die mögliche Fehlerquelle an den andern Instrumenten bestimmt und unläugbar nachgewiesen, oder auch anderswoher die Unrichtigkeit der mit den andern Instrumenten gefundenen Resultate *entschieden* dargelegt hat. Wie die Sachen jetzt liegen, müssen wir, däucht mir, noch gestehen, dass kein bestimmter
Ausspruch zu thun ist. Die relative *Wahrscheinlichkeit* wird jeder Astronom nach subjectiven Gründen
vielleicht anders abwägen, denn ich finde es allerdings natürlich, dass wenn gleich gegen alle Instrumente kein bestimmter Vorwurf gerichtet werden kann, man dies am lebendigsten in Beziehung auf
dasjenige fühlt, womit man selbst beobachtet und womit man also am meisten vertraut ist.

Zwei Bemerkungen aber kann ich doch nicht umhin, hier noch beizufügen.

Erstlich scheint mir, dass man das Zeugniss der zwölfzolligen Kreise nicht *deswegen* unbedingt
verwerfen kann, *weil* sie die kleinsten von diesen Instrumenten sind, wenn man nicht nachweisen kann,
dass sie *wegen ihrer Kleinheit* constante Fehler, die immer in demselben Sinn wirken, hervorbringen.
Zufällige Fehler, die bald so bald anders wirken, könnte man eher wegen der Kleinheit erwarten, und
doch zeigt die Erfahrung, dass sie eine eben so gute, oder wenigstens nicht viel schlechtere Harmonie
geben, wie die grössern Instrumente. Ich weiss nicht, ob man *im Allgemeinen* nicht bei grössern Instrumenten wegen ihrer Grösse wenigstens eben so sehr auf seiner Hut vor constanten Fehlern sein muss.

Zweitens gestehe ich, dass, ohne alle Rücksicht auf andere Umstände, ein Instrument *deswegen*,
weil es gar keinen Unterschied zwischen Stern- und Sonnenbeobachtungen gibt, mir noch keine Prä-
sumtion für sich zu haben scheint. Nicht zu gedenken, dass es doch noch nicht ganz ausgemacht ist,
ob die Refraction für die Sonne und für die Fixsterne *genau* dieselbe ist, so kommt hier noch ein anderer wichtiger Umstand in Betracht, worüber ich mit Ihnen, wie Sie sich erinnern, schon vor mehrern
Jahren mich unterhalten habe, und den ich als eine mögliche Erklärungsart des Räthsels damals auf-
stellte, ohne eben sehr viel Gewicht darauf legen zu wollen. Ich wiederhole hier diesen Gegenstand,
da bisher, so viel ich weiss, noch nicht öffentlich die Rede davon gewesen ist. Wir *beobachten* den
Mittelpunkt der Figur der Sonne; die Anziehungskraft der Sonne hingegen wird auf die Planeten
proxime so wirken, als wäre sie im Schwerpunkt vereinigt, und der Schwerpunkt der Sonne, nicht der
Mittelpunkt der Figur wird in der Ebene der Erdbahn liegen. Man darf nicht annehmen, dass beide
in mathematischer Schärfe zusammenfallen, da ohne Zweifel der Sonnenkörper keine *ganz* gleichartige
Masse ist. Fiele der Schwerpunkt etwas südlich vom Mittelpunkt der Figur, so würde letzterer immer

eine kleine nördliche Breite haben, und in so fern man diese ignorirt, müsste aus Sonnenbeobachtungen auf der nördlichen Erdhemisphäre immer eine zu kleine Polhöhe folgen. So leicht und natürlich inzwischen diese Erklärungsart scheint, so ist sie doch noch mit ihren Schwierigkeiten verbunden. Man müsste erst in eine tiefere Untersuchung eingehen, in wie fern eine solche Zusammensetzung des Sonnenkörpers möglich ist, wobei der Schwerpunkt um $\frac{1}{400}$ oder um $\frac{1}{1000}$ des Sonnendurchmessers südlich vom Mittelpunkt der Figur fiele, ohne dass die Oberfläche des Sonnenkörpers, nach den Bedingungen des Gleichgewichts, mehr von der Kugelgestalt abwiche, als es nach den Beobachtungen der Fall ist. Auch die beobachteten Mercurs-Durchgänge kommen hier in Betracht. Da die aus denselben abgeleiteten Breiten des Mercurs sich auf die Voraussetzung gründen, dass der Mittelpunkt der Figur der Sonne in der Ebene der Ecliptik selbst ist, so würden alle beobachteten Breiten zu südlich sein. Die daraus abgeleitete Länge des aufsteigenden Knotens würde zu gross, die des niedersteigenden zu klein ausfallen, und beide würden nicht übereinstimmen. Die von Ihnen in der Mercurstheorie mitgetheilten Zahlen deuten in der That auf so etwas hin, scheinen sich aber nicht mit einem so grossen Unterschiede, wie die zwölfzolligen Kreise geben, zu vertragen. Freilich sind die beobachteten Durchgänge durch den niedersteigenden Knoten in zu geringer Anzahl. Und da Sie über die von Ihnen gewählten Beobachtungen und die Art, wie die Breiten daraus gefolgert sind, kein Detail mitgetheilt haben, so lässt sich über den Grad der Genauigkeit, welchen man jeder einzelnen Breite beilegen muss, nicht urtheilen. Es wäre aber wohl der Mühe werth, die Mercurs-Durchgänge aus diesem Gesichtspunkte noch einmal auf das sorgfältigste zu discutiren.

Es würde ungemein interessant sein, wenn wir Beobachtungen der Sonne und der südlichen Circumpolarsterne mit Repetitionskreisen aus der südlichen Erdhemisphäre hätten. Die südliche Breite müsste aber so gross sein, dass die Refraction bei den Circumpolarsternen keine erhebliche Ungewissheit hervorbringen könnte.

Ich bemerke noch bei dieser Gelegenheit, dass Hr. Prof. SCHUMACHER mir die von seinem Bruder, Hrn. Capitain SCHUMACHER in Friedrichsmark mit einem REICHENBACHSCHEN, dem Ihrigen ganz ähnlichen, astronomischen Theodolithen beobachtete Polhöhe mitgetheilt hat, welche aus Beobachtungen des Polarsterns $= 55° 58' 41''3$, aus Sonnenbeobachtungen $= 55° 58' 36''6$ folgte. Der Unterschied ist fast genau derselbe wie bei meinen Beobachtungen.

Beobachtungen des Polarsterns in der untern Culmination auf der Göttinger neuen Sternwarte.

1817	Anz. d. Beob.	Scheinbare Zenithdistanz	Barometer	Thermometer	Refraction	Refr. n. Bessel
März 28	16	$40°.\ 7'\ 22''40$	$27^z\ 8^l2$	$-0°5$	$50''78$	$50''25$
April 1	22	24. 98	14. 9	$+3.0$	50. 88	
2	24	23. 38	13. 3	$+3.7$	50. 49	
8	28	26. 36	7 2	$+4.4$	49. 40	48. 87
11	26	25. 00	9. 3	-1.4	51. 16	
13	12	29. 83	8. 5	0	50. 68	
Mai 7	30	34. 68	10. 9	$+7.5$	49. 22	48. 67

Hieraus folgt:

1817	wahre Zenithdist.	Scheinb. Polardist.	Polhöhe
März 28	$40°\ 8'\ 13''18$	$1°\ 40'\ 2''51$	$51°\ 31'\ 49''33$
April 1	15. 86	3. 70	47. 84
2	13. 87	4. 00	50. 13
8	15. 76	5. 79	50. 03
11	16. 12	6. 97	50. 51
13	20. 51	7. 26	46. 75
Mai 7	23. 90	13. 50	49. 67

Also im Mittel aus 158 Beobachtungen 51° 31′ 49″42, oder auf die Mitte der Sternwarte reducirt

$$51° \; 31′ \; 49″30 \; [- 0.644 \; Q \; \text{Handschriftliche Aufzeichnuug.}]$$

Die Refraction ist aus CARLINIS, die Polardistanz aus BESSELS Tafeln entlehnt. Meine Beobachtungen des Polarsterns der untern Culmination von 1813 auf der alten Sternwarte, nach denselben Tafeln berechnet, geben mir die Polhöhe derselben 51° 31′ 55″48, also auf die neue Sternwarte reducirt, 136 Beobachtungen,

$$51° \; 31′ \; 49″37$$

Die Veränderung des Balancirgewichts hat also gar keinen Einfluss auf die Beobachtungen gehabt.

Die obere Culmination des Polarsterns habe ich noch nicht beobachten können. Am 19. Februar beobachtete ich 6 Zenith-Distanzen, 2 Stunden von der obern Culmination entfernt, deren Berechnung ich hier als ein Beispiel noch beifügen will, um mein Versprechen in der M. C. 1813 S. 484 zu erfüllen. Ich sehe mit Vergnügen aus dem letzten Stück Ihrer Zeitschrift, dass auch Hr. LITTROW diese Beobachtungsart mit Vortheil angewandt hat.

Meine Beobachtungszeiten nach der Uhr waren

$$
\begin{array}{rrr}
2^{u} & 54^{m} & 19^{s}5 \\
 & 59 & 55.0 \\
3 & 4 & 57.0 \\
 & 8 & 36.0 \\
 & 13 & 24.0 \\
 & 15 & 31.0 \\
\end{array}
$$

(Die grossen Intervalle waren Folge des ungünstigen Wetters, das im ganzen Winter nur in einzelnen Augenblicken Sterne sichtbar werden liess). Der durchlaufene Bogen war 222° 23′ 53″, Barometer 27² 10³3, Thermometer $+ 4°5$, Culminationszeit des Sterns 0^{u} 55^{m} 23^{s}59. Mein Berechnungsverfahren will ich hier blos practisch erklären.

Das Mittel aller Uhrzeiten ist 3^{u} 6^{m} 7^{s}08; die Unterschiede von demselben ohne Rücksicht auf das Zeichen

$$
\begin{array}{rr}
11^{m} & 47^{s}58 \\
6 & 12.08 \\
1 & 10.08 \\
2 & 48.92 \\
7 & 16.92 \\
9 & 23.92 \\
\end{array}
$$

Mit diesen Unterschieden gehe ich in die bekannte Correctionstafel der Circummeridianhöhen ein (ich bediene mich der des Hr. v. ZACH in der Attraction des montagnes), woraus ich erhalte

$$
\begin{array}{r}
273″01 \\
75.50 \\
2.68 \\
15.56 \\
104.11 \\
173.42 \\
\end{array}
$$

das Mittel hieraus ist 107″38, welchem in derselben Tafel das Argument 7^{m} 23^{s}73 entspricht. Ich schliesse hieraus (vermöge eines kleinen Kunstgriffs, dessen Grund man sich leicht selbst suppliren kann oder in den Götting. gel. Anz. 1815 S. 454 [März 23 S. bei den weiter unten folgenden Anzeigen in d. B.]

nachsehen mag), dass das Mittel der *berechneten* Zenithdistanzen für die *sechs* wirklichen Beobachtungszeiten proxime gleich sei dem Mittel der für die *zwei* Uhrzeiten

$$3^u \ 6^m \ 7^s08 - 7^m \ 23^s73 = 2^u \ 58^m \ 43^s35$$
$$3 \ \ 6 \ \ 7.08 + 7 \ \ 23.73 = 3 \ \ 13 \ \ 30.81$$

welchen die Stundenwinkel $30° \ 49' \ 56''9$ und $34° \ 31' \ 48''3$ entsprechen. Die für diese Stundenwinkel mit der aus Bessels Tafel entlehnten Declination $88° \ 20' \ 7''53$ und der Polhöhe $51° \ 31' \ 47''0$ nach bekannten Formeln berechneten Zenithdistanzen sind

$$37° \ 2' \ 57''31$$
$$\underline{37 \ \ 6 \ \ 32.75}$$

also das Mittel $\ 37 \ \ 4 \ \ 45.03\ $ oder mit Rücksicht auf die durch $d\delta$, $d\varphi$ zu bezeichnenden Correctionen der zum Grunde gelegten Declination und Polhöhe*)

$$= 37° \ 4' \ 45''03 - 1.00 \, d\varphi + 0.83 \, d\delta$$

Das Mittel der beobachteten Zenithdistanz ist $37° \ 3' \ 58''83$, oder von der Refraction $44''64$ befreiet

$$= 37° \ 4' \ 43''47$$

Hieraus folgt also $d\varphi = +1''56 + 0.83 \, d\delta$ oder die Polhöhe $= 51° \ 31' \ 48''56 + 0.83 \, d\delta$. Die Beobachtungen der untern Culmination haben $51° \ 31' \ 49''42 - d\delta$ gegeben, woraus $d\delta = +0''47$ folgen würde, und die Polhöhe $51° \ 31' \ 48''95$. (Natürlich ist dies nur Beispiels halber hinzugefügt; um die Polhöhe von der zum Grunde gelegten Declination unabhängig zu machen, müssten die Beobachtungen in der Nähe der obern Culmination viel zahlreicher sein, und die Resultate würden dann nach der Methode der kleinsten Quadrate combinirt werden müssen). Man könnte auch eine Correction der zum Grunde gelegten geraden Aufsteigung mit einführen, allein man thut besser dies zu unterlassen, da dies Element gegenwärtig, Dank sei es Ihren und unsers Bessels Bemühungen, jetzt so scharf bestimmt ist.

Ich lasse nunmehr meine Sonnenbeobachtungen folgen.

1817	durchlaufener Bogen			Summe der Reduction			Anz. d. Beob.	Baro-meter	Thermo-meter
Juni 13	283°	11'	9''75	11'	28''90		10	$27^z \ 6^l 6$	20°8
16	451	21	38.75	52	1.70		16	13.1	13.0
17	563	46	30.75	77	32.11		20	11.0	14.3
18	449	59	10.75	25	45.01		16	7.7	16.4
19	337	8	25.25	12	31.98		12	7.7	19.3
20	562	18	1.50	61	30.15		20	7.4	17.0
21	337	0	25.50	19	20.42		12	7.5	21.0
22	280	43	13.25	7	55.97		10	8.3	22.0
23	337	14	3.75	26	26.97		12	8.1	20.7
24	449	48	49.25	31	1.55		16	8.1	22.5
25	281	19	53.25	18	40.57		10	8.1	20.4
26	394	13	39.25	23	47.90		14	7.5	19.0
27	620	53	26.75	73	42.54		22	5.8	17.5
29	452	46	31.50	40	2.88		16	8.9	16.0
30	226	51	23.75	21	7.83		8	7.6	19.0

---

*) Die Coëfficienten sind mit dem mittlern Stundenwinkel aus einer von Hrn. Westphal für die hiesige Polhöhe berechneten Tafel entlehnt.

Hieraus finde ich ferner

1817	Re-fraction	Parall-axe	Breite	Red. auf d. Solstitium	Zenithdistanz im Solstitium
Juni 13	29″22	4.01	— 0″11	14′ 30″92	28° 3′ 52″26
16	30.73	3.99	+ 0.26	5 59.44	48.63
17	30.33	3.99	+ 0.34	3 58.31	55.30
18	29.67	3.99	+ 0.38	2 21.96	53.46
19	29.25	3.99	+ 0.39	1 10.43	54.66
20	29.17	3.99	+ 0.37	0 23.71	51.41
21	28.99	3.99	+ 0.30	0 1.81	48.91
22	28.91	3.99	+ 0.20	0 4.75	52.10
23	29.11	3.98	+ 0.08	0 32.50	51.77
24	28.89	3.98	— 0.06	1 24.96	51.62
25	29.12	3.99	— 0.22	2 42.22	49.96
26	29.35	3.99	— 0.37	4 24.19	51.61
27	29.47	3.99	— 0.52	6 30.75	53.49
29	30.05	4.01	— 0.79	11 57.68	51.86
30	29.60	4.01	— 0.88	15 17.82	53.88

Im Mittel aus 214 Beobachtungen

$$= 28° 3′ 52″15$$

Meine Wahrscheinlichkeitstheorie gibt mir den wahrscheinlichen Fehler dieses Resultats $= \pm 0″32$. Nach den Mailänder Ephemeriden (woraus auch Hr. Capitain SCHUMACHER bei der Reduction seiner oben erwähnten Beobachtungen die Sonnendeclinationen entlehnte) ist die scheinbare Schiefe der Ekliptik $= 23° 27′ 52″9$, also Polhöhe $51° 31′ 45″05$ oder auf den Mittelpunkt reducirt

$$50° 31′ 45″21 [+ 0.472 Q \text{ Handschriftliche Aufzeichnung.}]$$

um 4″09 kleiner als aus dem Polarstern. Nach BESSELS Schiefe der Ekliptik wäre der Unterschied noch anderthalb Secunden grösser.

Ich muss noch bemerken, dass der Thermometerstand am Barometer nicht mit aufgezeichnet ist Bei so mässigen Zenithdistanzen kann die Vernachlässigung der Reduction auf eine Normaltemperatur oder auf die Temperatur der Luft im Freien nur einen sehr kleinen Bruch von einer Secunde Unterschied geben. Sollte jemand die Beobachtungen nach andern Refractionstafeln und mit Rücksicht auf eine solche Refraction berechnen wollen, so wird es wenig fehlen, wenn er jedesmal bei den Sonnenbeobachtungen die Temperatur des Quecksilbers 2° niedriger, bei den Polarsternbeobachtungen 2° höher voraussetzt als die Temperatur im Freien. Zu dieser Bemerkung veranlasst mich die an sich sehr gegründete Erinnerung des Hrn. Prof. PASQUICH in dem mir eben jetzt eingehändigten neuen Heft der Zeitschrift. [Handschriftlich: $51° 30′ 48″26 — 0.966 Q$ Wintersolst. 1817.]

GAUSS AN BODE.

Astronomisches Jahrbuch für 1820. Seite 201..205. Berlin 1817.

Göttingen, den 17. März 1817.

Da die Theorie der Pallasbewegung hinlänglich ausgebildet ist, so habe ich Hrn. Dr. TITTEL aus Erlau, welcher sich anderthalb Jahre hier aufgehalten, veranlasst, die Ephemeride für 1818..1819 schon jetzt zu berechnen.   Ich habe das Vergnügen, Ihnen dieselbe hier für Ihr nächstes Jahrbuch in Abschrift beizulegen.

Ist der Himmel im vorigen Winter bei Ihnen den Beobachtungen eben so ungünstig gewesen, wie hier? Höchst selten war die Sonne oder ein Stern zu erblicken. Am ganzen 19. Nov. v. J. schneiete es, und von der Sonnenfinsterniss war nichts zu sehen. Einige Abnahme der Tagshelle war um die Mitte der Finsterniss zu spüren, die jedoch nichts ausserordentliches hatte; wenigstens da es seitdem, selbst um Mittag, bei Schneegestöber, auch ohne Sonnenfinsterniss, öfters eben so dunkel gewesen. Bei der Mondfinsterniss vom 4. Dec. war der Himmel etwas weniger ungünstig. Anfang und Ende blieben zwar unsichtbar, allein folgende Phasen habe ich zum Theil zwischen fliegenden Wolken ganz gut beobachtet.

> 1816. December 4 auf der neuen Sternwarte.
> Eintritte.

Tycho 1. Rand	8^u 17^m 2^s W. Z.
Tycho 2. Rand	18 44 —
Kepler Mitte	29 24 —
Copernicus 1. Rand	40 28 —
Copernicus 2. Rand	45 11 —
Aristarch 1. Rand	50 28 —
Dionysius Mitte	9 0 46 —
Censorinus Mitte	5 44 —

Göttingen, den 15. August 1817.

Der Bau der hiesigen neuen Sternwarte ist zwar noch nicht ganz, aber doch so weit vollendet, dass in zwei Zimmern beobachtet werden kann. Bis zur Ankunft und Aufstellung der neuen festen Meridianinstrumente werden die Beobachtungen mit dem 12 z. REICHENBACHschen Wiederholungskreise das Erheblichste sein. Ich theile Ihnen davon die Resultate der Beobachtungen des Nordsterns, und der Sonne im letzten Solstitium mit. Zuvörderst muss ich bemerken, dass nach meinen geodätischen Messungen die Mitte der neuen Sternwarte 6″1 südlicher, und 1ˢ90 in Zeit östlicher liegt, als die Mitte der alten Sternwarte.   Ferner, dass ich an dem Instrument selbst eine kleine Abänderung vorgenommen habe. Bei meinen frühern Beobachtungen bediente ich mich durchgehends des messingenen Ringes, der an der Objectivseite des Fernrohrs vorgesteckt wird, und nicht blos das Uebergewicht des prismatischen Oculars, sondern zugleich die Klammer balancirt. Man hatte vermuthet, dass durch diesen Ring eine Biegung des Fernrohrs (oder genauer zu reden, eine grössere Biegung der Objectivseite desselben, als durch das Ocular an der andern Seite erfolgt) hervorgebracht werden könnte. Die Folge davon würde sein, dass das Instrument alle Zenithdistanzen zu *klein* geben müsste, und man muthmasste, dass dies vielleicht die Ursache von dem Unterschiede sei, den man bei Bestimmung der Polhöhe findet, je nachdem man Circumpolarsterne oder die Sonne beobachtet. Wäre jene Vermuthung gegründet, so müsste der Unterschied verschwinden, wenn man jenes Gegengewicht wegnimmt, oder vielmehr der Unterschied müsste dadurch ins Entgegengesetzte übergehen, da entschieden jetzt die Ocularseite des Fernrohrs ein Uebergewicht hat. Allein meine neuen Beobachtungen, wo jenes Gewicht weggenommen, und dagegen ein Gewicht an den Alhidadenkreis selbst geschraubt ist, sprechen ganz dagegen, und scheinen mir vollkommen zu beweisen, dass die Biegung des Fernrohrs durchaus unmerklich ist. Theils geben die neuen Beobachtungen des Nordsterns und der Sonne wieder ganz denselben Unterschied der Polhöhe, und in demselben Sinn, wie die andern; theils ist die absolute Bestimmung der Polhöhe der neuen Sternwarte ganz einerlei mit der von der alten Sternwarte übertragenen.

Beobachtungen des Nordsterns in der untern Culmination.

1817	Anzahl	Wahre Zenithdistanz im Meridian	Polhöhe
März 28	16	40° 8′ 13″18	51° 31′ 49″33
April 1	22	15.86	47.84
2	24	13.87	50.13
8	28	15.76	50.03
11	26	16.16	50.51
13	12	20.51	46.75
Mai 7	30	23.90	49.60
Mittel	158	. . . . .	51° 31′ 49″42

Bei Berechnung der Refraction ist CARLINI's Tafel, für die Declination des Nordsterns die BESSELsche zum Grunde gelegt. Der Beobachtungsplatz liegt 0″12 nördlich von der Mitte; die Polhöhe von dieser ist also, aus obigen Beobachtungen 51° 31′ 49″3.

Meine Beobachtungen des Nordsterns in der untern Culmination von 1813 geben mit denselben Elementen reducirt die Polhöhe der alten Sternwarte 51° 31′ 55″48; die Uebertragung gibt also dasselbe was die unmittelbaren Beobachtungen geben.

Die Beobachtungen des Sommer-Sonnenstillstandes wurden in diesem Jahre von der Witterung mehr als je begünstigt: der Beobachtungsplatz liegt 0″16 südlich von der Mitte.

Beobachtungen des Sonnenstillstandes.

1817	Anzahl	Wahre Zenithdistanz im Meridian	Im Solstitium
Juni 13	10	28° 18′ 11″30	28° 3′ 52″26
16	16	9 51.80	48.63
17	20	7 57.26	55.30
18	16	6 19.03	53.46
19	12	5 8.69	54.66
20	20	4 18.74	51.41
21	12	3 54.41	48.91
22	10	4 0.64	52.10
23	12	4 28.17	51.77
24	16	5 20.62	51.62
25	10	6 36.39	49.96
26	14	8 20.16	51.61
27	22	10 28.75	53.49
29	16	15 54.34	51.86
30	8	19 16.59	53.88
Mittel aus 214 Beobachtungen			28° 3′ 52″15

Die Zenithdistanz in der ersten Columne ist blos auf den Meridian reducirt und von der Refraction befreit; die letzte Columne ist von Parallaxe und dem Einfluss der Sonnenbreite befreit und auf den Augenblick der Sonnenwende reducirt. Für den Mittelpunkt der Sternwarte erhalte ich also 28° 3′ 52″31. Mit der Schiefe der Ekliptik aus den Mailänder Ephemeriden 23° 27′ 52″9 folgt hieraus die Polhöhe 51° 31′ 45″21, um 4″1 kleiner, als aus dem Polarstern, oder umgekehrt, wenn die Polhöhe aus dem Polarstern zum Grunde gelegt wird, folgt die Schiefe 4″1 grösser als nach CARLINI, nach BESSEL würde der Unterschied noch anderthalb Secunden grösser sein. Nach Allem, was bisher über dieses merkwürdige Phänomen gesagt ist, scheint es nicht, dass wir der Erklärung desselben näher gekommen wären. Wünschenswerth wäre es gewiss, wenn einmal unter einer nicht zu geringen Breite auf der *südlichen* Hemisphäre ähnliche Beobachtungen der Sonne und südlicher Circumpolarsterne mit REICHEN-BACHschen Repetitionskreisen von einem geübten Beobachter angestellt würden. Für *Reisen* in ferne Welt-gegenden, zu astronomischen Zwecken, wodurch früher so manche wichtige Erfahrungen und Auf-schlüsse uns geworden sind, ist in der That von den Regierungen seit geraumer Zeit gar nichts ge-schehen, so sehr dieselben sonst auch in Europa die Wissenschaft unterstützen.

GAUSS AN BODE.

Astronomisches Jahrbuch für 1821 Seite 232. Berlin 1818.

Beobachtete Sternbedeckungen, unterm 8. März 1818 eingesandt.

1818 Januar 27. 11^u 25^m 27^s0 W. Z. Austritt 1 ♏.

Februar 13.	6	47	24.5	—	GAUSS	} Eintritt 1 A ♉.
			24.6	—	HARDING	
—	8	10	26.4	—	H. Austritt 1 A ♉.	
—	7	10	21.5	—	G.	} Eintritt 2 A ♉.
			21.6	—	H.	
—	8	26	2.4	—	G. Austritt 2 A ♉.	
—	7	11	32.4	—	H. Eintritt Stern 8. Grösse.	
—	11	42	27.1	—	H. Eintritt 100 *Lacaille*.	
—	12	30	59.9	—	H. Eintritt Stern 8. Grösse.	
Februar 17.	9	47	28.7	—	H. Eintritt Stern 6. Grösse.	

COMET.

V. LINDENAU u. BOHNENBERGER Zeitschrift für Astronomie u. verwandte Wiss.
Band V. Seite 276..277. März und April 1818.

Aus den Beobachtungen des Cometen von Dr. OLBERS vom 3. bis 28. März habe ich dieser Tage folgende parabolische Elemente abgeleitet, die von den von OLBERS selbst aus seinen Beobachtungen vom 3. und 13. März und der mir noch unbekannten Marseiller vom 18. Januar erhaltenen, nur wenig abweichen.

Durchgang durch das Perihel 1818. Februar 26,8991 Göttinger Zeit.
Logarithm. des Abstandes im Perihel 0.07937
Neigung der Bahn . . . . 90° 0′ 0″
Aufsteigender Knoten 70 5 12
Länge des Perihels, die Bewegung als rechtläufig betrachtet 183 22 58

Die senkrechte Lage der Bahn gegen die Ekliptik ergab sich ungezwungen aus den Beobachtungen, wird aber wohl nach fortgesetzten Beobachtungen einige Modification erhalten. Dann erst wird man sehen, ob die Bewegung in Beziehung auf die Ekliptik rechtläufig oder rückläufig ist. Ich habe zur Erleichterung der Beobachtungen aus diesen Elementen folgende Ephemeride berechnet. Die Zeit ist 14^u 20^m in Göttingen. Die Columne für die Lichtstärke setzt erborgtes Licht voraus, $= 1$ in der Distanz 1 von Erde und Sonne.

1818	AR.	Decl.	Lichtstärke
April 6	298° 58′	12° 57′ N.	0.396
10	297 50	11 2	0.418
14	296 27	8 54	0.443
18	294 47	6 30	0.471
22	292 44	3 48	0.503
26	290 17	0 43	0.535
30	287 21	2 46 S.	0.568
Mai 4	283 53	6 41	0.596
8	279 47	10 58	0.616
12	275 4	15 33	0.621

Länger werden wegen des Mondscheins die Beobachtungen wohl nicht fortgesetzt werden können, und wenn dieser aufhört, wird der Comet für uns wenigstens zu weit nach Süden fortgerückt sein.

Ich selbst habe den Cometen bis jetzt erst einmal beobachtet, und mit einem Stern 9ter Grösse verglichen, der in der Hist. cél. nicht vorkommt. Ich behalte mir vor, dessen Ort künftig zu bestimmen; ungefähr wird er 300° 3′ AR., 15° 9′ Declination haben.

April 1. 15^u 45^m 28^s Sternzeit, der Comet folgt dem Stern 14″98 in Zeit

15 44 56 — der Comet ist 4′ 22″ südlicher als der Stern.

Die Declination möchte wohl beträchtlich weniger genau sein, als die Rectascension.

[Handschrift:] Beobachtungen dieses Sterns 1819 August 27 20^u 0^m 11^{s}49

Sept. 4 11.48

7 11.38

24 11.30

COMET.

Göttingische gelehrte Anzeigen. Stück 60. Seite 593..594. 1818. April 13.

Zur Erleichterung der Beobachtung des vom Hrn. Pons Ende vorigen Jahrs entdeckten Cometen hat Hr. Hofr. Gauss für die noch übrige Zeit seiner Sichtbarkeit den Lauf desselben im Voraus berechnet; wir glauben durch die Bekanntmachung dieser Resultate den Beobachtern einen Dienst zu erweisen. Die parabolischen Elemente, nach denen diese Ephemeride berechnet ist, gründen sich auf die Beobachtungen des Hrn. Doctor Olbers vom 3. bis 28. März und sind folgende:

Zeit des Durchgangs durch die Sonnennähe	Aufsteigender Knoten . . . . 70° 5′ 12″
1818 Febr. 26. 21^u 34^m 42^s Zeit im Mer. von Göttingen	Neigung der Bahn 90 0 0
Kleinster Abstand von der Sonne 1.20053	Länge der Sonnennähe 183 22 58

Die künftige Verbesserung dieser Elemente nach mehrern Beobachtungen wird erst lehren, ob die Neigung merklich vom rechten Winkel abweicht, und in welchem Sinn; bis jetzt bleibt unbestimmt, ob die Bewegung in Beziehung auf die Ekliptik rechtläufig oder rückläufig ist. Die Zeit der Epheme-ride ist 14^u 20^m im Meridian von Göttingen. [Die Dphemeride ist in dem vorhergehenden Aufsatze ab-gedruckt.]

Obgleich der Comet schon weit über seine Sonnennähe hinaus ist, so wird doch sein Licht we-gen der noch abnehmenden Entfernung von der Erde noch immer zunehmen, so dass es am 12. Mai doppelt so gross sein wird als am 13. März; allein da dasselbe an sich so ausserordentlich schwach ist, so wird der Comet doch nur durch gute Fernröhre zu beobachten sein.

Die auf der hiesigen Sternwarte angestellten Beobachtungen dieses Cometen werden bei einer andern Gelegenheit bekannt gemacht werden.

BORDA'S KREIS.

V. LIADENAU u. BOHNENBERGER, Zeitschrift für Astronomie u. verwandte Wiss.
Band V. Seite 198..211. März und April 1818.

Ihrem Wunsche zufolge, verehrtester Herr Professor, habe ich das Vergnügen, Ihnen hier dieje-nige Methode mitzutheilen, deren ich mich zur Parallelstellung der Gesichtslinie mit der Kreisebene bedient habe, und die, wie eine oft wiederholte Erfahrung mich gelehrt hat, einer sehr grossen Schärfe fähig ist.

Um mich kurz und bestimmt ausdrücken zu können, bezeichne ich die verschiedenen Axen des Instruments auf folgende Weise. Diejenige Axe, die bei-Höhenmessungen vertikal gestellt werden muss, und die man auch bei jedem andern Gebrauch wenigstens nicht viel von dieser Lage abweichen lässt, nenne ich die *erste Axe*. Die Bewegung um diese Axe wird auf dem Azimuthkreise gemessen; da je-doch dieser nur Einen Index hat, dessen Vernier nur Minuten angibt, obwohl noch Theile von Minuten sich schätzen lassen, und man nicht sicher ist, ob nicht eine kleine Excentricität vorhanden ist, so kann eine Berichtigung der Gesichtslinie, vermittelst dieses Azimuthalkreises (indem man bei zwei ent-gegengesetzten vertikalen Lagen des Hauptkreises das Azimuth eines irdischen Gegenstandes, nöthigen-falls mit Rücksicht auf seine Parallaxe, wenn er nicht sehr entfernt ist, bestimmt) noch nicht alle erreichbare oder wünschenswerthe Genauigkeit geben; inzwischen mag man sich dieses bequemen und einfachen Verfahrens zur ersten vorläufigen Berichtigung bedienen.

Nahe senkrecht zur ersten Axe ist diejenige, die ich die *zweite* nenne; diese ist also jederzeit nahe horizontal. Durch Drehung um dieselbe wird der Kreis in die vertikale, schiefe oder horizontale Lage gebracht. An den REICHENBACHschen Kreisen ist keine Theilung, um die Grösse dieser Drehung zu messen. Für die meisten Beobachtungen ist dies auch überflüssig; es gibt aber doch einige Fälle, wo es wünschenswerth wäre, namentlich würde man ohne Mühe Winkel zwischen Fixsternen und irdi-schen Objecten bei Tage messen können, was jetzt entweder gar nicht oder nur mit grosser Schwie-rigkeit zu bewerkstelligen ist.

Wiederum fast senkrecht zur zweiten Axe ist die, um welche sich der ganze Kreis dreht, welche Bewegung am Trommelkreise gemessen wird. Da mit letzterer Axe, im mathematischen Sinn, diejenige, um welche der Alhidadenkreis sich bewegt, zusammenfällt, so werden diese beiden Axen nur als Eine betrachtet, die ich die *dritte* nenne. Diese dritte Axe ist auf der Kreisebene genau senkrecht, und wenn *a* den Winkel der Gesichtslinie mit der Kreisebene bedeutet (welchen ich positiv setze, wenn die Objectivseite weiter von der Kreisfläche abliegt, als die Okularseite), so ist $90° - a$ der Winkel der Gesichtslinie mit der dritten Axe, jene nach der Objectivseite, diese abwärts von der getheilten Fläche genommen.

Für den Gebrauch des Instruments ist nicht nothwendig, dass die zweite Axe mit der Kreisebene genau parallel, und zur ersten Axe genau senkrecht sei; die Unterschiede werden jedoch gewiss klein sein, und eine oft wiederholte Erfahrung an dem hiesigen 12zolligen REICHENBACHschen Kreise hat mich gelehrt, dass sie Jahre lang, und selbst, nachdem das Instrument auseinandergenommen gewesen, unveränderlich bleiben. Ich nenne *b* die Neigung der zweiten Axe gegen die Kreisebene, positiv genommen, wenn der linke Arm*) von jener dem Kreise näher ist. Endlich nenne ich *c* die Neigung der zweiten Axe gegen eine auf der ersten Axe senkrechten Ebene (wofür man die Ebene des Azimuthalkreises halten kann), positiv genommen, wenn der linke Arm mehr über dieselbe erhaben ist.

Es seien noch *M* und *N* die Schnitte der dritten Axe mit der zweiten und mit der Gesichtslinie und *O* ein gut zu sehendes Object. Die Entfernung *MN* hat an jedem Kreise eine bestimmte, durch Abmessung oder auf andere Weise anzugebende Grösse, an dem hiesigen ¼ Meter. Insofern die Gesichtslinie auf das Object *O* gerichtet ist, bezeichne ich den Winkel *MON* mit *p*; die genaue Formel dafür ist

$$\sin p = \frac{MN}{MO} \cdot \cos a$$

wofür man jederzeit $p = \frac{MN}{MO} \cdot 206265''$ annehmen darf. Es wird nicht schwer sein, *MO* so genau zu erfahren, dass *p* auf die Sekunde genau bekannt wird. Bei Objecten in bedeutender Entfernung wird *p* ganz unmerklich; dies ist aber kein Grund, sie näher bei der folgenden Berichtigungsmethode vorzuziehen, wenn letztere bessere Zielpuncte abgeben.

Ich setze voraus, dass bei allen hier zu beschreibenden Operationen der Kreis selbst um die dritte Axe gar nicht bewegt wird, also die Hemmung an der Trommel fest angezogen ist, und die Stellschraube an derselben gar nicht berührt wird. Man kann, wenn man will, auch die Pressmutter am hintern Theile der dritten Axe etwas stärker als gewöhnlich anziehen.

Ich nenne Kürze halber *I* den Winkel zwischen einer Ebene durch die zweite und dritte Axe mit der Ebene durch die erste und zweite, welcher mithin die Grösse der Drehung des Kreises um die zweite Axe bestimmt. Der Bau des Instruments verstattet nur Werthe dieses Winkels von 0 bis 90°, und etwas auf beiden Seiten über diese Grenzen hinaus; dass an den Reichenbachschen Kreisen keine Theilung zur Messung dieses Winkels sich befindet, habe ich schon oben bemerkt.

Das Wesentliche meiner Methode beruht darauf, dass, wenn bei irgend einer Lage des Instruments die Gesichtslinie auf ein Object gerichtet ist, durch Verbindung einer Drehung um die zweite Axe mit einer Drehung des Alhidadenkreises um die dritte, die Gesichtslinie zum zweitenmale auf das Object geführt werden kann. Ich nehme an, es sei $I = i$, wenn die dritte Axe mit der zweiten und der geraden Linie *MO* in Eine Ebene gebracht ist, der Index des Alhidadenkreises hingegen zeige *k*, wenn die Gesichtslinie mit der zweiten und der dritten Axe in Einer Ebene sich befindet, so dass die Gesichtslinie mit der zweiten Axe (linker Arm) auf der Ebene des Kreises einerlei Projection haben

---

*) insofern man hinter dem senkrecht vorausgesetzten Kreise sich befindet.

Man überzeugt sich leicht, dass wenn bei der Richtung der Gesichtslinie auf das Object der Index des Alhidadenkreises auf $k - \varkappa$ steht, und $I = i - \eta$ ist, die Gesichtslinie wiederum auf dieses Object gerichtet sein wird, wenn $I = i + \eta$ gemacht, und der Index des Alhidadenkreises auf $k + \varkappa$ gestellt wird; diese zweite Stellung wird natürlich nur dann physisch möglich sein, wenn der zweite Werth von I innerhalb der Grenzen fällt, die die Einrichtung des Instruments zulässt. Es lässt sich ferner leicht darthun, dass nach aller Strenge folgende Gleichung Statt findet:

$$\sin b \cos \varkappa = \cos b \ \mathrm{tang}\,(a + p) + \mathrm{cotang}\,\eta \sin \varkappa$$

und dass der Cosinus des Winkels der zweiten Axe mit der Linie $M O$

$$= \sin b \sin (a + p) + \cos b \cos (a + p) \cos \varkappa$$

wird. Hieraus folgert man leicht, dass $\varkappa$ entweder sehr klein, oder sehr nahe $180°$ sein wird; im ersten Fall wird der gedachte Winkel sehr klein, im zweiten nahe $180°$ sein, d. i. im ersten Fall wird das Object nahe in der Richtung des linken Arms der zweiten Axe, im zweiten nahe in der Richtung des rechten liegen müssen.

Man hat daher hinreichend genau

im ersten Fall
$$b - a - p = \frac{\varkappa}{\mathrm{tang}\,\eta}$$

im zweiten Fall
$$b + a + p = \frac{\varkappa - 180°}{\mathrm{tang}\,\eta}$$

Durch zwei solche Versuche erhält man daher, insofern man sich eine Kenntniss von η verschaffen kann, die Werthe von $b - a - p$ und von $b + a + p$, und folglich von b und $a + p$, oder, insofern p als bekannt anzusehen ist, von a; zugleich erhält man offenbar aus jedem solchen Versuch (ohne η nöthig zu haben) eine Bestimmung von k. Da η hiebei willkührlich ist, so ist es am vortheilhaftesten, es so gross wie möglich zu machen. Indessen würde man doch nicht viel über $45°$ hinaus gehen können, und da man an Reichenbach'schen Kreisen die Werthe von I nicht ablesen kann, so muss man sich auf solche beschränken, wofür man die Stellung auf anderm Wege erhalten kann. Ich werde unten zeigen, wie man die Stellung, wofür $I = 0$ ist, d. i. wo die erste, zweite und dritte Axe in Einer Ebene liegen, mit grösster Schärfe effectuiren kann. Man kann ferner die Kreisebene mit der ersten Axe parallel machen, indem man auf bekannte Weise beide vertikal stellt; man kann diese beiden Stellungen durch zwei auf dem Quadranten, an dem sich die Hemmung für die Drehung um die zweite Axe befindet, an der Kante der einen der Stützen, die die zweite Axe tragen, gezogene Striche bezeichnen, um sie immer schnell und hinreichend genau wieder finden zu können. Ich werde die erste Stelle Kürze halber die *horizontale*, die zweite die *vertikale* nennen. Für letztere ist nach aller Schärfe

$$\cos I = - \mathrm{tang}\,b \cdot \mathrm{tang}\,c$$

Es wird daher I nicht merklich von $90°$ verschieden sein, und da der Unterschied $= 2\,\eta$ gesetzt ist, so wird genau

$$\mathrm{tang}\,\eta = \sqrt{\frac{1 + \mathrm{tang}\,b \cdot \mathrm{tang}\,c}{1 - \mathrm{tang}\,b \cdot \mathrm{tang}\,c}} = \sqrt{\frac{\cos (b - c)}{\cos (b + c)}}$$

also nur unmerklich von η verschieden sein.

Hieraus folgt also, dass wenn bei dem ersten Versuch, wo das Object nahe in der Richtung des linken Arms der zweiten Axe sich befunden hat, bei der horizontalen Stellung des Kreises der Index des Alhidadenkreises h, bei der vertikalen v gezeigt hat, im zweiten Versuch hingegen, wo das Object sich nahe in der Richtung des rechten Arms der zweiten Axe befand, der Index des Alhidadenkreises respectiv $180^\circ + h'$, $180^\circ + v'$ zeigte, man haben wird:

$$b - a - p = v - k = k - h = \tfrac{1}{2}(v - h)$$
$$b + a + p = v' - k = k - h' = \tfrac{1}{2}(v' - h')$$

folglich

$$a = \tfrac{1}{4}(v' - h' - v + h) - p$$
$$b = \tfrac{1}{4}(v' - h' + v - h)$$

Zugleich hat man für k die doppelten Werthe

$$\tfrac{1}{2}(v + h) \quad \text{und} \quad \tfrac{1}{2}(v' + h')$$

deren nahe Uebereinstimmung zur Bestätigung der Richtigkeit der Operationen dienen wird.

Der Gang bei meinem Verfahren ist demnach folgender. Das Object, welches ich dabei wähle, muss einen scharfen Zielpunct darbieten und höchstens einige Grade vom Horizont entfernt sein. Ich stelle das Instrument so auf, dass der eine Fuss desselben mit der ersten Axe und dem Object nahe in Einer Ebene liegt, in welche ich sodann auch nach dem Augenmaass durch Azimuthalbewegung die zweite Axe bringe, sodass zuerst deren linker Arm dem Object zugekehrt ist. Hiernächst stelle ich den Kreis horizontal, und bringe durch die Schraube an dem erwähnten Fusse und durch Alhidadenbewegung die Gesichtslinie auf das Object. Sodann wird der Kreis vertikal gestellt, und die Gesichtslinie durch Azimuthal- und Alhidadenbewegung von neuem auf das Object gebracht. Hiedurch ist die erste grobe Stellung vollendet. Der Kreis wird von neuem horizontal gestellt, und falls die Alhidadenbewegung nicht hinreicht, um die Gesichtslinie auf das Object zu führen, an der Fussschraube nachgeholfen. Dann wird der Kreis wiederum vertikal gestellt, und die Gesichtslinie durch Alhidadenbewegung, nöthigenfalls mit Nachhülfe an der Azimuthalschraube, auf das Object gebracht. Mit diesen beiden Operationen wird abwechselnd so lange fortgefahren, bis die blosse Alhidadenbewegung in horizontaler Lage zum scharfen Pointiren hinreicht. Die Ablesungen am Alhidadenkreise geben h und v.

Hiernächst wird nach der letzten Vertikalstellung die Azimuthalhemmung gelöst, der Kreis 180° um die erste Axe bewegt, so dass jetzt der rechte Arm der zweiten Axe nahe auf das Object gerichtet ist; durch Alhidadenbewegung (die nahe 180° betragen wird) und feine Stellung an der Azimuthalschraube die Gesichtslinie scharf auf das Object gebracht; auch hier lese ich den Index des Alhidadenkreises ab, welcher $180^\circ + V$ geben mag. Dies ist der Anfang der zweiten Operationsreihe. Der Kreis wird horizontal gelegt, und durch Stellung an der Fussschraube und Alhidadenbewegung pointirt; bei der neuen Vertikalstellung wird Azimuthal- und Alhidadenbewegung angewandt. So wird wieder wechselsweise fortgefahren, bis die blosse Alhidadenbewegung zureicht, das Object in beiden Lagen zu treffen. Die Ablesungen am Alhidadenkreise geben hier $180^\circ + h'$ und $180^\circ + v'$. Die Messungen sind hiermit vollendet.

Die vorhin angeführte Ablesung $180^\circ + V$ dient noch dazu, auch die Grösse c zu bestimmen. Offenbar wird, bei vertikaler Stellung des Kreises, die Gesichtslinie mit der ersten und dritten Axe in Einer Ebene, und zwar nach oben zu gerichtet, sein, wenn der Index des Alhidadenkreises auf $\tfrac{1}{2}(v + V) - 90^\circ$ steht, oder die Projection der Gesichtslinie auf der Kreisebene wird dann mit der ersten Axe parallel sein. Die Projection der zweiten Axe (linker Arm) auf eben dieser Ebene macht also mit dem Radius, der der ersten Axe parallel ist, den Winkel $k + 90^\circ - \tfrac{1}{2}(v + V)$. Es ist daher

$$\sin c = \cos b \sin \left(\tfrac{1}{2} (v + V) - k \right)$$

wofür man

$$c = \tfrac{1}{2} (v + V) - k = \tfrac{1}{2} (V - h)$$

setzen darf.

Dieses Verfahren führt also zur Kenntniss des Fehlers a in Sekunden. Will man ihn wegschaffen, so muss das Fadenkreuz, insofern a positiv ist, abwärts vom Kreise geschoben werden, oder, wenn man sich des prismatischen Okulars bedient, in der Richtung vom Objectiv zum Okular. Um die Grösse der Verschiebung anschaulich vor sich zu haben, kann man sich entweder einer Schätzung des Verhältnisses zu einem schicklichen Object von bekanntem Durchmesser nach dem Augenmaass bedienen, oder zuerst die Gesichtslinie scharf auf ein feines Object bringen, und dann den Alhidadenkreis um die Grösse a verschieben, wo dann das Fadenkreuz soviel verrückt werden muss, bis das Object in der Diagonale erscheint. Dass man bei dieser delikaten Operation vorsichtig zu Werke gehen und alle Verrückung des Kreises selbst, während derselben, vermeiden muss, versteht sich von selbst. Immer bietet aber die Wiederholung der vorstehenden Methode das Mittel dar, sich zu versichern, ob man seinen Zweck erreicht habe.

Es bleibt mir jetzt noch übrig, zu zeigen, wie die horizontale Stellung des Kreises, wo $I = 0$, zu effectuiren sei. Insofern c und b nicht beträchtlich sind, kommt es freilich so genau nicht darauf an, und man könnte sich mit dem Augenmaasse begnügen. Allein durch folgendes Verfahren lässt sich dieses mit äusserster Schärfe erreichen.

Nachdem bei festem Stande der Trommel k bestimmt ist, lege man zuerst nach dem Augenmaass den Kreis horinzontal; stelle den Index des Alhidadenkreises auf $k + l$, wo l einen beliebigen Winkel, am besten 90°, bedeutet, und bringe durch Azimuthal- und Fussbewegung ein gut zu sehendes Object auf die Gesichtslinie. Hierauf stelle man den Index des Alhidadenkreises auf $k - l$; hat man die Horizontalstellung zufällig genau getroffen, so wird durch blosse Azimuthalbewegung die Gesichtslinie wieder genau auf das Object geführt werden können, sonst aber darüber oder darunter weggehen. Nachdem man dann durch die Azimuthalbewegung dies Object der Gesichtslinie so nahe wie möglich (d. i. auf den der dritten Axe parallelen, oder bei prismatischem Okular auf den mit dem Fernrohr parallelen Faden) geführt hat, bringe man durch Drehung des Kreises um die zweite Axe das Object der Gesichtslinie um die Hälfte näher und corrigire die andere Hälfte durch eine Fussschraube, nöthigenfalls mit einer Nachhülfe der Azimuthalschraube, so dass das Object wieder scharf auf der Gesichtslinie steht. Um die Genauigkeit der Halbirung zu prüfen, stelle man von neuem den Index des Alhidadenkreises auf $k + l$ und versuche, ob jetzt die Azimuthalbewegung allein das Object genau auf die Gesichtslinie zurückführt, wo nicht, so corrigirt man wieder die Hälfte des jetzt gewiss viel kleinern Fehlers an der Schraube ohne Ende, wodurch die feine Bewegung um die zweite Axe geschieht. Mit dieser Operation fährt man so lange fort, bis man vollkommen befriedigt ist.

Wäre die erste, nach dem Augenmaasse gemachte, Stellung gar zu schlecht gerathen, so würde es schwer sein, die erste Halbirung leidlich genau zu machen, weil die Azimuthalbewegung, insofern l gross angenommen wurde, das Object gar nicht in das Gesichtsfeld bringen würde. Um sich also vieles Probiren zu ersparen, nehme man Anfangs l lieber klein, etwa $= 10°$, und bringe den Kreis nach vorgeschriebener Methode in die verlangte Stellung, welche denn durch Wiederholung des Verfahrens bei einem grossen Werth von l fein berichtigt werden kann.

Wenn an einem Instrument zufällig $b = c$ ist, so wird die Kreisebene bei horizontaler Stellung genau auf die erste Axe senkrecht sein, und ein Object, welches einmal auf der Gesichtslinie ist, wird bei jeder veränderten Alhidadenstellung durch blosse Azimuthalbewegung auf dieselbe zurückgebracht.

Sind aber b und c ungleich, so überzeugt man sich leicht, dass dies unmöglich ist; die Kreisebene kann dann im *eigentlichen* Sinne nicht genau horizontal gestellt werden, wenn nicht die erste Axe etwas geneigt wird. Bei dem hiesigen REICHENBACHSCHEN Kreise ist $c = +5'\,40''$, $b = +28''$ im Mittel aus mehrern Versuchen.

Uebrigens ist schon oben bemerkt, dass die Bestimmung von k von der Kenntniss bestimmter Werthe von I ganz unabhängig ist. Man braucht bloss, ohne Azimuthal- und Trommelschraube zu berühren, durch Verbindung von Alhidadenbewegung und Drehung um die zweite Axe ein Object zweimal auf die Gesichtslinie zu führen und das Mittel aus beiden Stellungen des Index des Alhidadenkreises zu nehmen. Am zweckmässigsten ist es hiebei, es so einzurichten, dass die Drehung um die zweite Axe so gross wie möglich wird. Um dies zu erhalten, mache ich vorläufig die oben gelehrte grobe Stellung, und wenn dann, bei ungefähr horizontaler Stellung des Kreises, das Object genau auf der Gesichtslinie ist, drehe ich den Kreis um die zweite Axe, bis die Bogenbewegung, die das Object hiedurch im Gesichtsfelde erhält, dasselbe wieder auf den Faden führt, der mit der Kreisebene parallel ist (bei prismatischem Okular auf den, welcher diesen repräsentirt, d. i. senkrecht zum Fernrohr steht), und bringe durch Alhidadenbewegung dann das Object genau auf das Kreuz. *Bliebe* bei der Drehung um die zweite Axe das Object genau auf dem Kreuz, so wäre dies ein Beweis, dass das Object in der zweiten Axe selbst läge, dass folglich $b = a + p$, und die Stellung des Index selbst $= k$.

Ich will bei dieser Gelegenheit noch des Verfahrens erwähnen, dessen ich mich mit Vortheil bediene, um die Kreisebene genau vertikal zu stellen. Bei REICHENBACHS Kreisen ist dazu eigentlich die Hänglibelle bestimmt, die zwar grosse Genauigkeit geben kann, deren Gebrauch aber, weil das Fernrohr abgenommen werden muss, etwas umständlich ist, eine sehr solide Aufstellung und sehr viel Behutsamkeit erfordert. Ich bediene mich des Quecksilberhorizonts, wähle ein Object, so hoch, wie möglich (es braucht übrigens nicht entfernt zu sein, da es bei dieser Operation nichts schadet, wenn man auch die Okularröhre, um es deutlich zu sehen, weit herausziehen muss), bringe den nach dem Augenmaass vertikal gestellten Kreis in dessen Vertikalebene, und pointire genau auf dasselbe. Hierauf wird das Fernrohr heruntergeführt, bis man das Bild des Objects im Quecksilberhorizont sieht. Kommt die Gesichtslinie genau auf dasselbe, so steht die Kreisebene vertikal; wo nicht, so corrigirt man die eine Hälfte entweder an einer Fussschraube, oder an der Schraube ohne Ende, die andere an der Azimuthalschraube. Hat man die Halbirung genau getroffen; so wird die Gesichtslinie des wieder hinaufgeführten Fernrohrs das Object selbst genau treffen, sonst wird abermals die eine Hälfte der Abweichung an der Fussschraube oder der Schraube ohne Ende, die andere an der Azimuthalschraube corrigirt. Ist die Elevation des Objects nicht zu klein, und dieses scharf genug zu pointiren, so lässt sich auf diesem Wege auch eine sehr grosse Genauigkeit erreichen, und eine viel grössere, als nöthig ist, wenn man nicht *sehr* kleine Zenithdistanzen messen will. Auf *gar zu kleine* Zenithdistanzen ist es aber bekanntlich nicht rathsam, den BORDAIschen Kreis anzuwenden.

INSTRUMENTE.

Göttingische gelehrte Anzeigen. Stück 127. Seite 1257..1267. 1818. August 8.

Von unserer *neuen Sternwarte*, diesem grossen und sprechenden Denkmal der Liebe unserer Regierung für die Wissenschaft, ist bisher in unsern Blättern noch keine besondere Erwähnung geschehen, obgleich das Gebäude bereits seit anderthalb Jahren in dem Maasse vollendet ist, dass der Instrumentenvorrath der alten Sternwarte in dasselbe aufgenommen, und unterbrochen in einer Abtheilung des Gebäudes beobachtet werden konnte. Allein der Natur der Sache nach konnten diese Beobachtungen nur zu der Gattung derjenigen gehören, dergleichen auch auf der alten Sternwarte schon sich anstellen. liessen, und es schien uns nicht passend, davon in diesen Blättern besondere Anzeige zu machen; verschiedene davon sind bereits in astronomischen Zeitschriften bekannt gemacht. Die neue Sternwarte, bestimmt, keiner nachzustehen, kann in den ihr gebührenden Rang erst durch den Besitz der *festen Meridian-Instrumente* treten, und die Zeit ist jetzt nahe, wo sie vollständig ausgerüstet sein wird. — Ueber das Aeussere des Gebäudes, welches der Würde seiner Bestimmung entspricht und der geschickten und geschmackvollen Ausführung unsers Hrn. Universitäts-Baumeisters MÜLLER zur Ehre gereicht, werden wir hier nichts sagen. Auch eine vollständige Beschreibung der innern Einrichtung wird einem andern Orte vorbehalten bleiben. Aber die neuen Hauptinstrumente, welche dem Gebäude erst seinen wahren wissenschaftlichen Werth geben, sollen, so wie sie nach und nach ankommen und aufgestellt werden, durch diese Blätter näher angezeigt, und in die Bekanntschaft der Verehrer der Himmelskunde eingeführt werden. — Das erste der neuen Meridianinstrumente, der *Repsoldsche Meridiankreis*, kam im April d. J. an und wurde von dem Künstler selbst aufgestellt. Dieses bereits vor längerer Zeit von Hrn. REPSOLD in Hamburg ursprünglich zu seinem eignen Gebrauch verfertigte, und in dessen Privatsternwarte auf dem Hamburger Walle aufgestellt gewesene Instrument, ist den Freunden der Astronomie nicht unbekannt, indem verschiedene Auszüge aus Hrn. REPSOLDS Tagebüchern in der Monatlichen Correspondenz abgedruckt sind; auch in unsern Blättern (1811 S. 1290 [S. 327 d. B.]) haben wir einige von Hrn. Professor SCHUMACHER an diesem Kreise gemachte Beobachtungen angezeigt. Da Hrn. REPSOLDS Sternwarte in der für Hamburg so unglücklichen Periode demolirt war, und der Besitzer demnach das Instrument unbenutzt lassen musste, so genehmigte unsere Regierung den Vorschlag des Hrn. Hofrath GAUSS, dasselbe für unsere neue Sternwarte anzukaufen. Der Künstler übernahm dabei mehrere so wichtige und bedeutende Vervollkommnungen an dem Instrumente, dass dieses gewissermassen ein ganz neues geworden ist. Die durch manche unvorhergesehene Umstände oft unterbrochene Arbeit an diesen neuen Einrichtungen ist die Ursache, dass die Ablieferung des Instruments sich so lange verzögert hat, zu dessen Aufstellung auf der Sternwarte bereits seit anderthalb Jahren alles vorbereitet war. — Die Einrichtung dieses Instruments verdient um so mehr eine umständlichere Beschreibung, da sie, ganz aus den eignen Ideen des genialen Künstlers hervorgegangen, bis jetzt einzig ist. Es vereinigt in sich ein vollkommnes Mittagsfernrohr mit einem Kreise, der dem neuen Greenwicher Mauerkreise sehr ähnlich ist. Das Fernrohr von $7\frac{1}{4}$ Pariser Fuss Länge, $6\frac{3}{4}$ Fuss Brennweite und 46 Linien Oeffnung, befindet sich an einer Axe von 4 Fuss Länge, die wie bei andern Mittagsfernröhren zwischen zwei steinernen Pfeilern von $6\frac{1}{2}$ Fuss Höhe und 22 Zoll im Quadrat, aufgehängt ist. Durch drei besondere Balancirungen wird sowohl die Biegung des Fernrohrs, als die der Axe aufgehoben und das Gewicht des Ganzen so weit getragen, dass die Pfannen nur einen Druck von einigen Lothen erleiden. Die Pfannen selbst sind von Bergkrystall, die vollkommen cylindrischen und gleich dicken Zapfen von Glocken-metall; an letztern kann, wenn sie nach langem Gebrauch durch die geringe Reibung doch etwas ab-genutzt werden sollten, durch eine besondere Einrichtung eine andere Stelle zum Aufliegen gebracht werden. Die Ocularröhre ist parallel mit der Axe verschiebbar, um jeden Faden in die Mitte des Ge-sichtsfeldes bringen zu können; die Beleuchtung der Fäden geht durch die Axe. Die stärkste Vergrösse-rung, welche gewöhnlich gebraucht wird, ist eine 96malige. Bei günstiger Luft lassen sich Sterne bis zur dritten Grösse bei Tage ohne Mühe beobachten. Die Hänglibelle, wodurch die Axe horizontal ge-stellt wird, ist höchst sorgfältig gearbeitet, und lässt Theile von Secunden mit Sicherheit erkennen. Den beiden Pfeilern dient Eine grosse Platte zur gemeinschaftlichen Unterlage, welche selbst durch grosse Quadern 12 Fuss tief im Boden fundirt ist. Die Solidität dieser Einrichtung hat sich seit der Aufstel-lung auf das vollkommenste bewährt; Azimuth, Horizontalität und Collimationslinie zeigen bis jetzt we-nigstens eine fast absolute Unwandelbarkeit. — Auf der Axe, nahe dem einen Ende, sitzt der Kreis fest, der bei der Theilung 3½ Fuss im Durchmesser hält. Die Theilung ist mit einer bewundernswürdi-gen Genauigkeit durch sehr saubere Striche von 5 zu 5 Minuten gemacht, während der Kreis auf der Axe selbst sass, wodurch alle Excentricität vermieden ist. Zur Versendung musste er freilich wieder ab-genommen werden; durch die an Ort und Stelle geschehene Wiederaufsetzung ist nur eine fast unmerk-liche Excentricität entstanden, die nach der sorgfältigen Prüfung des Hrn. Hofr. Gauss $0''8$ beträgt. Die Ablesung geschieht durch drei vortreffliche mikrometrische Mikroskope, deren Träger an den schieb-baren Theilen der Lager so befestigt sind, dass ihre Entfernung von der Kreisfläche, auch wenn diese von der Ebene etwas abweichen sollte, vollkommen beständig bleibt; das eine Mikroskop sitzt unten, die beiden andern seitwärts 90° von jenem entfernt. Ein viertes festes Mikroskop anzubringen verstat-tete der Bau des Instruments nicht (früher war nur ein einziges da). Da die Wirkung einer Excentri-cität durch die beiden Seitenmikroskope ganz aufgehoben wird, so bleibt bei der Ablesung aller, nur der dritte Theil davon übrig, der nur auf $0''3$ sich belaufen, und wo es nöthig scheint mit in Rechnung gebracht werden kann. Ein viertes *bewegliches* Mikroskop zur Prüfung der Theilung selbst, wird der Künstler auf den Wunsch des Hrn Hofr. Gauss noch nachliefern. Die Läufer in den Mikroskopen, welche durch äusserst gleichförmige von allem todten Gange durch die bekannte Ramsdensche Erfindung frei gemachte Schrauben bewegt werden, führen ein kreisrundes Loch, in welchem die Bissection der Theil-striche mit einer solchen Schärfe erkannt werden kann, dass man auf Theile von Secunden sicher ist. Der Kreis hat neun Speichen, zwischen einem Paar derselben befindet sich ein kupferner Cylinder, wel-cher durch eine ebenfalls höchst vortreffliche Libelle auf eine halbe Secunde genau horizontal gestellt werden kann. Hierdurch werden nicht allein die etwanigen Veränderungen in der Stellung der Mikro-skope bemerkbar, sondern, da die Neigung der Gesichtslinie gegen diesen Cylinder durch Beobachtun-gen in gewechselter Lage des Instruments bekannt wird, so erhält man auch absolute Zenithdistanzen. — Bei der Ankunft des Instruments war das Fadennetz im Fernrohr noch dasselbe, welches bei der ersten Verfertigung eingezogen war, und aus drei Verticalen, und zwei horizontalen $21''$ von einander abste-henden Spinnenfäden bestand. Da Hr. Repsold Ende Mai wiederum nach Göttingen zurückkam, so vertauschte er dieses Fadennetz mit einem neuen, wodurch das Pointiren an Genauigkeit beträchtlich gewonnen hat. Das neue Fadennetz besteht aus fünf verticalen und zwei horizontalen ausgesuchten Spinnenfäden; letztere sind vollkommen parallel, und stehen $12''7$ von einander ab. Beim Beobachten wird in der Regel der Stern in die Mitte zwischen diese beiden Fäden gebracht, welches mit sehr grosser Schärfe geschehen, und wobei man die Antritte an die verticalen Fäden immer leicht und scharf beobachten kann. Die Zwischenzeiten zwischen den einzelnen Verticalfäden betragen für Sterne im Aequator etwas über 16 Secunden. — Die Beobachtungen des Polarsterns gehören auf jeder wohlbestellten Sternwarte aus bekannten Gründen zu den täglichen; bei einem neuen Mittagsfernrohr sind sie aber doppelt wichtig, da auf dieselben die Hauptberichtigungen gegründet werden müssen. Hr. Hofr. Gauss hat daher, so oft es das im Juni sehr günstige Wetter erlaubte, alle obern und untern Culminationen dieses Sterns sorgfältig beobachtet. Wir geben hier als eine Probe von dem, was das Instrument leistet, die bisher beobachteten geraden Aufsteigungen, nebst der Vergleichung mit der von Hrn. Bessel im astronomischen Jahrbuche 1817 gegebenen und im folgenden Jahrgange verbesserten Hülfstafel. Der Bruch des Tages ist von der untern Culmination, welche zu dem angesetzten Datum gehört, gezählt. Die letzte Columne drückt das Quadrat der Genauigkeit jedes einzelnen Resultats aus, nach Massgabe der Anzahl der concurrirenden Fadenantritte, welches Quadrat von einigen Astronomen ganz schicklich das Gewicht der Beobachtung genannt ist; als Einheit liegt dabei diejenige Genauigkeit zum Grunde, die eine aus zwei einander folgenden Culminationen, die jede nur an Einem Faden beobachtet sind, geschlossene Bestimmung hat. Die folgenden 19 Bestimmungen gründeten sich auf 41 beobachtete Culminationen, von denen immer zwei oder drei unmittelbar auf einander folgende zu Einem Resultate verbunden wurden.

1818		Beob. gerade Aufsteigung	Correction der Tafel	Gewicht
Juni	3.25	$0^u\ 55^m\ 58^s65$	$+ 3^s93$	2.67
	4.25	58.19	$+ 2.80$	5.00
	5.25	58.56	$+ 2.45$	5.00
	6.25	58.91	$+ 2.22$	4.00
	8.50	0 56 1.14	$+ 2.97$	6.40
	10.25	2.58	$+ 3.20$	3.75
	11.25	2.68	$+ 2.59$	1.67
	12.50	3.31	$+ 2.36$	4.29
	16.75	6.11	$+ 2.13$	4.44
	18.25	7.31	$+ 2.26$	5.00
	19.25	8.29	$+ 2.51$	2.86
	21.25	10.49	$+ 3.26$	5.00
	22.75	12.02	$+ 3.60$	1.33
	26.25	13.49	$+ 2.60$	1.60
	27.25	14.77	$+ 3.14$	4.44
	29.50	16.71	$+ 3.42$	3.43
Juli	7.50	22.51	$+ 3.31$	6.00
	8.25	22.97	$+ 3.22$	1.67
	9.25	23.89	$+ 3.40$	3.75

Das Mittel der durch diese 19 Beobachtungen gefundenen Correctionen der Tafel ist $+ 2^s88$. In so fern man sich erlaubt, den Tafelfehler während dieser Zeit als beständig zu betrachten, gibt die Anwendung der Wahrscheinlichkeitstheorie des Hrn. Hofrath Gauss den wahrscheinlichen Fehler einer Beobachtung, deren Genauigkeit 1 ist, $= 0^s64$, und den wahrscheinlichen Fehler des Endresultats $= 0^s076$. Wir fügen ferner, als eine zweite Probe, die Beobachtungen des Uranus bei, welche Hr. Hofr. Gauss zur Zeit der Opposition dieses Planeten angestellt hat. Die Declinationen gründen sich auf die Vergleichung mit der unmittelbar vorausgegangenen untern und der unmittelbar folgenden obern Culmination des Nordsturns, blos die vom 7ten und 13ten Juni ausgenommen, wo blos die untere Culmination beobachtet war, und wo die Declination des Nordsterns aus Bessels Tafel zum Grunde gelegt ist. Die Refractionen sind aus Bessels Tafel, die sich auf die Bradleyschen Beobachtungen gründet, genommen; würden dieselben aus Carlinis Tafel entlehnt, so würden die Declinationen des Uranus 3″ südlicher ausfallen. Wenn in Zukunft erst eine hinlängliche Anzahl schicklicher Beobachtungen beisammen sein wird, wird sich zeigen, welche von beiden Tafeln dem hiesigen Clima am angemessensten ist.

1818	Mittlere Zeit	Gerade Aufsteig.	Südl. Abweich.
Juni 3	12^u 22^m 17^{s}5	257° 23' 28"3	23° 1' 41"5
4	12 18 10.9	20 47.8	1 29.0
5	12 14 4.6	18 9.9	1 14.4
7	12 5 51.6	12 54.4	0 50.5
8	12 1 45.1	10 15.0	0 38.4
9	11 57 38.6	7 36.4	0 27.4
10	11 53 32.1	4 56.5	0 12.6
11	11 49 25.7	2 18.0	0 2.9
12	11 45 19.2	256 59 33.9	22 59 50 9
13	11 41 12.7	57 0.4	59 40.5

Hr. Hofr. GAUSS übertrug die Vergleichung dieser Beobachtungen mit den DELAMBREschen Uranustafeln Hrn. DIRKSEN, welcher sich bei uns dem Studium der Astronomie mit ausgezeichnetem Eifer widmet. Die Resultate dieser Vergleichung sind folgende:

	Unterschied	
	Ger. Aufst.	Abweichung
Juni 3	— 54.1	+ 10.3
4	— 52.1	+ 10.6
5	— 52.9	+ 12.9
7	— 55.8	+ 12.3
8	— 55.9	+ 12.0
9	— 56.8	+ 10.5
10	— 56.4	+ 12.9
11	— 57.2	+ 10.1
12	— 52.4	+ 9.4
13	— 58.1	+ 7.4
Mittel	— 55.2	+ 10.8

Hieraus ergab sich, nach Hrn. DIRKSENS Rechnung:

Zeit der Opposition 1818 Juni 9. 5^u 30^m 43^s Mittlere Zeit in Göttingen

Wahre Länge . . . . 258° 10' 34"5

Geocentrische Breite 0 4 12.1

Heliocentrische . . . . 0 3 58.7 Südl.

und der Fehler der DELAMBREschen Tafeln

in der Länge . . . . — 45"3

in Heliocentrischer Breite . . . . + 14.6

Wir können diese Anzeige nicht schliessen, ohne zugleich der SHELTONschen Pendeluhr zu erwähnen, die zwar schon seit 47 Jahren auf der alten Sternwarte im Gebrauch gewesen war, deren Vortrefflichkeit aber erst jetzt ganz gewürdigt werden kann, da früher die Sternwarte kein Mittel zur allerschärfsten Zeitbestimmung besass. Wir fügen zum Beweise nur das Register ihres Ganges von einem Monat bei, und bemerken, dass dieselbe Gleichförmigkeit während der ganzen Zeit statt gefunden hat, wo das REPSOLDsche Instrument zur Bestimmung des Ganges gedient hat. Das Datum bezieht sich auf Sonnentage, und die Stunden der Uhrzeit sind, um die Uebersicht zu erleichtern jedesmal über 24 hinaus bis zum nächsten Mittage fortgezählt; die letzte Columne enthält die Anzahl der Sterne des MASKELYNEschen Fundamentalcatalogs, auf welche die Zeitbestimmung gegründet ist.

	Uhrzeit	Stand gegen Sternzeit	Verglichene Sterne			Uhrzeit	Stand gegen Sternzeit	Verglichene Sterne
Juni 15	15^u 22^m	$+$ 0^{s}41	4	Juli 1		14^u 7^m	$-$ 2^{s}92	1
17	20 50	$+$ 0.28	2	2		14 51	$-$ 3.11	2
18	11 37	$+$ 0.29	2	6		25 17	$-$ 3.87	4
20	12 28	$+$ 0.11	2	7		22 31	$-$ 3.90	7
21	11 37	$-$ 0.06	2	8		16 36	$-$ 4.03	4
22	7 30	$-$ 0.59	1	9		28 7	$-$ 4.21	4
23	11 40	$-$ 0.90	1	10		15 3	$-$ 4.28	3
26	14 54	$-$ 1.78	5	13		29 24	$-$ 4.53	2
27	16 15	$-$ 1.86	4	14		29 14	$-$ 4.62	4
28	14 41	$-$ 1.99	1	15		15 56	$-$ 4.73	5
29	18 1	$-$ 2.32	6	16		14 41	$-$ 4.93	1
30	16 9	$-$ 2.43	5					

Hiebei darf nicht unerwähnt bleiben, dass die Aufstellung der Uhr erst noch provisorisch ist. Sie ruht zwar auf einem besondern steinernen Fundament, aber nur vermittelst ihres Gehäuses, ohne unmittelbar an den steinernen Pfeiler, neben welchen dieses gestellt ist, befestigt zu sein. Sie geht einen Monat in Einem Aufzuge; um die Mitte dieser Zeit kommt das Gewicht der Linse gegenüber zu stehen, welches man sonst wohl für nachtheilig gehalten und durch mancherlei Einrichtungen zu vermeiden gesucht hat. Allein das Register dér SHELTONschen Uhr zeigt um diese Zeit gar keine spürbare Veränderung im Gange, der überhaupt viel regelmässiger ist, als der mancher andern Uhren auf den ersten Sternwarten, auch solcher, die man unmittelbar an einen steinernen Pfeiler befestigt hat. Sollte man nicht hieraus schliessen, dass beide Umstände von viel geringerer Wichtigkeit sind, als man bisher gewöhnlich geglaubt hat?

GAUSS AN BODE.

Astronomisches Jahrbuch für 1821. Seite 212..216. Berlin 1818.

Göttingen, den 7. Sept. 1818.

Ihrem Wunsche gemäss übersende ich Ihnen, hochverehrter Freund, beigehend abermals eine Ephemeride für die Pallas vom August 1819 bis Juni 1820. Sie ist vom Hrn. DIRKSEN berechnet, welcher sich hier mit Eifer den mathematischen Wissenschaften widmet. Eben derselbe hat aúch die Berechnung der Opposition des laufenden Jahres noch einmal wiederholt nach denselben Elementen, nach welchen Hr. Dr. TITTEL gerechnet hatte, und ein etwas abweichendes Resultat gefunden, nemlich:

	Hr. Dirksen	Hr. Dr. Tittel
Zeit in Göttingen	Sept. 8 15^u 17^m 5^s	Sept. 8 18^u 44^m 12^s
Wahre Länge	345° 47' 18"	345° 55' 34"
Geocentrische Breite	6 47 25	6 47 11

Welches die Entstehung dieses Rechnungsfehlers sei, kann ich nicht sagen; er ist aber auf die Berechnung der Opposition eingeschränkt, da mehrere von Hrn. DIRKSEN nachgerechnete Oerter der

Ephemeride vollkommen mit Hrn. Dr. Tittels Angaben übereinstimmen (deren Richtigkeit auch durch meine nachher anzuführenden Beobachtungen bereits bestätigt wird).

Seit Ende Aprils d. J. beobachte ich nunmehro an dem trefflichen Meridiankreise von Repsold, welches Instrument Sie ohne Zweifel früher selbst gesehen haben, woran aber jetzt so viele wichtige Verbesserungen angebracht sind, dass es für ein ganz neues gelten kann. Es hat eine ganz neue Theilung erhalten, drei Ablesungen statt der frühern einzigen, neue Zapfenlager von Bergkrystall, die Zapfen selbst sind neu abgedreht und centrirt u.s.w. Verschiedene andere neue Vorrichtungen dazu erwarte ich noch von Hrn. Repsold. Als Probe von der Vortrefflichkeit des Instruments, insofern es Mittagsfernrohr ist, mögen folgende Bestimmungen der Ger. Aufsteig. des Nordsterns dienen; die letzte Columne unter der Ueberschrift Gewicht drücken das Quadrat der Genauigkeit nach Massgabe der Zahl der concurrirenden Fäden aus, wenn die Genauigkeit einer Bestimmung aus einem Fadenantritt in der obern und einem Fadenantritt in der untern Culmination zur Einheit genommen wird. Die Formel dafür ist

$$\frac{2\,ab}{a+b}$$

wenn, bei einer auf zwei Culminationen gegründeten Bestimmung a und b die Anzahl der beobachteten Antritte in jeder ausdrücken, und

$$\frac{8\,abc}{ab+4\,ac+bc}$$

bei einer Bestimmung aus drei auf einander folgenden Culminationen, wo c Fädenantritte in der dritten beobachtet sind. Im ersten Falle setzt man voraus, dass die Pfeiler 12 Stunden unverrückt gestanden; im letztern nur, dass ihre etwanigen Veränderungen während 24 Stunden gleichförmig gewesen sind. Die Zeiten jeder Rectascensionsbestimmung sind von der untern Culmination jedes Tages an gezählt.

1818		Beob. Ger. Aufst. des Nordsterns	Correction von Bessels Tafel	Gewicht
Juni	3.25	$0^u\ 55^m\ 58^s65$	$+\ 3^s93$	2.67
	4.25	58.19	$+\ 2.80$	5.00
	5.25	58.56	$+\ 2.45$	5.00
	6.25	58.91	$+\ 2.22$	4.00
	8.50	0 56 1.14	$+\ 2.97$	6.40
	10.25	2.58	$+\ 3.20$	3.75
	11.25	2.68	$+\ 2.59$	1.67
	12.50	3.31	$+\ 2.36$	4.29
	16.75	6.11	$+\ 2.13$	4.44
	18.25	7.31	$+\ 2.26$	5.00
	19.25	8.29	$+\ 2.51$	2.86
	21.25	10.49	$+\ 3.26$	5.00
	22.75	12.02	$+\ 3.60$	1.33
	26.25	13.49	$+\ 2.60$	1.60
	27.25	14.77	$+\ 3.14$	4.44
	29.50	16.71	$+\ 3.42$	3.43
Juli	7.50	22.51	$+\ 3.31$	6.00
	8.25	22.97	$+\ 3.22$	1.67
	9.25	23.89	$+\ 3.40$	3.75
Sept.	3.75	57.44	$+\ 2.35$	2.86

In sofern man die Correction von Bessels Tafel während dieser Zeit als constant annimmt, wäre dieselbe im Mittel

$$=\ +\ 2^s86$$

Noch füge ich meine Beobachtungen des Uranus, des Saturn und der Pallas bei; die Oppositionen der beiden letzten Planeten werden erst in den nächsten Tagen eintreten.

Beobachtungen des Uranus.

1818	Mittlere Zeit	Gerade Aufsteig.	Abweichung
Juni 3	12^u 22^m 17^s5	$257°$ $23'$ $28''3$	$23°$ $1'$ $41''6$ Südl.
4	12 18 10.9	20 47.8	1 29.0
5	12 14 4.6	18 9.9	1 14.4
7	12 5 51.6	12 54.6	0 50.5
8	12 1 45.1	10 15.0	0 38.4
9	11 57 38.6	7 36.4	0 27.4
10	11 53 32.1	4 56.5	0 12.6
11	11 49 25.7	2 18.0	0 2.9
12	11 45 19.2	256 59 33.9	22 59 50.9
13	11 41 12.7	57 0.4	59 40.5

Beobachtungen des Saturn.

	Mittlere Zeit	Gerade Aufsteig.	Abweichung
Aug. 31	12^u 31^m 25^s0	$347°$ $24'$ $5''2$	$7°$ $48'$ $6''2$ Südl.
Sept. 1	12 27 12.0	19 49.3	49 55.8
3	12 18 47.0	11 30.1	53 37.4
4	12 14 34.1	7 14.1	55 27.4
6	12 6 8.7	346 58 50.2	59 7.0

Beobachtungen der Pallas.

	Mittlere Zeit	Gerade Aufsteig.	Abweichung
Aug. 31	12^u 25^m 8^s7	$345°$ $49'$ $45''1$	$2°$ $23'$ $2''4$ Nordl.
Sept. 4	12 6 26.8	5 5.8	1 32 43.4

Die Beobachtungen so lichtschwacher Gestirne wie die Pallas werden sehr dadurch erschwert, dass die äusserst zarten Fäden (die natürlichen Spinnenfäden sind mehreremale gespalten), welche übrigens besonders für Tag-Beobachtungen so vortreffliche Dienste leisten, kaum bei derjenigen Beleuchtung sichtbar gemacht werden können, welche jene Gestirne vertragen. Ich werde in Zukunft für dergleichen Zwecke noch besondere dickere Fäden einziehen.

Die Boobachtungen des Uranus hat Hr. Dirksen mit den de Lambreschen Uranus-Tafeln verglichen und folgende Unterschiede gefunden:

	Ger. Aufst.	Abweich.			Ger. Aufst.	Abweich.
Juni 3	$-54''1$	$+10''3$		Juni 9	$-56''8$	$+10''5$
4	-52.1	$+10.6$		10	-56.4	$+12.9$
5	-52.9	$+12.9$		11	-57.2	$+10.1$
7	-55.8	$+12.3$		12	-52.4	$+9.4$
8	-55.9	$+12.0$		13	-58.1	$+7.4$
				Mittel	-55.2	$+10.8$

Hieraus berechnete Hr. Dirksen die Opposition folgendermaassen:

1818 Juni 9. 5^u 30^m 43^s Mittlere Zeit in Göttingen.

Wahre Länge . . . . $258°$ $10'$ $34''5$
Geocentrische Breite . . . . 0 4 12.1 } Südl.
Heliocentrische . . . . 0 3 58.7 }

und den Fehler jener Tafeln heliocentrisch

Länge . . . . $-45''3$
Breite . . . . $+14.6$

Von meinen zahlreichen Fixsternbeobachtungen ist erst ein Theil reducirt, und ich behalte mir die Mittheilung der Resultate auf die Zukunft vor.

COMET.

Göttingische gelehrte Anzeigen. Stück 28. Seite 273..278. 1819 Febr. 18.

Ueber die beiden von Pons in Marseille im November des vorigen Jahrs entdeckten Cometen theilen wir hier einige Nachrichten um so lieber mit, da diese Cometen in mehreren Beziehungen zu den vorzüglich merkwürdigen gehören. Der eine scheint in Deutschland zuerst auf der Mannheimer Sternwarte beobachtet zu sein. Die Beobachtungen, welche daselbst von Hrn. Prof. Nicolai angestellt und in einem Schreiben an den Hrn. Hofrath Gauss vom 8. Januar mitgetheilt sind, waren folgende:

1818	Mittlere Zeit in Mannheim	Gerade Aufsteigung	Nordliche Abweichung
Dec. 22	6^u 51^m 48^s	$326°$ $18'$ $13''$	$2°$ $54'$ $5''$
	8 45 37	326 16 59	2 52 24
23	7 11 25	326 3 39	2 40 26
24	7 14 3	325 48 33	2 26 59
25	6 48 49	325 32 49	2 13 34
29	7 0 31	324 19 58	1 10 57

Zugleich waren folgende parabolische Elemente beigefügt, welche Hr. Prof. Nicolai vorläufig aus den Beobachtungen vom 22., 25. und 29. December berechnet hatte.

Zeit der Sonnennähe 1819 Jan. . . . . 25.0000 in M.
Logarithm des kleinsten Abstandes 0.52933
Länge der Sonnennähe . . . . 145° 49' 10
Länge des aufsteigenden Knoten 330 14 17
Neigung der Bahn 14 59 6
Richtung: *rechtläufig*.

Auf der hiesigen Sternwarte wurden durch Hrn. Prof. Harding folgende Beobachtungen gemacht:

	Mittlere Zeit in Göttingen	Gerade Aufsteigung	Abweichung
1818 Dec. 25	6^u 39^m 52^s	$325°$ $33'$ $30''$	$2°$ $14'$ $49''$ Nordl.
26	5 58 32	325 17 8	2 0 31
27	6 7 10	324 59 15	1 45 5
28	6 24 8	324 40 17	1 27 31
1819 Jan. 1	6 36 16	323 11 48	0 14 58
7	6 39 41	319 53 59	2 19 59 Südl.
8	7 37 34	319 15 28	2 51 49
12	6 6 7	315 36 53	5 35 24

Auf der Seeberger Sternwarte beobachtete Hr. Prof. Encke diesen Cometen fünfmal:

	Mittlere Zeit in Seeberg	Gerade Aufsteigung	Abweichung
1819 Jan. 1	6^u 38^m 46^s	$323°$ $11'$ $36''$	$0°$ $14'$ $38''$ Nördl.
4	7 26 56	321 43 43	0 54 59 Südl.
5	7 12 12	321 10 3	1 20 57
6	5 49 48	320 35 14	1 47 57
12	6 16 32	315 35 20	5 35 26

Die Resultate welche Hr. Prof. ENCKE aus seinen eignen und den Mannheimer Beobachtungen herausgebracht, und Hrn. Hofr. GAUSS in einem Schreiben vom 5. Febr. mitgetheilt hat, verdienen die grösste Aufmerksamkeit. Obgleich diese Beobachtungen nur einen Zeitraum von drei Wochen umfassen, so liessen sie sich doch nicht in einer Parabel ohne Fehler von mehreren Minuten darstellen, Fehler, die bei diesen Beobachtungen nicht zulässig waren. Nach mehreren Versuchen fand Hr. ENCKE, unter Zuziehung der freilich nur sehr rohen PONSschen Angaben, eine elliptische Bahn von 3 Jahren und 7 Monaten Umlaufzeit, welche alle Beobachtungen auf das trefflichste vereinigte.

Folgendes ist die Uebersicht der Unterschiede der in Mannheim und Seeberg beobachteten Oerter von den berechneten:

		Ger. Aufst.	Abweich.	Beobachter
Dec.	22	$+ 7''6$	$- 4''7$	Nicolai
	23	$+ 0.3$	$+ 17.3$	—
	24	$- 1.0$	$+ 11.7$	—
	25	$+ 11.2$	$- 5.5$	—
	29	$+ 14.6$	$- 1.8$	—
Jan.	1	$+ 15.6$	$+ 14.8$	Encke
	4	$+ 26.5$	$+ 27.2$	—
	5	$+ 30.6$	$+ 12.9$	—
	6	$+ 36.1$	$+ 23.8$	—
	12	$+ 7.1$	$+ 3.0$	—

Ohne auf die PONSschen Angaben Rücksicht zu nehmen, würde sich eine noch merklich bessere Uebereinstimmung haben erreichen lassen.

Diese elliptischen Elemente sind folgende:

Zeit der Sonnennähe 1819. Januar . . 27.13417 *)	Neigung der Bahn . . . . 13° 42′ 30″
Länge der Sonnennähe . . . . . 156° 14′ 8″	Logarithm der halben grossen Axe . 0.3697758
Länge des Knoten 334 18 8	Excentricitätswinkel . . . . . . 58° 57′ 24″
(beide auf das mittlere Aequinoctium von 1819 bezogen)	

Hoffentlich werden in Zukunft noch frühere *gute* Beobachtungen aus Frankreich oder Italien bekannt werden, wodurch die Ungewissheit der Bahnbestimmung in engere Grenzen gebracht werden wird. Noch wichtiger würde es sein, wenn noch einige gute Beobachtungen nach dem Durchgange durch die Sonnennähe in südlichen Gegenden gemacht werden könnten. In unsern Breiten, wo der Comet sich nur noch wenig über den südlichen Horizont erheben wird, ist dazu keine Hoffnung.

Höchst merkwürdig ist die grosse Uebereinstimmung dieser Elemente mit denen des ersten Cometen vom Jahr 1805. Zur Vergleichung setzen wir dieselben, so wie sie damals von Hrn. Prof. BESSEL in einer Parabel berechnet wurden, hier her, und bemerken nur noch, dass schon damals die Vergleichung der Beobachtungen mit der Rechnung fast unverkennbare Spuren einer Abweichung der Bahn jenes Cometen von der Parabel zeigte, die jedoch von keinem Astronomen weiter verfolgt zu sein scheinen.

Durchgang durch die Sonnennähe 1818 November 18.13782 Pariser Zeit
Länge der Sonnennähe . . . . 147° 51′ 28″
Länge des aufsteigenden Cometen 344 37 19
Neigung der Bahn 15 36 36
Logarithm des kleinsten Abstandes 9.57820

---

*) wahrscheinlich Seeberger Zeit, was von Hrn. ENCKE nicht ausdrücklich bemerkt war.

(Bei den ENCKESCHEN Elementen des Cometen von 1818. 1819 wird dieser Logarithm 9.52579). Gewiss verdient die Frage, ob der jetzige Comet seit dem Jahr 1805 solche Störungen erlitten haben kann, dass die Unterschiede in den Elementen sich dadurch erklären lassen, und ob demnach beide Cometen für identisch zu halten sind, eine sorgfältige Untersuchung.

Den andern von PONS entdeckten Cometen fand seinerseits auch Hr. Prof. BESSEL am 22. December auf der Königsberger Sternwarte auf.

Folgende Beobachtungen theilte dieser Astronom in einem Schreiben vom 14. Januar dem Hrn. Hofr. GAUSS mit:

	Mittlere Zeit in Königsberg	Gerade Aufsteigung	Nordliche Abweichung
1818 Dec. 22	7^u 6^m 51^s	303° 1′ 21″7	36° 48′ 20″2
	7 53 35	303 10 14.7	36 48 29.8
	10 21 47	303 37 29.1	36 51 0.3 :
24	18 22 50	311 56 29.1 :	. . . .
25	6 22 20	313 17 17.2	37 7 53.1
26	6 4 56	315 38 48.2	37 4 1.2
	10 33 0	316 3 18.1	37 2 35.2
27	6 55 0	317 39 48.8	36 58 45.6
28	6 0 22	319 24 50.7 :	36 53 31.6 :
1819 Jan. 1	11 11 4	324 39 12.3	36 22 34.2 : :
2	6 5 6	325 22 3.4	36 15 54.3

Folgende von Hrn. Prof. BESSEL auf die Beobachtungen vom 22. und 27. December und vom 2. Januar gegründete vorläufige parabolische Elemente waren diesem Schreiben beigefügt:

Zeit der Sonnenähe 1818 December 4.0968 Pariser Zeit.

Aufsteigender Knoten . . . . 90° 7′ 29″

Neigung der Bahn 117 19 10

Abstand des Perihel vom Knoten 347 0 24

Logarithm des kleinsten Abstandes 9.928324

Nach Anleitung dieser Elemente wurde dieser Comet vom Hrn. Hofr. GAUSS sogleich als ein sehr blasser Nebelfleck aufgefunden; die Elemente gaben die gerade Aufsteigung gegen 40, die Abweichung aber 10′ zu gross. Hierauf wurden durch Hrn. Prof. HARDING noch folgende Beobachtungen auf der hiesigen Sternwarte angestellt:

	Mittlere Zeit in Göttingen	Gerade Aufsteigung	Nordliche Abweichung
1819 Jan. 26	7^u 19^m 5^s	335° 23′ 7″	35° 18′ 29″
27	7 2 35	335 36 4	35 18 50
28	7 22 16	335 50 38	35 20 58
29	7 27 56	336 4 38	35 22 32
30	6 54 10	336 16 33	35 23 31

Bei der immer zunehmenden Lichtschwäche dieses durch seine starke geocentrische Bewegung seit der ersten Entdeckung merkwürdigen Cometen werden schwerlich noch spätere Beobachtungen zu erwarten sein. Ob auch bei diesem Cometen die vorhandenen Beobachtungen zur Bestimmung der Abweichung der Bahn von der Parabel hinreichend, und welches die Resultate sein werden, wird eine künftige Untersuchung lehren.

COMET.

Göttingische gelehrte Anzeigen.   Stück 83.   Seite 825..829.   1819 Mai 24.

Im 28. Stück dieser Anzeigen [S. 417 d. B.] haben wir eine Nachricht über die beiden Cometen vom vorigen Jahre mitgetheilt, und dabei bereits die Wahrscheinlichkeit der Identität des einen dieses Cometen mit dem ersten von 1805 angedeutet. Diese Wahrscheinlichkeit ist durch die spätern Rechnungen des Hrn. Prof. Encke so sehr erhöhet worden, dass kaum noch ein Zweifel an der Identität statt finden kann. Wir tragen kein Bedenken, diese Bereicherung der Kenntniss unsers Sonnensystems zu den merkwürdigsten Entdeckungen des neunzehnten Jahrhunderts zu zählen, und theilen hier darüber das Hauptsächlichste, aus einigen Briefen jenes Astronomen an Hrn Hofr. Gauss, mit. Da noch immer von dem Cometen von 1818 keine weitern brauchbaren Beobachtungen, als die im angeführten Blatte abgedruckten, bekannt geworden sind, so hielt Hr. Prof. Encke vorerst für das Rathsamste, eine neue Discussion der Beobachtungen des Cometen von 1805 vorzunehmen. Es zeigt sich hier das überraschende Resultat, dass eine Ellipse mit einer Umlaufzeit von 3.42 Jahren die Beobachtungen am besten darstelle; für den Cometen von 1818 hatte er nach den angeführten Elementen eine Umlaufzeit von 3.59 Jahren gefunden: beide Angaben involvirten natürlich noch einige Unzuverlässigkeit. Da nun zwischen den beiden beobachteten Durchgangszeiten durch die Sonnennähe 13.19 Jahre verflossen sind, so war unter der Voraussetzung der Identität das Wahrscheinlichste, dass der Comet in der Zwischenzeit vier Umlaufe gemacht habe (Dass der, wenn auch nicht zu den allerschwächsten gehörende, doch nur telescopische Comet, bei seiner dreimaligen Wiederkunft zur Sonnennähe 1809, 1812 und 1815 unbemerkt geblieben ist, kann keinen Unterrichteten befremden). Mit einer diesem Schlusse gemäss abgeänderten Umlaufzeit berechnete Hr. Prof. Encke neue elliptische Elemente nach den Beobachtungen von 1805, wodurch diese auf das befriedigendste dargestellt wurden. Ueberraschend angenehm war hiebei, dass diese neue Bahn in den einzelnen Elementen der aus den Beobachtungen von 1818 berechneten ungemein viel näher gekommen war. Hr. Encke entschloss sich, nach diesem aufmunternden Erfolge, die Störungen, welche jene Elemente während der ganzen 13 Jahre durch die Einwirkung des Jupiter erleiden mussten, nach der Methode des Hrn. Hofrath Gauss zu berechnen. Auch diese mühsame Arbeit blieb nicht unbelohnt: eine noch bessere Uebereinstimmung war die Folge davon. Wir setzen hier diese Elemente her, wie sie also, bloss auf die Beobachtungen von 1805 gegründet, und nur in Rücksicht der grossen Axe so bestimmt, dass nach vier Umläufen die Durchgangszeit durch die Sonnennähe mit der 1819 beobachteten zusammenfiel, nach den Einwirkungen des Jupiter für den Anfang des Jahrs 1819 durch Hrn. Encke's Rechnung gefunden worden sind:

Durchgang durch die Sonnennähe 1819 Jan. 27.27
Länge der Sonnennähe . . . .   156° 59′ 30″
Länge des aufsteigenden Knoten 334 31   0
    beide vom mittlern Aequinoctium von 1819 gezählt
Neigung der Bahn 13 36   35
Excentricitätswinkel   58   2   58
Logarithm der halben grossen Axe 0.3451979

Endlich machte Hr. Encke noch eine neue Bestimmung der Bahn blos aus den Beobachtungen von 1818..1819, indem er den Logarithm der halben grossen Axe = 0.345 voraussetzte, und fand, dass damit die Beobachtungen sich noch viel besser darstellen liessen, als in der früher berechneten Bahn. Diese neuen Elemente sind:

Zeit der Sonnennähe 1819 Januar	27.27545 Seeberger Zeit	
Länge der Sonnennähe	157° 5′ 53:	
Länge des Knoten	334 43 37	
Neigung der Bahn	13 38 42	
Excentricitätswinkel	58 6 45.52	

Die Uebereinstimmung dieser Elemente mit den aus den Beobachtungen von 1805 abgeleiteten ist so gross, dass die Wahrscheinlichkeit der Identität beider Cometen derjenigen, die man bei nicht rein mathematischen Gegenständen Gewissheit nennt, gleich kommt.

Wünschen könnte man nun noch, mit Bestimmtheit zu sehen, in wie fern diese herrliche Uebereinstimmung von der vorausgesetzten Anzahl von *vier* Umläufen abhängig ist, und es scheint uns von Wichtigkeit zu sein, dass auch noch die Bahnen bestimmt werden, wobei nur drei Umläufe vorausgesetzt werden. Voraussehen lässt sich, dass sowohl die Beobachtungen von 1805, als die von 1818 durch Ellipsen von 4.4 Jahren Umlaufszeit auch noch recht gut sich werden darstellen lassen; allein nach einem vorläufigen Ueberschlage des Hrn. Hofr. Gauss wird die Uebereinstimmung beider Bahnen bedeutend geringer sein, als die der oben angeführten. Wir hoffen, dass Hr. Encke, der sich durch die bisherigen Rechnungen schon ein so grosses Verdienst erworben hat, sich auch dieser Untersuchung unterziehen werde, und wir sind geneigt zu glauben, dass das Resultat so ausfallen werde, dass man auch ohne die Störungen vollständig zu berechnen über die Unstatthaftigkeit der Voraussetzung einer andern Anzahl von Umläufen als vier, werde urtheilen können. Unnöthig würde übrigens diese Discussion werden, wenn man in diesem Jahre den Cometen noch einmal beobachten könnte. In unsern nördlichen Gegenden ist dazu freilich wenig oder gar keine Hoffnung; allein in Italien, bei Anwendung sehr lichtstarker Instrumente, scheint es doch nicht ganz unmöglich zu sein. Wir theilen daher zur Erleichterung solcher Versuche hier noch eine von Hrn. Encke berechnete Ephemeride für die nächsten Monate mit. Die Zeiten sind 4ᵘ 26ᵐ Minuten Seeberger Zeit.

1819	Gerade Aufsteigung	Südliche Abweichung	L. der Entf. von d. Erde
Mai 31	336° 28′	19° 43′	0.2277
Juni 10	335 27	20 22	0.2168
20	333 30	21 19	0.2070
30	330 36	22 28	0.2004
Juli 10	326 49	23 43	0.1991
20	322 26	24 54	0.2049
30	317 47	25 51	0.2189
Aug. 9	313 17	26 30	0.2408
19	309 20	26 47	0.2691
29	306 11	26 48	0.3020
Sept. 8	303 54	26 35	0.3374
18	302 29	26 13	0.3737

Dabei ist noch zu bemerken, dass diese Ephemeride nach den frühern Elementen berechnet ist. Eine Vorstellung, wie viel die neuern davon abweichen, geben folgende zwei nach diesen berechnete Oerter:

Juli 30	320° 32′	24° 36′	0.2097
Aug. 9	315 59	25 21	0.2294

Wir schliessen diese Anzeige mit dem Wunsche, dass die höchst merkwürdige Entdeckung die Freunde der Astronomie zu einem verdoppelten Eifer in Aufsuchung von Cometen anfeuern möge: denn alles lässt vermuthen, dass jene nur der Anfang zu einer unermesslichen und nach und nach reifenden Erndte sein wird.

INSTRUMENTE.

Göttingische gelehrte Anzeigen. Stück 167. Seite 1665..1669. 1819. October 18.

So wie wir im 127. Stück dieser Blätter vom vorigen Jahr [S. 410 d. B.] eine Beschreibung des Repsoldschen Meridiankreises und einige der ersten damit auf der hiesigen Sternwarte angestellten Beobachtungen mitgetheilt haben, geben wir jetzt eine kurze Nachricht von dem Reichenbachschen *Mittagsfernrohr*, als dem zweiten Hauptinstrumente, dessen Aufstellung seit kurzem vollendet ist. Da die Einrichtung der Mittagsfernröhre, so wie sie bei dem gegenwärtigen Zustande der Beobachtungskunst angewandt werden, in allen wesentlichen Beziehungen immer dieselbe ist, so dürfen wir uns hier auf dasjenige beschränken, was dem hiesigen eigenthümlich ist. Das Fernrohr hat sechs Pariser Fuss Brennweite und 52 Linien Oeffnung, und wird also in letzterer Rücksicht nur von dem neuen Mittagsfernrohr der Greenwicher Sternwarte übertroffen welches bei 10 Fuss Brennweite eine Oeffnung von 5 Engl. Zollen hat. Die Axe hält 37 Zoll, die Zapfen von Stahl ruhen in Pfannen von Glockenmetall. Oculare sind 4, welche nach einer vorläufigen Bestimmung 80, 110, 150 und 210 mal vergrössern. Auch die stärkste Vergrösserung gibt vollkommen scharfe Bilder. Hr. Hofr. Gauss bedient sich derselben gewöhnlich, obwohl sie, da das Gesichtsfeld dabei nur 9 Minuten im Durchmesser hält, eine etwas sorgfältigere Stellung der Höhe erfordert. Das Netz besteht aus Spinnenfäden; der verticalen sind sieben, deren Zwischenräume von Sternen im Aequator in 10 Secunden durchlaufen werden. Hat man die Fertigkeit, welche das Beobachten bei diesen kleinen Intervallen erfordert, einmal erworben, so findet man es überaus angenehm, in kurzer Zeit eine so grosse Anzahl Antritte beobachten zu können, so wie es bei dieser grössern Fädenzahl auch weniger auf sich hat, wenn, absichtlich oder zufällig, an einem oder einigen Fäden kein Antritt beobachtet worden ist. Hr. Hofr. Gauss findet den sogenannten wahrscheinlichen Fehler des beobachteten Antritts an einem Faden, aus mehreren hundert von ihm gemachten Beobachtungen von Sternen, die nicht zu weit vom Aequator abstehen, $= 0^s 095$. An der Libelle, mit welcher die Axe horizontal gemacht wird, entspricht ein Ausschlag von einem Pariser Zoll einer Neigung von 20 Secunden. Das Stellen des Fernrohrs für jede vorgeschriebene Declination geschieht vermittelst eines kleinen am Fernrohr selbst nahe beim Ocularende befestigten, unmittelbar in Viertelsgrade und durch den Vernier in Minuten getheilten Kreises, auf dem sich eine Alhidade mit einer kleinen Libelle dreht; der Index an der Alhidade gibt sofort die Declination an. Diese Einrichtung gewährt den grossen Vortheil, auch bei umgekehrter Lage des Instruments mit gleicher Leichtigkeit auf jede Höhe richten zu können; durch einen zweiten ähnlichen auf der andern Seite anzubringenden Kreis, welchen der Künstler noch nachliefern wird, wird noch der neue Vortheil erreicht werden, zwei schnell nach einander durch die Mittagsfläche gehende Sterne ohne Zeitverlust beobachten zu können. — Die optische Vollkommenheit des Fernrohrs ist bewundernswürdig. Einige Proben, die wir hier aus den Beobachtungen des Hrn. Hofr. Gauss anführen, mögen zeigen, was gute, jedoch nicht gerade ungewöhnlich scharfe Augen, in unserm Clima bei günstigem aber doch keinesweges ausserordentlichem Zustande der Luft, bei gehöriger Aufmerksamkeit, aber ohne peinliche Anstrengung, zu erkennen vermögen. Bei *voller Fadenbeleuchtung* ist ein Saturnstrabant, öfters zwei, gut zu erkennen und zu beobachten. Eben so der Nebenstern des Nordsterns. Der kleine Stern, welcher jetzt nur 5 Minuten vom Pole absteht, verträgt noch hinlängliche Beleuchtung, um gut beobachtet zu werden; schon in der Dämmerung, wo die Fäden noch gar keiner Beleuchtung bedürfen, lässt er sich erkennen und beobachten. Bei Tage sind die Sterne bis 3. Grösse, wenn sie weder zu tief, noch zu nahe bei der Sonne stehen, meistens mit Leichtigkeit zu beobachten. Bei günstiger Luft und unter Anwendung einiger Vorsichtsregeln sind auch Sterne vierter, ja selbst fünfter Grösse noch bei Tage recht gut zu erkennen. So hat z. B. Hr. Hofr. GAUSS die Sterne fünfter Grösse γ' im kleinen Bär, e im grossen Bär, ι im Drachen nach Hevel, g im grossen Bär (Alcor) bei hellem Tage, letztern selbst im Mittage beobachtet. Die Schwierigkeit, dergleichen kleine Sterne bei Tage zu observiren, liegt eigentlich nur darin, dass die Natur des Instruments kein ganz scharfes Einstellen verstattet: wo *diese* Schwierigkeit wegfällt, und das Auge also nur einen sehr kleinen Theil des Gesichtsfeldes zu fixiren braucht, erkennt man Sterne 5ter Grösse, ja selbst noch kleinere, leicht. Dies ist der Fall bei Doppelsternen; z. B. der Begleiter von ζ im grossen Bär, dem die Sternverzeichnisse nur die sechste Grösse beilegen, ist am hellen Mittage sehr schön zu sehen; eben so ist der noch kleinere Begleiter von α im Hercules, gegenwärtig, wo er Nachmittags um 4 Uhr culminirt, sehr gut zu erkennen. Uebrigens sind die mannichfaltigen Vortheile, welche die Möglichkeit, auch kleinere Sterne bei Tage gut beobachten zu können, gewährt, Kennern von selbst einleuchtend. Wir erwähnen hier nur des einen, sehr wichtigen, dass man zur Berichtigung des Instruments durch Circumpolarsterne, die bekanntlich die einzige eines solchen Instruments würdige, und so oft als möglich anzustellen ist, nicht auf den Nordstern beschränkt bleibt, dessen eine Culmination oft in eine unbequeme Nachtstunde fällt, oder dessen Beobachtung durch ungünstige Umstände vereitelt wird.

Eine besondere Erwähnung verdient noch die Vorrichtung zum Ausheben und Umlegen des Instruments. Aus den Lagern gehoben wird das Fernrohr vermittelst eines Seils, welches oben über eine Rolle geht, und bis zu einer unten an der Mauer befestigten Winde geführt ist. Das Fernrohr wird dann frei in der Luft schwebend ohne alle Erschütterung umgewandt, und wieder eingelegt. Die ganze Operation erfordert nur einige Minuten, die über dem Fernrohre der Decke des Zimmers befindliche Rolle wird nach vollendetem Geschäft, um beim Beobachten von Zenithalsternen nicht hinderlich zu sein, durch einen Zug an die Seite geschoben. Dieser ganze schöne Apparat ist von dem hiesigen Hrn. Inspector RUMPF sehr zweckmässig und ·solide ausgeführt.

Wir fügen hier zur Probe noch einige von den ersten mit diesem Instrumente gemachten Beobachtungen bei, und bemerken nur, dass die Declinationen diesmal nicht haben beobachtet werden können, weil der REPSOLDsche Meridiankreis in diesem Monat abgenommen gewesen war.

Beobachtungen des Saturn.

1819		Mittlere Zeit		Scheinbare Gerade Aufsteig.		1819		Mittlere Zeit		Scheinbare Gerade Aufsteig.
Sept.	4	13^u 5^m 43^s9	$359°$ $40'$ $2''7$			Sept.	13	12^u 27^m 45^s0	$359°$ $3'$ $30''4$
	5	13 1 22.0	36 2.7				14	12 23 32.3	358 59 18.1
	6	12 57 10.7	32 9.6				15	12 19 19.8	55 9.0
	7	12 52 58.8	28 10.3				16	12 15 7.0	50 54.4
	8	12 48 46.1	24 4.0				19	12 2 28.6	38 10.6
	9	12 44 34.4	20 0.4				21	11 54 3.0	29 42.9
	10	12 40 22.2	15 55.6				24	11 41 24.2	15 56.4
	11	12 36 10.1	11 51.7				28	11 24 33.4	0 5.1
	12	12 31 57.5	7 41.2			Octob.	1	11 11 55.9	357 47 36.3

Beobachtungen der Vesta.

1819	Mittlere Zeit	Scheinbare Gerade Aufsteig.		1819	Mittlere Zeit	Scheinbare Gerade Aufsteig.
Sept. 7	13ᵘ 32ᵐ 52ˢ0	9° 28′ 7″2		Sept. 16	12ᵘ 50ᵐ 21ˢ4	7° 40′ 58″5
9	23 32.6	6 10.5		19	35 55.5	1 18.0
10	18 51.1	8 54 44.7		21	26 15.9	6 34 15.9
11	14 8.6	43 1.8		24	11 43.4	5 52 58.0
12	9 25.1	31 6.9		28	11 52 18.1	4 57 24.3
15	12 55 18.7	7 53 49.8		Octob. 1	37 45.3	16 1.2

Da diese Beobachtungen noch nicht mit Tafeln oder Elementen verglichen sind, so setzen wir auch noch die Beobachtungen eines Fixsterns her, nebst der Reduction auf den mittlern Ort für den Anfang des Jahrs 1820.

Gerade Aufsteigung von 85 Pegasi.

1819	Beobachtete	Mittlere für 1820		1819	Beobachtete	Mittlere für 1820
Sept. 4	358° 11′ 40″8	358° 11′ 43″0		Sept. 11	358° 11′ 42″6	358° 11′ 43″6
5	41.4	43.4		12	45.4	46.2
6	40.2	42.0		13	41.8	42.4
7	43.9	45.5		14	44.7	45.1
8	42.6	44.0		15	44.8	45.1
9	42.9	44.1		16	43.0	43.2
10	43.0	44.1		Im Mittel . .	358 11 43.97	

Dieser Stern zeichnet sich durch eine starke eigene Bewegung aus; die Vergleichung seiner aus diesen Beobachtungen hervorgehenden geraden Aufsteigung mit der BRADLEYschen für 1755 gibt die eigne Bewegung in 64.7 Jahren + 54″65, also in Einem Jahre + 0″845.

INSTRUMENTE.

Astronomisches Jahrbuch für 1822.　Seite 235..241.　Berlin 1819.

Den Cometen habe ich zuerst am 2ten Juli in Lauenburg beobachtet, an welchem Abend derselbe daselbst von dem Lieutenant ZARTMANN aufgefunden wurde. Ich habe indessen diese Beobachtungen (durch Distanzen von Sternen mit Spiegelsextanten gemessen) nicht scharf reducirt, da ich bald nachher erfuhr, dass der Comet um dieselbe Zeit auch schon an andern Orten entdeckt und im Meridian beobachtet war. Nach meiner Zurückkunft habe ich ihn hier bei seiner untern Culmination im Meridian beobachtet; zuerst bis zum 26sten Juli am REPSOLDschen Kreise, wo jedoch die Antritte an die feinen Fäden anfingen, sich schwer beobachten zu lassen, während die Zenithdistanzen noch mehr Schärfe zu erlauben. Da ich inmittelst das REICHENBACHsche Mittagsfernrohr (welches bei beträchtlich grösserer optischer Kraft etwas stärkere Fäden hat) in beobachtungsfertigen Stand gesetzt hatte, so beobachtete ich die geraden Aufsteigungen vom 27sten Juli an mit diesem Instrument; während Hr. Prof. HARDING noch die Zenithdistanz am REPSOLDschen Kreise einstellte. Seit dem 4ten August habe ich noch verschiedene Abende (zuletzt am 21sten August) den Cometen am Mittagsfernrohr gesehen; da aber die

Antritte mehr geahnt als 'wirklich beobachtet waren, so unterdrücke ich sie lieber, als keines Vertrauens würdig. Inzwischen bestätigen sie doch die fortdauernde gute Uebereinstimmung der DIRCKSENSCHEN Elemente.

Beobachtungen des Cometen.

1819	Mittlere Zeit		
Juli 19	11^u 56^m 53^s	$116°$ $7'$ $26''$	$+51°$ $52'$ $12''$
21	11 53 33	117 15 34	51 54 58
22	11 51 53	117 49 34	51 54 56
26	11 44 14	119 51 10	51 48 49
27	11 42 8	120 18 43	— — —
28	11 40 2	— — —	51 43 46
30	11 35 40	121 38 52	51 37 23
Aug. 3	11 26 24	123 16 9	51 23 25
4	11 23 59	123 38 55	51 19 46

Herr DIRCKSEN hat nach diesen und den ersten Beobachtungen des Herrn Prof. STRUVE in Dorpat folgende parabolische Elemente berechnet.

Zeit der Sonnennähe 1819 Juni 28. 17^u 49^m 9^s Göttinger Zeit
Länge der Sonnennähe . . . . 287° 6' 24''8
Logarithm des Abstandes 9.5330800
Länge des Knoten . . . . 273° 42' 8''8
Neigung der Bahn 80 45 12.0
Bewegung rechtläufig.

Die Vergleichung obiger Beobachtungen mit diesen Elementen giebt folgende Unterschiede:

	Ger. Aufst.	Abweich.			Ger. Aufst.	Abweich.	
Juli 19	— 15''5	— 3''5		Juli 28	— —	+ 4''0	
21	+ 39.7	+ 5.2		30	— 0''2	— 19.2	
22	— 30.0	+ 9.5		Aug. 3	— 9.1	— 0.3	
26	— 37.9	+ 26.5		4	+ 3.8	— 2.9	
27	— 9.8	— —					

Die Vergleichung einiger früheren auswärtigen Beobachtungen giebt folgende Unterschiede:

Juli 2	— 25''1	— 16''6	Bode	Juli 5	— 19''1	— 86''7	Pond
3	— 1.0	— 1.6	Struve	6	— 16.6	+ 18.0	Struve
3	— 1.8	+ 44.4	Pond	6	— 20.8	— 19.9	Bode
4	— 17.3	+ 19.6	Struve	7	— 18.1	+ 17.3	Struve
4	— 48.3	— 65.8	Bode	11	+ 41.1	— 24.4	Bode
5	+ 12.1	+ 18.8	Struve	12	— 96.3	— 6.3	Bode

Das sechsfüssige Mittagsfernrohr von REICHENBACH ist nun seit Ende Juli in täglichem Gebrauch; eine kurze Nachricht von diesem Instrumente wird Ihnen nicht unlieb sein. Das Objectiv von FRAUENHOFER hat 52 Pariser Linien Oeffnungen; 4 Oculare vergrössern (nach meiner erst vorläufigen Schätzung) 80, 100, 140, 200 mal. Ich bediene mich gewöhnlich der stärksten, wobei freilich eine sorgfältige Einstellung nöthig ist, um die Sterne nicht zu verfehlen, da der Halbmesser des Gesichtsfeldes nur $4\frac{1}{4}$ Minute hält. Vertikalfäden sind 7 eingezogen, deren Intervalle von Aequatorsternen binnen 10^s durchlaufen werden. An diese kleinen Intervalle gewöhnt man sich, nach einiger Uebung, leicht; es geht ganz füglich an, während der Zwischenzeit die Beobachtungen aufzuschreiben, das Ocular zu schieben, und früh genug fertig zu sein, um mit völliger Ruhe die zwei Schläge der Uhr zu erwarten, zwischen welche der nächste Antritt fällt. Nur muss man gewöhnt sein, während dieser Operationen die Schläge der Uhr immer sicher fortzuzählen, falls man sie nicht durch einen Gehülfen zählen lassen kann. Sobald man diese Fertigkeit erworben hat, findet man es überaus angenehm, in kurzer Zeit eine grössere Menge von Bestimmungen zu erhalten. Den Beweis, dass unter jener Voraussetzung die grössere Anzahl und Nähe der Fäden der Genauigkeit der einzelnen Beobachtungen keinen Eintrag thun, liefern meine Erfahrungen bereits selbst. Ich finde aus fast 300 beobachteten Antritten von γ, α und β im Adler den wahrscheinlichen Fehler *eines* Antritts = $0^s 090$, noch etwas kleiner, als bei meinen Beobachtungen am REPSOLDschen Kreise, wo die 5 Fäden über 16^s in Zeit von einander abstehen. — Die Stellung des Fernrohrs geschieht vermittelst eines kleinen an der Seite des Rohrs, nahe beim Ocular, befestigten auf Viertelsgrade getheilten Kreises, auf dem sich eine Alhidade mit einer Libelle bewegt. Der Vernier an dieser Alhidade giebt einzelne Minuten an. Diese Einrichtung ist der am neuen Greenwicher Mittagsfernrohr ähnlich; sie gewährt den grossen Vortheil, dass man bei umgelegtem Instrument die Stellung mit gleicher Leichtigkeit machen kann, auch bringt man das Rohr, wenn die Alhidade einmal gestellt ist, schneller wieder in die rechte Lage, falls es durch einen Zufall etwas verrückt wird. Dagegen scheint die Stellung, da sie *zwei* Operationen nöthig macht, ein wenig mehr Zeit zu erfordern, als bei der gewöhnlichen Einrichtung; auch kann man bei Nacht nicht gut ohne einen Gehülfen fertig werden. Hr. VON REICHENBACH wird mir jedoch noch einen zweiten Kreis mit etwas veränderter Einrichtung liefern, wodurch letztere Unbequemlichkeit gehoben und noch der Vortheil gewonnen wird, dass man gleich auf zwei Sterne die beiden Kreise im Voraus stellen und sie also, auch wenn sie sehr schnell auf einander folgen, doch bequem beobachten kann. Ich theile Ihnen noch meine Beobachtungen der letzten Jupitersopposition mit, wo ich die geraden Aufsteigungen am Mittagsfernrohr beobachtete, während Hr. Prof. HARDING die Zenithdistanzen am REPSOLDschen Kreise einstellte. Diese Beobachtungen können jedoch noch nicht als Maassstab für die Genauigkeit, die sich mit dem Mittagsfernrohr erreichen lässt, dienen, weil damals die gebrauchte Uhr einige Unregelmässigkeiten im Gange zeigte.

1819	Mittlere Zeit		
Juli 30	$12^u \ 31^m \ 46^s 4$	$315° \ 42' \ 47''3$	$17° \ 47' \ 50''8$
Aug. 1	12 22 52.5	27 13.2	52 34.8
3	12 13 58.7	11 41.1	57 12.1
4	12 9 31.7	3 53.5	59 35.9
5	12 5 4.5	314 56 3.1	18 1 49.3
13	11 29 29.1	313 53 50.7	19 56.1

Im vorigen Herbst erhielt ich von Hrn. REPSOLD eine neue höchst vortreffliche Libelle, die unmittelbar auf das Fernrohr gesetzt wird. Die Vergleichung der Beobachtungen, die in entgegengesetzten Lagen des Instruments gemacht werden, gibt den Winkel, welchen die nivellirte Linie mit der Gesichtslinie macht. Seit jener Zeit habe ich die Beobachtungen von etwa 50 Circumpolarsternen zu einem Hauptgeschäft gemacht, und etwa 1200 Beobachtungen erhalten. Die Resultate für die Polhöhe und die Declinationen dieser Sterne werde ich bei einer andern Gelegenheit bekannt machen, es müssen aber erst noch mehrere andere Prüfungen vorangehen. Theils werde ich erst, mit Hülfe eines besondern Apparats, der jetzt an den Pfeilern angebracht ist, die Theilung auf das sorgfältigste durchprüfen, theils werde ich noch eine andere Reihe von Beobachtungen machen, die ich für unerlässlich halte, wenn die *absoluten* Zenithdistanzen Zuverlässigkeit erhalten sollen. Vielfache Erfahrungen der neuern Zeit, an Declinationen von Sternen und bei der Schiefe der Ekliptik haben gezeigt, dass wir über die wahren absoluten Zenithdistanzen noch durchaus in Ungewissheit sind, ein Instrument giebt sie so, das andere anders. Da wir die Einwirkung der *Schwere* auf die Theile des Instruments nicht aufheben können, so entstehen nach Maassgabe des Baues des Instruments durch Biegung u. s. w. *Fehler*, die nach den Zenithdistanzen verschieden sind, und von denen man annehmen darf, dass sie die Form $a\sin z + b\cos z$ haben. Bei solchen Instrumenten, die sich umwenden lassen, und an denen jeder Stern in beiden Lagen beobachtet wird, ist der zweite Theil $b\cos z$ unschädlich, er bewirkt blos einen nach der Zenithdistanz ungleich ausfallenden Collimationsfehler, ohnehin wird aber auch ein solcher Theil bei einem gut ausgeführten Instrument noch immer merklich sein. Allein anders verhält es sich mit dem ersten Theil $a\sin z$, alle Zenithdistanzen werden dadurch verfälscht, die kleinen wenig, die grössern mehr. In dieser Beziehung ist jedes Instrument ein Individuum, und wenn gleich durch den Künstler dieser Fehler sehr vermindert werden kann, so halte ich es doch für unmöglich, ihn mit Sicherheit ganz wegzuschaffen, und es bleibt nichts übrig, als ihn durch Beobachtungen zu bestimmen. Die Vergleichung von den Declinationen südlicher Sterne, welche Herr LITTROW aus BESSELS Beobachtungen abgeleitet hat, mit den PONDSCHEN, zeigt mir, dass die Differenz der Werthe von a bei PONDS und bei BESSELS Kreise etwa $= 3''$ gesetzt werden muss, um die Resultate am besten in Uebereinstimmung zu bringen, allein wie gross die Werthe einzeln sind, bleibt unentschieden. Wüsste man *gewiss*, dass der Mittelpunkt der Figur der Sonne einen grössten Kreis beschreibt, und dass die Refraction für Sonnen- und Sternlicht genau dasselbe ist, so würde man berechtigt sein, jenen Unterschied ganz oder grösstentheils auf PONDS Kreis zu schieben; allein da jene Voraussetzungen unerwiesen sind, so würde dieser Schluss eine petitio principii sein. Ich bemerke nur noch, dass aus Vergleichung meiner Beobachtungen mit den PONDSCHEN folgt, dass der Werth von a an REPSOLDS Kreise von dem des PONDSCHEN um $1''{,}5$ abweicht, und zwar auf der entgegengesetzten Seite von BESSELS Kreise, so dass dieser vom REPSOLDSCHEN $4''{,}5$ differirt. Man darf sich darüber gar nicht wundern, nach mehreren Frfahrungen bewirkt an REPSOLDS Kreise das Auflegen eines Gewichts von 1 Loth bei dem Objectiv eine Biegung, wodurch die Zenithdistanzen im Horizont um $1''$ vermindert werden. Die Balancirungen am Fernrohr, die REPSOLD und REICHENBACH angebracht haben, machen zwar diese Biegung sehr klein, können aber keine Gewähr leisten, dass sie ganz aufgehoben ist. Das einzige Mittel, den Werth von a zu erfahren, scheint mir zu sein, dass man eine hinreichend grosse Anzahl Beobachtungen aus einem Quecksilberhorizont macht. Ich habe bisher nur erst einigemal Beobachtungen dieser Art gemacht, und zwar am Polarstern; diese geben zwar fast haarscharf im Mittel $a = 0$, allein die Beobachtungen müssten erst viel zahlreicher sein, um mich dabei beruhigen zu können. Doch kann ich schon glauben, dass der Werth von a an REPSOLDS Kreise fast $5''$ betragen könnte. Diese Beobachtungen haben übrigens, besonders bei einem grossen Instrument, manche praktische Schwierigkeit.

Von meinen Beobachtungen am REPSOLDSCHEN Kreise führe ich hier noch die geraden Aufsteigungen des Nordsterns an, die ich im vorigen Mai bestimmt habe. Der Decimalbruch des Tages ist von der untern Culmination des Datum an gezählt, die Vergleichung ist mit BESSELS *neuen* Tafeln gemacht[*]) (die Unterschiede der Beobachtungen im vorigjährigen Jahrbuche bezogen sich auf BESSELS ältere Tafeln). Wegen der Columne mit der Ueberschrift Gewicht, beziehe ich mich auf das vorigjährige Jahrbuch (S. 214 [S. 415 d. B.]).

---

[*]) Jedoch mit Weglassung der beiden kleinen Gleichungen.

1819	Scheinb. AR.	Verb. Diff. v. Bessels Taf.	Ge-wicht	1819	Scheinb. AR.	Verb. Diff. v. Bessels Taf.	Ge-wicht
	$0^u 55^m$				$0^u 55^m$		
Mai 1.0	$51^s 03$	$+0^s 07$	5.52	Mai 8.25	$54^s 83$	$+0^s 76$	3.43
2.75	51.27	-0.40	3.43	9.75	54.95	$+0.17$	3.00
3.25	52.39	$+0.51$	4.44	10.75	53.29	-1.98	3.40
6.00	52.97	-0.09	3.56	16.50	57.21	-1.06	3.00
7.25	54.33	$+0.72$	3.75	21.25	60.96	$+0.03$	2.67

Im Mittel wäre hiernach die Correction nur $= -0^s 03$.

Seit kurzem ist nun auch der REICHENBACHsche Meridiankreis angelangt, welcher auch bald wird aufgestellt werden können. In Beziehung auf das Mittagsfernrohr bemerke ich noch, dass seine optische Kraft ungemein gross ist. Den kleinen Stern, welcher 5' vom Pol absteht, sehe ich in der Dämmerung, wo noch keine Fadenbeleuchtung nöthig ist. Das Umlegen geschieht vermittelst eines von dem hiesigen Hrn. Inspector RUMPF sehr schön ausgeführten Apparats in der Luft. Durch ein Seil, welches oben über eine Rolle, von da nach der Seite zu einer zweiten Rolle geht, und dann unten auf die Welle einer Winde mit Sperrung u.s.w. gewickelt ist, hebt man das Instrument etwa nur 1 Zoll in die Höhe, worauf es freischwebend umgedreht und in der entgegengesetzten Lage wieder eingelassen wird. Die Rolle wird nach gemachtem Gebrauch durch den blossen Zug an einer Schnur seitwärts geschoben, um bei Zenithbeobachtungen nicht zu hindern. Das ganze Geschäft dauert etwa 5—6 Minuten, so dass ich, wenn ich während der Nordstern Culmination umlege, von 7 Fäden nur einen verliere: wenn ich erst den zweiten Stellungskreis erhalten haben werde, wird dies Geschäft leicht so schnell ausgeführt werden können, dass gar kein Faden verloren geht. Beim REPSOLDschen Kreise kostet das Umlegen immer über eine halbe Stunde. Bei dem REICHENBACHschen Kreise wird es auf eine andere Art, vermittelst einer besondern Maschine, geschehen, und der Künstler glaubt, dass 8 Minuten jedesmal zureichend sein werden.

GAUSS AN BODE.

Astronomisches Jahrbuch für 1823.   Seite 160..161.   Berlin 1820.

Göttingen den 21. März 1820.

Saturn.

1819	Scheinb. AR.	Koord.	1819	Scheinb. AR.	Koord.
Sept. 4	$13^u 5^m 43^s 9$	$359° 40' 2''.7$	Sept. 13	$12^u 27^m 45^s 0$	$359° 3' 30''.4$
5	13 1 22.0	36 2.7	14	12 23 32.3	358 59 18.1
6	12 57 10.7	32 9.6	15	12 19 19.8	55 9.0
7	12 52 58.8	28 10.3	16	12 15 7.0	50 54.4
8	12 48 46.1	24 4.0	19	12 2 28.6	38 10.6
9	12 44 34.4	20 0.4	21	11 54 3.0	29 42.9
10	12 40 22.2	15 55.6	24	11 41 24.2	15 56.4
11	12 36 10.1	11 51.7	28	11 24 33.4	0 5.1
12	12 31 57.5	7 41.2	Oct. 1	11 11 55.9	357 47 36.9

Vesta.

1819 Sept. 7	13^u 32^m 52^s0	$9°$ $28'$ $7''2$		1819 Sept. 16	12^u 50^m 21^s4	$7°$ $40'$ $58''5$
9	13 23 32.6	9 6 10.5		19	12 35 55.5	7 1 18.0
10	13 18 51.1	8 54 44.7		21	12 26 15.9	6 34 15.9
11	13 14 8.6	8 43 1.8		24	12 11 43.4	5 52 58.1
12	13 9 25.1	8 31 6.9		28	11 52 18.1	4 57 24.3
15	12 55 18.7	7 53 49.8		Oct. 1	11 37 45.3	4 16 1.2

Pallas.

1820 Jan. 2	12^u 0^m 56^s9	$101°$ $44'$ $50''4$		1820 Jan. 15	10^u 59^m 12^s7	99^v $5'$ $5''1$
9	11 27 31.7	100 16 8.8		22	10 26 58.4	97 54 9.0
14	11 3 53.7	99 16 26.5		31	9 47 19.9	96 50 9.0

Mars.

1820 Jan. 17	12^u 7^m 30^s8	$118°$ $10'$ $41''1$		1820 Febr. 8	10^u 9^m 43^s1	$110°$ $19'$ $58''3$
.22	11 39 24.9	116 3 44.8		9	10 4 52.7	110 6 18.6
23	11 33 50.8	115 39 8.0				
25	11 22 56.7	114 50 55.9				

Die Beobachtungen der *Ceres* habe ich noch nicht reducirt. Es ist hiebei noch zu bemerken, dass die Beobachtungen vom 17. Jan. an (incl.) mit Bessels neuer Tafel für die scheinbaren geraden Aufsteigungen der Maskelynischen Sterne reducirt sind.

Ueber den Reichenbachschen Meridiankreis, welcher seit dem 21. Februar in täglichem Gebrauch ist, ein andermal.

MERIDIANKREIS.

Göttingische gelehrte Anzeigen. Stück 91. Seite 905..912. 1820. Juni 5.

Der neue Reichenbachsche Meridiankreis, welchen unsere Sternwarte im vorigen Jahre erhalten hat, ist zwar schon seit geraumer Zeit aufgestellt, und im Gebrauch: wir haben aber, ehe wir von demselben eine öffentliche Nachricht gäben, erst eine beträchtliche Reihe von Erfahrungen abwarten zu müssen geglaubt, um nach diesen desto sicherer über das, was dieses Instrument, von einer bisher noch nicht angewandten Einrichtung, leistet, urtheilen zu können.

Das Instrument ist zugleich Mittagsfernrohr und Höhenmesser. Alle zu der erstern Bestimmung gehörigen Einrichtungen hat es mit den vollkommensten einfachen Mittagsfernröhren gemein, und bedürfen daher jene keiner ausführlichen Beschreibung. Das Fernrohr hat 5 Pariser Fuss Brennweite, und 4 Pariser Zoll Oeffnung. Die vier Oculareinsätze vergrössern 68, 86, 120 und 170 mal: Hr. Hofrath Gauss bedient sich fast ausschliesslich der stärksten. Das Fadennetz musste, weil einige der Fäden schlaff geworden waren, hier erneuert werden. Es besteht jetzt aus sieben verticalen und zwei horizontalen Spinnenfäden: die Zwischenräume zwischen jenen werden von Sternen im Aequator in 14 Secunden durchlaufen; die horizontalen sind nur $7''6$ von einander entfernt.

Die Axe von 33 Pariser Zoll Länge trägt auf der einen Seite zwei concentrische Kreise, deren vom Fernrohr abgekehrte Flächen fast in Einer Ebene liegen. Der äussere Kreis, welcher auf der Axe *fest* ist, und sich also mit dem Fernrohr zugleich dreht, hat die Theilung, die unmittelbar von 3 zu 3

Minuten geht. Der innere Kreis (Alhidaden-Kreis) würde sich ohne eine an dem Pfeiler angebrachte Hemmung um die Axe drehen lassen: diese aber verstattet ihm nur eine kleine feine Bewegung, um die an ihm feste Wasserwaage einzustellen. Auf diesem Alhidadenkreise sind die vier Indices, je 45° von der Verticallinie entfernt, mit ihren Verniers, welche die Haupttheile wieder in 90 Theile, also von 2 zu 2 Secunden abtheilen; kleinere Theile lassen sich noch schätzen. Der Durchmesser der Kreise bei der Ablesung ist 35 Pariser Zoll. Dass beide Kreise, ohne einander zu berühren, doch nur durch einen kaum merklichen Zwischenraum getrennt, und dass desswegen die Ablesungsmicroscope absichtlich etwas schief gestellt sind, indem die Fläche des getheilten Kreises etwas, obwohl nur äusserst wenig, über die Fläche des Alhidadenkreises hervorragt, sind Einrichtungen, die dieses Instrument mit andern REICHENBACHSchen gemein hat. Drei Balancirungen, für das ganze Instrument, für den Alhidadenkreis und für das Fernrohr, haben den Zweck, den Druck der Zapfen auf die Pfannen und des Alhidadenkreises auf die Axe, so wie die Biegung des Rohrs aufzuheben. An der Hänglibelle, womit die Axe nivellirt wird, beträgt ein Ausschlag von einem Pariser Zoll 22″, an der Hauptlibelle 17″6. Letztere dient, den Alhidadenkreis immer in unverrückter Lage zu erhalten, oder sehr kleine Verrückungen zu messen und in Rechnung zu bringen (Hr. Hofr. GAUSS pflegt die Correctionsschraube nur dann zu berühren, wenn die Verstellung über 2″ beträgt, welches selten der Fall ist).

Die Umlegung des Instruments, die vermittelst einer sehr zweckmässig eingerichteten Maschine leicht und sicher ausgeführt wird, dient demnächst, in Beziehung auf das Höhenmessen, den Collimationsfehler auszumitteln, und die gemessenen Zenithdistanzen in absolute zu verwandeln. Inzwischen kann es bedenklich scheinen, den Collimationsfehler auf längere Zeit und bei beträchtlichem Temperaturwechsel als ganz unveränderlich anzusehen, und daher wird es, falls man nicht das Instrument sehr oft umlegt, vortheilhafter sein, die Beobachtungen auf den Pol, als sie auf das Zenith zu beziehen. Den Ort des Pols auf dem Kreise kann man durch Circumpolarsterne um so leichter bestimmen, da die optische Kraft des Fernrohrs bewundernswürdig gross ist. Dieses steht darin dem Fernrohr am REICHENBACHSchen Passage-Instrument (d. Anz. 1819 [S. 422 d. B.]) kaum nach, obgleich letzteres bei einer grössern Brennweite auch eine etwas grössere Oeffnung hat, und der etwa noch vorhandene kleine Unterschied wird dadurch aufgewogen, dass man den Meridiankreis vorher auf das genaueste einstellen kann, und so allemal seine ganze Aufmerksamkeit nur auf einen sehr kleinen Theil des Gesichtsfeldes zu richten braucht. Unter den von Hrn. Hofrath GAUSS bei Tage beobachteten Sternen finden sich eine Menge von der vierten Grösse; ι Draconis HEVELII und ω Cephei HEVELII, welche auch bei Tage und in der Nähe des Mittags beobachtet wurden, sind sogar nur von der fünften. Die Einrichtung des Fadennetzes bringt es aber mit sich, dass die Tagesbeobachtungen so feiner Pünktchen, sobald sie nur überhaupt sichtbar sind, dieselbe Zuverlässigkeit haben, wie die der grössern Sterne.

Wir setzen hier als eine Probe der herrlichen mit diesem Instrument zu erreichenden Uebereinstimmung die Resultate aller von Eröffnung des Tagebuches bis zur ersten Umlegung gemachten Bestimmungen des Orts des Pols auf dem Instrumente, aus allen unmittelbar nach einander beobachteten entgegengesetzten Culminationen von Circumpolarsternen her. Die Harmonie der Resultate aus einem und demselben Sterne beweist die Feinheit, womit sich die Beobachtungen anstellen lassen, und die während jener Zeit bewahrte Unveränderlichkeit des Collimationsfehlers: die eben so grosse Uebereinstimmung der Resultate aus verschiedenen Sternen hingegen beweist die Vortrefflichkeit der REICHENBACHSchen Theilung, die um so mehr Bewunderung verdient, wenn man die mässige Grösse des Kreises in Betrachtung zieht.

1820	Name der Sterne	Grösse	Ort des Pols
Febr. 26	α Cephei	3	321° 29′ 32″14
	β Cephei	3	31.89
	δ Draconis	3	32.29
	η Cephei	3.4	32.24
	α Cephei	3	31.16
	β Cephei	3	31.65
27	δ Draconis	3	31.39
	η Cephei	3.4	31.90
	δ Draconis	3	31.54
	η Cephei	3.4	31.63
28	γ Cephei	3	31.54
	τ Cephei	4	32.74
	δ Cephei	4	31.12
März 9	δ Draconis	3	31.18
	β Cephei	3	32.18
	τ Cephei	4	31.42
	ι Cephei	4	31.52
10	β Cephei	3	32.05
11	1 Dracon. Hev.	5	31.97
18	1 Dracon. Hev.	5	32.04
	3 Lacertae	4	32.32
	α Ursae maj.	2	31.62
19	α Ursae min.	2	32.81

Das Mittel ist 321° 29′ 31″84, von welchem auch nicht eine einzige dieser 23 Bestimmungen eine volle Secunde abweicht.

In so fern die Beobachtungen an diesem Instrument nicht auf das Zenith, sondern auf den Pol bezogen werden, ist im Grunde die genaueste Kenntniss der Polhöhe etwas untergeordnetes, und da man, wo es die einzelne Secunde oder gar Theile von Secunden gilt, die grösste Behutsamkeit anzuwenden hat, und eine *so grosse* Unveränderlichkeit des Collimationsfehlers wie die obige Uebersicht zeigt, doch nicht auf immer zu erwarten ist, so wird es für die schärfste Bestimmung der Polhöhe zweckmässig sein, nur solche Beobachtungen zu verbinden, die dem Umlegen zunächst vorhergingen und zunächst darauf folgten. Hr. Hofr. GAUSS wagt daher nicht, seine bisherigen Beobachtungen zu *dieser* Bestimmung anzuwenden, da nach dem ersten Umlegen ziemlich lange anhaltendes ungünstiges Wetter eintrat, und beim zweiten am 13. April ein zufälligerweise vorgekommenes kleines Derangement des Fadennetzes die *völlige* Gleichheit des Collimationsfehlers etwas zweifelhaft machte, obwohl übrigens die Resultate aus jenen Beobachtungen sehr nahe unter sich und mit einem auf einem andern Wege erhaltenen, welches wir sogleich anführen wollen, übereinstimmen. Die Verbindung des Orts des Pols im ersten Zeitraum, mit dem im zweiten (38° 25′ 53″54) gibt nämlich die Polhöhe 51° 31′ 49″15; und die Verbindung von 13 Circumpolarsternbeobachtungen unmittelbar vor dem zweiten Umlegen mit den unmittelbar nach dem Umlegen beobachteten entgegengesetzten Culminationen derselben Sterne gibt 51° 31′ 47″86.

Bekanntlich hat seit einigen Jahren ein Umstand in einem hohen Grade die Aufmerksamkeit der Astronomen auf sich gezogen, der, wenn gleich es dabei nur ein paar Secunden gilt, doch für die Beobachtungskunst sowohl als für die mannichfaltigen astronomischen Resultate von höchster Wichtigkeit ist. Wir meinen die kleinen Unterschiede, welche sich in Bestimmung von Sterndeclinationen, Schiefe der Ekliptik und Polhöhen bei Anwendung verschiedener, wenn gleich übrigens höchst vortrefflicher, Instrumente gezeigt haben. Es leidet keinen Zweifel, dass diese Unterschiede von der *Einwirkung der Schwerkraft* auf die verschiedenen Theile jedes Instruments herrühren, wenn man gleich bis jetzt weder die Art der Einwirkung vollständig und mit Gewissheit nachweisen, noch bestimmt urtheilen kann, welches Instrument das richtige und welches das unrichtige Resultat gegeben habe. Ueber das Quantitative der Biegung der Metalle wissen wir im Grunde noch sehr wenig, und es scheint uns zu gewagt, bei irgend einem Instrumente, es sei gebaut wie es wolle, die Möglichkeit eines merklichen Einflusses der Schwere auf die Theile desselben und dadurch auf die Beobachtungen abzuläugnen, ohne eine solche Behauptung durch hinlängliche anderweitige Beweise zu begründen. Bei dem hiesigen Meridiankreise hat zwar der grosse Künstler alles gethan, um die Biegung des Fernrohrs durch eine sinnreiche Balancirung aufzuheben. Inzwischen könnte man doch immer noch zweifeln, ob dadurch alle Flexion weggeschafft, oder in ihren Wirkungen vollkommen unmerklich gemacht sei. Das einzige directe Mittel, dieses zu prüfen, scheint die Verbindung unmittelbarer Beobachtungen eines Himmelskörpers mit solchen zu sein, die an dem aus einem künstlichen Horizont gesehenen Bilde desselben gemacht werden, wobei sich von selbst versteht, dass dergleichen Beobachtungen oftmals wiederholt werden müssen, um diesen delicaten Gegenstand ins Klare zu bringen. Einen Anfang mit solchen Beobachtungen hat Hr. Hofr. GAUSS bereits gemacht, indem er den Nordstern aus einem Wasserspiegel beobachtete: den glänzendsten Beweis von der erstaunlichen optischen Kraft des Fernrohrs gibt wohl der Umstand, dass auch die bei Tage einfallende obere Culmination auf diese Weise recht gut beobachtet werden konnte. Das Resultat der ersten *vollständigen* Beobachtung dieser Art war folgendes:

Zenithdistanz des Nordsterns (frei von Strahlenbrechung, aber einschliesslich des Culminationsfehlers)

1820 Mai 13.

Untere Culmination, direct	319°	50′	20″73
Untere Culmination, reflectirt	220	5	3.94
Obere Culmination, direct . . . . . . ·	323	8	41.51
Obere Culmination, reflectirt	216	46	44.31

Hieraus folgt die *wahre* Zenithdistanz

in der untern Culmination	40	7	21.60
in der obern Culmination	36	49	1.40

und hieraus, indem die 12stündige Aenderung der Declination —0″10 ist, die Polhöhe für den Platz des Wassergefässes 51° 31′ 48″45, oder für den Mittelpunkt des Kreises 51° 31′ 48″40.

Da diese Bestimmung fast mitten zwischen die zwei oben angeführten fällt, so wird es hiedurch bereits sehr wahrscheinlich, dass die Wirkung der Schwere auf die Beobachtungen mit diesem Instrument entweder völlig unmerklich, oder doch äusserst gering sein muss. Die Declination des Nordsterns aus obigen Beobachtungen ist 0″42 kleiner als aus BESSELS Tafeln (die sämmtlichen bisherigen Beobachtungen des Hrn. Hofr. GAUSS geben diese Correction = — 0″67).

Um auch noch eine Probe von dem, was das Instrument als Mittagsfernrohr leistet, zu geben, setzen wir hier noch einige Beobachtungen des Mars her, welche Hr. Hofr. GAUSS um die Zeit der Quadratur dieses Planeten gemacht hat.

1820	Mittlere Zeit	G.Aufst.d.1.Rand.	Abw. d. Mittelp.
März 29	7ᵘ 10ᵐ 16ˢ3	114° 37′ 49″3	24° 16′ 47″3 N.
30	7 7 40.7	114 57 57.7	24 12 7.1
31	7 5 6.8	115 18 30.1	24 7 18.1
April 5	6 52 37.3	117 6 19.9	23 42 5.4
10	6 40 40.4	119 2 17.5	23 14 30.6
11	6 38 20.3	119 26 18.3	23 8 41.0
12	6 36 1.6	119 50 41.5	23 2 48.0
13	6 33 43.7	120 15 15.0	22 56 44.8
26	6 5 16.8	125 56 10.0	21 29 12.8

Die Vergleichung dieser Beobachtungen mit den Marstafeln des Hrn. von LINDENAU wurde durch Hrn. von STAUDT gemacht, welcher sich gegenwärtig bei uns mit ausgezeichnetem Eifer und Erfolg dem Studium der mathematischen und astronomischen Wissenschaften widmet. Es ergaben sich folgende

	Unterschiede	
	Ger. Aufst.	Abweich.
März 29	— 0″7	+ 5″1
30	— 0. 5	+ 3. 9
31	— 2. 1	+ 6. 1
April 5	— 1. 3	+ 3. 9
10	— 4. 9	+ 2. 9
11	— 1. 9	+ 3. 6
12	— 4. 8	+ 1. 9
13	— 1. 8	+ 4. 2
26	— 1. 5	+ 1. 5

GAUSS AN BODE.

Astronomisches Jahrbuch für 1823 Seite 228..230. Berlin 1820.

Göttingen, den 3. Sept. 1820.

Ihrem Wunsche zufolge übersende ich Ihnen hier die Ephemeride für den Lauf der *Pallas* während ihrer Sichtbarkeit im Jahre 1821. Sie ist diesmal von Hrn. von STAUDT berechnet, einem jungen Manne von ausgezeichneten Talenten, welcher sich hier dem Studium der Mathematik und Astronomie widmet. Da die Berechnung derselben erst heute fertig geworden ist, und Sie dieselbe sobald als möglich zu erhalten wünschten, so kann ich die noch nicht vollendete genaue Vorausberechnung der am 19. Mai 1821 einfallenden Opposition nicht beifügen, weil sonst die Absendung erst einen Posttag später geschehen könnte.

Von dem REICHENBACHschen Meridiankreise habe ich in unsern gel. Anz. eine ausführliche Beschreibung gegeben, und es wird daher unnöthig sein, hier etwas davon zu wiederholen. Die Anzahl meiner vom 21. Febr. bis jetzt damit gemachten Beobachtungen mag etwa 1200 betragen, von denen aber bis jetzt erst ein Theil ganz vollständig reducirt ist. Ich schreibe Ihnen diesmal meine bis zum 15. Juli beobachteten Sonnendeclinationen her (von den gleichzeitig am Mittagsfernrohr beobachteten Rectascensionen ist erst ein Theil reducirt). Der Ort des Pols auf dem Instrument ist dabei bereits nach der Gesammtheit der dazu dienlichen Beobachtungen auf das schärfste bestimmt, und die Beobachtungen sind von der Refraction nach BESSELS Tafel und von der Parallaxe, die mittlere Horizontalparallaxe = 8″60 angenommen, befreit. Auf Flexion ist aber keine Rücksicht genommen. Nach meinen bisherigen Versuchen scheint dieselbe fast ganz unmerklich zu sein, und wenn sie doch vielleicht *einige Zehntheile der Secunde* betragen sollte, so kann diese Grösse erst durch eine lange Reihe von Beobachtungen ausgemittelt werden.

VI.

84

Beobachtete Declinationen der Sonne 1820.

O obern U untern Rand

		Südlich				Nördlich					Nördlich	
Febr	22	10° 12′ 36″5 O		April	12	9° 0′ 52″2 O		Mai	11	18° 11′ 25″9 O	
	27	8 54 23.0 U			13	8 50 43.1 U			19	20 4 23.5 O	
	28	7 59 29.9 O			16	9 55 14.7 U			27	21 4 11.3 U	
	29	8 9 11.3 U			18	11 9 15.3 O			31	21 41 11.8 U	
März	5	6 14 26.5 U			21	12 11 13.2 O		Juni	6	22 25 19.1 U	
	11	3 53 5.3 U			22	11 59 26.2 U			20	23 43 27.5 O	
	14	2 11 0.0 U			23	12 19 29.7 U			25	23 50 30.6 O	
	19	0 44 37.2 U			24	13 11 9.9 O			27	23 4 58.1 U	
		Nördlich			26	13 50 10.3 O		Juli	11	22 23 0.0 O	
April	3	5 38 52.1 O			27	13 37 30.7 U			12	22 14 51.1 O	
	4	6 1 48.2 O		Mai	6	16 19 13.5 U			15	21 16 29.3 U	

Noch theile ich Ihnen die Resultate meiner Beobachtungen von 20 Zenithalsternen mit, d. i. die auf den Anfang von 1820 reducirten mittlern Zenithdistanzen. Zur Reduction sind dieselben Elemente gebraucht, die BESSELS Tafeln für den Nordstern zum Grunde liegen. Es sind dies dieselben Sterne, welche Herr Prof. SCHUMACHER mit dem RAMSDENSCHEN Zenithsector 1819 in Lauenburg und in d. J. in Skagen beobachtet hat, und woraus die Krümmung der verschiedenen Stücke des Meridianbogens von Skagen bis Göttingen werden abgeleitet werden. Ich kann diese aber noch nicht angeben, da mir die *Endresultate* der SCHUMACHERschen Beobachtungen noch nicht bekannt sind. Ich bemerke nur noch, dass ich jeden Stern *wenigstens* dreimal in der einen und dreimal in der andern Lage des Kreises beobachtet habe. Bei der Reduction auf den Anfang von 1820 ist auf die eigne Bewegung der Sterne keine Rücksicht genommen, diese kann aber mit grösster Genauigkeit aus der Vergleichung meiner Bestimmungen mit den BRANDLEYschen abgeleitet werden, wozu die Polhöhe der hiesigen Sternwarte = 51° 31′ 48″7 anzunehmen ist. Das Mittel meiner Beobachtungen fällt in die ersten Tage des August.

Sterne.	M. Z. D. 1820.	Coll. Fehler.
η Cephei	9° 36′ 44″28 N.	2′ 15″50
Piazzi XX. 222.	8 17 7.34	16. 65
Draconis	8 4 11.09	16. 78
47 Draconis	7 38 26.35	17. 19
Cephei 2 Hev.	6 50 16.06	16. 96
48 Draconis	6 2 55.95	17. 36
53 Draconis	5 1 32.34	17. 06
33 Cygni	4 29 25.71	18. 35
49 Draconis	3 52 25.79	17. 18
46 Draconis	3 49 49.51	16. 62
Piazzi XX. 391.	2 17 59.29	17. 64
51 Draconis	1 35 38.56	16. 96
χ Cygni	1 30 37.18	17. 20
Piazzi XXI. 32.	1 18 6.93	16. 27
20 Cygni	1 0 18.21	17. 54
ι Cygni	0 10 46.28 S.	17. 06
c′ Cygni Praec.	1 25 6.27	18. 03
c′ Cygni Sequ.	1 25 33.33	16. 37
θ Cygni	1 43 15.97	17. 79
ω′ Cygni	2 44 22.59	17. 71
Mittlerer Werth des C. F. . .		2′ 17″22

Sie sehen, dass nur bei zwei Sternen die Bestimmung des Collimationsfehlers über 1″ vom mittlern Werthe abweicht.

INSTRUMENTE.

Göttingische gelehrte Anzeigen. Stück 187. Seite 1865 .. 1866. 1820. November 20.

Se Königl. Hoheit der Herzog von Clarence hat der Universität einen Beweis seines gnädigen Andenkens gegeben, indem Er die Bibliothek mit einer kostbaren Sammlung von Seecharten in 182 Blättern beschenkt hat. Es sind dies die in London in dem Hydrographical Office erscheinenden, und mit dessen Stempel bezeichneten Charten; die nicht in den Buchhandel kommen, sondern nur für den Gebrauch der Königl. Marine bestimmt sind. Die Sammlung umfasst nicht bloss die Europäischen Gewässer, sondern auch den grössten Theil der Küsten von Africa, America, Ost- und Westindien, von denen der Herzog, selber Seemann, viele aus eigner Ansicht kennt. Mehr wird es nicht bedürfen, sowohl ihren Werth als unsre Dankbarkeit zu bezeichnen, da ein Verzeichniss der Einzelnen dem Zweck dieser Blätter nicht angemessen sein würde.

Auch von Sr. Königl. Hoheit dem Herzog von Sussex erhielt die Universität einen Beweis seiner huldreichen Erinnerung, durch zwei Geschenke, welche Höchstdieselben der Sternwarte gemacht haben. Es bestehen diese in einer von Hardy in London verfertigten Tertienuhr, von einer besondern Einrichtung und vorzüglich schöner Arbeit, und in einem Apparat, den man ein verkehrtes Pendel nennen könnte, und wodurch die Anwendbarkeit einer sinnreichen Idee ins Licht gesetzt wird. So wie das gewöhnliche Pendel oben befestigt ist und an der Feder *hängt*, so ist dieses unten fest, und *steht* auf der verhältnissmässig etwas starken Feder. Die Pendelstange ist ein 5 Zoll langer Cylinder, auf welchem oben ein kleines kugelförmiges Gewicht aufgeschraubt ist. Oben endigt sich die Stange in eine feine Spitze, die auf einem in 20 Theile getheilten, Einen Zoll grossen Gradbogen spielt. Jeder dieser Theile beträgt also eigentlich etwas über 34 Minuten, allein die auf der Sternwarte gemachten Versuche haben ergeben, dass schon eine Neigung des Apparats von 57 Secunden einen Ausschlag von einem Theile gibt, oder dass dieses Pendel eine eben so grosse Empfindlichkeit hat, wie ein gewöhnliches von 15 Fuss Länge. Da das Kügelchen höher und tiefer geschraubt werden kann, so kann man, wenn man will, es leicht so abgleichen, dass der Ausschlag Eines Theils genau Einer Minute entspreche. Man sieht hieraus, dass dieser Apparat, mit den nöthigen Correctionsschrauben versehen, und mit gehöriger Vorsicht angewandt, in manchen Fällen mit Vortheil die Stelle einer Libelle oder eines Loths vertreten kann.

COMET.

Göttingische gelehrte Anzeigen. Stück 23. Seite 217. 1821 Februar 10.

Der von Herrn Nicolet in Paris am 21. Januar d. J. entdeckte Comet wurde auf der hiesigen Sternwarte am 30. Januar von Hrn. Hofr. Gauss aufgefunden und beobachtet. Um $7^u\ 34^m\ 32^s$ Mittlere Zeit war des Cometen Gerade Aufsteigung . . . . $359°\ 27'\ 7''$

Die nördliche Abweichung. 16   4   36

Dieser Comet ist dem blossen Auge unsichtbar, aber schon im Cometensucher gut zu erkennen, wo sich auch der Schweif in der Länge von einigen Graden zeigt. Von einem begrenzten Kern ist keine Spur.

[HELLER FLECK IM MOND.]

Göttingische gelehrte Anzeigen. Stück 46. Seite 449..452. 1821. März 22.

Ueber eine von Hrn. Dr. Olbers am 5 Febr. d. J. am dunkeln Theile der Mondoberfläche beobachtete Erscheinung theilen wir hier einen Auszug aus einem Briefe desselben an Hrn. Hofrath Gauss, vom 27. Februar, um so lieber mit, da die von jenem genialen Astronomen beigefügten höchst sinnreichen Vermuthungen über das an sich schon so seltene als merkwürdige Phänomen die aufmerksamste Beachtung verdienen und zu einer ganz neuen und fruchtbaren Ansicht führen.

Am 5. Februar (schreibt Hr. Dr. Olbers) habe ich die Erscheinung im Monde gesehen, die man einen Mondsvulkan genannt hat. Was ich in meinem Tagebuche darüber sogleich niedergeschrieben habe, ist wörtlich folgendes: 'Am fünften war es sehr heiter, aber schon Mondschein. In dem dunkeln Theile des Mondes sah ich noch nie das Phänomen, das man für einen brennenden Vulkan im Monde gehalten hat, so deutlich und auffallend, wie diesen Abend. Es schien, wie gewöhnlich, im Aristarch zu sein. Es war klein, aber ganz *auffallend* heller, als der übrige Theil des von der Sonne nicht erleuchteten Mondes, ganz sternähnlich, und hatte eben das Ansehen, wie ein Nordost vom Monde stehender Fixstern 3ter Grösse.'

Da es am 6. Februar trübe war, hat Hr. Dr. Olbers sich nicht weiter nach dieser Erscheinung umgesehen. Inzwischen haben, bald nachher, Englische öffentliche Blätter angezeigt, dass der Capitain Kater am 7. Februar der Königl. Societät zu London eine Nachricht über einen von ihm im Monde gesehenen Vulkan mitgetheilt habe. Er habe sich durch fortgesetzte Beobachtungen wirklich überzeugt, dass es ein im Ausbruch begriffener Vulkan sei.

Es scheint also (fährt Hr. Dr. Olbers fort), dass Hr. Kater dieselbe Erscheinung gesehen, nur sie weiter verfolgt habe, die auch mir am 5. Februar auffiel. Ich kenne zwar seine Ueberzeugungsgründe, dass dies wirklich ein brennender Vulkan gewesen, nicht: allein nach allem, was wir von der Beschaffenheit des Mondes, und seiner so zweifelhaften Atmosphäre wissen, scheint ein brennender Vulkan fast unmöglich. 'Vielmehr glaube ich, dass sich die Erde in einer ebenen merklich glatten fast einer polirten Fläche ähnlichen Seitenwand einer zum Aristarch gehörenden grossen Felsklippe wirklich abspiegelte.' Das so abgespiegelte Bild eines Theiles der Erde musste ganz ungleich heller sein, als alles übrige bloss von der Erde erleuchtete, da dieses das Erdenlicht nach allen Richtungen zerstreut, jenes dasselbe nur in *einer* Richtung zurückwirft. Wenn jene unvollkommene Spiegelung auch nur ein Zehntel des Erdlichts zurückwarf (da unsre wirklichen Spiegel etwa die Hälfte des auf sie fallenden Lichtes zurückwerfen) und die Seitenwand nur 2″ im Durchmesser hatte, so konnte sie immer so hell wie ein Stern sechster Grösse erscheinen. — Nach dieser Vorstellung wird es erklärlich: *erstens*, warum wir die vulkanartigen Erscheinungen immer nur an bestimmten Stellen des Mondes sehen. *Zweitens*, warum sie nicht in jeder Lunation, sondern nur selten zu Gesichte kommen: die Libration muss nemlich bis auf etwa 2° dieselbe sein. — Die Möglichkeit, dass es solche mehr oder weniger spiegelartig das Licht zurückwerfende Seitenwände der Mondsklippen geben könne, lässt sich wohl nicht bezweifeln. Auf unsrer Erde mag es grosse Gletscherflächen geben, die auch als unvollkommene Spiegel Licht zurückwerfen können. Ich führe dieses nur als etwas analoges an: denn Gletscher sind im Monde eben so unwahrscheinlich, wie brennende Vulkane. Aber dass es unter den auch im Monde wahrscheinlich nach Crystallisationsgesetzen gebildeten Gebirgen einzelne geben könne, die ebene, glatte, fast einer Politur ähnliche Seitenflächen haben, scheint sehr gedenkbar. Es mag ihrer vielleicht viele im Monde geben, aber selten mögen sie gerade die Lage haben, dass sie uns unter bestimmter Libration gerade das Bild der Erde zurückspiegeln können, auch die Sonne scheint sich zuweilen auf ähnlichen Klippenwänden im Monde abzuspiegeln. Noch vor etwa 8 Wochen sah ich im Mare Imbrium ausser der Lichtgrenze zwei von der Sonne beschienene Bergköpfe, so ungewöhnlich hell, scintillirend, Siriusähnlich, dass es mir unmöglich schien, hier bloss nach gewöhnlichen Zerstreuungsgesetzen zurückgeworfenes Sonnenlicht anzunehmen. Ich kann nicht bestimmt sagen, ob der eine dieser Berge vielleicht der auch im Mare Imbrium gelegene Lahire (nach Schröter) war, bei welchem Schröter ganz ähnliche Erscheinungen wahrgenommen hat.

In einem spätern Briefe bemerkt Hr. Dr. Olbers noch, dass diese Hypothese über die Ursache des Phänomens sich leicht prüfen lassen werde, weil, wenn sie die wahre Erklärung enthalte, bei derselben Libration immer dieselbe Erscheinung wieder statt haben müsse. Felsenwände, die ein Bild der Erde oder der Sonne, mehr oder weniger unvollkommen zurückspiegeln können, seien im Monde um so gedenkbarer, da dort wahrscheinlich nicht wie auf der Erde eine Verwitterung der äussern Oberfläche der Gebirge und Klippen durch atmosphärische Einwirkung statt finde. Die zurückspiegelnde Klippenwand brauche auch nicht ganz eben zu sein, wenn sich nur die zurückspiegelnden Theile in parallelen Ebenen befinden, wie dies bei solchen Bergen, die nach Crystallisationsgesetzen gebildet sind, leicht statt finden könne. Hr. Dr. Olbers erinnert hiebei an unsere Basaltberge, deren einzelne grosse Crystalle noch sehr wohl dem entfernten Auge vereint ein unvollkommenes Sonnenbild zurückspiegeln könnten, wenn ihre Oberflächen nicht längst durch Luft, Dünste, Regen u. s. w. die wahrscheinlich ursprünglich vorhanden gewesene Politur und Glätte verloren hätten.

Am 6. März, wo die Nachtseite des Mondes vortrefflich zu sehen war, konnte Hr. Dr. Olbers mit seinem Dollondschen Fernrohr, alle Flecken, z. B. Grimaldi, Copernicus, Kepler, Maeilius, Menelaus u. s. w. sehr deutlich erkennen. Aristarch zeichnete sich wieder vor allen andern, auch, wie es schien, *mehr als gewöhnlich*, aus. Allein so *hell* und so *fixsternähnlich* wie am 5. Februar fand ihn Hr. Dr. Olbers diesmal nicht.

COMET.

Göttingische gelehrte Anzeigen. Stück 78. Seite 769..771. 1821 Mai 17.

Wir haben mit der Anzeige der sämmtlichen auf hiesiger Sternwarte gemachten Beobachtungen des diesjährigen Cometen bis jetzt gezögert, weil wir hofften, dass die auf dieselben gegründeten Resultate durch viel spätere auswärtige Beobachtungen noch würden vervollkommnet werden können. Da diese Hoffnung unerfüllt geblieben ist, so theilen wir nunmehro die sämmtlichen hiesigen Beobachtungen hier mit.

1821	Mittlere Zeit	Gerade Aufst.	Nordl. Abw.
Jan. 30	7^u 34^m 32^s	359° 27' 7"	16° 4' 36"
Febr. 3	7 3 56	359 3 54	15 46 3
7	6 42 38	358 45 5	15 29 49
9	6 42 30	358 36 24	15 21 22
10	6 52 27	358 32 19	16 17 50
11	7 12 0	358 28 27	15 14 26
März 1	7 18 7	357 13 34	14 8 37
5	7 5 28	356 54 11	13 43 5

Hr von STAUDT, von dessen ausgezeichneter Geschicklichkeit im astronomischen Calcül wir schon öfters Proben mitgetheilt haben, gründet auf diese Beobachtungen folgende *parabolische Elemente*.

Durchgangszeit durch die Sonnennähe 1821 März 21.61890
Logarithm des kleinsten Abstandes von der Sonne Meridian von Göttingen 8.9645990
Argument der Breite in der Sonnennähe . . . . 169° 10' 9"3
Länge des aufsteigenden Knoten 48 44 14.7
Neigung der Bahn 106 40. 16.4

Diese Elemente stellen die sämmtlichen uns bekannt gewordenen Beobachtungen so schön dar, dass keine weitere Verbesserung, und noch weniger eine Bestimmung der Ellipticität, gemacht werden kann, wenn nicht noch viel spätere gute Beobachtungen von andern Orten bekannt werden. Wir können des beschränkten Raums wegen hier nur die Vergleichung der Elemente mit den hiesigen Beobachtungen beifügen:

	Unterschied.	
	Ger. Aufst.	Abweich.
Januar 30	— 18"8	+ 34"9
Februar 3	+ 3.9	— 6.0
7	— 13.1	— 36.0
9	— 0.1	+ 14.7
10	+ 2.6	+ 7.3
11	— 1.2	— 3.5
März 1	— 0.3	— 0.3
5	— 5.3	— 20.6

Dieser Comet zeichnet sich durch seine grosse Annäherung an die Sonne vor andern aus, und musste daher um die Zeit des Perihelium eine sehr grosse Lichtstärke erreichen. Das Licht des Cometen als erborgtes Sonnenlicht betrachtet, gab Hrn. VON STAUDTS Rechnung die Lichtstärke:

Januar 21	0.139	März 18	19.588	März 22	128.139
Februar 10	0.258	19	32.519	23	81.238
März 1	0.832	20	59.932	24	46.005
5	1.253	21	110.610	25	27.980

Die Zahlen vom 18. März an gelten für die Culminationszeit in Göttingen. In den ersten Tagen des März konnte der Comet sehr bequem mit blossen Augen gesehen werden und glich an Helligkeit fast einem Sterne 3ter Grösse. Es war daher allerdings die grösste Hoffnung, dass der Comet zur Zeit seiner grössten Helligkeit mit lichtstarken Instrumenten trotz seiner nahen Stellung bei der Sonne, bei Tage im Meridian würde beobachtet werden können. Auf der hiesigen Sternwarte erlaubte inzwischen der bedeckte Himmel vom 19. bis 23. März keinen Versuch; am 18. und 24. hingegen, wo um die Cul minationszeit des Cometen der Himmel klar war, konnte keine Spur des Cometen bemerkt werden, obgleich dessen Ort genau voraus berechnet war. Nach den Nachrichten, welche Hr. Hofr. GAUSS von verschiedenen andern Sternwarten erhalten hat, sind daselbst die Nachsuchungen um die Zeit der grössten Helligkeit des Cometen gleichfalls durch ungünstige Witterung vereitelt worden.

GAUSS AN BODE.

Astronomisches Jahrbuch für 1825. Seite 103 .. 105. Berlin 1821.

Göttingen, den 26. Dec. 1821.

Sie werden mich wegen meines so langen Stillschweigens entschuldigt halten, wenn ich Ihnen sage, dass ich den grössten Theil des Jahres von hier abwesend gewesen bin und selbst noch im Spätherbst eine Reise nach Altona zur Empfangnahme des RAMSDENschen Zenithsectors gemacht habe, von wo ich erst vor kurzem hieher zurückgekommen bin.

Bei meiner Triangulation, wo ich bisher an fünf Dreieckspunkten die Winkel gemessen habe, habe ich die Dreiecke so gross wie möglich zu machen gesucht. Ueber das neue, von mir zu diesem Behuf angewandte Hülfsmittel, den *Heliotrop*, und die ersten damit gemachten, ins Grosse gehenden Versuche, werden Sie die Nachricht in Nr. 126. der hiesigen gelehrten Anzeigen [B. IV. d. W.] gelesen haben. Seit der Zeit habe ich davon beständig Gebrauch gemacht, nicht allein als Zielpunkt beim Winkelmessen, sondern auch mit nicht weniger glücklichem Erfolg zu telegraphischen Signalisirungen. Die gewaltige Wirkung des reflectirten Sonnenlichts von einem Spiegel von 2 Zoll Breite und 1¼ Zoll Höhe, welches in Entfernungen von 5, 6, 7½, ja einmal von 9¼ geographischen Meilen mit *blossen Augen* gesehen wurde, pflegt diejenigen, die sie zum ersten male erfahren, und nicht durch theoretische Berechnung darauf vorbereitet sind, gewöhnlich in Erstaunen zu setzen. Bei einem nur einigermassen günstigen Zustande der Luft giebt es jetzt für die Grösse der Dreiecksseiten keine Grenzen mehr, als die die Krümmung der Erde setzt, zumal wenn man, wie ich es bei zwei neu angefertigten Heliotropen von ganz verschiedener Construction gethan habe, den Spiegeln noch etwas grössere Dimensionen giebt.

Die erwähnten Beschäftigungen haben mich bis jetzt gehindert, die Berechnung einer Ephemeride für die nächste Erscheinung der Pallas zu besorgen und die früheren von mir hier gemachten Beobachtungen für Ihr Jahrbuch in Ordnung zu bringen. Nur meine Beobachtungen des Cometen von diesem Jahre kann ich Ihnen jetzt hier beifügen.

1821	Mittlere Zeit in Göttingen			Gerade Aufsteigung			Nördliche Abweichung		
Jan. 30	7^u	34^m	42^s	359°	27'	7"	16°	4'	36"
Febr. 3	7	3	56	359	3	54	15	46	3
7	6	42	38	358	45	5	15	29	49
9	6	42	30	358	36	24	15	21	22
10	6	52	27	358	32	19	16	17	50
11	7	12	0	358	28	27	15	14	26
März 1	7	18	7	357	13	34	14	8	37
5	7	5	28	356	54	11	13	43	5

Die parabolischen Elemente, welche Hr. von STAUDT hiernach berechnet hat, sind folgende:

Sonnennähe Zeit	1821 März 21.61890 in Göttingen
— Argum. der Breite	169° 10' 9"3
— Logarithm des Abstandes . . .	8.9645990
Länge des aufsteigenden Knoten	48° 44' 14"7 vom m. Aequin. d. 1. Febr.
Neigung der Bahn	106 40 16.4

Herr von STAUDT hat diese Elemente nicht blos mit meinen Beobachtungen, sondern auch mit allen andern damals bekannt gewordenen verglichen; die Resultate dieser Vergleichung lege ich hier für Ihr Jahrbuch von seiner eigenen Hand bei, da die Zeit zu kurz ist, sie abzuschreiben.

Differenzen in AR. Decl.

Paris

	AR.	Decl.
Jan. 21	+ 0"2	+ 0"1

Göttingen

	AR.	Decl.
Jan. 30	− 18"8	+ 34"9
Febr. 3	+ 3.9	− 6.0
7	− 13.1	− 36.0:
9	− 0.1	+ 14.7
10	+ 2.6	+ 7.3
11	− 1.2	− 3.5
März 1	− 0.3	− 0.3
5	− 5.3	− 20.6

Bremen

	AR.	Decl.
Jan. 30	− 12.6	+ 12.4
30	+ 9.1	+ 34.2
Febr. 2	+ 24.7	+ 9.7
5	− 7.3	− 42.3::
7	+ 8.8	+ 16.0:
8	+ 4.9	+ 22.4
9	+ 5.0	+ 14.1
10	− 5.8	+ 20.2
11	+ 4.4	+ 3.2
12	− 9.5	+ 0.4
13	+ 0.6	− 24.6
14	− 2.8	− 19.6
19	+ 10.2	− 3.4
März 1	+ 8.5	− 9.4
5	− 0.6	− 7.6
6	+ 8.6	− 0.2

Differenzen in AR. Decl.

Mannheim

	AR.	Decl.
Febr. 6	− 0"2	+ 28"9:
7	+ 2.2	+ 1.3
8	+ 9.6	− 1.1
9	− 6.2	+ 5.7
10	+ 5.9	+ 7.3
11	+ 12.0	+ 17.4
12	+ 8.6	+ 6.3
13	+ 8.6	+ 4.2
14	+ 9.2	+ 12.7
15	+ 9.4	− 3.7
27	+ 3.7	− 18.2

Königsberg

	AR.	Decl.
Febr. 9	− 1.2	+ 0.5
10	− 5.4	+ 2.9
11	+ 1.2	− 7.6
12	+ 1.9	− 1.1
14	+ 14.3	− 6.3
15	+ 11.7	− 20.8
19	− 9.5	+ 20.7
25	+ 35.3	+ 35.9
27	+ 5.1	− 10.6
März 4	+ 15.6	− 12.4
5	− 11.4	+ 4.3
6	+ 7.8	− 17.2

Hamburg

	AR.	Decl.
Febr. 7	− 3.2	− 29.2
8	+ 4.5	+ 28.9
9	− 6.5	+ 9.9
10	+ 4.5	. . . .
12	− 7.0	. . . .

Dorpat

	AR.	Decl.
Febr. 14	− 3.6	+ 83.0::

Differenzen in AR. Decl.

Seeberg

	AR.	Decl.
Febr. 3	+ 30"2	+ 103"4::
5	− 8.6	− 41.5
7	+ 14.3	− 95.1::
8	+ 25.1	+ 40.3::
9	+ 9.8	− 20.6
10	− 4.9	− 19.0
11	+ 0.1	− 15.1
12	+ 10.2	− 20.0
14	+ 5.3	− 39.7

Wien

	AR.	Decl.
Febr. 20	− 78.8	− 28.1

Mailand

	AR.	Decl.
Jan. 31	− 37.7	+ 4.5
Febr. 1	− 22.9	− 4.4
2	− 0.2	− 3.1
3	− 29.4	− 0.2
7	− 31.5	− 10.5
8	− 19.8	− 2.3

Padua

	AR.	Decl.
Febr. 16	− 50.5	− 56.1
16	− 30.8	− 60.2
17	− 69.4	− 15.5
17	− 44.0	− 45.9
18	− 61.5	− 1.3
18	− 34.6	− 30.1

Florenz

	AR.	Decl.
Febr. 16	− 14.8	− 24.9
17	− 7.0	− 12.9
21	+ 5.9	− 47.6
22	− 19.1	− 34.8
23	− 8.6	− 47.5
25	− 26.3	− 265.0
27	+ 16.0	− 603.2

MONDSBEOBACHTUNGEN.

Astronomische Nachrichten. Band I. Nr. 7. Seite 105. 1822 Februar.

Die mir für die nächsten Lunationen zur Vergleichung mit dem Monde von Herrn Professor ENCKE übersandten Sterne theile ich hier mit. Von den vorigen habe ich von Herrn Hofrath und Ritter GAUSS folgende Beobachtungen aus Göttingen erhalten.

1822 Januar 2	Piazzi I. 243	$- 12^m 35^s 13$	7 Fäden
	73 Mayer	$- 8$ 32. 26	6
	Piazzi II. 12	$- 3$ 30. 69	7
	Mond		7
Januar 3	ε Arietis	$- 18$ 4. 28	7
	52 Arietis	$- 12$ 5. 90	4
	ζ Arietis	$- 2$ 26. 01	7
	Mond		5

SCHUMACHER.

MONDSBEOBACHTUNGEN.

Astronomische Nachrichten. Band 1. Nr. 12. Seite 189. 1822 April.

Von Herrn Hofrath und Ritter GAUSS habe ich folgende AR. Differenzen des Mondes mit den bestimmten Sternen auf der Göttinger Sternwarte beobachtet erhalten.

1822 März 1	Mond 1 R		7 Fäden
	PV, 287	$+ 9^m 54^s 73$	7
	V, 303	$+ 12$ 55. 11	7
	V, 319	$+ 15$ 23. 77	7
März 3	309 Mayer	$- 13$ 3. 60	7
	Mond		7
	μ Cancri	$+ 9$ 55. 94	6
März 4	351 Mayer	$- 15$ 25. 29	7
	44 Cancri	$- 9$ 58. 83	7
	δ Cancri	$- 8$ 25. 67	7
	371 Mayer	$- 2$ 24. 57	7
	Mond		7

Zu den Beobachtungen des Herrn Capitain v. CAROC in Copenhagen auf der Sternwarte der Gradmessung auf Holkens Bastion ist noch zu fügen

März 9	Mond 2 R		3 Fäden
	56 Virginis	$+ 20^m 17^s 91$	5
	XIII, 56	$+ 25$ 59. 83	5

SCHUMACHER.

COMET.

Göttingische gelehrte Anzeigen.   Stück 26. Seite 249..251.   1823 Febr. 15.

Ein Schreiben des Herrn Rümker aus Paramatta in New South Wales an Herrn Hofr. Gauss vom August 1822 enthält ausser vielen andern daselbst angestellten astronomischen Beobachtungen, deren Bekanntmachung für einen andern Ort aufgespart wird, auch die Beobachtungen des Enckeschen Cometen, welche Hr. Rümker im Juni v. J. angestellt hat.   Bekanntlich war die Hoffnung, dass dieser Comet bei seiner im Jahr 1822 erfolgten Wiederkehr zur Sonne in Europa observirt werden könnte, sehr schwach, und in der That sind auch alle Bemühungen europäischer Astronomen, ihn zu sehen, ganz fruchtlos gewesen.   Dagegen rechnete man darauf, dass er den Beobachtern in der südlichen Hemisphäre nicht entgehen würde: allein, da man bereits Nachricht hat, dass die Nachforschungen der englischen Astronomen auf dem Vorgebirge der guten Hoffnung *nicht gelungen* sind, so sah man um so sehnlicher den Nachrichten aus Neuholland entgegen, und wir freuen uns daher um so mehr, in unsern Blättern, die im 83. Stück von 1819 [S. 420 d. B.] die erste Nachricht von Hrn. Encke's so höchst merkwürdiger Entdeckung gegeben haben, nun die durch unsern geschickten Landsmann gewonnene Bestätigung derselben mittheilen zu können.   Folgendes sind die *sämmtlichen* Beobachtungen, die Herr Rümker gemacht hat, da nach dem 23. Juni der Mondschein hinderlich, und nach dem Vollmonde der Comet zu lichtschwach war, um noch ferner beobachtet werden zu können.

Beobachtungen des Enckeschen Cometen in *Paramatta*.

1822	Sternzeit	Mittlere AR.	Mittlere Declination
Juni 2	10^u 39^m 25^s	$92°$ $43'$ $51''3$	$17°$ $39'$ $46''3$ Nordl.
3	11 — —	93 46 20.7	16 53 7.5
4	11 3 0	94 46 0.0	16 4 36.7
6	11 7 38	96 42 11.6	14 22 42.0
7	11 3 10	97 38 15	13 26 5
8	11 17 25	98 33 47.7	12 31 18.6
10	11 20 0	100 24 43.8	10 29 49.5
11	11 24 39	101 19 44.5	9 26 4.6
12	11 40 0	102 17 52	8 18 30
13	11 42 4	103 15 2	7 6 30
14	11 55 0	104 15 40	5 52 27
15	11 40 48	105 17 0.5	4 33 40
19	12 13 38	109 54 36.4	1 29 43.7 Südl.
20	12 16 53	111 14 26.9	3 14 29.1
22	13 18 46	114 12 20.5	7 8 —
23	12 53 55	115 47 41.7	9 9 48.4

Ob der Zusatz *mittlere* Rectascension und Declination auf ein Mittel mehrerer Beobachtungen, oder auf eine Befreiung von der Nutation Bezug haben soll, wird nicht bemerkt.   Zur Vergleichung sind Sterne aus Piazzi's Catalog und aus der *Histoire Céleste* gebraucht, worüber Hr. Rümker das nähere mit erster Gelegenheit nachzuliefern verspricht.

Die Polhöhe der Sternwarte in Paramatta findet Herr Rümker aus den beiden Solstitien von December 1821 und von Juni 1822

$$33°\ 48'\ 41''97$$

Aus einer Bedeckung von α Scorpii, am 10. April 1822, wo

der Eintritt . . . . 18^u 35^m 47^s4 Mittlere Zeit
der Austritt 19 14 27.9

beobachtet wurde, findet Hr. RÜMKER, die Mondsörter aus dem Nautical Almanac entlehnend, die Länge von Paris

10 St. 3^m 56^s3 aus dem Eintritt
10 4 7.3 aus dem Austritt.

MONDSTERNE.

Astronomische Nachrichten. Band II. Nr. 26. Seite 17..20. 1823 Februar.

Berechnung der Meridiandifferenz zweier Orte aus correspondirenden Mondsculminationen.
Von Herrn Professor NICOLAI, Director der Sternwarte in Mannheim [an SCHUMACHER.].

Ihrer gütigen Aufforderung, Ihnen die Art mitzutheilen, wie ich aus den correspondirenden Mondsculminationen die Meridiandifferenz berechne, will ich heute durch diese Zeilen nachzukommen suchen.

Diese Methode beruht, wie bekannt, darauf, dass an zwei Orten der wahre Rectascensions-Unterschied des einen Mondsrandes und einiger vorher verabredeter Fixsterne beobachtet wird. Es sei der Unterschied der wahren geraden Aufsteigung des Mondsrandes und eines Fixsterns (positiv angenommen, wenn die Rectascension des Monds grösser ist als die des Sterns) an dem westlichen Beobachtungsorte $= t$ an dem östlichen $= \tau$, so wird $t - \tau$ der wahre Rectascensions-Unterschied des Mondsrandes für die zwischen beiden Beobachtungen verflossene Zeit sein. Sind mehrere Fixsterne an beiden Orten verglichen worden, so wird man aus den verschiedenen $t - \tau$ das arithmetische Mittel nehmen in so fern sie an beiden Orten mit gleicher Genauigkeit beobachtet worden sind. Wie man zu verfahren hat, wenn dieses rücksichtlich der Zahl der beobachteten Fäden nicht der Fall ist, werden wir weiter unten sehen. — Offenbar kommt es nun aber darauf an, den wahren Rectascensions-Unterschied des *Mittelpunkts* des Mondes zu haben, welcher von dem vorhin erhaltenen um etwas verschieden sein wird, indem der Halbmesser des Mondes in AR. in der Zwischenzeit der Beobachtungen sich ändert, theils durch die Aenderung des wahren Mondshalbmessers selbst, theils durch die Aenderung der Declination des Mondes. Bezeichnet man für die Culminationszeit des Mondes an dem westlichen Beobachtungsorte den *wahren* (vom Mittelpunkt der Erde aus gesehenen) Halbmesser desselben mit r, seine wahre Declination mit d, und für die Culminationszeit an dem östlichen Orte eben diese Grösse mit ρ und δ, so wird

$$t - \tau \mp \tfrac{1}{15}\left(\frac{r}{\cos d} - \frac{\rho}{\cos \delta}\right) = \Delta$$

der wahre Rectascensionsunterschied des Mondsmittelpunkts für die beiden Beobachtungsmomente sein. Das untere Zeichen in diesem Ausdrucke gilt, wenn der westliche oder erste, das obere, wenn der östliche oder zweite Mondsrand beobachtet ist. In allen den Fällen, wo die Meridiandifferenz der beiden Beobachtungsorte nicht sehr gross ist, wird man diese Correction ganz vernachlässigen können; auch sieht man leicht, dass man die absoluten Werthe von r und d nicht in grosser Schärfe zu kennen braucht, da es hier nur auf die *Aenderung* dieser Grössen in der Zwischenzeit der Beobachtungen ankommt.

Um aus Δ den Meridianunterschied der beiden Beobachtungsorte zu erhalten, bedürfen wir nur eines einzigen Elementes, nemlich der stündlichen Bewegung des Mondes in AR. Bezeichnet man diese durch h, die Meridiandifferenz in Zeit durch x, so ist

$$x = (\frac{1}{h} m . 15 . 3600 - 1) \Delta = n \Delta$$

wenn man den Factor $\frac{1}{h} m . 15 . 3600 - 1 = n$ setzt. In diesem Ausdrucke hängt der Factor m von derjenigen Zeitart ab, für welche h berechnet ist. Bedeutet nemlich h die Bewegung für eine Sternzeitstunde, so ist $m = 1$; ist h die Bewegung für eine mittlere Sonnenstunde, so bezeichnet m das Verhältniss des mittleren Sonnentages zum Sterntage, oder ist $= 1.00274$; ist endlich h die Bewegung für eine wahre Sonnenstunde, so bedeutet m das jedesmalige Verhältniss des wahren Sonnentages zum Sterntage. — Was nun die Berechnung der stündlichen Bewegung h betrifft, so ist hier zu bemerken, dass es nicht vortheilhaft sein würde, wenn man sie aus den Mondstafeln durch unmittelbare Berechnung zweier Mondsörter, welche nur eine Stunde von einander abstehen, herleiten wollte. Denn obgleich die Mondstafeln auf Zehntheile von Secunden berechnet sind, so kann man doch, wegen der grossen Anzahl der zu summirenden Gleichungen, einen aus ihnen berechneten Mondsort nie bis auf eine Secunde verbürgen, und es ist demnach klar, dass die auf diese Art berechnete stündliche Bewegung öfters merklich fehlerhaft erhalten werden würde. Weit sicherer, und in der That mit grosser Schärfe, verfährt man daher, wenn man mehrere Mondsörter in *beträchtlichen* Zwischenräumen, z. B. von 12 zu 12 Stunden, berechnet, und aus diesen, vermittelst einer *scharfen Interpolation*, die stündliche Bewegung ableitet, wodurch sich die bei den einzelnen Oertern noch statt findenden kleinen Fehler gleichmässig vertheilen werden. Zu dieser Operation kann man sich nun ohne Bedenken der in den Ephemeriden von 12 zu 12 Stunden berechneten Mondsörter bedienen. — Bei der *Veränderlichkeit* der stündlichen Bewegung selbst, ist nun noch zu berücksichtigen, dass man das zu der Bestimmung der Meridiandifferenz anzuwendende h *für das Mittel der beiden auf einerlei Meridian reducirten Beobachtungszeiten* berechne. Es sei A die gerade Aufsteigung des Mondes für die Stunde θ unter einem gewissen Meridian, A' dieselbe für die Stunde $\theta + 1$ unter dem nemlichen Meridian, so wird $A' - A$ oder h die stündliche Bewegung des Mondes in Rectascension für die Zeit $\theta + 30^m$ sein. Man wird also für den Meridian der Tafeln oder Ephemeriden mehrere auf einander folgende stündliche Bewegungen berechnen, die beiden Beobachtungszeiten vermittelst des beiläufig bekannten Meridianunterschiedes auf diesen Meridian der Tafeln oder Ephemeriden reduciren, und für das Mittel der letztern aus jenen das anzuwendende h durch Interpolation erhalten.

Da die Vergleichungssterne sowohl als der Mond nicht an jedem Abend und von jedem Beobachter immer an allen Fäden des Mittagsfernrohres beobachtet werden können, so ist klar, dass nicht allen Resultaten eine gleiche Genauigkeit beigemessen werden kann, welche daher mit zu berücksichtigen ist. Die Ausdrücke für die relative Genauigkeit der einzelnen Resultate wurden mir früher schon von Herrn Hofrath GAUSS gütigst mitgetheilt; sie ergeben sich leicht aus der Methode der kleinsten Quadrate. Es sei der Mond an einem Orte an l, am andern an l' ferner seien die verschiedenen Sterne an einem Orte an a, b, c etc. am andern an a', b', c' etc. Fäden beobachtet. Man setze

$$\frac{ll'}{l+l'} = \lambda, \qquad \frac{aa'}{a+a'} = \alpha, \qquad \frac{bb'}{b+b'} = \mathfrak{b}, \qquad \frac{cc'}{c+c'} = \gamma,$$

etc. Nun hat man das Mittel der Resultate aus den einzelnen Vergleichungssternen so zu nehmen, dass man ihnen resp. das Gewicht (Quadrat der Genauigkeit) $\alpha, \mathfrak{b}, \gamma$ etc. beilegt; das so erhaltene Resultat für $t-\tau$ oder für Δ hat alsdann das Gewicht $\frac{\sigma\lambda}{\sigma+\lambda}$, wenn man $\alpha+\beta+\gamma+$ etc. $=\sigma$ setzt. Bezeichnet man nun den Coëfficienten, womit Δ multiplicirt wird, um die Meridiandifferenz zu erhalten, wie oben, mit n, so ist das Gewicht des Resultates für diese letztere $=\frac{\sigma\lambda}{(\sigma+\lambda)nn}$, und das Gewicht des Resultates aus allen Bestimmungen $=\Sigma.\frac{\sigma\lambda}{(\sigma+\lambda)nn}$, oder der wahrscheinliche Fehler des Endresultates, wenn man den wahrscheinlichen Fehler eines Fadenantrittes $=\varepsilon$ setzt, ist

$$=\frac{\varepsilon}{\sqrt{\Sigma\dfrac{\sigma\lambda}{(\sigma+\lambda)nn}}}$$

Wie man sieht, ist bei dieser Berechnung des wahrscheinlichen Fehlers vorausgesetzt, dass man allen beobachteten Antritten gleiche Zuverlässigkeit beilegt, ohne weder Mond noch Sterne, noch die verschiedenen Declinationen, noch die Beobachter zu unterscheiden. Es würde keine Schwierigkeit haben, auf alle diese Umstände Rücksicht zu nehmen, wenn man die betreffenden Coëfficienten kennte. Doch möchte alles dieses wol unerheblich sein. Was die verschiedenen Declinationen anbelangt, so kann man ohne Bedenken alle im Zodiacus des Mondes beobachtete Antritte als gleich genau betrachten, zumal, da die jedesmaligen Nebenumstände der Beobachtung, den Zustand der Luft, der tiefere oder höhere Stand des Mondes und der Sterne u. s. w., hier weit mehr auf die Genauigkeit der Antritte influiren werden, als die grösseren oder kleineren Declinationen. Uebrigens wird es zweckmässig sein, für s einen *mittleren* Werth aus allen im Zodiacus des Mondes beobachteten Antritten in obiger Endformel zum Grunde zu legen.

— — — — — — — — —

Diese ganze Rechnung ist, wie Sie sehen, äusserst einfach, und auch, seitdem uns die Conn. de Tems die Mühe der eignen Berechnung der Mondsrectascensionen erspart, sehr bequem und kurz. — Schliesslich bemerke ich noch, dass der Werth von $x+\Delta$ in *vollkommener Strenge* aus Δ eigentlich durch eine Reihe erhalten wird, die nach den ungeraden Potenzen von Δ fortläuft, und von welcher $\frac{1}{h}m.15.3600\,\Delta$ (h für das Mittel der beiden Beobachtungszeiten genommen) das erste Glied ist; indess ist das zweite von Δ^3 abhängige Glied schon so gering, dass es erst bei einer Meridiandifferenz von zwei bis dritthalb Stunden etwa 0^s1 beträgt. Bei einem *sehr grossen* Längenunterschiede würde ich aber ein *indirectes* Verfahren vorziehen, nemlich mit einer *supponirten* Meridiandifferenz den ihr entsprechenden Unterschied der Mondsrectascensionen berechnen, diesen berechneten mit dem wirklich beobachteten vergleichen, und aus der Abweichung beider von einander, mittelst der stündlichen Bewegung, die an jene supponirte Meridiandifferenz noch anzubringende Correction bestimmen.

Nicolai.

FADENINTERVALLE.

Astronomische Nachrichten. Band II. Nr. 43. Seite 371..376. 1823 November.

Neue Methode, die gegenseitigen Abstände der Fäden in Meridian-Fernröhren zu bestimmen.

Die Bestimmungsart der Fadenintervalle in Meridian-Fernröhren, welche ausschliesslich im Gebrauch zu sein scheint, nemlich aus beobachteten Durchgängen des Nordsterns, oder anderer dem Pole naher Sterne von bekannter Declination, vereinigt zwar Bequemlichkeit und grosse Schärfe, in so fern sie unter günstigen Umständen ausgeübt werden kann. In den Jahreszeiten, wo ungünstiges Wetter herrschend zu sein pflegt, muss man oft lange warten und manchen vergeblichen Versuch machen, bis man nur Einen vollständigen Durchgang beobachten kann, und wenn die Gestirne, wie es so häufig der Fall ist, nicht ganz ruhig, sondern mit starkem Zittern durch das Gesichtsfeld gehen, ist auch das Verfahren nur einer viel geringern Genauigkelt fähig. Diese Rücksichten würden indessen viel von ihrer Wichtigkeit verlieren, wenn man immer die definitive Bestimmung der Intervalle bis auf die Zeit verschieben dürfte, wo die Umstände zur Anwendung jener Methode ganz vorzüglich günstig sind. Allein theils wünscht man doch gern, die Reductionen, wozu die Kenntniss der Fadenintervalle nöthig ist, früh machen zu können, theils kann auch das Aufschieben gefährlich werden, da besonders ein Netz von zarten Spinnenfäden so leicht beschädigt werden kann. Ich selbst bin zuweilen in den Fall gekommen, wegen Schlaffwerdens oder zufälligen Zerreissens eines Fadens das Netz in kurzen Fristen wiederholt erneuern zu müssen, selbst ehe auch nur ein einziger vollständiger Durchgang des Nord_sterns bei günstiger Luft beobachtet werden konnte. Auf die Identität der Distanzen, auch wenn die neuen Fäden in dieselben vorgerissenen Einschnitte gelegt werden, ist durchaus nicht zu rechnen, wie mich die Erfahrung öfters gelehrt hat. Diese Gründe haben mich veranlasst, auf ein neues Mittel zur Bestimmung der Fadenintervalle zu denken, welches neben dem gewöhnlichen, und bei ungünstigen Umständen anstatt desselben mit Vortheil angewandt werden könnte. Dasjenige, womit ich vor kurzem eine Probe angestellt habe, scheint dem Zwecke zu entsprechen.

So wie alle Lichtstrahlen, die unter sich parallel das Objectiv treffen, sich in Einem Punkte in der Ebene, in welcher das Netz sich befinden soll, vereinigen, so werden umgekehrt alle Strahlen, welche in entgegengesetzter Richtung von Einem Punkte dieser Ebene ausgehen und das Objectiv treffen, nach dem Durchgange durch dasselbe parallel; die von verschiedenen Punkten ausgegangenen hingegen bekommen nach dem Durchgange durch das Objectiv genau dieselben Neigungen gegen einander, die der Entfernung jener Punkte von einander, wie sie beim Gebrauch des Instruments in der Form eines Winkels anzusetzen ist, gleich ist. Wenn also die Ocularseite des Fernrohrs gegen den Himmel oder sonst gegen eine helle Fläche gekehrt ist, so würde ein weitsichtiges Auge durch das Objectiv das Fadennetz deutlich und in gehöriger Distanz (so wie eben erwähnt ist verstanden) sehen, wenn es für so zarte Gegenstände Empfindlichkeit genug hätte: allein was dem blossen Auge unmöglich ist, wird möglich beim Gebrauch eines zweiten Fernrohrs, wobei das Ocular eben so gestellt ist, wie es das Auge bei sehr entfernten Gegenständen erfordert: in der That sieht man so die im Brennpunkte eines FRAUEN-HOFERschen Objectivs eingezogenen Fäden mit der grössten Deutlichkeit und Reinheit. Auf diese Art lassen sich nun auch die Distanzen der Fäden mit grosser Präcision messen. Ich bediene mich dazu desselben 12zolligen Theodolithen von ERTEL, womit ich die Winkel bei der Gradmessung beobachtet habe, und dessen eignes Netz aus einem horizontalen und zwei parallelen eine halbe Minute von einander entfernten Fäden besteht. Bei einem neuen Ocular, welches REPSOLD dazu verfertigt hat, sind diese Fäden von einer erstaunlichen Feinheit, und es giebt eine sehr nette Messung, wenn man die Fäden des Meridianinstruments, durch beide Objective gesehen, mitten zwischen jene Parallelfäden fasst.

Dass man bei dieser Operation das Ocular des Meridianfernrohrs ganz wegnehmen, oder wenigstens nur eins mit schwächerer Vergrösserung vorsetzen muss, durch welches die Fäden, deren Intervalle gemessen werden sollen, zugleich sichtbar sind, versteht sich von selbst.

Die Entfernung, in welcher der Theodolith von dem Objective steht, ist zwar gleichgültig; man wird sie aber lieber nicht zu gross nehmen, um nicht einige Strahlen zu nahe am Rande des Objectivs oder gar nur durch halbes Licht zu erhalten.

Da der Theodolith, in so fern er gehörig nivellirt ist, nicht die wirklichen, sondern die auf den Horizont projicirten Winkel gibt, so müssen die unmittelbar gemessenen Werthe noch auf die wahren Winkel reducirt werden. Bei so kleinen Distanzen, wie an meinen Meridianinstrumenten, ist zu diesem Zweck die blosse Multiplication mit dem Cosinus des Neigungswinkels hinlänglich. Ist von einem Meridiankreise die Rede, so gibt dieser denselben schon mit grösster Schärfe. Bei einem blossen Mittagsfernrohr, welches die Neigung höchstens auf eine Minute genau angibt, kann man sie eben so gut von dem kleinen Höhenkreise des Theodolithen entlehnen, und wird dann wohl thun, eine zu grosse Neigung zu vermeiden.

Die folgenden Messungen sind nur als ein erster Probeversuch zu betrachten; es sind dabei noch keinesweges alle Vorsichtsregeln angewandt, welche zu beobachten rathsam sein wird. Der Theodolith stand mit dem hölzernen Stativ bloss auf dem bretternen Fauxplancher zwischen den Pfeilern der Meridianinstrumente nicht unabhängig vom Stuhl des Beobachters, dessen Stellung bei der beträchtlichen Neigung etwas genirt war, und das Licht war zum Ablesen nicht besonders günstig. Bei Vermeidung dieser Inconvenienzen wird man daher eher eine noch bessere Uebereinstimmung zu erwarten befugt sein. Jede Zahl ist allemal das Resultat einer 10maligen Repetition.

Distanzen des mittelsten Fadens im Fernrohre des REICHENBACHS*chen Meridiankreises, von den 6 übrigen.*

1823 Oct. 23. Neigung = 23° 58' 52"

	Horizontale	Wahre Dist.
I	11' 25"050	10' 25"93
	11 23.000	10 24.06
II	7 45.900	7 5.69
	7 46.275	7 6.03
III	3 58.225	3 37.66
	3 57.750	3 37.23
V	3 58.850	3 38.24
	3 59.375	3 38.71
VI	7 53.625	7 12.74
	7 53.875	7 12.98
VII	11 17.600	10 19.11
	11 17.775	10 19.28

Nov. 6. Neigung = 23° 57' 30"

	Horizontale	Wahre Dist.
I	11' 24"800	10' 25"29
	11 25.575	10 26.51

Die Fadenintervalle wurden auch aus drei beobachteten Durchgängen des Nordsterns berechnet, wovon jedoch nur der eine vollständig hatte beobachtet werden können. Der Zustand der Luft war dabei weder besonders günstig noch besonders ungünstig; die beiden ersten Durchgänge waren untere bei Tage, der dritte ein oberer bei Nacht.

	I	II	III	V	VI	VII
Oct. 23	10' 26"91	. . . .	3' 38"54	3' 38"12	7' 11"27	10' 19"31
Nov. 5	10 26.90	7' 7"01	3 38.33	3 39.39	7 10.41	10 19.50
6	10 24.31	. . . .	3 35.12	3 40.22	. . . .	. . . .

Wenn man auf die mit dem Theodolithen gemachten Bestimmungen die in meiner Theoria Combinationis Observationum entwickelten Grundsätze anwendet, so findet sich der mittlere Fehler eines Fadenintervalls aus 10 Repetitionen = 0"67; die Anwendung auf die Nordstern-Durchgänge hingegen gibt den mittlern Fehler aus Einem Durchgange = 1"38, wonach folglich die erstere Bestimmung eine doppelt so grosse Genauigkeit oder das vierfache Gewicht haben würde. Inzwischen ist die Anzahl der beiderseitigen Messungen zu gering, um den mittlern Fehler mit grosser Zuverlässigkeit daraus schliessen zu können, und in Beziehung auf den Nordstern gilt er ohnehin nur für einen ähnlichen Luftzustand, da er bei vorzüglich schöner Luft bedeutend kleiner ausfallen würde. Im Allgemeinen aber bestätigt sich dadurch wenigstens die Brauchbarkeit des neuen Verfahrens hinlänglich.

Eine andere nicht weniger interessante Anwendung kann man von den obigen Grundsätzen auf die Bestimmung der Vergrösserung der Fernröhre machen, die ich jedoch hier nur kurz andeute. Insofern das Ocular für ein weitsichtiges Auge gestellt ist, erscheinen die Gegenstände durch das Fernrohr von hinten eben so viel verkleinert, wie dasselbe beim gewöhnlichen Gebrauche vergrössert, und zwar in grosser Deutlichkeit, so dass sie eine Wiedervergrösserung durch ein zweites Fernrohr vollkommen vertragen. Man kann also den Winkel zwischen zwei so betrachteten Objecten mit dem Theodolithen durch Repetition messen, und mit dem Winkel zwischen den Richtungen von der Mitte des Oculars nach den Objecten selbst vergleichen. Die Objecte brauchen gar nicht sehr entfernt zu sein, allenfalls, bei etwas starker Vergrösserung, nur wenige Fuss; grösserer Schärfe wegen wird man aber, wenn die Winkel am Ocular etwas beträchtlich sind, darauf gehörig Rücksicht zu nehmen haben, dass nicht die Winkel selbst den Vergrösserungen proportional sind, sondern genauer, die Tangenten ihrer Neigungen gegen die optische Axe. Man wählt also am bequemsten die Objecte so, dass zwischen den Richtungen von der Mitte des Oculars nach denselben die Richtung der optischen Axe sehr nahe in die Mitte fällt, und vergleicht die Tangente des halben Winkels am Ocular mit der Tangente des halben Winkels, der aus der Beobachtung mit dem Theodolithen nach gehöriger Reduction auf den wahren Werth hervorgeht. Anstatt des Theodolithen kann man sich auch des Heliometers bedienen, der unmittelbar den wahren Werth angibt. Dieses Verfahren ist einer ungleich grössern Schärfe fähig, als die andern, welche man sonst zu gleichem Zwecke angewandt hat.

STERNBEDECKUNG.

Astronomische Nachrichten. Band III. Nr. 50. Seite 22. 1824 Februar.

Bedeckung der Plejaden am 29. August 1820.

Dieselbe Bedeckung ist in Göttingen, Bremen, Altona, Hamburg, Berlin, Wien und Modena beobachtet.

Göttingen (in einem Briefe von GAUSS [an BESSEL] gefälligst mitgetheilt).

$$
\begin{array}{llrrr rrrl}
p & \text{Austritt} & 9^u & 46^m & 42^s49 & 10^u & 5^m & 26^s78 & - 1.582\,x \\
\eta & - & 9 & 51 & 37.37 & 10 & 8 & 22.89 & - 1.265\,x \\
f & \text{Eintritt} & 9 & 40 & 4.77 & 10 & 46 & 56.01 & + 0.219\,x \\
h & - & 9 & 44 & 11.60 & 10 & 49 & 18.09 & + 0.795\,x
\end{array}
$$

[wo x die Verbesserung der Breitendifferenz des Mondes und Sterns bezeichnet.]

GAUSS AN BODE.

Astronomisches Jahrbuch für 1827. Seite 128..130. Berlin 1824.

Göttingen den 21. April 1824.

Bei allen diesen Beobachtungen war der Comet so lichtschwach, dass er gar keine Fadenbeleuchtung vertrug, Comet und Fadennetz konnten daher nur bei abwechselndem Schliessen und Oeffnen der Beleuchtung sichtbar gemacht werden. Unter diesen Umständen waren die Beobachtungen, besonders die Rectascensionen, nur geringer Genauigkeit fähig. Die beigesetzten Zeiten beziehen sich auf das Mittel der beobachteten oder vielmehr geschätzten Antritte, und sind also an solchen Tagen, wo nicht alle Faden beobachtet wurden, von der wahren Culminationszeit etwas verschieden.

1824	Mittlere Zeit in Göttingen	Gerade Aufsteigung	Abweichung
Febr. 31	13^u 28^m 20^s	$152°$ $16'$ $29''$	$72°$ $38'$ $35''$ N.
Jan. 3	11 55 7	131 23 10	69 14 9
7	10 38 3	116 12 50	63 14 56
8	10 24 5	113 50 49	61 46 15
19	8 52 23	101 49 31	48 48 51
20	8 48	— —	47 55 :
27	8 11 46	99 26 51	42 48 49
28	8 6 47	99 18 8	42 12 46
März 2	7 53 59	99 0 39	40 32 3

Einige frühere ausser dem Meridian, mit Kreismikrometer oder Heliometer von mir gemachte Beobachtungen, habe ich noch nicht reducirt, da ich die in der Histoire Celeste nicht vorkommenden Vergleichungs-Sterne erst selbst bestimmen muss.

Hr. Dr. SCHMIDT ein junger Mann von ausgezeichneten mathematischen Kenntnissen, hat nach diesen und einigen andern Beobachtungen folgende parabolische Elemente berechnet:

Länge des Knoten . . . . $303°$ $3'$ $51''3$
Neigung der Bahn 76 12 14. 0
Länge der Sonnennähe 274 34 14. 4
Durchgang durch dieselbe . . . . 1823 December 9.47459 Göttinger Zeit.
Logarithm des kleinsten Abstandes. 9.3553041
Bewegung rückläufig.

Die Vergleichung dieser Elemente mit den bisher bekannt gewordenen Beobachtungen gab folgende Unterschiede:

	in Gerader Aufsteig.	in Abwei-chung	Beobachter		in Gerader Aufsteig.	in Abwei-chung	Beobachter
Jan. 1	0	0	Bouvard	Febr. 7	— 4.5	+ 18.5	Gauss
3	+ 12.5	— 22.6	Nicolai	8	— 40.6	— 2.0	Gauss
4	+ 13.6	+ 1.6	Nicolai	11	— 18.4	— 22.0	Schumacher
5	+ 34.5	— 6.5	Nicolai	13	— 10.4	— 1.2	Schumacher
11	+ 0.2	+ 9.5	Olbers	18	— 2.6	— 66.1	Olbers
14	+ 27.5	+ 0.3	Olbers	19	— 1.0	+ 1.0	Gauss
24	+ 48.6	+ 3.4	Schumacher	19	+ 26.0	— 26.7	Olbers
25	+ 85.0	— 3.3	Schumacher	21	+ 36.2	— 38.8	Olbers
26	+ 44.0	+ 11.0	Soldner	27	+ 27.8	— 0.2	Gauss
27	+ 33.0	+ 10.4	Soldner	27	+ 21.6	— 34.5	Olbers
30	— 26.5	+ 20.7	Schumacher	28	+ 21.4	— 22.7	Gauss
31	— 36.7	+ 25.5	Soldner	28	+ 0.4	— 11.4	Olbers
31	+ 24.9	+ 14.5	Gauss	März 2	— 41.3	+ 9.8	Gauss
Febr. 2	+963.4	— 5.7	Schumacher	2	+ 40.1	— 34.9	Olbers
3	— 28.9	+ 12.0	Schumacher	5	+ 7.3	— 83.3	Olbers
3	— 40.6	— 8.6	Gauss	19	+ 56.3	+ 36.4	Olbers

Bei der Rectascension der Altonaer Beobachtung vom 2. Februar scheint ein Fehler von Einer Zeit-Minute vorgefallen zu sein.

COMET.

Astronomische Nachrichten. Band III. Nr. 59. Seite 179..182. 1824 Juni.

Beobachtungen des Cometen von 1824 in Göttingen.

Diese Beobachtungen sind zwar alle am Meridiankreise gemacht, bei den obern Culminationen; allein die grosse Lichtschwäche des Cometen machte es unmöglich, ihn bei der geringsten Fadenbe-leuchtung zu sehen, so dass wechselweise die Fäden beim Oeffnen und der Comet beim Schliessen der Beleuchtung gesehen werden mussten. Dieser Umstand ist Schuld, dass die Beobachtungen lange nicht so genau sein können, als sie unter günstigern Verhältnissen gewesen sein würden. Die Beobachtung aller frühern Culminationen, obgleich ich jedesmal mich dazu in Bereitschaft gesetzt hatte, wurden vom Wetter vereitelt. Ich bemerke noch, dass nicht immer Antritte an allen 7 Fäden beobachtet oder geschätzt sind, und dass daher die angesetzte Zeit, welche immer dem Mittel der beobachteten Antritte entspricht, und auf welche die Declinationen, falls sie nicht gleichzeitig eingestellt waren, reducirt worden sind, nicht immer mit den Durchgängen durch den Meridian selbst übereinstimmen.

		Göttingen Mittlere Zeit	Gerade Aufsteigung	Abweichung Nordlich.
Januar	31	13^u 28^m 20^s5	152° 16′ 29″1	72° 38′ 35″3
Februar	3	11 35 7.1	131 23 10	69 14 8.6
	7	10 38 2.8	116 12 49.6	63 14 55.9
	8	10 24 5.3	113 50 49.2	61 46 15.0
	19	8 52 23.5	101 49 31.2	48 48 51.1
	20	8 48		47 55 ::
	27	8 11 46.1	99 26 50.5	42 48 49.0
	28	8 6 47.2	99 18 7.7	42 12 46.2
März	2	7 53 59.0	99 0 39.4	40 32 2.5

GAUSS AN BODE.

Astronomisches Jahrbuch für 1828. Seite 171..172. Berlin 1825.

Göttingen, den 5. August 1825.

Diese Beobachtungen gewinnen vielleicht dadurch an Interesse, dass diese Planeten 1825 zum erstenmale wieder sehr nahe in derselben Gegend waren, wo sie 1802 resp. entdeckt und wieder aufgefunden wurden, auch ist vielleicht wenigstens die Pallas sonst nirgends beobachtet, da die bekannt gemachte Ephemeride so sehr viel abweicht: mir selbst hatte diesmal die Zeit gefehlt, nach meiner Theorie eine solche zu berechnen.

Meridian-Beobachtungen der Pallas auf der Sternwarte in Göttingen.

1825	Mittlere Zeit in Göttingen	Gerade Aufsteigung	Abweichung
März 3	13^u 4^m 23^s7	$177°$ $34'$ $24''3$	$0°$ $24'$ $4''1$ Südl.
4	12 59 49.6	177 24 50.7	0 0 18.2 Nordl.
7	12 46 4.0	176 55 18.1	1 14 7.2
8	12 41 27.9	176 45 12.3	1 38 52.6
9	12 36 51.3	176 35 0.3	2 3 40.3
10	12 32 14.3	176 24 43.2	2 28 29.3
18	11 55 14.1	175 1 15.0	5 44 59.3
19	11 50 37.3	174 50 59.1	6 8 56.3
20	11 46 0.6	174 40 46.2	6 32 41.4
25	11 23 6.1	173 51 53.7	8 27 50.6
27	11 14 1.1	173 33 32.8	9 11 51.7
29	11 4 59.8	173 16 8.2	9 54 29.8
April 6	10 29 36.6	172 16 59.2	12 29 56.1
7	10 25 16.7	172 10 57.4	12 47 32.9

Meridian-Beobachtungen der Ceres auf der Sternwarte in Göttingen.

1825	Mittlere Zeit in Göttingen	Gerade Aufsteigung	Abweichung
März 9	13^u 1^m 7^s5	$182°$ $40'$ $4''6$	$17°$ $35'$ $18''5$ Nordl.
10	12 56 23.3	182 27 57.4	17 41 20.9
18	12 18 11.1	180 46 26.4	18 24 4.4
19	12 13 23.5	180 33 28.9	18 28 34.0
20	12 8 36.8	180 20 32.2	18 32 50.0
29	11 25 38.4	178 26 37.3	19 1 18.0
April 7	10 43 31.3	176 45 21.7	19 10 5.9

COMET.

Göttingische gelehrte Anzeigen. Stück 57. Seite 561..565. 1826. April 10.

Von der wichtigen Entdeckung, die uns einen Cometen von nur dreijähriger Umlaufszeit kennen gelehrt hat (nach dem Astronomen, welcher sich um seine Theorie so sehr verdient gemacht hat, der

ENCKESche Comet genannt), hatten unsere Blätter im Jahre 1819 St. 28 und 83. [S. 417 u. 420 d. B.] die erste öffentliche Nachricht gegeben, die sich mit dem Wunsche schloss, dass *diese höchst merkwürdige Entdeckung die Freunde der Astronomie zu verdoppeltem Eifer in Aufsuchung von Cometen anfeuern möchte, da alles vermuthen lasse, dass jene nur der Anfang einer unermesslichen nach und nach reifenden Erndte sein werde.* In welchem Grade jener *Wunsch* in Erfüllung gegangen ist, beweisen 14 seitdem beobachtete und berechnete neue Cometen: mit einem hohen Grade von Wahrscheinlichkeit können wir jetzt auch die erste Bestätigung der *Vermuthung* anzeigen. Der Herr Hauptmann BIELA in Josephsstadt in Böhmen entdeckte am 28. Februar d. J. im Sternbilde des Widders einen kleinen, dem blossen Auge unsichtbaren Cometen, welcher auf die von ihm gemachte Anzeige auch an mehrern andern Orten, auch bisher zweimal auf hiesiger Sternwarte durch Hrn. Prof. HARDING, beobachtet worden ist; denselben Cometen hat auch einige Tage später Herr GAMBARD in Marseille für sich entdeckt. Bei der grossen Menge neuer Cometen, die in den letzten Jahren aufgefunden sind, würden wir des gegenwärtigen in diesen Blättern nicht besonders erwähnen, wenn nicht schon die ersten von mehrern verschiedenen Berechnern, auch auf verschiedenen Beobachtungen gegründeten Rechnungen über seine Bahn ein höchst merkwürdiges Resultat gegeben hätten. Hr. Hofr. GAUSS hat die parabolischen von fünf Astronomen, dem Hrn. Hauptmann VON BIELA selbst, dem Hrn. CLAUSEN in Altona, Hrn. Prof. ENCKE in Berlin, Hrn. Dr. OLBERS in Bremen und Hrn. Prof. SCHWERDT in Speyer mitgetheilt erhalten, die wir hier zusammenstellen:

Durchgang durch die Sonnennähe
1826. März 15.45653 v. B.
        15.75422 Cl.
        18.2432 Göttinger Z. E.
        18.33773   —   O.
        17.620 Sch.

Länge der Sonnennähe
  96° 27′ 33 v. B.
  95 48 15 Cl.
  107 55 31 E.
  112 39 24 O
  100 51 57 Sch.

Aufsteigender Knoten
  245° 57′ 0″ v. B.
  245 16 40 Cl.
  248 41 59 E.
  250 44 21 O.
  246 34 52 Sch.

Neigung der Bahn
  15° 28′ 23″ v. B.
  15 45 19 Cl.
  13 12 37 E.
  12 18 31 O.
  15 7 5 Sch.

Logarithm des kleinsten Abstandes
  0.00506   v. B.
  0.0114369 Cl.
  9.96474   E.
  9.94460   O.
  9.99565   Sch.

Bewegung rechtläufig.

Die Unterschiede dieser Resultate sind nicht bedeutend, in so fern man die Dürftigkeit der ihnen zum Grunde liegenden Data erwägt, und werden sich bald ausgleichen lassen.

Sogleich höchst auffallend ist nun die grosse Aehnlichkeit, welche diese Elemente durchgehends mit denen des zweiten vom Jahre 1805 haben. Wenn schon diese allein eine ungemein grosse Wahrscheinlichkeit für die Identität beider Cometen begründet, so wird diese Wahrscheinlichkeit noch ausserordentlich durch die Umstände verstärkt, die den Cometen von 1805 betreffen. Hr. Hofr. GAUSS, welcher über dessen Erscheinung eine sehr ausgedehnte Untersuchung ausgeführt hatte, fand, dass die

Beobachtungen sehr auffallend auf eine kurze Umlaufszeit hinwiesen, obgleich sie nicht zureichten, solche aus dieser Erscheinung allein mit einiger Genauigkeit festzusetzen: am besten liessen sich die Beobachtungen mit einer Umlaufszeit von 4¾ Jahren vereinigen; aber eine ein Jahr kürzere oder einige Jahre längere Umlaufszeit, hätte sich, jenen Untersuchungen zufolge, gleichfalls noch sehr gut und viel besser als die parabolische Bewegung mit den Beobachtungen in Uebereinstimmung bringen lassen. Ausserdem hatte sich bei den Elementen des Cometen von 1805 eine grosse Aehnlichkeit mit denen des Cometen von 1772 gezeigt, und auf die Vermuthung geführt, dass beide identisch sein möchten; inzwischen war der Unterschied doch noch so beträchtlich, dass einige Astronomen die Identität für unwahrscheinlich oder selbst die Verschiedenheit für gewiss hielten. Hr. Hofr. GAUSS zeigte aber schon damals, dass dies Urtheil nicht hinlänglich begründet, und dass die Möglichkeit einer vollkommenen Erklärung jenes Unterschieds keineswegs ausgeschlossen sei, und wenn gleich er in der Zwischenzeit nicht dazu gekommen ist, die weitläuftigen zur Entscheidung nöthigen Rechnungen zu unternehmen, so ist ihm doch fortwährend die Identität beider Cometen wahrscheinlich geblieben. Unter diesen Umständen ist es nun höchst merkwürdig, dass die Zwischenzeiten einerseits zwischen den Durchgängen der Cometen von 1772 und 1805 durch ihre Sonnennähe, und andererseits zwischen den Durchgängen der Cometen von 1805 und 1826 nahe im Verhältnisse der Zahlen 5 und 3 stehen.

Mit hoher Wahrscheinlichkeit dürfen wir daher vermuthen, dass alle drei Cometen identisch sind, dass dieser Comet von 1772 bis 1826 zusammen acht Umlaufe gemacht, jeden im Durchschnitt von 6 Jahren und 9 Monaten, und dass die Unterschiede in den Elementen von 1772 und 1805, durch welche einige Astronomen an der vermutheten Identität irre geworden waren, hauptsächlich eine Folge der Störungen durch den Jupiter gewesen sind, dem der Comet in der Zwischenzeit sehr nahe gekommen ist. Ohne diesen letzten Umstand würde es sonst für den Augenblick noch eben so wahrscheinlich sein, dass der Comet in der Zwischenzeit 10 und 6, also zusammen 16 jeden von 3¾ Jahren gemacht hätte.

Es ist sehr zu wünschen, dass der von Hrn. v. BIELA entdeckte Comet, dessen Beobachtungen in der Mitte des März durch den Mondschein unterbrochen wurden, nach Aufhören desselben noch wiederholt irgendwo gut beobachtet werden möge. Sollte dies aber auch nicht gelingen, so werden selbst die schon gewonnenen Beobachtungen, wenn sie erst einer angemessenen Behandlung unterworfen werden, schon zureichen, über die sich so unwiderstehlich aufdringende Vermuthung der Identität dieser drei Cometen zu entscheiden.

HARDY'S PENDELUHR.

Göttingische gelehrte Anzeigen. Stück 101. Seite 1001..1002. 1826. Juni 26.

Se. Königl. Hoheit der Herzog von SUSSEX hat abermals der Universität einen Beweis Seines gnädigen Wohlwollens gegeben, durch ein kostbares Geschenk an die Sternwarte. Es besteht in einer astronomischen Pendeluhr von HARDY. Schon seit einigen Monaten dient sie als Hauptuhr bei den Meridianbeobachtungen, und die Erwartung, welche der Name des Künstlers und die Vollkommenheit der Arbeit erregten, hat sich dadurch vollkommen bestätigt. Wir fügen hier die Uebersicht ihres bisherigen Ganges bei, dessen Gleichförmigkeit nichts zu wünschen übrig lässt. Die Compensation wird auf die allereinfachste Art bewirkt, indem die Pendelstange an ihrem untern Ende anstatt der sonst gewöhnlichen Linse einen Rahmen trägt, in den ein mit Quecksilber beinahe angefülltes gläsernes cylindrisches Gefäss von 6¼ Zoll Höhe und 2 Zoll Weite gestellt ist. Wird die Compensation zu schwach befunden, so muss etwas Quecksilber zugeschüttet, im entgegengesetzten Fall etwas herausgenommen werden, und so wird die Compensation, wenn der Gang der Uhr erst bei den äussersten Temperaturzuständen beobachtet ist, einer sehr feinen Regulirung fähig. Die folgende Uebersicht gibt zu erkennen, dass bei zunehmender Wärme der tägliche Gang ganz allmählig um eine halbe Secunde retradirt, und die Compensation also bisher noch etwas zu schwach ist.

Stand und Gang des Hardy*schen Regulators gegen Sternzeit, auf den Mittag reducirt.*

		Stand	täglicher Gang				Stand	täglicher Gang
1826 März	9	$+$ 0^{s}83	$+$ 0.42		1826 Mai	14	$+$ 20^{s}78	$+$ 0.08
	11	1.67	$+$ 0.52			16	20.94	$+$ 0.21
	14	3.22	$+$ 0.45			18	21.37	$+$ 0.15
	19	5.46	$+$ 0.35			20	21.68	$+$ 0.02
April	20	16.55	$+$ 0.14			23	21.73	$+$ 0.10
	21	16.69	$+$ 0.07			26	22.03	$-$ 0.06
	22	16.76	$+$ 0.21			30	21.78	$-$ 0.18
Mai	2	19.09	$+$ 0.16		Juni	11	19.57	$-$ 0.22
	8	20.05	$+$ 0.18			16	18.45	$-$ 0.18
	9	20.23	$+$ 0.25			17	18.27	
	11	20.74	$+$ 0.01					

GAUSS AN BODE.

Astronomisches Jahrbuch für 1829. Seite 144..145. Berlin 1826.

Göttingen, den 10. Juli 1826.

Hieneben übersende ich Ihnen, mein hochverehrter Freund, meine Meridian-Beobachtungen der Pallas und Ceres um die Zeit ihrer diesjährigen Oppositionen zu beliebigem Gebrauch für Ihr Jahrbuch.

Beobachtungen der Pallas 1826.

	M. Z. in Göttingen	Gerade Aufsteig.	Abweich. nördl.
Juni 21	12^u 11^m 35^{s}4	272° 31′ 4″9	23° 52′ 19″4
22	12 6 48.7	272 18 21.3	23 51 24.1
23	12 2 2.9	272 5 50.8 :	23 50 1.9
24	11 57 16.2	271 53 7.0	23 48 32.4
25	11 52 30.0	271 40 30.6	23 46 39.4
26	11 47 43.6	271 27 51.1	23 44 24.3
27	11 42 58.0	271 15 23.9 :	— — —
28	11 38 12.4	271 2 55.8	23 39 10.5

Das schwache Licht des Planeten erschwerte die Beobachtungen und verminderte ihre Genauigkeit. Am 27. wurde ich durch einen nur eine Minute von der Pallas entfernt stehenden Stern 10ter Grösse irre, und darüber wurde die Zenithdistanz nicht auf den bedeutend schwächern Planeten eingestellt, auch letzterer nur an zwei Fäden unzuverlässig beobachtet.

Beobachtungen der Ceres 1826.

	M. Z. in Göttingen	Gerade Aufsteig.	Abweich. südl.
Juni 24	12^u 30^m $16\overset{s}{.}6$	$280°$ $9'$ $33''0$:	$27°$ $40'$ $54''6$
25	12 25 22.6	279 54 59.5	27 45 11.6
26	12 20 29.0	279 40 32.7	27 49 20.4
27	12 15 35.2	279 26 1.5	27 53 25.9
28	12 10 41.1	279 11 26.4	27 57 26.8
30	12 0 52.3	278 42 7.6	28 5 20.8
Juli 2	11 51 3.6	278 12 49.0	28 12 57.7
3	11 46 9.3	277 58 11.1	28 16 37.1

Die Ceres hatte reichlich die 8te Grösse, und die Beobachtungen sind sämmtlich gut: blos die erste Rectascension gründet sich blos auf zwei Fäden, und war dabei die schwächste Vergrösserung gebraucht.

CHRONOMETRISCHE LÄNGENBESTIMMUNGEN.

Astronomische Nachrichten. Band V. Nr. 110. Seite 227..234. 1826 November.

Es seien θ, θ', θ''.... die Zeiten (zusammen an der Zahl n), wo der Chronometer vor den Zeiten der Oerter, deren Längen x, x', x'' etc. sind, um die Unterschiede a, a', a'' etc. voraus war. Die Angaben θ, θ', θ'' etc. setze ich schon auf Einen Ort reducirt voraus. Ist also der tägliche Gang des Chronometers $= u$, so würde man, wenn der Chronometer vollkommen wäre, die $n-1$ Gleichungen haben.

$$a - \theta u - x = a' - \theta' u - x' = a'' - \theta'' u - x'' = a''' - \theta''' u - x''' = \text{etc.}$$

Damit diese Gleichungen zureichen, um die unbekannten Grössen u, x, x', x'' etc. zu bestimmen, wird theils eine der Grössen x, x', x'' etc. als gegeben angesehen, theils vorausgesetzt, dass wenigstens an Einem Orte zweimal beobachtet ist, also zwei der Grössen x, x', x'' etc. identisch sind. Falls nun nicht mehr als zwei identisch sind, wird die Aufgabe ganz bestimmt sein. Im entgegengesetzten Fall ist sie überbestimmt; und man wird dann die unbekannten Grössen so bestimmen müssen, dass den $n-1$ Gleichungen

$$\text{o} = a - a' + (\theta' - \theta)\,u - x + x'$$
$$\text{o} = a' - a'' + (\theta'' - \theta')\,u - x' + x''$$
$$\text{o} = a'' - a''' + (\theta''' - \theta'')\,u - x'' + x''' \quad \text{etc.}$$

so genau wie möglich Genüge geleistet werde, da die immer stattfindenden Unvollkommenheiten aller Chronometer nicht verstatten werden, Allen genau Genüge zu leisten. Offenbar aber darf diesen Gleichungen nicht gleiches Gewicht beigelegt werden; denn in der That drücken die Grössen

$$a - a' + (\theta' - \theta)\,u - x + x'$$
$$a' - a'' + (\theta'' - \theta')\,u - x' + x''$$

bloss die Aggregate aller Abweichungen vom mittlern Gange aus, die der Chronometer in den Zwischenzeiten $\theta' - \theta$, $\theta'' - \theta'$ u. s. w. gehabt hat, und wenn von einem guten Chronometer die Rede ist, dem man wirklich einen mittlern, keinen allmählig in einerlei Sinn zunehmenden Aenderungen unterworfenen Gang beilegen kann, so wird der mittlere zu befürchtende Werth eines solchen Aggregats der Quadratwurzel der Zwischenzeit proportional gesetzt werden müssen.

Demzufolge wird man also den obigen Gleichungen, indem man sie den Vorschriften der Methode der kleinsten Quadrate gemäss behandelt, ungleiche Gewichte, die den Zwischenzeiten $\theta' - \theta$, $\theta'' - \theta'$, $\theta''' - \theta''$ etc. umgekehrt proportional sind, beilegen müssen.

Die Auflösung hat dann keine Schwierigkeit, und man erhält sowohl die plausibelsten Werthe von u, x, x', x'' etc. als ihre relative Zuverlässigkeit. Hiebei mache ich noch ein Paar Bemerkungen.

1) Wenn die erste und letzte Beobachtung an Einerlei Orte gemacht sind, so ist der plausibelste Werth von u genau derselbe, der bloss aus der Vergleichung der beiden äussersten Beobachtungen folgt. Die Rechnung wird dann ausserordentlich einfach, da es nach einem leicht zu beweisenden Lehrsatz erlaubt ist, diesen plausibelsten Werth von u sogleich in den Gleichungen zu substituiren, oder, was dasselbe ist, die sämmtlichen beobachteten Chronometerzeiten auf die eines fingirten zu reduciren, dessen Voreilung $= 0$ wäre.

2) Hat man den Gleichungen schlechtweg die Gewichte $\frac{1}{\theta' - \theta}$, $\frac{1}{\theta'' - \theta'}$ beigelegt, so liegt den Gewichten, welche man für die Endresultate der Längenbestimmungen findet, als Einheit die Genauigkeit zum Grunde, die man mit *diesem* Chronometer zu erwarten hätte, wenn man, bei bekanntem Gange, einen Längenunterschied nach einem Zeitintervall von einem Tage bestimmte (insofern die Zeiten ϑ, θ', θ'' in Tagen ausgedrückt sind). Allein damit man die Resultate *verschiedener* Chronometer von ungleicher Güte vergleichen kann, muss noch ein Factor hinzukommen, der von der Güte jedes einzelnen Chronometers abhängig ist. Diesen zu finden, setze man die Werthe der Grössen

$$a - a' + (\theta' - \theta)\, u - x + x'$$
$$a' - a'' + (\theta'' - \theta')\, u - x' + x''$$
$$a'' - a''' + (\theta''' - \theta'')\, u - x'' + x''' \ \text{etc.}$$

indem man für u, x, x', x'' etc. die gefundenen plausibelsten Werthe substituirt, $= \lambda$, λ', λ'' etc. und

$$\frac{\lambda\lambda}{\theta' - \theta} + \frac{\lambda'\lambda'}{\theta'' - \theta'} + \frac{\lambda''\lambda''}{\theta''' - \theta'} + \text{etc.} = S$$

Es sei ferner ν die Anzahl der sämmtlichen unbekannt gewesenen Grössen, und $m = \sqrt{\dfrac{S}{n - \nu - 1}}$, dann ist jener specifische Factor für jeden einzelnen Chronometer der Grösse $\dfrac{1}{mm}$ oder $\dfrac{n - \nu - 1}{S}$ proportional. Man kann m als die mittlere zu befürchtende Abweichung vom mittlern Gange nach Einem Tage Zwischenzeit ansehen.

3) Die obigen Vorschriften gelten für einen Chronometer, der keine erhebliche progressive Abänderung seines Ganges zeigt. Wo das Gegentheil eintritt, kann man, insofern die Reihe der Beobachtungen nicht übermässig lang ist, sich damit begnügen, eine der Zeit proportionirte Abänderung des täglichen Ganges anzunehmen, so dass noch eine unbekannte Grösse mehr einzuführen ist und die Gleichungen diese Gestalt haben:

$$0 = a - a' + (\theta' - \theta)\, u + (\theta'\theta' - \theta\theta)\, v - x + x'$$
$$0 = a' - a'' + (\theta'' - \theta')\, u + (\theta''\theta'' - \theta'\theta')\, v - x' + x''$$
$$0 = a'' - a''' + (\theta''' - \theta'')\, u + (\theta'''\theta''' - \theta''\theta'')\, v - x'' + x'''$$
$$\text{u. s. w.}$$

4) Dieses noch weiter zu treiben und also noch eine unbekannte Grösse mehr und Glieder der Form $(\theta'^3 - \theta^3)\, w$ einzuführen, möchte kaum rathsam sein. Chronometer, die starke entschiedene Abänderungen des mittlern Ganges zeigen, die aber selbst wieder unregelmässig sind, würde ich, neben andern, lieber ganz ausschliessen, da ihre Resultate theils viel weniger genau werden, theils die Ge-

nauigkeit sich viel schwerer in Zahlen zur Vergleichung angeben lässt. Ich halte mich daher hier bei der viel verwickeltern Theorie solcher Fälle nicht auf, da in dem vorliegenden Fall das obige zureichend sein wird.

4) Was die Auflösung der Gleichungen nach der Methode der kleinsten Quadrate betrifft, so ist vielleicht nicht überflüssig in Erinnerung zu bringen, dass man in den meisten Fällen wohl thut, die unbekannten Grössen aus einem bekannten (möglich genäherten) und einem unbekannten (also sehr kleinen) Theile zusammenzusetzen. Dieser Rath ist zwar theils sonst schon wiederholt gegeben, theils ist der Vortheil dieser Manier von selbst einleuchtend, allein es schien gut, ihn wieder in Erinnerung zu bringen, da ich sehe, dass er häufig vergessen wird, wodurch die numerischen Rechnungen unnöthigerweise erschwert und Fehler leichter möglich werden.

Von den 36 Chronometern*) habe ich folgende 5 berechnet.

			Nr. 1	Nr. 4	BREGUET 3056	KESSELS 1252	BARRAUD 904
Greenwich	Juni 30	$3^u\ 22^m$	− $8^m\ 17^s$ 14	+ $1^m\ 2^s$ 37			
	Juli 25	2 15	10 44.39	1 32.15	+ $30^m\ 59^s$ 75	+ $50^m\ 29^s$ 31	+ $48^m\ 29^s$ 20
	28	3 13	11 0.69	1 36.96	30 50.07	50 39.69	48 40.24
	Aug. 2	1 15	11 28.48	1 44.44	30 31.78	50 52.14	48 58.87
	17	10 28	12 59.40	2 6.24	29 35.69	51 58.66	49 57.83
	25	7 27	13 47.98	2 15.84	29 10.48	52 2.45	50 27.15
	Sept. 10	7 40	15 24.47	2 40.36			
Helgoland	Juli 3	3 40	−40 8.00	−30 26.84			
	22	12 40	42 2.02	30 3.89	− 0 20.34	+ 18 48.39	+ 16 47.39
	Aug. 5	1 48	43 18.11	29 43.35	1 10.24	19 26.77	17 37.51
	11	13 9	43 35.77	29 33.43	1 32.75	19 47.22	18 1.30
	30	19 30	45 53.08	29 7.96	2 40.67	20 47.68	19 17.03
	Sept. 6	3 6	46 31.56	28 58.94	3 4.55	21 6.56	19 43.80
	7	8 42	46 38.72	28 56.71			
Altona	Aug. 6	5 55	−51 38.95	−37 55.76	− 9 28.50	+ 11 16.25	+ 9 28.48
	9	12 35	51 57.35	37 50.03	9 38.81	11 27.76	9 40.30
	31	9 57	54 10.33	37 21.30	10 56.68	12 35.96	11 5.92
	Sept. 4	22 12	54 39.16	37 15.21	11 15.36	12 48.10	11 24.49
Bremen	Aug. 13	0 2	−47 50.65	−33 16.49	− 5 23.37	+ 16 5.83	+ 14 21.86

Ich setze die Rechnung für *Breguet* 3056 zur Probe her. Die Länge von Helgoland sei $= 0$, die von Greenwich $= -x$, die von Altona $= +y$; Bremen schliesse ich hier aus, da es ohnehin, weil nur einmal daselbst beobachtet ist, keine Controle darbietet.

Die Zeiten rechne ich von der ersten Vergleichung der englischen Chronometer an (Greenwich Jun. 30. $3^u\ 22^m$).

Ich finde so, indem ich einen fingirten Chronometer vom Gange $= 0$ substituire, dessen Stand.

θ		θ	
22.4	+ 60^s 20	42.4	+ 59^s 88
25.0	+ 1949.60 − x	48.3	+ 1949.60 − x
28.0	+ 1950.87 − x	56.2	+ 1952.74 − x
32.9	+ 1950.29 − x	61.6	+ 61.32
35.9	+ 59.08	62.2	− 432.53 + y
37.1	− 434.98 + y	66.8	− 434.98 + y
40.4	− 433.49 + y	68.0	+ 60.19

*) [beobachtet von Herrn Doctor TIARKS bei der von der Englischen Admiralität im Jahre 1824 veranstalteten Expedition zur chronometrischen Bestimmung der Längsunterschiede zwischen Altona, Bremen, Helgoland und Greenwich. SCHERING.]

Die obigen Gleichungen fallen nun hier so aus, dass x und y gar nicht gemischt sind, wodurch die weitere Rechnung noch bequemer wird. Wir haben nemlich für x vier Bestimmungen.

$$+ 1889^s 40 \quad \text{Gewicht} \quad \frac{1}{2.6} = 0.38$$

$$+ 1891.21 \qquad\qquad \frac{1}{3.0} = 0.33$$

$$+ 1889.78 \qquad\qquad \frac{1}{5.9} = 0.17$$

$$+ 1891.42 \qquad\qquad \frac{1}{3.4} = 0.19$$

Also $\quad x = + 1890^s 36 \quad \text{Gewicht} \qquad = 1.07$

Ebenso findet man

$$y = + 494^s 12 \quad \text{Gewicht} \qquad = 3.83$$

substituirt man diese Werthe, so ist der Stand des fingirten Chronometers gegen Helgolander Zeit

θ		λ	θ		λ
22.4	$+ 60^s 20$	$- 0^s 96$	42.4	$+ 59^s 88$	$- 0^s 62$
25.0	59.24	$+ 1.27$	48.3	59.24	$+ 3.14$
28.0	60.51	$- 0.58$	56.2	62.38	$- 1.06$
32.9	59.93	$- 0.85$	61.6	61.32	$+ 0.27$
35.9	59.08	$+ 0.06$	62.2	61.59	$- 2.45$
37.1	59.14	$+ 1.47$	66.8	59.14	$+ 1.05$
40.4	60.63	$- 0.75$	68.0	60.19	
42.4	59.88				

Also $S = 6.00$, $m = \sqrt{\dfrac{6.00}{13 - 3}}$. Hieraus der mittlere zu befürchtende Fehler bei $x : 0^s 75$ bei $y : 0^s 40$

Die sämmtlichen von mir berechneten 5 Chronometer geben

			E. med.	Gewicht
Breguet	$x =$	$1890^s 36$	$0^s 75$	1.78
Kessels		1893.29	0.67	2.23
Barraud		1892.32	0.49	4.16
Engl. 1		1892.39	0.43	5.41
— 4		1892.52	0.35	8.16
Mittel	$x =$	1892.35		21.74
Breguet	$y =$	494.12	0.40	6.25
Kessels		493.89	0.36	7.72
Barraud		493.67	0.26	14.79
Engl 1		493.98	0.29	11.89
— 4		494.16	0.24	17.36
	$y =$	493.96		58.01

Uebrigens ist zwar hier in die letzte Columne unter der Ueberschrift Gewicht $\dfrac{1}{\text{Quadr. (E. m.)}}$ gesetzt, also als Einheit die Genauigkeit verstanden, wo der mittlere zu befürchtende Fehler $= 1^s$ ist, so dass also z. B. für Altona der mittlere zu befürchtende Fehler $= \dfrac{1^s}{\sqrt{58.01}} = 0^s 13$ wird; inzwischen wird es rathsamer sein, die Zahlen der letzten Columne blos als Verhältnisszahlen zu betrachten und die absolute Genauigkeit aus den Unterschieden der aus den einzelnen Chronometern für x und y gefundenen Werthe von den Endresultaten abzuleiten. Inzwischen wird so die Genauigkeit des Endresultats noch immer etwas grösser scheinen, als sie wirklich ist, da die Zeitbestimmungen in Greenwich, Helgoland und Altona keine *absolute* Genauigkeit haben, und also offenbar, wenn die Anzahl der Chronometer auch noch so gross wäre, doch immer die aus jener Quelle entsprungenen Fehler in den Endresultaten nachwirken müssen.

Die Längenbestimmung von Bremen kann auf folgende Art gemacht werden. Setzt man die Länge $= z$ östlich von Helgoland, so gibt die Vergleichung des Breguetschen Chronometers

$$- 165^s 52 + z$$

Also aus der vorhergenden Vergleichung $z = 225.40$ Gewicht $\dfrac{1}{1.4} = 0.7$

aus der folgenden Vergleichung $\quad z = 224.76 \qquad \dfrac{1}{4.5} = 0.2$

$$\overline{225.24} \qquad \overline{0.9}$$

Das Gewicht 0.9 ist noch mit $\dfrac{10}{6.00}$ zu multipliciren. So geben die 5 Chronometer

		Gewicht
Breguet	225.24	1.5
Kessels	225.84	1.9
Barraud	225.39	3.6
Engl. 1	226.04	2.9
— 4	224.86	4.3
	225.42	14.2

Allein die Länge von Bremen, die hienach gegen Altona $268^s 54$ westlich ausfällt, bleibt natürlich immer von der Zeitbestimmung in Bremen abhängig und dieser Unterschied scheint mehrere Secunden zu klein zu sein. Nach meinen Dreiecken ist der Ansgariusthurm $273^s 51$ in Zeit westlich von Göttingen, also Olbers Observatorium $271^s 9$.

COMET.

Astronomische Nachrichten Band VI. Nr. 123. Seite 43..44. 1827 September.

Beobachtungen des von Pons im Luchs entdeckten Cometen.

Herr Hofr. Gauss hat mir folgende von Ihm gemachte Meridianbeobachtungen gesandt.

		AR. Com.	δ Com.
1827 Aug. 20	$10^u 28^m 11^s1$	125° 29′ 41″9	+ 56° 21′ 56″1
21	37 53.0	128 54 42.5	54 58 38.2
22	47 27.0	132 17 54.6	53 23 1.1

Aus diesen Beobachtungen hat Herr Peters folgende Bahn berechnet:

Zeit des Prihels 1827 September 12.2632 Altona.

P . . . . 255° 25′ 50″

Ω 150 11 40

i 54 27 5c

$\log q$ 9.21395

Rückläufig.

Diese stellen die mittlere Beobachtung auf $+5''$ in Länge und $-4''$ in Breite dar.

Schumacher.

PALLAS.

Astronomische Nachrichten Band VI. Nr. 124 Seite 67 .. 68. 1827 October.

Pallasbeobachtungen.

Herr Hofrath Gauss hat mir folgende von Ihm gemachte Pallasbeobachtungen mitgetheilt.

		AR.	δ
1827 Aug. 31	11^u 16^m 2^s0	328° 19′ 54″6	$+5°$ 52′ 27″4
Sept. 2	11 6 42.2	327 57 51.4	5 28 38.2
3	11 2 2.8	327 46 57.4	5 16 31.8
4	10 57 24.2	327 36 14.9	5 4 21.3

Die erste Beobachtung ist weniger zuverlässig, da wegen der grossen Ungleichheit der Temperatur aussen und innen der Planet äusserst schwer zu sehen war; bei den 3 andern waren die Fenster lange vorher geöffnet, und Herr Hofrath Gauss hält diese Beobachtungen für sehr gut.

Schumacher.

GRÖSSTE SONNENHÖHE.

Astronomische Hülfstafeln herausg. von Schumacher für 1827 Seite 92.

Bekanntlich erreicht die Sonne wegen ihrer Veränderung in Declination nicht im Meridian ihre grösste Höhe, sondern in den aufsteigenden Zeichen *nach*, in den niedersteigenden Zeichen *vor* ihrem Durchgange durch den Meridian. Der Augenblick dieser grössten Höhe wird dadurch merkwürdig, dass er nach Herrn Hofraths Gauss sinnreicher Bemerkung, bei Beobachtungen von Circummeridianhöhen der Sonne dem Berechner die Mühe erspart, die Veränderung der Declination während der Beobachtungszeit in Rechnung zu ziehen. Er braucht dazu nur die Stundenwinkel, die als Argumente der Correctionen dienen, durch die man ausser dem Mittage gemessene Höhen auf die Mittagshöhe reducirt, nicht vom wahren Mittage wie gewöhnlich, sondern von dem Augenblicke zu rechnen, in dem die Sonne ihre grösste Höhe erreicht, und hat dann, durch diese einfache Veränderung des Nullpunktes der Stundenwinkel, den Einfluss der Veränderung der Declination für die ganze Ausdehnung seiner Beobachtungsreihe in Rechnung gezogen. — Die folgende Tafel enthält für jeden zehnten Tag, und für alle Polhöhen von Gibraltar bis Petersburg (von 36° bis 60°) das, was man zu dem Augenblicke des wahren Mittags hinzuzufügen, oder davon abzuziehen hat, um den Augenblick zu erhalten, in dem die Sonne die grösste Höhe erreicht. SCHUMACHER.

Astronomische Nachrichten Band VII. Nr. 145. Seite 15. 1828 September.

[GAUSS an SCHUMACHER.] 1827 Oct. 11.

Hier meine bisherigen *Sonnenzenithdistanzen*, die nur von der Refraction befreiet sind. In der folgenden Columne steht die Parallaxe (sie ist für das Centrum berechnet, oder vielmehr aus der ausgefüllten Columne Hülfstafeln 1821 entlehnt; es ist genauer sie für den beobachteten Rand zu nehmen, der Unterschied ist aber nur $\pm$ 0″03 und gleicht sich aus), dann die mit der Polhöhe 51° 31′ 48″, und dem Sonnenhalbmesser aus den Hülfstafeln von 1821 berechnete Declination, dann die Differenz mit den Hülfstafeln, dann die Differenz wenn, wie aus allen sich ergibt, $dr = -0″77$ gesetzt wird.

1827 Sept.							
Sept. 11	U	47°	0′ 51″03	6″21	$+ 4° 46′ 58″75$	$+ 3.65 - dr$	$+ 4″42$
15	U	48	32 42.39	6.37	$+ 3$ 15 8.57	$+ 1.85 - dr$	$+ 2.60$
21	O	50	20 23.69	6.61	$+ 0$ 55 32.74	$+ 5.36 + dr$	$+ 4.59$
22	O	50	43 46.00	6.65	$+ 0$ 32 10.20	$+ 4.90 + dr$	$+ 4.13$
23	O	51	7 8.48	6.70	$+ 0$ 8 47.50	$+ 3.40 + dr$	$+ 2.67$
Oct. 3	U	55	33 0.97	7.05	$- 3$ 45 4.43	$+ 3.63 - dr$	$+ 4.40$
4	U	55	56 13.95	7.08	$- 4$ 8 17.11	$+ 1.91 - dr$	$+ 2.68$
5	O	55	47 23.33	7.12	$- 4$ 31 30.25	$+ 3.55 + dr$	$+ 2.78$

Die 0″77, um welche ich den Sonnenhalbmesser vermindern muss, können vielleicht zum Theile davon abhängen, dass bei dem Urtheil über die Halbirung des Fadenintervalls, wo die eine Hälfte hell, die andere dunkel ist, etwas individuelles mit unterlaufen mag.

Ich übersende Ihnen ferner hier meine Ceresbeobachtungen.

1827 Sept. 27	$12^{u} 11^{m} 28^{s}7$ M. Z.	$8° 50′ 36″1$	$- 13° 14′ 56″1$
Oct 3	11 42 50.2	7 34 37.6	$- 13$ 41 34.8
4	11 38 3.7	7 21 56.4	$- 13$ 45 6.0
5	11 33 17.7	7 9 22.8	$- 13$ 48 24.9
6	11 28 31.9	9 56 52.9	$- 13$ 51 37.1

Astronomische Nachrichten Band VII. Nr. 161. Seite 329. 1829 Juni.

[Beobachtungen der *Ceres* in Göttingen von GAUSS.]

1829	Mittlere Zeit	Gerade Aufsteig.	Abweich. Nordl.
Januar 22	10^u 21^m 46^{s}2	97° 24′ 25″0	30° 22′ 0″4
25	10 7 41.4	96 50 4.0	30 30 8.3
Februar 11	8 52 51.7	94 49 55.8	30 58 55.4
19	8 20 52.8	94 41 58.8	31 4 46.7
März 5	7 29 47.9	95 41 35.9	31 6 19.2
14	6 59 57.5	97 5 4.0	31 2 42.0
16	6 53 37.2	97 27 56.7	
18	6 47 22.3	97 52 14.5	30 59 55.9

Die Beobachtung der Opposition war durch die anhaltend ungünstige Witterung vereitelt.

Astronomische Nachrichten Band VII. Nr. 185. Seite 321. 1830 August.

Auszug aus einem Schreiben des Herrn Hofraths GAUSS an den Herausgeber. Göttingen 1830. Juli 20.

Hiebei übersende ich Ihnen meine bei den diesjährigen Oppositionen angestellten Beobachtungen der *Ceres* und Pallas.

Ceres.

1830	Mittlere Zeit	Gerad Aufsteig.	Abweichung
April 24	12^u 39^m 21^{s}9	222° 20′ 25″8	4° 18′ 27″6 S.
25	34 33.0	7 9.1	16 45.0
26	29 44.3	221 53 54.1	15 9.0
27	24 54.7	40 27.3	13 38.8
28	20 5.0	26 58.3	12 14.6
29	15 15.3	13 28.8	10 52.4
30	10 25.1	220 59 52.5	9 37.2
Mai 2	0 44.7	32 39.1	7 29.2
5	11 46 14.9	219 52 0.7	5 2.0

Beobachtungen der *Pallas* in Göttingen.

1830	Mittlere Zeit	Gerade Aufsteig.	Abweichung
April 24	13^u 0^m 9^{s}1	227° 33′ 5″2	22° 38′ 1″6 N.
25	12 55 26.1	21 17.4	49 48.7
26	50 42.4	9 17.7	23 1 16.3
27	45 58.5	226 57 15.4	12 19.4
28	41 14.1	45 6.1	22 58.4
29	36 29.3	32 51.7	33 23.1
30	81 44.3	20 33.1	43 21.8

Von der neulich bei Tage gesehenen Bedeckung des Aldebaran habe ich den Eintritt sehr gut beobachtet

Juli 16. Eintritt α Tauri am hellen M. R. 0^u 44^m 44^{s}0 M. Z.

Gleich nachher verdunkelten Wolken den Himmel, und der Mond kam nicht wieder zu Gesicht.

Astronomische Nachrichten. Band X. Nr. 225. Seite 143. 1832 Juli 3.

[GAUSS an SCHUMACHER.] Göttingen 1832 Mai 12.

Bei dem letzten Mercursdurchgang habe ich am Eintritt die erste Berührung durch eine Wolke, die zweite durch einen Zufall verloren. Den Austritt hingegen habe ich beobachtet

innere Berührung bei dem Austritt . . . . $4^u \ 25^m \ 32^s1$
äussere Berührung . . . . $4 \ 28 \ 22.5$

Ausserdem habe ich seine Culmination am Meridiankreise beobachtet

Mai 5. AR. $2^u \ 49^m \ 50^s36$
$\delta + 16° \ 28' \ 43^s6$ der Nullpunkt aus dem Nadir bestimmt.
— — 44.4 der Nullpunkt aus α Can. min. mit α Decl. aus ENCKES I. B.

Astronomische Nachrichten. Band XI. Nr. 262. Seite 403. 1834 Juli 9.

Opposition der *Pallas* 1834.

Von Herrn Hofrath GAUSS in Göttingen habe ich folgende von ihm am Meridiankreise gemachte Beobachtungen der Pallas erhalten. Wir haben hier keine erhalten.

1834 Febr. 6 | $8^u \ 41^m \ 47^s02$ | $— 20° \ 44' \ 23''7$
9 | $8 \ 39 \ 39.10$ | $— 19 \ 41 \ 52.9$
10 | $8 \ 38 \ 57.80$ | $— 19 \ 20 \ 0.3$

SCHUMACHER.

Astronomische Nachrichten. Band XVI. Nr. 361. Seite 5. 1838 October 18.

Sternbedeckung beobachtet auf der Göttinger Sternwarte.

Eintritt χ Leonis 1838 Juni 27. $10^u \ 9^m \ 17^s7$ M. Z. GAUSS.
$10 \ 9 \ 16.9$ — GOLDSCHMIDT.

Durch die Güte des Herrn Hofraths und Ritters GAUSS mitgetheilt.

SCHUMACHER.

Astronomische Nachrichten.   Band XVI. Nr. 378. Seite 303.   1839 Mai 30.

Herr Hofrath GAUSS hat in Göttingen nur den Anfang dieser Sonnenfinsterniss um

1838 März 15. 3^u 59^m 9^s6 mittlere Zeit

beobachten können.   Von der Mitte der Finsterniss an wurde die Sonne durch Wolken unsichtbar gemacht.   SCHUMACHER.

Astronomische Nachrichten.   Band XVIII. Nr. 430. Seite 367.   1841 August 5.

Herr Hofrath GAUSS hat am 23. Mai 1841 in Göttingen, da das ungünstige Wetter die Beobachtung des Eintritts verhinderte, den Austritt von $42\omega'$ Gemin. um 9^u 32^m 10^s6 m. Z. beobachtet. Herr
Dr. GOLDSCHMIDT beobachtete diesen Austritt 0^s3 früher.   SCHUMACHER.

Astronomische Nachrichten.   Band XX. Nr. 465. Seite 160.   1842 Januar 5.

[Mittheilung der von GOLDSCHMIDT ausgeführten Beobachtungen des *Cometen*.]

Astronomische Nachrichten.   Band XXI. Nr. 494. Seite 221. 222.   1844 Januar 18.

[Mittheilung der von Dr. GOLDSCHMIDT berechneten elliptischen Elemente des Cometen.]

Astronomisehe Nachrichten.   Band XXI. Nr. 495. S. 235..238.   1844 Februar 8.

[GAUSS an SCHUMACHER.]   Göttingen 1844 Januar 17.

Anbei übersende ich Ihnen eine Ephemeride des *Cometen*, welche Hr. Dr. GOLDSCHMIDT nach seinen zweiten Elementen berechnet hat.   Ich zweifle nicht, dass man ihn damit immer leicht wird auffinden können, wenn nicht das gar zu schwach werdende Licht des Cometen die Sichtbarkeit hindert.

Eine Vergleichung dieser zweiten Elemente mit den sämmtlichen ihm bekannt gewordenen Beobachtungen wird Hr. Dr. Goldschmidt unverzüglich beendigen.

Meine eigene Beobachtung vom 11. Januar steht so:

$$1844 \text{ Januar } 11 \quad \left| \begin{array}{c} 9^u\ 23^m\ 41^s8 \\ 9\ 23\ 47.5 \end{array} \right| \quad 77^\circ\ 8'\ 49''4 \quad \left| \begin{array}{c} \overline{}\ \overline{}\ \overline{} \\ \end{array} \right| \quad +3^\circ\ 32'\ 26''7$$

Die Declination bleibt etwas ungewiss. Der geringe Unterschied zwischen den Zeiten, für welche die Gerade Aufsteigung und die Abweichung gelten, rührt daher, dass jene sich auf drei, letztere auf zwei Beobachtungen gründet, und dass die dritte blos für Gerade Aufsteigung brauchbare Beobachtung *nahe*, aber *nicht genau*, mitten zwischen den beiden andern liegt.

Ich habe jetzt die Chronometer von einem Hannoverschen Künstler hier zur Prüfung, jedoch erst seit 4 oder 5 Tagen. In dieser Zeit ist der Gang vortrefflich gleichförmig, obwohl eine so kurze Zeit noch nicht viel entscheiden kann.

Schliesslich bemerke ich noch, dass meine Beobachtung vom 13. December in der neuen Reduction eine kleine Aenderung erlitten hat, aber nur in Folge eines bei der *Sternreduction* vorgefallenen Irrthums. Sie steht jetzt so:

$$1842 \text{ December } 13 \quad \left| \begin{array}{c} 9^u\ 35^m\ 15^s9 \\ 9\ 43\ 13.7 \end{array} \right| \quad \begin{array}{c} \overline{}\ \overline{}\ \overline{} \\ 78^\circ\ 45'\ 38''0 \end{array} \quad \left| \begin{array}{c} +3^\circ\ 39'\ 28''6 \\ \overline{}\ \overline{}\ \overline{} \end{array} \right|$$

Astronomische Nachrichten. Band XXI. Nr. 496. Seite 247. 1844 Februar 17.

Herr Hofrath Gauss hat mir in einem Briefe vom 16. folgende Beobachtungen des Cometen gesandt:

$$1844 \text{ Januar } 15 \quad \left| \begin{array}{c} 8^u\ 18^m\ 17^s8 \text{ m. Z.} \\ 8\ 10\ 44.5 \end{array} \right| \quad \begin{array}{c} \text{AR.: } 77^\circ\ 20'\ 59''6 \\ \text{AR.: } \overline{}\ \overline{}\ \overline{} \end{array} \quad \left| \begin{array}{c} \delta\text{: } \overline{}\ \overline{}\ \overline{} \\ \delta\text{: } +3^\circ\ 49'\ 47''3 \end{array} \right.$$

Der Comet ging einem Sterne, dessen Position für diesen Tag Dr. Goldschmidt zu $78^\circ\ 17'\ 2''3$ $+3^\circ\ 51'\ 2''9$ berechnet hatte um $8^u\ 18^m\ 17^s8$ vor $3'\ 34''18$, und war um $8^u\ 10^m\ 44^s5$ m. Z. $1'\ 15''6$ südlicher. Herr Hofrath Gauss hält diese Beobachtung für so gut, als er sie bei der grossen Lichtschwäche des Cometen mit dem Kreismicrometer machen konnte, wenn, wie es sich von selbst versteht, der Stern gut bestimmt ist.

In einem spätern Brief vom 21. hat Herr Hofrath Gauss mir gefälligst die Vergleichung mit den zweiten Goldscmidtschen Elementen mitgetheilt. Schumacher.

Astronomische Nachrichten. Band XXII. Nr. 506. Seite 31. 1844 Juni 20.

Beobachtung der Mondfinsterniss vom 31. Mai 1844 zu Göttingen.
Die Zeiten sind in Sternzeit angesetzt.

Eintritt	GAUSS	GOLDSCHMIDT	*Austritte.*	GAUSS	GOLDSCHMIDT
Anfang	$14^u\ 27^m$		Ende der totalen		
Riccioli	$32\ 24^s$		Verfinsterung .	$16^u\ 46^m\ 54^s$	
Aristarch	32 48	$14^u\ 32^m\ 36^s$	Crüger	49 34	
Grimaldi	34 4		Riccioli	51 1	
Kepler	37 30	37 15	Grimaldi I. . . .		$16^u\ 50^m\ 29$
Mayer		38 57	Grimaldi II.. , .		16 51 17
Crüger	39 2		Marius		55 44
Pytheas	42 1	41 46	Gassendi I. . . .	57 14	
Copernicus I. . .	42 57	42 50	Gassendi II.. . .	58 36	
Plato I. . . .	44 3	43 51	Kepler I.. . . .		$17\ 0\ 22$
Plato II.. . . .	44 58	45 18	Kepler II.. . . .		1 58
Copernicus II. . .		45 5	Aristarch	17 2 41	2 22
Gassendi I. . .	45 16		Tycho I. . . .	4 51	3 59
Gassendi II.. . .	46 6		Tycho II	6 31	6 12
Calippus	51 48		Mayer		8 27
Aristoteles . . .	52 35		Copernicus I. . .	10 20	10 8
Eudoxus	53 12		Copernicus II. . .	11 56	11 55
Sulpicius Gallus .	54 38		Pytheas	12 33	12 34
Manilius I. . . .	55 36	55 25	Laplace	14 56	
Manilius II.. . .	56 23	56 49	Plato I.	19 53	19 36
Menelaus . . .	59 5	58 39	Plato II.. . . .	20 58	20 41
Posidonius I. . .	59 54		Manilius I. . . .		25 38
Posidonius II. . .	15 1 7		Manilius Mitte	25 58	
Plinius I. . . .		15 1 21	Manilius II.. . .		26 27
Plinius II. . . .		2 24	Sulpicius Gallus .	26 54	
Dionysius . . .	2 49	2 58	Dionysius . . .	28 49	28 13
Tycho I.	6 2	5 49	Menelaus I. . . .		28 46
Tycho II. . . .	7 38	7 50	Menelaus Mitte .	29 25	
Censorinus . . .	10 52		Menelaus II. . .		29 31
Proclus	11 23	11 4	Fracastos	31 44	
Taruntius . . .	14 29		Plinius	32 59	32 46
Goclenius I.. . .	17 0	16 56	Posidonius I. . .	34 49	
Goclenius II. . .	17 36	17 50	Posidonius II. . .	35 57	35 58
Anfang der totalen			Censorinus . . .	36 4	
Verfinsterung .	29 28	30 4	Goclenius I. . .	38 44	
			Goclenius II. . .	39 14	40 6
			Jansen A (nachMädler)	39 53	
			Proclus	42 16	41 59
			Picard	44 53	
			Ende	50	49 24

Während der totalen Verfinsterung erschien der vom Mittelpunkt des Schattens entfernte Mondrand in schönem lichten Blau, das übrige in dunklem Kupferroth.   GAUSS.

Astronomische Nachrichten. Band XXII. Nr. 511. Seite 111. 112. 1844 August 1.

Beobachtungen und Elemente des *Cometen.*

Herr Hofrath GAUSS hat auf der Göttinger Sternwarte bei ganz günstiger Luft, folgende Beobachtung des Cometen erhalten:

1844 Juli 23. 10^u 46^m 32^s m. Z. Decl. $\mathscr{C}$ = + 36° 29′ 51″2
10 56 4 — AR. $\mathscr{C}$ = 226 7 13.8

Die Gerade Aufsteigung beruhet auf 4 Vergleichungen, die Declination nur auf Einer.

Astronomische Nachrichten. Band XXII. Nr. 512. Seite 115. 116. 1844 August 17.

[Mittheilung der von Dr. GOLDSCHMIDT berechneten Elemente des Cometen.]

Astronomische Nachrichten. Band XXII. Nr. 513. Seite 141..144. 1844 August 22.

Göttingen, 1844 Aug. 8.

Seit dem 23. v. M. habe ich zwar an mehreren Abenden den Cometen auf kurze Zeit gesehen, aber erst gestern wieder eine Beobachtung erhalten können; aber auch schon bei der dritten Vergleichung kamen wieder Wolken, die weitere Beobachtungen unmöglich machten. Was ich erhalten habe, ist folgendes, wobei zwei Sterne aus BESSELS Zone Nr. 364 zur Vergleichung benutzt wurden.

1844 Aug. 7. 9^u 16^m 29^s M. Z. A. R. = 213° 52′ 6″8
9 24 48 — Decl. = + 24 50 21.5

Nach einer flüchtigen Ueberschlagung geben Dr. GOLDSCHMIDTS parabolische Elemente die G. A. um 10″ grösser, die Abweichung um 16″ kleiner.

Göttingen, 1844. Aug. 10.

Ich übersende Ihnen abermals eine Ortsbestimmung des Cometen, die ich gestern Abend gemacht habe. Zur Vergleichung dienten 2 Sterne aus BESSELS Zone 364, der erste auch aus Zone 460.

1844 Aug. 9. 9^u 36^m 54^s M. Z. G. R. 212° 40′ 23″8
9 35 8 — Abw. 23 18 16.6

GOLDSCHMIDTS Elemente geben die G. A. 5″ grösser, die Declination 16″ kleiner.

Astronomische Nachrichten. Band XXII. Nr. 514. Seite 165. 166. 1844 Aug. 18.

GAUSS an SCHUMACHER. Göttingen 1844 August 18.

Ich sende Ihnen noch ein Paar bei dem stets ungünstigen Wetter nur mit Mühe dürftig erhaltene Cometenbeobachtungen:

1844	Mittlere Zeit in Göttingen	Gerade Aufsteigung	Nordliche Abweichung
Aug. 11	9^u 28^m 16^s	211° 34′ 13″6	— — —
	9 31 48	— — —	21° 48′ 12″6
17	8 34 23	208 42 2.3	— — —
	8 36 8	— — —	17 28 22.6

Am 11. hatten drei dem Cometen folgende Sterne zur Vergleichung gedient, wovon der zweite mit dem in BESSELs Zone 460 auf folgende Art.

$$8.\;9\;\mid\;4\;\mid\;14^{u}\;7^{m}\;50^{s}54\;\mid\;21°\;50'\;21''9$$

angesetzten identisch sein wird, wenn man annimmt, dass die Beobachtung nicht am vierten sondern am dritten Faden gemacht, und also die Uhrzeit irriger Weise um den Betrag des Fadenintervalls vermindert, abgedruckt ist. Meine obige Rectascension gründet sich auf diese Hypothese, deren Richtigkeit ich noch nicht habe bestätigen können, und auf die Voraussetzung, dass die von BESSEL angewandte Reductionszahl $15^{s}46$, oder die unmittelbar beobachtete Antrittszeit $14^{u}\;8^{m}\;6^{s}0$ gewesen ist. Würde aber dieser zweite Stern ganz ausgeschlossen, so würde die Rectascension des Cometen um $4''2$ grösser, also zu $211°\;34'\;17''8$ angesetzt werden müssen. Dr. GOLDSCHMIDTS Parabel stimmt noch immer recht gut mit den Beobachtungen überein.

Am 17. August war Piazzi XIII. 280 zur Vergleichung angewandt. Die Rectascension ist aber nur Resultat einmaliger Vergleichung.

Astronomische Nachrichten. Band XXII. Nr. 516. Seite 189..192. 1844 October 3.

1844 September 1.

Gestern Abend habe ich nach langer Unterbrechung wieder ein Paar Vergleichungen des Cometen mit benachbarten Fixsternen machen können. Sie waren aber nur zur Bestimmung der geraden Aufsteigung tauglich

$$1844\;\text{August}\;31.\;\;8^{u}\;25^{m}\;57^{s}\;\text{m. Z.}\qquad\text{ger. Aufst.}\;203°\;45'\;8''3$$

Dr. GOLDSCHMIDTS Parabel stimmt damit noch auf eine Secunde genau überein.

Ich bemerke noch, dass bei GOLDSCHMIDTS Formeln zur Berechnung der Coordinaten, wie sie in Nr. 512 der A. N. abgedruckt sind, noch der Radius Vector als Factor hinzugefügt werden muss.

Göttingen, Sept. 3.

Ich schicke Ihnen noch eine Cometenbeobachtung.

$$1844\;\text{Sept.}\;2.\;\;8^{u}\;27^{m}\;11^{s}\qquad\text{G. A.}=203°\;11'\;0''2\qquad\text{Abw.}=+\,7°\;6'\;32''1$$

Sie gründet sich auf zwei Vergleichungen mit einem Sterne 9. Grösse aus BESSELs Zonen 83 und 160, und mit den beiden PIAZZIschen Sternen XIII, 194 und 208. — Bei dem zweiten Sterne (XIII, 194) hat mir die Rectascension einige Bedenklichkeit gemacht und es scheint fast, dass eine eigene Bewegung dabei Statt findet. Der Unterschied in Zeit zwischen dem zweiten und dritten Sterne findet sich

in der Hist. Céleste	$2^{m}\;26^{s}00$
in ZACHs Catalog	2 26.11
in PIAZZIS Cat. 1. Ausg.	2 26.04 jeder Stern 4 mal
2. Ausg.	2 26.31 jeder Stern 10 mal beob.
in BESSELs Zone 160.	2 27.00
meine beiden Drchg. geben	2 27.64

Der Unterschied scheint also zuzunehmen, obgleich die Präcession für XIII. 208 jährlich um ein paar Hunderttheile einer Bogensecunde kleiner ist als für XIII, 194. — Ich habe für obige Ortsbestimmung des Cometen blos die Besselschen Beobachtungen der drei Sterne angewandt und das Mittel aus allen Resultaten angesetzt. Schlösse ich für die Rectascensionen das Resultat aus XIII, 194 aus, so würde hervorgehen

$$203° \ 10' \ 57''2$$

Uebrigens ist bei der Reduction die Refraction genau berücksichtigt. — Goldschmidts Parabel gibt die G. A. noch gut, aber die Declination um 1 Minute zu klein.

Göttingen, Sept. 6.

Auch gestern habe ich den Cometen beobachtet, aber blos Einen Durchgang erhalten können, der auch nur für die *Declination* zu benutzen war. Das unter Berücksichtigung der Rectascension beobachtete Resultat war

$$1844 \text{ Sept. 5. } 7^u \ 56^m \ 56^s \text{ m. Z.} \quad \text{Abw. des Com. } +5° \ 21' \ 20''2$$

Goldschmidts Parabel gibt 1 5'' weniger.

Göttingen, Sept. 8.

Heute schicke ich Ihnen meine Cometenbeobachtung von vorgestern:

$$1844 \text{ Sept. 6. } 8^u \ 1^m \ 53^s \quad \text{Gerade Aufsteig. } 202° \ 7' \ 6''7$$
$$8 \ 8 \ 7 \quad \text{Nördl. Abweich. } 4 \ 46 \ 25.6$$

Die gerade Aufsteigung beruhet auf vier, die Abweichung auf zwei Vergleichungen. Gestern Abend war der Himmel bedeckt.

C. F. Gauss.

Astronomische Nachrichten. Band XXII. Nr. 521. Seite 277. 278. 1844 November 28.

Göttingen 15. October und 11. November 1844.

Von dem *Cometen* habe ich am 6. October ein paar Vergleichungen mit Ceti 200 Bode, aus denen nur die Rectascension sich mit Sicherheit ableiten lässt.

$$1844 \text{ October 6. } 10^u \ 40^m \ 32^s \text{ m. Z.} \quad \text{Gerade Aufsteig. } 18° \ 50' \ 51''1$$

Indem ich für die Sterne, mit welchen ich am 14. October den Cometen verglichen habe, in Folge der verschiedenen neueren Meridianbeobachtungen folgende scheinbare Positionen am Beobachtungstage zum Grunde lege:

Stern 1. Gerade Aufsteigung 19° 46' 4''0   Abweichung 0° 56' 51''4 südlich
     2.   19 52 18.8   0 44 45.5

finde ich den Cometenort

$$1844 \text{ October 14. } 9^u \ 27^m \ 6^s \text{ m. Z.} \quad \text{Gerade Aufsteig. } 20° \ 16' \ 11''3$$
$$9 \ 32 \ 7 \quad \text{Südl. Abweich. } 0 \ 44 \ 30.3$$

Dr. Goldschmidt hat für den Cometen folgende elliptische Elemente berechnet:

Durchgang durch das Perihel 1844 Sept. 2.49152 mittl. Berliner Zeit.

Länge des Perihels	342° 29′ 44″9 ⎫	vom mittl. Aequin. 1844
Aufsteigender Knoten	63 48 55.2 ⎭	Sept. 21.5 gezählt
Neigung der Bahn	2 55 1.9	
Logarithm der halben grossen Axe 0.4929151		
Excentricität 0.6186103		
Bewegung rechtläufig.		

Die aus diesen Elementen folgende siderische Umlaufszeit ist 2400.339 Tage. Die Elemente stellen die 3 zum Grunde gelegten Beobb. (Aug. 23, Sept. 21, Oct. 15) genau dar; Dr. Goldschmidt wird demnächst sämmtliche bekannt gewordene Beobachtungen damit vergleichen; vorläufig hat er die Vergleichung mit den drei Beobb. vom 14. Oct., 1. Nov., 2. Nov. durchgeführt, wobei sich die Unterschiede ergeben haben:

	in Ger. Aufst.	in Abweichung
Oct. 14	− 0″9	− 8″3 Gauss
Nov. 1	+ 8.7	− 10.3 Petersen
2	− 12.3	− 8.4 Rümker

Die folgende Ephemeride ist nach diesen Elementen berechnet.

Astronomische Nachrichten Band XXII. Nr. 526. Seite 353. 354. 1845 Januar 25.

Am 11. verglich Herr Petersen den Cometen mit zwei Sternen der Hist. Cél. p. 237 u. 295, deren scheinbare Oerter für die Beobachtungszeit er annahm

$$19^u\ 21^m\ 2^s85 \qquad +42°\ 1′\ 5″1$$
$$22\ 20.95 \qquad 41\ 55\ 11.8$$

Er fand:

Jan. 11. $9^u\ 16^m\ 7^s$ Alt. m. Z.   289° 37′ 35″6   +41° 58′ 40″7.

Aus zwei Vergleichungen mit denselben Sternen fand Herr Hofrath Gauss

Jan. 11. $5^u\ 35^m\ 19^s2$ Gött. m. Z.   +41° 54′ 40″2
$$5\ 39\ 29.0 \qquad\qquad AR.\ 289°\ 41′\ 47″6$$

Die Declination beruht blos auf dem zweiten Sterne, die AR. auf dem Mittel aus beiden. Herr Hofrath Gauss wünscht, dass die Sterne in der unteren Culmination jetzt bestimmt werden mögen.

Am Schlusse dieses Artikels erhalte ich noch von Herrn Hofrath Gauss eine Göttinger Beobachtung, von Herrn Rümker folgende Elemente, die er früher geliefert haben würde, wenn nicht die Geschäfte der Navigationsschule, bei denen ihm mehr Hülfe zu wünschen wäre, jetzt fast alle seine Zeit in Anspruch nähmen, und von Herrn Sievers die Verbesserung seiner früheren Bahn.

1845 Jan. 12. $5^u\ 51^m\ 11^s0$ M. Z. Göttingen   AR. 289° 14′ 45″5
$$5\ 54\ 59.5 \qquad\qquad D.\ 42\ 22\ 15.4\ N.$$

Zur Vergleichung dienten 3 Sterne, deren aus der Hist. Cel. abgeleitete Positionen, für den Beobachtungstag folgende sind:

$$288° \; 54' \quad 5''4 \qquad + 42° \; 15' \quad 49''7$$
$$289 \quad 1 \quad 5.6 \qquad 42 \quad 23 \quad 59.7$$
$$290 \quad 7 \quad 35.2 \qquad 42 \quad 29 \quad 48.2$$

Der letzte dieser Sterne ist in HARDINGS Charte bedeutend zu nördlich eingezeichnet.

SCHUMACHER.

Astronomische Nachrichten Band XXIII. Nr. 543. Seite 225. 226. 1845 August 7.

Meridianbeobachtung des von Herrn COLLA entdeckten Cometen in Göttingen.

Herr Geheimer Hofrath GAUSS hat mir folgende am Göttinger Meridiankreise gemachte Beobachtung des Cometen in der unteren Culmination gefälligst mitgetheilt.

	Mittlere Zeit	AR.	Nordl. Abw.
1845 Juni 12	$13^u \; 12^m \; 59^s9$	99° 26' 5''4	43° 56' 53''6

SCHUMACHER.

Astronomische Nachrichten Band XXV. Nr. 581. Beilage. Seite 82. 1846 October 22.

Erste Beobachtungen von LE VERRIER's Planeten.

Herr Geheimer Hofrath GAUSS hat mir folgende Meridianbeobachtungen gesandt.

	M. Z. in Göttingen		
Sept. 27	$9^u \; 27^m \; 57^s1$	328° 14' 35''8	— 13° 25' 54''0
Octob. 6	8 51 56.5	5 12.6	— 29 6.0
10	8 35 58.8	1 40.7	— 30 17.8

SCHUMACHER.

Astronomische Nachrichten. Band XXV. Nr. 582. Seite 95. 1846 November 5.

Göttingen 1846 October 22.

Gestern Abend habe ich den LE VERRIER'schen Planeten am Meridiankreise beobachtet, und ich verfehle nicht, Ihnen das Resultat mitzutheilen:

1846 Octob. 21. $7^u \; 52^m \; 13^s7$ G. A. = 327° 54' 7''8   Abw. — 13° 32' 50''1

Die Beobachtungen stimmten noch immer sämmtlich sehr gut mit einer Kreisbahn.

Astronomische Nachrichten. Band XXV. Nr. 579. Seite 43. 44.   1846 December 10.

Göttingen 1846 October 31.

Wenn man den Nadirpunkt durch das vom Quecksilberhorizonte reflectirte Bild der Fäden bestimmen will, so wünscht man namentlich das Gesichtsfeld einigermassen gleichförmig beleuchtet zu haben. Das war aber früher bei dem Gebrauche einer Lampe nie der Fall. Es zeigte sich vielmehr nur ein etwas undeutliches Bild der Lichtflamme in dem sonst äusserst schwach erhellten Felde.

Ich habe früher mir dadurch geholfen, dass ich das Ocular etwas seitwärts schraubte, so dass nicht der mittelste Faden in der Mitte, sondern seitwärts von der Mitte erschien, etwa so, dass der nächste Faden in der Mitte des Gesichtsfeldes stand. Dadurch erlangte ich den Vortheil, dass jenes Flammenbild die Beobachtungen nicht mehr bedeutend störte. Es ging so besser, als wenn das Ocular concentrisch stand, aber immer noch nicht so gut wie man wünschen konnte. Es war dies also nur ein Palliativ. Radical wird auf folgende Art geholfen.

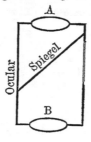

Durch Versuche überzeugte ich mich bald, dass jenes undeutliche Lichtflammenbild blos durch Reflexion der Lichtflamme von der Linse B entsteht. Dies Bild trägt aber gar nichts dazu bei, die Fäden oder deren von Quecksilber reflectirtes Bild sichtbar zu machen, sondern erschwert dies nur in hohem Grade. Ich nehme also die Linse B ganz heraus. Das Ocular vergrössert dann allerdings etwas weniger, aber immer noch genug, und gibt herrliche scharfe Bilder. Das Ocular z. B. welches ich am Meridiankreise anwende, vergrössert mit A und B 134 mal, mit A allein 96 mal.

Ich habe so, mag ich Lampe oder Tageslicht (letzteres etwa nur vermittelst eines in freier Hand gehaltenen Spiegelstücks) gebrauchen, ein kleines, aber immer noch genügendes, gleichförmig beleuchtetes Feld. Der wesentliche Punkt ist, dass zwischen dem unter 45° geneigten Spiegel und dem Fadensystem kein Glas sein darf.

Astronomische Nachrichten. Band XXVI. Nr. 610. Seite 153. 154.   1847 August 30.

Göttingen, 1847 Aug. 15.

Beobachtungen des Neptun am Meridiankreise von GAUSS.

	Mittlere Zeit	Gerade Aufsteig.	Abweichung
1847 Aug. 12	12^u 43^m 5^s9	331° 34′ 57″1	— 12° 18′ 12″1
13	12 39 3.8	331 33 27.0	— 12 18 44.6
14	12 35 1.3	331 31 50.1	— 12 19 19.5

Nachrichten der Königl. Gesellsch. d. Wiss. zu Göttingen. Nr. 11. 1847 September 13.

Von der am 13. August durch Hrn. Hind in London gemachten Entdeckung eines neuen Planeten erhielt ich die erste Kenntniss aus einem Pariser Zeitungsblatt vom 16. August und beobachtete ihn in Folge dieser Mittheilung den 21. August im Meridian. Da jene Nachricht nur zwei um Eine Stunde von einander abliegende Positionen enthalten hatte, so blieb anfangs einige Ungewissheit wegen der Identität, die jedoch bald nachher nach Eingang weiterer englischer Beobachtungen vom 14. und 15 August beseitigt wurde. Seitdem ist der Planet, welchem bekanntlich der Name Iris beigelegt ist, an jedem Abend, wo die Witterung es erlaubt hat, von mir am Meridiankreise beobachtet. Folgende Positionen habe ich bisher erhalten.

1847	Mittlere Zeit in Göttingen	Gerade Aufsteigung	Südliche Abweichung
August 21	9^{u} 52^{m} $54^{s}1$	$297°$ $47'$ $20''8$	$13°$ $42'$ $19''9$
28	9 21 16.6	296 45 38.2	13 54 47.9
29	9 16 53.3	296 38 46.6	13 56 34.2
Sept. 4	8 51 12.0	296 7 14.1	14 6 3.8
6	8 42 54.5	296 0 46.5	14 8 56.1

Der Planet erschien in diesen Beobachtungen (bei meistens nicht besonders günstiger Luft) nur mit der Helligkeit eines Sternes 9ter Grösse.

Gleich nachdem die Beobachtung vom 28. August reducirt war, unternahm Hr. Prof. Goldschmidt die Berechnung der elliptischen Elemente, wobei er meine beiden Beobachtungen vom 21. und 28. August und eine in Cambridge von Hrn Challis gemachte vom 14. August zum Grunde legte. Folgendes sind seine Resultate.

Mittlere Anomalie 1847 August 14. 0^{u} Mittl. Göttinger Zeit $288°$ $53'$ $21''9$
Länge des Perihels 44 6 49.3
Länge des aufsteigenden Knoten 260 27 58.8
   beide vom scheinbaren Aequinoctium des 14. August an gerechnet
Mittlere tägliche siderische Bewegung . . . . $982''5907$
Logarithm der halben grossen Axe 0.3717560
Excentricität 0.2135543
Neigung der Bahn . . . . $5°$ $29'$ $55''8$

Hr. Gould aus Boston, der sich bei uns mit grossem Eifer den astronomischen Studien widmet, hat gleichfalls aus denselben Beobachtungen eine elliptische Bahn berechnet, die von der obigen wenig verschieden ist. Auch stimmt diese mit den spätern bis jetzt gemachten Beobachtungen noch sehr gut überein.

Zweierlei ist hieraus bereits zu schliessen. Erstens ist die planetarische Natur der Iris, und dass ihre Bahn, eben so wie die der Ceres, Pallas, Juno, Vesta, Asträa und Hebe, zwischen den Bahnen des Mars und des Jupiter liegt, zur Gewissheit gebracht. Zweitens wird voraussichtlich der Planet bei seiner Erscheinung im Jahr 1848 bedeutend heller sein, als im gegenwärtigen.

Göttingen, den 7. September 1847. Gauss.

Astronomische Nachrichten. Band XXVI. Nr. 611. Seite 173. 174. 1847 Sept. 16.

[Beobachtungen am Meridiankreise von Gauss.]

Iris: 1847 Aug. 21. $9^u\ 52^m\ 54^s1$ Gött. m. Z. $297°\ 47'\ 20''8$ $-13°\ 42'\ 20''4$

Die Antritte an den einzelnen Fäden stimmten nicht besonders, da wegen ziehender Wolken das Gestirn schwer zu sehen war. Unmittelbar darauf dehnten sich die Wolken noch weiter aus, so dass die Culmination von α Steinbock nicht beobachtet werden konnte.

Neptun 1847 Aug. 17. $12^u\ 22^m\ 55^s2$ $331°\ 27'\ 14''1$ $-12°\ 21'\ 5''0$

Astronomische Nachrichten. Band XXVI. Nr. 613. Seite 193 .. 208. 1847 October 14.

[Beobachtungen der *Iris* am Meridiankreis von Gauss.]

Göttingen 1847 Sept. 5.

Herr Gould hat mir eben die aus meinen Beobb. der Iris vom 21. 28. August, in Verbindung mit der Cambridger vom 14. abgeleiteten Elemente geschickt, die ich Ihnen mitzutheilen eile. — — — — Gestern Abend habe ich Iris noch am Meridiankreise beobachtet.

	Göttinger M. Z.	AR.	Declination
1847 Sept. 4	$8^u\ 51^m\ 12^s0$	$296°\ 7'\ 14''1$	$-14°\ 6'\ 3''8$
6	8 42 54.5	296 0 46.5	$-14\ 8\ 56.1$
10	8 26 43.6	295 53 59.8	$-14\ 13\ 59.5$

Der Planet erschien bei dieser Beobachtung lichtschwächer als bei irgend einer früheren. Die Fäden blieben ganz undeutlich, wenn der Planet sichtbar sein sollte. Viel mag an dem Zustande der Luft gelegen haben, denn alle Sterne erschienen (dem blossen Auge), während der Himmel ganz wol kenfrei war, in mattem nebelichten Lichte.

Sept. 12 | $8^u\ 18^m\ 50^s5$ | $295°\ 53'\ 37''8$ | $-14°\ 16'\ 16''3$

Din Luft war an diesem Abend günstiger als am 10. Dagegen war am 13. die Iris nur im ganz verdunkelten Felde eben zu sehen, und eine Beobachtung unmöglich. Der um etwa $1^m\ 40^s$ vorangehende auf fast gleichem Parallel stehende Stern 7. 8. Grösse hatte sich noch bei nothdürftiger Beleuchtung beobachten lassen.

Sept. 19 | $7^u\ 52^m\ 19^s9$ | $296°\ 8'\ 51''1$ | $-14°\ 22'\ 30''0$

Astronomische Nachrichten. Band XXVI. Nr. 616. Seite 241. u. 255. 1847 November 8.

[Gauss an Schumacher.] Göttingen 1847 October 11.

Ich kann Ihnen heute doch noch eine Meridianbeobachtung der *Iris* mittheilen, nach einer Unterbrechung von vollen drei Wochen. Der Planet war aber wegen seiner Lichtschwäche sehr schwer zu beobachten.

1847 Oct. 10. 6^u_3 42^m 2^s6 M. Z. Ger. Aufst. 299° 13′ 32″7 Abweichung südl. 14° 19′ 38″6

Goldschmidts Elemente stimmen noch sehr gut. Von der *Sonnenfinsterniss* habe ich nur das Ende beobachten können.

1847 Oct. 8. 21^u 39^m 33^s7 Mittl. Zeit. Herr Prof. Goldschmidt 2^s4 später.

Ausserdem habe ich noch den Eintritt eines Fleckens, d. i. Anfang des Eintritts, oder erste Berührung aufgezeichnet 19^u 3^m 40^s8, aber bei so stark wallender Luft, dass das deutliche Sehen sehr dadurch beeinträchtigt wurde. Prof. Goldschmidt hatte 3^s7 weniger.

In einem späteren Schreiben fügte der Herr Geheime Hofrath noch folgende Meridianbeobachtungen der *Iris* hinzu:

1847	Mittlere Zeit	Gerade Aufsteig.	Südl. Abweich.
October 11	6^u 39^m 0^s6	299° 27′ 3″6	14° 18′ 39″3
13	6 33 1.5	299 55 18.2	14 16 11.0
14	6 30 4.2	300 9 59.4	14 14 44.5

[Gauss an Schumacher.] Göttingen 1847 October 21.

Ich kann Ihnen noch drei Meridianbeobachtungen der *Iris* schicken; ich schreibe jedoch auch die Beobachtungen vom 13ten und 14ten noch einmal hieher, da die Declinationen in Folge der neuen Nadirbestimmungen eine geringe Aenderung erlitten haben, und ich nicht weiss, ob dieselbe an den Ihnen früher mitgetheilten Zahlen schon angebracht war. Die Angaben von 10 und 11 werden davon nicht afficirt.

1847	Mittlere Zeit	Gerade Aufsteig.	Südl. Abweich.
October 13	6^u 33^m 1^s5	299° 55′ 18″1	14° 16′ 11″4
14	6 30 4.2	300 9 59.4	14 14 45.1
15	6 27 8.2	300 25 1.5	14 13 17.2
16	6 24 13.9	300 40 27.1	14 11 50.3
17	6 21 20.8	300 56 12.1	14 10 9.1

Seitdem ist es um die Culminationszeit immer trübe gewesen, was ich um so mehr bedauert habe da ich dadurch verhindert bin, den Planeten in sehr naher Zusammenkunft mit einem Sterne 9ter Grösse aus Bessels Zonen zu sehen (20, 101 Weisse, dem der Planet am 18ten fast auf eine halbe Minute nahe gekommen sein muss). Uebrigens war der Planet wegen seiner grossen Lichtschwäche immer sehr schwer zu beobachten, ich kann aber nicht sagen, dass die grosse Nähe des Mondes am 17ten die Schwierigkeit des Beobachtens grösser gemacht hat, als sie an den frühern Abenden war.

Astronomische Nachrichten. Band XXVI. Nr. 622. Seite 352. 1848 Januar 10.

Von Herrn Geheimen Hofrath Gauss habe ich folgende Beobachtungen der *Flora* am Göttinger Meridiankreis erhalten.

Dec. 10	11^u 11^m 4^s0	66° 47' 26"2	+ 14° 22' 50"1
11	6 7.9	66 32 5.4	14 25 42.6
12	1 11.0	66 16 59.9	14 28 40.0

Der Herr Geheime Hofrath Gauss bemerkt, dass die AR. am 10. etwas weniger zuverlässig als die am 11. sei, und dass Flora viel heller als Iris erscheine. Die Beobachtungen konnten mit voller Beleuchtung gemacht werden, und der Planet gewährt über ρ Tauri, welcher einige Minuten nördlicher ihm um 7^s folgte, einen schönen Anblick.

Astronomische Nachrichten. Band XXVI. Nr. 623. Seite 367. 1848 Januar 17.

[Gauss an Schumacher.] Göttingen 1848 Januar 4.

Nach langer Unterbrechung hatte sich gestern der Himmel, obwohl nur auf kurze Zeit aufgeklärt, und ich bin dadurch in den Stand gesetzt worden, wieder eine Meridianbeobachtung der *Flora* zu machen, die ich Ihnen hier mittheile.

Beobachtung der Flora.

1848	M. Z. in Göttingen	Ger. Aufsteig.	Abweichung
Januar 3	9^u 20^m 4^s2	62° 37' 13"8	+ 15° 59' 24"6

Prof. Goldschmidts Elemente weichen davon ab (nach seiner Rechnung)

+ 18"2 in gerader Aufsteigung.　　　+ 2"4 in der Declination.

Astronomische Nachrichten. Band XXVII. Nr. 625. Seite 13..16. 1848 Januar 29.

[Gauss an Schumacher.] Göttingen 1848 Januar 10.

Flora habe ich am 5ten im Meridian beobachtet.

1848 Januar 5　|　9^u 11^m 44^s8　|　62° 30' 18"1　|　+ 16° 9' 45"2

Die Abweichung der Goldschmidtschen Elemente ist + 16"4, + 3"5. Am 3ten fand ich sie zwar bedeutend schwächer als im December v. J., aber doch noch hell genug, dass sie wohl fast volle Beleuchtung ertragen haben würde. Am 5ten musste ich die Beleuchtung sehr dämpfen. In der That vertrug der Planet kaum nur geringe Feldbeleuchtung, was ich dem Zustande der Luft zuschrieb, da auch die Fixsterne sehr unreine und unruhige Bilder gaben. Jedenfalls steht die Beobachtung vom 5ten der vom 3ten an Genauigkeit nach.

Astronomische Nachrichten. Band XXVII. Nr. 639. Seite 235. 236. 1848 Juni 10.

Göttingen 1848 Mai 22.

Den neuen Planeten habe ich gleich am Tage des Empfanges Ihrer Benachrichtigung am Meridiankreise beobachtet, und auch zwei Tage nachher noch einmal. Das erste mal war der Planet sehr lichtschwach, aber das zweite mal, wo die Luft mit Moorrauch erfüllt war, war diese Schwäche so gross, dass die Beobachtung nur wenig Vertrauen verdient. Indessen setze ich doch beide her.

GRAHAM'S Planet.

1848	Göttinger m. Z.	AR.	Decl.
Mai 9	$11^u 31^m 3^s 95$	$220° 38' 6''6$	$-11° 57' 48''2$
11	11 21 14. 7	220 8 40. 5	-11 53 10. 3

Astronomische Nachrichten. Band XXVII. Nr. 641. Seite 265. 266. 1848 Juni 29.

Göttingen 1848 Juni 4.

Meinen beiden Ihnen am 12. Mai übersandten Beobachtungen des GRAHAMSchen Planeten kann ich nur noch eine, gleichfalls am Meridiankreise gemachte, beifügen:

1848 Mai 24. $10^u 18^m 39^s 0$ M. Z.   G. A. $217° 15' 58''8$ Abw. $11° 29' 29''65$ Südl.

Der Planet war fast noch schwerer zu beobachten als am 11ten. Da jedoch nun der Zeitraum fast verdoppelt war, so habe ich den Herrn Professor GOLDSCHMIDT sogleich nachher zu einer neuen Berechnung der Bahn veranlasst, wovon folgende Elemente das Resultat sind:

GRAHAM'S Planet.

Epoche, Mittl. Länge 1848 Mai 1. 0^u M. Z. Berl. . .	$215° 23' 57''6$
Perihel	71 41 23. 9
Aufsteigender Knoten	68 29 31. 5
Alle drei vom mittl. Aequinoctium 1848 Mai 1 gezählt.	
Neigung der Bahn	5 35 23. 2
Excentricitätswinkel	7 6 17. 7
Logarithmus der halben grossen Axe	0.3776396
Mittlere tägliche siderische Bewegung	$962''8247$

Gegründet waren diese Elemente auf die GRAHAM'sche Beobachtung vom 26. April, die Berliner vom 11. Mai, und die meinige vom 24. Mai. Herr Prof. GOLDSCHMIDT hat diese Elemente mit allen mir bisher bekannt gewordenen Meridianbeobachtungen verglichen; ich lege diese Vergleichung auf einem besondern Blatt bei. In meinen Beobachtungen am Meridiankreise ist ein Stillstand eingetreten, da das Instrument einer daran vorzunehmenden Abänderung wegen jetzt abgenommen ist.

Astronomische Nachrichten.   Band XXVIII. Nr. 650. Seite 23.   1848 November 2.

Göttingen, 1848 August 19.

Den Meridiankreis habe ich erst Ende Juli wieder aufstellen können, und die Zeit wahrgenommen, wo es noch möglich war, den HINDschen Stern im Meridian zu beobachten. Meine Beobachtung gab:

1848 Juli 30.   Ger. Aufst. $16^u 51^m 1^s77$ Südl. Abw. $12° 39' 10''6$

Prof. GOLDSCHMIDT hatte schon aus frühern den mittleren Ort bestimmt

für 1848 Jan. 1.   Ger. Aufst. $16^u 50^m 59^s06$ Abw. $-12° 39' 17''3$

und hat jetzt sämmtliche uns bekannt gewordene Beobachtungen damit verglichen; — — —

Astronomische Nachrichten.   Band XXX. Nr. 719. Seite 374.   1850 Juni 20.

Beobachtungen und Elemente der Parthenope.

Herr Geh. Hofrath GAUSS hat Parthenope am Meridiankreise der Göttinger Sternwarte beobachtet

	Mittlere Zeit	AR.	Südl. Abw.
Mai 31	$10^u 27^m 38^s$	$225° 52' 38''4$	$9° 48' 3''7$

Die Luft war in den dem Horizonte näheren Schichten etwas trübe, und unter schwächster Fadenbeleuchtung waren die Antritte nur schwer zu erkennen.

Juni 2	$10^u 18^m 1^s6$	$225° 30' 3''6$	$9° 45' 59''8$

Astronomische Nachrichten.   Band XXXI. Nr. 740. Seite 305.   1850. Nov. 22.

Göttingen 1850 October 31.

Ich übersende Ihnen, mein theuerster Freund, meine drei Meridianbeobachtungen der *Victoria*, deren Schärfe, abgesehen von der Schwierigkeit des Beobachtens im, wenn auch nur wenig, beleuchteten Felde, dadurch etwas beeinträchtigt ist, dass die Reductionselemente immer erst aus entferntern Beobachtungen genommen werden konnten.

1850	Göttinger m. Z.	Gerade Aufsteig.	Abweichung
Sept. 30	$10^u 54^m 19^s7$	$352° 52' 43''4$	$11° 16' 48''3$ N.
Oct. 12	$10\ \ 0\ \ 49.7$	$351\ \ 17\ \ 39.6$	$9\ \ 5\ \ 23.0$
20	$9\ \ 27\ \ 25.9$	$350\ \ 48\ \ 27.6$	$7\ \ 45\ \ 38.6$

Astronomische Nachrichten. Band XXXIII. Nr. 771. Seite 47. 1851 August 28.

Beobachtung der *Sonnenfinsterniss* 1851 Juli 28. auf der Göttinger Sternwarte.

Anfang 2^u 53^m 37^s4 GAUSS   Ende 5^u 0^m 0^s6 GAUSS
— — 39.4 WESTPHAL   — — 1.6 WESTPHAL
— — 40.4 KLINKERFUES   — — 2.6 KLINKERFUES

Astronomische Nachrichten. Band XXXV. Nr. 818. Seite 17. 1852 Juli 27.

Elemente der *Psyche* nebst Bemerkungen über die Bestimmung der Bahn dieses Planeten.

Für die Psyche ist, wegen der so sehr geringen Neigung der Bahn, eine Bestimmung aus drei Beobachtungen durchaus nicht geeignet scharfe Resultate zu geben, wie dies auch die von verschiedenen Rechnern auf diese Art erhaltenen Elemente bestätigen. Ich habe daher Herrn KLINKERFUES veranlasst, eine neue Bestimmung auf vier Oerter zu gründen, nach der in der Th. M. C. C. entwickelten, aber wie es scheint bisher wenig oder gar nicht zur Anwendung gebrachten Methode. Ich lege seine Elemente hier bei, zugleich mit der Vergleichung mit allen uns bekannt gewordenen Beobachtungen.

Interessant ist die nahe Uebereinstimmung mit HIND's Schätzung vom 29. Januar, so dass an der Identität des damals von HIND gesehenen Sterns mit dem 7 Wochen später von GASPARIS entdeckten Planeten nicht mehr zu zweifeln ist. Wenn Herr HIND etwas näheres über seine damalige Aufzeichnung mittheilen wollte, namentlich über die Stunde und über den Grad von Genauigkeit, welchen er seiner Schätzung beilegt, so würde wahrscheinlich die Mitzuziehung dieser Wahrnehmung zu einer neuen Berechnung die Genauigkeit des Resultats noch merklich erhöhen können.

Elemente der Psyche.
Epoche: März 31.0 mittlere Zeit Berlin.

Mittlere Länge = 151° 32′ 5″56
$\pi =$ 6 20 2.86 ⎫
$\Omega =$ 150 33 5.86 ⎬ Mittl. Aequin. 1852.0
$i =$ 3 2 16.06
$\varphi =$ 6 38 32.80
$\log e =$ 9.0632320
$\log a =$ 0.4693195
$\mu =$ 701″4993

Vorstehende Elemente sind aus 4 Normal-Oertern von März 19, April 14, April 30 und Mai 14 berechnet.

Unter den unten [hier nicht abgedruckten] mit diesem Systeme verglichenen Beobachtungen befindet sich auch die von Herrn HIND am 29. Januar gemachte Schätzung. Bei Unkenntniss der Zeit, welcher sie entspricht, ist angenommen, dieselbe sei etwa Berliner Mitternacht gewesen. Für diese Zeit ist die stündliche Bewegung des Planeten 22″75 nach West und 10″25 nach Nord.

[Die in den Astronomischen Nachrichten abgedruckten Auszüge aus späteren Briefen von GAUSS

		nemlich Band 36 Nr. 864 Göttingen 1853 Juni 12
37	875	1853 September 3
37	885	1853 December 2
37	888	1853 December 16
38	910	1854 Juni 30

enthalten Mittheilungen der von KLINHERFUES, WESTPHAL und WINNECKE auf der Sternwarte in Göttingen zu jener Zeit ausgeführten Beobachtungen so wie der Entdeckungen von Cometen durch KLINKERFUES.

SCHERING.]

BEURTHEILUNGEN UND ANZEIGEN

NICHT EIGNER

S C H R I F T E N.

ROHDE. UEBER DIE MASSEN DER PLANETEN.

v. Zach. Monatliche Correspondenz. Band XII. Seite 413 .. 419. 1805. October.

Gutachten eines andern Recensenten über die Abhandlung des Hauptmann Rohde
über die Massen der Planeten, aus einem Briefe desselben gezogen.

— — — Die — — — Vertheidigung des Hauptmanns Rohde, die Sie mir gefälligst mitgetheilt
haben, hat mir zwar als ein Muster einer, für eine schlechte Sache noch viel schlechtern Vertheidigung
einigen Spass gemacht; indessen bedaure ich doch, dass ich gewissermassen mit Schuld bin, einen so
undankbaren Streit veranlasst zu haben. Meine Hoffnung, dass eine Zurechtweisung den Hauptmann
Rohde wenigstens vorsichtiger machen würde, ist nicht eingetroffen, und seine unüberlegte Antwort,
die er so voreilig hat drucken lassen, ist wieder voll neuer Beweise seiner — — — — — Nicht um
Ihrer Antwort vorzugreifen (denn wahrscheinlich haben Sie diese bereits vollendet, und die Gründlichkeit und überall hervorleuchtende innige Selbstüberzeugung in jener Recension sind Bürge, dass niemand diese besser vertreten kann, als Sie selbst), sondern hauptsächlich weil Sie meine Meinung über
diese Antikritik zu wissen verlangen, will ich mich noch einmal mit Ihnen über diese Sache unterhalten.

Meine Ansicht von diesem Streite ist folgende: Sie haben in Ihrer Recension, ohne bestreiten
zu wollen, dass Rohde's Methode, die Planeten-Massen zu bestimmen, in abstracto oder blos theoretisch
genommen, richtig und zuverlässig sein könne, behauptet und bewiesen,

1) dass Rohde sie bei der Ceres und Pallas ganz falsch angewandt habe, und also schon um des-
willen seine Resultate dafür gar nichts werth sein können;

2) dass es bei dem heutigen Zustande der practischen Astronomie nicht möglich ist, die mittlern
Abstände der Planeten so genau zu bestimmen, als zu dieser Methode erforderlich wäre, ausser wenn
man sie aus der Umlaufzeit mit Rücksicht auf ihre Massen berechnet.

Eine Vertheidigung, wie die des Hauptmanns Rohde gegen 1) ist mir doch noch nie vorgekommen; sie heisst mit andern Worten: ‘da meine Methode, wie der Recensent in 2) bewiesen hat, doch
ganz unbrauchbar und ohne practischen Werth ist, so wäre es lächerlich gewesen, bei ihrer Anwendung noch
besondere Sorgfalt aufzuwenden. Unglücklicher Weise hat er hierbei wieder einen neuen schülerhaften
Fehler begangen; er schliesst so: das Vorrücken der Nachtgleichen beträgt in einem Jahre 0.01419 in
Zeit, also in 1684 Tagen noch nicht 0.07 Tage. So etwas würde man einem Anfänger in der Astronomie
nicht verzeihen: das Vorrücken der Nachtgleichen in einem Jahre ist 50″ und die Sonne braucht 0.014
Tage, um es nachzuholen, also braucht diese 0.07 Tage, um das Vorrücken von 1684 Tagen einzubrin-

gen; aber die Ceres braucht dazu mehr, als 0.3 Tage, und so viel ist der siderische Umlauf langer als der tropische.

Alles, was ROHDE gegen 2) vorbringt, ist durchaus nichts sagendes Geschwatz, was gar nicht zur Sache gehört; er meint, da die Beobachtungskunst heutiges Tages so sehr vervollkommnet sei, dass die sechste Decimale bei den mittlern Abständen als zuverlässig angesehen werden könne; allein es ist eine bekannte Sache, dass alle in den astronomischen Werken vorkommende Angaben von mittlern Distanzen der Planeten sowohl als des HALLEY'schen Cometen aus den Umlaufszeiten berechnet sind, entweder mit oder ohne Rücksicht auf die Massen. Die in LA PLACE *Exposition du Systeme du Monde* etc. befindlichen Angaben durfte also ROHDE gar nicht brauchen, und es ist demnach eine leere Einbildung, wenn er behauptet, die Uebereinstimmung seiner Resultate bei denjenigen Planeten, die Trabanten haben, mit den hieraus gefundenen, bestätige die Gültigkeit seiner Methode.

Uebrigens scheint ROHDE die Nichtigkeit seiner Antwort selbst gefühlt zu haben (das Gegentheil wäre auch, wenn man nicht die sonderbarsten Voraussetzungen annehmen wollte, unbegreiflich), denn er sucht einzulenken, und den Schein anzunehmen, als habe er gar nicht zur Absicht gehabt, bessere Bestimmungen der Planetenmassen zu liefern, sondern er habe blos eine gegen jeden Einwurf sichere, streng richtige Methode gesucht, ohne sich darum zu bekümmern, ob die Elemente und Data dazu jetzt schon mit hinreichender Genauigkeit durch die Beobachtungen gefunden werden könnten. Hierüber sind nun drei Bemerkungen zu machen:

I) *Ist dieses Vorgeben nicht wahr*, denn der H. ROHDE behauptet zu Ende seiner Abhandlung ganz deutlich, alle Perturbations-Rechnungen, die man bisher in Ansehung der Planeten Mercur, Mars und Venus angestellt hat, seien nichts werth, theils weil man ihre Massen ganz unrichtig angenommen, theils weil man die ohne Vergleich grossen Einwirkungen der Ceres, Pallas und Juno habe vernachlässigen müssen; ferner, er habe nicht durch langsame Mittheilung im Manuscript, sondern auf dem schnellen Wege des Druckes die Astronomen von seiner wichtigen Entdeckung benachrichtigen wollen, damit ja gleich alles, was rechnen könnte, sich vereinigte, mit seinen neuen Massen-Angaben die Perturbationsrechnungen ganz umzugestalten, *pour accélérer de tous côtés la récolte, a laquelle les forces d'un seul homme ne suffisent pas, et les miennes point du tout* (gewiss das wahrste in der ganzen Abhandlung), *vú la grande quantité de combinaisons analytiques nouvelles etc.*

II) Nicht blos, um den mittlern Abstand eines Planeten, ohne ihn aus der Umlaufzeit zu berechnen, sondern überhaupt, um irgend einen Abstand aus Beobachtungen zu finden, gibt es kein anderes Mittel, als dass man ihn in dem allbekannten Dreiecke, wo die drei Winkel die Commutation, Elongation und jährliche Parallaxe und dabei die Entfernung der Sonne von der Erde als bekannte Seite angenommen werden, trigonometrisch berechnet; die Winkel findet man durch die Länge der Sonne und durch die geocentrische und heliocentrische Länge des Planeten, letztere muss aus den Tafeln berechnet werden; bekanntlich kann man aber bei keinem Planeten die Richtigkeit dieser berechneten Länge auf 5″ und mehr verbürgen; eben so wenig ist die geocentrische beobachtete Länge der Sonne und der Planeten innerhalb ein paar Secunden erhalten; diese Angaben sind nur sehr geringe angeschlagen und leicht kann man hieraus für die verschiedenen Planeten die Resultate ziehen, die zeigen, dass die hieraus bei den Distanzen entstehenden Fehler gegen die erforderliche Genauigkeit enorm sind, und ROHDE's Methode ganz unbrauchbar machen.

Ist ROHDE aus diesem Schlupfwinkel vertrieben, so wird er sich begnügen zu sagen, dass seine Methode doch theoretisch richtig sei, und dass doch vielleicht nach Jahrtausenden, wenn die Beobachtungen zehn oder hundertmal genauer sind, als jetzt, ihre Anwendung möglich sein würde. Dagegen bemerke ich nun

III) ROHDE's Methode ist auch theoretisch genommen, falsch, führt in unvermeidliche Zirkel und ist folglich ganz und gar unbrauchbar.

Ich habe schon vorhin bemerkt, dass, um den Abstand eines Planeten aus Beobachtungen zu finden, nothwendig der gleichzeitige Abstand der Sonne von der Erde erfordert wird, und je genauer jener sein soll, je genauer muss auch dieser bekannt sein; daher müssen nicht nur die Elemente des Sonnenlaufs aufs genaueste bekannt sein, sondern auch alle Störungen, die den Abstand der Sonne von der Erde afficiren, also namentlich auch die durch den Planeten selbst, dessen Abstand man bestimmen will, also (und dieses ist die *Pointe* der Sache) muss dessen Masse schon bekannt sein; ist sie es nicht, so sind die Störungsgleichungen für den Abstand der Sonne von der Erde unvollständig, so ist dieser Abstand falsch, so ist der berechnete Abstand des Planeten von der Sonne falsch, so ist der mittlere Abstand falsch, der auf einen oder mehrere wahre gebaut ist. Ein Beispiel wird die Sache einleuchtend machen.

Gesetzt, es wollte jemand nach ROHDE's Methode die Masse des Mars bestimmen; um dessen mittlern Abstand aus Beobachtungen zu bestimmen, müsste er einen oder mehrere wahre haben, dazu braucht er die Sonnenabstände von der Erde. In unsern ältern Sonnentafeln fehlen nun aber, weil die Masse des Mars unbekannt, alle von diesem Planeten abhängige Gleichungen, (in Freiherrn VON ZACH's neuesten Sonnentafeln Arg. IV. u. Arg. XV). Also blos wegen dieses Mangels würde der Abstand der Erde von der Sonne um $0.0000058 + 0.0000011 = 0.0000069$ fehlerhaft sein können, der daraus entspringende Fehler beim Abstand des Mars von der Sonne würde in demselben Verhältniss grösser sein, als dieser Abstand jenen übertrifft, also über 0.00001 betragen. Man muss es dem Hauptmann ROHDE selbst zu berechnen überlassen, welchen Einfluss ein solcher Fehler im Abstande auf die Masse haben würde; auch schweige ich davon, dass man, um nach ROHDE's Methode die Masse eines Planeten zu finden, nicht nur diese selbst schon haben müsste, sondern auch die aller andern Planeten, weil man sonst weder eine genaue Theorie der Erde haben könnte (um den Abstand der Sonne von der Erde zu berechnen) noch eine genaue Theorie des Planeten selbst, dessen heliocentrische Länge man aus den Tafeln nehmen müsste, und dessen wirkliche Abstände man nicht anders zur Findung des mittlern brauchen könnte, als wenn sie vorher von dem Einfluss aller fremden Perturbationen degagirt und so rein elliptisch gemacht wären. Doch genug und schon viel zu viel über dieses unreife Product.

Monatliche Correspondenz. Band XIV. Seite 56. 57. 1806 Juli.

Ueber LA PLACE's Ausdruck für Höhenmessungen durch Barometer. Aus einem Schreiben eines *alten* Recensenten [v. LINDENAU.]

— — — 1806 Mai 18.

— — Ueber Ungereimtheiten fällt mir ROHDE's letzte in der M. C. recensirte Abhandlung wieder bei, über welche ich und N. N. in unsern Urtheilen differirten und wo N. N. die ganze Methode auch theoretisch für falsch erklärte, was ich nicht that. Hierüber schreibt er [GAUSS] mir nun folgendes:

'Auf einen in Ihrem vorletzten Briefe geäusserten Zweifel muss ich noch einmal zurückkommen. Sie finden nemlich meine Gründe, warum ich ROHDE's Methode auch theoretisch für falsch erklärt habe, zwar einleuchtend, indessen äussern Sie doch, dass der Umstand, dass ROHDE's Ausdruck mit einem bekannten übereinstimme, Sie bedenklich gemacht hätte, die Methode unbedingt für falsch zu erklären.

Mir deucht, dass hier blos ein kleiner Missverstand zum Grunde liege. Ich habe nemlich nicht die von Rohde gebrauchte Formel für falsch erklärt, sondern sein Unternehmen mit Hülfe einer zwar wahren Formel ein Element zu bestimmen, was sich durch diese Formel nicht bestimmen lässt.'

Hiemit bin ich nun auch mit N. N. einverstanden. Ich hätte diesen Umstand nicht erwähnt, wenn Hauptmann Rohde nicht wieder Gelegenheit dazu gegeben hätte etc.

[VON LINDENAU AN GAUSS.]
[In Gauss Nachlass.]

Altenburg den 17. Febr. 1806.

— — — Ich theilte den Brief, in dem Ew. Wohlgeboren mir Ihr Gutachten über die Rohden'-sche Antikritik zu communiciren die Güte hatten, Hrn. Obh. von Zach mit, der sich, wie Sie aus der M. C. werden ersehen haben, veranlasst fand, den ganzen Brief einzurücken, was, wie ich hoffe, Ihrer Willensmeinung nicht entgegen sein wird. — —

Nur muss ich ich eines kleinen Zweifels erwähnen, der mir bei dieser Gelegenheit beigegangen ist. Ew. Wohlgeb. erklären Rohdens Methode auch in *theoretischer* Hinsicht für falsch, und die von Ihnen hiefür beigebrachten Gründe sind mir allerdings ganz einleuchtend. Bedenke ich dagegen auf der andern Seite, dass Rohdens Ausdruck, wie ich in meiner Beantwortung gezeigt habe, mit dem bekannten Verhältniss zwischen Massen, Umlaufszeiten und mittlern Entfernungen, analog ist, so machte mich dies wieder bedenklich jene Methode unbedingt für falsch zu erklären. — —

VON ZACH AN GAUSS.

Eisenberg den 6. April 1807.

Sie haben mich, verehrungswürdigster Freund, durch die gefällige Uebersendung der Güssmann-schen Broschüre unendlich aber noch mehr durch Ihre gründliche Beurtheilung verpflichtet. Ich werde solche in das unter der Presse befindliche Maiheft, jedoch wie Sie wünschen, mit Verschweigung Ihres Namens bringen, so gern ich meinerseits gewünscht hätte diesen ausstellen zu dürfen; allein natürlich muss und werde ich jederzeit Ihren Willen und Ihre Ruhe respectiren. Ich bin schon zufrieden, dass Sie meiner Bitte Gehör gegeben, und meine Vorstellung gegründet finden, dass man so böse und boshafte Menschen, wie die Socii unseres P. Güssmann's sind, in ihrer wahren Gestalt darstellen muss, um manchen verdienten Mann bei Ehren zu erhalten, und bei nicht gehörig unterrichteten Personen vor Nachtheil und Schaden zu bewahren. Ein solches verdienstliches und gutes Werk haben Sie, Verehrtester, nicht nur für die gute Sache, sondern auch für Ihre guten Freunde unternommen. Nicht nur diese, sondern alle wohldenkenden Menschen werden Ihnen dieses ewig Dank wissen. — — —

Monatliche Correspondenz. Band XV. Seite 452..460. 1807 Mai.

Auszug aus einem Schreiben.

— — — den 10. März 1807.

— — — Hierbei habe ich die Ehre, Ihnen die verlangte Brochüre*) von Güssmann zu übersen-

---

*) *Ueber die Berechnung der Cometenbahnen.* Von Frannz Güssmann. *Wien, bei Joh. Thom. Edlen von Trattnern,* 1803. 4to. 43 Seiten; mit einer Kupferplatte. Eigentlich hätte wohl eine so armselige

den. Einer ausführlichen und detaillirten Beantwortung ist sie wohl nicht werth; diese könnte nur dadurch interessant werden, dass man zwischen den Methoden von OLBERS und BOSCOVICH eine Parallele zöge und die Vorzüge, welche die erstere vor der letztern in Ansehung der grössern Bequemlichkeit hat, in's Licht stellte. Man kann von diesen Vorzügen, Boscovich's Ruhm unbeschadet, sehr überzeugt sein, allein von diesem Ruhme kommt natürlich seinem Ordensbruder nichts zu gut. Die Würdigung von des letztern Brochüre, die keineswegs dazu geeignet ist, bei dieser Untersuchung mit in Betrachtung zu kommen, wird also wohl schicklicher davon getrennt bleiben.

Auf die ungezogenen, armseligen, zur Sache gar nicht gehörenden Einfälle sich nur mit einem Worte einzulassen, würde Ihrer und des Dr. OLBERS sehr unwürdig sein. Ich begnüge mich, nur die Hauptpunkte heraus zu heben, womit er Unkundigen etwas gegen Dr. OLBERS Methode gesagt zu haben scheinen könnte.

GÜSSMANN's vornehmster Angriff ist gegen Dr. OLBERS Formel gerichtet, womit das Verhältniss der curtirten Abstände in der ersten und dritten Beobachtung bestimmt wird. GÜSSMANN gibt dann in *seiner Manier* eine Ableitung, worin er denn eine Menge Ungereimtheiten und Fehler findet; allein eine solche Ableitung wird Dr. OLBERS nicht für die seinige erkennen, und jeder, der des letztern klaren Vortrag mit GÜSSMANN's wunderlicher Confusion der Begriffe vergleicht, wird dazwischen gar keine Uebereinstimmung finden. Ich weiss nicht, ob ich diese durchgängige Entstellung des OLBERS'schen Vortrags für *absichtlich* halten, oder glauben soll, dass GÜSSMANN ihn selbst nicht verstanden habe. Gleich im 1., 2. und nachher im 21. §. wird OLBERS die Voraussetzung *angedichtet*, dass die Bewegung des Cometen als geradlinig angesehen werde. Zwischen Dr. OLBERS einziger Voraussetzung, dass die Chorden der zwischen der ersten und letzten Beobachtung durchlaufenen Bogen der Cometen- und Erdbahn von den mittlern *Radiis vectoribus* im Verhaltnisse der Zeiten geschnitten werden, und der, welche GÜSSMANN ihm *aufdringen* will, dass der Comet und die Erde sich in der Chorde selbst bewegen, ist ein so grosser Unterschied, dass ·eine Gedankenlosigkeit oder — eine Unverschämtheit ohne Gleichen dazu gehört, ihn unwissend oder wissend zu überschn. OLBERRs Ableitung des oben gedachten Verhältnisses (M) ist so lichtvoll, als irgend ein Leser, dem seine Schrift bestimmt ist, erwarten kann. Es seien k und i die äussern geocentrischen Oerter des Cometen auf der Himmelskugel; h der Ort, wo der Comet der Erde erscheinen würde, wenn jener und diese in denjenigen Punkten der zwischen den äussern Oertern gezogenen Chorden stünden, wo diese von den mittlern *Radiis vectoribus* geschnitten werden; $h*$ der wirkliche geocentrische Ort in der mittlern Beobachtung auf der Himmelskugel; g der mittlere Ort der Sonne. Dann liegen einerseits g, h, $h*$ in einem grössten Kreise, andererseits auch k, h, i Das erstere, weil offenbar jene fingirte Gesichtslinie in einer Ebene mit der Sonne und den mittlern Oertern der Erde und des Cometen liegt. Das andere ist eine leichte — aber von OLBERS mit Recht seinen Lesern zur Entwickelung überlassene — Folge der Voraussetzung, dass die Stücke, worin die Chorden der Erdenbahn und Planetenbahn von den mittlern *Radiis vectoribus* geschnitten werden, einander proportional sind. Hierauf gründet nun OLBERS eine leichte Methode, die Lage von h auf der Himmelskugel zu bestimmen; dann wird hiermit das Verhältniss der curtirten Abstände in den äussern Beobachtungen M bestimmt; und endlich zeigt OLBERS, wie man auch der vorläufigen Bestimmung von

---

mit Kuttenwitz ausgeschmückte Schmähschrift gar keine Erwähnung verdient, wenn nicht der Umstand, dass es gut sei, einen Menschen in seiner wahren Gestalt und Blösse darzustellen, welcher nur umherschleicht, um verdienten Männern bei nicht gehörig unterrichteten Personen zu schaden, Rücksicht verdiente. Von jeher hat dieser neidische und hämische Jesuit nichts als Schmähschriften, *a la Valencia*, geschrieben; auf welche gewissenhafte und einsichtsvolle Art dieser heilige und gelehrte Mann dieses thut, davon hat man hier oben ein Pröbchen, dergleichen wir, wenn es der Mühe lohnte, noch mehrere aufstellen könnten.

h ganz überhoben sein und unmittelbar M aus den Datis des Problems berechnen könne. Dieses letztere hätte analytisch durch die schon vorher gefundenen Formeln geschehen können; Olbers hat aber für anschaulicher gehalten, es mit Hülfe einer Projection zu entwickeln. Man vergleiche nun diesen lichtvollen Vortrag mit Güssmann's abenteuerlicher Confusion. Im 6. §. und in der Fig. II. bezeichnet er, wie ich, die äussern Oerter durch k, i, aber durch h bezeichnet er erst den *wahren Ort*: und behauptet, Olbers setze voraus, h läge mit k und i in einerlei grösstem Kreise; dies ist abermals eine unverschämte Unwahrheit, denn das hat Olbers nirgends gesagt; aber gleich nachher nimmt er h für den oben so bezeichneten fingirten Ort. Eine solche Verwechslung bringt ihn nun ganz in Verwirrung. Er meint, durch Olbers Verfahren müsse man für c'', d. i. die Länge des Punktes h, immer die Länge des Punktes h^*, die durch a'' bezeichnet ist, wieder erhalten; zu welchem sonderbaren Urtheile ihn nur die *willkührliche* Verwechslung der Punkte h und h^*, und die ganz ungegründete Voraussetzung, dass die drei geocentrischen Oerter in einem grössten Kreise liegen, gebracht hat. Er kann überhaupt die Möglichkeit gar nicht begreifen, die Reduction $c'' - a''$ aus den Beobachtungen unmittelbar zu berechnen, weil dieselbe von zwei noch unbekannten Elementen abhänge, nemlich von den Abständen des Cometen und der Erde von der Sonne. Dies ist allerdings richtig; aber die Sache erklärt sich leicht daraus, dass von *eben* diesen Elementen auch die Ausweichung des mittlern Ortes von dem durch die äussern gelegten grössten Kreise abhängig ist, und dass gerade diese Abweichung eigentlich dient, um $c'' - a''$ zu bestimmen; dass jene Ausweichung gewöhnlich sehr klein ist, thut hier nichts zur Sache, denn $c'' - a''$ ist damit von einerlei Ordnung. Die Vorstellung, die Güssmann im 7. §. von Olbers Gebrauch der orthographischen Projection gibt, ist wieder ganz unrichtig. In seiner Fig. III haben die Punkte b, i, r gar nichts mit unserer Sache zu thun, sondern blos z und n. Die von z nach n gezogene Linie bezieht sich auf den erwähnten fingirten Ort, aber nicht die von b nach r gezogene. Die Neigung der Projection der Gesichtslinie $z\,n$ ist es, die Olbers durch b'' bezeichnet und für die also nothwendig $\tan b'' = \dfrac{\tan \gamma''}{\sin(A'' - c'')}$ wird. Dass nun aber $\dfrac{\tan \gamma''}{\sin(A'' - c'')} = \dfrac{\tan 6''}{\sin(A'' - a'')}$, folgt unmittelbar daraus, dass die Projectionen von $z\,n$ und von $\text{Ⓢ}\,m$ zusammenfallen. Wenn Güssmann nachher im 9. §. meint, Olbers Formel müsse eigentlich $\dfrac{t'' \sin(a'' - a')}{t' \sin(a''' - a'')}$ sein, so ist dies immer die Folge seiner unbegreiflichen Vermengung der Punkte h und h^*; wenn er aber die Verschiedenheit der Olbers'schen Formel von diesem Ausdrucke daraus erklärt, dass Olbers alle drei Breiten $6'$, $6''$, $6'''$ aufnimmt, die alle drei zusammen für eine gerade Linie und zwar auf bestimmte Punkte derselben aus bestimmten Punkten der Erdchorde nicht passen können, so urtheilt Güssmann hier völlig richtig und gibt dadurch, ohne es zu wissen, den Grund an, warum Olbers Formel richtig, hingegen der Ausdruck $\dfrac{t'' \sin(a'' - a')}{t' \sin(a''' - a'')}$, welcher sich auf die Voraussetzung der geradlinigen Bewegung gründet, unrichtig ist. Denn in der That lässt sich zeigen — wozu aber nicht hier der Ort ist, dass diese letzte Formel nur dann eine brauchbare Annäherung geben kann, wenn die Distanzen der Erde und des Cometen von der Sonne nicht sehr ungleich sind. Dieser Umstand findet zufälligerweise bei Olbers beiden Beispielen Statt und blos daher kommt es, dass die Werthe von M nach dem erwähnten Ausdrucke berechnet, von den nach der Olbers'schen Formel berechneten nicht mehr verschieden sind, als Güssmann im 9. §. findet. Eben diesem Umstand ist es zuzuschreiben, dass Güssmann in seinem Exempel §. 24. nach jenem Ausdrucke noch erträglich richtige Resultate findet. Die trivialen Bemerkungen, die Güssmann im 11. §. macht, sind gewiss auch dem Dr. Olbers nicht entgangen. Dass M eben so sicher bei kleinen als bei grossen Werthen von $a''' - c''$ und $c'' - a'$ durch $\dfrac{t'' \sin(c'' - a')}{t' \sin(a''' - c'')}$ bestimmt werde, wenn man c'' in vollkommener Schärfe hat, ist allerdings wahr; aber bei der begränzten Genauigkeit aller auf die Sinustafeln gegründeten Rechnungen bleibt bei dem berechneten Werthe von c'' immer eine Ungewissheit übrig; Olbers wollte blos sagen, dass diese Ungewissheit, möchte sie auch unter o''_1 sein, in Fällen, wo $a'''-c''$, $c''-a'$ sehr klein sind, den Werth von M' entstellen könnte. Eben so ist Güssmann's zweite Bemerkung, dass die Vernachlässigung des Unterschiedes zwischen c'' und a'', den Güssmann mit δ bezeichnet, auch da, wo die Zwischenzeiten noch so klein sind, theoretisch genommen, nicht verstattet werden dürfe, ganz recht; aber unrecht hat er, wenn er glaubt, dass δ ein um so beträchtlicherer Theil von $a''-a'$ sei, je kleiner die Zwischenzeit ist; dies verhält sich gerade umgekehrt, denn $a''-a'$ ist eine Grösse der ersten, aber eine der zweiten Ordnung. Dass aber dessenungeachtet auch für sehr kleine Zwischenzeiten die Vernachlässigung von δ einen bedeutenden Einfluss auf die Resultate haben könne, wusste Olbers sehr wohl, und wenn er diese Vernachlässigung dennoch in diesem Falle erlaubte, so geschah es, weil dieser Einfluss abstrahirt von seiner absoluten Grösse in Vergleichung gegen die aus den unvermeidlichen Beobachtungsfehlern entspringenden Unrichtigkeiten um so kleiner ist, je kleiner die Zwischenzeiten sind. In solchen Fällen, wo die Unsicherheit der Beobachtungen doch einmal nur eine rohe Bestimmung der Bahn erlaubt, würde man sehr unrecht thun, durch ängstliche Rücksicht auf solche Umstände, deren Einfluss viel geringer ist, als jene Unsicherheit, sich die Arbeit zu erschweren und dadurch eine Genauigkeit affectiren, die die Umstände nicht erlauben. In wie fern es übrigens in solchen Fällen zweckmässiger sein kann, die Rechnung lieber ganz zu unterlassen, als unsichere Resultate zu entwickeln, bleibt immer den verständigen Astronomen aus den speciellen Umständen selbst zu beurtheilen überlassen.

Hiermit schliesse ich meine Bemerkungen; es genügt mir, über die von Güssmann in theoretischen Rücksichten gemachten Angriffe gesprochen zu haben. Wer die Kürze und Bequemlichkeit der Olbers'schen Methode mit den von Güssmann nachher angestellten weitschweifigen und doch nur zu grob genäherten Resultaten führenden Rechnungen, zu vergleichen Lust hat, wird über diesen Punkt auch leicht ein Urtheil fällen. Die Sache spricht für sich; dass Güssmann §. 16. Herr von Pacassi wegen der nach Boscovich's Methode berechneten aber ganz fehlerhaften Bahn des Cometen von 1779 damit rechtfertigt, dass es sehr leicht sei, in einer sehr *weitläuftigen* Rechnung einen Fehler zu begehen, der hernach ein unrichtiges Resultat verursache — dies ist doch ein sprechender Beweis für den Vorzug, den Dr. Olbers Methode in dieser Rücksicht unstreitig hat. Es sind bekannte Thatsachen, dass nicht einer, sondern viele, auch nicht Mathematiker von Profession, nicht solche, die auf den Namen von vorzüglich geübten Rechnern darum Anspruch machten, sich mit Leichtigkeit die Olbers'sche Methode zu eigen gemacht und Cometenbahnen sicher und richtig darnach berechnet haben.

Göttingische gelehrte Anzeigen. Stück 2. Seite 18..24. 1808. Januar 2.

Tabulae speciales aberrationis et nutationis in ascensionem rectam et in declinationem ad supputandas stellarum fixarum positiones, sive apparentes, sive veras, una cum insigniorum 494 stellarum zodiacalium catalogo novo in specula astronomica Ernestina ad initium anni 1800 constructo, cum aliis tabulis eo spectantibus, auctore Franc. Lib. Bar. de Zach. Vol. I. 1806. 208 und CLVI S. Vol. II. 1807. 508 S. gr. Octav.

Die Erscheinung dieses wichtigen, die kostbaren Früchte vieljähriger Arbeit enthaltenden, Werks wird allen practischen Astronomen, die dasselbe schon seit mehreren Jahren erwarteten, höchst willkommen sein. Sein Hauptgegenstand bezieht sich auf die kleinen, von Präcession, Aberration und Nutation herrührenden, Veränderungen der Lage der Fixsterne. Diese Lage ist bekanntlich die Basis der meisten astronomischen Beobachtungen: die Berechnung von jenen kleinen Aenderungen gehört daher zu den täglich wiederkehrenden Beschäftigungen des practischen Astronomen. Um diese hat sich also der berühmte Verfasser durch ein Werk sehr verdient gemacht, das die geschmeidigsten und brauchbarsten Formeln für jene Veränderungen aufstellt, durch die sorgfältigsten Erörterungen nach den neuesten und bewährtesten Untersuchungen und Beobachtungen die zuverlässigsten numerischen Werthe der dabei zum Grunde liegenden Grössen entwickelt, und durch zweckmässige und bequeme Hülfstafeln die Arbeit so viel als möglich abkürzt, also, mit Einem Worte, alles erschöpft, was über diesen Gegenstand nur gewünscht werden kann. So sehr schätzbar alles dieses ist, so möchte Rec. doch einen andern beträchtlichen Theil des Werks, der auf dem Titel nicht einmal erwähnt ist, noch höher anschlagen, nemlich das Verzeichniss von 1830 Zodiacal-Sternen, ein monumentum aere perennius von zwei Sternwarten, welche die Zierde von Deutschland waren, und jetzt, leider! beide unbenutzt stehen. Einem Werke von dieser Wichtigkeit müssen wir eine ausführlichere Anzeige widmen.

Die mehr als die Hälfte des ersten Bandes einnehmende Einleitung macht mit der Präcession den Anfang. Nach einer vorausgeschickten kurzen Erzählung der ersten Entdeckung derselben, und der theoretischen Arbeiten von Newton, d'Alembert, Euler, Lagrange und Laplace wird eine Tafel für die Ungleichheit der Präcession in den verschiedenen Jahrhunderten gegeben; hierauf Formeln, und durch einen dem Verf. eigenthümlichen Kunstgriff bequem eingerichtete Hülfstafeln für die Säular-änderung der Breite, und denjenigen Theil der Säcular-Aenderung der Länge, der für verschiedene Sterne verschieden ist. Hierauf folgen die Formeln für die Präcession in Rectascension und Declination, nebst einer Tafel für die Werthe der Constanten vom J. 1450 bis 1950. Die Fundamentalwerthe hat der Verfasser durch eigne sehr sorgfältige Vergleichungen ausgemittelt, wozu er mit Recht blos die neuern Beobachtungen gebraucht hat. Denn Hipparch's und Tycho's Beobachtungen können, der grössern Zwischenzeit ungeachtet, doch ihrer viel geringern Vollkommenheit wegen, bei weitem keine so zuverlässige Resultate geben, als die mit den besten Mauerquadranten angestellten von Mayer und Bradley. Auch selbst Flamsteed's Beobachtungen stehen diesen noch zu sehr nach, und würden auf alle Fälle, wenn etwas Brauchbares aus ihnen gefolgert werden sollte, nothwendig einer ganz neuen Reduction bedürfen. Dass indess die etwa noch vorhandene kleine Ungewissheit in der Abnahme der Schiefe der Ekliptik und in der eignen Bewegung der Fixsterne bei entferntern Beobachtungen mehr betrage, als bei nähern, würde Rec. unter den Gründen, warum die Flamsteed'schen Beobachtungen ausgeschlossen wurden, nicht angeführt haben. Aus der Vergleichung von 175 Declinationen von Bradley mit denen von Barry leitet der Verf. die ganze jährliche Precession 50″1670 ab; aus Vergleichung der Declinationen von Mayer und Barry 49″9140; ferner gaben 350 Rectascensionen von Mayer, verglichen mit des Verf. eigner Bestimmung, 50″0718, und endlich 222 Rectascensionen von Bradley mit denen des Verf. 50″0631, also im Mittel aus allen Bestimmungen 50″0540, welcher Werth bei allen Formeln und Tafeln des Werks zum Grunde gelegt ist. Wir berühren nur die hierauf folgenden Untersuchungen über die eignen Bewegungen der Sterne, wo man unter andern mit Vergnügen eine ganz neue Reduction aller Beobachtungen der Declination des Polarsternes von Flammsteed finden wird, woraus sich blos eine Säcular-Zunahme von 3″ ergibt. Zur Berechnung der Declination aus Länge und Breite gebraucht hier der Verf. Tafeln mit 10 Decimalstellen: dies ist freilich nothwendig, wenn man die Declination durch den Sinus bestimmt, allein dieser Inconvenienz kann man ganz bequem ausweichen, und mit den gewöhnlichen Tafeln eben so weit reichen. Eine Tafel für die mittlere Rectascension und Declination des Polarsterns für alle einzelnen Jahre von 1790 bis 1820 macht den Beschluss dieser reichhaltigen Abhandlung.

Zur Bestimmung der Constante der *Aberration* hat der Verf. die sämmtlichen Bradley schen Originalbeobachtungen aufs neue in grösster Schärfe discutirt: er findet dieselbe 20″232, welches von dem aus den Verfinsterungen der Jupiterstrabanten von DELAMBRE bestimmten Resultate, nemlich 20″255, nur ganz unbedeutend abweicht. Letztern Werth hat der Verfasser bei einer am Ende des zweiten Bandes befindlichen Generaltafel für die Aberration zum Grunde gelegt. Diese Tafel nimmt nur zwei Seiten ein; ihr Gebrauch erfordert aber Multiplication durch einen Sinus und eine Secante. Auch dieser kleinen Unbequemlichkeit hat der Verf. durch einen eignen Kunstgriff abgeholfen, so dass der Gebrauch einer andern, in die Einleitung eingerückten, Generaltafel blos Additionen erfordert. Hierauf folgen noch Formeln und Tafeln für die Aberration, mit Rücksicht auf die elliptische Bewegung der Erde, und für die Aberration, wegen der täglichen Bewegung; endlich Formeln und Tafeln für die Veränderung der Aberration bei 1° Aenderung in Rectascension und Declination des Sterns, wonach sich die Dauer der Brauchbarkeit von Specialtafeln schätzen lässt.

Auch für die *Nutation* hat der Verf. ausser den Formeln, zwei Generaltafeln geliefert. Die eine am Ende des zweiten Bandes, wo die halbe grosse und kleine Axe der Nutationsellipse nach LAPLACE zu 10″056 und 7″486 vorausgesetzt sind, erfordert Multiplication durch eine Tangente: diese Unbequemlichkeit wird in der andern der Einleitung einverleibten vermieden, wo aber Hr. VON ZACH jene halben Axen zu 9″648 und 7″182 angenommen hat, weil er die von LAPLACE zum Grunde gelegte Mondmasse etwas vermindern zu müssen glaubte. Ferner findet man in diesem Abschnitte Vorschriften zur Berechnung des von der Sonnenlänge abhängigen Theils der Nutation, und Formeln und Tafeln für die Aenderung der Nutation bei veränderter Lage des Sterns.

Den übrigen Theil der Einleitung füllen Vorschriften zur richtigen Stellung des Passageinstruments; Erklärung der in diesem Bande vorkommenden Verzeichnisse und Tafeln; Untersuchungen und Tafeln in Beziehung auf die Aberration der Planeten, ihre Parallaxe und Durchmesser. Die Behauptung S. 203, dass die (unsrer Meinung nach allen andern vorzuziehende) Art, über die Aberration der Planeten Rechnung zu führen, indem man nemlich nur die Zeit ändert, — blos den von der Bewegung des Planeten abhängigen Theil der Aberration gebe, können wir nicht beipflichten, wohlverstanden, dass auch der dabei anzuwendende Ort der Erde dem geänderten Zeitmoment entsprechen muss.

Uebrigens sind alle in dieser gehaltreichen Einleitung gegebenen Vorschriften durch zahlreiche wohlgewählte Beispiele so erläutert, dass auch der Ungeübteste bei ihrer Anwendung keinen Anstoss finden wird, und überall die Schriften, wo man sich über die abgehandelten Materien weiter belehren kann, nachgewiesen.

Von den nun folgenden Tafeln selbst zeigen wir nur summarisch den Inhalt an. Die geraden Aufsteigungen und Abweichungen der 36 vornehmsten Sterne nach MASKELYNE's neuester Bestimmung, nebst speciellen Aberrations- und Nutationstafeln für jeden derselben; ähnliche Tafeln für den Polarstern für 1790, 1800, 1810 und 1820; ein Verzeichniss von Fixsternen von fast gleichen Rectascensionen und fast gleichen aber entgegengesetzten Declinationen zum Behuf der Berichtigung der Stellung des Passageinstruments. Hierauf folgt der kostbarste Theil des ganzen Werks, nemlich die auf der Seeberger Sternwarte bestimmten Rectascensionen von 1830 Zodiacalsternen für das Jahr 1800, nebst den Unterschieden von PIAZZI's Catalog; diese Unterschiede sind meistens nur klein, und werden in der Regel noch viel kleiner, wenn man PIAZZI's Rectascensionen die Verbesserung von 3″8 hinzufügt; immer aber wird man berechtigt sein, den mit dem prächtigen 8füssigen Seeberger Mittagsfernrohr gemachten Bestimmungen den Vorzug zu geben. Die Declinationen sind hier, blos um die Sterne zu designiren, nur in Minuten angegeben; bei einigen Sternen fehlen sie aber ganz; es wäre zu wünschen, dass Jemand die Mühe übernähme, diese Lücke auszufüllen, wobei meistens die Histoire celeste schon ausreichen würde, insofern nicht zufällig mehrere Sterne im Zodiacus auf eine Zeitsecunde in der geraden Aufsteigung übereinstimmen; viele von diesen Sternen scheinen sogar in dem gleichfolgenden Barry'schen Declinationsverzeichnisse vorzukommen (z. B. in der Jungfrau 921 und 963). Um nun auch eine hinlängliche Anzahl von scharf bestimmten Declinationen zu geben, hat Hr. von Zach ein zweites blos diese nebst der beiläufigen Rectascension enthaltendes Verzeichniss von etwa 1200 Zodiacalsternen beigefügt, welches das Resultat von den auf der Mannheimer Sternwarte von Barry und Henry mit einem 8 füssigen Bird'schen Mauerquadranten gemachten Beobachtungen darstellt. Die zugleich beigefügten Unterschiede von Piazzi's Cataloge zeigen, dass jenes Verzeichniss diesem wohl zur Seite gesetzt zu werden verdient. Auch in diesem Verzeichnisse fehlen bei verschiedenen Sternen die Rectascensionen ganz; dieser Mangel ist hier aber weniger von Bedeutung, da in den meisten Fällen schon die Ordnung zur Erkennung des Sterns dienen kann.

Der noch übrige Theil des ersten Bandes enthält eine allgemeine Tafel für die Präcession in gerader Aufsteigung; Tafeln für die mittlern Refractionen und ihre Verbesserung wegen des Barometer- und Thermometerstandes, nach denselben Grundsätzen, wie die Tafeln bei Delambre's neuen Sonnentafeln, nur auf die bisher allgemein üblichen Maasse reducirt; Sonnenparallaxe; Verwandlung der Sternzeit in mittlere und wahre Sonnenzeit, und einige andere kleinere Tafeln.

Den *zweiten Band* füllen fast ganz die speciellen Aberrations- und Nutationstafeln für 494 Zodiacalsterne, nebst ihren Positionen für 1800 nach dem Verf. u. a. Astronomen. Wie höchst schätzbar dieses Hülfsmittel den practischen Astronomen sei, haben wir schon oben erwähnt; es bleibt uns also blos zu bemerken übrig, dass dieser zweite Band schon früher gedruckt ist, als der erste, und daher in verschiedenen Punkten von diesem abweicht. Die von dem Verf. herrührenden Sternpositionen müssen daher sämmtlich gegen die in dem grossen Catalog des Bandes befindlichen vertauscht werden, welche nach Maskelyne's Verbesserung seines Fundamentalverzeichnisses berichtigt sind. Sollen ferner die Präcessionen, Aberrationen und Nutationen mit den neuesten Bestimmungen im ersten Bande ganz übereinstimmend gemacht werden, so müssen die ersten um $\frac{1}{121}$ vermindert, die zweiten um $\frac{1}{78}$ vermehrt, die dritten um $\frac{1}{52}$ vermehrt werden.

Den Beschluss des zweiten Bandes machen die schon oben erwähnten Generaltafeln für Aberration und Nutation, und eine Tafel für die Länge des aufsteigenden Knoten der Mondbahn nach den Bürg'schen Mondtafeln.

Göttingische gelehrte Anzeigen. Stück 56. 57. Seite 553..562. 1808. April 7.

Connoissance des tems, ou des mouvemens celestes a l'usage des astronomes et des navigateurs pour l'an 1808, publiée par le bureau des longitudes. Paris. De l'imprimerie impériale. 1806. 502 Seiten in Octav. — Dieselbe für das Jahr 1809. Ebendas. 1807. 502 Seiten in Octav.

Mit diesen Jahrgängen der mit Recht so sehr geschätzten astronomischen Ephemeriden ist man wieder zu der gewöhnlichen Zeitrechnung zurück gekommen, nachdem 12 Jahrgänge (vom J. IV. bis XII.) in der Form des nun vergessenen republikanischen Kalenders erschienen waren. Die auch hier unverändert beibehaltene Einrichtung des astronomischen Kalenders selbst, und der damit verbundenen stehenden Artikel ist zu bekannt, als dass es nöthig wäre, uns dabei aufzuhalten. Nur in Ansehung der Tafel für die geographische Lage der vornehmsten Oerter der Erde — die gewöhnlich von Zeit zu Zeit einige Zusätze und Verbesserungen erhält, obwohl noch nicht überall auch ganz bekannte Bestimmungen benutzt sind, und manche grobe Druckfehler von einem Jahrgange zum andern fortgepflanzt werden — bemerken wir die mit dem J. 1809 gemachte Veränderung, dass dieselbe nicht mehr, wie bisher, nach den Ländern geordnet ist, sondern für die ganze Erde alphabetisch in Einem fortläuft. Rec. würde hier der bisherigen Einrichtung vor dieser Neuerung den Vorzug geben, da es bei manchen Gelegenheiten bequem ist, die von einem Lande vorhandenen guten Ortsbestimmungen gleich beisammen zu haben. Wir wenden uns also sogleich zu den *Zusätzen*, die immer aus einer grossen Anzahl schätzbarer Abhandlungen, Beobachtungen und interessanter Notizen bestehen, und den Ephemeriden einen bleibenden Werth für den Astronomen geben.

Die Redaction der Zusätze, welche bisher von Lalande besorgt war, hat vom J. 1808 an Delambre übernommen: Man hat zugleich mit diesem Jahre angefangen, und wird künftig fortfahren, sie mit den auf der Pariser kaiserl. Sternwarte von Bouvard angestellten Beobachtungen zu eröffnen. Diese regelmässige Mittheilung der eben so zahreichen als schätzbaren Beobachtungen, in derselben Manier, wie die Greenwicher bekannt gemacht werden, muss den Astronomen sehr willkommen sein, und erhöhet den Werth der Connoissance des tems nicht wenig. Im Jahrgange 1808 nehmen die Beobachtungen vom 24. September 1803 bis 21. September 1804, nach einer kurzen Beschreibung der Instrumente, 83 Seiten ein. Das vortreffliche Passage-Instrument von Berge hat 2½ Meter (92 Pariser Zoll) Brennweite, und 11 Centimeter (4 Zoll) Oeffnung, und ist im September 1803 aufgestellt. Die Uhr ist von Louis Berthoud; der achtfussige, mit achromatischem Fernrohre versehene, Mauerquadrant von Bird ist derselbe, der ehemals Lemonnier zugehörte. Unter den Beobachtungen finden wir auch zahlreiche, bisher noch nicht benutzte, von der Ceres und Pallas. Angehängt sind Beobachtungen und parabolische Elemente des Kometen von 1804, und der beiden von 1805; von letztern jedoch nur die reducirten Längen und Breiten. An dieses astronomische Journal von Bouvard schliessen sich an, Beobachtungen von Flaugergues zu Viviers, und von Vidal zu Toulouse; letztere bestehen in Culminationen des Mercur und der Venus, zum Theil in derselben Minute mit der Sonne von diesem scharfsehenden Astronomen beobachtet. Sonnenfinsternisse, Planeten- und Sternbedeckungen, von Scarpellizi zu Rom beobachtet, und zum Theil von Lalande berechnet. Von Lalande Beobachtungen der untern Conjunctionen der Venus von 1802 und 1804, und der Sonnenfinsterniss vom 1. Februar 1804 von mehreren Orten. Von *eben demselben* ein neues Verzeichniss der eignen Bewegung von 500 Sternen; Rec. zählt darunter 28, wo die jährliche eigne Bewegung in gerader Aufsteigung, und 15, wo sie in der Abweichung eine halbe Raum-Secunde übersteigt. Allein es scheint, dass Lalande auf die Ungleichheit der Präcession nicht gehörig Rücksicht genommen hat, obgleich er es ausdrücklich versichert; wenigstens finden wir, dass dies beim Polarstern nicht geschehen, sondern schlechthin aus der Lacaille'schen Position von 1750 mit der von Zach'schen von 1800 die jährliche beobachtete Bewegung in gerader Aufsteigung 173″18 geschlossen, und diese mit der für 1800 (nicht, wie es sein sollte, für 1775) berechneten Bewegung 207″52 verglichen ist, wornach denn die jährliche eigne Bewegung ganz falsch 34″34 gesetzt wird. — Von Prony eine Abhandlung über die Berechnung der geographischen Längen und Breiten aus den Abständen vom Meridian, und Perpendikel auf dem elliptischen Sphäroid; seine Formeln sind zwar nur auf mässige Abstände anwendbar, empfehlen sich aber durch ihre Einfachheit. Von Delambre eine neue sinnreiche Methode, die Configuration der Jupiterstrabanten blos durch Rechnung vermittelst gewisser Hülfstafeln zu finden, wozu bisher gewöhnlich mechanische Hülfsmittel angewandt wurden. Von *demselben* die Geschichte der Astronomie für 1804 und 1805. Die Entdeckung der *Juno* nimmt hier, wie billig, den ersten Platz ein. Das Urtheil, dass jeder Astronom sich immer glücklich preisen würde, eine so grosse Entdeckung mit einem ganzen Jahre — vor Entdeckung der Ceres hätte gewiss Niemand Bedenken getragen, zu sagen, mit einem ganzen Leben — angestrengter Arbeit zu erkaufen, macht dem Französi-

schen Astronomen Ehre. Dadurch dass die Astronomie während sechs Jahren vier Mal so glücklich
gewesen ist, eine so unschätzbare Bereicherung zu erhalten, kann wahrlich der Werth derselben im
Preise nicht sinken: vielmehr müssen diese, hauptsächlich für Deutschland so glorreichen, Ereignisse
den Muth und die Thätigkeit der Astronomen noch mehr anfeuern, da sie die Hoffnung auch zu künftigen ähnlichen glücklichen Erfolgen so sehr vermehren. Um so befremdender und mit jenem Urtheile
gar nicht übereinstimmend ist die Kälte, mit welcher DELAMBRE von dem vor sieben Jahren, noch vor
Entdeckung der Ceres, in Lilienthal besonders von Herrn von ZACH entworfenen Plane, den ganzen Himmel unter eine Anzahl Astronomen zur fortgesetzten Nachforschung zu vertheilen, sich ausdrückt, woran
Theil zu nehmen auch er eingeladen war. Er hält eine solche Vergleichung für höchst beschwerlich und
langweilig, wo man jede Nacht stundenlang maschinenmässig am unbeweglichen Fernrohr stehen und
Sterne zählen müsste; er glaubt, Jeder, der Beruf zur Astronomie fühle, müsse dadurch ganz davon
zurückgeschreckt werden; nur etwa *beiläufig*, so oft man den Mond, die andern Planeten und die grössern
Fixsterne beobachtet, solle man eine Begünstigung des Zufalls abwarten; nur der *verdiene* eine solche
Entdeckung zu machen, dem sie glücke, ohne darauf ausgegangen zu sein, während er sich mit einem
grossen und *wirklich nützlichen* Zweck beschäftige u. s. w. Aeusserungen dieser Art von einem Manne, der
seiner vielen verdienstlichen Arbeiten wegen so grosse Achtung verdient, dürfen nicht mit Stillschweigen übergangen werden. Männer, deren Name als eine Autorität gilt, sollten sich, dünkt uns, um so
mehr vor Urtheilen hüten, die im Geiste unsers engherzigen frivolen Jahrhunderts gesprochen zu sein
scheinen könnten, wo man die Musen zu ehren glaubt, indem man sie blos zu Mägden unserer Bedürfnisse herabwürdigt, oder, wie einer unsrer geistreichsten Schriftsteller sich ausdrückt, wo man in
der erhabensten Astronomie die Gestirne nur als Schrittzähler und Wegeweiser für Pfefferflotten schätzt.
Wer nicht lebendig genug von der Wissenschaft erwärmt ist, um das Grosse der Entdeckung eines bisher
unbekannten, gleich der Erde unsere Sonne regelmässig umkreisenden, Weltkörpers zu fühlen, mit dessen
Erscheinungen die Himmelsbeobachter noch nach Jahrtausenden sich beschäftigen werden; wessen erster
Gedanke dabei ist, wozu wird eine solche Entdeckung nützen, dem haben wir weiter nichts zu sagen,
als unsre Ueberzeugung, dass eben die neuen Planeten die Veranlassung eines ganz neuen Schwunges
der theoretischen und physischen Astronomie sein werden. Wer aber andre Ansichten hat, und in den
vom glücklichsten Erfolge gekrönten Nachforschungen unserer OLBERS und HARDING einen Grund zu der
nicht chimärischen Hoffnung sieht, dass noch manche ähnliche glückliche Erfolge zu erwarten sind, der
muss nothwendig lebhaft wünschen, dass jener Plan, welcher allein in einer von einzelnen Astronomen
nicht zu umfassenden Unternehmung uns vom Zufall unabhängig machen kann, bald zur Ausführung
kommen möge; dem wird es sehr erwünscht sein, zu hören, dass ein wichtiger Schritt dazu bereits geschehen ist. Mit wahrem Vergnügen geben wir die Nachricht, dass die Himmelskarten unsers Hrn.
Prof. HARDING, wodurch der Unternehmung so vortrefflich vorgearbeitet ist, der für die Wissenschaften
bei uns so bedrängten Zeitumstände ungeachtet, ihrer endlichen Erscheinung sehr nahe sind. Es ist
übrigens eine ganz ungegründete Vorstellung DELAMBRE's, wenn er die Arbeit bei solchen Nachforschungen für so beschwerlich, zeitraubend und langweilig hält. Werden sie nur auf eine zweckmässige Art
angestellt, nicht mit feststehenden Instrumenten, sondern mit guten lichtstarken Nachtfernröhren, so
kann man in kurzer Zeit, so bald einmal vollständige Karten entworfen sind, eine beträchtliche Strecke
durchmustern, und wird gewiss immer in dieser Beschäftigung eine angenehme Erholung von andern
mechanischen Arbeiten der beobachtenden und rechnenden Astronomie finden, auch ist es keineswegs
nothwendig, diese Durchmusterung jede Nacht vollständig zu wiederholen.

Nach dieser Abschweifung, die uns ein Wort zu seiner Zeit schien, kommen wir auf die übrigen
Artikel jenes Aufsatzes zurück. Ueber die Cometen von 1804 und 1805; SCHRÖTER's und HARDING's

Beobachtungen des Saturnringes; Schröter's und Herschel's Bestimmungen der Durchmesser der neuen Planeten; Piazzi's Beobachtungen der Parallaxe einiger Fixsterne. Einige aus den Berliner astronomischen Jahrbüchern entlehnte Formeln von Camerer und Olbers. Ueber Bowditch's und Mendoza's Verfahren, scheinbare Mondabstände auf die wahren zu reduciren. Nachrichten aus dem zweiten Bande der *Asiatic Researches* über die Methoden der Hindus, die Sinustafeln zu berechnen. Die übrigen kleinern Artikel dieses Jahrganges enthalten Anzeigen verschiedener neuer astronomischer Werke; die officiellen Verhandlungen wegen Abschaffung des republikanischen, und Wiedereinführung des Gregorianischen Kalenders; Beobachtungen der Sonnenfinsterniss vom 16. Juni 1806, und des letzten Merkursdurchganges; das Programm wegen des auf die Berechnung der Störungen der Pallas gesetzten Preises; einige Verbesserungen der Tafeln bei Lalande's Astronomie, und einen Auszug aus den meteorologischen Beobachtungen zu Paris vom Jahr XII.

In dem *Jahrgange* für 1809 nehmen die auf der kaiserlichen Sternwarte vom 23. Sept. 1804 bis zu Ende des Jahres 1805 angestellten Beobachtungen 108 S. ein. Die neuen Planeten, Ceres, Pallas und Juno, wurden 1804 fleissig im Meridian beobachtet, letztere bis zum 24. December; allein ungern vermissen wir Beobachtungen der Pallas und Ceres vom Ende des Jahres 1805. Von den beiden Cometen des Jahres 1805 finden wir hier die Original-Beobachtungen. Hierauf folgen fünfjährige astronomische Beobachtungen Messier's, von 1760....1764, an welche sich die schon in frühern Bänden der Connoissance des tems mitgetheilten anschliessen. Man findet hier eine Sonnenfinsterniss, zwei Mondfinsternisse, mehrere Bedeckungen von Fixsternen, auch eine des Mars, und eine grosse Menge Verfinsterungen der Jupiterstrabanten. Für Liebhaber der Meteorologie heben wir die Bemerkung aus, dass am 19. Juli 1760 zwischen vier und fünf Uhr Nachmittags das Quecksilber-Thermometer in Paris auf 32 Grad stieg. — Astronomische Beobachtungen zu Viviers von Flaugerques. — Von Burckhardt Einrichtung des Räderwerks zur Darstellung der Bewegungen der Planeten; einige Bemerkungen, um bei verschiedenen Gelegenheiten den Gebrauch des Bordaischen Kreises schärfer, allgemeiner und bequemer zu machen; Untersuchungen über die eigne Bewegung unsers Sonnensystems aus Vergleichung der beobachteten eignen Bewegungen der Fixsterne: das Resultat davon ist, dass sich darüber noch wenig Befriedigendes ausmachen lässt. Einige ältere Chinesische Beobachtungen von Solstitien, aus einem vom Pater Gaubil an Delisle ehemals eingeschickten, und auf der kaiserl. Bibliothek verwahrten Manuscripte. Noch von Burckhardt, Vorschlag einer neuen Einrichtung der Spiegel-Telescope; er fängt die vom grossen Spiegel zurückgeworfenen Strahlen in der halben Brennweite mit einem auf der Axe senkrechten Planspiegel auf, der sie auf die Oculare in dem durchbrochenen Hohlspiegel zurückschickt. Diese Einrichtung hat vor der Newton'schen den Vortheil, dass das ganze Teleskop bei einerlei Brennweite des Spiegels nur halb so lang wird; dagegen wird dem grossen Spiegel durch den kleinen (der im Durchmesser halb so gross sein muss) ein Viertel des in die Röhre fallenden Lichtes entzogen: der Künstler Caroché wird die Ausführung des Vorschlags versuchen. — Bemerkungen über eine von Ducum in Bordeaux vorgeschlagene Methode, die Breite zur See durch zwei ausser dem Meridian gemessene Höhen zu bestimmen, denen der Berichterstatter auch verschiedene eigne Zusätze über dies Problem und die Douwes'sche Auflösung beigefügt hat. — Von Oltmanns eine schätzbare Untersuchung über die Länge von Quito, nach Mondsabständen und Verfinsterungen von Jupiterstrabanten von Hrn. v. Humboldt und verschiedenen ältern Beobachtungen; sein Resultat für diese bisher so schwankend bestimmte Länge ist $5^u 24^m 20^s$ westlich von Paris. — Ueber eine Stelle in Ptolemäus Geographie, die Projectionsart des Marinus von Tyrus betreffend, worin man sehr mit Unrecht schon die Spur von Mercators Projection zu erkennen geglaubt hatte. — Beobachtungen der Ceres, Pallas und Juno, von Poczobut und Keschka zu Wilna. — Von Henry strenge Formeln für die Parallaxe der Länge und

Breite. — Eine neue Art Mikrometer, von PRONY. Die Idee, die hierbei zum Grunde liegt, ist so einfach, als sinnreich, und kann auch bei andern Gelegenheiten mit Nutzen angewandt werden. Um nemlich dem beweglichen Faden (dem Läufer) eine sehr langsame Bewegung zu geben, ohne dazu einer Schraube· mit sehr feinen Gängen zu bedürfen, die nicht leicht auszuführen ist, und bald wandelbar wird, lässt er jenen durch eine Schraube mit ziemlich grossen Gängen bewegen, allein auf beiden Seiten dieser Gänge gibt er der Schraube auf derselben Axe andre, etwas Weniges engere oder weitere, unter sich gleiche, Gänge, wozu die Muttern in der Büchse festsitzen; auf diese Art wird die wahre Bewegung des Läufers nur von dem Unterschiede der beiden Arten von Gängen abhängen. — Auszüge aus einigen neuen astronomischen Schriften; interessant sind die Auszüge aus einer Abhandlung von MONTEIRO über die Berechnung der Finsternisse im vierten Bande der Ephemeriden von Coimbra. — Geschichte der Astronomie für 1807: betrifft hauptsächlich die Entdeckung der Vesta; deutsche Leser werden darüber hier nichts Neues antreffen. Von dem neuesten Cometen finden wir hier noch die ersten Beobachtungen von THULIS vom 21. und 22. September; die Declinationen nur in ganzen Minuten. — Einige geographische Bestimmungen im Mittelländischen Meere und an dessen Küste, von DIONISIO ALCALA GALEANO. — Den Beschluss dieses Jahrganges macht hier wieder ein Auszug aus BOUVARD's meteorologischen Beobachtungen vom Jahr XIII.

Göttingische gelehrte Anzeigen. Stück 77. Seite 761..763. 1808 Mai 14.

Catalogue de 501 étoiles suivi des tables relatives d'Aberration et de Nutation, par Antoine Cagnoli. Modena 1807. 280 Seiten in Quart.

Dieses Sternverzeichniss war schon im X. Bande der *Memorie di Matematica e di Fisica della Societa Italiana* abgedruckt, und erscheint hier verbessert und vermehrt. Jener erste Abdruck war auch von historischen Nachrichten über die Entstehung des Catalogs begleitet, wovon wir hier Einiges ausheben. CAGNOLI hatte die Verfertigung eines Sternverzeichnisses aus eignen Beobachtungen schon im Jahre 1783 an seinem damaligen Aufenthaltsorte Paris angefangen, und nachher diese Arbeit in den Jahren 1788...1792 zu Verona mit denselben Instrumenten vollendet. Der Plan, welchen er sich dabei vorgesetzt hatte, ging dahin, nördlich vom Aequator in jeder Zone von einem halben Grad Ausdehnung in der Declination wenigstens vier zuverlässige Bestimmungen von Sternen zu geben, die in der geraden Aufsteigung ungefähr 6 Stunden von einander abständen. Hieraus ist die anfangs auffallende Auswahl der Sterne zu erklären, da keineswegs die hellsten in jedem Sternbilde ausgehöben sind, sondern statt dieser sich oft Sterne bis zur sechsten Grösse in dem Verzeichnisse befinden. Ganz konnte indessen CAGNOLI doch diesem Plane nicht treu bleiben, theils weil nicht überall schickliche Sterne zu finden waren, theils weil Gesundheitsumstände und andre Störungen ihn daran hinderten. CAGNOLI wollte bei seinem Verzeichniss nichts von Andern entlehnen; er bestimmte also, um die absoluten geraden Aufsteigungen zu erhalten, die von α im Fuhrmann durch 24 unmittelbare Vergleichung mit der Sonne, und fand hieraus ein mit MASKELYNE's neuester Angabe bis auf 1″ stimmendes Resultat. Die Instrumente, womit die ganze Arbeit ausgeführt ist, sind ein beweglicher Quadrant von drei Fuss Halbmesser, dessen achromatisches Fernrohr zwei Zoll Oeffnung hat; ein achromatisches 3½fussiges Mittagsfernrohr mit 28 Linien Oeffnung, beide von MEGNIÉ, und eine vortreffliche, von RUBINS in Paris verfer-

tigte, Penduluhr. Alle diese Instrumente befinden sich gegenwärtig auf der Sternwarte zu Mailand.
Einige Sterne sind übrigens nach Beobachtungen von Cesaris in Mailand bestimmt, und im Catalog
durch ein besonderes Zeichen unterschieden.

Von den 501 Sternen des Verzeichnisses sind die meisten nördliche, nur 28 sind südliche. Ihre
Stellungen sind für 1800 angegeben, und jeder Rectascension und Declination ist die Anzahl der Beobachtungen und der Unterschied der am meisten abweichenden mit beigefügt. Die Unterschiede von
Piazzi's Bestimmungen gehen bei dem grössern Theile der Sterne nur auf wenige Secunden, und es ist
wirklich ein Beweis von vorzüglicher Geschicklichkeit und Sorgfalt, dass Cagnoli mit seinen, für einen
solchen Zweck doch nur mittelmässigen, Hülfsmitteln diesen Grad von Schärfe hat erreichen können.
Am Ende des Verzeichnisses sind sämmtliche Sterne noch einmal nach ihren Abständen vom Nordpol
geordnet, welches für diejenigen, die diese Sterne zur Vergleichung anwenden wollen, sehr bequem ist.

Vorzüglich schätzbar sind die dem neuen Abdruck des Catalogs beigefügten speciellen Aberra-
tions- und Nutations-Tafeln für die meisten dieser Sterne; erstere sind bereits nach der neuesten Bestimmung der Constante der Aberration von Delambre (20″25) berechnet, letztere hingegen gründen sich
noch auf die Annahme der halben grossen und kleinen Axe der Nutations-Ellipse zu 9″0 und 6″7, und
alle Zahlen derselben müssen demnach um den neunten oder vierzehnten Theil vergrössert werden, wenn
sie mit Laplace's oder von Zach's neuesten Angaben in Uebereinstimmung gebracht werden sollen.

Göttingische gelehrte Anzeigen. Stück 85. Seite 841..843. 1808 Mai 28.

Unter dem Titel: *Rechenschaft von meinen Vorschlägen zur Beförderung der Astronomie auf der
königl. Universitäts-Sternwarte in Ofen*, hat der Director dieser Sternwarte, Hr. Joh. Pasquich, eine
kleine Schrift drucken lassen, die über das zu hoffende künftige Aufblühen der Astronomie in Ungarn
sehr erfreuliche Nachrichten enthält.

Die seit 1780 in Ofen befindliche Sternwarte ist weder in Rücksicht der Bauart, noch der Instrumente, die sie besitzt, dem heutigen Zustande der Astronomie angemessen: dies war um so mehr zu
bedauern, da den Statuten der Universität nach für die Sternwarte ausser dem Director noch zwei Adjuncten und ein Wärter unterhalten werden müssen. Die königliche Ungarische Statthalterei, an deren
Spitze der erleuchtete Erzherzog Palatinus steht, sah ein, wie wichtig dieses Etablissement für die
Wissenschaft und das Land werden könne, wenn hier thätige und ganz für ihre Wissenschaft lebende
Männer mit bessern Hülfsmitteln ausgerüstet würden. Hr. Prof. Pasquich erhielt daher gleich nach seiner Anstellung als Astronom bei dieser Sternwarte den höchsten Befehl, Vorschläge zur Anschaffung
neuer Instrumente zu thun: er that dies nach dem Grundsatze, dass es hier wirklich auf echte Beförderung der Wissenschaft abgesehen sei, zu welcher alle cultivirten Nationen Europas beizutragen sich verpflichtet halten. Seine Vorschläge wurden auch sowohl von dem Erzherzog Palatinus und der königl
Statthalterei, als von dem Kaiser selbst, sogleich ohne alle Einschränkung genehmigt, und die ungesäumte Bestellung der Instrumente befohlen. Er wandte sich deshalb an den Artillerie-Hauptmann
Reichenbach in München, der bekanntlich seit einigen Jahren dort eine Werkstätte zur Verfertigung
mathematischer Instrumente errichtet hat, und nach mehreren Proben den ersten englischen Künstlern
den Rang streitig machen zu können scheint. Es wurden bestellt: ein dreifussiger Repetitionskreis mit
dreissigzolligem Azimutalkreise und silbernem Limbus, ein sechsfussiges Mittagsfernrohr, eine astronomische Secunden-Pendeluhr, eine astronomische Reise-Halbesecunden-Pendeluhr, ein achtzehnzolliger

astronomischer Kreis, ein zwölfzolliger Kreis zu terrestrischen Messungen, ein achtfussiges Fernrohr, ein Aequatoreal; welches alles, einige Reparaturen an andern Instrumenten noch mit inbegriffen, zu dem mässigen Preise von 7210 kaiserl. Gulden oder 8652 Gulden Reichswährung bedungen wurde. Ausserdem wurde noch eine astronomische Secunden-Pendeluhr bei dem Bergrath SEYFFERT in Dresden zu 360 Thaler bestellt. Die Ausführung jener Instrumente wurde durch den Krieg zwar unterbrochen, ist aber jetzt bis auf das achtfussige Fernrohr und das Aequatoreal ganz vollendet, und ein Theil der Instrumente bereits in Ofen angelangt, die übrigen werden täglich erwartet.

Es bleibt daher jetzt nichts zu wünschen übrig, als dass dieser schöne Apparat bald ein würdiges Local finden möge, um zum Besten der Wissenschaft und zur Ehre der Ungrischen Nation und der hohen Beförderer angewandt werden zu können. Hr. PASQUICH hat bereits einen schicklichen Platz für die neue Sternwarte vorgeschlagen, und nur einige besondre Umstände machen es noch ungewiss, ob man sich für denselben entscheiden wird. Auf alle Fälle darf man sicher erwarten, dass in kurzem Ungarn mit einem Tempel der Urania geschmückt sein wird, wozu man der Ungrischen Nation und der Wissenschaft selbst wird Glück wünschen können.

Göttingische gelehrte Anzeigen. Stück 106. Seite 1049 .. 1052. 1808 Juli 2.

Ueber den gegenwärtigen Zustand der berühmten Sternwarte *Seeberg* ist uns kürzlich von Hrn. von LINDENAU eine authentische Nachricht in einem besondern Aufsatze zugesandt worden, woraus ein Auszug den Verehrern der Himmelskunde um so willkommner sein wird, da hierüber seit einiger Zeit aus trüben Quellen manche ungegründete Nachrichten ins Publicum gebracht waren. Die Kriegsunruhen, verbunden mit einigen am Dache der Sternwarte erforderlich gewordenen Reparaturen, hatten im Jahre 1806 die Abnahme der Instrumente nothwendig gemacht: mancherlei Umstände, deren Aufzählung nicht hieher gehört, erlaubten erst zu Anfang dieses Jahres, wegen Wiederaufstellung derselben die nöthigen Anstalten zu treffen. Hr. von LINDENAU, welcher schon einmal, in Abwesenheit des Hrn. von ZACH, die Aufsicht über die Sternwarte geführt hatte, wurde von des Herzogs von Sachsen-Gotha Durchl. mit jenem Geschäfte beauftragt, und nahm am 9. April auf der Sternwarte seine Wohnung. Erst am 20. April konnte, der widrigen Witterung wegen, mit der Wiederaufstellung der Instrumente der Anfang gemacht werden: inzwischen wurde nachher dies Geschäft von mehreren hellen Nächten so gut begünstigt, dass Ende Aprils Passage-Instrument, Quadrant und Regulator in beobachtungsfertigem Zustande war. Wie vollkommen dem Hrn. von LINDENAU die Berichtigung der Instrumente sogleich gelungen ist, beurkundet eine schöne Reihe zahlreicher. vom 29. April bis 9. Mai angestellter und uns mitgetheilter, Beobachtungen, von denen wir hier, des beschränkten Raumes dieser Blätter wegen, nur einige wiedergeben können:

Beobachtungen der Sonne.

1808	Mittlere Zeit in Seeberg	Gerade Aufsteigung der Sonne	Fehler der Tafeln
April 30	23^u 57^m 4^s16	$37°$ $29'$ $4''2$	$+3''8$
Mai 3	23 56 42.06	40 20 57.4	$+1.0$
5	23 56 29.87	42 16 9.9	$+2.5$
6	23 56 24.89	43 14 3.3	-2.0
7	23 56 20.06	44 11 59.0	-0.5
9	23 56 11.73	46 8 15.5	$+2.6$
	Fehler der Tafeln im Mittel		$+1.8$

Beobachtungen des Mondes.

1808	Mittlere Zeit in Seeberg	Ger. Aufsteig. des westl. Drandes	Fehler der Tafeln.
Mai 2	5^u 20^m 37^{s}63	120° 34′ 0″3	+ 2″5
3	6 10 48.31	134 7 50.4	+ 0.6
4	7 0 59.58	147 41 52.8	+ 5.7
5	7 51 44.20	161 24 15.9	+ 6.2
6	8 43 44.35	175 25 30.6	+ 3.1
7	9 37 44.89	189 57 4.3	+ 2.3
8	10 13 19.15	205 7 5.8	+ 6.7
		Mittlerer Fehler der Tafeln	+ 3″9

Die Tafeln, womit die Beobachtungen verglichen wurden, sind die neuen Sonnentafeln des Hrn. VON ZACH, und die Mondstafeln von BÜRG.

Ausserdem theilte uns Hr. VON LINDENAU noch 8 beobachtete Oerter des *Uranus* mit, 11 Oerter des *Saturn*, 6 Oerter des *Jupiter*, 9 Oerter der Venus, 8 Oerter des *Merkur*: wir begnügen uns, hier nur die von Hrn VON LINDENAU daraus gezogenen Endresultate anzuführen. Der mittlere Fehler der DE LAMBRE'schen Uranustafeln für diese Epoche war — 0″8 in der Länge, und — 16″ in der Breite, der mittlere Fehler der Saturntafeln in der Länge + 9″1, in der Breite — 4″3; die Opposition des Saturn 1808, Mai 9, 8^u 25^m 47^{s}2 mittl. Zeit in Seeberg; der mittlere Fehler der Jupitertafeln in der Länge — 1″6, in der Breite — 1″9. Die Beobachtungen der Venus und des Mercur hat Hr. VON LINDENAU nicht verglichen, weil er die Tafeln dieser Planeten dem heutigen Zustande der Astronomie nicht mehr angemessen fand. Seit einem Jahre beschäftigt er sich selbst mit Sammlung von Materialien zu neuen Venustafeln, wozu er schon mehr als 200 gute Beobachtungen zusammengebracht hat; hiedurch, und mit Benutzung der von LA PLACE entwickelten Störungsgleichungen, hofft er bald etwas Vollkommneres, als die bisherigen Tafeln, liefern zu können.

Als Hauptgegenstand seiner practischen Beschäftigungen während seines Aufenthalts auf der Seeberger Sternwarte hat sich Hr. VON LINDENAU die Bestimmung der Refractionen und der jährlichen Parallaxe der Fixsterne in gerader Aufsteigung vorgesetzt. Wenn es gegründet ist, dass α Lyrae eine Declinations-Parallaxe von 4...5″ zeigt, so muss die Parallaxe in gerader Aufsteigung 7″ betragen, also der Unterschied des positiven und negativen Maximum fast auf eine Zeitsecunde steigen. Wird also ein solcher Stern mit mehreren in der Nähe befindlichen kleinen verglichen, so darf man hoffen, dass eine solche Differenz dem so vortrefflichen 8fussigen RAMSDEN'schen Passage-Instrument nicht entgehen wird. Freilich wird die Vergleichung mit kleinen Sternen im positiven und negativen Maximum bedeutenden *practischen* Schwierigkeiten unterworfen sein.

Die Beobachtungen der Refractionen hat Hr. VON LINDENAU bereits angefangen: obgleich es noch zu früh ist, ein bestimmtes Resultat schon jetzt daraus zu ziehen, so vereinigen sie sich doch alle dahin, bei einem Barometerstande von 28 Zoll und einer Temperatur von 10° Reaumür eine Horizontalrefraction von 37...40′ zu geben. (Wir bemerken bei dieser Gelegenheit, dass auch Hr. Inspector BESSEL aus einer sehr sorgfältigen Discussion der BRADLEY'schen Beobachtungen die Nothwendigkeit, die gewöhnliche Angabe der Horizontalrefraction beträchtlich vergrössern zu müssen, geschlossen hat). — Ueberhaupt wird Hr. VON LINDENAU nach Jahresfrist die Resultate seines Aufenthalts auf der Seeberger Sternwarte den Astronomen umständlich vorlegen.

Das ganze, zur eigentlichen Sternwarte gehörige, Gebäude ist jetzt völlig wieder hergestellt, und an der Wiedererbauung des Wohngebäudes wird gearbeitet, so dass es hoffentlich ebenfalls noch im Laufe dieses Sommers vollendet sein wird.

Göttingische gelehrte Anzeigen.   Stück 119.   Seite 1185..1192.   1808. Juli 23.

Exposition du système du monde, par M. LAPLACE, *chancelier du Senat-Conservateur etc. Troisième édition, revue et augmentée par l'auteur. Chez Courcier,* 1808. 405 Seiten in Quart. Mit dem Bildnisse des Verfassers.

Der Gegenstand, der Plan, die Behandlungsart und der Werth dieses in seiner Art classischen Werks, wovon die frühern Ausgaben sich in Jedermanns Händen befinden, sind zu bekannt, als dass wir uns jetzt noch dabei aufhalten dürften; von dem Inhalte findet man auch schon im 97. u. 131. Stück dieser Blätter vom Jahr 1798, nach der Deutschen Uebersetzung der ersten Ausgabe, eine ausführliche Anzeige. Die zweite Ausgabe, welche 1799 erschien, hatte eben keine bedeutende Aenderungen erlitten. Wir begnügen uns also hier, nur die vornehmsten Aenderungen und Zusätze zu berühren, wodurch diese dritte Ausgabe sich von den frühern unterscheidet. Dass die Vermehrungen erheblich sein müssen, zeigt schon die grössere Seitenzahl, da die zweite Ausgabe nur 351 S. hatte. Diese Vermehrungen bestehen theils aus einigen grössern Zusätzen, theils aus einer grossen Menge kleinerer, wodurch der Inhalt der abgehandelten Materien grössere Vollständigkeit, und ihre Darstellung noch innigern Zusammenhang, noch mehr Evidenz, Fruchtbarkeit und Interesse erhält. Ein besonderer Vorzug dieses Werks besteht darin, dass von den numerischen Resultaten der Astronomie, in so fern sie in eine allgemeine Darstellung der Umrisse gehören können, die neuesten und bewährtesten Bestimmungen mitgetheilt werden, in welcher Rücksicht es um so mehr als Autorität gelten kann, da sehr viele davon durch die eigenen tiefen Untersuchungen des Verf. begründet oder veranlasst sind. Wir glauben Manchem einen angenehmen Dienst zu erweisen, wenn wir die vornehmsten davon, die seit der 2. Ausgabe neue Verbesserungen erhalten haben, in dieser Anzeige ausheben.

Das *erste Buch*, welches sich mit den *scheinbaren* Bewegungen der Himmelskörper beschäftigt, hat zwei neue Kapitel erhalten, nemlich *das zehnte* über die teleskopischen Planeten, Ceres, Pallas, Juno und Vesta, und *das eilfte* über die Bewegung der Planeten um die Sonne, wogegen das zweite des zweiten Buchs mit der gleichen Ueberschrift weggeblieben ist. In der That gewinnt die Darstellung der Gründe für die wahre Weltordnung dadurch an Evidenz, wenn schon vorher ausgeführt ist, dass die Bewegungen der Planeten uns genau so erscheinen, als geschähen sie in Epicykeln, deren Mittelpunkt stets mit der Sonne zusammenfiele, und mit dieser sich um die Erde bewegte. Dies lässt sich bei Venus und Merkur aus ihren Phasen in Verbindung mit den successiven Veränderungen ihrer scheinbaren Durchmesser, bei Jupiter und Saturn aus den Verfinsterungen der Trabanten und den Verschwindungen des Ringes beweisen. Diese Folgerungen aus den Thatsachen gehören also allerdings in den ersten Abschnitt, da sie von der Wahl des Weltsystems unabhängig sind; aber vor Erfindung der Fernröhre waren diese Thatsachen freilich unbekannt, und PTOLEMAEUS konnte daher in seinem Systeme bei jedem Planeten nur das Verhältniss der Halbmesser der Cirkel und Epicykel angeben, und musste ihre absoluten Grössen unbestimmt lassen.

Von verbesserten Angaben numerischer Resultate in diesem Buche bemerken wir folgende, wobei wir uns auf die Seitenzahl der zweiten Ausgabe beziehen: dass dabei überall die neuen Decimaleintheilungen zum Grunde liegen, brauchen wir nicht zu erinnern. S. 6 Schiefe der Ekliptik für 1801, 26° 07315, Säcularabnahme derselben (S. 11) für gegenwärtiges Jahrhundert 160″85, S. 16 der siderische Tag 0.997269672 des mittlern Sonnentages. S. 17 das tropische Jahr jetzt 365.242264 Tage. S. 20 Sideralumlauf des Mondes 27.3216610716 Tage für den Anfang des 19. Jahrh., Sideralumlauf der Erdnähe 3232.58075

Tage, des Knoten 6793.42118 Tage; die Epoche für 1801 (Mitternacht vor dem 1. Januar in Paris) für die mittlere Länge des Mondes 124° 01299, für die Erdnähe 295° 66824, für den aufsteigenden Knoten 17° 6933. Ferner, Excentricität der Mondsbahn 0.0548553, Neigung 5° 7222, synodischer Umlauf des Mondes 29.58058817896 Tage. Die sich auf die Planeten beziehenden neuen Bestimmungen werden wir weiter unten zusammenstellen. S. 51 die grosse Axe der Nutationsellipse 59″56, die kleine in Theilen des Parallelkreises 111″30. S. 55 der nordische Grad unter der mittlern Breite 73° 7, welcher nach den Franz. Astronomen 100696 Meter hatte, wird nach der neuen Schwed. Gradmessung nur 100316.1 Meter. Vielleicht würde auch der von LACAILLE am Cap gemessene Grad, auf welchen man wohl etwas zu viel Gewicht gelegt zu haben scheint, um die Unregelmässigkeit der Figur der Erde zu beweisen, bei wiederholter Messung eine nicht unbeträchtliche Aenderung erleiden. Der Erzählung der vornehmsten Methoden, die Länge zu bestimmen, hat LAPLACE den Wunsch beigefügt, dass alle Nationen sich dahin vereinigen möchten, die Länge, anstatt von der vornehmsten Landessternwarte, von irgend einem physisch vorzüglich ausgezeichneten Punkte zu zählen, wozu sich besonders der Pik von Teneriffa gut eignen würde. S. 81 das Verhältniss des specifischen Gewichts der atmosphärischen Luft zu dem des Quecksilbers bei 0.76 Barometerstande und beim schmelzenden Eise wie 1 zu 10477.9. Der ganze Abschnitt über die Höhenmessungen mit dem Barometer und über die Strahlenbrechung ist mit mehr Ausführlichkeit behandelt.

Im *zweiten Buche*, von den wahren Bewegungen der Himmelskörper, finden wir wenige Aenderungen, als dass im VI. (jetzt V.) Capitel die Schätzung der Wahrscheinlichkeit, dass zwei beobachtete Cometen von beinahe gleichen Elementen nur Einer sind, weggeblieben ist, und dagegen einige Vermuthungen über die Verwendung der Sonnenwärme auf den Cometen gewagt sind. Gänzlich umgearbeitet ist hingegen die Tafel der Bestimmungsstücke der sämmtlichen Planeten, die wir daher ihrer Wichtigkeit wegen hier ganz aufnehmen. Dass LAPLACE jetzt die Epoche von der Mitternacht zwischen dem 31. December und 1, Januar zählt, ist bereits erwähnt.

	Mittlere Länge 1801 Pariser Meridian	Siderischer Umlauf in Tagen
Merkur	182°15647	87.96925804
Venus	11.93672	224.70082399
Erde	111.28179	365.25638350
Mars	71.24145	686.9796186
Jupiter	124.67781	4332.5963076
Saturn	150.38010	10758.9698400
Uranus	197.54244	30688.7126872

	Halbe gross Axe	Excentricität 1801	Säcularänderung
Merkur	0.3870981	0.20551494	+ 0.000003867
Venus	0.7233323	0.00685298	− 0.000062711
Erde	1.0000000	0.01685318	− 0.000041632
Mars	1.5236935	0.09313400	+ 0.000090176
Jupiter	5.2027911	0.04817840	+ 0.000159350
Saturn	9.5387705	0.05616830	− 0.000312402
Uranus	19.1833050	0.04667030	− 0.000025072

	Sonnennähe 1801	Siderische Säcularbewegung
Merkur	82°6256	+ 1801″10
Venus	142.9077	— 826. 63
Erde	110.5571	+ 3641. 40
Mars	369.3407	+ 4884. 05
Jupiter	12.3812	+ 2048. 95
Saturn	99.0549	+ 5978. 60
Uranus	185.9574	+ 738. 69

	Neigung der Bahn 1801	Säcularänderung
Merkur	7°78058	+ 56″12
Venus	3.76936	— 14. 05
Mars	2.05663	— 0. 47
Jupiter	1.46034	— 69. 78
Saturn	2.77102	— 47. 88
Uranus	0.85990	+ 9. 67

	Aufsteig. Knoten 1801	Siderische Säcularbewegung
Merkur	51°0651	— 2414″41
Venus	83.1972	— 5770. 99
Mars	53.3605	— 7186. 65
Jupiter	109.3624	— 4869. 04
Saturn	124.3662	— 6995. 25
Uranus	10.9488	— 11104. 81

Die Elemente der vier neuen Planeten, welche hier gegeben werden, sind bei der Ceres die 11., bei der Pallas die 9., bei der Juno die 6. von GAUSS, bei der Vesta diejenigen, welche Hr. BURKHARDT in der Connoissance des tems 1809 gegeben hat, und bei denen nur erst wenige Beobachtungen benutzt waren. Wir lassen sie daher hier weg, da in Deutschland längst genauere bekannt sind (Monatl. Corresp. Febr. 1808; Gött. gel. Anz. 1808 St. 14. 40. 107).

Auch das *dritte Buch*, über die Gesetze der Bewegung, hat nur ein paar kleine Zusätze erhalten, die sich auf die Darstellung der ersten Grundsätze der Dynamik in Gleichungen, auf das Princip der kleinsten Wirkung, auf den Begriff *Masse*, und die beiden Arten des Gleichgewichts beziehen.

Im *vierten Buche*, über die Theorie der allgemeinen Schwere, ist das Kapitel über die Störungen der elliptischen Bewegungen der Planeten das zweite geworden; zwei neue Kapitel, über die Trabanten des Saturn und Uranus, und über diejenige Anziehung der kleinsten Theile der Körper, welche nur in unmerklichen Entfernungen merklich ist (attraction moleculaire), sind hinzugekommen. Dieses letztere Kapitel gibt eine Uebersicht dieser Theorie, die LAPLACE in zweien Supplementen zu seiner Mécanique céleste (De l'action capillaire, und Supplément à la théorie de l'action capillaire) entwickelt, und mit so überraschend glücklichem Erfolge zu einer mathematischen Erklärung der Strahlenbrechung, der Phänomene der Haarröhren, des Anziehens und Abstossens kleiner, auf einer Flüssigkeit schwimmenden, Körper, des Zusammenhängens einer Scheibe mit einer Flüssigkeit, des Schwimmens kleiner fester Körper in einer specifisch leichtern Flüssigkeit u. s. w. angewandt hat. Diese Entdeckungen machen Epoche in der Physik: sie brechen die Bahn zu einer Wissenschaft, die für die Natur in Beziehung auf die kleinsten Theile der Körper das sein wird, was die Gravitationslehre für die Natur im Grossen ist. Eine ausführlichere Anzeige davon müssen wir uns aber auf eine andere Gelegenheit versparen.

Von kleinern Abänderungen und Zusätzen bemerken wir 'aus diesem Abschnitt noch folgende:
Die grosse Gleichung des Saturn steigt auf 9111″41, und ihre Periode ist von 921¼ Jahren; die grosse
Gleichung des Jupiter ist 3720″36. Das Verhältniss der Massen der Planeten zu der Masse der Sonne
ist wie 1 zu den Zahlen 2025810 bei Merkur; 356632 bei Venus; 337086 bei der Erde; 2546320 bei Mars;
1067.09 bei Jupiter; 3534.08 bei Saturn; 19504 bei Uranus. Der scheinbare Jupitersdurchmesser in der
Distanz 1 ist 599″151; das Verhältniss der Schwere eines Körpers unter dem Erdäquator, unter dem Ju-
pitersäquator, und unter dem Sonnenäquator wie die Zahlen 1000, 2566, 27933. Bei der Theorie des Mondes sind mehrere Zusätze eingeschaltet, über die Ungleichheiten, welche von der Abplattung der Erde
und von der Parallaxe der Sonne abhängen, ferner über die Säcularungleichheiten in der Bewegung
des Knoten und der Apsiden, und über die vor einigen Jahren entdeckte Gleichung, deren Periode von
184 Jahren ist. — Auch der Abschnitt über die Jupiterstrabanten hat verschiedene weitere Ausfüh-
rungen erhalten.

Das *fünfte Buch* enthält die Geschichte der Astronomie: auch hier nur Umrisse, die aber, von
einer solchen Hand gezeichnet, für den Kenner wie für den Liebhaber ein hohes Interesse haben. Le
tableau des progrès de la plus sublime des sciences naturelles, sagt LAPLACE, toujours croissans au mi-
lieu même des révolutions des empires, pourra consoler des malheurs dont les récits remplissent les annales de tous les peuples. Auch dieser Theil des Werks ist mit manchen Zusätzen und interessanten
Reflexionen bereichert. Dahin gehören die Bemerkungen über die Spuren von astronomischen Kenntnissen, die man bei den Eingebornen von Mexico und Peru antraf. Jene hatten eine sehr genaue Kenntniss von der Länge des tropischen Jahrs; sie bedienten sich einer Einschaltungsmethode, wobei dasselbe
zu 365$\frac{2.5}{10.4}$ Tagen oder 365 Tagen 5 Stunden 46 Min. 9 Sec. vorausgesetzt wird. Dabei ist es sehr merkwürdig, dass ihnen die Zeitabtheilung in Wochen, welche man bei allen Völkern der alten Welt findet,
unbekannt war, und dass sie statt derselben eine Periode von fünf Tagen hatten.

Am Schlusse des Werks finden sich noch sechs historische Anmerkungen. Die erste bezieht sich
auf ein paar Chinesische Beobachtungen von TCHEOU-KONG, wonach ungefähr um das Jahr 1100 vor unsrer
Zeitrechnung die Schiefe der Ekliptik 26°5563, und die gerade Aufsteigung des Sterns ε im Wassermann
297°8096 war; nach LAPLACE's Formeln sollte für jenes Jahr jene 26°5161, und diese 298°7265 sein; um die
letztern Zahlen in völlige Uebereinstimmung zu bringen, brauchte man nur noch 54 Jahre weiter zurück zu gehen. Die zweite betrifft eine Nachricht, die uns GEMINUS über die Kenntnisse der Chaldäer
vom Mondslaufe aufbehalten hat. Die dritte Note betrifft PYTHEAS Beobachtung des Solstitiums zu
Marseille; die vierte vergleicht HIPPARCHS Angaben für die Bewegung des Mondes in Beziehung auf die
Sonne, die Erdnähe und den Knoten mit den Bestimmungen, die aus LAPLACE's Theorie der Säcularungleichheiten folgen; die fünfte vergleicht die grösste Mittelpunktsgleichung der Sonne, die Lage der
Sonnenferne, die Länge des Jahrs und die Schiefe der Ekliptik nach den Bestimmungen der Araber,
mit den neuesten Angaben; endlich die sechste stellt die Bestimmungen der Schiefe der Ekliptik von
TCHEOU-KONG 1100 J. vor Chr. Geb., von PYTHEAS 350 vor Chr. Geb., von IBN JUNIS im J. 1000, von
COCHEOU-KONG im Jahr 1280, von ULUG-BEIGH im Jahr 1437, und die neuesten von 1801 mit den Resultaten der Theorie zusammen.

Göttingische gelehrte Anzeigen. Stück 155. Seite 1545..1552. 1808. September 26.

Bei dem Verfasser, und in Commission bei Fr. Braunes: *Astronomisches Jahrbuch für das Jahr 1810 , nebst einer Sammlung der neuesten in die astronomischen Wissenschaften einschlagenden Abhandlungen und Nachrichten. Von J. E. Bode. 1807. 268 Seiten in Octav, und eine Kupfertafel. Berlin.*

Die Einrichtung des ersten Theils dieses geschätzten und jedem Astronomen unentbehrlichen Jahrbuches, der den astronomischen Kalender enthält, ist dieselbe, wie in dem vorhergehenden Jahrgange. Da indess der würdige Hr. Herausgeber von jeher unermüdet die Brauchbarkeit desselben zu erhöhen bemühet gewesen ist, und dahin abzweckende Vorschläge und Wünsche nicht unbeachtet gelassen hat; so erlauben wir uns hier einige solche Wünsche darzulegen, die, wie wir bestimmt wissen, auch mehrere andere Astronomen längst gehegt haben. Die ausführliche Erläuterung des Kalenders und seines Gebrauchs ist seit dem Jahrgange 1800 nicht wieder abgedruckt; wir finden dies sehr lobenswerth, da dieser ziemlich starke Aufsatz einen besser zu nützenden Platz einnehmen würde, und man ausserdem *das Meiste*, was er enthält, ohnedies bei jedem als bekannt voraussetzen darf, der sich mit Beobachtung des Himmels beschäftigen will. Allein Einiges aus dieser Erklärung, was nemlich das Willkührliche und sich nicht von selbst Verstehende bei dem Kalender bestrifft, sollte doch wirklich zum stehenden Artikel gemacht, oder sonst auf irgend eine Art dem Kalender einverleibt werden. Dass z. B. die Planetenörter alle für Mitternacht wahre Berliner Zeit angesetzt sind, mit Ausnahme der Venus und des Merkur, deren Stellungen für den Mittag gelten, ist Etwas, das Niemand von selbst erräth, und worüber Jeder in Ungewissheit bleibt, der nicht Gelegenheit hat, den Jahrgang von 1800 nachzuschlagen. Eben so, dass die Bedeckungen der Fixsterne vom Monde für wahre, und nicht für die jetzt bei fast allen Astronomen gebräuchliche mittlere Zeit gelten. Bei der scheinbaren Schiefe der Ekliptik wird die Nutation immer mit verändertem Zeichen angegeben: ohne Erklärung versteht sich dies doch nicht von selbst, und man sollte eher glauben, dass man, da doch die scheinbare Schiefe, die mit der Nutation behaftet ist, von jener diese abziehen müsste, um die mittlere zu erhalten, da es sich doch mit der im Jahrbuch angesetzten umgekehrt verhält. Auch können wir es nicht billigen, dass Hr. Bode die Schiefe der Ekliptik noch immer nach Hrn. von Zach's ältern Sonnentafeln angibt, die nach den neuern, schon seit vielen Jahren von Englischen, Französischen und Italiänischen Astronomen angestellten, Beobachtungen um 8″ zu gross ist, daher auch alle Declinationen der Sonne im Jahrbuche zu gross sind, und also nach Verschiedenheit der Jahrszeiten unrichtige Polhöhen geben, wenn man sich auf dieselben verlässt. Zu wünschen wäre es auch, dass Hr. Bode die unbequeme Angabe der Zeit nach Vormittags- und Nachmittagsstunden mit der bei den Astronomen üblichen vertauschen möchte. Es sind uns mehrere Beispiele bekannt, dass Sternbedeckungen und Jupiterstrabanten - Verfinsterungen blos wegen der Angabe nach bürgerlicher Zeit verfehlt sind. Bei den Stellungen der Planeten hat Hr. Bode nach einem Wunsche, den ein Recensent im 41. Stück der Literaturzeitung 1797 geäussert hatte, seit dem J. 1800 auch die heliocentrischen Längen und Breiten aufgenommen, aber dafür die geraden Aufsteigungen weggelassen: wir sind damit nie zufrieden gewesen, und glauben, dass die geocentrische gerade Aufsteigung und Abweichung das Allerwesentlichste in einer astronomischen Ephemeride ist; wir würden lieber alle übrigen sich auf die Planeten beziehenden Columnen entbehren, als diese beiden nothwendigen Stücke; lieb würde es gewiss in mancher Rücksicht jedem Astronomeu sein, wenn die Abstände von der Erde beigefügt würden, die zur Bestimmung der Aberration unentbehrlich sind. Die Gründe, warum die heliocentrischen Oerter von jenem Rec. gewünscht wurden, scheinen uns so erheblich nicht, und wir glauben, dass von diesen beiden Columnen wenig Gebrauch gemacht werden kann, zumal da Hr. Bode unter den monatlichen Erscheinungen die Oppositionen und Conjunctionen der Planeten angibt, welche sich allenfalls eben so leicht aus den geocentrischen ableiten lassen. Wir könnten hier noch manche andre Wünsche beifügen, die ein vieljähriger Gebrauch der astronomischen Ephemeriden veranlasst hat; da sich indessen dieselben nicht wohl ohne grössere Abänderungen in der Gestalt und Einrichtung derselben ausführen liessen, so schränken wir uns hier nur auf einen ein, durch dessen Erfüllung der verdienstvolle Herausgeber alle diejenigen sehr verpflichten würde, die viel mit Planeten- und Cometenrechnungen zu thun haben, und denen die Berechnung von Sonnenörtern immer einen sehr grossen Zeitaufwand verursacht. Dieser könnte in sehr vielen Fällen ganz vermieden werden, wenn die Abstände der Sonne von der Erde, oder deren Logarithmen, allenfalls sogar mit Einer Decimalstelle weniger, als Hr. Bode in den vier letzten Jahrgängen geliefert hat, für alle einzelne Tage des Jahrs gegeben würden; für die dadurch etwas vergrösserte Arbeit könnte der Herausgeber sich durch Weglassung der Secunden bei den Längen und Breiten des Mondes schadlos halten, deren Berechnung eine ungeheure Arbeit kostet, und von denen, wie wir glauben behaupten zu können, doch wenig oder gar kein Gebrauch gemacht wird.

Nach diesen Bemerkungen über die Einrichtung des Jahrbuchs, zu denen uns blos unser aufrichtiger Wunsch, die Brauchbarkeit desselben noch erhöhet zu sehen, veranlasst hat, wenden wir uns zu den Abhandlungen, wodurch das astronomische Jahrbuch einen dauernden Werth erhält. Diese sind: 1) Untersuchung der wahren elliptischen Bewegung des Cometen von 1769, von Fr. W. Bessel. Diese Schrift wurde zur Concurrenz um einen Preis von 30 Friedrichsd'or eingesandt, welchen ein Ungenannter auf die beste astronomische Abhandlung oder die merkwürdigste Entdeckung gesetzt hatte; man erkannte aber Hrn. Bessel nur die eine Hälfte zu, und die andere Hrn. Huth, als Mitentdecker der beiden Cometen des J. 1805. Die elliptische Bahn jenes Cometen hatte schon mehrere Astronomen beschäftigt, unter denen der Pater Asklepi diese Untersuchung am sorgfältigsten behandelt hatte. Indess verdiente dieser Gegenstand allerdings eine neue Bearbeitung, wozu besonders die grossen Reformen unsrer Sternverzeichnisse und Sonnentafeln einluden, mit deren Hülfe man viel zuverlässigere Resultate zu erhalten hoffen durfte. Hr. Bessel hat ihn jetzt so musterhaft behandelt und erschöpft, dass nichts zu wünschen übrig bleibt. Wenn man zugestehen darf, dass die von Hrn. Bessel aus einer neuen höchst sorgfältigen Discussion der sämmtlichen guten Beobachtungen abgeleiteten Fundamentalpositionen auf $5''$ in gerader Aufsteigung und Abweichung zuverlässig sind, so wird des Cometen Umlaufszeit zwischen die Grenzen $1691\frac{2}{3}$ und 2673 Jahren eingeschlossen. Eine besondere Aufmerksamkeit verdient Hrn. Bessel's Verfahren, die Wirkung der Refraction zu berechnen, nur Schade, dass die hiezu gehörigen Formeln durch mehrere Druckfehler ganz entstellt, und daher ohne Zuziehung eines spätern ausführlichen Aufsatzes über diesen Gegenstand in der Mon. Corresp. gar nicht zu gebrauchen sind. 2) Ueber die geographische Länge von Havanna, von Hrn. Oltmanns; nach Beobachtungen von Churrucca, Robredo, v. Humboldt und Galiano im Mittel $5^u 38^m 51^s5$ westlich von Paris. 3) Tafeln zur Reduction der Höhen des Polarsterns auf die Meridianhöhe, für die Breite von Berlin. 4) Scheinbare Lichtveränderungen des Algol für die Jahre 1808, 1809, 1810, von Hrn. Prof. Wurm. 5) Drittes und viertes Verzeichniss der verglichenen Lichtstärke der Fixsterne, von Hrn. Herschel. 6) Ueber die wahre geographische Länge des in Peru gemessenen Breitengrades, von Hrn. Oltmanns; aus Beobachtungen von Humboldt's, Ulloa's und der Franz. Akademiker im Mittel die Länge von Quito $5^u 24^m 20^s$, wofür der letzte Band der Connoissance des tems für 1809 noch $5^u 21^m 0^s$ nach Bouguer angab. 7) Tafeln zur Berechnung der jährlichen Veränderung der geraden Aufsteigung und Abweichung der Fixsterne. In diesen Aufsatz haben sich mehrere Unrichtigkeiten eingeschlichen. Nicht die Wirkung der Sonne und des Mondes bringt die jährliche Aenderung 50″15 in der Länge hervor, die durch die Veränderung der Schiefe der Ekliptik um 0″135 noch vermehrt wird (wie der Verf. des Aufsatzes sich ausdrückt), sondern die durch die Wirkung der Sonne und des Mondes erzeugte (so genannte Luni-solar-)Präcession wird durch die Verrückung der Ekliptik, die mit der Abnahme der Schiefe zwar einerlei Ursache hat, aber nicht damit verwechselt werden darf, wieder etwas vermindert, und dadurch auf 50″15, oder nach schärfern Bestimmungen auf 50″10 heruntergebracht, welches die beobachtete ist. Die Coefficienten des veränderlichen Theils der Präcession in gerader Aufsteigung und die Formel für die Veränderung der Abweichung sollten nicht verschieden, sondern ganz gleich sein; auch die Regel zur Berechnung der Veränderung der jährlichen Variation ist falsch. 8) Beitrag zu den Methoden, eine Reihe Mondsdistanzen für die geographischen Längen in Rechnung zu nehmen, von Hrn. Jabbo Oltmanns (Der Unterschied des scheinbaren und wahren Abstandes wird für drei Zeitmomente berechnet, und daraus für alle Beobachtungen durch Interpolation bestimmt). 9) Astronomische Beobachtungen in Prag 1806, von Hrn. David und Bittner. 10) Methode, durch Hülfe beobachteter Azimuthe, Erhöhungswinkel und relativer Erhöhung irdischer Gegenstände, die geographische Position derselben zu bestimmen, nebst einigen zur Berechnung barometrischer Höhenmessungen dienlichen Hülfstafeln, von Hrn. Jabbo Oltmanns. Viel Genauigkeit kann freilich dies Verfahren nicht geben: indess ist es in ganz unbekannten Gegenden, wenn es an andern Beobachtungen fehlt, nicht zu verwerfen. 11) Ueber das Troughtonsche röhrenförmige Pendel, von Hrn. Schnitter in Aachen. In dem Jahrbuche für 1808 war jene Troughtonsche Erfindung so beschrieben, dass, sogar nach des Erfinders eigner Angabe für die Ausdehnung des Messings und Stahls, die richtige Compensation nicht herauskam: Hr. Schnitter verdient Dank, hierauf und auf die Nothwendigkeit aufmerksam gemacht zu haben, dass alle abwärts sich ausdehnenden Stangen von Stahl sein müssen, um eine vollkommene Compensation zu erhalten. Inzwischen glaubt Rec., der Troughton's Originalaufsatz (Nicholson's philosophical journal. vol. IX.) vor sich hat, bemerken zu müssen, dass der Irrthum blos in der falschen Uebersetzung des Jahrbuchs liegt, und dass Troughton's Vorschrift gerade so ist, wie sie nach Hrn. Schnitter's Angabe sein muss. 12) Astronomische Beobachtungen und Bemerkungen von Hrn. van Beeck Calkoen. 13) Beobachtung der Bedeckung von α Scorpion den 20. März 1805, und der Sonnenfinsterniss 16. Juni 1806 auf der Insel Leon bei Cadix, von Hrn. Canelas. 14) Astronomische Beobachtungen zu Wien 1806, von Hrn. Triesnecker. 15) Entdeckung und Beobachtung eines vierten neuen Planeten von Hrn. Dr. Olbers. 16) Beobachtung und Berechnung der Bahn des Cometen von 1806; Beobachtungen der Vesta und Juno, und Sternbedeckungen, von Hrn. F. W. Bessel. 17) Messung der scheinbaren Grösse der Vesta, von Hrn. Schröter (den 26. April 1807 war der scheinbare Durchmesser 0″488, woraus der wahre Durchmesser 68 Meilen folgt). 18) Beobachtung der Vesta, und Berechnung der Elemente ihrer Bahn und ihres Laufs für 1808, von Hrn. Dr. Gauss. 19) Beobachtungen der Vesta zu Berlin, vom Herausgeber. 20) Astronomische Beobachtungen und Bemerkungen von Hrn. Fritsch in Quedlinburg. Die Beobachtung der Planeten (auch die der Juno im J. 1807, wo sie sehr schwer zu beobachten war) gereichen Hrn. Fritsch zur Ehre, wenn sie schon für den Astronomen wegen Mangels einer gehörigen Zeitbestimmung nicht brauchbar sind. 21) Ueber ein Merkurial-Pendel von Hrn. Th. Blacker in London. 22) Astronomische Beobachtungen von Hrn. Lalande. 23) Beobachtungen über die Climate und Atmosphäre des Saturn von Hrn. Dr. Herschel. Die von Hrn. Dr. H. bemerkten Aenderungen in der Farbe der Polargegenden des Saturn scheinen periodisch zu sein, und Hr. H. sieht sie als einen Beweis vom Dasein einer Atmosphäre an. Astronomische Beobachtungen auf der Berliner Sternwarte 1806; die Kriegsunruhen im Herbste dieses Jahres veranlassten dabei mancherlei Störungen und Unterbrechungen. 25) Lauf der Pallas und Juno im J. 1808 (voraus berechnet). 26) Ueber bemerkte Unterschiede in den scheinbaren Grössen einiger Sterne, von Hrn. Dr. Koch in Danzig. 27) Astronomische Beobachtungen in Spanien (aus einigen Spanischen Schriften gezogen). 28) Einige physisch-astronomische Bemerkungen, von Hrn. HUTH in Frankfurt an der Oder. 29) Beitrag zu geographischen Längenbestimmungen, von Hrn. OLTMANNS. 30) Vorschlag einer Methode zur Auflösung einer astronomischen Aufgabe, von Hrn. Grafen VON PLATEN, beruht im Wesentlichen auf der Verwandlung von Producten aus Sinus in Summen, deren sich die Astronomen vor Erfindung der Logarithmen wohl bedienten. Jetzt rechnet man in den meisten Fällen bequemer mit den Logarithmen, und gerade in denjenigen, wovon der Verfasser spricht, findet Rec. jenes Verfahren nicht bequem. 31) Vorschlag einer Methode, die Horizontal-Refraction durch die geographische Länge zu bestimmen, von Hrn. OLTMANNS (durch Mondsabstände von der niedrig stehenden Sonne). 32) Hrn. FISCHER's Zusatz zu der Abhandlung über die beste Gestalt der Objectiv-Spiegel im Jahrbuch 1806; Hr. F. nimmt hier seine irrige Behauptung, dass sphärische Spiegel den parabolischen vorzuziehen seien, zurück. 33) Verschiedene astronomische Beobachtungen und Nachrichten. Aufmerksamkeit verdient die Anzeige von einem in Remplin von Hrn. HECKER bei α im Füllen den 17. August 1804 beobachteten Stern fünfter Grösse, der nachher nicht wieder gesehen wurde; nur wundern wir uns, dass Hr. HECKER diese Anzeige nicht gleich gemacht hat, wo sie vielleicht von Nutzen hätte sein können.

Göttingische gelehrte Anzeigen. Stück 164. Seite 1639..1640. 1808 October 13.

Genf. In der Bibliothèque Britannique Mai 1808 finden wir unter der Aufschrift: *Sur les vingt-une dernières Comètes et les nouvelles planètes; par le Prof.* P. PICOT, einen Auszug aus einem Briefe von OLBERS, worin einige (bei uns hinlänglich bekannte) Nachrichten von dem letzten Cometen und von den vier neuen Planeten gegeben werden. Schätzbar ist die Zusammenstellung der parabolischen Elemente von den 21 letzten, seit 1790 erschienenen, Cometen, nach den zuverlässigsten Bestimmungen; *neun* davon sind von OLBERS selbst. Zugleich gibt dieser vortreffliche Astronom Hoffnung zu einer eignen Schrift über seine bekannte Hypothese von der Entstehung der Asteroiden. — Ferner: *Demonstration de la création immédiate de la terre en état solide, et de l'impossibilité des causes physiques pour la formation de sa figure, par Mr. l'Abbé* SIGORGNE. Weil sowohl der von LACAILLE am Vorgebirge der guten Hoffnung, als die verschiedenen in der nördl. Halbkugel gemessenen Breitengrade eine unregelmässige Gestalt der Erde bewiesen hätten, könnte die Erde weder flüssig noch weich gewesen sein, als sie ihre Umdrehungsbewegung erhielt; sie hätte schon damals ein fester Körper, mithin auch schon vorher an den Polen abgeplattet sein müssen. Rec. hält weder die Prämissen für entschieden, noch die Schlussfolge für richtig. Der LACAILLE'sche Breitengrad möchte wohl eben so sehr einer neuen Verbesserung bedürftig sein, als der Lappländische war, selbst der in Peru gemessene ist noch Zweifeln unterworfen. Wenn gleich indess sich nicht bezweifeln lässt, dass der Erdkörper in gewissem Grade unregelmässig ist, so kann man hieraus doch keinesweges auf die Unmöglichkeit einer Bildung aus physischen Ursachen schliessen; ein ganz regelmässiger Körper hätte die Erde nur dann werden können, wenn alle Theile der Masse, woraus sie sich bildete, vollkommen flüssig gewesen und so lange geblieben wären, bis sie sich nach hydrostatischen Gesetzen geordnet hätten.

Göttingische gelehrte Anzeigen. Stück 177. Seite 1761..1764. 1808 November 5.

Chez Courcier: *Tables astronomiques publiées par le bureau des longitudes de France. Nouvelles tables de Jupiter et de Saturne calculées d'après la théorie de M.* LAPLACE, *et suivant la division decimale de l'angle droit; par M.* BOUVARD. 1808. 4. Paris.

Diese Tafeln, welche als die Fortsetzung der im J. 1806 herausgegebenen und bereits im 95. Stück dieser Blätter von 1807 angezeigten Sonnen- und Mondstafeln angesehen werden müssen, sind die köstliche Frucht von den mehr als 20 Jahre hindurch fortgesetzten und immer mehr vervollkommneten Untersuchungen LAPLACE's über die Störungen, wodurch die Bewegungen der beiden grössten Planeten unsers Sonnensystems so verwickelt werden. Mit welchem glücklichen Erfolge dieser grosse Geometer hier, so wie in allen andern Theilen der physischen Astronomie, die er zum Gegenstande seiner Forschungen machte, alle Schwierigkeiten besiegt, und die widerspenstigen Bewegungen dem Calcul unterworfen hat, ist bekannt; ihm verdanken wir es, dass wir jetzt diese Bewegung fast völlig eben so genau berechnen als beobachten können. Die auf die ersten LAPLACE'schen Untersuchungen gegründeten Jupiters- und Saturnstafeln, welche DELAMBRE berechnet hatte, wichen schon selten um eine halbe Minute vom Himmel ab; allein die seitdem von LAPLACE noch viel weiter getriebene Berechnung der Störungen, und die neue Bestimmung der elliptischen Elemente, welche von BOUVARD, mit Zuziehung von jenen, aus der sorgfältigsten Discussion aller seit einem halben Jahrhundert beobachteten Oppositionen entwickelt sind, haben eine drei Mal so grosse Uebereinstimmung zur Folge gehabt. Die letzten Resultate dieser Arbeit, nemlich die in Formeln gebrachten Bewegungen des Jupiter und Saturn, sind schon in dem 8. Theile der Mécanique céleste S. 337 bekannt gemacht: im gegenwärtigen Werke finden wir nun dieselben in Tafeln gebracht, über deren Einrichtung wir nur noch wenig hinzu zu setzen haben, da sie in den meisten Stücken mit derjenigen übereinstimmt, die schon aus den DELAMBRE'schen Sonnentafeln bekannt ist. Die Zeiten werden nicht vom Mittage, sondern von der Mitternacht an gezählt; die Anomalien von der Sonnennähe, und die Gleichungen sind dadurch alle positiv gemacht, dass man zu jeder eine beständige Grösse hinzusetzte, und die Summe aller dieser Vermehrungen wieder von der Mittelpunktsgleichung (die, wo es nöthig war, durch Hinzufügung von 400 Decimalgraden positiv gemacht wurde), dem elliptischen Radius Vector, und dem statt der Breite eingeführten Abstande vom Nordpol wieder abzog. Alle diese Einrichtungen (die neue, ohne irgend einen sichtbaren Nutzen angenommene, Art, die Zeit zu zählen, abgerechnet) haben längst den Beifall der Astronomen erhalten. Die Befolgung der Decimaleintheilung des Quadranten in diesen Tafeln soll ein Versuch sein die Astronomen nach und nach daran zu gewöhnen: so lange indess zugleich Sonnen- und Sinustafeln nach der alten Eintheilung gebraucht werden müssen, ist dies mehr eine Unbequemlichkeit, als Erleichterung.

Die Einleitung, welche den Tafeln vorgesetzt ist, gibt zuvörderst die Beschreibung der einzelnen Tafeln; hiernächst die Formeln, wonach sie berechnet sind, und die von den in der Mécanique céleste a. a. O. gegebenen weiter nicht verschieden sind, als dass man alle Epochen und veränderliche Coëfficienten von 1750 auf 1800 reducirt hat, endlich die vollständige Berechnung einer am 2. April 1806 gemachten Jupitersbeobachtung, wo die Tafeln um 20″0 in der Länge, und um 19″7 in der Breite abweichen (6″8 und 6″4 nach der Sexagesimaleintheilung). Dies ist der Fehler für den geocentrischen Ort: es wird hierauf noch gezeigt, wie man daraus den Fehler des heliocentrischen ableiten kann; da inzwischen hier der berechnete Radius Vector als vollkommen genau angesehen werden muss, so hätte die Erinnerung hier nicht fehlen dürfen, dass man dieses Verfahren nur dann mit einiger Sicherheit anwenden darf, wo ein mässiger Fehler im Radius Vector nur einen sehr geringen Einfluss auf die Länge und Breite hat, also nur bei den entfernten Planeten oder in der Nähe der Opposition, so wie bei mässigen Neigungen, oder in der Nähe der Knoten.

Da diese Jupiters- und Saturnstafeln lediglich auf die neuern Beobachtungen gegründet sind, so ist es interessant, zu sehen, mit welcher Genauigkeit ältere Beobachtungen dadurch dargestellt werden. Vorzüglich merkwürdig ist in dieser Rücksicht die am 31. October 1007 zu Cairo von IBN JUNIS beobachtete Zusammenkunft jener beiden Planeten; nach BOUVARD'S Rechnung findet sich hier zwischen den Tafeln und der Beobachtung ein Unterschied von 11' 25" in der Länge, und von 6' 56" in der Breite (Sexagesimal-Eintheilung), welcher allerdings den möglichen Beobachtungsfehler kaum übersteigt. Inzwischen bemerken wir hier noch, dass nach Erscheinung der gegenwärtigen Tafeln sich bei der grossen Gleichung, sowohl für den Jupiter als für den Saturn, ein kleiner Fehler gefunden hat, indem ein Glied mit unrechtem Zeichen genommen war. Diese Veränderung in der grossen Gleichung macht aber zugleich eine kleine Aenderung bei den Epochen und mittlern Bewegungen nothwendig: das Resultat davon ist, dass zu q^{IV} (Mécan. cél. Band 4 S. 338) noch hinzugefügt werden muss:

$$51''98 + t.0''4156 - (73''58 - t.0''0103) \sin(5n^V t - 2n^{IV} t + 5\epsilon^V - 2\epsilon^{IV})$$
$$+ (47''63 + t.0''0287) \cos(5n^V t - 2n^{IV} t + 5\epsilon^V - 2\epsilon^{IV})$$

und zu q^V (ebendas.)

$$- 127''13 - t.1''0212 + (179''952 - t.0''025192) \sin(5n^V t - 2n^{IV} t + 5\epsilon^V - 2\epsilon^{IV})$$
$$- (116''541 + t.0''070196) \cos(5n^V t - 2n^{IV} t + 5\epsilon^V - 2\epsilon^{IV})$$

Hiedurch wird der obige Fehler in der Länge auf 5' 22" reducirt, also so klein, dass er ohne Bedenken der Beobachtung zugeschrieben werden darf.

Göttingische gelehrte Anzeigen. Stück 193. Seite 1928. 1808 December 3.

Conspectus longitudinum et latitudinum geographicarum, per decursum annorum 1799 ad 1804 in plaga aequinoctiali ab ALEX. DE HUMBOLDT *astronomice observatarum, calculo subjecit* JABBO OLTMANS. 16 Seiten in Folio. Bei F. SCHÖLL und J. G. COTTA in Paris und Tübingen.

Der kostbaren Ausbeute, welche die Geographie der Amerikanischen Tropenländer durch die Reise des Hrn. VON HUMBOLDT erhalten hat, wird bekanntlich eine eigne Abtheilung seines grossen Werks gewidmet, worin wir nicht blos alle seine zahlreichen astronomischen Beobachtungen in extenso, sondern zugleich eine sehr sorgfältige Discussion derselben von dem bereits vortheilhaft bekannten Hrn. JABBO OLTMANS zu erwarten haben. Da indess der Druck dieses Werks eine beträchtliche Zeit erfordern wird, so ist einstweilen gegenwärtige summarische Zusammenstellung der vornehmsten Ortsbestimmungen veranstaltet worden, welche blos die letzten Resultate enthält. Nahe an dreihundert Bestimmungen werden hier geliefert, die grösstentheils auf Hrn. VON HUMBOLDTS eigne Beobachtungen gegründet sind. Man kann nicht umhin, die Thätigkeit und Vielseitigkeit des Mannes zu bewundern, der so viele verschiedenartige Zwecke zugleich umfassend, jeden so zu erreichen wusste, als wenn er ihm seine Zeit und Kräfte ungetheilt hätte widmen können.

Göttingische gelehrte Anzeigen.   Stück 61.   Seite 601..607.   1809 April 17.

K. L. Harding.   *Neuer Himmelsatlas.   Erste Lieferung*, enthaltend die Blätter I. II. V und IX.
Bei dem Verfasser und in Commission bei Friedrich Perthes in Hamburg, 1809.

Mit Vergnügen zeigen wir die Erstlinge von einer Unternehmung an, deren Ausführung Kenner
und Liebhaber der Astronomie seit mehreren Jahren mit Verlangen entgegen sahen, welcher der Druck
der Zeiten zwar schwere Hindernisse in den Weg legte, aber doch glücklicher Weise ihren Fortgang
nicht gehemmt hat.   Das Bedürfniss möglichst genauer und sehr detaillirter Himmelskarten, welches zwar
schon früher, besonders bei der Erscheinung von Cometen, oft genug gefühlt wurde, ist seit Entdeckung
der Ceres und der drei andern verschwisterten neuen Planeten für Jeden, der diese so merkwürdigen
Weltkörper beobachten oder auch nur sehen will, so dringend nothwendig geworden, dass jedem Freunde
der Sternkunde die Ausfüllung dieser Lücke, und eine solche Ausfüllung, wie diese vier ersten Blätter
beurkunden, nicht anders als höchst willkommen sein kann.   Den Entschluss zu dieser Unternehmung
hatte unser verdienstvoller College bereits vor mehr als fünf Jahren, bald nach Entdeckung der Ceres
und Pallas, gefasst: anfangs freilich nach einem etwas beschränkteren Plane, nach welchem nur diejenigen Zonen des Himmels bearbeitet werden sollten, in denen jene beiden Planeten uns erscheinen können: die Absteckung dieser Zonen gab damals zu einem interessanten analytischen Problem Veranlassung, welches Hr. Prof. Gauss in der Monatlichen Correspondenz (1804, August [S. 106 d. B.]) aufgelöst
hat.   Hr. Prof. Harding fing seine Arbeit unter den glücklichsten Auspicien an; die Entdeckung eines
dritten neuen Planeten (οὐ τύχης ἀλλ' ἀρετῆς εὐτυχούσης ἔργον, wie Delambre mit Plutarchs Worten sagt)
lohnte gleichsam im Voraus die ausgedehnte Arbeit, welcher er sich unterzog.   Aber eben diese Entdeckung, und die 1807 dem Doctor Olbers geglückte Auffindung eines vierten Planeten, machten schon
die Erweiterung des Plans nothwendig, und die Ueberzeugung von der Wichtigkeit der Sache, verbunden mit den vielfältig von andern Astronomen geäusserten Wünschen, bestimmten den Hrn. Prof. Harding, jene ursprünglichen Beschränkungen ganz fallen zu lassen und die Unternehmung auf den ganzen Fixsternhimmel auszudehnen, so weit er den Europäischen Beobachter interessirt, und so weit adäquate Hülfsmittel zu seiner Bearbeitung vorhanden sind.   Von jenem ersten eingeschränkten Plane sind
daher weiter keine Spuren zurückgeblieben, als in der Numerirung und Disposition der Karten, so wie
es denn natürlich auch denen, welche sich für diese neue Darstellung des Sternhimmels interessiren, am
gelegensten sein muss, dass diejenigen Blätter zuerst erscheinen, auf denen Stücke des Zodiakus der
neuen Planeten vorkommen, um dem nothwendigsten Bedürfnisse so früh als möglich abzuhelfen.

Aufgenommen hat Hr. Prof. Harding in seine Karten *alle* Sterne, von denen *zuverlässige* Bestimmungen oder Beobachtungen vorhanden sind; eine beträchtliche Anzahl von Sternen, die noch in keinem Verzeichnisse vorkommen, hat er überdies noch nach eigenen Beobachtungen eingetragen, welche
Bestimmungen er demnächst diesem Atlas beifügen wird.   Wenn man erwägt, wie sehr viel für die
bessere Kenntniss des Fixsternhimmels, besonders in den letzten Zeiten, geschehen ist, so wird man
schon von selbst beurtheilen können, wie sehr dieser neue Atlas an Reichhaltigkeit alle seine Vorgänger übertreffen muss.   So hat z. B. das Sternbild des Wassermanns in den Flamsteed'schen Himmelskarten 108 Sterne, in den grossen Bode'schen Himmelskarten 343, während wir auf Hrn. Prof. Harding's
Karten, Blatt IX und VIII (welches letztere zwar erst zur zweiten Lieferung bestimmt, aber jetzt auch
bereits gestochen in unsern Händen ist) 1444 Sterne zählen.   Es ist schwer zu entscheiden, ob dieser
Reichthum selbst, oder die beispiellose Gewissenhaftigkeit, womit derselbe benutzt ist, für den grösse-

ren Vorzug dieser Karten zu halten ist. Alle bisherigen Bearbeiter von Himmelskarten haben immer die Sterne so eingetragen, wie diejenigen Quellen, welche man für die besten hielt, sie angeben, und wenn sie auch, wie Hr. Prof. Bode bei seinem Atlas, durch sorgfältige Vergleichungen, Conjecturen und scharfsinnige Kritik eine Menge von Fehlern aller Art, welche in den Fixsternverzeichnissen bei einer so ungeheuren Menge Zahlen unvermeidlich waren, glücklich wegräumten: so konnte es doch nicht fehlen, dass sehr viele Unrichtigkeiten, zu deren Aufspürung jene Mittel nicht hinreichten, unbemerkt blieben, und in die Karten mit übergingen. Daher die vielen Sterne in den bisherigen Himmelskarten, die gar nicht am Himmel stehen und nie gestanden haben, dergleichen z. B. Hr. Prof. Harding unter den 343 Bode'schen Sternen des Wassermanns nicht weniger als 15, und in manchen andern Sternbildern verhältnissmässig noch weit mehr bemerkt hat. Das einzige Mittel, diesen Fehlern zu entgehen, bestand in einer sorgfältigen Revision *sämmtlicher* Sterne *am Himmel selbst*, bevor sie in die Karten aufgenommen wurden: freilich ein Mittel, was bei einem Unternehmen von diesem Umfange die Kräfte Eines Menschen beinahe zu übersteigen schien, aber welches nichts desto weniger Hr. Prof. Harding bei der Bearbeitung eines neuen Atlasses für unerlässlich hielt. So ist also in die gegenwärtigen Himmelskarten auch nicht ein einziger Stern aufgenommen worden, von dessen wirklichem Vorhandensein an seinem Platze Hr. Prof. Harding sich nicht vorher selbst überzeugt hätte.

Nach diesen allgemeinen Bemerkungen über den Geist, in welchem dies Unternehmen ausgeführt wird, woraus man auf dessen wissenschaftlichen Werth von selbst leicht den Schluss machen kann, wollen wir noch einige Worte über das Aeussere der Karten hinzusetzen. Hr. Prof. Harding hat geglaubt ein bei weitem kleineres Format, als das der Bode'schen Karten ist, vorziehen zu müssen, theils des bequemern Gebrauchs wegen, theils um den Preis nicht zu sehr erhöhen zu müssen: beides Rücksichten - die bei den Astronomen sehr in Betracht kommen. Die Blätter haben 16¾ Pariser Zoll Höhe, und 20¼ Zoll Breite, also nur etwa ein Drittel so viel Oberfläche, als die Bode'schen Karten. Bei den vier ersten Blättern, wo die Declinationen nicht über 30 Grad nördlich und südlich hinausgehen, schien es mit Recht überflüssig, eine eigentliche Projection zu wählen; die Grade der geraden Aufsteigung und der Abweichung sind also durchgehends gleich gross angenommen (etwa 5⅘ Pariser Linien), welches auch für den Gebrauch noch einige Bequemlichkeiten darbietet, welche die kleine, doch selbst bei den grössten Declinationen kaum merkliche, Defiguration weit überwiegen. Jedes Blatt enthält so 42 Grad in der geraden Aufsteigung, und 34½ Grad in der Abweichung; das erste Blatt geht in jener von 359° bis 41°, das zweite von 39° bis 81 u. s. w., so dass an das neunte von 319° bis 1° das erste sich wieder anschliesst. Das Netz für die einzelnen Grade der Rectascension und Declination ist des bequemern Gebrauchs wegen stehen geblieben. Aber ausser diesem Netze und den Grenzen und Namen der Sternbilder enthalten die Karten nun durchaus weiter nichts, als das, was der, der sie nicht als eine Sammlung hübscher Bilder, sondern zum wirklichen Gebrauche anschafft, auf ihnen sucht, nemlich die Sterne, und diejenigen Bezeichnungen derselben, welche allgemein angenommen sind, d. i. die Bayer'schen Buchstaben oder die Flamsteed'schen Zahlen. Figuren der Sternbilder selbst, die bei dem heutigen Zustande der Wissenschaft ganz ausser Gebrauch sind, und also den Grund der Karten in den Augen des Kenners nur verunstaltet haben würden, sind mit Recht ganz weggeblieben, und dadurch eben die deutliche und reinliche Darstellung eines solchen Reichthums von Sternen möglich gemacht. Im Durchschnitt wird man auf jedes Blatt über 2000 Sterne zählen können, und wenn also, des Verf. Plane zufolge, das Ganze aus 24 Blättern bestehen wird (von denen der grössere Theil in der Zeichnung bereits ganz vollendet ist), so wird man in diesem Himmelsatlas ungefähr 50000 Sterne besitzen.

Vielleicht wird Mancher wünschen, dass es dem Verf. gefallen haben möchte, ausser dem Netze für Rectascension und Declination auch noch das Netz für die Längen- und Breitengrade hinzu zu fügen, um besonders Planetenörter bequemer eintragen zu können, die in den astronomischen Ephemeriden gewöhnlich nur nach Länge und Breite angesetzt zu werden pflegen. Dies Netz ist indess mit gutem Vorbedacht weggeblieben, damit nemlich der Eindruck, den die Configurationen der Sterne in den Karten auf das Auge machen, so wenig als möglich durch das Gerüste schwarzer Linien gestört werde. Zum Ersatz wird aber Hr. Prof. HARDING in dem am Ende beizufügenden Texte eine sehr geschmeidige, sorgfältig berechnete Tabelle mittheilen, wonach jeder Liebhaber jenes Netz in sein Exemplar mit der Feder sehr leicht selbst eintragen kann, und zwar nach Gefallen etwa mit einer andern Farbe, um beide Zwecke zugleich erreichen zu können. Vielleicht wäre der Verf. nicht abgeneigt, diese nützliche Tafel auch schon früher an einem schicklichen Orte für die Besitzer der ersten Lieferung mitzutheilen.

Es bleibt uns nichts übrig, als nun noch die Theile des Himmels namhaft zu machen, welche auf den vier Blättern der ersten Lieferung vorgestellt werden. Da die Vertheilung der Karten nicht nach den Sternbildern, sondern, um den Raum möglichst zu sparen, und unnöthige Wiederholungen zu vermeiden, nach den Graden der Rectascension und Declination gemacht ist, so erscheinen die meisten Sternbilder zerstückelt; dem unterrichteten Liebhaber braucht nicht erst gesagt zu werden, dass dies etwas durchaus Gleichgültiges ist. Das Blatt Nr. I., welches sich in Declination von 13° nördl. bis 21¼° südl. erstreckt, enthält also einen Theil der Fische, des Widders, den grössten Theil des Wallfisches, und einen kleinen Theil des Eridanus; auf dem Blatt Nr. II. von 28½° nördl. bis 6° südl. findet man grössten Theils das Uebrige vom Widder und Wallfisch, fast den ganzen Stier und die Georgsharfe, Stücke vom Eridanus und Orion; das Blatt Nr. V. von 27° nördl. bis 7¼° südl. gibt einen grossen Theil des Löwen, Stücke vom kleinen Löwen und Becher, den grössern Theil der Jungfrau und des Haars der Berenice; endlich liefert das Blatt Nr. IV. von 5° nördl. bis 29¼° südl. einen Theil des Steinbocks, des Luftballons, des südlichen Fisches, der Bildhauerwerkstätte, des Wallfisches, der Fische, des Pegasus und des Füllens, und den grössten Theil des Wassermanns. — Wir beschliessen diese Anzeige mit dem Wunsche, dass nun auch von allen, denen das Gedeihen der Wissenschaften und die Ermunterung einer echt-deutschen Beharrlichkeit in wahrhaft nützlichen Arbeiten am Herzen liegt, diese nicht genug zu empfehlende Unternehmung unterstützen und aufrecht erhalten werden, und diese zur besten Belohnung des würdigen Urhebers für die erhabene Wissenschaft künftig reichliche Früchte tragen möge.

Göttingische gelehrte Anzeigen. Stück 91. Seite 898..904. 1809 Juni 10.

Voyage DE HUMBOLDT *et* BONPLAND. *Quatrième Partie, Astronomie et Magnetisme. Premier Volume, contenant un recueil d'observations astronomiques, d'opérations trigonométriques, et de mesures barométriques, faites pendant le cours d'un voyage aux régions equinoxiales du Nouveau-Continent, depuis 1799 jusqu'en 1803.* I. Lieferung 1808, II. Lieferung 1809. gr. Quart 279 Seiten. Bei SCHÖLL und COTTA in Paris und Tübingen.

Die Wichtigkeit und die erstaunliche Menge der geographischen Ortsbestimmungen, welche unser berühmter Landsmann VON HUMBOLDT auf seiner Reise in die Amerikanischen Tropenländer gemacht hat, würden allein schon hinreichen, dieser Reise unter den gelehrten Expeditionen nach der neuen Welt einen der ersten Plätze anzuweisen: der Umstand, dass so ungemein viel *von Einem Manne* geleistet ist, und wiederum, dass alles dies nur Einer von den Zwecken war, die dieser seltene Mann mit gleicher Wärme umfasst, machen die Unternehmung einzig. Nichts war daher mehr zu wünschen, als dass der Schatz von Beobachtungen, welche Hr. VON HUMBOLDT nach Europa zurückgebracht hat, nicht flüchtig und oberflächlich, sondern mit aller möglichen Gewissenhaftigkeit und Sorgfalt discutirt und benutzt werden möchte. Glücklicherweise fand Hr. von Humboldt in Hrn. Oltmanns einen Mann, der diesem weitläuftigen und beschwerlichen Geschäfte gewachsen war und sich ihm mit musterhafter Treue und ausdauerndem Fleisse unterzogen hat. Hr. Oltmanns hat schon früher von diesen rühmlichen Eigenschaften schätzbare Proben abgelegt: Hr. von Humboldt konnte ohne Bedenken die Ableitung der Resultate aus seinen Beobachtungen diesem jungen Astronomen anvertrauen. Allein Hr. von Humboldt hat sich damit nicht begnügt: er hat vielmehr, damit Jedermann im Stande sei, die Güte seiner Beobachtungen, die Richtigkeit der Oltmanns'schen Rechnungen und die verhältnissmässige Zuverlässigkeit der Resultate selbst zu würdigen, den Entschluss gefasst, seine sämmtlichen Originalbeobachtungen in extenso neben den Hauptmomenten der Oltmanns'schen Rechnungen durch den Druck bekannt zu machen. Gewiss sind diese seltenen, für die Geographie Amerika's so wichtigen und unter so ungewöhnlichen Beschwerden und Gefahren errungenen Beobachtungen dieser Ehre sehr würdig, wenn auch *die meisten* derselben nicht von einer solchen Natur sind, dass man in Zukunft noch merklich genauere Resultate aus ihnen ziehen zu können hoffen dürfte, als sich schon jetzt aus ihnen ziehen lassen.

Von den Instrumenten, welche Hr. von Humboldt auf seiner Reise mit sich führte, gibt dieser, einer Nachricht des Hrn. Oltmanns zufolge, in der Einleitung zu gegenwärtigem Werke selbst die nöthige Auskunft. Wir wissen nicht, ob diese Einleitung bereits gedruckt ist, und sehen also nur aus einigen gelegentlich beigebrachten Notizen, dass ein Chronometer von Berthoud und ein Sextant von Ramsden die am meisten gebrauchten Instrumente waren; zuweilen wurde von einem kleinen zweizolligen Troughton'schen Sextanten Gebrauch gemacht, und einige male finden wir auch eines kleinen Birdschen Quadranten erwähnt. Die Breitenbestimmungen gründen sich am häufigsten auf Sonnenhöhen, seltener auf Sternhöhen: die Längenbestimmungen sind grösstentheils chronometrisch, bei den wichtigern Punkten aber sind auch Jupiterstrabantenverfinsterungen und Monddistanzen, in Cumana auch einmal eine Sonnenfinsterniss, beobachtet. Begreiflich können also die gemessenen Breiten nicht auf den Grad von Genauigkeit Anspruch machen, den man mit festen Instrumenten oder mit Multiplicationskreisen erreicht, und unter den Längenbestimmungen wird keine sich bis auf eine Minute in Bogen ganz verbürgen lassen. Allein dies kann natürlich den Werth dieser Beobachtungen in einem Lande nicht schmälern, wo die Lage vieler der vom Hrn. von Humboldt bestimmten Oerter bisher auf mehrere Grade ungewiss, und bei den meisten noch niemals bestimmt war.

Da es dem Zwecke unsrer Gel. Anz. nicht angemessen sein würde, unserm Reisenden Schritt vor Schritt zu folgen, und alle seine Bestimmungen umständlich zu erzählen, so begnügen wir uns, den Inhalt der drei Bücher, aus welchen vorliegende zwei Lieferungen bestehen, summarisch anzuzeigen. Das *erste Buch* begreift den Aufenthalt in Spanien und die Ueberfahrt nach Südamerika: Hr. von Humboldt bestimmte hier folgende Punkte: Barcellona, Montserrat, Col de Balaquet, Venta de la Sienita, Valencia, Ruinen von Sagunt, Madrid, Aranjuez, Corunna und St. Croix auf Teneriffa. Von einigen dieser Punkte sind auch bereits gute Bestimmungen durch andre Beobachter vorhanden, deren vortreffliche Uebereinstimmung mit den von Humboldt'schen beweiset, wie viel Vertrauen letztere verdienen. Hr. Oltmanns hat hier, wie in der Folge bei allen Oertern, von denen andre, ältere oder neuere, Bestimmungen da waren, diese mit den Humboldt'schen zusammengestellt, um sie durch diese zu bestätigen oder zu berichtigen. Besonders wichtig und schätzbar sind diese Erörterungen bei denjenigen Oertern, welche als die Cardinalpunkte von allen in Südamerika gemachten Längenbestimmungen angesehen werden müssen, nemlich Cumana und Caraccas: diese Untersuchungen machen daher einen beträchtlichen Theil des *zweiten* und *dritten Buches* aus. Die Resultate, welche Oltmanns nach einer sehr sorgfältigen Discussion der Humboldt'schen Beobachtungen für diese beiden wichtigen Punkte herausbringt sind folgende:

Cumana, Länge 4^h 26^m 0^s Br. 10° 27' 52" nordl.
Caraccas, Länge 4   37   40   Br. 10   30   50 nordl.

Den übrigen Theil des zweiten Buchs füllen die Bestimmungen der Inseln Tabago und Trinidad, die die Mündungen des Orinoko und verschiedene Oerter an der Küste von Neu-Andalusien, so wie der übrige Theil des dritten Buchs die grosse Reise ins Innere von Südamerika zum Gegenstande hat, auf welcher Hr. von Humboldt eine grosse Anzahl merkwürdiger Punkte am Orinoko und Cassiquiare bestimmte und die Verbindung des erstern durch letztern und den Rio Negro mit dem Amazonenflusse ausser Zweifel setzte. Dieser Theil der Humboldt'schen Reise ist um so wichtiger, da alle bisherigen Karten von diesen Gegenden im höchsten Grade fehlerhaft waren und zum Theil sogar die Breiten um mehr als 4 Grade unrichtig angaben.

Den Werth astronomischer Beobachtungen aus diesen Theilen von Amerika kann man erst dann gehörig würdigen, wenn man die mannigfaltigen Schwierigkeiten erwägt, mit denen dort der Beobachter zu kämpfen hat. In Caraccas ist das Wetter so unbeständig, dass man es als ein höchst seltenes Glück ansehen muss, wenn einmal eine erwartete Beobachtung gelingt. Von sieben und zwanzig Nächten, welche Hr. von Humboldt zu durchwachen die Geduld hatte, um Verfinsterungen von Jupiterstrabanten zu beobachten, waren die meisten ganz verloren. Zuweilen ist der Himmel 5 Minuten vor einer erwarteten Erscheinung noch ganz klar, und augenblicklich überzogen. Den 16. Dec. 1799, wo ein Trabant verfinstert werden sollte, hatte Hr. von Humboldt den Planeten bei völlig heiterem Himmel bereits im Felde des Fernrohrs, sein Gehülfe Bonpland zählte schon die Secunden, nur Eine Minute noch, und die Beobachtung wäre gemacht gewesen: allein auf einmal entsteht ein so dichter Nebel, dass von dem Planeten selbst nichts mehr zu sehen ist. In den Wüsteneien des Orinoko ist die Lage des Beobachters noch ausserordentlicher. Während der Nacht, schreibt Hr. von Humboldt, wurden wir ringsum von dem Gebrüll der Tiger geängstigt, welches von dem Geheul unsrer Hunde accompagnirt wurde. Die Crocodile, angelockt von dem Feuer, welches unsre Indianischen Führer am Ufer angezündet hatten, richteten sich mit halbem Leibe aus dem Wasser empor, als wollten sie uns beobachten. Aber selbst gegen diese Scenen wird man endlich durch häufige Gewohnheit gleichgültig.

Dem zweiten Buche ist noch unter dem Titel: *Essai sur les refractions dans la zone torride*, eine Abhandlung des Hrn. von Humboldt angehängt, worin die interessante Frage, ob in den verschiedenen Climaten einerlei Refractionstafel angewandt werden dürfe? aus verschiedenen, zum Theil neuen Gesichtspunkten betrachtet wird. Hr. von Humboldt zieht zuerst den Einfluss des verschiedenen Mischungsverhältnisses der Bestandtheile der atmosphärischen Luft und ihren hygrometrischen Zustand in Betrachtung und zeigt, dass man keine Ursache habe, hieraus eine verschiedene Refraction für verschiedene Climate zu vermuthen. Wichtiger ist der Einfluss des Gesetzes der Wärmeabnahme in den höheren Luftschichten auf die Refractionen in kleinen Höhen und im Horizont. Die Frage, ob dieses Gesetz in den verschiedenen Erdzonen dasselbe sei, ist daher von der grössten Wichtigkeit. Hr. von Humboldt hat hierüber mehrere sehr merkwürdige unmittelbare Versuche angestellt, die in Ansehung jener Wärmeabnahme in der heissen Zone eine überraschend grosse Uebereinstimmung geben; das Resultat aus allen ist 122 Toisen Höhe für die Wärmeabnahme von 1 Grad Reaumur: dies ist fast gar nicht verschieden von dem, was Gay-Lussac in einem Luftball in einer Höhe von 6980 Meter über Paris fand. Es scheint daher, dass, in der warmen Jahrszeit, dieses Gesetz in der gemässigten Zone ganz dasselbe ist, wie in der heissen. Bei tieferem Thermometerstande hingegen scheint die Wärme nach oben zu langsamer abzunehmen: in Ermangelung directer Beobachtungen hierüber fügt Hr. von Humboldt diejenigen Resultate bei, welche Hr. Mathieu aus zwei bekannten, in Torneå bei sehr starker Kälte angestellten, Beobachtungen mit Hülfe der LAPLACE'schen Hypothese über die Abnahme der Dichtigkeit der Luft abgeleitet hat, und welche für die Höhe, wo die Wärme 1 Grad Reaumur abnimmt, 156¼ Toisen geben. Nach diesem Resultate sollte man also glauben, dass nicht die Refractionen in der heissen Zone, sondern die in der kalten, eine andere Tafel erfordern, als in der gemässigten, was gerade das Gegentheil von dem ist, was einerseits BOUGUER, und andrerseits MAUPERTUIS und LEMONNIER behauptet haben. Indess weiss man, dass BOUGUER selbst an seinen Beobachtungen geändert hat, um sie mit den vermeinten kleinern Refractionen in Uebereinstimmung zu bringen; ferner sind auch LEGENTIL's ebenfalls in der heissen Zone, in Pondichery, angestellte und von DELAMBRE aufs neue berechnete Beobachtungen dagegen, welche sich recht gut mit BRADLEY's, aber nicht mit BOUGUER's, Tafel vertragen; und endlich hat Hr. von HUMBOLDT selbst mehrere Beobachtungen über die Refraction in Cumana, Caraccas, Acapulco und auf der Insel Cuba angestellt, welche durchgehends grössere Zahlen geben, als die BOUGUER'sche Tafel. Nach allen diesen Gründen scheint es allerdings das beste zu sein, so lange, bis einmal in der heissen Zone von einem geübten Beobachter, und mit Werkzeugen, wie sie der neuern Beobachtungskunst angemessen sind, ein Cursus von zahlreichen, und die verschiedensten Zustände der Atmosphäre umfassenden, Beobachtungen angestellt sein wird, die in der gemässigten Zone construirte Refractionstafel auch in der heissen Zone beizubehalten. Dagegen wird in der gemässigten und kalten Zone der Umstand, dass die Abnahme der Wärme in den höheren Luftschichten desto langsamer ist, je tiefer das Thermometer in der untersten Luftschicht steht, die Nothwendigkeit einer Modification der Art, wie bei unsern Refractionstafeln auf die Temperatur Rücksicht genommen wird, nach sich ziehen. Leider! wird freilich die Hoffnung, hier je ins Klare zu kommen, durch die Bemerkung DELAMBRE's sehr niedergeschlagen, dass die Horizontalrefractionen bei fast ungeändertem Barometer- und Thermometerstande öfters Veränderungen von 4 Minuten leiden, ohne dass man irgend einen Grund davon anzugeben weiss.

Bemerken müssen wir noch, dass der Druck dieses HUMBOLDT'schen Werkes mit einer dem innern Werthe desselben angemessenen äussern Eleganz ausgeführt ist. Wir wünschten, dies auch von der Genauigkeit des Drucks selbs in den Zahlangaben rühmen zu können: allein ungern haben wir bemerkt, dass in dieser Hinsicht die Correctur ziemlich nachlässig gemacht ist. Da der Abdruck von Originalbeobachtungen nur in so fern Werth hat, als man in alle Zahlen Vertrauen setzen kann, so ist zu erwarten. dass der Herausgeber noch einmal eine sorgfältige Vergleichung mit der Handschrift machen und alle Druckfehler am Ende gewissenhaft anzeigen werde.

Göttingische gelehrte Anzeigen. Stück 95. Seite 939..943. 1809. Juni 17.

Connoissance des tems ou des mouvemens célestes, à l'usage des astronomes et des navigateurs, pour l'an 1810; publiée par le bureau des longitudes. De l'imprimerie impériale 1808. gr. Octav. Paris.

Wir übergehen den Kalender und die übrigen stehenden Artikel, die in ihrer Einrichtung ungeändert geblieben sind, mit Stillschweigen, und bemerken nur, dass die Tafel der geopraphischen Längen und Breiten diesmal wieder einige nicht unbedeutende Bereicherungen erhalten hat, vornehmlich mehrere schätzbare neue Bestimmungen aus der Insel Cypern, Arabien und dem rothen Meere. Die *Additions*, um deren willen wir eigentlich diese Anzeige geben, werden, wie in den beiden vorigen Jahrgängen, mit den Beobachtungen des Hrn. BOUVARD auf der kaiserl. Sternwarte, während des Jahres 1806, eröffnet. Sie füllen 80 Seiten: wir finden darunter, ausser der Sonne und dem Monde, auch die sämmtlichen ältern Planeten, aber diesmal gar keine von Ceres, Pallas oder Juno. Der von PONS im November zu Marseille entdeckte Comet wurde von BOUVARD vom 21. November bis 19. December beobachtet. Verfinsterungen von Jupiterstrabanten ziemlich zahlreich; Sternbedeckungen zusammen fünf, und zwar blos Eintritte (*g* Löwen den 9. Januar, ζ Krebs den 1. März, θ Ophiuchus den 1. Juni, ξ Zwillinge den 8. September, 19 Fische den 20. November). — Hierauf folgen Chinesische Beobachtungen seit dem Jahre 147 vor unsrer Zeitrechnung, eingesandt von P. GAUBIL im Jahre 1749; diese Beobachtungen beschränken sich auf nahe Zusammenkünfte und Bedeckungen des Mondes und der Planeten unter einander und mit Fixsternen, ohne nähere Umstände, und grössten Theils nur mit Angabe des Tages, ohne die Stunde: eigentlicher Nutzen wird also wenig daraus zu ziehen sein. — Eine literärische Notiz über HEVEL's und DÖRFEL's Verdienste um die Theorie der Bewegung der Cometen, von J. C. BURCK-HARDT. — Sechste und letzte Sammlung der Beobachtungen MESSIER's, von 1752 bis Ende 1759: zwei Mondsfinsternisse, viele Sternbedeckungen vom Monde, noch viel zahlreichere Verfinsterungen von Jupiterstrabanten, zwei Cometen, wovon der eine, der HALLEY'sche, am 21. Januar 1759 zuerst aufgefunden wurde: auf Verlangen seines Lehrers DELISLE musste MESSIER diese Auffindung bis Anfang April geheim halten. — Beobachtung der obern Zusammenkunft des Mercur und der untern der Venus im September und October 1807, von VIDAL zu Mirepoix. — Beobachtung des grossen Cometen von 1807, von demselben, vom 27. November bis 4. März 1808. — Beobachtungen desselben Cometen auf der königl. Lissaboner Sternwarte von PAUL CIERA (vom 7. October bis 29. November), und zu Bremen von OLBERS (vom 8. October bis 14. Februar 1808). — Messung eines Erdmeridianbogens und eines auf den Meridian senkrechten Grades in Ostindien, vom Brigademajor WILLIAM LAMBTON: ein Auszug aus den Memoirs von Calcutta. Die Basis hielt 40006 Engl. Fuss, die Endpunkte des gemessenen Meridianbogens waren

Paudree	Breite	13° 19′	49″018	
Trivandeporum	Breite	11 44	52. 59	

Man leitete daraus den Breitengrad ab zu 60495 Fathoms oder 56763 Toisen; den Längengrad fand man 61061 Fathoms oder 57294 Toisen. Aus einem wie grossen Bogen lezterer bestimmt wurde, ist nicht angegeben, daher wir über den Grad der Genauigkeit, welcher ihm beigelegt werden darf, nicht urtheilen können. Die Vergleichung beider gäbe die zu starke Abplattung $\frac{1}{205,67}$, mit der Französischen Gradmessung verglichen, gäbe der Breitengrad die Abplattung $\frac{1}{317}$. — Beobachtungen auf der Lissaboner Sternwarte, von PAUL CIERA (ausser drei Bedeckungen des Sterns α² Krebs vom Monde, 1807 Februar 20, April 16, October 14, blos Jupiterstrabanten-Verfinsterungen). — Methode zur Berechnung der Correctionen der Durchgänge am Mittagsfernrohr, von DELAMBRE: ein sehr weitläuftiger Aufsatz, der indess für weniger geübte Practiker seinen Nutzen haben mag. Dass das Mittagsfernrohr blos durch Vergleichung mehrerer Durchgänge mit den Rectascensionen, ohne Zuziehung des Niveaus oder der absoluten Sternzeit, oder sonst Etwas, was sich auf das Zenith des Beobachters bezieht, nicht in den Meridian, sondern blos in einen Stundenkreis gebracht werden könne, scheint Hr. DELAMBRE für eine neue Bemerkung zu halten; wir können aber nicht glauben, dass etwas so Offenbares je einem nachdenkenden Astronomen entgangen sein könne. — Die Mondfinsterniss vom 4. Januar 1806, beobachtet von VIDAL zu Mirepoix. — Beobachtungen auf der kaiserl. Sternwarte zu Marseille, von THULIS, von 1796..

1806. — Beobachtung des grossen Cometen 1807 zu Montauban, von Duc-la Chapelle. — Beobachtungen zu Viviers, von Flaugergues, im Jahre 1807. — Die allgemeinen Aberrations- und Nutationstafeln des Hrn. von Zach, aus dessen bekanntem Werke abgedruckt. Eben so die allgemeinen Aberrations- und Nutationstafeln von Gauss, aus der Monatl. Correspondenz abgedruckt, nebst einer Entwickelung der Formeln, auf denen sie beruhen. — Geschichte der Astronomie für 1808: besteht diesmal blos in Auszügen aus neu erschienenen astronomischen Werken: von Zach's *Tabulae speciales*, wo Hr. Delambre Gelegenheit nimmt, die Formeln, auf denen seine in jenem Werke wieder benutzten Aberrationstafeln für die Planeten beruhen, mitzutheilen; Cagnoli's *Sternverzeichniss*; Monteiro-da-Rocha's *Mémoires sur l'astronomie pratique*, aus dem Portugiesischen ins Französische übersetzt; die Französische Uebersetzung von Cagnoli's Trigonometrie, nach der zweiten Ausgabe; die erste Lieferung des astronomischen Theils von Alexander von Humboldt's Reise; L. W. Pfaff *de tubo Culminatorio Dorpatensi brevis narratio*, *Dorpati* 1808; *Efemeridi astronomiche di Milano per l'anno* 1809. Man sieht aus dieser Aufzählung, dass die *Connoissance des tems*, wenn gleich dieser Band an Originalaufsätzen nicht ganz so reich ist, wie manche seiner Vorgänger, doch noch immer fortfährt, ein den Astronomen sehr schätzbares Repertorium zu sein, worin man Nachrichten über alles das Wissenswürdigste, was in der Astronomie geschieht, nicht umsonst suchen wird. — Auf diese Auszüge folgt noch ein Bericht von den Endresultaten der bis zur Insel Formentera fortgesetzten Französischen Gradmessung, wobei ein Dreieck gebraucht wurde, dessen eine Seite 82555 Toisen hielt. Der ganze Bogen von Dünkirchen bis Formentera ist dadurch bis auf 13° 12′ 22″ angewachsen, und der Meter wird dadurch von 443,296 Linien auf 443,2958 Linien vermindert, d. i. so gut als gar nicht verändert. Den Beschluss dieses Bandes machen einige Verbesserungen zu den vom Bureau des Longitudes herausgegebenen Sonnen- und Mondstafeln, eine neu berechnete Tafel für die Zeitgleichung auf 1800, nebst den Säcularänderungen, und die von Bouvard im Jahr 1806 angestellten meteorologischen Beobachtungen.

Göttingische gelehrte Anzeigen. Stück 113. Seite 1121..1126. 1809 Juli 17.

In einem Schreiben an unsern Hrn. Prof. Gauss vom 8. Juni hat Hr. von Lindenau die *Resultate von Untersuchungen über den Durchmesser der Sonne* mitgetheilt, welche eine besondere Aufmerksamkeit verdienen. Hr. von Lindenau wurde zu diesen Untersuchungen veranlasst, als er bei dem Versuche, mit Hülfe einer ziemlich beträchtlichen Anzahl auf der Seeberger Sternwarte beobachteter Culminationen der Sonne den Sonnendurchmesser aus der Dauer der Durchgänge zu bestimmen, Unterschiede fand, welche er blos Beobachtungsfehlern zuzuschreiben Bedenken trug, da sie sehr deutlich einer bestimmten *Periode* zu folgen schienen. Er entschloss sich also, zu diesem Behuf die sämmtlichen Greenwicher Beobachtungen von 1750 bis 1786 zu discutiren, und die Resultate dieser Untersuchung sind in der That sehr merkwürdig. Hr. von Lindenau fasste zuvörderst die Resultate für die durchgehends auf die mittlere Distanz der Erde von der Sonne reducirten Durchmesser der Sonne nach den verschiedenen einzelnen Jahren zusammen, wie folgendes Tableau zeigt:

Jahr der Beobach- tung	Mittleres Resultat für den Sonnenhalbmesser in der mittlern Entfernung	Anzahl der Beobach- tungen	Jahr der Beobach- tung	Mittleres Resultat für den Sonnenhalbmesser in der mittlern Entfernung	Anzahl der Beobach- tungen
1750	962″63	37	1773	961″42	56
1751	961.82	42	1774	961.22	32
1752	961.61	61	1775	960.86	62
1753	961.81	53	1776	960.75	53
1754	962.30	71	1777	960.45	81
1755	961.81	46	1778	960.36	71
1765	962.44	65	1779	960.92	41
1766	962.70	46	1780	960.80	37
1767	961.57	77	1781	960.09	50
1768	961.53	72	1782	960.26	37
1769	961.23	65	1783	959.84	42
1770	961.66	47	1785	959.93	65
1771	961.82	64	1786	959.65	55
1772	961.84	56			

Es ist sehr auffallend, dass hier der Sonnenhalbmesser stufenweise immer abnimmt: inzwischen ist doch eine in so kurzer Zeit so beträchtliche Verminderung des Sonnenkörpers selbst, die für 3 Secunden Verminderung des Sonnenhalbmessers beinahe ein Hunderttheil des ganzen körperlichen Inhalts betragen würde, durchaus nicht denkbar, und man kann daher wohl den Grund dieses Phänomen nirgends anders suchen, als im Fernrohre, oder in dem Auge des Beobachters, oder in der Beobachtungsmanier. — Eben so auffallende Resultate gab die Zusammenstellung der einzelnen Bestimmungen nach den verschiedenen Jahrszeiten. Es zeigten sich hier, diese ganze Reihe von Jahren hindurch, und nur mit wenigen Ausnahmen, unverkennbare, periodisch wiederkehrende, Aenderungen: die mittlern Werthe für die einzelnen Monate, durchgehends auf den 15. reducirt, waren folgende:

	Halbmesser der Sonne			Halbmesser der Sonne
Januar	960″17		Juli	960″14
Februar	961.16		August	961.00
März	961.52		September	961.70
April	961.22		October	961.80
Mai	961.20		November	961.16
Juni	960.00		December	960.43

Es zeigten sich hier zwei Maxima, die man auf den Anfang Aprils und Octobers, und zwei Minima, die man auf den Anfang Januars und Julis setzen kann: der Unterschied der Extreme kann für den Halbmesser zu anderthalb, also für den Durchmesser zu drei Secunden angeschlagen werden. Es dürfte Manchem freilich etwas misslich scheinen, über so kleine Grössen durch *Zeitbeobachtungen*, die einzeln genommen, oft viel grössere Differenzen zeigen, entscheiden zu wollen; von der andern Seite aber spricht die grosse Genauigkeit, mit welcher in Greenwich von BRADLEY und MASKELYNE immer beobachtet worden ist, die so ungemein grosse Anzahl der Beobachtungen, und die Regularität in den Aenderungen der Resultate wieder zu sehr dagegen, jene Unterschiede blos für zufällig und für Folgen von Beobachtungsfehlern zu halten. Man könnte vielleicht zuerst darauf fallen, sie dem Einfluss der Jahreszeiten auf die Atmosphäre, also einer Modification der Irradiation, oder einem Einflusse auf die Empfindlichkeit des Auges, zuzuschreiben: allein dann müssten doch allem Anschein nach auf die Zeiten der grössten Wärme und Kälte die beiden verschiedenen Extreme fallen, anstatt dass die Beobachtungen für beide Zeiten einerlei Durchmesser geben. Sehr ungezwungen würde sich hingegen das Phänomen durch eine *elliptische Gestalt des Sonnenkörpers* erklären lassen. Nimmt man an, dass die Sonne ein durch Umdrehung um ihre Rotationsaxe erzeugtes Ellipsoid sei, und bezeichnet den Halbmesser des Sonnenäquators mit a, die halbe Axe mit b; bezeichnet man ferner die Neigung des Sonnenäquators gegen den Erdäquator mit i, die Rectascension des aufsteigenden Knotens jener Ebene auf dieser mit N, und die Rectascension der Sonne mit A, endlich den scheinbaren Halbmesser einer Kugel vom Halbmesser a, aus der Entfernung 1 gesehen, mit r, so zeigt eine einfache Entwickelung, dass der aus der beobachteten Culminationszeit abgeleitete und auf die mittlere Entfernung reducirte Halbmesser sein werde

$$r\left(1 - \tfrac{1}{2}\left(1 - \frac{bb}{aa}\right)\cos(A - N)^2 \sin i^2\right)$$

Aus der von frühern Astronomen bestimmten Lage des Sonnenäquators, dessen aufsteigenden Knoten auf der Ekliptik in 78° Länge, und die Neigung gegen die Ekliptik zu 7¼ Grad angenommen wird, folgt $i = 26°\,2'$, $N = 16°\,55'$. Die äussersten Werthe des Halbmessers werden also Statt haben, wenn $A - N$ entweder 0, oder 90°, oder 180°, oder 270° ist; im ersten und dritten Fall, d. i. den 8. April und 12. October, wird jener Halbmesser sein $= r\left(1 - \left(1 - \frac{bb}{aa}\right).0{,}09631\right)$, im zweiten und vierten Fall hingegen, also am 8. Juli und 6. Januar, wird man den Halbmesser $= r$ finden: jener wird der kleinere oder grössere sein, je nachdem die Sonne ein abgeplattetes oder längliches Sphäroid ist. Sehr sonderbar ist es, dass die beobachteten Phänomene bei dieser Erklärungsart die letztere Hypothese erfordern. In der That werden dieselben sehr gut dargestellt, wenn man $\frac{bb}{aa} - 1 = \frac{1}{88}$, oder $\frac{b}{a} = \frac{1}{176}$ setzt oder die Aequatorialabplattung des Sonnenkörpers $\frac{1}{177}$. Hr. von LINDENAU findet etwas weniger, nemlich $\frac{1}{190}$. — Um zu sehen, was directe Messungen über diese Gestalt entscheiden würden, hat Hr. VON LINDENAU nun auch die verticalen Sonnendurchmesser aus den Unterschieden der Zenithdistanzen der beiden Ränder mit Hülfe einer eben so grossen Anzahl von Beobachtungen abgeleitet. Folgendes sind hiervon die Resultate:

Jahr	Mittlerer Sonnenhalbmesser	Jahr	Mittlerer Sonnenhalbmesser
1765	963″81	1775	963″15
1766	964. 28	1776	962. 71
1767	963. 88	1777	961. 74
1768	963. 40	1778	962. 47
1769	964. 07	1779	962. 85
1770	963. 31	1780	962. 63
1771	962. 89	1781	961. 94
1772	963. 36	1782	961. 84
1773	963. 16	1783	961. 52
1774	963. 46		

Auch hier zeigt sich also eben so, wie bei den horizontalen Durchmessern, eine successive Verminderung, und durchgehends sind die verticalen um einige Secunden (im Mittel um 3″ 65) grösser, als jene. Hr. VON LINDENAU berechnete hieraus eine Aequatorialabplattung von $\frac{1}{288}$; Hr. Prof. GAUSS findet noch etwas weniger, nemlich $\frac{1}{420}$. Man sieht also, dass sowol die Vergleichung der zu verschiedenen Jahrszeiten gemessenen horizontalen Sonnendurchmesser unter sich, als die Vergleichung der mittlern horizontalen mit den mittlern verticalen, in so fern man sich auf die Schärfe der Messungen selbst verlassen kann, sich vereinigen, der Sonne eine längliche Gestalt zu geben, obwohl die Verhältnisse der Ellipticität nicht harmoniren. Je weniger, bei einer solchen Gestalt des Sonnenkörpers, die Möglichkeit eines Zustandes von Gleichgewicht auf seiner Oberfläche begriffen wird, um so begieriger wird man sein, das nähere Detail dieser interessanten Untersuchung des Hrn. von Lindenau bald kennen zu lernen.

Wir benutzen noch diese Gelegenheit, ein von dem Herrn von Wisniewski, ausserordentlichem Mitgliede der Petersburgischen Akademie der Wissenschaften, aus Astracan an den Hrn. Dr. Olbers eingesandtes und von diesem uns mitgetheiltes Verzeichniss einiger noch in diesem Jahre vorfallenden und in Bode's Astronomischem Jahrbuche nicht angezeigten Sternbedeckungen vom Monde hier mitzutheilen, um die Beobachter auf dieselben aufmerksam zu machen, und so vielleicht zu den von Hrn. von Wisniewski im Russischen Reiche anzustellenden Beobachtungen einige correspondirende zu verschaffen. Das Verzeichniss ist für den Horizont eines Orts unter der Breite 52° 31′, und der östlichen Länge von Greenwich 2^u 0^m berechnet. — —

Mehrere dieser Bedeckungen sind bereits in der Connoissance des tems angezeigt.

Göttingische gelehrte Anzeigen. Stück 167. Seite 1657..1663. 1809 October 21.

Voyage de Dentrecasteaux, *envoyé à la recherche de la Pérouse. Publié par ordre de Sa Majesté l'Empereur et Roi. Rédigé par* M. de Rossel, *ancien capitaine de vaisseau. Tome second. A Paris* 1808. 692 Seiten in Quart. Paris. Der erste Theil dieses Werks, welcher die Reise selbst enthält, ist bereits (oben S. 1065) in diesen Blättern angezeigt. Dieser zweite Band ist ganz den astronomisch-nautischen Beobachtungen gewidmet und zerfällt in zwei Hauptabtheilungen, wovon die erstere die Beschreibung der Instrumente und allgemeine Untersuchungen über den damit zu erreichenden Grad von Genauigkeit und die Umstände, wo die Beobachtungen am vortheilhaftesten anzustellen sind, enthält; die andere hingegen die während der Reise auf der Fregatte La Recherche, zum Theil auch die auf der andern Fregatte, L'Esperance, gemachten astronomischen Beobachtungen im grössten Detail, tabellarisch geordnet, aufstellt. Da die für die Sicherheit der Schifffahrt höchst wichtigen astronomischen Beobachtungen und das Geschäft, Breiten- und Längenbestimmungen daraus abzuleiten, meistens Personen zufällt, die keine eigentlich mathematische Bildung erhalten, sondern sich gewöhnlich wenig mehr als eine mechanische Fertigkeit in Beobachtungen und Rechnungen erworben haben, so ist der Tractat, welcher die erstere Abtheilung ausmacht, von einem solchen sachverständigen und erfahrnen Beobachter, wie der Capitän Rossel, gewiss eine sehr schätzbare Arbeit, und das Studium desselben angehenden Seemännern, zur Schärfung der Beurtheilung des 'den Beobachtungen beizulegenden Werths, sehr zu empfehlen. Auch Liebhaber, die zu Lande beobachten, werden denselben mit Nutzen lesen. Nur wäre zu wünschen, dass dieser Tractat nicht einen Theil eines so theuern Werks ausmachte, mit dem er eigentlich in keiner unmittelbaren Verbindung steht, oder dass er doch wenigstens durch einen besondern Abdruck mehreren Lesern zugänglich gemacht würde. Auch hätten wir wohl gewünscht, dass durch kleinere Unterabtheilungen für eine bequemere Uebersicht gesorgt wäre: es sind zwar Paragraphen da, aber Paragraphen von 119 S. Länge. Von den zwei Capiteln, in welche die Abhandlung zerfällt, handelt das erste von den Instrumenten, womit die beiden Fregatten ausgerüstet waren, und erläutert zugleich die jedem Instrumente eigenthümlichen Vorzüge. Jede Fregatte hatte, ausser mehreren Bordai'schen Reflexionskreisen, einen astronomischen Repetitionskreis für den Gebrauch zu Lande, eine Seeuhr, eine astronomische Uhr, einen Zähler, ein achromatisches Fernrohr, eine Inclinationsboussole nach einer neuen Einrichtung, und einen Azimuthalcompass. Mit den Inclinations-Boussolen wurden auch an mehreren Orten Versuche über die Dauer der Oscillationen der Nadel im magnetischen Meridiane angestellt, und Rossel fügt eine Tafel zur Reduction der Oscillationen auf unendlich kleine bei; der ganze Apparat befand sich in einem mit Glasscheiben verschlossenen Gehäuse, welches aber bei diesen Versuchen geöffnet werden musste, daher Rossel glaubt, dass zuweilen die Bewegung der Luft die Versuche etwas ungewiss gemacht haben könne. Endlich wird noch die Einrichtung eines astronomischen Zeltes beschrieben, dergleichen jedes Schiff eins führte, um bei den Beobachtungen zu Lande gebraucht zu werden. — Das zweite Kapitel entwickelt die Natur und Grenzen der Fehler, die von den Werkzeugen, von den Beobachtungen selbst oder von den Tafeln herrühren, und die Mittel, sie zu verbessern oder wenigstens nach Möglichkeit zu vermindern. Die verschiedenen Gattungen von Beobachtungen werden hier in 9 Paragraphen abgehandelt. §. I. über die Zeitbestimmung durch einzelne Höhen. Der Verf. macht hier unter andern auf den Einfluss der bei Bestimmung der Depression des Horizonts begangenen Fehler aufmerksam und empfiehlt daher, immer in einer so grossen Höhe über dem Spiegel der Meeresfläche, als es thunlich ist, zu beobachten: offenbar gilt dieselbe Bemerkung bei allen zur See beobachteten Höhenwinkeln. §. II. Breitenbestimmungen durch Meridianhöhen. Sonnenhöhen nahe beim Zenith hält Rossel nur auf 2..3 Minuten genau: der Grund, warum er unter solchen Umständen die Messung für weniger zuverlässig hält, weil nemlich beim Wiegen des Reflexionskreises das Bild der Sonne sich nur sehr langsam vom Seehorizonte trennt, und daher der eigentliche Verticalkreis der Berührung nicht genau bestimmt werden kann, ist uns nicht recht einleuchtend. Sternhöhen zur See zu nehmen, wollte nie gelingen, auch bei den günstigsten Umständen waren Fehler bis zu 5 Minuten nicht zu vermeiden: vielleicht liegt das zum Theil an der Unvollkommenheit des optischen Theils der französischen Werkzeuge, wo die Fernröhre eine gar zu kleine Oeffnung haben. Breitenbestimmungen durch Mondshöhen setzt Rossel bei Tage auf 3, bei Nacht auf 4 Minuten genau: dabei ist aber 1 Minute als Fehler der Declination des Mondes aus den Ephemeriden eingerechnet, welcher sich leicht vermeiden liesse, wenn man sich die Mühe nicht verdriessen lässt, die Declination aus der Länge und Breite zu berechnen, welche in den Ephemeriden auf Secunden angegeben zu werden pflegen. §. III. Breitenbestimmung aus zwei Sonnenhöhen ausser dem Meridian. Mit Recht werden die indirecten Auflösungsmethoden vorzugsweise empfohlen, wenn auch die directe Auflösung nicht nothwendig so sehr weitläuftige und beschwerliche Rechnungen und die verwickelte Unterscheidung vieler Fälle erfordert, wie Rossel glaubt. Ueber die Auflösung selbst findet man zwar hier nichts Neues; aber sehr umständlich ist der Einfluss der Fehler in den Beobachtungen, in der Schätzung der Fortbewegung des Schiffes zwischen den Beobachtungen, und im Gange der Uhr erörtert. Das Endresultat ist, dass man durch dies Verfahren auch im schlimmsten Falle, wenn alle Fehler in Einem Sinne conspiriren, doch immer die Breite auf 4 bis 5 Minuten genau bestimmen könne, wenn man bei der Auswahl der Beobachtungen die nöthigen Vorsichtsregeln anwendet. Was über die grössere oder geringere Genauigkeit der verschiedenen indirecten Rechnungsmethoden gesagt wird, dürfte bei den in der Ausübung vorkommenden Fällen ziemlich überflüssig sein. §. IV. Beobachtung des Azimuths der Sonne zur Bestimmung der Abweichung der Magnetnadel. Rossel macht hier aufmerksam darauf, dass zuweilen die Abweichung an der Küste am Bord des Schiffs von der in geringer Entfernung davon am Lande gefundenen beträchtlich verschieden ausfällt, wovon die Beobachtungen bei Teneriffa, welche wir weiter unten anführen werden, ein merkwürdiges Beispiel geben. §. V. Längenbestimmungen aus gemessenen Abständen des Mondes von der Sonne und von Fixsternen. Man findet hier manche schätzbare praktische Bemerkung, die als die Frucht einer langen Erfahrung um so mehr Gewicht hat. Denn gewiss mit Recht sagt der Verf.: Tout ce qui peut faciliter une observation aussi délicate, est précieux; nous n'en connoissons pas qui exige plus de dispositions naturelles: aussi nous sommes bien convaincus que, lorsque les savans auront fait, pour la perfection de cette méthode, tout ce que leur génie pourra leur inspirer, le talent de l'observateur aura encore beaucoup à y ajouter. — Bei Berechnung der Mondsparallaxe nimmt Rossel, zum Behuf der Reduction der gemessenen Abstände, auf die sphäroidische Gestalt der Erde nur in so fern Rücksicht, als die Horizontalparallaxe nach der Breite des Beobachtungsortes kleiner ist als die Aequatorealparallaxe, und vernachlässigt die Neigung der Verticale gegen den zum Mittelpunkte der Erde gehenden Halbmesser. Dies hat nun freilich bei Beobachtungen, wie sie mit gewöhnlichen französischen Spiegelkreisen gemacht werden können, nicht viel zu bedeuten: allein den Einfluss dieses letztern Umstandes hat Rossel, nach unserer Meinung, nicht richtig beurtheilt. Er nimmt nemlich nur darauf Rücksicht, dass die Parallaxe nach einer falschen *Höhe* berechnet wird, und vergisst, dass auch die *Richtung* der Parallaxe dadurch afficirt wird. Daher halten wir diesen Schluss, das Resultat werde am meisten durch diese nicht ganz richtige Rechnungsart entstellt, wenn der Mond nahe bei der Culmination sei, für irrig, indem in der Regel der Fehler gerade am grössten wird, wenn der Mond sich nahe beim ersten Vertical befindet. §. VI. Längenbestimmungen durch Seeuhren. §. VII. Ueber die Art, wie die durch Monddistanzen bestimmten Längen mit den durch Seeuhren erhaltenen Längenunterschieden verbunden werden müssen. §. VIII. Längenbestimmungen aus Sternbedeckungen und Finsternissen der Jupiterstrabanten. §. IX. Bestimmungen der Azimuthe terrestrischer Gegenstände (relevemens).

Die zweite Abtheilung des Werks enthält das Beobachtungs-Journal selbst, welchem eine Tafel der Fehler der Mason'schen Mondstafeln nach gleichzeitigen Greenwicher Beobachtungen, und die daraus abgeleiteten Verbesserungen der während der Reise gemachten Längenbestimmungen vorausgeschickt wird. Von den für die Geographie des Südmeers sehr wichtigen Resultaten der Beobachtungen hier Etwas auszuheben, würde gegen den Plan dieser Gel. Anz. sein, auch um so unnöthiger, da man einen sehr vollständigen Auszug der geographischen Bestimmungen bereits in der Monatl. Correspondenz findet. Inzwischen wird es doch vielleicht manchem Leser angenehm sein, wenn wir hier die wenigen an der Magnetnadel gemachten Bestimmungen mittheilen, welche in jener Zeitschrift übergangen sind. Zu *Brest* fand man am 20. September 1791 die Neigung der Nadel gegen Norden 71° 30′, die Dauer einer unendlich kleinen Schwingung 2^{s}02. Zu *Santa Cruz* auf Teneriffa war am 21. October 1791 die Neigung gegen Norden 62° 25′; die mittlere Schwingungsdauer 2^{s}081; die Declination der Nadel am Bord der Recherche 18° 7′ N. W., beim Observatorium 21° 33′, und auf dem Molo 23° 43′. Im *Port du Nord* auf Van Diemensland den 11. Mai 1792 die Inclination 70° 50′ südlich, die mittlere Schwingungsdauer 1^{s}869, die Abweichung 8° 1′ 12″ N. O. Auf der Insel *Amboina* den 9. October 1792 Neigung 20° 37′ südlich, Schwingungsdauer 2^{s}403. Im *Port au Sud* auf Van Diemensland den 7. Februar 1793 die Abweichung mit der einen Nadel 2° 33′ 47″ N. O., mit der andern 3° 10′ 24″; die Neigung 72° 22′ und 70° 48′ südlich; die Schwingungsdauer 1^{s}8498 und 1^{s}817. In *Sourabaya* auf der Insel Java den 9. Mai 1794 die Neigung 25° 40′ südlich, und die Schwingungsdauer mit der einen Nadel 2^{s}429, mit der andern 2^{s}485. Aus den verschiedenen Beobachtungen der Dauer der Oscillationen scheint also hervorzugehen, dass die Intensität der magnetischen Kraft unter dem Aequator beträchtlich schwächer ist, als in höheren Breiten.

Göttingische gelehrte Anzeigen. Stück 17. Seite 161..166. 1810 Januar 29.

Hr Lars Regner, Professor der Astronomie zu Upsala, Mitglied der dortigen königl. Societät der Wissenschaften, hat unter der Ueberschrift: *Supplementum ad historiam de Parallaxeos Solaris inventione, illustriss. scientiarum Societatis regiae Gottingensis dijudicationi subjectum*, einen Aufsatz eingesandt, wovon Folgendes im Wesentlichen der Inhalt ist. Hr. Regner erzählt zuerst, er sei schon im Jahre 1806 von der Unrichtigkeit der von den Astronomen angenommenen Sonnenparallaxe überzeugt gewesen, und habe im Anfange des folgenden Jahres eine kleine Schrift darüber an die Petersburger Academie der Wissenschaften eingesandt. Hr. Fuss, als Secretär dieser Academie, habe geantwortet, dass die Abhandlung Hrn. Schubert zur Beurtheilung übergeben und von diesem als irrig und falsch befunden sei; er selbst zweifle auch gar nicht, dass die blosse Andeutung der Quelle der Fehler hinlänglich sein werde, Hrn. Regner davon zu überführen; überdies erbiete er sich zur Mittheilung des ganzen Berichts selbst. Diesen wartete aber Hr. Regner nicht ab, sondern liess, in der Ueberzeugung, dass der angedeutete Tadel ungerecht sei, seine Schrift mit einigen Erläuterungen in Upsala drucken, und sandte sie dann von neuem nach Petersburg. Hierauf schickte ihm Hr. Fuss ohne Weiteres den Bericht des Hrn. Schubert selbst.

Hr. Regner lässt nun einen Auszug aus seiner (uns sonst nicht bekannt gewordenen) Druckschrift folgen. Das Wesentliche davon ist die Bemerkung, dass, wenn man die Parallaxe der Sonne zwischen 8″5 und 8″9 voraussetzt, die Attraction der Sonne auf den Mond beträchtlich grösser ist, als die Attraction der Erde auf denselben. Aus dieser (allerdings richtigen) Bemerkung glaubt Hr. Regner schliessen zu müssen, dass jene Parallaxe unmöglich richtig sein könne, weil der Mond von der Sonne stärker, als von der Erde, angezogen (nach Hrn. Regner's Vorstellung), diese verlassen, und seine eigene Bahn um die Sonne beschreiben müsste. Ja, wenn man auch nur annähme, dass der Mond von der Sonne nur eben so stark angezogen würde, wie von der Erde, so würden im Neumonde beide Anziehungen einander vollkommen aufheben, der Mond nach der Tangente fortgehen, und dadurch sofort in eine überwiegende Attractionssphäre der Sonne gerathen. Diese letztere Behauptung will Hr. Regner durch eine Figur deutlich machen, wo er die Erde, den Mond und die Sonne in einer geraden Linie durch *T*, *b*, *S* bezeichnet, und dann zeigt, dass die Punkte der in *b* errichteten senkrechten geraden Linie sich von *T* schneller entfernten, als von *S*. (Wie konnte Hr. Prof. Regner vergessen, dass die Erde, während der Mond in der Tangente fortginge, ja nicht in *T* bleibt, sondern vermöge ihrer Tangential-Geschwindigkeit von selbst nachrückt, also keinesweges der Abstand des Mondes von ihr nothwendig abzunehmen braucht? Eben so liegt in einer *grössern* Anziehung nach der Sonne zu nichts Widersprechendes. Es folgt *blos*, dass die Mondsbahn im absoluten Raume zur Zeit des Neumondes gegen die Sonne zu concav werden muss; und dass sie dies wirklich ist, davon kann man sich leicht überzeugen, wenn man sie auch nur mit Vernachlässigung der Ungleichheiten der Bewegung der Erde und des Mondes als eine Epicycloide betrachtet.)

Hr. Regner fügt jetzt einen Auszug aus Hrn. Schubert's Bericht bei. Hr. Regner müsse, urtheilt Schubert, die Abhandlung entweder in grosser Eile oder aus Scherz geschrieben haben; denn wäre es ernstlich damit gemeint, so würde folgen, dass der Verfasser weder die Methode, wodurch die Sonnenparallaxe bestimmt worden ist, noch die *ersten Grundsätze* des Problems der drei Körper kenne. Die erstere Behauptung rechtfertigt Schubert damit, dass man in den Beobachtungen des Venusdurchganges einen Fehler von 27 Minuten annehmen muss, wenn die Sonnenparallaxe 21 Secunden wäre, welche Hr.

Regner seiner vorhin erwähnten Vorstellung nach, für die kleinste zulässige hält. Zur Bekräftigung der zweiten Behauptung zeigt Schubert, dass Hr. Regner die absolute Bewegung des Mondes mit der relativen um die Erde verwechselt habe, indem es, wenn man letztere betrachtet, nicht auf die Attraction des Mondes von der Sonne, sondern lediglich darauf ankömmt, wie viel diese anders ist, als die Attraction der Erde von der Sonne: dieser Unterschied aber gegen die Attraction des Mondes von der Erde nur gering sei. (Eine weitere Auseinandersetzung dieser Schubert'schen Entwickelung werden Leser, die in den Anfangsgründen der physischen Astronomie nicht ganz fremd sind, uns gern erlassen.)

Hierauf lässt nun endlich Hr. Regner folgen: Animadversiones in relationem Dni Schubert ad Scient. Imperial. Petropolitanam de Scripto parallaxin Solis tractante. Wir übergehen die langen Klagen über Ungerechtigkeit, wodurch er sich von Hrn. Schubert gekränkt und beschimpft glaubt, um nur noch kürzlich dasjenige anzuzeigen, womit Hr. Regner die Beschuldigungen von sich abzuwälzen sucht. Er bemüht sich zuvörderst, die Genauigkeit der Beobachtungen bei den Durchgängen der Venus 1761 und 1769, welche Lalande auf ein paar Secunden in Zeit, oder auf ein paar Zehntheile einer Secunde in Bogen, gesetzt hatte, verdächtig zu machen; eine solche Genauigkeit sei mit den damals angewandten Fernröhren schlechterdings unerreichbar gewesen, und *deswegen* müsse man eine Anhäufung von Beobachtungsfehlern bis auf 27 Zeitminuten ganz wohl für möglich halten, und die damals gemachten Beobachtungen zur Bestimmung der Sonnenparallaxe für ganz untauglich erklären! (Wir können uns unmöglich entschliessen, über eine solche Art, sich zu rechtfertigen, Etwas hinzu zu setzen.)

Hr. Regner glaubt nun, dass ihm nichts weiter übrig sei, als noch Hrn. Schubert's zweite Beschuldigung zu entkräften. Er fängt mit einigen Gemeinplätzen über die Nachtheile der blinden Unterwerfung unter Auctorität und hergebrachte Irrthümer in den Wissenschaften an, zu denen, seiner Meinung nach, eben hier der Ort sei. Nemlich blos auf Newton's Wort hin glaube man seitdem, dass die Wirkung der Attraction der Sonne auf die Erde und auf den Mond in gleichen Abständen gleich gross sei; allein dieser Satz sei ganz falsch, und Hr. Regner setzt an dessen Stelle folgenden: Wenn zwei Körper von ungleichen Massen durch gleiche Kräfte sollicitirt werden, so bekommen sie ungleiche und den Massen verkehrt proportionale Geschwindigkeiten. (Warum muss man dem Hrn. Professor Regner hier in Erinnerung bringen, dass dieser Satz nur dann wahr sein kann, wenn von gleicher *bewegender* Kraft die Rede ist, wie man sie in der Mechanik von beschleunigender Kraft unterscheidet; und dass die Sonne auf die Weltkörper nur in so fern bewegende Kraft ausübt, als sie auf deren einzelne Theile wirkt, also desto mehr bewegende Kraft auf das Ganze, je mehr Theile angezogen werden?) Hr. Regner läugnet, um diesen Satz zu vertheidigen, geradezu die Beweiskraft der Versuche, die mit fallenden Körpern unter der Glocke der Luftpumpe gemacht worden, weil theils die Fallzeiten zu kurz seien, theils doch nie die Luft *ganz* herausgeschafft werden könne. Dass unter der Glocke die Feder eben so geschwind fällt, als der Ducaten, kömmt, nach Hrn. Regner's Meinung, blos daher, weil die noch übrige Luft der Feder mehr Widerstand entgegen setze, als dem Goldstück, und im völlig leeren Raume würde die Feder so viel schneller fallen, als sie weniger Masse habe. Eben so glaubt er, das Phänomen, dass zwei Kugeln von gleichem Volumen und ungleichen Massen, an gleich langen Fäden aufgehängt, gleich schnelle Pendelschwingungen machen (was übrigens, in so fern der Widerstand der Luft noch merklich ist, gar nicht wahr ist), beweise gerade seinen Satz unwidersprechlich, weil die kleinere Masse von einer so viel grössern Kraft sollicitirt sein müsse, um denselben Widerstand eben so leicht zu überwinden und eben so schnell zu fallen. Zuletzt findet Hr. Regner noch einen Beweis seines Satzes in dem Gleichgewichte zweier Körper von ungleichen Massen an ungleichen und diesen umgekehrt proportionalen Armen des Hebels, weil die Virtualgeschwindigkeiten hier im umgekehrten Verhältnisse der Massen stehen. Indem nun Hr. Regner durch dies alles es als ausgemacht ansieht, dass die Wirkung der Attraction der Sonne auf den Mond und auf die Erde bei jenem um so viel grösser ist, als bei dieser, als die Masse des erstern kleiner ist, als die der andern, findet er es leicht, die Unzulässigkeit von Hrn. Schuberts Schlüssen zu zeigen.

Weder der Raum, noch die Bestimmung dieser Blätter erlauben uns, Etwas weiter als diese Darlegung zu geben, und unsern Lesern in den Folgerungen, die sie leicht selbst daraus ziehen werden, vorzugreifen.

Göttingische gelehrte Anzeigen. Stück 95. Seite 937..940. 1810 Juni 16.

Wir haben im 113. Stücke dieser Gel. Anzeigen vom vorigen Jahre [S. 517 d. B.] die merkwürdigen Resultate mitgetheilt, welche Hr. von Lindenau aus den Greenwicher Beobachtungen von 1750... 1786 über den Sonnendurchmesser gezogen hatte. Seitdem hat dieser Astronom seine Untersuchungen auch auf die neuern Beobachtungen von 1787... 1798 ausgedehnt und die Resultate davon unserm Hrn. Prof. Gauss in einem Schreiben vom 23. Mai mitgetheilt. Es ist interessant, dass dieselben mit den früheren sehr gut harmoniren, und sie verdienen daher um so mehr wenigstens in praktischer Hinsicht alle Aufmerksamkeit. Zuvörderst findet sich auch hier wieder eine Art von periodischer Ungleichheit in den auf die mittlere Entfernung reducirten Halbmessern nach den verschiedenen Jahreszeiten, wie folgende Uebersicht zeigt.

	Sonnenhalbmesser			Sonnenhalbmesser
Januar	959″70		Juli	959″22
Februar	959.99		August	959.98
März	960.41		September	960.19
April	959.80		October	960.10
Mai	959.81		November	960.07
Juni	959.00		December	958.75

Diese Beobachtungen lassen sich ganz gut darstellen, wenn man in der Formel am angeführten Orte S. 1125 [S. 519 d. B.] (wo übrigens durch einen Druckfehler 0.9631 statt 0.09631 steht) $\frac{bb}{aa} - 1 = \frac{1}{9\frac{1}{2}}$ setzt, also etwas kleiner, als der dort bestimmte Werth, jedoch auch positiv.

Die mittlern Sonnenhalbmesser aus allen einzelnen Beobachtungen der verschiedenen Jahre findet Hr. von Lindenau, wie folgt:

	Sonnenhalb-messer	Anzahl der Beobachtungen
1787	959″26	62
1788	959.10	75
1789	959.68	95
1790	959.33	80
1791	959.51	91
1792	960.24	65
1793	959.59	75
1794	959.96	62
1795	960.05	64
1796	960.02	48
1797	959.99	70
1798	960.03	72

Ueber die scheinbare successive Abnahme des Sonnenhalbmessers gibt die Zusammenstellung der drei und dreissigjährigen Maskelyne'schen Beobachtungen nach drei Epochen folgende Resultate:

	Sonnenhalbmesser
1765...1775	961″66
1776...1786	960.22
1787...1798	959.77

Aus 116 von Piazzi in den Jahren 1791...1793 beobachteten horizontalen Sonnenhalbmessern findet Hr. von Lindenau 961″21, so wie aus Bradley's Beobachtungen von 1755...1760, 961″86. Die nahe Uebereinstimmung dieser Messungen aus so verschiedenen Zeiten bestätigt die Unveränderlichkeit der Grösse des Sonnenkörpers; hingegen von der successiven Abnahme in dem langen Zeitraume der Maskelyne'schen Beobachtungen findet Hr. von Lindenau den Grund in der veränderten Beschaffenheit der Gesichtskraft des Beobachters, wo bei zunehmenden Jahren die Irradiation kleiner geworden zu sein scheint. Hr. von Lindenau erklärt dies selbst nur für eine weiterer Untersuchung nicht unwerthe Vermuthung.

Der ansehnliche Unterschied zwischen den horizontalen und verticalen Halbmessern findet sich auch in den neuern Beobachtungen wieder. Folgendes sind die Resultate der Berechnungen des Hrn. von Lindenau hierüber:

	Verticalhalb-messer	Anzahl der Beobachtungen			Verticalhalb-messer	Anzahl der Beobachtungen
1787	962″42	72		1793	963″22	49
1788	962.44	102		1794	963.13	72
1789	963.10	91		1795	963.22	60
1790	963.03	66		1796	962.40	61
1791	963.10	57		1797	962.25	50
1792	963.30	48		1798	962.10	53

Das arithmetische Mittel aus allen ist 962″82, also um 2″96 grösser, als das Mittel aus den horizontalen Halbmessern. Aus den Beobachtungen von 1765...1786 folgte dieser Unterschied 2″80. Aus 71 Piazzi'schen Beobachtungen findet Hr. von Lindenau den mittlern verticalen Halbmesser 963″01, und den horizontalen um 1″80 kleiner. Auch Beobachtungen von Bouvard gaben Hrn. von Lindenau eine ähnliche Differenz.

Sehr auffallend ist diese Uebereinstimmung der Resultate aus den Beobachtungen von drei verschiedenen Beobachtern allerdings. Wenn indess eine länglich-ellipsoidische Gestalt des Sonnenkörpers aus andern überwiegenden Gründen nicht wol für zulässig gehalten werden kann, so möchte man eher geneigt sein, den Grund jenes Unterschiedes anderswo, und vielleicht am füglichsten in derBeobachtungsmanier, zu suchen, in so fern man gewöhnlich bei Messung der Zenithdistanzen den Sonnenrand mit dem Horizontalfaden *von aussen* in Berührung bringt, und daher die Zenithdistanz des obern Sonnenrandes um die halbe Fadendicke zu klein, die des untern um dieselbe Grösse zu gross finden muss; daher denn die auf diese Art bestimmten Sonnendurchmesser um die ganze Fadendicke zu gross ausfallen müssen.

Connaissance des tems ou des mouvemens célestes, à l'usage des astronomes et des navigateurs, pour l'an 1811, publiée par le bureau des longitudes. 1809. Octav. Paris.

Wir übergehen den Kalender, dessen Einrichtung unverändert geblieben ist, um nur den Inhalt der Zusätze anzuzeigen. Drei Viertel davon machen die astronomischen, auf der kaiserl. Sternwarte zu Paris in den Jahren 1807 und 1808 angestellten, Beobachtungen aus, deren Wichtigkeit wir hier nicht erst zu rühmen brauchen. Ausser der Sonne, dem Monde und den vornehmsten Fixsternen wurden die sämmtlichen ältern Planeten sehr fleissig beobachtet; von den neuen finden sich im Jahre 1807 auch zahlreiche Beobachtungen, besonders von der Vesta und Ceres: die Pallas wurde verschiedene Male beobachtet, Juno gar nicht. Im Jahre 1808 finden wir von den neuen Planeten blos Vesta und Juno beobachtet, letztere nur Ein Mal. Auffallend sind uns in diesem Beobachtungs-Journale die zuweilen Statt findenden sehr beträchtlichen Ungleichheiten im Gange der Penduluhr, denen man durch öfteres Verrücken der Linse abzuhelfen suchte. An der parallatischen Maschine wurden die Vesta und der grosse Comet von 1807 beobachtet; von letzterem theilt Bouvard seine Elemente mit. Hierauf folgt ein Aufsatz von Laplace über die Abnahme der Schiefe der Ekliptik, nach alten Beobachtungen. Besonders interessant ist hier die Erörterung einiger alten Chinesischen Beobachtungen, wovon die älteste 1100 Jahre vor unserer Zeitrechnung gemacht ist, und welche alle eben so, wie die Griechischen, Arabischen und Persischen Bestimmungen, mit der von Laplace aus der Theorie bestimmten Abnahme so gut zusammentreffen, als sich nur immer erwarten lässt. Ein anderer Aufsatz von Laplace betrifft die Rotation des Saturnringes, worüber bekanntlich Schröter's Beobachtungen ein von den Herschel'schen ganz verschiedenes und mit der Theorie unvereinbares Resultat gegeben haben. Laplace erklärt die erstern, nach welchen auf dem Ringe Ungleichheiten zu sein schienen, die ihren Platz nicht änderten, durch die sinnreiche Hypothese, dass der Ring eigentlich aus vielen concentrischen, aber in verschiedenen Ebenen liegenden, Ringen bestehe, die allerdings solche Ungleichheiten zeigen konnten. So lange die Ebenen der einzelnen Ringe ihre Lage nicht merklich änderten, würden diese Ungleichheiten freilich, wenn sie gleich rotirten, unverändert erscheinen; nur bleibt hierbei noch unerklärt, warum beide Ansen nicht einerlei Anblick darboten. Man darf hoffen, dass die künftige Wiederholung dieser delicaten Beobachtungen hierüber Aufschluss geben wird. — Eine hierauf folgende Abhandlung von Delambre über die Breiten- und Zeitbestimmung aus den beobachteten Höhen zweier bekannter Sterne, ist hauptsächlich zu einem Commentar über ein auch in unsern Blättern angezeigtes Programm von Gauss (s. Gött. gel. Anz. 1808 S. 1945 [S. 37 d. B.]) bestimmt, obwohl Delambre diese kleine Schrift nur aus dem in der Monatlichen Correspondenz befindlichen Auszuge gekannt zu haben scheint, und daher den Zweck derselben nicht ganz richtig beurtheilt. Auch die in der Monatl. Correspondenz von Mollweide mitgetheilte Auflösung desselben Problems führt Delambre an und rühmt an ihr, obwohl er sie aus andern Rücksichten der trigonometrischen nachsetzt, die Leichtigkeit, womit bei derselben von den beiden Wurzeln der Gleichung die rechte ausgewählt werden könne. Diesem Urtheil können wir nicht beipflichten: denn das von Mollweide angeführte Kriterium ist zwar einfach, aber unstatthaft, und der Aufgabe fremd. — Berechnung der Beobachtungen der Sonnenfinsterniss vom 16. Juni 1806 zu Utrecht, Mailand, München und Lilienthal von van Beek Calkoen. — Burckhardt über die verschiedenen, von den Astronomen in Anwendung gebrachten, Arten, die Sonne zu beobachten. — Von demselben Astronomen noch drei kleine Aufsätze über die Cometen von 1701 und 1772, und über das rostförmige Pen-

del. — Von Werken, welche in die Astronomie einschlagen, ist diesmal blos die Reise von D'Entbe-
casteaux angezeigt. — Ein Auszug aus dem auf der Sternwarte von Bouvard im Jahre 1807 geführten
meteorologischen Journal macht den Beschluss.

Göttingische gelehrte Anzeigen. Stück 179. Seite 1777..1782. 1810 November 10.

---

*Versuch einer genauen Darstellung des Progressionsverhältnisses der Planeten- und Trabantenabstände
von ihren Centralkörpern.* Von Ferdinand Knitlmayer, Hauptmann in der kaiserl. königl. Oesterreich-
schen Armee. 1808. 48 Seiten in Octav. Brünn.

Der glückliche Erfolg, womit auf dem Wege der Erfahrung oder des Versuchens verschiedene
Wahrheiten und Verhältnisse in der Astronomie gleichsam errathen worden sind, die sich nachher vollkommen bestätigt und zu wichtigen und grossen Folgerungen geführt haben, ist für viele Personen eine
Aufmunterung gewesen, zwischen mancherlei in unserm Sonnensystem vorkommenden Zahlverhältnissen
auf gut Glück Vergleichungen anzustellen und einen Zusammenhang zwischen ihnen zu suchen. Es
gehören hieher hauptsächlich die mittlern Abstände der Planeten von der Sonne. In so fern die Planeten als einzelne schon gebildete Körper betrachtet werden, sind allerdings die Entfernungen derselben von dem Centralkörper sowohl, als alle übrigen Bestimmungsstücke ihrer Bahnen, als ganz von
einander unabhängig und willkührlich anzusehen, und man hat durchaus keinen Grund, Relationen zwischen ihnen vorauszusetzen. Nimmt man indess an, dass unser Sonnensystem mechanischen Ursachen
seine ursprüngliche Bildung verdanke, so liesse sich freilich die Möglichkeit denken, dass es zwischen
Elementen der einzelnen Planeten und etwa ihren Massen und Dichtigkeiten Verhältnisse geben könnte,
und falls man dergleichen wirklich entschieden wahrnähme, liesse sich vielleicht daraus mit Glück auf
eine erste Entstehungsart unsers Planetensystems zurückschliessen, über welche wir eigentlich gar nichts
haben, als vage, unzulässige Hypothesen. Inzwischen haben alle Bemühungen dieser Art, womit manche
Liebhaber der Astronomie sich gequält haben, zu gar Nichts geführt, und schwerlich wird irgend ein
mathematischer Astronom darin mehr, als eine verzeihliche, aber unfruchtbare Spielerei erkennen.

In Deutschland hat man eine Zeit lang viel Gewicht auf ein vermeintes Gesetz gelegt, in welches man die Planetenabstände zwingen wollte, indem man sie als Aggregate einer Constante und der
Glieder einer geometrischen Progression betrachtete, die von Planet zu Planet auf das Doppelte steige.
Inzwischen erhielt man dadurch keine Uebereinstimmung, sondern nur eine rohe Näherung; den Merkur
musste man von der Reihe ganz absondern, da sein Abstand sich nicht jenem Aggregate, sondern der
Constante selbst näherte, und für den Platz zwischen Mars und Jupiter haben sich sogar vier Präten-
denten gefunden, von denen der am spätesten bekannt gewordene, der aber bei weitem der glän-
zendste, und wahrscheinlich der grösste von allen ist, die Vesta, gerade am beträchtlichsten von der
Progression abweicht.

Die vorliegende kleine Schrift hat zur Absicht, ein anderes Gesetz aufzustellen, nach welchem
die Planetenabstände sich nicht näherungsweise, sondern genau richten sollen. Hr. Knitlmayer geht
von einer geometrischen Progression aus und nimmt an, dass die wirklichen mittlern Abstände der
einzelnen Planeten sich von den Gliedern dieser Progression desto mehr entfernen, je grösser die Massen
und je grösser der Unterschied der Dichtigkeit von der Dichtigkeit der Sonne sind, so dass die mittlern Abstände der verschiedenen Planeten durch die Formel

$$a \cdot 2^n + b\,m + c\,(D-1)$$

dargestellt werden sollen, wo m die Masse jedes Planeten; D seine Dichtigkeit, die der Sonne als Einheit angenommen; a, b, c constante Coëfficienten, und n für Merkur 1, für Venus 2, für die Erde 3, für den Mars 4, für die neuen Planeten 5, für Jupiter 6, Saturn 7, Uranus 8 bedeuten.

Zur Prüfung einer solchen, an und für sich doch auf Nichts a priori gegründeten, sondern, um es mit dem rechten Worte zu bezeichnen, aus der Luft gegriffenen, Hypothese, sollte man denken, müssten die Werthe der Constanten a, b, c aus den mittlern Entfernungen dreier Planeten, bei welchen Masse und Dichtigkeit am besten bekannt sind, also der Erde, des Jupiter und des Saturn, durch Elimination bestimmt, und dann die Formel an Planeten, wo Masse und Dichtigkeit leidlich genau bekannt sind, geprüft werden; also bei der Venus und dem Uranus; wobei man denn doch, weil wir von der Venus und vom Uranus die Dichtigkeit eigentlich nur obenhin kennen, immer noch sich hüten müsste, auf eine etwaige Uebereinstimmung zu viel Gewicht zu legen.   Allein der Verfasser ist weit entfernt, auf eine solche Weise zu Werke zu gehen.   Vielmehr nimmt er sofort $a = 0{,}075$ an, ohne dass dazu weiter ein Grund abgesehen werden kann, als weil man dieselbe geocentrische Progression bei der oben erwähnten Hypothese zum Grunde gelegt hatte.   Die Coëfficienten b und c sind von ihm aus den mittlern Distanzen der Erde und des Jupiter bestimmt, und zwar, wenn wir die von ihm gebrauchte, grösstentheils sehr confuse, Darstellungsform in die unsrige übersetzen, so, dass $b = 427{,}435$, $c = 0{,}135143$ (die Masse der Sonne $= 1$ gesetzt).   Bei den Planeten Venus, Mars, Saturn und Uranus nimmt er dann die Massen so an, wie WURM und LAPLACE sie angegeben haben, und berechnet daraus nach seiner hypothetischen Formel die Dichtigkeiten, und daraus, in Verbindung mit den Massen, den körperlichen Inhalt und den scheinbaren Halbmesser in der Distanz 1.   Dass diese, so wie sie vom Verf. berechnet sind, mit den beobachteten ziemlich nahe zusammenstimmen, sieht er als einen Beweis von der Richtigkeit seiner Hypothese an, und dann wird es ihm nicht schwer, bei dem Merkur und den vier neuen Planeten die an sich unbekannten Massen und Dichtigkeiten aus den von SCHRÖTER bestimmten scheinbaren Durchmessern abzuleiten.   Beim ersten Anblick könnte jene angebliche Uebereinstimmung vielleicht für Manchen etwas Blendendes haben.   Wir wollen daher nur die Art anführen, wie der Verf. bei seinen Rechnungen zu Werke geht.   Bei der Vesta, dem Saturn und dem Uranus findet sich, nach der obigen Formel, für $D-1$ ein negativer Werth $= -p$, daher der Verf. diese Planeten für weniger dicht erklärt, als die Sonne: allein anstatt nun die Dichtigkeit $= 1 - p$ zu setzen, rechnet er so, als ob sie $= -\dfrac{1}{1+p}$ wäre.   Nach dieser Probe von des Verf. mathematischen Kenntnissen wird man uns alle weitere Bemerkungen wohl erlassen.

Der Verf. wendet hierauf seine Hypothese auch auf die Trabantensysteme der Hauptplaneten an, und zwar, wenn wir nicht seinem eignen, zum Theil unverständlichen und widersprechenden, Vortrage folgen, sondern seine eigentliche Idee aus den wirklichen Anwendungen, die er davon gibt, aufklären, auf folgende Art.   Er nimmt an, die mittlern Abstände der einzelnen zu Einem Hauptplaneten gehörenden Trabanten müssen gleichfalls durch die Formel

$$0{,}075 \cdot 2^n + 427{,}435\,m + 0{,}135143\,(D-1)$$

dargestellt werden (wo m die Masse, D die Dichtigkeit, n die Ordnungszahl jedes Trabanten bedeutet), nur müsse dann nicht, wie oben, die mittlere Distanz der Erde von der Sonne als Längeneinheit angenommen werden, sondern bei jedem Planeten eine andere, und zwar nach des Verf. Vorschrift $\dfrac{A\sqrt[3]{M}}{B}$, wo A den mittlern Abstand des Merkur, B den des vom Trabanten begleiteten Hauptplaneten von der Sonne, M des letztern Masse bedeutet (die Masse der Sonne immer $= 1$ gesetzt).   Der Verf. scheint diesen Werth der Längeneinheit so gewählt zu haben, dass daraus eine leidliche Uebereinstimmung bei dem Trabanten der Erde erhalten wird. Allein da derselbe weiter keinen theoretischen Grund hat, und die Trabanten der andern Planeten, wo uns eine Kenntniss ihrer Dichtigkeit ganz abgeht, zu einer Prüfung der Hypothese nicht gebraucht werden können, so können wir in der ganzen Anwendung der Hypothese auf die Trabantensysteme nichts weiter, als ein leeres Spiel mit Zahlen, erkennen.

Göttingische gelehrte Anzeigen. Stück 26. Seite 250..256. 1811. Februar 16.

Untersuchungen über die scheinbare und wahre Bahn des im Jahre 1807 erschienenen grossen Come- *ten, von* F. W. Bessel, Professor der Astronomie in Königsberg. Bei Frifdr. Nicolovius. Königsberg. 82 Seiten in Quart.

Der Comet von 1807, glänzender, als seit vielen Jahren einer sichtbar gewesen war, galt be-kanntlich für eines der merkwürdigsten himmlischen Phänomene; noch interessanter aber war er den Astronomen wegen seiner langen Sichtbarkeit, welche die Beobachter gleichsam wetteifernd zu einer recht vollständigen und scharfen Bestimmung seiner scheinbaren Bewegung benutzten. Auch die Be-rechnung seiner parabolischen Bahn beschäftigte mehrere Astronomen: Niemand hat indessen auf die Un-tersuchung der Theorie dieses Cometen so viele Sorgfalt verwandt, als der Verfasser der vorliegenden Schrift, welcher bekanntlich sich auch schon um verschiedene ältere Cometen, besonders den von 1769, sehr verdient gemacht hatte. Ein grosser Theil der Untersuchungen des Verfassers über den Cometen von 1807 war schon durch die Monatliche Crrespondenz und das Astronomische Jahrbuch bekannt ge-macht; gegenwärtige Schrift hat zum Zwecke, alles dieses im Zusammenhange, und zugleich die spä-tern Arbeiten vorzutragen, wodurch er die letzte Hand an die Bestimmung der Theorie dieses Cometen legte. Diese Schrift gibt einen neuen Beweis sowohl von dem jetzigen Zustande der Beobachtungskunst, als von der Kraft des Calculs, wenn eine so geschickte Hand ihn leitet.

Der *erste Abschnitt* beschäftigt sich mit der scheinbaren Bahn des Cometen am Himmel. Es war nicht Hrn. Bessels Absicht, alle Beobachtungen des Cometen zu sammeln, sondern nur so viele mit Sorgfalt angestellte zu vereinigen, als zu einer hinreichenden Darstellung der scheinbaren Bewegung des Cometen während seiner ganzen Sichtbarkeit vom 22. September 1807 bis 27. März 1808 erforderlich waren. Er theilt daher zuvörderst seine eigenen, in Lilienthal mit dem Kreismicrometer gemachten, Beobachtungen mit, die bei der gewissenhaften Sorgfalt und der hierin ausgezeichneten Geschicklich-keit des Verfassers ein besonderes Vertrauen verdienen. Verschiedene bei dieser Gelegenheit mitge-theilte Vorsichtsregeln und Bemerkungen über diese Gattung von Beobachtungen werden vielen Lesern sehr willkommen sein. Den Durchmesser des Gesichtsfeldes bestimmte Bessel durch solche Sternpaare, deren Declinationen genau bekannt und beinahe um jenen Durchmesser verschieden sind. Dieses Ver-fahren ist sehr zu empfehlen, und man kann dann, wie Bessel thut, den Durchmesser des Feldes durch eine einfache Reihe darstellen. Sobald indessen jener den Declinations-Unterschied der Sterne um mehr als eine Minute übertrifft, gebraucht doch Rec. lieber die Formeln

$$\frac{a'-a}{2d} = \text{tang}\,\varphi, \qquad \frac{a'+a}{2d} = \text{tang}\,\psi, \qquad \frac{d}{\cos\varphi\,\cos\psi} = D$$

wo a, a' die beiden Chorden, d den Declinations-Unterschied der Sterne, D den Durchmesser des Ge-sichtsfeldes bedeutet. Bessel's eigene Beobachtungen gehen vom 4. October 1807 bis zum 24. Februar

1808, und es ist bei ihrer Mittheilung die sehr lobenswerthe Manier gebraucht, so viel von ihrem Detail beizufügen, dass man sie künftig bei genauerer Kenntniss der verglichenen und grössten Theils aus der Histoire céleste entlehnten Sterne einer neuen Reduction unterwerfen kann. Hierauf folgen die Beobachtungen des Dr. OLBERS in Bremen, die vom 8. October 1807 bis zum 14. Februar 1808 gehen; THULIS Beobachtungen in Marseille vom 22. September bis 2. October; WISNIEWSKY'S Beobachtungen in Petersburg vom 18. bis 27. März, jene sowohl als diese, vom Verfasser neu reducirt, und endlich, um die im Februar 1808 noch zurückgebliebene Lücke auszufüllen, ORIANIS Beobachtungen in Mailand vom 13. zum 28. Februar.

Der *zweite Abschnitt* ist der Bestimmung der wahren Bahn des Cometen gewidmet, und zerfällt wieder in drei Abtheilungen. Die *erste Abtheilung* gibt parabolische und rein elliptische Elemente des Cometen. Die ersten parabolischen Elemente berechnete der Verfasser schon am 23. October; die Fortsetzung der Beobachtungen erlaubte am 6. November schon eine Verbesserung derselben, und im März 1808 berechnete er ein drittes System von parabolischen Elementen, die sich an die ersten und letzten ihm damals bekannten Beobachtungen, und an die Rectascensionen der mittleren, möglichst genau anschlossen. Bei den mittleren Declinationen aber blieb noch ein Unterschied von Einer Minute zurück, der sich zwar unter die fünf übrigen Stücke noch sehr würde haben vertheilen lassen, aber doch zu gross geblieben sein würde, um nicht daraus auf das Vorhandensein einer merklichen Abweichung von der Parabel schliessen zu müssen. BESSEL liess demnach die parabolische Hypothese fahren und bestimmte, unabhängig von derselben, ein viertes System von Elementen, die eine Ellipse von 1953 Jahren Umlaufszeit ergaben, und deren Vergleichung mit allen Lilienthalschen und Bremischen Beobachtungen nirgends andere Unterschiede bemerken liessen, als so unregelmässig laufende, dass sie nur den Fehlern der einzelnen Beobachtungen zur Last gelegt werden konnten. Bald nachher zeigten doch die ersten Marseiller Beobachtungen, dass jene Elemente die Rectascensionen etwas zu gross gaben, wodurch er zur Berechnung eines fünften Systems von Elementen veranlasst wurde: die Umlaufszeit wurde dadurch auf 1483 Jahre vermindert. Diese Elemente stellten alle Beobachtungen, 91 an der Zahl, so gut dar, dass sich nirgends mehr mit Sicherheit ein entschiedener Unterschied angeben liess, und so war hierdurch die Bahn so genau bestimmt, als es durch rein elliptische Elemente möglich war.

Indessen war es zu erwarten, dass die Berücksichtigung der Störungen, welche der Comet während seiner Sichtbarkeit von den Planeten unsers Sonnensystems erleiden musste, eine um so beträchtlichere Modification dieser Resultate hervorbringen würde, weil die Umlaufszeit so stark von dem kleinen Unterschiede der Excentricität von der Einheit abhängt, und eine auch an sich kleine Aenderung dieses Unterschiedes die Umlaufszeit enorm ändern kann. Es war daher eine interessante Arbeit, diese Störungen gehörig mit in Rechnung zu nehmen, weil sich sonst über die Grenzen, innerhalb welcher man die Umlaufszeit einschliessen dürfe, durchaus gar nicht urtheilen liess. Auf diesen Zweck beziehen sich die beiden folgenden Abtheilungen. In der *zweiten Abtheilung* nemlich entwickelt der Verfasser im Allgemeinen die Methode, die Störungen des Cometen zu berechnen. Bekanntlich ist es hierbei am zweckmässigsten, die Bahn des Cometen als eine veränderliche Ellipse zu behandeln, die täglichen Aenderungen der einzelnen Bestimmungsstücke durch die störenden Kräfte numerisch zu berechnen, und das Collect derselben durch mechanische Quadraturen zu bestimmen. Die Formeln für die augenblickliche Aenderung der Elemente einer elliptischen Bahn durch störende Kräfte sind zwar bereits von mehreren Geometern entwickelt: indess wird man die neue Entwickelung, die BESSEL in dieser Abtheilung mit grosser analytischer Eleganz gibt, um so mehr mit Vergnügen lesen, da bei einer Ellipse von so grosser Excentricität zum Theil eine Abänderung nöthig war. Statt der Epoche der mittlern Länge oder Anomalie wurde nemlich die Durchgangszeit durch das Perihelium gewählt, und der sich leicht ergebende Ausdruck für die augenblickliche Störung derselben, welcher durch obigen Umstand zur Rechnung nicht gut angewandt werden konnte, bedurfte erst einer besondern Umformung.

In der *dritten Abtheilung* macht endlich der Verfasser die Anwendung dieser Methode auf den Cometen von 1807, indem er zuerst die Summe der störenden Kräfte für sieben gleich weit von einander abliegende Zeitpunkte vom 22. September 1807 bis 20. März 1808 berechnet. Er sagt nicht ausdrücklich, ob er alle, oder wie viele der Planeten er dabei berücksichtigt habe; Rec. hätte gewünscht, den Betrag jedes einzelnen Planeten dabei besonders erwähnt zu finden, da eine Uebersicht dieses Verhältnisses nicht uninteressant gewesen wäre. Hierauf berechnet er für jene sieben Zeitpunkte den Betrag der täglichen Aenderung der einzelnen sechs Elemente. Indem er nun sein zuletzt gefundenes System von Elementen als für den 22. September 1807 gültig ansah, berechnete er, nach vorgängiger mechanischer Integration der augenblicklichen Aenderungen derselben, ihre Werthe für sechs verschiedene Zeitmomente vom 28. September 1807 bis 23. März 1808, für welche er zugleich die geocentrischen Oerter jedesmal aus allen benachbarten beobachteten mit grösster Sorgfalt bestimmt hatte. Die Vergleichung dieser Oerter mit der Rechnung nach jenen veränderlichen Elementen, nebst den numerisch entwickelten Differentialverhältnissen zwischen den einzelnen Elementen und den berechneten geocentrischen Längen und Breiten, gab ihm sodann 12 lineare Gleichungen zwischen den noch zu bestimmenden Correctionen der Elemente, woraus die Werthe dieser Correctionen, mit gebührender Rücksicht auf den comparativen Werth der einzelnen Positionen, nach der Methode der kleinsten Quadrate abgeleitet wurden. So fanden sich endlich die Definitiv-Elemente für den 22. September, wovon wir hier nur die halbe grosse Axe = 143,195, und die Umlaufszeit = 1713½ Jahre, anführen. Diese Umlaufszeit wird indessen durch die fortwirkenden Störungen immerfort abgeändert, so dass sich, wenn auch übrigens dieses Resultat vollkommene Zuverlässigkeit hätte, doch noch ohne eine endlos weitläuftige Rechnung die Zeit der wirklichen Wiederkehr nicht würde angeben lassen. Nach einem Ueberschlage der Störungen durch den Jupiter in den Jahren 1808..1815, wogegen die Störungen durch die andern Planeten unmerklich werden, findet BESSEL schon eine Verkürzung der Umlaufszeit von 170 Jahren.

Zum Schluss stellt der Verfasser noch eine Untersuchung über den Grad der Genauigkeit, welchen man diesen Resultaten beilegen darf. Wenn man bei den drei ersten Normalörtern am 28. September, 22. October und 11. November einen Fehler von 5″ bei der Länge und Breite bei den Oertern vom 8. December und 21. Februar einen doppelt, und bei dem Orte vom 23. März einen vier Mal so grossen voraussetzt, so könnte bei der ungünstigsten Combination derselben die Umlaufszeit auf 2157 Jahre vermehrt, oder auf 1404 Jahre vermindert werden; eine solche Combination ist aber nur möglich, allein höchst unwahrscheinlich. Auch ist, da BESSEL so zahlreiche Beobachtungen mit solcher Sorgfalt zur Bestimmung der Normalörter benutzte, kaum zu fürchten, dass noch grössere Fehler bei denselben, als die eben angenommenen, zurückgeblieben sein sollten. Und so ist man wohl befugt, zu hoffen, dass die vorhin bestimmte Umlaufszeit auf hundert Jahre genau sein, und der Comet ungefähr im vierunddreissigsten Jahrhundert unserer Zeitrechnung wiederkehren werde. Dankbar werden sich dann unsere späten Nachkommen an BESSEL's Arbeit erinnern.

Diese letztern Betrachtungen führen nun zugleich auf eine leichte Art zu der vollkommenen Ueberzeugung, dass der Comet *gewiss* eine Ellipse, und keine Parabel oder Hyperbel beschreibt; um eine nicht elliptische Bahn für möglich zu halten, müsste man *wenigstens* siebenfach grössere Fehler bei den Normalörtern zulassen, und dies kann man ohne Bedenken geradezu für unmöglich erklären. So gehört also (bei der jetzigen Vollkommenheit der *practischen Astronomie*) der Comet von 1807 zu den wenigen, von denen wir mit Gewissheit behaupten können, dass, wenn nicht andere Kräfte als die, welche wir kennen, auf sie einwirken, sie dereinst gewiss wiederkehren werden.

Göttingische gelehrte Anzeigen.   Stück 21.   Seite 305..306.   1811 Februar 23.

Darstellung des Weltsystems.   Ein Leitfaden für den Unterricht in der Astronomie auf Schulen. Abgefasst und zur Erleichterung des eigenen weitern Studiums der Sternwissenschaft, mit den nöthigsten literärischen Anmerkungen und Nachweisungen versehen von G. L. Schulze, Prediger in Polenz und Ammelshayn bei Leipzig.   Mit 4 Kupfertafeln.   1811.   390 Seiten in Octav.   Leipzig, Baumgärtner.

Wenn gleich die tieferen Kenntnisse der Astronomie ihrer Natur nach nur das Eigenthum weniger Eingeweihten sein können, so enthält doch diese Wissenschaft einen solchen Reichthum jedem gebildeten Menschen zugänglicher und höchst interessanter Wahrheiten, dass jeder darin für das ganze Leben eine Quelle mannigfaltiger Genüsse und erhebender Ansichten finden kann, und es stets dankbar erkennen muss, wenn er früh Gelegenheit gehabt hat, sich die Wege dazu bahnen zu lassen.   Ein zweckmässiger Unterricht darin für das jugendliche Alter ist daher in dieser Hinsicht etwas sehr Schätzbares, und es ist nicht zu bezweifeln, dass durch eine allgemeinere Verbreitung desselben, als bisher bei uns üblich gewesen ist, selbst manches Talent geweckt und zur künftigen weitern Ausbildung angereizt werden könne.   Das vorliegende Lehrbuch hat, unsers Erachtens, eine zu dieser Absicht sehr zweckmässige Einrichtung.   Es hält eine glückliche Mittelstrasse zwischen den beiden Klippen, woran man sonst so leicht scheitert, der zu abstracten abschreckenden Trockenheit und der seichten Oberflächlichkeit, die nur das Halbwissen befördert und den Aufflug des eigenen Nachdenkens lähmt.   Ein besonderes Lob verdient die Nachweisung der vorzüglichsten astronomischen Schriften bei allen abgehandelten einzelnen Materien, wo Jeder, der weitere Belehrung sucht, seine Wissbegierde befriedigen kann.   Bei einem Werke dieser Art mehr ins Einzelne zu gehen, verstattet der Zweck unserer Blätter nicht: aber gestehen müssen wir, dass es uns eine erfreuliche Erscheinung gewesen ist, bei einem Manne, dessen Berufsgeschäfte von ganz anderer Art sind, so gründliche Kenntnisse der Astronomie und eine so vertraute Bekanntschaft mit den besten astronomischen Schriften anzutreffen.

Göttingische gelehrte Anzeigen.   Stück 78.   Seite 773..775.   1811 Mai 18.

Super longitudine geographica speculae astronomicae regiae, quae Monachii est, ex triginta septem defectionibus Solis observatis et ad calculos revocatis nunc primum definita a Carolo Felici Seyffer.   1810. 104 Seiten in Quart.   München.

Nicht aus 37 Sonnenfinsternissen, wie man aus dem Titel schliessen sollte, sondern aus der zu München gemachten Beobachtung Einer Sonnenfinsterniss (vom 16. Juni 1806), verglichen mit 36 Beobachtungen an andern Orten, leitet Hr. Seyffer in dieser Abhandlung, die aus den Denkschriften der königl. Baierischen Academie der Wissenschaften besonders abgedruckt ist, die Länge von München ab. Die verglichenen Orte sind: *Rom* (zwei Beobachtungen), *Padua, Mailand, Madrid, Aranjues, Pampelona, Rinderhook, Fort Orange* (beide in den vereinigten Staaten von Nordamerika), *Amsterdam, Utrecht,*

Zürich, Ochsenhausen, Leipzig, Breslau, Ofen, Cracau, Erlau (in Ungarn), *Schweidnitz, Hamburg, Luck* (in Polen), *Bourg en Bresse,* Insel *Leon* (bei Cadiz), *Montauban, Toulouse, Paris, Prag, Lilienthal, Reikevich* (auf Island), *Göttingen, Neapel, Brünn,* Berlin, *Regensburg, Cremsmünster.* In so fern es nur die Längenbestimmung von München galt, wäre es freilich nicht nöthig gewesen, so viele Orte in Rechnung zu nehmen: als ein Beitrag zur Bestimmung der Längen dieser Orte selbst ist indess diese Arbeit, von welcher Hr. Seyffer das ganze Detail aller Rechnungen hat abdrucken lassen, schätzbar.

Nachdem Hr. Seyffer aus denjenigen Beobachtungen, die vollständig waren, die Correctionen der Mondsbreite, der Horizontal-Parallaxe und der Summe der Halbmesser discutirt hat, findet er die Länge von München im Mittel aus 15 Vergleichungen $37^m\ 5^s6$ östlich von Paris. In dem neuesten Bande der Connoissance des tems, wo München unter den Oertern mit aufgeführt wird, deren Längen Hr. Burckhardt von neuem discutirt hat, ist sie $37^m\ 0^s$ angesetzt.

Göttingische gelehrte Anzeigen. Stück 79. Seite 780..781. 1811 Mai 18.

Description de l'Egypte. Tome premier à Paris de l'imprimerie impériale 1809. Mémoire premier. Observations astronomiques faites en Egypte pendant les années VI. VII et VIII (1798. 1799. 1800) par M. Nouet *astronome de la commission des sciences et arts d'Egypte.*

Die Instrumente, deren sich Nouet bediente, waren ein Multiplicationskreis von 25 Centimeter Durchmesser mit Decimaleintheilung (weiter hin wird auch ein Quadrant von 35 Centimeter Halbmesser erwähnt), eine Seeuhr von Louis Berthoud und ein achromatisches Fernrohr von Dollond, mit 63 Millimeter Oeffnung. In Kairo erhielt er von Beauchamp, welchen er daselbst traf, noch einen zweiten Chronometer. In das Detail der Beobachtungen, deren Ausbeute die Bestimmung der Breiten und Längen von 36 verschiedenen Punkten ist, weiter einzugehen, erlaubt der Raum und die Absicht unserer Blätter nicht; wir begnügen uns, nur Einiges davon auszuheben. Die südlichsten Punkte sind die Insel *Philä* oberhalb der Catarracten des Nils, in 24° 1′ 34″ Breite, und *Syene* in 24° 5′ 23″ Breite. Von letzterem Orte kennt man die Sage, dass zur Zeit der Sommer-Sonnenwende ein Brunnen bis auf den Grund erleuchtet worden sei. Nouet berechnet nach Laplace's Formel den Zeitpunkt, wo die Schiefe der Ekliptik jener Breite gleich gewesen ist, auf 3430 Jahre vor unserer Zeitrechnung, und glaubt deshalb jener Sage ein so hohes Alter beilegen zu müssen. Allein dieser Schluss scheint doch nicht begründet genug, da ein solches Phänomen noch Statt finden konnte, wenn auch der *Mittelpunkt* der Sonne dem Zenith in geringer Entfernung südlich vorbeiging. Die Längenbestimmungen sind grösstentheils chronometrisch; doch hat Nouet auch Gelegenheit gehabt, vier Ocultationen zu beobachten, nemlich die Bedeckung der Venus 1798 December 13 zu Ssalehhiyeh, die Bedeckung von δ im Scorpion 1799 April 21 zu Kairo, die Bedeckung der Venus 1799 November 23 ebendaselbst, und die Bedeckung von α im Scorpion 1800 Juli 28 zu Alexandrien; überdies noch zu Kairo eine beträchtliche Anzahl Verfinsterungen von Jupiterstrabanten. Die Abweichung der Magnetnadel zu Alexandrien im Mittel aus 26 Beobachtungen, deren Datum aber nicht beigefügt ist fand sich 13° 6′ N. W., und die Neigung im Mittel aus 12 Beobachtungen 47° 30′ Nordl.

Göttingische gelehrte Anzeigen. Stück 144. Seite 1433..1436. 1811 September 9.

Epitome elementorum astronomiae sphaerico-calculatoriae auctore Joanne Pasquich, directore observatorii astronomici regiae universitatis hungaricae. *Pars prima. Elementa theoretica astronomiae sphaerico-calculatoriae. Pars secunda, Elementa practica astronomiae sphaerico-calculatoriae.* 1811. 160 und 166 Seiten in Quart. Wien, Schaumann u. Comp.

Der Verf. erklärt in der Vorrede, dass diese Schrift bei Gelegenheit von astronomischen, auf der Ofener Universität gehaltenen, Vorlesungen entstanden, dass sie nicht für geübte Astronomen, sondern nur für erste Anfänger bestimmt sei, die dadurch nicht sowohl eine vollständige Anleitung zu allen mannigfaltigen astronomischen Vorrichtungen erhalten, als vielmehr nur zu dem dort bisher zu sehr vernachlässigten Studium dieser Wissenschaft angelockt und aufgemuntert werden sollen, um demnächst einen weiter gehenden Unterricht zu empfangen, und dass man hiermit die sonst auffallende Dürftigkeit des Buches zu entschuldigen habe. Es gereicht dem Verf. zur Ehre, dass er diesen Zweck nicht durch ein oberflächliches Abschöpfen unterhaltender Resultate zu erreichen sucht (wodurch das ernste Studium nicht gefördert wird), sondern von einer gründlichen Vorbereitung in den Anfangsgründen ausgeht. Der erste, theoretische, Theil enthält in fünf Abschnitten folgende Lehren. Der *erste* Abschnitt unter dem Titel: Grundbegriff und Grundgesetze der täglichen Bewegung der Gestirne und der jährlichen Bewegung der Sonne, zerfällt in vier Kapitel, welche die ersten Grundbegriffe von der Sphäre und den darauf gezogenen Kreisen, so wie die trigonometrischen Formeln zur Bestimmung der relativen Lage der Gestirne gegen jene Kreise, darlegen. Der gleichfalls in vier Kapitel zerfallende *zweite* Abschnitt beschäftigt sich mit den verschiedenen Arten von Zeit und dem darauf sich beziehenden Gebrauch der geraden Aufsteigungen, so wie mit den Unterschieden der Meridiane. Bei der sonst überall herrschenden Gründlichkeit des Vortrags könnte man doch wünschen, dass hier bei einem oder andern Punkte noch etwas tiefer eingedrungen wäre. So ist z. B. der Begriff von mittlerer Sonnenzeit als *Zeitdauer* zwar ganz klar, aber der Begriff mittlere Sonnenzeit als *Zeitpunkt* bleibt noch schwankend, da man nicht sieht, von wo aus man die mittlere Bewegung der Sonne mit der wahren zugleich auslaufend annehmen soll. Der *dritte* Abschnitt handelt in drei Kapiteln von den Beziehungen zwischen der Bewegung der Sonne in der Ekliptik und ihren Rectascensionen, Declinationen und Positionswinkeln; von den Höhen, Stundenwinkeln und Azimuthen der Gestirne. Im *vierten* Abschnitte wird in vier Kapiteln von der Gestalt und Grösse der Erde, von der Parallaxe und von der astronomischen Strahlenbrechung gehandelt. Im *fünften* Abschnitte lehrt der Verf., in fünf Kapiteln, die ersten Gründe der elliptischen Bewegung der Planeten und der davon abhangenden Erscheinungen, die Wirkungen der Präcession, Nutation und Aberration, womit der theoretische Theil beendigt wird. Man sieht aus dieser Inhaltsanzeige, dass die Absicht des Verf. mehr dahin gegangen ist, ein Repertorium brauchbarer Rechnungsformeln zu geben, als eine Ordnung des Vortrags zu wählen, wodurch man zu einer belehrenden und befriedigenden Einsicht in die Art, wie die Wahrheiten der Astronomie gefunden sind oder gefunden werden könnten, ohne mündliche Nachhülfe gelangen könnte, welcher also Vieles überlassen bleiben muss.

Der *zweite Theil* des Werks ist keinesweges als ein vollständiges Handbuch der rechnenden Astronomie anzusehen, sondern beschränkt sich nur auf solche practische Vorschriften, deren etwa der beobachtende Astronom am häufigsten bedarf. Er enthält drei Abschnitte. Im *ersten* wird die Einrichtung astronomischer Tafeln im Allgemeinen, und der Sonnentafeln besonders, der Gebrauch der astronomischen Ephemeriden, der Fixsternverzeichnisse und die Berechnung der Nutation und Aberration practisch erläutert. Im *zweiten* Abschnitte wird die Vergleichung der verschiedenen astronomischen Zeiten unter einander und die Zeitbestimmungen durch beobachtete Culminationen und correspondirende Höhen gelehrt. Im *dritten* Abschnitt werden vornehmlich der Gebrauch beobachteter Circummeridianhöhen zu Breitenbestimmungen gezeigt, und die Art, wie die Stellungen der Himmelskörper aus den Beobachtungen abzuleiten sind, beschrieben.

Zu obigem Werke gehört noch: Appendix ad Joánnis Pasquich epitomen elementorum practicorum astronomiae sphaerico-calculatoriae, complectens tabulas auxiliares. Viennae apud Schaumburg et Soc. 1811. 42 Seiten in Quart. Diese Tafeln sind: Die DELAMBRE'schen Sonnentafeln, abgekürzt; die allgemeine Tafel für die Mittagsverbesserung nach der gewöhnlichen Einrichtung; eine Hülfstafel zur Reduction ausser dem Meridian gemessener Zenithdistanzen; eine andere Hülfstafel zur Reduction der Zenithdistanzen des Polarsterns; eine Tafel zur Bestimmung der Präcession in gerader Aufsteigung und Abweichung; Tafeln für die Refraction, Aberration und Nutation; der neueste PIAZZI'sche Catalog von 121 Fundamentalsternen. Rec. hätte gewüuscht, dass einigen dieser Tafeln, deren Einrichtung für sich nicht verständlich ist (wie den Tafeln für die Reduction der Zenithdistanzen), die Erklärung beigefügt wäre, da vielleicht Mancher sich die Tafeln ohne die Epitome anschaffen möchte.

Göttingische gelehrte Anzeigen. Stück 192 u. 193. Seite 1913..1916. 1811 December 2.

Die Sternwarte zu Mannheim, beschrieben von ihrem Curator, dem Staats- und Kabinetsrath KLÜBER. Mit einer Abbildung der Sternwarte in Steindruck. 1811. klein Folio 62 Seiten. In Commission bei GOTTLIEB BRAUN. Mannheim und Heidelberg.

Die Mannheimer Sternwarte ist gegenwärtig unstreitig von allen in Deutschland am reichsten mit Instrumenten versehen; Jeder, dem die Astronomie werth ist, nimmt ein lebhaftes, warmes Interesse an ihr, und es kann daher eine ausführliche Erzählung von ihrer Entstehung, ihrem Fortgange und ihrem gegenwärtigen Zustande nicht anders als willkommen sein. Doppelt erfreulich ist der Bericht aus der Feder des Curators der Sternwarte, dem der Ruhm und das Beste des Instituts so sehr am Herzen liegt, und der davon bereits so thätige Beweise gegeben hat.

Der Grund zu dem durchaus massiven Gebäude wurde im Jahre 1772 unter dem Churfürsten von der Pfalz, CARL THEODOR, nach dem Plane des bekannten Astonomen P. MAYER gelegt, und, den Bau vollkommen dauerhaft und schön auszuführen, wurden keine Kosten gespart; sie beliefen sich über 70000 Gulden. Man wird sich darüber nicht wundern, wenn man die ansehnliche Höhe des Gebäudes, 111 Fuss, erwägt, die damals für nothwendig gehalten wurden, aber freilich bei der gegenwärtigen Beobachtungsart als ein wesentlicher Fehler in der Anlage betrachtet werden muss, da sie das Beobachten eben so sehr erschwert, als der Zuverlässigkeit desselben schadet. Die Sternwarte wurde mit Instrumenten von den besten Engl. Künstlern versehen. Ein vortrefflicher achtfussiger Mauerquadrant von BIRD wurde schon 1775 aufgestellt; im Jahre 1778 erhielt die Sternwarte einen zwölffussigen Zenith-Sector von SISSON und einen ARNOLD'schen Regulator. Späterhin lieferte RAMSDEN (für 145½ Guineen) das sechsfussige Mittagsfernrohr. Ein dreifussiger Multiplicationskreis von REICHENBACH in München wurde erwartet, und ist gegenwärtig, Privatnachrichten zufolge, bereits wirklich angekommen. Der erste Astronom, CHRISTIAN MAYER, starb 1783 (sein durch Specialtafeln für Aberration und Nutation bekannter Gehülfe, Joh. Metzger, starb 1780); vom Jahre 1784 bis 1786 stand der Sternwarte Carl König, in den Jahren 1786 und 1787 Joh. Nepomuk Fischer vor, dessen designirter Nachfolger, Peter Ungeschick, vor Antritt der Stelle starb; endlich seit 1788 ist Roger Barry (eine Zeit lang gemeinschaftlich mit Henry) Astronom der Sternwarte. Der Krieg war den Arbeiten sehr ungünstig, und zu Ende des Jahrs 1794 mussten alle Instrumente abgenommen und in Kisten eingepackt werden, worin sie 6 Jahre blieben. Mehrere Male wurde die Sternwarte sogar bei dem Bombardement Mannheims von Haubitzen getroffen, ohne doch wesentlich beschädigt zu werden, und der Astronom sah sich persönlichen Misshandlungen und Verfolgungen ausgesetzt, denen er sich nur durch die Flucht entziehen konnte. Nach dem Lüneviller Frieden, wo Mannheim an das Haus Baden fiel, wurden zwar mehrere wissenschaftliche und Kunstsammlungen von Mannheim nach München gebracht, allein die kostbaren astronomischen Instrumente wurden jener Stadt erhalten und 1801 wieder aufgestellt. Erst später wurden die nothwendigsten Kosten zur Bestreitung der Unterhaltung der Sternwarte und zur Besoldung des Astronomen angewiesen.

Im Jahre 1808 wurde die Sternwarte der nähern Fürsorge des Staatsraths Klüber übergeben, der alles that, ihr wieder aufzuhelfen. Die erforderlichen Kosten zur Unterhaltung, Verschönerung und Möblirung des Gebäudes, um auch gelegentlich fremden Astronomen zum Aufenthalt dienen zu können, ferner für Beleuchtung, Heizung, für Correspondenz, für eine Bibliothek und andere kleine Bedürfnisse wurden bewilligt: ein schöner Obelisk zur Mire méridienne wurde auf der Nordseite aufgeführt, und ein zweiter wird auf der Südseite gegenwärtig errichtet. Zum Druck des grossen Stern-Catalogs, an welchem Barry seit vielen Jahren arbeitet, hat die Regierung die Kosten angewiesen, ein Multiplicationskreis von Reichenbach ist, wie bereits oben bemerkt wurde, erst neulich angeschafft, und dem Astronomen selbst wurde eine ansehnliche Gehaltserhöhung zu Theil, und ihm zugleich ein besoldeter Aufwärter beigegeben, so wie man jetzt auf einen Adjuncten für den Astronomen bedacht ist.

Gewiss verdient die Badensche Regierung und der würdige Curator der Sternwarte wegen dieser freigebigen Unterstützung einer schönen, der praktischen Astronomie gewidmeten, Anstalt den Dank aller Freunde dieser Wissenschaft, und man darf mit Recht von einer thätigen und einsichtsvollen Benutzung derselben reiche Früchte hoffen.

Der übrige Theil der vorliegenden Schrift gibt noch eine Uebersicht über die bisherigen Ortsbestimmungen der Sternwarte, deren Länge von Paris auf $24^m 31^s8$, so wie die Breite auf $49° 29' 16''$ festgesetzt wird; ein Verzeichniss der sämmtlichen vorhandenen Instrumente; biographische Nachrichten von den bisherigen Astronomen der Sternwarte, und ein vollständiges Verzeichniss ihrer Schriften.

Göttingische gelehrte Anzeigen. Stück 199. Seite 1978..1987. 1811 December 14.

Connoissance des tems ou des mouvemens célestes, à l'usage des astronomes et des navigateurs pour l'an 1812, publiée par le bureau des longitudes. Juillet 1810. Paris bei Courcier. 415 Seiten gr. Octav.

Die Tafel für die Längen und Breiten der vornehmsten Oerter der Erde hat bei diesem Jahrgange erhebliche Verbesserungen erhalten; es sind, besonders aus Monteiro's Ephemeriden von Coimbra und aus den Oltmanns'schen Untersuchungen über die Geographie des neuen Continents über hundert neue Artikel hinzu gekommen, so dass die Anzahl aller jetzt nahe an 1500 beträgt. Auch hat Hr. Burckhardt die Längen von 50 Sternwarten oder sonst durch astronomische Beobachtungen merkwürdiger Punkte in Europa von neuem mit Sorgfalt discutirt; ob indess die Worte il a comparé et calculé de nouveau *toutes* les observations tant anciennes que modernes ganz buchstäblich zu verstehen sind, lassen wir dahin gestellt sein; auf alle Fälle wäre zu wünschen, dass Hr. BURCKHARDT die Details dieser nützlichen Arbeit umständlicher bekannt machte. BOUVARD's Beobachtungen auf der kaiserl. Sternwarte im Jahre 1809 machen diesmal beinahe die Hälfte der *Additions* aus. Man weiss, wie schätzbar die Sonnen-, Monds-, Planeten- und Sternbeobachtungen sind; wir haben in diesem Jahrgange mit Vergnügen eine Anzahl beobachteter Durchgänge des Polarsterns durch den Meridian bemerkt, nur Schade, dass es immer blos untere Culminationen sind, wobei der vielfache Nutzen, welchen zahlreiche Beobachtungen des Polarsterns, *in beiden Culminationen zugleich*, leisten können, freilich wegfällt. Für Ceres und Pallas, um die Zeit ihrer Opposition, finden sich ziemlich viele Beobachtungen. Eben so zahlreiche Verfinsterungen von Jupiterstrabanten, aber nur drei unvollständig beobachtete Sternbedeckungen, nemlich der Austritt von γ Scorpii den 28. Mai $12^u\ 3^m\ 53^s$ Mittlere Zeit, Austritt von 2δ Tauri den 28. Sept. $9^u\ 43^m\ 0^s$, Eintritt von 1δ Tauri den 25. Octob. $18^u\ 17^m\ 15^s2$. — Leichtes Mittel, Oerter des Mondes näherungsweise zu berechnen, von J. C. BURCKHARDT. Hr. B. braucht dazu die bekannte Chaldäische Periode von 18 Jahren oder 223 Lunationen, nach deren Verlauf die Argumente der Mondsungleichheiten wieder nahe die vorigen Werthe erhalten, und berechnet die Aenderungen der Länge und Breite, wovon die beträchtlichsten in fünf Tafeln gebracht sind. Aus einer Ephemeride des Mondslaufes für ein gegebenes Jahr kann man so mit sehr weniger Mühe und mit ziemlicher Genauigkeit eine ähnliche Ephemeride für ein um Eine Periode späteres Jahr berechnen. Wir wünschten, dass Hr. BURCKHARDT zugleich die Aenderung der Horizontalparallaxen auf eine ähnliche Art behandelt hätte. — Ueber ein neues Mittel die Pendeluhren zu vervollkommnen, von eben demselben. Um den Rost an den Zapfen der Räder zu verhüten, schlägt Hr. BURCKHARDT vor, sie im Feuer zu vergolden und dann von neuem zu härten. Die wirkliche Ausführung dieses Vorschlags wird am besten lehren können, ob man dabei gewinnt. — Tafeln für die Aberration, Nutation und Präcession der 36 MASKELYNE'schen Fundamentalsterne, von demselben. Mit der Aberration ist zugleich die Solarnutation vereinigt. — Ueber die Depression des Quecksilbers in den Barometerröhren vermöge der Capillarität, von LAPLACE. Nach LAPLACE's Theorie bewirkt nicht die Capillar-Action des Glases, sondern die einer auch beim sorgfältigen Auskochen des Quecksilbers noch an der Glasfläche zurückbleibenden äusserst feinen Haut von Feuchtigkeit die convexe Oberfläche des Quecksilbers, und damit die Depression desselben in der Röhre. Die Bestimmung der Gestalt der Oberfläche, von welcher die Relation zwischen der Weite der Röhre und der Depression des Quecksilbers abhängt, hat LAPLACE durch eine mühsame, auf mechanische Quadratur gegründete, Integration der in dem Supplemente zur Mécanique céleste aufgestellten Grundgleichung bestimmt (wobei, nach unserer Meinung, eine etwas weiter getriebene Entwickelung in Reihen vielleicht noch einige Erleichterung verstattet haben würde), und so für den practischen Gebrauch eine hier mitgetheilte Tafel berechnet; wir wünschten, dass die bei dieser Berechnung sich ergebende Höhe des convexen Theils des Quecksilbers auch mit beigefügt wäre. — Ueber die (in der Monatl. Correspondenz Septemberheft 1808) von GAUSS gegebene Auflösung einer Aufgabe der sphärischen Astronomie, wo aus drei gleichen Höhen bekannter Sterne zugleich die Polhöhe des Orts, der Stand der Uhr und der Fehler des Instruments bestimmt werden, von DELAMBRE. Die Behandlung der Aufgabe, welche Hr. DELAMBRE hier aufstellt, ist im *Wesentlichen* von der von GAUSS gegebenen nicht verschieden, hat aber, nach unserer Meinung, an Einfachheit und Concinnität verloren. Hr. DELAMBRE hat das ganze Beispiel einer Beobachtung, womit GAUSS damals die Berechnung erläuterte, wieder mit vieler Weitläuftigkeit durchgerechnet; wenn er aber dem von GAUSS gefundenen Resultate über den Einfluss der Beobachtungsfehler auf die Genauigkeit der Breitenbestimmung

$$d\varphi = 3{,}8077\,\Delta - 0{,}2884\,\Delta' + 3{,}5193\,\Delta''$$

die Bemerkung beifügt: Cette dernière formule prouve que dans la pratique la méthode n'aurait qu'une exactitude assez bornée: so lässt sich dies unpassende Urtheil nicht anders erklären, als dass er, kaum begreiflicher Weise, übersehen hat, dass Δ, Δ', Δ'' in Zeitsecunden, und $d\varphi$ in Bogensecunden ausgedrückt sind. Eben so zeigt der Zusatz, dans une nuit, où l'on pourroit observer trois étoiles à la même hauteur, on verroit très probablement passer au méridien quelque étoile connue qui donneroit la latitude avec moins de peine et plus de précision, et l'heure de la pendule par une simple hauteur, dass Hr. DELAMBRE abermals vergessen hat, dass diese Methode für alle Fälle bestimmt ist, wo man sich auf sein Instrument in Ansehung der absoluten Höhen nicht verlassen kann, und was die *Genauigkeit* betrifft, so ist die Bemerkung ohne allen Grund. — Es folgt dann noch Einiges über das bekannte, aber in der Ausübung so gut wie ganz unbrauchbare, Problem, aus drei Höhen Eines Sterns zugleich dessen Declinationen, Stundenwinkel und die Polhöhe zu bestimmen. Hr. DELAMBRE kömmt hierauf noch einmal auf die kleine Abhandlung von GAUSS zurück, worin die Beobachtung zweier Höhen zweier bekannter Sterne zur Zeit- und Breitenbestimmung vorgeschlagen war, und wovon er in dem vorhergehenden Bande der Connaissance des tems gesprochen hatte. Wir finden in dem, was er darüber und über den Vorzug der Synthese vor der Analyse sagt, einen neuen Beweis unsers bei Anzeige jenes Bandes der Connoissance des tems geäusserten Urtheils, dass Hr. DELAMBRE den Zweck jener Schrift ganz unrichtig aufgefasst habe. Dieser an seinem Orte ganz deutlich ausgesprochene Zweck war, eine *Combination* von Beobachtungen zur Bestimmung der Polhöhe zu empfehlen, die dazu unter manchen Umständen sehr brauchbar ist, und, so viel der Verfasser wusste und bis diese Stunde weiss, dazu in der Allgemeinheit noch nicht vorgeschlagen war, daher er sie eine *neue* Methode nannte. Die *Berechnung* solcher Beobachtungen gründet sich dann, wie GAUSS damals gleichfalls zeigte, auf ein Problem, dessen geometrische Auflösung seit TYCHO's Zeiten bekannt ist; wenn daher der Verf., nachdem er diese mit wenig Worten vollständig angedeutet hatte, noch zwei Seiten verwandte, zu zeigen, dass sich dieselbe Auflösung kurz und elegant auch auf rein analytischem Wege finden lasse, so geschah dies nur, weil er glaubte, dass Freunden der Analyse eine solche sich gerade nicht von selbst darbietende und einige Kunst erfordernde Entwickelung angenehm sein könnte, ohne sich träumen zu lassen, dass Jemand dies so auslegen könnte, als ob damit alle geometrische Behandlung, deren Werth bekannt und entschieden genug ist, verdrängt werden sollte. Hrn. DELAMBRE's Bemerkungen über die gegenseitigen Vorzüge des analytischen und geometrischen Verfahrens vor einander, sind daher, wenn auch meistens völlig gegründet, doch durchaus nicht an ihrem Platze. — Ueber die verschiedenen, von den Astronomen angewandten, Mittel, die Sonnenfinsternisse zu beobachten, von DELAMBRE. Es wird hier eine merkwürdige Stelle aus APPIANS Astronomicum Caesareum, gedruckt 1540, angeführt, worin zuerst gefärbte Gläser zu Sonnenbeobachtungen vorgeschlagen werden, obwohl Hr. DELAMBRE aus triftigen Gründen es wahrscheinlich findet, dass APPIAN seinen Vorschlag selbst auszuführen nicht versucht habe. — Hierauf folgt ein weitläuftiger, 50 Seiten füllender, Auszug aus Gauss *Theoria motus carporum coelestium.* Hr. DELAMBRE hat den grössten Theil der darin enthaltenen Formeln, meist ohne die Beweise, excerpirt, die numerischen erläuternden Beispiele, obwohl mit geringerer Präcision, als in dem Werke selbst, wieder durchgerechnet, und dies mit hin und wieder eingestreueten Anmerkungen hier abdrucken lassen. So empfehlenswerth eine solche Art, dergleichen Werke zu studiren, ist, so wenig scheinen doch solche Excerpte sich zum Abdruck zu qualificiren. Von den Anmerkungen können wir, wegen des beschränkten Raums, hier nur einige berühren. Die Methode, die Berechnung der geocentrischen Oerter der Planeten durch rechtwinklichte Coordinaten sogleich auf den Aequator zu beziehen, hat Hr. DELAMBRE auf *Ein* Beispiel angewandt, und dabei den Vorzug jenes

Verfahrens vor dem gewöhnlichen nicht recht einsehen können. Allein das ist ganz gegen den Geist jener Methode, die blos für die Fälle bestimmt ist, wo *viele* geocentrische Oerter berechnet werden sollen. Hätte Hr. Delambre, anstatt Eines Planetenortes, ein Dutzend nach jener Methode berechnet, so würde er dasselbe gefunden haben, was schon so manche andere Rechner fanden, dass man dabei nicht halb so viele Zeit und Mühe nöthig hat, als bei dem gewöhnlichen Verfahren. Die vier Formeln der sphärischen Trigonometrie, wovon in der Theoria motus so vielfacher Gebrauch gemacht ist, hat Hr. Delambre seinerseits auch gefunden, allein ihren Vorzug vor dem gewöhnlichen Verfahren nicht erkannt. Sollen z. B. aus zwei Seiten und dem eingeschlossenen Winkel eines sphärischen Dreiecks alle übrigen Stücke bestimmt werden, so hat man nach den neuen Formeln an sechs verschiedenen Stellen der Sinustafeln zusammen 12 Logarithmen aufzusuchen, und dann hat man zugleich eine Controlle der Rechnung und allemal scharfe, nie zweideutige, Resultate; dagegen muss man bei dem gewöhnlichen, von Hrn. Delambre vorgezogenen, Verfahren, wenn man gleichfalls eine Controlle der Rechnung haben will, zusammen 13 Logarithmen an 11 verschiedenen Stellen der Tafel aufsuchen, und erhält dann die dritte Seite durch ihren Sinus, also, wenn sie nahe am rechten Winkel fällt, nicht scharf, ja vielleicht sogar zweideutig, ohne dass sie es im Problem selbst ist. Der Vorzug der neuen Formeln ist daher ganz entschieden, und erheblich genug, wenn man viele dergleichen Operationen zu machen hat, und es ist daher zu verwundern, wie Hr. Delambre ihn hat übersehen können. Einer Berichtigung bedarf der Ausdruck, dessen sich Hr. Delambre S. 357 in Betreff der zweiten Gaussischen Auflösung des Problems, aus zwei Abständen eines Planeten von der Sonne, dem eingeschlossenen Winkel und der Zwischenzeit die Elemente zu bestimmen, bedient, dass sie *sehr lange* Entwickelungen erfordere, die der Verfasser nicht gegeben habe, und zum Theil auf ihm eigenthümliche Theorien, die er noch nicht bekannt gemacht habe, gegründet sei. Man sollte hiernach glauben, dass jene Auflösung einer der wichtigsten Aufgaben des ganzen Werks so vorgetragen sei, dass Leser, die nicht vorzüglich geübt sind, gar nicht damit fertig werden, und selbst Kenner doch keine ganz vollständige Einsicht in dieselben erhalten können. Beides ist aber unrichtig. Rec. weiss aus vielfachen Beispielen, dass bei den unbedeutenden, kleinen Entwickelungen, die, wenn man nicht ein durch widerliche Weitläuftigkeit ungeniessbares Buch schreiben will, immer dem Leser überlassen bleiben müssen, selbst Anfänger nirgends Anstoss gefunden haben, und mit den dem Verfasser eigenthümlichen Theorien, deren Entwickelung, hier nicht an ihrem Platze, er sich auf eine andere Gelegenheit vorbehalten musste, hängt in dieser Auflösung nichts zusammen, als die Rechnungsvortheile, die er selbst angewandt hat, um die Hülfstafel zu construiren, und die hierbei durchaus nicht wesentlich sind. Bei der Hauptgleichung in der grossen Aufgabe, die Bahn aus drei geocentrischen Oertern zu bestimmen, hatte Gauss die indirecte Auflösung als vorzüglich bequem empfohlen, aber über die Art, wie dieselbe auszuführen sei, nichts weiter hinzu gefügt, weil theils die dabei anzuwendenden Kunstgriffe an sich bekannt genug sind, theils die in der Theoria gegebene Auflösung des Kepler'schen Problems dabei gewisser Massen als Muster dienen kann. Die Art indess, wie Hr. Delambre die numerische indirecte Auflösung der Hauptgleichung in dem von ihm im grössten Detail wieder durchgerechneten Beispiele angreift, und die, obwohl er selbst sie noch für bequem genug hält, doch mehr als drei Mal zu lang ist, da man mit zwei Versuchen weiter reichen kann, als Hr. Delambre mit sieben, zeigt, dass es doch nicht unzweckmässig sein würde, wenn der Verfasser gelegentlich an einem schicklichen Orte auf die in der indirecten Auflösung anzuwendenden kleinen Kunstgriffe nochmals aufmerksam machte. — Nach der langen Anzeige der Theoria, bei welcher Hr. Delambre sich nur auf das erste Buch, und den ersten Abschnitt des zweiten, beschränkt hat, folgen noch: Neue Bemerkungen über die Parallaxenrechnung und über die Formeln der Herren Olbers und Littrow, von Delambre, worin derselbe von neuem erklärt, dass er solche Auflösungen von Aufgaben, die sich auf die

Beziehung der Lage der Punkte im Raume auf drei rechtwinklichte Coordinaten gründen, und wobei die Entwickelungen rein analytisch geschehen, immer für weniger einfach hält, als solche, wobei blos die sphärische Trigonometrie angewandt wird: ein sehr einseitiges Urtheil, mit welchem wenige Mathematiker übereinstimmen werden. Eine Formel, worin die Längenparallaxe durch eine Reihe dargestellt wird, die nach den Sinus der Vielfache des Abstandes des Mondes vom Nonagesimus fortläuft, hatte OLBERS dem Hrn. ROHDE zugeschrieben; Hr. DELAMBRE reclamirt sie hier als seine Erfindung, die er schon in der Connoissance des tems für 1793 bekannt gemacht habe. Allein eigentlich gehört sie LAGRANGE zu, der sie schon, noch etwas allgemeiner gefasst, in den Nouveaux Mémoires de l'academie de Berlin a. 1776 p. 231 bekannt gemacht hatte. — Mittel, um eine Uhr die Sternzeit und mittlere Zeit zeigen zu lassen, von BURCKHARDT, gründet sich auf das genäherte Verhältniss beider Zeiten, wie 51.79 zu 49.82, welches in einem ganzen Jahre nur 4 Secunden fehlt. Von demselben, über den zweiten Cometen von 1737, nach Beobachtungen in China, die in der Monatl. Corresp. bekannt gemacht worden sind. — Die meteorologischen Beobachtungen auf der Pariser kaiserl. Sternwarte im Jahre 1808, und das Verzeichniss der Mitglieder des Längenbüreau, machen, wie gewöhnlich, den Beschluss dieses Bandes.

Göttingische gelehrte Anzeigen. Stück 102. Seite 1009..1010. 1812 Juni 27.

Decouverte de l'orbite de la terre du point central de l'orbite du soleil, leur situation et leur forme; de la section du zodiaque, par le plan de l'équateur, et du mouvement concordant des deux globes. Avec figures. Par Mr. C. J. E. H. D'AGUILA, ancien élève du génie. 1806. 432 Seiten in Octav. Paris. De l'imprimerie de Délance.

Auf Verlangen holen wir hier eine kurze Anzeige dieses zwar schon vor 6 Jahren erschienenen, uns aber erst seit kurzem bekannt gewordenen, Buches nach. Wir haben hier einen neuen Anti-Copernicaner, der die Sonne jährlich einen Kreis um die Erde beschreiben und die Planeten sich um jene bewegen lässt (wiewol von diesen nur beiläufig und mit wenigen Worten die Rede ist). Der Erde hingegen ertheilt er ausser der Rotationsbewegung noch eine jährliche gleichförmige Bewegung in einem excentrischen Kreise in der Ebene des Aequators, und dieses Kreises Halbmesser setzt er $\frac{1}{13}$ von dem Halbmesser der jährlichen Sonnenbahn. Diese wichtige Entdeckung, welche der Verf. selbst unbegreiflich nennt und einer unmittelbaren Inspiration zuschreibt, daher er sie auch Gott selbst dedicirt, soll das neunzehnte Jahrhundert verherrlichen, und die Secten von COPERNICUS, KEPLER und NEWTON, auf welche der Verf. mit tiefer Verachtung herabsieht, vernichten. Dies mag genug sein, um das Buch neugierigen Lesern, wenn auch nur als eine psychologische Merkwürdigkeit, zu empfehlen.

Göttingische gelehrte Anzeigen. Stück 158. Seite 1569..1571. 1812 October 3.

Die beiden ersten, in den Jahren 1809 und 1810 erschienenen, Lieferungen des grossen Himmelsatlasses unsers Hrn. Prof. HARDING sind zu ihrer Zeit in unsern Blättern angezeigt; wir holen jetzt die Anzeige der dritten, im Jahre 1811 ausgegebenen, Lieferung nach, und verbinden damit zugleich die

Anzeige der vierten, welche so eben erschienen ist. Da wir über den Plan und das Eigenthümliche dieser Arbeit bereits bei der ersten Lieferung ausführlich berichtet haben, so brauchen wir hier nur zu versichern, dass die folgenden Lieferungen ganz in demselben Geiste und mit derselben Sorgfalt ausgearbeitet sind, und an Reichhaltigkeit und Nettigkeit des Stichs die erste Lieferung zum Theil noch übertreffen.

Die *dritte* Lieferung besteht aus den Blättern VII, XVI, XVII und XVIII. Das Blatt Nr. VII erstreckt sich in gerader Aufsteigung von 239° bis 281°, in der Abweichung von 2° nordlich bis 32° südlich, und enthält also Stücke von den Sternbildern Scorpion Schütze, Ophiuchus, Schlange und Sobieskisches Schild. Das Blatt Nr. XVI hat in der geraden Aufsteigung dieselbe Ausdehnung, wie Nr. VII, und geht in der Declination von 1° südlich bis 33°nordlich; es enthält, ausser dem grössten Theile des Hercules, Stücke von der Schlange, dem Ophiuchus, dem Poniatovsky'schen Stier und der Leyer. Das ausgezeichnet reichhaltige Blatt Nr. XVII, zu welchem Hr. von LINDENAU eine beträchtliche Anzahl Sternbestimmungen dem Verfasser geliefert hat, schliesst sich an das vorige, mit welchem es gleiche Ausdehnung nach der Declination hat, an, und geht bis 321° gerader Aufsteigung. Es enthält, ausser dem ganzen Delphin, dem Pfeil und dem Fuchs mit der Gans, den grössten Theil des Füllen und des Adlers und Antinous, so wie Stücke vom Poniatovsky'schen Stier, der Schlange, dem Hercules, der Leyer, dem Schwan, Pegasus und Wassermann. Auf gleiche Weise schliesst sich wiederum das Blatt Nr. XVIII an das vorige und geht bis zur geraden Aufsteigung 1°. Wir finden darauf beinahe den ganzen Pegasus, nebst Stücken vom Schwan, Füllen, Wassermann, den Fischen und der Andromeda.

Die *vierte Lieferung* gibt uns lauter südliche Zonen, wozu der Verf. bei seinem Aufenthalte auf der Mannheimer Sternwarte viele ergänzende Sterne selbst beobachtet hat, und besteht aus den Blättern XI, XII, XIII und XIV. Diese Blätter gehen alle von 1° nordlich bis 33° südlich, und schliessen sich so an einander, dass sie die Zone von 39° bis 201° in der geraden Aufsteigung umfassen. Wir haben also darauf, theilweise oder ganz, den Wallfisch, die Georgsharfe, das Laboratorium, den Eridanus, den Brandenburgischen Scepter, die Bildhauerwerkstatt, den Orion, Hasen, die Taube, den grossen Hund, das Schiff Argo, das Einhorn, die Buchdruckerwerkstatt, den Compass, die Luftpumpe, Hydra, den Sextanten, Löwen, die Jungfrau, den Becher, Raben und Centaur. Wir bemerken nur noch, dass von jetzt an die VANDENHOECK'sche Buchhandlung den Verschliess der Karten übernommen hat.

Göttingische gelehrte Anzeigen. Stück 190. Seite 1889..1891. 1812 November 28.

Methodi proiectionis orthographicae usum ad calculos parallacticos facilitandos explicavit, simulque eclipsin solarem die VII. Sept. 1820 apparituram hoc modo tractatam mappaque geographica illustratam tamquam exemplum proposuit CHR. LUD. GERLING. *46 Seiten in Quart. Göttingen. Gedruckt bei I. C. BAIER.*

Zur Bestimmung der Umstände der Erscheinungen einer Sternbedeckung oder Sonnenfinsterniss für alle Punkte der Erde, wo dieselbe sichtbar ist, bedienen sich bekanntlich die Astronomen der orthographischen Projection auf eine Ebene, auf welcher die gerade Linie vom Mittelpunkte des bedeckten oder verfinsterten Gestirns senkrecht ist. Dies Verfahren gibt eine leichte und klare Vorstellung von den verschiedenen Punkten des Raumes, mit denen man es hierbei zu thun hat, und bahnt so einen bequemen Weg zur Auflösung der dabei vorkommenden Aufgaben, man möge sich der Zeichnung, oder des schärfsten aller Instrumente des Calculs bedienen wollen. Die vorliegende kleine Abhandlung, welche von ihrem Verfasser — ehemals unser gelehrter Mitbürger, jetzt Lehrer der Mathematik am königl. Lyceum in Cassel — der hiesigen philosophischen Facultät bei Gelegenheit seiner Promotion als Probeschrift eingereicht wurde, gibt zu dieser Methode eine, gründliche Kenntnisse zeigende, fassliche Anleitung. Die Entwickelungen sind fast durchgehends analytisch ausgeführt, so dass der Verfasser gar nicht einmal eine Figur beizufügen nöthig gefunden hat. Dass dies ohne Schaden der Deutlichkeit unterlassen werden konnte, so dass jeder nur einigermassen Geübte den Schlüssen des Verfassers leicht folgen kann, ist ein Beweis der innern eigenthümlichen Klarheit der analytischen Methode bei geometrischen Aufgaben, wenn sie auf eine zweckmässige Art angewandt wird.

Die Sonnenfinsterniss vom 7. September 1820, auf welche, als Beispiel, der Verfasser die Methode anwendet, wird für unsere Gegend von Europa auf lange Zeit eine der merkwürdigsten sein. Die Oerter, für welche sie central ist, liegen in einer Linie, welche im nördlichsten Theile von Amerika anhebt, nördlich über Grönland und Island weg durch die Nordsee in der Richtung von Emden bis Triest durch Deutschland geht, sich dann durch das Adriatische Meer seiner Länge nach, über Morea und die nordlichste Spitze des rothen Meeres, zieht, und beim Untergange der Sonne in Arabien sich endigt. Für diese ganze Linie, und eine ziemlich breite Zone oberhalb und unterhalb derselben, ist die Finsterniss ringförmig, auch bei uns in Göttingen, wo der Ring, nach des Verfassers Rechnung, von 2 Uhr 40 Min. 41 Sec. bis 2 Uhr 46 Min. 0 Sec. wahrer Zeit dauern wird. Auch für Bremen, Seeberg, Berlin, Wien und Mannheim hat der Verfasser die Hauptumstände der Finsterniss hier mitgetheilt, und für eine noch grössere Anzahl von Puncten verspricht er, sie an einem andern Orte nachzuholen.

Göttingische gelehrte Anzeigen. Stück 193. Seite 1921..1928. 1812 December 3.

Esposizione di un nuovo metodo di costruire le tavole astronomiche applicato alle tavole del sole di FRANCESCO CARLINI. 1810. *Dalla reale stamperia.* LXI und 92 Seiten klein Quart. Mailand.

Durch die Arbeiten LAPLACE'S, DELAMBRE'S und VON ZACH'S haben unsere neuesten Sonnentafeln einen solchen Grad von Genauigkeit erhalten, dass in dieser Hinsicht wenig mehr zu wünschen übrig bleibt. Wohl aber war für das so oft auszuführende und dem rechnenden Astronomen so viele Zeit kostende Geschäft, für die Berechnung von Sonnenörtern, noch mehr *Bequemlichkeit* zu wünschen. Bei VON ZACH'S Tafeln war es weniger auf diese, als vielmehr darauf angesehen, die Tafeln in einen kleinen Raum zusammen zu drängen. Etwas mehr hat DELAMBRE für den bequemen Gebrauch gesorgt, indem er die mittlern Bewegungen für alle Tage des Jahrs, eine sehr detaillirte Tafel für die Mittelpunktsgleichung, und Tafeln zu doppelten Eingängen für die Störungen durch die andern Planeten lieferte. Dessen ungeachtet lassen diese Tafeln noch viel zu wünschen übrig; auch ohne Hauptänderungen zu erleiden, hätten sie an Bequemlichkeit gewonnen, wenn es ihrem Verfasser beliebt hätte, die Störungen durch den Mond vorher umzuschmelzen; mehrere kleine Tafeln nicht durch eine sehr unzeitige Sparsamkeit von ihrem wahren Platze zu versetzen, wodurch man jedesmal zu einem lästigen Hin- und Herblättern genöthigt wird; die Störungen des Radius vector zu Störungen seines Logarithmen umzuformen. Dazu kommt noch, dass die Störungen des Radius vector durch den Jupiter unrichtig und nach einer unvollständigen Formel construirt sind, wodurch man genöthigt wird, in sein Exemplar erst noch eine Correctionstafel nachzutragen.

Wir freuen uns, in der vorliegenden Arbeit CARLINI's den Astronomen neue Sonnentafeln ankündigen zu können, die in Hinsicht auf Bequemlichkeit alles übertreffen, was man bisher gehabt, ja selbst alles, was man nur gewünscht hat. Man kann sagen, dass ihr Verfasser mit raffinirter Kunst alles gethan hat, was zur Erleichterung des Gebrauchs nur möglich war: fast jedem Wunsche ist zuvor gekommen. Die Berechnung eines Sonnenortes ist dadurch zu einem leichten Spiel geworden, wobei man kaum eine Ziffer mehr zu schreiben hat, als unumgänglich nöthig ist. Von einem solchen Werke, wofür die rechnenden Astronomen dem Verfasser den grössten Dank schuldig sind, können wir nicht umhin, eine etwas ausführlichere Anzeige zu geben.

Die Hauptidee, wovon CARLINI einen so glücklichen Gebrauch gemacht hat, besteht darin, die Winkelargumente, wovon eine Tafel abhängt, nicht nach Graden oder nach Tausendtheilchen des Umfanges, wie es sonst üblich war, sondern nach *Tagen* fortschreiten zu lassen. So lässt sich die Mittelpunktsgleichung der Sonne für eine bestimmte Excentricität (CARLINI hat die für 1810 gewählt) in einer Tafel angeben, deren Argument die Zahl der seit dem letzten Durchgange durchs Perigeum verflossenen Tage ist; wir wollen, da von dem Zeitpunkte eines solchen Durchganges noch öfters die Rede sein muss, ihn Kürze halber mit T bezeichnen. Dieses Argument wird sich ohne alle Mühe bilden, wenn man die Anzahl von Tagen kennt, die zu Anfang jeden Jahres (CARLINI nimmt immer den Mittag des zunächst vorhergegangenen 31. December, Mailänder Meridian, dafür, ohne die Schaltjahre auszunehmen) seit dem letzten T verflossen waren, oder auch bis zum nächsten T noch verfliessen mussten. Für jedes Jahr kann dieses Zeitintervall, welches im ersten Falle als positiv, im zweiten als negativ betrachtet werden kann, als eine Art Epacte in einer besondern Tafel angesetzt werden, die, weil zufälliger Weise T immer nahe beim Anfange des Jahres fällt, durch eine kleine Zahl vorgestellt wird. CARLINI hat sie, um sie immer positiv zu machen, um zwei Einheiten vermehrt, und so in der Tafel II. unter der Ueberschrift A. angesetzt. Also g Tage nach Anfang eines Jahres sind $g + A - 2$ Tage nach dem nächsten T, und die dazu gehörige Mittelpunktsgleichung, sofort vereinigt mit der mittlern Bewegung während dieser $g + A - 2$ Tage, findet man neben dem Argument $g + A$ in der Tafel III., unter der Ueberschrift: Prima equazione della longitudine del Sole. Hierzu braucht man also nur die Länge des Perigeum zur Zeit T, welche sich auf den Anfang des vorgegebenen Jahres bezieht, und die in der Tafel II. als Termine constante della longitudine del Sole mit vorkommt, zu addiren, um sofort die elliptische Länge der Sonne zu erhalten. Das eben Gesagte würde die vollständige Erklärung der beiden zuletzt genannten Rubriken in Tafel III. und II. sein, wenn die Bewegung der Sonne keine andere Ungleichheiten hätte, und die Excentricität unveränderlich wäre; allein da sich dies nicht so verhält, leiden dieselben noch einige Modificationen, welche wir jetzt erklären wollen. Die Säcular-Aenderung der Excentricität macht eine Verbesserung der Mittelpunktsgleichung nothwendig, welche durch die Formel $(t + f - 1810)c$, vorgestellt werden kann, wo t die Jahrzahl, f der Bruch des Jahrs, c eine von der mittlern Anomalie abhängige Grösse ist, welche zwischen den Grenzen $+0''173$ und $-0''173$ liegt, so dass $c = c^t - 0''173$ gesetzt, c^t immer positiv wird, und die ganze Correction

$$= (t - 1810)c^t - (t - 1810)0''173 + fc$$

der Theil $-(t - 1810)0''173$ ist sogleich mit der Länge des Perigeum vereinigt in dem Termine constante der Tafel II. mit enthalten; der Theil fc ist mit der Prima equazione der Tafel III. verbunden; auf diese Weise braucht also nur noch $(t - 1810)c^t$ hinzugefügt zu werden, wozu man das immer positive c^t in der Tafel IV. unter der Ueberschrift: Variazione annua della prima equazione, mit dem Argument der dritten Tafel $g + A$ findet. Ueberdies ist mit der Prima equazione in Tafel III. noch derjenige Theil der Nutation vereinigt, welcher von der Länge der Sonne abhängt. Die Tafel selbst geht von Zehntheil zu Zehntheil des Tages bis 370 und verstattet also, da die erste Differenz nicht über 367″ geht, und die zweite ganz verschwindet, eine sehr bequeme Interpolation.

Mit Erklärung der beiden Rubriken der Tafel II. sind wir noch nicht ganz fertig. Sehr sinnreich ist die Art, wie Carlini die Berechnung der Aberration mit Rücksicht auf ihren veränderlichen Theil ausführt. Die bisherigen Tafeln sind so eingerichtet, dass die berechnete Sonnenlänge den constanten Theil dieser Aberration —20″25 mit einschliesst; in ihnen ist also eigentlich *sowohl* die Epoche der mittlern Länge, als die Länge des Perigeum schon um 20″25 vermindert, und man muss dann, wenn man anders die scheinbare Länge der Sonne sucht, noch den veränderlichen Theil der Aberration aus einer besondern Tafel hinzusetzen. Diese letztere Operation hätte man, nach Carlini's Bemerkung, erspart, wenn man die Länge des Perigeum nur um die Hälfte, nemlich 10″12, vermindert hätte, indem man die um 20″25 verminderte Länge der mittlern Länge beibehielt. Deswegen musste Carlini die Zahlen in der Columne der II. Tafel, die Termine constante überschrieben sind, um 10″1 vermehren und die Zahlen *A* derselben Tafel um 0,00286 Tag vermindern. So erhält man ohne Weiteres die mit der Aberration afficirte Sonnenlänge. Verlangt man hingegen die wahre Sonnenlänge, so hat man nichts weiter zu thun, als 10″1 zum Termine constante, und 0,00286 Tag zu *A* zu addiren. Endlich schliesst der Termine constante noch die Grösse —56″6 ein, um die Summa aller Constanten, wodurch Carlini die sogleich näher zu betrachtenden Störungsgleichungen positiv macht, und die +56″6 beträgt, wieder gut zu machen.

Auf ähnlichen Gründen, wie die Tafel für die Mittelpunktsgleichung, beruhen auch die Tafeln für die kleinen Ungleichheiten der Sonnenlänge. Die vom Monde herrührenden sind durch eine zweckmässige Verwandlung auf Gleichungen mit einfachen Argumenten zurück geführt, von welchen Carlini die beiden grössten, im Maximum 7″5 und 0″5 betragenden, beibehalten hat. In diesen Tafeln sowohl, als in der Tafel für die Nutation, ist das Argument in Tagen ausgedrückt, welche also eigentlich die Zwischenzeit bedeuten zwischen dem Tage, für welchen man rechnet, und demjenigen, wo das Argument jeder Tafel 0 war. Wie viel jedes so ausgedrückte Argument zu Anfang jeden Jahres, von 1750 bis 1900 beträgt, ist gleich in der Tafel II. mit angegeben.

Ganz vorzüglich bequem sind endlich die Tafeln für die Störungen durch die Planeten. Carlini hat sie zu doppelten Eingängen berechnet, welche bekanntlich die mittlere Länge der Erde und die mittlere heliocentrische Elongation des Planeten von der Erde bedeuten. Beide lassen sich wiederum durch Tage ausdrücken: aber Carlini hat die Tafel so angeordnet, dass man statt des ersten Arguments nur mit der Zahl von Tagen, die seit dem Anfange des Jahrs verflossen sind, und statt des zweiten mit demjenigen Werthe einzugehen hat, den eben dieses zu Anfang des Jahres hatte, und der ebenfalls für die Störungen durch jeden der Planeten, Venus, Jupiter, Mars und Saturn, in Tafel II. angegeben ist. Das ganze Jahr hindurch bleibt also das zweite Argument dasselbe, und man thut am besten, aus den Tafeln die Gleichungen nicht für den Tag selbst zu nehmen, wofür man rechnet, sondern für den nächst vorhergehenden und nächst nachfolgenden, die sich unmittelbar vorfinden (wodurch also die Tafeln nur Tafeln zu einfachen Eingängen werden), und nachher zwischen die Aggregate aller vier Störungen zu interpoliren. In Beziehung auf diese trefflich angeordneten Störungstafeln sei es uns erlaubt, ein paar Kleinigkeiten zu bemerken. Carlini hat sie in der Voraussetzung berechnet, dass die mittlere Länge der Erde zu Anfange des Jahrs = 100° sei. Das heisst nun eigentlich so viel, man muss, *wenn man es ganz strenge nehmen will*, in sie eingehen 1) mit der Anzahl von Tagen, die nicht seit dem Anfange des Jahrs, sondern seit dem Augenblick verflossen sind, wo die mittlere Länge der Sonne = 100° war; und 2) mit dem Werthe, den die mittlere Elongation des störenden Planeten, auch nicht zu Anfang des Jahrs, sondern in eben diesem Augenblick hatte. Der Unterschied ist allerdings nie irgend erheblich, inzwischen hätte man doch wünschen können, es immer nach Gefallen in seiner Gewalt zu haben, die genau richtigen Argumente zu wählen; in Ansehung des ersten Arguments hätte dieses durch eine besondere Correctionstafel sich thun lassen, dergleichen wir zu unserm Gebrauch unserm Exemplare beigefügt haben, und das zweite Argument hätte eben so leicht für den genau richtigen Augenblick in Tafel II. angesetzt werden können, als für den Anfang des Jahes. Im Jahre 1804 ist z. B. die Correction des ersten Arguments 1.09, und die genauen Werthe von E, F, G, H, sind:

$$
\begin{array}{c|c}
E = 36.66 & \text{in der Tafel } E = 36.55 \\
F = 28.45 & F = 28.34 \\
G = 13.13 & G = 13.09 \\
H = 10.1 & H = 10.1
\end{array}
$$

Zweitens hätten wir die Tafel selbst noch um 10 Tage weiter ausgedehnt gewünscht, nemlich auf 370 Tage anstatt 360. Es wäre dadurch für den Fall, wo man für die letzten Tage des Decembers einen Sonnenort berechnen will, die (freilich nur kleine) Mühe erspart, die Argumente E, F, G, H, zugleich für das nächstfolgende Jahr mit auszuschreiben.

Wir haben, um unsern Lesern eine Idee von der grossen Bequemlichkeit dieser Tafeln zu geben, die Einrichtung derjenigen, welche zur Berechnung der Länge dienen, mit einiger Ausführlichkeit beschrieben. Der beschränkte Raum verstattet uns nicht, bei den übrigen Tafeln eben so umständlich zu Werke zu gehen. Wir bemerken also nur, dass die Tafeln zur unmittelbaren Berechnung des Logarithmen des *Abstandes* der Sonne von der Erde, und die zur Berechnung der *Breite* der Sonne, eben so geschmeidig angeordnet sind, wie die für die Länge. Ausserdem sind noch ein paar Tafeln für die Reduction der Ekliptik auf den Aequator, für die mittlere Rectascension der Sonne in Zeit, und zur Reduction der Sonnenörter vom mittleren Mittag auf den wahren, angehängt.

Die den Tafeln vorgesetzte Einleitung entwickelt ihre Einrichtung mit Klarheit und Eleganz. Aber einen vorzüglich hohen Werth erhält sie durch die Mittheilung vieler sinnreicher Kunstgriffe, um die Berechnung einer Ephemeride für die Sonnenörter auf ein ganzes Jahr möglichst zu erleichtern. In das Detail derselben einzugehen, erlaubt uns hier der Raum nicht: allein wir halten es für Pflicht, allen Astronomen, welche viel Sonnenörter zu berechnen haben, das Studium und die Benutzung dieser Vortheile angelegentlich zu empfehlen.

Göttingische gelehrte Anzeigen. Stück 196. Seite 1956..1960. 1812 December 7.

Nouvelles tables d'aberration et de nutation pour quatorze cent quatre étoiles, avec une table générale d'aberration pour les planètes et les comètes, précédées d'une instruction qui renferme l'explication de l'usage de ces tables, suivies de plusieurs nouvelles tables destinées à faciliter les calculs astronomiques, par le Baron DE ZACH. *De l'imprimerie de Madame Mine et Comp. Marseille.* 52 und 136 Seiten in Octav.

Seit der Entdeckung der Aberration und Nutation haben die Astronomen auf vielfache Weise die lästige und dem beobachtenden Astronomen täglich wiederkehrende Berechnung dieser kleinen Ungleichheiten zu erleichtern gesucht. Man hat mancherlei mehr oder weniger glücklich angeordnete allgemeine Tafeln dafür, man hat für einzelne Sterne specielle Tafeln, welche die Aberration und Nutation nach der jedesmaligen Stellung der Sonne und des Mondsknotens unmittelbar geben. Die Tafeln

der letztern Gattung von MEZGER, von ZACH und CAGNOLI sind in den Händen aller practischen Astronomen, beschränken sich aber noch auf eine zu kleine Anzahl von Sternen, als dass man nicht am
häufigsten zu den allgemeinen Tafeln zurück zu kehren genöthigt wäre. Hr. von ZACH hat jetzt in der
vorliegenden Schrift für eine beträchtlich grössere Zahl von Sternen zwar keine eigentliche Specialtafeln
geliefert, als welche viel zu voluminös und kostbar ausfallen würden, aber doch die Rechnung noch
etwas mehr zu erleichtern gesucht, als es selbst durch die am zweckmässigsten eingerichteten allgemeinen Tafeln möglich ist. Die Idee davon ist sehr einfach und in Beziehung auf Aberration auch schon
früher von andern Astronomen benutzt. Die Aberration der geraden Aufsteigung eines jeden Sterns
lässt sich leicht in die Form bringen $m \sin(\odot + A)$, wo m die grösste positive Aberration des Sterns,
$\odot$ die jedesmalige Länge der Sonne, und A das Complement derjenigen bestimmten Sonnenlänge zu
360° ausdrückt, bei welcher die Aberration verschwindet und aus dem negativen in den positiven Werth
übergeht. Die Grössen m und A hängen von der mittlern Stellung des Sterns ab, und da es bei ihnen
auf sehr grosse Genauigkeit nicht ankommt, kann man sich der einmal bestimmten Werthe eine ziem-
liche Reihe von Jahren hindurch unverändert bedienen. Ganz eben so verhält es sich mit der Aberration der Declination, der Nutation in gerader Aufsteigung, und der Nutation in der Declination, nur
dass m und A natürlich für jedes dieser Elemente andere Werthe haben. Diese vier Werthe von A und
die Logarithmen von der dazu gehörenden m liefert Hr. von ZACH, jene auf Minuten, diese auf vier Decimalen für 1404 der vornehmsten Sterne aus allen in Europa sichtbaren Sternbildern nach ihren mittlern Positionen für 1800, auf 94 Seiten, wodurch sich also das ganze Geschäft auf das Aufschlagen von
vier Sinus-Logarithmen und vier Zahlen aus den Logarithmen reducirt. Man hat so die logarithmischen
Tafeln an vier Stellen nachzuschlagen, also einmal mehr, als bei dem Gebrauche der *allgemeinen* Tafeln
von GAUSS, aber doch zusammen weniger zu schreiben, als bei diesen, und wird also die neuen von
ZACH'schen Tafeln für alle Sterne, die man in ihnen findet, den allgemeinen gern vorziehen. In der
übrigens sehr lehrreichen Einleitung des Hrn. von ZACH hat sich bei der theoretischen Entwickelung
eine kleine Unrichtigkeit eingeschlichen, indem dem Hülfsmittel A eine falsche Bedeutung beigelegt
ist. — Nach diesen Tafeln für 1404 Sterne folgen die 36 so genannten MASKELYNE'schen Sterne noch
einmal, zuerst ihre geraden Aufsteigungen nach MASKELYNE, nebst A und $\log m$ in Zeit für Aberration
und Nutation, sodann von denselben Sternen die Declinationen nach PIAZZI, nebst den beiden sich darauf beziehenden Werthen von A und $\log m$, alles für 1802. Wir bemerken hier einige, an sich freilich
unbedeutende, Differenzen mit der ersten Tafel, welche sich aus der blossen Veränderung der Epoche
nicht erklären lassen, sondern Rechnungsfehler zu sein scheinen. So ist z. B. bei der Declination von
α Tauri

		erste Tafel	zweite Tafel
Aberration	$\log m$	0.5806	0.5772
	A	7^s 23° 26′	7^s 23° 15′
Nutation	$\log m$	0.9673	0.9682
	A	3^s 18° 18′	3^s 18° 6′

Eine ähnliche Tafel folgt hierauf für die Sterne α und β im kleinen Bär nach ihren Stellungen
in den Jahren 1790, 1800, 1810 und 1820.

Obgleich die Grössen m und A eigentlich nur für das Jahr gelten, für welches sie berechnet
sind, so kann man doch, ohne einen erheblichen Fehler zu begehen, sie für eine ziemlich lange Reihe
von Jahren, vor und nach jener Epoche beibehalten. Der Verf. gibt ein paar besondere Tafeln, um zu
überschlagen, wie viel gerade Aufsteigung und Abweichung sich ändern dürfen, ehe der Fehler, welcher daraus entspringt, auf 1 Secunde wächst. Diese Tafel dient zugleich, zu beurtheilen, in wie fern

man für einen Stern, welcher sich nicht unter den 1404 der grossen Tafel findet, die Constanten eines benachbarten Sterns aus derselben zu gebrauchen sich erlauben dürfe. Einige hierauf folgende Tafeln für Aberration, Nutation, Präcession und Verbesserung des Mittags aus correspondirenden Sonnenhöhen, welche der Verf. auch schon an andern Orten gegeben hatte, übergehen wir hier als bekannt mit Stillschweigen. — Bequem ist die Tafel XX, um die Sonnenlänge als Aberrationsargument für den Tag eines Jahrs zu finden, wofür man keinen astronomischen Kalender zur Hand hat; sie gibt an, wie viel in jedem einzelnen Jahre von 1700 bis 1827 die Epoche der mittlern Sonnenlänge grösser ist, als im Jahre 1803. Für den angezeigten Zweck genau genug, kann man diese Zahlen zugleich als die Unterschiede der wahren Längen an gleichnamigen Tagen betrachten, und so leicht die Sonnenlängen für jedes jener Jahre aus denen irgend eines andern, wofür man eben einen astronomischen Kalender zur Hand hat, ableiten. Eben so liefert Hr. von Zach hier noch eine für die Länge des Mondsknoten beim Anfang aller Jahre, von 1700 bis 1827, um die Ephemeriden für irgend eines dieser Jahre auf ein anderes übertragen zu können. Zum Schluss folgt noch eine Tafel zur Verwandlung der Sternzeit in mittlere Sonnenzeit, noch etwas bequemer eingerichtet, als die bekannten, zu demselben Zweck berechneten, kleinen Tafeln des Verf., welche in den Händen aller Astronomen sind. Es ist dabei zugleich eine kleine Tafel für denjenigen Theil der Nutation beigefügt, welcher von der Sonnenlänge abhängt; dieser hätte allerdings sogleich mit der Tafel XXII vereinigt werden können, wodurch die Rechnung noch ein wenig verkürzt wäre. Vermuthlich hat der Verf. es absichtlich unterlassen, damit man in dieser Tafel die reinen mittlern Sonnen-Rectascensionen habe; denn aus demselben Grunde scheint die Hinzufügung einer negativen Constante unterblieben zu sein, die man sonst anwendet, um die Monds-Nutation immer positiv zu machen.

Man sieht aus dieser kurzen Inhaltsanzeige, dass der verdiente Verf. sich durch die Sammlung von Tafeln abermals neue Ansprüche auf den Dank aller practischen Astronomen erworben habe, denen jede Erleichterung ihrer mühsamen, täglich wiederkehrenden, Rechnungen sehr willkommen sein muss.

Göttingische gelehrte Anzeigen. Stück 22. Seite 209..220. 1813 Februar 6.

Astronomisches Jahrbuch für das Jahr 1814, nebst einer Sammlung der neuesten in die astronomischen Wissenschaften einschlagenden Abhandlungen, Beobachtungen und Nachrichten, berechnet und herausgegeben von J. E. Bode, königl. Astronom und Milglied der Akademie der Wissenschaften. 1811. Bei dem Verfasser, und in Commission bei J. E. Hitzig. Berlin. 275 Seiten in Octav, u. Kupfertafel.

Astronomisches Jahrbuch für das Jahr 1815 u. s. w. Eben daselbst 1812. Gleichfalls 275 Seiten in Octav und eine Kupfertafel.

Ohne die Bemerkungen zu wiederholen, welche wir über die Einrichtung des astronomischen Kalenders bereits, bei der Anzeige früherer Bände dieses Jahrbuchs gemacht haben, schränken wir uns hier blos auf die Anzeige der angehängten Abhandlungen ein. Der Jahrgang von 1814 enthält folgende 34 Artikel. 1) Die mittlere astronomische Strahlenbrechung, nach Laplace. 2) Astronomische Beobachtungen in den Jahren 1809 und 1810 auf der königl. Sternwarte zu Kopenhagen angestellt von Bugge, betreffen die Ceres, Vesta, den Uranus, Saturn, Jupiter, Verfinsterungen von dessen Trabanten, und Sternbedeckungen. 3) Ueber eine Methode, die Zeit zu bestimmen durch Messung einer Distanz der Sonne von einem festen und bekannten Punkt am Horizonte, von Hrn. J. F. von Beek Calkoen. Dies

Methode kann, bei gehöriger Vorsicht, brauchbare Resultate geben: allein sie muss nicht auf Gegenstände am Horizonte beschränkt, und die Refraction und Parallaxe nicht vernachlässigt werden. Man kann auf beides gehörig Rücksicht nehmen, ohne das Verfahren sehr weitläufig zu machen. 4) Astronomische Beobachtungen, auf der kaiserl. Sternwarte zu Wien angestellt von Hrn. Doctor Triesnecker und Hrn. Professor Bürg, enthalten Trabantenverfinsterungen, Sternbedeckungen, Planeten- und Sonnenbeobachtungen. 5) Ideen zur Perturbationsrechnung, nach Kepler, nebst Anmerkungen, von Hrn. J. W. Pfaff, verdienen zum Theil beachtet zu werden, obwohl uns Manches unreif oder übereilt scheint. 6) Astronomische Beobachtungen, auf der königl. Sternwarte zu Prag angestellt im Jahre 1810 von Hrn. Prof. David und Hrn. Adjunct Bittner. Der Art, wie hier und in den vorhergehenden Bänden dieses Jahrbuchs beobachtete Sternhöhen zu einer vermeintlichen Correction der Refractionstafeln angewandt sind, können wir unsern Beifall nicht geben. Wer über diesen delicaten Punkt arbeiten will, muss zuerst die Polhöhe seines Beobachtungsortes fester begründen, und die Beobachtungen überhaupt weit mehr vervielfältigen, als es Hr. David gethan hat, und darf sich nicht begnügen, die Stern-Declinationen von andern Astronomen zu entlehnen. 7) Aus einem Schreiben des Hrn. Prof. Littrow aus Kasan. Es ist erfreulich, daraus das Aufblühen der Astronomie an der Grenze von Asien zu ersehen. 8) Genauere Bestimmung der Lichtänderungs-Periode des Sterns η Antinoi, vom Hrn. Prof. Wurm. Aus eignen Beobachtungen, welche einen Zeitraum von 24 Jahren umfassen, findet Hr. Wurm die Periode 7,1761 Tage. Man hätte hier eine weniger willkührliche Art, die Beobachtungen zu combiniren, etwa nach der Methode der kleinsten Quadrate, und nachher eine Vergleichung mit den einzelnen Beobachtungen, wünschen können. 9) Beobachtungen des Cometen von 1807, und der totalen Sonnenfinsterniss vom 16. Juni 1806, zu Salem in den vereinigten Nordamerikanischen Staaten, von Hrn. Bowditch. Aus dem letzten Bande der *Memoirs of the American Academy of Arts and Sciences.* Interessant ist besonders die Erzählung der die totale Sonnenfinsterniss begleitenden Umstände. 10) Nachricht von der Mannheimer Sternwarte, vom Hrn. Staatsrath Klüber, Curator der Sternwarte. Das hier Gesagte ist durch die seitdem erschienene besondere Schrift des Hrn. Klüber bereits umständlicher bekannt. 11) Astronomische Beobachtungen, auf der königl. Sternwarte zu Berlin angestellt im Jahre 1810. Wir heben aus ihnen die Bestimmung der Polhöhe der Berliner Sternwarte mit dem zweifussigen Troughtonschen Kreise aus, welche Hr. Bode im Mittel 52° 31' 15" findet. 12) Ueber den Cometen von 1795, vom Hrn. Dr. Olbers. Die Beobachtungen dieses Cometen sind sehr dürftig, und die von verschiedenen Astronomen herausgebrachten Elemente weichen beträchtlich von einander ab. Hr. Dr. Olbers gründete eine neue Bestimmung der Elemente theils auf eine früher noch nicht benutzte Beobachtung Herschel's, theils auf eine von neuem reducirte Beobachtung von Hrn. Bode. 13) Resultate einer Untersuchung über die Lage der Ebene des Saturnsringes, die Theorie des vierten Satelliten, die Massen des Planeten und des Ringes, und beobachtete Sternbedeckungen, von Hrn. Prof. Bessel. Die ausführliche Untersuchung über den vierten Saturnstrabanten ist bereits im dritten Hefte des Königsberger Archivs erschienen; die wichtigen Resultate verdienen die Aufmerksamkeit aller Astronomen. 14) Berechnung der Bahn des Cometen von 1810, von demselben. 15) Astronomische Beobachtungen, zu Kremsmünster im Jahre 1809 und 1810 angestellt von Hrn. Derfflinger. Bei dem Eintritte des Aldebaran am 18. September 1810 schien Hrn. Derfflinger der Stern ein paar Secunden hindurch mit verändertem Lichte auf dem hellen Mondsrande zu verweilen. Eben dies bemerkte auch Bugge, Bode und David, und einige Astronomen haben dies als etwas Ausserordentliches betrachtet. Auf der hiesigen Sternwarte, wo dieselbe Bedeckung gleichfalls beobachtet wurde, ist nichts der Art bemerkt. Wir lassen es daher dahin gestellt sein, ob dies etwas Anderes, als Irradiation des Mondsrandes bei vielleicht schon etwas ermüdetem Auge gewesen sei. 16) Beobachtung und Berechnung der Bedeckung des Aldebaran vom Monde am 18. September 1810, zu Dorpat angestellt vom Hrn. Prof. KNORRE. Von dem eben erwähnten Phänomen ist hier nichts gesagt. 17) Ueber das Höhenmessen vermittelst des Barometers, vom Hrn. Prof. BENZENBERG. Dieser an sich lobenswerthe Versuch, diesen Gegenstand populär darzustellen, ist hier wohl nicht ganz an seinem Platze. 18) Beobachtungen der Juno und Vesta im Jahre 1811 auf der kaiserl. Sternwarte zu Wilna, von Hrn. Prof. SNIADECKI. 19) Aus einem Schreiben des Hrn. Dr. PANSNER in Petersburg. Dieser Artikel enthält Nachrichten von einer trigonometrischen Vermessung der Küste des Finnischen Meerbusens, deren Vollendung sehr zu wünschen ist. 20) Ueber die Genauigkeit des BAUMANN'schen Verticalkreises, von Hrn. Dr. POTTGIESSER in Eberfeld: ein mit vieler praktischer Einsicht geschriebener Aufsatz. Ausser einer Schätzung der Fehler aus der Beschaffenheit des Instruments selbst, hat der Verfasser die Genauigkeit desselben auch durch einige wirkliche Beobachtungen geprüft, welche sehr vortheilhaft dafür sprechen. Wir hätten nur gewünscht, dass dieselben zahlreicher und mannigfaltiger wären, da neuere Erfahrungen einige Bedenklichkeiten gegen die Kreise mit stehenden Säulen angeregt haben. 21) Längen- und Breitenbestimmungen einiger Oerter im Oestreichischen, nebst beobachteten Sternbedeckungen, von der Frau Reichsfreiin von MATT. 22) Beobachtungen über die jährliche Parallaxe von α Leyer, von Hrn. CALANDRELLI in Rom. Es wird hier eine jährliche Parallaxe von 5″8 gefolgert, gegen deren Zuverlässigkeit sich aber doch noch Mehreres erinnern liesse. Der Sector, womit die Beobachtungen angestellt sind, wurde nicht umgewandt, sondern vorausgesetzt, dass sein Collimationsfehler das ganze Jahr hindurch unveränderlich geblieben sei. 23) Entwurf einer Sonnenuhr, welche die zwölfte Mittagsstunde mittlerer Zeit angibt. Durch 36 Punkte wird die in Form einer 8 geschlungene Curve gezeichnet, welche das Ende des Schattens des Zeigers auf einer Verticaluhr im mittlern Mittage in den verschiedenen Monaten des Jahrs bildet. Der Gebrauch der mittlern Zeit bei öffentlichen Uhren hat allerdings viel für sich; da indessen die Personen, welchen die Stellung der Uhren auf dem Lande oder an kleinern Oertern obliegt, selten darüber gehörig unterrichtet sind, so wird dabei der grosse Vortheil der *Uebereinstimmung* der öffentlichen Uhren, an welcher doch besonders auf Poststrassen viel gelegen sein, und die beim Gebrauch der wahren Zeit leichter erhalten werden kann, leicht verloren. 24) Astronomische Ortsbestimmungen, vom Hrn. Oberprediger FRITSCH in Quedlinburg. Hr. FRITSCH bestimmte auf einer Reise nach Schlesien im Sommer 1810 die Polhöhe von Ballenstedt, Werningerode, Oschatz, Bischofswerda und mehrerer Punkte in Schlesien. 25) Ueber den Cometen vom Jahre 1811 und dessen Wiederkunft im August, von Hrn. Dr. OLBERS. 26) Astronomische Beobachtungen und Bemerkungen, vom Hrn. Prof. GAUSS, enthalten Beobachtungen der Pallas und Vesta, und Berichtigungen einiger Bemerkungen des Hrn. Dr. TREISNECKER im Jahrbuche für 1813. Die drei folgenden Artikel geben die Ephemeriden für die Pallas, Juno und Vesta von den Herren NICOLAI, WACHTER und GERLING. 30) Beobachtungen und Elemente der Bahn des Cometen von 1811, und Zusatz zu der Theoria motus corporum coelestium vom Hrn. Prof. GAUSS. In dem *Zusatz* bemerken wir einen Druckfehler, indem S. 257 Z. 5 statt z gelesen werden muss — z. 31) Beobachtungen des Cometen von 1811, die Elemente seiner Bahn, und Sternbedeckungen, von Hrn. Prof. BESSEL. 32) Aus einem Schreiben des Hrn. Dr. KOCH in Danzig. Bemerkungen über einige Fixsterne, und Bestimmung der Abweichung der Magnetnadel in Danzig (13° 48′). 33) Beobachtungen des Cometen von 1811 auf der königl. Sternwarte in Berlin. Bei der beigefügten Zeichnung der wahren Bahn des Cometen muss bemerkt werden, dass sie keine Projection ist.— Unter den kleinen astronomischen Notizen, welche den letzten Artikel ausmachen, heben wir nur die Nachricht aus einem Schreiben des Hrn. Dr. B... (BRINKLEY?) aus, welcher mit einem achtfussigen Kreise die jährliche Parallaxe von α Leyer 2″52 gefunden hat, welches noch nicht die Hälfte von dem oben angeführten Resultate CALANDRELLI's ist.

Der Jahrgang 1815 liefert 31 Artikel. Den Anfang machen Bemerkungen über des Hrn. Prof.

Gauss Theoria motus corporum coelestium, von Hrn. Prof. Littrow. Sie beziehen sich auf die Aufgabe, aus drei geocentrischen Oertern eines Planeten seine Bahn zu bestimmen, wo Hr. Littrow für den freilich sehr seltenen, Fall, dass drei Hypothesen nicht ausreichen, im Gange der Rechnung der vierten Hypothese eine kleine Abänderung macht. Diese besteht darin, dass er durch denselben Kunstgriff, wodurch Gauss die neuen Werthe von P und Q bestimmt, sogleich r, r', f, f', f'' berechnet. Obgleich dies Verfahren zuweilen einigen Vortheil geben kann, so möchten wir es doch nicht unbedingt anrathen. Man ist im Allgemeinen nicht berechtigt, davon genauere Resultate zu erwarten, als von dem in der Theoria angewandten, und die Verkürzung des Weges wird dadurch zum Theil wieder aufgehoben, dass man die Lage der Ebene der Bahn dadurch nicht mit erhält, auf welche eben jenen Kunstgriff auch sofort anzuwenden doch zuweilen etwas misslich sein kann. Die hierauf folgende, von demselben Astronomen angegebene, Methode zur Bestimmung einer Kreisbahn aus zwei geocentrischen Oertern, halten wir für sehr zweckmässig, nur glauben wir nicht, dass es vortheilhaft sei, sie zur vorläufigen Bestimmung der Abstände bei *Cometenbahnen* anzuwenden. Noch finden wir von dem Verfasser eine leichte Deduction der Aberration für Länge und Breite, und ein paar Reihenausdrücke für die Refraction, wovon der eine nicht genug erklärt ist, um darüber ein Urtheil fällen zu können. 2) Astronomische Beobachtungen, zu Pisa, Mailand und Padua angestellt (aus dem XV. Bande der Memorie di Matematica e di Fisica della Società Italiana ausgehoben). 3) Astronomische Nachrichten und Bemerkungen, physische Beobachtung des grossen Cometen von 1811, geographische Bestimmungen u. s. w. von Hrn. Prof. Huth in Dorpat. 4) Beobachtung des grossen Cometen von 1811, Berechnung seiner Bahn, Sternbedeckungen u. s. w. von Hrn. Prof. Bessel. 5) Ueber die Entdeckung eines neuen Cometen im November 1811, Beobachtungen desselben und des grossen Cometen von 1811, Beobachtung der Pallas von Hrn. Dr. Olbers. 6) Beobachtungen des Cometen von 1807 und die Elemente seiner Bahn, von Hrn. Niccolo Cacciatore, Gehülfen bei der königl. Sternwarte zu Palermo: ein sehr schätzbarer, bisher auf dem festen Lande noch nicht bekannter, Nachtrag für die scheinbare Bahn jenes Cometen. 7) Beobachtete und berechnete Gegenscheine des Mars, der Vesta, des Jupiter und Saturn, Jupiterstrabanten-Verfinsterungen, Sternbedeckungen, im Jahre 1811, Elemente des Cometen von 1810, Beobachtung des grossen Cometen von 1811, und Berechnung seiner Bahn, von Hrn Dr. Triesnecker. 8) Beobachtungen des Uranus, Saturn, Mars, der Ceres, Jupiterstrabanten-Verfinsterungen, Sternbedeckungen und des grossen Cometen von 1811, auf der kaiserl. Sternwarte zu Wilna angestellt von Hrn. Prof. Sniadecki. 9) Astronomische Nachrichten und Beobachtungen, geographische Ortsbestimmungen u. s. w. von Hrn. Prof. Jabbo Oltmanns. Beobachtete Sternbedeckungen in Amsterdam und Greenwich, Beobachtungen in Südamerika, Ortsbestimmungen in Spanien und Portugal. 10) Andenken an den Halleyischen Cometen, von Hrn. Prof. J. W. Pfaff in Nürnberg. Der Verfasser überlässt sich hier der Aussicht auf die vielfachen Aufschlüsse, welche die wiederholt beobachtete Wiederkehr der Cometen einst geben wird. Freilich werden erst noch Jahrhunderte vergehen müssen, ehe auch nur ein Theil dieser Hoffnungen sich wird realisiren können. 11) Astronomische Beobachtungen, auf der königl. Sternwarte zu Berlin angestellt im Jahre 1811. 12) Beobachtungen über Jupiterstrabanten-Verfinsterungen, Mondfinsternisse, Sternbedeckungen, Refraction, Planeten-Gegenscheine und den grossen Cometen von 1811, auf der Prager Sternwarte angestellt von Hrn. Prof. David. 13) Beobachtungen der Pallas, des zweiten Cometen von 1811 und Elemente seiner Bahn, Sternbedeckungen u. s. w. von Hrn. Prof. Gauss. 14) Ueber das Zusammentreffen der Erde und des Mondes an einem und demselben Orte. Vorausberechnung der Fälle, wo die Erde einige Stunden nachher an den Platz kommt, den vorher der Mond eingenommen hatte, und umgekehrt, für die Jahre 1812—1815, Lichtenberg hatte bekanntlich einmal die Frage aufgeworfen, ob sich vielleicht im ersteren Falle auffallende Witterungsveränderungen zeigten. Wir gestehen, dass wir (eben so wie Hr. Bode selbst) nichts davon erwarten, und bemerken nur noch, dass die Rechnung selbst sich auf die unzulässige Voraussetzung der absoluten Ruhe des Sonnensystems gründet. 15) Beobachtungen der Ceres, und der Gegenscheine des Uranus und Mars im Jahre 1811, auf der Sternwarte zu Kremsmünster angestellt von Hrn. Derfflinger. 16) Astronomische Bemerkungen, von Hrn. Dr. Lamberti in Dorpat. 17) Ueber die scheinbare Bahn des grossen Cometen von 1811, nebst einer Zeichnung. 18) Ueber die Bewegung des Doppelsterns 61 im Schwan, von Hrn. Prof. Bessel. Ueber diesen merkwürdigen Gegenstand ist bereits an mehreren andern Orten, und zuerst in unsern Blättern (1812 April 25 St. 67 [S. 349 d. B.]) Nachricht gegeben. 19) Verbesserung der Bestimmung der Polhöhe von Riga, von Hrn. Prof. Sandt. 20) Astronomische Beobachtungen, zu Paris und Greenwich angestellt in den Jahren 1805—1809, mitgetheilt an Hrn. Prof. Oltmanns. 21) Nachricht von sehr vollkommenen Parallelspiegeln, die vom Hrn. Mechanicus Duve in Berlin verfertigt werden, von Hrn. Prof. Fischer in Berlin. Die Wichtigkeit des Umstandes, dass bei Reflexions-Instrumenten die Glasspiegel vollkommen ebene und parallele Flächen haben, macht die Bemühungen des Hrn. Duve, welche nach Hrn. Fischer wohl gelungen sind, sehr schätzbar. Bemerkenswerth ist die hier erzählte Erfahrung, dass ein solcher Parallelspiegel seine vorige Vollkommenheit verloren hatte, als durch einen Zufall ein kleines Stück davon abgebrochen war. 22) Astronomische Beobachtungen und Bemerkungen, von Hrn. Joseph Bayr zu Kloster Hradisch bei Ollmütz. Geographische Bestimmung von Hradisch, und Polhöhe von Troppau. 23) Ueber den Einfluss der Dalton'schen Theorie auf das Höhenmessen und auf die Strahlenbrechung, von Hrn. Dr. Benzenberg. Das Urtheil über die zwar sinnreiche, aber bis jetzt doch noch zu problematische, Hypothese Dalton's gehört vor das Forum des Physikers, und nicht vor das des Astronomen. Ob das, was Hr. Benzenberg auf Hrn. Tralles Einwürfe gegen jene Theorie erwidert, zulässig sei oder nicht, müsste doch, däucht uns, die Chemie leicht entscheiden können. Vor der Hand aber wäre es zu voreilig, jene Hypothese als ausgemachte Wahrheit bei den barometrischen Höhenmessungen zum Grunde zu legen. 24) Zufällige Gedanken über die Oberfläche des Mondes, von Hrn. Lieutenant von Boguslawski. Obgleich wir auf der Oberfläche des Mondes kein Wasser wahrnehmen, so könnte es doch, nach Hrn. von Boguslawski's Meinung, dort vorhanden sein, nur auf der Tagseite von der Sonnenwärme in unsichtbare luftförmige Dämpfe verwandelt, die nach dem Untergang der Sonne nach und nach, wie sie die Wärme verlieren, in Nebel, Thau und Eis übergehen. Gegen diese Hypothese scheint uns das augenblickliche Verschwinden der Fixsterne, wenn sie vom dunklen Mondsrande bedeckt werden, ein wichtiger Einwurf zu sein. 25) Beobachtung der Pallas und Juno, Berechnung ihrer Gegenscheine, die Elemente der Bahn des letztern u. s. w. von Hrn. Prof. Gauss. Die beiden folgenden Artikel geben die Ephemeriden der Pallas und Juno für 1813 von den Herren Nicolai und Wachter. 28) Noch etwas über den wandelbaren Doppelstern 61 Schwan, Beobachtung des grossen Cometen von 1811, Sternbedeckungen und astronomische Nachrichten, von Hrn. Prof. Bessel. 29) Astronomische Beobachtungen und Bemerkungen, von Hrn. Dr. Koch in Danzig. 30) Ueber den neuen Cometen vom Jahre 1812. Der letzte Artikel gibt unter der Aufschrift: Vermischte astronomische Nachrichten, noch Beobachtungen des grossen Cometen von 1811 zu Petersburg von Hrn. Schubert; die Preise der astronomischen Instrumente, welche Hr. Baumann in Stuttgart verfertigt, und verschiedene andere astronomische Notizen. — Wir schliessen diese Anzeige des an Reichhaltigkeit und Interesse sich immer gleich bleibenden Jahrbuches mit dem Wunsche, dass der würdige Herausgeber auch künftig bei seiner mühsamen Unternehmung kräftig unterstützt werden und uns noch lange alljährlich mit der Fortsetzung dieses Jahrbuches erfreuen möge.

Göttingische gelehrte Anzeigen. Stück 39. Seite 388..392. 1813 März 8.

Tables astronomiques publiées par le bureau des longitudes de France. Tables de la lune, par M. BURCKHARDT, *membre de l'institut impérial, du bureau des longitudes de France et de plusieurs autres sociétés savantes. Décembre* 1812. Paris. Bei Madame Courcier. 88 Seiten in Quart.

Die Berechnung der Mondsörter hat durch die BÜRG'schen Tafeln einen so hohen Grad von Genauigkeit erhalten, dass es ein gewagtes Unternehmen scheint, diese berühmten Tafeln noch übertreffen zu wollen. Inzwischen ist die möglichste Vollkommenheit der Mondstafeln in vielfacher Beziehung von so hoher Wichtigkeit, dass man allerdings einem so geschickten Astronomen, wie der Verfasser der vorliegenden Tafeln ist, für seine Bemühungen, diese Vollkommenheit noch zu erhöhen, den grössten Dank schuldig ist. Arbeiten dieser Art sind um so verdienstlicher, da ihnen nicht einige Monate, sondern *Jahre* geopfert werden müssen, und sie, der Natur der Sache nach, nicht mehr durch *glänzende* Erfolge belohnt werden können.

Der Verfasser hatte bei seiner Unternehmung einen doppelten Zweck. Zunächst nemlich wollte er den Tafeln eine etwas veränderte, bequemere und einfachere *Form* geben: allein um diesen Zweck zu erreichen, begnügte er sich nicht damit, blos die Elemente der BÜRG'schen Mondstafeln umzuschmelzen, sondern er gründete vielmehr die seinigen auf die eigene neue Bearbeitung von mehr als vier tausend Beobachtungen, so dass diese Tafeln als wahres alleiniges Eigenthum des Herrn BURCKHARDT anzusehen sind. Mit Recht konnte er hoffen, dass auf diese Weise die neuen Tafeln auch in Rücksicht auf *Genauigkeit* noch einigen Vorzug erhalten würden, und in der That bestätigt dies die Vergleichung von drei hundert Beobachtungen, welche das Französische Büreau der Meereslänge sowohl mit den BURCKHARDT'schen, als mit den BÜRG'schen Tafeln anstellen liess. 167 zu Greenwich und auf der kaiserlichen Sternwarte zu Paris beobachtete Längen gaben die Summe der Quadrate der Fehler nach den BURCKHARDT'schen Tafeln = 4602″, nach den BÜRG'schen hingegen = 7083″; 137 andere in Paris auf der kaiserl. Sternwarte und auf der Militairschule beobachtete Längen gaben die Summe der Quadrate der Fehler nach BURCKHARDT's Tafeln 4182″, nach BÜRG's Tafeln 6439″. Auch die Breiten stimmten, wie der Verfasser versichert, besser mit seinen eigenen Tafeln, als mit den BÜRG'schen: die Grösse der Abweichung ist aber hier nicht angegeben. Wir hätten gewünscht, die Resultate dieser sämmtlichen Vergleichungen hier einzeln abgedruckt zu finden; theils wäre dadurch die Ueberzeugung von der hohen gegenwärtigen Vollkommenheit der Mondstafeln noch anschaulicher geworden, theils würde dadurch die künftige Prüfung, ob diese Vollkommenheit durch Hinzufügung einer oder der andern neuen Gleichung noch Etwas gewinnt, ungemein erleichtert sein. Ueberhaupt hätten wir in der Einleitung vor diesen Tafeln etwas mehr Ausführlichkeit gewünscht; wir sind zwar übrigens keineswegs für die weitläufigen Anweisungen, in welchen manche Verfasser von Tafeln allbekannte Dinge zum Ueberdruss wiederholen: aber das, was neuen Tafeln eigenthümlich ist, in der Kürze, aber doch vollständig und ausdrücklich, angezeigt zu finden, scheint uns doch ein billiger Wunsch, wenn es gleich nicht schwer ist, dies durch Analysirung der Tafeln selbst heraus zu finden.

Der vornehmste Unterschied der Form dieser Tafeln von derjenigen, welche seit TOBIAS MEYER von MASON, TRIESNECKER und BÜRG beibehalten war, besteht darin, dass nicht die wahren, sondern die mittleren Sonnenlängen zum Grunde liegen. Auch Länge des Knotens und Perigeum werden hier nicht erst durch eine von der Sonnen-Anomalie abhängige Gleichung verbessert. Dagegen ist die Evection von den übrigen kleinen Gleichungen getrennnt. Die Anzahl der kleinen Gleichungen, deren Argumente alle, unabhängig von einander, unmittelbar aus der Tafel leicht entnommen werden, beträgt, die Nutation und zwei Störungsgleichungen von der Venus und dem Jupiter eingeschlossen, jetzt 32; hiermit wird das mittlere Argument der Evection verbessert; die Summe jener 32 Gleichungen und der Evection verbessert die Anomalie; die Summe der 32 Gleichungen, der Evection und der Mittelpunktsgleichung verbessert das Argument der Variation; und diese nebst den vorigen 34 Gleichungen, mit der mittlern Länge vereinigt, gibt die wahre Länge in der Bahn, die dann noch auf die Ekliptik reducirt wird. Bei den Argumenten der Evection, der Mittelpunktsgleichung, der Variation und bei der mittlern Länge muss zugleich noch die Säculargleichung zugezogen werden; mit der letztern ist die bekanntlich empirisch bestimmte kleine Ungleichheit von langer Periode in den Epochen für das 19. Jahrhundert vereinigt; bei andern Jahrhunderten muss man beide nach einer am Ende hinzugefügten besondern Tafel getrennt berechnen. In Rücksicht dieser kleinen Gleichung hält LAPLACE jetzt für das wahrscheinlichste, dass sie dem Cosinus der doppelten Länge des Mondsknoten, plus der Länge des Perigäum proportional sei, die Länge der Periode ist sonach 175 Jahre, der Coëfficient wird $= 12''5$ gesetzt, und ihr Ursprung liegt in einer vorausgesetzten Ungleichheit der nördlichen und südlichen Erd-Hemisphäre. Es ist zu wünschen, dass die Theorie in Beziehung auf diesen wichtigen Punkt noch mehr vervollkommnet werden möge. In den BÜRG'schen Mondstafeln war diese Gleichung dem Sinus jenes Arguments weniger der dreifachen Länge des Sonnenperigäum proportional, und ihr Coëfficient $= 14''$ angenommen. Bei der Horizontal-Parallaxe hat sich Hr. BURCKHARDT ganz an die LAPLACE'sche Theorie gehalten; das Verhältniss derselben zum Horizontalhalbmesser des Mondes gründet sich auf die in den Vollmonden beobachtete Dauer der Durchgänge durch den Meridian. — Am Schlusse des Werks sind noch ein Paar von Hrn. BURCKHARDT neu entwickelte Formeln angehängt, die mit Vortheil zur Berechnung der Neu- und Vollmonde angewandt werden können.

Göttingische gelehrte Anzeigen. Stück 8. Seite 873..876. 1813 Juni 3.

Connaissance des tems ou des mouvemens célestes, à l'usage des astronomes et des navigateurs, pour l'an 1813, publiée par le bureau des longitudes. Juillet 1811. Paris. 228 Seiten in Octav.

Connaissance des tems etc. pour l'an 1814. Avril 1812. 240 Seiten.

Die Tafel für die geographische Lage der vornehmsten Oerter der Erde hat besonders durch die Benutzung der auf den Reisen von DENTRECASTEAUX, von HUMBOLDT und von KRUSENSTERN gemachten Bestimmungen an Umfang wieder beträchtlich gewonnen, so dass sie in dem Jahrgange für 1814 über 1600 Artikel, und folglich über 100 mehr enthält, als in dem Jahrgange für 1812. Die *Zusätze* zu diesen beiden Jahrgängen sind diesmal nicht zahlreich. Der Jahrgang 1813 enthält blos zwei kleine Aufsätze von LAPLACE. In dem ersteren gibt er eine wichtige Bereicherung der Theorie der so genannten Methode der kleinsten Quadrate, indem er durch eine künstliche Analyse zeigt, dass bei derjenigen Combination der Grundgleichungen, welche diese Methode vorschreibt, der zu befürchtende mittlere Fehler in den Resultaten ein Minimum wird, so bald die Anzahl der Grundgleichungen sehr gross ist, das Gesetz der Wahrscheinlichkeit der Fehler sei, welches es wolle. Umständlicher ist diese Untersuchung in dem unlängst erschienenen grössern Werke des Verf. über die Wahrscheinlichkeitsrechnung ausgeführt. Der andere Zusatz betrifft die Mondsgleichung von langer Periode, deren Nothwendigkeit man aus der Disharmonie zwischen den für 1692, 1756, 1779 und 1801 herausgebrachten Epochen der mittleren Mondslänge geschlossen hat, ohne sie bisher ganz befriedigend in der Theorie nachweisen zu können. In den BÜRG-schen Mondstafeln war sie dem Producte des Sinus der doppelten Länge des Mondsknoten plus der Länge des Mondsperigeum weniger der dreifachen Länge des Sonnenperigeum proportional, und ihr Coëfficient = — 14″ angenommen worden. LAPLACE kündigt jetzt an, dass er überwiegende Gründe habe (über welche er sich aber nicht näher erklärt), sie dem Cosinus der doppelten Länge des Mondsknoten plus der Länge des Mondsperigeum proportional zu setzen, und bestimmt ihren Coëfficienten = — 13″96. (BURCKHARDT hat in seinen neuen Mondstafeln, wie wir bereits bei deren Anzeige bemerkten, dieselbe Form zum Grunde gelegt und den Coëfficienten = — 12″5 angenommen.) Wir sehen mit Verlangen der ausführlicheren Darstellung der theoretischen Untersuchungen des Verf. über diese delicate Frage entgegen.

Die Zusätze zu dem Jahrgange 1814 sind folgende: 1) Ueber den Ursprung der Cometen, von LAGRANGE. Der grosse (den Wissenschaften seitdem, wenn gleich in hohem Alter, doch noch immer zu früh, durch den Tod entrissene) Geometer dehnt hier die bekannte OLBERS'sche Hypothese über den Ursprung der neuen Planeten auf die Cometen aus, und entwickelt mit derjenigen Eleganz, die man immer von ihm gewohnt war, die Bedingungen, unter denen ein von einem Planeten, der sich in einer Kreisbahn bewegte, fortgeschleudertes Fragment eine parabolische Bahn beschreibt. Die Grenzen der relativen Geschwindigkeit, womit der werdende Comet fortgestossen wird, sind, wie man leicht sich überzeugt (LAGRANGE hat es indess nicht bestimmt ausgesprochen), $\sqrt{2} - 1$ und $\sqrt{2} + 1$, die Geschwindigkeit des Planeten als Einheit angesehen; merkwürdig ist aber der hier von LAGRANGE aufgestellte (gleichfalls leicht zu beweisende) Satz, dass die Geschwindigkeit $\sqrt{3}$ die Scheidewand zwischen den rechtläufigen und rückläufigen Cometen bildet, so dass ein (in Beziehung auf die Bahn des Planeten) rechtläufiger eine kleinere, der rückläufige eine grössere erfordert. Denkt man sich einen Planeten in einer hundert Mal so grossen Entfernung, wie unsere Erde, der durch die Wirkung eines in seinem Innern plötzlich, durch was immer für Ursachen, frei werdenden elastischen Fluidum in mehrere Stücke zersprengt würde, so brauchte die Explosion nur so stark zu sein, dass sie eine zwölf oder funfzehn Mal so grosse Geschwindigkeit, wie die einer 24pfündigen Kanonenkugel, ertheilen könnte, um elliptische oder parabolische Cometen nach allen möglichen Dimensionen und nach *allen möglichen Richtungen hervorzubringen*. Dieser letztern Behauptung müssen wir indess widersprechen; es könnten auf diese Art nur solche Cometen entstehen, deren Knotenlinie auf der vorigen Planetenbahn mit der Apsidenlinie sehr nahe zusammenfällt, wenn sie in ihrer Sonnennähe bis in die Region der Erdbahn herabkommen sollen. Allein von den sämmtlichen bisher berechneten Cometenbahnen ist nur ein kleiner Theil von der Art, dass die Möglichkeit einer solchen Entstehungsart zugestanden werden könnte. Praktische Astronomen werden überhaupt schwerlich geneigt sein, in Cometen, deren ganzes Ansehen auf eine durchaus verschiedene physische Beschaffenheit hindeutet, Stücke von festen Planetenkörpern zu erkennen. 2) Einige Notizen aus KRUSENSTERN's Reise um die Welt. 3) Eine sehr bequem angeordnete Tafel zur Verwandlung der Sternzeit in mittlere Sonnenzeit, von BURCKHARDT. 4) Auszug aus den meteorologischen Beobachtungen zu Paris im Jahre 1809. Am Schlusse beider Jahrgänge, wie gewöhnlich, das Verzeichniss der Mitglieder des Längen-Büreau.

556   ANZEIGE.

Göttingische gelehrte Anzeigen. Stück 95. Seite 945..952. 1813 Juni 14.

Effemeridi astronomiche di Milano per l'anno bisestile 1812 *calcolate da* FRANCESCO CARLINI E CARLO BRIOSCHI. *Con appendice.* 1811. Della reale stamperia. Milano. Der Kalender 124 Seiten, die Zusätze eben so viel, in klein Quart.

Effemeridi astronomiche di Milano per l'anno 1813 u. s. f. 1812. Der Kalender 95 Seiten, die Zusätze 136 Seiten in klein Quart.

Wenig bekannt sind bei uns die Mailänder astronomischen Ephemeriden, obgleich dieselben sowohl durch ihre musterhafte Einrichtung, als durch ihre gehaltreichen Zusätze allen ähnlichen, gegenwärtig erscheinenden, Werken den Rang streitig machen. Schade nur, dass sie immer nur kurze Zeit vor Anfang des Jahres, für welches sie bestimmt sind, erscheinen, und daher bei uns gewöhnlich erst im Laufe desselben anlangen. Möchten doch in dieser Hinsicht sich die Herausgeber Hrn. BODE zum Muster nehmen, welcher seine Jahrbücher immer mehr als zwei Jahre vorher erscheinen lässt!

Die Einrichtung des Kalenders ist folgende. Vorausgeschickt sind, ausser dem Schlüssel der Abbreviaturen und einigen Notizen, die sich auf die Zeitrechnung und Kirchenfeste beziehen, eine allgemeine Anzeige der Finsternisse, die scheinbare Schiefe der Ekliptik, und die Nutation der Aequinoctialpunkte in der Länge, beide mit Inbegriff der Solarnutation. Dann folgen die einzelnen Monate, jedem sind 6 Seiten gewidmet. Die erste Seite liefert die Mondsphasen, die Zusammenkunft des Mondes mit Fixsternen, wirkliche Bedeckungen derselben vom Monde, nahe Zusammenkünfte der Planeten mit Fixsternen, und sonst merkwürdige Momente im Planeten- und Sonnenlauf; endlich die Finsternisse der Jupiterstrabanten in mittlerer Zeit. Die zweite Seite zeigt den Abstand der Tage vom Anfang des Jahres, und die Wochentage, mittlere und Sternzeit im wahren Mittage, Sternzeit im mittleren Mittage, Aufgang und Untergang der Sonne. Die dritte Seite enthält die Länge der Sonne, auf Zehntel von Secunden mit grösster Sorgfalt berechnet, die gerade Aufsteigung der Sonne in Bogen, ihre Declination, und die Logarithmen ihres Abstandes von der Erde mit sechs Decimalen, letztern für alle einzelne Tage, welches ein sehr grosser, diesen Ephemeriden eigenthümlicher, Vorzug ist. Die vierte und fünfte Seite ist dem Monde gewidmet, und liefert Länge, Breite, Horizontalparallaxe und Durchmesser desselben sowohl für Mittag als für Mitternacht, die Culminationszeit, Aufgang und Untergang (nur in Zeitminuten), und die Declination für den Durchgang durch den Meridian in Bogenminuten. Auf der sechsten Seite endlich sind für die einzelnen Tage des Monats die Configurationen der Jupiterstrabanten abgebildet. Dann folgen Halbmesser der Sonne, Culminationsdauer derselben und Länge des Mondsknoten von 6 zu 6 Tagen durch das ganze Jahr fortlaufend, und hierauf die Bewegungen der einzelnen zehn Planeten: dass letztere nicht stückweise nach den einzelnen Monaten, sondern in Einer Uebersicht für das ganze Jahr zusammengestellt sind, finden wir sehr zweckmässig. Mercur, Venus, Mars füllen jeder zwei Seiten, da die Angaben für dieselben von 6 zu 6 Tagen durch das ganze Jahr fortlaufen; Ceres, Pallas, Juno, Vesta, Jupiter, Saturn und Uranus nur halb so viel, indem die Oerter der vier erstern nur für die Zeit ihrer Sichtbarkeit, die der letztern nur von 12 zu 12 Tagen angesetzt sind. Bei jedem einzelnen Planeten wird (auf Minuten) angegeben Länge, Breite, gerade Aufsteigung (in Zeitminuten), Declination, Aufgang, Culmination und Untergang. Dürften wir uns hierbei noch einen Wunsch erlauben, so wäre es, dass die geraden Aufsteigungen bis auf Bogenminuten genau angesetzt sein möchten (welches besonders bei den neuen Planeten von Wichtigkeit ist), und dass ausserdem den Abständen der Planeten von der Erde eine eigene Columne gewidmet wäre, die besonders für die Berechnung der Aberration, so wie für die

Parallaxe, scheinbaren Durchmesser und andere Zwecke nützlich sein würden, und wofür, um Raum zu gewinnen, der Aufgang und der Untergang dor Planeten, je nachdem sie in den Abend- oder Frühstunden culminiren, wegfallen könnte, so wie die Columne für die Länge etwas schmaler ausfallen würde, wenn diese nicht in Zeichen, Graden und Minuten, sondern nur in Graden und Minuten abgedruckt wäre. Noch bemerken wir, dass die geraden Aufsteigungen der Pallas im Jahre 1813, sowie die davon abhängenden Culminations-Zeiten, durch einen Rechnungsfehler alle falsch sind, und dass für jene die Complemente zu 42 Stunden genommen werden müssen. — Zuletzt sind noch die Bedeckungen der Fixsterne nach den Rechnungen der Florenzer Astronomen mitgetheilt, eben so, wie sie alljährlich auch in der Monatl. Correspondenz abgedruckt werden. Ausser diesen stehenden Artikeln sind, in dem Jahrgange für 1812, dem Kalender noch beigefügt: Ein Verzeichniss aller in Mailand sichtbaren Sterne über der fünften Grösse, nach PIAZZI auf 1810 reducirt (zusammen 596), und die GAUSSischen Tafeln für Aberration und Nutation, nebst einer kleinen Tafel für die Solarnutation.

Unter den *Zusätzen* zum Jahrgange 1812 nehmen die Beobachtungen von Zenithdistanzen der Sonne und Fixsterne im Meridian, mit einem neuen Wiederholungskreise, von BARNABAS ORIANI, den ersten Platz ein. Voraus geschickt ist eine lehrreiche Beschreibung des unvergleichlichen Instruments, eines dreifussigen · REICHENBACH'schen Kreises mit stehender Säule (Preis 3000 Gulden). Die zweijährigen, mit diesem Instrumente angestellten und in den beiden Jahrgängen 1812 und 1813 abgedruckten, Beobachtungen enthalten für die Sterndeclinationen, für die Theorie der Bewegung der Sonne, und für die Theorie der astronomischen Strahlenbrechung, einen Schatz von Erfahrungen, den wir bald ganz so, wie er es verdient, benutzt wünschen. — Beobachtungen zur Bestimmung der Solstitien und der Schiefe der Ekliptik in den Jahren 1810 und 1811, von ANGELO CESARIS. Während ORIANI das Wintersolstitium von 1810, und das Sommersolstitium von 1811, mit dem dreifussigen REICHENBACH'schen Kreise beobachtete, bediente sich CESARIS zu demselben Zwecke des achtfussigen Mauerquadranten. So wie die beiderseitigen Resultate hier mitgetheilt sind, stimmen sie innerhalb einiger Zehntel der Secunde überein; wir hätten nur dabei eine Erklärung darüber gewünscht, auf welchem Wege der Collimationsfehler des Quadranten ausgemittelt worden ist, welchen CESARIS in beiden Solstitien $= -1''5$ annimmt. Auch deuten diese Beobachtungen auf keine Verschiedenheit der Schiefe in dem Winter- und Sommersolstitium hin, welche einige Astronomen gefunden haben wollen, da die von CESARIS unter Voraussetzung von einerlei Schiefe abgeleitete Polhöbe $45° 28' 0''20$ sehr nahe mit der auf anderem Wege gefundenen übereinstimmt. — Ueber den Grad der Convergenz der verschiedenen Reihen, welche die Ungleichheiten der Mondslänge darstellen, von FRANZ CARLINI. Ein ungemein schätzbarer Aufsatz! Es werden hier drei Ausdrücke für die Mondsungleichheiten zusammengestellt; der erste nach TOBIAS MAYER's Form, wonach die BÜRG'schen Tafeln berechnet sind; der zweite, aus dem ersten · von LAPLACE abgeleitet, in der Form, wie LAPLACE's Theorie diese Ungleichheiten gegeben hat, d. i. als Functionen der wahren Mondslänge; der dritte, von CARLINI aus dem ersten berechnete, in der Form, in welche schon LAMBERT und SCHULZE die MAYER'schen und MASON'schen Gleichungen gebracht hatten, d. i. blos als Functionen der mittlern Bewegungen Wir würden diese letztere Form allen andern vorziehen, wenngleich der Ausdruck etwas langsamer convergirt, als die beiden ersten. Es wäre zu wünschen, dass *alle* Coëfficienten desselben unmittelbar aus einigen Tausend Beobachtungen abgeleitet würden, was freilich nur die Astronomen mit Vortheil ausführen könnten, denen die Vorarbeiten BÜRG's oder BURCKHARDT's dabei zu Gebote ständen: an 100 aus Sternbedeckungen abgeleiteten Mondsörtern hat CARLINI die Prüfung selbst vorgenommen und durchaus gute Uebereinstimmung gefunden. Merkwürdig ist die hier von CARLINI gefundene Bestätigung einer neuen, schon früher von BURCKHARDT aufgestellten, aber jetzt nicht in dessen neuen Tafeln aufgenommenen, Gleichung, die sich zuerst in der Gestalt einer Ungleichheit der Excentricität mit einer langen Periode ankündigt. — Ueber den Einfluss der Aenderungen der Temperatur auf die Bewegungen des Pendels, von CARL BRIOSCHI. Eine Untersuchung, die der Verfasser mit einem grössern Aufwande von Kunst durchgeführt hat, als sie bedurft hätte. Im Wesentlichen besteht das Resultat doch nur darin, dass in einem gewissen Zeitintervall ein Pendel, dessen Länge bei veränderlicher Temperatur eine veränderliche Länge hat, gerade eben so viele Schwingungen macht, als es mit constanter Länge bei dem mittlern Thermometerstande gemacht haben würde. — Zuletzt noch einige in Mailand und Rom von CARLINI und ORIANI in den Jahren 1808 und 1810 beobachtete Sternbedeckungen.

Die Zusätze zu dem Jahrgange 1813 fangen an mit der schon oben erwähnten Fortsetzung der mit dem dreifussigen REICHENBACH'schen Kreise beobachteten Zenithdistanzen. — Ueber das periodische Schwanken der Gebäude, von ANGELO CESARIS. Man weiss längst, wie wenig man sich auf die unverrückte Lage solcher astronomischen Instrumente, die eine feste Aufstellung erfordern, verlassen könne, wenn sie zumal in beträchtlicher Erhöhung über der Erde mit den Aussenmauern des Gebäudes in Verbindung stehen, auf welche Temperatur und Feuchtigkeit ihre unmittelbaren Einwirkungen äussern, und wie wichtig es daher bei Anlegung einer neuen Sternwarte sei, solchen Instrumenten zu ebener Erde eine vollkommen feste, von den äussern Mauern ganz unabhängige, Basis zu geben. Die übrigens mit so vortrefflichen Instrumenten ausgerüstete Sternwarte Brera in Mailand hat diesen Vorzug nicht, und die Schwankungen des Gebäudes zeigen sich an dem Mauerquadranten und Passageninstrumente sehr bestimmt und stark. Wenn das in einer Entfernung von 3000 Toisen errichtete Meridianzeichen von dem Verticalfaden des Passageninstruments Morgens vor Sonnenaufgang berührt wird, so entfernt sich späterhin dieser immer mehr östlich von jenem bis nach Mittag, wo der Abstand an heitern Wintertagen auf 5 bis 6 Secunden, an heitern Sonnentagen aber auf 30 Secunden geht. Unter übrigens gleichen Umständen ist die Veränderung bei bedecktem Himmel und sich fast gleich bleibender Temperatur am geringsten oder ganz unmerklich, hingegen am grössten bei Sonnenschein und starker Temperaturveränderung. — Ueber die Formeln für die Parallaxe und Breite des Mondes, von FRANZ CARLINI: eine Fortsetzung des Aufsatzes im vorhergehenden Bande. Die Formel für die Parallaxe wird auf ähnliche Art, wie die für die Ungleichheiten der Länge, in eine andere verwandelt, die blos von mittlern Bewegungen abhängt; einen ähnlichen Ausdruck hat CARLINI für den Logarithmen der Parallaxe entwickelt. Hingegen hat er den Ausdruck der Breite nicht auch auf dieselbe Art umgeformt, weil diese gar zu ungeschmeidig und langsam convergirend ausgefallen sein würde, und CARLINI begnügt sich damit, ein sehr einfaches Verfahren anzugeben, wie Tafeln bequem für die LAPLACE'sche Form (in Functionen der wahren Länge) eingerichtet werden könnten. Aus mehreren Gründen hätten wir doch gewünscht, dass Carlini auch bei diesem Element, *nur mit Ausschluss der beiden ersten Glieder*

$$18540''25 \sin\delta + 12''56 \sin 3\delta$$

jene Verwandlung vorgenommen hätte; jene Unbequemlichkeit wäre alsdann weggefallen, und die Analogie zwischen den Formeln für die Ungleichheiten des Mondes und denen für die Ungleichheiten der Planeten wäre dadurch vollständig geworden. Inzwischen• kann diese Verwandlung leicht nachgeholt werden. — Opposition des Saturn im Jahre 1811, beobachtet von CARL BRIOSCHI. — Auszug aus den meteorologischen Beobachtungen auf der Mailänder Sternwarte im Jahre 1809, von ANGELO CESARIS.

Göttingische gelehrte Anzeigen. Stück 107. Seite 1065..1069. 1813 Juli 5.

Herr von Lindenau, correspondirendes Mitglied der königl. Societät der Wissenschaften, welcher sich bereits durch seine Venus- und Marstafeln um die Planetentheorie verdient gemacht hat, ertheilte in einem Schreiben vom 20. Juni d. J. an den Professor Gauss eine vorläufige Nachricht von einer ähnlichen, nicht weniger wichtigen, dritten Arbeit über den *Mercur*, welche er seit kurzem vollendet hat. Es haben zwar die verdienstlichen Bemühungen von Lalande, Oriani und Triesnecker die Theorie der Mercursbahn bereits zu einem hohen Grade von Vollkommenheit gebracht. Allein dessen ungeachtet war es wegen mancher Hülfsmittel, die, in practischer und theoretischer Hinsicht, theils nicht benutzt worden, theils neu hinzugekommen sind, nicht unwahrscheinlich, dass eine neue Bearbeitung dieses Gegenstandes, mit sorgfältiger Berücksichtigung alles dessen, was die heutige Astronomie zu diesem Behuf Dienliches darbietet, noch Aenderungen und Verbesserungen der vorhandenen Bestimmungen gewähren werde. Dieser Grund, verbunden mit der Hoffnung, durch eine genaue Vergleichung der durch die Theorie gegebenen Störungen der elliptischen Mercursbahn mit den aus den Beobachtungen folgenden eine neue und zuverlässige Bestimmung der Venusmasse herleiten zu können, war es hauptsächlich, was Hrn. von Lindenau zu seiner neuen Bearbeitung dieses Gegenstandes veranlasste. Die Details dieser Untersuchungen, wovon wir hier nur einige Endresultate beibringen, werden den Astronomen in einem, in wenig Wochen im Druck erscheinenden, Werke dargelegt werden, unter dem Titel: *Investigatio nova orbitae a Mercurio circa Solem descriptae: accedunt tabulae Planetae ex elementis recens correctis et ex theoria gravitatis ill. de la Place constructae, auctore* Bernhardo de Lindenau.

Dem vorher angedeuteten Zwecke der Untersuchung gemäss, zerfällt diese in vier Abschnitte. In den beiden ersten werden die seit 1631 beobachteten Mercursdurchgänge, in den letztern neuere geocentrische Beobachtungen, discutirt und zur Bahnbestimmung benutzt. Ein doppeltes Verfahren ward auf die Mercursdurchgänge in Anwendung gebracht. Erstens konnte daraus Knoten, Knotenbewegung und Neigung bestimmt werden, und dann erlaubte zweitens das Eigenthümliche der Mercursbahn, vermöge dessen alle Durchgänge in einerlei Knoten nahe in denselben Punkten der Bahn Statt finden, die durch die Durchgänge gegebenen heliocentrischen Längen in der Ekliptik auf mittlere in der Bahn zu reduciren, ohne dass die Differenzen zweier durch andere Elemente, als durch die mittlere jährliche Bewegung und die jährliche Aenderung des Aphelium afficirt und wesentlich irrig gemacht werden könnten. Doch muss man zu Anwendung dieses Verfahrens allerdings eine schon genäherte Kenntniss der Mercursbahn besitzen, wie dies denn jetzt wirklich der Fall war. Zu der erstern Bestimmung, die vorzüglich eine genaue Kenntniss der geocentrischen Breite erforderte, konnten nur zwölf Durchgänge benutzt werden, und aus den siebenzehn, die überhaupt von dem Verfasser discutirt und berechnet worden sind, wurden funfzehn Combinationen gebildet, die ihm zu numerischer Entwickelung und Anwendung des zweiten Verfahrens am vortheilhaftesten geeignet schienen. Die Vergleichung der hieraus erhaltenen jährlichen Aenderungen des Knotens und der Sonnenferne mit der durch die Theorie gegebenen, deren Werthe hauptsächlich von der Venusmasse abhängen, gab die beiden ersten Gleichungen zu deren Bestimmung an die Hand.

Die aus den nur erwähnten siebenzehn Durchgängen hergeleiteten heliocentrischen Mercurslängen, nebst hundert von Maskelyne und Piazzi beobachteten geocentrischen Längen, dienten zur Bestimmung der eigentlich elliptischen Elemente der Mercursbahn. Da für Neigung und Knoten schon vorher genäherte Werthe erhalten worden waren, so konnten diese, auf die Reduction nur geringen

Einfluss habenden, Elemente zuerst ohne Bedenken unberücksichtigt bleiben. Die Differenzen der beobachteten und berechneten Längen wurden durch eine Function der Correctionen der Epoche, der mittlern Bewegung, der Excentricität, der Sonnenferne und der Venusmasse ausgedrückt, und so 117 Bedingungsgleichungen formirt, aus denen die Correctionen der zum Grunde gelegten Elemente nach der Methode der kleinsten Quadrate hergeleitet wurden. Daraus ergab sich dann auch die dritte Gleichung für den Werth der Venusmasse. Die Formation der Bedingungsgleichungen aus den geocentrischen Längen erforderte Vorsicht und Schärfe, indem hier, wo der heliocentrische Fehler in den grössten Elongationen (in denen Mercur hauptsächlich und fast einzig beobachtet ist), durch Reduction auf den geocentrischen Ort sehr vermindert wird, kleine Fehler in den beobachteten geocentrischen Längen die gesuchten Correctionen der Elemente stark ändern. Diesen Einfluss der Beobachtungsfehler glaubt der Verf. durch die Anzahl der Beobachtungen eliminirt, und den der Sonnenörter auf die berechneten Längen durch jedesmalige Verbesserung der Sonnentafeln aus gleichzeitigen Beobachtungen, vermieden zu haben.

Mit diesen verbesserten Elementen wurden die beobachteten geocentrischen Breiten auf heliocentrische reducirt, und aus deren Vergleichung mit den berechneten hundert Bedingungsgleichungen formirt, welche Neigung und Knoten gaben. Der Wunsch, die Neigung für eine frühere Epoche zu bestimmen, und sonach aus deren beobachteter Säculäränderung noch eine vierte Gleichung für die Venusmasse zu erhalten, wurde durch Mangel tauglicher Beobachtungen vereitelt.

Die Endresultate dieser Untersuchungen waren folgende:

Wird die Venusmasse, wie sie LAPLACE (Mécan. Céleste T. 3. p. 61) annimmt, = 1 gesetzt, so ist die verbesserte, wie sie aus den erwähnten drei Gleichungen folgt, $= 1{,}0974 = \frac{1}{349182}$ der Sonnenmasse. Mit dieser Massse sind alle periodischen und Säcularstörungen berechnet worden.

Epoche 1750 Meridian von Seeberg	253° 5′ 17″1
Mittlere jährliche Bewegung	53 43 3.613
Sonnenferne 1750	253 33 24.3
Excentricität 1800	0.2056163
Halbe grosse Axe	0.3870988
Knoten 1750	75° 22′ 0″96
Neigung der Bahn 1800	7 0 5.9
Säculäränderung der Sonnenferne	+1 33 22.9
— — des Knoten	+1 10 15.1
— — der Excentricität	+ 0″791
— — der Neigung	+18.380

Sämmtliche hundert in die Bedingungsgleichungen aufgenommene beobachtete geocentrische Oerter werden durch diese Elemente äusserst befriedigend dargestellt, und eben dies ist bei funfzig neuern, von BOUVARD in Paris und vom Verf. selbst auf der Seeberger Sternwarte angestellten Mercursbeobachtungen, die nicht mit zur Begründung der Elemente dienten, der Fall, so dass man zu der Hoffnung vollkommen berechtigt ist, dass diese Bestimmungen die Mercursbewegungen auch in den nächsten Jahrzehnten mit dem Himmel übereinstimmend darstellen werden.

Göttingische gelehrte Anzeigen. Stück 19. Seite 188..189. 1814 Januar 31.

Die königl. Academie der Wissenschaften in Berlin hatte die genaueste Bestimmung der Grösse der Präcession zum Gegenstande einer Preisfrage gemacht: sie hat der Arbeit des Hrn. Bessel darüber den Preis zuerkannt. Niemand konnte auch in der That diese Bestimmung mit glücklicherm Erfolg übernehmen, als Hr. Bessel, welcher seit sechs Jahren an einer vielseitigen Discussion der Bradley-schen Beobachtungen gearbeitet hat. Er hat zu diesem Behuf 4585 Sternbestimmungen angewandt, und wir glauben den Astronomen einen wichtigen Dienst zu leisten, wenn wir das von ihm gefundene Endresultat für eine Grösse, welche sie täglich nöthig haben, hier mittheilen.

Lunisolarpräcession . . . . $= 50''35330 - 0''0002435890 \ (t - 1800)$

Beobachtete allgemeine Präcession . . . . . . $50.18924 + c.0002442966 \ (t - 1800)$

Constante bei der Präcession in Gerader Aufsteigung $46.01058 + 0.0003590677 \ (t - 1800)$

Constante bei der Präcession in Declination . . $20.04966 - 0.0002135621 \ (t - 1800)$

Von der von Triesnecker bemerkten Erscheinung, dass die Bewegungen an einigen Punkten des Himmels auf eine ungleiche Präcession deuten sollen, hat Herr Bessel keine deutliche Spur bemerkt.

Göttingische gelehrte Anzeigen. Stück 27. Seite 269..272. 1814 Februar 14.

Philosophical Transactions of the Royal Society of London for the Jear 1813. IV und 304 Seiten. Meteorological Journal und 8 Seiten Index in Quart.

Beobachtung der Sommersolstitien von 1812 und 1813, und des Wintersolstitiums 1812, auf der königl. Sternwarte zu Greenwich, von J. Pond (drei Aufsätze). Das Instrument, womit diese Beobachtungen angestellt wurden, ist ein von Troughton verfertigter sechsfussiger Muralkreis, von welchem Herr Pond in der Folge eine ausführliche Beschreibung zu geben verspricht. Aus den wenigen Notizen, die hier davon mitgetheilt werden, sieht man, dass das Charakteristische desselben darin besteht, die Bögen des himmlischen Meridians ohne eine Beziehung auf das Zenith zu messen, daher er auch weder ein Bleiloth noch ein Niveau hat. Die Bestimmung der Stellung des Zenithpunkts im Meridian wird lediglich dem Zenithsector vorbehalten. Was hier von der Genauigkeit der Messungen mit diesem Instrument (welches einer über Paris erhaltenen Privatnachricht zufolge 1600 Guineas kosten soll) gerühmt wird, scheint eine neue Epoche für diesen Theil der practischen Astronomie zu versprechen. Die Resultate dieser Bestimmungen für die mittlere Schiefe der Ekliptik sind:

Sommersolstitium von 1812 . . . . $23° \ 27' \ 50''5$

Wintersolstitium von 1812 . . . . $23 \ 27 \ 47.35$

Sommersolstitium von 1813 . . . . $23 \ 27 \ 49.5$

Bei Berechnung der Beobachtungen hat sich Hr. Pond der Bradley'schen Refractionstafeln bedient. *Verzeichniss der Nordpolabstände von 44 der vornehmsten Fixsterne,* für den Anfang des J. 1813, und in einem spätern Aufsatze *ein ähnliches Verzeichniss für 84 Fixsterne* von J. Pond. Das erstere dieser Verzeichnisse ist auch in Deutschland schon früher bekannt geworden: das zweite ist als eine vermehrte und verbesserte Ausgabe zu betrachten. Die Anzahl der Beobachtungen, worauf sich diese Bestimmungen gründen, geht bei einigen Sternen bis auf 100, beim Polarstern sogar auf 200. Bei einigen der vornehmsten Sterne gibt Herr Pond zugleich die Resultate aus den einzelnen Beobachtungsreihen (jede von zehn Beobachtungen), deren Uebereinstimmung von der Vortrefflichkeit des Instruments zeugt und alles übertrifft, was man bisher in dieser Art gekannt hat. Bei vielen Sternen hielt Herr Pond seine Bestimmung auf $\frac{1}{4}$ Secunde zuverlässig, so weit sie blos vom Instrument abhängt. Eine Auswahl von 30 der vornehmsten Sterne nordwärts vom Aequator hat Herr Pond noch in einem besondern Verzeichniss zusammengestellt, welches er den Normalcatalog (Standard catalogue) nennt, und dem er als Seitenstück des Maskelyneschen Catalogs für die geraden Aufsteigungen eine immer grössere Vollkommenheit zu geben gedenkt.

Noch stehen mit der practischen Astronomie in Verbindung zwei Aufsätze von William Hyde Wollaston. Der erstere gibt eine Methode, äusserst feine Metalldrähte zu ziehen. Sie besteht darin, in das Innere eines anfangs dicken Silberdrahts einen Draht von Gold oder Platina zu bringen (indem man entweder den ersten hohl bohrt, oder den Platindraht in einer Form mit geschmolzenem Silber umgiesst), diesen Doppeldraht auf bekannte Weise auszudehnen, und endlich das Silber durch warme Salpetersäure wieder abzulösen. Mit Platina gelangen diese Versuche am besten. Er erhielt auf diese Weise Fäden von $\frac{1}{1000}$ und $\frac{1}{5000}$ Zoll Dicke, die zur Einspannung im Brennpunkte astronomischer Fernrohre vortreffliche Dienste zu leisten geschickt waren. Diese Fäden sind schon weit dünner als die feinsten Spinnfäden. (Rec. fand durch Messungen, dass die Dicke eines in einem 16zolligen Fernrohre im Brennpunkte eingezogene Spinnefadens einen Bogen von $7''8$ deckte; demzufolge wäre die Dicke dieses Fadens $\frac{1}{1650}$ Zoll). Allein Herr Wollaston trieb die Sache noch viel weiter und stellte Fäden von fast unglaublicher Feinheit (obwohl nur in kleinen Stücken) dar. Verhältnissmässig hatten sie noch viel Stärke; ein Platinafaden von $\frac{1}{18000}$ Zoll Dicke trug noch $1\frac{1}{4}$ Gran. Um die Dicke so äusserst zarter Gegenstände mit einem gewissen Grade von Genauigkeit messen zu können, bediente er sich einer besonnern Vorrichtung, welche er in dem andern Aufsatze unter dem Namen Single-lens micrometer beschreibt. Das Wesentliche besteht in einer Linse von sehr kurzer Brennweite ($\frac{1}{15}$ Zoll), in deren Brennpunkt das Object gebracht wird. Die Oeffnung dieser Linse ist so klein, dass neben der Linse in den Messingplättchen, in welches sie gefasst ist, in einer Entfernung von $\frac{1}{15}$ Zoll vom Mittelpunkt ein kleines Loch angebracht werden kann, und die Pupille zugleich von dem Object durch die Linse und von einer verschiebbaren Scale durch das Loch Licht erhält. Die Scale wird so weit entfernt, bis das Object genau einen oder einige Theile derselben deckt; die Entfernung der Scale und die Anzahl der Theile bestimmen dann die Grösse des Objects.

Noch gehört hieher: *Ueber die Lichtstärke des Cassegrainschen Teleskop verglichen mit dem Gregoryschen* von H. Kater. Zwei Paare solcher Teleskope, von Einem Künstler (Hrn. Crickmore in Ipswich) verfertigt, wurden mit einander verglichen, und dabei die Verschiedenheit des Flächeninhalts der grossen Spiegel und der Abgang durch die kleinern Spiegel nebst den Armen, die sie trugen, in Rechnung gebracht. Bei dem einen Paar war das Verhältniss der Lichtstärke wie 7 zu 3, bei dem andern wie 3 zu 2, beide Male zu Gunsten des Cassegrain'schen Teleskops; beim ersten Paar hatte der Spiegel des Cassegrain'schen, beim andern der des Gregory'schen den Vorzug einer etwas vollkommnern Politur, daher der Verfasser glaubt, dass unter ganz gleichen Umständen das Cassegrain'sche Teleskop etwa doppelt so viel Licht habe, als das Gregorysche. Wenn wir voraussetzen dürfen, dass die Oeffnung, an welche unmittelbar das Auge angebracht wurde, in allen vier Teleskopen die gehörige Grösse hatte, um alles Licht von den grossen Spiegeln durchzulassen, — der Verfasser berührt diesen Punkt nicht, allein Rec.

hat verschiedene Gregory'sche Teleskope unter Händen gehabt, bei welchen diese Oeffnung zu klein war — so sind diese Erfahrungen sowohl dem Astronomen als dem Physiker höchst merkwürdig, und man möchte geneigt sein, der Erklärung des Verf. beizutreten, der den Grund des sonderbaren Phänomens in dem Umstande sucht, dass im Gregory'schen Teleskop zwei wirkliche Bilder zu Stande gebracht werden, im Cassegrain'schen hingegen nur eines, und daraus den Schluss zieht, dass das Kreuzen der Strahlen in einem Punkt oder die Formation eines wirklichen Bildes einen gewissen Lichtverlust bewirkt. Er glaubt, dass hiermit vielleicht die Erfahrung in Verbindung stehe, dass Galilei'sche Fernröhre unter gleichen Umständen mehr Wirkung thun, als astronomische.

Göttingische gelehrte Anzeigen. Stück 40. Seite 393..400. 1814 März 10.

Astronomisches Jahrbuch für das Jahr 1816, *nebst einer Sammlung der neuesten in die astronomischen Wissenschaften einschlagenden Abhandlungen, Beobachtungen und Nachrichten. Berechnet und herausgegeben von* J. E. Bode *königl. Astronom und Mitglied der Akademie.* 1813. 268 Seiten in Octav.

Das Jahr 1816 zeichnet sich durch eine grosse Sonnenfinsterniss aus (19. November), welche in einem Theile von Europa total mit Dauer sein wird, z. B. in Danzig, Warschau. Die Einrichtung des Kalenders ist in diesem Jahre ganz dieselbe, wie in dem vorhergehenden, nur sind jetzt für Sonnendurchmesser und Schiefe der Ekliptik die neuesten Bestimmungen zum Grunde gelegt, und bei den Verfinsterungen der Jupiterstrabanten, welche noch nach den Wargentin'schen Tafeln berechnet sind, ist der Gang der Unterschiede dieser Tafeln von den Delambre'schen im Allgemeinen beigefügt. Von der Menge und Reichhaltigkeit der *Zusätze*, welche auch diesen Band begleiten, wurden wir um so angenehmer überrascht, da wir der Zeitumstände wegen kaum gehofft hatten, das Jahrbuch überhaupt zur gewöhnlichen Zeit erscheinen zu sehen. Den Anfang macht ein chronologisches Verzeichniss der berühmtesten (verstorbenen) Astronomen seit dem dreizehnten Jahrhundert, ihrer Verdienste, Schriften und Entdeckungen, in welchen man nicht leicht einen in der Geschichte der Astronomie nur irgend merkwürdigen Namen vermissen wird. — Astronomische Beobachtungen auf der königl. Sternwarte zu Kopenhagen in den Jahren 1811 und 1812 angestellt, von Herrn Staatsrath und Ritter Bugge. Oppositionen des Uranus 1811 und 1812, des Saturn 1811 und 1812, der Ceres 1811, der Vesta 1812, des Mars 1811, Beobachtungen des grossen Cometen von 1811, Sternbedeckungen und Verfinsterungen der Jupiterstrabanten. — Beobachtete Jupiterstrabanten-Verfinsterungen und Sternbedeckungen auf der Greenwicher Sternwarte in den Jahren 1809 und 1810 (aus der gedruckten Sammlung der Maskelyne'schen Beobachtungen gezogen). — Beobachtungen des veränderlichen Sterns η im Antinous, und Tafeln zur Berechnung seines grössten Lichts von Hrn. Prof. Wurm, eine Fortsetzung des Aufsatzes im Jahrbuche für 1814. Wir wünschten, dass dieser verdiente Astronom uns auch bald mit einer ähnlichen Arbeit über den veränderlichen Stern im Wallfisch beschenken möchte. — Astronomische Beobachtungen auf der königl. Sternwarte zu Berlin angestellt, im Jahre 1812. — Beobachtungen der Jupiterstrabanten. — Verfinsterungen, Sternbedeckungen, Gegenscheine der Ceres, Pallas, Juno, Vesta, des Cometen von 1812 auf der Wiener Sternwarte angestellt von Hrn. Triesnecker. Meridianbeobachtungen der Ceres und Vesta, des Mars, Saturn und Jupiter im Jahre 1811 angestellt von Hrn. Groombridge. — Ueber die Bestimmung der Theilungsfehler eines Spiegelsextanten von Hrn. Dr. Benzenberg. Dass man sich auf die absoluten Grössen der mit diesen Werkzeugen gemessenen Winkel nicht unbedingt verlassen dürfe, ist sehr gegründet, wenn es gleich in einzelnen Fällen unentschieden bleiben mag, wie viel von dieser Ungewissheit auf Rechnung wirklicher Theilungsfehler, oder einer kleinen Excentricität oder einer kleinen Abweichung der beiden Flächen des grossen Spiegels von der parallelen Lage komme. Das von Hrn. B. vorgeschlagene Verfahren, die Fehler des Instruments in eine Tafel zu bringen, verträgt indess nur in sehr ebnen Gegenden eine Anwendung, wenn man nicht zugleich ein Instrument zum Messen kleiner Höhen hat; auch ist es wohl nicht überflüssig, dabei eine besondere Vorsicht zu empfehlen, damit alle Winkel genau aus Einem Punkt gemessen oder wenigstens darauf reducirt werden. — Verschiedene astronomische Beobachtungen, von Hrn. LEE aus London mitgetheilt. Beobachtungen des grossen Cometen von 1811 im Ostindischen Ocean am Bord eines Schiffes vom 17. Mai bis 15. Juni; ferner verschiedene astronomische Beobachtungen aus Port Jackson auf Neuholland und aus Calcutta. — Astronomische Beobachtungen im Jahre 1812 auf der Prager Sternwarte von den Hrn. DAVID und BITTNER. — Beobachtete Scheitelabstände der Sonne und Sternbedeckungen zu St. Gallen in der Schweiz, von Hrn. VON SCHERER, woraus Herr TRIESNECKER zugleich die geographische Lage dieses Orts ableitet. — Sichtbare Lichtveränderungen des Algol in den Jahren 1814, 1815 und 1816, vorausberechnet von Hrn. WURM. — Beobachtungen des grossen Cometen von 1811 vom 6. September bis 19. October, Oppositionen des Saturn 1811 und Sternbedeckungen von Hrn. DERFLINGER in Kremsmünster. — Neue Refractionstafel, aus BRADLEY's Beobachtungen der Circumpolarsterne abgeleitet, von Hrn. Prof. BESSEL. Diese Tafel ist aus einer Abhandlung des Verf. im vierten Heft des Königsberger Archivs gezogen; allein es fehlt dabei eine Anweisung zum Gebrauch, um so mehr, da das Rechnungsbeispiel nicht ganz im Geist des Verf. ausgeführt ist. — Beobachtungen des grossen Cometen im Jahre 1811, nebst Bemerkungen über den Bau seiner verschiedenen Theile, von Herrn Dr. HERSCHEL; und nachher Beobachtungen des zweiten Cometen vom Jahre 1811 nebst Bemerkungen über seinen Bau; von demselben Verf. sind Auszüge aus zwei Abhandlungen in den neuesten Bänden der *Philosophical Transactions*, von denen wir hier einer umständlichen Anzeige um so mehr uns überheben, da die Originalabhandlungen bereits früher in diesen Blättern von einem andern Rec. angezeigt sind. Wir bemerken daher nur, dass, so schätzbar die Beobachtungen HERSCHEL's über diese Cometen sind, es uns jetzt noch viel zu früh scheint, Resultate über die Naturgeschichte dieser merkwürdigen Weltkörper feststellen zu wollen. Der Erfahrungen sind noch viel zu wenige, sie haben selbst bei weitem nicht den Grad von Zuverlässigkeit, wie astronomische Beobachtungen anderer Art, und unsrer Ueberzeugung nach werden erst die künftigen Jahrhunderte, die die jetzt beobachteten Cometen werden wiederkehren sehen, über das, was jetzt nur vage Hypothese sein kann, entscheiden können. Herr HERSCHEL stellt unter andern die Vermuthung auf, dass der Comet von 1807, ehe er diesmal in sein Perihelium gelangte, früher sich einmal einem andern Fixsterne genähert habe und dadurch gleichsam zu einer frühern Reife gekommen sei als der von 1811, und glaubt, dass Cometen um andere Sonnen als die unsrige laufen mögen, werde durch den Umstand sehr wahrscheinlich, dass wir unter der grossen Anzahl der bis jetzt beobachteten erst von einem einzigen die Rückkehr mit Gewissheit kennen. Allein hiebei übersieht er offenbar, dass nach allen bisherigen Resultaten die Umlaufszeiten der Cometen in der Regel eher noch nach Jahrtausenden als nach Jahrhunderten gemessen werden müssen, und dass erst seit ein Paar Jahrhunderten die Cometen ordentlich beobachtet und seit nicht viel mehr als einem Jahrhundert berechnet werden; und was namentlich den Cometen von 1807 betrifft, so weiss man, dass dessen grösste Distanz von der Sonne, eben so wie die grösste Distanz aller andern, deren Bahn elliptisch hat berechnet werden können, nicht viel mehr als Nichts ist gegen die Distanz der nächsten Fixsterne. — Sternbedeckungen, Jupiterstrabanten-Verfinsterungen, Mondfinsterniss, Vesta, Uranus und Mars beobachtet auf der Sterwarte in Wilna in den Jahren 1811, 1812, 1813 von Hrn. JOH. SNIADECKY. — Beobachtungen des grossen Cometen von 1811 auf der Sternwarte zu Palermo und Berechnung der Elemente seiner Bahn von Hrn. PIAZZI aus dessen gedruckter Abhandlung. — Aus einem Schreiben des Hrn. Prof. DAVID in Prag; bezieht sich auf die abweichenden Resultate, welche die Hrn. VENT, BODE und DAVID zu verschiedenen Zeiten für die Polhöhe der Böhmischen Riesenkuppe gefunden hatten, worüber natürlich uns hier kein Urtheil zustehen kann. — Nachtrag zu dem im Jahrbuche 1813 befindlichen Verzeichnisse sichtbarer Sternbedeckungen im Jahre 1813 von Hrn. von WISNIEWSKY. — Verzeichniss der Länge und Breite von neun der vornehmsten Fixsterne nach den neuesten Beobachtungen, aus dem *Nautical Almanac* für 1815 entlehnt. — Geographische Lage verschiedener Oerter im mittlern Amerika, bestimmt von Hrn. von HUMBOLDT (aus dessen *Recueil d'observations astronomiques etc.*). — Projectionsmethode einer allgemeinen Himmelskarte. Sie besteht darin, die Abstände vom Nordpol in der Projection den Tangenten von ⅔ der Abstände auf der Kugel proportional zu setzen, indess bekanntlich in der stereographischen Projection jene den Tangenten der halben Abstände auf der Kugel proportional sind. Nach dieser neuen Art hat der Verf. die Himmelskarte bei der neuesten Ausgabe seiner geschätzten Anleitung zur Kenntniss des gestirnten Himmels entworfen, deren früheren Ausgaben eine ähnliche Karte nach der stereographischen Projection beigegeben war. Er wählte diese Abänderung, damit die Grade nach dem Südpol zu nicht so unverhältnissmässig stark gegen die nördlichen anwachsen, aber freilich gehen dadurch manche Vortheile der stereographischen Entwerfungsart verloren; das Bild bleibt dem Original nicht mehr in *den kleinsten Theilen* ähnlich, alle schief gegen den Aequator liegenden Kreise werden nicht mehr durch Kreise dargestellt, sondern durch Curven höherer Ordnung, die nur mühsam durch einzelne Punkte construirt werden können und die Winkel, unter welchen sie sich schneiden, sind denen auf der Kugel nicht mehr gleich. — Geocentrischer Lauf der Pallas vom 1. August 1814 bis 1. Februar 1815, und der Vesta vom 18. October 1813 bis 9. Juli 1814. — Planetenbeobachtungen auf der Greenwicher Sternwarte 1809 und 1810 von Dr. MASKELYNE. — Beobachtungen der beiden im Jahre 1813 erschienenen Cometen. Es sind hier blos vier Pariser Beobachtungen des ersten Cometen aufgeführt, und über den andern (von Hrn. Prof. HARDING auf der hiesigen Sternwarte und zugleich von Hrn. PONS in Marseille entdeckten) nur einige allgemeine Nachrichten gegeben. — Die elliptischen Elemente der Planetenbahnen, für die ältern Planeten aus der dritten Ausgabe der LAPLACE'schen *exposition du système du monde* (wovon 1812 eine vierte Ausgabe erschienen ist), die der neuern nach den neuesten (dem Herausgeber damals bekannten) Bestimmungen von GAUSS; dieser Artikel würde jetzt bereits eine fast gänzliche Umarbeitung vertragen, da die Theorien der meisten Planeten seitdem neu bearbeitet sind. — Fernere Beobachtungen des grossen Cometen von 1811 nebst astronomischen Bemerkungen von Hrn. Prof. BESSEL, eine neue Reduction der wichtigen von ZACH'schen Beobachtungen dieses Cometen im ersten Zweige seiner Bahn. — Beobachtungen des Cometen von 1812 nebst Elementen seiner Bahn von BOUVARD. — Methode zur Bestimmung der Abweichung eines Passageinstruments vom Meridian aus Beobachtungen der obern und untern Culminationen zweier nordlichen in der geraden Aufsteigung beinahe entgegengesetzten Sterne, nebst einem Verzeichniss solcher Sterne. Wir halten diese Methode für die allerzweckmässigste, besonders wenn der eine Stern der Polarstern selbst ist, und bemerken nur, dass in diesem Falle der andere Stern ohne Nachtheil auch von beinahe *gleicher* Rectascension sein darf. — Planetenbeobachtungen auf der Pariser Sternwarte im Jahre 1809 von Hrn. BOUVARD (aus der *Connoissance des tems* für 1812). — Unter den am Schluss beigefügten verschiedenen kleinen astronomischen Notizen bezeichnen wir hier nur diejenigen, welche die vortrefflichen aus der REICHENBACH'sche Werkstatt in München hervorgegangenen astronomischen Instrumenten betreffen, worunter ein 24fussiger Achromat mit 8 Zoll Oeffnung. — Noch sind zwei Nachträge zu diesem Bande zu bemerken, wovon der erstere die Originalbeobachtungen des grossen Cometen von 1811, von WISNIEWSKY im August 1812 angestellt, der andere, das POND'sche Fixsternverzeichniss (obwohl nicht

das allerneueste) enthält. — Wir können nicht umhin, dem verdienstvollen Herausgeber für den unermüdeten Eifer zu danken, womit er so vielfache dem Astronomen wichtige Materialien zusammenge-
tragen hat, unter denen auch dasjenige, was aus andern, dem bei weiten grössten Theile der Leser
ohnehin jetzt meistens nicht zugänglichen, Schriften entlehnt ist, nicht anders als willkommen sein
kann.

Göttingische gelehrte Anzeigen. Stück 48. Seite 475..478. 1814 März 24.

Effemeridi astronomiche di Milano per l'anno 1814, calcolate da Francesco Carlini. *Dalla stamperia
reale. Con appendice* 120 und 140 Seiten in klein Quart.

Da wir von der zweckmässigen Einrichtung dieser vortrefflichen astronomischen Ephemeriden und
von den *stehenden* Artikeln, welche ihm beigegeben sind, bereits bei der Anzeige der vorhergehenden
Jahrgänge Rechenschaft gegeben haben (m. s. St. 95 vom vorigen Jahre [S. 556 d. B.]), so schränken
wir uns jetzt auf die Anzeige des auch bei diesem Jahrgange sehr reich ausgestatteten Anhangs ein.
Wir finden zuerst die Beobachtungen des ersten Cometen des Jahrs 1811 von Barnabas Oriani. Diese
Beobachtungen reichen vom 29. August 1811 bis 21. Januar 1812; es werden sowohl die Originalverglei-
chungen am Aequatorealsector als die daraus abgeleiteten Stellungen mitgetheilt, auch parabolische
Elemente, wodurch diese sehr gut, aber nicht so genau die ältern von Zach'schen Beobachtungen dar-
gestellt werden. Was Oriani über das äussere Ansehen dieses merkwürdigen Cometen sagt, ist über-
einstimmend mit den Beobachtungen anderer Astronomen; er stellt auch eine Vergleichung mit dem
Cometen von 1744 an, welcher in dieser Beziehung mit dem von 1811 viel ähnliches hatte, allein mit
Recht bemerkt dieser einsichtsvolle Astronom, dass die Anzahl grösserer mit Fernröhren beobachteter
Cometen noch viel zu klein, uns es daher zu misslich sei, auf einige bei drei oder vier Cometen im
äussern Ansehen wahrgenommene Aehnlichkeit Theorien gründen zu wollen, die auf eine plausible Art
den Ursprung der verschiedenen seltsamen Erscheinungen ihrer Atmosphären und Schweife erklären könnten. Am 24. December glaubte Oriani *mitten* in dem Kopfnebel des Cometen einen hellen Kern zum
ersten Male zu bemerken, allein da derselbe in den folgenden Tagen sich nicht wieder unterscheiden
liess, so wurde er hierüber wieder zweifelhaft und hielt es für wahrscheinlich, dass jener vermeinte
Kern vielmehr ein Fixstern 9. oder 10. Grösse gewesen sei. Es scheint uns wohl der Mühe werth, dass
deshalb an dem Platze, wo der Comet den 24. December stand, (ger. Aufst. 306° 16′ 21″, Abw. 1° 54′ 6″
Nordl.) einmal wieder nachgesehen werde (in der gegenwärtigen Jahreszeit ist dieser Theil des Himmels
nicht sichtbar). Hierauf folgen in gleichem Detail die Beobachtungen des zweiten Cometen von 1811,
von demselben Astronomen, auch parabolische Elemente, welche indessen keine sehr gute Uebereein-
stimmung geben. Bekanntlich hat Herr Nicolai die Bahn dieses Cometen in einer Ellipse berechnet,
wodurch auch die Oriani'schen Beobachtungen, ohne vorher mit benutzt gewesen zu sein, doch recht
gut dargestellt werden. — Beobachtungen des Cometen vom Jahre 1812 von *Ebendemselben* (vom 1. bis
25. Sept.) nebst parabolischen Elementen. — Es folgen hierauf in einer Reihe von Aufsätzen mehrere
beobachtete Planetenpositionen von Oriani und Santini, die wir hier nur kurz berühren können. Von
Oriani sind die Gegenscheine des Uranus 1811, des Mars 1811, der Vesta 1811 und der Vesta 1812, die
drei erstern am Ramsden'schen Mauerquadranten, die vierte am Aequatorealsector; von Santini in Padua
die Opposition der Juno 1810 und die des Uranus 1810, beide am Ramsden'schen Mauerquadranten. —

Sternbedeckungen in den Jahren 1812 und 1813 und Sonnenfinsterniss vom 31. Januar 1813, beobachtet von Oriani, nebst einer ausführlichen Berechnung der Bedeckung von α Stier 22. October 1812, um die Fehler der neuen Burckhardt'schen Mondstafeln zu bestimmen. Es wird manchem lieb sein, hier die nöthigen Vorschriften in zierlicher Form zusammengestellt und practisch erläutert zu sehen; vielleicht wäre indess für manche Leser die Bemerkung nicht ganz überflüssig gewesen, dass eben in dem gegenwärtigen Fall das Resultat für den Breitenfehler der Tafeln nicht sehr scharf ausfallen konnte. — Ein Brief des Hrn. Joseph Piazzi an Oriani vom 4. Juli 1812, welcher noch einige Verbesserungen seines grossen Sterncatalogs und des kleinern im Libro Sesto della specola astronomica, und ausserdem die angenehme Nachricht enthält, dass jener berühmte Beobachter eine ganz neue Bearbeitung des grossen Catalogs der Vollendung schon ganz nahe gebracht hat, die die Astronomen nicht anders als mit Ungeduld erwarten können. — Betrachtungen über die astronomischen Uhren von Angelo Cesaris enthalten neben dem Bekannten einige nicht uninteressante Bemerkungen über verschiedene von Italienischen Künstlern versuchte Abänderungen des Echappements und anderer Theile, welchen Bemerkungen man nur etwas mehr Ausführlichkeit wünschen möchte. — Noch einige beobachtete und berechnete Oppositionen der neuen Planeten von Francesco Carlini, nemlich Beobachtungen der Ceres 1811 und 1812 und der Pallas 1811, und Berechnung der Oppositionen der Ceres von 1809, 1811 und 1812, der Vesta 1810, der Juno 1810 und der Pallas 1811. Alle diese Resultate, so wie die oben angeführten, sind, da sie von sehr geübten Beobachtern herrühren und sich auf Beobachtungen mit vortrefflichen Werkzeugen gründen, für die Planetentheorie von sehr hohem Werthe. — Den Schluss machen die dreijährigen von Cesaris auf der Mailänder Sternwarte angestellten meteorologischen Beobachtungen (1810—1812), worüber wir hier uns nur die einzige Bemerkung erlauben, dass der in den nördlichen Gegenden von Europa so ungewöhnlich heisse Sommer von 1811 es in Mailand in bei weitem geringerm Grade war; während der letzten Hälfte des Juli war der höchste Thermometerstand nur 25° 4, und plötzliche Abänderungen hatten gar nicht statt, da hingegen z. B. in Göttingen das Thermometer im Schatten den 19. Juli auf 27°, und den 20. sogar auf 29° stieg, und dann auf einmal sehr tief herunter ging: eine niederschlagende Bemerkung für die Liebhaber allgemeiner Wettertheorien!

Göttingische gelehrte Anzeigen. Stück 71. Seite 705..710. 1814 Mai 2.

Commentationes mathematico-philologicae tres, sistentes explicationem duorum locorum difficilium, alterius Virgilii, alterius Platonis itemque examinationem duorum mensurarum praeceptorum Columellae. Adjecta est epistola ad v. cl. J. G. Schneider de excerptis geometricis Epaphroditi et Vitruvii Rufi scripta ab auctore harum commentationum Carolo Brandano Mollweide, astron. in acad. Lipsiensi professore. 1813. Leipzig. Bei Cnobloch. 122 Seiten in Octav, nebst einer Kupfertafel.

Je seltener sich gründliche mathematische Kenntnisse und eine innig vertraute Bekanntschaft mit den Schriftstellern und Sprachen des Alterthums in Einer Person vereinigt finden, desto willkommener müssen die Aufklärungen sein, welche der gelehrte Verf. der vorliegenden Aufsätze mit Hülfe der Mathematik über verschiedene dunkle Stellen bei alten Schriftstellern verbreitet. Der erste Aufsatz betrifft die bekannte Stelle in Virgils Gedicht vom Landbau über die Zeiten der zweifachen Honigernte.

Bis gravidos cogunt fetus: duo tempora messis
Taygete simul os terris ostendit honestum
Pleias, et oceani spretos pede repulit amnes,
Aut eadem sidus fugiens ubi piscis aquosi
Tristior hibernas coelo descendit in undas.

Georg. IV. 231—235.

Die meisten Ausleger sind darüber einig, dass die Jahrszeit, welche in den zwei letzten Versen bezeichnet wird, der Herbst sei, wo die Plejaden des Morgens untergehen, und dass daher bei dem descendit in undas der *cosmische* Untergang verstanden werden müsse: allein über die Worte sidus fugiens piscis aquosi sind eine Menge verschiedener Erklärungen versucht, ohne dass eine sich allgemeinen Beifall hätte erwerben können, und einige Ausleger haben geradezu gestanden, dass sie so wie sie da stehen unerklärbar sein. Herr MOLLWEIDE hatte seine Ansicht von dieser Stelle schon vor geraumer Zeit in der Monatl. Corresp. (1802 Mai) vorgetragen; späterhin lieferte er bei Gelegenheit seiner Ernennung zum Professor der Astronomie in Leipzig in einer besonders gedruckten kleinen Schrift eine Umarbeitung jenes Aufsatzes, welche jetzt mit neuen Vermehrungen in der vorliegenden Sammlung erscheint. Er versteht unter piscis aquosus nicht wie die meisten andern Ausleger die Fische im Thierkreise, sondern den südlichen Fisch, obwohl er einen Hauptgrund, womit er in dem ersten Aufsatz diese Meinung unterstützte (dass nemlich das Beiwort aquosus, welches bei den Fischen im Thierkreise etwas müssig zu stehen scheine, sich auf die Stellung des Sterns erster Grösse im südlichen Fisch am Wasserguss des Wassermanns beziehe), in den spätern Umarbeitungen wieder hat fallen lassen (vermuthlich deswegen, weil sich andere Stellen finden, wo piscis mit demselben Beiworte entschieden den Fisch im Thierkreise bedeutet), und jetzt dieses Beiwort nur als eine Anspielung auf die nasse Jahrszeit nimmt. Das *Fliehen* der Plejaden vor dem südlichen Fisch erklärt er dadurch, dass der cosmische Untergang der Plejaden und der acronychische Aufgang des südlichen Fisches ziemlich nahe zusammenfallen, und zum Beweise, dass das Bild einer Flucht in einem solchen Sinne gebraucht werden könne, bezieht er sich auf eine andere Stelle desselben Gedichts:

Vere fabis satio; tum te quoque, Medica, putres
Accipiunt sulci, et milio venit annua cura,
Candidus auratis aperit quum cornibus annum
Taurus, et adverso *cedens* canis occidit astro.

Georg. I. 215—218.

wo cedens dieselbe Bedeutung hat, wie fugiens in der obigen Stelle, und nach Hrn. MOLLWEIDE das nahe Zusammentreffen des Abend-Untergangs des Hundes mit dem Früh-Aufgange des Stiers andeutet. Mit so vieler Erudition auch Herr MOLLWEIDE seine Erklärung unterstützt, so kann Rec. doch nicht leugnen, dass nach seinem Gefühl das Gezwungene in derselben nicht ganz weggeschafft ist. So gern er diese Erklärung der zweiten Stelle gelten lassen mag und in dem Zusammentreffen des Abenduntergangs eines Sterns mit dem Frühaufgange eines andern, wenn es ein Fliehen des erstern vor dem zweiten genannt wird, *trotz der verschiedenen* Tagszeit ein schönes und wahres poetisches Bild erkennt, so hart scheint es ihm, dasselbe Bild bei dem umgekehrten Fall (der hier in Rede steht) anzuwenden, wo der fliehende Stern des Morgens untergeht und der vertreibende des Abends aufgeht. Im Frühjahr fängt das Sternbild des grossen Hundes, welches bis dahin jeden Abend am westlichen Himmel geglänzt hatte, an, ganz unsichtbar zu werden, ungefähr um die Zeit, wo der Stier, welcher seinerseits eine Zeitlang ganz unsichtbar gewesen war, anfängt, wieder sichtbar zu werden und immer mehr in den Frühstunden den östlichen Himmel zu schmücken: was kann man dagegen haben, wenn ein Dichter dies ein Fliehen des Hundes vor dem Stier nennt? Aber wo bleibt die Wahrheit und Anschaulichkeit des poetischen Bildes, wenn der Dichter den Plejaden eine Flucht vor dem Fomahand beilegt in einer Jahrszeit, wo die Erscheinungen eigentlich auf folgende Art einander folgen: des Abends nach Sonnenuntergang, so bald überhaupt Sterne sichtbar werden, sind beide schon aufgegangen, freilich Fohamond beinahe eine halbe Stunde früher als die Plejaden; allein Fomahand erhebt sich nur wenig über den Horizont, und ist lange vor Mitternacht schon wieder untergegangen, während die Plejaden die ganze Nacht hoch am Himmel glänzen und erst in dem Augenblick unter den Horizont gehen, wo die Sonne aufgeht. So scheint es, wenn obige Stelle als Parallelstelle gebraucht werden darf, würde sie natürlicher die Erklärungsart des Bischofs Horsley rechtfertigen, welcher in den zwei letzten Versen die Gleichzeitigkeit des Abenduntergaunges der Plejaden mit dem Früh-Aufgange der Fische (im Frühjahr) findet, wenn nicht dieser Auslegung andere nicht unerhebliche Bedenklichkeiten im Wege ständen. [Die Anzeigen der zweiten und dritten Abhandlung und die Briefe finden sich im IV. Bande dieser Werke unter den Anzeigen von Schriften, die Gegenstände aus dem Gebiete der Geometrie behandeln].

Göttingische gelehrte Anzeigen. Stück 210. Seite 2089..2100. 1814 December 31.

L'attraction des montagnes, et ses effets sur les fils à plomb ou sur les niveaux des instrumens d'astronomie, constatés et determinés par des observations astronomiques et géodésiques faites en 1810, à l'ermitage de notre dame des anges, sur le mont de Mimet, et au fanal de l'isle de Planier près de Marseille; suivis de la description géométrique de la ville de Marseille et de son territoire. Par le baron DE ZACH. 1814. Avignon. Bei SEGUIN dem Aeltern. XX und 716 Seiten in gross Octav.

Die von BOUGUER und CONDAMINE im Jahre 1738 am Chimborasso, und von MASKELYNE im Jahre 1774 am Shehallien in Schottland über den Einfluss grosser Gebirgsmassen auf die Richtung der Schwere angestellten Beobachtungen waren bis jetzt die einzigen directen Versuche in Beziehung auf diesen interessanten Gegenstand gewesen. Die erstern hatten für die Ablenkung des Loths von seiner natürlichen Richtung $7''5$, die andern $5''8$ gegeben. Allein eigentlich haben nur die Beobachtungen in Schottland eine entschiedene Zuverlässigkeit, keineswegs aber die unter zu ungünstigen Umständen und mit verhältnissmässig zu unvollkommenen Werkzeugen ausgeführten Beobachtungen in Peru. Die Wichtigkeit des Gegenstandes macht es daher höchst wünschenswerth, dass diese interessanten Erfahrungen bei dem gegenwärtig so sehr vervollkommneten Zustande der practischen Astronomie mehr vervielfältigt werden mögen, und die vorliegende Arbeit eines der ersten Beobachter ist demnach als ein wahrer Gewinn für die Wissenschaft zu betrachten. Das Werk, welchem diese Anzeige gewidmet ist, enthält die sämmtlichen zu dieser Operation gehörigen Beobachtungen bis ins kleinste Detail, entwickelt ausführlich die angewandten Beobachtungs- und Rechnungsmethoden, und gibt ausserdem eine Menge mit Sorgfalt berechneter Hülfstafeln, die auch sonst mit grossem Vortheil benutzt werden können. Dass es überdies noch einen Reichthum an mancherlei practischen Bemerkungen und Urtheilen, so wie an gelehrten Notizen und Nebenuntersuchungen enthält, ist ein Vorzug, den man an den Schriften des Verfassers schon gewohnt ist.

VI. 118

In der Einleitung führt der Verf. den Leser zuvörderst auf den Standpunkt, von welchem das Phänomen der Anziehung der Berge und die Beobachtungen, wodurch es sichtbar wird, betrachtet werden müssen, erzählt dann die darauf Bezug habenden bisher gemachten Erfahrungen, und gibt endlich eine allgemeine Uebersicht von seinen eignen Operationen. Hier mag es genug sein, in Erinnerung zu bringen, dass da die Schwere nur die Gesammtwirkung ist, welche alle Bestandtheilchen des Erdkörpers nach dem allgemeinen Anziehungsgesetze auf die an der Oberfläche der Erde befindlichen Körper ausüben, modificirt durch die aus der Rotation der Erde entstehende Centrifugalkraft, die astronomische Polhöhe, als der Winkel der Richtung der Schwere gegen die Ebne des Aequators, beim Aufsteigen vom Aequator nach dem Pole regelmässig und nach Gesetzen, die aus Vergleichungen der verschiedenen Gradmessungen abgeleitet werden, zunehmen muss, in so fern die Erde als ein regelmässiger Körper betrachtet wird; dass aber dies regelmässige Fortschreiten gestört wird da, wo grosse Abweichungen der Oberfläche der Erde von der Normalgestalt merkliche Ablenkungen der Schwere von der natürlichen Richtung hervorbringen. Der Unterschied der Polhöhen zweier Oerter, an deren einem die Richtung der Schwere von Norden nach Süden oder von Süden nach Norden durch eine nahe Bergmasse afficirt wird, wo hingegen an dem andern der Einfluss derselben entweder nicht mehr merklich ist, oder seine Wirkung in entgegengesetzter Richtung äussert, wird durch astronomische Beobachtungen anders gefunden werden, als durch die Rechnung aus der gegenseitigen Lage und Entfernung beider Oerter, und diese Verschiedenheit gibt uns die Grösse der Ablenkung im erstern Fall, oder die Summe beider Ablenkungen in andern zu erkennen. Offenbar ist also der zweite Fall, welcher bei Maskelyne's Beobachtungen eintrat, der vortheilhaftere, und im erstern Fall das Geschäft doppelt schwieriger, indem die ganze Ablenkung immer nur sehr wenige Secunden beträgt, und die Beobachtungen daher von der grössten Feinheit sein müssen. Das Locale, wo Herr von Zach seine Operation ausführte, verstattete wahrscheinlich die Anwendung jenes vortheilhaftern Verfahrens nicht. Seine beiden Beobachtungspunkte waren, der eine am südlichen Abhange des Berges Mimet, des höchsten (400 Toisen über der Meeresfläche) in einer von Ost nach West laufenden Reihe von Kalkbergen, etwa zwei Meilen nördlich von Marseille, der andre der Leuchtthurm auf der sehr kleinen Insel Planier, ein Paar Meilen S. W. von Marseille. An dem erstern Orte, in der Höhe von 250 Toisen bei einem verfallenen Kloster Notre-Dame des Anges, musste der Berg eine Ablenkung der Richtung der Schwere nach Norden, folglich eine verminderte Polhöhe, bewirken: an dem andern Orte könnte der Einfluss der Berganziehung, wegen der grossen Entfernung, als unmerklich angesehen werden. Die beobachteten astronomischen Polhöhen mussten also einen kleinern Unterschied geben, als die unter Voraussetzung des regelmässigen Fortschreitens geführte Rechnung aus der durch geodätische Messungen bestimmten Lage beider Oerter. Zur Bestimmung der Polhöhen wendet man gern an beiden Oertern dieselben Sterne an; der Unterschied der Polhöhen, auf welchen allein es hier ankommt, wird dadurch unabhängig von der absoluten Richtigkeit der Declinationen der Sterne: man kann selbst die absoluten Polhöhen aus dem Spiele lassen, und anstatt ihres Unterschiedes sich an die Differenz der beobachteten Zenithdistanzen der Sterne halten, nachdem man sie von den kleinen periodischen Ungleichheiten befreiet und auf einerlei Zeitpunkt reducirt hat.

Von den acht Abschnitten, in welche Herr von Zach das vorliegende Werk getheilt hat, enthalten die beiden ersten die sämmtlichen bei Notre-Dame des Anges und auf der Insel Planier angestellten astronomischen Beobachtungen. Diese waren von dreierlei Art: Beobachtungen der Zenithdistanzen der drei Sterne α Ophiuchus, ζ Adler und α Adler; Beobachtungen von Pulversignalen zur Bestimmung der Längenunterschiede mit der Marseiller Sternwarte; und Beobachtungen von Azimuthen zur Orientirung des Dreiecksnetzes, wodurch die beiden Beobachtungsorte verbunden wurden. Die Zeitbestimmungen

geschahen an drei EMERY'schen Chronometern mit Hülfe der correspondirenden Sonnenhöhen; die Zenithdistanzen wurden mit einem zwölfzolligen Vervielfältigungskreise von REICHENBACH beobachtet, die Azimuthe mit einem achtzolligen Theodolithen von demselben Künstler. Schätzbar für die Beobachter mit
Vervielfältigungskreisen ist die hier mitgetheilte allgemeine Reductionstafel für die ausser der Culmination beobachteten Zenithdistanzen, schärfer und vollständiger berechnet, als man sie anderswo findet.
Der dritte Abschnitt enthält die terrestrischen Messungen. Eine Basis von 1182,4 Toisen wurde auf der
Strasse von Marseille nach Aix mit hölzernen Messstangen gemessen, über deren geringe Veränderlichkeit der Verf. hier merkwürdige Erfahrungen beibringt. Die horizontalen Winkel der sieben Dreiecke
des Netzes, das die beiden Hauptpunkte mit der Basis verband, wurden gleichfalls mit dem Theodolithen beobachtet, und meistens zehnmal, einige öfter, repetirt; die grösste Abweichung der Summe der
drei Winkel in einem Dreieck war 4″9. Im vierten Abschnitt leitet der Verf. aus diesen geodätischen
Messungen, indem er die sphäroidische Gestalt der Erde, die Abplattung $\frac{1}{310}$, und den Halbmesser des
Erdäquators 3271604 Toisen zum Grunde legt, nach den von DELAMBRE in den Méthodes analytiques pour
la détermination d'un arc du méridien gegebnen Formeln, den Unterschied der Breite und Länge für
die beiden Beobachtungsorte ab: jener findet sich 12′ 3″11; dieser 15′ 46″46. Auch für diese Rechnungen
theilt der Verf. verschiedene Hülfstafeln mit. Diese Rechnungsresultate werden nun im fünften Abschnitt mit den Resultaten der astronomischen Beobachtungen verglichen. Für den Unterschied der
Polhöhen gaben

$$
\begin{array}{lll}
\text{598 Beobachtungen von } \alpha \text{ Ophiuchus} & \ldots & 12' \ 0''84 \\
\text{518 Beobachtungen von } \zeta \text{ Adler} & \ldots & 12 \ 1.26 \\
\text{654 Beobachtungen von } \alpha \text{ Adler} & \ldots & 12 \ 1.30
\end{array}
$$

also im Mittel 1770 Beobachtungen 12′ 1″13, so dass 1″98 als das letzte Resultat für die Wirkung der
Anziehung des Mimet an dem Beobachtungsplatze Notre-Dame des Anges zu betrachten ist. Durch
die Beobachtungen der Pulversignale hatte sich der Längenunterschied gefunden zwischen der Marseiller Sternwarte und

$$
\begin{array}{lll}
\text{Notre-Dame des Anges} & \ldots & 7' \ 29''25 \\
\text{Leuchtthurm auf der Insel Planier} & \ldots & 8 \ 5.70
\end{array}
$$

ersterer aus 63 Beobachtungen von 11 verschiedenen Tagen, letzterer aus 53 Beobachtungen von 12 Tagen, (wobei fünf Beobachtungen eines Tages ohne andern Grund, als weil sie ein von den übrigen zu
abweichendes Resultat gaben, 7′ 38″1, ausgeschlossen waren). Der ganze Längenunterschied zwischen
Notre-Dame des Anges und der Insel Planier wird also aus diesen Beobachtungen 15′ 34″95, oder auf
die Punkte reducirt, auf welche sich die geodätischen Messungen beziehen, 15′ 35″79, also um 10″67,
oder wenn man gar keine Beobachtung ausschliesst, um 13″05 kleiner, als durch die geodätischen Messungen. Allein diesen Unterschied ist man keinesweges berechtigt, auch der Berganziehung zuzuschreiben, sondern vielmehr, wenigstens grösstentheils, den unvermeidlichen Beobachtungsfehlern der astronomischen Bestimmung des Längenunterschiedes, die, abhängig von der Zeit, bei weitem nicht des
Grades von Genauigkeit fähig war, wie die Beobachtung der Zenithdistanzen. Uebrigens war die ganze
Längenbestimmung nur eine untergeordnete, zum Hauptgeschäft gar nicht wesentliche Operation, und
es ist schon genug, dass wir dadurch belehrt werden, welchen Fehlern auch der geübteste Beobachter
bei dem angewandten Verfahren noch ausgesetzt bleibt. Eine ähnliche Belehrung geben die Vergleichungen der verschiedenen beobachteten Azimuthe. Wenn die auf der Insel Planier gemachten Azimuthalbestimmungen auf den Punkt Notre-Dame des Anges übertragen werden, so ergeben sich zwischen

den so abgeleiteten und den daselbst unmittelbar beobachteten Azimuthen Unterschiede von 7 und 21 Secunden, Abweichungen, welche durch eine billige Vertheilung auf die Azimuthalbestimmungen und die terrestrischen Winkelbeobachtungen füglich erklärt werden können.   Wir können jedoch nicht umhin hier einen kleinen Umstand zu erwähnen, der gerade bei Vergleichungen *dieser* Art nicht unwichtig ist. Es ist uns aufgefallen, dass beim Centriren der Winkel die Distanzen der Beobachtungsplätze von den Dreieckspunkten, welche der Verf. in Zehntausendtheilchen von Toisen angegeben hat, wenn sie auf metrisches Mass reducirt werden, fast sämmtlich nur Zehntheile vom Meter, also runde Decimeter geben.   Dies scheint doch kein Zufall zu sein, sondern der Verf. scheint jene Distanzen mit einem metrischen Massstabe gemessen und kleinere Theile unbeachtet gelassen zu haben.   Inzwischen ändert bei mehrern Winkeln ein Fehler von Einem Decimeter (etwa 4 Zoll) die Reduction um 3″.   Bei dem Hauptzweck des Verf. ist dies freilich etwas sehr unbedeutendes: allein wenn man die Uebertragung eines Azimuths auf einen andern entfernten Orts und die Vergleichung mit einem am letztern unmittelbar beobachteten benutzen will, um über die Gestalt der Erde neue Aufschlüsse zu erhalten, so wird man auch bei diesem Geschäft des Centrirens eine desto grössere Sorgfalt anwenden müssen, je grösser die Anzahl der Zwischen-Dreiecke ist.   Der Verf. selbst empfiehlt mit Wärme, die Ausführung einer solchen Operation mit REICHENBACH'schen Instrumenten, und schlägt dazu die Liparischen Inseln vor.   Wir wünschen nichts mehr, als diese Unternehmung von dem Verf. selbst ausgeführt zu sehen, wozu wir bei der Veränderung seines bisherigen Aufenthalts um so mehr Hoffnung haben dürfen.

      Der sechste Abschnitt ist der gehaltreichste des ganzen Werks.   Der Verf. untersucht zuvörderst den Einfluss, welchen die möglichen Fehler der einzelnen Operationen auf das Endresultat haben können.   Man begreift leicht, dass die Beobachtungen der Zenithdistanzen bei weitem der delicateste Theil des Ganzen sind, und in der That könnte mancher bei der ausserordentlichen Kleinheit des Endresultats, dessen Zuverlässigkeit eine Genauigkeit selbst bis auf Theile von Secunden bei jenen voraussetzt, um so eher Bedenklichkeit haben, da der Verfasser selbst früher bei anderer Gelegenheit erklärt hat, dass man bei allen mit Hülfe von Repetitionskreisen bestimmten absoluten Polhöhen immer einer Ungewissheit von mehrern Secunden ausgesetzt bleibe.   Freilich gründete sich diese Behauptung auf die Erfahrung, dass solche Bestimmungen durch *verschiedene* Kreise gemacht dergleichen Unterschiede zeigten, während die Resultate durch jeden einzelnen Kreis unter sich vortrefflich übereinstimmten.   Bei der gegenwärtigen Operation hingegen sind alle Beobachtungen mit einem und demselben Instrumente gemacht, sie haben unter sich die schönste Uebereinstimmung, und es kommt hier nicht auf die absoluten Bestimmungen selbst, sondern nur auf kleine Unterschiede an.   Herr VON ZACH benutzt zu einer weitern Bestätigung seiner Resultate die zahlreichen astronomischen Beobachtungen, welche er theils auf der Königl. Sternwarte zu Marseille, theils auf seinen eignen Sternwarten La Capellette und St. Peyre angestellt hat.   Die Unterschiede zwischen den dadurch bestimmten Polhöhen dieser drei Punkte (welche von der Gebirgsanziehung nicht mehr merklich afficirt werden) und der Polhöhe der Insel Planier stimmen äusserst nahe mit den Resultaten der geodätischen Messungen überein, wodurch er die Verbindung mit seinem Dreiecknetze bewirkt hat: während eine ähnliche Vergleichung mit Notre-Dame des Anges wieder ziemlich übereinstimmend jenen Unterschied von zwei Secunden herbeiführt.   Man könnte die Zulässigkeit dieses Bestätigungsgrundes vielleicht in Zweifel ziehen, in so fern sich diese fünf Polhöhen auf verschiedene Sterne gründen (Notre-Dame des Anges und die Insel Planier auf α Adler, hingegen die drei andern auf α und β im kleinen Bär).   Allein wenn man gehörig erwägt, dass die dabei angewandten Declinationen gerade diejenigen sind, welche Herr VON ZACH selbst mit eben diesem Instrumente an einem nicht sehr viel nordlicher liegenden Orte, Mailand, bestimmt hat, so überzeugt man sich leicht von der Nichtigkeit dieses Zweifels, in so fern man nur die Voraussetzung gelten lässt, dass die etwaigen Fehler, die bei den mit dem Kreise bestimmten absoluten Zenithdistanzen Statt finden mögen, für bestimmte Zenithdistanzen unveränderlich, und für wenig verschiedene Zenithdistanzen sehr nahe gleich sind. Was man auch immer von den Ursachen der merkwürdigen von Hrn. von Zach mit *verschiedenen* Kreisen gefundenen Differenzen urtheilen mag, so ist doch nicht zu leugnen, dass ohne die erwähnte Voraussetzung die bleibende Harmonie der mit einerlei Kreise gefundenen Resultate sich nicht erklären lasse. Nach allen diesen Gründen darf man annehmen, dass in der That der gefundene Unterschied von 2 Secunden sehr nahe die Anziehung des Berges Mimet darstellt, dabei wird jedoch kein praktischer Astronom in Abrede sein, dass in diesem Resultate immer noch eine Ungewissheit von einer halben Secunde (wo nicht mehr) zurückbleibe, und sich also dasselbe in keine engeren Grenzen als 1″5 bis 2″5 einschränken lasse. Man muss daher allerdings bedauern, dass eine so schöne und so sorgfältig ausgeführte Operation nur eine so kleine Grösse hervorgebracht hat, gegen welche die unvermeidliche Ungewissheit in einem so bedeutenden Verhältnisse steht. Es ist also um so mehr Schade, dass der zweite Beobachtungsort nicht, anstatt auf der Insel Planier, auf der Nordseite unmittelbar am Berge Mimet genommen ist. Herr von Zach erklärt sich nicht über die Gründe, welche ihn davon abgehalten haben: allein ein so einsichtsvoller Astronom hätte gewiss nicht auf einen Vortheil, der die Wirkung vielleicht verdoppelt hätte, Verzicht geleistet, wenn nicht das Local unübersteigliche Hindernisse dargeboten hätte. Wäre die Wirkung des Mimet bedeutender ausgefallen, so würden wir auch noch sehr eine vollständigere Kenntniss von den körperlichen Abmessungen dieses Berges gewünscht haben: allein unter den obwaltenden Umständen würden doch die Schlüsse, welche man daraus auf die comparative Dichtigkeit des Mimet und des ganzen Erdkörpers machen könnte, eine zu beschränkte Genauigkeit geben. Immer aber gewähren die von Zach'schen Messungen, indem sie wenigstens die ausserordentliche Kleinheit des Einflusses einer so bedeutenden Bergmasse beweisen, den wichtigen Nutzen, dass sie uns gegen eine zu voreilige Berufung auf den möglichen Einfluss von Localattractionen, wenn die Messungen nicht zusammenpassen wollen, etwas misstrauischer machen.

Ausser den angezeigten Untersuchungen enthält der sechste Abschnitt ferner die Prüfung einiger Bestimmungen von Cassini de Thury in der Méridienne vérifiée, die von denen des Verf. merklich abweichen. Noch viel grössere und in der That bis zur Entstellung gehende Fehler finden sich in Cassini's description géometrique de la France und in seiner grossen Charte von Frankreich. — Endlich gibt der Verf. noch eine Uebersicht der Resultate, welche für die Stellungen verschiedener Sterne theils aus seiner gegenwärtigen Arbeit, theils aus seinen eignen frühern Beobachtungen, theils aus einer kritischen Discussion der Beobachtungen anderer Astronomen folgen. Wir erwähnen davon hier nur die in vielfacher Beziehung so wichtige gerade Aufsteigung des Polarsterns, für welche Mathieu's Beobachtungen im Jahre 1812 eine Vermehrung von 5 Zeitsecunden gegeben haben. Um hiemit von Zach's Bestimmung von 1790 in Uebereinstimmung zu bringen, muss man eine eigne Bewegung voraussetzen, und diese findet Herr von Zach durch die Vergleichung mit Lacaille's Beobachtungen von 1750 auch vollkommen bestätigt, und setzt sie auf $+ 3″177$ in Bogen jährlich. (Die schärfste Bestimmung der gegenwärtigen Rectascension des Polarsterns werden uns die zahlreichen seit fünf Jahren auf der Seeberger Sternwarte angestellten Beobachtungen des Hrn. von Lindenau geben, wovon wir schon vorläufig sagen können, dass sie die von Mathieu gefundene Vergrösserung bestätigen.)

Der beschränkte Raum unserer Blätter erlaubt uns den Inhalt der übrigen Abschnitte des von Zach'schen Werks nur noch kurz zu berühren. Der siebente Abschnitt bestimmt die Höhe der Dreieckspunkte und einiger anderer Oerter über dem mittelländischen Meere. Der achte Abschnitt enthält die Lage einer grossen Anzahl von Punkten in der Stadt Marseille und der umliegenden Gegend nach ihrem Abstande vom Meridian und Perpendikel der dortigen Königl. Sternwarte und nach ihrer Länge und Breite, und überdies noch mehrere andere interessante kritische Untersuchungen über verschiedene Punkte in Marseille, welche in der Geschichte der Astronomie merkwürdig geworden sind. Endlich gibt Herr von Zach in einem Anhange noch eine neue Berechnung der sämmtlichen von Maskelyne am Shehallien angestellten astronomischen Beobachtungen, wodurch indessen das von Maskelyne selbst gefundene Endresultat keine Veränderung leidet.

Göttingische gelehrte Anzeigen. Stück 10. Seite 89..93. 1815 Januar 19.

Effemeridi astronomiche di Milano per l'anno 1815 calcolate da Francesco Carlini. *Con appendice. Dalla r. c. stamperia di governo.* Mailand 1814. Der Kalender 128, der Anhang 118 Seiten in Octav.

Die stehenden Artikel, welche dem in seiner musterhaften Einrichtung unverändert gebliebenen astronomischen Kalender beigegeben sind, und die wir bei Gelegenheit der frühern Jahrgänge angezeigt haben, sind diesmal durch einen sehr schätzbaren Zusatz vermehrt. Dies ist das Verzeichniss der 34 Maskelyne'schen Sterne aus Piazzi's neuem Cataloge entlehnt, zugleich mit der für 1800 und 1850 berechneten Präcession, der eignen Bewegung, und den Constanten, welche zur Berechnung der Aberration und Nutation nach Hrn. von Zach's Manier nöthig sind, so dass man alles vollständig beisammen hat, was zur Bestimmung des scheinbaren Orts für das ganze gegenwärtige und selbst für das vorhergehende Jahrhundert erforderlich ist. Der Anhang enthält folgende wichtige Abhandlungen. Breite der Sternwarte Brera aus den Beobachtungen der Circumpolarsterne von Barnabas Oriani. Nach einer wohlgeschriebenen Uebersicht der Beobachtungsmethoden, die in der neuern practischen Astronomie nach und nach bis jetzt zur schärfsten Bestimmung der Polhöhen überhaupt in Anwendung gebracht worden sind, kommt der vortreffliche Astronom auf die Mailänder Sternwarte insbesondere, und erzählt die verschiedenen Versuche, ihre Polhöhe immer schärfer zu berichtigen, unter denen die neuesten von Carlini mit einem 16zolligen Lenoir'schen Repetitionskreise — demselben, welchen Mechain in Barcellona und Montjoui gebraucht hatte — angestellten Beobachtungen noch eine Ungewissheit von einigen Secunden zurückliessen. Seit dem Ende des Jahres 1810 besitzt nun jene Sternwarte einen 3fussigen Kreis mit stehender Säule von Reichenbach, mit welchem während eines Zeitraums von einem Jahre eine ununterbrochene Reihe von Beobachtungen gemacht wurden, die in den Jahrgängen der Mailänder Ephemeriden von 1812 und 1813 vollständig abgedruckt sind. Wir erhalten nun gegenwärtig die erste Ausbeute dieses reichen Schatzes, nemlich die vollständigen Resultate der Beobachtungen vom Polarstern, δ Cassiopea und ε im grossen Bär. Die Uebersicht dieser einzelnen Resultate zeigt immer noch kleine Unterschiede von einem Tage zum andern, die auf mehrere Secunden gehen, und theils den unvermeidlichen Beobachtungsfehler, theils Veränderungen in der Atmosphäre, welche durch Barometer und Thermometer nicht angezeigt werden, zuzuschreiben sein mögen, wenn man nicht einen Theil davon der Einrichtung des Instruments selbst beimessen will, an welcher die Verbindungsart des Kreises mit der Säule bekanntlich einige Bedenklichkeiten veranlasst hat. Oriani wird, der letztern wegen, noch eine bewegliche Libelle am Kreise selbst anbringen lassen, und es wird höchst interessant sein, die Wirkung dieser Abänderung zu sehen. Der Polarstern wurde an 159 Tagen unter dem Pole, und an 143 Tagen über dem Pole beobachtet. Es ist merkwürdig, dass die Beobachtungen bei Tage eine schlechtere Uebereinstimmung, zugleich aber eine kleinere Zenithdistanz geben, als die Beobachtungen bei Nacht. Oriani hat daher jene ganz ausgeschlossen, und so aus den übrigen abgeleitet

Polhöhe der Sternwarte Brera . . . . 49° 28′ 0″713
Declination des Polarsterns für 1811 . . 88 17 59. 494

Nähme man aus *sämmtlichen* Beobachtungen das Mittel, so fände sich nach unsrer Rechnung

Polhöhe der Sternwarte . . . . 49° 28′ 1″242
Declination 1811 . . . . 88 17 59. 583

ORIANI hat jenen Weg gewählt, weil er die Unterschiede der Tagbeobachtungen besondern Modificationen der Atmosphäre zuschreibt. Allein ein Theil derselben mag wohl immer auf Rechnung der jährlichen Parallaxe gesetzt werden. Dürften wir von fremden Einflüssen, die am Tage immer oder wenigstens überwiegend in einerlei Sinn wirken, abstrahiren, so würden wir geneigt sein, auf das aus unsrer Rechnung hervorgehende Resultat einer Declinationsparallaxe von 0″7 im Maximum einiges Gewicht zu legen: es würde dieser eine Rectascensionsparallaxe von 1^{s}5 in Zeit entsprechen, welche man um so leichter für zulässig halten könnte, da PIAZZI aus den Palermer Beobachtungen sogar das Doppelte·gefunden hat. — Der Stern δ Cassiopea war in 95 obern und 54 untern, so wie ε des grossen Bär in 26 obern und 55 untern Culminationen beobachtet, und zwar immer nur bei Nacht oder in der Dämmerung, wesshalb ORIANI hier keine Beobachtungen auszuschliessen für nöthig fand. Die Polhöhe ergab sich hiernach

aus δ Cassiopea . . . . 45° 28′ 0″975
aus ε des grossen Bär 45 28 0. 28

und die Declinationen für 1811

von δ Cassiopea . . . . 59° 14′ 53″415
von ε im grossen Bär 56 59 15. 19

Genau genommen liegt indessen in jener nahen Uebereinstimmung nicht sowohl eine Bestätigung der Polhöhe, als ein Beweis für die Güte der bei den Rechnungen angewandten CARLINI'schen Refractionstafel, von der wir wünschten, dass sie gleichfalls einen stehenden Artikel der Ephemeriden ausmachen möchte. ORIANI fügt am Schluss noch ein Verzeichniss der Declinationen von 30 Circumpolarsternen bei (die obigen drei mitgerechnet), ohne indessen von diesen die Resultate der einzelnen Beobachtungen zu geben. In Rücksicht der Polhöhe stimmen auch die andern Sterne, wie uns ORIANI versichert, alle bis auf einige Zehntel einer Secunde mit dem oben gegebenen Resultate durch den Polarstern überein.

Der *zweite* Aufsatz, gleichfalls von ORIANI, bestimmt die Opposition des Mars 1813, wo CARLINI die geraden Aufsteigungen am Mittagsfernrohr, ORIANI die Abweichungen am Kreise beobachtet hatte. Der mittlere Fehler der VON LINDENAU'schen Marstafeln wurde — 4″8 in der Länge, + 18″8 in der Breite, geocentrisch, gefunden. — Hierauf folgt eine schätzbare Reihe Meridianbeobachtungen der Sonne am Mauerquadranten von ANGELO CESARIS von Anfang 1808 bis Ende 1811 als Fortsetzung der in den Jahrgängen 1809 und 1810 gelieferten. — Der hierauf folgende Aufsatz von CARLINI liefert Tafeln für die Mittelpunktsgleichung der Ceres und für die Reduction dieses Planeten auf die Ekliptik. Jene ist für die Excentricität 0.0784, diese für die Neigung 10° 37′ 40″ berechnet; zugleich sind die Aenderungen für 0.0001 Aenderungen der Excentricität und 10″ Aenderung der Neigung beigefügt. Aehnliche Tafeln für die Pallas, Juno und Vesta werden für den nächsten Jahrgang versprochen. Wir gestehen, dass wir bei der Pallas und Juno dergleichen Tafeln nicht ganz zweckmässig finden können, insofern die Theorie dieser Planeten auch in Zukunft doch die Form *veränderlicher* Elemente wird behalten müssen, und die Veränderungen viel zu gross sind, um durch solche Tafeln Bequemlichkeit für die Rechnung gewinnen zu können. Um von der Grösse dieser Veränderlichkeit einen Begriff zu geben, bemerken wir, dass bei der Opposition des Jahrs 1803 die Excentricität der Pallasbahn = 0.24554, bei der Opposition des Jahrs 1814 hingegen = 0.24135 gewesen ist. Bei der gegenwärtigen Gestalt der Berechnung der Planetenbewegungen kann man auch dieser Tafeln sehr füglich entbehren. Die meteorologischen Beobachtungen auf der Mailänder Sternwarte im Jahre 1813 beschliessen den Band: welch ein glückliches Clima für die praktische Astronomie, wo in Einem Jahre 188 heitere Tage gezählt werden!

Göttingische gelehrte Anzeigen. Stück 28. Seite 265..277. 1815 Februar 18.

Astronomisches Jahrbuch für das Jahr 1817 nebst einer Sammlung der neuesten in die astronomischen Wissenschaften einschlagenden Abhandlungen, Beobachtungen und Nachrichten. Berechnet und herausgegeben von J. E. Bode, Königl. Astronomen und Mitglied der Academie. Beim Verfasser und in Commission bei J. E. Hitzig. Berlin 1814. 260 Seiten in Octav, nebst einer Kupfertafel.

Das Jahr 1817 hat nur zwei in Europa nicht sichtbare Sonnenfinsternisse. Unter den Phänomenen, die die besondere Aufmerksamkeit der Astronomen verdienen, zeichnen wir eine sehr nahe Zusammenkunft der Venus mit dem Regulus aus, die nach Hrn. Bode's Berechnung den 28. September 14^u Berliner Zeit Statt haben wird, und sich demnach in dem östlichen Theile von Europa sehr gut wird beobachten lassen. Nach Hrn. Bode's Rechnung geht die Venus nur Eine Minute dem Stern südlich vorbei, so dass zu einer wirklichen Bedeckung nur sehr wenig fehlen wird. Dergleichen Phänomene verdienen im Voraus nach aller Schärfe berechnet zu werden, und *wirkliche* Bedeckungen der grössern Sterne von der Venus, besonders wenn diese näher bei der untern Conjunction mit der Sonne sich befindet, verdienten unsrer Ueberzeugung nach eben so sehr, dass ihrentwegen grosse Reisen unternommen würden, wie die Durchgänge der Venus vor der Sonne. Merkwürdig ist auch eine eben so nahe aber in Europa unsichtbare Zusammenkunft des Mars mit dem Saturn den 18. April 7^u, die der Sternwarte auf Botanybay zur Beobachtung zu empfehlen sein würde.

Die *Zusätze* zu dem vorliegenden Bande des Jahrbuches fangen mit Ephemeriden für die Pallas von Hrn. Nicolai, für die Juno von Hrn. Möbius und für die Vesta von Hrn. Gerling an. Es folgen Beobachtungen und parabolische Elemente des zweiten Cometen vom Jahre 1813 ven Hrn. Dr. Olbers.— Astronomische Beobachtungen auf der Prager Sternwarte im Jahre 1813 von den Hrn. David und Bittner. Die hier empfohlene Methode, Azimuthe durch correspondirende horizontale Abstände von einem Sterne bei gleichen Höhen ohne Zuziehung der Zeit zu bestimmen, ist an sich sehr gut, und würde auch, bei Anwendung eines Instruments, an dem beide, der horizontale und der verticale Kreis hinlängliche Grösse und Eintheilung haben, zu sehr genauen Bestimmungen geeignet sein. Allein bei Anwendung eines Theodolithen, dessen Höhenkreis, oder eines Kreises, dessen Azimuthalkreis nur in Minuten getheilt ist, kann natürlich nur eine beschränktere Genauigkeit davon erwartet werden. Bei dem erstern Instrument würde jenem nachtheiligen Umstande zwar ausgewichen, wenn man das Fernrohr auf der beobachteten Höhe unverrückt stehen liesse, dann fiele aber dagegen der Vortheil der Vervielfältigung weg. Bei Anwendung des Kreises würden ausserdem noch kleine Fehler in der Berichtigung der Querlibelle und des Parallelismus der Gesichtslinie mit der Ebne des Instruments, (die nicht wohl ganz zu vermeiden, aber bei der eigentlichen Bestimmung des Instruments unschädlich sind) in ihrer ganzen Stärke auf das Resultat wirken: diese Fehler lassen sich indessen aufheben, wenn man am folgenden Tage dieselben Beobachtungen bei einer entgegengesetzten Lage des Kreises wiederholt, da sie sodann auch in entgegengesetztem Sinn wirken müssen. — Noch einige Bemerkungen und Zusätze zu den Beobachtungen über η Antinous im astronomischen Jahrbuche 1816 von Hrn. Prof. Wurm. Mit Zuziehung von zehn ältern Beobachtungen von Pigott, welche Hrn. Wurm bisher entgangen waren, und noch einigen eigenen, so wie mit Anwendung der Methode der kleinsten Quadrate bestimmte dieser geschickte Astronom die Periode nunmehr auf 7,17604 Tage, und die Epoche 1800 Januar 4,504. Zugleich werden nach dieser Bestimmung neue Tafeln mitgetheilt. — Verschiedene schätzbare astronomische Beiträge von Hrn. Prof. Littrow in Kasan betreffen die Entwickelung der Mittelpunktsgleichung in eine Reihe; die Theorie der Epicykel, durch die, wie der Verf. sehr gut zeigt, die elliptischen Bewegungen zugleich in Beziehung auf die Länge und den Radius Vector sich nicht darstellen lassen; eine Methode die Kreisbahn eines Planeten aus zwei Beobachtungen zu bestimmen, welche zwar allgemeiner und der Form nach einfacher ist, als die von demselben Verfasser im Jahrbuch 1816 entwickelte; aber bei mässigen Bewegungen wegen des eingeführten Cosinus derselben in der Ausübung geringere Genauigkeit geben würde, obwohl freilich gegenwärtig die ganze Aufgabe nur ein theoretisches Interesse hat; ferner (wovon dieselbe Bemerkung gilt) Bestimmung einer geradlinigen Bahn aus vier beobachteten Längen (dieser Aufsatz ist nur durch Druckfehler ganz entstellt); dieselbe Aufgabe für drei vollständige Beobachtungen, wo der Verf. die aus der *Theoria motus corporum coelestium* entlehnte Auflösung auf drei Vestabeobachtungen anwendet (an sich ist die Voraussetzung wie in dem angeführten Werke, Art. 131 gezeigt ist, auch nicht einmal als Näherung statthaft, wiewohl Herr Littrow sie auch nur vorschlägt, um einen neu entdeckten Himmelskörper nach kurzer Unterbrechung leichter wieder zu finden, zu welchem Zweck indessen auch schon die gewöhnlichen Interpolationsmethoden hinreichen werden). Ferner gibt Herr Littrow eine indirecte Auflösung der Aufgabe, aus den Höhen zweier Sterne die Zeit und Polhöbe zu finden, die zwar an sich zweckmässig ist, aber an Bequemlichkeit noch gewinnt, wenn man sich dabei der logarithmischen Differenzen bedient; ausserdem muss auch noch bemerkt werden, dass so oft die Stundenwinkel α, α' kleiner als 90° sind, man besser thut, $\frac{1}{2}\alpha$ und $\frac{1}{2}\alpha'$ durch ihre Sinus nach den bekannten Formeln zu bestimmen. Die neue Methode, Circummeridianhöhen zu berechnen, würden wir der gewöhnlichen nachsetzen; die Vergrösserung der Genauigkeit ist zu unbedeutend, da doch der Fehler von derselben Ordnung bleibt, wie bei der letztern, wenn man sich mit dem ersten Gliede begnügt. Eben so ziehen wir bei der letzten auf das Erdsphäroid sich beziehenden Aufgabe den hier gegebenen Reihen die ihnen gleichgültigen endlichen Ausdrücke vor. — Es folgen hierauf astronomische Beobachtungen auf der Sternwarte zu Wien von den Hrn. Triesnecker und Bürg und auf der Sternwarte zu Cremsmünster von Hrn. Derfflinger. — Beobachtungen zur Bestimmung der geographischen Lage von Port Jackson, aus Malaspinas Papieren berechnet von Hrn. J. Oltmanns. Es wird uns hier Hoffnung gemacht zu einer vollständigen Bearbeitung sämmtlicher Beobachtungen. — Die Ideen zur Perturbationsrechnung nach Keppler von Hrn. Prof. J. W. Pfaff in Nürnberg, scheinen uns doch zu oberflächlich, um irgend ein Resultat zu geben. Die hier aufgestellte Form für die Störungsgleichungen des Knoten und der Neigung (oder vielmehr für ihre Differentialänderungen) scheint uns ganz unfruchtbar, und es folgen namentlich keine solche Beziehungen daraus, wie Herr Pfaff glaubt, da z. B. Gleichungen von einerlei Periode aus den Gliedern Fxx' und Gyy' hervorgehen. — Beobachtungen auf der Wilnaer Sternwarte von Hrn. Prof. Sniadecky. — Bemerkungen über angestellte geographische Ortsbestimmungen in Ungarn, Oesterreich und Bayern, vom Hrn. Prof. Bürg, enthalten eine Rechtfertigung gegen einen Aufsatz der monatlichen Correspondenz, in welchem man besonders die zu Wien gemachten Azimuthalbestimmung zweifelhaft zu machen gesucht hatte. — Ueber den Cometen 1558 von Hrn. Dr. Olbers. Man kannte von diesem Cometen bisher nur drei Beobachtungen des Landgrafen Wilhelm vom 20., 21. und 23. September, und eine des Cornelius Gemma vom 20. September, welche letztere von der gleichzeitigen des Landgrafen sehr verschieden war. Durch eine sehr glückliche Verbesserung des Textes bei Gemma, indem statt distabat 20 die gelesen wird, distabat eo die hebt Herr Dr. Olbers diesen Widerspruch auf das befriedigendste. Gemma's Beobachtung gilt nun für den 17. August, und macht eine wenigstens einigermassen genäherte Bestimmung der Bahn des Cometen, welche hier mitgetheilt wird, möglich. — Einige physisch-astronomische Beobachtungen des Saturn, Mars, des Mondes, der Venus und Sonne von Hrn. Dr. Gruithusen in München geben merkwürdige Beweise von der Vortrefflichkeit der Fraunhofer'schen Fernröhre. — Noch von Hrn. Prof. Oltmanns ein Beitrag zur Längenbestimmung von Quito aus verschiedenen von den Französischen Academikern gemachten Beobachtungen; und die Berechnung der unlängst zur Sprache gebrachten totalen Sonnenfinsterniss zu Mirabeau in der Provence den 3. Juni 1239. Herr Oltmanns macht davon eine glückliche Anwendung auf die Bewegung des Mondknotens, die so wie sie in Hrn. Oltmanns Tafeln angesetzt war, hienach eine Verringerung von 1′ 40″ auf 100 Jahre nöthig hat. Mit Zuziehung von zwei andern ähnlichen Beobachtungen findet Herr Oltmanns im Mittel diese Verminderung der hundertjährigen Bewegung 1′ 14″. — Die Tafeln für die scheinbaren Oerter des Polarsterns von Hrn. Prof. Bessel, sind für die beobachtenden Astronomen ein ungemein schätzbares Geschenk. Es ist schade, dass der Verfasser dabei die neuern Beobachtungen der geraden Aufsteigung dieses Sterns von verschiedenen Astronomen noch nicht benutzen konnte, die übereinstimmend die Nothwendigkeit einer Vergrösserung (von etwa 4 Secunden in Zeit gegenwärtig) beweisen. Wir hätten gewünscht, dass auch die reinen mittlern Stellungen für jedes Jahr beigefügt wären, um die Bestimmungen anderer Astronomen bequemer vergleichen zu können. Von Hrn. Prof. Bürg Bemerkungen über die Revision seiner frühern Mondberechnungen. Hr. Bürg hat angefangen, zum Behuf einer nochmaligen Verbesserung seiner Mondstafeln, die Greenwicher Beobachtungen seit 1765 mit denselben zu vergleichen: die Resultate dieser mühsamen Arbeit, wie sie auch immer ausfallen mögen, werden gewiss interessant und lehrreich sein. — Beobachtungen der Juno und neue Elemente ihrer Bahn; Berechnung der nächsten Opposition der Pallas und andere astronomische Nachrichten von Hrn. Prof. Gauss. — Etwas über die Erwartung neuer Entdeckungen am Himmel durch Fernröhre. Es werden hier die Schwierigkeiten entwickelt, die der fortschreitenden Verbesserung der Sehwerkzeuge Grenzen setzen: wir gestehen indess, dass wir dadurch doch nicht von der völligen Unüberwindlichkeit dieser Hindernisse überzeugt sind. In wie fern die Brauchbarkeit der Vorschläge, das Fernrohr durch ein Uhrwerk der Bewegung der Sterne folgen zu lassen, durch die hier hervorgehobenen Mängel gemindert oder gar aufgehoben werde, müssen wir auf sich beruhen lassen, auch verstehen wir nicht ganz, wie S. 218 behauptet werden kann, dass bei dem beständigen Hin- und Herfliegen des Bildes eine ruhige Wahrnehmung *während der wenigen Secunden seines Durchganges* unmöglich sei, da ja eben die Vorrichtung die Wirkung hat, das Bild auf lange Zeit im Felde zu erhalten. Sollte indess die Erfahrung das Gewicht dieses Vorwurfs bestätigen, so würde, däucht uns, die Mechanik wohl Mittel finden können, auch ohne Zahn und Getriebe, dem Fernrohr eine höchst sanfte und gleichförmige Bewegung zu geben. Das Haupthinderniss, die Wirkung der Sehwerkzeuge immer weiter zu treiben, möchte wohl in den atmosphärischen Oscillationen liegen, die desto merklicher werden, je mehr jene vergrössern. — Ueber zwei veränderliche Sterne im Herkules von Hrn. Dr. Koch in Danzig. Leider ist auch die Danziger Sternwarte, aus der so manche nützliche Beobachtungen hervorgegangen sind, ein Opfer der letzten Belagerung geworden. Der in der Anmerkung von Hrn. Bode mit *m* bezeichnete Stern, der noch in keinem Verzeichnisse steht, ist übrigens schon von unserm Hrn. Prof. Harding bestimmt worden, und befindet sich auf dem XVI. Blatt von dessen Himmelskarten. — Die mittlern Stellungen von 28 der vornehmsten Sterne aus den Plejaden nach Piazzi's neuem Sternkatalog; aus eben demselben die mittlern Stellungen der 36 Maskelyne'schen Fundamentalsterne, und endlich die des Polarsterns. Sehr merkwürdig ist bei letzterm die aus den Beobachtungen des Hrn CACCIATORE folgende Rectascensionsparallaxe von 2ˢ885 in Zeit, die uns indessen zu gross scheint, und sich mit den zahlreichen von Hrn. VON LINDENAU auf der Seeberger Sternwarte angestellten Beobachtungen nicht vereinigen lässt. Aus ORIANI's beobachteten Zenithdistanzen hatten wir nur eine halb so grosse Parallaxe abgeleitet (M. s. das 10. St. dieser Blätter [S. 574 d. B.]), die freilich auch keine absolute Zuverlässigkeit hat. Die jährliche eigne Bewegung des Polarsterns in gerader Aufsteigung findet PIAZZI aus Vergleichung

$$
\begin{array}{ll}
\text{mit Hevel} & +6^s82 \\
\text{Flamstead} & +9.03 \\
\text{La Caille} & +3.96 \\
\text{Bradley} & +1.62
\end{array}
$$

in Zeit; Herr VON ZACH hatte aus Vergleichung der Bestimmungen von LA CAILLE und MATHIEU gefunden $+3^s177$. Es wäre sehr zu wünschen, dass dieser wichtige Gegenstand einmal sorgfältig untersucht würde, wobei aber alle Originalbeobachtungen vorher auf eine gleichförmige Art reducirt werden müssten. — Astronomische Beobachtungen auf der Königl Sternwarte zu Berlin im Jahre 1813. — Beobachtungen auf der Sternwarte zu Dorpat von Herrn Prof. STRUVE in den Jahren 1812, 1813 und 1814. — Noch verschiedene Beobachtungen zu Cremsmünster. — Ferner Nachrichten über den Doppelstern 61 Cygni aus PIAZZI's Libro sesto del reale osservatorio (wo die merkwürdige eigne Bewegung dieses Doppelsterns zuerst angezeigt war) und aus dem neuen grossen Sterncatalog dieses Astronomen. — Nachweisung, dass von acht am Himmel vermissten Fixsternen keiner die Ceres, Pallas, Juno oder Vesta war. Wir bemerken hiebei, dass alle diese Sterne bis auf den in der nordlichen Krone, bereits im neunten Bande der monatlichen Correspondenz (S. 153. 151. 241. 155. 243. 241. 246) discutirt, und namentlich alle hier angeführten MAYER'schen Sterne aus den Originalpapieren bereits befriedigend erklärt sind. —

Unter den vermischten Bemerkungen und Nachrichten, die wie gewöhnlich am Schlusse des Jahrbuches angehängt sind, heben wir hier nur eine aus, nemlich eine Stelle aus einem Briefe des Hrn. Dr. RECHE in Mühlheim am Rhein vom 6. Mai 1814, welcher zufolge Herr Prof. KRAMP in Strassburg während der Blockade dieser Stadt das Problem, die Bahn eines Cometen aus drei Beobachtungen zu bestimmen, auf eine neue Weise aufgelöst und gefunden hat, dass alle von ihm berechneten Cometenbahnen, die man bisher für Parabeln angesehen hatte, *ganz gewiss und bestimmt* Hyperbeln sind. Da eine solche Ankündigung sehr auffallend sein muss, und die Arbeit des Hrn. KRAMP seitdem im Julistück der mathematischen Zeitschrift erschienen ist, die zu Nimes unter dem Titel Annales de mathématiques pures et appliquées seit einigen Jahren herauskommt, so wird es hier der Ort sein, mit der vorstehenden Anzeige noch die Beurtheilung dieser Abhandlung zu verbinden.

Es kommt hier auf zwei Umstände an, theils auf den Werth der Methode an sich, theils auf die Art ihrer Anwendung auf wirklich beobachtete Cometen, und die Zuverlässigkeit der daraus hervorgehenden Resultate. Wir wollen zuerst einiges über die letzteren bemerken. In dieser Abhandlung ist nur von der Anwendung auf Einen Cometen die Rede, nemlich auf den von 1781, wo Herr KRAMP aus den Beobachtungen vom 14., 19. und 25. November eine Hyperbel ableitet, deren Excentricität = 4,580652, und Periheldistanz 1,048364. Wer nur einige Erfahrung in Berechnung von Cometenbahnen hat, dem würde die kurze Zwischenzeit schon hinreichen, um die Zuverlässigkeit dieses Resultats zu würdigen. Wir müssen indessen noch hinzusetzen, dass weit entfernt, die gefundenen Elemente an andern Beobachtungen zu prüfen, sie nicht einmal mit den drei zum Grunde liegenden Beobachtungen selbst verglichen werden, und dass eine solche Prüfung demjenigen, der sie etwa selbst vornehmen wollte, dadurch wenigstens sehr erschwert ist, dass Herr KRAMP die Berechnung der Elemente nicht einmal zu

Ende geführt hat, so dass Länge des Peribel und Durchgangszeit fehlen. Wenn man nun endlich noch bemerkt, dass die Erdbahn bei der ganzen Rechnung als ein Kreis betrachtet ist, so wird man es wohl für eine überflüssige Mühe halten, noch besonders zu untersuchen, ob vielleicht auch in der numerischen Rechnung selbst noch Fehler begangen sind, wofür der *bedeutende* Unterschied zwischen dem Werthe der Grösse

$$PQ'' - P''Q = 0.4614411$$

und der Summe der beiden Grössen

$$PQ' - P'Q = 0.2133547$$
$$P'Q'' - P''Q' = 0.2495918$$

welche Summe eigentlich, als Folge der Methode, jener ersten Grössen *genau* gleich werden sollte, zu sprechen scheint. (Herr KRAMP urtheilt hierüber anders, und nennt diese beträchtliche Verschiedenheit eine egalité presque rigoureuse, aber wozu mit sieben Decimalen rechnen, wenn man nicht einmal die dritte verbürgen könnte?) Wir sagen *scheint*, weil es vielleicht möglich wäre, dass dieser Unterschied eine Folge der Weglassungen S. 13 wäre.

Wir wenden uns nun zu der Methode selbst. Es ist schon erinnert, dass Herr KRAMP (in der That ohne alle Noth) die Excentricität der Erdbahn ganz vernachlässigt. Das Wesentliche der Methode lässt sich mit wenigen Worten angeben. Herr KRAMP bezeichnet die halbe grosse Axe der Bahn des Himmelskörpers mit b; die Coordinaten seiner drei Oerter in der Bahn und auf die Knotenlinie als Abscissenlinie bezogen mit bP, bP', bP''; bQ, bQ', bQ''. Diese sechs Grössen lassen sich durch die Beobachtungsdata, die Neigung der Bahn β und die Länge des aufsteigenden Knoten δ (wie bekannt ist) leicht bestimmen. Von der andern Seite findet hingegen Herr KRAMP, durch Combination der Formeln die sich auf die KEPLER'schen Gesetze beziehen, und indem er die Unterschiede der excentrischen Anomalien ihren Sinus gleich setzt, die drei Grössen

$$PQ' - P'Q$$
$$P'Q'' - P''Q'$$
$$PQ'' - P''Q$$

resp. den Zwischenzeiten t, t', $t+t'$ proportional, so dass man die Gleichung hat

$$0 = PQ' - P'Q + P'Q'' - P''Q' + P''Q - PQ''$$

welche Herr KRAMP éine équation essentielle et très remarquable par sa simplicité nennt. — Indem nun Herr KRAMP in den beiden Gleichungen

$$(t+t')(PQ' - P'Q) = t(PQ'' - P''Q)$$
$$(t+t')(P'Q'' - P''Q') = t'(PQ'' - P''Q)$$

für P, P', P'', Q, Q', Q'' ihre Werthe durch β und δ substituirt (wo b offenbar herausfällt), erhält er zwei Gleichungen zwischen β und δ, aus denen er mit Weglassung von ein Paar Gliedern, durch Elimination von β endlich eine kubische Gleichung für tang δ ableitet. Aus dieser wird δ bestimmt, sodann aus einer der beiden eben gedachten Gleichungen (oder beiden) β, sodann die Grössen bP, bP', bP'', bQ, bQ', bQ'', und aus vier dieser Grössen, nach Methoden die wir Kürze halber hier übergehen, die übrigen Elemente des Kegelschnittes.

Es wird sehr leicht sein, die gänzliche Unstatthaftigkeit dieser Methode zu beweisen. Wir sehen hier an die Stelle der Bewegungsgesetze die Proportionalität der mehrmals erwähnten drei Grössen zu den Zwischenzeiten treten. Blos auf diese Proportionalität oder die ihr gleichgeltenden zwei Gleichungen und den Satz, dass die drei Oerter in Einer Ebne liegen, wird die ganze Auflösung gegründet. Die drei Grössen

$$bb(PQ'-P'Q), \quad bb(P'Q''-P''Q'), \quad bb(PQ''-P''Q)$$

sind, wie man sogleich bemerken wird, nichts anderes als die drei in der Theoria motus Corporum Coelestium art. 112. mit n'', n, n' bezeichneten Grössen. Es ist aber dort im Art. 114. bewiesen, dass die Distanzen von der Erde *linearisch* bestimmt werden, sobald das Verhältniss dieser drei Grössen als bekannt angesehen wird. Es ist folglich ein Fehler, wenn Herr KRAMP eine Aufgabe, deren *strenge* Auflösung blos eine Gleichung des ersten Grades erfordert, auf eine cubische Gleichung bringt, selbst mit Vernachlässigung einiger Glieder, mit deren Zuziehung bei Hrn. KRAMP's Behandlung sogar eine biquadratische Gleichung hervorgegangen wäre. Doch dies ist noch weniger wichtig, als der zweite Umstand, dass in dem angeführten Werke im Art. 131. schon ausführlich die Unstatthaftigkeit bewiesen ist, jene drei Grössen n'', n, n' *zugleich* den Zwischenzeiten t, t', $t+t'$ proportional zu setzen, indem das Resultat auch nicht einmal als Annäherung gelten darf.

War Hrn. KRAMP, wie es fast scheint, die Theoria motus corporum coelestium, welche fünf Jahre vor der Blokade von Strassburg erschienen ist, unbekannt, so hätte er sich doch leicht überzeugen können, dass der wahre Geist seiner Methode eigentlich auf einem Princip beruhet, dessen Verwerflichkeit schon seit langer Zeit bekannt ist. Die oben erwähnten drei Grössen sind nemlich, wie einige Aufmerksamkeit sogleich zeigt, nichts weiter als die doppelten Flächen der Dreiecke zwischen dem ersten und zweiten, zweiten und dritten, ersten und dritten Radius Vector; diese drei Grössen also *zugleich* den drei Zwischenzeiten proportional setzen, heisst nichts weiter, als die drei Oerter des Cometen in Einer geraden Linie annehmen, deren beide Stücke den Zwischenzeiten proportional sind. Und so ist auch Hrn. KRAMP's sogenannte équation essentielle durchaus nichts weiter, als die Bedingungsgleichung für die Lage der drei Oerter in Einer geraden Linie. Dass aber in dem Cometenproblem diese Voraussetzung theils auf eine Auflösung führen muss, die nur Gleichungen des ersten Grades erfordert, theils aber wirklich auch nicht einmal als Näherung zulässig ist, dies sind längst bekannte Wahrheiten, worüber man auch besonders in OLBERS vortrefflicher und von Hrn. KRAMP selbst in gegenwärtiger Abhandlung angeführten Schrift einen eben so gründlichen als lichtvollen Beweis findet.

Göttingische gelehrte Anzeigen. Stück 40. Seite 385..396. 1815 März 11.

Connaissance des tems, ou des mouvemens célestes, à l'usage des astronomes et des naviyateurs pour l'an 1816; publiée par le bureau des longitudes. Paris. Bei der Witwe Courcier. November 1813. 360 Seiten in gross Octav.

Wir übergehen den astronomischen Kalender und die stehenden Artikel mit Stillschweigen, um nur von den *Zusätzen* eine Anzeige zu geben, welche seit mehreren Jahren fast ganz gefehlt hatten und bei dem vorliegenden Jahrgange wieder zahlreich und interessant sind. Zuerst ein merkwürdiger Aufsatz über die Cometen vom Grafen LAPLACE. Dieser grosse Geometer erklärt sich hier für diejenige Hypothese, nach welcher jene wunderbaren Weltkörper aus Verdichtung desselben Stoffs entstehen, der die Nebelsterne bildet und im ganzen Weltraume so allgemein verbreitet zu sein scheint. Hiernach ständen also die Cometen mit unserm Sonnensysteme nur in derselben zufälligen Beziehung, wie die

Aërolithen nach der Meinung einiger Naturforscher mit der Erde. Kommen sie so weit in den Bereich
unsrer Sonne, dass die Anziehung derselben überwiegend wird, so werden sie genöthigt, elliptische
oder hyperbolische Bahnen um diese zu beschreiben. Es erklärt sich hieraus von selbst die grosse Man-
nichfaltigkeit oder vielmehr die völlige Planlosigkeit in der *Lage* der beobachteten Cometenbahnen. Nur
scheint eine Bedenklichkeit gegen diese Hypothese aus dem Umstande hervorzugehen, dass wir unter
allen bisher berechneten Bahnen, deren Anzahl schon weit über hundert geht, noch gar keine entschieden hyperbolische erkannt haben, da doch die Art des Kegelschnitts, von der ursprünglichen Geschwindigkeit des Cometen an der Stelle des Eintritts in die Sphäre der überwiegenden Sonnenanziehung abhängig, eben so gut eine Hyperbel als eine Ellipse werden zu können scheint. Der Zweck des Aufsatzes
geht nun dahin, aus Gründen der strengen Wahrscheinlichkeitsrechnung zu beweisen, dass unter den
Bahnen aller Cometen, die uns nahe genug kommen, um beobachtet werden zu können, nur ein äusserst
geringer Theil Hyperbeln von einer so kleinen Axe sind, dass sie durch die Beobachtungen für Hyperbeln erkannt werden können. LAPLACE findet für das Verhältniss der Wahrscheinlichkeit einer solchen
Hyperbel, wo die halbe grosse Axe 100 Halbmesser der Erdbahn nicht übersteigt, zu der Wahrscheinlichkeit der übrigen Fälle, nemlich einer Hyperbel von grösserer Axe, einer Parabel oder einer Ellipse,
den Ausdruck (I)

$$1 : \frac{\pi - 2}{10} \sqrt{\frac{r(r + 200)}{2D}} - 1$$

wo π den halben Kreisumfang für den Halbmesser 1, D das Maximum des Perihelabstandes für noch zu
beobachtende Cometen, r den Halbmesser der Sphäre der überwiegenden Sonnenanziehung bedeuten.
Indem er hier setzt $r = 100000$, $D = 2$, Voraussetzungen, die man füglich gelten lassen kann, findet
sich, dass man 56 gegen 1 wetten könne, dass unter hundert beobachteten Cometenbahnen keine er-
kennbare Hyperbel vorkomme. Hiebei ist vorausgesetzt, dass alle Periheldistanzen von 0 bis 2 gleich
möglich sind: nimmt man an, dass für zunehmende Periheldistanzen die Wahrscheinlichkeit immer
mehr abnimmt, so wird obiges Verhältniss noch grösser. und nach einer sehr plausibeln Hypothese für
die abnehmende Wahrscheinlichkeit der zunehmenden Periheldistanzen berechnet LAPLACE, dass man 82
gegen eins auf das Nichtvorkommen einer erkennbaren Hyperbel unter hundert beobachteten Bahnen
wetten könne.

Die Wichtigkeit des Gegenstandes und der Name des Verfassers rechtfertigen das längere Verweilen bei einem Aufsatze von nur wenigen Seiten. Das Vorstehende sollte dessen Inhalt und Zweck
nur historich berichten: was wir noch hinzusetzen werden, ist nur für diejenigen unsrer mathematischen
Leser bestimmt, die den Aufsatz selbst studiren und vor sich haben. So gern wir der Hypothese selbst
vor allen andern, die über diese räthselhaften Himmelskörper aufgestellt sind, und namentlich vor der
LAGRANGE'schen in der Connaissance des tems 1814, den Vorzug zugestehen: so können wir doch nicht
umhin, bei dem mathematischen Theile des Aufsatzes zwei Erinnerungen zu machen. Erstlich scheint
es uns eine Uebereilung zu sein, wenn LAPLACE S. 216 sagt 'la plus petite valeur de V est celle qui
rend nulle la quantié renfermée sous le radical précédent.' Vielmehr ist 0 der kleinste Werth von V,
allein die Richtigkeit des Ausdrucks (II)

$$1 \quad \frac{-\sqrt{(1 - \frac{D}{r})}}{rV} \cdot \sqrt{(rrVV(1 + \frac{D}{r}) - 2D)}$$

für die Wahrscheinlichkeit, dass die Periheldistanz zwischen 0 und $2D$ falle, fängt nicht von $V = 0$,
sondern erst von dem von LAPLACE als kleinsten Werth bezeichneten Werthe von V an; für kleinere
Werthe von V ist jene Wahrscheinlichkeit nicht imaginär, wie der Ausdruck (II) geben würde, son-

dern $= 1$, d. i. *Gewissheit*; diese kleineren Werthe von V hat Laplace unsrer Einsicht nach mit Unrecht unbeachtet gelassen.   Zu dem von Laplace entwickelten Integrale muss also noch $1 \times \int dV$ von $V = 0$ bis $V = \sqrt{\dfrac{2D}{1 + \dfrac{D}{r}}}$ genommen, d. i. eben die Grösse $\sqrt{\dfrac{2D}{1 + \dfrac{D}{r}}}$ selbst, hinzugefügt werden, und hiernach würden wir, wenn wir übrigens Laplace's Entwickelungen ungeändert beibehielten, anstatt des oben gegebnen Ausdrucks (I) folgendes Verhältniss erhalten:

$$1 : \frac{\pi}{10} \sqrt{\frac{r(r + 200)}{2D}} - 1$$

so dass man anstatt 56 wirklich 157 gegen 1 wetten könnte, was mithin für die Hypothese noch viel günstiger wäre.   Allein wir haben noch eine zweite Bemerkung zu machen, wodurch ein sehr verändertes Resultat hervorgebracht wird.   Laplace entwickelt S. 217 den von ihm S. 216 gefundenen Integralausdruck (b) in eine Reihe, und erhält (III)

$$\frac{(\pi - 2)\sqrt{2D}}{2r} - \frac{D}{ir\sqrt{r}}$$

wofür also nach unsrer ersten Bemerkung

$$\frac{\pi\sqrt{2D}}{2r} - \frac{D}{ir\sqrt{r}}$$

zu setzen wäre.   Diese Ausdrücke nähern sich also endlichen Grenzen, indem i ins unendliche wächst, was nicht sein kann, wie man sich aus dem strengen Integral, oder selbst aus dem Differential vor der Integration leicht überzeugen kann.   In der That findet man, wenn man die Entwickelung weiter treibt, noch hinzuzusetzen (IV)

$$+ \frac{iDD}{2rr\sqrt{r}}$$

Indem Lalpace diesen Theil nicht beachtete, konnte er sein Endresultat von U dadurch unabhängig machen, dass er diese Grösse als unendlich betrachtete (welches Laplace eigentlich stillschweigend dadurch voraussetzt, dass er S. 217 i unendlich gross nimmt).   Allein wollte man dieselbe Voraussetzung, dass eigentlich für die ursprünglichen Geschwindigkeiten jeder Werth ohne Einschränkung gleich möglich sei — noch ferner gelten lassen, indem man das Glied (IV) mit beachtet, so würde das Endresultat nunmehr gänzlich verschieden ausfallen; es würde unendlich wenig wahrscheinlich werden, dass unter einer endlichen Anzahl von beobachteten Cometenbahnen irgend eine Ellipse, Parabel oder der Parabel nahe kommende Hyperbel sich befinden sollte, vielmehr würden alle der Wahrscheinlichkeit nach von geraden Linien nicht zu unterscheidende Hyperbeln sein.   Allein offenbar ist die Voraussetzung selbst, da sie jeder endlichen Geschwindigkeit unendlich wenig Wahrscheinlichkeit liesse, an sich unzulässig: man *muss* eine endliche Grenze für U annehmen; da aber nunmehr das Endresultat ganz von U abhängig bleibt, und wir keinen Entscheidungsgrund haben, darüber etwas festzusetzen, so bleibt die Aufgabe eigentlich unauflösbar.   Wenn inzwischen die Wahrscheinlichkeitsrechnung auch gleich keinen entscheidenden Beweis *für* die Hypothese liefern kann, so entscheidet sie doch, eben wegen unsrer Unwissenheit über die Grenze U, auch durchaus nichts gegen die Hypothese. Jene Rechnung lehrt selbst, dass so lange man nicht *sehr* grosse Werthe für U annimmt, erkennbar hyperbolische Bahnen immer sehr selten bleiben müssen.   Nach einem angestellten Ueberschlage finden wir, dass man wenigstens $U = 1083$ annehmen müsse (die Einheit ist die mittlere Geschwindigkeit der Erde in ihrer Bahn), um zu der Erwartung berechtigt zu sein, unter hundert Cometenbahnen eine wenigstens entschieden hyperbolisch zu finden.

Bei der Anzeige der übrigen Aufsätze werden wir uns kürzer fassen. Der gelehrte Herausgeber der C. d. T. untersucht in dem nächstfolgenden die Frage, ob HIPPARCH in Alexandrien beobachtet hat, und macht es wahrscheinlich, dass dieser grösste Astronom des Alterthums entweder niemals in Alexandrien gewesen sei, oder doch höchstens einen vorübergehenden Aufenthalt daselbst gehabt habe. — Von demselben über die von TYCHO zu Uranienburg gemachten Azimuthalbeobachtungen (die freilich ziemlich fehlerhaft sind, aber nur aus der ersten Zeit seines Aufenthalts auf der Insel Hveen herrühren, und uns nicht berechtigen, die richtige Aufstellung seiner Meridianinstrumente in Zweifel zu ziehen). — Merkwürdige Auszüge aus der Handschrift von PTOLEMÄUS Optik, welche sich auf der Pariser Bibliothek befindet. — Auszug aus DON JOSEPH RODRIGUEZ Abhandlung über die Englische Gradmessung, nebst einigen Anmerkungen. Herr RODRIGUEZ suchte zu beweisen, dass wir aus den partiellen Disharmonien, welche sich bei den verschiedenen Gradmessungen gezeigt haben, doch noch nicht berechtigt sind, eine unregelmässige Gestalt des Erdkörpers als entschieden anzusehen. Hr. DELAMBRE bemerkt dagegen mit Recht, dass auch das Gegentheil nicht bewiesen ist; allein was dieser Astronom in Beziehung auf MECHAIN's Beobachtungen in Barcellona und Montjouy hinzusetzt, scheint uns durchaus das Resultat aus diesen Beobachtungen nicht zu entkräften, dass nemlich die mit den LENOIR'schen Kreisen bestimmten Polhöhen Ungewissheiten von mehreren Secunden übrig lassen. Um diese merkwürdigen Beobachtungen, welche zu vielem Hin- und Herreden Gelegenheit gegeben haben, gehörig würdigen zu können, muss man eigentlich die Resultate auf folgende Weise vergleichen. Der Meridianbogen zwischen Montjouy und Barcellona, welchen die geodätischen Messungen $= 59''53$ gegeben haben, folgt nach den astronomischen Beobachtungen

$$
\begin{array}{ll}
\text{aus } \beta \text{ Zwillinge} & 57''20 \\
\zeta \text{ grosser Bär obere Culmination} & 61.59 \\
\zeta \text{ grosser Bär untere Culmination} & 64.66 \\
\beta \text{ kleiner Bär obere Culmination} & 62.75 \\
\beta \text{ kleiner Bär untere Culmination} & 63.39 \\
\alpha \text{ kleiner Bär obere Culmination} & 62.42 \\
\alpha \text{ kleiner Bär untere Culmination} & 63.12 \\
\end{array}
$$

Also finden wir hier unabhängig von allen Localattractionen zwischen den Resultaten aus verschiedenen Sternen Unterschiede bis zu $7''46$, die man nur der Beobachtung und dem Instrumente zuschreiben kann. — Noch einiges über Hrn. OLBERS bekannte Parallaxenformeln von Hrn. DELAMBRE, und noch von demselben eine Anzeige seines Abrégé de l'astronomie und der Uebersetzung des Almagests von Halma. — Verbesserte Elemente der Jupitersbewegungen von Hrn. BOUVARD, wonach wir bald neue Tafeln zu erwarten haben. — Verschiedenes über das Höhenmessen mit dem Barometer von Hrn. PRONY. Nachahmung verdient eine neue hier beschriebene Art, die Genauigkeit des Ablesens zu vergrössern. Bei mehrern hier angeführten Beobachtungsreihen weichen die äussersten Resultate für den Höhenunterschied im Mittel nur 2 bis 3 Meter ab. — Ueber die von den Spanischen Seefahrern an vielen Punkten der Erde angestellten Pendelversuche von Hrn. MATHIEU. — Ueber die neuen Mondstafeln von Hrn. BURCKHARDT. Was wir bei der Anzeige dieser vortrefflichen Tafeln gewünscht hatten, nemlich die vollständigen einzelnen Resultate der Vergleichung mit den Beobachtungen, finden wir hier. Merkwürdig scheint uns, dass die negativen Breitenfehler merklich überwiegend sind; wir verstehen dies so (was aber nicht ausdrücklich bemerkt ist), dass die Tafeln im Durchschnitt die Breite um $2''29$ südlicher geben, als die Beobachtungen. Dies deutet auf die Nothwendigkeit einer kleinen Correction bei den Rechnungselementen hin; wie viel davon aber etwa auf Rechnung der Constante der Parallaxe, oder des

Collimationsfehlers, oder der Refraction, oder der Polhöhe komme, wird schwer zu entscheiden sein. — Ueber die Massen der Planeten von demselben. Als Vorbereitung zu der Construction von neuen Mars- Venus- und Mercurstafeln, die wir, wie wir hieraus sehen, von diesem vortrefflichen Astronomen zu er- warten haben, hat derselbe die Elemente der Bewegung der Erde aus beinahe 4000 Beobachtungen von neuem discutirt, von welcher Arbeit wir hier die Hauptresultate erhalten. Merkwürdig ist, dass dar- aus eine Verminderung der Venusmasse von ungefähr $\frac{1}{4}$ folgt, während Herr von Lindenau aus den Mercursbewegungen eine ungefähr eben so starke Vergrösserung gefunden hat. — Bemerkungen über die Vervielfältigungskreise von Hrn. Arago. Allen Astronomen sind die Bedenklichkeiten bekannt, welche Herr von Zach gegen die Kreise mit festem Niveau an der Axe aufgestellt hat. Herr Arago sucht dieselben in diesem Aufsatze zu beseitigen. Dass die Verbindung des Kreises mit der Säule durch die Manipulationen der geraden Beobachtungen eine kleine Veränderung erleiden könne, welche durch das Niveau nicht sichtbar werden kann, scheine zwar nach der Theorie gegründet; allein man müsse hierüber die Künstler selbst als Schiedsrichter befragen, und diese glauben nicht, dass eine merkliche Verrückung erfolgen könne, wenn die Klammer nur die gehörige Grösse, und die Alhidade auf dem Limbus eine sanfte Bewegung habe. (Nicht sowohl die Klammer, als viemehr die Stellschraube, welche am Ende doch allein den Kreis mit der Säule verbindet, ist der Gegenstand der Bedenklichkeit. Es scheint uns, dass man über *diesen* Zweifel eine Aufklärung erhalten würde, wenn man bei einigen Be- obachtungsreihen eines und desselben Sterns in den geraden Beobachtungen immer wie gewöhnlich das Fernrohr durch das Zenith, bei andern Reihen hingegen mit einer entgegengesetzten Bewegung durch das Nadir auf den Stern zurückführte. Bewirkte wirklich die Bewegung des Fernrohrs eine merkliche Verrückung des Kreises selbst, so müsste man erwarten, dass die Resultate der erstern Reihen von de- nen der andern in einerlei Sinn abweichen.) Die von Hrn. von Zach zum Nachtheil der Kreise mit festem Niveau angeführten Erfahrungen seien hier desswegen nicht entscheidend, weil diese von andern Beobachtern, die so vortrefflich unter sich harmonirenden Beobachtungen an Kreisen mit beweglichem Niveau hingegen von Hrn. von Zach selbst herrühren. Hr. Arago nimmt ferner die von Hrn. von Zach gemissbilligte Beobachtungsmethode in Schutz, welche darin besteht, bei den geraden Beobachtungen nicht den Stand der Säule selbst zu berichtigen, sondern immer nur die Stellung der Blase gegen die Theile der Scale aufzuzeichnen und dem zu Folge das Endresultat zu corrigiren. Herr Arago hat den Werth der Theile der Niveauscale an dem dreifussigen Reichenbach'schen Kreise, welchen die Pariser Sternwarte als Geschenk des Grafen Laplace besitzt, zweimal bei sehr verschiedenen Temperaturen un- tersucht und fast genau übereinstimmende Resultate erhalten. Inzwischen wird hiedurch doch *der* Zweifel nicht gehoben, ob man berechtigt sei, das Innere der Niveauröhre für so durchaus gleichförmig gekrümmt zu halten, dass *jedem einzelnen* Theile der Scale genau gleiche Werthe beizulegen sein. Wenn man überlegt, wie ganz ausserordentlich kleine Abweichungen von der regelmässigen Krümmung hier schon hinreichen, um Unterschiede von mehreren Secunden hervorzubringen, so wird man den Zweifel nicht für ungegründet halten, ob auch der allergeschickteste Künstler diese ganz vermeiden könne, und so würden wir auf alle Fälle, so lange man hierüber keine vollkommene Gewissheit hat, es für sicherer halten, jedesmal durch Correction der Säule bei den geraden Beobachtungen die Luftblase genau wie- der an den Platz bei der vorhergegangenen ungeraden zu bringen.

Herr Arago kommt auch noch auf die merkwürdige Behauptung des Hrn. von Zach, dass alle Beobachtungen mit Repetitionskreisen in Rücksicht der absoluten Genauigkeit der Resultate doch im- mer noch eine Ungewissheit von mehreren Secunden übrig lassen, wenn sie gleich unter sich noch so schön übereinstimmen, indem *verschiedne* Kreise von einander verschiedne Resultate geben. Da dieser berühmte Beobachter selbst die Quelle dieser Unterschiede noch für ein Räthsel erklärt hat, so könnte noch weniger ein anderer Astronom, der nicht einmal von allen Nebenumständen unterrichtet ist, hierüber etwas entscheiden. Herr ARAGO bringt indessen hier einige ähnliche eigene Erfahrungen bei und glaubt die Quelle davon in einem Umstande zu finden, worüber wir hier noch einiges hinzusetzen müssen. Aus 422 Beobachtungen des Polarsterns mit einem FORTIN'schen Kreise mit festem Niveau, die aus vier unter sich vortrefflich übereinstimmenden Reihen bestanden, ergab sich die Breite von Formentera 38° 39′ 56″05. Hierauf wurde das Objectiv etwas verrückt, um ein vollkommneres Sehen zu erhalten, und sieben andere wiederum vortrefflich unter sich harmonirende Reihen gaben durch 570 Beobachtungen 38° 39′ 53″91. Aehnliche Unterschiede fanden sich nachher mit demselben Instrumente in Paris, wo die Polhöhe zwischen 48° 50′ 11″ bis 48° 50′ 15″ schwankte, je nachdem man das Objectiv so oder anders stellte, obgleich bei einer bestimmten Stellung immer äusserst genau übereinstimmende Resultate hervorgingen. Das Resultat stand immer in genauem Zusammenhange mit der Stellung des Objectivs, obwohl bei verschiedenen Beobachtern nicht auf gleiche Weise. Herr ARAGO schliesst hieraus, dass diese Anomalien lediglich von der Art den Mittelpunkt des Sterns zu schätzen herrühren. Die Fernröhre zeigen das Bild des Sterns immer viel zu gross, und Hr. ARAGO zweifelt, ob der Mittelpunkt des scheinbaren Bildes zugleich der Mittelpunkt des wahren sei. Jeder Beobachter habe nun seine eigenthümliche Weise den Mittelpunkt zu schätzen, und so erkläre sich das Phänomen auf eine sehr natürliche Art. Wir müssen gestehen, dass wir diese Erklärung nicht statthaft finden können. Wenn wir auch zugeben wollten, dass die erwähnte Verschiedenheit der beiden Mittelpunkte gegründet wäre, so müsste doch offenbar, wenn das Fernrohr halb um seine Axe gedreht würde, derjenige Mittelpunkt, der vorher der obere war, jetzt der untere werden. Eben das muss bei der Beobachtungsart mit den Repetitionskreisen erfolgen, wo das Fernrohr bei der geraden und ungeraden Beobachtung entgegengesetzte Lagen erhält, und also die Fehler des Pointirens sich aufheben müssen. Und wenn selbst das Fernrohr ein Bild von ganz unregelmässiger Form hervorbrächte, so würde es doch ganz gleichgültig sein, auf welchen bestimmten Punkt desselben man pointirte, wenn man nur immer bei ungeraden und geraden Beobachtungen einen und denselben wählte. Darf man das Factum, so wie es berichtet wird, als ganz entschieden annehmen, so möchte man fast geneigt sein zu vermuthen, dass durch Verrückung des Objectivs die Fäden ausserhalb seines Brennpunktes kamen, also Parallaxe hatten, wo es denn freilich darauf ankam wie der Beobachter sein Auge vor das Ocular zu halten gewohnt war. Ueberhaupt ist es auffallend, dass das Fernrohr die Einrichtung hatte, das deutliche Sehen durch Verrückung des Objectivs bewirken zu müssen. Interessant sind noch in diesem Aufsatze die Resultate, welche der dreifussige oben erwähnte REICHENBACH'sche Kreis für die Polhöhe aus Zenithdistanzen gegeben hat, wobei man nur noch hätte wünschen können, die Rechnungselemente mitgetheilt zu sehen, damit diese Beobachtungen zugleich zur Bestimmung sowohl der Declination als Rectascension des Polarsterns mit dienen könnten. Vielleicht erhalten wir indessen diese Beobachtungen ausführlicher im nächsten Bande der Connoissance des tems, für welchen auch eine Abbildung des vortrefflichen Instruments versprochen wird.

Göttingische gelehrte Anzeigen. Stück 46. Seite 449..456. 1815 März 23.

I. *Neue Methode, beobachtete Azimuthe zu reduciren. Von* J. SOLDNER. München. 14 S. in Quart. (Aus den Denkschriften der Münchner Academie für 1813 besonders gedruckt.)

II. *Beiträge zur Berechnung beobachteter Azimuthe von* ANTON VON STEFENELLI. Ebendaselbst. Gedruckt mit Stornoschen Schriften. 30 S. in Quart.

Wegen der ungleichförmigen Aenderung der Azimuthe ist es nicht erlaubt, das Mittel aus einer Reihe von Azimuthalunterschieden zwischen einem irdischen Gegenstande und einem Himmelskörper demjenigen Azimuthalunterschiede gleich zu setzen, welcher dem Mittel aller Beobachtungszeiten entspricht. Ist freilich nach jeder einzelnen Beobachtung abgelesen, so wird man auch die Mühe nicht scheuen, jede einzeln zu berechnen, um eben so viele besondere Resultate zu haben. Allein in der Regel pflegt man nur am Ende einer Beobachtungsreihe abzulesen, um lieber die Beobachtungen desto zahlreicher zu machen; die einzelne Berechnung einer grossen Menge von Beobachtungen würde eine abschreckend weitläuftige Arbeit werden, und die Verwechslung des Mittels aller beobachteten Azimuthalunterschiede mit dem Azimuthalunterschiede für das Mittel aller Beobachtungszeiten, würde Fehler hervorbringen, welche bei der Feinheit der Beobachtungen mit Theodolithen, wie sie von REICHENBACH gegenwärtig geliefert werden, nicht übersehen werden dürfen. Zum Theil wegen dieses Umstandes schlug daher ein berühmter praktischer Astronom vor, diese Beobachtungen nur um die Zeit der Culmination anzustellen, wo allerdings die Aenderung des Azimuths als gleichförmig betrachtet werden darf, und wo man noch den Vortheil hat, dass Fehler in der Polhöhe oder in der Declination des Gestirns nur einen ganz unmerklichen Einfluss auf das Resultat haben. Indessen treten bei diesem Verfahren wieder andere nachtheilige Umstände ein. Je grösser die Höhe des beobachteten Gestirns ist, desto grösser wird der Einfluss kleiner Fehler bei der Berichtigung des Instruments, die an sich schon sehr delicat ist, und leicht wieder etwas gestört wird, wenn man nicht dem Instrumente eine sehr feste Aufstellung geben kann; ein Fehler in der Zeitbestimmung wirkt hier nachtheiliger auf das Azimuth, als bei kleinen Höhen; bei Beobachtung der Sonne ist man, in so fern das Fernrohr nur bis zu 40° geneigt werden kann, in unsern oder südlichern Breiten auf die Wintermonate beschränkt; Fixsterne erster Grösse lassen sich zwar auch bei Tage mit jenen Werkzeugen beobachten, allein wenn man die Zeitbestimmung von correspondirenden Sonnenhöhen hernehmen muss, so kommt dann auch noch der etwaige Fehler der Sonnentafeln in Betracht, ist man hingegen in Besitz eines guten Passageninstruments, so wird es in den meisten Fällen der Azimuthalbeobachtungen gar nicht bedürfen, da man mit Hülfe dieses Instruments leicht und mit grosser Schärfe ein künstliches Object in die Mittagsfläche bringen kann. Aus diesen Gründen würden wir den Azimuthalbestimmungen ausser der Culmination und in mässigen Höhen den Vorzug geben. In dem Falle, wo bei der Polhöhe oder der Declination des Gestirns noch eine kleine Ungewissheit vorhanden ist, kann man diese leicht unschädlich machen, wenn man nur Beobachtungen auf beiden Seiten und in beinahe gleichen Entfernungen vom Meridian verbindet; und eben so wenig kann die vorhin erwähnte Ungleichförmigkeit der Azimuthaländerungen hier in Betracht kommen, da sich dieselbe leicht und mit grösster Schärfe in Rechnung bringen lässt. In der That ist klar, dass das Azimuth, welches dem Stundenwinkel $t + \theta$ entspricht, sich nach TAYLOR's Lehrsatze in eine Reihe $A + B\theta + C\theta\theta + D\theta^3 +$ etc. entwickeln lässt, von welcher, in so fern θ nur innerhalb enger Grenzen liegt, wenige Glieder hinreichend sein werden. Sind also zusammen n Beobachtungen gemacht, denen die Stundenwinkel $t + \theta$, $t + \theta'$, $t + \theta''$, $t + \theta'''$ u. s. w. entsprechen, so wird offenbar das Mittel aller Azimuthe

$$= A + \frac{\theta + \theta' + \theta'' + \theta''' + \text{etc.}}{n} \cdot B$$
$$+ \frac{\theta\theta + \theta'\theta' + \theta''\theta'' + \theta'''\theta''' + \text{etc.}}{n} \cdot C$$
$$+ \text{etc.}$$

Da es willkürlich ist, welchen Werth von t man hier zum Grunde legen will, so wird es am einfachsten sein, denjenigen zu wählen, welcher dem Mittel aller Beobachtungszeiten entspricht, wodurch $\theta + \theta' + \theta'' + \theta''' + \text{etc.} = 0$ wird, und folglich das Mittel aller Azimuthe die Form enthält.

$$A + \frac{1}{n} C \Sigma \theta\theta + \frac{1}{n} D \Sigma \theta^3$$

denn weiter als bis zu den Gliedern der dritten Ordnung wird man in der Ausübung niemals zu gehen· brauchen, ja bei weitem in den meisten Fällen wird es an der Correction der zweiten Ordnung $\frac{1}{n} C \Sigma \theta\theta$ genug sein, statt welcher man sich offenbar auch erlauben darf zu nehmen

$$2C \times \frac{\Sigma 2 \sin \frac{1}{2} \theta^2}{n}$$

indem der Fehler nur von der vierten Ordnung wird. Man erhält dadurch den Vortheil, die bekannte Hülfstafel zur Reduction von Circummeridianhöhen benutzen zu können, welche sofort $2 \sin \frac{1}{2} \theta^2$ in Secunden ausgedrückt gibt. Dass man bei dem dritten Gliede, so wie D aus der Entwicklung nach Taylors Lehrsatz folgt, noch den Factor $\frac{15^3}{206265^2}$ oder $\frac{900^3}{206265^2}$ oder $\frac{9000^3}{206265^2}$ hinzufügen muss, wenn man θ in Zeit-Secunden, oder Zeit-Minuten, oder Zehnern von Zeit-Minuten ausdrückt, ist von selbst klar.

Das hier kürzlich beschriebene Verfahren ist es, was Herr Soldner in der vorliegenden Abhandlung vorträgt. Es ist so einfach und liegt so nahe, dass man sich wundern muss, dass es mehrern praktischen Astronomen bei derselben oder bei ganz ähnlichen Veranlassungen entgangen ist. Eben deswegen aber verdient Hr. Soldner für die Bekanntmachung desselben den Dank der praktischen Astronomen, um so mehr, da die Entwickelungen auf eine geschickte und elegante Art durchgeführt, und die Endresultate, d. i. die Ausdrücke für die Coëfficienten B, C, D (denn so weit hat Hr. Soldner die Entwicklung getrieben), in eine ganz geschmeidige Form gebracht sind.

Recensent, welcher bei häufigen mit einem Reichenbach'schn Theodolithen seit ein Paar Jahren gemachten Azimuthalbeobachtungen eben dieses Verfahren angewandt hat, ohne jedoch das in der Ausübung meistens überflüssige Glied der dritten Ordnung mit in Betracht zu ziehen, hofft, dass es den astronomischen Lesern nicht unlieb sein wird, hier noch einige Bemerkungen über diesen Gegenstand zu finden. Er bediente sich dabei der Formel

$$2C = -\frac{\cos\varphi \cdot \tan\delta \cdot \sin A^2}{\sin t} \left(1 + \frac{2\cos\varphi \cdot \sin 2A}{\sin t \cdot \sin 2\delta}\right)$$

wo φ, δ, t, A Polhöhe, Declination, Stnndenwinkel und Azimuth bedeuten, und die man auch so darstellen kann:

$$a = \frac{\cos\varphi \cdot \tan\delta \cdot \sin A^2}{\sin t}, \quad 2C = -a\left(1 + \frac{2a}{\tan A \cdot \sin\delta^2}\right)$$

Diese Formel ist eigentlich identisch mit einer auch von Hrn. Soldner S. 12 angeführten, welche dort· auch nur für den Fall empfohlen wird, wo man das Glied der dritten Ordnung nicht mit in Rechnung nehmen will. Nur ist dort nicht bemerkt, dass es *unter dieser Voraussetzung* bequemer ist, zur Berechnung des Azimuths selbst, anstatt der Neper'schen Formeln folgende (an sich bekannte) zu gebrauchen:

$$\frac{\operatorname{tang}\delta}{\cos t} = \operatorname{tang}\psi$$

$$\frac{\cos\psi \cdot \operatorname{tang} t}{\sin(\varphi - \psi)} = \operatorname{tang} A$$

Soll hingegen das Glied der dritten Ordnung mit beachtet werden, so wird man sich für C und D der SOLDNER'schen Formeln S. 9 bedienen, an deren Form man auch noch eine kleine unten zu berührende Abänderung anbringen kann.

So oft man sich mit der Correction der zweiten Ordnung begnügen kann, lässt sich selbst die Berechnung des Coëfficienten C ganz umgehen, vermittelst eines kleinen Kunstgriffs, von welchem man auch bei mancherlei andern Gelegenheiten mit Vortheil Gebrauch machen kann, und den wir hier noch anführen wollen. Es sei, wie vorhin, t der Stundenwinkel für das Mittel aller Beobachtungszeiten, oder $\theta + \theta' + \theta'' + \theta''' +$ etc. $=$ o, und

$$\tau = \sqrt{\frac{\theta\theta + \theta'\theta' + \theta''\theta'' + \theta'''\theta''' + \text{etc.}}{n}}$$

Das Mittel aller n Azimuthe ist dann gleich zu setzen dem Mittel aus den zwei Azimuthen, welche den Stundenwinkeln $t - \tau$ und $t + \tau$ entsprechen, und die man ungefähr eben so leicht direct berechnen kann, als das eine Azimuth A und den Coëfficienten C. Zur leichtern Bestimmung von τ darf man sich ohne Bedenken der schon oben erwähnten Reductionstafel bedienen, in welcher zu τ in Zeit ausgedrückt das Mittel der einzelnen n Grössen gehören wird, die in derselben den Argumenten θ, θ', θ'', θ''' u. s. w. in Zeit entsprechen. Dies Verfahren empfiehlt sich auch dadurch, dass man dabei, ohne weitere Vergrösserung der Arbeit, auf allerlei Nebenumstände Rücksicht nehmen kann, z. B. bei gegenwärtiger Aufgabe, wenn von der Sonne die Rede ist, auf deren Declinationsänderuug. Unmittelbar ist übrigens dieser Kunstgriff nur dann anwendbar, wenn die Stundenwinkel bekannt sind, und die Azimuthe gesucht werden; bei der Anwendung beobachteter Azimuthalunterschiede zur Zeitbestimmung müssten noch andere Hülfsmittel beigefügt werden, zu deren Auseinandersetzung hier nicht der Ort ist.

Betrachtet man die von Hrn. SOLDNER abgehandelte Untersuchung aus einem blos mathematischen Gesichtspunkte, so gibt sie eigentlich die Auflösung folgender Aufgabe: Wenn in einem sphärischen Dreiecke zwei Seiten unveränderlich sind, die endlichen Aenderungen eines anliegenden Winkels durch eine nach den Potenzen der endlichen Aenderungen des eingeschlossenen Winkels fortlaufende Reihe auszudrücken. Das Gegenstück zu dieser Aufgabe wäre die, unter denselben Bedingungen die endlichen Aenderungen der dritten Seite auf eine ähnliche Art darzustellen, eine Aufgabe, deren Auflösung gleichfalls zur scharfen Reduction von Beobachtungen mit Vervielfältigungswerkzeugen bei mehrern Gelegenheiten nothwendig ist. Mit diesen beiden Aufgaben und verschiedenen Anwendungen beschäftigt sich die Schrift Nro. II. Ihrem Verfasser war die Abhandlung von Hrn. SOLDNER schon bekannt, wie man aus verschiednen zum Theil sehr unpassenden Aeusserungen über dieselbe sieht. Dahin gehört S. 29 die seltsame Behauptung, dass das SOLDNER'sche Verfahren nichts weiter sei, als die von SVANBERG angewandte Methode, ein Urtheil, dessen Grundlosigkeit jedem, der beide Methoden vergleicht, zu einleuchtend ist, als dass wir dabei länger verweilen sollten. In Rücksicht der Ausführung können wir der STEFENELLI'schen Schrift nicht dasselbe Lob beilegen wie der SOLDNER'schen. Die beiden Reihen, wodurch Herr STEFENELLI die beiden Aufgaben aufzulösen glaubt, und die, wenn wir uns recht erinnern, schon vor einiger Zeit in einem gelehrten Blatt unter dem unpassenden Titel von neuen Entdeckungen angekündigt wurden, sind beide schon in den Gliedern der dritten Ordnung *unrichtig*. Es ist keine Entschuldigung für den Verf., dass diese Glieder in der Ausübung meistens unbedeutend sind; er mochte sich auf die Glieder der zweiten Ordnung beschränken, aber wenn er es einmal unternahm, darüber hinaus zu gehen, so fordert man richtige Resultate, um so mehr, da die eine Aufgabe schon von Hrn. Soldner bis zur dritten Ordnung vollständig aufgelöst war, und überhaupt das ganze Verdienst dieser an sich gar nicht schweren Entwicklungen lediglich in ihrer Richtigkeit und Geschmeidigkeit besteht. Das einzige, was wir zum Lobe der Stefenelli'schen Schrift anführen können, ist, dass dort das noch richtige Glied der zweiten Ordnung (bei der ersten Aufgabe, welche bei Hrn. Stefenelli die zweite ist) eine etwas bequemere Gestalt hat, als bei Hrn. Soldner; Hr. Stefenelli muss aber nicht bemerkt haben, dass sich der Soldner'schen Reihe durch die leichten und auf bekannten Gleichungen beruhenden Substitutionen

$$\sin\varphi + \sin\delta = \frac{2\cos\frac{1}{2}z^{*}.\sin 2\gamma}{\sin t}$$

$$\sin\varphi - \sin\delta = \frac{2\sin\frac{1}{2}z^{2}.\sin 2\beta}{\sin t}$$

sogleich dieselbe Form geben lässt: denn hätte er dies bemerkt, so würde er sich bei der Vergleichung des Gliedes der dritten Ordnung von der Unrichtigkeit des seinigen haben belehren können. Man begreift kaum, wie er übersehen konnte, dass die Verwechslung von Bögen mit ihren Sinus und Tangenten S. 3 nothwendig schon Fehler der dritten Ordnung hervorbringen musste.

Einer Schlussanmerkung zu Folge hat Hr. Stefenelli einen Theil seiner Schrift der mathematisch-physischen Classe der Münchner Academie vorgelegt, wie es scheint, selbst mit der Erwartung, dieselbe in die Denkschriften der Academie aufgenommen zu sehen. Dies ist nun freilich nicht geschehen: ob die Academie ein Urtheil darüber abgegeben hat, wird nicht gesagt. Wir würden bei Anzeige derselben weniger strenge gewesen sein, oder sie lieber ganz ignorirt haben, da sie so viel wir wissen des Verfassers erster Versuch zu sein scheint, wenn nicht sein unüberlegter Ausfall auf die Soldner'sche Abhandlung eine ernstliche Rüge verdiente. Um des Verfassers selbst willen ist es zu bedauern, dass er nicht veranlasst wurde seinem Versuche erst mehr Reife zu geben, ehe er damit öffentlich auftrat.

Göttingische gelehrte Anzeigen. Stück 91. Seite 903..904. 1815 Juni 10.

Praecipuarum stellarum inerrantium positiones mediae ineunte saeculo XIX ex observationibus habitis in specula Panormitana ab anno 1792 ad annum 1813. Ex regia typographia militari. Palermo 1814. 187 Seiten in Folio. (Preis, in Florenz bei Molini, Landi und Co., 30 Lire.)

Seit der Erscheinung des berühmten Piazzi'schen Sternverzeichnisses von 1803, der Frucht einer ununterbrochenen zehnjährigen angestrengten Arbeit, waren die Fixsternbeobachtungen auf der Palermer Sternwarte theils von Piazzi selbst, theils von seinem geschickten Gehülfen Nicolao Cacciatore, beständig fortgesetzt, erweitert und selbst neu begründet, indem die Fundamentalrectascensionen von α im Adler und α im kleinen Hund durch unmittelbare Vergleichung mit der Sonne fest gestellt wurden. Der vorliegende neue Catalog liefert nun die vollständige Ausbeute der ganzen zwanzigjährigen Arbeit, die Stellungen von 7646 Fixsternen mit aller der Schärfe bestimmt, welche der heutigen beobachtenden Astronomie erreichbar ist.

Eine besondere Sorgfalt hat Piazzi in diesem classischen Werke auch der eignen Bewegung der Sterne gewidmet. Er hat dabei vorzüglich die Beobachtungen von Mayer und Bradley zum Grunde gelegt, sehr häufig auch die Vergleichung seiner eignen Beobachtungen unter sich mit zu Rathe gezogen. Die Stellungen von 1041 Sternen für 1756, wie sie ein anderer Gehülfe Piazzi's Joseph Pilati zu diesem Behuf aus Bradley s Beobachtungen reducirt hat, sind am Schlusse des Werks beigefügt.

Die jährliche Präcession der Sterne wurde nach folgenden Formeln berechnet:

in gerader Aufsteigung . . . . . . 46″0395 + 20″0642 sin α tang δ

in Declination . . . . 20″0642 cos α

welche Zahlen die jährliche Lunisolarpräcession in der Länge 50″388, die jährliche Bewegung der Aequinoctialpunkte auf dem Aequator vermöge der Planetarischen Einwirkungen 0″1814 und die mittlere Schiefe der Ekliptik für 1800, 23° 27′ 55″5 zum Grunde liegen. Diese Bestimmungen kommen sehr nahe mit denen von Bessel überein. (M. s. das 19. Stück unsrer Blätter 1814 [S. 561 d. B.]).

Das Aeussere des Werks ist zwar des innern Werthes nicht unwürdig, jedoch der Druck etwas öconomischer eingerichtet als bei dem Verzeichniss von 1803. Die scharfe Angabe der geraden Aufsteigungen ist blos in Bogen angesetzt, die in Zeit blos auf Minuten. Alle Sterne sind nach ihren geraden Aufsteigungen geordnet, in 24 Stunden abgetheilt, und in jeder einzelnen Stunde mit fortlaufenden Zahlen bezeichnet. Bei allen Sternen, die besondere Namen haben, sind diese vorzüglich aus Ulugh Beighs Verzeichniss beigefügt, dagegen aber bei solchen Sternen alle weitere Bezeichnung weggeblieben. Dies letztere will uns nicht gefallen, und wir glauben, dass alle Astronomen es unbequem finden werden, statt der ihnen geläufigen Bayer'schen Buchstaben und Flamstead'schen Zahlen nur die ihnen fast sämmtlich fremden Arabischen Namen anzutreffen.

Am Schluss jeder einzelnen Stunde finden sich immer reichhaltige Anmerkungen über eine Menge der darin vorkommenden Sterne.

Nachdem der Catalog schon ganz vollendet und selbst abgedruckt war, machte Piazzi noch die Vergleichung mit den Verzeichnissen der Zodiakalsterne von Zach und Barry's; die Uebereinstimmung mit dem erstern war fast durchgehends sehr gross; hingegen fanden sich bei den Mannheimer Declinationen häufigere und bedeutendere Unterschiede, wovon indessen nur die grössten in ganze Minuten gehenden hier angeführt sind.

Göttingische gelehrte Anzeigen. Stück 20. Seite 200. 1816 Februar 3.

Ausführliche Anleitung zur trigonometrischen Berechnung der an einem gegebenen Ort der Erdfläche sichtbaren Sonnenfinsternisse, nach zwei verschiedenen sehr genauen Methoden, erläutert durch die Bestimmungen der Erscheinungen der grossen Sonnenfinsterniss des 19. Novembers 1816 für den Nürnberger Meridian, von Johann Wolfgang Müller, Professor der Mathematik am Königl. Gymnasium zu Nürnberg. Sulzbach. In des Commerzienraths J. E. Seidel Kunst- und Buchhandlung. 128 Seiten in Octav, nebst einer Kupfertafel.

Der Verfasser hat die Hauptphasen der merkwürdiegen Sonnenfinsterniss des gegenwärtigen Jahrs für den Nürnberger Horizont, wo ihre Grösse 10 Zoll 38 Minuten betragen wird, mit vieler Sorgfalt nach der trigonometrischen Methode des Neunzigsten im Voraus berechnet, einmal ganz nach Tob. Mayer's Anordnung, und zweitens nach einem etwas, obwohl eigentlich nicht wesentlich, abgeänderten Gange der Rechnung, und die sämmtlichen Operationen bis ins kleinste Detail in vorliegender kleinen Schrift abdrucken lassen. Anfängern und ungeübten Liebhabern, welche gern eine ähnliche Rechnung für ihren Wohnort ausführen möchten, kann sie als eine brauchbare und fassliche Vorschrift empfohlen werden.

Göttingische gelehrte Anzeigen. Stück 47. Seite 457..460. 1816 März 23.

Effemeridi astronomiche di Milano per l'anno bisestile 1816, calcolate da Francesco Carlini. *Con appendice. Dalla cesarea regia stamperia.* Mailand 1815. Octav. Die Ephemeriden 108 Seiten, der Anhang 100 Seiten.

Die Zusätze, welche diesmal den astronomischen Kalender begleiten, sind 1) das Verzeichniss der 34 Fundamentalsterne nebst ihren jährlichen Präcessionen und den Constanten für die Berechnung ihrer Aberration und Nutation, wie im Jahrgange für 1815 (m. s. unsere Anzeigen vom v. J. S. 89 [S. 574 d. B.]). 2) Die Carlini'sche Refractionstafel. Diese Tafel, welche auf die Laplace'sche Hypothese über den Zustand der Atmosphäre und die daraus abgeleitete Theorie der Refraction gegründet ist, jedoch nach einer neuen auf eignen Beobachtungen beruhenden Bestimmung der dabei vorkommenden Constanten, war schon im Jahrgange der Ephemeriden für 1808 abgedruckt. Da Rec. diesen nicht zur Hand hat, so kann er nicht angeben, ob die gegenwärtige Tafel ein blos unveränderter Abdruck ist. 3) Verzeichniss von Fixsternbedeckungen im Jahre 1816 für den Meridian und die Polhöhe von Florenz von den Florenzer Astronomen berechnet.

Der Anhang enthält folgende Aufsätze. 1) Beobachtete Refraction bei kleinen Höhen über dem Horizont, von Barnabas Oriani. Unter den in den vorhergehenden Jahrgängen bekannt gemachten Beobachtungen mit dem dreifussigen Reichenbach'schen Multiplicationskreise befinden sich 19 im Jahre 1811 beobachtete untere Culminationen der Capella, welcher Stern in Mailand in einer Höhe von 1° 36', nur wenige Minuten über den den Horizont begrenzenden Bergen durchgeht. Ueberdies waren im Jahr 1811 noch 14 obere Culminationen beobachtet, woraus mit der Polhöhe 45° 28' 0"7 die mittlere Declination 45° 47' 28"5 für den Anfang des Jahrs 1811 abgeleitet wurde. Die untern Culminationen wurden von Hrn. Oriani nach den vornehmsten Refractionstafeln berechnet, nemlich den Tafeln von Bradley, Tob. Mayer, Piazzi, Delambre, Carlini und Bessel, unter denen die von Carlini am besten und bis auf ein paar Secunden übereinstimmten, in sofern nemlich die vermeinte Verbesserung für die nordliche Hälfte des Meridians, die Carlini früherhin für nöthig gehalten hatte, weggelassen wurde. 2) Fortsetzung der Beobachtungen über das periodische Schwanken der Gebäude, von Angelo Cesaris. Die schon im Jahrgange der Ephemeriden für 1813 mitgetheilten Erfahrungen über diesen Gegenstand (m. s. unsre Anzeigen 1813 S. 951 [S. 556 d. B.]) werden hier mit andern nicht weniger merkwürdigen vermehrt. Dort war von einer Bewegung die Rede, die gleichsam wie eine Rotation der Mauern, an welchen Mauerquadrant und Mitagsfernrohr aufgehängt sind, um eine verticale Axe angesehen werden können: die neuen Erfahrungen beziehen sich auf eine Rotation um eine horizontale von Osten nach Westen gerichtete Axe. Diese Bewegung wurde sichtbar gemacht durch eine vortreffliche Reichenbach-sche am Mauerquadranten angebrachte Libelle von einer solchen Empfindlichkeit, dass eine Veränderung von Einer Secunde einen Ausschlag von $1\frac{2}{3}$ Linien gab. Dieselben Veränderungen, welche sich an dieser Libelle zeigten, liessen sich auch an der mit dem Mauerquadranten beobachteten Zenithdistanz, so wie auch an einer zweiten an der entgegengesetzten Seite der Mauer angebrachten Libelle erkennen. Die hier mitgetheilten Erfahrungen deuten sehr bestimmt auf einen Zusammenhang mit dem Wetter und mit der Stärke der Erwärmung des Gebäudes durch das Sonnenlicht. Am regelmässigsten sind die Veränderungen von Vormittags bis Nachmittags. Bei heiterm Wetter bewegt sich die Blase in der Libelle nach Süden zu; die Grösse der Bewegung ist im Durchschnitt etwa 2", und bei bedecktem Himmel fällt sie ganz weg. 3) Tafel für die Mittelpunktsgleichung der Vesta (Excentricität $= 0.0889$) und für die Reduction auf die Ekliptik (Neigung der Bahn $= 7° \, 8' \, 20''$, von CARLINI. 4) Sternbedeckungen, beobachtet zu Mailand in den Jahren 1811—1815 von demselben, und zu Florenz in den Jahren 1810—1813 von den dortigen Astronomen. — 5) Schiefe der Ekliptik aus den mit dem REICHENBACH'schen dreifussigen Kreise angestellten Solstitialbeobachtungen, von BARNABAS ORIANI. Die Beobachtungen im Wintersolstitium 1810 und in den beiden Solstitien von 1811 waren bereits in den frühern Jahrgängen mitgetheilt: hier erhalten wir die ausführlichen Beobachtungen in den fünf folgenden Solstitien, und die aus allen gezogenen Resultate. Es ist sehr interessant, nun auch den Ausspruch der grössern REICHENBACH'schen Vervielfältigungskreise über diesen vielbesprochenen Gegenstand zu erhalten. Die vier Wintersolstitien geben die mittlere Schiefe der Ekliptik auf den Anfang von 1812 reducirt $= 23° \, 27' \, 48''20$, die vier Sommersolstitien $23° \, 27' \, 50''77$, also noch immer einen obwohl viel kleinern Unterschied, als die zwölfzolligen REICHENBACH'schen Kreise und andere Instrumente gegeben haben. Zur Reduction der Beobachtungen wurden CARLINI's Refractionstafeln gebraucht: mit den DELAMBRE'schen Refractionstafeln würde der Unterschied etwas grösser sein und $3''71$ betragen. — 6) Meteorologische Beobachtungen im Jahr 1814, von ANGELO CESARIS, nebst einer Uebersicht des gefallenen Regens in den Jahren 1764—1814. Die mittlere Quantität des gefallenen Regens aus allen 51 Jahren findet sich 35 Zoll 3,92 Linien: die Quantität in den einzelnen Jahren läuft natürlich sehr unordentlich; nimmt man sie aber für eine längere Reihe von Jahren zusammen, so zeigt sich im Ganzen eine stete Zunahme. CESARIS schreibt dies der immer mehr verbreiteten Bewässerung der Felder zu, wodurch eine grosse Quantität Wasser über eine viel grössere Oberfläche verbreitet einer stärkern Verdunstung ausgesetzt werde und so wieder in häufigerm Regen zurückkommen müsse. Die Anzahl der Jahre ist indess wohl noch zu klein, und der Erfolg vom Wechsel des Zufalls zu abhängig, um sichere allgemeine Resultate ziehen zu können. Ganz ausgezeichnet feucht war das letzte Jahr 1814, wo die Menge des gefallenen Regens 58 Zoll 11,58 Linien betrug; die kleinste Quantität im Jahre 1771 war 25 Zoll 11,6 Linien.

Göttingische gelehrte Anzeigen. Stück 5. Seite 41..45. 1817 Januar 9.

Von den Himmelskarten unsers Herrn Prof. HARDING, wovon wir die letzten Lieferungen im 158. Stück dieser Blätter von 1812 [S. 541 d. B.] angezeigt haben, ist jetzt wiederum in Commission der Vandenhoeck-Ruprechtschen Buchhandlung eine neue, die *fünfte*, Lieferung von vier Blättern erschienen, nemlich die Nummern VI, X, XIX und XXV. Um leichter zu übersehen, ein wie grosser Theil dieser nützlichen Arbeit jetzt vollendet ist, und wie viel noch fehlt, bringen wir hier nur kürzlich die Veranlassung und den Plan derselben in Erinnerung. Die Entdeckung der Planeten Ceres und Pallas, die nie grösser als wie Fixsterne achter Ordnung, oft noch viel kleiner, erscheinen, machte zuerst weit detaillirtere Sternkarten, als wir bis dahin besassen, von denjenigen Theilen des Himmels, in welchen jene interessanten Himmelskörper sich zeigen können, unentbehrlich. Um nicht alle Jahre für dieselben besonderer Karten zu bedürfen, war ein eigener Atlas für den Zodiakus dieser Planeten wünschenswerth, den der Verfasser zu bearbeiten beschloss. Eine mässige Anzahl von Blättern (10 oder 11) würde hiezu hingereicht haben. Allein während der Verf. diese Arbeit bereits verfolgte, und zum Theil eben durch diese Arbeit veranlasst, kam noch die Entdeckung zweier andern neuen Planeten hinzu, die eine Erweiterung des Planes nothwendig machten. Der mannichfaltige Nutzen, welchen detaillirte Stern-

karten auch in andern Beziehungen verschaffen, bewog den Verfasser, seinen Atlas, von welchem inzwischen schon einige Blätter vollendet waren, über den ganzen nördlichen Himmel, und denjenigen
Theil des südlichen, der in unsern Gegenden von Europa noch gut beobachtet werden kann, und wozu
noch die Materialien vorhanden sind, auszudehnen, also bis etwas mehr als 30° südliche Abweichung.
Neun Blätter, jedes von 40° Ausdehnung in der geraden Aufsteigung, sollten also diesen südlichen Theil
des Himmels, und eben so neun Blätter, jedes von ähnlicher Ausdehnung, den Theil des nördlichen
Himmels vom Aequator bis zu 32° nördlicher Abweichung umfassen. Diese 18 Blätter sind jetzt, nachdem die bisher noch fehlenden VI und X in vorliegender Lieferung hinzugekommen sind, ganz vollendet. Nur wird in Zukunft das Blatt Nr. I., welches zu Anfang und noch nach dem beschränkten Plane
ausgearbeitet, von beinahe 22° südlicher bis fast 13° nördlicher Abweichung sich erstreckt, und dessen
nördlicher Theil auch auf dem neuen Blatt Nr. X. mit enthalten ist, ausgeschlossen und durch ein anderes bis 32° südliche Abweichung gehendes ersetzt werden, welches demnächst den Besitzern des Atlasses von dem Verfasser unentgeldlich nachgeliefert werden wird.

Der Raum des Himmels, welchen diese 18 Blätter umfassen, ist für die Astronomen in so fern
der interessanteste, weil alle Planeten und der Mond nie über denselben hinausgehen, und desshalb
glaubte der Verfasser mit Recht, diesen zuerst vollenden zu müssen. Allein eine eben so detaillirte
Bearbeitung des nördlichen Himmels von 32° Abweichung bis zum Pole würde schon wegen der so häufig
denselben durchstreifenden Cometen als ein wesentliches Bedürfniss angesehen werden müssen, da so
manche Cometen *nur* teleskopisch sind, und selbst die grössern immer noch mit Fernröhren eine Zeitlang verfolgt werden können, wenn ihre zunehmende Entfernung sie bereits dem unbewaffneten Auge
entzogen hat. Bei solchen Veranlassungen muss der Beobachter in Ermangelung gestochener Sternkarten immer sich der zeitraubenden Arbeit unterziehen, sich selbst von der Gegend, die der Comet durchläuft, eine Karte zu entwerfen. Die Blätter des vorliegenden Atlasses XIX und XXV machen den Anfang, diesem Bedürfnisse abzuhelfen. Der Plan zur Abtheilung des nördlichen Himmels, der hiebei befolgt wird, ist folgender: Da die Grade der Parallelkreise näher nach dem Pole zu immer kleiner werden, so konnte ein Blatt von derselben Grösse, wie die ersten 18, mehr in Rectascension fassen. Acht
Blätter, jedes unten von etwas über 45° Ausdehnung in gerader Aufsteigung, und in der Mitte von 30°
bis fast 65° Abweichung sich erstreckend, werden zuerst folgen; der noch übrige Theil des Himmels
von 64° Abweichung bis zum Pole wird dann bei nur wenig verkleinertem Massstabe in zwei Blättern
abzuthun sein, auf denen die Ecken, in welchen sonst schon auf den Blättern vorgekommene Theile
des Himmels wiederholt werden müssten, zur Darstellung interessanter Sterngruppen, wie der Plejaden,
der Krippe und anderer, verwandt werden sollen. In 28 Blättern wird also der ganze Athas vollendet
sein, und die jetzt noch fehlenden acht Blätter, die schon grösstentheils gezeichnet sind, werden hoffentlich in kurzer Zeit geliefert werden können.

Bei den ersten 18 Blättern war eine künstlichere Projectionsart überflüssig; das Netz aus blossen
Quadraten bestehend erleichterte nicht allein die Zeichnung, sondern gewährt auch bei dem Gebrauche
manche Bequemlichkeit, wogegen die kleine ohnehin kaum merkliche Abweichung von dem wahren
Verhältniss der Rectascensions- und Declinationsgrade, gegen die Grenze zu, in gar keinen Betracht
kam. Allein bei grössern Declinationen war dies nicht mehr anwendbar. Für die acht Blätter XIX
bis XXVI hat also der Verf. eine ihm von Hrn. Hofr. GAUSS dazu vorgeschlagene Projectionsart gewählt,
bei welcher die Declinationskreise gerade Linien, die Parallelkreise concentrische Kreise sind, deren abnehmende Halbmesser nach aller Schärfe so bestimmt sind, dass überall die Rectascensionsgrade zu den
Declinationsgraden ihr richtiges Verhältniss bekommen. Bei dieser Darstellung ist also die Abbildung
dem Himmel in den kleinsten Theilen vollkommen ähnlich, welches die wesentlichste Bedingung ist.

Die Declinationsgrade sind freilich genau genommen, nicht durchaus von gleicher Grösse. Allein dieser, der Natur der Sache nach unvermeidliche Umstand ist hier vollkommen gleichgültig, zumal da der Unterschied so gering ist, dass er kaum bemerkt wird: auf dem 64sten und 30sten Grade der Declination beträgt nemlich ein Declinationsgrad 13,07 Millimeter, in der Mitte auf dem 47sten Grade hingegen 12,38 Millimeter.

Da die Vertheilung des Himmels auf die Karten nur durch die geraden Aufsteigungen und Abweichungen bestimmt ist, so erscheinen natürlich manche Sternbilder zerstückelt. Das Blatt Nr. VI enthält nemlich theilweise die Jungfrau, Waage, den Scorpion, die Schlange, den Wolf, Centaur, Schwanz der Hydra und den ganzen Vogel Einsiedler; das Blatt Nr. X theilweise die Fische, die Andromeda, die Dreiecke, den Widder, Wallfisch und Pegasus; das Blatt Nr. XIX theilweise den Cepheus, die Cassiopea, den Erntehüter, Camelopard, Perseus, die Andromeda, die Fische, die Dreiecke und den Widder; das Blatt Nr. XXV theilweise den Drachen, den Herkules, die Leyer, den Schwan und den Cepheus. Papier und Stich stehen an Schönheit den frühern Lieferungen nicht nach.

Göttingische gelehrte Anzeigen. Stück 54. Seite 531..536. 1817 April 5.

Connaissance des tems, ou des mouvemens célestes, à l'usage des astronomes et des navigateurs, pour l'an 1818; publiée par le bureau des longitudes. Paris 1815. Bei der Witwe Courcier. 412 Seiten in Octav.

Die Einrichtung des astronomischen Kalenders hat in diesem Jahrgange einige kleine Veränderungen erlitten. Die gerade Aufsteigung des Mondes, welche sonst nur in Bogenminuten angesetzt wurde, ist jetzt für Mittag und Mitternacht auf Secunden berechnet, wogegen die Declinationen, die sonst von 6 zu 6 Stunden angegeben wurden, jetzt, in Minuten, nur für Mittag und Mitternacht angesetzt sind. Diese Abänderung muss denjenigen Astronomen angenehm sein, welche durch correspondirende Beobachtungen von Mondsculminationen den Unterschied ihrer geographischen Längen bestimmen wollen. Ferner sind die einzelnen Phänomene, welche sonst bei jedem Monat besonders aufgeführt wurden, jetzt zweckmässiger am Ende des Kalenders zusammengestellt. Der dadurch gewonnene Platz ist zur Angabe der heliocentrischen Längen und Breiten der Planeten, und ihrer geraden Aufsteigungen in Zeit verwandt. Es ist nur zu bedauern, dass man letztere blos auf Minuten (also Viertelsgrade in Bogen) angesetzt hat; es ist sehr oft wünschenswerth, um die Stellung der Planeten gegen benachbarte Fixsterne im voraus beurtheilen zu können, ihren Platz auf die Bogenminute genau vorher zu wissen, und anstatt der heliocentrischen Oerter, welche in der Ephemeride wenig oder gar keinen Nutzen haben, wäre die Ansetzung des Abstandes von der Erde bei weitem wichtiger. Es ist sehr zu bedauern, dass keine einzige unsrer astronomischen Ephemeriden dies Element mittheilt, obgleich dasselbe für Aberration, Parallaxe und Reduction der gemessenen Durchmesser gleich wichtig ist.

Unter den beigefügten Aufsätzen machen einige Auszüge, welche Herr DELAMBRE aus verschiedenen Englischen Schriften gemacht hat, den Anfang. Da diese auf dem festen Lande doch noch immer in wenige Hände kommen, so werden diese Auszüge manchem Leser angenehm sein: auch die beigefügten Anmerkungen von einem so erfahrnen Praktiker liest man gern, wenn gleich derselbe sich oft wiederholt. Mit ermüdender und unnöthiger Weitschweifigkeit ist dagegen der folgende Aufsatz geschrieben, über eine Aufgabe von REGIOMONTAN, die Umstände anzugeben, unter denen zwei Punkte der Ekliptik in Länge eben so viel verschieden sind, wie in gerader Aufsteigung: diese unbedeutende und leichte Aufgabe hätte in der Connoissance des tems keine 10 Seiten verdient. — Neue Tafeln für die Aberration der Planeten in Länge und Breite von PUISSANT. Diese Tafeln haben eine so bequeme Einrichtung, wie es die Natur des Gegenstandes erlaubt, und mögen in dem Falle mit Nutzen angewandt werden, wo die Entfernung des Planeten von der Erde ganz unbekannt ist. Bei den Formeln, wonach die Tafeln berechnet sind, bemerkt der Verfasser: Ces formules sont *complètes*; il est remarquable en outre, qu'elles sont exactes, *aux quantités près du troisième ordre*; car les termes en e² se detruisent mutuellement, comme je m'en suis assuré. Vermuthlich soll diese etwas dunkel ausgedrückte Stelle bedeuten, dass der Verf. die Aberration nach den Potenzen der Excentricität entwickelt hat, und dass die von der Excentricität unabhängigen Glieder, eben so wie die von der ersten Ordnung der Excentricität vollständig sind. Ist diese Auslegung (ohne welche die unterstrichenen Ausdrücke im Widerspruch zu stehen scheinen) die richtige, so scheint dem Verf. entgangen zu sein, dass seine Formeln in der That nicht blos bis zu den Grössen der dritten Ordnung der Excentricität genau sind, sondern *absolute* Vollständigkeit haben. — Von demselben Verf. eine Anmerkung zu einem Aufsatze von LAGRANGE, die Parallaxenrechnung bei den Finsternissen betreffend, wo Herr PUISSANT den von LAGRANGE für die scheinbare Entfernung der Mittelpunkte der Sonne und des Mondes gegebenen Formeln durch Einführung von Hülfsmitteln eine für die numerische Rechnung geschmeidigere Gestalt zu geben sucht: bequemer ist jedoch hier die Anwendung der Tafel, aus der man sofort die Logarithmen der Summen und Differenzen von Grössen findet, die unmittelbar durch ihre Logarithmen gegeben sind. — Die neue allgemeine Tafel für die parabolische Bewegung der Cometen von BURCKHARDT verdient den Vorzug vor der gewöhnlichen Tafel sowohl, als auch selbst vor der BARKER'schen; sie unterscheidet sich von jener, dass nicht die Zeit, die seit dem Durchgange durch das Perihelium verflossen ist, sondern der Logarithme dieser Zeit ihr Argument ist. Verglichen mit der gewöhnlichen Tafel erspart sie das Aufschlagen eines Logarithmen; eben den Vorzug hat sie vor der BARKER'schen Tafel bis zu 45° wahrer Anomalie, auch ist das Interpoliren in der BURCKHARDT'schen Tafel meistens etwas bequemer. — Neue Bestimmung der Bahn der Vesta von DAUSSY. Herr DAUSSY hat sich durch die Berechnung der Störungen der Bewegung der Vesta durch Jupiter, Saturn und Mars nach der LAPLACE'schen Methode, welche bei der mässigen Excentricität und Neigung jenes Planeten als zulänglich betrachtet werden kann, sehr verdient gemacht, und die ersten sieben Oppositionen zeigen in der That eine sehr befriedigende Uebereinstimmung. — Ueber einen neuen Apparat zur Vergleichung linearischer Masse von PRONY. Das vornehmste Stück dieses Apparats ist ein auf Glas in 100 Theile eingetheilter Millimeter; mehrere Französische Künstler liefern diese Theilung mit einer in der That bewundernswürdigen Feinheit und Genauigkeit. Von den zu vergleichenden Massen müssen solche Zusammensetzungen gemacht werden, dass ihr Unterschied höchstens ein Paar Millimeter beträgt, und blos dieser Unterschied wird durch den Apparat bestimmt, dessen vollständigere Beschreibung hier zu weitläufig sein würde. — Ueber die Ebbe und Fluth des Meeres von LAPLACE. Dieser kleine Aufsatz ist die Einleitung zu neuen interessanten Untersuchungen, welche dieser grosse Geometer über die zu Brest angestellten Beobachtungen der Ebbe und Fluth gemacht hat, und muss auf das nähere Detail dieser Untersuchungen sehr begierig machen. Besonders merkwürdig ist die daraus abgeleitete Bestimmung der Mondsmasse (= $\frac{1}{68.7}$), und der Nutationsconstante (= 9″65), um so mehr, da die von Hrn. VON LINDENAU mit so grosser Sorgfalt discutirten Beobachtungen des Polarsterns einen beträchtlich kleinern Werth der letztern gegeben haben. — Die beiden folgenden Aufsätze von demselben Verfasser über die Anwendung der Wahrscheinlichkeitsrechnung auf die Naturwissenschaft beschäftigen sich mit der Theorie der Genauigkeit der nach der Methode der kleinsten Quadrat gefundenen Resultate, und der Bestimmung der Genauigkeit der Beobachtungen selbst. Die Resultate dieser Untersuchung kommen im Grunde mit dem, was von GAUSS in der Theoria Motus

Corporum Coelestium, und in einem Aufsatze in der Zeitschrift für Astronomie entwickelt ist, ganz überein, obgleich Laplace den Gegenstand aus einem etwas verschiedenen Gesichtspunkte betrachtet hat. Es werden hier zugleich mehrere interessante Anwendungen dieser Theorie gegeben. Eine davon ist die Bestimmung der Jupitersmasse aus den Störungen, welche Saturn durch die Einwirkung des Jupiter erleidet. Das aus dieser Quelle von Bouvard abgeleitete Resultat ist $\frac{1}{1070.5}$, und der wahrscheinliche Fehler dieser Bestimmung findet sich $= \pm \frac{1}{123}$ desselben, d. i. es ist gerade eben so wahrscheinlich, dass der wahre Werth zwischen $\frac{1}{1063}$ und $\frac{1}{1072}$ liegt, als dass er ausserhalb dieser Grenzen fällt. Laplace hat vorgezogen, die ungemein grosse Unwahrscheinlichkeit von etwas weitern Grenzen anzugeben: man kann 1 gegen fast eine Million wetten, dass der Fehler nicht mehr als $\frac{1}{100}$ des Ganzen beträgt. Hier ereignet sich nun der höchst merkwürdige Umstand, dass die von Gauss aus seiner Theorie der Pallasstörungen durch Jupiter abgeleitete Masse des Jupiter doch beträchtlich von jener Bestimmung verschieden ist, und weit ausserhalb jener Grenzen fällt, und was die Hauptsache ist, dass die Wahrscheinlichkeitstheorie auf diese Bestimmung angewandt, ihr sehr nahe eine eben so kleine Ungewissheit beilegt; über letzteres darf man sich nicht wundern, da bei den Bewegungen der Pallas die noch nicht so grosse Anzahl der Beobachtungen durch den weit stärkern Einfluss des Jupiter schon jetzt ersetzt wird. Wie soll man nun diesen Widerspruch ausgleichen, und welches ist die wahre Masse des Jupiter? Die fortgesetzten Beobachtungen der Pallas und die Untersuchung der Störungen der Juno werden in Zukunft hierüber weitere Auskunft geben. Erlaubt aber scheint ein Zweifel, ob die Laplace'sche Methode die Störungen zu berechnen, auf den Saturn angewandt, ganz so genaue Resultate gebe, als zu einer so delicaten Untersuchung erfordert werden. — Ueber Nonius Formeln für die Dämmerung von Delambre. Das Verdienst von Nonius um die Aufgaben, die sich auf die Dauer der Dämmerung beziehen, war bisher nicht genug gewürdigt. Hr. Delambre zeigt in dieser sehr ausführlichen Abhandlung, dass in der That Nonius alle dahin gehörigen Aufgaben sehr gut und zum Theil besser als seine Nachfolger aufgelöst hat. Wir haben diese Abhandlung als eine Probe eines grossen Werks anzusehen, welches Hr. Delambre unter dem Titel einer Geschichte der Astronomie herausgeben will, und worin alle bekannten Bücher, wenigstens diejenigen, welche irgend etwas nützliches oder merkwürdiges enthalten, excerpirt, commentirt, zuweilen neu abgedruckt, aber immer wenigstens in neuer Einkleidung geliefert werden sollen. — Der letzte Aufsatz dieses Jahrganges enthält die Elemente und Störungsgleichungen, nach welchen Bouvard's neue Saturntafeln berechnet sind, und die Vergleichung derselben mit allen seit 1747 beobachteten Oppositionen und Quadraturen dieses Planeten, zusammen 130. Wir hätten sehr gewünscht, dass alle diese den Tafeln zum Grunde liegenden beobachteten Oerter mit abgedruckt wären; so gut auch die Beobachtungen durch die Tafeln dargestellt werden, so wird man doch über kurz oder lang neue Verbesserungen zu suchen haben, wobei man auch auf alle jene Oppositionen wieder zurückkommen muss.

Göttingische gelehrte Anzeigen. Stück 76. Seite 753..756. 1817 Mai 12.

De latitudine speculae Manhemiensis autore H. C. Schumacher, *astronomiae professore et regiae societatis scientiarum Havniensis socio.* Copenhagen 1816. Gedruckt bei J. F. Schulz. 56 Seiten in gr. Quart. Die Sternwarte in Mannheim besitzt, zur Messung der Zenithdistanzen, einen achtfussigen Mauerquadranten von Bird, einen neunfussigen Zenithsector von Sisson, und seit dem Jahr 1811 auch einen dreifussigen Vervielfältigungskreis von Reichenbach. Zur Aufstellung des letztern Instruments sind aber bisher noch keine Veranstaltungen getroffen, und der Verf., von 1813 bis 1815 Director jener Sternwarte, war daher, um die Polhöhe derselben so genau als es sich mit den vorhandenen Hülfsmitteln thun liess, zu bestimmen, auf die beiden ersten Instrumente beschränkt. Der Zenithsector diente zur Ausmittlung des Collimationsfehlers des Mauerquadranten; allein da dieser nach Süden gerichtet ist und nicht umgehängt werden kann, so war eine selbstständige Bestimmung der Polhöhe durch Fixsterne unmöglich, und es blieb nichts übrig, als die Declinationen der beobachteten Fixsterne nach den zuverlässigsten und neuesten Bestimmungen anderer Astronomen zum Grunde zu legen. Einhundert und zwei und funfzig am Zenithsector vom 27. Januar 1814 bis 4. März 1815 angestellte Beobachtungen dienten dazu, von achtzehn Sternen die mittleren auf den Anfang des Jahrs 1815 reducirten Zenithdistanzen zu bestimmen. Diese bedurften jedoch einer Correction, da sich nach angestellter Prüfung ergab, dass die Grade auf dem Zenithsector zu klein, mithin die gemessenen Zenithdistanzen zu gross waren. Um das Gesetz dieser Correctionen auszumitteln, mass der Verf. mit einem Stangenzirkel die Chorden von mehrern Bögen auf dem Limbus des Sectors und zugleich die Entfernung von dem Mittelpunkte der Bewegung. Die aus diesen Datis von Hrn. Bessel in Königsberg abgeleitete Formel für die Correction

$$1''3892\,z$$

wo z die Zenithdistanz in Graden bedeutet, stellt jene Messungen ziemlich gut dar, und die kleinen Differenzen können füglich als Fehler der Messungen angesehen werden. Der Verf. hat inzwischen die Formel

$$0''4225\,(z + \tfrac{1}{10}zz + \tfrac{1}{20}z^3)$$

vorgezogen, die eine noch bessere Uebereinstimmung zeigt. Hiebei ist also angenommen, dass die Grade des Zenithsectors nicht blos zu klein, sondern auch von ungleicher Grösse sind; genau genommen ist jedoch das zweite Glied aus dem Grunde hier nicht zulässig, weil alle die Bögen, deren Chorden gemessen wurden, vom Nullpunkte halbirt werden; auch würde die Formel

$$0''585\,(z + \tfrac{1}{28}z^3)$$

eine eben so gute Uebereinstimmung gegeben haben: übrigens ist es für das Endresultat fast ganz gleichgültig, welcher von diesen Correctionsformeln man sich bediene. Die so gefundenen Zenithdistanzen dienten nun zur Bestimmung des Collimationsfehlers des Mauerquadranten, an welchem dieselben Sterne beobachtet worden waren, und hiermit wurden die Zenithdistanzen von 36 andern am Mauerquadranten beobachteten Sterne berechnet, deren Vergleichung mit den von Piazzi, Pond und Oriani bestimmten Declinationen für die Polhöhe der Mannheimer Sternwarte, als Resultat aus 284 Beobachtungen 49° 29' 13''5 gaben. Von den 18 am Zenithsector beobachteten Sternen selbst konnte der Verf. nur neun auf gleiche Weise benutzen, da ihm gleich zuverlässige Declinationsbestimmungen der übrigen fehlten. Jene gaben ihm aus 87 Beobachtungen die Polhöhe 49° 29' 14''2. Recens. hat die Beobachtungen der übrigen neun, nach den Declinationsbestimmungen in Piazzi's neuem Catalog (welchen der Verf. noch nicht benutzen konnte) berechnet, und folgende Resultate gefunden:

		Polhöhe	Anzahl der Beobachtungen			Polhöhe	Anzahl der Beobachtungen
σ	Perseus	49° 29' 10''4	8	725	Perseus	49° 29' 11''5	9
ψ	Perseus	8.3	9	7	Perseus	8.2	8
χ	gr. Bär	8.3	5	F	gr. Bär	9.8	5
θ	Perseus	15.2	5	γ	Perseus	8.2	13
ι	gr. Bär	8.0	5				

Für den von dem Verf. als 725 Perseus bezeichneten Stern, dessen Designation nicht aufzufinden war, wurde in Piazzi's Catalog II, 253 angenommen. Diese 65 Beobachtungen geben also im Mittel 49° 29′ 9″8; folglich alle 152 Beobachtungen am Zenithsector im Mittel 49° 29′ 12″3, also die sämmtlichen 436 Fixsternbeobachtungen im Mittel 49° 29′ 13″1. Die von dem Verf. im Jahre 1814 angestellten Beobachtungen der Sonne, 66 an der Zahl, geben im Mittel nur einige Zehntel der Secunde mehr; sie können jedoch wegen einiger localen Ursachen nicht auf gleiche Zuverlässigkeit Anspruch machen. Dies Resultat aus den Beobachtungen des Verf. wird nun für das sicherste gelten müssen, bis der Reichenbach'sche Kreis aufgestellt und zu der einer solchen Sternwarte eigentlich allein würdigen neuen Bestimmung der Polhöhe durch Circumpolarsterne benutzt sein wird. Uebrigens kommt obiges Resultat zwar genau mit Barry's letzter Angabe überein; allein da dieser Astronom die Art, wie er diese Bestimmung erhalten hat, nicht bekannt gemacht hatte, und man daher über den Grad der Genauigkeit derselben kein Urtheil fällen konnte, so verdient Hr. Schumacher für die vollständige Bekanntmachung seiner Beobachtungen den Dank aller Astronomen.

Göttingische gelehrte Anzeigen. Stück 108. Seite 1073..1077. 1817 Juli 7.

Tavole delle parallassi di altezza, di longitudine e di latitudine calcolate dagli astronomi dell' osservatorio dell' università Gregoriana nel collegio romano. Rom 1816. Nella stamperia de Romanis. XXXIV und 122 Seiten in Folio.

Die Bedeckungen der Fixsterne vom Monde und die Sonnenfinsternisse sind für die Astronomie und Geographie von so grosser Wichtigkeit, dass jeder Beitrag zur Erleichterung der darauf Bezug habenden Rechnungen mit Dank aufgenommen zu werden verdient. Die sogenannte Methode des Neunzigsten ist noch immer bei den Astronomen zur Berechnung jener Phänomene am meisten im Gebrauch, und die Berechnung der Längen- und Breitenparallaxe des Mondes macht einen Haupttheil derselben aus. Vorliegende Tafeln sind dazu bestimmt, diese Berechnung der Parallaxen abzukürzen. Der Plan dazu rührt von Andreas Conti her, einem der Astronomen der Römischen Sternwarte; bei der Ausführung dieser weitläufigen Arbeit wurde er von seinen Collegen Joseph Calandrelli und Jacob Reichenbach unterstützt.

Um unsere Leser in den Stand zu setzen, sich von der Einrichtung und dem Gebrauche dieser Tafeln, und von dem dadurch zu erreichenden Gewinn eine Vorstellung zu machen, müssen wir sie einzeln näher zergliedern. Der Tafeln sind eigentlich *drei*; die erste enthält 93, die zweite und dritte jede 12 Seiten. Dazu kommen noch auf einem besondern Blatt einige kleine Hülfstafeln. Die erste Tafel enthält nichts anderes, als die Producte der halben Horizontalparallaxe in die Cosinus aller Winkel. Sie hat also doppelte Eingänge. Das eine Argument ist die Horizontalparallaxe, deren 50 Werthe von 53′ 20″ bis 61′ 30″ von 10 zu 10 Secunden fortlaufen. Die sämmtlichen Winkel des Quadranten von 10 zu 10 Minuten sind das zweite Argument. Jede Seite ist gespalten; die grössere Hälfte enthält die eben genannten Producte, die andere kleinere Hälfte gibt unter dem Titel, Supplement der ersten Tafel, die Producte derselben Cosinus in die halben Horizontalparallaxen der Planeten (von 1″ bis 40″); und ausserdem nochmals die Producte dieser Cosinus in alle einzelnen Minuten von 1′ bis 9′, und in die Zehner von Minuten von 10′ bis 90′. Der Raum ist also, wie man sieht, nicht gespart.

Die zweite Tafel ist gleichfalls mit doppeltem Eingange; sie gibt uns den Werth des Products $\alpha(\sec L - 1)$ für die Argumente L und α, jenes von o bis 6° durch alle Zehner von Minuten, dieses von o bis 60' 30" von halber zu halber Minute, und dann noch von 1" bis 35" durch alle ungeraden Secunden genommen.

Die dritte Tafel enthält 12 Fixsterne, die vom Monde häufig bedeckt werden, den Werth eines Hülfswinkel φ, welcher theils von der Breite des Fixsterns, theils von einem unten zu erklärenden Winkel $D - \frac{1}{2}\Pi$ abhängig ist: die Werthe dieses Winkels laufen durch den ganzen Quadranten von 20 zu 20 Minuten.

Die drei kleinen Hülfstafeln enthalten noch: den Unterschied zwischen der Tangente und dem Bogen, Verwandlung der Secunden in Decimaltheile der Minute und den Werth des Products, $\tan\frac{1}{2}(D + \frac{1}{2}\Pi).\sin L'$, wo das erste Argument $D + \frac{1}{2}\Pi$ alle Winkel des Quadranten, das zweite L' die Winkel von o bis 6° von Grad zu Grad umfasst.

Dies ist der Inhalt der Tafeln; es bleibt uns noch übrig, den Gebrauch, welcher davon gemacht werden soll, zu erklären.

Die Höhenparallaxe erhält man sofort durch Verdoppelung dessen, was die erste Tafel gibt, wenn man in dieselbe mit der Horizontalparallaxe und der scheinbaren Höhe eingeht. Ist nicht diese, sondern die wahre Höhe gegeben, so wird man das Gesuchte durch wiederholte Annäherung erhalten; dieselbe Bemerkung gilt auch für das Folgende, in so fern die anzuwendenden Argumente nicht unmittelbar gegeben sind.

Die Parallaxe der Länge Π wird, immer hinreichend genau, durch die Formel

$$\Pi = \frac{P \sin h \sin(D + \Pi)}{\cos L}$$

bestimmt, wo P die Horizontalparallaxe, h die Höhe des Neunzigsten, D wahre Länge weniger Länge des Neunzigsten, L die wahre Breite bedeutet. Ist α die Differenz der Resultate der ersten Tafel, wenn man in dieselbe einmal mit P und $D - h + \Pi$, und dann mit P und $D + h + \Pi$ eingeht, so wird Π gleich sein dem Aggregat von α und dem Resultate der zweiten Tafel, wenn man in diese mit den Argumenten α und L eingeht.

Die Breitenparallaxe π ergibt sich hinreichend genau aus der Formel:

$$\pi = -P[\cos h \cos(L + \pi) - \sin h \sin(L + \pi) \cos(D + \tfrac{1}{2}\Pi)]$$

oder aus dieser

$$\pi = -\frac{P \cos(h + \varphi) \cos(L + \pi)}{\cos\varphi}$$

wo φ einen durch die Formel

$$\tan\varphi = \tan(L + \pi).\cos(D + \tfrac{1}{2}\Pi)$$

bestimmten Hülfswinkel bedeutet. Da die letzte Formel für π dieselbe Gestalt hat, wie die Formel für Π, so sieht man leicht, wie zu ihrer Berechnung die erste und zweite Tafel angewandt werden können.

Die Hülfsmittel φ gibt die dritte Tafel, wenn die Bedeckung eines der zwölf Sterne derselben nach CARLINI's Methode berechnet werden soll; allgemein aber findet man ihn durch das Supplement der ersten Tafel verbunden mit der ersten Hülfstafel. Da der Hülfswinkel φ von der scheinbaren Breite abhängt, so wird, wenn nicht diese, sondern die wahre Breite gegeben ist, folgendes Verfahren vorgeschrieben. Setzt man wie oben:

$$P \sin h \sin(D + \Pi) = \alpha$$

und zugleich

$$\sin(L+\pi)\,\tan g\tfrac{1}{2}(D+\tfrac{1}{2}\Pi) = M$$

so ist, hinreichend genau,

$$\pi = -P\cos(h+\lambda+\pi) - \alpha M$$

wo M durch die letzte Hülfstafel, und α und $P\cos(h+\lambda+\pi)$ mit Hülfe der ersten Tafel gefunden werden. Wiederholte Annäherung ist auch hier unvermeidlich.

Sollen wir nun unser Urtheil über diese Tafeln offen erklären, so müssen wir gestehen, dass wir eine Erleichterung der Parallaxenrechnungen durch dieselben nicht finden können, sondern die Rechnung mit den gewöhnlichen trigonometrischen Tafeln zum wenigsten für eben so bequem halten, als die Anwendung dieser Specialtafeln. Druck und Papier sind übrigens schön, und so, wie man es allen Zahlenwerken wünschen möchte.

Merkwürdig ist noch die Zueignung dieses Werks an den Papst. Man freut sich über die Unterstützung, welche dieser der Römischen Sternwarte angedeihen lässt. Aber was soll man denken von dem leidenschaftlichen Eifern der Römischen Astronomen gegen 'die Gottlosen, welche von der Astronomie den schändlichsten und schrecklichsten Missbrauch machen, das Herz verderben, die wahren Gläubigen verhöhnen und als unsinnige Anbeter der Sonne verspotten.' Wer versteht diese seltsamen Beschuldigungen, und wer würde, ohne eine unzweideutige Hindeutung in dieser Zueignung, errathen haben, dass sie einem grossen Geometer gelten sollen, welcher gewagt hat, eine Hypothese zur physischen Erklärung der Bildung des Sonnensystems aufzustellen?

Göttingische gelehrte Anzeigen. Stück 144. Seite 1433..1438. 1817 September 8.

Effemeridi astronomiche di Milano per l'anno 1817 calcolate da Francesco Carlini *ed* Enrico Brambilla. *Con Appendice.* Aus der K. K. Druckerei. Mailand 1816. 108 und 116 Seiten in Octav.

Da die Einrichtung des Kalenders in diesem Jahrgange, und die beigefügten Zusätze ganz dieselben sind, wie bei dem vorhergehenden, so haben wir diesmal blos die Aufsätze des Anhanges anzuzeigen. In dem ersten liefert uns Herr Oriani das Verzeichniss der Declinationen von 40 Sternen aus den in frühern Jahrgängen der Ephemeriden abgedruckten Beobachtungen mit dem dreifussigen Reichenbach'schen Vervielfältigungskreise. Die beigefügte Vergleichung mit den Angaben von Maskelyne, Piazzi und Pond ist wegen der von diesen Astronomen angewandten Instrumente merkwürdig; in Rücksicht auf die erreichbare Genauigkeit setzt Hr. Oriani den dreifussigen Reichenbach'schen Wiederholungskreis dem fünffussigen Troughton'schen Mauerkreis in Greenwich ungefähr gleich, und in Rücksicht auf die Bequemlichkeit des Beobachtens räumt er gleichfalls letzterm Instrumente keinen Vorzug ein, indem das, was ein viermaliges Wiederholen an Zeit mehr kostet, durch das am Wiederholungskreise bequemere Ablesen ersetzt werde. Hierbei ist freilich der zur Berechnung der ausser dem Meridian gemachten Beobachtungen erforderliche Zeitaufwand nicht in Anschlag gebracht. — Der zweite Aufsatz, von Ottaviano Fabrizio Mossotti, neue Analyse der Aufgabe, die Bahnen der Himmelskörper zu bestimmen, verdient wegen der Wichtigkeit des Gegenstandes eine etwas umständliche Erwähnung. Die ganze Behandlung ist rein analytisch und mit Geschicklichkeit durchgeführt: inzwischen wird durch die grosse Menge der Zeichen die Festhaltung des Fadens, die Uebersicht des Ganzen und die klare Auffassung dessen, worauf es eigentlich ankommt, etwas erschwert. Das Wesentliche beruht auf folgendem: Wenn die halben Parameter der zu bestimmenden Bahn und der Erdbahn mit p und P; die Producte von $\sqrt{p}$

in die Cosinus der Neigung der Ebne der unbekannten Bahn gegen drei feste willkührliche Ebnen mit c, c', c'', und eben so die Producte von $\sqrt{P}$ in die Cosinus der Neigungen der Erdbahn gegen dieselben Fundamentalebenen mit C, C', C'' bezeichnet werden, so findet Herr Mossotti drei linearische Gleichungen von der Form

$$A(c-C)+A'(c'-C')+A''(c''-C'')=0$$

wo die Coëfficienten bekannte Grössen sind. Diese Gleichungen sind jedoch nur näherungsweise richtig, in so fern die Zwischenzeiten nicht unendlich klein sind, und gründen sich eigentlich blos darauf, dass die drei Flächensegmente, welche entstehen, wenn die drei Oerter paarweise durch Sehnen verbunden werden, sowohl bei der unbekannten Bahn, als bei der Erdbahn sehr nahe den Würfeln der Zwischenzeiten proportional sind. Eben deswegen, weil jene Gleichungen nur genähert wahr sind, ist es nicht verstattet, sie so zu combiniren, dass eine der Grössen $c-C$, $c'-C'$, $c''-C''$, eliminirt würde, sondern es lässt sich zeigen, dass alle drei Gleichungen eigentlich nur für Eine gelten dürfen, und Herr Massotti behält daher auch nur Eine von ihnen bei. Da nun diese für sich allein nicht weiter führen kann, so nimmt Herr Massotti eine vierte Beobachtung zu Hülfe, die, mit zweien der vorigen verbunden, eine ganz ähnliche Gleichung liefert, deren Verbindung mit der aus den drei ersten Beobachtungen gefolgerten allerdings rechtmässig ist, und zur Bestimmung des Verhältnisses der drei Grössen $c-C$, $c'-C'$, $c''-C''$ unter einander benutzt wird, so dass die Resultate in dieser Gestalt erscheinen

$$c'-C'=M(c-C),\quad c''-C''=N(c-C)$$

Durch Benutzung des oben ausgesprochenen Princips findet hernach Herr Massotti auch das Verhältniss der drei Abstände des Himmelskörpers von der Erde zu einer der drei Grössen $c-C$, $c'-C'$, $c''-C''$, und endlich die absoluten Werthe dieser drei Grössen selbst. Da nun C, C', C'' für sich bekannt sind, so ergeben sich die Werthe von c, c', c'', und damit $p=cc+c'c'+c''c''$, so wie aus

$$\frac{c}{\sqrt{p}},\quad \frac{c'}{\sqrt{p}},\quad \frac{c''}{\sqrt{p}}$$

die Grössen, von welchen die Lage der Bahn des Himmelskörpers abhängt. Die weitere Bestimmung der übrigen Elemente beruhet auf bekannten Sätzen und hat nichts Eigenthümliches.

Sollen wir nun unser Urtheil über diese neue Methode hier abgeben, so erkennen wir zuvörderst mit Vergnügen an, dass die erwähnte linearische Gleichung zwischen $c-C$, $c'-C'$, $c''-C''$ merkwürdig, und dass es interessant ist, die Möglichkeit einer durchgehends blos linearischen Bestimmung einer unbekannten Bahn entwickelt zu sehen. Eine andere Frage ist nun aber, ob eine solche Methode zur wirklichen practischen Anwendung zu empfehlen sei. Es ist klar, dass hier nicht alles benutzt ist, und nicht benutzt werden sollte, was in der Theorie der Bewegung in Kegelschnitten liegt, und zwar wird namentlich, um es im Geiste einer Näherungsmethode auszusprechen, die Bedingung ganz ignorirt, dass die Quotienten, wenn jene Segmente mit den Würfeln der Zwischenzeiten dividirt werden, sehr nahe gleich sein müssen der Grösse $\frac{k^3}{12\,r^3}$, wo k in der Bedeutung der Theoria Motus Corporum Coelestium zu nehmen ist, und r den Abstand des Himmelskörpers von der Sonne bedeutet. Daher also die Nothwendigkeit, eine vierte Beobachtung zu Hülfe zu nehmen bei einer Aufgabe, wo drei Beobachtungen schon die vollständige Auflösung einschliessen. Auch abgesehen davon, dass dies in theoretischer Rücksicht nicht geziemend ist, wird dies Verfahren in practischer Hinsicht deswegen sehr misslich, weil eigentlich hier die Bestimmung der Bahn auf Grössen der *dritten* Ordnung beruhet, und daher die unvermeidlichen Beobachtungsfehler einen unverhältnissmässigen Einfluss auf die Resultate äussern müssen, der desto grösser sein wird, weil die Methode, als blosse Näherungsmethode, nur kurze

Zwischenzeiten anzuwenden gestatten kann. Diese Methode wird daher im Allgemeinen nur wenig zuverlässige Resultate geben können, wo die vollständige Benutzung dreier Beobachtungen schon zu einer sehr genäherten Bestimmung führen kann.

Endlich müssen wir noch bemerken, dass, wenn man einmal blos von jenem Princip der Proportionalität der Segmente zu den Würfeln der Zwischenzeiten ausgehen will, man denselben Erfolg einer blos linearischen Bestimmung der Bahn aus vier Beobachtungen auf eine einfachere Art haben kann. Jenes Princip gibt nämlich aus drei Beobachtungen mit leichter Mühe eine gleichfalls linearische Gleichung zwischen zwei Abständen von der Erde, und zwischen denselben Abständen findet man auf dieselbe Weise eine zweite ähnliche Gleichung, indem man die zugehörigen beiden Beobachtungen mit einer vierten Beobachtung verbindet: die Elimination gibt dann diese Abstände selbst, eben so genau wie die Werthe, welche dieselben bei der Anwendung von Mossotti's Methode erhalten, oder vielmehr eigentlich dieselben Werthe. Sobald diese Abstände bekannt sind, hat die Bestimmung der ganzen Bahn bekanntlich keine Schwierigkeit. Die weitere Entwickelung dieses Gegenstandes, wozu natürlich hier nicht der Ort ist, müssen wir auf eine andere Gelegenheit versparen. Nur das Eine müssen wir noch bemerken, dass der im vorliegenden Jahrgange der Ephemeriden abgedruckte 80 Seiten starke Aufsatz nur das Theoretische von Mossotti's Methode enthält, und also eine versprochene Anwendung auf den Halley'schen Cometen wahrscheinlich im nächsten Jahrgange nachfolgen wird. — Den Schluss des vorliegenden Jahrganges macht ein kleiner Artikel von Carlini, worin einige Fehler in Delambre's Tafeln für die Jupiterssatelliten berichtigt werden.

Göttingische gelehrte Anzeigen. Stück 45. Seite 441..443. 1818 März 19.

Tables écliptiques des satellites de jupiter, d'après la théorie de M. le marquis de Laplace, *et la totalité des observations faites depuis 1662 jusqu'à l'an 1802; par M.* Delambre, *chevalier de St. Michel etc.* Paris 1817. Bei der Wittwe Courcier. Die Einleitung 58 Seiten, die Tafeln 32 halbe Bogen. 4.

Die vor beinahe 30 Jahren vom Hrn. Delambre nach Laplace's Theorie berechneten, und in der dritten Ausgabe von Lalande's Astronomie abgedruckten Tafeln für die Verfinsterungen der Jupitertrabanten, sind bekanntlich von den Astronomen mit verdientem Beifall aufgenommen und in allgemeinen Gebrauch gekommen. Jener arbeitsame und unverdrossene Rechner hat seitdem die vervielfältigten Beobachtungen und die noch grössere Vervollkommnung der Theorie benutzt, um die Grundlagen seiner Tafeln von neuem zu verbessern, und so sind die vorliegenden neuen Tafeln entstanden, welche bereits vor mehrern Jahren gedruckt, aber erst jetzt ausgegeben sind. Der grosse Geometer, unter dessen Leitung diese mühsame Arbeit ausgeführt ist, hat ihr bereits das ehrenvolle Zeugniss gegeben: 'Delambre a exécuté ce travail important avec le plus grand succès; et ses tables qui réprésentent les observations avec l'exactitude des observations mêmes offrent au navigateur un moyen sûr et facile pour avoir sur le champ, par les eclipses des satellites, et surtout par celles du premier, la longitude des lieux où il atterre.' Die Einrichtung der Tafeln ist wenig von der der frühern verschieden, und die Einleitung gibt eine sehr ausführliche Anleitung zum Gebrauche derselben. Gewünscht hätten wir nur, dass der Verf. von den Resultaten seiner Verbesserungsarbeit mehr Detail mitgetheilt hätte, so dass man in den Stand gesetzt wäre, die Veränderungen, welche die einzelnen constanten durch die Beobachtungen auszumittelnden Grundlagen (deren Anzahl, die Geschwindigkeit des Lichts mitgezählt, sich bekanntlich auf zwei und dreissig beläuft) erlitten haben, klar und leicht zu übersehen, und den Grad der ihnen beizulegenden Genauigkeit zu beurtheilen. Aus einer Stelle der Einleitung lässt sich schliessen, dass diese Veränderungen alle sehr gering gewesen sind. Er erklärt, dass obgleich die Fehler der neuen Tafeln im Allgemeinen geringer sind, als die der frühern 'ce que nous avons gagné ne vaut peut-être pas le travail qu'il a couté', ganz im Geiste der Ansicht, den Werth einer solchen Arbeit nur nach dem practischen Nutzen für die geographischen Längenbestimmungen zu würdigen. Nur von dem Coëf-ficienten der Lichtgleichung, welchen Hr. DELAMBRE zu 493″2 annimmt, bemerkt er, dass diese Bestim-mung sich auf mehr als 1000 Beobachtungen des ersten Trabanten gründe, und dass die nicht merklich davon verschiedene frühere Bestimmung auf 500 Beobachtungen beruhet habe. Es ist doch sehr merk-würdig, dass dieser Coëfficient die Aberrationsconstante 20″25 gibt, während dieselbe aus den Recta-scensionen des Polarsterns bestimmt, etwas grösser ausfällt; es möchte indessen zu voreilig sein, hier-aus schon auf eine Verschiedenheit der Geschwindigkeit des Fixsternlichts und des Trabantenlichts, oder auf eine verschiedene Geschwindigkeit des Lichts am Umfang der Erdbahn von der näher nach der Sonne schliessen zu wollen. Doch verdient dieser Umstand gewiss fortgesetzte Aufmerksamkeit.

Göttingische gelehrte Anzeigen. Stück 70. Seite 692..694. 1818 Mai 2.

Nova Acta regiae societatis scientiarum Upsaliensis. Vol. VII. Upsala. 394 Seiten in Quart.

Den Anfang dieser Sammlung macht eine von dem verstorbenen Prof. ERICH PROSPERIN nachge-lassene Abhandlung über die Bahnen, welche die Nebenplaneten um die Sonne beschreiben würden, wenn ihre Hauptplaneten plötzlich vernichtet würden, oder auf jene zu wirken aufhörten. Den Um-ständen nach können diese Bahnen Ellipsen, Parabeln oder Hyperbeln werden, rechtläufig oder rückläu-fig. Die Gattung des Kegelschnitts wird theils durch die Entfernung des Nebenplaneten von seinem Hauptplaneten, theils durch den Platz bedingt, wo eben jener bei der vorausgesetzten Vernichtung des Hauptplaneten sich in seiner Bahn befindet. Wenn man, mit dem Verf., die Ellipticität der Bahn des Hauptplaneten um die Sonne und die der ursprünglichen Bahn des Nebenplaneten um seinen Haupt-planeten vernachlässigt, und das Product der Entfernung des Hauptplaneten von der Sonne in die Masse von jenem (die der Sonne zur Einheit genommen) $= d$ setzt, die Entfernung des Nebenplaneten vom Hauptplaneten hingegen $= D$, so wird die neue Bahn des Nebenplaneten um die Sonne, nach der Ver-nichtung des Hauptplaneten, immer eine Ellipse sein, wenn D grösser ist als $(3 + \sqrt{8})d$; sie wird im-mer eine Hyperbel werden, wenn D kleiner ist als $(3 - \sqrt{8})d$; zwischen beiden Grenzen kann sie El-lipse, Parabel oder Hyperbel werden. Ist D grösser als d, so kann die neue Bahn nicht rückläufig werden; ist D grösser als $d\sqrt{\frac{1}{4}}$, so kann sie wenigstens keine rückläufige Hyperbel werden; endlich ist D kleiner als $d\sqrt{\frac{1}{4}}$, so kann sie keine rechtläufige Ellipse bleiben. Bei diesen Sätzen ist vorausgesetzt, dass die Masse des Hauptplaneten gegen die der Sonne sehr klein ist, und dass die ursprüngliche Be-wegung des Nebenplaneten in der Ebene des Hauptplaneten geschieht; ohne diese Voraussetzungen be-dürfen jene einiger Modificationen. Hr. PROSPERIN hat alle einzelnen Nebenplaneten unsers Sonnensy-stems besonders betrachtet und sich die Mühe gegeben, sehr ausgedehnte Tabellen dafür zu berechnen. Die Bahn unsers Mondes würde, wo auch immer er die Erde plötzlich verlöre, eine rechtläufige Ellipse bleiben; die Jupiters-, Saturns- und Uranustrabanten hingegen könnten den Umständen nach auch pa-rabolische oder hyperbolische Bahnen erhalten. Offenbar lassen sich diese Sätze nun auch umkehren;

ein in einer parabolischen oder hyperbolischen Bahn in die Nähe des Jupiter, Saturn oder Uranus gelangender Weltkörper, würde um den Planeten eine kreisförmige Bahn antreten, wenn die Einwirkung des Planeten erst nach schon geschehener Annäherung *mit einem Male* anfinge. Da dies aber nicht der Fall der Natur ist, so bleibt die ganze Untersuchung eigentlich nichts, als ein mathematisches Spielwerk. Jenen Umstand hat der Verf. zwar nicht ganz übersehen, aber nicht genug beherzigt, denn es ist gerade eben so *unmöglich*, dass durch die blossen Anziehungskräfte ein zufällig in die Nähe eines Hauptplaneten kommender Comet zu einem Trabanten desselben werden könne, als dass ein schon vorhandener Nebenplanet seinen Hauptplaneten verlasse, um in einer parabolischen oder hyperbolischen Bahn davon zu gehen.

Göttingische gelehrte Anzeigen. Stück 81 u. 82. Seite 801..810. 1818 Mai 21.

Astronomisches Jahrbuch für das Jahr 1820, nebst einer Sammlung der neuesten in die astronomischen Wissenschaften einschlagenden Abhandlungen, Beobachtungen und Nachrichten. Mit Genehmhaltung der k. Acad. d. W. berechnet und herausgegeben von Dr. I. E. Bode, königl. Astronom u. s. w. Berlin. Bei dem Verfasser, und in Comm. bei F. Dümmler. 256 Seiten in Octav, nebst einer Kupfertafel.

Das Jahr 1820 zeichnet sich durch mehrere merkwürdige astronomische Erscheinungen aus. Ausser der grossen Sonnenfinsterniss vom 7. September, welche auch in unserer Gegend ringförmig sein wird, kommen auch mehrere Planetenbedeckungen vom Monde vor, unter denen eine des Mars am 28. Januar, und zwei des Jupiter am 4. Juni und 18. October in Berlin sichtbar sein werden. — Den Anfang der Zusätze machen die astronomischen Beobachtungen auf der Berliner Sternwarte im Jahre 1816, wovon wir die Beobachtung der Sonnenfinsterniss vom 19. November, und die der Mondfinsterniss vom 4. December auszeichnen. — Beobachtungen in Halberstadt vom Hauptmann von Wahl. Die Breite von Halberstadt (Moritzplan), wurde durch Sonnenbeobachtungen mit einem 18zolligen Troughton'schen Spiegelkreise gefunden 51° 54′ 5″9. Die Länge berechnet Hr. von Wahl aus einer Sonnenfinsterniss und einer Bedeckung des Aldebaran 1′ 17″6 in Zeit östlich von der Seeberger Sternwarte; die hier nach Herrn von Wahl's Rechnung bestimmten Conjunctionszeiten für mehrere verglichene Oerter weichen einige Secunden von den Resultaten anderer Berechner ab. — Sichtbare Lichtveränderungen Algols in den Jahren 1817—1819 berechnet vom Prof. Wurm. — Astronomische Anzeigen und Beobachtungen des Gegenscheins des Jupiter 1816 vom Astronomen Derflinger zu Kremsmünster. — Astronomische Bemerkungen und Berechnung des Gegenscheins der Vesta 1815 und der Sonnenfinsterniss von 1820, vom Doctor Gerling in Cassel. Dieser Artikel enthält auch eine Berichtigung eines im Jahrbuch für 1819 vorkommenden übereilten Urtheils über die atmosphärische Refraction. — Ueber das Kepler'sche Problem vom Staatsrath und Ritter von Schubert. Dieser Aufsatz ist gewissermassen eine ausführliche Entwicklung der Laplace'schen Auflösung der Aufgabe, durch eine nach den Sinussen der Vielfachen der mittlern Anomalie fortschreitende unendliche Reihe, deren Coëfficienten selbst wieder in der Form unendlicher nach den Potenzen der Excentricität fortlaufender Reihen erscheinen; in einem weiterhin folgenden Nachtrage hat der Verf. die allerdings sehr mühsame Entwicklung bis zur 13ten Potenz der Excentricität getrieben. In so fern diese Entwicklung in mathematischer Rücksicht interessant ist, muss man dem Verf. dafür Dank wissen, wenn man gleich über den astronomischen Werth der Auflösung durch eine solche unendliche Reihe, verglichen mit sogenannten indirecten Auflösungen, ganz anders urtheilt als jener, und gerade dasjenige, was er zur Empfehlung der erstern auf Kosten der andern geltend machen will, nur im umgekehrten Sinn anwendbar findet. Denn gerade bei dem Gebrauch der Reihe kann man die Genauigkeit nicht weiter treiben, als man die Werthe der numerischen Coëfficienten entwickelt hat, während die Genauigkeit der sogenannten indirecten Methode lediglich durch die Genauigkeit der gebrauchten Sinustafeln bedingt wird. Dass letztere, wenn sie zweckmässig eingerichtet sind, bei etwas beträchtlichen Excentricitäten, ohne Vergleich bequemer sind, ist ohnehin bekannt genug. — Astronomische Beobachtungen auf der Sternwarte zu Wien 1816 von Triesnecker und Bürg; Beobachtungen von Jupiterstrabanten-Verfinsterungen, Sternbedeckungen und einigen Planetenoppositionen, der Mondfinsterniss vom 9. Juni und der Sonnenfinsterniss vom 18. November. — Ueber die Verbesserung des Mittagsfernrohrs vom Prof. Littrow. Dieser Aufsatz beschäftigt sich mit der Aufgabe, die Lage des Mittagsfernrohrs aus beobachteten Durchgängen zu bestimmen, wenn die Fehler eine endliche Grösse haben. Eigentlich hat diese Aufgabe mehr ein mathematisches, als ein astronomisches Interesse, da in der Ausübung nur solche Fehler vorkommen, die als unendlich klein zu betrachten sind. Ueberdies ist die Anwendung dieser Methode von der Kenntniss der wahren Culminationszeiten abhängig, die man nur mit Hülfe eines andern Instruments erhalten kann; zu einer selbstständigen Berichtigung des Mittagsfernrohrs dürfte man nur die Unterschiede der wahren Culminationszeiten als bekannt ansehen, und muss dann die Axe des Instruments als berichtigt, oder die Neigung als gegeben voraussetzen. Freilich ist auch dies Verfahren nur für untergeordnete Mittagsfernröhre passend, und zur Berichtigung eines Instruments vom ersten Range eine von der Kenntniss der Rectascensionen abhängige Berichtigung unzulässig. — Aus einem Schreiben desselben Astronomen wird ein Auszug einer zur Bestimmung der die Bewegung der Erde störenden Planetenmassen abzweckenden Untersuchung gegeben, über welche wir, da sie in der Zeitschrift für Astronomie ausführlich abgedruckt ist, uns einige Bemerkungen erlauben. Die Vergleichung mit letzterer zeigt, dass in vorliegendem Auszuge ein Druckfehler die Unsicherheit (richtiger den wahrscheinlichen Fehler) der Venusmasse zehnfach zu gross gemacht hat. Der Verf. hat 189 Greenwicher Sonnenbeobachtungen mit den von Zach'schen Sonnentafeln verglichen und durch gruppenweise Zusammenfassung, 43 Bedingungsgleichungen entwickelt, die 11 unbekannte Grössen enthalten Er schränkt sich jedoch darauf ein, nur von einer derselben, nemlich von den Verbesserungen der Epoche, der Venusmasse, der Marsmasse und der Mondsmasse die Werthe nach der Methode der kleinsten Quadrate zu bestimmen. Wir sehen jedoch den Grund nicht recht ein, warum eben die Epoche von den elliptischen Elementen allein, vorzugsweise vor der Länge des Perigäum und der Excentricität berücksichtigt ist. Auch bedürfte wohl der Ausdruck, dass die Epoche nicht leicht mit einiger Schärfe anzugeben sei, einer Berichtigung. Ferner ist das Urtheil (Zeitschrift S. 285), dass die Nutation aus Sonnenbeobachtungen mit mehr Sicherheit als die Venusmasse zu bestimmen sei, unhaltbar, wenigstens wenn von Sonnenlängen die Rede ist, die durch beobachtete Rectascensionen bestimmt sind, denn das unmittelbar Beobachtete besteht aus Rectascensionsunterschieden der Sonne und der Fundamentalfixsterne, welche Unterschiede nur schwach von der Nutation afficirt werden; die Sonnenlängen selbst involviren schon schon die bei den Fixsternen berechnete Nutation, und man wird daher immer nur fast genau dieselbe Nutation wieder finden müssen, die man bei der Rechnung zum Grunde gelegt hatte. Was nun endlich die Resultate selbst betrifft, die Hr. Littrow für die erwähnten vier Grössen selbst herausgebracht hat, so ist eine Wiederholung der Rechnung deswegen sehr zu wünschen, weil in derselben mehrere Fehler sichtbar sind, von denen sich nicht wohl entscheiden lässt, ob es Druckfehler, Schreibfehler oder Rechnungsfehler sind. Die Natur der Methode der kleinsten Quadrate bringt es mit sich, dass die Coëfficienten von μ''' in der ersten und von μ in der dritten Gleichung S. 292 gleich sein müssen, da sie hier ganz verschieden sind; auch die Coëfficienten von μ''' in der zweiten und von μ' in der dritten Gleichung sollen ganz dieselben sein. Die Summen der Quadrate der Fehler, vor Anbringung der gefundenen Verbesserung fand Hr. Littrow 973, nach derselben 727; es scheint uns aber, dass diese Verminderung beträchtlich stärker hätte ausfallen müssen. Dass es zweckmässiger sei, die Fehler mit ihren Zeichen selbst, als deren Quadrate zu addiren, ist nicht anzunehmen; denn dass jene Summe verschwindet, beweist *blos* für die Wirksamkeit der Verbesserung der Epoche, und gar nichts für die andern Verbesserungen. Wir wünschen, dass der Verf. diese Bemerkungen, als ein Zeichen der Aufmerksamkeit, womit wir seiner schätzbaren Untersuchung gefolgt sind, ansehen, und diese, seinem Versprechen zufolge, bald nach einem grössern Maassstabe ausführen möge. — Astronomische Beobachtungen vom Jahr 1816 auf der Prager und auf der Wilnaer Sternwarte; unter jenen befindet sich die vollständige Beobachtung der Sonnenfinsterniss vom 18. November, und die Opposition der Ceres, unter diesen die Opposition der Pallas. — Vorzüglich schätzbar sind die Beobachtungen vom Prof. Bessel auf der Königsberger Sternwarte, die sechs Planetenoppositionen, fünf Sternbedeckungen, die Mondfinsterniss vom 4. Dec. 1816, die Zenithdistanzen der Sonne in beiden Solstitien, und die gerade Aufsteigung des Polarsterns befassen. — Bemerkungen bei Gelegenheit der grossen Sonnenfinsterniss am 19. Nov. 1816. Da eine grosse Sonnenfinsterniss eine von den seltenen Gelegenheiten ist, wo der Zustand der Witterung von einer grossen Anzahl von Oertern zur öffentlichen Kenntniss kommt, so hatte der Herausgeber den glücklichen Gedanken, alle die Oerter zusammenzustellen, wo ein heiterer Himmel die vollständige Beobachtung erlaubte, ferner die, wo abwechselndes Wetter nur unterbrochen etwas von der Finsterniss zu bemerken möglich machte, und endlich die, wo ganz trüber Himmel gar nichts davon zu Gesicht kommen liess. Der Erfolg zeigt, dass alle diese Oerter ohne Zusammenhang und Regelmässigkeit bunt durch einander liegen, und ist daher sehr geeignet, den Glauben an specielle Wetterprophezeiungen etwas niederzuschlagen. Noch fügt der Verf. einige Bemerkungen über die Erfahrung bei, dass gewöhnlich bei totalen Finsternissen die Dunkelheit nicht so gross ist, wie man erwartet; was er aber als Versuch einer Erklärung des um den Mond bei totalen Finsternissen zuweilen bemerkten Ringes anführt, ist uns nicht ganz klar geworden. — Beobachtungen der Jupiterstrabantenverfinsterungen und Sternbedeckungen auf der Greenwicher Sternwarte von 1811—1814, und die eben daselbst angestellten Beobachtungen des grossen Cometen von 1811. — Neue Elemente der Vestabahn vom Prof. Gerling. — Astronomische Beobachtungen auf der Göttinger Sternwarte vom Prof. Gauss; Mondfinsterniss vom 4. Decemb. 1816, Polhöhe der neuen Sternwarte aus 158 Beobachtungen des Nordsterns, und Beobachtungen des Sommersolstitium von 1817. Bei diesen Beobachtungen ergab sich dasselbe Resultat, welches seit mehreren Jahren die Astronomen in Verlegenheit gesetzt hat, dass nemlich die Polhöhe aus Circumpolarsternen um mehrere Secunden grösser ausfällt, als aus Sonnenbeobachtungen, obgleich die erwähnten Beobachtungen ohne das am Objectiv sonst angesteckte und von einigen als mögliche Ursache jenes Unterschiedes in Verdacht gezogene Gegengewicht angestellt waren. Seitdem diese Beobachtungen, welche die Unzulässigkeit dieser Vermuthung beweisen, durch die Zeitschrift für Astronomie bekannt gemacht sind, hat Hr. Prof. Bohnenberger eine neue Hypothese zur Erklärung des räthselhaften Phänomens aufgestellt, auf deren Veranlassung an dem Reichenbach'schen Kreise, mit welchem obige Beobachtungen angestellt sind, eine Abänderung angebracht ist, deren Wirkung bei den Beobachtungen des letzten Wintersolstitium der Richtigkeit der Bohnenberger'schen Hypothese günstig zu sein scheint; ob aber diese hinlänglich ist, das Phänomen *ganz* zu erklären, oder ob nicht vielmehr eine Conspiration *mehrerer* Ursachen angenommen werden müsse, wird an einem andern Ort in Untersuchung gezogen werden. — Beobachtung der Sonnenfinsterniss vom 19. Nov. 1816 zu Glatz vom General von Lindener. — Nachrichten über des verstorbenen Triesnecker's Lebensumstände vom Prof. Bürg. — Bestimmungen für den Polarstern vom Baron von Lindenau. Die sehr verdienstliche Discussion von achthundert Beobachtungen des Polarsterns hat mehrere interessante Resultate gegeben; eine neue Bestimmung der Ab-

errationsconstante zu 20″44861 (wahrscheinlicher Fehler nach der GAUSS-LAPLACE'schen Wahrscheinlich-
keitstheorie ±0″032), der Nutationsconstante zu 8″97707 (wahrscheinlicher Fehler ±0″04421), und der
Parallaxe des Polarsterns zu 0″14444 (wahrscheinlicher Fehler ±0″05568). Aus der Nutationsconstante
verbunden mit der Präcessionsconstante hat Hr. von LINDENAU vermittelst einiger Formeln der Mécanique
Céleste und einer ihm von GAUSS mitgetheilten Bedingungsgleichung, auch noch die Abplattung der
Erde und die Mondsmasse abzuleiten versucht, und für erstere nahe $\frac{1}{316}$ gefunden; allein es haben sich
in die angewandten Formeln und in die Rechnung mehrere Fehler eingeschlichen, deren Berichtigung
durch Hrn von LINDENAU selbst an einem schicklichen Orte zu erwarten ist. Es ist ein blosser Zufall,
dass obiges Resultat der Wahrheit so nahe kommt; wenn alle Fehler gehörig verbessert werden, ergibt
sich die Abplattung etwa zu $\frac{1}{263}$, wobei jedoch bemerkt werden muss, dass die von GAUSS gegebene
Bedingungsgleichung (aus der, so wie sie hier abgedruckt ist, der Coëfficient $\frac{3}{4}$ weggelassen werden
muss) in so fern hypothetisch ist, als dabei die Aehnlichkeit der Lagen von gleicher Dichtigkeit im
Erdsphäroid vorausgesetzt ist. — Beobachtete Oppositionen vom Jupiter und Uranus 1817 auf der Seeberger Sternwarte vom Adjunct ENKE; letztere ist besonders deswegen wichtig, weil Uranus noch nie
so nahe bei seinem Knoten beobachtet worden ist. — Ueber die Verbesserung einer schon beiläufig bekannten Cometenbahn, vom Dr. OLBERS. Es wird hier ein unpassendes Urtheil, welches ein Astronom
über die von OLBERS zu dem angegebnen Zweck vorgeschlagene Methode gefällt hatte, berichtigt, und
zugleich gezeigt, wie diese Methode durch Hinzufügung einer vierten Hypothese, zur Bestimmung der
elliptischen Bahn eingerichtet werden könne, ein brauchbares Verfahren, welches neben andern empfohlen zu werden verdient. Der Verf. bemerkt übrigens mit Recht, dass es eine nicht zu billigende Ver-
schwendung von Kraft und Zeit sein würde, wenn man bei *allen* Cometen die Bahn elliptisch zu berechnen unternehmen wollte. Dies Urtheil darf jedoch niemanden, der die Kräfte dazu hat, abschrecken,
die Bahn eines Cometen, dessen beobachtete Bewegung entschieden von der Parabel abweicht, mit aller
Sorgfalt zu bestimmen; auch wird der hochverdiente Verf. es gewiss nicht missbilligen, wenn angehende
Astronomen, ihre Kräfte zu einem Geschäfte, welches doch nicht Jedermanns Sache ist, zu üben, sich
etwa auch an einem Cometen versuchen, bei dem der Erfolg am Ende nur eine in ziemlich schwan-
kende Grenzen eingeschlossene Abweichung von der Parabel zeigt. — Neue Berechnung der Säcularänderungen der Elemente der Erdbahn, vom Prof. NICOLAI. Diese sehr verdienstliche Arbeit wurde durch
die Vermuthung veranlasst, dass der Unterschied zwischen der Bestimmung der Venusmasse, welche Hr.
von LINDENAU durch die Mercurstheorie gefunden hat, und derjenigen, welche aus der Abnahme der Schiefe
der Ekliptik nach LAPLACE's Theorie gefolgert ist, in dem Umstande seinen Grund haben könnte, dass
letzter blos eine genäherte Bestimmung der Säcularänderungen gibt. Der Verf. hat daher die Säcularänderungen sämmtlicher Elemente der Erdbahn nach der neuen (noch nicht öffentlich bekannt gemachten)
GAUSS'schen Methode, die vollkommen streng ist, mit grösster Sorgfalt neu berechnet; der Erfolg hat indessen jene Vermuthung nicht bestätigt, da die neuen Resultate von den ältern doch nicht bedeutend
verschieden ausgefallen sind. — Von demselben Astronomen Beobachtung der Oppositionen der Vesta,
Pallas, des Jupiter und des Uranus 1817 auf der Mannheimer Sternwarte. — Geometrischer Lauf 1817—
1818 der Vesta berechnet vom Prof. GERLING in Marburg, und der Pallas vom Dr. TITTEL in Göttingen.—
Auszug aus einem Schreiben des Dr. STRUVE in Dorpat gibt unter andern Nachricht von einer vorzunehmenden trigonometrischen Vermessung Lieflands. — Preisverzeichniss astronomischer Instrumente im Institut
des Hrn von UTZSCHNEIDER in Benediktbeuern.— Die vermischten astronomischen Beobachtungen, Bemerkungen und Nachrichten, welche diesen Jahrgang beschliessen, enthalten auch noch mehrere astronomische
und geographische Bestimmungen, die wir des beschränkten Raumes wegen hier nicht einzeln namhaft
machen können.

Göttingische gelehrte Anzeigen. Stück 40. 41. Seite 402..408. 1819 März 11.

Connaissance des tems ou des mouvemens célestes à l'usage des astronomes et des navigateurs pour l'an 1820, publiée par le bureau des longitudes. Paris 1818. Bei Witwe Courcier. 446 Seiten. gr. 8.

In der Einrichtung des Kalenders finden wir bei diesem Jahrgange nur die Eine Abänderung, dass die Heiligen-Namen, welche sonderbar genug, seit ein paar Jahren zwischen die astronomischen Rubriken gesetzt waren, wieder weggeblieben sind; den dadurch gewonnenen Platz hat man dazu verwandt, beim Abstande des Widderpunktes von der Sonne und bei der Declination der Sonne eine Differenzcolumne beizufügen, statt deren wohl etwas Brauchbareres hätte gewählt werden können. Bei der Tafel für die geographische Lage der vornehmsten Punkte der Erde wird versichert, dass sie von neuem nachgesehen sei, und dass man diese neueste Ausgabe als die genaueste und zuverlässigste anzusehen habe. Allein diese Versicherung ist ein stehender Artikel, und es bedarf bei diesem Bande wie bei seinen Vorgängern, eben keines langen Suchens, um sich zu überzeugen, dass dies Verzeichniss mit vieler Nachlässigkeit redigirt wird. So finden wir z. B. die Polhöhen von Ofen um 32″, die von Göttingen um 24′ 26″ zu gross, die von Königsberg um 38″ zu klein, die von Mannheim um 5″ zu gross: bei dem ersten und dritten dieser Oerter mögen andere Punkte als die gegenwärtigen Sternwarten zu Grunde liegen; dies hätte aber wenigstens nicht sein sollen. Von den Zusätzen berühren wir hier nur die Originalaufsätze, indem wir die auch bei diesem Bande sehr zahlreichen weitläuftigen Auszüge aus andern Büchern und Abhandlungen mit Stillschweigen übergehen. Den Anfang machen die schätzbaren Tafeln der Vesta von DAUSSY, die sich auf die im Jahrgange 1818 abgedruckten Elemente und Störungsformeln gründen. Hierauf folgt eine lehrreiche Abhandlung über den Apparat zur Bestimmung der Länge des Secundenpendels, von LAPLACE, worin besonders der Einfluss des Umstandes untersucht wird, dass die Schneide, auf der das Pendel schwingt, nicht in aller Schärfe eine mathematische Linie, sondern ein Stück einer kleinen Cylinderfläche ist. Die vortrefflichen BORDA'schen Versuche über diesen Gegenstand verdienten diese subtile Berücksichtigung. — Ueber die Bestimmung des Perpendikels auf den Erdmeridian, und über verschiedene andre sich darauf beziehende Aufgaben von PUISSANT. Nach unserm Dafürhalten ist die ganze bisherige Behandlungsart dieser Gegenstände noch nicht die rechte; und erst, wenn man dieselben aus neuen Gesichtspunkten betrachten wird (was hier nicht geschehen ist), darf man hoffen, Vollständigkeit und Schärfe mit Einfachheit und Geschmeidigkeit in den Rechnungsoperationen zu vereinigen. Es scheint um so wünschenswerther, dass die Geometer hierauf ihre Aufmerksamkeit richten, da gegenwärtig von mehrern Regierungen grosse Messungen veranstaltet werden, die, mit den besten Hülfsmitteln ausgeführt, neue und wichtige Aufschlüsse über die Gestalt der Erde hoffen lassen. Nach einer von Hrn. PUISSANT hier gegebenen Nachricht hat auch das Französische Gouvernement eine neue Triangulirung beschlossen, die an die Mittagslinie von Dünkirchen und an das Perpendikel von Brest nach Strassburg geknüpft und über das ganze Königreich ausgedehnt werden soll. — Ueber die elliptische Bahn des Cometen von 1783 und ihre Aehnlichkeit mit der Bahn des Cometen von 1793, von BURCKHARDT. Die geringe Uebereinstimmung der Beobachtungen des Cometen von 1783 mit den von verschiedenen Astronomen versuchten parabolischen Elementen veranlasste Hrn. BURCKHARDT, diese Bahn als elliptisch zu berechnen. Hr. BURCKHARDT brachte eine Ellipse mit einer Umlaufszeit von 5¼ Jahren heraus, welche die Beobachtungen bei weitem besser darstellt. Auch eine Ellipse von 10 Jahren gab noch eine ganz gute Uebereinstimmung. Da diese Elemente einige Aehnlichkeit mit denen des zweiten Cometen von 1793 haben, so schien es denkbar, dass beide Cometen identisch wären, wesshalb

Hr. Burckhardt auch die Beobachtungen des Cometen von 1793, welche bisher noch nicht gedruckt waren, einer neuen Berechnung unterwarf. Leider sind diese Beobachtungen wenig genau. Es ist nicht wol möglich, nach den hier gelieferten Resultaten ein bestimmtes Urtheil zu fällen, zumal da wahr scheinlich Druckfehler dabei eingeschlichen sind, deren Verbesserung sich nicht errathen lässt (die Länge des Knoten, welche Saron in einer parabolischen Bahn 83° 55′ gefunden hatte, wird von Hrn. Burckhardt, in der einen elliptischen Bahn gesetzt 359′ 4′ 48″ (sic), und bei einer zweiten elliptischen Bahn ganz ausgelassen). Inzwischen verdient Hr. Burckhardt Dank, die Aufmerksamkeit der Astronomen auf diesen Cometen gelenkt und die Messier'schen Beobachtungen desselben hier zuerst bekannt gemacht zu haben. — Auszug aus einem Schreiben des Hrn. Schumacher an Hrn. Delambre. Die Unterschiede zwischen Tycho's und Picard's Azimuthalbestimmungen auf der Insel Hueen werden hier aus einer Abhandlung Augustin's befriedigend aufgeklärt. Von Helsingborg hatte Picard nicht den rechten Thurm, sondern einen erst nach Tycho's Zeit erbauten beobachtet, und übrigens hatte Tycho anfangs, mit unvollkommnen Instrumenten, seine Mittagslinien um einen Viertelsgrad falsch gezogen, welchen Fehler er aber schon selbst einige Jahre später zufolge der Historia Coelestis bemerkt und berichtigt hatte. — Ueber einen Aufsatz des Hrn. Littrow über die thermometrische Correction der Strahlenbrechung. Hr. Delambre rechtfertigt hier sehr weitläuftig seine eigne Tafel, die Hr. Littrow der Ungenauigkeit beschuldigt hatte. Allein obgleich diese Rechtfertigung 10 Seiten einnimmt, findet man doch nicht klar hervorgehoben, worin eigentlich Hrn. Littrow's Versehen bestand. Es war dieses, dass Hr. Littrow durch Uebereilung vorausgesetzt hatte, wenn die Dichtigkeit der Luft, die beim Gefrierpunkt als Einheit angenommen für die Temperatur von α Grad über denselben durch die Formel

$$\frac{1}{1 + 0.0046875\,\alpha}$$

ausgedrückt wird, *dieselbe* Formel gültig bleibe, wenn die Dichtigkeit für 8° als Einheit betrachtet wird, und dann α den Thermometerstand über 8° bedeutet, welches offenbar unrichtig ist. — Ueber ein neues Mittel, die Dauer der Pendelschwingungen zu reguliren, von Hrn. Prony. Die Pendelstange ist etwas nach oben verlängert; an derselben ist eine sehr dünne kurze Querstange so Reibung so befestigt, dass sie sich in einer auf jener senkrechten Ebne drehen lässt; an jedem Ende trägt diese Querstange ein Kügelchen von Platina. Offenbar wird das Moment der Trägheit dieses Pendels, in Beziehung auf die Schwingungsaxe, am kleinsten, wenn die Querstange mit dieser Axe parallel ist, am grössten hingegen, wenn beide einen rechten Winkel mit einander machen. Im ersten Fall werden daher die Schwingungen am schnellsten, im andern am langsamsten. Bei schicklich gewählten Dimensionen des Apparats ist hiedurch eine sehr feine Regulirung möglich, wobei ein nicht unwichtiger Vortheil der ist, dass man den Gang corrigiren kann, ohne die Uhr anzuhalten. — Ueber mehrere unter den Flamstead'schen Sternen gefundene Beobachtungen des Planeten Uranus, von Hrn. Burckhardt. Ganz zufällig fand Hr. Burckhardt bei Gelegenheit anderer Nachsuchungen in Flamstead's Historia Coelestis noch *fünf* Uranusbeobachtungen (1712 März 22; 1715 Febr. 21. 22. 25 und April 18, alles nach altem Styl). Dieser Fund ist um so unerwarteter, da alle Astronomen diesen Gegenstand durch Hrn. Bode's Nachforschung erschöpft glaubten, und um so schätzbarer, weil die Beobachtungen von 1715 eine sehr gute Bestimmung der Opposition liefern, während die isolirte Beobachtung von 1690 noch einer Ungewissheit ausgesetzt sein kann. Flamstead hat also unbewusster Weise den Planeten nicht weniger als sechsmal beobachtet, und die Entdeckung hätte ihm selbst gar nicht entgehen können, wenn er die Gewohnheit gehabt hätte, seine Beobachtungen immer gleich auf der Stelle wenn auch nur oberflächlich zu revidiren, und unter sich zu vergleichen. — Ueber die kleinen Gleichungen in der Jupitersbewegung von *ebendemselben.* Hr. Burckhardt gibt die numerischen Werthe mehrerer von Laplace übergangener Gleichungen der zweiten bis sechsten Ordnung, unter denen einige doch nicht ganz unerheblich sind. Da die ähnlichen in der Theorie der Saturnsbewegung übergangenen Gleichungen noch beträchtlich grösser sein müssen, so wäre es wohl möglich, dass dieser Umstand mit zu dem auffallenden Unterschiede beigetragen hat, der bekanntlich bei Bestimmung der Jupitersmasse aus der Saturns- und aus der Pallasbewegung sich ergeben hat. — Von *demselben*, Bemerkungen über verschiedene Fixsterne. — Cometenbeobachtungen auf der Königl. Sternwarte in Paris von 1811—1815 (grösstentheils schon anderwärts gedruckt), nebst Elementen, die durch Hrn. NICOLLET daraus abgeleitet sind. — Anwendung der Wahrscheinlichkeitsrechnung auf die geodätischen Operationen von LAPLACE. Die Wahrscheinlichkeitsrechnung findet da ihre Anwendung, wo mehr als das unumgänglich nöthige beobachtet ist, wenn die Beobachtungen keine absolute Genauigkeit haben. Sie lehrt die vortheilhafteste Combination der Beobachtungen und die Bestimmung der relativen Zuverlässigkeit der Resultate. Hr. LAPLACE betrachtet hier den Fall, wo auf der Oberfläche einer Kugel zwei Punkte durch ein Netz von Dreiecken verbunden, in den Dreiecken alle Winkel beobachtet, und *zwei* Grundlinien, eine zu Anfang, die andere beim Ende des Netzes gemessen sind. Die Winkelmessungen werden als mit Fehlern behaftet, die Grundlinie als fehlerfrei betrachtet, und gesucht werden die Länge des die zwei Punkte verbindenden Bogens, und die Winkel, welche er mit der ersten und letzten Dreiecksseite macht. Man sieht, dass diese Aufgabe nur sehr speciell, und die Anwendung der Wahrscheinlichkeitstheorie auf höhere Geodäsie dadurch keinesweges erschöpft ist.

Göttingische gelehrte Anzeigen. Stück 80. Seite 793.°. 800. 1819 Mai 20.

Astronomisches Jahrbuch für das Jahr 1821 nebst einer Sammlung der neuesten in die astronomischen Wissenschaften einschlagenden Abhandlungen, Beobachtungen und Nachrichten. Berechnet und herausgegeben von Dr. J. E. BODE, *Königl. Astronom u. s. w.* Berlin 1818. Bei dem Verfasser und in Commission bei Ferd. Dümmler. 250 Seiten in Octav, nebst einer Kupfertafel.

Da die Einrichtung des astronomischen Kalenders unverändert geblieben ist, so haben wir nur von den begleitenden Aufsätzen Anzeige zu machen. Der erste vom Prof. DEGEN in Kopenhagen hat das KEPLER'sche Problem zum Gegenstande und entwickelt die Coëfficienten der Reihe für die Mittelpunktsgleichung noch auf zwei Ordnungen weiter, als der im vorhergehenden Jahrgange enthaltene Aufsatz von SCHUBERT über dieselbe Aufgabe. Wir beziehen uns dabei auf dasjenige, was wir bei Anzeige des letztern erinnert haben. — Beobachtete Trabantenverfinsterungen, Sternbedeckungen und Planetenoppositionen vom Prof. BÜRG auf der Wiener Sternwarte. — Beobachtete Solstitien in den Jahren 1812—1817 auf der Turiner Sternwarte von PLANA. Auch diese an einem REICHENBACH'schen Multiplicationskreise mit stehender Säule, von 18 Zoll Durchmesser, angestellten Beobachtungen geben die Schiefe der Ekliptik aus den Wintersolstitien um 4 Secunden kleiner als aus den Sommersolstitien. Wenn der Herausgeber in einer Anmerkung sagt, dass dies so merkwürdige Phänomen bereits von Astronomen und Physikern in Untersuchung genommen und erklärt sei, und S. 197 noch bestimmter behauptet, dass dasselbe von BESSEL *durch eine verbesserte Refractionstafel* beseitigt sei, so beruhet dieses auf einem Irrthum, da jener Unterschied bei Anwendung der BESSEL'schen Refractionstafel keinesweges gehoben wird, sondern eher noch etwas grösser ausfällt, als bei Anwendung anderer Refractionstafeln. — Beobachtete Planetenoppositionen in Kremsmünster von DERFLINGER. — Ueber verschiedene astronomische Gegen-

stände von Littrow. Der Kürze wegen schränken wir uns hier auf einige Bemerkungen über die Resultate ein, die Hr. Littrow aus den Königsberger Beobachtungen gezogen hat. Es ist hier das schon
früher in der Zeitschrift für Astronomie mitgetheilte Verzeichniss der von Hrn. Littrow aus den Königsberger Beobachtungen abgeleiteten Polardistanzen von 23 Fixsternen wieder abgedruckt. Bekanntlich
sind diese Polardistanzen alle um mehrere Secunden grösser, als diejenigen, welche Piazzi, Oriani und
Pond mit grosser Uebereinstimmüng aus ihren Beobachtungen abgeleitet haben. Es steht zu hoffen, dass
in Zukunft die Quelle dieses auffallenden Unterschiedes wird aufgefunden und für die praktische Astronomie lehrreich gemacht werden. Allein so sehr wir der ausgezeichneten Sorgfalt, womit der vortreffliche Königsberger Astronom die Theilungsfehler seines Kreises bestimmt hat, Gerechtigkeit widerfah-
ren lassen, so scheint uns doch das Urtheil Hrn. Littrow's, dass die Königsberger Beobachtungen vor
allen andern von allen constanten Fehlern gänzlich frei zu sprechen sind, zu voreilig und gewagt. Hr.
Littrow theilt hier ferner die von ihm aus den beiden ersten Jahrgängen der Königsberger Beobachtungen abgeleiteten Rectascensionsunterschiede der 36 Maskelyne'schen Fundamentalsterne mit, mit Beifügung der diesen Bestimmungen beizulegenden Gewichte und wahrscheinlichen Fehler. Hätten diese
Bestimmungen wirklich eine solche Zuverlässigkeit, wie ihnen hier zugeschrieben wird, so ist kein
Zweifel, dass sie alles, was wir in dieser Art bisher besassen, weit übertreffen würden. Allein eben diese
unerhörte Genauigkeit, welche man sonst mit den bisherigen Hülfsmitteln nur durch Beobachtungen
von einem Menschenalter würde erreichen können, und die angeblich aus zweijährigen Beobachtungen
erreicht sein soll, macht eine schärfere Prüfung um so nothwendiger, da dieser Gegenstand für die praktische Astronomie von höchster Wichtigkeit ist. Das neueste Heft der Zeitschrift für Astronomie, worin
Hr. Littrow sein Verfahren näher angegeben hat, gibt das Mittel zu dieser Prüfung. Wir sehen daraus, dass Hrn. Littrow's Behandlung der Beobachtungen für sich schon dem Geiste der Methode der
kleinsten Quadrate nicht gemäss, aber was noch viel wichtiger ist, dass seine Bestimmung des Gewichts
der Resultate demselben in mehrern wesentlichen Stücken ganz entgegen und dadurch illusorisch ist.
Hr. Littrow setzt (Zeitschrift für Astronomie 6. Band S. 23) das Gewicht der Bestimmung des Rectascensionsunterschiedes zweier Sterne, aus den Unterschieden derselben von einem dritten, wenn letztre
Bestimmungen die Gewichte p und q haben, $= \frac{4pq}{p+q}$, welches falsch ist; die richtige Formel ist nur
$\frac{pq}{p+q}$. Hierdurch allein schon würden die Gewichte seiner Endresultate fast auf ein Viertel ihres an-
geblichen Werths reducirt werden. Allein noch einflussreicher ist der von Hrn. Littrow übersehene
Umstand, dass die Verbindung der partiellen Resultate zu einem Endresultate und die Bestimmung des
Gewichts des letztern nur unter der Voraussetzung gültig sind, dass jene alle ganz unabhängig von einander sein müssen, was hier keinesweges statt findet. Hrn. Littrow's grosse Zahlen werden hiedurch
so sehr heruntergebracht, dass z. B. die Bestimmung des Rectascensionsunterschiedes von γ im Pegasus
und α im Schwane, welche angeblich das Gewicht von 1507 einzelnen Vergleichungen haben soll, schwerlich viel mehr als das Gewicht von 40 einzelnen Vergleichungen behalten möchte. Auch gegen einige
andere Momente von Hrn. Littrow's Rechnung liessen sich Erinnerungen machen, die wir hier aber der
Kürze wegen übergehen müssen. — Gegenschein der Pallas 1816, und andere astronomische Beobachtungen 1817 von David und Bittner auf der Prager Sternwarte. Wir setzen hier nur einige Bemerkungen her über die, an einem 12zolligen Multiplicationskreise von Reichenbach beobachteten, Zenithdistanzen der Sonne und von Fixsternen, dergleichen auch in mehrern der frühern Bände des Jahrbuchs mitgetheilt sind. Es wäre zu wünschen gewesen, dass diese Beobachtungen mehr in einer tabellarischen
Form zusammengestellt wären, die die Uebersicht dessen, was sich daraus etwa schliessen lässt, erleichterte. Hr. David hat die Gewohnheit, die beobachtete Zenithdistanz mit derjenigen, die er mit der
als bekannt angenommenen Polhöhe und mit der aus Sternverzeichnissen oder den Sonnentafeln ent-

lehnten Declination des Gestirns berechnet, zu vergleichen, den Unterschied als die beobachtete Refraction, und die Abweichung dieser von der Tafelrefraction als eine Correction der letztern zu betrachten, ein Verfahren, das wir nicht billigen können. Die Polhöhe von Prag hat Hr. David, so viel wir wissen, nach der Hell'schen Methode bestimmt, durch Sterne, die in Norden und Süden in beinahe gleicher Höhe culminiren, und deren Declinationen er aus den Sternverzeichnissen entlehnt. Das Verfahren ist gut, aber blos für untergeordnete Sternwarten und Instrumente; wer eine so äusserst delicate Sache, wie die Verbesserung der Refractionstafeln, unternimmt, von dem fordert man, dass er seine Polhöhe zuvor selbständig und unabhängig von fremden Bestimmungen festsetze. Was Hr. David als Fehler der Refractionstafeln betrachtet, ist aus der Conspiration des Fehlers der Polhöhe, der Fehler der Declinationen, der Fehler des Instruments, der Fehler der Beobachtungen, Fehler der Aberrations- und übrigen Reductionen und vielleicht zu einem sehr kleinen Theile Fehler der Refractionstafeln entstanden. Diese Fehler von einander zu sondern, dazu reichen nicht einige wenige isolirte Beobachtungen hin; es wird dazu eine Jahrelang mit den besten Instrumenten planmässig ausgeführte und benutzte Reihe von Beobachtungen erfordert. Hr. David glaubt, wenn man auch die absolute Richtigkeit der Abstände selbst bezweifeln wolle, so zeige sich doch in den relativen Verhältnissen der beobachteten Zenithdistanzen der Einfluss der nach den Temperaturänderungen veränderlichen Refractionen. Allein auf diese Aenderungen wird ja schon bei Anwendung der Tafeln selbst Rücksicht genommen; es ist theoretisch bewiesen, dass, wie auch immer die Dichtigkeit der Luftschichten sich ändere, bei so mässigen Zenithdistanzen die Refraction blos von der Dichtigkeit der untersten Luftschicht abhängt, vorausgesetzt, dass alle Schichten horizontal sind. Dass diese Voraussetzung nicht immer strenge wahr ist, leidet zwar keinen Zweifel, allein der Erfolg *davon* ist nicht eine den Temperaturänderungen folgende, sondern eine unregelmässige keinem Calcül zu unterwerfende Refraction, deren Nachtheile nur durch häufige Beobachtungen und durch Ausschliessung solcher, wo die Gestirne besonders unruhige Bilder gaben, zu heben ist. Wir erkennen daher in den erwähnten Unterschieden nur das Spiel der unvermeidlichen Irregularitäten der Beobachtungen. Noch ist uns aufgefallen, dass Hr. David die mit dem Crystallwürfel (Prisma) beobachteten Zenithdistanzen immer um 1″ vermindert; wir können diese angebliche Correction nicht billigen, da wir in der Natur des Instruments keinen Grund finden, der zur Voraussetzung eines für alle Zenithdistanzen constanten Fehlers berechtigte. — Noch von derselben Sternwarte Beobachtungen des Jupiter, Uranus, Saturn und der Ceres. — Comet vom 1. Nov. 1817, welcher vom Dr. Olbers entdeckt, aber nur ein einzigesmal beobachtet wurde. — Beobachtungen des (ersten) Cometen von 1818 vom Dr. Olbers. — Ueber einige merkwürdige Stellen der Milchstrasse von Dr. Herschel (Auszug aus den Philosoph. Transact.). — Beobachtungen von Planetenoppositionen u. s. w. in Wilna von Sniadecki. — Beobachtungen und Bestimmungen der Bahn des ersten Cometen von 1818, von Enke. Merkwürdig ist an diesem Cometen seine Lichtschwäche, welche zunahm, als sein Licht (mochte man es als eignes oder erborgtes betrachten) nach der Rechnung noch hätte wachsen sollen; wahrscheinlich erlitt der Comet während der Dauer seiner Sichtbarkeit bedeutende innere Veränderungen. — Beobachtete Trabantenverfinsterungen, Sternbedeckungen und Sonnenflecke im Jahre 1817, von Hallashka in Prag. — Formeln zur Berechnung des Orts eines Gestirns, aus beobachteten Allignements mit vier Sternen von Bessel. Sie beruhen, dem Wesentlichen nach, auf der vorgängigen Bestimmung der Durchschnittspunkte der beiden grössten Kreise, in welchen die zwei bekannten Sternpaare liegen, mit dem Aequator (oder der Ekliptik), obwohl die zierliche Einkleidung der Auflösung rein analytisch ist. — Von demselben Astronomen Beobachtungen von Planetenoppositionen, Sternbedeckungen, Solstitien und dem Polarstern im J. 1817. — Auszug aus den astronomischen Beobachtungen auf der Berliner Sternwarte in demselben Jahre. — Bestimmung der Polhöhe von Krakau. Mit einem REICHENBACH'schen multiplicirenden Theodolithen fand Hr. Kreiscommissarius LORENZ aus Beobachtungen des Nordsterns 50° 3′ 57″7, aus Sonnenbeobachtungen 50° 3′ 50″; mit dem Mittel stimmt sehr nahe Hrn. SNIADECKY's ältere Bestimmung überein, die später, und, wie aus den neuen Beobachtungen hervorzugehen scheint, mit Unrecht, durch LITTROW um 17″ vermindert war. — Ueber die Genauigkeit der astronomischen Beobachtungen und Berechnungen. Dieser Aufsatz hat zum Zweck, anschaulich zu machen, wie sehr viel es heutzutage schwerer ist, in der Astronomie neue Fortschritte zu thun, als vormals, wo die Forderungen an den beobachtenden und rechnenden Astronomen so viel geringer waren. Man möchte, sagt der Verf., die Lage der ältern Astronomen beneiden. Sie konnten mit weit weniger Anstrengung den Himmelslauf beobachten und berechnen, da noch keine grosse oder die grösste Genauigkeit erwartet werden konnte, und wurden nichts destoweniger bei ihren Zeitgenossen und bei der Nachwelt berühmt u. s. w. So wahr das ist, wenn wir die Leistungen der ältern Astronomen aus *unserm* Standpunkte betrachten, so darf man doch auch nicht aus der Acht lassen, wie unbehülflich und unvollkommen ihre Instrumente, wie beschwerlich ihre Beobachtungsmethoden, wie unausgebildet der Calcul war. Nimmt man darauf billige Rücksicht, so möchte wohl z. B. ein TYCHO seine verdiente Celebrität als praktischer Astronom nicht wohlfeiler gehabt haben, als ein PIAZZI. Ueber einzelne Aeusserungen dieses Aufsatzes, die heutige praktische Astronomie betreffend, liesse sich doch noch manches erinnern. Nachdem z. B. der Verf. berechnet hat, dass bei einem Kreise von 12 Zoll Halbmesser ein Strich, den hundertsten Theil einer Linie dick, schon über 14 Secunden deckt, fragt er: Sollte eine Menschenhand eine Duodecimallinie noch in 100 kenntliche Striche oder Punkte einzutheilen im Stande sein? Allein die wirkliche Eintheilung der Decimallinie durch 100 Striche wird ja nicht verlangt: dass aber die Eintheilung in diejenige Anzahl von Theilen, die zweckmässig ist, mit einer solchen Genauigkeit von den ersten Künstlern ausgeführt werden könne, dass die Fehler *viel* weniger als den hundertsten Theil einer Linie erreichen, beweisen die Meisterwerke eines REICHENBACH, REPSOLD, TROUGHTON *durch die That.* — Neue Elemente der Junobahn, Beobachtungen dieses Planeten und der Sonne und andere astronomische Nachrichten von NICOLAI; in den letztern wird des REPSOLD'schen Kreises auf der hiesigen Sternwarte erwähnt, wo aber der vielleicht durch einen Druckfehler zu 5 Fuss angegebene Durchmesser dieses Instruments auf 3½ Pariser Fuss zu berichtigen ist. — Beobachtung der Mondfinsterniss vom 20. April 1818 in Dresden. — Gerade Aufsteigungen von 35 der vornehmsten Sterne für 1818, nach MASKELYNE's letzten Beobachtungen, aus dem Nautical Almanac für 1820. (Wir bemerken hiebei, dass im Jahrgange des Nautical Almanac für 1821 ein noch ausgedehnteres und auf POND's Beobachtungen mit dem neuen Mittagsfernrohr gegründetes Verzeichniss sich findet.) Beobachtungen der scheinbaren Grösse verschiedner Sterne, von den Jahren 1704—1709 (aus des Berliner Astronomen GOTTFR. KIRCH nachgelassenen Papieren). — Ueber den REPSOLD'schen Meridiankreis, nebst verschiedenen astronomischen Beobachtungen von GAUSS. — Beobachtungen der Sonnenfinsterniss vom 5. Mai 1818 von STRUVE. — Beobachtung der Opposition der Vesta im Jahr 1818 von ENKE. — Dann ferner Ephemeriden für die Vesta, Juno und Pallas von ENKE, POSSELT, NICOLAI und DIRKSEN. — Die übrigen kleinern Artikel und Notizen hier einzeln anzuführen, verstattet der Raum nicht.

Göttingische gelehrte Anzeigen. Stück 191. Seite 1905..1910. 1819 November 29.

Connaissance des tems, ou des mouvemens célestes, à l'usage des astronomes et des navigateurs, pour l'an 1821. Publiée par le bureau des longitudes. Paris 1818. Bei der Witwe Courcier. 336 S. gr. Octav.

Der Anhang des vorliegenden Jahrganges der Connaissance des tems zeichnet sich durch mehrere gehaltreiche Aufsätze von Frankreichs ersten Geometern vorzüglich aus. Zuerst Resultate einer theoretischen Untersuchung über die Libration des Mondes von POISSON. Es werden hier auch neuere Beobachtungen des Mondsflecken Manilius, von BOUVARD, erwähnt, aus denen die Neigung des Mondsäquators 1° 27′ 40″ folge (TOBIAS MAYER hatte 1749 aus Beobachtungen desselben Flecken 1° 29′ gefunden). Die Vervielfältigung ähnlicher Beobachtungen wäre unstreitig sehr zu wünschen. — Neue Methode, die Cometenbahnen zu bestimmen von LAGRANGE. Diese Abhandlung war schon in dem Berliner astronomischen Jahrbuch für 1783 deutsch erschienen. Die Methode setzt sechs vollständige Beobachtungen voraus, die paarweise nahe bei einander liegen müssen. Da, wenn die Lage der Ebne der Bahn bekannt ist, aus dem geocentrischen Orte der heliocentrische sich ableiten lässt, und zwei heliocentrische, einander nahe liegende Oerter bekanntlich eine sehr einfache Bestimmung des halben Parameters geben, so erhellet, dass jedes Paar einander nahe liegender geocentrischer Oerter eine Bedingungsgleichung zwischen der Neigung der Bahn, der Länge des aufsteigenden Knotens und dem halben Parameter gibt; die sechs vollständigen Beobachtungen geben daher drei solcher Bedingungsgleichungen, und durch die Elimination von zweien der unbekannten Grössen gelangt man denn endlich zu einer Gleichung des siebenten Grades. Bei dem heutigen Zustande dieses Theils des astronomischen Calculs wird man keine Veranlassung haben, von dieser Methode Gebrauch zu machen. — Ueber die Rotation der Erde, von LAPLACE. Dieser Aufsatz enthält mehrere interessante Entwicklungen über die freie Drehungsaxe des Erdkörpers, in so fern er mit einer an ihrer Oberfläche im Gleichgewicht befindlichen Flüssigkeit bedeckt ist, und über die Veränderung der Lage von jener durch die Anziehung des Mondes und der Sonne. — Den letzten Gegenstand behandelt gleichfalls auf ähnliche Weise die hierauf folgende Abhandlung von POISSON über die Präcession der Nachtgleichen mit der Concinnität, die man an diesem trefflichen Geometer gewohnt ist. — Ueber den Einfluss der grossen Gleichung des Jupiter und Saturn auf die Bewegung der Körper des Sonnensystems von LAPLACE. Nur bei den eignen Trabanten jener Planeten wird dieser Einfluss merklich gefunden, wo er sich in der Gestalt einer Ungleichheit von ähnlicher Form, wie die grossen Gleichungen selbst offenbart: beim vierten Jupiterstrabanten findet LAPLACE den grössten Werth 14 Secunden. — Geographische Lage einer grossen Anzahl von Punkten des mittelländischen Meeres, die in den Jahren 1816 und 1817 von dem Fregattencapitain GAUTTIER bestimmt sind. — Ueber das Gesetz der Schwere, wenn das Erdsphäroid als homogen und von gleicher Dichtigkeit wie das Meer angenommen wird, von LAPLACE. Es ist merkwürdig, dass unter dieser Voraussetzung, die freilich nicht der Fall der Natur ist, die Schwere an der Oberfläche der Erde, sei es auf dem Meere, oder auf einer Insel oder dem festen Lande, von der Gestalt des über das Meer hervorragenden festen Landes unabhängig wird. — Nach einer von dem Verf. später gemachten Bemerkung, ist dies Resultat von der Voraussetzung, dass das Erdsphäroid *dieselbe* Dichtigkeit, wie das Meer, habe, unabhängig und setzt *blos* die gleichförmige Dichtigkeit des erstern voraus. Und da die für die Schwere gefundene Formel eine merklich geringere Zunahme, vom Aequator nach dem Pol, gibt, als die Erscheinungen über die Pendelschwingungen, so wird dadurch bewiesen, dass die Dichtigkeit der Erde, von der Oberfläche nach dem Mittelpunkt, zunimmt; es ist selbst nothwendig, dass diese Zunahme der Dichtigkeit sich bis zu einer bedeutenden Tiefe erstrecke. — Ueber die Stellungen der Fixsterne, von welchen in den Ephemeriden die Mondsdistanzen angesetzt werden, von BOUVARD. Aus dem BESSEL-BRADLEY'schen Catalog für 1755 und dem PIAZZI'schen für 1800 (indem jedoch die Rectascensionen des letztern, wie angegeben wird, nach Pariser Beobachtungen, ein wenig abgeändert sind) werden die Stellungen auf das Jahr 1830 übertragen, diese Reduction scheint jedoch nicht durchgängig genau gerechnet zu sein. — Untersuchungen über vier ältere Cometen, von BURCKHARDT. Für den zweiten Cometen von 1766 findet Hr. BURCKHARDT mit Zuziehung der auf der Insel Bourbon von LANUX gemachten Beobachtungen eine elliptische Bahn mit einer Umlaufszeit von 5 Jahren; die Bewegungen der Cometen von 1774, 1723, 1729 lassen sich besser durch hyperbolische, als durch parabolische Bahnen darstellen. — Von demselben Astronomen eine Tafel zur Bestimmung der Zeit, bei der parabolischen Bewegung, aus zwei Abständen von der Sonne und dem dazwischen enthaltenen Winkel; ferner kritische Bemerkungen über verschiedene von BRADLEY nur einmal beobachtete Sterne. — Ueber die Englische Expedition nach dem Nordpol. — Auszug aus der Beschreibung der Expedition des Capitain TUCKEY zur Untersuchung des Flusses Zaire. — Ueber die Gestalt der Erde, und das Gesetz der Schwere an ihrer Oberfläche von LAPLACE. Das hier abgedruckte enthält eine Uebersicht der Hauptresultate einer Abhandlung, welche der Verfasser in der Königl. Academie vorgelesen hat, und wovon ein vollständiger Abdruck vor uns liegt. Die Aufgabe ist darin auf eine vollständigere und naturgemässere Art behandelt, als bisher je geschehen war, und sowohl die Neuheit und Fruchtbarkeit der darin gebrauchten Methoden, als die Wichtigkeit der Resultate für die Geologie, machen sie zu einer der schönsten Arbeiten dieses grossen Geometers. — Auszug eines Briefes des Hrn. W. LAMBTON an Hrn. DELAMBRE, betreffend die Ostindische Gradmessung, die damals (im September 1817) bereits einen Meridianbogen von fast 10 Grad umfasste und noch immer weiter fortgesetzt wurde. Hr. LAMBTON gibt die Breite des südlichen Endpunkts Runnä zu 8° 9′ 38″4, die des nördlichen Darumgedda zu 18° 3′ 23″26, und die Länge des Bogens zu 598610 Fathoms bei 62° Fahrenheit an und findet durch Vergleichung mit der Französischen Gradmessung die Abplattung $\frac{1}{309.5}$, aus der Englischen $\frac{1}{313.54}$, aus der Schwedischen $\frac{1}{307.15}$; hingegen aus Vergleichung des ganzen Bogens mit dem ganzen Bogen von Dünkirchen bis Montjouy, nach einer Formel von PLAYFAIR $\frac{1}{355}$ (diese starke Verschiedenheit hat ihren Grund in einer unrichtigen Verwandlung des Französischen Bogens aus Toisen in Fathoms). — Auszug einiger Ortsbestimmungen in Schweden aus den Abhandlungen der Stockholmer Academie. — Ueber den Cometen von 1818 von NICOLLET. — Auszug aus LE-MONNIERS Beobachtungsjournal, in dem sich nicht weniger als 12 Uranusbeobachtungen finden, die erste vom 14. October 1750, die letzte am 18. December 1771. Im Jahr 1769 hatte dieser Astronom in 8 Tagen, vom 15. bis 23. Januar, den Planeten 6 mal unbewusst beobachtet, und man begreift kaum, wie ihm selbst die Entdeckung entgangen sein kann. Hr. BOUVARD, welcher uns mit diesen Beobachtungen bekannt macht, ist beschäftigt, neue Uranus-Tafeln zu construiren. Uebrigens haben die Beobachtungen selbst bei der Beschaffenheit des Instruments, der Uhr und der geringen Sorgfalt des Beobachters keinen grossen Werth. — Ueber die Refraction bei geringen Höhen von GROOMBRIDGE. Dies ist ein Nachtrag zu einer frühern Abhandlung dieses Astronomen, in welcher er bei jedem einzelnen Stern nur das Mittel der Abweichung von seinen Tafeln angesetzt hatte; hier werden auch die äussersten Unterschiede mitgetheilt. Dies kann zwar einigermassen zur Beurtheilung des Grades der Uebereinstimmung der Beobachtungen unter sich dienen; allein in Beziehung auf die wichtige Frage, über welche die Meinungen der Astronomen bisher getheilt sind, ob es angemessen sei, bei der Reduction das äussere oder das innere Thermometer oder ein Mittel aus beiden anzuwenden, wäre zu wünschen, dass alle einzelnen Beobachtungen bekannt gemacht würden. Noch sind die Beobachtungen von vier Solstitien, von 1816—

1818 beigefügt; das Mittel der zwei Bestimmungen der Schiefe der Ekliptik auf den zwei Sonnensolstitien weicht hier nicht merklich von dem Mittel aus den zwei Wintersolstitien ab, und das Mittel aus allen gibt, für die Zeit der Herbstnachtgleiche von 1817, die mittlere Schiefe 23° 27′ 48″29.

Göttingische gelehrte Anzeigen. Stück 4. Seite 33..37. 1820 Januar 6.

Lezioni elementari di astronomia ad uso del real osservatorio di Palermo. Palermo 1817. Dalla stamperia reale. Tomo I, 240 S.; Tomo II, 446 S. in kl. 4.

Der Verf. dieses Lehrbuchs, der berühmte und verdiente PIAZZI, erklärt in der Vorrede, dass dasselbe zunächst auf Veranlassung der Vorlesungen, welche von ihm auf der Palermer Sternwarte gehalten worden, entstanden und eigentlich nicht für das Publicum bestimmt gewesen sei, und dass auf den dringenden Wunsch der Schüler die Vorgesetzten des öffentlichen Unterrichts die Bekanntmachung befohlen haben. Von Schriften dieser Art erwartet man keine eigentliche Erweiterung der Wissenschaft selbst; eine klare, gründliche, der Bestimmung angemessene Anordnung des Vortrags ist die Hauptsache. Die Bedürfnisse des Vortrags sind wieder nach Massgabe der Vorkenntnisse und Absichten der Schüler sehr verschieden; anders für blosse Dilettanten, anders für mathematisch gebildete; anders für den, welcher Sinn dafür hat, in der Wissenschaft eines der vollkommensten und edelsten Producte des menschlichen *Geistes* zu verehren, der Nichts auf Treue und Glauben annimmt, sondern überall streng logischen Zusammenhang verlangt, und dem die vollendetste Darstellung die liebste ist, wenn sie auch mehr als gewöhnliche Anstrengung und Hülfskenntnisse erfordert, und endlich wieder anders für den, welcher nur nach dem niedern Ziele strebt, sich zur Beobachtung und Berechnung himmlischer Phänomene, so viel es eine beschränktere mathematische Vorbildung gestattet, geschickt zu machen. Der Verf. gibt zwar nicht ausdrücklich an, für welche Classe von Schülern er dieses Buch eigentlich bestimmt; allein es scheint doch, dass er sich vornehmlich solche, die zur letzten Classe gehören, gedacht habe. Von einem Astronomen, wie PIAZZI, der um mehrere Theile der Astronomie so grosse Verdienste hat, liess sich übrigens erwarten, dass auch ein elementarisches Werk dieser Art eine Menge eigenthümlicher Ansichten, merkwürdiger Aeusserungen und Urtheile enthalten musste, und in dieser Beziehung ist es auch selbst für Astronomen nicht ohne Interesse.

Der Verf. hat sein Werk in sieben Bücher abgetheilt, wovon das erste eine allgemeine Uebersicht über die himmlischen Erscheinungen gibt, so weit man dazu blos durch rohe Beobachtung, ohne Instrumente und ohne besondere mathematische Kenntnisse gelangen kann. Es wird hier also gehandelt von der allgemeinen täglichen Bewegung, von den auf der Himmelskugel angenommenen Punkten und Kreisen, von der Gestalt der Erde, von dem Unterschiede zwischen Fixsternen und Planeten, von der Sonne, dem Monde, den Planeten und Cometen, von der Ekliptik und den übrigen dadurch bestimmten Kreisen der Himmelskugel, vom Thierkreise und den Sternbildern, von der Vorrückung der Nachtgleichen, von den Finsternissen, von den ersten Ungleichheiten der Planeten und ihrer Erklärung durch die Kopernicanische Weltordnung. Das zweite Buch beschäftigt sich mit Vorkenntnissen der neuen Astronomie. Wir finden hier etwas über die Auflösung sphärischer Dreiecke, eine Uebersicht der vornehmsten, heutzutage gebräuchlichen astronomischen Werkzeuge, als Fernrohre, Loth, Libelle, Verniers, Micrometer, Mittagsfernrohr, Uhr, Vollkreis, Quadrant, Zenithsector, Aequatoreal und Vervielfältigungskreise (über letztere urtheilt PIAZZI nicht günstig; indessen scheint er doch das, was zu ihrem Nach-

theile gesagt werden kann und auch von andern gesagt ist, etwas übertrieben zu haben.   Hätte er
selbst, sagt PIAZZI, mit einem Instrument dieser Art beobachten sollen, so würde er *nicht den hundertsten Theil* dessen, was er gethan, geleistet haben).   Hiernächst wird von der Refraction, der Parallaxe,
der Aberration und Nutation gehandelt, in so fern rücksichtlich dieser Umstände die Beobachtungen
einer Verbesserung bedürfen; dann von der Zeit, und den Methoden der Zeitbestimmung; endlich von
den Beobachtungen, die zur Bestimmung der Polhöhe, der Schiefe der Ekliptik und der Stellung der
Gestirne gegen Aequator und Ekliptik dienen.   Das dritte Buch beschäftigt sich dann ausschliesslich
mit den Fixsternen.   Sehr ausführlich über die Berechnung der Präcession, Nutation und Aberration,
dann über die jährliche Parallaxe der Fixsterne, ihre eigene Bewegung, über die Sternverzeichnisse und
die eigenthümlichen Merkwürdigkeiten der Fixsterne.   Einen sonderbaren Misgriff bei Bestimmung der
Grösse der jährlichen Präcession können wir hier nicht unbemerkt lassen.   PIAZZI zieht von der beobachteten jährlichen Aenderung der Länge von 15 Fixsternen, die aus der Vergleichung von BRADLEY's
Bestimmung für 1755 mit PIAZZI's eigner für 1805 folgt, theils die Wirkung der Verrückung der Ekliptik, theils die der *eignen Bewegung* ab, und nimmt dann aus allen (übrigens sehr ungleich ausfallenden)
Resultaten das Mittel.   Dies ist ein offenbarer logischer Cirkel, indem es kein anderes Mittel gibt, die
eigne Bewegung der einzelnen Sterne zu erkennen, als wenn man die beobachtete Bewegung mit der
schon als bekannt angenommenen Präcession vergleicht.   Bei einer folgerechten Rechnung hätten alle
Sterne einerlei Resultat, und zwar dasselbe wieder geben sollen, wovon man ausgegangen war, um die
eigenen Bewegungen zu finden.

Der Gegenstand des vierten Buches ist die elliptische Bewegung der Planeten, grösstentheils aus
der Theoria motus corporum coelestium entlehnt, jedoch mit Weglassung aller Beweise.

Im 5ten Buche werden die Himmelskörper unsers Sonnensystems einzeln betrachtet.   Merkwürdig
ist die Art, wie PIAZZI sich S. 182 über die Bestimmung der Rotationszeit der Venus durch den verstorbenen SCHRÖTER äussert. 'Niente di meno non manca, chi non poco dubiti di tali scoperte, e le consi-
deri come non molto dissimili dall' altra del satellite, che SHORT e qualche altro credeva di aver ve-
duto intorno a quaesta pianeta.   Una illusione ottica, un fenomeno non bene osservato, accompagnati
da un poco di immaginazione, hanno talora fatto avanzare delle congetture, e sognare delle esseri, che
ben presto son poi caduti in piena dimenticanza (PIAZZI scheint hier doch vergessen zu haben, dass er
selbst S. 46 des ersten Bandes das Dasein eines Venus-Trabanten für sehr wahrscheinlich erklärt hatte,
an den jetzt schwerlich irgend ein anderer Astronom noch glaubt).   Eben so erklärt er sich S. 230 gegen die von einigen Astronomen angeblich gesehenen brennenden Mondvulkane.

Im sechsten Buche wird von den Finsternissen, Sternbedeckungen und Vorübergängen der untern
Planeten vor der Sonnenscheibe gehandelt, und endlich im siebenten von den Cometen, zu deren Bahnbestimmung hier nur die indirecte Methode in derselben höchst unvollkommenen und man kann sagen,
planlosen Gestalt gegeben wird, die die Astronomen zu ihrer Verwunderung in einem bekannten, vor einigen Jahren erschienenen Lehrbuche der Astronomie gefunden haben.

Göttingische gelehrte Anzeigen.   Stück 17.   Seite 167..168.   1820 Januar 29.

Elementa eclipsium quas patitur tellus, luna eam inter et solem versante, ab a. 1816 usque ad a. 1860, ex tabulis astronomicis recentissime conditis et calculo parallactico deducta, typo eclliptico et tabulis projectionis geographicis collustraia, a Cassiano Hallaschka. *Prag* 1816. *Typis Theophili Haase.* 107 Seiten in 4. nebst 20 Kupfertafeln.

Bei weitem den grössten Theil dieser Schrift nimmt eine an den Sonnenfinsternissen von 1816 und 1818 practisch gelehrte und bei ersterer mit dem ganz ausführlichen Rechnungsdetail begleitete Anleitung zur parallactischen Berechnung und orthographischen Entwerfung der Sonnenfinsternisse ein. Für die ersten Anfänger kann diese, nur auf den gewöhnlichen kunstlosen Methoden beruhende, Anweisung ihren Nutzen haben, in welcher Rücksicht jedoch der Verf. bei den vorausgeschickten Vorschriften etwas mehr Sorgfalt auf einen deutlichen und richtigen Vortrag hätte verwenden sollen. Auf den letzten 18 Seiten gibt der Verf. noch die Hauptmomente der in Brünn vom Jahr 1818 bis 1860 sichtbaren Finsternisse an', so wie die beigefügten Kupfertafeln die allgemeine Darstellung derselben für die ganze Erde liefern. Es sind darunter drei partiale, fünf ringförmige und vier totale. Für den Horizont von Brünn ist die vom 8ten Juli 1842 die grösste, und die Grösse der Verfinsterung beträgt daselbst 11 Zoll 13'. Auf die Zeichnung selbst scheint nicht durchaus die grösste Sorgfalt gewandt zu sein: so finden wir bei der erwähnten Finsterniss die Punkte, wo Anfang oder Ende bei Aufgang oder Untergang der Sonne eintritt, als Eine zusammenhängende Linie gezeichnet, da sie doch nothwendig zwei getrennte und durch die Linie des Contactus limborum solis australis et lunae borealis verbundene Linien bilden mussten. Die Rechnungen sind nach Triesnecker's Mondstafeln in den Wiener Ephemeriden für 1803 und nach handschriftlichen Sonnentafeln desselben Astronomen geführt. Der erste Meridian ist nicht, wie es sonst üblich ist, 20° sondern 19° 53' 45" westlich von Paris gesetzt.

Göttingische gelehrte Anzeigen.   Stück 23.   Seite 225..232.   1820 Februar 7.

Astronomisches Jahrbuch für das Jahr 1822, *nebst einer Sammlung der neuesten in die astronomischen Wissenschaften einschlagenden Abhandlungen, Beobachtungen und Nachrichten. Berechnet und herausgegeben von* Dr. J. E. Bode, *Kön. Astronomen u. s. w. Berlin. Bei dem Verf. und in Comm. bei* F. Dümmler. 260 Seiten in 8. nebst einer Kupfertafel.

Von zwei Sonnen- und zwei Mondfinsternissen, die sich im Jahr 1822 ereignen, ist in Europa nur die eine Mondfinsterniss sichtbar; auch der am 5. November statt findende Durchgang des Mercur kann in Europa nicht beobachtet werden. Die Einrichtung des Jahrbuchs ist dieselbe geblieben, wie bei den vorhergehenden Jahrgängen; nur die Jupiterstrabanten-Verfinsterungen sind, zur Erleichterung der Arbeit, nach den Wargentin'schen Tafeln berechnet, und blos bei den ersten Trabanten hin und wieder die Delambre'schen Tafeln mit zu Hülfe genommen.

Unter den Abhandlungen, welche der Anhang enthält, macht den Anfang ein Versuch, die astrognostischen Namen einzelner Sterne zu befestigen, von Hrn. Prof. Buttmann. Dieser gelehrte Philologe stellt hier ein Verzeichniss von 80 Sternnamen auf, grösstentheils aus der Arabischen Sprache entlehnt, von denen einige schon sonst gangbar oder doch nicht unbekannt, andere berichtigt oder an eine andere Stelle gesetzt, und noch andere ganz neu gebildet sind (z. B. Clavus für β im Stier, Meion für x im Orion, Sectatrix für β im Fuhrmann). Bei den Astronomen ist eigentlich nur eine sehr kleine Anzahl von eignen Namen für die Fixsterne *wirklich gangbar* (etwa ein Dutzend), und die Versuche einiger, ältere Arabische Namen wieder einzuführen, haben keinen Beifall gefunden. Wollte man aber doch einmal eine grössere Anzahl in Gebrauch bringen, so würde es wohl am zweckmässigsten sein, sich schlechtweg und *ohne alle Abänderung* an die Namen zu halten, die PIAZZI in seinen neuen Sterncatalog aufgenommen hat. Jede willkürliche Abänderung könnte, statt zur Verbesserung, nur zur Sprachverwirrung führen. — Jupiterstrabanten-Verfinsterungen, Sternbedeckungen, Mondfinsternisse und Oppositionen der Vesta, des Uranus, Jupiter, Saturn und der Pallas im Jahre 1818 beobachtet von Hrn. Prof. BÜRG. — Algols Lichtperiode aus neuern Beobachtungen bestimmt und Berechnung des kleinsten Lichts desselben für 1820 bis 1822 vom Hrn. Prof. WURM. Diese Untersuchung zeigt, dass die Länge der Periode, seit der Entdeckung der Veränderlichkeit des Sterns, durchaus keine merkliche Veränderung erlitten hat. — Astronomische Beobachtungen auf der Prager Sternwarte, von den Herren DAVID und BITTNER. — Noch von Hrn. Prof. BÜRG Beobachtungen der Juno, und Sternbedeckungen 1819, nebst astronomischen Nachrichten. Die hier vorkommende Verantwortung gegen einen Angriff oder eine falsche Auslegung eines Zeitungsartikels, den einen Cometen von 1818 betreffend, welche sich in der in Genua herauskommenden Correspondance astronomique befindet, veranlasst den Wunsch, dass Persönlichkeiten von astronomischen Verhandlungen immer entfernt bleiben mögen. — Beobachtete Sternbedeckungen und Jupiterstrabanten-Verfinsterungen in Prag von Hrn. Prof. HALLASCHKA. — Aeltere Beobachtungen des Uranus von LEMONNIER (s. Jahrg. 1819 S. 1909). — Ueber die Sonnenfinsterniss vom 7ten Sept. 1820 für Deutschland und die angrenzenden Länder von Hrn. Prof. LITTROW. Es wird hier Anfang und Ende für 230 Oerter in Deutschland und den benachbarten Ländern, auch die nördliche und südliche Grenzlinie der Zone, innerhalb welcher die Finsterniss ringförmig erscheinen wird, durch eine Anzahl Punkte bestimmt, angegeben. Der grössere Theil von Deutschland liegt innerhalb dieser Zone; die südliche Grenze geht nahe bei Aachen, Strassburg, Freiburg uud Zürich, die nördliche nahe bei Schwerin, Wittenberg und Tabor in Böhmen vorbei. Es wird sehr wünschenswerth sein, dass die Dauer der ringförmigen Finsterniss an recht vielen Orten, besonders solchen, die den Grenzen nahe liegen, beobachtet werde, wozu nichts weiter als ein gutes Fernrohr und eine Secundenuhr erforderlich ist. — Beobachtungen der Vesta, Pallas, des Uranus, Saturn und Jupiter, und der Sonnenfinsterniss im Jahr 1818, zu Wilna von Hrn. Prof. SNIADECKY. — Ueber die geographische Länge der Berliner Sternwarte. Diese Länge ist früher immer zu den sehr schwankenden gezählt; allein seit dem die Sternwarte mit bessern Hülfsmitteln zur Zeitbestimmung versehen ist, geben auch die Beobachtungen eine mehr befriedigende Uebereinstimmung. Aus 23 Sternbedeckungen und 4 Sonnenfinsternissen, die von 1802 bis 1815 beobachtet sind, folgt im Mittel die Länge 44^m 10^s5 von Paris. — Beobachtete Gegenscheine des Mars, Uranus und Jupiter 1817, 1818, ferner der Sonnenfinsterniss von 1818 und des ENKE'schen Cometen, von Hrn. DERFLINGER in Kremsmünster. — Beobachtung einer Bedeckung des Mars vom Monde, in Wien von Hrn. Prof. BÜRG. — Astronomische Beobachtungen auf der Berliner Sternwarte im Jahr 1818. Eine Berichtigung bedarf die hier vorkommende übereilte Behauptung, dass die Bestimmung des heliocentrischen Orts aus einem nahe bei der Opposition beobachteten geocentrischen wegen der Kleinheit der Winkel des Dreiecks unsicher werde, und dass es sogar vortheilhafter sei, von der Opposition entferntere Beobachtungen zum Grunde zu legen. — Beobachtungen eines Cometen 1818 und 1819 von Hrn. Prof. BESSEL; ferner Planetenoppositionen, Sonnenfinsterniss und Sonnenwenden. — Von Hrn. Dr. OLBERS über die höchst merkwürdige

von Hrn. Prof. ENKE gemachte, und in unsern Blättern (St. 28 u. 83 v. v. J. [S. 417 u. f. d. B.]) zuerst angezeigte Entdeckung der Identität des einen Cometen von 1805 mit dem einen von 1818. Hr. Dr. OLBERS
fügte dieser grossen Entdeckung die nicht weniger wichtige Bemerkung bei, dass theils auch der Comet von 1795 höchst wahrscheinlich derselbe Comet gewesen ist, theils auch die in der Connaissance
des tems 1819 bekannt gemachten zwei Cometen-Beobachtungen von 1786 eben demselben Cometen angehören. Ferner theilt hier dieser treffliche Astronom seine ersten Beobachtungen des im Juli d. J. erschienenen Cometen mit. — Der folgende schöne Aufsatz des Hrn. Prof. ENKE gibt nun einen ausführlichen Bericht über seine Arbeit, jenen Cometen von kurzer Umlaufzeit betreffend, und erhebt die obige
wahrscheinliche Vermuthung des Hrn. Dr. OLBERS zur moralischen Gewissheit. In der Mitte Mais 1822
wird nun dieser Comet abermals in seine Sonnennähe kommen; allein unglücklicherweise wird er vorher, seiner Stellung gegen die Erde wegen, nur äusserst lichtschwach sein, so dass es Noth haben wird,
ihn bis dahin zu beobachten. Nach dem Durchgang durch die Sonnennähe hingegen wird er zwar hell
genug sein, allein zu weit südlich stehen, um in Europa sichtbar zu werden. Mit Leichtigkeit aber
wird er alsdann auf der südlichen Hälfte der Erdkugel beobachtet werden können, wenn es nur nicht
dort an Beobachtern fehlen wird. Bei Gelegenheiten, wie diese, eben so wie bei so vielen andern,
macht sich das Bedürfniss einer *südlichen* Sternwarte recht fühlbar, und wir fühlen uns bei dieser Veranlassung gedrungen, unsre innige Ueberzeugung auszusprechen, dass nach den grossen Unterstützungen,
welche die Astronomie in den neuesten Zeiten in Europa erhalten hat, dieser Wissenschaft kein grösserer
Dienst mehr geleistet werden könnte, als durch Errichtung einer wohlausgerüsteten und mit einem einsichtsvollen, erfahrnen und thätigen Astronomen zu besetzenden Sternwarte in der südlichen Hemisphäre,
etwa auf dem Vorgebirge der guten Hoffnung. — Von demselben Astronomen Beobachtungen des Cometen von 1819, und Elemente seiner Bahn, ferner Beobachtungen des Uranus, Saturn, Jupiter, der
Ceres und Juno 1818 und 1819. — Auflösung der Aufgabe, die Declination eines Gestirns ohne Win-
kelinstrument blos vermittelst eines Fernrohrs zu finden, von Hrn. Prof. FISCHER (aus der Dauer eines
solchen Durchganges durch das Gesichtsfeld, wobei Eintritt und Austritt au den Endpunkten eines Durchmessers geschehen). — Geometrischer Lauf der Ceres 1819 und 1820, berechnet von Hrn. Dr. WEST-
PHAL; und geocentrischer Lauf der Juno 1820 berechnet von Hrn. Prof. NICOLAI. — Beobachtungen des
Cometen vom Juli 1819 auf der Berliner Sternwarte (gehen vom 2. bis 27. Juli). — Von Hrn. Prof. NI-
COLAI, Beobachtungen der Juno auf der Mannheimer Sternwarte, und neue Elemente der Bahn aus diesen und Göttinger Beobachtungen abgeleitet. Ferner die ersten Beobachtungen mit dem wiederherge-
stellten dreifussigen REICHENBACH'schen Multiplicationskreise vom Nordstern, welche mit einer sehr schönen Uebereinstimmung die Polhöhe der Mannheimer Sternwarte 49° 29' 12"95 geben. Endlich Beobachtungen und Elemente des Cometen von 1819. — Die hierauf folgenden Bemerkungen über den Gebrauch
der Libelle und des Loths zur Rectification astronomischer Werkzeuge von einem Ungenannten enthalten nichts neues, und beweisen nur, dass es nicht gleichgültig ist, auf welche Art Libellen an einem
Instrument angebracht sind, dass sie einen ihrer Bestimmung angemessenen Grad von Empfindlichkeit
haben müssen, und dass sie einen vorsichtigen Beobachter erfordern. Der hier gemachte Vorschlag,
Veränderlichkeit oder Unveränderlichkeit der Richtung der Schwere durch ein in einem Brunnen auf-
gehängtes Loth zu prüfen, möchte schwerlich zu etwas anderm führen, als die *Unerreichbarkeit absoluter Festigkeit* bei jeder Aufstellung von Messungsapparaten zu beweisen. — Auszug aus einem Schreiben des Hrn. General VON LINDENER aus Glatz. Da bei dem im Juli d. J. erschienenen Cometen durch
einen glücklichen Zufall die untere Conjunction Vormittags am 26. Juni mit dem Durchgang durch den
aufsteigenden Knoten zusammenfiel, so war es sehr erwünscht, dass dieser eifrige Liebhaber der Astronomie gerade zu dieser Zeit die Sonne wirklich beobachtet hatte, und so das durch wirkliche Erfahrung

bestätigen konnte, was man auch, nach unsern übrigen gegenwärtigen Kenntnissen, nicht anders erwarten konnte, dass nemlich von dem lockern Cometenkörper, obgleich er gewiss und genau zwischen der Erde und Sonne stand, doch auf der Sonnenscheibe auch nicht die allergeringste Spur erkannt wurde. Wir erinnern uns in öffentlichen Blättern gelesen zu haben, dass noch ein anderer Beobachter in Wien, welcher in derselben Stunde gleichfalls die Sonne beobachtete, gar nichts besonderes wahrgenommen hat. — Beobachtungen dieses Cometen in der letzten Hälfte des August, von Hrn. Dr. OLBERS, wie auch Elemente seiner Bahn von Hrn. BOUVARD und von Hrn. DIRKSEN. — Ueber die Aufgabe, den Ort eines Gestirns aus beobachteten Allignements zu finden, von Hrn. Dr. OLBERS. Im Jahrbuche für 1821 findet sich eine Auflösung dieser Aufgabe von BESSEL: bei der von OLBERS gewählten Einkleidung gebraucht man noch zwei Logarithmen weniger. Doch muss erinnert werden, dass die zu dieser erforderlichen 20 Logarithmen an eben so viel verschiedenen Stellen stehen, während die bei der BESSEL'schen Form nöthigen 22 nur an 17 verschiedenen Stellen aufzuschlagen sind. Auch bemerken wir noch, dass, wenn man die bekannte Hülfstafel für Logarithmen von Summen und Differenzen mit gebraucht, man mit 18 Logarithmen an 16 Stellen, oder mit 20 Logarithmen an 14 Stellen ausreichen kann. — Beobachtungen des Cometen vom Juli 1819, Beschreibung des sechsfussigen REICHENBACH'schen Mittagsfernrohrs; Beobachtung der Jupiters-Opposition, und des Polarsterns, von Hrn. Hofr. GAUSS. Wir machen, bei dem, was hier über die absolute Zuverlässigkeit der Zenithdistanzen gesagt ist, auf zwei den Sinn ganz verfälschende Druckfehler aufmerksam; S. 239 [S. 427] oben muss nemlich statt merklich, *unmerklich*, und in der 5ten Zeile von unten muss statt doch kann ich schon glauben, gelesen werden, *doch kann ich schwer glauben*. — Beobachtungen des Cometen vom Juli 1819 auf der Krakauer Sternwarte, von Hrn. Prof. LESKI. — Verzeichniss der genauen Länge und Breite von neun der vornehmsten Fixsterne, von denen die Mondsabstände in dem Nautical Almanac und in der Connoissance des tems vorkommen, aus letzterer für 1821 entlehnt (s. vorigjähr. Anz. S. 1907 [S. 615 d. B.]). — Marseiller Beobachtungen eines neuen Cometen, und dessen Elemente der Bahn berechnet von Hrn. Prof. ENKE. Dieser Comet wurde, so viel bisher bekannt ist, blos in Marseille im Juni 1819 beobachtet, und es ist sehr merkwürdig, dass sich die Beobachtungen weit besser in einer Ellipse von einer 2½jährigen Umlaufszeit, als in einer Parabel darstellen lassen. — Beobachtungen des (andern) Cometen von 1819 auf der Greenwicher Sternwarte, und daraus von Hrn. RUMKER abgeleitete parabolische Elemente. — Die zum Schluss noch folgenden kurzen Nachrichten enthalten noch mehrere astronomische Beobachtungen und Notizen, die hier nicht besonders angeführt werden können. Auf der beigefügten Kupfertafel ist der geocentrische Lauf des Cometen vom Juli 1819, und eine Projection seiner wahren Bahn, wie auch die des ENKE'schen und des andern vom November 1818 bis Januar 1819 beobachteten Cometen vorgestellt.

Göttingische gelehrte Anzeigen. Stück 103. Seite 1025..1030. 1820 Juni 26.

Göttingen. Ueber die am 7. Sept. d. J. einfallende grosse Sonnenfinsterniss hat Hr. Prof. GERLING in Marburg, welcher dieselbe bereits vor acht Jahren in seiner Inaugural-Dissertation behandelt hatte (s. unsre Anz. 1812 S. 1889 [S. 542 d. B.]), in einem Schreiben an den Hrn. Hofr. GAUSS, vom 23. Mai, die Resultate seiner wiederholten und weiter ausgeführten Untersuchungen mitgetheilt. Da diese Finsterniss im grössten Theile von Deutschland ringförmig erscheinen und für diese Gegenden, auf lange Zeit, das merkwürdigste Phänomen dieser Art sein wird, so glauben wir vielen Lesern dieser Blätter durch die Bekanntmachung eines Auszuges aus jenen Mittheilungen einen willkommenen Dienst zu erweisen.

Folgende aus den CARLINI'schen Sonnentafeln und den BÜRG'schen Mondstafeln entlehnten Sonnen- und Mondsörter dienten der Rechnung zur Grundlage:

1820 September 7. Pariser mittl. Zeit.

	Länge der Sonne.	Länge des Mondes.	Nordl. Breite des Mondes.
11^u Vorm.	$164°$ $40'$ $26''4$	$163°$ $19'$ $53''6$	$0°$ $52'$ $45''0$
2 Nachm.	47 44.0	164 48 17.7	44 41.6
5	55 1.7	166 16 38.3	36 34.9

Horizontalparallaxe des Mondes	$53'$ $55''5$
— der Sonne	8.7
Halbmesser des Mondes	$14'$ 43.1
— der Sonne	15 54.8
Schiefe der Ekliptik	$23°$ 27 56.2
Die Conjunction erfolgt demnach um	1^u 58^m 46^s3 M. Zeit in Paris
in der Länge	$164°$ $47'$ $41''$

Für folgende einzelne Oerter hat Hr. Prof. GERLING zur Erleichterung der Beobachtungen die Hauptmomente der Erscheinung im Voraus berechnet:

	Anfang.	Mittel.	Ende.		Anfang.	Mittel.	Ende.
Berlin	1^u 31^m 55^s	2^u 57^m 31^s	4^u 15^m 39^s	Hannover	1^u 13^m 11^s	2^u 39^m 36^s	3^u 59^m 45^s
Bremen	1 7 13	2 33 38	3 54 5	Königsberg	2 4 43	3 27 20	4 41 32
Breslau	1 53 36	3 18 29	4 34 54	Leipzig	1 28 38	2 54 25	4 13 45
Cassel	1 13 39	2 40 30	4 0 54	Mannheim	1 11 47	2 39 36	4 0 31
Cöln	1 1 6	2 28 52	3 50 16	Marburg	1 11 23	2 38 40	3 59 18
Danzig	1 55 32	3 19 5	4 34 22	München	1 30 40	2 57 47	4 17 33
Göttingen	1 15 51	2 42 28	4 2 39	Ofen	2 11 2	3 35 49	4 51 31
Gotha	1 20 59	2 47 34	4 7 30	Prag	1 41 51	3 7 50	4 25 46
Halle	1 26 26	2 52 20	4 11 45	Tübingen	1 16 42	2 44 36	4 5 24
Hamburg	1 12 26	2 38 19	3 58 14	Wien	1 55 45	3 21 24	4 38 28

Die Zeiten sind hier und in der folgenden Tafel in *wahrer Sonnenzeit* angesetzt.

	P	D	Erste innere Berührung.	Zweite innere Berührung.		P	D	Erste innere Berührung.	Zweite innere Berührung.
Berlin	$72°$	$84''$	— —	— —	Hannover	$66°$	$17''$	2^u 36^m 49^s	2^u 42^m 23^s
Bremen	65	9	2^u $30'$ $46''$	2^u 36^m 30^s	Königsberg	81	217		
Breslau	78	131	— —	— —	Leipzig	71	52	2 52 49	2 56 1
Cassel	66	1	2 37 37	2 43 24	Mannheim	64	44	2 37 28	2 41 43
Cöln	62	55	2 27 23	2 30 21	Marburg	65	18	2 35 53	2 41 27
Danzig	79	186	— —	— —	München	71	2	2 54 54	3 0 40
Göttingen	67	10	2 39 37	2 45 19	Ofen	84	123	— —	— —
Gotha	68	18	2 44 47	2 50 20	Prag	75	75	— —	— —
Halle	70	48	2 50 20	2 54 19	Tübingen	66	46	2 42 35	2 46 37
Hamburg	66	36	2 35 55	2 40 43	Wien	79	87	— —	— —

Es bezeichnet hier P den Punkt des Sonnenrandes, wo beim Anfang der Finsterniss der Mond zuerst eingreift, indem man die Grade vom nördlichsten Punkte (in Beziehung auf den Verticalkreis) nach

Westen zu zählt; D hingegen gibt in Bogensecunden die scheinbare Entfernung der Mittelpunkte der Sonne und des Mondes, für das Mittel der Finsterniss, an. Die Abplattung ist bei allen Rechnungen zu $\frac{1}{310}$ angenommen.

Die Hauptmomente der Finsterniss für andere Oerter in Deutschland können näherungsweise aus denjenigen, welche in obiger ersten Tafel für einen zuächst liegenden angesetzt sind, vermittelst folgender Formeln abgeleitet werden, wo dL den Längenunterschied beider Oerter in Zeitsecunden, dB den Breitenunterschied in Bogensecunden und dZ die Aenderung bedeutet, die den Angaben der Tafel beigefügt werden muss. Hiebei ist dL positiv zu nehmen, wenn der Ort, für welchen man die Bestimmung wünscht, östlich von dem gewählten Ort der Tafel liegt, und dB gleichfalls positiv, wenn jener nördlich von diesem ist.

Für den Anfang

$$dZ = +1.313\,dL - 0.0296\,dB$$

Für das Mittel

$$dZ = +1.242\,dL - 0.0343\,dB$$

Für das Ende

$$dZ = +1.118\,dL - 0.0363\,dB$$

Besonders wichtig ist die Kenntniss der Grenzlinien der Zone, innerhalb welcher die Finsterniss ringförmig erscheint. Hr. Prof. GERLING hat folgende Punkte in diesen Grenzlinien durch Rechnung bestimmt, wo die Längen von Ferro an gerechnet sind.

Wahre Zeit in Paris.	Berührung der südl. Ränder		Berührung der nördl. Ränder.	
	Breite.	Länge.	Breite.	Länge.
$2^u\ 4^m$			$52°\ 59'$	$22°\ 43'$
6			52 15	23 15
8	$54°\ 12'$	$28°\ 50'$	51 31	23 46
10	53 26	29 18	50 47	24 17
12	52 40	29 47	50 4	24 48
14	51 55	30 16	49 21	25 19
16	51 10	30 46	48 39	25 49
18	50 26	31 15	47 57	26 19
20	49 42	31 45	47 15	26 49
22	48 58	32 15	46 34	27 20
24	48 15	32 46	45 53	27 50
26	47 32	33 17		
28	46 50	33 49		

Verbindet man diese Punkte auf einer Landkarte durch gerade Linien, so trifft man folgende Oerter, von denen keiner mehr als etwa $2\frac{1}{4}$ Meilen von den Grenzlinien entfernt liegt. Die durch den Druck ausgezeichneten Oerter liegen der Grenze am nächsten.

Für die Berührung der *südlichen* Ränder: Heiligenhafen, Neustadt, Grevesmühlen, Wismar, Schwerin, Parchim, Grabow, *Perleberg*, Werben, Havelberg, *Arneburg*, Tangermünde, Rathenow, Genthin, Ziesar, Coswig, Wittenberg, *Kemberg*, Düben, Torgau, Wurzen, Oschatz, Döbeln, *Freiberg*, Seyda, Kommotau, *Rakonitz*, Przibram, *Teyn*, Budweis, *Grazen*, Ips, *Oberndorf*, Tirnitz, Fürstenfeld u.s.w.

Für die Berührung der *nördlichen* Ränder: Staveren, Medenblick, Harderwyk, Amersfort, *Barneveld*, Arnheim, *Nimwegen*, Cleve, Grave, *Genep*, Geldern, *Venloo*, Crefeld, Roermunde, *Erkelens*, Jülich, *Nidegen*, Münster-Eiffel, Aldenau, Mondheim, *Zell*, Trarbach, Kirchberg, *Oberstein*, Münchweiler, Kaiserslautern, Bergzabern, Hagenau, *Stollhofen*, Achern, Freydenstadt, Hornberg, Rottweil, Villingen, *Geisingen*, Schaffhausen, *Stein*, *Frauenfeld*, Winterthur, Chur u. s. w.

Es ist sehr zu wünschen, dass in der Nähe der Grenzlinien recht viele Beobachtungen angestellt werden, die schon dadurch einen Werth erhalten, dass unter Angabe des Beobachtungsplatzes bemerkt wird, ob sich ein Ring gebildet habe oder nicht, und im ersten Falle, wie lange die Erscheinung des Ringes gedauert habe. Da hier nur von Abmessung eines sehr kurzen Zeitraums die Rede ist, so kann allenfalls dabei der Mangel einer Secundenuhr durch das Abzählen der Schläge einer gewöhnlichen Taschenuhr oder der Schwingungen einer an einem Faden aufgehängten schweren Kugel ersetzt werden, wenn nur im ersten Fall die Anzahl der auf eine Minute gehenden Schläge, und im zweiten die Länge des Fadens und die Grösse der Kugel in irgend einem bekannten Masse mit angezeigt werden. Mit einem guten Fernrohr müsste aber doch eine solche Beobachtung angestellt sein, wenn sie einen Werth haben soll.

Da auch an den Orten, wo die Finsterniss ringförmig erscheint, noch völlig ein Achtel der Sonnenscheibe unverfinstert bleibt, so ist eine starke Abnahme des Tageslichts nicht zu erwarten, noch weniger, dass Sterne dem unbewaffneten Auge sichtbar werden sollten. Zum Besten solcher Personen, die während der grössten Verfinsterung einige der der Sonne nächsten und hellsten Fixsterne mit Fernröhren aufzusuchen oder mit guten Reflexionswerkzeugen ihre Distanzen vom Mondsrande zu messen versuchen möchten, hat Hr. Prof. GERLING noch folgende Angaben beigefügt, die zur Erleichterung dieser Aufsuchung dienen können.

$$
\begin{array}{lll}
\text{Für Regulus} & P = 65\tfrac{3}{4}° \text{ Westl.,} & D = 17\tfrac{1}{2}° \\
\text{Für 6 Löwe} & P = 41\tfrac{3}{4}° \text{ Oestl.,} & D = 13° \\
\text{Für Spica} & P = 116° \text{ Oestl.,} & D = 36\tfrac{1}{2}°
\end{array}
$$

Es bedeutet hier D die Entfernung des Sterns vom Mittelpunkt der Sonne, und P den Winkel, welchen der grösste Kreis vom Sonnenmittelpunkt zum Stern mit dem grössten Kreise vom Sonnenmittelpunkt zum Nordpol macht. Die Angaben sind für $2^u\ 15^m$ W. Z. in Paris berechnet, können aber in ganz Deutschland für die Zeit der grössten Verfinsterung dienen.

Göttingische gelehrte Anzeigen. Stück 5. Seite 41..48. 1821 Januar 8.

Astronomisches Jahrbuch für das Jahr 1823, *nebst einer Sammlung der neuesten in die astronomischen Wissenschaften einschlagenden Abhandlungen, Beobachtungen und Nachrichten. Berechnet und herausgegeben von* Dr. J. E. BODE, Königl. Astronom u. s. w. Berlin 1820. Bei dem Verfasser, und in Comm. bei F. Dümmler. 252 Seiten in Octav, nebst einer Kupfertafel.

Das astronomische Jahrbuch ist gegenwärtig den Freunden der Astronomie jedesmal doppelt willkommen, da es, nachdem die von den Herren VON LINDENAU und BOHNENBERGER herausgegebene astronomische Zeitschrift aufgehört hat, in Deutschland den einzigen Vereinigungspunkt für diese Wissenschaft darbietet. Die dem vorliegenden Jahrgange beigefügten Aufsätze sind folgende. Versuch über die physische Beschaffenheit der Cometen, und besonders ihres Schweifes von Hrn. Prof. FISCHER. Man sieht hier mit Vergnügen dasjenige zusammengestellt, was die zuverlässigsten Beobachtungen und geläuterte Ansichten über diesen Gegenstand gelehrt haben. Gegen einige einzelne Behauptungen möchte sich jedoch noch manches erinnern lassen. So sind bekanntlich die Meinungen der Astronomen über die Frage, ob die Cometen mit eignem Licht oder mit reflectirtem Sonnenlicht leuchten, noch getheilt, und ein um die Theorie der Cometen vielfach und hochverdienter Astronom hat in einem früheren Aufsatze so ziemlich alles, was sich nach dem gegenwärtigen Bestand unserer Kenntnisse darüber sagen lässt, erschöpft. Der Verf. erklärt sich für die erstere Meinung, weil das Licht der kleinsten Fixsterne selbst durch die dichtern Theile der Cometenschweife dringt, und nach einigen Erfahrungen Fixsterne selbst durch den Kern gesehen sein sollen. Allein es scheint, dass er mit Unrecht hieraus schliesst, die Cometenmasse könne das Sonnenlicht gar nicht merklich reflectiren, und das Licht, damit wir die Cometen sehen, müsse nothwendig ganz deren eignes sein. Jene Erfahrung beweist nur, dass die Cometenmasse bei weitem mehr Licht durchlässt als reflectirt; aber wenn man in Erwägung zieht, wie ausserordentlich viel blässer als Planetenscheiben selbst die glänzendsten Cometen erscheinen, so hat man, auch wenn nur ein äusserst geringer Theil des Sonnenlichts zurückgeworfen wird, noch immer nicht nöthig, eignes Licht der Cometen zu Hülfe zu nehmen. Indem der Verf. annimmt, dass die Cometenmassen Stoffe enthalten, die negativ gegen die Sonne gravitiren, scheint ihm entgangen zu sein, dass die Bewegungen solcher Cometen dann nicht genau den KEPLER'schen Gesetzen folgen würden. Inzwischen, wenn wir gleich die Möglichkeit nicht abläugnen, dass in der That das eine KEPLER'sche Gesetz bei den Cometenbewegungen einige Modification leiden könne, und dass eigentlich dieser Umstand bei keinem Cometen methodisch untersucht sei, so lässt sich doch aus allen bisher geführten Rechnungen schliessen, dass eine solche Modification nur äusserst klein sein dürfte. — Beobachtungen des Cometen vom Jahre 1819 auf der Sternwarte Bogenhausen bei München von Hrn. Steuerrath SOLDNER. — Geographische Ortsbestimmungen in Ostfriesland, durch Hrn. Prof. OLTMANNS. — Ueber die Länge von Pisa aus astronomischen Beobachtungen von Hrn. Prof. WURM. Das Resultat dieser schätzbaren Untersuchung ist, dass der *Unterschied* zwischen der von INGHIRAMI aus geodätischen Messungen und der aus den astronomischen Beobachtungen gefolgerten Länge wegen der schlechten Beschaffenheit der letztern eigentlich gar nichts beweisen kann. — Von demselben Astronomen Beiträge zu geographischen Längenbestimmungen aus Beobachtungen der Sonnenfinsternisse vom 18. November 1816, und 4. Mai 1818. — Astronomische Beobachtungen zu Wilna von Hrn. Prof. SNIADECKY; zu Palermo von Hrn. CACCIATORE (die Cometen von 1819 betreffend); zu Prag von den Herren Prof. DAVID und BITTNER. — Noch etwas über den grossen Cometen und seinen Vorübergang vor der Sonne von Hrn. Doctor OLBERS. Die schon im astronomischen Jahrbuche für 1822 angeführte Beobachtung des Hrn. General VON LINDENER, der am 26. Juni 1819 in der Stunde, wo der Comet bestimmt vor der Sonnenscheibe stehen musste, die Sonne ganz ohne Flecken gesehen hatte, schien das, was ohnehin höchst wahrscheinlich war, vollkommen zu beweisen, dass nemlich die lockere Cometenmasse viel zu wenig Sonnenlicht auffangen konnte, um die mindeste Trübung zu verursachen. Dennoch zeigt dieser Vorfall auf eine merkwürdige Art, wie leicht in solchen Fällen, wo keine besonders geschärfte Aufmerksamkeit statt findet, Irrthum möglich ist. Mehrere andere Beobachter haben nemlich doch an demselben Tage wirkliche Sonnenflecken gesehen, der Hr. Prof. SCHUMACHER, damals in Altona, und der Hr. Prof. BRANDES. in Breslau: die Beobachtungen des Hrn. VON LINDENER verliert daher freilich ihre Beweiskraft. Denn wenn die wirklichen Sonnenflecken ihm entgangen sind, so konnte er noch weniger den Cometen bemerken, wenn auch derselbe stärkern Instrumenten oder einer mehr gesteigerten Aufmerksamkeit erkennbar gewesen wäre. Und wirklich könnte man beinahe durch zwei andere Beobachtungen das letztere anzunehmen bewogen werden, wenn nicht dabei einige Nebenumstände wären, die die Sache wieder ganz ungewiss machten. Hr. Dr. GRUITHUISEN in München sah nemlich an eben diesem Tage und in der Stunde, wo der Comet vor der Sonne stand, ausser zwei andern gewöhnlichen Sonnenflecken noch einen sehr kleinen unbegrenzten, den er an frühern Tagen nicht bemerkt hatte. Allein Hr. Dr. GRUITHUISEN spricht davon als von einem *schwarzen* Punkte, und *so* konnte sich dieser Comet doch nicht zeigen, daher wir eher geneigt sein möchten, diese Erscheinung für einen gewöhnlichen erst kurz vorher entstandenen Sonnenfleck zu halten, der in den schwächern Fernröhren der Herren SCHUMACHER und BRANDES unsichtbar blieb. Ausserdem hat auch Hr. Prof. WILDT in Hannover um dieselbe Morgenstunde einen sehr verwaschenen Flecken in der Sonne bemerkt, ist aber rücksichtlich des Datum selbst ungewiss, da er die Nachricht erst viel später blos aus dem Gedächtniss mitgetheilt hat. Die Hauptfrage bleibt unter diesen Umständen noch immer unentschieden, und wird es vielleicht, da Conjuncturen der Art so äusserst selten sind, noch lange bleiben. — Die Ephemeride für den Nordstern, für alle obern Culminationen des Jahrs 1821 wird allen practischen Astronomen, die die kleine Druckschrift der Herren STRUVE und WALBECK, woraus sie entlehnt ist, nicht selbst besitzen, sehr willkommen sein, nur hätte dieselbe wohl eine Seite mehr verdient, damit nicht die lezte Decimale hätte wegbleiben müssen. — Astronomische Beobachtungen in Wien von Hrn. Prof. BÜRG; in Prag von Hrn. Prof. HALLASCHKA und in Berlin von dem Hrn. Herausgeber. — Ueber die beobachtete Existenz einer Photosphäre der Venus im Jahr 1820 von Hrn. Geh. Rath PASTORF. Hr. P. sah im April d. J. die Venus (und späterhin auch den Jupiter) mit einem kreisförmigen sehr scharf begrenzten Lichtschimmer umgeben, welchen er als eine dem Planeten selbst angehörige Lichtsphäre betrachtet. Diese Erscheinung verdient genauer untersucht zu werden, da bei Gegenständen dieser Art so leicht optische Täuschung einfliessen kann. Hr. PASTORF hat den Durchmesser dieses Lichtschimmers, der ein ähnliches Ansehn hat, wie die Nachtseite des Mondes im Erdlichte, im April 16 Minuten gross gefunden. Bei der von Hrn. PASTORF am 27. April beobachteten Erscheinung, wo ein kleiner teleskopischer Stern oben am *östlichen* Rande der Lichtsphäre der Venus eintrat, *einige Minuten* unsichtbar blieb, und dann an der *Westseite* wieder erschien, ist der Umstand etwas bedenklich, dass an diesem Tage das Fortrücken der Venus in jeder Minute nur 3 Raumsecunden betrug. Ueber die Hypothese des Hrn. PASTORF, dass die Venus einen Trabanten haben könne, der nicht über die Lichtsphäre hinauskomme, und der, wie Hr. PASTORF glaubt, wenn er nur einen Durchmesser von 3 Secunden habe, uns dann im reflectirten Sonnenlicht immer unsichtbar bleiben müsse, ausser dass er zuweilen wie ein dunkler Flecken vor der Venus erscheine, wollen wir dem Urtheile unsrer Leser nicht vorgreifen. — Beobachtete gerade Aufsteigungen des Saturn und der Vesta im Jahr 1819, der Pallas und des Mars im Jahr 1820 am Mittagsfernrohr der Göttinger Sternwarte von Hrn. Hofr. GAUSS. — Beschreibung des auf der Königsberger Sternwarte aufgestellten REICHENBACH'schen Meridiankreises, von Hrn. Prof. BESSEL. — Beobachtungen des Cometen von 1819, nebst Sternbedeckungen von Hrn. Prof. STRUVE. — Bestimmung der Schiefe der Ekliptik mit einem REICHENBACH'schen Meridiankreise auf der Sternwarte Bogenhausen bei München von Hrn. SOLDNER. Die hiezu angewandten Beobachtungen geben zugleich die Bestimmung des Sonnenhalbmessers, und zwar 16′ 0″93 für die mittlere Entfernung. Wir bemerken bei dieser Gelegenheit, dass dieser Halbmesser aus 271 am REICHENBACH'schen Mittagsfernrohr der hiesigen Sternwarte vom Januar bis Juli 1820 beobachteten Fadenantritten sich fast genau eben so gross, nemlich zu 16′ 1″01 ergeben hat. — Astronomische Beobachtungen zu Kremsmünster von Hrn. DERFLINGER. — Beobachtungen der Juno, Pallas, Ceres, des Mars und Uranus, wie auch der Schiefe der Ekliptik von Hrn. Prof. NICOLAI in Mannheim. Letztere mit dem dreifussigen REICHENBACH'schen Repetitionskreise bestimmt ergibt sich aus dem Wintersolstitium um 6″ kleiner, als aus dem Sommersolstitium, wodurch, so wie durch die mit demselben Instrumente bestimmten Sterndeclinationen aufs neue bestätigt wird, dass in Rücksicht auf die Einwirkung der Schwerkraft auf die Theile der astronomischen Instrumente ein jedes wie ein Individuum betrachtet werden müsse. — Ueber die Genauigkeit der Beobachtungen am Mittagsfernrohre von Hrn. Dr. WALBECK. Es wird hier zum erstenmal die richtige Behandlungsart dieses wichtigen Gegenstandes gelehrt und auf die trefflichen Dorpater Beobachtungen angewandt. S. 186 Z. 3 von unten ist durch einen Druckfehler tang ϑ statt sec ϑ gesetzt. — Astronomische Beobachtungen zu Hamburg von Hrn. Rümker. — Ueber die geographische Lage von Dresden von Hrn. Dr. Raschig. — Astronomische Bemerkungen von Hrn. Prediger Luthmer in Hannover. — Ueber das wahre Datum der nächtlichen Schlacht am Halys von Hrn. Prof. Oltmanns. In dieser trefflichen Abhandlung, von der wir ungern alle Citate und Anmerkungen der Raumersparniss wegen weglassen sehen, wird mit grosser Evidenz gezeigt, dass die vielbesprochene, während der berühmten Schlacht eingetretene Sonnenfinsterniss keine andere gewesen sein könne, als die vom 30. September 609 vor Chr. — Ueber die Bahn des Pons-schen (Enke'schen) Cometen, nebst Berechnung seines Laufs bei seiner nächsten Wiederkehr im Jahr 1822, von Hrn. Prof. Enke. Die wiederholte und vollständige geführte Berechnung der Störungen, welche dieser Comet von 1786—1819 erlitten hat, gibt die befriedigendste Darstellung der Beobachtungen in den vier bisherigen Erscheinungen, nur zeigt sich eine merkwürdige durch die Rechnung noch nicht zu erklärende Beschleunigung der Bewegung, indem aus den drei Umläufen von 1786—1795 eine um einen halben Tag grössere, und aus den vier Umläufen von 1805—1819 eine um einen halben Tag kleinere Umlaufzeit hervorgeht, als aus den dreien von 1795—1805. Ueber die Ursache dieses Phänomens werden sich, wenn die nächste Wiedererscheinung des Cometen ein ähnliches Resultat geben sollte, wahrscheinliche Vermuthungen angeben lassen. Für die leichtere Wiederauffindung im Jahre 1822, wo der Comet am 24. oder 25. Mai durch seine Sonnennähe gehen wird, hat Hr. Prof. Enke durch eine bequeme Ephemeride bestens gesorgt. Auf der südlichen Halbkugel wird die Beobachtung im Juni und Juli keine Schwierigkeiten haben; allein in Europa wird er um diese Zeit wegen seiner südlichen Lage gar nicht zu sehen sein, und früher wird seine gar zu grosse Lichtschwäche die Erkennung wenn nicht unmöglich, doch höchst schwierig machen. Doch damit nichts unversucht bleibe, wünschen wir, dass der um diesen Cometen so hoch verdiente Astronom die am 25. Februar anfangende Ephemeride noch ein paar Monat weiter rückwärts fortsetzen möge, da früher wenn gleich bei noch grösserer Lichtschwäche doch wegen des hohen Standes bei dunkler Nacht vielleicht noch etwas mehr Hoffnung statt zu finden scheint, als da, wo nach geendigter Dämmerung der Comet dem Horizont schon so nahe steht. — Auch für den kleinern Cometen des Jahrs 1819 hat Hr. Prof. Enke eine elliptische Bahn mit einer Umlaufzeit von nur $5\frac{1}{2}$ Jahren gefunden, die sowohl die Marseiller als die erst später bekannt gewordenen Mailänder Beobachtungen vortrefflich darstellt. — Von derselben Opposition der Vesta 1819 und Ephemeride für die nächste Erscheinung dieses Planeten. — Ephemeriden für die Juno und Pallas 1821 von Hrn. Prof. Nicolai, und von Hrn. von Staudt in Göttingen. — Astronomische Beobachtungen im Jahr 1820 von Hrn. Hofrath Gauss. — Ueber die Bestimmung der geographischen Breite vermittelst des Polarsterns von Hrn. Prof. Dirksen in Berlin (Analyse einer bequemen zu diesem Zweck von Hrn. Prof. Schumacher gegebenen Tafel). — Noch Beobachtungen von Sternbedeckungen, Jupiterstrabanten-Verfinsterungen und der grossen Sonnenfinsterniss vom 7. Sept. 1820 durch Hrn. Prof. Rümker in Hamburg, wie auch von letzterer durch Hrn. Prof. Nicolai und Hrn. von Heiligenstein in Mannheim. — Von den am Schlusse dieses Bandes befindlichen kurzen Nachrichten zeichnen wir hier noch die von der in Abo erbaueten neuen Sternwarte und von der in den Russischen Ostsee-Provinzen vorzunehmenden Gradmessung aus. — Die Kupfertafel stellt ausser den Sternbedeckungen und den beiden Mondfinsternissen des Jahrs 1823 noch den berechneten Vorübergang des grossen Cometen von 1819 vor der Sonne, die beobachtete geocentriche Bewegung des Enke'schen Cometen 1818 und 1819, und die Venus mit einem von Hrn. Pastorff beobachteten Flecken dar.

Göttingische gelehrte Anzeigen. Stück 64. Seite 633..637. 1823 April 21.

Effemeridi Astronomiche di Milano per l'anno 1823 calcolate da ENRICO BRAMBILLA. *Con Appendice.* Mailand 1822. Die Ephemeriden selbst 112 Seiten, der Anhang 88 Seiten Octav.

Man ist von den Mailändischen Ephemeriden längst gewohnt, dass sie mit einigen Aufsätzen ausgestattet sind, welche ihnen einen über das Jahr ihrer Erscheinung ausreichenden Werth geben und sie auch für solche Personen interessant machen, die nicht in dem Fall sind, von dem astronomischen Kalender Gebrauch zu machen. Von letzterm brauchen wir nichts zu sagen, als dass seine beifallswürdige Einrichtung unverändert geblieben ist: der Anhang enthält folgende Aufsätze.

Geographische Lage einiger von Mailand aus sichtbarer Berge von BARNABAS ORIANI. Dieser hochverdiente Astronom theilt uns hier ein Verzeichniss von 49 Punkten in Oberitalien und der Schweiz mit, welches ihre Breite und Länge, ihre relative Lage gegen die Cathedrale von Mailand, und ihre Höhe über der Meeresfläche enthält. Diese Bestimmungen sind grösstentheils auf die Messungen gegründet, welche die Mailänder Astronomen in den Jahren 1788—1791 auf Befehl des Oesterreichischen und in den Jahren 1803—1806 auf Befehl des Italienischen Gouvernements ausgeführt haben. Diese Messungen haben sich nicht bis zum Meere hin erstreckt, die Höhenbestimmungen sind daher nur relative gewesen, und ihrer Reduction auf die Meeresfläche ist die barometrische Höhenbestimmung von Mailand untergelegt. Bei einigen Bestimmungen des Verzeichnisses liegen Messungsoperationen aus der neuesten Zeit zum Grunde, welche hier etwas umständlicher mitgetheilt und von besonderm Interesse sind. Der Monte Viso im Piemontesischen wurde durch Messungen von Turin und Mailand aus niedergelegt, von welchem letztern Orte er 96380 Toisen (25 geographische Meilen) entfernt ist; die von beiden Orten aus gemachten Höhenmessungen vereinigen sich am besten, wenn man die terrestrische Refraction zu 0.08 der Krümmung des terrestrischen Bogens annimmt, und die Höhe über der Meeresfläche wird demzufolge von ORIANI zu 1968 Toisen angesetzt. Die Höhenbestimmung des Monte Cimone in den Apenninen, unweit Lucca, zu 1112 Toisen, ist besonders merkwürdig, da sie sich auf unmittelbare Messung der Depression des Meereshorizonts gründet, und zwar sowohl des Mittelländischen als des Adriatischen Meeres: diese Messungen sind von BRIOSCHI im Jahr 1817 ausgeführt. Die Höhe des Monte Rosa wird zu 2385, die des Finsterarhorn zu 2203, die des Simplon zu 1805 Toisen angesetzt. — Nachrichten von den im Jahre 1822 ausgeführten Operationen, um die Längenunterschiede mehrerer Oerter in Italien, durch Pulversignale auf dem Monte Cimone, zu bestimmen, von FRANCESCO CARLINI. Durch die Triangulirungen in Frankreich und den Oestreichischen Staaten wird man, wenn sie vollendet und verknüpft sein werden, in den Besitz der Messung eines überaus grossen Bogens des mittlern Parallelkreises kommen, der vom Atlantischen Meere bis Orsova gegen 24 Grad betragen wird. Wie wichtig diese Messungen durch Verbindung mit zweckmässigen astronomischen Operationen für die vollkommenere Kenntniss der Gestalt der Erde werden können, fällt in die Augen. Die Beschaffenheit der Landstriche selbst, durch welche dieser Bogen geht, ist den Operationen, durch welche der Längenunterschied der Endpunkte bestimmt werden muss, besonders günstig, da auf dieser Strecke so viele hohe Berge liegen, die eine ungeheuer weite Aussicht beherrschen, so dass man mit einer verhältnissmässig sehr kleinen Anzahl von Zwischenpunkten wird ausreichen können. Ein erster Versuch dieser Art wurde schon im Sept. 1821 gemacht, indem der Längenunterschied zwischen der Mailänder Sternwarte und dem Hospiz auf dem Mont Cenis durch Pulversignale auf der 1792 Toisen hohen und 86000 Toisen von Mailand entfernten Rocca Melone bestimmt wurde. Man wünschte, aufgemuntert durch den glücklichen Erfolg dieses Versuchs, zu einer umfassendern Verbindung fortzuschreiten. Die Französischen Geographen brachten dazu einen kühnen Plan in Vorschlag, nach welchem man vermittelst dreier Zwischenpunkte, nemlich des oben erwähnten Monte Viso, des Monte Cero bei Padua und des Monte Maggiore im Friaul in Einer Nacht die Verbindung zwischen der Ostküste des Adriatischen Meeres und des Mont d'Or bei Clermont mitten in Frankreich bewirken zu können meinte. Man stand jedoch wieder davon ab, weil man die Schwierigkeiten für zu gross hielt. Es ist noch ungewiss, ob der Monte Viso überhaupt zu ersteigen ist, noch mehr, ob man auf seiner höchsten steilen Spitze während der Nacht einen Aufenthalt machen kann. Und gesetzt auch, dass diese Schwierigkeiten sich überwinden liessen, fürchtet man, dass das Licht von Pulverblitzen bei der ungeheuren Entfernung vom Monte Cero (50 geogr. Meilen) selbst den stärksten Fernröhren unsichtbar bleiben würde (Nach diesen Aeusserungen scheint dieser riesenhafte Plan noch nicht unbedingt aufgegeben zu sein; allein Ref. findet aus den Angaben für die Höhen dieser beiden Punkte und für ihre Entfernung, dass sie gar nicht einer über den physischen Horizont des andern erhoben sein können; ohne diesen Umstand würde sich den beiden letzten Schwierigkeiten durch die Anwendung grosser Heliotrope begegnen lassen). Man entschloss sich daher einstweilen zu einer beschränktern Operation, indem man auf dem Monte Cimone im Anfang Mai 1822 mehrere Nächte hindurch Pulversignale geben liess, die auf dem Monte Cero, in Mailand und auf verschiedenen andern italienischen Sternwarten beobachtet werden sollten. Allein das ungünstige Wetter vereitelte den Erfolg dieser Operationen in der Hauptsache; weder in Mailand noch auf dem Monte Cero wurden die Pulversignale gesehen. In Parma, Modena, Bologna und Florenz wurden sie indessen beobachtet; allein die zum Theil beträchtlichen Unterschiede der Resultate von denjenigen Längendifferenzen, welche die geodätischen Operationen gegeben hatten, scheinen zu beweisen, dass die Zeitbestimmung nicht an allen diesen Orten die nöthige Genauigkeit hatte. Ganz besonders merkwürdig ist noch, dass Hr. CARLINI aus seinen Beobachtungen mit einem 18zolligen REICHENBACH'schen Repetitionskreise die Polhöhe von Parma um 22"6 grösser gefunden hat, als sie sich aus der geodätischen Verbindung mit Mailand ergeben hat. Da sich ähnliche Anomalien bei mehrern andern Oertern Oberitaliens schon früher gezeigt haben, so ist es schwer, deren Realität in Zweifel zu ziehen, und es ist sehr zu wünschen, dass alle Hauptdreiecke der Oestreichischen Triangulirungen bald vollständig bekannt gemacht werden mögen. — Die übrigen Artikel des Anhangs enthalten noch: die von ANGELO CESARIS in den Jahren 1817 und 1818 beobachteten Oppositionen des Uranus; die von demselben Astronomen beobachteten Oppositionen des Jupiter und Saturn im Jahr 1821; beobachtete Sternbedeckungen und Jupiters-Trabanten-Verfinsterungen von HALLASCHKA in Prag; Beobachtungen des ersten Cometen von 1822 von demselben; endlich die meteorologischen Beobachtungen in Mailand vom Jahre 1820 von A. CESARIS.

Göttingische gelehrte Anzeigen. Stück 2. Seite 17..24. 1824 Januar 3.

Astronomisches Jahrbuch für das Jahr 1826 nebst einer Sammlung der neuesten in die astronomischen Wissenschaften einschlagenden Abhandlungen, Beobachtungen und Nachrichten. Berechnet und herausgegeben von Dr. J. E. BODE, *Königl. Astronom u. s. w.* Berlin 1823. Bei dem Verfasser und in Commission bei Ferd. Dümmler. 256 Seiten in Octav, nebst einer Kupfertafel.

Mit diesem Jahrgange fängt das zweite halbe Hundert in einer Reihe an, wodurch zur Verbreitung astronomischer Kenntnisse in Deutschland viel beigetragen ist, und der wir noch langen Fortgang unter der Leitung des würdigen Herausgebers wünschen. Unter den Ereignissen am Himmel im Jahre 1826, die ein allgemeineres Interesse haben, zeichnen wir eine totale Mondfinsterniss (am 14. November), eine partiale Sonnenfinsterniss (am 29. November) und eine Bedeckung des Saturn vom Monde (am 16. Februar) aus.

Die Abhandlungen und Nachrichten im Anhange nehmen 168 Seiten ein. Zuerst einige Resultate aus der Triangulirung im Königreiche Hannover von Hrn. Hofr. Gauss. Es wird hier zuerst die geographische Lage von 22 ausgewählten Punkten mitgetheilt, wie sie, aus dem vorläufigen Anschlusse an die von Zach'sche Basis, im Herbst 1822 abgeleitet ist. Wir können hier die Bemerkung hinzufügen, dass der seitdem ausgeführte Anschluss an die von Hrn. Schumacher in Holstein gemessene Grundlinie, diese Resultate gar nicht bemerkbar abändert; nur die nordlichern Breiten werden ein Zehntheil einer Secunde vermindert. Die drei Thürme in Hildesheim, welche in diesem Verzeichniss ohne Namen vorkommen, können jetzt namhaft gemacht werden: der erste ist der Andreas-, der zweite der Michaelis-, der dritte der Jacobi-Thurm. Dann die Uebersicht der aus den gegenseitigen Zenithdistanzen auf 28 Linien in dem Dreieckssystem gefolgerten terrestrischen Refractionen. Das Mittelverhältniss der Krümmung des terrestrischen Bogens zu der beohachteten ganzen Refraction ist wie 1 zu 0.1306. Durch die im Jahr 1823 neuhinzugekommenen Messungen wird das Resultat noch ein wenig kleiner, nemlich wie 1 zu 0.1278. Dieses Resultat ist bedeutend kleiner, als das Verhältniss, welches man biser anzunehmen pflegte, wo man die halbe Refraction (gewöhnlich, obgleich nicht ganz richtig, schlechtweg Refraction genannt) zu 0.08 der Krümmung des irdischen Bogens ansetzte. Inzwischen scheint jene Bestimmung, wo bei den Beobachtungen fast durchgängig Heliotroplicht den Zielpunkt abgegeben hat, und wo so viele grosse Distanzen vorkommen (die grösste ist 11¼ Meile) mehr Zutrauen zu verdienen, als andere, bei denen das Visiren auf terrestrische Zielpunkte schon an sich keine so grosse Genauigkeit in den beobachteten Zenithdistanzen verstattete, und wo überdies die Entfernungen gewöhnlich viel kleiner waren. Bei kleinen Entfernungen sind, auch nach diesen Erfahrungen, die Anomalien immer am grössten, und besonders in den Vormittagsstunden, um Mittag und in den frühern Nachmittagsstunden, wo, jenen zufolge, an sonnigen Sommertagen in flachen Gegenden und bei kleinern Entfernungen, das nahe über den Erdboden wegstreichende Licht gewöhnlich eine negative Refraction erleidet. — Beiträge zu geographischen Längenbestimmungen aus beobachteten Sonnenfinsternissen und Sternbedeckungen von Hrn. Prof. Wurm. — Beobachtungen von Planeten-Oppositionen, Verfinsterungen der Jupiterstrabanten und Sternbedeckungen, angestellt auf der Sternwarte in Wilna von Hrn. Sniadecky. — Verschiedene Beobachtungen des Hrn. Rümker in Paramatta: die wichtigsten derselben, nemlich die des Enke'schen Cometen im Juni 1822, sind bereits im 26. Stück dieser Blätter Jahrgang 1823 [S. 442 d. B.] mitgetheilt. — Der hierauf folgende interessante Aufsatz des Hrn. Dr. Olbers berührt die erhabenste Seite der Astronomie, die Frage nemlich, ob das Weltall Grenzen habe, oder nicht. Bei dem Bewusstsein unsers Unvermögens, den Schleier aufzuheben, welcher dieses Geheimniss deckt, beschäftigen wir uns doch gern mit der Aufklärung solcher Zweifel, welche die Annahme, das Weltall sei unendlich, mit unsern sonstigen Einsichten in Widerspruch zu stellen scheinen könnten. Auf einen solchen Zweifel, wenigstens an der unendlichen Anzahl von Sonnen, führt die Erwägung, dass, bei Annahme derselben, *jede* vom Auge ausgehende Richtung irgendwo in kleinerer oder grösserer Ferne auf einen Sonnenkörper treffen, und daher das ganze Himmelsgewölbe in nirgends unterbrochenem Sonnenglanz erscheinen würde. Dieser Schluss ist an sich vollkommen richtig: allein ein gleichförmiger Glanz würde nur dann Statt finden können, wenn der Weltraum absolut durchsichtig wäre, und also das Licht, indem es ihn durchdringt, gar nichts an Intensität verlöre. Diese Voraussetzung ist aber durchaus unerwiesen und in der That schon an sich höchst unwahrscheinlich. Hr. Dr. Olbers zeigt nun, dass eine verhältnissmässig nur sehr geringe Undurchsichtigkeit angenommen zu werden braucht, um den scheinbaren Widerspruch der Erfahrung mit einer unendlichen Zahl von Sonnen aufzuheben. Ist die Schwächung des Lichts auf seinem Wege vom Sirius zu uns nur $\frac{1}{800}$, so würde eine hohle Kugel mit einem Halbmesser von 30000 Siriusweiten, in deren Mitte wir uns befänden und deren ganze innere Fläche Sonnenglanz ausströmte, uns nur $\frac{1}{700000}$ so hell erscheinen, als der Himmelsgrund in einer heitern Vollmondsnacht, also gewiss gar keinen merklichen Eindruck auf unsere Augen hervorbringen. — Fixsternverzeichniss von Hrn. POND, mitgetheilt von Hrn. Prof. TRALLES. Der Sinn dieses Verzeichnisses und der daraus gezogenen Folgerung ist uns nicht ganz verständlich. — Fortgesetzte Nachrichten über den PONS'schen (ENKE'schen) Cometen von Hrn. Prof. ENKE. Die neuen Beobachtungen dieses Weltkörpers im Jahre 1822 bestätigen das schon aus den frühern folgende merkwürdige Phänomen, dass neben den durch die Planetenstörungen erklärbaren Veränderungen der Umlaufszeit noch eine successive Abnahme derselben, die von einem Umlauf zum andern jetzt etwas über drei Stunden beträgt, Statt findet. Wahrscheinlich haben wir hierin die erste sichere Erfahrung von dem wirklichen Dasein eines Widerstandes, welchen die Cometen bei ihrer Bewegung im Weltraume erleiden. Hoffentlich wird dieser Weltkörper schon bei seiner nächsten Annäherung zur Sonne im August 1825 wieder in Europa beobachtet werden können; wenigstens wird über den Platz, wo er zu suchen sein wird, nach der Bearbeitung des eben so geschickten als unermüdeten Rechners, gar keine Ungewissheit Statt finden. — Astronomische Beobachtungen auf der Prager Sternwarte von den Hrn. DAVID und BITTNER; ähnliche Beobachtungen in Kremsmünster von Hrn. DERFLINGER und in Prag von Hrn. HALLASCHKA. — Originalbeobachtungen des dritten Cometen von 1822 von Hrn. Dr. OLBERS. — Einige mechanische Untersuchungen über die Entstehung der Cometenschweife von Hrn. Dr. LEHMANN. Dass alle Versuche, diesen räthselhaften Gegenstand befriedigend zu erklären, bisher ohne erheblichen Erfolg gewesen sind, darf uns nicht wundern. Erfahrungen von einer solchen Bestimmtheit, dass daraus scharfe Resultate zur Grundlage strenger Rechnungen gewonnen werden könnten, fehlen uns gänzlich; über die Beschaffenheit der dabei thätigen Kräfte wissen wir wenig gewisses, und die strenge mathematische Behandlung des Erfolgs von hypothetisch angenommenen Kräften hat sehr grosse Schwierigkeiten. Dieser Versuch des Hrn. LEHMANN, die Cometenschweife blos aus den bekannten Kräften, ohne Zuziehung von Repulsivkräften zu erklären, bleibt zwar (wie alle andern versuchten Erklärungen) auch noch viel zu sehr an der Oberfläche des Problems, und hält sich noch viel zu sehr an inadäquate Vorstellungen im Allgemeinen, als dass sich so auch nur über die Möglichkeit einer Erklärung auf diesem Wege absprechen liesse; indessen ist er nicht ohne sinnreiche Ansichten, und man kann nicht läugnen, dass jenes auch von den bisherigen Versuchen mit Repulsivkräften gilt, deren Nothwendigkeit noch nicht als entschieden betrachtet werden darf. — Astronomische Beobachtungen auf der königl. Sternwarte in Berlin im Jahre 1822. — Ein stärker vergrössernder Ocular-Ansatz für achromatische Fernröhre, erfunden von Hrn. W. KITCHINER in London. So viel man aus der sehr unvollständigen und unklaren Angabe schliessen kann, besteht die Erfindung nur darin, die Oculargläser gegen einander beweglich zu stellen, um damit veränderliche Vergrösserungen zu erhalten. — Beobachtungen und Elemente des Cometen vom September 1822 von Hrn. RÜMKER in Paramatta. Diese Beobachtungen gehen bis gegen die Mitte des November, also beträchtlich weiter, als die Europäischen, und verdienen daher, mit diesen verbunden zu werden. Ferner Beobachtung des Merkur-Durchganges am 5. November 1822 von demselben. — Geographische Ortsbestimmungen in der Altmark und anderen Grenzen von Hrn. Musik-Director STÖPEL in Tangermünde. Dieses schätzbare Verzeichniss enthält 134 Ortsbestimmungen nach trigonometrischen Messungen, die sich an die Dreiecksseite in der grossen VON MÜFFLING'schen Triangulirung von Magdeburg zum Hagelsberg anschliessen. Wir hätten gewünscht, dass Hr. STÖPEL zugleich einiges über seine Hülfsmittel und seine

Beobachtungsart mitgetheilt und sich nicht blos deswegen auf ein auswärts unbekanntes Provinzialblatt bezogen hätte. — Beobachtung einer Sternbedeckung von Mars, von Hrn. Pr. TRALLES, um so merkwürdiger, je seltener solche Erscheinungen sind. Der Stern wurde nach seinem Austritt erst in einer Entfernung von mehr als einem Planetendurchmesser wieder sichtbar, anfangs sehr schwach, dann aber schnell an Licht zunehmend; das Fernrohr hatte 3½ Zoll Oeffnung. Hr. TRALLES schliesst daraus auf das Dasein einer bedeutenden Marsatmosphäre. — Ueber die von Hrn. G. R. PASTORF entdeckte Photosphäre der Planeten von Hrn. RITZ. Hr. RITZ erklärt diese Erscheinung aus einer doppelten Reflexion zwischen den Objectivlinsen. Rec. hat immer dieselbe Ansicht gehabt und sich durch Rechnung nach den wirklichen Dimensionen von FRAUENHOFER'schen Fernröhren überzeugt, dass diese durch die gedachte Reflexion ein solches Phänomen, wie das beobachtete ist, erzeugen müssen. Eine wesentliche Bedingung der Entstehung ist, dass die Krümmungen der beiden einander zugekehrten Flächen *beinahe* gleich sein müssen, wie es bei der Construction der FRAUENHOFER'schen Objective wirklich der Fall ist. — Bemerkungen über den vorigen Gegenstand von Hrn. Justiz-Commissionsrath KUNOVSKY. Hr. KUNOVSKY gibt der Erklärungsart des Hrn. RITZ, dessen Aufsatz vor dem Abdruck ihm zur Einsicht mitgetheilt zu sein scheint, seinen Beifall; Rec. gesteht indessen, dass ihm vorgekommen ist, als habe Hr. KUNOVSKY den Geist der Erklärung nicht richtig aufgefasst, da beinahe alles was er als eine Bestätigung anführt, wenn man es als factisch bewiesen ansehen dürfte, in Widerspruch damit stehen oder wenigstens einer ganz anderen besondern Erklärung bedürfen würde. Hr. KUNOVSKY behauptet, die Erscheinung mit *allen* Fernröhren, die er auf die Probe gestellt hat, bemerkt zu haben, obgleich bekannt ist, dass die englischen Objective ganz anders construirt sind, als die FRAUENHOFER'schen; er findet die Lichtsphäre bei verschiedenen Fernröhren nahe der Oeffnung des Objectivs proportional, was im Geist der obigen Erklärung nur von *Einem und demselben* Fernrohre gilt, insofern dem Objectiv bald eine grössere, bald eine geringere Oeffnung gelassen wird; bei verschiedenen Fernröhren, deren Dimensionen ungleich, aber in *allen* Stücken einander proportional wären, müsste die Lichtsphäre durchaus gleich gross erscheinen; endlich hat Hr. KUNOVSKY bei Anwendung von viel stärkern Vergrösserungen die Lichtsphäre des Jupiter, wie es sein muss, viel blässer werden sehen, während die Lichtsphäre von α in der Leyer durch stärkere Vergrösserung fast gar nichts von ihrer Helligkeit verloren haben soll, was auch wiederum mit obiger Erklärung unverträglich sein würde. Sehr brauchbar ist übrigens die von Hrn. KUNOVSKY angedeutete Prüfung der Reinheit des Glases der Objective. — Aus einem Schreiben des Hrn. Prof. BÜRG werden einige Resultate seiner neuern Untersuchungen über die Mondstheorie mitgetheilt. — Fragmente zur Erklärung des Aratus, von Hrn. Prof. SCHAUBACH. — Beobachtung der totalen Mondfinsterniss am 26. Januar 1823 und einer Sternbedeckung von Hrn. RÜMKER im Paramatta. — Einige Beobachtungen auf der Dorpater Sternwarte. — Aehnliche auf der Sternwarte in Krakau von Hrn. Prof. LESKI. — Ueber die astronomische Strahlenbrechung von Hrn. Prof. BESSEL. — Astronomische Nachrichten von Hrn. Prediger LUTHMER in Hannover; HERSCHEL's Grabschrift. — Neue Elemente der Junobahn von Hrn. Prof. NICOLAI. Dies sind die sehr schätzbaren Resultate einer mühsamen, auf Quadraturen gegründeten Berechnung der Störungen, welche Jupiter seit 1804 auf die Bewegung der Juno ausgeübt hat, und der Discussion von 15 seit der Entdeckung beobachteten Oppositionen. Diese werden durch die Rechnung mit vieler Genauigkeit dargestellt. Die noch übrig bleibenden kleinen Unterschiede ist Hr. NICOLAI geneigt einer von ihm vermutheten Unzulänglichkeit des NEWTON'schen Gravitationsgesetzes zuzuschreiben, indem er es nemlich für möglich hält, dass bei gleicher Entfernung Jupiter eine andere Attraction auf die Sonne als auf die Juno ausübt. Für absolut unmöglich kann man freilich eine solche auch schon von andern aufgestellte Hypothese nicht erklären, allein sehr unwahrscheinlich ist sie doch schon deswegen, weil es factisch bewiesen ist, dass die Attraction der Sonne auf alle Haupt- und Nebenplaneten gleich gross ist, eben so wie die Gravitation der verschiedensten Körper auf der Erdoberfläche gegen die Erde: nach Rec. Ansicht, darf man daher zu einer der Analogie so sehr widersprechenden Voraussetzung nur dann erst seine Zuflucht nehmen, wenn dafür entscheidende Beweise vorhanden sind, was bis jetzt keinesweges der Fall ist. — Beobachtete Sternbedeckungen auf der Wiener Sternwarte von Hrn. Prof. LITTROW. — Verzeichniss von 795 Doppelsternen aus Hrn. STRUVE's Astr. Beobachtungen, Band 3. — Unter den kürzeren astronomischen Nachrichten und Bemerkungen findet sich auch noch manches interessante, obwohl sich über verschiedene Artikel noch Erinnerungen machen liessen. So sieht z. B. Rec. nicht recht ein, in wie fern der Umstand, dass bei dem HALLEY'schen Cometen die Unterschiede der beobachteten Umlaufszeiten *untercinander* viel grösser sind, als bei dem ENKE'schen Cometen, einen Beweis von den grossen Fortschritten der Beobachtungskunst und des Calculs geben soll, so unläugbar letztere an sich sind. Selbst dass der Unterschied zwischen der *berechneten* Umlaufszeit und der beobachteten bei dem HALLEY'schen Cometen viel grösser war, als bei dem ENKE'schen, beweist an sich noch wenig für die Fortschritte des Calculs, da die Umstände bei beiden Cometen so sehr verschieden waren.

Astronomische Nachrichten. Band III. Nr. 53. Seite 77..84. 1824 März 3.

Ehrenrettung.

In einem der letzten Stücke der in Genua erscheinenden Correspondance Astronomique ist der Professor PASQUICH angeklagt, diejenigen Positionen des Cometen von 1821, welche in Nr. 2 der Astr. Nachr. abgedruckt sind, nicht aus Beobachtungen am Aequatoreal, wie PASQUICH selbst versichert hat, abgeleitet, sondern sie erdichtet, d. i. aus Elementen berechnet zu haben. Zur Begründung dieser Anklage wird nicht etwa behauptet, dass an den Tagen, für welche die Cometen-Positionen bekannt gemacht waren, auf der Ofener Sternwarte gar nicht, oder dass unrichtig beobachtet wäre, sondern im Gegentheil, der Ankläger ist selbst ein Theilnehmer an den Beobachtungen gewesen, und er bringt selbst einen Theil der Originalbeobachtungen aus PASQUICH's eigner vom Notarius beglaubigten Handschrift bei. Auch beweiset und, genau genommen, behauptet der Ankläger nicht einmal, dass aus den Originalbeobachtungen, wenn sie richtig und vollständig reducirt würden, andere Positionen folgten, als die von PASQUICH bekannt gemachten. Worauf ist denn also, wird man fragen, eine Anklage gegründet, wodurch der Untergebne seinen Vorgesetzten als eines Verbrechens schuldig darstellt, welches das entehrendste ist, das einem Astronomen vorgeworfen werden kann? Lediglich darauf, dass das Instrument gar nicht berichtigt gewesen sei, dass aus Beobachtungen an einem nicht berichtigten Instrumente keine richtigen Positionen abgeleitet werden können, und dass also die von PASQUICH bekannt gemachten Positionen, deren Richtigkeit sofort durch die Rechnung des Dr. URSIN bestätigt war, auf eine unredliche Art fingirt sein müssten.

Es bedarf für Astronomen blos dieser einfachen Darstellung, oder einer nur einigermassen aufmerksamen Durchlesung der Anklage selbst, um einzusehen, dass diese durchaus aller Begründung ermangelt. Jeder Astronom weiss, dass aus Beobachtungen an einem nicht berichtigten Instrumente ebenso zuverlässige Positionen abgeleitet werden können, wie aus Beobachtungen an einem vollkommen berichtigten. Man bestimmt die Grösse der Abweichungen des Instruments vom vollkommen berichtigten Zustande durch schickliche Beobachtungen und bringt die daraus folgenden Correctionen bei allen andern Beobachtungen in Rechnung. Der Calcul ist allemal die schärfste Berichtigungsart. Ob die Correctionen einige Secunden oder einige Minuten betragen, ist für die Genauigkeit der Resultate gleichgültig. Nicht um dieser willen, sondern der Bequemlichkeit wegen, zieht man im Allgemeinen vor, nur mit kleinen Berichtigungen zu thun zu haben, und bei den immer gleich viel wirkenden Abweichungen ist auch hieran so viel wie gar nichts gelegen *).

Die Behauptung des Anklägers, man könne aus Beobachtungen an einem nicht berichtigten Instrumente keine richtige Positionen ableiten, läuft demnach nur auf ein Geständniss hinaus, welches keines Commentars bedarf. Seinem Vorgesetzten, der seit langer Zeit als Mathematiker vortheilhaft bekannt ist, konnte natürlich eine Correctionsrechnung nicht schwer fallen, die ja im Bereich eines nur einigermaassen geübten Anfängers ist.

Wenn man die Anklage nur oberflächlich liest, könnte man vielleicht glauben, dass das Instrument sehr weit von dem vollkommen berichtigten Zustande entfernt gewesen sei. Allein

Erstens folgt dies nicht aus den angeblichen Beweisen. Es wird erzählt, dass einst in der Dämmerung PASQUICH den Cometen mit dem Aequatoreal nicht finden konnte, als der Ankläger ihn schon im Cometensucher sah. Dies beweist gar nichts. Der Comet konnte wirklich im Felde, und doch, eben wegen der Dämmerung, mit der starken Vergrösserung noch nicht erkennbar sein, als ein lichtstarker Cometensucher mit schwächerer Vergrösserung ihn schon zeigte; eben so beweisen des Anklägers Rechnungen, die er über die Beobachtungen geführt hat, an sich noch gar nichts für eine mangelhafte Berichtigung: in der That hätte er mit *solchen* Rechnungen eine Abweichung finden müssen, wenn gar keine vorhanden war. Er vernachlässigt nemlich ganz die Refraction und macht sich, in seiner Art, lustig über PASQUICH's Versicherung, diese bei der Reduction der Beobachtungen berücksichtigt zu haben, die nach des Anklägers Behauptung im Maximum weder bei der Differenz der Rectascensionen, noch bei der der Declinationen auf zwei Secunden steigen könne. Wusste der Ankläger auch diese leichte Rechnung nicht zu führen? Die Differenz beträgt am 27sten Februar bei beiden über eine Minute.

Zweitens aber lässt sich wirklich aus den aufgestellten Beobachtungen hinreichend erkennen, dass die Abweichung des Instruments keinesweges so enorm gross gewesen ist.

Die wenigen Beobachtungen von γ Pegasi, welche der Ankläger zu unserer Kenntniss gebracht hat, sind zwar unzulänglich zu einer scharfen und vollständigen Bestimmung der Corrections-Elemente des Instruments; sie reichen aber hin, um zu beweisen, dass die Abweichungen nicht so gross sind, um das Auffinden von Sternen zu erschweren; sie reichen ferner hin, um die Cometenbeobachtungen selbst sehr nahe zu reduciren. Ich theile die Resultate meiner darüber geführten Rechnung mit desto grösserem Vergnügen mit, da daraus mit aller nur zu wünschenden Evidenz hervorgeht, dass die Beschuldigung mehr als grundlos, dass sie falsch ist.

Die Discussion aller 5 Beobachtungen von γ Pegasi gab mir

Entfernung des Pols des Instruments vom wahren Weltpol $= 5' \ 5''56$
Stundenwinkel des erstern . . . . $212° \ 27' \ 27''$
Correction des Index für den Stundenwinkel . . . . . $3' \ 41''57$
für die Declination . . . . $4 \ 57 \cdot 55$

Ob und wie viel die optische Axe von dem Parallelismus mit dem Declinationskreise, und dieser von der Verticalität zum Aequatorskreise abweiche, lässt sich aus den Beobachtungen Eines Sterns nicht

*) Der Collimationsfehler des Königsberger Meridiankreises beträgt beinahe 2 Grad. Gewöhnlich bringen die Künstler bei den Instrumenten Vorrichtungen an, die Collimationsfehler wegzuschaffen: der Astronom weiss es ihnen keinen Dank. Dass an einigen Meridiankreisen das Fadennetz auch im verticalen Sinn beweglich ist, hat man nicht wie eine Vollkommenheit anzusehen. G.

bestimmen; auf die Reduction der Cometenörter kann dies aber bei der geringen Verschiedenheit der Declinationen keinen bemerkbaren Einfluss haben.

Die 5 Beobachtungen von γ Pegasi werden mit diesen Elementen folgendermaassen dargestellt:

| | Corr. d. St. W. wegen | | Corrig. Beob. | Untersch. |
	des Instr.	der Refr.	Stundenwinkel	v. wahren
Febr. 20	− 162″99	+ 147″26	81° 36′ 45″01	+ 5″42
22	− 174. 81	+ 95. 54	69 38 14. 47	+ 3. 23
22	− 168. 76	+ 116. 59	75 29 8. 57	+ 0. 33
27	− 174. 97	+ 95. 56	69 28 41. 31	+ 1. 42
27	− 168. 59	+ 117. 84	75 39 9. 99	− 10. 40

| | Corr. d. Decl. wegen | | Corrig. beobach- | Untersch. |
	des Instr.	der Refr.	tete Decl.	v. d. wahren
Febr. 20	− 97″54	− 147″48	14° 11′ 19″98	− 0″63
22	− 54. 04	− 96. 10	14 11 21. 86	+ 1. 42
22	− 74. 06	− 116. 33	14 11 17. 61	− 2. 83
27	− 53. 50	− 96. 15	14 11 20. 35	+ 0. 33
27	− 74. 68	− 117. 59	14 11 21. 73	+ 1. 71

Wendet man dieselben Elemente zur Reduction der Cometenbeobachtungen an, so erhält man

Für den Stundenwinkel

| | Correction wegen | | Corrigirter | Abw. d. Mitt. v. Pasquich's Angaben |
	des Instr.	der Refr.	Stundenwinkel	
Febr. 22	− 171″15	+ 101″34	71° 48′ 50″19	
22	− 165. 09	+ 124. 21	77 39 19. 12	− 4″34
26	− 164. 37	+ 134. 96	79 28 15. 59	
26	− 161. 37	+ 154. 53	82 44 53. 16	+ 1. 37
27	− 161. 34	+ 157. 80	83 9 56. 48	
27	− 157. 98	+ 191. 42	87 10 33. 44	+ 4. 95

Für die Declination

| | Correction wegen | | Corrigirte | Abw. d. Mitt. v. Pasquich's Angaben |
	des Instr.	der Refr.	Declination	
Febr. 22	− 61″15	− 100″78	14° 38′ 10″07	
22	− 82. 05	− 123. 18	14 38 24. 77	+ 7″42
26	− 89. 01	− 134. 43	14 23 9. 56	
26	− 102. 09	− 154. 65	14 23 18. 26	+ 0. 91
27	− 103. 80	− 158. 18	14 18 44. 02	
27	− 120. 75	− 193. 94	14 18 34. 82	− 5. 58

Für jeden, welcher im astronomischen Calcul kein Fremdling ist, müssen diese Abweichungen der klarste Beweis sein, dass Pasquich's Positionen wirklich aus den Beobachtungen durch gehörige Reductions-Rechnung abgeleitet waren. Freilich enthält, wie vorhin gezeigt, die ganze Anklage gar keinen Grund, dies zu bezweifeln; freilich ist, auch ganz abgesehen von dieser Anklage, gar kein Grund zu einem solchen Zweifel vorhanden, der in sich selbst schon darum ungereimt wäre, weil es viel weniger Arbeit kostet, die wirklichen Beobachtungen zu reduciren, als die Cometenörter aus Elementen zu berechnen. Allein diesmal giebt wirklich die Beobachtung selbst den evidentesten Beweis des ächten Ursprunges der von Pasquich bekannt gemachten Cometenpositionen. Für die meisten Leser wird schon die Geringfügigkeit der oben gefundenen Abweichungen ein solcher Beweis sein; allein ein viel stärkerer liegt noch in ihrem *regelmässigen Gange.* Unsre Reductionselemente können bedeutend verschieden sein von den wahren; das wird einigen, obwohl immer nur einen kleinen, Einfluss auf die Cometenpositionen haben müssen. Die Vergleichung der Resultate der Rechnung nach zwei verschiedenen Systemen von Reductionselementen, auf eine und dieselbe Reihe von Beobachtungen angewandt, wird also kleine Unterschiede zeigen, aber Unterschiede, die nothwendig einem regelmässigen Gange folgen. Die Vergleichung von Positionen hingegen, die aus Elementen berechnet wären, mit solchen, die aus wirklichen Beobachtungen abgeleitet sind, würde Unterschiede geben, die in Rücksicht des Absoluten von den Fehlern der Elemente, und in Rücksicht des Relativen von den unordentlichen Beobachtungsfehlern (verbunden mit den etwa absichtlich und willkührlich angebrachten kleinen Abänderungen, wenn man solche annehmen wollte) die sichere Spur zeigen müssten, und es wäre mehr als ein Wunder, wenn jemand, der so unvernünftig wäre, nach Elementen Positionen zu erdichten, während er gute leicht zu reducirende Beobachtungen vor sich hat, bei einem solchen thörichten Betruge solch eine Quinterne aus dem Glückstopfe zöge, dass er haarscharf dasselbe träfe, was ihm die Reduction seiner Beobachtungen gegeben haben würde. Wie gross übrigens die Regelmässigkeit in dem Gange der obigen Unterschiede ist, wird man am besten übersehen, wenn man die Reductionselemente nicht aus den Beobachtungen von γ Pegasi sondern aus denen des Cometen selbst, verglichen mit den bekannt gemachten Positionen, ableitet, und zwar nur aus zwei Beobachtungen des Cometen, um dann nachzusehen, wie die dritte damit harmonirt. Man findet auf diese Weise *):

Abstand des Pols des Instruments vom wahren Weltpole	2′ 32″41
Stundenwinkel des erstern	170° 25 17″
Correction des Index für den Stundenwinkel . . .	— 3 23. 47
Correction des Index für die Declination	— 1 34. 38

Die auf ähnliche Art wie oben ausgeführte Reduction der Beobachtungen des Cometen gibt hienach

	Stundenwinkel	nach PASQUICH	Declination	nach PASQUICH
Febr. 22	74° 44′ 8″99	74° 44′ 9″	14° 38′ 9″82	14° 38′ 10″
26	81 6 32. 98	81 6 33	14 23 13. 36	14 23 13
27	85 10 10. 03	85 10 10	14 18 44. 81	14 18 45

also wirklich *vollkommene* Uebereinstimmung, da PASQUICH keine Brüche von Secunden angesetzt hat.

Dieses System von Reductionselementen stellt die Beobachtungen von γ Pegasi, wenn auch nicht ganz so nahe, wie das obige, doch immer noch nahe genug dar: die Unterschiede werden

	im Stunden-winkel	in der Declination
Febr. 20	+ 3″51	— 0″39
22	+ 12. 47	— 10. 32
22	+ 4. 08	— 9. 82
27	+ 10. 81	— 11. 42
27	— 6. 80	— 5. 10

Die von PASQUICH wirklich angewandten Reductionselemente kennen wir nicht; sie können bedeutend verschieden sein von den eben angeführten, da es zu misslich ist, aus den Correctionen auf

---

*) Bei der ersten Beobachtung habe ich mich an den Stundenwinkel gehalten, da die Rectascension offenbar durch einen Druck- oder Schreibfehler entstellt ist, und anstatt 357° 49′ 14″5 sein sollte 357° 49′ 4″5.

deren Elemente zurückzuschliessen, zumal da wir die Correctionen wegen des Instruments nicht von der Refraction getrennt aus den bekannt gemachten Datis erhalten können, und PASQUICH vermuthlich die Refractionen nach andern Tafeln und vielleicht nach andern Methoden berechnet hat.   Auch gehört die Frage, ob die Reductionselemente, welche PASQUICH angewandt hat, die möglich genauesten gewesen sind, gar nicht zur Sache; oder vielmehr, diese Frage blos aufwerfen, heisst schon, PASQUICH von der ihm gemachten Beschuldigung frei sprechen.   Indessen erkläre ich gern, dass ich gar keinen Grund sehe, zu bezweifeln, dass PASQUICH seine Reductions-Elemente mit gutem Vorbedacht aus wahrscheinlich viel zahlreichern und vielleicht ganz andern Beobachtungen abgeleitet habe, da eben aus obiger Berechnung selbst vollkommen erhellt, dass PASQUICH wirklich seine Beobachtungen als absolute und nicht als Differential-Beobachtungen reducirt hat.

Ich habe bisher die Sache blos in wissenschaftlicher Beziehung betrachtet, wie könnte man aber unterlassen, sie auch aus dem Gesichtspunkte der Ehre und Rechtlichkeit anzusehen und ganz die gerechte Indignation zu theilen, die der edle OLBERS so treffend ausgesprochen hat!

Göttingen 1824 März 3.   C. F. GAUSS.

[Handschriftliche Bemerkung: DANIEL KMETH, geb. zu Bries (Brezno Bamja) in Ungarn 1783 Jan. 15, starb in Kaschau 1825 Juni 20.]

Göttingische gelehrte Anzeigen.   Stück 80.   Seite 793..796.   1824 Mai 17.

Connaissance des tems ou des mouvemens célestes à l'usage des astronomes et des navigateurs pour l'an 1826.   Publiée par le bureau des longitudes.   Paris 1823.   Bei Bachelier.   Die stehenden Artikel 216 Seiten, die Zusätze 110 Seiten.   gr. 8.

Zie Zusätze zu diesem Jahrgange bestehen in folgenden Artikeln.   Uebersicht der astronomischen Beobachtungen, die in den Jahren 1820..1822 auf der Marseiller Sternwarte angestellt sind von GAMBART d. J.   Die Marseiller Sternwarte ist bisher mit wenigen und mittelmässigen Instrumenten versehen gewesen, und Hr. GAMBART hat sich daher mit Recht auf solche Beobachtungen beschränkt, die diesem Umstande angemessen sind.   Der fast immer heitere Himmel von Marseille ist besonders einladend zum Aufsuchen neuer Cometen, und das Glück, welches dabei früher den dadurch berühmt gewordenen PONS so sehr begunstigt hat, scheint auch GAMBART treu zu bleiben, der von den drei Cometen des Jahrs 1822 einen ganz zuerst, und einen wenigstens ohne von der frühern Entdeckung in Marlia zu wissen, selbst entdeckt hat.   GAMBART's schätzbare Beobachtungen dieser beiden Cometen sind hier mit aller Ausführlichkeit, die man wünschen konnte, abgedruckt.   Auch an dem zweiten Cometen des Jahrs 1822 hat GAMBART zwei Beobachtungen gemacht, die um so schätzbarer sind, da dieser Comet übrigens nur noch von CATUREGLI in Bologna beobachtet ist.   Die übrigen Beobachtungen bestehen in Verfinsterungen von Jupiterstrabanten, Sternbedeckungen und der Mondsfinsterniss vom 2. August 1822. — Ueber die Vertheilung der Wärme in einem homogenen Ringe, dessen Dicke überall dieselbe ist, und der sich in einem Raume befindet, in dessen verschiedenen Punkten ungleiche Temperatur Statt hat [von POISSON].   Obgleich dieser schöne Aufsatz, wegen der feinen mathematischen Behandlung, hauptsächlich den Geometer interessirt, so ist er doch auch nicht ohne Interesse für die praktische Astronomie, insofern Kreis-Instrumente sich beim Beobachten nicht selten in solchen Umständen befinden, wie hier zum Grunde gelegt sind, und es wünschenswerth ist, von der daraus entstehenden Defiguration der Instrumente bestimmte Vorstellungen zu erhalten. — Ueber die Geschwindigkeit des Schalles [von Poisson]; eine eben so gründliche als lichtvolle Darstellung der durch Laplace zuerst vollendeten Theorie dieses Gegenstandes: die Benutzung des Verhältnisses der specifischen Wärme der Luft bei gleichbleibendem Druck zu der specifischen Wärme bei gleichbleibendem Volumen, wie solches aus dem interessanten Versuche von Clement und Delorme hervorgeht, bringt die Theorie der Geschwindigkeit des Schalles mit den Resultaten der Erfahrung in beinahe vollkommene Uebereinstimmung. — Beobachtungen des ersten und dritten Cometen vom Jahr 1822 auf der Pariser Sternwarte, der letztere war von Hrn. Bouvard selbst, obwohl einige Tage später als von Pons und Gambart, entdeckt. — Resultate aus Beobachtungen mit unveränderlichen Pendeln berechnet von Hrn. Mathieu. Der Schiffslieutenant Duperrey, welcher in den Jahren 1822 und 1823 mit der Corvette Lacoquille eine Reise um die Welt machte, führte zwei unveränderliche Pendel mit sich, deren Schwingungen vor der Abreise in Paris, und von Hrn. Duperrey bei einer Landung auf den Malouinen beobachtet wurden. Da die südliche Breite der letztern nur 2° 41′ grösser ist, als die nördliche Breite von Paris, so lässt sich aus diesen Versuchen, die übrigens mit vieler Sorgfalt discutirt sind, eigentlich nur das folgern, dass sie mit einer Abplattung von $\frac{1}{303}$ nicht im Widerspruch sind. Wichtiger sind die hier gleichfalls berechneten Versuche mit einem unveränderlichen Pendel, welche Brisbane und Rümker zuerst in London und nachher in Paramatta auf Neuholland angestellt haben, und aus denen hier die Abplattung $\frac{1}{205}$ berechnet wird. — Ueber die Wirkung des Mondes auf die Atmosphäre, von Hrn. de Laplace. Seit dem Jahr 1815 wird auf der Pariser Sternwarte die Barometerhöhe täglich viermal, nemlich Vormittags um 9 Uhr, Mittags, Nachmittags 3 Uhr und 9 Uhr beobachtet. Die tägliche Variation des Barometerstandes tritt aus den zufälligen Schwankungen doch so bestimmt hervor, dass der Unterschied zwischen dem Stande Vormittags 9 Uhr und Nachmittags 3 Uhr, nach seinem Mittelwerthe für jeden einzelnen Monat während sechsjähriger Beobachtungen auch nicht ein einzigesmal sein Zeichen geändert hat (im Mittel ist dieser Unterschied 0.801 Millimeter, und zwar die vormittägige Höhe die grössere). Dies veranlasste den Versuch, aus einer zweckmässigen Auswahl dieser Beobachtungen auch den Einfluss des Mondes auf den Barometerstand auszumitteln. Es wurden, zu diesem Zwecke, die Beobachtungen in der Nähe der Syzygien mit denen in der Nähe der Quadraturen verglichen; das Resultat dieser Vergleichung war eine kleine periodische Ungleichheit, deren Periode ein halber Mondstag ist, und deren Maximum nur 0.0272 Millimeter beträgt, und am Tage der Syzygien um 3^{u} 18^{m} 36^{s} Statt findet. Da in den numerischen Theil dieser Untersuchung einige Unrichtigkeiten eingeschlichen zu sein scheinen, so wurde Ref. hiedurch und durch das Interesse des Gegenstandes veranlasst, diese Rechnungen theils schärfer, theils nach andern Methoden zu wiederholen. Das Resultat ist aber fast dasselbe, wie das von Laplace erhaltene; Ref. findet nemlich das Maximum 0.0269 Millimeter, dessen Zeit 3^{u} 11^{m} 49^{s}, und den mittlern bei der ersten Bestimmung zu befürchtenden Fehler 0.0264 Millimeter. — Den Beschluss dieses Jahrganges macht ein kleiner Aufsatz von Hrn. Puissant über die Berechnung der mit einem Repetitions-Theodolithen gemessenen Azimuthe. Das hier vorgeschlagene Verfahren ist nicht neu, sondern im wesentlichen ganz einerlei mit dem, welches Hr. Soldner in den Denkschriften der Münchner Akademie für 1813 abgehandelt hat, und worüber auch unsre Blätter Jahrg. 1815 S. 449 ff. [S. 587 d. B.] nachgesehen werden können.

Göttingische gelehrte Anzeigen.   Stück 23.   Seite 225..227.   1825 Februar 7.

Tables de la lune, formées par la seule théorie de l'attraction, et suivant la division de la circonférence en 400 degrés. Par le Baron DE DAMOISEAU, *Lieutenant Colonel etc.* Paris 1824. Bei Bachelier 90 Seiten in 4.

So gross die Vollkommenheit ist, welche die Mondstafeln durch die Arbeiten von TOBIAS MAYER, BÜRG und BURCKHARDT erhalten haben, so blieb ihr empirischer Ursprung doch gewissermaassen ein Vorwurf für die theoretische Astronomie.   Die Genauigkeit, mit welcher man die Ungleichheiten der Mondbewegung aus dem Princip der allgemeinen Schwere bisher ableiten konnte, blieb noch bedeutend hinter derjenigen zurück, welche man auf empirischem Wege erreicht hatte.   Es war hier durch geschicktes Angreifen sehr verwickelter analytischer Rechnungen und durch sorgfältiges unermüdetes Durchführen derselben noch ein ehrenvoller Kranz zu erringen.   Die Pariser Akademie munterte dazu auf, indem sie diese Rechnungen zum Gegenstand einer Preisaufgabe machte, und veranlasste dadurch die erfolgreichen Arbeiten von DAMOISEAU, CARLINI und PLANA.   Hoffentlich werden wir bald die theoretischen Untersuchungen dieser verdienten Astronomen erhalten.   Zuerst haben wir hier vor uns die auf DAMOISEAU's Entwickelungen gegründeten Tafeln, die schon deren glücklichen Erfolg beurkunden.

Die Einrichtung dieser Tafeln weicht von der bisher gebrauchten darin ab, dass für die Länge des Mondes in der Ekliptik und für die Horizontal-Parallaxe sämmtliche Argumente der Zeit proportional sich ändern, während für die Breite die durch die Ungleichheiten schon verbesserte Länge zum Grunde liegt.   Durch jene Einrichtung wird zwar die Convergenz bedeutend vermindert, und eine grössere Anzahl von Gleichungen erforderlich (sie sind für die Länge in 46 Tafeln gebracht, mit Einfluss zweier für die Störungen durch die Venus und den Jupiter), allein durch den ganz gleichförmigen Gang, welchen jetzt alle Rechnungen haben, wird dieses wohl ziemlich compensirt, obwohl das Zusammenfassen vieler kleiner Gleichungen in Tafeln mit doppelten Eingängen beim Gebrauch doch immer etwas unbequemes hat.   Hätten die Tafeln mit doppelten Eingängen ganz vermieden werden sollen, so würde bei der Länge die Anzahl allen Tafeln auf 67 gestiegen sein.   Die Benutzung der von CARLINI in seinen Sonnentafeln gewählten Einrichtungen, die tägliche Aenderung der gleichförmig wachsenden Argumente zu ihrer Einheit anzunehmen, würde wohl den Gebrauch der Tafeln um vieles erleichtern.

Um die Genauigkeit, welche durch DAMOISEAU's Mondtheorie erreicht ist, beurtheilen und mit der der frühern Tafeln vergleichen zu können, ist am Schluss des Werks die Vergleichung von 50 Beobachtungen, die während eines anderthalbjährigen Zeitraums 1802 und 1803 auf der Greenwicher Sternwarte angestellt sind, mit den BÜRG'schen, BURCKHARDT'schen und DAMOISEAU'schen Tafeln beigefügt. Der blosse Anblick zeigt schon, dass die letzten die Beobachtungen nicht schlechter darstellen, als die erstern.   Um indessen ein bestimmteres Urtheil fällen zu können, hat Ref. sich die Mühe gegeben, daraus den sogenannten mittlern Fehler abzuleiten, welcher sich

bei den Tafeln von	in der Länge	in der Breite
Bürg	5″80	9″18
Burckhardt	5.37	7.82
Damoiseau	5.23	7.12

ergeben hat.   So viel sich also aus dieser verhältnissmässig noch kleinen Anzahl von Vergleichungen schliessen lässt, hat jetzt wirklich die Theorie dem Empirismus den Rang abgewonnen.   Ein nicht ganz unbeträchtlicher Theil der Abweichungen mag übrigens wohl den Beobachtungen selbst zuzuschreiben sein; allein nachdem die Bahn einmal so weit gebrochen ist, scheint die Hoffnung nicht eitel zu sein, dass durch unermüdetes Fortschreiten auf demselben Wege die Vollkommenheit der Tafeln noch immer mehr vergrössert und die Darstellung der Mondsbewegung fast mit derselben Schärfe, deren die verfeinerte Beobachtungskunst fähig ist, erreicht werden wird.

Göttingische gelehrte Anzeigen. Stück 129. Seite 1281..1284. 1826 August 14.

Observations astronomiques faites à l'observatoire royal de Paris, publiées par le bureau des longitudes. Paris 1825. Bei Bachelier. 402 Seiten in Folio.

Die Beobachtungen, welche auf der Pariser Sternwarte in den Jahren 1800..1809 angestellt sind, sind in den Bänden der Connaissance des tems 1808..1812 und 1823..1825 bekannt gemacht; die spätern sollen nach einem Beschluss des Bureau des longitudes besonders gedruckt werden, und der vorliegende erste Band enthält, mit Ausschluss der Beobachtungen am dreifussigen Reichenbach'schen Repetitionskreise, diejenigen, die in den Jahren 1810..1819 von vier Beobachtern, den Hrn. Bouvard, Arago, Mathieu und Nicollet angestellt sind. Die zu den Beobachtungen angewandten Instrumente werden in der Einleitung beschrieben. Das Mittagsfernrohr, angefangen von Ramsden und vollendet von Berge, wurde im August 1803 aufgestellt. Es hat 7¼ Fuss Brennweite und 4 Zoll Oeffnung; die Länge der Axe ist 4 Fuss; die Vergrösserung nicht ganz eine hundertmalige. Seitenbeweglichkeit des Oculars und Beleuchtung durch die Axe, wie jetzt allgemein gewöhnlich ist. Zur Berichtigung des Mittagsfernrohrs sind zwei Meridianzeichen errichtet, das nördliche in der Entfernung von 1364 Meter auf dem Palais du Luxembourg, das südliche an einer Pyramide in der Ebne von Montrouge, 1840 Meter entfernt. Zu Zielpunkten dienen kreisrunde Löcher in Metallplatten, die in horizontaler Richtung verschiebbar sind, von 2¼ Zoll Durchmesser; das nördliche projicirt sich gegen eine dahinter gestellte weissgefärbte Platte von Eisenblech, das südliche gegen den Himmel; die Durchmesser erscheinen 9″07 und 7″1 gross. Verticalfäden sind fünf, deren Zwischenräume als genau gleich angesehen und von Sternen im Aequator in 17ˢ36 durchlaufen werden; aus welcher Materie sie bestehen, wird nicht erwähnt. Die Beobachtungen an diesem Instrumente nehmen mehr als die Hälfte des Bandes ein; ihre Gegenstände sind die Sonne, der Mond, und die meisten Planeten und die Maskelyne'schen Fixsterne, selten andere; von den Cometen von 1811 und 1819 kommen einige untere Culminationen vor. Was übrigens die Beobachtungen selbst betrifft, so werden die Forderungen, die die neuere Astronomie an selbstständige Beobachtungen mit Instrumenten von so ausgezeichneten Dimensionen macht, nicht ganz befriedigt; sie bieten keine zureichende Mittel dar, zur Untersuchung, mit welchem Grade von Genauigkeit die Meridianzeichen in der Mittagsfläche sich befinden; bei der geringen Entfernung dieser Zeichen und der grossen Brennweite des Fernrohrs müssen sie mit grosser Parallaxe gegen die Fäden und geringer Deutlichkeit erscheinen. Dazu kommt, dass sie im Ganzen nicht oft zur Prüfung angewandt sind, z. B. im Jahre 1810, nachdem in den frühern Monaten öfters bemerkt ist, dass der Nebel gehindert habe sie zu sehen, zum ersten Male den 11. Mai. Wenn die ungünstige Localität die Benutzung der Meridianzeichen so selten verstattete, so wäre eine häufige Beobachtung von Circumpolarsternen doppelt nothwendig gewesen; allein nur selten ist einmal der Polarstern, und noch seltener sind aufeinanderfolgende Culminationen oberhalb und unterhalb des Pols beobachtet. Die Horizontalität der Axe ist zwar öfters geprüft; allein Mittel zur Prüfung, ob die beiden Zapfen gleiche Dicke haben, was man selbst bei den Instrumenten von den ersten Künstlern nicht voraussetzen darf, fehlen gänzlich. Auch die Rechtwinklichkeit der optischen Axe zur Drehungsaxe ist selten geprüft. Beobachtungen von Sternbedeckungen, die in diesem Tagebuche der Beobachtungen am Mittagsfernrohr eingeschaltet sind, kommen in grosser Anzahl vor; man muss um so mehr bedauern, dass die angeführten Umstände immer einige kleine Ungewissheit in der Bestimmung der absoluten Zeit zurücklassen, da die Astronomen gewohnt sind, die Angabe der geographischen Länge immer auf die Pariser Sternwarte zu beziehen.

Den zweiten Abschnitt des Werks machen die Beobachtungen an 7¼fussigen Bird'schen Mauerquadranten aus. Das Fernrohr ist gleichfalls 7¼ Fuss lang, hat 2¼ Zoll Oeffnung und vergrössert 70..80 Mal. Die Beobachtungsgegenstände sind dieselben, wie am Mittagsfernrohr. Den Collimationsfehler hat man für eine Anzahl von Punkten aus zahlreichen Beobachtungen von Fixsternen zu bestimmen gesucht, indem man für deren Declinationen ein Mittel aus den Angaben mehrerer Astronomen zum Grunde legte. Es ist überflüssig, den Rang anzudeuten, welchen die Beobachtungen mit diesem Instrumente bei dem gegenwärtigen Zustande der praktischen Astronomie haben. Dieser Quadrant dient für die südliche Hälfte des Meridians; an der Nordseite ist ein zweiter fünffussiger von Sisson aufgehängt, derselbe, welchen einst Lalande in Berlin gebrauchte. Der vorliegende Band enthält jedoch keine Beobachtungen mit diesem Instrumente. — Seit dem Jahr 1823 ist ein Mauerkreis von Fortin im Gebrauch, dessen Beschreibung wir im nächsten Bande zu erwarten haben.

Der dritte Abschnitt enthält die Beobachtungen an der parallactischen Maschine von Bellet, welche in einem abgesonderten Theile der Sternwarte aufgestellt ist. Die Durchmesser der beiden Kreise derselben sind 13 Zoll. Das Fernrohr hat drei Fuss Länge, beinahe 2¼ Zoll Brennweite und vergrössert 40..50 Mal. Die Beobachtungen betreffen theils die in dem Zeitraum von 1810..1819 erschienenen Cometen, theils den Mondsflecken Manilius, behuf einer Untersuchung der Libration des Mondes, deren sehr schätzbare Resultate bekanntlich schon vor mehreren Jahren in der Connaissance des tems bekannt gemacht sind. Dieses Instrument ist im Jahre 1823 an die Sternwarte in Marseille abgegeben, und statt desselben ein grosses Aequatoreal von Gambey aufgestellt, dessen Beschreibung im nächsten Bande folgen soll.

Göttingische gelehrte Anzeigen. Stück 201. Seite 2001..2004. 1826 December 18.

Observations of the apparent distances and positions of 380 *double and triple stars made in the years* 1821, 1822 *and* 1823, *and compared with those of other astronomers.* London 1825. By J. F. W. Herschel and James South. 412 Seiten in 4., nebst 4 Kupfertafeln.

Observations of the apparent distances and positions of 458 *double and triple stars made in the years* 1823, 1824 *and* 1825. Ebendaselbst 1826. By James South. 391 und XVIII Seiten in 4.

Die Geschichte der Astronomie lässt uns oft bemerken, dass wichtige unerwartete Aufschlüsse aus Beobachtungen erhalten wurden, die lange vorher mit mühsamem Fleiss, ohne einen solchen Erfolg zu ahnen, angestellt und aufgezeichnet waren. Die Doppelsterne sind ein merkwürdiges Beispiel dieser Art. Vor Herschel kannte man zwar schon eine, obwohl vergleichungsweise nur kleine, Anzahl von Doppelsternen, doch ohne sie einer besondern Aufmerksamkeit zu würdigen, indem man von der Meinung ausging, dass das Phänomen eines Doppelsterns nur das Spiel eines Zufalls sei, der zwei Fixsterne mit unserm Sonnensysteme beinahe in einerlei Richtung gestellt habe, wobei die wirklichen Entfernungen im allgemeinen sehr ungleich sein möchten. HERSCHEL machte zuerst auf die Vortheile aufmerksam, die die fortgesetzte Beobachtung eines Doppelsterns für die Bestimmung der jährlichen Parallaxe gewähren könnte, eine Methode, deren Brauchbarkeit offenbar ganz von jener Voraussetzung abhängig ist. HERSCHEL zeichnete bei seiner Durchmusterung des gestirnten Himmels alle ihm vorkommenden Doppelsterne auf, beobachtete die gegenseitigen Stellungen mit vieler Genauigkeit, und brachte so ein Verzeichniss von mehr als 700 Doppelsternen und vielfachen Sternen zusammen, unter denen freilich viele sind, denen man wegen der beträchtlichen Entfernung der einzelnen Sterne von einander den Namen Doppelsterne nur uneigentlich beilegen kann, obwohl die Natur der Sache, in Rücksicht auf diese Entfernung, scharfe Grenzen zu ziehen nicht verstattet.

Zwanzig Jahre später unterwarf HERSCHEL die Doppelsterne einer neuen Revision und bemerkte bei vielen derselben in der gegenseitigen Stellung der einzelnen Sterne solche Veränderungen, welche zu der Ueberzeugung führten, dass die frühere Ansicht einer zufälligen Bildung der Doppelsterne nicht allgemein zulässig, und dass wenigstens viele derselben *wirklich* nahe zusammenstehende Sternpaare sein möchten, die nach bestimmten in den Naturkräften gegründeten Gesetzen sich um einander bewegen.

Diese höchst wichtige Folgerung erhielt durch die so sehr grosse Anzahl von Doppelsternen, welche am Himmel bemerkt werden, eine sehr verstärkte Wahrscheinlichkeit. Man kann aber dreist behaupten, dass es eigentlich alles dessen kaum bedurft hätte, um die frühere Voraussetzung in ihrer Blösse zu zeigen. In der That, wenn wir z. B. nur den einen Doppelstern, Castor, in Erwägung nehmen, welcher aus zwei Sternen besteht, die an Helligkeit nicht sehr viel verschieden, beide etwa zur dritten Grösse gehörig, ungefähr fünf Secunden von einander abstehen, so finden wir die Wahrscheinlichkeit der Bildung eines solchen Doppelsterns unter Voraussetzung einer ganz zufälligen Vertheilung sämmtlicher Fixsterne bis zur dritten Grösse auf der Himmelskugel so ausserordentlich klein, dass wir im gewöhnlichen Leben, bei Ereignissen, wo etwas ähnliches Statt findet, es für ungereimt halten, an einer *nicht* zufälligen Entstehung zu zweifeln. Unmöglich ist es freilich nicht, dass unter der grossen Menge der Doppelsterne vielleicht einige von zufälliger Entstehung sein mögen; aber man muss nothwendig annehmen, dass die meisten der näher zusammenstehenden wirklich zusammengehörende Systeme bilden, deren gegenseitige Bewegungen ein neues Feld von interessanten Beobachtungen eröffnet haben. Diese Bewegungen sind aber so langsam, dass bei den meisten selbst in einem Menschenalter die Verrückung nur gering ist: doch haben sich auch einige Doppelsterne gefunden, wo dieselbe verhältnissmässig schon in sehr kurzen Fristen sichtbar wird, und auf alle Fälle ist klar, dass es um den künftigen Jahrhunderten den Stoff zu höchst erweiterter Kenntniss des Weltgebäudes vorzubereiten, von grosser Wichtigkeit ist, die Doppelsterne von Zeit zu Zeit einer neuen Revision zu unterwerfen.

Dies haben nun die Herren HERSCHEL d. J., Sohn des berühmten Beobachters, und SOUTH in den vorliegenden Werken auf eine musterhafte Art gethan. Das erstere Werk enthält diejenigen Beobachtungen, welche diese beiden Astronomen gemeinschaftlich, mit einem fünffussigen und einem siebenfussigen Aequatoreal angestellt haben; das zweite diejenigen, welche der letztere Astronom allein, theils mit beiden Instrumenten in England, theils mit dem siebenfussigen Aequatoreal in Frankreich, in einer zu Passy interimistisch errichteten Sternwarte, gemacht hat. Wir haben hier also einen reichen Schatz von Beobachtungen über 838 Doppelsterne aus den Jahren 1821..1825, und zugleich ihre Zusammenstellung mit den frühern Beobachtungen des ältern HERSCHEL zum Theil aus dem handschriftlichen Nachlass berichtigt und ergänzt, und den nicht minder schätzbaren von STRUVE. Bei den meisten Doppelsternen sind die bisher beobachteten Veränderungen in den Stellungen zwar nur klein, wenn gleich entschieden: die Umlaufszeit einer Sonne um die andere wird im Allgemeinen nach Jahrhunderten gemessen. Inzwischen finden sich bei manchen schon so bedeutende Aenderungen, dass wir dadurch eine genäherte Vorstellung von der Grösse der Periode erhalten; bei dem merkwürdigen Sterne 61 Schwan z. B. hat die Veränderung des Richtungswinkels vom J. 1753 bis 1825 schon 53 Grad betragen; bei Castor von 1759 bis ebendahin 63 Grad; bei σ Krone, seit 1781, 90 Grad; bei ξ im grossen Bär in derselben Zwischenzeit 259 Grad; bei 70 Ophiuchus seit 1779 sogar 302 Grad. Der beschränkte Raum verbietet uns, noch manches andere Merkwürdige auszuheben, von Sternen, die früher doppelt erschienen und gegenwärtig einander vollkommen decken; von dreifachen Sternen, die Ein System bilden und sich gegenseitig bewegen; von Sternen, die zwölf Minuten von einander abstehend doch sehr wahrscheinlich nur Ein System bilden u. dergl. [S. Neue Aussicht zur Erweiterung u. s. f. oben S. 181. SCHERING.]

Göttingische gelehrte Anzeigen. Stück 160. Seite 1585..1588. 1827 October 6.

Astronomical observations made at Güttingen from 1756 to 1761 by TOBIAS MAYER. *In two parts. Published by order of the commissioners of latitude.* London 1826. Die erste Abtheilung 92 Seiten, die zweite 62 Seiten in Folio.

Nach siebenzig Jahren ist den Beobachtungen des grossen Göttinger Astronomen TOBIAS MAYER noch die Auszeichnung zu Theil geworden, auf Kosten einer ausländischen Behörde, welche die grossen ihr zu Gebote stehenden Mittel gern zum Vortheil der Astronomie anwendet, gedruckt zu werden. Die Handschrift der Beobachtungen von den Jahren 1757..1761 war schon vor langer Zeit in den Besitz des Herrn VON ZACH gekommen, und von diesem der englischen Commission für die Meereslänge mitgetheilt: die Handschrift der Beobachtungen des ersten Jahres befand sich noch in dem Archiv der hiesigen königl. Societät und wurde zu dem beabsichtigten Abdrucke hergeliehen.

Der bei weitem grösste Theil der Beobachtungen ist an dem BIRD'schen Mauerquadranten gemacht. MAYER hatte sein Hauptaugenmerk auf die Verfertigung des Verzeichnisses der Zodiakalsterne gerichtet, und die Beobachtungen dieser Sterne sind daher auch der Hauptinhalt des Tagebuchs. Sie fangen mit dem 8. Februar 1756 an; zuerst bis zum 23. Mai finden sich blos die Durchgangszeiten, und zwar schon auf den mittlern Faden reducirt; vom 23. Mai an hingegen erscheinen die Beobachtungen vollständig im Originale. Die Beobachtungen des Jahrs 1756 füllen die ganze erste Abtheilung aus; der Jahrgang 1757 nimmt in der zweiten Abtheilung 35 Seiten ein; dann 6 Seiten bis in die Mitte des Jahrs 1758. Hiermit hören eigentlich MAYERS Beobachtungen am Mauerquadranten fast ganz auf; am 5. April 1759 übergab er sein Verzeichniss der Zodiakalsterne der Königlichen Societät. Aus den ersten Tagen des Mais 1759 Beobachtungen des HALLEY'schen Cometen an einem parallactisch aufgestellten Fernrohr. Aus dem Juni und Juli 1760 Beobachtungen am Mauerquadranten von MAYERS würdigem Schüler NIEBUHR; endlich vom 6. Juni 1761 die Beobachtung des Durchganges der Venus durch die Sonne. Neben den Beobachtungen der Zodiakalsterne finden wir, in den ersten Jahren, noch sehr viele Beobachtungen der Sonne, mehrere von der Venus und dem Monde, und einige wenige vom Mars, Jupiter und Saturn, auch verschiedene Sternbedeckungen.

Man sieht aus diesem Inhalt, dass eine neue von Grund aus gemachte Bearbeitung dieser Beobachtungen keine so umfassende Ausbeute liefern könnte, wie die gleichzeitigen Beobachtungen von BRADLEY durch BESSELS vortreffliche Bearbeitung gegeben haben. MAYER hatte sich ein beschränktes Hauptziel vorgesetzt, die Anfertigung eines Zodiakalsternenverzeichnisses, und dieses hat er selbst auf seine Beobachtungen gegründet. Auch darf nicht übersehen werden, dass die Dürftigkeit von MAYER's Hülfsmitteln, für die Reduction der Beobachtungen als absoluter, grosse Hindernisse in den Weg legt, und dass uns jetzt die Kenntniss von einigen Nebenhülfsmitteln, die er noch benutzte, abgeht. MAYER hatte kein Mittagsfernrohr; die Reduction der am Mauerquadranten beobachteten geraden Aufsteigungen setzt die Kenntniss der unregelmässigen Abweichungen des Instruments vom Meridian voraus, wozu MAYER auch correspondirende Sonnenhöhen an einem kleinen beweglichen Quadranten benutzte; allein nur von zwei Tagen finden wir diese aufbewahrt. Aehnliche Schwierigkeiten finden sich bei den Zenithdistanzen. MAYER hatte keinen Zenithsector. Eine zuverlässige Kenntniss des Collimationsfehlers konnte daher nur durch Umhängen erlangt werden, und dies Umhängen ist nur Einmal geschehen. Alle vor dem Umhängen beobachteten Zenithdistanzen verlieren noch durch die von MAYER selbst gemachte Bemerkung an Zuverlässigkeit, dass der Centralzapfen lose sitzend befunden wurde. Es liessen sich noch mehrere andere Bemerkungen beifügen, wozu aber hier nicht der Ort ist.

Dagegen werden noch oft einzelne Fälle eintreten können, wo es den Astronomen sehr willkommen sein wird, die Originalbeobachtungen benutzen zu können, wenn auch nur als Differentialbeobachtungen. Bekanntlich hat schon einmal die Handschrift den grossen Nutzen geleistet, eine frühe Beobachtung des Uranus zu liefern, den MAYER am 25. Sept. 1756 unbewussterweise als Fixstern beobachtete.

In der Einleitung sind noch zwei Aufsätze der Opera inedita wieder abgedruckt, nemlich MAYER's Vorlesung Observationes astronomicae quadrante murali habitae, und LICHTENBERG's Bemerkungen über das von MAYER gebrauchte Thermometer; und am Schluss findet sich ein vom Hrn. Prof. BESSEL eingeliefertes Druckfehlerverzeichniss zu BRADLEY's Beobachtungen.

Göttingische gelehrte Anzeigen. Stück 6. Seite 49..56. 1828 Januar 10.

Connaissance des tems, ou des mouvemens célestes, à l'usage des astronomes et des navigateurs, pour l'an 1829. *Publiée par le bureau des longitudes.* Paris 1826. Bei Bachelier. 382 S. gr. Octav.

Die Einrichtung des astronomischen Kalenders ist noch unverändert dieselbe, wie in den frühern Jahrgängen. Das Verzeichniss der geographischen Längen und Breiten, welches gegen 2000 Oerter enthält, möchte einer strengen Revision oder Umarbeitung bedürftig sein, welche auch nach einer, in den letzten Jahrgängen stehend gewordenen Bemerkung, vom Längenbureau einer besondern Commission aufgetragen ist, und deren Resultate wir in Kurzem zu erwarten haben. — Die *Zusätze* füllen 163 Seiten und enthalten folgende Artikel. Tafel zur Abkürzung der Berechnung der mit Hülfe des Polarsterns beobachteten Polhöhen und Azimuthe von PUISSANT. Zur Berechnung dieser nicht unbequemen Hülfstafeln haben die astronomischen Beobachtungen, die an vielen Punkten des trigonometrischen Netzes für die neue Karte von Frankreich angestellt sind, Veranlassung gegeben. Sie beziehen sich auf keine bestimmte Declination, und würden daher auch für Beobachtungen anderer vom Pole nicht zu weit entfernter Sterne, ausser dem Meridian, sich anwenden lassen. — Bericht an die K. Academie der Wissenschaften über einen Aufsatz des Hrn. PUISSANT, die Bestimmung der Gestalt der Erde aus geodätischen und astronomischen Messungen betreffend, von LEGENDRE und MATHIEU. Der Aufsatz bezieht sich zunächst auf die in Frankreich gemessenen Stücke von zwei Parallelkreisen, und enthält dem Bericht zufolge Rechnungsmethoden für die dabei vorkommenden Aufgaben. Da der Aufsatz erst künftig in dem Mémorial du dépôt de la guerre gedruckt werden soll, und der Bericht nicht ins Einzelne eingeht, so können wir über den Werth der vom Hrn. Puissant aufgestellten Vorschriften noch nicht urtheilen. Blos in Beziehung auf die Ausgleichung der Winkel eines Dreieckssystems, welches zwei gemessene Grundlinien mit einander verbindet, und wo der berechnete Werth der zweiten Grundlinie etwas verschieden von dem Gemessenen ausfällt, wird Hrn. Puissants Verfahren angeführt. Dieses läuft darauf hinaus, die an den Winkeln eines jeden Dreiecks anzubringenden Correctionen dem Fehler der Summe der drei Winkel proportional zu setzen. Die Berichterstatter bemerken, dass dieses Princip in der Anwendung bequem, aber der Beweis der Rechtmässigkeit noch nicht geführt sei. Wir setzen hinzu, dass die *richtige* Auflösung jener Aufgabe nach den Grundsätzen der Wahrscheinlichkeitsrechnung leicht gefunden, und dadurch die Unzulässigkeit jenes Princips erwiesen wird. — Ueber die beiden grossen Ungleichheiten in der Bewegung des Jupiter und Saturn von Laplace. Dieser Aufsatz betrifft diejenigen Theile dieser Ungleichheiten, welche vom Quadrate der störenden Kräfte abhängig sind. Nach einer vom Hrn. Plana gemachten Bemerkung ist es unrichtig, zwischen diesem zweiten Theile der grossen Gleichung in der Saturnsbewegung und dem zweiten Theile der grossen Gleichung in der Bewegung des Saturn, dasselbe Verhältniss anzunehmen, welches zwischen den Haupttheilen (die von der ersten Potenz der störenden Masse abhängen) Statt findet. Laplace entwickelt hier die Relation dieser Theile genauer, allein das Resultat ist unvereinbar mit den von Plana gefundenen numerischen Werthen: es scheint also dieser Gegenstand noch weiterer Untersuchung bedürftig zu sein, und es wäre zu wünschen, dass die ganze Theorie der gegenseitigen Störungen des Jupiter und Saturn von Grund aus auf eine von der bisherigen ganz verschiedene Art behandelt würde. — Bemerkungen über verschiedene Gegenstände der Mécanique Céleste, von demselben, betreffen (zum Theil als Erwiderungen einiger dagegen gemachten Erinnerungen von Hrn. Plana) die Bewegung der Bahn des äussersten Saturnstrabanten, eine periodische Gleichung des Merkur, und die Wirkung der Fixsterne auf das Sonnensystem. — Ueber die Messung eines Bogens des Parallelkreises in der Breite von 45° von Brousseaud und Nicollet. Dieser sehr interessante Aufsatz gibt Nachricht von der Operation, durch welche, vermittelst Pulversignale, der astronomische Längenunterschied zwischen dem Mont-Cenis und dem Thurm von Marennes, an der Mündung der Garonne, in den Jahren 1822 u. 1823 bestimmt worden ist. Der ganze Bogen umfasst 8 Längengrade und die Pulversignale wurden an fünf Zwischenpunkten gegeben. Im Jahre 1822 wurde auf diese Weise der Längenunterschied zwischen dem Mont-Cenis und dem Puy d'Isson im Departement des Puy de Dome unter Zusammenwirken der gedachten französischen Beobachter und der italiänischen Astronomen Carlini und Plana bestimmt; im Jahre 1823, von den französischen Beobachtern allein, das westliche blos auf französischem Gebiete liegende Stück. Der Aufsatz enthält theils alle französischer Seits gemachten astronomischen Beobachtungen, theils die daraus folgenden Resultate für die Längenunterschiede; die letztern sind noch vermittelst der ähnlichen in den Jahren 1821 und 1824 von den italiänischen Astronomen ausgeführten und zum Theil bereits öffentlich bekannt gemachten Operationen bis zur Sternwarte von Padua ausgedehnt. So umfasst diese grosse Unternehmung bereits einen Bogen von 13 Längengraden; später ist derselbe noch bis Fiume erweitert, und es ist Hoffnung zu einer noch weitern Verlängerung vorhanden. Die geodätische Bestimmung des Bogens von Marennes bis Fiume beruht auf 106 Dreiecken erster Ordnung, wovon 90 von französischen, die übrigen von österreichischen und sardinischen Ingenieurs gemessen sind. Es ist sehr zu wünschen, dass auch diese Dreiecke bald ausführlich bekannt gemacht werden, und wir haben dazu gegründete Hoffnung, da nach einer am Schluss des Aufsatzes gemachten Anzeige *alles* auf die Messung dieses Parallelkreisbogens Bezug habende im 9ten Bande des Mémorial du dépôt de la guerre gedruckt werden soll. Ueber die in gegenwärtigem Aufsatze ent-

haltenen Beobachtungen bieten sich noch einige Bemerkungen dar. Die Zeitbestimmung wurde auf absolute mit BORDAIschen Repetitionskreisen beobachtete Zenithdistanzen von Sternen gegründet, deren
scheinbare Positionen aus SCHUMACHER's Hülfstafeln entlehnt wurden. Da bei dem in Rede stehenden
Geschäft die grösste Genauigkeit der Zeitbestimmung von höchster Wichtigkeit ist, so muss man bedauern, dass statt jenes Verfahrens nicht lieber an den Beobachtungsplätzen transportable Mittagsfernröhre aufgestellt wurden; bei so wichtigen weitumfassenden Operationen hätte die daraus entstehende
Vermehrung der Kosten nicht in Betracht kommen können. Bei den Zeitbestimmungen aus Sternen auf
verschiedenen Seiten des Meridians finden sich Unterschiede, die über drei Zeitsecunden gehen, wobei
es bedenklich bleibt, blos den Mittelwerth zu nehmen. Auch scheint bei einigen Punkten die Anzahl
der Abende, wo die Pulversignale beobachtet wurden, zu klein, um über die absolute Zuverlässigkeit
der Resultate völlige Beruhigung zu geben. So wurde der Längenunterschied zwischen Solignat und La
Jonchere an drei Abenden, jedesmal durch 10 Pulversignale bestimmt, nemlich

$$
\begin{aligned}
\text{August } & 12 \quad \ldots \ldots \ldots \ldots \ldots \ldots \ldots \quad 6^{m}\ 47^{s}86 \\
& 19 \quad \ldots \ldots \ldots \ldots \ldots \ldots \ldots \quad 6\ \ 49.81 \\
& 22 \quad \ldots \ldots \ldots \ldots \ldots \ldots \ldots \quad 6\ \ 50.17
\end{aligned}
$$

Man konnte durchaus keine Ursache ausfindig machen, die beträchtliche Abweichung des ersten Resultats von den beiden andern zu erklären; man schloss jenes ganz aus, und hielt sich nur an das Mittel
von diesen. Die Messung des Bogens zwischen La Jonchere und Saint Preuil beruht sogar nur auf den
Beobachtungen der Pulversignale einer einzigen Nacht, da der Berg Puy Cogneux, wo letztere gegeben
wurden, in St. Preuil, wie es scheint, nur bei stärkerer terrestrischer Refraction sichtbar war. Man
war hier bei der Auswahl der Plätze nicht genug auf seiner Hut gewesen; da die grosse Veränderlichkeit der terrestrischen Refraction eine bekannte und bei grossen geodätischen Operationen täglich in
die Augen fallende Erscheinung ist, so hätte, ehe St. Preuil zum Beobachtungsplatze gewählt wurde,
die Möglichkeit der Gefahr, dass das zwischenliegende hohe Terrain den Signalplatz bei kleinerer oder
mittlerer Refraction verdecken könne, allerdings berücksichtigt werden sollen. Zur Entschuldigung dient
inzwischen das für so ausgedehnte Operationen zu kleine Personal und die beschränkte Zeit. Immer
aber bleibt es auffallend, dass der in St. Preuil angestellte Beobachter anfangs sogar ohne eine *genaue*
Kenntniss der Richtung des Signalplatzes war, zu welcher Kenntniss, da Puy Cogneux ein Hauptdrei-
eckspunkt gewesen war, die Mittel doch leicht zu finden sein mussten. Der Werth des Längengrades
des Parallelkreises in $45^{\circ}\ 43'\ 12''$ Breite wird zuletzt aus dem ganzen Bogen von Marennes bis Padua
zu 77865,75 Meter berechnet; den mittlern in diesem Resultate zu befürchtenden Fehler findet Ref. aus
der Vergleichung der einzelnen sechs Bestandtheile 25 Meter; allein in Rücksicht der vorhin erwähnten
Umstände möchte die zurückbleibende Unzuverlässigkeit eher noch grösser, und daher die Resultate,
welche für die Abplattung des Erdsphäroids aus der Vergleichung dieses Längengrades mit verschiedenen gemessenen Breitengraden gezogen werden, noch immer nicht von sehr grossem Gewicht sein. —
Ueber die Länge von Port-Praslin in Neu-Irland, von dem Fregatten-Capitain Duperrey. Eine neue
Berechnung der von Veron im Jahr 1768 beobachteten Sonnenfinsterniss nach BURCKHARDT's und DAMOI-
SEAU's Tafeln, und eine von dem Verfasser auf der Coquille gemachte chronometrische Bestimmung gab
sehr übereinstimmende Resultate. — Ueber ein Mittel die Wirkung der Capillarität bei den Barome-
tern aufzuheben, von LAPLACE. Da das Quecksilber im Gefässe nach dem Rande zu convex ist, so kann
man dem die Oberfläche dieses Quecksilbers berührenden Stifte, dessen unteres Ende dem Nullpunkte
der Scale entspricht, einen solchen Platz geben, dass die Wirkung der Capillarität aufgehoben wird:
Herr BRUNARD hat dazu eine Hülfstafel gegeben. — Ueber die Veränderung, welche die Constante der

Praecession in Folge des Königsberger Katalogs der Fundamentalsterne erleidet, von BESSEL. Der Inhalt dieses Aufsatzes ist bereits aus den astronomischen Nachrichten bekannt. — Beobachtungen und Elemente des am 19. Mai 1825 entdeckten Cometen, von GAMBART. — Ueber die Anziehung der Sphäroide von POISSON. Dieser gehaltreiche Aufsatz besteht aus zwei Abtheilungen. Die erstere beschäftigt sich mit der Entwickelung der Kugelfunctionen (so möchten wir die Functionen zweier veränderlichen Grössen, die allgemein jeden Punkt einer Kugelfläche bestimmen, nennen) in Reihen, die nach einem bekannten von den Analysten vielfach behandelten Gesetze fortschreiten, und ist mit der diesem grossen Geometer eigenthümlichen Eleganz durchgeführt. Der für das Fundamentaltheorem dieser Verwandlung schon sonst gegebene Beweis hat hier, um einigen dagegen gemachten Entwürfen zu begegnen, noch einen Zusatz erhalten, der, richtig verstanden, allerdings alle Schwierigkeiten hebt, obwohl eine vollständigere Unterscheidung der dabei vorkommenden unendlich kleinen Grössen die Evidenz des Beweises noch vollkommener machen würde; wenigstens zeigt das, was neuerlich*) von einem berühmten englischen Geometer im Maistück des Philosophical Magazine gegen die neue POISSON'sche Darstellung vorgebracht ist, wenn es auch das Wesen derselben gar nicht trifft, dass diese Darstellung noch missverstanden werden konnte. Die zweite Abtheilung enthält allgemeine Untersuchungen über die Anziehung beliebiger Körper, mit vieler analytischer Kunst und tiefer als sonst bisher geschehen war, ausgeführt: doch beruht alles auf Entwickelung in Reihen, und Resultate ergeben sich nur in so fern, als die Abweichung des Körpers von der Kugelgestalt als klein vorausgesetzt wird. Für den Fall, wo diese Bedingung wegfällt, ist, nach des Verfassers Ausdruck 'die Gestalt des Gleichgewichts von den Geometern noch nicht bestimmt, und wenn dies Ellipsoid die einzige Figur wäre, wobei das Gleichgewicht möglich ist, so würde die sonderbare Folgerung nothwendig sein, dass das Gleichgewicht unmöglich wird für eine Geschwindigkeit der Rotationsbewegung, die doch noch nicht diejenige ist, bei welcher die Flüssigkeit anfängt sich zu zerstreuen.' Wir würden uns lieber so ausdrücken, dass wir noch keinen mathematisch strengen Beweis besitzen, dass das Ellipsoid die einzig mögliche Figur für das Gleichgewicht ist: denn in der That enthält jene Folgerung durchaus nichts widersprechendes.

Göttingische gelehrte Anzeigen. Stück 169. Seite 1688. 1833 October 21.

Mercurius in Sole visus, of Overgang van Mercurius over de Zon; den 5 Mei 1832 *te Utrecht waargenomen door* G. MOLL. Amsterdam 1833. Bei C. G. Sulpke. 43 Seiten. 4.

Wir finden in dieser kleinen Schrift die Beobachtungen des letzten Mercursdurchganges in Utrecht auf der Sternwarte, und in der Wohnung des Herrn VAN BEEK, wie auch in Leiden, Amsterdam und Nimwegen; ferner eine Zusammenstellung aller Beobachtungen früherer Durchgänge, die in Holland oder durch Holländische Astronomen gemacht sind; endlich die in Utrecht und Leyden angestellten Beobachtungen der Bedeckung des Saturn vom Monde am 8ten Mai 1832. Eine ausführlichere Anzeige würde hier überflüssig sein, da das Wesentliche des Inhalts aus Briefen des Hrn. Prof. MOLL an Hrn. Etatsrath SCHUMACHER bereits im 229. Stück der Astronomischen Nachrichten bekannt gemacht ist.

---

*) Gegenwärtige Anzeige ist im August v. J. geschrieben.

Göttingische gelehrte Anzeigen. Stück 34. 35. Seite 329..337. 1835 März 5.

Göttingen. Zur Beantwortung der auf den November 1834 von der Mathematischen Classe der Königlichen Societät aufgegebene Hauptpreisfrage, deren Termin aber nach St. 149 dieser Anz. vom v. J. bis Ende December verlängert war, waren drei Concurenzschriften eingelaufen, eine in lateinischer Sprache mit dem Motto: Opinionum commenta delet dies, naturae iudicia confirmat; die zweite in deutscher Sprache mit der Aufschrift: Suum cuique; die dritte gleichfalls deutsch mit den Worten: Nur gleichartige Eindrücke sind vergleichbar.

Die Abhandlung Nr. 2, mit der Aufschrift: Suum cuique, enthält nur die Meinungen ihres Verf. über die Bildung und Naturbeschaffenheit der Himmelskörper, und gar nichts, was auf die Lösung der von der Societät gestellten Aufgabe Bezug hätte. Eine besondere Beurtheilung jener Meinungen ist daher unnöthig, da solche mit der Preisfrage in gar keinem Zusammenhange stehen.

Der Verf. der Schrift Nr. 1, Opinionum commenta u. s. w. hat hingegen die Frage richtig aufgefasst, einen Apparat zur Vergleichung der Lichtstärke zweier Sterne angegeben und ausführen lassen, auch einige Versuche der Anwendung auf wirkliche Lichtmessungen mitgetheilt. Das Instrument ist ein Fernrohr mit solchen Vorrichtungen, dass beide Sterne zugleich im Felde neben einander gesehen werden können, der eine direct, der andere durch Reflexion. Letztere wird durch einen vor dem Objectiv angebrachten Spiegel bewirkt, der sich in die dem Winkelabstande beider Sterne entsprechende Neigung gegen die Gesichtslinie durch Drehung um eine die Gesichtslinie rechtwinklicht schneidende Axe bringen lässt; der äussere Rand des Spiegels fällt mit dieser Drehungsaxe zusammen, daher der Spiegel in jeder Lage die Hälfte des Spiegels für directes Licht verschattet. Es ist nun aber noch unmittelbar vor dem Objectiv eine halbkreisförmige Blendung angebracht, welche nur die Hälfte des Objectivs offen lässt und ganz herumgedreht werden kann. Die Grösse dieser Drehung wird auf einem eingetheilten Ringe (so wie die Grösse der Spiegeldrehung auf einem Gradbogen) gemessen. Steht der Index des Ringes auf dem Nullpunkt, so kommt gar kein directes, nach einer halben Umdrehung hingegen kommt gar kein reflectirtes Licht in das Fernrohr: bei jeder Zwischenlage theilt sich das reflectirte und das directe Licht im Verhältniss der Abweichung von jenen beiden Stellungen in die offene Hälfte des Objectivs. Man übersieht so leicht, dass, wenn man durch Drehung der Objectivblendung bewirkt hat, dass beide Sterne gleich hell erscheinen, sich, vorbehältlich eines noch unbekannten von der Schwächung des Lichts durch die Reflexion abhängigen Factors, das Verhältniss der Lichtstärke beider Sterne berechnen lässt: dieser unbekannte Factor wird gefunden oder eliminirt durch Zuziehung einer zweiten Beobachtung, wobei blos die Sterne vertauscht werden. Für gewisse Fälle hat der Verf. noch einen zweiten Spiegel beigefügt, so dass der eine Stern durch doppelte Reflexion gesehen wird, was übrigens in der Methode keinen Unterschied macht. Die Bequemlichkeit des Gebrauchs wird durch ein parallactisches Stativ sehr erhöht.

Man muss bedauern, dass der späte Empfang dieses Instruments aus den Händen des Verfertigers den Verfasser gehindert hat, eine durchgreifende Prüfung durch zahlreiche Messungen auszuführen. Er hat das Lichtverhältniss von sieben Sternpaaren, zusammen aus nur 44 Beobachtungen, die jedoch nur summarisch angezeigt werden, bestimmt. Die Resultate, die zuerst gesetzten Sterne jedesmal als Einheit betrachtet, sind folgende:

Sterne	Lichtverhältniss
Rigel, Procyon	0.8501
Rigel, β kl. Hund	0.1258
Sirius, Rigel	0.2875
Sirius, Procyon	0.2756
Procyon, Regulus	0.3781
Procyon, Nordstern	0.4369
Regulus, Nordstern	0.5720

Die Höhen der Sterne, oder die Grössen, wovon sie abhangen, fehlen. Die wahrscheinlichen Fehler dieser Bestimmungen, so weit sie aus der Vergleichung der einzelnen Beobachtungen unter sich festgesetzt werden können, würden nach den Anführungen des Verf. zwischen $\frac{1}{16}$ und $\frac{1}{61}$ des Ganzen schwanken. Vergleicht man nun aber die erste, dritte und vierte Bestimmung unter sich, so zeigt sich die Nothwendigkeit viel stärkerer Correctionen, und die drei letzten Bestimmungen lassen sich gar nicht vereinigen. Der Verf. gesteht selbst, dass er diesen Widerspruch nicht zu erklären wisse, und wenn man gleich hoffen muss, dass es ihm in Zukunft nach viel umfassenderen Versuchen gelingen werde, die Quelle solcher Fehler aufzufinden, so bleibt doch gegenwärtig die Tauglichkeit des Apparats zur Messung der Helligkeit leuchtender Punkte noch unverbürgt.

Der Verf. der dritten Abhandlung mit dem Motto: *Nur gleichartige Eindrücke sind vergleichbar*, hat zwei ganz verschiedene Apparate angegeben und ausgeführt: den einen nennt er den Ocularapparat, den andern das Prismenphotometer. Obwohl beide zu dem vorgegebenen Zweck angewandt werden können, so ist doch eigentlich der erstere weniger zur Vergleichung der Lichtstärke leuchtender Punkte, als zur Vergleichung der specifischen Helligkeit ausgedehnterer Flächen, z. B. des Himmelsgrundes, bestimmt, und es wird daher hinreichen, hier nur die Hauptmomente des zweiten Apparats anzugeben. Der Grundgedanke für dieses Instrument ist die bekannte Erfahrung, dass ein Stern, welcher dem unbewaffneten Auge, oder in einem zum deutlichen Sehen gestellten Fernrohr wie ein untheilbarer leuchtender Punkt erscheint, sich in ein kreisförmigs Bild ausbreitet, wenn man dem Ocular eine andere Stellung gibt, als das deutliche Sehen erfordert. Dieses Bild ist desto grösser, aber eben deshalb in seinen Theilen desto lichtschwächer, je weiter das Ocular von seiner Normalstellung absteht. Für ungleich helle Sterne muss man daher das Ocular in ungleiche Entfernung von der Normalstellung bringen, um die Bilder in gleicher Flächenhelligkeit erscheinen zu lassen. Es lässt sich so die Lichtstärke zweier Sterne schon einigermassen vergleichen, wenn man undeutliche Bilder von ihnen *nach einander* beobachtet, ihre Flächenhelligkeit, so viel der Gedächtnisseindruck verstattet, gleich macht und die entsprechenden Ocularstellungen abmisst. Natürlich erwartet man von einem so rohen Verfahren wenig Genauigkeit und findet sich daher überrascht, dass die von dem Verf. angeführten Versuche eine doch viel grössere Uebereinstimmung darbieten, als man hätte erwarten mögen: dies erweckt schon ein günstiges Vorurtheil für den von dem Verf. kunstreich angeordneten Apparat, womit man derartige Bilder zweier Sterne *zugleich* sehen und zu gleicher Flächenhelligkeit bringen kann.

Das Objectiv ist in zwei gleiche Hälften zerschnitten, die sich nicht neben einander, wie am Heliometer, sondern längs ihrer gemeinschaftlichen Axe, jede für sich, verschieben lassen. Die Mitte der Verschiebungen, die durch Scalen an der Aussenseite des Rohrs scharf gemessen werden, entspricht, wenn die Ocularröhre ganz eingeschoben ist, ungefähr derjenigen Stellung gegen letzteres, die zum deutlichen Sehen erfordert wird. Die beiden Objectivhälften erhalten ihr Licht durch Spiegel, deren reflectirende Flächen 45° gegen die Axe des Rohrs geneigt sind, und von denen der eine (vom Objectiv weiter abstehende) um diese Axe messbar gedreht werden kann. Diese Axe ist also beim Beobachten zweier Sterne immer gegen den einen Pol des sie verbindenden grössten Kreises zu richten. Die Spiegel selbst sind Glasprismen, in welche das Licht senkrecht einfällt, und senkrecht aus ihnen austritt. Zwischen den Objectivhälften und den zu ihnen gehörenden Prismenspiegeln sind Diaphragmen angebracht, die durch zwei Schieberpaare gebildet werden: jedes Schieberpaar wird durch Eine Schraube mit entgegengesetzt geschnittenen Gewinden so bewegt, dass die Mitte der Hypotenuse des zu einem grössern oder kleinern rechtwinkligen Dreiecke sich bildenden Diaphragma unverrückt bleibt.

Vermöge dieser Einrichtung sieht man bei gehöriger Stellung des Rohrs und der Spiegel zwei Sterne zugleich, und zwar jeden wie eine rechtwinklige Dreiecksfläche, wenn die Objectivhälften von der Normallage zum Ocular abweichen: von dieser Abweichung hängt sowohl die scheinbare Grösse des Dreiecks, als dessen Flächenhelligkeit ab, aber jene zugleich mit von der Diaphragmenöffnung, diese von der eigenthümlichen Helligkeit jedes Sterns: man kann daher durch Aenderung der einen Abweichung die Flächenhelligkeiten beider Bilder, und wenn man will, durch Abänderung einer Diaphragmenöffnung, auch ihre Grösse, zur Gleichheit bringen. Dass so das Verhältniss der Lichtstärke zweier Sterne gefunden, und dabei auch etwaige Ungleichheiten in den Objectivhälften und Prismenspiegeln durch umgekehrte Combination eliminirt werden können, bedarf nun keiner weitern Ausführung.

Der Verf. hat seinen Apparat einer strengen Prüfung unterzogen, aber geflissentlich nicht an Sternen, sondern an künstlich hervorgebrachten sternähnlich leuchtenden Punkten. Diese künstlishen Sterne erhielt er durch den Reflex des Tageslichts von zwei nahe gleichen gut polirten Stahlkugeln, etwa $\frac{1}{4}$ Zoll im Durchmesser. Das Tageslicht, für beide Kugeln von einerlei Stelle des Himmelsgrundes herrührend, gelangte zu den Kugeln durch kreisrunde Blendungen von verschiedener Weite, und es war Sorge getragen, dass kein fremdes Licht weder die Kugeln noch das Auge des Beobachters treffen konnte. Es wurden überhaupt vier Blendungen gebraucht, die engste 7, die weiteste 20 Linien im Durchmesser; durch die sechs verschiedenen Combinationen konnte man also künstliche Sterne von sechs verschiedenen Lichtverhältnissen erhalten; die grösste Ungleichheit, wie 1 zu 8, entspricht nach des Verf. eigenen Untersuchungen nahe dem Mittelverhältnisse zweier Sterne, die um zwei Ordnungen von einander abstehen. Diese künstlichen Sterne erscheinen wirklich ganz ähnlich, aber ohne den Wechsel und das Wallen, wodurch die Beobachtungen wirklicher Sterne oft so unsicher werden: überdies hatten sie den höchst wichtigen Vorzug, dass ihr Helligkeitsverhältniss aus den Blendungsöffnungen a priori bekannt war. Der Verf. theilt die grosse Zahl der Messungen ihrer Lichtstärke mit dem Prismenphotometer im ausführlichen Detail mit, ohne diejenigen zu verschweigen, bei welchen sich anfangs einige Unregelmässigkeiten zeigten, deren Ursachen jedoch entdeckt und weggeräumt wurden. Der wahrscheinliche Fehler Einer Vergleichung ergibt sich aus der Gesammtheit der Messungen als $\frac{1}{57}$ der ganzen Helligkeit, diese möge gross oder klein sein, und die Verhältnisse der verschiedenen künstlichen Sterne zeigen eine vollkommen befriedigende Uebereinstimmung mit den Blendungsöffnungen.

Die Tauglichkeit des Apparats zu scharfer Vergleichung der Helligkeit leuchtender Punkte ist hierdurch auf eine genügende Art erwiesen, und wenn man auch ungern Anwendungen auf wirkliche Sterne vermisst, so hat man doch Grund genug, auch bei diesen befriedigende Resultate zu erwarten, wenn man nur, wie der Verf. mit Recht verlangt, die Beobachtungen auf besonders günstige atmosphärische Zustände beschränkt, wo man, bei der leichten Handhabung des Instruments, in wenigen Stunden mehr ausrichten wird, als unter ungünstigen Umständen an vielen Tagen. Uebrigens enthält die Abhandlung noch manche andere photometrische Untersuchungen und Ansichten von bedeutendem Interesse, die jedoch, als zur Hauptsache nicht wesentlich nothwendig, hier mit Stillschweigen übergangen werden können. Einige Anwendungen der Wahrscheinlichkeitsrechnung im letzten Abschnitt würden einer Berichtigung bedürfen, was jedoch für den Hauptgegenstand selbst ganz unwesentlich ist.

Endlich kann noch bemerkt werden, dass das Prismenphotometer, obwohl auf ein ganz anderes

Princip gegründet, als das der Abhandlung Nr. 1 zum Grunde liegende, doch zugleich die Möglichkeit darbietet, Sterne nach dem andern Princip zu vergleichen, nemlich durch zugleich erscheinende *deutliche* Bilder bei messbar verengter Objectivöffnung, und dass selbst bei dieser Beobachtungsart, welche übrigens der Verf. nach seinen Erfahrungen für verwerflich hält, die Einrichtung des Prismenphotometers Vorzüge vor der bei Abhandlung 1. beschriebenen haben würde.

Da die Abhandlung 3. die Aufgabe am vollkommensten und auf eine solche Art gelöst hat, dass ein schätzbarer Fortschritt in diesem Theile der praktischen Astronomie dadurch begründet wird, so hat die königl. Societät ihr den Preis, der Abhandlung 1. hingegen, die ebenfalls sehr verdienstvoll ist, das Accessit zuerkannt.

Der Verfasser der gekrönten Abhandlung ist, nach dem in der öffentlichen Sitzung der Societät vom 14. Februar entsiegelten Zettel,

Dr. STEINHEIL in München.

Der Zettel zu der Abhandlung Nr. 2. wurde in derselben Sitzung uneröffnet verbrannt.

Göttingische gelehrte Anzeigen.   Stück 137.   Seite 1361..1365.   1841.   August 30.

Beiträge zur physischen Kenntniss der himmlischen Körper im Sonnensysteme von WILHELM BEER, *k. preuss. geheimen Commerzienrathe, und Dr.* J. H. MÄDLER, *kais. russ. Hofrathe.* Weimar 1841. Bei B. F. Voigt. 152 Seiten in Quart, nebst 7 Kupfertafeln.

Fragments sur les corps célestes du système solaire par GUILLAUME BEER *et* JEAN HENRI MÄDLER. Paris 1840. Chez Bachelier. 216 Seiten in Quart, mit 7 Tafeln.

Aus denselben Händen, denen wir die classische, vor vier Jahren erschienene, Selenographie verdanken, erhalten wir hier in deutscher und französischer Sprache eine Sammlung kleiner Aufsätze, wovon einige theilweise schon früher bekannt gemacht waren. Sie beziehen sich meistens auf die physische Beschaffenheit des Mondes und der Planeten, und, indem sie das Gepräge sorgfältiger Beobachtung, strenger Prüfung und gesunder Beurtheilung tragen, liefern sie uns manche schätzbare Erweiterung unserer Kenntnisse. Die Gegenstände der einzelnen Aufsätze sind folgende. I. *Ueber die jenseitige Mondhalbkugel.* Die von uns abgekehrte Hälfte der Mondoberfläche zerfällt in zwei Theile, einen, der bei geeigneten Librationsverhältnissen uns sichtbar wird, den andern, der von der Erde aus niemals gesehen werden kann. Die Gestalt dieses zweiten Theils wird hier so beschrieben, er werde von einer Ellipse begrenzt, die eine doppelte Seitenabplattung habe, und seine Grösse wird zu 0.4243 der ganzen Mondoberfläche angegeben. Ref. findet, dass die Gestalt ein *Viereck* ist, und dessen Inhalt 0.4118. Von der physischen Beschaffenheit dieses Theils können wir nun zwar niemals irgend eine positive Kenntniss erhalten: allein die Verff. bemerken mit Recht, dass gar kein Grund vorhanden ist, eine wesentliche Ungleichheit in jener Beziehung zwischen den beiden Hälften des Mondes zu vermuthen, zumal da der durch die Libration sichtbar werdende Theil der jenseitigen Hälfte ganz ähnliche Formationen zeigt, wie die diesseitige. Der einzige Unterschied zwischen den beiden Hälften, den wir mit Gewissheit kennen, ist die Ungleichheit der Beleuchtungsverhältnisse, welche die Verff. mit grosser Ausführlichkeit entwickeln, selbst bis auf die Vortheile für die beobachtende Astronomie, welche die jenseitige Halbkugel des Mondes, wenn der Astronom in Gedanken sich auf dieselbe versetzt, vor anderen Standpunkten voraus haben würde. II. *Ueber die Rillen in der Mondfläche.* Nach SCHRÖTER, der zuerst vor 50

Jahren die beiden Rillen beim Hyginus und Ariadäus entdeckt hat, sind noch eine Anzahl anderer von PASTORF, GRUITHUYSEN und besonders von LOHRMANN wahrgenommen; aber diese ganze Anzahl ist unbedeutend gegen die grosse Menge ähnlicher Formationen, welche die Verff. bei Gelegenheit der Bearbeitung ihrer Mondskarte aufgefunden haben: das hier mitgetheilte Verzeichniss enthält deren 92. III. *Ueber Mondfinsternisse.* Formeln zur Berechnung derselben, besonders in Beziehung auf die Vergrösserung, welche man an den Halbmesser des Schattenkegels anbringen muss, um die Beobachtungen mit der Rechnung in Uebereinstimmung zu bringen. Die Anwendung auf drei Finsternisse, vom 26. December 1833, 10. Juni 1835 und 13. October 1837 gibt sehr ungleiche Resultate, die erste $\frac{1}{65.4}$, die zweite $\frac{1}{28.3}$, die dritte $\frac{1}{54.0}$. Als Ursache dieser Erscheinung pflegt man die Atmosphäre der Erde zu betrachten, welche nur einen geringen Theil der Sonnenstrahlen durchgehen lässt und so den Durchmesser des undurchsichtigen Erdkörpers und mithin auch des Schattenkegels vergrössert. Allein diese Erklärungsart ist jedenfalls sehr unbefriedigend, wenn man das Quantitative in der Erscheinung genauer betrachtet. Eine starke Lichtabsorbtion kann nur für die unteren, dichteren Luftschichten eingeräumt werden, während das durch die höheren Luftschichten durchgehende Licht immer weniger geschwächt wird und zugleich vermöge der Refraction den Durchmesser des Schattenkegels vielmehr vermindert. Um die Erscheinung, wie sie in der Mondfinsterniss vom 10. Juni 1835 beobachtet ist, aus jener Ursache zu erklären, müsste man eine undurchsichtige Atmosphäre von 23 Meilen Höhe annehmen. Ohne also jener Ursache eine Mitwirkung abzusprechen, müssen wir zugeben, dass die Beobachter einer Mondfinsterniss das Eintreten eines Punktes der Mondscheibe in den vollen Schatten schon zu sehen glauben, wenn er wirklich noch von einem kleinen Theile der Sonnenscheibe Licht erhält. In dem in Rede stehenden Falle ergibt die Rechnung, dass ohne Berücksichtigung der Schwächung durch die Erdatmosphäre den an der scheinbaren Grenze des Kernschattens liegenden Punkten noch $\frac{1}{75}$ der Sonnenscheibe unbedeckt blieb; unter derselben Einschränkung findet sich $\frac{1}{178}$ für die Finsterniss von 1833, und $\frac{1}{126}$ für die von 1837. Die Aufsätze IV und V enthalten schätzbare Monographien interessanter Mondslandschaften, der Gegend des Kraters SCHRÖTER und der Umgegend des Mondnordpols. Der Aufsatz V bezieht sich auf den Saturn und enthält einen sehr verdienstlichen Versuch, die Bahnen der beiden innern Trabanten aus HERSCHEL's einer neuen Bearbeitung unterzogenen Beobachtungen von 1789 zu bestimmen; eine Entwickelung der Erscheinungen des Saturnringes vom Planeten aus gesehen, und eine Bemerkung über den grauen Aequatorialstreifen auf dem Saturn. Die Verff. deuten auf die Vermuthung hin, dass derselbe vielleicht eine wasserähnliche Flüssigkeit sein könne, die mit der vom Ringe ausgehenden Anziehungskraft in Verbindung stehe. Allein der Behauptung, dass der Ring in den Gegenden, die ihn im Zenith haben, eine viele tausend Mal grössere constante Fluth, als die auf der Erde statt findende, *nothwendig* hervorbringen müsse, können wir nicht beistimmen. In der That hängt das Dasein oder Nichtdasein einer solchen constanten Fluth wesentlich von der Gestalt des festen Theils des Planeten selbst ab, und wenn sich diese, wie wir nach der Analogie für wahrscheinlich halten müssen, unter dem Einflusse aller zu dem Saturnssysteme gehörenden Kräfte, also auch der der Anziehung des Ringes zuzuschreibenden, gebildet hat, so kann eigentlich von einer constanten Fluth gar keine Rede sein. VII. Jupiter; neue Bestimmung seiner Rotationszeit; relative Helligkeit der Trabanten; Messungen des Aequatorial- und Polardurchmessers. VIII. Mars; besonders über die weissen Polarflecken. IX. Venus. Achtzehn Zeichnungen der Gestalt der Lichtgrenze zeigen eigentlich nur, wie schwer es ist, etwas Genaues über die Rotationszeit auszumachen, in Beziehung auf welche die Angaben von CASSINI und BIANCHINI so enorm verschieden sind: die Verff. finden jedoch in jenen Beobachtungen, so wenig sie auch zu einer Entscheidung geeignet sind, eher eine Hindeutung auf die kürzere Rotationszeit. Ueber eine eigenthümliche strahlende Erscheinung, die Hr. MÄDLER am 7. April 1833 an der Venus bemerkte, lässt sich auf den

Grund des davon mitgetheilten kein Urtheil fällen.   X. Merkur; Messung seines Durchmessers bei dem Vorübergange vor der Sonne 4. Mai 1832.   XI. Heliometrische Messungen an einigen Doppelsternen.

Göttingische gelehrte Anzeigen.   Stück 194.   Seite 1937..1938.   1842 December 5.

De annulo Saturni commentatus est ELTO MARTINI BEIMA, *mus. hist. nat. publ. conservator.*   Leyden 1842.   Bei S. und J. Luchtmans.   252 Seiten in Quart, nebst 4 Kupfertafeln.

In dieser Monographie über einen der interessantesten Gegenstände unseres Sonnensystemes ist mit vielem Fleisse alles gesammelt, was die Geschichte der Entdeckung des Saturnsringes betrifft, und was die Astronomen über seine Lage, Gestalt, Dimensionen, Masse, physicalische Beschaffenheit, Rotation und Ursprung, so wie über die Kräfte, welche ihn erhalten, und über die Erscheinungen, welche er für seinen Hauptplaneten darbietet, bisher beobachtet, berechnet oder vermuthet haben.   Höhere Ansprüche, als auf den Rang einer mit Fleiss gearbeiteten und aus den Quellen geschöpften Compilation kann die Schrift nicht machen, aber dieses Lob kann man ihr beilegen, wenn man gegen eine sehr incorrecte und vernachlässigte Sprache nachsichtig ist, die stellenweise kaum ohne Zuziehung der Quellen, aus welchen übersetzt ist, verständlich wird.

BEMERKUNGEN.

Dieser VI. Band von GAUSS Werken enthält die von GAUSS der Oeffentlichkeit übergebenen Abhandlungen, Aufsätze, Beobachtungen und Recensionen, in so fern sie den Astronomischen Wissenschaften angehören.   Der Band ist dadurch schon stärker geworden als jeder der übrigen Bände dieses Werkes.   Die im Nachlasse befindlichen dieses Gebiet betreffenden Handschriften, insbesondere eine Theorie der Planetarischen Störungen und die Pallastafeln konnten also nicht wol noch angeschlossen, sondern müssen von diesem Bande getrennt gedruckt werden.

Da die Briefe an ZACH und LINDENAU nicht mehr vorhanden sind, so habe ich aus den Zusammenstellungen, welche die Herausgeber der Monatlichen Correspondenz für Erd- und Himmelskunde von den Nachrichten über die kleinen Planeten veröffentlichten, diejenigen Stellen hier abdrucken lassen, welche GAUSS betreffen und grossen Theils aus seinen Briefen entnommen waren, ausserdem nur noch solche Stellen, welche zum Verständniss der ersteren nothwendig erschienen.   Die Ephemeriden habe ich nur in einzelnen wenigen Beispielen wiedergegeben.   Bei den Vergleichungen von Elementen mit Beobachtungen habe ich diese letzteren beigefügt, wenn sie an anderen Orten in der Monatlichen Correspondenz sich finden.   Für die aus dieser Zeitschrift entnommenen Beurtheilungen nichteigner Schriften ist der Name des Berichterstatters durch Briefe von LINDENAU an GAUSS bestätigt, für die aus den Göttinger gelehrten Anzeigen entnommenen durch die Rechnungsbücher der Königlichen Gesellschaft der Wissenschaften.

Göttingen 1874 November.   ERNST SCHERING.

INHALT.

GAUSS WERKE BAND VI. ASTRONOMISCHE ABHANDLUNGEN.

———

GÖTTINGEN,

GEDRUCKT IN DER DIETERICHSCHEN UNIVERSITÄTS-DRUCKEREI

W. FR. KAESTNER.

Printed in the United States
By Bookmasters